ペンギン
物理学辞典

清水忠雄・清水文子
［監訳］

朝倉書店

The Penguin Dictionary of

PHYSICS

4th Revised Edition

Edited by

Valerie Illingworth

Copyright © Market House Books Ltd, 1977, 1990, 2000, 2009
All rights reserved.

The moral rights of the author have been asserted.

Japanese translation rights arranged
with Penguin Books Ltd., London
through Tuttle-Mori Agency, Inc., Tokyo

訳者まえがき

　本書は「ペンギン物理学辞典」第4版（2009）を翻訳したものである．原著序言にも書かれている通り，「ペンギン物理学辞典」は，「ロングマン物理学辞典」の要約版である．我々は1998年に朝倉書店から「ロングマン物理学辞典」第3版（1991）の翻訳を出版した．本書はその版をベースにして作られている．
　原書序言にあるように，ペンギン第4版では大幅な改訂と加筆が行われている．ロングマン第3版とペンギン第4版で項目数を比較してみると

　　ロングマン：専門用語 8250，人名 615，総計 8865
　　ペンギン　：専門用語 4595，人名　 0，総計 4595

となる．ペンギン版では3746の専門用語が完全に削除された．さらに見出し語としては残されてはいるものの，説明文の一部が削除または改訂されたものがある．そして91の専門用語が新規に加筆されている．項目の削除にあたって，決まった方針があるようには見受けられないが，放電現象，幾何光学，音響学，電気工学，真空管回路，化学などの分野のやや古い装置，機器に関する項目，およびすべての人名が削除されている．付加された項目には，squeezed state, coherence, Higgs mechanism, CT scanning, Kobayashi-Maskawa matrix など前版以降に注目されるようになった新しい用語が含まれるが，前書の補遺と見られるようなむしろ古い用語も多い．
　原書「ロングマン物理学辞典」にはいくつかの優れた特徴がある．なかでも日本で出版されている書物では，あまり眼にしたり，論じられたりしない現象，機器，人名などについての丁寧な説明は貴重である．また項目名や人名の取捨選択にも，古い伝統を持つ文化の違いが感じられて，参考になる．本書では，その特徴の一部は失われてしまっているが，本書は研究や教育の現場で手軽に使われることを目的とした普及版を意図しているので，ある程度は止むを得な

い．そのかわり用語の使用頻度を考慮した削除・追加の結果，内容は up-to-date dictionary にふさわしいものとなっている．現場ではペンギン版，じっくり勉強するときは，書斎や図書館で，ロングマン版を手にするのが，適当であろう．

2012 年 4 月

清　水　忠　雄
清　水　文　子

序　　言

　この辞典の最初の2版は，1975年，1991年に英国ロングマン・グループ（Longman group UK Limited）から刊行された「物理学辞典」の要約版で，マーケットハウス書店（Market House Books）から出版された．第3版は2000年に出版された．本書第4版では，現代物理学の進展に即して，かなり大幅な改訂と加筆が行われている．

　この辞典の見出し語には，第一義的には現代物理学の用語がとりあげられているが，ほかの分野，たとえば物理化学，計算科学，天文学，地球物理学，医学，工学，音楽の分野の物理学に基礎を置いた事項もとりあげられている．

　この辞典は，物理学分野の学生や教師ばかりではなく，関連した研究および産業分野の研究者，科学者，工学者，技術者にも役立つであろう．本書には長い記述を持った見出し語が数多くある．その説明文の中で，主要な用語が定義され，密接に関連した用語を使って議論がなされている．長い項目に加えて，定義だけをあたえるような短い項目もある．

訳　　者 (五十音順)

植松　晴子	東京学芸大学自然科学系物理科学分野
大苗　　敦	産業技術総合研究所計測標準研究部門
奥出信一郎	東芝ビジネス＆ライフサービス(株)
小田島仁司	明治大学理工学部物理学科
梶田　雅稔	情報通信研究機構　時空標準研究室
久我　隆弘	東京大学大学院総合文化研究科相関基礎科学系
久世　宏明	千葉大学環境リモートセンシング研究センター
洪　　鋒雷	産業技術総合研究所計測標準研究部門
佐々田博之	慶應義塾大学理工学部物理学科
*清水　忠雄	東京大学名誉教授
*清水　文子	上智大学名誉教授
立川　真樹	明治大学理工学部物理学科
田中　義人	理化学研究所播磨研究所放射光科学総合研究センター
谷井　一者	法政大学理工学部
藤平　威尚	前群馬工業高等専門学校
中川　賢一	電気通信大学レーザー新世代研究センター
長谷　正司	物質・材料研究機構 量子ビームユニット中性子散乱グループ
長谷川太郎	慶應義塾大学理工学部物理学科
松尾由賀利	理化学研究所仁科加速器研究センター
松島　房和	富山大学大学院理工学研究部（理学）
森脇　喜紀	富山大学大学院理工学研究部（理学）

(＊監訳者)

凡　　例

- 配列は五十音順とした.
  濁音, 半濁音は清音の次に, 促音, 拗音は, 直音の次におく. 長音は無視する.
- ローマ字, ギリシャ文字は次の読みにより配列した.
  ただし, 慣用読みのあるものはそれに従った. （MOS：モスなど）

  a. ローマ字

A	エー	B	ビー	C	シー	D	ディー	E	イー
F	エフ	G	ジー	H	エッチ	I	アイ	J	ジェー
K	ケー	L	エル	M	エム	N	エヌ	O	オー
P	ピー	Q	キュー	R	アール	S	エス	T	ティー
U	ユー	V	ブイ	W	ダブリュー	X	エックス	Y	ワイ
Z	ゼット								

  b. ギリシャ文字

$A\ \alpha$	アルファ	$B\ \beta$	ベータ	$\Gamma\ \gamma$	ガンマ	$\Delta\ \delta$	デルタ
$E\ \varepsilon$	イプシロン	$Z\ \zeta$	ゼータ	$H\ \eta$	イータ	$\Theta\ \theta$	シータ
$I\ \iota$	イオタ	$K\ \kappa$	カッパ	$\Lambda\ \lambda$	ラムダ	$M\ \mu$	ミュー
$N\ \nu$	ニュー	$\Xi\ \xi$	グザイ	$O\ o$	オミクロン	$\Pi\ \pi$	パイ
$P\ \rho$	ロー	$\Sigma\ \sigma$	シグマ	$T\ \tau$	タウ	$Y\ \upsilon$	ウプシロン
$\Phi\ \varphi$	ファイ	$X\ \chi$	カイ	$\Psi\ \psi$	プサイ	$\Omega\ \omega$	オメガ

- 項目名はゴチック体で記し, 該当する英語を併記した.
- 用語は原則として「文部省学術用語集」（物理学および電気工学編など）に拠った.
- 人名表記は原則として原語発音をカタカナ表記した.
- 解説文中の用語で, 見出し語があるものは, 細いゴチック体とした.
- 関連した項目を, ⇒ (見よ項目) で示した.
- 同義語は, 「……ともいう」と表記した.
- 略語は「……の略記」と表記した.
- 訳注は [　] で表した.

ア

IR
infrared（赤外）の略記.

IR^2 損失 IR^2 loss
銅損（copper loss）ともいう．装置の巻線またはトランスに電流が流れることによって起こるパワーの損失．巻き線の抵抗に電流の2乗を掛けることにより計算される．

IAT
International Atomic Time（国際原子時）の略記.

i 型半導体 i-type semiconductor
⇒真性半導体.

IC
integrated circuit（集積回路）の略記.

アイソスピン isospin, isotopic spin, i-spin
記号 I．素粒子に関する**量子数**．2個の陽子間および2個の中性子間に働く**強い相互作用**の大きさは同一であることが実験的に見出されている．このことは，強い相互作用に関するかぎり陽子と中性子は"同一粒子"の2つの状態と見なせることを示唆している．同様に，3個のパイ中間子，π^+, π^0, π^- は，強い相互作用に関するかぎり単一"粒子"の3つの状態であると見なすことができる．電磁相互作用が考慮されるときには，π^+ は電荷をもっているので，π^+ と π^0 が関与する相互作用と π^0 のみが関与する相互作用では違いが生じる．しかし，電磁相互作用は強い相互作用よりも100倍弱いためしばしば無視される．

このように，非常に似た質量をもつが電荷の異なるハドロンは，同一物体の異なる状態と考えられ，それらを1つのグループ（多重項（multiplet）とよばれる）にまとめることができる．この性質の数学的取り扱いはスピン（角運動量）に対するものと同一である．おのおののハドロンは，2つの量子数，I, I_3 をもっている．量子数 I はアイソスピンである．アイソスピンは

$$0,\ 1/2,\ 1,\ 3/2,\ 2\cdots$$

の値をとり，その値は，同じ多重項においてはすべての粒子に対して同一である．アイソスピン量子数（isospin quantum number）I_3 は，

	I	I_3
n	$1/2$	$-1/2$
p	$1/2$	$1/2$

	I	I_3
π^-	1	-1
π^0	1	0
π^+	1	1

	I	I_3
Σ^-	1	-1
Σ^0	1	0
Σ^+	1	1

$$-I,\ -I+1,\ \cdots,\ I-1,\ I$$

の値をとり，同一の多重項に属する個々の粒子に標識を与える．アイソスピン多重項の例は，核子二重項，パイオン三重項，シグマ三重項（表参照）などである．一般に，素粒子の電荷 Q は，**超電荷** Y，量子数 I_3 と

$$Q = I_3 + (1/2) Y$$

の関係にある．

強い相互作用によって相互作用している系では，アイソスピンが定義される．2つの粒子がアイソスピン (I, I_3), (I', I_3') をもつならば，全アイソスピン量子数 $I_3^{TOT} = I_3 + I_3'$ をもつ．合成した系の量子数

$$I^{TOT} = I + I'',\ I + I'' - 1$$

から小さい方に向かって $|I_3^{TOT}|$ と $|I-I'|$ の大きい方の値までの異なった値をとることができる．

強い相互作用は系の合成アイソスピン量子数 I^{TOT} のみに依存し I_3^{TOT} にはよらない．強い相互作用では I^{TOT} と I_3^{TOT} がともに保存する．電磁相互作用に対しては，粒子の電荷に対する依存性があるので，I^{TOT} はもはや保存しないが，I_3^{TOT} は保存する．

アイソトーン isotone
同じ中性子数をもつ核種.

アイソレーター isolator
反対方向に透過しようとするマイクロ波を吸収して，一方向のみにマイクロ波を透過させる装置．

IPTS
International Practical Temperature Scale（国際実用温度目盛）の略記.

アイレンズ eye lens
装置の接眼レンズのうち，目に近いほうのレンズを，より遠いレンズ（フィールドレンズ）と区別してこういう．

アインシュタイン係数 Einstein coefficient
原子分子の電子状態間の放射遷移の確率を表す係数．準位 n にある原子が，周波数 ν の電磁波を受けると，エネルギー $h\nu$ の光子を吸収して，より高いエネルギー準位 m に遷移することができる．この遷移を起こす原子の個数は $B_{nm} N_n u(\nu)$ で与えられる．ただし，$u(\nu)$ は周波数 ν の放射のエネルギー密度であり，N_n は，

準位 n にある原子の個数である．B_{nm} が吸収に対するアインシュタイン係数で，この過程の確率を与える．同様に，準位 m にある原子は，放射と相互作用して，誘導放射を起こして準位 n に移る（→レーザー）．この遷移をする原子の数は $B_{mn}N_m u(\nu)$ である．さらに，準位 m にある原子は，光子を自然放出して準位 n に移ることもある．この遷移をする原子の個数は $A_{mn}N_m$ となる．アインシュタイン係数は，下の関係式で与えられる．

$$B_{nm}/B_{mn} = g_m/g_n$$

ここで，g_m, g_n は，それぞれ準位 m，準位 n の統計学的重率である．さらに

$$A_{nm} = 8\pi h\nu^3/c^3$$

となる．ここで，h はプランク定数である．

平衡状態にある系の場合，状態の占有確率はエネルギーが高くなるにしたがって減少していく．したがって，系に周波数 ν の電磁放射が入射して，平衡が乱されると，吸収の確率は誘導放出の確率よりも大きくなるので，放射は減衰する．一方，高いエネルギー状態の方により多くの原子が分布するような非平衡状態を創り出すことは可能である．そのような場合には，誘導放出の確率が吸収の確率を上回るので，放射は増幅される．これがレーザー，メーザーの作用や，ラムシフトの実験の基本原理である．他の量が等しければ，自然放出の確率は遷移エネルギーの3乗に比例する．このために，短波長でレーザー作用を起こすのは難しい．また，一般には，高いエネルギー状態は非常に寿命が短い．

アインシュタインシフト Einstein shift

重力による赤方偏移（gravitational redshift）ともいう．恒星のスペクトル線に現れる赤方偏移で，電磁放射が放出されている場所（輝線スペクトルの場合），または吸収されている場所（暗線スペクトルの場合）における，その星の重力ポテンシャルによって生じる．この偏移は，特殊相対論あるいは一般相対論を使って説明される．もっとも単純化すると，エネルギー $h\nu$ の量子は質量 $h\nu/c^2$ をもつ．重力ポテンシャルの差 φ のある2点間を動くとき，この質量に対してなされる仕事は，$\varphi h\nu/c^2$ であり，したがって，振動数の変化 $\delta\nu$ は $\varphi\nu/c^2$ となる．

アインシュタイン-ドハース効果 Einstein and de Haas effect

バーネット効果の逆の効果．自由に動く鉄の円柱が急に磁化されると，円柱がわずかに回転するという効果．

アインシュタインの光電方程式 Einstein's photoelectric equation
⇒光電効果．

アインシュタインの法則 Einstein's law

質量とエネルギーの等価則．質量 m とエネルギー E は，c を真空中の光速として $E = mc^2$ の式で関係づけられる．したがって，エネルギー E には質量 m が伴い，また，質量 m にはエネルギー E が本質的に伴っている．⇒相対性理論．

アイントホーフェン検流計 Einthoven galvanometer

弦検流計（string galvanometer）ともいう．検流計の一種で，強力な電磁石の磁極間に1本の導体線を強く張ったもの．導体線に電流を通すと，線は磁場と垂直の方向に曲げられ，その変位を倍率の高い顕微鏡で観察する．感度は非常に高く，10^{-11} A の電流も検出可能である．

アーガンダイアグラム Argand diagram

複素数を直交した2軸で表す方法．横軸で実部を，それに直交した縦軸で虚部を表す．$i = \sqrt{-1}$ としたとき複素数 $x+iy$ は，図の直線 OP または点 P で表される．線分 OP の長さは複素数 $z = x+iy$ の絶対値（modulus），$r = \sqrt{x^2 + y^2}$ である．OX と OP のなす角は，z の偏角（amplitude または argument）θ である．これらを使うと，z は

$$re^{i\theta} = r\cos\theta + ir\sin\theta = x+iy$$

のようにも書ける．

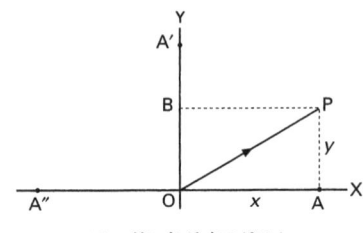

アーガンダイアグラム

アーク arc

非常に明るい気体放電で，電位差は小さいが大きな電流が流れているのが特徴である．大電流を維持するためには，盛んにイオン化が起きている必要があるが，これは放電によって白熱している陰極からの熱イオン放出によっている．⇒気体の伝導，気体放電管．

アクシオン axion
強い相互作用において量子色力学の理論がCP不変性の破れを予測する事実を説明するために導入される仮想素粒子．まだ，発見されていない．もし存在するとすれば，アクシオンは軽い粒子である（陽子の質量の10^{-12}以下）．多くのアクシオンが銀河のハローに存在し，宇宙のダークマターになっていると考えられている．

アークセカンド arc second
略語：arc sec.，記号：″．角度の単位で1度の3600分の1．とくに天文学で使われる．アークミニッツ（arc minute），記号：′，は60アークセカンド．

アーク接点 arcing contact
どんなタイプのブレーカーにもついている補助的な接点で，主回路が開いているときに閉じ，閉じているときには開くように設計されている．これによって主回路にアークが飛んで損傷されることを防いでいる．

アクセプター acceptor
⇒半導体．

アクチニウム系列 actinium series
⇒放射性系列．

アクチニック（化学線作用の） actinic
可視光や紫外線が物質にあたり化学変化を起こす能力．

アクティブ光学 active optics
反射望遠鏡の非常に薄い主鏡に対して機械的な駆動素子を使い微調整を行うこと．環境条件，様々な方向を向く場合の重力の影響や風の影響に対してもっともよい形をつくるためにコンピューターを使い駆動素子を制御する．アクティブ光学は補償光学とは違うものである．補償光学と異なり，アクティブ光学は主鏡の幾何的な形状を制御するもので駆動素子はおよそ1秒程度の時間スケールで使われる．

アークランプ arc lamp
アーク放電による非常に輝度の高い発光を利用したランプの一種．大部分の光は陽極につくられる白熱した火孔から発せられる．

アークリング arcing ring
絶縁物にはめられた円環で，絶縁物がアークにより破壊されるのを防ぐ．

アクロマティックカラー achromatic colour
色調（色あい）も彩度（あざやかさ）ももたず明るさだけをもつ色．白，灰色，黒などがその例である．

アクロマート achromat
⇒色消しレンズ．

アース earth, ground
(1) 地球のような大きな導体で，電位の値を任意に0と決める．
(2) 導体と地面との間の電気的接触．偶然にできた接触も含む．良導体である物体上の点が地面と接触しているとき，アース（接地）されている（earthed），あるいは地電位（earth potential）にあるといわれる．水道管にはんだ付けされた針金は効果的なアースとなる，あるいはアース電極（earth electrode）すなわち湿った土壌に埋められた大きな銅板への接続により接地することができる．
(3) 電子回路や装置で地面に対して電位が0となっている点あるいは部分．

asdic
allied submarine detection investigation committeeの略語．同盟潜水艦探知調査委員会を意味する頭文字．ソナーの以前の名称．

アストン暗部 Aston dark space
⇒気体放電管．

アスペクト比 aspect ratio
横縦比．たとえば，テレビ画面の横縦比では4：3の比がイギリス・アメリカを含む多くの国で採用されている．

アスマン式乾湿計 Assmann psychrometer
⇒乾湿計．

厚い鏡 thick mirror
⇒鏡．

厚いレンズ thick lens
仮想の無限に薄いレンズとは異なる，現実のレンズ．厚いレンズでは両側の面の間隔が無視できないので，これを考慮に入れて焦点距離や主平面の位置などを計算しなくてはならない．

圧縮 condensation
縦波の音波を伝搬する媒質中の1点における瞬時的な密度増加量と通常密度との間の比．

圧縮機 compressor
⇒音量圧縮（拡大）機．

圧縮率 compressibility
記号：κ．体積弾性係数（⇒弾性率）の逆数．体積ひずみと圧力変化の比で表される．
$$\kappa = -(1/V)(\partial V/\partial P)$$
等温条件の場合は，温度一定のもとで偏微分の値をとる．断熱条件の場合は，エントロピー一定のもとで偏微分の値をとる．圧縮率の典型的な値は，固体の場合は約$10^{-11}\ \mathrm{Pa}^{-1}$，液体の

場合は約 10^{-9} Pa^{-1}. 気体の場合は，等温圧縮率はほぼ圧力の逆数と同じ値である（大気圧では約 10^{-5} Pa^{-1}）.

圧電結晶 piezoelectric crystal
圧電効果を示す結晶．すべての強誘電物質の結晶は圧電結晶であり，特定の非誘電物質やセラミックスも圧電性をもつ．例としては，水晶やロッシェル塩，チタン酸バリウム（セラミックス）がある．

圧電効果 piezoelectric effect
圧電結晶に圧力が加わったとき，その表面が互いに反対の電荷を帯びる効果．圧力ではなく引っ張る力（張力）になると，電荷の符号は変化する．逆の効果，すなわち電場が加わったときにある軸方向には結晶が伸び，別の軸の方向には縮む効果も起こる．圧電効果の大きさは，結晶軸に対する圧力の方向に依存する．もっとも大きな効果が得られるのは，電圧が X 軸（電気軸）に沿って加えられたとき，および力学的圧力が Y 軸（機械軸）に沿って与えられたときである．圧電結晶の第3の主軸は Z 軸（光学軸）である．⇒圧電振動子．

圧電振動子 piezoelectric oscillator
発振周波数を決定するのに圧電結晶を用いた高い安定度をもつ発振器．圧電結晶に交流電場が加えられたとき，機械的振動が発生する（圧電効果）．圧電結晶は，通常 X 軸に対して垂直か平行方向の平面で切断されている．この結晶をコンデンサーの電極間に置き，交流電圧を印加できるようにする（通常，金属薄膜を結晶表面に付けて，この状況をつくる）．結晶は力学的振動の節の部分で軽く支えられる．

圧電結晶は減衰のない電気振動に補助されて振動するので，利用したい周波数，強度で振動させることのできる便利な素子である．結晶と発振回路の間をつなぐのには，さまざまな方法がある．一般的に，用いられる回路はおもに2つのタイプに分けられる．

水晶発振子（crystal oscillator）では，結晶（水晶）は発振回路における同調回路の代わりをし，発振回路の発振周波数を決定する．水晶制御発振子（crystal-controlled oscillator）では，結晶（水晶）は，発振回路と結合している．このとき，発振回路の発振周波数は水晶の発振周波数とほぼ同じに調整されている．水晶自身が持つ発振周波数への引き込みによって発振回路の発振周波数を制御し，そのドリフトを防いでいる．

アット- atto-
記号：a. 10^{-18} を表す接頭語．たとえば，1 am = 10^{-18} m．

アップルトン層 Appleton layer
⇒電離層．

圧粉磁心 dust core
⇒ダストコア．

アッベ数 Abbe number
集束性（constringence），V数（V-number）ともいう．記号：V. 分散能の逆数．⇒分散．

アッベの基準 Abbe criterion
⇒分解能．

アッベの集光器 Abbe condenser
2つのレンズからなる簡単な集光系であるが，集光能率は非常によい（図）．開口数は1.25になる．この光学系は顕微鏡に広く組み込まれている．収差の補正はあまりよくない．焦点可変集光系（variable-focus condenser）とよばれるアッベ集光器の改良型は，より広い面積の物体を照射する場合に用いられる．下側のレンズを調整して光線の焦点が2つのレンズの間にくるようにする．⇒色消し集光器．

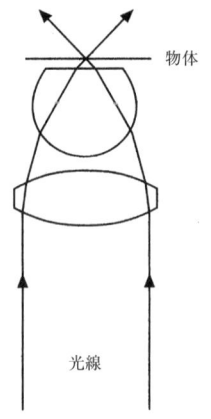

アッベの集光器

厚膜回路 thick-film circuit
ガラスやセラミックの基板上の約 $20\ \mu m$ 厚のフィルムに，受動素子（抵抗，インダクターなど）のみを印刷した回路．フィルム自体は，ペースト状のセラミックまたは金属合金で製作する．シリコンチップ上の能動素子を厚膜回路に取り付けて，ハイブリッド集積回路を形成する．

圧力　pressure
記号：p．流体中にある点に位置する無限小の平面に加わる，単位面積あたりの力．静止している流体で，任意の点における圧力は，すべての方向に対して同じである．液体中では，圧力は深さ h とともに一様に増大し，次の式
$$p = \rho g h$$
に従う．ここで，ρ は液体の密度，g は自由落下の加速度である．均一な温度にある気体では，高度 h とともに指数関数的に減少し，次の式
$$p_n = p_0 e^{-(\mu g/RT)h}$$
のようになる．ここで，μ は気体の分子量，R は気体定数，T は熱力学的温度である．

圧力の SI 単位はパスカル（すなわちニュートン / 平方メートル）であるが，バールも正式に認知されている．たとえば，気象学においては圧力はミリバール（mb）で計測される．ただし，1 パスカルは 0.01 mb と等しい．気圧，mmHg，Torr はいまや旧式の圧力単位であり，大まかな比較でのみ使用される．⇒標準大気圧，標準温度と標準気圧．

圧力計　pressure gauge
(1) 液体柱のマノメーターや自由ピストンゲージなどの一次計測器．
(2) ブルドン管や抵抗流体圧力計などの二次計測器．
(3) ⇒微圧計．
(4) 真空の圧力計では，一次計測器のマクラウド真空計，クヌーセン真空計（クヌーセン真空計はしばしば二次計測器としてつくられることもある），および二次計測器のピラニ真空計，電離真空計，分子式真空計などがある．

圧力係数　pressure coefficient
記号：β．体積一定の条件下で，圧力 p と熱力学的温度 T の関係を表す量．すなわち，
$$\beta = \left(\frac{\partial p}{\partial T}\right)_V$$
である．相対圧力係数（relative pressure coefficient）は，記号 α で表し，$\beta(1/p)$ である．

（圧力）水頭　pressure head
与えられた圧力で到達することのできる液体柱の高さ．たとえば，高さ h の液体柱は，圧力 $p = h \rho g$ に相当する．ここで，ρ は液体の密度，g は自由落下の加速度である．

圧力中心　center of pressure
流体中に置かれた平面において，その表面に働く圧力の合力が作用するとみなされる点．その平面が液体中で水平な場合は，圧力中心は平面の重心と一致する．それ以外の場合は，圧力中心は重心よりも下になるが，液体の深度が増すにつれて重心に近づく（曲面に対する圧力の効果は一般に単純力に還元できないので，圧力中心は平面に対してのみ定義される）．⇒浮力．

圧力広がり　pressure broadening
線スペクトルにおいて観測される効果で，光の放出や吸収を行う物質が高い密度（したがって高い圧力）で存在するとき，スペクトル線が太くなる効果．密度，圧力が高いほど線幅は広くなる．この広がりは，原子が電磁波を吸収，放出する最中に，他の原子と衝突するために生じるものである．⇒ドップラー広がり，スペクトル線の形．

アドコック方向指示器　Adcock direction-finder
アドコックアンテナともいう．間隔をあけておかれた多くの垂直のアンテナからなる電波方向指示器．観測する方向では受信波の水平偏光の成分の効果が最小になるように設計されている．

アドミッタンス　admittance
記号：Y．インピーダンスの逆数．コンダクタンスを G，サセプタンスを B とすると，
$$Y^2 = G^2 + B^2$$
の関係がある．

アナスチグマート　anastigmat
球面収差，コマ収差，非点収差，像面湾曲，色収差などを，すべて除去するように設計された大開口，広視野の写真対物レンズ．対称，非対称あるいは 3～4 枚のレンズを密着，あるいはただ組み合わせたものなど，数多くの対物レンズが設計，製作された．

アナフォルシス　anaphoresis
⇒電気泳動．

アナモルフィックレンズ　anamorphic lens
円筒レンズやプリズムなどの光学系で縦と横で違う倍率で結像し，ある面で一方向に圧縮された像をつくるもの．ワイドスクリーンの映画撮影法においてフィルムへ像を圧縮するために使われる．この像は，同様の光学系を使って投影してもとにもどされる．

アナログコンピューター　analogue computer
連続的に変化する物理量（通常，電圧や時間）を操作することで，足し算，掛け算，積分などの計算を実行するコンピューター．計算にかかわる変数はアナログ量である．

アナログ信号 analogue signal
電圧や電流がなめらかに変化する場合など,連続的に変化する振幅・時間の信号.

アナログ遅延線 analogue delay line
⇒遅延線.

アニオン anion
負の電荷をもつイオン,電気分解で陽極の方に移動する.⇒陽イオン.

アネモグラフ anemograph
風速計の記録.

アネロイド aneroid
液体を使わないことを意味する語で,たとえば,アネロイド気圧計,アネロイド圧力計というように使われる.

アノード anode
⇒陽極.

アハラノフ-カッシャー効果 Aharanov-Casher effect
磁気モーメントをもった中性粒子が電場から受ける効果.電荷列により中性子線の回折が影響を受けることにより示された.電荷の付近を運動する中性子には磁場が伴う.この磁場が中性子の波動の位相を変化させると考える.荷電粒子が磁場の近くを運動するとき受ける同様の効果をアハラノフ-ボーム効果(Aharanov-Bohm effect)という.

アフターグロー afterglow
⇒残像.

アブレーション(溶発) ablation
運動する物体と大気中の原子や分子との摩擦による分解や蒸発によって物質が表面から取り去られること.レーザー光などの強い光で表面から物質が蒸発することなど.現在ではさらに広い意味で用いられる.

アボガドロ仮説 Avogadro hypothesis
すべての気体で,同じ温度,圧力で測られた等しい体積には,同じ数の分子が含まれる.すなわち,1 モルの気体が,ある温度,圧力で占める体積はすべての気体について等しい(標準状態において 22.4×10^{-3} m^3).⇒理想気体.

アボガドロ定数 Avogadro constant
記号:N_A または L.物質の 1 モルに含まれている原子や分子の数.物質量は,その物質の原子数や分子数に比例し,アボガドロ定数は比例係数となる.すべての物質に対して同じ値となり,$6.022\,141\,29 \times 10^{23}$ mol^{-1} である.⇒ロシュミット定数.

アポクロマートレンズ apochromatic lens
色収差を高い精度で除去したレンズ.2つの波長に対して色消しにしてもまだ残る二次的色スペクトルを,適当な分散をもつ3種類以上のガラスを組み合わせたレンズで,さらに除去したもの.顕微鏡の対物レンズや特別な写真レンズに使われる.

アポスチルブ apostilb
光度の単位.均一拡散面 1 m^2 より 1 ルーメンの光を発するときの光度として定義される.

アマルガム amalgam
⇒合金.

アミチプリズム Amici prism
⇒直視プリズム.

rms 値 rms value
⇒二乗平均値.

アルキメデスの原理 Archimedes' principle
液体中に浮かんでいる物体は,その重さに等しい重さの液体を排除している.⇒浮力.

アルニコ Alnico
Ni 18%,Al 10%,Co 12%,Cu 6%および残りが Fe の組成をもつ合金で,永久磁石となる.

α線 alpha ray (α-ray)
放射性物質から放射される α 粒子の流れ.その速さは 1.6×10^6 m s^{-1} の程度であるが,これは放射性物質により異なる.α線は空気中で数 cm 程度の透過能しかもたない.うすい紙 1 枚で止まってしまう.最大透過距離は速度の 3 乗に比例する.α線はその軌跡に沿って強いイオン化能力をもつ.α線の検出には α 粒子カウンター,ガイガー計数管,泡箱などが用いられる.また写真乾板,蛍光板上のシンチレーションによっても検出される.

α崩壊 alpha decay
親核種が,α 粒子と娘核種とに自発的に崩壊する放射過程.親核種の平均寿命は 10^{-7} 秒から 10^{17} 年という広い範囲にある.古典物理学では,α 粒子(原子番号 Z_α)と娘核(原子番号 Z)との間のポテンシャル障壁は,
$$V_R = Z_\alpha Z e^2 / R$$
で与えられる.ここで,R は核半径である.もし α 粒子がポテンシャル井戸内でエネルギー $E_1 < V_R$ をもっていると,α 粒子は外に逃げることはできない.トンネル効果により粒子がトンネルを通り抜けることを説明するためには波動力学が必要である.

α粒子 alpha particle（α-particle）
^{4}He 原子の原子核. $2e$ の正電荷をもつ. 陽子数と中性子数はともに 2, つまり魔法数で, 安定な粒子である. 相対原子質量は 4.001 506 である.

R 目盛 Réaumur scale
水の氷点を 0°R, 沸点を 80°R とする温度目盛.

アロバー allobar
同位体の存在比が, 自然のものとは異なる化合物.

泡箱 bubble chamber
イオン化粒子（⇒**電離放射線**）の軌跡が, 大きな箱の内部の液体の小さな泡の並びとして目で見えるようになっている装置. 液体としては通常, 水素, ヘリウム, 重水素が用いられるが, いずれも圧力は, 沸点よりもわずかに高い温度で沸騰が起きない圧力に保たれている. 粒子が通過する直前に圧力を減少し, 通常約 50 ms 後に沸騰が起きる. しかし, 動いている粒子の軌跡に沿った原子のイオン化によるエネルギーの放出は, この軌道に沿った局所的な沸騰をもたらす. 約 1 ms 後には泡は写真で撮ることができるくらいに大きくなり, 粒子の軌道や崩壊, 反応生成物を記録することができる. 記録後は箱の中の圧力をふたたび高くして, 液体が沸騰しないようにする.

アンウィン係数 Unwin coefficient
⇒レイノルズの法則.

暗黒部 dark space
気体放電管の比較的暗い部分. ⇒**気体放電管**.

暗黒物質 dark matter
宇宙の質量の大部分を占めるが, 重力の効果以外に観測できない物質. 最初に提案されたのは大銀河団をめぐる話で, 銀河が重力で結びついているとすると実際に観測されている銀河団より平均 10 倍の質量が必要であった. 暗黒物質の性質はわからないが, 陽子や中性子などのバリオン物質だけでは足りないことは確かである. ⇒アクシオン.

暗視野照明 dark-field illumination
⇒顕微鏡.

安定抵抗器 ballast resistor
大きな抵抗の温度係数をもつ材料でつくられた抵抗で, ある電圧範囲にわたり電流が実質的に一定になるようにつくられたもの. 回路と直列につながれ, かけられた電圧の小さな変化を吸収することにより回路の電流を安定化する. もっとも一般的に用いられるタイプは, バレッターとサーミスターである.

安定な回路 stable circuit
どんな条件のもとでも不必要な発振現象などを起こさない回路.

安定なつり合い stable equilibrium
⇒つり合い.

アンテナ aerial, antenna
放送などのシステムにおいて, 電波のエネルギーが空間に放射される（送信アンテナ）, あるいは空間から取り込まれる（受信アンテナ）働きをする部分をいう. アンテナとフィーダー線およびその支持物を含めて, アンテナシステム（aerial system）という. アンテナの中で重要なものは, ダイポールアンテナと指向性アンテナである.
「aerial」という言葉は, TV アンテナ（TV aerial）のように普通に使われているが, もともとアメリカで使われていた.「antenna」という言葉は最近の科学, 技術の文献でよく使われる.

アンテナ指向性図 radiation pattern
放射ダイアグラム（radiation diagram）ともいう. 任意の電波源, とくにアンテナからの放射の空間分布を図に表したもの. 1 つのアンテナに関しては, 送信と受信のパターンは等しい. 図はふつう極座標で描かれる. ⇒極線図.

アンテナシステム aerial system
⇒アンテナ.

アンテナ抵抗 aerial resistance
アンテナで消費される全エネルギー, すなわち放射エネルギー, ジュール熱, 誘電損失, アース損失などすべてを考慮に入れたときのアンテナの等価抵抗. その値はアンテナに供給される全電力をアンテナの電力供給点での電流値の 2 乗で除したものになる.

アンテナ利得 aerial gain
あるアンテナから入った信号が, 受信機の入力端子に与える電力が, 同一条件（同じ空中電力を同じ条件で受信する）にある標準アンテナを用いたときの何倍になっているかを示す比. もし標準アンテナが決められていないときは, 半波長ダイポールアンテナを用いる.

アンテナ列 aerial array
ビームアンテナ（beam aerial）ともいう. 送信または受信用アンテナを間隔をおいて配列し互いに結線したもの. 適当に設計すると非常によい指向性が得られ, したがって送受信の利得が非常に高くなる. 水平な線の上に並べられた

アンテナ列は，水平面上，列に直角な方向に強い指向性をもつ．これを横型アレー（broadside array）という．水平面上でアンテナ列の方向に指向性が高くなるものを縦型アレー（end-fire array, staggered array）という．アンテナ列は通常，水平面内または垂直面内で指向性をもつように設計される．水平面内の指向性は水平線上に並べるアンテナの数が多いほど高くなる．垂直面内の指向性は，1つのアンテナの真上にまた1つというように積み重ねられたアンテナの数で決まる．

ANDゲート　AND gate
⇒論理回路．

アンビエント　ambient
(1) 周囲の．たとえば ambient temperature はごく局所的な温度．
(2) 自由に動きまわる．たとえば ambient air のように使う．

アンペア　ampere
記号：A．電流のSI単位．径の大きさを無視できる無限に長い銅線が，1mの間隔で平行に置かれたとき，その間に働く力が1mあたり2×10⁻⁷Nとなる電流値として定義される．この単位は以前は絶対アンペアといわれたが，1948年から国際アンペア（A_{int}）の代わりに使われるようになった．後者は硝酸銀溶液から1秒間に 0.001 118 g の銀を析出させる電流として定義されていたものである．両者の関係は 1 A_{int} = 0.999 850 A である．

アンペア回数　ampere-turn
1巻きのコイルに1Aの電流を流すための起磁力．

アンペア時間　ampere-hour
任意の断面をもつ導体に，1時間の間，1Aの一定の電流を流し続けたときの電気量．蓄電池の容量を表すために使われる単位．1アンペア時間は 3600 C（クーロン）に相当する．

アンペールの規則　Ampère's rule
電流の向きと，それによってつくられる磁場の向きに関する記憶法の1つ．導線の中を電流の方向に泳ぐとして，導線の下に置かれた方位磁石を見ると，方位磁石の北極（north）はあなたの左（left）手の方向に振れる，というもの．

アンペールの定理　Ampère's theorem
無限に長い直線電流 I にアンペール-ラプラスの定理をあてはめると，電流から r だけ離れた点での磁束密度の大きさは
$$B = \mu_0 I / 2\pi r$$
で与えられる．ここで，μ_0 は磁気定数（透磁率）．この式から，電流 I が流れている N 個の導体をとりまく閉じた経路を考えたとき，アンペールはその上での磁束密度との間に
$$\oint B dl = \mu_0 N I$$
の関係があることを示した．dl は閉回路の線素である．これがアンペールの回路定理である．アンペールは最初にこの関係を，回路に沿って**単位磁極を一巡させるのに必要な仕事を計算して**示した．

アンペール-ラプラスの定理　Ampère-Laplace theorem
アンペールにより実験的に調べられ，ラプラスにより導体中の電流によりつくられる磁束の電磁気理論として定式化された定理．使いやすい形としては，
$$dB = \frac{\mu_0}{4\pi} \frac{I \sin\theta}{r^2} dl$$
と表される．電流 I が流れる線素 dl が距離 r だけ離れた点につくる磁束密度を dB とする．θ は I と r のなす角，μ_0 は**磁気定数（透磁率）**とよばれる．

アンモニア時計　ammonia clock
⇒時計．

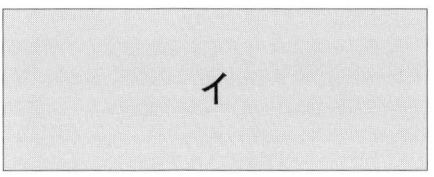

ESR
electron spin resonance（電子スピン共鳴）の略記.

esu
electrostatic unit（電気量の静電単位）の略記.

EHF
extremely high frequency の略記.
⇒周波数帯域.

e.m.f.
electromotive force（起電力）の略記.

イーエム比 e/m
電子の電荷と質量の比. 電子の比電荷（specific charge）ともいう. 電子の速度が光速度に近づくと，質量の増加により，この比は減少する. 低速電子に対しては，
$$1.758\,820\,15 \times 10^{11}\,\mathrm{C\,kg^{-1}}$$
である.

e.m.u.
elecromagnetic units（CGS 単位系における電磁単位）の略記.

イオン ion
電荷を帯びた原子，分子，あるいはそれらの集団. 負イオン（アニオン）は，原子やその集団が電気的に中性であるときよりも多くの電子をもっている. 逆に，正イオン（陽イオン）は，電子の数が少ない. ⇒気体イオン.

イオン移動度 ionic mobility
単位強度の電場が印加されたときにイオンが得る平均的な速度. 通常，速度は $\mathrm{m\,s^{-1}}$，電場は $\mathrm{V\,m^{-1}}$ 単位で測定され，イオン移動度の単位は $\mathrm{m^2\,V^{-1}\,s^{-1}}$ となる.

イオン化 ionization
⇒電離.

イオン化ポテンシャル ionization potential
記号：I. 原子や分子から電子を無限に遠くまで引き離すために必要な最小のエネルギー. したがって，電離
$$A \rightarrow A^+ + e^-$$
を起こすために必要な最小のエネルギー. ただし，電離した後のイオンと電子は静電気的な相互作用が無視できるほど十分遠方に離れており，また電離により余分な運動エネルギーは生じないものとする. 取り除かれる電子は最外殻軌道の電子，すなわち，もっとも弱く結合している電子である. 結合エネルギーがより大きな内殻軌道の電子を取り除くことも考えられる. 中性原子から2番目に弱く結合した電子を取り除くために必要とされる最小のエネルギーは，第二イオン化ポテンシャル（second ionization potential）とよばれる. 第一イオン化ポテンシャル（I_1）は1価のイオンの基底状態をつくり出すことに対応する. 第二イオン化ポテンシャル（I_2）は1価のイオンの第一励起状態をつくり出すことに対応する. ⇒電子親和力.

イオン結晶 ionic crystal
原子間力がクーロン型である結晶. 正と負にイオン化された原子が互いに引力を及ぼし合い，外殻電子どうしが接近しすぎたときに働く斥力と釣り合っている.

イオン源 ion source
イオンを生成する装置で，とくに加速器で使用される. 水素やヘリウムなどの気体の小さなジェットを，電子ビームとの衝突で電離させ，その結果生じる陽子，α粒子などを加速器の中に噴射する.

イオン交換 ion exchange（IX）
液体が適当な固体中もしくは固体表面上を通過するときに，正イオンまたは負イオンを交換する可逆反応のこと. 使用される固体は，イオン交換樹脂（合成または天然の重合体），ゼオライト（合成または天然の，ナトリウム，カルシウムなどのアルミノケイ酸塩），あるいは炭素を含む鉱物を特別に調整したものである. この過程は，水の軟化，塩水の淡水化，同位体分離，原石からの金属の抽出などに利用される.

イオン注入 ion implantation
集積回路やトランジスターをつくるときに使用される技術で，高速度のイオンを制御された条件下で半導体物質に衝突させる方法. イオンは半導体表面から侵入し，半導体結晶内の格子の位置を占める. この技術は拡散による方法と併用して，あるいは，その代用として使用される.

イオン対 ion pair
1個の電子が1つの原子または分子からもう1つの原子または分子に移動したときに生じる正負に帯電した1対のイオン.

イオン伝導 ionic conduction
半導体において，半導体内の電荷移動が結晶

格子内のイオンの変位によって起こること．このような電荷の移動を維持するためには，外部からエネルギーを供給することが必要である．

イオントラップ　ion trap

(1)［訳注：真空装置内で電場または磁場を用いてイオンを捕捉するもの．これにはペニングトラップ（Penning trap）およびポールトラップ（Paul trap）の二種類がある．］

(2)陰極線管において，管内にあるイオンがスクリーンに塗布してあるリンに衝突して損傷するのを防ぐ装置．

イオンの泳動　migration of ions

電解質のイオンは電流が流れるとき泳動し，電気輸送の一部を担う（→電離）．陽イオンと陰イオンは同じ速度では動かないので，両イオンが輸送する電流の割合は異なる．電極のまわりの電解質は濃度変化が進む．陰陽いずれかのイオンにより運ばれた電流の割合は輸率（transport number, transference number, 記号：t）として知られる．

イオンビーム分析法　ion-beam analysis

陽子，重陽子，α粒子などの正に帯電した軽いイオンのビームを用いて，微視的，巨視的スケールで物質の分析を行うこと．ビームが粒子加速器で生成されるため，イオンは通常数 MeV のエネルギーをもっている．ラザフォード後方散乱法（Rutherford back scattering：RBS），核反応分析法（nuclear reactions analysis：NRA），粒子励起 X 線分析法（particle-induced X-ray emission：PIXE）など，さまざまな分析法が開発されている．イオンが分析している試料の表面に衝突すると，それに続いて試料から放射線（RBS では粒子線，NRA では粒子または γ 線，PIXE では X 線）が検出されるので，従来の装置で処理する．試料の原子が結晶格子のどこに位置しているかという情報が得られる．

イオン雰囲気　ionic atmosphere

電解液において，正イオンの周囲に負イオンが，または負イオンの周囲に正イオンが蓄積していること．電場が印加されると，イオンはイオン雰囲気と反対の方向に移動する．そのため，雰囲気のイオンについての対称性が失われ，イオンは減速される．しかし，高い周波数の交流を流した場合（もしくは短い時間直流を流した場合）には，対称性をこわすほど長い時間電場が一方向にかかることはなく，伝導率は大きくなる．このようなときには，伝導率は印加された電場に依存する．→ウィーン効果．

イオンポンプ　ion pump

電子ビームにより気体を電離して正イオンをカソードにひきつけ，系から除去する真空ポンプ．非常に低い圧力（約 10^{-6} Pa 以下）で機能するが，気体は完全に排出されてしまうのではなく，カソードに吸着されるだけである．このため，一定の時間がたつとポンプが飽和してしまう．このため動作中にたとえばスパッタリングによって絶えず新しい金属膜をカリード上に蒸着することにより，排気能力を維持することができる．→ゲッター．

イギリス式熱単位（**英国式熱単位，Btu**）British thermal unit（Btu）

1 lb の水を 1 °F 上げるのに必要な熱量．国際的に決められた Btu は，SI 単位で表すと 1055.06 J に等しい．

イグナイトロン　ignitron

水銀アーク整流管の一種で，補助的な点火電極（ignitor electrode）によって放電が始まる．管は陽極と水銀溜の陰極をもち，点火電極は陰極に浸っている（図参照）．点火電極は通常，ケイ素またはホウ素の炭化物のような半導体の棒でできている．陽極にかける電圧はアーク放電を起こすには不十分であるが，点火電極と水銀の間に電流が流れると熱点ができ，アーク放電が起こる．

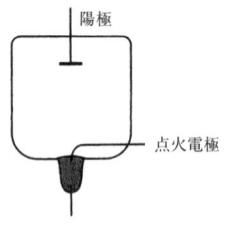

イグナイトロン

イコライゼーション　equalization

電子回路で必要な周波数領域でのひずみを補正するためにネットワークを挿入すること．

ECL

emitter-coupled logic（エミッター結合論理回路）の略記．

異常光線　extraordinary ray
→複屈折．

異常粘性　anomalous viscosity

コロイドとか，あるいは 2 つまたはそれ以上の相が共存しているような流体では，液体にか

かっているずれの力の大きさとか，各相の成分の濃度とかによって粘性率が変わってくる．このような流体は，非ニュートン的であるという．ふつうは速度勾配が大きくなると粘性率は低下する．

異常分散 anomalous dispersion
光の波長がその物質の吸収帯の近くになると，屈折率が波長に依存して急激に変化すること（図参照）．正常分散では，短波長側で屈折率が大きくなるが，異常分散の場合には，吸収波長より長波長側で屈折率が大きく，短波長側で小さくなる．

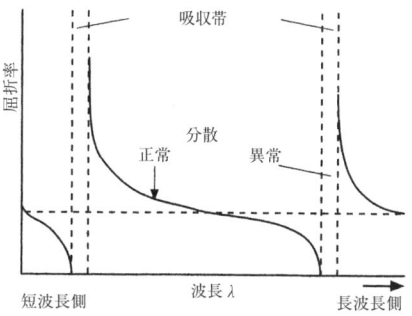

異常分散

異色性 allochromy
蛍光やラマン効果の場合のように，入射光とは違った波長の光が，原子や分子から誘導放出されること．

異性体 isomer
同じ分子量をもち元素組成が同じ化合物で，化学的，物理的性質の一部，またはすべてが異なるもの．⇒核異性．

位相 phase
⇒相．

E層（E領域） E-layer, E-region
ヘビサイド層（Heaviside layer），ケネリー-ヘビサイド層（Kennelly-Heaviside layer）ともいう．⇒電離層．

位相遅れ phase delay
振動する量が受ける位相のずれの振動数に対する比．

位相角 phase angle
同じ周波数で正弦波的に変化する2つの量を表す2つのベクトルの間の角（⇒位相）．この語は，正弦波的ではないが同じ基本周波数をもつ周期的な量についても用いられる．このとき位相角は，基本成分を表す2つのベクトルの間の角である．⇒位相差．

位相空間 phase space
系の状態を特定するのに必要な変数を座標とした多次元空間．とくに位置の3次元と運動量の3次元から構成される6次元空間．

位相差 phase difference
(1) 記号：φ．同じ周波数で正弦波的に変化する2つの量の位相の差．時間か角度（位相角）で表される．
(2) 計器用変成器における，反転した2次ベクトル（電流変換器の電流，電圧変換器の電圧）と対応する1次ベクトルの間の角度．反転した2次ベクトルが1次ベクトルに対して進んでいるか遅れているかによって，それぞれ正または負になる．

位相差顕微鏡 phase-contrast microscope
⇒顕微鏡．

位相速度 phase speed
波の山や谷が媒質中を進む速度．より正確には，均一な連続波の位相が伝搬する速度．λを波長，Tを振動の周期としてλ/Tで表される．νを振動の周波数，σを波数としたときのν/σに等しい．⇒群速度．

位相定数 phase constant, phase-change coefficient
⇒伝搬係数．

位相のずれ phase shift
周期的に変化する量に関する語．ある量の位相の変化，または複数の量の位相差の変化．

位相波 phase wave
⇒ドブロイ波．

位相外れ out of phase
⇒相．

位相板 phase plate
⇒顕微鏡．

位相変調 phase modulation
変調法の1つ．搬送波の位相が，無変調のときの値を中心として，変調信号と同じ周波数でその振幅に比例した量だけ変化するようにしたもの．搬送波の振幅は一定に保たれる．

位相弁別器 phase discriminator
出力波の振幅が，入力波の位相の関数になっている検出器用回路．

イソクロナスの isochronous
振動，または軌道を回るのに要する時間の周期を一定に保つこと．規則的な周期性をもつこと．

位置エネルギー（ポテンシャルエネルギー）
potential energy
記号：E_p, V, Φ. ある基準の配置から現在の状態まで系を変化させるためになされる仕事. ⇒エネルギー.

一弦器 monochord
ソノメーター（sonometer）ともいう. 滑車に架けた重りかばねで引っ張り, 2つのこまの上に細い金属のワイヤーを水平あるいは垂直に張ったもの. 張られた弦の性質を研究するために用いられる. 可動式のこまを使えばワイヤーの振動する部分の長さを簡単に変えることができる. 多くの弦楽器同様, 音量を上げるために弦とこまは中が空洞の箱の上に取り付けられており, 弦の振動はその箱の中の空気をある程度振動させる. 弦の振動は, たとえば, かき鳴らしたり, たたいたり, 弓でひいたり, 電磁的な方法で簡単に励起することができる.

一次宇宙線 primary cosmic rays
⇒宇宙線.

一軸性結晶 uniaxial crystal
正方晶系, 菱面体晶系, 六方晶系の結晶. 結晶主軸方向にのみ単屈折で, この方向に通過する光以外は複屈折である. 氷州石（方解石）と水晶は一軸性である. 方解石は光学的に負の結晶で, 水晶は正の結晶である. ⇒複屈折.

一次電子 primary electron
表面に入射する電子. この電子によって表面より放出される二次電子と区別される. ⇒二次放出.

一次電池 primary cell
⇒電池.

一次標準（器） primary standard
単位の標準として, 全国的に, または国際的に用いられる標準. 例として, 国際キログラム原器がある. ⇒二次標準.

一次巻線 primary winding
変圧器の電源側（入力側）の巻線. 変圧器が電圧を上げる型か, 下げる型かに関係なく, 電源側の巻線をさす.

位置ベクトル position vector
力学において, ある参照点から粒子の経路上の点までを結ぶ線. [⇒ベクトル]

一様温度空洞 uniform temperature enclosure
内壁が一定温度に保たれている空洞. このような容器内の放射の量と種類は, 壁の材質や空洞の中に入っているものによらず, 内壁の温度のみで決まる. このような放射は, 同じ温度での黒体からの放射と等価である.

一様ひずみ homogeneous strain
(1) 物体にひずみが生じると（⇒ひずみ）, 物体を構成する粒子について, 物体外に固定したデカルト座標 (x, y, z) は, 新しい位置 (x', y', z') に移る. もし, 次の関係
$$x' = a_1x + a_2y + a_3z$$
$$y' = b_1x + b_2y + b_3z$$
$$z' = c_1x + c_2y + c_3z$$
（ここで9つの記号を a_s, b_s, c_s で表した）があると, このひずみは均質かつ均一であるという. （右辺に定数項が含まれていないのは, それらの項が単に物体の並進移動を重ね合わせることになるだけだからである）.

均一で均質なひずみの場合, 物体中の平面は平面のままであるが, その位置は変わる. 平行四辺形は別の面内で別の角度の平行四辺形になる. 球は楕円体になり, 互いに直交する3本の主軸は, 球の互いに直交する3本の直径が伸縮, 回転したものである.

もし (x', y', z') と (x, y, z) の間の関係が線形でないときには, 不均質（heterogeneous）なひずみといい, もし係数 a_s, b_s, c_s が場所 (x, y, z) ごとに異なれば, そのひずみは均一ではないという.

(2) ひずみは粒子の変位, あるいはずれを使って表せる. これらの量を
$$u = x' - x, \quad v = y' - y, \quad w = z' - z$$
とおく.

(3) もし, ひずみが均質で変位の2乗や積が変位そのものに比べて無視できるほど小さければ, 複数のひずみがかかっている場合にそれぞれの変位の和をとることで変化を表すことができる. たとえば, 変位 u_1, v_1, w_1 と u_2, v_2, w_2 をもつ2つの小さな均質ひずみは, 変位 $u_1 + u_2$, $v_1 + v_2$, $w_1 + w_2$ をもつ1つのひずみに等しい. この定理を使うと, 小さい均一で均質なひずみはどれも次の (a), (b) の2つの部分に分解できる.

(a) $c_2 = b_3$, $a_3 = c_1$, $b_1 = a_2$ である純粋に均一で均質なひずみ（⇒上記の(1)）. 変位を使って表せば,
$$u = s_xx + g_zy + g_yz$$
$$y = g_zx + s_yy + g_xz$$
$$w = g_yx + g_xy + s_zz$$
と書ける. （ここでは $s_x = (a_1 - 1)$, $g_z = a_2$, $g_y = a_3$ など6つの異なった定数があるのみであ

(b) 全体として物体の回転を表す変位の集まり（これは，球の直交する3本の直径（→上記の (1)）を楕円体の主軸の方向へ向ける働きをする）．

こうして，純粋に均一で均質なひずみだけで球が楕円体に変わり，球の直交する3つの直径は回転することなく，その長さだけを変えることで楕円体の主軸になる．この楕円体は，ひずみ楕円体（strain ellipsoid）として知られ，その軸はひずみの主軸（principal axes of strain）とよばれる．もし，座標軸 OX, OY, OZ がひずみの主軸に平行ならば，定数 g_x, g_y, g_z は消え，s_x, s_y, s_z を主ひずみ（principal strain）という．

一般化運動量 generalized momentum
⇒一般化座標．

一般化座標 generalized coordinates
記号 q_i または q．力学系の運動を記述する座標であるが，その量が実際にもつ性質などは表現しない．一般化運動量（generalized momentum）p_i または p はラグランジュ関数を L としたとき

$$p_i = \frac{\partial L}{\partial q_i}$$

の演算から導かれる．⇒ラグランジュ方程式，自由度．

一般化力 generalized force
ある系に力が加わった場合，1つの一般化座標のみが微小変化し，ほかの座標は変化しないとする．このときのすべての力が系にした仕事の微小座標変化に対する比をいう．

一般相対性理論 general relativity
⇒相対性理論．

一本吊り unifilar suspension
電気器具で使われる吊るし線の一種で，可動部を糸，線，短冊で支える．可動部がもとの位置から動くと，糸その他がねじれるので，制御（あるいは復元）トルクが働く．

井戸 well
⇒井戸型ポテンシャル．

移動顕微鏡 travelling microscope
倍率が低く（通常，約10倍），接眼鏡と同じ平面にグラティキュールがある顕微鏡．グラティキュールはレールの上に乗っており，水平，垂直，あるいはその両方向に移動することができる．たとえば写真板などで長さを非常に正確に決定するのに用いられる．0.2 m より長い距離の測定を 0.01 mm 以上の精度で行うことができる．

移動度（易動度） mobility
⇒ホール移動度，ドリフト移動度，真性移動度．

移動面積 migration area
中性子を核分裂エネルギーから熱エネルギーにまで減速するために必要な面積と，エネルギーを拡散するために必要な面積との和．前者の面積は，形式的には，線源から中性子が熱エネルギーに達する点までの平均二乗距離の 1/6 として定義される．拡散面積は，形式的には，中性子が周囲と熱平衡になる点から捕捉される点までの平均二乗距離の 1/6 である．移動距離（migration length）は移動面積の平方根である．⇒中性子年齢．

井戸型ポテンシャル potential well
ポテンシャルが急激に減少しており，その両側ではポテンシャルが高くなっている力の場の領域．

イネーブル enable
電子回路やデバイスにおいて，その一部（あるいは全部）を使用可能な状態にすること．回路やデバイスを選択するため，イネーブルパルス（enable pulse）が用いられる．このパルスがオンになっている間，その回路への信号入力が有効となる．

EPROM
消去が可能な PROM（プログラム可能な読み出し専用メモリー）．読み出し専用メモリー ROM と似た方法で製造される半導体メモリーであるが，中身は製造時ではなく後で与える．必要に応じて，数回は書き込みと消去ができる．ふつう，紫外線を照射して消去，すなわちプログラムを与えていない状態に戻す．また，書き込みには，PROM プログラマとよばれるデバイスが用いられる．

イメージインテンシファイア image intensifier
弱い光の像を強めるために使われる真空の電子管．像は光電陰極上に結ばれ，光電効果により電子が放出される．電子は電場で加速され，さまざまな方法で検出・記録される．（電子レンズ系を使うと）電子は正に帯電した蛍光スクリーンに集束でき，生じた光の像はもとのものよりはるかに明るいので写真に撮ることができる．装置によっては，スクリーン上の像を第2の光電陰極につくって増幅過程を繰り返すことが

ある．こうして数段の増幅器をつないで多段の装置にすることができる．できた像は写真に撮ったり特殊なテレビカメラで記録される．テレビ信号はコンピューターに送られ蓄積される．極端に弱いものの像はこうして徐々に増強することができる．（ノイズを取り除いて）蓄えられた像は表示したり，解析したり，電子的に操作を加えたりされる．

電子画像カメラ（electronographic camera）では，放出された電子はたいへん高感度な高分解能写真乾板に集束されて，電子が直接記録される．現像した像の各点の密度は，光学的像の対応する点の強度に比例していて，それは光学的像の強度のほとんど全域にわたる（これは写真の場合の像と異なるところである）．

イメージオルシコン　image orthicon
⇒撮像管．

移流　advection
たとえば極地域から，冷たい空気が移動するように，大気の水平方向の運動により，大気の性質（密度や温度など）が運ばれる現象．移流は大気の広域的な運動である．垂直方向の局地的な運動は対流の過程である．海洋学では移流は海水の流れ（海流）である．

医療物理学　medical physics
物理の医学への応用で，たとえば放射線治療，核医学，診断物理学，線量診断学，そして医療エレクトロニクスがある．これは現在では非常に広範囲な分野に広がっており，医療技術をより高度なものに発展させている．

色　color（colour）
(1) 日光（もしくは別の白色光）とは異なるスペクトルをもつ，十分な強度の光が眼に入ったときの感覚．色彩感覚は，可視領域のごく一部の光に対してだけ強い反応を示す．明るさのほかに，色には色相（hue）と彩度（saturation）の特性がある．彩度は，色が白色から離れて純粋なスペクトルのものに近づく度合である．色相は波長で決まる．純粋な連続スペクトルは彩度の高い色相の連続変化である．色相が白色光で薄められた場合（彩度が低い；不純），色は淡彩（tint）として分類される．色の明度（shade）はその明るさ（luminosity）に関係する．

普通の色覚をもつ人は，色相を6つのグループに分ける（波長：単位は nm）：赤（740～620），オレンジ（620～585），黄（585～575），緑（575～500），青（500～435），紫（435～390）．典型的に 100 段階の違う色相を区別することができる．淡彩は約 20 段階である．

色を混ぜることにより，ほかの色ができる．色のついた光を混ぜること，顔料を混ぜること，そしてカラーフィルターで光を透過させることとの間に大きな違いがある．色のついた光を混ぜることは加法混色である．他の2つは減法混色である．違う色の光を白いスクリーンの上に投射させてから目で見る場合と，目の網膜の上に重ね合わせて見る場合とは違って，結果的に別な色となる．そのとき，色相と彩度は混合光の相対比に依存し（ニュートン），明るさはそれぞれの明るさの和である（アブネー）．純粋なスペクトルの色相の対は，異なる彩度および色相の色をつくる．補色とよばれる特定の対は白色光を合成する．

三原色の光をいろいろな割合で混ぜることにより任意の色をつくることができる．すなわち，ある色を他の色の組合せと一致させることができる（⇒色度）．色素やインクで使われている3色は正確に三原色に対応しないため，これらを混ぜることで得られる色の数はやや少なくなる．
⇒表面色，カラーシステム．

(2) クォークの量子数．⇒量子色力学．

色温度（非黒体の）　color temperature
測定される固体のスペクトルとおよそ同じエネルギー分布をもつ黒体の温度．⇒選択放射．

色解像力　chromatic resolving power
⇒分解能．

色消し　achromatism
光線の分散によって起こる色収差または倍率の色による違いあるいはその両方を取り除くこと．分散の非線形性のために，すべての波長について補正を施すことは不可能なので，第1近似では，おもな2色（2波長）について，そしてさらに高次の補正では3色について，収差を取り除くのがふつうである．⇒色消しレンズ，アポクロマートレンズ．

色消し集光器　achromatic condenser
色収差および球面収差を除去した集光器で，ふつうは4枚のレンズから構成され，そのうちの2枚は色消しレンズでつくる．開口数は 1.4 である．高倍率が要求される顕微鏡に用いられる．⇒アッベの集光器．

色消しプリズム　achromatic prism
2つ以上のプリズムを組み合わせて，2色またはそれ以上の色（波長）に対して，光線の偏向角が同じようになるようにしたもの．こうする

と，これを通して見た対象物には色がつかない（⇨色収差）．うすい組み合わせレンズの場合のように，頂角の小さいプリズムを逆向きに貼り合わせる．2つのガラスの分散能が，偏角に逆比例している．

色消しレンズ　achromatic lens

アクロマート（achromat）ともいう．色収差の主な部分を除くために，2つ以上のレンズ（必要な場合にはその材質を変える）を組み合わせたもの．分散能 ω_1, ω_2 のガラスでつくられた倍率（power）P_1, P_2 の2枚のレンズを密着させてつくる（全倍率は $P = P_1 + P_2$ となる）．色消しの条件は $\omega_1 P_1 + \omega_2 P_2 = 0$ である．したがって望遠鏡や写真機の対物レンズを作る場合には，高倍率の凸レンズの分散能は，それに組み合わせる凹レンズの分散能より小さくしなければならない．これにより，例えば赤と青のような2色で同じ焦点を持つ．それでもまだ，二次スペクトル（secondary spectrum）とよばれる波長（色）依存の効果が残る．⇨アポクロマートレンズ．

色三角形　color triangle
⇨色度．

色収差　chromatic aberration, chromatism

レンズの収差．屈折媒質の屈折率は波長に依存するため（⇨分散）レンズの焦点距離が入射波の色によって変化する．そのため白色光の点光源の画像はぼやけて色がつく．赤の焦点に合わせると青，紫の輪で囲まれた像が，青の焦点に合わせると赤の輪で囲まれた像が見える．中間の位置では白い輪 AB が生じ，ぼけは最小になる（図）．比較の標準としては水素の C 線（赤），F 線（青）に相当する色が選ばれる．これらの色の焦点の間の距離を縦色収差（longitudinal chromatic aberration）という．主焦点距離の逆数は倍率で，一般に色収差は倍率の差をさす．薄いレンズでは，最後に述べた色収差は ωP で表される．ω はガラスの分散能で，P は黄色の光（ナトリウムの D 線）に対するレンズの倍率である．

画像の大きさは色によって異なる．大きさの差を横色収差（lateral chromatic aberration）とよぶ．2つの色を用いて，色収差を補正した際（⇨色消しレンズ），分散の非線形性のため，二次スペクトル（secondary spectrum）とよばれる色収差が残る．⇨アポクロマートレンズ．

色信号　chrominance signal
⇨カラーテレビ．

色フィルター　color filter
⇨フィルター．

色方程式　color equation

三原色の加法混合（⇨加法混色）を用いて他の色あるいは白色を表す代数方程式．⇨カラーシステム，色度．

引火点　flash point, flashing point

物質が大量の発火可能な蒸気を出す最低の温度で，小さな種火で発火する．

因果律　causality

すべての現象はそれより前にあった原因の結果であるという原理．ただし因果律が正しいとしても，原因となる要素が多く複雑すぎて解析できない場合もあるので，結果が予測可能であるとはかぎらない．

しかしながら，不確定性原理に従うと，原子よりも小さなスケールでの事象は予測不可能，もしくは，通常の法則に従っていないようにみえる．もしも，1個の電子の位置と運動量の両者を正確に決められないなら，その電子に対して引き続いて行ったと考えられる観測は，実は，2つの異なった電子の観測かもしれない．よって，個々の粒子は区別できない．因果律の古典的な確実性は，量子力学においては，特定の粒子が特定の場所に存在し，特定の事象に参加する確率に置き換えられる．

陰極（カソード）　cathode

（電解質）電池や電子管の負電極．電極を通

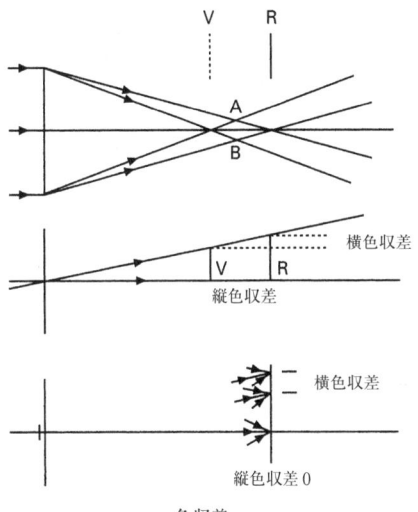

色収差

16 インキ

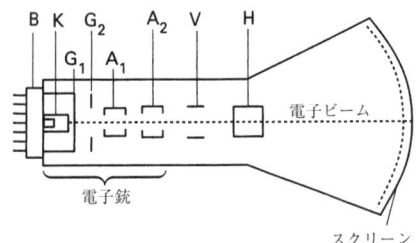

B：管底
K：カソード
G_1：制御電極（グリッド）
G_2：加速電極
A_1：集束陽極
A_2：加速陽極
V：垂直偏光板
H：水平偏光板

(a) 静電的集束と偏向

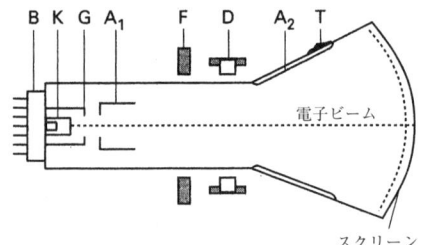

B：管底
K：カソード
G：制御電極（グリッド）
A_1：第1陽極
F：集束コイル
D：偏向コイル
A_2：第2陽極
T：接点

(b) 電磁的集束と偏向

して電子が槽や管の中に入る．⇨陽極（アノード）．

陰極線　cathode ray
⇨気体放電管．

陰極線オシロスコープ　cathode-ray oscilloscope
通常オシロスコープと略称される．調べようとする電気的信号を視覚的に表すための装置．電気信号に変換できるものであれば何でも見ることができるので，オシロスコープは大変に有用な装置である．観測対象となる信号は増幅された後，**陰極線管**の偏向板，通常は垂直偏向板に送られる．電子ビームの方向はスクリーンを水平に横切るように動くが，これはオシロスコープ内部に組み込まれた掃引発振器（通常タイムベース発振器とよばれる）の発生する電圧によるものである．スクリーン上で見られるビームは2つの電圧の合成されたものである．水平方向の掃引速度を適宜選ぶことにより入力信号を見やすくすることができる．もっとも簡単なタイムベースはのこぎり波を発生する掃引発振器で，ビームがゆっくりと一様速度でスクリーンを横切り，ほぼ瞬時にスタート地点にもどる．外部トリガーパルス（多くの場合それ自身の信号が用いられる）によって掃引を始める場合には，1回ごとの掃引がトリガーパルスに同期して開始するようにさらに複雑な掃引トリガー回路が組み込まれる．

さらに新しい型のオシロスコープでは機能が追加されている．たとえば，遅延トリガー，外部タイムベースあるいはその他の変調信号を使うためのX偏向板へのアクセス，ビーム強度変調などである．

陰極線管　cathode-ray tube（CRT）
漏斗型の電子管で，電子信号を視覚的に観測できる．陰極線管は電子ビームをつくる**電子銃**，電子ビームの強度，つまり画面上の明るさを調整するグリッド，電子ビームを可視光に変える発光スクリーンを必ず備えている．電子ビームのフォーカス，電気的信号に応じた偏向は静電的か電磁的，またはその両方の組合せによって行われる（図a，b参照）．一般的に静電的電子ビーム偏向法はほとんどの**陰極線オシロスコープ**のように高周波数を表示するのに用いられ，電磁的偏向法はテレビやレーダー受信機のように明るい表示をするために高速電子ビームが要求されるときに用いられる．

インコヒーレント　incoherent
コヒーレントでない放射のことをいう．もし2つの光源が独立であるとき，それらからある点へ達する2つの光の位相の間には，ふつう何の決まった関係もなく，干渉縞が生じない．このような場合，インコヒーレントという．

インジケーターダイアグラム　indicator diagram
エンジンのシリンダー中のピストンの運動周期にわたって状態を表した図．縦軸は圧力，横軸は作動物質の体積．図において曲線で囲まれた部分の面積は1サイクルになされる仕事を表し，エンジンの効率を見積もるのに使われる．

隕石　meteorite
⇨流星．

インダクター　inductor
リアクタンスコイル（reactance coil）ともいう．インダクタンスをもち，そのインダクタンスを利用するために使われる巻線やそれに似た

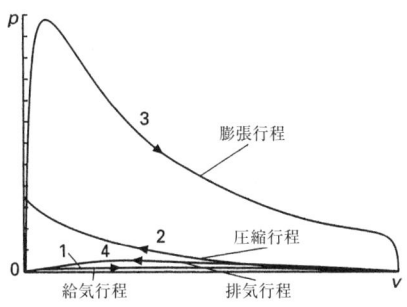

インジケーターダイアグラム

部品. ⇒チョーク.

インダクタンス inductance

電流が流れると磁場ができることに起因する電気回路の性質. インダクタンスは回路を貫く磁束と, その回路を流れる電流との関係―自己インダクタンス (self inductance) ―, あるいは近くの回路を流れる電流との関係―相互インダクタンス (mutual inductance) ―を与える. ⇒電磁誘導.

インターフェース（界面） interface

2つの部品, 装置, またはシステムの間の境界. 密度または速度の異なる2つの流体を隔てている面の場合もある. 他の例は, 2つのコンピューターシステムの間または1つのシステム内の2つの部分の間の通信を可能にする電子回路およびその関連ソフトウェア.

インバー Invar

ニッケル36％と鉄の合金で, 熱膨張係数が非常に小さい. さまざまな装置, 振り子や長さの正確な標準として使われる.

インバーター inverter

(1) 直流を交流に変換する装置で, とくにこの目的のために設計された回転機構をもつ機械.

(2) リニアインバーター (linear inverter): 信号の極性を反転させる, すなわち位相を180°シフトさせる増幅器.

(3) ディジタルインバーター (digital inverter): 入力が1のとき0を出力し, 入力が0のとき1を出力する論理回路.

インパットダイオード IMPATT diode

impact ionization *avalanche transit time* の略記. 強いマイクロ波の電波源をつくるのに使われるダイオード. 基本的には, 電子なだれ降伏の状態まで逆バイアスをかけたp-n接合でできている. マイクロ波周波数では負抵抗を示す

ので発振器として使える. 電流は電圧に対して通常半サイクル遅れる. この遅れの原因は, 電子なだれ現象（遅れは電子なだれの特徴でもある）と, 電荷キャリヤーが電極に集められるまでの通過時間によるものである.

インパルス雑音 impulse noise
⇒雑音.

インピーダンス impedance

一般的には, 正弦的に変わるある量（たとえば力, 起電力）と, その量に対する系の応答として現れる第2の量（たとえば加速度, 電流）の比.

(1) (電気の) 記号: Z. 交流起電力が電気回路に加えられると, 生ずる交流電流（⇒交流）は回路の抵抗のほかにキャパシタンスとインダクタンスにも影響される. キャパシタンスとインダクタンスによる抵抗が回路のリアクタンスであり, 電流に対する全体の抵抗がインピーダンスである. インピーダンスの単位はオーム $[\Omega]$ である. これは電圧の二乗平均値と電流の二乗平均値との比であり, R を抵抗, X をリアクタンスとすると $\sqrt{R^2+X^2}$ に等しい.

正弦的な交流電流の大きさは, f を周波数, I_0 を最大電流とすると

$$I = I_0 \cos(2\pi f t)$$

に従って時間変化する. より一般的には, そのような量は回転するベクトルで表すことができ, 電流の大きさはある直線へのベクトルの射影になる（⇒単振動, 位相, 位相角）. リアクタンスがあれば回路の起電力は電流と同位相ではなく, 次の式

$$V = V_0 \cos(2\pi f t + \varphi)$$

に従う. ここで, φ は位相角である. このような量は複素数でアーガンドダイアグラムの上に表すのが便利である. こうすると, $\omega = 2\pi f$ として

$$I = I_0 \exp(i\omega t)$$
$$V = V_0 \exp(i(\omega t + \varphi))$$

となる. これらの実部が電流と電圧の瞬時値である. インピーダンスは複素電圧を複素電流で割ったもの, すなわち $Z = V/I$ で $|Z| \exp(i\varphi)$ に等しい. ここで $|Z|$ は $\sqrt{R^2+X^2}$ である. Z はしばしば複素インピーダンス (complex impedance) とよばれ, 実部が抵抗, 虚部がリアクタンスである次式

$$Z = R + iX$$

で与えられる.

(2) (音響の) 記号: Z_a. 媒質中のある面上

での交流的に変化する**音圧**と，振動して音を出している面の体積速度との複素数比．単純な正弦波の音を出す面について定義され，音響レジスタンス（acoustic resistance）R_a と音響リアクタンス（acoustic reactance）X_a とは

$$Z_a = R_a + iX_a$$

の関係がある．

(3)（力学的）記号：Z_m, ω. 運動の方向に作用する力と速度との複素数比．力学的抵抗（mechanical resistance）R_m と力学的リアクタンス（mechanical reactance）X_m とは

$$Z_m = R_m + iX_m$$

の関係がある．単位は $\mathrm{N\,s\,m^{-1}}$.

インピーダンス降下 impedance drop
⇒電圧降下．

インピーダンス磁力計 impedance magnetometer
地球磁場の局所的な（たとえば建物の中など）変化を測定するための計器で，高い透磁率をもったニッケル-鉄の針金を使い，磁場の針金軸方向の成分によって起こる針金のインピーダンス変化を測定する．

インピーダンス整合 impedance matching
伝送系で，伝達の最適条件を得るために系の各部分のインピーダンスを整合すること．系は実際には電気回路のことが多いが，ホーンのように音響の系のこともある．

電力が**増幅器**から**負荷**へ伝えられるとき，最大の電力を伝達するには，負荷のインピーダンスを増幅器の出力インピーダンスの共役にする．伝送線では，電力波の反射が起こらないように，線のインピーダンスを電力源の出力インピーダンス，さらに負荷のインピーダンスとも等しくなるようにする．もし伝送線中で異なるインピーダンスの線をつなぐときには，両者の整合をとるために，波長の1/4の長さの線を用いる．そのような線は1/4波長線（a quarter-wavelength line）とよばれる．

インピーダンス電圧 impedance voltage
⇒電圧降下．

インフレーション宇宙 inflationary universe
宇宙の大きさが莫大な割合で増大したとする，ごく初期の宇宙にありえたとされる様相．宇宙の年齢が 10^{-35} 秒のとき，さらにエネルギーが放出され，それまでの宇宙の膨張が減速されるどころか加速されて，宇宙の状態が変わったとされている（グース Guth ら）．この急速な膨張の間に起きたとされるいろいろな現象は，まったく思考のみにより推論されたものである．このような膨張の状態があるとすると，たとえば，銀河や星の起源を説明することもできる．しばらくののち，爆発的な膨張は，標準的なビッグバン理論の予想する膨張へ変わった．

ウ

ヴァンアレン帯 Van Allen belt

放射帯（radiation belt）ともいう．赤道面を横切って地球の周りに存在するエネルギーが高い荷電粒子．おもに電子と陽子が存在する2つの雲状帯．粒子は地磁気によって閉じ込められている．これらは磁極の間を行ったり来たり振動して，磁力線の周りにらせん運動しながら電磁波を発している．内側の帯は赤道上空および1000～5000 km のところに存在し，より高いエネルギーをもった粒子が含まれている．これらの電子と陽子は**太陽風**からとらえられたり，または上層大気中で**宇宙線**との衝突による副産物としてつくられたものである．外側の帯は赤道上空おおよそ15 000～25 000 km にあり，磁極の方に曲線的に落ち込んでいる．この中の粒子はおもに太陽風からの電子である．

ヴァンデグラーフ加速器 Van de Graaff accelerator

ある種の加速器で，ここではヴァンデグラーフ高電圧発生器の高電圧端子が荷電粒子の発生源として用いられている．

ヴァンデグラーフ高電圧発生器 Van de Graaff generator

高電圧静電発生器の1つで，1万ボルト以上の電圧を発生できる．これは基本的には一続きの織物の絶縁ベルトが垂直に動いているものである（図参照）．電荷は100 kV もの外部電源から電極針の先 A を通してベルトに供給される．この電荷は絶えず大きな空洞の球 C まで持ち上げられ，集電用針 B によって球状電極 C に移される．球状電極の電圧は連続的に増加する（内側には電荷は存在しない）．この電圧の上限は支持している絶縁碍子や周りの気体の絶縁状態によって決まる．織物のベルトは絶縁された糸で結ばれた金属ビーズの列に置き換えてもよい．
⇒タンデム高電圧発生器．

ウィグナー核種 Wigner nuclide
⇒鏡映核種．

ウィグナー効果 Wigner effect

攪乱効果（discomposition effect）ともいう．放射線による損傷によって生じる固体の物理的または化学的性質の変化．この効果は核子の衝突によって原子が正常な格子位置からずれることによって引き起こされる．

ウィック回転 Wick rotation

特殊相対性理論において問題を単純化するために使われる数学的な手法．基本的に時間軸を虚数軸（時間は $i=\sqrt{-1}$ に比例するかまたは i を単位とする）にとる．理由は以下の通りである．アーガンド平面（複素平面）において実時間軸を90°（π/2 ラジアン）回転させることを考える．一般化されたピタゴラスの定理より，特殊相対論において2つの事象は

$$\Delta s^2 = \Delta x^2 + \Delta y^2 + \Delta z^2 - \Delta t^2$$

だけ離れている．もし，全時間が $i=\sqrt{-1}$ を単位とすると考えた場合，Δs^2 中の符号は正符号に変わり表式はピタゴラスの定理を4次元に拡張したことになる．⇒計量テンソル．

ウィーデマン効果 Wiedemann effect

ベルトハイム効果（Wertheim effect）ともいう．環状磁場の効果．①縦および環状の磁場間の相互作用によって生じる棒のねじれ変形，②環状に磁化された棒のねじれ変形によって生じる縦方向の磁化，③縦方向に磁化された棒によって生じる環状磁場．

ウィーデマン - フランツ - ローレンツの法則 Wiedemann-Franz-Lorenz law

金属や合金の電気伝導率と熱伝導率との間の近似的な関係式で，

$$\lambda/\sigma T = (2.0 \pm 0.5) \times 10^{-8} \text{ V}^2 \text{ K}^{-2}$$

である．非常に広い範囲にわたって大雑把に成り立つが，非常に低い温度では正確ではなくなる．λ は熱伝導率，σ は電気伝導率，T は熱力学的温度である．

T が一定で $\lambda/\sigma \approx$ 一定という関係はウィーデマン（Wiedemann）とフランツ（Franz）によって1853年に公表された．その後の研究によ

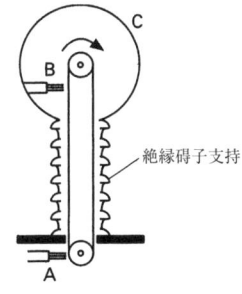

ヴァンデグラーフ高電圧発生器

って，広い温度範囲においてより一般的な形の法則が確立された．

ウィムズハースト発電機　Wimshurst machine
初期の静電気発生器で，2枚の平行な円板からなり，互いに反対方向に回転させる．2つの円周部に貼ったすず箔に電荷が誘起され，電荷は尖った櫛状の集電子に集められて火花を生じさせる．

ウィルソン霧箱　Wilson cloud chamber
⇒霧箱．

ウィルソン効果　Wilson effect
絶縁材料を磁束のある領域中で動かすと材料内に誘導電圧が生じる．材料の非伝導性によって電流が生じないため材料は分極することになり，この現象はウィルソン効果として知られる．

ウィーン効果　Wien effect
高い電圧勾配下（2 MV m^{-1} のオーダー）での電解液の電気伝導率の増加．このような条件下では溶液中のイオン移動度が，1個のイオンが緩和時間内に完全にイオン雰囲気中を通過する場合と同様になり，したがって通常現れる遅延効果を免れることになる．

ウィーンの変位則　Wien displacement law
⇒黒体放射．

ウィーンの放射法則　Wien radiation law
⇒黒体放射．

ウィーンブリッジ　Wien bridge
電気容量，インダクタンス，電力の力率を測定するのに用いる4素子交流ブリッジ．

ウェストン標準電池　Weston standard cell
カドミウム電池（cadmium cell）ともいう．携帯型の起電力標準で電位差計の校正や他の電圧測定装置の校正に用いられる．これはH型のガラス容器からなり，構成要素は図に示してある．この電池の起電力は非常に低い温度係数をもっている．t℃における起電力は
$$E_t = 1.01858 - 4.06 \times 10^{-5}(t - 20)$$
$$- 9.5 \times 10^{-7}(t - 20)^2 + 1 \times 10^{-8}(t - 20)^3$$
で与えられる．⇒クラーク電池，ジョセフソン効果．

ウェーバー　weber
記号：Wb．磁束のSI単位（⇒国際標準単位系）．1巻きのコイルにおいて，磁束を一定の速度で1秒間に0まで落としたときに1Vの起電力が生じる場合の磁束として定義される．

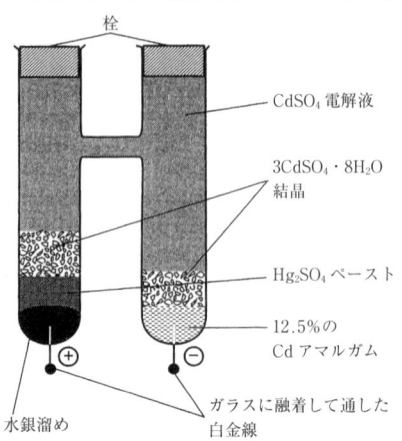
ウェストン標準電池

ウェーバー―フェヒナーの法則　Weber-Fechner law
（音の大きさや明るさのような）感覚作用を等差数列的に増大させるには等比級数的に刺激を増大させなければならない，という法則．

ウェファー　wafer
⇒チップ．

ウェーブトラップ　wave trap
同調回路の一種．通常，ラジオ受信機中で使用され，除波器としてアンテナ回路と同調回路の間に付加する装置．特定のラジオ周波数において干渉を打ち消すために用いられる．

ウェルカウンター　well counter
放射性の液体を用いた放射線計数管．測定装置の中の円筒状の容器中に液体が入れられている．

ウォブレーター　wobbulator
出力周波数をある範囲内で自動的に変えることができる信号発生器．電子回路や電子素子の周波数応答を検査するのに用いられる．

ウォラストン線　Wollaston wire
極端に細い白金線のこと．銀メッキした白金線を引っ張り，その後，銀を酸で溶かし去ることで得られる．電気機器に用いられる．

ウォラストンプリズム　Wollaston prism
偏光ビームスプリッターのことで，対角線上に2枚の方解石または石英のプリズムを接着剤接合または光学接触させる．おのおのの光学軸は非偏光の光を対角面上で常光と異常光とに分離するように配置してある．（⇒複屈折）．図は

方解石の屈折の様子を示している．プリズムPは光学軸がABに対して平行であるがプリズムQは紙面に垂直である．2つの出射光線の間の角度はABと対角線との角度によって決まる．2つの光線は互いに直交偏光である．

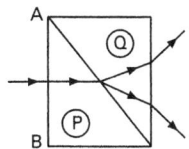

ウォラストンプリズム

ウォール効果　wall effect

入れ物や反応容器中の閉じた系での反応に内壁が顕著な影響を及ぼすことをさす．そのいくつかの例としては，①イオン化容器（電離箱）内に封入した気体よりもむしろ内壁から開放された電子によって生じる電流の効果．②1次イオン化の放射エネルギーが封入気体よりもむしろ容器の壁に吸収される場合の計数管中のイオン化損失．

渦電流　eddy current

変化する磁場が加えられたとき，導体中に誘導される電流．そのような電流は，交流を使う機械類の中では，エネルギー損失のもとになる（渦電流損失 eddy current loss）．磁場とその中で動く導体との相互作用は，その運動を遅らせるように働く．この特性は電磁的制動（electro-magnetic damping）に利用されることがある．
⇒誘導加熱．

渦度　vorticity

流体の3次元的な運動において，流体の点 (x, y, z) における流体粒子（an element of fluid）の速度は直交座標成分 (u, v, w) をもつ．この流体粒子の運動はふつう3つの部分に分けられ，(a) 通常の並進運動，(b) 純粋な変形運動，(c) ある瞬間的な軸の周りのその流体粒子全体の回転運動，となる．(c) における角速度成分は $(1/2)\xi$, $(1/2)\eta$, $(1/2)\zeta$ で与えられ，これらは

$$\xi = \frac{\partial w}{\partial y} - \frac{\partial v}{\partial z}, \eta = \frac{\partial u}{\partial z} - \frac{\partial w}{\partial x}, \zeta = \frac{\partial v}{\partial x} - \frac{\partial u}{\partial y}$$

である．成分 (ξ, η, ζ) をもつベクトルは点 (x, y, z) における渦度とよばれる．

渦なし運動　irrotational motion

液体に関する運動で，流体の有限の部分のいかなる要素の相対運動の方程式も回転の項を含まないような運動．数学的な渦なし運動の条件は

$$\mathrm{Curl}\, V = \nabla \times V = 0$$

である．ここで，V は流体の1要素の速度ベクトルである．運動が渦なしである場合には，速度ポテンシャルが存在する．また逆に，速度ポテンシャルが存在するならば，運動は渦なしである．ひとたび運動が渦なしとなれば，保存力のもとでの流体の運動は，その後，つねに渦なしである．回転の角速度の成分が同時には0にならない流体の運動は渦運動（rotational）とよばれ，そのとき速度ポテンシャルは存在しない．

渦なし場　nonvortical field
⇒回転．

渦粘性　eddy viscosity

非圧縮性流体の乱流中での（⇒乱流），渦の形成は，流体の各部分の運動量変化率を増加させる効果をもっている．このことは，抵抗を増加させ，非乱流運動の場合に比べて流体の粘性をみかけ上大きくすると考えられる．このみかけの粘性を渦粘性という．

渦場　vortical field
⇒回転．

右旋性　dextrorotatory

光の進む方向と逆方向から見たときに，光の偏向面を時間周りに回せること．⇒光学活性．

打ち消し合いの干渉　destructive interference
⇒干渉．

宇宙ジェット　cosmic jets

強い重力場領域からの物質の噴射．広くいえばこれらの噴射は2つのタイプに分類される．

1つは，質量の大きな若い星（牡牛座（Taurus）の起源をつくった牡牛座T星型とよばれる），惑星状星雲（最後を迎えた星の放つガスやプラズマ），中性子星，星型ブラックホールなどの小さい天体からの星ジェット（stellar jets）である．

もう1つは，銀河中心に存在するであろう大ブラックホールと銀河中心の降着円盤中の物質との相互作用で放出されると思われている銀河ジェット（galactic jets）である．

ジェットの物質自体は非常に薄く，モデルから求まる典型的な密度は $10^{-29}\,\mathrm{kg\,m^{-3}}$ のオーダーである．モデルから，ジェットは電子や陽電子によって帯電している可能性も示されている．ブラックホールから放出されるジェットの場合

は，事象の地平線付近で対生成が起き複雑な磁場との相互作用で光速近くで噴出していると天文学では考えられている．

宇宙線 cosmic rays
高速で宇宙空間を飛んできて，あらゆる方向から連続的に地球の大気に照射する高エネルギー粒子．宇宙線はおもに宇宙でもっとも豊富な元素の原子核，つまり陽子で構成されている．数は少ないが，電子，陽電子，反陽子，ニュートリノ，γ線光子も照射している．これらの粒子を一次宇宙線（primary cosmic rays）という．エネルギーの範囲は広く 10^8 eV から 10^{20} eV を超えるものまである．
一次宇宙線は酸素原子核か窒素原子核と衝突し，その後自然に崩壊したり粒子どうしが相互作用をして大量の素粒子と光子になる．これを二次宇宙線（secondary cosmic rays）という．1個の一次宇宙線から大量の粒子が生まれるので，これを空気シャワー（air shower）とよぶ．最初に生成されるのは電荷をもったπ中間子や中性π中間子（→中間子）で，電荷をもった中間子が崩壊してミューオンとニュートリノが生成される．

$$\pi^+ \to \mu^+ + \nu, \ \pi^- \to \mu^- + \bar{\nu}$$

ミューオンは物質とあまり強くは相互作用しないため，地表や鉱山の深いところでも検出される．中性のπ中間子（π^0）は2個の約70 MeV の高エネルギーγ線光子に崩壊する．それぞれの光子は原子核のそばを通るときに1つの電子と1つの陽電子を生成する（→対生成）．こうしてできた荷電粒子のそれぞれがエネルギーを失って，制動放射でさらに光子を放出し，これらがまた電子，陽電子などをつくっていく．したがって，もとの1つの中性π中間子が多数の電子と陽電子を作る．これをカスケード（cascade），またはカスケードシャワー（cascade shower）という．
たまに，10^{15} eV を超える1つの粒子が大気中に飛び込んできて，広域にわたって大量の二次宇宙線を作り出すことがある．これを空気シャワー（extensive air shower）あるいはオージェシャワー（Auger shower）とよぶ．
二次宇宙線の海面高度での密度はかなり低く，1 m^2，1秒あたり数千個程度で，低いエネルギーほど個数が多い．荷電粒子は地磁気の影響を受けるので，密度は緯度によって変化し，赤道上で最小になる．一次宇宙線は地球磁場を突き抜けて大気まで到達するだけの最小限のエネルギーをもっている．また，東西効果（east-west effect）もあって，西に入ってくる粒子の方が東に入ってくる粒子より多い．この効果は宇宙線がプラスの電荷をもっていることを示している．
宇宙線の起原はまだ解明されていない．エネルギーが 10^{18} eV 以下の宇宙線はわれわれの銀河系内に線源があると考えられている．超新星爆発が中エネルギーと低エネルギーの宇宙線を提供し，太陽のフレアは非常に低エネルギーの宇宙線を作り出す．これらの宇宙線は銀河系内の弱い磁場で何百万年も銀河系内に閉じ込められ，散乱によって方向が均一になったものである．

宇宙の元素比 cosmic abundance
宇宙で観測される各元素の比率を質量，あるいは個数の比で表したもの．質量比で約73％が水素，25％がヘリウム，0.8％が酸素，0.3％が炭素，0.1％がネオンおよび窒素，0.07％がケイ素，0.05％がマグネシウムである．

宇宙の年齢 age of the universe
ハッブル定数から計算すると 100～200 億年になる．この値は宇宙論のいろいろな学説に依存するので確かな値ではない．→膨張宇宙．
［注記：宇宙背景放射の観測などから最近は137億年という値がよく言われる．］

宇宙背景放射 cosmic background radiation
電磁波スペクトルの多くの波長領域で測定される宇宙空間からの拡散放射．ラジオ波，赤外線，X線，さらにγ線などの放射は多数の未分解で未解明な発信源が累積的に引き起こしているものと考えられている．しかし，もっとも重要なものはマイクロ波背景放射（microwave background radiation）である．この波長およそ 1 mm のところにピークをもつ背景放射は，2.9 K の黒体放射の特徴でもある．この放射は宇宙のあらゆる方向から同じ強さで飛んでくる．つまり，非常に等方的である．現在では，これは非常に初期の温度の高い宇宙に満ちていた放射の残留物であると仮定されている．→ビッグバン理論．

宇宙ひも cosmic string
ある種の大統一理論で仮定される時空中の1次元のひび．宇宙論で重要な結果を与える．

宇宙物理学 astrophysics
→天文学．

宇宙論 cosmology
宇宙の時間発展，構造，性質などを論じる物

理学の一分野（⇒ビッグバン理論）．初期の西洋宇宙論はギリシャの哲学者プトレマイオス（Ptolemy 2世紀）の提唱した理論に基づいている．プトレマイオスのモデルは地球を中心とした球面上に天体を置くことで天体の観測される運動を説明するもので，完全，不変，不滅のものと考えられていた．

それから1400年は，ヨーロッパの宇宙論はプトレマイオスのモデルを複雑にしてみたり小さな調整を行っていた．これらのモデルは月と惑星を同心球面上においた．惑星は星座の中を長い時間をかけて動くので，遠くの球面上に置かれた．そして背景の恒星は一番外の球面上に置かれた．さらに研究してみると，同心球理論では惑星の逆行が説明できないことがわかった．これを説明するために，惑星は従円（deferent），つまり主円軌道上を一定速度で動く点に乗った周転円（epicycle）とよばれる小さな円軌道上を動いているとした．惑星が周転円の地球に近い側を通っているとき，周転円上の西向きの速度は従円上の東向きの速度より速い．だから惑星は従円の運動方向と逆向きに進むように見える．これらの，あるいは別の修正が加えられ天空の状態はどんどん正確に予測できるようになったが，その結果，理論は説得力に欠けるものとなっていった．

1543年，ポーランドの天文学者コペルニクス（Copernicus）は，太陽が中心の宇宙モデルを復活させた．太陽中心のモデルは3世紀のアリスタルコス（Aristarchus）によって初めて提唱されたものである．コペルニクスの理論は初めは科学者たちに受け入れられなかった．おもな反対は物理や星の性質の知識が欠けていたことによるが，さらにコペルニクスの理論では，周転円を取り入れるなどの修正をしないと惑星の位置を正確に予言できなかった．1609年，ドイツの天文学者ケプラー（Kepler）は，ティコ・ブラーエ（Tycho Brahe）の集めたデータを厳密に解析した結果，火星の軌道は円周では表せないことを発見した．最終的に，コペルニクスやギリシャの哲学者たちが仮定していた惑星の自然な軌道は円であるというのをやめ，ケプラーは火星の軌道はある軌道の上にあることを決定できた．そのある軌道とは楕円で，その焦点に太陽がある．そうすると周転円を用いなくてもコペルニクス的モデルが非常にデータと合うのである．ケプラーは彼の発見を3つの法則にまとめ，それはいまでも彼の名前でよばれている（⇒ケプラーの法則）．

1660年代，イギリスに物理学者アイザック・ニュートン（Isac Newton）は彼の運動の法則（⇒ニュートンの運動の法則）と重力の法則をケプラーの発見に適用し，楕円軌道の焦点にある太陽に向かった向心力がケプラーの楕円軌道を作っていることを発見した．このことからニュートンは向心力が重力だという革命的な示唆を受け，彼のモデルが惑星の楕円軌道を再現するだけでなく，惑星の公転周期と長半軸の関係（ケプラーの第三法則）をも導くことを示した．ニュートンの法則は偉大で，1830年，ハーシェル（Harschel）が天王星の軌道が計算と違うことを示すと，1845年，アダムス（Adams）とルヴェリエ（Levearier）が独立に，天王星の軌道を乱している惑星の正確な位置を計算し，1846年，彼らの予言した位置のすぐそばで海王星が発見された．

ニュートンは彼の重力理論を宇宙の構造に適用する重要さを認識していて，彼の宇宙論を心に描いていた．静的な宇宙論で物質は一様に無限の空間に広がっていた．

1826年オルバースのパラドクスの公表でニュートン宇宙論の無限大に疑問符がついた．現代の宇宙論学者は，ニュートンのモデルは大きいスケールでの空間，時間，物質についての間違った仮定に基づいていると考えているが，ニュートンもオルバースも空間は無限に広く，空間の性質や構造は物質と無関係だと考えていた．現代の宇宙論はアインシュタインが彼の一般相対性理論（1915）で提案した数学的枠組みを使っている．アインシュタインの宇宙は4次元時空中にあり（⇒四次元連続体），そこでは物質が存在するので時空が曲がり，時空が曲がっているから物質の運動が曲がると考えられている．

1929年，スライファー（Slipher）の観測した遠方の銀河からの光のスペクトルを解析した結果，ハッブルは宇宙は膨張していることを発見した．スライファーはスペクトル線に赤方偏移を観測していて，これはドップラー効果のためであると説明していた．ハッブルはスライファーの銀河の後退速度のパターンが，遠い銀河ほど速い速度で後退していることを発見した．これをハッブルの法則（⇒ハッブル定数）といい，宇宙が膨張している証拠であると考えられている．

この膨張は一見地球中心の宇宙を意味すると思われがちだが，ハッブルの発見を注意深く解

析すると，これは宇宙が膨張しているためだということがわかる．空間自体が膨張していて，銀河は空間に固定されている．空間自体が膨張しているということは，ある銀河の観測者から見ると，他のすべての銀河はそれら銀河間の距離に比例した速さで後退しているように見えるということである．どの銀河も自分が宇宙の中心とはいえず，すべての銀河からは同じような銀河後退がみられる．ハッブルの発見は宇宙原理（cosmological principle），つまり宇宙の膨張は観測者が宇宙のどこで観測しても同じにみえるという原理を満たしている．

ウッドグラス　Wood's glass
スペクトルの紫外線領域に高い透過率をもつが，可視域では比較的透過率が低い変わった性質のガラス．

うなり　beat
周波数がわずかに異なる2つの音が同時に聞こえるとき，音の強度のゆらぎが観測される．この現象は干渉現象と対比することができる．ある等しい時間間隔のとき，2つの波は同位相で互いに強め合い，その中間の期間は逆位相で互いに打ち消し合う．周波数 m と n の2つの音を合成すると周波数 $(m+n)/2$ の音が観測され，その振幅は $2A$ と 0（A は最初の2つの音それぞれの振幅）の間を，うなり周波数 $(m-n)$ で変化する．もし $(m-n)$ が毎秒20を超えると，このうなりは差音（difference tone）とよばれる音に融合される．これに対応する電気的なうなりはうなり受信で使われる．

うなり周波数発振器　beat-frequency oscillator
電気的振動を発生させる装置．その周波数は可聴周波数またはビデオ周波数にわたり変化させることができる．2つの無線周波数発振器を組み入れて，一方の周波数を固定し，他方の周波数を任意に変化させる．出力は2つの無線周波数発振器のうなりとして得られる（→うなり受信）．カバーされる周波数領域全体にわたり出力電圧が実際上一定となる．

うなり受信　beat reception
ヘテロダイン受信（heterodyne reception）ともいう．うなりを用いるラジオ受信の方法．受信した無線周波数の振動と別の発振器（うなり発振器（beat oscillator）とよばれる）により発生させられた無線周波数の振動を組み合わせることによりうなり（一般に可聴周波数）が発生される．組み合わされた振動が検波され，

増幅され，聞こえるようになる．検出器，増幅器としても働くうなり発振器はオートダイン発振器（autodyne oscillator）とよばれる．→スーパーヘテロダイン受信器．

うなり発振器　beat oscillator
→うなり受信．

ウーファー　woofer
大きなサイズのスピーカーで，ハイファイシステムにおいて比較的低周波の音を再生するのに用いられる．

ウムクラップ過程　Umklapp process
フォノンどうしあるいはフォノンと電子の衝突過程．運動量は保存しない（保存則は適用されない）．この過程を考慮に入れると，伝導性のない物質に熱抵抗のあることが説明できる．

ウラン系列　uranium series
→放射性系列．

ウラン-鉛年代測定　uranium-lead dating
→年代測定．

うるう秒　leap second
→時間．

運動　motion
→ニュートンの運動の法則．

運動エネルギー　kinetic energy
→エネルギー．

運動学　kinematics
質量や力を用いることなく物体の運動を論じる力学の一分野．

運動ポテンシャル　kinetic potential
→ラグランジュ関数．

運動摩擦（動摩擦）　kinetic friction
→摩擦．

運動量　momentum
(1) 線形運動量（linear momentum）ともいう．粒子の場合，記号：p．粒子の質量と速度の積．粒子を通って運動方向を向いたベクトル量．物体あるいは多粒子系の運動量は個々の粒子の運動量のベクトル和となる．もし質量 M の物体が速度 V で動く（→並進）と，その運動量は MV であり，それは物体の重心にある質量 M の質点がもつ運動量である．→運動量の保存，ニュートンの運動の法則．
(2) →角運動量．

運動量の保存　conservation of momentum
(1) 相互作用する系や衝突する粒子系ではすべて，線形運動量のある決まった方向成分は，その方向の外力がないかぎり変化しない
(2) 同じように，固定軸まわりを回転する系

は外部からトルクを受けていないかぎり角運動量が一定である.

運動量のモーメント moment of momentum
⇨モーメント.

雲母（マイカ） mica
複雑なケイ酸塩でできた鉱物で，特徴として，その結晶は非常に薄い板に割れる完全な面へき開性をもつ．熱伝導率が低く，絶縁耐力が高いので，電気的絶縁体に広く使われている．

エ

エアリーリング Airy ring
円形開口により得られる明るいスポットを取り巻く交互に明暗を繰り返す回折パターン．（エアリーディスク（Airy disc））望遠鏡によって遠くの物体の"像"をつくったときにできる．望遠鏡の開口が大きくなるほど，ディスクは小さくなる．⇒光の回折．

永久ガス permanent gas
臨界圧力，臨界温度，臨界体積が，非常に高圧でも常温であれば気体の状態を維持するような値をもつ気体．圧力の調整だけでは液化できない気体．

永久磁石 permanent magnet
鋼や他の強磁性体のかたまりを磁化したもの．残磁性が強く普通の取り扱いに対しては安定である．残留磁化をなくすには一定の磁場で消磁する必要がある．⇒強磁性．

永久ひずみ permanent set
応力が取り除かれたあとにも物質に残るひずみ．

衛星 satellite
大質量の物体の周りを回っている自然物，または人工の物体．大質量の物体の大きさが圧倒的なので2体系の重心は通常，大質量の物体の中に納まっている．太陽系ではおもな惑星のうち6つが衛星をもつ．数多くの人工衛星が打ち上げられており，地球や，太陽系のその他の天体をめぐる軌道に乗っている．これらは2つの種類に分けられる．

(i) 情報衛星（information satellite）は地球，他の天体，または宇宙空間自体に関する情報を電波で地球に返送するように設計されている．そのため，いろいろな測定器具，カメラ，およびそれらの制御装置や電源，転送前のデータを記録しておく装置などを積んでいる．情報衛星は，天気予報や，ナビゲーションなどのための情報を供給するほか，資源，大気，地球の物理学的な特徴や，種々多様な天文学上の問題に関する情報も供給する．

(ii) 通信衛星（communication satellite）は地球上の離れた場所の間での情報の大容量中継を提供するように設計されている．国際電話やテレビの生中継は，地上のある地点から人工衛星に電波信号を送り，そこで増幅して地上の別の地点に（違う周波数で）送り返すことで実現されている．通信衛星の軌道は地球の大気の上にあるので，電離層を通り抜ける高周波の電波（マイクロ波）を使う必要がある．通信衛星の大部分は地球の赤道面上の静止軌道に打ち上げられている．静止軌道を回っている人工衛星は地上からは止まって見え，地上の広い範囲を受け持つことができる．衛星の軌道はほぼ楕円で，主星の中心はその焦点に位置する（⇒ケプラーの法則）．理想的な法則からのずれの原因としては，他の天体からの引力や主星の球対象からのずれ，上部大気の摩擦などがある．きわめて理想的な場合として，質量 m の天体の周りで半径 r の円軌道をとる際に，周期 T は

$$T^2 = 4\pi^2 r^3 / Gm,$$

で与えられる．ただし，G は重力定数である．

衛星直接放送 direct broadcast by satellite (DBS)
放送の1つの方法で，地球上の静止軌道にある通信衛星がおもな送信器として用いられる．放送される信号は，地上の発信源から衛星に送信される．衛星で信号は増幅され，地上の広い領域に向けて再送信される．DBS信号に同調した皿型アンテナを用いることにより，個々の受信機で直接受信することができる．

影像インピーダンス image impedances
四端子で，次の条件をともに満足する2つのインピーダンス Z_{i1}, Z_{i2}（図参照）．(1) Z_{i2} が1対の端子間につなげられたとき，他の1対の端子間のインピーダンスは Z_{i1}．(2) Z_{i1} がもう一方の端子間につなげられたとき，初めの端子間のインピーダンスは Z_{i2}．

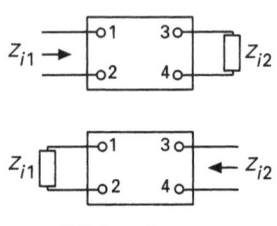

影像インピーダンス

a.m.u.
atomic mass unit（原子質量単位）の略記．

液高計 hypsometer
温度計を沸点で校正する装置（図参照）．P で

加えた既知の圧力（通常は大気圧）のもとで沸騰している水面上の蒸気中に温度計 T を置く．マノメーター M を用いて水があまり激しく沸騰しないように監視する．中央の部分は蒸気ジャケットで囲まれ，液化した水があってもここからボイラーの中へもどる．測定時の圧力における沸点を表で調べ，温度計 T の読みを校正する．

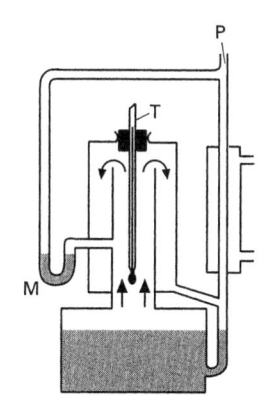

液高計

液晶　liquid crystal

流動性を完全に失わない結果，液体の状態でいる長鎖分子の配列．ネマチック（nematic）液晶では，分子の軸は同じ方向にそろっているが，分子の位置はランダムである．コレステリック（cholesteric）液晶およびスメクチック（smectic）液晶では，分子の重心の位置が層状に配列している．コレステリック液晶では分子の軸が層と平行に，スメクチック液晶では分子の軸が層と垂直になる．液晶は特徴的な光学特性を示し，コステリック液晶やネマチック液晶は，強い旋光性をもちうる（⇒光学活性）．スメクチック液晶，およびネマチック液晶は複屈折を示し，正結晶である．コレステリック液晶は，多くの場合，円偏光二色性の結果，一定の温度範囲内に限り真珠光沢（玉虫色）を示す．

液晶表示器　liquid-crystal display（LCD）

低消費電力の表示器で，数字や文字などを白地に黒で表示し，ディジタル時計，コンピューター，計測器，コンピューターディスプレイなどに使用される．LCD は液晶の光学的性質が電場によって変化することを利用している．

典型的な構造は，液晶の薄膜層が 2 枚の透明電極の間にはさまれたものが基本となる．上側の電極は表示する文字などの形（セグメント）にエッチングされている．薄膜の両側には，互いに偏光方向の直交する 2 枚の偏光子が置かれる．電圧の加わらないセグメントに入射した光は，1 枚目の偏光板を通過したのち，液晶によって偏光面が 90°回転するため，2 枚目の偏光面を通過でき，このセグメントは透明に見える．セグメントに電圧が加えられると，入射光の偏光面を回転させる効果が失われるため，入射光は 2 枚目の偏光板を通過できなくなり，このセグメントは黒く見える．

液浸対物レンズ　immersion objective

顕微鏡の対物レンズでは屈折が無収差（⇒無収差の）であることが大事で，倍率の高い対物レンズの先端のレンズでの屈折を少なくするために，杉の油（屈折率 1.517）をカバーグラス（たとえば屈折率 1.51）と屈折率の大きい先端のレンズの平らな面との間に入れる（図参照）．無収差にするばかりでなく，これにより**開口数**が増加するので分解能が増す．

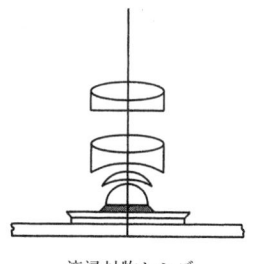

液浸対物レンズ

液相　liquid

物質の相の 1 つ．気相と固相の間に位置し，流動性があり，ほとんどが非圧縮性であることが特徴である．液体はそれを納めた容器の形をなすが，気相と異なり，容器の全体を満たすまで膨張することはない．液相での分子間力の大きさは気相と固相の中間である．液相では短距離の範囲にわたる配列の規則性があり，原子，分子，イオンなどがこの大きさのかたまりで互いに移動することができる．

エキゾチック原子　exotic atom

原子中の一電子を μ, π, K 中間子などの負電荷を帯びた粒子に人工的に置き換えた電子．こうした粒子が捕獲されると，X 線を放出しながら原子のエネルギー準位を順次落ちていき，最後に原子核と衝突する．この過程で放出される

X線によってエキゾチック原子が研究されている.

液体比重計　hydrometer
比重を測る計器．通常は液体の比重を測る．ハーレの液体比重計（Hare hydrometer）は，2本の垂直なガラス管でできていて，1本は水の入った容器中に，もう1本は調べたい液体中にたてる．管は上端でT字型のガラスでつなぎ，中の空気を吸い上げると水と液体は管の中を上昇する．比重は液体が管の中を上がった高さに反比例する．

液体に浸る部分が変化するタイプの比重計では，ガラス管の下端に2つの球を吹き出してつくる．下にある球には水銀を入れてどんな液体中でも比重計が直立するようにしてある．管に固定した目盛が浸した液体の比重を示す．

液体に浸る部分が一定の比重計では，計器の上端に皿がついていて，計器が首の部分の印まで液体に浸るまで皿におもりをのせる．はじめに水で，次に調べたい液体で測定を行い，それぞれに要したおもりの重さから比重がわかる．

液柱圧力計　liquid-column manometer
開放型液柱圧力計は，液体をU字型の管に入れたもので，両側の圧力差を計るのに用いられる．液面の鉛直方向の高さの差をh，液体の密度をρとすると圧力は$h\rho g$（gは重力加速度）となる．

水銀気圧計は，片側の圧力が0の特殊な場合である．非常に高い圧力を計る場合，非現実的に大きなhが必要となるため，数個のU字型の水銀管をタンデムにつないで，圧縮空気や軽い液体などを各水銀管の間に入れて用いる．

液滴モデル　liquid-drop model
原子核の中の物質を連続的なものとして扱う原子核の性質を表すモデルの1つ．核子間の相互作用を液体中の分子間に働くものと似たものと考える．液滴模型においては，核の表面近傍の粒子間の相互作用は，液滴の表面張力のように働き，これが原子核の形を維持するものと解釈される．

液滴に似た原子核の異なる励起状態は，球面調和関数を用いて表現できる．液滴モデルは重い原子核にもっともよくあてはまり，核分裂の理論に用いられる．たとえば，ウラン235の原子核が中性子を吸収して得られるウラン236の原子核は，中性子から運動エネルギーをもらい，結合エネルギーが解放されることにより高いエネルギー状態にある．この状態は，球面調和関数の重ね合わせとしてこれを解析することができる（→重ね合わせの原理）．この後，原子核は引き伸ばされ，2つの球状の突起物が細い首によってつながった状態となって，より安定な状態になる．ウラン原子の核分裂は2つの突起物がその陽子の静電反発によってさらに離れることによって起こる．首の部分は，それぞれの突起物の中の短距離力が見かけ上球面対称性を保とうとして引っ張ることによって切断される．

A級増幅器　class A amplifier
入力サイクルのすべてが出力電流に流れるような条件で動作する線形増幅器．出力の波形は本質的に入力の波形と同じである．A級増幅器は，効率は低いがひずみが小さい．

エコー　echo
⇒反響．

エコーチェンバー　echo chamber
⇒残響室．

エサキダイオード　Esaki diode
⇒トンネルダイオード．

AC　a.c.
alternating current（交流）の略記．

AGR
advanced gas-cooled reactor（改良型気体冷却原子炉）の略記．

⇒気体冷却原子炉．

エシェロン回折格子　echelon grating
スペクトルのごく狭い部分に対して高い分解能（100 000から1 000 000）をもつ回折格子．たとえば，超微細構造，ゼーマン効果などを研究するのに用いられる．20～40枚の厚さが等しく正確に平行な板（波長の数分の1以下の面精度）を，光学接触するように重ね，段の幅が約1 mmの階段状となるようにずらして固定する．この格子は反射型，透過型両方として用いられ，前者はより高い分解能を与える．

エジソン蓄電池　Edison accumulator
ニッケル-鉄（Ni-Fe）蓄電池と同義語．鋼鉄製網状電極をもった蓄電池．正極板は，金属ニッケルとニッケル水化物で満たされ，負電極は，酸化鉄ペーストで満たされている．最近の型では，負電側にカドミウムないしカドミウム-鉄合金が用いられる．電解質は，比重約1.2の水酸化カリウム水溶液である．この電池は強力で，大電流を供給し，短時間なら短絡しても大丈夫である．放電状態においても劣化しない．鉛蓄電池より軽量だが，電圧は低く，1.3～1.4 Vである．

エジソン‐バトラー帯 Edison-Butler band
光の経路に薄い透明な板を置いたとき，連続発光スペクトルの中に現れる暗い帯．板の両面で反射された光の干渉によって起こり，分光器の校正に利用される．

ASIC ASIC
application-specific integrated circuit の略語．一般的な仕様で大量生産されるものではなく特殊な目的のために設計された**集積回路**．

SI 単位系（国際単位系） SI units
国際単位系 SI units（Système International d'Unités）．国際的に協定した，一貫性のある単位系．現在，あらゆる科学的目的および大部分の技術的目的において，(イギリスを含む) 多くの国で用いられている．SI 単位は MKS 電磁単位系に基づいており，CGS 系や fps 系（フィート・ポンド・セカンド系．イギリスの単位）での単位にとって代わっている．SI 単位は，基本単位（base unit）と誘導単位（derived unit）の 2 種類に分けられる．付録の表 2 に示すように，7 つの独立な次元をもつ物理量に対する 7 個の基本単位が存在する．基本単位は，再現可能な物理現象または原器によって（任意に）定義されている．付録の表 4 は，特別な名前と記号をもつ誘導単位を示している．2 つの単位，ラジアンとステラジアンは，元来は補助単位（supplementary unit）の位置づけであったが，現在は，無次元の誘導単位として扱われている．それ以外の物理量の SI 単位は，基本単位の乗除算によって導かれ，数値係数が付くことはない．

SI 単位は接頭語とともに用いられ，10 のべき乗での倍数や約数がつくられる．付録の表 3 に，これらの接頭語と記号を示す．

SI 単位の印刷や表記には，慣習的に行われている事柄がかなりある．接頭語の記号は，空白なしに単位記号の前に書かれる（たとえば，cm）．誘導単位においては，たとえばニュートン・メートルに対して N m のように，単位の記号の間に 1 つの空白が置かれる（N・m とすることもある）．複数を示す記号に文字 s を加えることはない．したがって，10 ms は 10 ミリ秒を表すのであって，10 m ではない．接頭語を重ねて用いることはない．たとえば，10^{-9} m に対しては nm は正しいが，mμm は正しくない．接頭語がつけられた単位に対する記号は，単一記号と見なされ，括弧を用いずにべき乗される．たとえば，cm^2 は $(0.01\,m)^2$ であって，0.01 m^2 ではない．

用語グラムは SI 単位では特殊な地位を占めている．これは SI 単位そのものではないが，記号 g に接頭語が付けられ，kg にはつけられない．たとえば，10^3 kg は Mg とは書くが，kkg とは書かない．

SI 単位で数を書くとき，数字は 3 つごとに 1 グループとするが，各グループ間にコンマではなく空白を置く．たとえば，10^5 は 100 000 と書き，100,000 とは書かない（100000 と書くこともある）．10^{-3} は 0.000 01 と書く（0.00001 と書くこともある）．数が 4 桁のみのときは，空白なしで書く．たとえば，1000 または 0.0001 とする．

SI 単位を使うと，物理量（たとえば長さ l）とそれを表す単位の間の関係が明快になる．すなわち，
$$\text{物理量} = \text{数値} \times \text{単位}$$
であり，長さの例では，n を数値，m を長さの SI 単位（メートル）を表す記号として $l = n(\mathrm{m})$ となる．この式を代数的に扱って，たとえばグラフの軸や表の欄にメートル単位の数値を記入するときには，l/m と書いて単位を示す．もしグラフの軸や表の欄が $1/l$ の値を表すなら，m/l と書く．

SI 単位以外の単位であっても，実用的重要性（たとえば，日，角度の度，トン）や特殊な分野で用いられる（たとえば，バール，パーセク，電子ボルト）ため，引き続き使用されているものがある．これらの単位にも SI の接頭語をつけることができ [たとえば，mbar, MeV]，これら非 SI 単位と SI 単位の積で複合単位をつくることもある．

SHF
superhigh frequency（超高周波）の略記．
⇒周波数帯域．

SHM
simple harmonic motion（単純調和振動）の略記．

SCR
silicone controlled rectifier（シリコン制御整流器）の略記

SCS
silicon controlled switch（シリコン制御スイッチ）の略記

SAW 装置 SAW device
⇒表面音響素子．

STM
scanning tunneling microscope（走査型トン

ネル電子顕微鏡）の略記.

STP
standard temperature and pressure（標準温度と標準気圧）の略記.

Sドロップ S-drop
⇒ストレンジ物質.

S波 S-wave
地殻中を伝わるせん断波（⇒地震波）．媒質の振動は波の進行方向に垂直な面内で起こる（⇒横波）．S波は液体中を伝わることはできない．なぜならば液体はせん断力を保持できないからである．せん断応力 σ，密度 ρ の等方的で均一な媒質中では，S波の速度は $v_s = (\sigma/\rho)^{1/2}$ で与えられる．S波はP波のおよそ半分の速度で伝わる．S波と2つの異なる媒質の境界面との相互作用により，S波がP波へと変換されることがある．同様に，P波が直角でない角度で境界面に入射しS波へ変換されることもありうる．このようにして生成されたS波は，一般的には偏向しており，波の進行方向に垂直な1つの面内で媒質が振動する．

SVP
saturated vapour pressure（飽和蒸気圧）の略記.

SU₃
⇒ユニタリー対称性.

枝と分岐点 branch and branch point
⇒回路網，ネットワーク.

エタロン etalon
⇒ファブリ-ペロー干渉計.

X線 X-ray
高エネルギー電磁放射の一形態．高い量子エネルギーをもつ電磁波の放射に関する広く認められているような定義は存在しない．1895年，レントゲン（Röntgen）は，物体に高エネルギー（10^3 eV以上）の電子を衝突させたときに観測された未確認の放射をX線と名付けた．長い間研究が 10^5 eV以下の量子エネルギーに限られていたので，X線という名称は研究者の間ではこの値（これに相当する波長は 10^{-11} m）を上限とする放射に対して用いられるようになった．そのため他の機構で発生するこの範囲の放射もX線とよばれることがある（シンクロトロン放射）．1896年，ベクレル（Becquerel）は後に原子核から発生することがわかった γ 線を発見した．初期の研究では量子エネルギーが $10^5 \sim 10^6$ eV程度の放射線に対して用いられた．そこで γ 線はX線よりも短波長であるといわれてきた．したがって γ 線という名称は発生源にかかわらず高エネルギーの放射線に対して用いられることがある.

しかしそのようなX線と γ 線の違いは現在では意味をもたない．原子核はしばしば 10^5 eV よりも十分低い量子エネルギーを放射し，一方，装置の進歩によって原子核の放射よりもはるかに短波長の放射が得られる．ここではX線という用語は電子を高速に加速し標的に衝突させて得られる放射を意味することとする．

X線管（X-ray tube）は真空容器で，加熱したフィラメントから出た電子を冷陰極（通常，高融点の金属，とくにタングステン）にフォーカスし，衝突させる．電子ビームによって叩かれる領域からX線が放出される．管から発生したX線は原子番号の小さな材料でできた窓を透過する．

X線管から放出されるX線のスペクトルは標的材料に特徴的なスペクトル線と短波長限界 λ_m をもつ連続スペクトルからなっている．この λ_m は hc/eV で与えられ，h はプランク定数，c は光速，e は電子の電荷，V は管に加えられた電位差である．特性X線（characteristic X-ray）は原子のさまざまな殻の間の電子遷移によって生じる．連続的な波長帯は原子核の近傍で電子が加速されることによって生じる．

X線は適当な材料によって反射や屈折，偏向することが可能である．しかも干渉や回折効果も示す．X線の波長はブラッグ（Bragg）によって1911年，結晶を3次元的な回折格子として用いて初めて決定された．結晶中で規則的に並んだ原子がX線ビーム中に置かれると，それらは点光源として働き，波長，結晶，配置に固有の方向に強め合うような干渉が起こる．波長はふつう $10^{-10} \sim 10^{-11}$ m である．量子論においてX線光子のエネルギー E は周波数 ν と $E=h\nu$ の関係にある．

X線は気体を電離するが，これはX線によって物質から自由になった電子による2次的な過程である．X線は物体を透過するが，その程度はX線の波長に依存する．一般に硬X線（hard X-ray）（短波長）は軟X線（soft X-ray）（長波長）よりも容易に物体を透過する．均一輻射のX線が厚さ t の物質を透過するときの強度は入射直前の初期強度を I_0 として
$$I = I_0 e^{-\mu t}$$
の関係がある．μ は物質の吸収係数である．入射ビームは（a）原子による散乱，（b）光電効

果, (c) コンプトン効果によって弱められる. (b), (c) の過程では物質の原子から自由電子が跳び出す. 写真乾板はX線の強度と波長に依存して黒くなる. ⇒電離箱, 計数管.

X線解析 X-ray analysis
結晶質の物質や結晶相をもつ物質の構造をX線回折に基づいて調べること. X線は結晶によって回折するが, その仕方はX線の波長や結晶のブラベ格子に依存する. 用いられる解析方法は用いられる物質の形態に依存する. 大きな結晶に対してはラウエ図形によって有用な性質を導き出すことができるが, より多くの場合, 結晶を円筒形フィルムの中心に据え付け結晶を回転させ, 結晶面の連続する組の像をフィルム位置に結像させる. 標本が多くの小結晶からなる場合にはデバイ-シェラー環やパウダー法が用いられる. 結晶の数が多く, ランダムに散らばっているため, 多くの結晶面のうちのいくつかの結晶面からの回折像のみが利用される. 板を図aか図bのように配置し, 円筒カメラの中で回転させる. これがもっともよく用いられる方法である. ⇒ブラッグの法則, X線スペクトル.

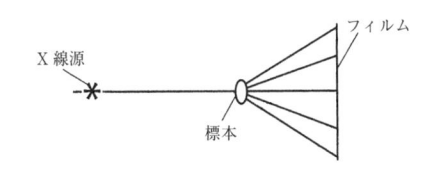

X線回折 (a) 透過法

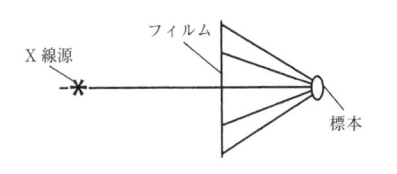

X線回折 (b) 後方反射法

X線回折 X-ray diffraction
⇒X線, X線解析.

X線管 X-ray tube
⇒X線.

X線結晶学 X-ray crystallography
X線を用いた方法による, 結晶の構造, 組織, 性質, および特定に関する研究. ⇒X線解析.

X線顕微鏡 X-ray microscopy
⇒顕微鏡.

X線スペクトル X-ray spectrum
規則的な間隔で配列している原子の各々の中心 (原子核) によってX線が散乱されると干渉現象が起き, 結晶は適当な小間隔の回折格子の役割を果たす. 干渉効果はX線ビームのスペクトルを得るのに用いられる. ブラッグの法則によると結晶からのX線の反射角はX線の波長に依存するからである. 低エネルギーX線に対しては機械刻印した回折格子が用いられる. それぞれの化学元素は十分に離れたスペクトル領域中に, いくつかの明確に定まったグループをなす特性X線 (characteristic X-ray) を放出する. それらは K, L, M, N などの系列として知られる. 元素の原子番号が増加するにつれて, どの系列のスペクトル線も短波長側に規則的に移動する. ⇒モーズリーの法則, 分光学, X線.

X線天文学 X-ray astronomy
われわれの銀河系内外にある天体からのX線放射についての研究. X線は地球大気によって吸収されるため, 観測は高度150 km以上の上空において人工衛星やロケット, 気球に積み込んだ観測機器によって行われる. X線にはきわめて高温の気体 (10^6〜10^8 K程度) からの熱放射や高エネルギー電子が磁場と相互作用して生じる非熱的なX線 (シンクロトロン放射), 低エネルギー光子 (逆コンプトン効果) がある. X線は比例計数管 (⇒比例範囲), CCD (荷電結合素子), 俯角入射X線望遠鏡など各種装置によって検出, 記録, 解析がなされる.
われわれの銀河系内でもっともありふれた明るいX線源はX線連星 (X-ray binary) で, ここではふつうの恒星から近くの連星 (白色わい星や中性子星, ブラックホールなど) へ向かってガスが流れている. カニ星雲のような超新星のなごりはまた別のX線源でもある. さらに, 実際にはもっと強力なX線放出が多くの銀河系外の天体 (セイファート銀河やクェーサー, 強力な電波銀河のような活動的な星雲) から, 微弱ではあるが検出されている.

X線連星 X-ray binary
⇒X線天文学, パルサー.

エッジ音 edge tone
直線形のスリットから刃状の気体薄膜が流れ出るとき, エッジ (鋭いとは限らない) に当たって, 発生する音. スリットとエッジの間が, 見かけ上共鳴器として働き, エッジのないときにできるジェット音を安定化する. 発生する音

の周波数は，1秒あたりエッジに届く渦の個数に関係している．

エッジコネクター edge connector
プリント配線回路基板上で基板の片側にトラックが設けられ，エッジコネクターを形成する．これを適当なソケットに差し込んで，基板上の回路への入力・出力をしたり，他の回路への接続をしたりする．

H-R 図 H-R diagram
⇒ヘルツシュプルング-ラッセルの図．

H I 領域 H I region
⇒星間物質．

HF
high frequency（高周波）の略記．⇒周波数帯域．

HTR
high-temperature gas-cooled reactor（高温気体冷却原子炉）の略記．⇒気体冷却原子炉．

H-D 曲線 H-D curve
⇒ハーター-ドリフィールド曲線．

H II 領域 H II region
⇒星間物質．

エッティングスハウゼン効果 Ettingshausen effect
電流が流れている金属板があるとき，板の面に垂直に磁場を印加すると，電流の方向に沿った板の両端間に温度差が生じる現象．この効果は小さく，銅，プラチナ，銀で測定するのは難しい．

A-D コンバーター（ADC） analogue/digital converter
アナログ信号を一定間隔時間でサンプリングし，対応するディジタル信号に変換する装置．ディジタル信号は二進数であり，コンピューターでの利用やデータリンクでの転送に適している．

ADC
analog digital converter（アナログ-ディジタル変換器）の略記．

エーテル ether
かつて仮定された宇宙を満たす媒質で，光波その他の電磁波を伝える役割を担うとされた．エーテルの力学的な性質は，遠隔作用，電気的現象，磁気的現象，光波や電波などの伝搬について物理的に一貫した理論となるように工夫・調整された．電磁波の伝搬を説明できるように，エーテルはすべての空間と物質中を満たし，弾性が非常に大きいが質量はきわめて軽いとされ

た．また，横波が光速度で伝わり，真空中よりも物質中で密度が高くなると仮定された．
⇒マイケルソン-モーリーの実験．

NAA
neutron activation analysis（中性子放射化分析）の略記．

NMR
nuclear magnetic resonance（核磁気共鳴）の略記．

n 型デバイス n-channel device
⇒電界効果トランジスター．

n 型伝導性 n-type conductivity
電子の流れによって生じる半導体の伝導性．
⇒ p 型伝導性．

n 型半導体 n-type semiconductor
不純物半導体の1つ．伝導電子の密度が可動な正孔の密度より大きい．

NTP
normal temperature and pressure（常温常圧）の略記（もうあまり使われない）．⇒STP．

n-p-n トランジスター n-p-n transistor
⇒トランジスター．

エネルギー energy
記号 E．物体や系が仕事を行う能力．物体が仕事 W を行う場合，そのエネルギーは W だけ減少する．一方，仕事を受ける側の物体ではちょうど同じだけのエネルギーが増えるので，系全体でのエネルギーは変化しない．これが，エネルギー保存の原理 (principle of conservation of energy) である．2つの物体が相互作用すると，それらの間でエネルギーの移動が起こる．その際，エネルギーの種類が不変のこともあれば，部分的に，あるいは全体として変化することもある．2物体の温度が異なれば，エネルギー Q が高温の物体から低温の物体へと移動し，その際，力や変位をまったく伴わないので仕事を行わないことも起こる．これは熱の過程であって，分子スケールでの仕事を伴っている．

運動エネルギー（kinetic energy）：記号 T あるいは E_K．これは物体の運動に伴うエネルギーであり，ある観測者に対して静止するまでに行いうる仕事に等しい．古典力学によれば，質量 m，速度 v をもつ粒子は並進運動の運動エネルギー $T=(1/2)mv^2$ をもち，また，回転軸まわりの慣性モーメントが I，角速度が ω の回転物体がもつ回転運動の運動エネルギーは，$T=(1/2)I\omega^2$ となる．相対論では，粒子の運動エネ

ルギーは $(m-m_0)c^2$ となる．ここで，m は観測者によって（物体がやがて静止することを通じて）決定される質量，m_0 は静止質量，c は光速度である．速さ v が c に比べて十分に小さければ，相対論の式は古典力学の式に一致する．

位置エネルギー（potential energy）：記号 V あるいは E_p．これは，（ある位置を基準として）相対的に物体が存在する位置に基づいたエネルギーである．たとえば，質量 m の物体が地上から高さ h だけ持ち上げられると，その位置エネルギーは mgh となる．ここで，g は自由落下の加速度である．このとき，その物体が地上まで戻る際に，地球の重力場がそれだけの仕事を物体に行うことになる．

内部エネルギー（internal energy）：記号 U．ある物体中に存在する分子の相互作用による位置エネルギーと，分子運動の運動エネルギーの和．固体の場合，分子（あるいは原子，イオン）の振動は調和振動に近く，内部エネルギー U は，その半分が運動エネルギー，残りの半分が位置エネルギーからの寄与となる．単原子分子の場合，U はそのほとんどが原子の運動エネルギーであり，温度のみによってその値が決まる．

物体の内部エネルギーは，仕事 W または熱 Q によって変化する．
$$dU = W + Q$$
したがって，U は熱だけで決まるわけではない．また，仕事を加えることによって低温の物体から高温の物体へと熱を移動させることも可能である．これらのことから，内部エネルギー U を表現するのに"熱エネルギー"という用語を使うのは正しくない．⇒電気エネルギー．

エネルギーギャップ energy gap
⇒エネルギーバンド．

エネルギー準位 energy level
与えられた条件下で1つの量子状態（⇒定常状態）がもつエネルギー．量子状態そのものを指すのにも用いられるが，これは次の2つの理由で不正確である．第1に，量子状態は外部から印加される場によって変化する可能性があり，第2に，系にはエネルギーが同じ量子状態が複数個存在する可能性がある．

原子中の電子は，離散的なエネルギーをもつ無限個の束縛状態のうち，いずれかの状態に存在する．孤立原子を考えるとき，ある状態のエネルギーは，不確定性原理の効果を除けば正確に定まる．とくに，基底状態はエネルギーがもっとも低く寿命が無限に長いので，そのエネルギーは原理的には厳密に決まる．原子のエネルギー準位は，その間を電子が遷移するときに放出または吸収する電磁波（線スペクトル）の波長に基づいて精密に測定できる．原子の理論は，これらのエネルギーを計算から予測する目的で発展してきた（⇒原子，波動力学）．非束縛状態のエネルギーは正の値をとり，連続的に分布する．電子は非束縛状態から［束縛状態に］捕獲されるので，原子のスペクトルには連続的なバックグラウンドが生じる．原子の準位のエネルギーは，シュタルク効果またはゼーマン効果によって変化する．

分子の振動準位もまた，離散的なエネルギー値をもつ．二原子分子では，2つの原子はそれらを結ぶ線上で振動する．作用する力が0になる平衡距離が存在し，距離がこれより近くなると反発力が，遠くなると引力が働く．束縛力はよい近似で変位に比例するので，振動は調和振動となる．シュレーディンガーの波動方程式を解くと，調和振動子のエネルギーは
$$E_n = (n + (1/2))hf$$
で与えられる．ここで，h はプランク定数，f は振動数である．n は振動量子数（vibrational quantum number）で，0または正の整数値をとる．振動子のとりうる最低のエネルギー値は，したがって，0ではなく $(1/2)hf$ であり，これを零点エネルギーという．原子間の位置エネルギーをもう少し正確に扱うには，モースの式が用いられ，振動にわずかな非調和性が生じる．（⇒フォノン）分子の振動エネルギー準位は，バンドスペクトルにより研究される．

分子の回転エネルギーもまた，量子化される．シュレーディンガー方程式によると，回転軸まわりの慣性モーメントが I の物体のエネルギーは
$$E_J = h^2 J(J+1)/(8\pi^2 I)$$
と表される．ここで，J は回転量子数（rotational quantum number）であり，0または正の整数である．回転エネルギー準位もまた，バンドスペクトルから調べられる．

原子核の準位のエネルギーは，γ線のスペクトルおよび，さまざまな核反応から決定される．これを扱う理論は，原子中の電子の場合に比べてまだ不十分である．その理由は，核子間の相互作用が複雑であることによる．原子核のエネルギーは外部の影響をほとんど受けないが，メスバウアー効果によって［試料中での］微細な変化を測定できる．⇒エネルギーバンド，X線

スペクトル.

エネルギー束密度 energy flux density
⇒エネルギーフルエンス.

エネルギー等分配則 equipartition of energy, energy equipartition

気体分子の平均エネルギーは，分子のさまざまな自由度に等しく配分され，それぞれの自由度の平均エネルギーは $(1/2)kT$ となる．ここで，k はボルツマン定数，T は熱力学的温度である．

この法則は，のちに，結晶中の原子の振動や共振器中の電磁放射へと拡張された（⇒黒体放射）．一定の条件の範囲では，この法則の予測結果は実験と一致する．たとえば，固体の熱容量に関して等分配則から導かれるデュロン-プティの法則は，当時達成可能であった温度で，ほとんどの物質について成り立った．電磁放射では，この法則の適用限界の議論に基づき，プランクが量子論を提唱した．等分配則は一般には成り立たないが，限られた場合，とくに高温では妥当な近似を与える．

エネルギーの原子単位 atomic unit of energy

(1) 同義語：ハートリー（hartree）．ボーア（Bohr）の原子理論における第1軌道の電子がもつポテンシャルエネルギーの大きさ．$e^2/4\pi\varepsilon_0 a_0$ で表される．ここで，e は電子の電荷，a_0 は長さの原子単位．27.190 eV または 4.356×10^{-18} J に等しい．

(2) 同義語：リュードベリ（rydberg）．エネルギーの原子単位は，しばしばこの値の半分で定義される．この値は水素原子のイオン化ポテンシャルである．

エネルギーバンド energy band

量子論によると，単一の原子には多くの量子状態が存在し，それぞれの量子状態は一組の量子数で指定される．原子が孤立している場合には各状態（エネルギー準位）はそれぞれ決まったエネルギーをもっている．電子は，ふつうエネルギーがもっとも低い状態を占め，パウリの排他律によって1つの状態に入りうる電子は1つに限られる．各準位のエネルギーは，外場が印加されると変化する．

非常に多くの原子が集まって凝縮体を形成している場合，近傍にある原子の影響を受けてエネルギーは広がりをもったバンド構造をとる．完全結晶においては，エネルギー準位構造は図aに示すような構造になる．各原子の各状態が，結晶の1つの状態となる．状態が非常に数多く存在すること，および**不確定性原理**が働くことによって，エネルギー状態は許容帯（allowed band）となって連続的に分布するようになる．これらの許容帯の間には禁止帯（forbidden band）とよばれるエネルギー領域ができ，物質が純粋である場合には，禁止帯中には量子状態は存在しない．原子において内側の状態［軌道］にある電子は，近傍の原子の影響をわずかしか受けない．したがって，これらの電子は原子核に強く束縛され，電子伝導には寄与しない．

固体におけるこうしたエネルギーバンド（エネルギー帯）の理論は，**量子力学**に由来する．電子は，結晶格子のイオンの距離に応じて周期的に変化するポテンシャル中を運動する．この状況の下で電子についてのシュレーディンガーの波動方程式を解くと，可能な解として許容帯が得られ，また，解が存在しないエネルギーが禁止帯に相当する．

連続帯の場合，エネルギーが E と $E+\mathrm{d}E$ の間に存在する粒子の数は $N_E\mathrm{d}E$ で与えられる．ここで，$N_E=f_E g_E$ であり，$g_E\mathrm{d}E$ はこのエネルギー範囲に存在する量子状態の数を表す．また，フェルミ関数（Fermi function）f_E はエネルギー E の状態が占有される確率を表す（図b参照）．フェルミ準位（Fermi level）E_F において，f_E の値は正確に $1/2$ になる．したがって，平衡状態にある系においては，E_F にきわめて近いエネルギーをもつ状態があれば，その半数が電子に占有されていることになる．E_F の値の温度 T による変化はわずかであり，T がゼロに近づくと E_F は［$T=0$ でのフェルミ準位であるフェルミエネルギー］E_0 に近づく．

禁止帯では，g_E はゼロになる．図cに典型的な非金属の g_E の様子を模式的に示す．それぞれの原子の伝導に寄与する電子の量子状態が集まり，価電子帯（valence band）が形成され

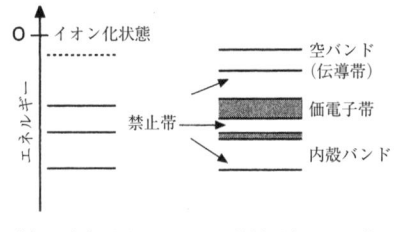

(a) 1自由原子でのエネルギー　　絶対零度での固体のエネルギーバンド

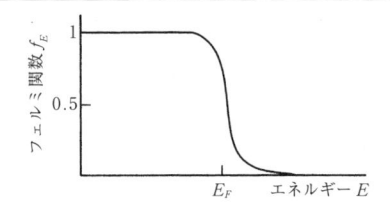

(b) 金属のエネルギー分布

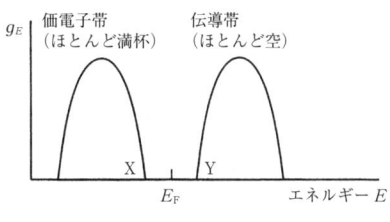

(c) 純粋非金属

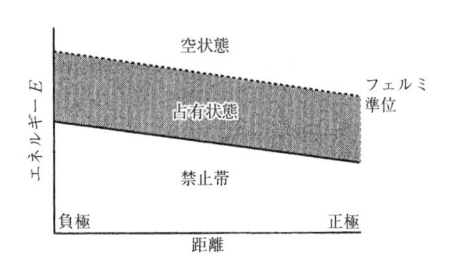

(d) ポテンシャル勾配をもつ金属の
    エネルギーバンド

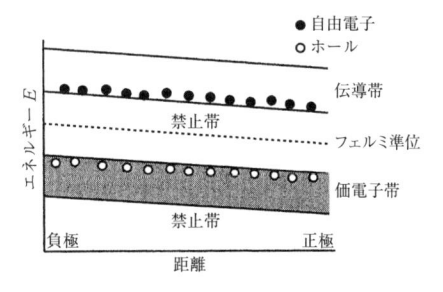

(e) ポテンシャル勾配をもつ非金属の
    エネルギーバンド

る．価電子帯と伝導帯 (conduction band) の間には，エネルギーギャップ (energy gap) E_G が生じる．E_G がおよそ 2 eV よりも大きいと，その物質は**絶縁体**となり，それ以下であれば**半導体**となる．

絶対零度では価電子帯は満杯となり，伝導帯は空になる．フェルミ関数の形状から，現実的な温度においては，価電子帯の頂上付近には空になった少数の状態（図cの領域X）が存在し，一方，伝導帯の底に近い少数の状態（図cの領域Y）は電子に占有される．E_G が小さい場合，とくにその状態数は温度とともに急激に増大する．

金属では，価電子帯と伝導帯は分離せずに単一のエネルギー帯が存在し，そこでは電子の数よりも状態数のほうが多い．

導線の両端間に電位差を与えると，電子の量子状態は図dと図eに示すように変化する．金属の場合，フェルミ準位付近のエネルギー準位には，占有された状態と空の状態が近接して多く存在する．したがって，電子は占有状態から同じエネルギーをもった空の状態へと自由に移動し，導線中で電位の高い側に向けて負の電荷の流れが生じる．この過程の最初の段階では，ポテンシャルエネルギーの損失分だけ運動エネルギーが増加するため，全体としてのエネルギーは保存される．しかし，電流が流れ続けるようになると電子は結晶構造が不規則になった部分と衝突し（⇒欠陥，フォノン），エネルギーをイオンの振動に与える．このようにして，導

線の長さ全体にわたってほとんど均一なエネルギー分布が維持されることになる．

非金属の場合には，伝導帯に存在する電子（自由電子 free electron）は相対的に少なく，また，価電子帯にある空の状態（正孔 hole）も同様である．正孔も自由電子と同じく，伝導に寄与する．それは，同じエネルギーをもち，隣接した状態から電子がその状態へと移動するからである．価電子帯にある大多数の電子は，近傍に空の状態が存在せず，伝導に寄与しない．非金属の場合に存在する自由電子と正孔の数は，金属におけるフェルミ準位付近に存在するそれらの数に比べてはるかに少ないので，金属以外の物質の電気伝導度はかなり低い値になる．⇒**半導体**.

エネルギーフルエンス energy fluence
  記号：Ψ．原子核反応とイオン化放射に関する量．与えられた点にある微小球状領域に単位時間あたりに入射する全粒子の（静止質量を除く）エネルギーの和．エネルギーフルエンス率 (energy fluence rate)（あるいはエネルギー束密度 energy flux density）（記号 ψ）は，$d\Psi/dt$ で定義される．

エネルギー保存則 conservation of energy
⇒質量とエネルギーの保存則.

エネルギー密度 energy density
単位体積あたりの（電磁波などの）エネルギーの量.

AB 級増幅器 class AB amplifier
入力サイクルの半分以上が出力電流に流れるような線形増幅器．AB 級増幅器は，低い入力信号レベルにおいては A 級増幅器として，また高い入力信号レベルにおいては B 級増幅器として動作する．

エピタキシー epitaxy
単結晶基板上に物質の薄膜を成長させる方法．結晶構造は基板と同じになる．基板上に伝導率が異なる層（エピタキシャル層（epitaxial layer）とよばれる）を形成できるため，**半導体**の製造に幅広く用いられている．

FET
field-effect transistor（電界効果トランジスター）の略記.

F 線 F-line
水素の発光スペクトルの中に見える青緑の線で波長は 486.133 nm である．光学ガラスの屈折率や分散を特定する際の参照線として用いられる．

f ナンバー f-number, relative aperture, stop number
とくに写真で用いられる数で，レンズの焦点距離と平行に入射する光に対するレンズの有効口径との割合．たとえば，比率が 4 の場合，f/4, f 4, f : 4 などと書かれる．シャッタースピードを決めると，f ナンバーごとに一定の露出が決まる．カメラのレンズの有効口径を変えるのに用いられる可変の絞りは，さまざまな f ナンバーに設定することができる．

エポキシ樹脂 epoxy resin
プラスチックの構造材，コーティング，接着剤として，また，電子素子の密閉や充填に用いられる合成ポリマー．重合時の収縮が少なく，高強度で，接着性や化学的耐性に優れている．

エミッター emitter
バイポーラートランジスターの一部分の名称で，ここからキャリヤー［電子または正孔］がエミッター接合を経てベースに流れる．この部分につけた電極がエミッター電極（emitter electrode）である（ふつう，これを単にエミッターと称する）．

エミッター結合論理回路 emitter-coupled logic（ECL）
集積論理回路のひとつ．入力ステージは，一対のエミッター結合トランジスター（ロングテイルペアともいう）からなり，良好な差動増幅器を形成する．出力回路はエミッターフォロワの緩衝増幅器（バッファー）である．ECL 回路は，トランジスターが非飽和モードで動作するため，本質的にもっとも高速な論理回路であり，回路の遅延時間は非常に短い（約 1 ns）．基本的な ECL ゲートは，［OR と NOR のように］ある機能とその相補的機能を同時にもつ．

エミッター接地接続（共通エミッター接続） common-emitter connection
トランジスターのエミッターを入出力回路の共通端子にし（通常は接地される），ベースとコレクターをそれぞれ入力と出力端子にするような接続方法．この接続法は，非飽和トランジスターを用いたパワーアンプおよび飽和トランジスターを用いたスイッチングによく使われる．

エミッターフォロワ emitter follower
バイポーラー接合トランジスターをコレクター接地した増幅器で，出力はエミッターから取り出す（図参照）．

信号は，トランジスターが飽和しないよう適切にバイアスしたベースに与えられる．トランジスターは導通状態になっているので，エミッターとベースはつねに順方向にバイアスされたダイオードの状態であり，したがって，エミッターの出力信号はベースの入力信号に追随する．エミッター電圧はベース電圧に対して一定であるから，この増幅器の電圧利得はほぼ 1 であるが，電流利得は大きい．また，この増幅器の特徴として，入力インピーダンスが大きく，出力インピーダンスが小さいことがあげられる．このため，エミッターフォロワは緩衝器として利用される．

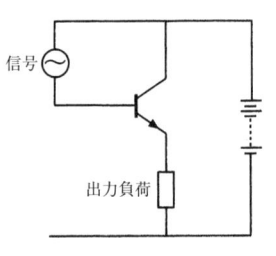

エミッターフォロワ

エミッタンス emittance
光束発散度や放射発散度の古い名称.
MIS 電界効果トランジスター MISFET, MIST
⇒電界効果トランジスター.
MSI
medium-scale integrated circuit（中規模集積回路）の略記. ⇒集積回路.
MHD
magnetohydrodynamics（磁気流体力学）の略記.
mmf
magnetomotive force（起磁力）の略記.
MLD
median lethal dose（中間致死量）の略記.
MKS 系 MKS system
⇒ MKS 電磁単位系.
MKS 電磁単位系 meter-kilogram-second electromagnetic system of units (MKS units)
（マクスウェル（Maxwell）の提言に従ったジオルジ（Giorgi）(1901 年) による）絶対単位系で，長さ，質量，時間の基本単位が，それぞれ，m，kg，s で，自由空間の透磁率を 10^{-7} H m^{-1} としている．多くの実用上重要な電磁気学の式には，4π の因子が現れる．自由空間の透磁率を $4\pi \times 10^{-7}$ H m^{-1} にとると，4π の因子があまり頻繁には現れない式に移すことができる．これは，有理（rationalized）MKS 単位系であり，SI 単位系は MKS 系をもとに，有理系に置き換わっている．
エラスタンス elastance
電気容量の逆数．単位は F^{-1}．ダラフ（daraf）とよばれたこともあったが，この呼称は現在では使われていない．
エラスト抵抗 elastoresisitance
物質がその弾性限界内の応力を受けているときの電気抵抗の変化. ⇒磁気抵抗効果.
LET
linear energy transfer の略記.
LED
light-emitting diode の略記.
LSI
large-scale integration（大規模集積回路）の略語. ⇒集積回路.
エルグ erg
エネルギーの CGS 単位．1 erg は 10^{-7} J に等しい．

エルゴン ergon
振動子のエネルギー量子で，振動数とプランク定数の積．
LC
電気的な装置，回路，効果につけられる接頭語で（LC フィルター，LC 回路，LC 結合のように），その作用が 1 つまたはそれ以上のコイルとコンデンサーの性質と配置に基づいている場合に使用される．
LCD
liquid-crystal display の略記.
エルステッド oersted
記号：Oe．CGS 単位系における磁場の強さの単位．1 Oe $= (10^3/4\pi)$ A m^{-1}.
エレクトレット electret
永続的に帯電して，その両端に互いに逆符号の電荷を示す物質．エレクトレットは永久磁石と類似点が多く，たとえば，エレクトレットを切断すると，正と負の電荷をもった 2 つのエレクトレットに分かれる．
エレクトロニクス（電子工学） electronics
真空中，気体中または半導体内などでの電気伝導に基礎をおく素子の研究，設計，その利用方法の総称．現代のエレクトロニクスは，半導体素子に関するものが中心となっている．真空管や気体封入素子は，特別な用途を除いて，一般的には使われなくなっている．エレクトロニクスで用いられる記号については，付録の表 10 を参照．
エレクトロルミネッセンス electroluminescence
デトリオ効果（Destriau effect）ともいう．ある種の蛍光物質に，時間的に変化する電場を加えたときの発光現象．この現象は，リンを添加した厚さ約 2.5 μm の誘電体膜に 400～500 V の電圧を加えることにより，照明に利用できる．
エーレンフェストの規則 Ehrenfest's rule
系が量子化された変数で記述され，断熱過程にある場合，系の量子数は，突然新しい値になるか，同じ値に保たれるかのいずれかである，という原理．さらに，変化が非常にゆっくり起これば，量子数は一定に保たれなくてはならず，そのとき，変数は断熱不変量といわれる．このことの逆もまた真で，断熱不変な量のみが量子化できる，ともいえる．
エーロフォイル aerofoil
流体との間で相対的に運動しているとき（流体中を動くか，流れが当たっている）運動に対

する抵抗力（抗力）が，運動と直角方向の力（揚力）よりずっと小さくなるようにつくられた物体．飛行機が飛ぶのは，翼および尾部にエーロフォイルを使うからである．エーロフォイルの重要な構造は，先端が丸くなっていて（A），尾部が鋭いエッジ（B）になっていることである（図参照）．両者に共通な接線XX′への翼射影を翼弦（線）（chord）とよび，角度αを入射角（angle of incidence）またはアタック（attack）とよぶ．

エーロフォイルの上面および下面を流れる流体層は，粘性のため異なる速度をもち，尾部に達する．そのため尾部に渦が生じる．そしてエーロフォイルを回る逆の流れができる．この流れは揚力を生じるための重要な原因となる．

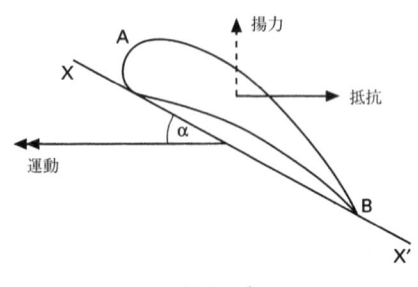

エーロフォイル

円環効果　annular effect

高周波の電流が起こす表皮効果に似たような効果が流体の運動についても起こる．低速の定常流が円筒の中を流れている場合には，中心で流速が大きく，壁に近づくほど小さくなる（⇒ポアズイユの流れ）．しかし，たとえば音が筒の中を伝わる場合のように，流れが交流的になると，その平均の速さは中心から壁に向かって大きくなり最後は壁からの薄い層（境界層）のところで小さくなり壁のところで0になる．これを周期的境界層（periodic boundary layer）という．この層の厚さは，交流的な流れの振動数の平方根に比例して増す．筒の中で，直流的な流れの上に交流的な流れが重なっている場合にも同様な現象が起こる．

円環体レンズ　toric lens

トロイド状表面をもつレンズ．円の中心を通らない軸のまわりに回転してできる円弧によって作られた表面形状をもつ．したがって，ある平面内の曲率は，それに直交する面内の曲率と異なる値をもつ．これらのレンズは眼の非点収差の矯正に使われる．

遠距離力　long-range force
⇒力．

演算増幅器　operational amplifier

オペアンプ（op-amp）ともいう．利得が非常に高い電圧増幅器．入力インピーダンスがきわめて大きく，ふつうは差動入力を行う（すなわち，出力電圧は2つの入力間の電圧差に比例し，かつその電圧差よりも格段に大きくなる）．使用するときは必ず帰還をかけ，それによって伝達特性が決まる．オペアンプは，帰還回路の抵抗，もしくは抵抗と電気容量の値によって正確に決まる利得をもった電圧増幅器として動作する．また，帰還回路の選び方によって，積分などの数学的な演算機能やフィルタリングなどの信号処理機能を付与することができる．装置の製作や制御の目的で幅広く使用されている．

一般の演算増幅器は，他の装置に組み込むように設計された多段階接続の素子である．通常，単一のモノリシック集積回路としてパッケージ化されて供給される．

遠視　hypermetropia, long sight
⇒屈折．

遠日点　aphelion
⇒近日点．

遠心分離機　centrifuge

遠心力を利用して液体と固体，液体と液体を迅速に分離する装置．垂直な車軸を中心に高速回転する車輪（または棒状の腕）の外輪から複数のサンプル管がつり下げられ，回転とともに自由に傾斜できるようになっている．高速回転では，外側向きの遠心力は重力よりもはるかに大きくなり，サンプル管中の懸濁液は速やかに分離する．微粒子の大きさ，形状，重さを計測するのにも用いられる．⇒超遠心機．

遠心力　centrifugal force
⇒力．

円錐曲線　conic section, conics

頂点が共通で互いに反対向きにある2つの直円錐を平面で切ったときに交線として現れる曲線の族．現れる曲線は，楕円（ellipse）（円を特殊な場合として含む），放物線（parabola），双曲線（hyperbola）（極限として2本の交わる直線を含む）．あるいは，ある固定点（焦点focus）との距離とある固定された直線（準線directrix）との距離が一定の比（離心率eccentricity，記号e）となるように動いた点の軌跡とも定義できる．$e<1$のときは楕円（$e=0$

のとき円), $e=1$ のとき放物線, $e>1$ のとき双曲線となる. 放物線はただ1つの焦点と準線をもつ. そのほかの円錐曲線は, 互いに対称な2つの焦点とそれぞれに対応する準線, および対称の中心をもつ. そのため中心円錐曲線 (central conics) という.

延性 ductility
物質のさまざまな特性の組み合わせにより, 引き延ばされたときに細長くなる性質.

遠赤外, 遠紫外 far infrared or ultraviolet
⇒近赤外, 近紫外.

エンタルピー enthalpy
記号 H. 熱力学量の1つで, 内部エネルギー U と, 圧力 p と体積 V の積により
$$H = U + pV$$
で与えられる. 定圧可逆変化では系によってなされる仕事は圧力 p と体積変化 ΔV の積に等しい. この場合, 系が吸収する熱量は系のエンタルピーの増加量に等しい. 多くの化学反応は大気圧下で起こるので定圧変化であり, その熱量の変化は反応のエンタルピーに等しい. 発熱反応では, エンタルピー変化は負である. ⇒熱容量, ジュール-ケルビン効果.

遠地点 apogee
⇒近地点.

円柱レンズ cylindrical lens
片方の面が円柱面の一部をなしているようなレンズ. 乱視の矯正をする薄いレンズは片面が円柱面, もう一方が球面でなければならない. これを球面-円柱面レンズ (spherocylindrical lens) という (⇒円環体レンズ). 鏡面が円柱面の一部をなす場合もある.

円筒座標 cylindrical polar coordinates
⇒座標.

円筒巻 cylindrical winding
変圧器に用いる巻き線方式の1つ. コイルを単一巻または多層巻に, らせん状に巻き付ける. 軸長は直径の数倍にとるのが普通である.

エントロピー entropy
記号 S. 系が可逆変化するとき, 系のもつエントロピーは系が吸収するエネルギー dq を熱力学的温度 T で割った量, すなわち $dS = dq/T$ だけ変化する.

エントロピーは, 温度や圧力など他の熱力学量と同様に, 系の状態によってのみ決まり, その状態に達する道筋にはよらない. 零点の取り方は任意であり, 値の差だけが意味をもつ.

エントロピーの概念は, 熱力学の第二法則をカルノーサイクルに適用することによって得られる. 熱力学的温度は, 低温で放出されたエントロピーが高温で吸収されるエントロピーに等しいとして定義される. 実際のサイクルには必ず不可逆性が存在するので, その効率はカルノーサイクルの場合よりも低くなる. したがって, 低温時に熱がより多く放出され, エントロピーは流入分より流出分が多くなる. つまり, 系全体のエントロピーは増大する. 現実の系にはある程度の不可逆性があるので, 閉じた系での変化ではエントロピーが増大する. この原理を適用するに当たっては, 系のすべての部分を考慮する必要がある. ある部分でエントロピーが減少することは珍しくないが, その場合, 別の場所でのエントロピー増大が必ず伴っている.

系のエントロピーは, その内部エネルギーを, サイクル過程において仕事として利用できない度合いを表している. したがって, 温度の異なる2つの系があってその内部エネルギーが等しければ, 高温の系のほうがエントロピーは小さいことになる. つまり, 高温物体のもつ内部エネルギーのほうが, 熱機関においてより多く仕事に変換できる.

ボルツマンのエントロピー理論 (Boltzmann entropy theory) は, エントロピーを熱力学的な確率 W と結び付ける. ここで, W は系の同じ巨視的な状態を与えるような, 微視的に異なる状態の数である. 量子論的には, W は系の同じエネルギー分布を与えるシュレーディンガーの波動方程式の解の数を表す. エントロピー S と W には,
$$S - S_0 = k \ln(W/W_0)$$
の関係が成り立つ. ここで, k はボルツマン定数であり, S_0 と W_0 は基準となる状態におけるエントロピーと状態数である. 熱力学の第三法則によれば, 完全結晶の絶対零度におけるエントロピーは0となる. これは, この最低エネルギーの状態がただ1つの方法で実現できるということを表している. つまり, これを基準とすれば $W_0 = 1$ であり, $\ln 1 = 0$ であるから $S_0 = 0$ となる.

N 個の分子が N カ所に配置されて凝縮相を形成しているとしよう. これが固体であれば, 最初の分子の場所を決めれば第2の分子の場所として可能なのは $N-1$ カ所であり, その次は $N-2$ カ所, …となる. つまり, この固体を形成する方法は $N!$ 通りであり, $W_S = N!$ となる. 一方, これが液体であれば, 1つの分子の位置は

他の分子の位置に制約を与えないので，$W_L = N^N$ となる．以上の考察から，融解に際してのエントロピーの増大量は

$$k(\ln W_L - \ln W_S) = k(N \ln N - \ln N!)$$

となる．N が非常に大きい数であるとき，$\ln N! = N(\ln N - 1)$ が成り立つので，上式の右辺は kN に等しい．分子数 N がアボガドロ定数であれば，融解のエントロピーはモル気体定数 R に等しくなる．実際には融解では，膨張などの他の効果もあるので，1モルの融解の潜熱の実験値を融解点の熱力学的温度で割った値は，この値よりも 30% 程度大きくなるのがふつうである．⇒カルノー-クラウジウスの式，統計力学．

エンハンスメントモード enhancement mode
電界効果トランジスターの動作モードの1つで，ゲートバイアスを増やすと電流が増加する．

掩蔽（えんぺい） occultation
天体が別の天体の前を通ること．とくに月が恒星や惑星の前を通ってその光や電波などを遮ること．惑星はときどき恒星とその衛星も掩蔽することがある．掩蔽時間の正確な測定によって，掩蔽された天体や掩蔽した天体の情報が得られる．⇒食．

円偏波放射 circular polarized radiation
⇒偏光．

オ

OR ゲート　OR gate
⇒論理回路.

オイラー角　Eulerian angles

3つの角度 (θ, φ, ψ) の組で，固定点Oのまわりで回転運動する物体（剛体）の位置を記述するのにとくに有用である（図参照）．直交座標OABCは剛体に固定されており，対称軸をふつうOC軸にとる（たとえばコマの軸）．剛体の運動は，固定した直交座標OXYZに対して記述される（ふつう垂直方向をOZ軸とする）．剛体のOC軸とOZ軸のなす角度を θ とする．剛体の平面OABは水平面XOYと節線（nodal line）ONで交わる．角度 $\varphi = \angle$XONは，OC軸が鉛直軸OZの周りを歳差運動（precession）する角度を表す．OZを歳差軸（precession axis）という．これに対して，θ 方向の変化を章動（nutation）という．

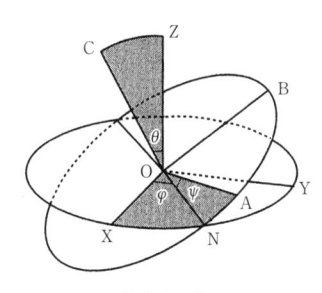

オイラー角

オイラー方程式　Euler equations

剛体の運動を記述する3つの微分方程式の組で，(a) 重心に対する運動では重心を，また，(b) 固定点まわりの運動では固定点をそれぞれ通る主軸を座標軸にとって表現される．主慣性モーメントを A, B, C，角速度成分を ω_x, ω_y, ω_z とすると，オイラー方程式は

$$A(d\omega_x/dt) - \omega_y\omega_z(B-C) = G_x$$
$$B(d\omega_y/dt) - \omega_z\omega_x(C-A) = G_y$$
$$C(d\omega_z/dt) - \omega_x\omega_y(A-B) = G_z$$

となる．ここで，G_x, G_y, G_z は主軸OX，OY，OZまわりのトルクである．

オーウェンブリッジ　Owen bridge

4辺の交流ブリッジ．ある素子の自己インダクタンス L を各辺の他の素子の電気容量 C と抵抗 R によって測定するためのものである（図参照）．それぞれの辺を流れる電流を，点Aと点Bの間に電位差がなくなるように釣り合わせる．このとき

$$R_1R_4C_3 = L_2, \quad R_1C_3 = R_2C_4$$

となり，この関係は周波数に依存しない．R_1, C_3, C_4 は既知の値である．R_2 を調整して検出器（検流計など）に流れる電流が最小になるようにし，R_4 を調整して電流を0にする．

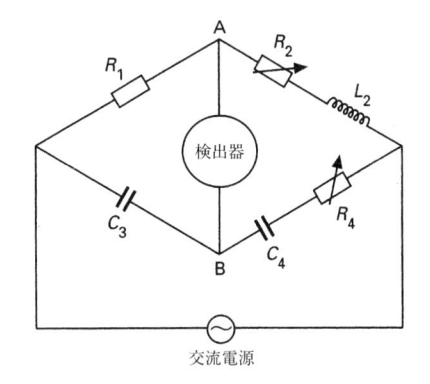

オーウェンブリッジの回路図

凹面　concave

内側に曲がること．凹面鏡（concave mirror）は集光の働きをする．凹面レンズは，中心部がより薄くて，発散の働きをする．両凹（biconcave），平凹（planoconcave），発散メニスカス（concave or diverging meniscus）がある（レンズの図参照）．凹面回折格子（concave grating）は球形金属反射面上の回折格子である．この場合，色収差と媒質（ガラスなど）による紫外吸収がなくなる．⇒凸面．

応力　stress

物体や物体の一部にひずみを生み出す平衡状態にある力のこと．応力は，物体を変形させるための力，あるいは物体がそれに抵抗する逆向きの力とみなされる．どんな場合でも，応力は単位面積あたりの力として測定される．もっとも簡単な応力には次のものがある．(1) 引っ張り・圧縮応力（tensional, compressive stress）（すなわち垂直応力 normal stress）．例：棒を引っ張ったり縮めたりするために加えられた，

棒の断面の単位面積あたりに働く力．(2) 静水圧 (hydrostatic pressure)．例：流体に浸された物体に働く単位面積あたりの力．(3) せん断応力 (shear stress)．例：直方体のブロックの4表面に働き，(1辺に対してそれぞれ平行で) ひずませようとする接線方向の4つの力（図参照）(→ひずみ)．→弾性率，応力の成分

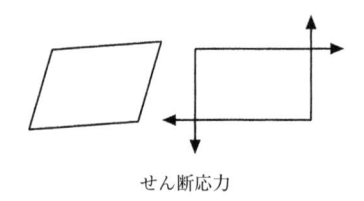

せん断応力

応力の成分

応力の成分　stress component

加えられた表面・体積力により，隣り合う物体要素間に働く単位面積あたりの力．物体中の無限小平面を考える．一方の物体から他方の物体に働く力は，この平面に垂直な成分と平行な成分に分離でき，それぞれこの平面に対する垂直応力成分 (normal stress component)，せん断応力成分 (shear stress component) とよばれる．静水圧のような特別な場合を除き，ある点における応力はそれを定義するときに用いた平面の向きに依存する．

もしもある点において，物体外部の直交座標軸で定義される平面に平行な，3つの無限小平面での応力成分を知ることができれば，その点において任意の向きを向いた無限小平面の応力を計算することができる．OZ に垂直な微小平面の接線方向成分は X_z, Y_z 成分に分けることができる（図参照．添字は，力を及ぼしあう平面に垂直な軸を表す）．この9個の応力成分（3個が垂直応力，6個がせん断応力）は，この微小直方体について力の釣合いを考えると，すなわち $X_y=Y_x$, $Z_x=X_z$, $Y_z=Z_y$ であるから，最終的には6個の独立した成分に減らすことができる．これらの6個，X_x, Y_y, Z_z と X_y, Y_z, Z_x が点 (x, y, z) における応力の成分である．

座標軸を回転して $OX'Y'Z'$ としたとき，$X'_{y'} = Y'_{z'} = Z'_{x'} = 0$ となる場所を見つけることができる．このときの $X'_{x'}$, $Y'_{y'}$, $Z'_{z'}$ の値は主応力 (principal stress) とよばれ，その向きを応力の軸 (axis of stress) とよぶ．等方的な物質の場合，応力の軸はひずみの軸と同じである．（→一様ひずみ）

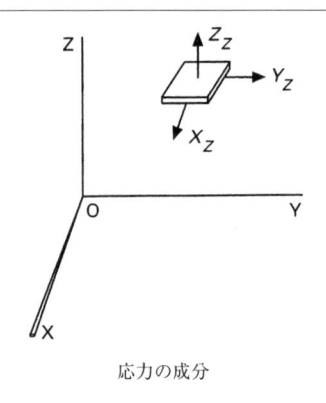

応力の成分

オクターブ　octave
周波数比が2：1となる間隔．

遅れ　lag
(1) 周期的に変化する量に関することで，ある波の位相が他の波における同様の位相に対して遅れているとき，その遅れの時間間隔あるいは電気角の間隔をさす．→進み．
(2) 信号の送信と受信の間に経過する時間のこと．
(3) 制御システムにおいて，補正信号とそれに対する応答の間の遅れのこと．

遅れ電流　lagging current
交流電流において，印加された起電力に対して電流が遅れをもっていること．→進み電流．

遅れ負荷　lagging load
誘導負荷 (inductive load) ともいう．誘導性リアクタンスが容量性リアクタンスよりも支配的で，遅れ電流が流れるような無効負荷のこと．→進み負荷．

オージェ効果　Auger effect, Auger ionization
励起された正のイオンによる自発的な電子の放出で，2価のイオンができる過程．すなわち，
$$A - e \rightarrow A^{+*} \rightarrow A^{2+} + e^-$$
ここで，A^{+*} は励起された1価のイオンを表し，A^{2+} は基底状態でもそうでなくてもよいが2価のイオンを表す．第1段階は内部転換の結果の場合もあるし，電子や光子の照射による外的な励起によることもある．

自動電離はオージェ効果とたいへん似ており，2つの用語はときどき同義的に使われる．

オージェシャワー　Auger shower
空気シャワー (extensive air shower) ともいう．大気に突入した一次宇宙線によりつくら

れる素粒子のシャワー．オージェシャワーは大きな領域に広がる．

オシログラフ oscillograph
測定したパラメーターの記録（オシログラム osillogram）を残す機能を備えたオシロスコープ．

オシロスコープ oscilloscope
陰極線オシロスコープのこと．

オストワルドの希釈律 Ostwald's dilution law
質量作用の法則を電解に適用して得られた法則．単位量の酸がある体積（V）の水に溶けているとき，酸は反応式
$$HA \leftrightarrow H^+ + A^-$$
にしたがってイオンに解離する．平衡状態では酸とイオンの濃度には
$$[H^+][A^-]/[HA] = \alpha^2/(1-\alpha)V = K$$
という関係がある．ただし，α は酸の解離の割合，K は定数である．K は反応の平衡定数で，しばしば解離定数（dissociation constant）とよばれる．弱い電解質の場合，α は 1 よりはるかに小さいので，この法則はしばしば $\alpha = \sqrt{KV}$ と表される．電解質の希釈が進むにつれて，解離の割合も大きくなる．

オストワルドの粘度計 Ostwald viscometer
液体の粘性を測定したり比較したりするための装置．高さの異なる2つの球形の容器を細管でつないだもの．比較したいそれぞれの液体が上の容器から流れ出るのにかかる時間 t_1 と t_2 を測定する．粘性係数は式 $\eta_1/\eta_2 = \rho_1 t_2/\rho_2 t_1$ で与えられる．ただし ρ は液体の密度である．

遅い振動方向 slow vibration direction
結晶中を最小速度で伝搬する光線の電気ベクトルの方向．速度が最小なので，屈折率は最大になる．

オーソスコピック orthoscopic
ひずみがないこと．写真撮影用レンズは，良質の拡大鏡や接眼レンズと同様に，オーソスコピックでなければならない．

オゾン層 ozone layer, ozonesphere
⇒成層圏．

オーダー order of magnitude
数や物理量のおよその大きさを表す値．ふつうは 10 のべき乗で表す．2.3×10^5 と 6.9×10^5 はオーダーが同じであり，5×10^8 はどちらに対してもオーダーが 3 だけ大きい．

オットーサイクル Otto cycle
4行程のサイクルで，うち2行程は吸気過程と排気過程である．空気とガソリンの爆発性の混合気を吸入したあと，AB で断熱的に圧縮し B で点火すると，BC にそって体積一定のまま圧力と温度が急激に上昇する．それから CD でピストンが外側に動いて気体は断熱的に膨張し，排気弁が開いて，DA で圧力が大気圧まで減少する（図）．引き続いてピストンが内側に動き排気ガスを押し出してサイクルが完了する．

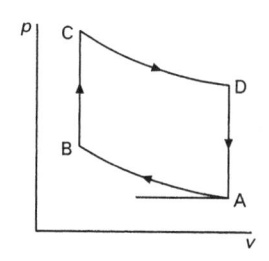

オットーサイクル

オッペンハイマー–フィリップス過程
Oppenheimer-Phillips（O-P）process
⇒ストリッピング反応．

音（Ⅰ） note
（1）楽器や声などによってつくられる特定の高さ（周波数）の音楽的な音．
（2）（音符）楽譜で，音の高さと長さを表す記号．

音（Ⅱ） sound
媒質が周期的，機械的に振動し，音のエネルギーがその媒質中を伝わる（音は真空中を伝播できない）．音という用語は，このような振動が耳に入って感じられる感覚にも用いられる．人間の耳に聞こえる音は，高さが決まった範囲にあり，周波数は約 20〜20 000 Hz（可聴周波数）の間に完全に限られている．しかし，周波数がこの領域の外にあっても，振動として本質的な違いがあるわけではない．これらの低周波音および超音波の基本的な性質は音波と同じであり，同様な手法で研究できる．⇒超音波．

音源が振動を行うことから，音源には弾性が存在することになる．すなわち，静止位置から変位し，放たれると，もとの位置に向かう力が作用しはじめる．音源はまた，慣性ももたなければならない．すなわち，もとにもどるときに平衡位置を通り過ぎて，その前後に振動する．

周囲の媒質中への音の伝播により，媒質のある部分が振動する（⇒圧縮）．振動の開始は順次遅れるため，撹乱は有限の速度，すなわち音速

で伝わる．液体中では，音波は縦波として伝わる．固体中では，縦波，横波，およびねじれ波のいずれもが起こりうる．伝播した音波は，最終的に，人の耳や物理的測定器に達して検出される．

音の研究には，気象学や（大気音響学としての）音響測距，深海音響や水中物体の検出，反響による探査，建築音響のような建築学，楽器の設計，および楽音や音声の発生の科学的基礎（音声学）などの，多くの応用がある．

オートダイン発振器 autodyne oscillator
⇒うなり受信．

音の大きさ loudness
耳で聞いた音の聴覚的な音の大きさ．音の大きさは音の強さに関係があるが，両者の関係は単純ではない．音の大きさの尺度はウェーバー-フェヒナー（Weber-Fechner）の法則を基にしており，これは聴覚などの感覚の強弱の大きさは音などの刺激の強さの対数に比例するというものである．強度のデシベル目盛は同じ周波数のある音声強度を基準として対数で与えられる．ただし耳の聴覚感度は周波数に依存するため，これでは不都合が残る．音の大きさと等価であるホン目盛はこの問題を解決したもので，これは音の強度をある一定の強度および周波数の基準音と関係づけている．このホン目盛はあらゆる音をその音の大きさの大小で表すことができるため，広く用いられている．

音の大きさのレベル loudness level
音の大きさを音圧を用いて表すもの．これは，正常な聴覚をもっている人が与えられた音とある特定の周波数の基準音を聴き比べたとき，両者が同じ大きさの音と判断されるような基準音の音圧のレベルである．

音の吸収係数 acoustic absorption coefficient
記号：α_a．量$(1-\rho)$のこと．ここで，ρは反射係数（reflection coefficient），P_r/P_0で，P_0とP_rはそれぞれ入射と反射の**音響エネルギー束**（より一般的には音響パワー）（⇒吸収（音の））．吸収，反射の係数はともに周波数に依存する．

音の強さ sound intensity
記号：IまたはL．流れの方向に垂直な面を通る，単位面積，単位時間あたりの音のエネルギー．音圧の二乗平均値pと媒質の密度ρを用いて，

$$I = p^2/\rho c$$

と表される．ここで，cは音速である．音の強さのSI単位はW m^{-2}である．

オートラジオグラフ autoradiograph
金属，生体組織などの薄い試料中にある放射性同位体の分布の写真．試料に放射性同位体を取り込ませ，適当な露光時間のあいだ写真乾板に密着させ，放射線により感光させて像を得る．このフィルムを現像すればオートラジオグラフが見える．

オーバーシュート overshoot
⇒パルス．

オブザーバブル observable
⇒観測可能（量）．

オプティカルフラット optical flat
非常に平らな面で，表面の凹凸の高低差が光の波長の数分の1より小さいもの．表面の精度は，既知の平面基板と光学接触（optical contact）させておき，干渉縞を観測することにより検査することができる．

オペアンプ op-amp
⇒演算増幅器．

オーム ohm
記号：Ω．電気抵抗のSI単位．導体の2点間に1Vの電位差をかけた結果，1Aの電流が流れるとき，その2点間の抵抗を1Ωとする．ただし，導体はそれ自体で電磁力を生じないものとする．1948年に国際オーム（international ohm，Ω_{int}）に代わって用いられるようになった．1国際オームは，質量14.4521 g，長さ106.300 cmの均一な断面の水銀柱の0℃における抵抗として定義される．1Ω_{int} = 1.000 49 Ω．

オーム接触 ohmic contact
電位差がそこを流れる電流に比例するような電気的接触．

オームの法則 Ohm's law
導体を流れる電流Iは，他の量（とくに温度）が一定であれば，導体の両端の電位差Vに正比例する．抵抗Rは$R = V/I$で定義されるので，この法則は$R =$一定というように表すこともできる．（Rを定義する方程式は，たとえば高温のフィラメントのように抵抗が一定でない場合にも成り立つので，この式自体がオームの法則を表しているのではない．）

非常に広い電流範囲で，純粋な金属や合金がきわめて正確にオームの法則に従う．非金属に対してはそれほどよくは成り立たない．

オメガマイナス粒子 omega-minus particle
記号：Ω^-．ハイペロンに分類される素粒子の

1つ．⇒ユニタリー対称性．

重さ　weight

(1) 力学では，この用語は異なった意味で用いられることがあり，しばしば混乱する．①地表付近または他の天体の表面付近で働く真の重力．②物体の質量と自由落下の加速度gとの積に等しい見かけ上の重力．gが惑星の中心（を原点とする慣性座標系）に対してではなく，回転している惑星の表面近傍の点（を原点とする回転座標系）に対して測られているという意味で，②と①は若干異なる．③支持台の表面上で支えられている物体が支持台に及ぼす力．これは②の場合に等しいが，②とは異なる物体の異なる作用点に異なるメカニズムで作用する．④支持台が物体に及ぼす力．この力はよく重さに対する"反作用"とよばれ，しばしばニュートンの運動の第三法則（作用・反作用の法則）により重力と関係していると間違って考えられている．⑤物体の質量．とくに計量に用いられる標準質量．⑤を除いて重さは力を意味し，単位はニュートンである．⇒無重力．

(2) ⇒加重平均．

親核　parent
⇒娘核．

折り返しダイポール　folded dipole
⇒ダイポールアンテナ．

オールトの雲　Oort cloud

現在確認されている惑星よりもはるか遠方に存在するとされる太陽系内の領域で，長周期彗星の発生源と考えられている（⇒**彗星**）．1950年にヤン・オールト（Yan Oort）がその存在を提唱した．放物線軌道に近い若い彗星の軌道を厳密に解析してみると，いずれの場合も，約50 000天文単位の距離，すなわち冥王星の千倍も太陽から離れた距離に遠日点（太陽を回る軌道でもっとも太陽から離れた点）をもっていたことが示される．さらに遠方から飛来する彗星はほとんど存在しないと考えられており，彗星が太陽系の外側の星間空間で生まれたことを示す根拠もなかった．そこで彼は，既知の惑星よりもはるかに遠いこの領域に，彗星のもとになる天体の集団が存在すると予測した．

オルバースのパラドックス　Olbers' paradox

無限個の星が宇宙空間に一様に分布していたとしたら，夜空は均一の明るさで輝かなければならないことになるというパラドックス（1826年，オルバースによる）．現在では，赤方偏移に見られるように銀河が遠ざかっているため，遠くの星はきわめて暗く見えると考えられている．したがって，暗い夜空を説明するために星が有限個しかないと仮定する必要はない．

オーロラ　aurora

希薄な上層大気の中で起こる間欠性の電気放電．太陽風の中の荷電粒子が地磁気に捕獲され磁力線に沿ってらせん軌道を描き，2つの磁極の間を振動する．上層大気に突入するとき荷電粒子は空気中の分子を励起する．結果として放出される光は，かすかな輝きとなったり，大空をすばやく横切る大きな流れとなるなど，多くの美しい形を示す．オーロラの強度は極地方で太陽活動の極大期に最大となる．ときには温帯でも見られることがある．

音圧　sound pressure

記号：p．音が伝わっている媒質中の1点における，周期的に変動する圧力の瞬時値．すなわち，音の伝播に伴う圧力で，これを1周期にわたって平均すると0になる．音圧の値としてはふつう，圧力レベルの二乗平均値が用いられる．単位はパスカル（Pa, pascal）で，バール（bar）が使われることもある．

広い周波数範囲の音波を考えるとき，より一般的な用語として，音響圧力（acoustic pressure）が用いられる．

音圧レベル　sound-pressure level

記号：L_p．音圧pと基準音圧p_0との比の自然対数によって与えられる無次元量である．すなわち，

$$\log_e\left(\frac{p}{p_0}\right)=\log_e 10 \times \log_{10}\left(\frac{p}{p_0}\right)$$

である．p_0は特定の値を決めて用いるが，空気中では2×10^{-5} Pa，水中では0.1 Paとする．音圧レベルの単位は，ネーパー（Np）であるが，デシベル（dB）も用いられる．

$$20\log_{10}\left(\frac{p}{p_0}\right)=1$$

のとき$L_p=1$ dBである．また1 dB = $(\log_e 10)/20$ Npである．

オンオフ比　mark-space ratio

パルス波形におけるパルスがオンのときの時間とオフのときの時間の比のこと．完全な矩形波ではこの比は1となる．

音階　musical scale

音楽効果のために選定された音程によりある音からそのオクターブまで続く一連の音．歴史を通じて非常に多くの音階が使われたが，わずか少数だけが生き残った．全音階（diatonic scale) のオクターブには8音あり，それらのあるものは全音，あるものは半音隔てられている．後に，すべての音は半音に分割されたが，それは，まず，旋律の装飾音に用いるためであり，次に，協和的な音色を得るためであった．つけ加えられた余分な音は他に比べごく稀にしか使われない．音階のすべての音は音階の主音や最初の音と関係をもっている．

半音階（chromatic scale）はオクターブに13の音をもち，音は半音に分けられた全音階と等しい．しかし，半音階のすべての音は等しい重要性をもって使われるが，まだ，主音と結びつきがある．全音音階（wholetone scale）は，オクターブが半音を含まない6音からなり，2系列のものだけが可能である．五音音階（pentatonic scale）は，オクターブが5音からなり，それらの間隔が1音，1½音，1音，1音，1½音である．→音律．

音響圧力 acoustic pressure
→音圧．

音響イナータンス acoustic inertance
音響インピーダンスの虚部で，音波に対する媒質の音響慣性（inertance）に起因する．電気回路のインダクタンスに相当．断面積がSの管路の中にある気体の質量をmとすると，イナータンス（L）はm/S^2となる．

音響インピーダンス acoustic impedance
→インピーダンス．

音響エネルギー束 sound-energy flux
記号：PまたはP_a．音響パワー（sound power，より一般には acoustic power）ともいう．音のエネルギーの流れの速度．密度ρの媒質において，速度がcの平面波または球面波として伝わる波の場合，任意の点において，
$$P = p^2 A/\rho c$$
であることが示される．ここで，pはその点における音圧の二乗平均値で，Aはエネルギー束が通過する面積である．音響エネルギー束の単位はワットである．

音響エネルギー反射係数 sound-energy reflection coefficient
→音の吸収係数．

音響エレクトロニクス acoustoelectronics
電気的信号を変換器により音波に変換し，固体媒質の中を音響信号を伝搬させる装置およびそれを研究する学問．

音響回折格子 acoustic grating
同じ長さの棒を，一定の間隔で1列に並べたものは，光の場合の回折格子と同じような働きをもち，音響回折格子とよばれる．音波がこの格子に入射すると，それらの位相の関係が互いに強め合うか，弱め合うかによって二次波の散乱の方向が決まり，格子の周りに，音波の強度の最大と最小の点ができる．音波が格子に垂直に入射したときは，散乱強度が最大になる方向は$\sin\theta = m\lambda/e$で与えられる．ここで，λは音波の波長，eは棒の太さとその間隔の和，mは整数である．回折縞がつくられるためには，当然eはλより大きくなければならない．このため低周波音波に対しては，回折格子は非常に大きなものとなる．

音響学 acoustics
音波の生成，特性，伝搬に関する科学．

音響慣性 inertance
→音響イナータンス．

音響キャパシタンス acoustic capacitance
音響インピーダンスの虚部で，媒質の硬さあるいは弾性（率）（k）に起因する．振動している面積をSとすれば，キャパシタンスはS^2/kで表される．

音響効果 acoustics
室内，講堂内での音の忠実度を決める性質．音響の良い部屋は以下の条件を満たさなければならない．顕著なエコーがない，部屋のいたるところで音の強さが十分かつ一様である，残響時間がその部屋にとっての最適値近くである，共鳴は避けられねばならない，十分な遮音性を持たなければならない．

音響質量 acoustic mass
→リアクタンス．

音響スティフネス acoustic stiffness
→リアクタンス．

音響測深 echo sounding
海の深さを推定したり，音を反射するもっとも近い固体表面と音源との距離を測るのに音波を使う技術の総称．媒質中での音速が知られていれば，音波の発生からその反響音の受信までに要した時間を測定することで，距離を見積ることができるのである．同じ原理はレーダーでも使われている．

音響遅延線 acoustic delay line
→遅延線．

音響波 acoustic wave
音波（sound wave）ともいう．媒質中の粒子の機械的な振動により生じる固体，液体，気体中を伝搬する波．粒子の運動の

方向は，波の伝搬方向と平行であり（すなわち，縦波である）．波は媒質の粗密からなる．音波というとき，人の耳に聞こえる波，周波数がおよそ20～20 000 Hzの波に限る場合がある．磁気ひずみや圧電効果により，または結晶に機械的なひずみを与えることで固体中を伝搬する音響波を発生させることができる．⇒超音波．

音響パワー sound power, acoustic power
⇒音響エネルギー束．

音響パワーレベル sound-power level
⇒電力レベル差．

音響フィルター acoustic filter
管や共鳴箱といった音響インピーダンス素子を並列，直列に連結して，高周波だけを通すように（high pass filter），低周波だけを通すように（low pass filter），あるいは，ある周波数帯の音波のみを通すように（band-pass filter）したもの．
Z_1のインピーダンスをもつ等しい管を，Z_2のインピーダンスを間にはさんで連結していったものに，ある周波数の単振動音波を送ると，Z_1/Z_2の値がある範囲の値をとるときのみ，その音波を通過させる．この条件に合わない周波数の音波は急激に減衰してしまう．

音響浮遊 acoustic levitation
⇒浮揚．

音響リアクタンス acoustic reactance
⇒リアクタンス．

オングストローム angstrom, ångstrom
記号：Å．分光学で分子の大きさなどを表現するときに用いられる単位で，10^{-10} m＝0.1 nmのこと．現在はこの単位を使用することは推奨されていない．

オングストローム日射計 Ångstrom pyrheliometer
⇒日射計．

音叉 tuning fork
U字形に曲げた金属棒のUの底の部分に柄をつけたもので，定められた音程を発する．曲げたり，叩いたり，先の部分をつまんだりすることにより励起すると，ほとんど純音に近い基準振動の音程のみがかすかに聞こえる．音叉は一定の周波数を長時間保つ．周波数は温度変化に対してわずかに変化するだけである．そのため，楽器の調律を行う際の基準ピッチに利用できる．90 kHzといった高い周波数の音叉は普通，スチール，インバー，エリンバーでできている．振動部分は力学的につり合っており，両先端部分

は内外に同時に動く．

音質 quality (of sound)
(1) 音の再生の忠実度．
(2) ⇒音色（ねいろ）．

温室効果 greenhouse effect
赤外線を閉じ込めるため環境の温度が上がる効果．太陽系のいくつかの天体で起こっている．金星の表面温度が高いのはこの効果による．それより規模は小さいが地球でもこの効果は増大しつつある．地球の場合，太陽光は地表で吸収されて，長い波長の光（赤外線）として再放出される．大部分の赤外線は大気圏の外に逃げていくが，一部は大気中にある特定の気体，ことに二酸化炭素（CO_2）により再吸収される．最近の人類の活動により大気中のCO_2濃度が増えはじめたことが知られており，地球的規模での温暖化が懸念されている．

音質調整 tone control
音を受信または発生させる際に，より魅力的な音を出すために音響アンプの相対的な周波数応答を調整する方法．

音声周波数 voice frequency
⇒可聴周波．

音速 speed of sound
記号：c．標準状態における乾燥空気中の音速は331.4 m s^{-1}であり，海水中では1540 m s^{-1}，純水中では1410 m s^{-1}である．音の伝達には，媒質に応じて，縦波，横波，または捩れ波運動が関与している．波が進む速さは，基本的物理量である弾性率と密度によって決まる．広がった媒質中では，小振幅の弾性波の音速は
$$c=\sqrt{K/\rho},$$
で与えられる．ここで，Kは適当な弾性定数で，ρは媒質の密度（平常値）である．気体や液体の場合，Kは体積弾性率であるが，固体の場合，ヤング率，軸方向弾性率，ずれ弾性率などを用いなければならない．

一般に，任意の流体媒質に対して2つの弾性率，すなわち断熱および等温弾性率があって，それらの間の比は比熱比（γ）に等しい．気体では粗密が非常に速く起こるので変化は断熱的となり，音速は$c=\sqrt{\gamma p/\rho}$となる．ここで，pは気体の圧力である．

上式から，気体中の音速は温度の関数として
$$c_\theta = c_0\sqrt{1+\alpha\theta}$$
と表される．ここで，c_0とc_θは0℃とθ℃における音速，αは気体の膨張率である．また，任意の気体についてp/ρは一定温度では定数とな

るので，非常に高い圧力の場合を除いて音速は圧力に依存しない．さらに，音速は高い周波数の場合を除いて周波数には依存しない（→音波の分散）．γ と p が式の中に含まれるので，音速は気体の性質に依存する．したがって，湿気と不純物は音速に影響する．

音速以下 subsonic
音速，すなわちマッハ1，よりも遅い速度で運動している物体，空気の流れなどを示す．

音調 tone
(1) 部分音をもたない可聴音．
(2) 音楽の音質のこと．柔らかい音，薄い音など．
(3) 主音の間隔．たとえば，C音とD音の間隔．半音の対語．

音程 interval
音階を構成する2つの音についての周波数の関係で，比またはその対数で表される．比の形で表す場合はふつう1より大きい数で表現する．対数で表す場合にはミリオクターブ (millioctave) かセント (cent) という単位を使うのが一般的である．周波数が f_1 の音と f_2 の音の間の音程 I は，ミリオクターブ単位では
$$I = (10^3/\log_{10} 2) \log_{10}(f_1/f_2)$$
となり，セント単位では
$$I = (1200/\log_{10} 2) \log_{10}(f_1/f_2)$$
となる．（1オクターブは2/1＝1000ミリオクターブ＝1200セントの音程である．）→音律．

温度 temperature
記号：T．物体が他の物体と熱的に接触した際の熱流の方向を決定する物体の属性．すなわち，熱は温度の高い方から低い方に流れる．→熱力学（第二法則）．

ただし，この定義だけでは，数々の物体を温度順に並べることしかできない．温度の絶対値を与えるには，温度目盛が必要である．現在科学分野で使われる唯一の温度目盛は，国際実用温度目盛で，セルシウス度またはケルビンで表される．温度は物体や物質を構成している分子，原子，イオンの運動エネルギーの尺度である．物体の熱力学的温度は物理量として扱われ，単位はケルビンである．

低温，および通常の温度（約500℃まで）の測定は温度測定法（thermometry），高温域は高温測定法（pyrometry）と分類される．

オンドグラフ ondograph
電圧の変化をグラフにする装置．

温度計 thermometer
物体の温度を測るための測定具．温度によって変化する物質の特性を測定することにより，温度を求めることができる．温度計に使われる媒質として適したものは，少しの温度変化で大きく膨張し，かつ膨張率が一様で，高い熱伝導率，化学的安定性，（液体の場合）高い沸点，低い融点，（気体の場合）低い液化点をもつものである．水銀封入ガラス，最大，最小，白金抵抗温度計など，さまざまな種類の温度計があり，熱電対やバイメタル板などのデバイスもある．→高温計．

温度測定法 thermometry
→温度．

温度定点 fixed point
温度の目盛を決めるために用いる再現性のある，不変の温度．水の融点と沸点は2世紀にわたりほぼすべての温度尺度を決定するのに用いられた．熱力学的温度の尺度は今では1つの定点で決められ，それは純粋な水の三重点である．1968年の国際実用温度目盛での定義では，すべて決められた条件での純粋な物質の相平衡で決められる11の定点が用いられる．

温度反転 temperature inversion
(1) 対流圏で，高度に対する気温低下の割合が断熱的温度減率以下になる現象．
(2) 大気中で温度勾配の符号が変わる高度．

音波 sound wave
→音．

音波の回折 diffraction of sound
固体にさえぎられる場合あるいはスリットを通り抜ける場合に，物体あるいはスリットが波長に比べて大きいならば，音波は鋭い影を投じる．しかしながら，この音波の線はある程度曲がり，すなわち回折して，影のすぐ内側に強度が変化する干渉パターンの領域をつくる．固体あるいはスリットの大きさが小さくなるほど，この回折はより顕著になる．大きさが波長よりも小さいという極端な場合には，障害物からあらゆる方向に均一の強度で音波が再放射される．スリットは入射波の反対側にしか放射せず半球面波をつくるが，固体はあらゆる方向に放射し球面波を作り出す．

一般的には，ホイヘンス（Huygens）の解釈，すなわち球面波を放射する無数の点源から波面ができているとみなすことによって容易に解析される．これらの二次波が互いに干渉したパターンをつくり出す．→光の回折．

音波の分散　dispersion of sound

可聴周波数では気体中の音波の速度は，ラプラス方程式 $c=\sqrt{\gamma p/\rho}$ で与えられる．ここで，γ は気体の比熱比であり，p は圧力，ρ は密度である．この方程式は周波数によって変化する項をもっていない．可聴音が通過したときに空気あるいはすべての気体が圧力と温度の断熱的な変化を起こすことが，この方程式から示される．

しかしながら，高い周波数では，たとえば二酸化炭素では音速が周波数とともに特異な変化をする．二酸化炭素中での音速は，周波数とともに増大するが，200 kHz より高い周波数では二酸化炭素は音波に対して不透明になる．このような周波数に対する速度の変化（分散）は，吸収の異常な値を伴っている．緩和理論（relaxation theory）によれば，高い周波数では気体分子の並進と振動エネルギーの交換に遅延があると考えられる．言葉を変えると，これらの速い音の振動の中では，振動の自由度は温度の断熱的な変化に完全に追従していく時間をもはやもたないのである．

音律　temperament

鍵盤楽器の全鍵盤を近似的に全音階（⇒音階）にする調律法．全音階では，個々の音の周波数は主音のある一定の倍数：たとえば，1 1/8，1 1/4，1 1/3 などとなっている．もしすべての音程について正しい全音階を得られるようにしようとすると，1 オクターブに必要な鍵盤の数は膨大になる．ミスチューニングを最低にしながら伝統的な 13 鍵盤を守るためには，現在の鍵盤楽器では平均律音階（equitempered scale）[すなわち等しい音階間隔（equal temperament）]で調律される．この音階では，オクターブ全体にわたって，音程の狂いを平均化されている．1 オクターブを 12 分に分割し，その間隔は音程比 $2^{1/12}$ とする．オクターブ以外は正確ではないが，誤差が小さいので耳が違和感を感じることはない．この調律法を用いれば，異なる音階においても同じ鍵盤を使うことができる．表に全音階（just intonation）と平均律の比較を示す．どちらの音階ともに A（ラ音，440 Hz）を基準にしている．

音律		
全音階		平均律
264	C	261.6
297	D	293.7
330	E	329.6
352	F	349.2
396	G	392.0
440	A	440
495	B	493.9
528	C	523.3

音量　volume

一般的な音の大きさ，または音声として発生する音響周波数の伝送信号の大きさ．⇒自動利得制御（AGC），音量圧縮（拡大）機．

音量圧縮（拡大）機　volume compressor (and expander)

圧縮機は伝送する音響信号の振幅変動の範囲を自動的に抑制する電子機器である．信号の振幅があらかじめ定められた値を超えると増幅率が減少し，また振幅が別に定めた値以下になると増幅率が増加する．拡大機は圧縮機と逆の効果をつくり出す機器で，伝送する音響信号の振幅変動の範囲を自動的に拡大するものである．適切な設計によって，このシステムに組み込まれている拡大機はこのシステムの別の部分に組み込まれている圧縮機の効果を補正することが可能である．このように用いられる圧縮機と拡大機は合わせてコンパンダー（圧縮拡大機 compandor）といわれる．

音量拡大機　volume expander

⇒音量圧縮（拡大）機．

カ

加圧水型原子炉 pressurized-water reactor (PWR)

（沸騰を防ぐために）圧力をかけた水を，冷却水，および減速材として使用する熱原子炉の型．減速材としての水の有効性と，水が中性子を吸収することから，炉心がコンパクトになり，また，燃料の^{235}Uの濃度をわずかに高くする必要がある．二酸化ウランの燃料棒はジルコニウム合金で覆われている．16 MPaの加圧した水は約280℃で炉心に入り，約310℃で出る．したがって，厚さ約200 mmの頑丈な圧力容器が必要である．この圧力，温度では冷却水は沸騰しない．これらの条件は，加圧器とよばれる電気で熱を与える装置によって維持される．圧力容器と冷却水が通る配管は，建造物によって厳重に封じられており，配管を破っても冷却水が外部に漏れないよう建造物は設計されている．この温度では，圧力がかかっていない水はすぐに沸騰してしまうので，予備の水の供給が必要である．

PWRの変形として，沸騰水型原子炉 (boiling-water reactor：BWR) がある．この原子炉では，水は炉心内で沸騰し，発生した蒸気が圧力容器中で分離され，直接タービン発電機に送られる．こうすることによって，PWRで必要な熱交換器（蒸気発生器）での損失をなくしている．しかし，タービン発電機から漏れ出る冷却水からの放射性気体を封じ込める追加の設備が必要となる．

外因性半導体 extrinsic semiconductor
キャリヤー濃度が不純物や他の不完全性に依存している半導体．→真性半導体．

開回路 open circuit
→回路．

ガイガー計数管 Geiger counter, Geiger-Müller counter

イオン化した粒子や光子を数える計器．毎秒数百個が計数可能である．円筒状の陰極の中心軸上に線状のワイヤーが張ってある（図参照）．電極はともにガラス管の中に封じられているか，または陰極自体が容器になっているものもある．窓には薄いマイカか，またはより透過性のよい粒子に対しては軽金属合金が使われる．管には数十分の1気圧程度のアルゴンガスが封入されている．電極間には気体放電が起こる寸前の電圧がかけられている．荷電粒子が通過すると放電が誘発される．しかし，電磁波を検出する感度は低い．なぜなら，電磁波は気体中で光電効果かコンプトン効果によって電子を放出させなければならないからである．

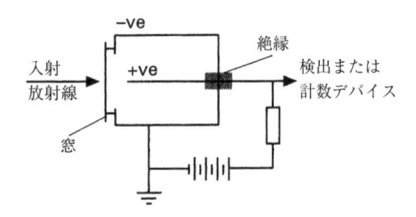

ガイガー計数管の回路

計数管の感度がある領域に，たとえわずかでも自由電子がつくられると，放電が誘起される．電子は陽極に向かって進む間に，衝突によってさらにイオン化を起こす．励起原子が発する紫外線は，陰極に当たって光電子を放出する．こうして電子なだれが起こるまで放電は成長する．陽極に達した電流の大きな波はそこに電圧パルスを発生させ，これが電子カウンターを動作させる．このパルス電圧の大きさは，はじめに引き起こされた放電の強さに依存しないので，入射粒子あるいは光子のエネルギーには依存しないでただその数だけを計数する．

放電の進行に伴い多くの正イオンがつくられ，これがすべて陰極に集められるので，この間は，計数管はつぎの入射粒子に応答できない．この不感時間（dead time）は10^{-4} sの程度である．消滅ガス (quenching gas) とよばれる少量の気体を計数管に入れておくと放電を停止させる作用をもつ．ハロゲン気体を消滅ガスとして入れた場合，計数管は約400 Vの電圧で動作する．

比例計数管（proportional counter）（→比例範囲），シンチレーションカウンターの動作と比較せよ．

ガイガー-ナッタル関係式 Geiger-Nuttall relation

放射性物質から放出されるα粒子の飛程Rとその物質の崩壊定数λとの間に実験的に見出された関係式（1911）

$$\log \lambda = A + B \log R$$

ここで，定数 B は4つのすべての放射性崩壊系列で同じ値をとるが，定数 A は系列ごとに異なる値をとる．この式は近似的にしか使えないが，飛程の代わりに $α$ 粒子のエネルギーを使うと，放射性同位元素など特定のグループの $α$ 粒子放出元素に対して，かなり高い精度で成立する．

外気圏　exosphere
地球の大気層のもっとも外側で，高度約400 km より上の部分．

開口　aperture
レンズの場合には，光が通過することができる部分，鏡やその他の反射体の場合は，光や放射が反射される部分．そのような面積の直径をさすこともある．⇒光学系の開口と絞り，f ナンバー．

開口絞り　aperture stop
⇒光学系の開口と絞り．

開口数　numerical aperture（NA）
顕微鏡で使われる対物レンズの視野角，ならびにこうしたレンズの集光力を表すために用いられるパラメーター．対物レンズの置かれている媒質（空気，油など）の屈折率とレンズの視野角の半分の正弦をとったものとの積である．開口数が増すと，顕微鏡の分解能が向上する．

開口端補正　end correction
気柱の振動に関する初歩的な理論では，開管の端は空気の振動の腹になる．しかし，実際には開口端からの反射のたびに音のエネルギーの散逸が起こり，大気中に球面波が放射される．このとき，開口端より先にある空気も振動するため，実効的な管長は実際の管の長さよりも長くなる．これを開口端補正という．実験によればフランジのない内径 r の円筒管の場合，補正の大きさは $0.58 r$ になり，この値は音の波長によってあまり変わらない．円筒形以外の開口端についての補正の大きさは，その開き具合，すなわち端における音波のコンダクタンスによって変化する．

開口の合成　aperture synthesis
いくつかの電波望遠鏡を組み合わせてアレーとし（⇒干渉計，電波天文学），実効的な分解能がアレー全体の大きさの1つの望遠鏡と同じになるように干渉計測すること．電波がこのアレーに到着するとき，同じ位相面の異なる部分は，その信号の方向により，それぞれのアレー素子のところに少しずつずれた時間で到着する．この信号間の位相の違いから，信号源の方向がわかり，信号源の像または"地図"がつくられる．高品質の地図をつくるには，離れた素子（電波望遠鏡）の多くの組み合わせが必要になる．電波源からみた方向に射影した任意の2つの望遠鏡の間隔は基線（baseline）とよばれる．良い品質の像を得るためには多くの異なる基線が必要である．ほとんどの開口合成の干渉計では，観測の基線の数を稼ぐために地球の自転を使用している．

開口比　aperture ratio
近い物体からレンズに入ってくる光は平行ではない．したがって，どれだけの光がレンズに入ってくるかは，開口比の大きさによる．この量は $2n \sin α$ で与えられる．ここで，n は像空間での媒質の屈折率，$α$ は光軸上の物体の位置と開口最外部を結ぶ光線が光軸となす角である．⇒f ナンバー．

界磁コイル　field coil
電流を流したときに電気機械変換装置（発電機，モーター）の界磁石を磁化させるコイル．

界磁石　field magnet
電気機械に磁場を与える磁石．通常は電磁石であるが，小型の機械では永久磁石の場合もある．

階数　degree
⇒次数．

ガイスラー管　Geissler tube
希薄気体の電気放電の発光効果を表示させるために特別に設計された気体放電管．

回生制動　regenerative braking
⇒電気ブレーキ．

外積（ベクトル積）　vector product
⇒ベクトル．

回折解析　diffraction analysis
電子線，中性子線，X 線の回折によって結晶の構造を研究する方法．⇒電子回折，X 線回折，中性子回折．

回折計　diffractometer
回折解析に用いられる装置で，X 線や中性子線の回折ビームの強度をさまざまな角度で測定するのに用いる．電離箱あるいは計数管が用いられ，回折されるビームは通常単色である．

回折格子　diffraction grating
回折によりスペクトルをつくり出す，あるいは，波長を測定するための装置．ガラス，金属鏡，アルミニウムの蒸着面上にダイヤモンドを用いて等間隔に引かれた多数の平行線（7500 本/cm 程度）からなる刻線格子（ruled grating），あるいは，罫線を引かれた表面を鋳型として型

をとったプラスチック製の複製格子（replica）がある．回折格子で"反射"，"透過"した回折光は次の方程式に従って照度の最大部分（スペクトル線）をつくり出す．
$$d(\sin i + \sin \theta) = m\lambda$$
ここで，d は回折格子の間隔，すなわち隣接する線の距離（$=1/N$，ここで N は単位距離あたりの線の数），i は入射角，θ は次数 m のスペクトルに対応した回折が最大となる方向である（中心の像は $m=0$ である）．

ローランド型凹面回折格子では，収差を補正した光の集束や物体の拡大が不要である．透過型回折格子は可視光，近紫外，近赤外で用いられる．反射型回折格子は遠紫外で必要となる．反射型回折格子を薄い角で入射させて用いることにより，X線の絶対波長測定が可能となる．
⇒ブレーズド回折格子，エシェロン回折格子．

回折パターン　diffraction pattern
⇒光の回折．

外挿　extrapolation
確認できる範囲外まで式の変数範囲を延長し，式の値を見積もること．グラフでは実際のプロットの点をこえて線を延長したり，また**内挿**と同様に計算により行うこともできる．外挿は，内挿より必然的に正確さは欠ける．

階段型前駆放電　stepped leader stroke
稲妻の階段型前駆放電．⇒前駆放電．

外鉄型変圧器　shell-type transformer
鉄芯（コア）が巻線の大部分を覆っている変圧器．通常，巻線をあらかじめ組み立てておき，そのまわりに積層板を集めて鉄芯とする（図参照）．⇒コア型変圧器．

一次および二次巻線

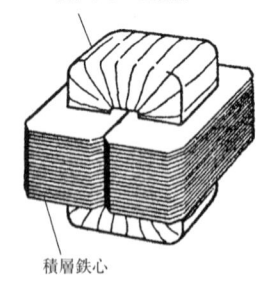

積層鉄心

外鉄型変圧器

回転（Ⅰ）　rotation
(1) ある物体や幾何学的配置が，それを通る軸のまわりで向きを変えたり，自転する運動．⇒渦なし運動．
(2) (1) のような運動の1周期．
(3) (rot) ⇒回転（Ⅰ）．

回転（Ⅱ）　curl, rotation
ベクトル場 F から導かれるベクトル量で，ベクトル積（⇒ベクトル）$\nabla \times F$ をさす．ここで ∇ は微分演算子デルである．したがって
　curl $F = \nabla \times F$
　　$= i \times \partial F/\partial x + j \times \partial F/\partial y + k \times \partial F/\partial z$
で，i, j, k はそれぞれ x, y, z 軸方向の単位ベクトルである．[訳注：rot と書かれることが多い．]

ある点での curl F の値は，無限小面積の周囲で F を一周積分をしたものの単位面積あたりの最大値で，無限小面積の向きは値が最大になるようにとる．ベクトル curl F はこの無限小面と垂直であり，向きはベクトルにそってみたとき時計回りに線積分する向きにとる（たとえば，液体の流れは回転が0でないかぎり，回転運動をしている）．

回転が0でない場は回転（rotational），渦（vortical），循環（circuital）があるといい，回転がいたるところで0である場は非回転，渦無しという．⇒勾配，発散．

回転子（ローター）　rotor
電気機器の回転する部分．普通は交流（直流と区別して）の機械に対して用いられる．⇒固定子，誘導モーター．

回転写真法　rotation photography
結晶回折法の1つで，単結晶をある軸の周りに回転させる．この軸と垂直に単色のX線（または電子線，中性子線）を入射する．平面または円筒状のフィルムは静止させておく．

回転スペクトル　rotation spectrum
⇒スペクトル．

回転セクター　rotating sector
非常に高温のものを高温計で計るときに，高温計に入射する放射を，扇形のセクターを回転させることによって，一定の割合で遮るための装置．

回転の　circuital
⇒回転．

回転のある場　rotational field
⇒回転．

回転半径　radius of gyration
剛体の質量分布の, その回転軸からの二乗平均距離. 与えられた軸に関する慣性モーメントが I である剛体に対し, $I = mk^2$ である. ここで, m は質量, k はその軸に関する回転半径である.

回転量子数　rotational quantum number
⇒エネルギー準位.

カイパー帯　Kuiper belt
海王星の軌道を越えて広がる太陽系の領域で, 太陽から 30〜55 天文単位の間にある. そこは太陽系の組成物の残余がある. 最近, (海王星の軌道よりも遠方にある) 冥王星が太陽の周りの一部しか周回しないうちに惑星とは見なされなくなり, 現在では準惑星 (わい惑星 dwarf planet), またはカイパー帯物体 (Kuiper belt object) と見なされている. カイパー帯は小物体からなる小惑星帯と基本的に同じであるが, カイパー帯が 20 倍広く, 質量が 20〜300 倍である点が異なる. また, 小惑星帯がおもに岩からできているのに対し, カイパー帯は多くの準惑星も含んでいると考えられてはいるもののおもに凍結したメタン, アンモニア, 水からできている. 短寿命 (short-period) の彗星 (⇒彗星) はカイパー帯でできているものと考えられている.

外部記憶装置　backing store
大容量のコンピューターの記憶保持装置. 通常はディスクで, その中にコンピューターの計算に必要でないとき, プログラムやデータを保持する. プログラムが実行される直前に, プログラムや関連するデータは外部記憶装置から主記憶装置 (⇒メモリー) へコピーされる.

開閉 (スイッチ)　make-and-break
スイッチの一種で, 組み込まれた回路によって自動的に起動されて回路を繰り返し速くオンオフするもの. これはたとえば電鈴の回路に用いられる.

界面　interface
⇒インターフェース.

界面動電現象　electrokinetic phenomena
液体中で, 荷電粒子が電場の影響を受けて動く現象. 粒子の動きが制約されている場合は, 粒子の代わりに液体の方が動くこともある. 荷電粒子が, 液体の中を動くイオンであるとき, この運動を電解マイグレーション (electrolytic migration) とよび, 電気化学の分野で研究されている. それ以外の界面動電現象は, ほとんどすべての相境界にできるヘルムホルツ電気二重層に関係している. ⇒電気浸透, 流れのポテンシャル.

カイラリティ　chirality
どんなスピン 1/2 の粒子 (ディラック粒子) u でも (左手系状態・右手系状態という) 2 つのカイラル状態 (chiral state) u_L と u_R をもつ. ニュートリノのように質量をもたない粒子では, 左カイラル状態・右カイラル状態はそれぞれ -1 および $+1$ のヘリシティつまり運動方向に対してスピンが反平行か平行かの状態に対応している. 電子のように質量が 0 でない粒子の場合には, この関係は非常に高いエネルギーの場合のみ成り立つ. カイラル状態は弱い相互作用や電磁相互作用の理論に有用である. 弱い相互作用において, 荷電ボソン $W^{\pm}$ は純粋に左手系粒子と右手系反粒子として記述される. 光子や Z^0 の相互作用は両カイラル状態を含む. 左手系のニュートリノと右手系の反ニュートリノだけが自然に存在し, ニュートリノのヘリシテイは -1, 反ニュートリノのヘリシティはつねに $+1$ である.

解離　dissociation
(1) 分子が壊れ, より小さな分子, 原子になること. 室温で解離する化合物もある. たとえば, N_2O_4 は NO_2 と通常の温度で平衡状態にある. すべての分子は十分に高い温度で壊れて原子になる. 単純な分子のほとんどの解離は可逆である.
(2) 溶液中で分子が壊れてイオンになること. ⇒電離.

改良型気体冷却原子炉　advanced gas-cooled reactor (AGR)
⇒気体冷却原子炉.

回路　circuit
伝導路を形成し, 増幅および発振など望む機能を実現するために多数の電気素子を接続したもの. 回路は個別の素子で構成されることもあるし, 集積回路のこともある.

もし, 素子が閉じた連続の経路を形成して, その中を電流が流せるなら, 回路は閉回路 (closed circuit) とよばれる. たとえばスイッチなどで回路が切断されていれば, 開回路 (open circuit) とよばれる. ⇒磁気回路.

回路網　network
⇒ネットワーク.

ガウス　gauss
記号: G. CGS 単位系において磁束密度の単

位．$1\,\mathrm{G}=10^{-4}$ テスラ．

ガウス光学　Gaussian optics, paraxial theory, first-order theory
　光軸に近い光（近軸光線）のみを扱う単純化した幾何光学．→共軸光学系，ザイデル収差．

ガウス単位系　Gaussian system of units
→ CGS 単位系．

ガウスの定理　Gauss's theorem
　電場の中の任意の閉曲面に対して，**電気変位** D の法線成分の面積積分 $\int D \cdot dS$ はこの曲面に含まれる全電荷に等しい．ガウスの定理は磁場中の閉曲面にも適用できる．同様な定理は重力場，静磁場，流体の速度場でも成立する．数学的に一般的に表現すれば，閉曲面を通過するベクトル場の全フラックスはそのベクトルの発散の閉曲面内の体積積分に等しいということになる．

ガウス分布　Gaussian distribution
　正規分布と同義．→度数分布．

カオス理論　chaos theory
　決定論的方程式に従う力学系で発生する予測不可能な運動に関する理論．この予測不可能性は，運動が初期条件やパラメーターの値に敏感に依存することに起因している．原理的には，決定論的法則によってその系の状態は未来のどの時刻においても正確に予測できるはずであるが，実際そうするには，ある特定の時刻のパラメーターの値や初期条件を非常に精度よく決めてやらなければならない場合がある．カオス理論が顔を出す舞台の1つに天気の長期予報がある．いわゆるバタフライ効果（butterfly effect）といわれるように，初期値に敏感に依存する気象ダイナミクスにおいては，蝶の羽ばたき1つがその後の天気を左右し，予期せぬ竜巻を引き起こすかもしれない．気象現象を支配する法則はよく知られていても，すべてのパラメーターの正確な値を知ることは不可能であるため，天気を長期にわたって正確に予測することはできなくなる．実際，気象のシミュレーションは，カオス理論の発展に大きな役割を果たしてきた．このような予測不可能性が発生する系は，乱流，電気回路の発振現象，化学反応をはじめとし，生物・生態系，天体力学，経済モデルと多岐にわたる．

化学湿度計　chemical hygrometer
　吸収湿度計ともいう．アスピレーター D（図参照）から水を流すことにより，E から取り入れられる空気の体積を知ることができる．この際に取り込まれる空気中に含まれている水分は，乾燥剤の入っている管 A，B，C により取り除かれる．水の入った管 RL を E に取り付けて同じことを行う．空気が管 RL を通ると，その空気の水蒸気量が飽和する．管 RL を付けた場合と付けない場合それぞれについて，管 A と B の重量増加を調べ，それらの比をとることで，相対湿度がわかる．

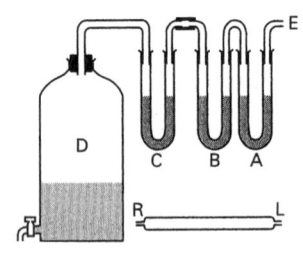

化学湿度計

化学シフト　chemical shift
　化学効果によって生じる，ある状態の小さなエネルギー変化により起こるスペクトルのピーク位置の変化．メスバウアー効果においては，単一元素中の核の状態のエネルギーと，元素が他の元素と結合して化合物を形成したときのエネルギーは異なる．これは，スペクトルのシフトとして現れる．

化学ルミネッセンス　chemiluminescence
→ルミネッセンス．

鏡　mirror
　反射させるための光学装置で，一般に表面の形は，平面か球面，放物面，楕円面の一部である．凹面鏡（concave mirror）はくぼんだ形を，凸面鏡（convex mirror）はドーム型をしている．鏡の公式（mirror formula）は球面鏡の共役焦点の関係を表す．もっともよく知られた形式は

$$1/v + 1/u = 2/r = 1/f$$

であり，u は物体の距離，v は像の距離，r は曲率半径，f は焦点距離である．鏡の前方にある物体と像は実で，距離は正にとる．虚像では，v は負になる．凸面鏡では，f は負，凹面鏡では正となる．拡大率 M は v/u に等しく，倒立像のとき正となる．
　厚い鏡（thick mirror）は，裏面を銀蒸着したレンズか，曲面鏡とレンズの組み合わせであ

る.

鏡は色収差はないが，一般に球面収差をもつ．放物面形（→放物面反射鏡）は平行光線を正確に焦点に集めるので反射望遠鏡，サーチライトの鏡などに使われる．楕円鏡（ellipsoid mirror）は一方の焦点からの光をもう一方の焦点に集める（両方の焦点とも実）．双曲面鏡（hyperboloid mirror）は，1つの焦点（虚）に向かう光を反対側の焦点（実）に反射する．凹メニスカスマンジャンミラーは，球面収差をかなり補正する．シュミット望遠鏡は球面鏡の球面収差を補正するために，シュミット補正器を使う．

鏡は光学領域の装置としてだけでなくスペクトルの赤外線，紫外線，X線領域でも使われる．鏡は，よく研磨された金属表面か，前面か裏面を反射体（しばしば銀が使われる）で被覆したガラスである．銀は赤外線と紫外線の損失の少ない反射体である．よく磨かれた基盤にアルミニウムを真空蒸着したものが高品位の鏡に使われ，酸化ケイ素かフツ化マグネシウムがよく保護被膜に使われる．アルミニウムは銀より固くてより安定な表面をつくりより短い波長も反射する．鏡はまた多層誘電体膜でつくることもできる．→磁場ミラー．

可逆機関 reversible engine
可逆的に作動する熱機関．ここでは，"可逆変化"の項に示した意味で，可逆的という言葉を用いている．→カルノーサイクル，カルノーの定理．

可逆変化 reversible change
つねに系を平衡に保ったままの状態で行う場合の，系の変化．このような変化においては，変化を引き起こしている要因を無限小変化させて，系の変化の進行を完全に逆転することができる．運動エネルギーは正から負に逆転することがないので，可逆変化を進行させる場合には，速度は無限に0に近くしなければならない．また，摩擦は熱を発生させるため，摩擦はあってはならない．可逆過程は，実際には決して実現しえないが，近似的に可逆過程に類似した過程ならば実現できる．実際に起こるすべての過程は不可逆変化（irreversible change）を伴う．なお，不可逆変化とは，つねに熱平衡状態からはずれている変化のことである．

殻 shell
→殻模型，原子軌道，電子殻．

核医学 nuclear medicine
放射性の原子核を利用して診断や治療を行う医療分野．放射性物質の保管，測定機器や患者の体内における放射能分布の視覚化，結果の解釈，使用に適した化合物の製造は，臨床医学者と物理学者の協力が必要な，相互に関連した問題である．

体内に摂取された放射性同位体は，一般的に摂取される同じ元素の非放射性同位体と同じ経路をたどり，体内の同じ領域に蓄積される．その領域の放射能を計測することにより，体内で異常な活動があるかどうかを判定できる．高い放射能レベルは異常に活発な癌細胞があることを示している．

よく使われる装置としては，シンチレーションカウンター，ガイガー計数管，スキャナーやガンマカメラ（→SPECT）があり，これらの装置の出力を解析するのにコンピューターもよく使われる．→放射線治療．

核異性 nuclear isomerism
同じ質量数と原子番号（→同位体，同重体）をもちながら，異なる放射性を示す原子核があるとき，それを異性核とよぶ．異性核は異なるエネルギー状態にある原子核である．

角運動量 angular momentum
記号：L．慣性モーメントと角速度の積（$I\omega$）．これは擬ベクトルである．孤立した系ではこの量は保存される．→モーメント，原子軌道．

核エネルギー nuclear energy
核反応，とくに核融合および核分裂によって放出されるエネルギー．→核融合炉，結合エネルギー，原子炉．

核エネルギーの変化 nuclear energy change
→Q値．

楽音アーク singing arc
強制振動が加熱効果に変化をもたらして，楽音を放出するアーク放電．インダクタンスと容量を直列につないだ共振回路をアークに並列に接続することによって，振動が生じる．

角加速度 angular acceleration
→加速度．

核合成 nucleosynthesis
星の内部で核融合により元素が生成される過程．水素とヘリウムはきわめて初期の宇宙でつくられた（→ビッグバン理論）．ビッグバンの開始から約3分間後には，陽子と中性子が結合し

てヘリウムの原子核と他のいくつかの元素が生成したと考えられている．しかし宇宙におけるほとんどの核合成は，銀河や星の形成が始まってからはるかあと，ビッグバンから10億年経ってから起きたものである．3太陽質量程度かそれ以下の質量の星では，水素を燃料として核融合によりヘリウムが合成される（hydrogen burning）．この合成には2通りの反応経路がある．その1つは陽子-陽子連鎖反応で，まず重水素がつくられて次にヘリウムがつくられる．もう1つは炭素サイクル反応であるが，実際には軽い星でのヘリウムの合成にはあまり寄与せず，より重い星において支配的になると予想される．中間的な質量（3～8太陽質量）の星では，ヘリウムの核融合（helium burning）により炭素が合成されることが，理論モデルにより示される．こうした星は，最後にはヘリウムを燃焼しつくし炭素の核を残して一生を終える．より重い星（8太陽質量より大きな質量をもつ星）では，非常に大きな重力によるポテンシャルエネルギーが6個もの陽子をもつ原子核間に働く電気的な反発を上回るので，炭素を燃料とした反応（carbon burning）が起こる．重い星における炭素燃焼の第1段階は，重力収縮によって星の中心核の温度が10^9Kまで上昇するところから始まる．炭素燃焼により新しい元素が生まれる：^{12}C→^{16}O，^{20}Ne，^{24}Mg．すべての炭素を燃焼しつくしたあと，星はさらに収縮を続けさらに温度が上昇し，今度は酸素の核融合（oxygen burning），ネオンやマグネシウムの核融合が起きる可能性が高まる：^{16}O，^{20}Ne，^{24}Mg→^{28}Siと^{32}S．重い星の中心核が硫黄とシリコンだけになると，星はさらに収縮し中心核の温度は$2×10^9$Kをこえ，シリコンの燃焼（silicon burning）が始まる．シリコンの燃焼過程はα過程（alpha process）を伴い，ヘリウムの原子核と融合することにより新しい元素が次々と生まれる：

$$^{28}Si + {}^4_2He \to {}^{32}S,$$
$$^{32}S + {}^4_2He \to {}^{36}Ar,$$
$$^{36}Ar + {}^4_2He \to {}^{40}Ca,$$
$$^{40}Ca + {}^4_2He \to {}^{44}Ti,$$
$$^{44}Ti + {}^4_2He \to {}^{48}Cr,$$
$$^{48}Cr + {}^4_2He \to {}^{52}Fe,$$
$$^{52}Fe + {}^4_2He \to {}^{56}Ni,$$

α過程が終わると星は核燃料をすべて使い果たしたことになる．さらにヘリウムの原子核を融合させると^{60}Znができるが，これは吸熱反応なのでエネルギーは逆に消費される．星は最終局面（→**重力崩壊**）へ向けて収縮していく．膨大な重力ポテンシャルの変化は熱に変換され，星の中心核は$5×10^9$Kという想像を絶する高温になる．この段階では核融合による新たなエネルギーの供給はないので，収縮は急激に加速していく．星の中心核は中性子星になるか，より重い星の場合にはブラックホールが誕生する．星の外側の部分は核の崩壊の衝撃によって"跳ね返され"，超新星とよばれる巨大な爆発により吹き飛ばされる．この爆発のときに，Feより重い元素が，r過程（r-process）とよばれる速い中性子捕獲（rapid neutron capture）を伴う過程で合成された可能性がある．

拡散 diffusion

（1）粒子（原子，分子，分子の集まり）の熱運動によって，液体や固体が完全に混合する過程．一方の粒子が他方よりずっと重く，拡散作用と重力による沈殿との間で動的な平衡が起こる場合を除けば，各粒子は完全に混ざり合う．固体の相互拡散も起こる（たとえば金の鉛への拡散）．⇒フィックの法則，グレアムの拡散則．

（2）反射や透過での光線の散乱．粗い表面から反射した光線は反射の法則に従わず，さまざまな方向に散乱する（拡散反射）．同様に，ある種の材質を透過した光線は屈折の法則に従わず，媒質中で散乱する（拡散透過）．

（3）音波の伝搬方向が反響音場の領域内で変化する度合．

拡散霧箱 diffusion cloud chamber

霧箱の一種で，高温の表面から低温の表面へと内部の気体中で蒸気を拡散させることにより過飽和をつくり出しているもの．拡散によって蒸気は連続的に補給されるので，イオンの飛跡に対してほぼ連続的に感度がある．可動部分がない．

拡散係数 diffusion coefficient
⇒フィックの法則．

拡散接合 diffused junction

半導体中の電気伝導率の異なる2つの領域間の接合で，適当な不純物を材料中へ拡散させて形成される．必要な不純物をガスの形で含む雰囲気中で，材料を決められた温度まで加熱する．表面に凝縮した原子は半導体材料中の垂直水平両方向に拡散する．不純物原子の数と動く距離はフィックの法則によってどのような温度に対してもよく定義されている．

現在の拡散技術ではプレーナ工程を用いるこ

とで，特定の領域への選択的な拡散が行われる．
拡散長 diffusion length
半導体中で，少数キャリヤーが生成され再結合するまでの平均行程．

拡散電流 diffusion current
⇒限界電流．

拡散ポンプ diffusion pump
⇒真空ポンプ．

拡散率 diffusivity
記号：α．物質中の熱拡散速度の尺度．熱伝導度を定圧比熱と密度で割ったものに等しい．すなわち $\alpha=\lambda/\rho C_p$．単位 $m^2 s^{-1}$ で測定される．

核子 nucleon
陽子と中性子の総称．つまり原子核の構成要素．⇒原子，原子核，アイソスピン．

核磁気共鳴 nuclear magnetic resonance (NMR)
電波が物質に吸収されるときに観測される効果．スピンのある原子核は核磁気モーメントをもつ．外部磁場があるとき，この磁気モーメントは磁場の方向のまわりに歳差運動を行う（⇒歳差運動）．磁気モーメントの方向としては，いくつかのある特定のものだけが許され，方向の異なるそれぞれの状態はわずかに異なるエネルギーをもつ．

原子核のスピンが I であれば，量子化によって $2I+1$ の異なる量子状態が存在する．それぞれの状態は異なる磁気量子数 m で特徴づけられ，m は以下の値をとる．
$$I, I-1, \cdots, -(I-1), -I$$
量子状態間のエネルギー差は加えられた外部磁場の強さに依存する．原子核は，電磁波の放出や吸収を伴いながら，$\Delta m = \pm 1$ という選択則にしたがって，1つの状態から別の状態へ遷移することができる．

通常，試料は液体か固体であり，これに強い磁場（〜2テスラ）をかける．磁場の強度は変化させることができる．さらに，高周波磁場（1〜100 MHz）を直角に加え，小さな検出用コイルを試料のまわりに巻いておく．磁場の強度を変えていくとエネルギー間隔が変化し，ある磁場の大きさで電波が強く吸収されるエネルギー間隔になる．この共鳴によって検出用コイルに信号が生じる．磁場に対して検出された信号をグラフ化したものがNMRスペクトルで，核磁気モーメントの決定に用いられる．原子核のエネルギーは，まわりの軌道電子にある程度依存しており，このことが化合物を分析するのに役立つ．この技術は化学において広く用いられる．また医学分野でも，生体組織内の陽子密度分布の画像化に用いられる．⇒核磁気共鳴画像法，電子スピン共鳴．

核磁気共鳴画像法（MRI） magnetic resonance imaging
陽子の核磁気共鳴を基にした技術．身体の中の陽子密度分布の像を作成することによって診断医療に用いられる．

人間の体の組織内部にある原子にはスピンとよばれる性質をもつ原子核がある．この原子核のあるものは奇数の陽子と中性子をもつものがある．このような原子核においては，スピンの性質により原子核は微小な磁石として振る舞う．この原子核の磁石の向きは強い磁場によって揃えられ，次に調べたい領域に RF 周波数の電波のパルスを照射する．

超伝導磁石（⇒超伝導）は非常に強い磁場（0.1〜2テスラ）をつくることができるため，Nb-Ti 合金の超伝導材料を用いたコイルが強い磁場の発生に用いられる．しかしこの合金は -269℃においてのみ超伝導状態になるため，コイルは液体窒素で低温に維持された液体ヘリウム中に浸す必要がある．強い磁場にさらに2つの方向に決まった大きさの磁場勾配をもつ弱い磁場を重ね合わせる．この磁場勾配によって磁場の強さが位置に依存することになり，これによって陽子の応答する位置を知ることができる．

電波のパルスの周波数が共鳴周波数に一致すると，原子核はラーモア歳差運動を行う．これは強い磁場によってその向きが揃えられた原子核の磁石（スピン）が電波によってその方向が傾く現象と考えることができる．原子核の磁石は強い磁場の方向を軸としてその磁場の方向に再び揃おうとすることにより歳差運動する，すなわちその向きがよろめくことになる．

原子核が定常状態に戻る速さには2つのパラメーターがあり，これらは T_1，T_2 緩和時間（relaxation time）とよばれる．これらの原子核の緩和時間は原子の周囲の環境に依存する．このため T_1，T_2 は原子核の周りの化学的な環境を調べるのに用いることができる．原子核の歳差運動によって生じる磁場の微小な変化は，電波の受信コイル中に電流を誘導し，この信号はディジタル化されてコンピューターのメモリーに記録される．

このようなことを行うには複数の電波のパルスをある決まった複雑な手順で照射する必要が

ある．しかしこれによってさまざまな状況下において共鳴信号を得ることができる．これらの一連のパルスに対する応答を解析し，調べる領域内において特異な磁場強度を知ることにより，共鳴信号から患者の組織の像を再構成することが可能となる．こうして多くの色を用いて異なる組織の成分の違いを際立たせた3次元の像ができる．

MRIはとくに脳や他の中枢神経系の部位の神経学的な研究に目覚ましい効力を発揮する．他のイオン化を伴う放射線による方法では損傷が免れないのに対し，MRIはデリケートな部位に対してもこれを損傷することなくそのきれいな像を得ることができる（→CTスキャン，SPECT）．2テスラまたはそれ以上の非常に強い磁場を用いたシステムは非常に質の高い像を得ることができる．これは高磁場が（1万分の1以下しか変化しない）非常に均一な磁場を患者の体内につくるためである．このようなシステムは複雑な分子の詳細な組成の研究や，このような分子の患者の体内における存在場所を知ることに利用できる．

核磁子 nuclear magneton
→磁子．

核子数 nucleon number
→質量数．

核種 nuclide
原子番号，質量数と原子核のエネルギー状態で特徴づけられた原子の種類．→同位体．

角周波数 angular frequency
記号：ω．振動体の1秒あたりの周波数に2πを乗じた量．

核障壁 nuclear barrier
ガモフ障壁（Gamow barrier）ともいう．荷電粒子が原子核に入る，あるいは原子核から出るために通り抜けなければならない高ポテンシャルエネルギーの領域．

角速度 angular velocity
記号：ω．ある軸のまわりに物体が回転する速さ．ラジアン/秒の単位で表される．これは擬ベクトルで，並進速度を半径で割った量に等しい．

拡大機 expander
→音量圧縮（拡大）機．

拡大鏡 magnifying glass, magnifier
→顕微鏡．

拡大走査 expanded sweep
陰極線オシロスコープにおいて時間軸を拡大して表示する方法．スクリーンの横方向に電子線を走査するとき，ある特定の部分で走査速度を大きくする．

拡大能 magnifying power（MP）
光学機器の倍率．光学機器を用いて見る物体の像の大きさと，肉眼で見る物体の像の大きさの比．これは光学機器を通して見る物体の像の目の位置での見込み角と，物体を直接目で見たときの像の見込み角の比に等しい．このとき物体の位置は，(a) 望遠鏡に対してはその場所，(b) 顕微鏡に対しては目から25cm離れた場所を考える．後者の比はしばしば角倍率（angular magnification）とよばれる．

核断面積 nuclear cross section
→断面積．

核燃料材料の fertile
核種についての用語．原子炉核燃料に容易に変換できること．ウラン238がその例である．

核燃料廃棄所 burial, graveyard
原子炉から排出される放射性の高い生成物を安全に廃棄し貯蔵する場所．通常，腐食しない容器中に埋蔵される．

核燃料要素 fuel element
原子炉を動かす核分裂性の核種を含む燃料の集まり（fuel assembly）の最小単位．集合体（燃料要素とそれを維持する仕組み）は減速材（もしあれば）とともに原子炉のコアを形成する．

角倍率 angular magnification
→拡大能．

角波数 angular wavenumber
→波数．

角波数ベクトル angular wave vector
→波数．

核反応 nuclear reaction
原子核とそれに衝突する粒子あるいは光子との反応．その結果，新しい原子核が生成するとともに，1個ないし複数の粒子が放出されることがある．核反応は以下のように表されることがある．括弧の中に入射・出射する粒子や量子の記号を入れ，括弧の外に始状態と終状態の核種を記す．たとえば
$$^{14}N(\alpha, p)^{17}O$$
は，次の反応を示す．
$$^{14}_{7}N + ^{4}_{2}He = ^{17}_{8}O + ^{1}_{1}H$$

核反応熱 nuclear heat of reaction
→Q値．

角分散 angular dispersion
⇒分散.

核分裂 fission, nuclear fission
原子核が2個またはそれ以上のほぼ均等な大きさに分裂すること．ふつう中性子が重い原子の原子核に激しく衝突することにより起きる．通常中性子やγ線の放射を伴う．プルトニウム，ウラニウム，トリウムが基本的な核分裂材料である．⇒原子炉.

核分裂性の（Ⅰ） fissile
核と遅い中性子との相互作用によって核分裂 (fission) が起こりうること.

核分裂性の（Ⅱ） fissionable
核と核分裂が起こりうること．どのような過程を通る場合でもよい．

核兵器 nuclear weapon
最初の核兵器は原子爆弾 (atomic bomb)，いわゆる原爆 (A-bomb) で，臨界質量を下回る2つの核分裂性物質の固まりからできていた．爆弾が爆発すると，2つの臨界質量以下の固まりが急速に合体して臨界質量を超えた1つの固まりになり，その中で1つの核分裂が制御不能な連鎖反応に火をつけた．この最初の原爆はたった数kgのウラン235でできていたが，TNT火薬2万トン (20 kt) と同じ爆発力をもっていた．その後のモデルではより威力のあるプルトニウムが用いられたが，これらの核分裂爆弾は水素爆弾 (hydrogen bomb)，水爆 (H-bomb)，すなわち核融合爆弾 (fusion bomb) と比較すると規模の小さいものである．水素爆弾は，核分裂爆弾を重水素リチウムのような水素を含む物質の層で囲んだものである．核分裂爆弾が水素の温度を発火温度まで上げ，そこで核融合反応が起こり，莫大なエネルギーが放出される．放出エネルギーは数十メガトンのTNTと同等である（1 kgのTNTは約4 MJのエネルギーを放出する）．⇒落下物.

角変位 angular displacement
点や線や物体が特定の軸の周りを特定の方向に回転した角度．

殻模型 shell model
原子核のモデルで，核子が単一の中心ポテンシャル中で運動するとして，核子間の相互作用を近似する．これは，原子中の電子が原子核の静電場中で運動するのと類似している．中心ポテンシャルに対応するシュレーディンガーの波動方程式を解くことによって，可能な量子状態（定常状態をみよ）の組が得られる．同一エネルギーに対する状態の組は，殻 (shell) とよばれる．核子はフェルミ粒子であるから，パウリの排他律に従わなければならない．つまり，2つの核子が同一の量子状態を占有することはできない．核子は，全エネルギーがもっとも低くなるように，低いエネルギー準位から順に占有していく．核子の数が多くなると，満たされる殻の数が増える．これは，重い原子において軌道電子が軌道の殻を満たしていく状況と同じである．特定の陽子数または中性子数（魔法数とよばれる）をもつ核は，他の核よりも安定であるが，殻模型によりその理由を説明することができる．すなわち，魔法数に対応する核は，与えられた殻の数に対し，核子の数がこれをちょうど満たすような核になっている．

核融合 nuclear fusion
軽い原子核間の核反応．エネルギーの放出を伴う (⇒結合エネルギー)．このような反応は，実験室でも加速器を使って起こすことができる．この場合，重陽子や他の軽い原子核のビームを生成し，適当なターゲットに衝突させる．このような過程では，必要とされるエネルギーが，放出されるエネルギーに比べてはるかに大きい．正味のエネルギーを取り出すには，非常に高温のプラズマ中で起こるような熱核反応 (thermonuclear reaction) を利用する必要がある．

星のエネルギーの大部分が熱核反応で放出されたものである．その過程には弱い相互作用が含まれており，物質の量が非常に多いからこそ可能である．地球上で核融合エネルギーを生成するためには，強い相互作用を利用する必要がある．地上での初めての核融合は，1952年に水素爆弾として実現した (⇒核兵器)．現在も熱核反応を制御しながら行うための努力が続いている (⇒核融合炉).

将来の核融合炉で用いられる可能性の高い核融合反応は，

$$^2H + {}^2H \rightarrow {}^3He + n + 3.2 \text{ MeV}$$
$$^2H + {}^2H \rightarrow {}^3H + {}^1H + 4.0 \text{ MeV}$$
$$^2H + {}^3H \rightarrow {}^4He + n + 17.6 \text{ MeV}$$
$$^2H + {}^3He \rightarrow {}^4He + {}^1H + 18.3 \text{ MeV}$$
$$^6Li + {}^1H \rightarrow {}^3He + {}^4He + 4.0 \text{ MeV}$$
$$^6Li + {}^3He \rightarrow {}^4He + {}^4He + {}^1H + 16.9 \text{ MeV}$$
$$^6Li + {}^2H \rightarrow {}^7Li + {}^1H + 5.0 \text{ MeV}$$
$$^6Li + {}^2H \rightarrow {}^3He + {}^4He + n + 2.6 \text{ MeV}$$
$$^6Li + {}^2H \rightarrow 2{}^4He + 22.4 \text{ MeV}$$
$$^7Li + {}^1H \rightarrow 2{}^4He + 17.5 \text{ MeV}$$

となる．このうち中性子が生成する過程では，周囲の物質との相互作用によってさらにエネルギーが放出される．中性子捕獲では，典型的に8 MeVのエネルギーが，通常γ線として放出される．

核融合炉　fusion reactor, thermonuclear reactor

核融合を起こさせる装置で，ある正味の使用可能なエネルギーを発生させる．その装置を設計するための大規模な研究が多くの国々の研究所で集中的に行われてきた．次の2つの問題が中心的課題になる．

(a) プラズマの温度を上昇させながら閉じ込めるために必要とされるエネルギーよりも大きなエネルギーをプラズマが放出するような条件下にプラズマを保持すること．

(b) エネルギーが使用可能な形で取り出せること．

1番目の問題は温度，閉じ込め時間，プラズマ密度の3つのパラメーターによって制御される．核融合を起こすためには核融合によって放出されるエネルギーが制動放射によって失われるエネルギーを上回るように，プラズマの温度が十分高くなければならない．この状態になる最低温度を発火温度（ignition temperature）とよぶ．重水素-トリチウムの反応

$$^{2}H + ^{3}H \rightarrow ^{4}He + n + 17.6 \text{ MeV}$$

は既知の核融合反応中で，もっとも発火温度が低いが（40×10^6℃）．この温度は達成されている．

核融合エネルギーが解放されるのに十分な時間プラズマを閉じ込めることは，もっと困難である．プラズマ不安定性が，プラズマ損失のおもな原因となっていた．現在では，実用的なプラズマ閉じ込め時間に到達しているが，発火温度と適当なプラズマ密度とを同時に達成することには成功していない．（⇨ローソン条件）．

核融合実験には，さまざまな形の装置が使われてきている．ほとんどの場合，プラズマをつくるためにガスの中に強いパルス放電電流が流される．同時にこのパルス電流によって強い磁場が発生し，プラズマ中の荷電粒子は磁力線の周りでらせん状の軌道を描く．これはプラズマを壁から離れた場所で収縮させる働きをもつ．このピンチ効果（pinch effect）は部分的に閉じ込め問題を解決するが，閉じ込められたプラズマは安定ではなく捻れをつくる傾向がある．ζピンチ（zeta-pinch）装置では電流はプラズマの軸を通り，その周りに磁場をつくる．θピンチ（theta pinch）装置ではプラズマの周りに電流が流れるコイルができており，軸方向に磁場ができる．どちらの装置もトーラス型である．1970年代の中頃からトーラス型装置の研究のほとんどは，トカマク型に集中されてきた．これは旧ソ連で最初に考案され，多くの国で行われた研究で，ローソン条件に到達するのに現在のところもっとも有望であることが確かめられている．イギリスのクルハムで行われたJoint European Torus（JET）実験は，この原理を用いている．

線形装置は，しばしば磁気瓶とよばれ，その端は磁場ミラーで封じられている．これらの線形装置は外部電流を用いることによって，より高い安定度が得られている．

プラズマ生成には，高出力レーザーのパルスで瞬間的にイオン化された核融合燃料の小球を用いる方法もある．超伝導磁石を使うことでプラズマ閉じ込めが促進されることだろう．

核融合エネルギーを取り出す方法は，2つの場合に分けられる．たとえば，重水素-三重水素反応のようなほとんどのエネルギーが高速中性子でもたらされる場合，核融合炉の冷却材である液体リチウムに中性子のエネルギーを吸収させる手法をとる．吸収された熱は，通常の水，水蒸気，タービン発電機のサイクルに移される．一方，重水素-重水素反応のようにほとんどのエネルギーが荷電粒子でもたらされる場合，一部のエネルギーは熱機関を通さず，電気回路を直接駆動できるだろうといった提案がなされている．中性子のエネルギー運搬媒質としての役割を減らすことは，炉の材料が中性子によって放射能をもつことによって生じる放射性廃棄物を少なくすることにも役に立つ．⇨常温核融合．

角力積　angular impulse

系に与えられたトルクの時間積分．通常は短時間だけトルクが与えられたときに用いる概念．これは1つの主軸のまわりに自由に回転している質量のもつ角運動量の変化に等しい．

確率　probability

事象の結果が予言できないとき，いくつかの起こりうる結果のうち，1つの特定の結果が起こる機会の量を表す数値．

独立事象（independent event）では，ある事象の起こり方の総数をn，特定の起こり方をする回数をmとすると，比m/nが数学的確率（mathematical（あるいはpriori）probability）である．さいころを1つ投げたとき，4の目が

出る数学的確率は1/6である．4枚の白い板と5枚の黒い板が袋の中にあるとき，1枚の白い板を取り出す数学的確率は4/9である．n回の無作為の試行に対して，得たい結果をm回得た場合，nを無限大の極限まで増加させると比m/nは極限値Pに達する．このPは確率である．

数多くの試行において，ある事象がn回成功し，m回失敗したら，次の試行で成功する確率が$n/(n+m)$で与えられる．これを経験的確率（empirical（またはposteriori）probability）という．ある年齢で人が死亡しない確率は，過去の観測（記録，すなわち死亡率表）に基づいており，経験的確率である．

1回の試行で成功する確率が不変であるとき，決まった回数の試行で特定の回数の成功を収める確率は二項分布P_rで与えられる．

従属事象（dependent event）とは，2つそれ以上の事象について，1つの結果がその他の結果に影響を及ぼすような関係をもつような事象である．このような場合，それぞれの事象が起こる個々の確率は順番に計算され，その積が条件付き確率（conditional probability）を与える．もし4枚の白い板と5枚の黒い板が袋の中に入っている場合，はじめの3回の試行で3枚の白い板を取り出す確率は

$$(4\times3\times2)/(9\times8\times7)$$

である．

変数xが，それぞれ確率p_iをもつ離散的なランダムな値の集合x_iをとりうるとき，これらの値のうちの1つが起こる相対度数はx_ip_iとなり，値x_nまでの累積度数Fは

$$F(x_n)=\sum_{i=1}^{n}x_ip_i$$

となる．Xが連続変数である場合，値x_nまでの累積度数は

$$F(x)_n=\int_{-\infty}^{x}f(x)\,\mathrm{d}x$$

となる．ここで，$f(x)$は特定の値xをとる相対的な度数を表す．関数$f(x)$は度数関数（frequency function）または確率密度関数（probability density function）とよばれる．$F(x)$のグラフは通常の累積度数分布を表す．

確率過程 stochastic process
乱雑な振舞いをする発生源により生ずる過程．

確率誤差 probable error
偏差の絶対値が，それより大きくなる機会と，小さくなる機会が等しくなるような値で表されるような誤差．n回の観測を行ったときの相加平均は，1回の観測での確率誤差の$n^{-1/2}$倍の確率誤差をもつ（⇒度数分布）．
科学文献では，実験結果をしばしば$(x\pm\delta)$のように記述する．ここでδは微小な量で，(a) 確率誤差 (b) 標準偏差，または (c) 理論的に推測される誤差（⇒測定誤差）である．

確率密度関数 probability density function
⇒確率．

隠れた物質 hidden matter
⇒ミッシングマス．

影 shadow
影の形と相対的な濃さについては，実用上のほとんどの場合，幾何光学で説明できる．点光源からの光が障害物に当たると，その縁によって光が遮られる．このときの影はすべて完全（本影（umbra））である．広がった光源の場合，影には濃度の変化が生じる（本影と半影（penumbra））．幾何学的な影の縁をより注意深く調べると，回折現象の存在が明らかとなる（⇒光の回折を参照）．障害物の寸法が小さくなると，回折はそれだけ顕著になる．

影散乱 shadow scattering
⇒散乱．

過減衰 overdamped
⇒減衰．

カー効果 Kerr effect
電場中と磁場中に置かれた物質の光学的性質に関する2つの効果．

電気光学的効果（electro-optical effect）は，ある種の液体や気体に光の進行方向と直角に電場をかけた場合に，複屈折を示すことである．そのとき物質は，電場に平行な光学軸をもつ一軸性結晶のように振る舞う．電場に平行な偏光面，垂直な偏光面をもつ光に対する屈折率を，それぞれn_1, n_2とすると

$$n_1-n_2=k\lambda E^2$$

である．ここでkはカー定数（Kerr constant），λは光の波長，Eは電場の強さである．カーセル（Kerr cell）は，2枚の平＋行板電極が顕著な電気光学効果を示す液体につけられたものである．偏光した光が［2枚の偏光子の間に置いた］セルを通過すると，電場を印加することによって［偏光面が変化し］，それをさえぎることができる．この装置は，電気光学的シャッター（electro-optical shutter）ともよばれる（⇒ポッケルス効果）．

磁気光学的効果（magneto-optical effect）は，電磁石の磨かれた磁極の表面から平面偏光

の光が反射される場合，わずかな楕円偏光が生じることをいう．入射光は入射面内に平面偏光しているか，もしくは，入射面に垂直に平面偏光している（→ファラデー効果）．

加工硬化 work hardening
弾性限界以上の応力で強く引っ張るときに起きる金属の硬化（焼き入れ）．これは結晶転位どうしが互いに噛み付き合う（locking together）ことによる（→転位）．金属の延性と展性（可鍛性）は硬化のあとの焼きなましによってもとにもどすことができる．

重ね合わせの原理 superposition principle
線形現象の起こっているところでは必ず成り立つ物理の一般的な原理．弾性体では，それぞれの応力は，単独で働くか，他の応力と結合して働くかにかかわらず，同じひずみが伴うということである．これは全応力が線形性の限界をこえないかぎり正しい．振動や波動の場合，振動や波は他の振動や波に影響されないとこの原理は主張する．たとえば，水の表面にたつ2つのさざ波は，両者が通り抜けるどの場所の変位も，2つの波により引き起こされる変位の単純な和であるように，互いに相互作用することなくすれ違う．
振動数がfである2つの振動y_1，y_2の重ね合わせで，同じ振動数の振動がつくられるとき，その振幅と位相はそのもとの振動の振幅と位相の関数である．すなわち，もしも
$$y_1 = a_1 \sin(2\pi ft + \delta_1)$$
$$y_2 = a_2 \sin(2\pi ft + \delta_2)$$
であるならば，重ね合わせの振動yは
$$y_1 + y_2 = A \sin(2\pi ft + \Delta)$$
で与えられる．ただし，振幅A，位相Δはともにa_1，a_2，δ_1，δ_2の関数である．

可視光スペクトル visible spectrum
可視光の連続スペクトルのことで，おおよそ380〜780 nmの間の波長領域の光である．これは虹や白色光線をプリズムまたは回折格子によって分けたときにつくられる色の中にも見出せる．波長は連続的に変化するが6つの色，紫，青，緑，黄，橙，赤がふつう識別できる．[可視光スペクトルの色を一般に何色に識別するかは国によって異なる．]赤はもっとも長い波長成分である．可視光スペクトルのもっとも長い波長において視感度は光強度に依存する．

カシミール効果 Casimir effect
真空中に置かれた2枚の板の間に働く力．真空のゼロ点エネルギーによって生じる．板の間の真空には，量子振動子が存在すると見なすことができる．素粒子のもちうるすべての性質（スピンやエネルギーなど）を，量子振動子ももつ．原則的には，これらの性質は相殺し，真空は平均としては空になる．ただし，真空のエネルギー期待値は例外である．この値は，量子振動子のとりうる最小のエネルギー値で，有限である．このエネルギーは，仮想粒子のエネルギーとなる．仮想粒子は，短い間存在し，真空ゆらぎの原因となる．板の間の空間の全点ですべての振動子を足し合わせると無限大となってしまう．正則化とよばれる数学的手法を用いると，無限大を避けることができ，板の間のゼロ点エネルギーの足し合わせが可能になる．エネルギーの総和は，板の間の距離の3乗に反比例するという，興味深い計算結果が得られている．エネルギーの空間微分である力は負となり（引力），距離の4乗に反比例する．この力は量子力学から導かれるものであり，上述のように，距離が大きくなると急速に弱くなる．10^{-8} m程度の距離なら検出可能である．

加重平均 weighted mean
値x_1，x_2，x_3，…，x_nに対して次の量
$$\frac{w_1 x_1 + w_2 x_2 + \cdots + w_n x_n}{w_1 + w_2 + \cdots + w_n}$$
が与えられ，wは測定の重み（weight）である．wはこれに対応するxの確からしさの尺度で直感的に決められたり，また，$w = $（予想される誤差）$^{-2}$から計算されたりする．

過小減衰 underdamped
→減衰する．

過剰電気伝導 excess conduction
半導体において，化学結合を完成させるのに必要とされない電子［過剰キャリヤー］による伝導．このような電子はドナー不純物から生じ，半導体中を自由に動くことができる．

ガス入り電子管 gas-filled tube
気体（または水銀蒸気などの蒸気）が充填された電子管．気体の量は十分多く，ひとたびイオン化が起こると電子管の電気的特性は気体の種類によって完全に決まってしまう．→気体の伝導．

ガス入りリレー gas-filled relay
→サイラトロン．

カスケード cascade
直列に接続された電子回路や素子．ある素子の出力が次の素子の入力になる．

カスケード液化法　cascade liquefaction
気体を液化する一連の過程．まず，臨界温度の高い気体（塩化メタン CH_3Cl など）の圧力を上昇させて液化させる．この液体が気化する際に，第2の気体（エタン C_2H_2 など）の温度を，その臨界温度以下に冷却することができるので，やはり圧力を加えて液化することができる．この過程を繰り返し，希望の気体（酸素など）を，その臨界温度以下に冷却して，圧力を加えて，液化する．

カスケードシャワー　cascade shower
⇨宇宙線．

ガス増幅　gas amplification, gas multiplication
⇨気体増幅．

ガスタービン　gas turbine
⇨タービン．

ガス放出　outgassing
（1）真空系において，内部の壁の表面に吸着した空気を，熱して除去すること．
（2）真空系の内壁の表面に吸着していたガスが真空中に放出され，徐々に真空度が低下すること．

カセグレン望遠鏡　Cassegrain telescope
⇨反射望遠鏡．

仮説　hypothesis
もし真実なら既知の事実をよく説明できるということで仮にたてた理論的考察．これを出発点として，その後の研究が進められ，それによって証明されたり否定されたりする．

カセトメーター　cathetometer
垂直方向の高さを測る道具．水平に取り付けられた拡大鏡または顕微鏡を垂直目盛に沿って動かすことができる．

カーセル　Kerr cell
⇨カー効果．

火線（および火面）　caustic curve (and surface)
物体からでる子午面内の光は，球面で反射または屈折したあと，一般的には1点に集光しない．反射，屈折した隣り合う光線は，光軸から離れた位置で，火線とよばれる曲線の上で交わる．火線の頂点または先端（cusp）は近軸光線の焦点の位置にくる．反射，屈折した光線の方向は火線の接線の方向である．

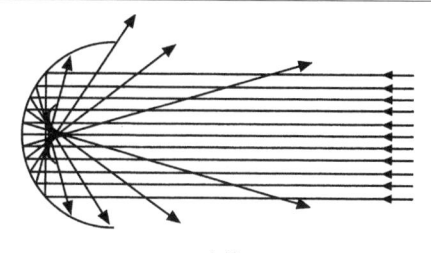

火線

仮想陰極　virtual cathode
熱電子管において，空間電荷領域に位置している表面のことをいう．この表面では電位は最小で，電位勾配（すなわち，電場による力）は0である．これが電子の発生源であるかのようにふるまう．

仮想仕事の原理　virtual work principle
いくつかの外力が加わって平衡状態にある系を解く場合に用いられる．外力による任意の無限小の仮想変位に対してなされる仕事をすべて足し合わせると0になる，という束縛条件を満たすような系は平衡状態にあるという．⇨束縛．

画像処理　image processing
衛星，宇宙船，医学診断機器や電子顕微鏡などから得られた画像に含まれる情報を，コンピューターを用いて解析したり操作を加えたりすること．もとの被写体としては実在の物や風景，または写真，絵なども使われる．像は空間的なサンプリングによって数値化される．すなわち，像は，小さい要素からなる2次元配列に変換され，それぞれの要素にはその明るさや場合によっては色に対応して数値が与えられる．サンプリングにはテレビカメラの一種がよく使われる．像を数値化したものはコンピューターに蓄えられ，さまざまな方法で操作が加えられる．こうして，もとの像のさまざまな面を強調したり，わずかに異なる像の比較や重ね合わせを行ったり，露光過多・露光不足・ぼけを修正したりする．

仮想粒子　virtual particle
不確定性原理によって質量とエネルギーの保存則が Δt の時間内では ΔE の大きさだけ破れることが可能で，これは次のように与えられる．

$$\Delta E \Delta t \leq h/4\pi$$

このため短い時間に対しては粒子の生成が可能になり，この粒子の生成は通常のエネルギー保存則を破ることになる．このような粒子は仮想粒子とよばれる．たとえば，「実際の」粒子

("real") particle）がまったく存在しない完全真空において（10^{-23}秒よりも短い時間内においては）仮想的な電子と陽電子の（複数の）対が連続的に生成，消滅する．しかし，きわめて短い時間内であってもアイソスピンのような角運動量は保存則（角運動量保存則）が厳密に成り立っている．

加速器 accelerator
陽子とか電子のような荷電粒子を電場によって加速するための装置．荷電粒子を目的にあった方向に飛行させるためには磁場を用いる．粒子は直線またはうずまきまたは円形の軌道上を運動する．⇒線形加速器，サイクロトロン，シンクロトロン，陽子シンクロトロン，シンクロサイクロトロン，集束．
ジュネーブのCERNにあるスーパー陽子シンクロトロンは陽子を450 GeVまで加速できる．これは，重心系で620 GeVの全運動エネルギーの陽子・反陽子衝突が起こせる．米国の国立フェルミ加速器研究所の陽子シンクロトロンは800 GeVの陽子，反陽子を発生でき全運動エネルギー1600 GeVの衝突実験ができる．CERNのLarge Electron Positron Collider（LEP）は粒子を60 GeVまで加速できる．
前述の装置はすべて反対方向に進む粒子どうしを衝突させるために設計されている．この方法では，固定された標的に加速された粒子をぶつけるよりも，効果的にずっと高いエネルギーが反応に使えるようになる．
標的が固定されていても動いていても粒子が衝突すると高エネルギーの核反応が起こる．これらの反応で作られた粒子は，衝突地点の近くに置かれた検出装置で検出される．τ粒子，W粒子，Z粒子など発生に莫大なエネルギーが必要な新粒子が検出され，その性質が決定されてきている．

加速度 acceleration
（1）線形加速度．記号：a．速さの変化する割合．メートル毎秒毎秒（または同様の単位）で表される．ベクトル量である．
（2）角加速度．記号：α．角速度の変化する割合．ラジアン毎秒毎秒で表される．大きさと軸の方向とで指定される擬ベクトル量である．回転軸が固定されている簡単な場合はスカラー量とみなすこともできる．

カソード cathode
⇒陰極．

カソードフォロワ cathode follower
⇒エミッターフォロワ．

硬さ（結晶の） hardness
結晶の面を引っ掻いた際に現れる抵抗であるが，方向によって異なる．多くの物質では硬さは可塑性（柔らかさ）の逆数である．硬さはブリネル試験（Brinell test），すなわち試料に一定のくぼみをつくるのに要する荷重を決めることで測定される．相対的な硬さを決めるモース硬度計（Mohs scale）では，あらかじめ10種類の物質を順をつけて決めておく．すなわち（1）タルク（talc），（2）岩塩（rock salt），（3）方解石（calcite），（4）蛍石（fluorite）（5）アパタイト（apatite）（6）長石（feldspar）（7）水晶（quartz）（8）黄玉（topaz）（9）コランダム（corundum）（10）ダイアモンド（diamond）である．試験試料は，ある物質以下ではすべてに傷をつけ，それより上では傷がつけられない．硬度はこの2物質の番号の間になる．このスケールの数値は定量的な量を意味しない．

カタストロフィー理論 catastrophe theory
地形学的な形態との類似に基づいたダイナミックな系（時間的に変化する系）の理論．もしある系がn個の変数からなっているとすると，この系の状態はn次元空間の点として表される．この系のとりうる（可能な）状態の集合は，この空間の領域として表される．カタストロフィー定理では，このような領域の位相幾何学的な分類を考え，とくに不連続なカタストロフィー的変化が起こる条件を考える．この理論は，もともとは生物学の分野で発展したものであるが，物理学（たとえば光学や力学）あるいは社会科学にも応用される．

カタフォルシス cataphoresis
⇒電気泳動．

可鍛性（展性） malleability
金属の特性の1つで，冷えた金属を鍛練したりロールに延ばしたりするときの変形のしやすさを表す．金がもっとも展性が大きな金属である．

可聴周波 audiofrequency
正常な耳が応答する周波数で，20〜20 000 Hzにわたる．通信媒体では，300〜3400 Hzの間の周波数で再生されたとき，会話の十分な明瞭さが得られ，この範囲の周波数は，音声周波数（voice frequency）といわれる．

滑車　pulley
ロープやベルトなどによって力が伝達される，車輪や車軸でできた単純な機械．通常，ロープなどが付けられるよう，車輪の周囲に溝が付いている．摩擦のない（理論上の）系では，連続するロープのどの場所においても，一定の力（引っ張る力）Fがかかっている．同じ大きさの車輪が鉛直に並んでおり，その車輪が連続したロープでつながれており，最上部の車輪が支持軸に固定されている系を考える．一番下の車輪に重さwの錘が取り付けられており，これが持ち上げられるとする．支持するロープの数がnであったとすると，$nF=w$が成り立つ．したがって，機械による力の拡大率，すなわち，負荷の人力に対する比はnになる．

褐色わい星　brown dwarf
天文学的物体の一種で，質量が大きな惑星と小さな恒星の中間に位置するもの．褐色わい星はかすかに見える天体で，質量は核融合反応を保つには不十分であるが，重力圧力によってエネルギーをつくるには十分である．質量は木星の数倍程度（最大で木星の80倍程度）である．褐色わい星（"ジュピター"とよばれることもある）は，宇宙の暗黒物質に重要な役割を果たしていると考えられている．

活性化断面積　activation cross section
⇒断面積．

活線（活性状態）　live
電源のアース電位ではない方に接続されている状態．

カット　cut
⇒結晶の切断．

活動銀河　active galaxy
莫大な量の電磁波を放出する中心部をもつ銀河．活動銀河には比較的小さく明るい放射の中心があるが，構造や組成については他の銀河と変わらない．最近の理論モデルによれば，そのような銀河の中心は非常に質量の大きなブラックホールであるかもしれないという．密度の濃い銀河中心は物質を供給し，その物質がブラックホールへ降着する（⇒降着）とき重力ポテンシャルエネルギーが解放される．降着する物質は非常に高温のプラズマとなりX線やγ線を放出する．

活動度　activity
(1) 記号：A．放射性物質が1秒間に崩壊する原子数（$-dN/dt$）．単位はベクレル．昔はキュリーという単位が使われていた．
(2) 主として化学熱力学で用いられる量で，溶液あるいは混合系において，ある物質の実効的な濃度を表す．
(3) ⇒光学活性．

過電圧　overvoltage
過剰電圧（excess voltage）ともいう．2つの導体間，もしくは導体とアースとの間で，正規の電圧を超えた電圧．

過電圧開放　overvoltage release
電圧が設定値を超えたときに動作する引き外し装置．

荷電共役パリティ　charge conjugation parity, C-parity
記号：C．電荷，バリオン数，ストレンジネスが0である素粒子（たとえばπ^0やη）に関係した量子数．強い相互作用，電磁相互作用で保存される．簡単にいうと，粒子を記述する波動関数が，粒子をその反粒子で置き換えたときに，不変である（C = +1）か符号を変える（C = -1）かを表している．⇒CP不変性，CPT定理．

価電子　valence electron
原子の最外殻にある電子で化学変化に関与する．⇒エネルギーバンド．

価電子帯　valence band
⇒エネルギーバンド．

過電流開放　overcurrent release
過負荷開放（overload release）ともいう．電流が設定値（ふつうは調整可能）を超えたときに動作する引き外し装置．開放の原因になった電流を過電流（overcurrent）という．引き外し作用は一定の時間遅れることもある．
⇒不足電流（電圧）開放．

可動アンテナ　steerable aerial
最大出力・検出能力の方向を変えることのできる指向性アンテナ．皿型のアンテナを傾けたり回転させる機械的な方法，あるいはフェイズドアレイレーダーのような電気的な方法で実現できる．

可動コイル型計器　moving-coil instrument
⇒電流計．

可動コイル型検流計　moving-coil galvanometer
⇒検流計．

可動コイル型マイクロフォン　moving-coil microphone
マイクロフォンの一種．振動板がコイルにつながり，コイルを静磁場内で前後に動かして起電力を生じる．

可動鉄片装置 moving-iron instrument
⇒電流計.

過渡現象 transients
パルス的な電圧（または電流）が印加されたり駆動力が突然かけられたり，取り除かれたりしたときに起こる，一時的な系の攪乱．このように過渡現象の形はその系に特有なものであるが，この大きさはパルスや駆動力の強度の関数になる．過渡現象がどの程度継続するかは，系の散逸成分で決まる．過渡現象はたとえば，強制振動でつくり出すことができる．

ガード帯域 guard band
周波数軸の上で多くの通信チャネルの帯域を割り振る際に，となりの帯域との相互干渉を避けるため，ガード帯域とよばれる狭い周波数幅だけ離すことが望ましい．

カドミウム電池 cadmium cell
⇒ウェストン標準電池．

カドミウム比 cadmium ratio
記号：R_{Cd}．試料がカドミウムで覆われているときの，中性子によってできた放射性元素の量の天然の放射性元素の量に対する割合．カドミウムは熱中性子に対しては高い捕獲断面積をもつ．比が大きい場合には，熱中性子対高速中性子の割合となる．

過熱 superheating
液体が沸騰せずにその沸点よりも高い温度に加熱されること．⇒過冷却．

カビボ角 Cabibbo angle
1963年にニコラ・カビボ（Nichola Cabibbo）が提案し，素粒子物理のストレンジネスの変化およびストレンジネスの保存における（観測された）減衰率の差を説明するために用いられた．カビボは弱い相互作用に関わるクォークは強い相互作用にかかわるクォークとは違うタイプであると提案した．2つの相互作用においてクォークの量子状態が角度 θ_c （カビボ角）だけ回転し，量子状態が効果的に混合した．

$$d' = d\cos\theta_c + s\sin\theta_c$$
$$s' = -d\sin\theta_c + s\cos\theta_c$$

ここで，d と s はそれぞれ強い相互作用のダウンとストレンジクォークで，d' と s' はそれぞれ弱い相互作用のダウンとストレンジクォークである．クォークの3世代に関する理論が発展するにつれ，カビボ理論も1972年に拡張された（⇒小林-益川行列）．

過負荷（電気の） overload（electrical）
機械，変圧器などの機器の定格出力を超えさせるような負荷．過剰分を数値で表したり，定格出力の何パーセントと表したりする．

過負荷開放 overload release
⇒過電流開放．

可変抵抗器 rheostat
回路に流れる電流を変化させるために回路に直列につながれる可変抵抗器．直線型か円形型の巻き線抵抗に滑らかに動く接点をもったものがよく使われる．いくつもの小さな抵抗器を回転スイッチで切り替えて，そのうちの1つの回路につなぐものもある．可変抵抗器という語は通常大きな装置に対して使われ，小さなものは，分圧器とよばれる．

加法混色 additive process
三原色とよばれる赤，緑，青の3色の光を混合することにより，任意の色を作り出す過程をいう．3色の割合によって色が決まる．白色光は3色が同じ割合で混合したものである．黄色は赤と緑の混合である．カラーテレビの発色は加法混色によっている．⇒色度．⇒減法混色．

過飽和蒸気 supersaturated vapour
その温度での飽和蒸気圧をこえる圧力の気体．不安定であり，適当な核や表面があれば凝縮が起こる．

可飽和リアクトル saturable reactor
⇒磁気増幅器．

カーマ kerma（kinetic energy released in matter）
記号：K．電離放射線の間接的な効果により，物質の体積素量内において荷電粒子が生じた場合，全荷電粒子が初期状態でもっている運動エネルギーの和を，その体積の物質の質量で除算したもの．この量に対するSI単位はグレイである．

雷放電 lightning flash
単一経路の雷放電．複数の雷撃の場合は多重雷撃（multiple stroke）とよばれる．⇒前駆放電．

カメラ camera
（1）レンズ系，シャッター，そして背面にフィルムまたは乾板を備えた光の透らない箱．レンズ系は，遠くまた近くの物体の鮮明な実像をフィルムに写す．通常シャッターは可変の絞りがついており，それを用いてfナンバーが変えられる．露出する時間も可変の量である．フィルムは光，紫外光，X線に感度をもち，赤外線に感度をもつものもある（⇒写真）．レンズ系の材料はフィルムに入射する光などについて透過

性をもたなければならない．通常の使用にはガラス，プラスチックのレンズが用いられる．付加的なレンズとしてはズームレンズや望遠レンズがあげられる．科学的研究においては記録，測定のためにさまざまな型のカメラが用いられる．ポラロイドカメラはオシロスコープの像，顕微鏡の像などを即時的に科学的に記録するのに用いられる．

(2) ⇒テレビカメラ．

カメラルシダ camera lucida

接眼レンズの端につけられている顕微鏡の付属品で，紙の上に視覚的画像ができ，鉛筆で輪郭を同時に描くことができる．

ガモウ障壁 Gamow barrier
⇒核障壁．

カラーシステム color system

固有の座標系を用いる色の表現．客観的なカラーシステムにおいては，波長，刺激純度および明るさ（→色度）が座標軸としてよく使われている．主観的なカラーシステムにおいては，通常では明るさL，彩度Sおよび色相Hである．もしこれらが円筒座標形を構成するのであれば，すべての色はある楕円体の中に入る（図参照）．

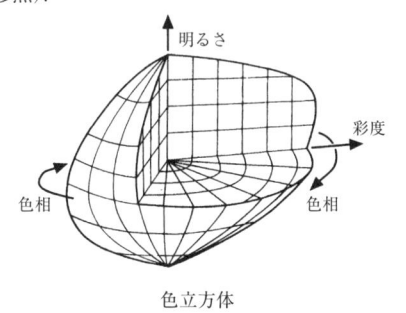

色立方体

カラー写真 color photograpy
⇒写真．

カラー受像管 color picture tube

テレビのカラー映像をつくり出すために設計されたブラウン管．カラーの映像は，3種類の違った蛍光体の励起強度を変えることによってつくられる．**蛍光体は赤，緑および青の三原色をつくり，加法混色によって映像のオリジナルな色を再現する．**

通常のカラー受像管は，スクリーンの手前で電子ビームが交差するように少し傾いた3つの電子銃をもっている．それぞれの電子ビームは焦点を合わせるためのレンズシステムをもち，それぞれ違う色の蛍光体に向けられている．カラー受像管にはいくつかの異なったタイプがある．おもな違いは電子銃の構造およびスクリーン上の蛍光体の配置にある．

受像管のおもなタイプの1つ（すなわち，カラートロン（colortron））は，電子銃の三角形の配置および三角形のセットになっている蛍光体で構成される．金属のシャドウマスクは，スクリーンのすぐ後ろの電子ビームが交差するところに，それぞれのビームが正しく蛍光体にあたるように置かれている．ビームが正しい位置からずれるときは，マスクによって遮られる（図a，b参照）．

もう1つのおもなタイプでは，3つの電子銃が水平の直線上に並び，縦のワイヤーがアパーチャグリルになり，さらにスクリーン上に蛍光体が縦縞のように並んでいる．後者のタイプは，ビームの焦点を合わせる上で優れているが，前者のタイプより小さい視野をもつ．

トリニトロン（trinitron）はカラー受像管の一種で，通常の受像管と比べてかなり優れている．それは，単一の電子銃，3つの水平に並んだ陰極，アパーチャグリル，そして縦縞蛍光体で構成されている．陰極は電子ビームが2回交差するように中心に向いて傾けられている．1回は電子レンズの焦点整合システムで，もう1回はアパーチャグリルのところで交差する（図c）．この構成では，単一の電子レンズシステムが3つのビームに共有で使われ，部品の数が少なくなり，結果としてシステムは軽く，また安くでき上がった．さらに，通常の受像管よりもレンズシステムの実行的な直径が大きくとれるので，ビームをより鋭く焦点に合わせることができる．陰極の水平方向の配置においては，ビームの焦点整合の狂いが水平方向だけで起きる．

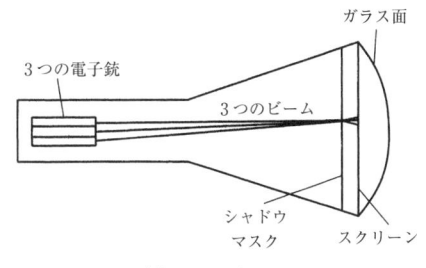

(a) カラートロン

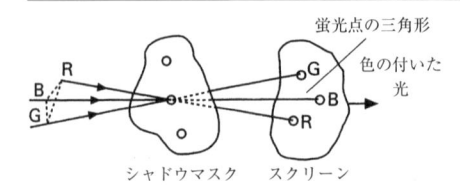

(b) カラートロンによる光の生成

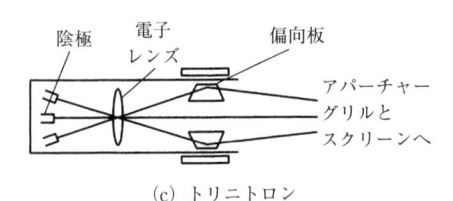

(c) トリニトロン

カラテオドリの原理 Carathéodory's principle
　熱力学サイクルに言及しないで，第二法則を導くことができる熱力学の定理．断熱過程だけでは，任意の初期状態に近接する状態に到達することができないことを示したもの．

カラーテレビ color television
　加法混色法を用いてカラー映像をつくるテレビ．三原色に反応する3つの撮像管からの3種類のビデオ信号から複合信号がつくられる．受信器は複合信号を受けて，三原色のビデオ信号を引き出し，カラー画像が再現される（→カラー受像管）．
　白黒受信器に対して互換性をもたなければいけないので，複合信号は輝度信号（luminance signal）と色信号（chrominance signal）の2つに分かれている．輝度信号は明るさの情報を含んでいて，白黒の像をつくり出す．色信号は，副搬送波信号によって伝搬され，カラーの情報を含んでいる．

カラートロン colortron
　→カラー受像管．

カリウム-アルゴン年代測定 potassium-argon dating
　→年代測定．

ガリウムヒ素（GaAs）デバイス gallium arsenide (GaAs) device
　III-V族半導体であるガリウムヒ素を基盤とした半導体素子．GaAsの半導体としての性質は，ある用途において，いくつかの点でシリコンより優れている．たとえば，高いドリフト移動度をもつため，高速論理回路のように，高い速度が要求されるような用途で使用できる．シリコンでは動作不可能なマイクロ波周波数でも，ガリウムヒ素は動作が可能で，ガンダイオード，インパットダイオードのようなマイクロ波素子として，衛星放送装置やフェイズドアレイレーダー装置の中のマイクロ波集積回路に使われている．さらにガリウムヒ素は直接ギャップ半導体（direct-gap semiconductor）として知られ，発光ダイオード，半導体レーザー，光結合器などの光学素子としても用いられている．したがって光・電子集積回路を組み立てられる可能性もある．ガリウムヒ素はまた電離放射光に対してシリコンより耐久性があるが，素子をつくるのはシリコンの場合よりはるかに難しい．

ガリッチン振り子 Galitzin pendulum
　→振り子．

火力発電所 thermal power station
　石炭，コークス，石油などの燃料を燃焼させて電力を発生させる発電所．

ガリレイ式望遠鏡 Galilean telescope
　→屈折望遠鏡．

ガリレイ変換式 Galilean transformation equation
　次に示す方程式群

$$x' = x - vt$$
$$y' = y$$
$$z' = z$$
$$t' = t$$

これは，座標系 (x, y, z) 上の点Oにいる観測者からみた位置，運動を座標系 (x', y', z') 上の点O'上にいる観測者からみたものに変換するのに用いられる．x 軸は点O，O'を通るように選ぶ．事象時刻はそれぞれO，O'にいる観測者の基準座標軸の中で t, t' である．時間の目盛が0になるのはO，O'が一致する瞬間である．v はOとO'の相対的速さである．この方程式はニュートン力学と一致する．→ニュートンの運動の法則，ローレンツ方程式．

カルーツア-クライン理論 Kaluza-Klein theory
　電磁場と重力場の初期の統一場理論である．一般相対論の一般化は4次元時空を5番目の次元を含めるよう拡張することで可能である．この形式では電磁力や重力はともに共通の場の方程式で表され，それゆえにこの両者は同じ場の2通りの外観である．

ガルトンの笛　Galton whistle
高い周波数の音を発生できる笛．環状の吹き口から短い円筒のパイプを吹く．パイプの端と吹き口の間の距離はマイクロメーターのねじで変化させる．この距離と吹き込みの圧力を適当に調節するとパイプは長さと径で決まる共鳴周波数で振動する（⇒エッジ音）．人間の可聴周波数（約20 000 Hz）より高い周波数の音を発生できる．

カルノー‐クラウジウスの式　Carnot-Clausius equation
閉じた系の可逆サイクル（⇒可逆変化）における，系のエントロピーの全変化を与える式で，$dq/T = 0$ である．ここで，dq は状態が無限小の可逆変化する間に系に取り込まれた熱量，T はこの変化の間の系の熱力学的温度である．

カルノーサイクル　Carnot cycle
可逆サイクルで，作用物質は T_2 から T_1 へ断熱圧縮され，T_1 で等温膨張し，それから T_1 から T_2 へ断熱膨張し，最後に T_2 で等温圧縮する（図参照）．すると，圧力，体積，温度は初期値にもどる．これは理想熱機関のサイクルを表している．⇒熱力学．

カルノーサイクル

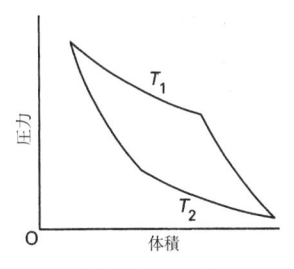

カルノーの定理　Carnot's theorem
ある温度差における熱機関どうしの効率を比べた場合，可逆熱機関の働きがもっとも高効率になる．したがって，可逆熱機関の効率はすべて等しく，使用物質の性質によらない．この場合の効率は温度だけで決まる．⇒熱力学．

過冷却　supercooling
ゆっくりと連続的に冷却することにより，液体の温度がその通常の凝固点よりも下がること．過冷却された液体は準安定状態であり，ほんのわずかな量の固体を導入すると一気に固化が起こる．わずかな機械的な振動も固化の原因になり，いったん固化が始まったら，熱を放出しつつ，通常の凝固点に達するまで固化が続く．それ以上の固化は液体から外に熱を奪わなければ起こらない．⇒過熱．
雲はごく一般には過冷却された水滴からできている．この水滴は，固体と接触することにより固化する．過冷却された水滴からなる雲中で適当な核に氷の粒子が付着すると，固体表面と過冷却された液体の表面での飽和蒸気圧の違いにより，核は水滴をもとにして成長し，雪の結晶を形成する．⇒三重点．

カーレイ‐フォスターブリッジ　Carey-Foster bridge
ホイートストンブリッジの変形．2つのほとんど同じ値の抵抗の差を，ブリッジ線の単位長さあたりの抵抗値として測定する．2つの抵抗をホイートストンブリッジの両アームに配し，抵抗線上でつり合う点を見つける．この2つの点の距離は，抵抗値の差に比例する．この抵抗線があらかじめ校正されていれば，2点間の距離がそのまま2つの抵抗値の差になる．

カロリー　calorie
熱や内部エネルギーの単位で，科学的計算にはもう用いられなくなっている．以前は1 gの水を標準圧力のもとで温度を14.5℃から15.5℃まで上げるのに必要な熱量で決められていた．いまではカロリー（記号：cal_{IT}）は4.1868 Jと決められている．

感覚レベル　sensation level
音の強度 I の尺度で，最小可聴強度 I_0 を基準とする．感覚レベル L をデシベルで測ると
$$L = 10 \log_{10}(I/I_0)$$
となる．I_0 は通常，2.5 pW m^{-2} とする．

ガン効果　Gunn effect
短い n 型ガリウムヒ素試料に高い直流電圧をかけると，コヒーレントなマイクロ波振動が発生する効果．電圧は1 cmあたり数千ボルトのしきい値電圧以上でなければならない．この効果は異なる移動度をもつ複数のキャリヤーが電場の下で，ドメイン（domain）とよばれる集団をつくることで引き起こされる．伝導電子の一部は低エネルギー，高移動度の状態から高エネルギー，低移動度の状態に移動し，低移動度キャリヤーのドメインを形成する．これらのドメインがマイクロ波を発生する．

甘こう電極　calomel electrode
甘こう（塩化水銀 Hg_2Cl_2）で飽和した塩化カリウムの溶液と接触した水銀電極からなる半電池．物理化学の参照電極として用いられている．

寒剤 freezing mixture
混合したときに，内部エネルギーを吸収する物質の2種類またはそれ以上の混合物．混ぜ合わされたときにもとの成分よりも低い温度になる．

換算圧力 reduced pressure
⇒換算状態方程式．

換算温度 reduced temperature
⇒換算状態方程式．

換算距離（光学的距離） reduced distance
媒質中の距離を，媒質の屈折率で割った値．空気中に換算した距離とみなすことができる．1つの媒質から他の媒質への屈折に関する共役焦点の式は，換算距離を用いることにより，空気中の薄いレンズに対するものと同じになる．

換算質量 reduced mass
質量 m の小さな粒子が，質量 M の重い粒子の引力を受け，その周りを軌道運動するとしよう．このとき，m を換算質量 μ で置き換えることにより，M が静止しているとしたときの運動を記述する方程式を，M が動くとしたときの方程式（この場合，双方の粒子は重心の周りを回転している）に変換することができる．μ は
$$1/\mu = 1/m + 1/M$$
で与えられる．［たとえば，月が地球の万有引力を受けて軌道運動を行うとき，地球の質量は月に比べて81倍大きいので，普通は地球は静止していると考えて，一体問題を解けばよい．しかし，厳密にはこの2天体は，互いの共通重心の周りを回っている．この効果を考慮するには，一体問題の解で，月の質量 m を換算質量 μ に置き換えればよい．］

換算状態方程式 reduced equation of state
変数 p, V, T を，それぞれ臨界圧力，臨界体積，臨界温度で規格化して表した状態方程式．これらを，それぞれ換算圧力（reduced pressure）α，換算体積（reduced volume）β，換算温度（reduced temperature）γ という．ファンデルワールス状態方程式を換算量を使って書けば，
$$[\alpha + (3/\beta^2)](3\beta - 1) = 8\gamma$$
となる．

換算体積 reduced volume
⇒換算状態方程式．

乾式整流器 metal rectifier
整流器の一種．金属がある種の固体（半導体や金属酸化物）と接触させると，ある向き（たとえば固体から金属へ）に流れる電流に対する抵抗が反対方向の向きに比べて非常に小さくなることを用いている．通常用いられる材料として，銅表面の酸化銅やセレンがある．印加する電圧は数V以下である必要があり，高電圧に対しては直列に多数個これをつなげる必要がある．流すことができる電流は接触面積に依存する．

乾湿球湿度計 wet and dry bulb hygrometer
単純な湿度計では通常の温度計とその隣の別の温度計からなり，別の温度計は球が水に浸された繊維に被われている．繊維からの水の蒸散は湿球を冷やす．蒸散率は空気の相対湿度に依存する．2つの温度計の読みから乾球温度での相対湿度を算出するのに表が用いられる［訳注：簡単に乾湿計とよぶことが多い］．

乾湿計 psychrometer
吊り綱の周りに回転させることによって，または，ファンによって乾湿球を通り抜ける強い通気を得る湿度計．もっともよく知られた型は，アスマン式乾湿計（Assmann psychrometer）で，ぜんまい仕掛けで動くファンにより必要な換気が行われる．

感受率 susceptibility
(1)（磁気的）．記号：χ_m．$\mu_r - 1$ という量．ここで，μ_r は比透磁率である．
(2)（電気的）．記号：χ_e．$\varepsilon_r - 1$ という量．ここで，ε_r は比誘電率である．

管状 solenoidal
空間のある領域において，発散しないベクトル場は，管状である．そのような領域では力線（または流線）は，閉曲線となる（たとえば，電流による磁場）か，あるいは無限遠または境界面上で端をもつ（たとえば，コンデンサー極板間の電場）．

干渉 interference
(1)［光の］2つのコヒーレント光のビームが，異なる距離を進んできて重ね合わされたときに生ずる現象である（実は，ラジオ波のようにコヒーレント光であれば，どんな2つのビームでも重ね合わせると干渉が起こる）．通常2つのビームの光源としてレーザーが用いられる．2つのビームはおよそ等しい強度でなければならず，あまり大きな角度で交差してはならない．そうすれば重ね合わせた領域に干渉縞（interference fringe）が見える．
この現象は，トーマス・ヤング（Thomas Young）によって発見された（1801）．図aに装置を模式的に示す．ピンホールAとBの間

の距離は，実際は第1のピンホールSからの距離の約1000分の1ほどである．Sは白色光で照らされ，Eの領域に色のついた縞ができる．AとBを通る光線は干渉（interference）している．なぜならどちらか一方だけの光線ではスクリーンに縞のない明るい部分ができるだけだからである．のちの実験では，単色光（単色放射）を使って明暗の縞を得たり，ピンホールの代わりに（図の面と垂直の）スリットを使ったりした．

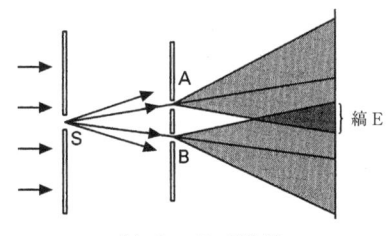

(a) ヤングの干渉縞

このような縞模様は波動理論で容易に説明でき，フレネル（Fresnel）やヤング（Young）が光の波動理論を確立する証拠として使われた．図bで，もし光路長の差BP-APが波長の整数倍$n\lambda$なら，P点では明るい縞が見られる．2つの光線は同位相で重なり，点Pで強め合いの干渉（constructive interference）が起こる．BP-APが$1/2n\lambda$でnが奇数なら，打ち消し合いの干渉（destructive interference）が起こり，暗い縞ができる．このとき，2つの光線は180°の位相外れである．スリット間の距離が$2d$，スクリーンまでの距離がDの場合，明るい縞と縞の間隔は，$\lambda D/2b$になる．白色光を入射すると，たとえば赤い（波長の大きい）縞は緑の縞より間隔が広いので，色の付いた縞が現れる．

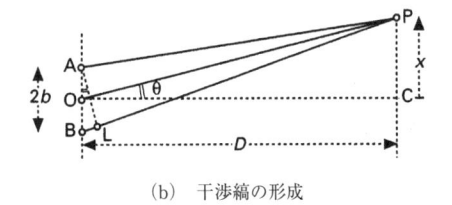

(b) 干渉縞の形成

薄い膜（たとえば石鹸の膜や水面の油）は白色光を反射するときに鮮やかな色の模様を呈し，単色光のときは縞模様を見せる．この場合，膜の前面と後面からの反射光がいろいろな大きさで位相を異にするので，ある方向では打ち消し合いの干渉が起こって暗くなり，他の方向では強め合いの干渉が起こる．色の帯が不規則に現れるのは膜の厚みが不均一であることによる．両面が平行な層では，等傾角干渉縞ができ肉眼や無限遠に焦点を合わせた望遠鏡で見ることができる．薄膜では，等高線と実質的には同じ等厚干渉縞が膜の内部か近くにできる．凸レンズの面と平面ガラス板の間でできるニュートンリング（Newton's ring）は後者のタイプである．反射率の高い面の間で何回も反射してできた縞はより鮮明になる．薄く銀をつけた面の間に膜を挟んで，光が間隙に出入りできるようにしたものがその例である．

干渉計（interferometer）は，干渉縞をつくるように設計された装置である．なかには，ファブリ-ペロー干渉計のように，高精度の波長測定が可能なものもある．星の間の角距離や星の視直径のようにきわめて小さい距離を測定することもできる．干渉縞の観測は，たとえば，光学面の検査や，弾性ひずみや熱膨張で生じる微小な動きを調べることにも用いられる．

(2) [音の] 共通の源から出て異なる経路を進む2つ以上の波が重なり合って生ずる現象．波を伝える媒質の，ある領域では波の強さの最小部分ができ，他の領域では最大部分ができ，現れる模様は干渉パターン（interference pattern）とよばれる．干渉は，たとえば，壁によって反射された波ともとの入射波の相互作用によって起こる．これは具体的には，劇場内のある位置での聞きにくさに関わる．2つ以上の異なる源から出る波でも干渉は起こりうる．音の干渉はハーシェル-クインケ管ですぐに見ることができる．

(3) [通信システムで] 信号が他の関係ない信号によって乱されること．人工の信号によることもあり，大気の変化のような自然の原因によることもある．ラジオの受信では，電気機械や装置がよく干渉を引き起こす．自動車の点火系統はしばしばテレビ信号の受信に深刻な干渉を起こす．⇒漏話，ハム．

環状幹線 ring main
(1) 閉じていて環状になっている電力電線．このリングが1カ所の発電所から電力の供給を受けている場合は，発電所とリング上の消費者の間に，2つの別の経路が存在する．環状幹線

に故障が生じたときでも，消費者への電力供給を途切れさせないで故障箇所を切り離すことができる．

(2) 1つ1つのコンセントがヒューズをもっていて，多数のコンセントが環状の回路に並列につながっている家庭の配線システム．

緩衝器 buffer
2つの回路の間で反作用を最小限にするために用いられる遮断回路．通常，入力インピーダンスが高く，出力インピーダンスは低い．エミッターフォロワはその一例である．

干渉計 interferometer
光や音の干渉，またはラジオ波の干渉（→電波望遠鏡）を生じ調べるための装置や機器．

環状結線 mesh connection
交流多相系で用いられる結線法．変圧器や交流モーターなどの巻線はすべて直列につながれた閉回路を形成しており，これはよく多角形の図を用いて表される．その特別な形がデルタ結合である．→星形結線．

干渉顕微鏡 interference microscope
→顕微鏡．

干渉縞 interference fringe
→干渉 (1)．

杆状体と錐状体 rod and cone
→色覚．

干渉パターン interference pattern
→干渉 (2)．

干渉フィルター interference filter
→フィルター．

環状巻線 ring winding
トロイド巻 (toroidal winding)，グラム巻き (Gramme winding) ともいう．電気機器に使われている，環状の磁心に巻いたコイル．1巻きごとに巻線が磁場の輪に巻きついている．

干渉や回折の次数 order of interference or diffraction
干渉縞の位置を特徴づける整数．干渉が生じる光路差が波長の何倍であるかに対応して1，2，3，…次とする．あるいは，回折によって生じた明るさが極大値をとる方向を順に示す数．

慣性 inertia
物体の属性で，それによって物体は静止の状態または一直線上の一様な運動を続けようとする．→ニュートンの運動の法則．

慣性系観測者 inertial observer
(1) 古典物理学で，ニュートンの運動の法則が成り立つ系の観測者．

(2) 相対論で，特殊相対性理論が成り立つ系の観測者．
→慣性座標系．

慣性座標系 inertial reference frame, inertial coordinate system
慣性系観測者が使う系で，その系では力を受けない物体は一定の速度をもつ，すなわち速さと方向が不変である．

慣性乗積 product of inertia
デカルト座標軸 $OXYZ$ が剛体に固定されているとすると，軸 OY, OZ についてのこの物体の慣性乗積は，$\sum myz = F$ となり，この和は，この物体を構成しているすべての粒子に対して行われる（x, y, z は質量 m をもつ粒子の座標）．このような慣性乗積は3つある．すなわち，F, $G = \sum mxz$, $H = \sum mxy$ である．また，OX, OY, OZ 軸についての慣性モーメント A, B, C は次の式で与えられる．
$$A = \sum m(y^2 + z^2)$$
$$B = \sum m(z^2 + x^2)$$
$$C = \sum m(x^2 + y^2)$$
座標の原点を通る任意の軸 L についての物体の慣性モーメント I は，A, B, C および F, G, H と，座標軸 OX, OY, OZ に対する軸 L の方向余弦 α, β, γ によって表すことができる．すなわち，
$$I = A\alpha^2 + B\beta^2 + C\gamma^2 - 2F\beta\gamma - 2G\gamma\alpha - 2H\alpha\beta$$
である．

慣性中心 center of inertia
→質量中心．

慣性モーメント moment of inertia
軸のまわりの物体の慣性モーメント．記号：I．各粒子の質量と軸からの垂直距離の2乗との積を全粒子について加算した和（連続体の場合，この加算は積分に置き換える）．固定軸のまわりを運動している剛体の場合，慣性モーメントを質量で，角速度を並進速度で，角運動量を線形運動量などで置き換えれば，運動法則は直線運動と同じ形をもつ．角速度 ω で固定軸のまわりを回転している物体の運動エネルギーは $(1/2)I\omega^2$ で，これは，速度 v で並進する質量 m の物体の運動エネルギー $(1/2)mv^2$ に対応する．
→平行軸の定理，ラウスの法則．

慣性力 inertial force
→力．

間接電撃 indirect stroke
→雷撃．

完全流体 perfect fluid
⇒流体.

乾燥断熱減率 dry adiabatic lapse rate (DALR)
⇒気体の減率.

観測可能（量）（オブザーバブル） observable
自然科学において測定可能なものを表す用語.量子力学では行列（量子力学の行列形式），あるいは演算子（波動力学）で表される.

ガンダイオード Gunn diode
ガン効果によりマイクロ波を発生する条件で動作するn型ガリウムヒ素試料からなる二端子素子.

カンデラ candela
記号：cd．光度のSI単位（国際標準単位系）．周波数$540×10^{12}$ Hzの単色光を発する光源の特定の方向における光度で，単位立体角あたり1/683 Wの放射強度を表す．
この定義は1979年に，以前の定義，すなわち，標準大気圧，白金の凝固温度での，黒体の面積$1/600\,000$ m^2の表面の垂直方向の光度を1 cdとする定義にとって換わったものである．

乾電池 dry cell
一次電池で，活性な構成成分が多孔性の材質に吸収されて電池から漏れないようになっている．通常，塩化アンモニウムと焼き石膏で裏打ちされた亜鉛の容器（陰極電極）と，中心の炭素棒［（陽極電極）］，およびそのまわりを囲む塩化アンモニウム，炭素棒，硫化亜鉛と二酸化マンガンの混合物をグリセリンとともに固いペースト状にしたものからなっている．その動作はルクランシェ電池と同じである．起電力は約1.5 Vである．

環電流 ring current
地球大気の上層を西向きに流れている大電流．ヴァンアレン帯に捕獲された電子（東向き）と陽子（西向き）の流れからなっていて，通常の地球磁場に対して変化をもたらす．

感度 sensitivity
（1）一般に，入力の単位変化に対する物理装置の応答．
（2）測定装置の用語．測定量の一定量の変化による，振れまたは指示値の変化の大きさ．
（3）無線受信機の用語．受信機の，弱い入力信号に対する応答能力を示す．定量的には，特定の条件，とくに指定された信号対雑音比のもとで，決まった出力を生じる受信機の最小入力をいう．

γ（ガンマ） gamma
（1）物質の主要な比熱すなわち定圧比熱C_pと定積比熱C_vの比，C_p/C_vを表す記号．気体の場合には$C=\sqrt{\gamma p/\rho}$または$\sqrt{\gamma RT}$と表される．ここでCは気体中の音速，Rは単位質量あたりの気体定数である．古典物理学ではエネルギー等分配の法則を使うと，$\gamma=1+2/F$と書ける．ここでFは分子の自由度を表し，単原子分子では$F=3$である．したがって$\gamma=1.667$となるが，これは希ガスの実験値によく合う．多原子分子については量子論を適用しなければならない（→比熱）．
（2）写真のコントラストを表す尺度．写真材料の特性曲線の線形部分の勾配で与えられる．
（3）磁束密度の古い単位．10^{-9} T（テスラ）に相当．地磁気の分野で使われる．

γカメラ gamma camera
⇒ SPECT.

γ線 gamma rays（γ-rays）
原子核から放射される電磁波．原子核は中性子の非弾性散乱や放射の吸収により励起状態に励起される．α放射やβ放射，電子捕獲，中性子捕獲の際にも励起状態の原子核がつくられる．通常は励起状態の寿命はピコ秒以下で，原子核は1つまたは数個のγ線光子を放出して直接または間接に基底状態に遷移する．選択則の規制により，ときには長い寿命をもつ状態もある．このような場合は内部転換による脱励起とγ線放射が競合することになる．
γ線の量子エネルギーは多くの場合，$10^4 \sim 5×10^6$ eVの範囲で，これを波長に直すと，$10^{-10} \sim 2×10^{-13}$ mとなる．宇宙を起源とするγ線には波長が10^{-15} mまで短いものもある（⇒ X線）．長波長のγ線は薄い金属箔でほとんど完全に吸収されるが，短波長のγ線は数センチの鉛を通しても観測されない．
γ線は光電効果，コンプトン効果，あるいは対生成を起こし，その際放出される電子により物質をイオン化する．γ線は電離箱や感光乳剤などいろいろなタイプの計数器によって検出される．
原子核ではない光源から放射される電磁波もその量子エネルギーが数百keVを超える場合は，漠然とγ線とよばれる．その例には，ある種の素粒子の消滅や崩壊がある．

γ線スペクトル gamma-ray spectrum
γ線源から放射されるγ線領域の一連の波長

の強度分布. →分光学.

γ線崩壊　gamma-ray transformation
γ線放出を伴う放射性崩壊.

緩和時間　relaxation time
記号：τ
(1) 適当な電場をかけた誘電体の各点での電気分極が電気伝導性のためにもとの値に近づいていく際, はじめの値の $1/e$ 倍になるまでにかかる時間.
(2) 一般的に, 指数関数的に減少する変数が, はじめの値の $1/e$ 倍になるまでにかかる時間.
(3) 気体の速度分布が, マクスウェルの速度分布から一時的に乱されたときに, 平衡状態にもどるのに要する時間.

緩和発振　relaxation oscillation
(1) のこぎり波状の波形になるのが特徴の振動で, 振動している系がピークに向かって緩和していくように見えるが, 急の0にもどり, そこから再びピークに向かっていく現象. そういう振動は実効的に一方向にかかり続ける力があるときだけ起きる.
(2) 間欠的に衝撃を受ける系の振動. この意味のときには, 緩和する系の振動は短い減衰振動が何回もくり返されるもので, その振幅は一定の時間ごとにもとにもどる.

緩和発振器　relaxation oscillator
周期の中で少なくとも1回, 1カ所以上の電圧か電流が急激な変化を起こすような発振器. 周期ごとにエネルギーを蓄え, それをリアクター (コンデンサーまたはインダクター) から放出するよう回路を組んだもので, 蓄積と放出の過程で速さが大きく異なる. この型の発振器の出力は, 正弦波とはまったく異なる非対称な波形となる. 通常はのこぎり波を出力することが多い. 適当な回路を使うと方形波や三角波もつくり出すことができる. 出力波形は高調波を多く含むので, 目的によっては非常に有用である. 一般的な緩和発振器にはマルチバイブレーターや単接合トランジスター (図参照) が使われている.

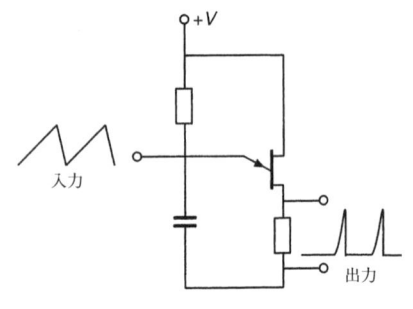

緩和発振器

キ

気圧計 barometer
大気の圧力を測定するための装置.

(1) 水銀気圧計（mercury barometer）は一方を封じた約 80 cm のガラス管からなる．この管は水銀で満たされ，水銀だめに開いた端を下側にして置かれる．大気の圧力が変化すると，水銀のレベルが変化する．水銀だめの水準も少しではあるが変化する．圧力は 2 つのレベルの差 h により求められる（⇒圧力）．この管の上部の空間はこの装置の発明者にちなみトリチェリの真空（Torricellian vacuum）として知られる．

フォーティンの気圧計（Fortin's barometer）では高さを読む目盛が固定されており，水銀だめのレベルがちょうど目盛の 0 になるよう（水銀だめの底が自由に動かせるようになっており）調整される．高さの差が直接読めるようになっている．下側の水銀のレベルに 0 が合うように動く目盛のある装置もある．

(2) アネロイド気圧計（aneroid barometer）は基本的には平らな円筒形の金属の箱からなり，波打った弾性のある表面が，スプリングで支えられ，互いにつぶれてしまわないようになっている．外の圧力が変化すると平らな表面の距離が変化し指針が動作する．このような装置は，水銀気圧計により校正される．高度計としても用いられる．

記憶装置 storage device
コンピューター装置で情報を受け取り，それを蓄えておくための装置．記憶装置はディスクのような外部記憶装置か主メモリーとして用いられる半導体素子のどちらかである．そして蓄えられる情報容量，特定の情報を取り出す速度などにより，いろいろな種類がある．

記憶容量 storage capacity
⇒容量．

気化 vaporization, evaporation
蒸気または気体に変化する過程．温度 T での固体または液体の単位面積あたりの気化率は
$$\mathrm{d}m/\mathrm{d}t = \alpha p \sqrt{M/2\pi RT}$$
で与えられ，p は相対分子質量 M の分子の蒸気圧を，R は気体モル定数を，α は気化係数（vaporization coefficient）を表し，これは 1 以下である．⇒蒸発．

ギガ- giga-
(1) 記号 G. 10^9 を表す SI（国際単位系）の接頭語．たとえば 1 GHz = 10^9 Hz.
(2) コンピューターなどで二進法が使われるときは，この接頭語は 2^{30} = 1 073 741 824 を意味する．たとえば 1 ギガバイトは 2^{30} バイトの意味である．[訳注：現在はこの用法は禁止されている（IEC 規格 60027-2, 2005）．2^{30} を表すには Gi (gibi) を用い，たとえば 1 ギビバイトという．]

機械 machine
仕事をする装置．機械は，作用（effort）とよばれる比較的小さな力によって，負荷（load）とよばれるより大きな力に打ち勝つ（たとえば滑車においては重い物を持ち上げる）．比
$$\text{作用の移動距離} / \text{負荷の移動距離}$$
を機械の速度比（velocity ratio）という．比
$$\text{負荷} / \text{作用}$$
は機械の利得（mechanical advantage）または力の比（force ratio）を表し，これは通常負荷によって変化する．

仕事の原理より，（作用によって行われた仕事）=（負荷に加えられる仕事）+（摩擦による損失）となる．比
$$\frac{\text{負荷に加えられる仕事}}{\text{作用によって行われた仕事}}$$
は効率（efficiency）を表し，これは必ず 1 以下となる．これは通常 100 倍してパーセンテージで表される．簡単な機械の例としては，レバー，滑車，歯車，歯車列，斜面，ねじなどがある．

機械の利得 mechanical advantage
力の比．⇒機械．

幾何学的像 geometric image
⇒像．

幾何光学 geometric optics
光の波動的な性質や物理的な性質に関わりなく，光線の反射や屈折を論じる学問．光の基礎的な研究は本質的に幾何学的なものであり，レンズや鏡などでつくられる像の位置は図形的に決定される．さらに進んだ工学的な光の研究にあっても，この方法は依然として有効な手段である．

気化の比潜熱 specific latent heat of vaporization, enthalpy of evaporation
記号：l_v，または ΔH_v^g．単位質量の物質を，沸点において液体から気体に変化させるために

必要な熱量．単位は J kg^{-1}．
　l_v の値は温度が高くなると減少し，最終的には臨界温度で 0 になる．すべての物質に対して，温度による潜熱の変化は熱力学的公式

$$l_v = T \frac{dp}{dT}(c_2 v_2 - c_1 v_1)$$

によって与えられる．ここで c_1 と c_2 はそれぞれ，液体と蒸気の比熱であり，v_1, v_2 は比体積である．

幾何平均　geometric mean
→平均．

帰還（フィードバック）　feedback
　信号デバイスにおいて，出力信号の一部分を入力にもどすこと．一般に増幅器に用いられる．もどされる信号の位相により，増幅器の増幅率は増減する．
　帰還は，単独の電気的回路においても多重回路においても意図せずに起こりうる．容量帰還型では帰還素子としてコンデンサーを用い，誘導帰還型ではインダクターや誘導性結合を用いる．帰還の正負が，信号（電圧または電流）の増加する向きのとき，正帰還（positive feedback）とよぶ．十分大きな正帰還があると増幅器は発振する．信号が減少するような符号の帰還を負帰還（negative feedback）という．増幅器を安定化し，雑音を軽減し，回路ひずみを減らすため，負帰還は一般的に用いられる．この目的のための帰還をとくに安定化帰還とよぶこともある．

帰還制御ループ　Feedback control loop
→ループ．

奇奇核　odd-odd nucleus
　陽子も中性子も奇数個ある原子核．これらの原子核のほとんどは不安定だが，$^2_1$H, $^6_3$Li, $^{10}_5$B, $^{14}_7$N は安定である．

奇偶核　odd-even nucleus
　奇数個の陽子と偶数個の中性子をもつ原子核．奇偶核をもつ核種には 50 を超える安定なものが存在する．

基準座標系　frame of reference
　(1) 固定された枠組みで，それとの比較で位置や運動が測定される．たとえば緯度と経度は地上の位置を決定する．その場合，地球を座標系として用いている．
　(2) ガリレイ座標系は力学的，光学的実験に関して等方的な厳格な枠組みである（特殊相対性理論で用いられる）．→慣性座標系，ニュートン系．

基準モード　normal mode
　振動系の解析を容易にするのに都合のよい定在波の集合．振動系の基準モードは，それらに固有の周波数によりラベル付けされる．同じ周波数をもつモードは縮退している（degenerate）といわれる．
　強制振動に対する系のいかなる周期的な応答も，重ね合わせの原理により基準モードのフーリエ級数（→フーリエ解析）に分解される．振動系は，自由度と同じ数の基準モードを持つ．たとえば，多数の質点が 1 次元的にばねで繋がれた系の振動は，基準モードにより解析される．これらの振動が同一平面内に制限されている横振動ならば，自由度は質点の数と同じである．1 つの平面内で振動する連続的な弦の場合には，弦は無限小の質量が無限に集まってできた線とみなせるので，自由度は無限大になる（→球面調和振動）．

気象学　meteorology
　とくに気象や気候に関した大気の科学．

起磁力　magnetomotive force
　記号：F_m．磁場強度を閉経路に沿って経路積分したもの

$$F_m = \oint H \, dx$$

これはアンペアを用いて表される．以前は磁位（magnetic potential）とよばれた．

擬スカラー　pseudoscalar
　単一の大きさによって定義される量．奇関数，すなわち，座標軸の符号反転に対して，その符号が変わるので，スカラーとは区別される．例として，圧力や体積があげられる．

寄生的捕獲　parasitic capture
　原子核による中性子の捕獲で，その後どのような核分裂にも至らないもの．

寄生発振　parasitic oscillation
　増幅器や発振器の回路で起こる目的以外の発振．寄生発振の周波数は，主として浮遊インダクタンスや浮遊容量（接続導線などの），電極間の容量によって決まるため，通常は，回路を設計した周波数よりもはるかに高い周波数になる．

基礎定数　fundamental constant
→付録の表 5．

気体　gas
　どのように大きな容器のなかでも，相を変えずにいっぱいに広がる流体．物質の温度が臨界温度より低い場合には蒸気とよばれる．通常は気体という語は蒸気（vapour）の意味を含んで

いる．すなわち蒸気は気体の特殊な場合であって，異なる形態ではない．

どのような分子でも並進運動のエネルギー（正）と分子間相互作用に基づくポテンシャルエネルギー（平均値は負）とをもつ．気体では分子の全エネルギーは正になるが，凝縮相（液体・固体）では負になる．

気体イオン　gaseous ion

電離放射線（たとえばX線）の作用によって気体中につくられる正または負に帯電した系．この気体に電圧がかかると気体イオンが動くことによって気体中にイオン電流が流れる．電離放射線が除かれると，短時間でイオンは再結合を起こし中性分子に戻ってしまう点は，電解質中のイオンとは異なる．⇒気体の伝導．

気体温度計　gas thermometer

⇒定圧気体温度計，定積気体温度計．

気体絶縁破壊　gas breakdown

ガス入り電子管にかかる電圧が一定値に到達したときに起こる放電の一種．気体中の電子が電場により加速されると，衝突で新しいイオン-電子対をつくるのに十分なエネルギーをもつようになる．この際，運動エネルギーが大きいのでイオンと電子の再結合はほとんど起こらない．正のイオンは陰極に衝突し電子をたたき出す（二次放出）．この増倍作用が気体の放電を引き起こす．半導体の中で起こる電子なだれ降伏と類似の過程である．

気体増幅　gas multiplication, gas amplification

(1) 十分に強い電場がかかっている気体で，電離放射線でつくられたイオンが別のイオンを作り出していく過程．

(2) この過程により初期イオン数が何倍になるかを表す係数．

気体中の伝導　conduction in gas

気体中の電流の流れ．伝導過程は存在するイオンに影響される（⇒気体イオン）．自然界では，宇宙線，少量の放射性物質，紫外光などによってイオン化が起こる．気体中の電極に小さな電位差を加えると，正極と負極それぞれに，逆の符号をもつイオンが引き寄せられる．結果，連続的な微小電流が流れる．

電界強度を上げていくと，電流は増加し，定常値に達する．この状態では，電位差が十分に大きいため，電子が気体に衝突することによってもイオンがつくられる．電界強度をさらに上げていくと，放電電圧（breakdown voltage）として知られる臨界電位差に達するまで，電流はふたたび増加する．臨界電位差の状態では，気圧と電極間距離に依存した，付加的な現象，放電現象（discharge）が突然に発生する．

大気圧程度の気圧では，火花が走る（火花放電 spark discharge）．気圧が大気圧より低い場合は，気体の発光体が放電管内に見れる．発光色はガス種によって異なる（⇒グロー放電）．電極間距離が短い場合，非常に明るい光が放射される（アーク放電 arc discharge）．グロー放電あるいはアーク放電がいったん起きたのちは，放電管内の電位差は，維持ポテンシャル（maintenance potential）として知られる一定の値に落ち着き，電流も定常的になる．圧力および電極間距離に対する，気体の電流対電位差の曲線が放電特性（discharge characteristic）である．低圧（1 パスカル以下）での気体の放電では，陰極線（⇒放電管）が発生する．さらに低い圧力では，放電管の陽極への陰極線の衝突によってX線が発生する．

グロー放電の非常に明るい多色な発光は，表示用の光管に利用される．ネオン，水銀蒸気などが気体として用いられる．火花放電とアーク放電は，紫外光のさまざまな光源に利用される．

気体定数　(molar) gas constant

記号：R．1モルの理想気体の状態方程式に現れる定数．つまり

$$pV = RT$$

である．これはすべての気体に共通な定数である．実際の気体では圧力が0の極限でのみこの状態方程式に従う．

分子運動論によれば気体による圧力は

$$p = (1/3)mvC^2$$

となり，m は分子の質量，v は1 m³ あたりの分子数，C は分子の平均二乗速度の平方根である．気体1モルを考えると，L が存在する分子数（つまりアボガドロ数）で，V がモル体積のとき，

$$pV = (1/3)mLC^2$$

で，V は p と T の値が与えられると気体の性質には依存しない．つまり，

$$RT = (2/3)((1/2)mLC^2)$$

である．この表式は，R が温度1 Kの気体1モルがもつ全並進エネルギーの2/3に等しいことを示している．

ボルツマン定数 k は比 R/L で与えられ，R は

$$8.314\ 510\ \text{J K}^{-1}\ \text{mol}^{-1}$$

の値をもつ．

気体の液化　liquefaction of gas

気体の液化は，以下にあげる方法が可能である．

(1) カスケード液化法のように，気体の温度を臨界温度以下に下げたのち，圧縮する方法．

(2) リンデの方法のように，ジュール–ケルビン効果を用いて，高圧の気体を小さな穴のあいた栓またはスロットルバルブから噴き出して膨張させ冷却する方法．

(3) クロードの方法のように，圧縮気体の断熱膨張において，外部に仕事をさせることにより冷却する方法．

(4) 気体が冷却された黒炭に吸着し，これが断熱的に解離するときにさらに冷却される断熱的な脱離を利用する方法．

気体の減率　lapse rate

大気中で高度の上昇とともに，温度などの量が減少する割合．乾燥断熱減率（dry adiabatic lapse rate：DALR）は，断熱上昇する乾燥した空気に対する冷却の割合である．その値は 9.76 ℃ km^{-1} である．飽和していない湿った空気に対しても減率はこの値である．

気体の法則　gas law

温度・圧力など気体の物理的状態の変化を支配する法則．→状態方程式，理想気体．

気体放電管　gas-discharge tube

電子管の一種であるが，気体分子の存在が電子管の特性をほとんど決めてしまう．ふつう気体は不良導体であるが，十分高い電圧がかかると伝導性が生じる．電子管内に 2 枚の電極を封じその間に電圧をかけておくと，たとえば紫外線など外部からイオン化を引き起こす原因が与えられると，内部の気体は導電性をもつ．外部要因が除かれると電流は消える．ある条件のもとでは，放電は持続し，外部要因には依存しなくなる．

放電が持続している間，最初につくられたイオンと電子はそれぞれ電極に向かって加速されるが，電子はその途中でさらにイオン化を引き起こす．また電極における二次放出によってさらに電子がつくられる．電子とイオンはそれぞれ陽極や陰極に到達することで，あるいは途中衝突によって再結合することで失われる．イオン・電子が生成される速さと消滅する速さが釣り合ったときに放電は定常状態になる．放電の様子は，気体の種類，圧力，電圧，電極の形や材料に依存して変化する．

もっとも一般的な放電はグロー放電（glow discharge）である．図のように何種類かの発光領域が区別できる．イオン衝突により陰極から放出された電子（二次放出をみよ）は，陽極に向かって加速されるが，まだ短い距離では気体中の原子をイオン化したり，励起したりする十分な運動エネルギーをもてない．一方，陰極に向かうこの領域の正イオンは大きい速度をもっていて電子と再結合する確率は小さい．また励起状態の原子もこの領域に到達する前に基底状態に落ちてしまっている．つまりこの領域には発光する過程がない．この領域はアストン暗部（Aston dark space）とよばれる．つぎに陰極に近い明るい領域は陰極グロー（cathode glow）とよばれるが，加速された電子によって励起された正イオンが基底状態に戻る際に放出される光で発光している．

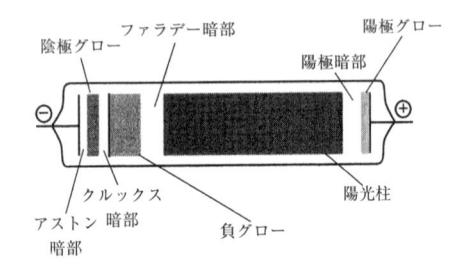

気体放電管

クルックス暗部（Crookes dark space）では，陰極から飛んできた電子の運動エネルギーは原子をイオン化するのに使われるが，イオン化で生じた電子は原子を励起するほどのエネルギーはまだもっていない．したがってこの領域は暗くなる．負グロー（negative glow）の領域になると，電子エネルギーは原子を励起するのに十分になるので，励起された原子が基底状態へ遷移する放射で光る．またイオンと原子の再結合による放射の光も多少つけ加わる．この領域を過ぎると電子はエネルギーを失っており，原子を励起することもイオン化することもできなくなりファラデー暗部（Faraday dark space）といわれる領域となる．そして陽光柱（positive column）とよばれる長い明るい領域が出現する．そこでは気体の励起と光の放出が起こっている．負グローと陽光柱の長さの比は気体の圧力すなわち荷電粒子の平均自由行程によって決まる．気体の圧力が約 15 Pa 以下であ

ると，陽光柱に暗い部分と明るい部分の縞模様が現れる．これは陽極に向かって進む電子が運動エネルギーを得たり，失ったりの過程をくり返すためである．

グロー放電の場合，放電管内の電圧降下は一様ではなく，また電流の大きさには依存しない．電圧降下のほとんどは陰極と負グローの領域で起こる．

気体力学 pneumatics
気体の動的特性を扱う物理学の一分野．

気体冷却原子炉 gas-cooled reactor
気体を冷却材として使った一種の熱原子炉（➡原子炉）．天然ウラン燃料をマグノックス合金の容器に入れ，黒鉛を減速材として使うマグノックス原子炉では，二酸化炭素ガスが冷却材として用いられる．その出口温度は約350℃である．改良型気体冷却原子炉（advanced gas-cooled reactor：AGR）ではセラミック二酸化ウラン燃料をステンレス・スティール容器に入れるが，減速材と冷却材はマグノックス型と同じである．しかし出口温度はかなり高く600℃ぐらいになる．そのため黒鉛が化学的に損傷を受けないように冷却する必要がある．

高温気体冷却原子炉（high-temperature gas cooled reactor：HTR）では炉心は完全にセラミック材でできており，冷却材にはヘリウム気体が使われる．この変形としてペブルベッド原子炉がある．燃料と減速材とを合体させたセラミックのペブル（小石）が充填された容器が炉心となる．

気団 air mass
大気の比較的下層部で水平方向にほとんど温度勾配がないような空気のかたまり．気団の周辺では温度勾配が急になる．この移り変わる部分を前線（front）という．

擬弾性 anelasticity
前塑性域で，応力とひずみの関係が一意的に決まらない固体の性質．

基底状態 ground state
系のエネルギーが最低である状態．孤立した物体ならば無期限にこの状態にとどまる．系はエネルギーは同じであるが量子数が異なる2つまたはそれ以上の基底状態をもつことが可能である．水素原子の場合量子数 n, l, m がそれぞれ 1.0,0 で，スピンが特定の方向に対して，1/2 または −1/2 の値をとる2つの状態がある（➡原子軌道）．しかし実際は電子スピンが陽子スピンと平行であるか，反平行であるかによ

てエネルギーはわずかに違う．ほとんどすべての場合に基底状態は1つであると仮定して差し支えないのであるが，星間空間にある水素原子はわずかに離れた2つの状態の間の遷移の結果，波長 21 cm の放射を出している．➡励起状態，零点エネルギー．

起電力 electromotive force（e.m.f.）
記号：E．回路に対して電気的になされた仕事率を電流で割ったもの．単位は V（ボルト）．仕事は，電磁誘導，熱electric effect，化学反応などによってなされる（➡電池）．この過程を逆に動かせば，回路は起電力の源に対して仕事をすることになる．起電力は通常の意味での力ではなく，また，電位差とは区別されなくてはならない．回路における電位差とは，エネルギー散逸率を電流で割ったものであり，本質的に不可逆である．起電力 E，内部抵抗 b の電池が，外部の抵抗 R に電流 I を流し続けると，なされる仕事は IE で，これはエネルギー散逸率 $(R+b)I^2$ に等しい．端子間の電位差は $V=RI$ である．R を無限大に近づけていくと，E の値は V に近づくので，起電力は開いた回路の端子間の電位差に等しいが，その本質は異なる．

輝度 luminance
記号：L_v, L．点光源，または光の受光面の1点におけるある特定の方向に対する明るさ．光源に対しては単位面積あたりの光度 I_v として
$$L_v = dI_v/(dA\cos\theta)$$
のように定義される．ここで，A は面積，θ は面の法線と特定の方向とのなす角を表す．光が照射されている面に対しては単位立体角（Ω）あたりの照度（E_v）として
$$L_v = dE_v/d\Omega$$
のように定義される．照度は入射光に垂直な面にわたって求められる．点光源および受光点に適用される一般的な輝度の式は
$$L_v = d^2\Phi_v/(d\Omega\, dA\cos\theta)$$
と表され，Φ_v は光束を表す．輝度の単位は cd m^{-2} である．➡放射輝度．

軌道 orbit
太陽系やその他の宇宙空間で天体が重力により相互作用しながら運動しているとき，ニュートンの運動方程式の解として得られる運動の経路．ニュートンの運動方程式の一般解は，以下の式で表される曲線である．
$$r = p/(1+e\cos\theta)$$
ここで，p は半通径（semi-latus rectum），e は離心率（eccentricity）である．このような曲

線は円錐曲線（conic section）と総称され，直円錐を平面で切断したときの断面を表す．軌道は離心率によって分類される．離心率，すなわち軌道の種類は，全エネルギー E（運動エネルギーと重力ポテンシャルの和）に直接関係していることが，運動方程式から導かれる．
$$E = K(e^2 - 1)$$
である．ここで，K は定数である．

$0 \leq e < 1$ のとき，全エネルギーは負であり（$E<0$），軌道は束縛軌道，つまり楕円軌道（elliptical orbit）か円軌道（circular orbit）になる．円軌道は最もエネルギーの低い軌道である．

$e=1$ のとき，全エネルギーはゼロであり（$E=0$），ちょうど引力圏から脱出する条件を満たす．これが放物線軌道（parabolic orbit）である．

$e>1$ のとき，全エネルギーは正であり（$E>0$），軌道は双曲線軌道（hyperbolic orbit）になる．天体は，互いの重力から脱出して無限に離れたとしても，なお正の運動エネルギーをもつ．

ボーアの原子理論では，陽子と電子の静電相互作用に対して軌道が計算された．角運動量の量子化の原理を新たに導入すると，古典的なニュートン運動の軌道から水素原子で許容される軌道が求められ，水素のスペクトルを説明することができる．後にボーアの理論は，円軌道よりも高いエネルギーの束縛軌道にも適用できる（本質的に $0 \leq e < 1$ の場合を含む）ように進展した．この拡張ボーアモデルは，スペクトル線の観測結果をよりよく再現するために扁平な軌道を導入したドイツの物理学者，アーノルド・ゾンマーフェルト（Arnold Sommerfeld 1868-1951）にちなんで，ボーア－ゾンマーフェルトモデルとよばれる．

軌道関数 orbital
⇒原子軌道，分子軌道．

軌道速度 orbital velocity
衛星や宇宙船が，地球や他の天体の周りの特定の軌道に入り，それを保つために必要な速度．地球の周りの24時間軌道（⇒静止軌道）に必要な速度は約 3.2 km s^{-1} で，高度は約 36 000 km である．

軌道量子数 orbital quantum number
軌道角運動量量子数（orbital angular-momentum quantum number），方位量子数（azimuthal quantum number）ともいう．粒子，原子，原子核などの軌道角運動量を支配する量子数．記号は，単一のものについては l で，系全体については L で表す．
⇒原子軌道．

輝度信号 luminance signal
⇒カラーテレビ．

輝度変調 intensity modulation
z 軸変調（z-modulation）ともいう．陰極線管の画面の点の輝度を信号の大きさに従って変えること．

奇パリティ odd parity
⇒波動関数．

基板 substrate
（1）表面あるいは内部に，1つ以上の電気回路素子や集積回路がつくられる物質の単体．装置の中で動的な役割を果たす半導体単結晶や，プリント回路基板の絶縁層のような支持板としても用いられる．
（2）ある工程のための基板として用いられる表面や層．

ギブス関数 Gibbs function, Gibbs free energy
ギブス自由エネルギーともいう．記号は G．系の熱力学関数で，エンタルピー（H）からエントロピー（S）と熱力学温度（T）の積を引いたもの，すなわち $G = H - TS$．等温，等圧で起こる可逆変化ではギブス関数の変化は，その系になされた仕事に等しい．系が一定温度，一定圧力にあり，なされた仕事が体積変化のみであるときは，G が最小値をとるときに，系は平衡になる．化学反応では，平衡に達したとき，G の変化（ΔG）はゼロになる．ΔG が負の間，反応は平衡まで自動的に進むが，正のときは外からエネルギーを加えないと反応は進まない．⇒ヘルムホルツ関数．

ギブス－ヘルムホルツの式 Gibbs-Helmholtz equation
熱力学の式で内部エネルギー U を自由エネルギー A と，A の温度に対する微分係数とで表す．すなわち $U = A - T(\partial A/\partial T)_V$．

擬ベクトル pseudovector
軸性ベクトル（axial vector）ともいう．大きさと方向で定義される量．擬ベクトルは，極性ベクトルと同様の代数法則と計算方法に従うが，偶関数である．すなわち，座標軸の方向を反転させて，その成分の符号を変えない．例として，面積，トルク，磁束密度がある．2つの極性ベクトルのベクトル積は擬ベクトルである．

キーボード keyboard
人間が，手動操作でコンピューターに命令を送るために用いる装置．ラベルの付いたキーがたくさん並べられたもので，タイプライターのように指でそれらを押して操作する．特定のキー（または，キーの組み合わせ）を押すことにより，直接コンピューターにコード化されたディジタル信号を送ることができる．通常キーボードには，標準のQWERTY配列に加えて，コントロールキー，ファンクションキー，カーソル，数字のキーパットなど付加的なキーがいくつか配列されている．

基本相互作用 fundamental interaction
⇒相互作用．

基本単位 base unit
⇒ SI単位系，コヒーレント単位系．

基本波 fundamental
一般的に音色を形成する複合振動の成分で，その周波数で高さが決まる．通常ある決まった音色をつくる成分のうち一番周波数が低い成分である．

逆位相 opposition
同じ周波数と波形をもつ2つの周期的な量の位相が180°異なるとき，両者は逆位相であるという．

逆起電力 back electromotive force
電子回路で通常の電流の流れと反対方向の起電力 (e.m.f.)．

逆格子 reciprocal lattice
結晶格子に付随する理論的な格子．実格子の単位格子の辺を a, b, c とすれば，次の a', b', c' が逆格子を定義する．

$$a' = \frac{b \times c}{a \cdot (b \times c)},$$
$$b' = \frac{c \times a}{b \cdot (c \times a)},$$
$$c' = \frac{a \times b}{c \cdot (a \times b)}$$

である．逆格子は，結晶学および固体理論において用いられる．［とくに，X線，電子線，中性子線などの回折条件を決定する上で不可欠である．］

逆速度電動機 inverse-speed motor
⇒直巻電気機械．

逆転温度 inversion temperature
(1) 熱電対の一方の接合が一定の低温に保たれるとき，回路全体の熱起電力を0にするために上げなければならない他方の接合の温度が，逆転温度として知られている．同じ熱電対では，2つの接合での温度の和は一定である．逆転温度をこえると，熱電対の熱起電力の向きは逆転する．
(2) ⇒ジュール-ケルビン効果．

逆二乗の法則 inverse-square law
ある効果の強さを原因からの距離の2乗の逆数と関係づける法則．万有引力（⇒重力）の法則は逆二乗の法則であり，静電荷とそれに働く力を関係づけるクーロンの法則も同様である．別の例は，点光源を仮定した場合に，光の方向に垂直に置いたスクリーンの照度が距離に伴って減少することである．

逆バイアス reverse bias
⇒逆方向．

逆方向 reverse direction, inverse direction
電気素子や電子素子で，抵抗がより大きい方向．逆方向にかけられた電圧を逆電圧 (reverse voltage) または逆バイアス (reverse bias)，逆方向に流れる電流を逆電流 (reverse current) という．

逆方向増幅度 inverse gain
バイポーラートランジスターを逆向きに接続した場合，すなわちエミッターをコレクターとして，コレクターをエミッターとしてつないだときの増幅度（利得）．エミッターはコレクターよりも高いドーピングレベルをもち，したがってコレクターよりもベースへの注入効率が高いので，通常の接続のときよりもたいてい小さい増幅度になる．

キャッチングダイオード catching diode, clamping diode
電気回路内の特定の点の電圧をある値より高くしないために用いられるダイオード．ダイオードではダイオード順電圧 V_d（通常0.7V）で電流が流れはじめる．したがって，これより先では順方向の電圧がこの値を越えることはない．

キャリヤー carrier
(1) 金属または半導体中を運動することのできる電子または正孔のこと．固体中で電荷の伝搬を担うのがキャリヤーであり，電気伝導に関与する．⇒多数キャリヤー，少数キャリヤー．
(2) 物理や化学で用いられる微量の**放射性同位体**を含む物質．放射性トレーサーの研究や放射性同位元素を含む化合物をつくるのに用いられる．
(3) 変調によって変形された波（搬送波 carrier wave）や信号．変調は，搬送周波数の上または

下の周波数帯（サイドバンド）内の周波数をもつ波の成分を作り出す．これらは，その周波数帯が搬送周波数の上側にあるか下側にあるかによって上サイドバンド（upper sideband），下サイドバンド（lower sideband）とよばれる．

キャリヤー蓄積 carrier storage
⇒蓄積時間．

キャリヤー濃度 carrier concentration
半導体の単位体積あたりのキャリヤー（電子または正孔）の数．

キャンベルのブリッジ Campbell's bridge
標準コンデンサーCとの比較により，相互インダクタンスを測定するブリッジ．通常の形が図に示されている．Iはマイクロフォン，オシロスコープといった表示装置を，LはAとBの間のコイルの自己インダクタンスを，Mはコイルの対の相互インダクタンスを示す．抵抗は次の条件でブリッジがつり合うように可変である．

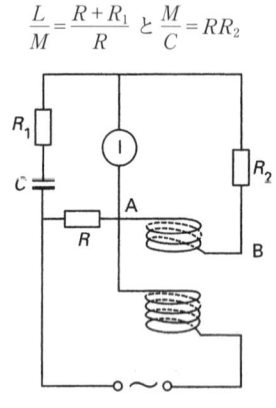

$$\frac{L}{M} = \frac{R+R_1}{R} \ \text{と} \ \frac{M}{C} = RR_2$$

キャンベルのブリッジ

QED
quantum electrodynamics（量子電気力学）の略記．

吸音率 sound absorption coefficient
⇒音の吸収係数．

球ギャップ sphere gap
球状電極をもっている火花ギャップ．球状ギャップは，超高電圧の高精度での測定に用いられる．

吸光度 absorbance
⇒内部透過密度．

吸収 absorption
気体や液体が他の物質，通常は固体に取り込まれること．吸収された物質は，固体の物質の中に浸透する．⇒吸着．

吸収（音の） absorption（of sound）
ある媒質から別の媒質へ音波の形でエネルギーが通過するとき，音の強さが減少すること．媒質の境界において音波の一部は反射され一部は2番目の媒質に入り込む．後者は音の吸収と考えられる．反射される量は音の吸収係数で与えられる．
音波のエネルギー（音の強さ）の減少は次の式

$$E = E_0 \exp(-\mu_\alpha x)$$

で与えられる．ここで，E_0 は入射エネルギー，E は距離 x だけ進んだ後のエネルギー，μ_α は線形吸収係数．

音波のエネルギーの吸収はおもに，音波により励起される粒子の相対運動の間に働く摩擦力（音波のエネルギーが物質の内部エネルギーに転化される）によって，また，圧縮されて高い温度にある気体から希薄で低い温度にある気体に熱が伝わることによって生じる．圧縮状態から希薄状態への熱の放散も低周波でのエネルギー損失を引き起こす．一般に，気体による音の吸収は基本的には粘性と，音波の振幅が大きくなるほど重要になる伝導と放射の効果によるものである．湿度すなわち水分子の含有も音の吸収に影響を与える．

吸収（放射の） absorption（of radiation）
電磁波や電離放射線の流れが媒質を通過することにより被る減少．放射のエネルギーが他の形態のエネルギーに転化すること．これらの過程は，媒質の種類や電磁波のエネルギーに依存する．吸収により媒質の内部エネルギーはさまざまなメカニズムで増加する．⇒光電効果，光電離，蛍光，コンプトン効果，対生成．

電磁波がある媒質から他の媒質に入るとき，反射，透過，吸収が起こる．その度合いは，媒質の反射率，透過率，吸収率で与えられる．媒質を横切る場合の流れの減少は，線形吸収係数（吸収のみの場合），または線形減衰係数（吸収と分散が起こる場合）で与えられる．

吸収因子 absorption factor
⇒吸収能．

吸収型湿度計 absorption hygrometer
⇒化学湿度計．

吸収係数　absorption coefficient, coefficient of absorption
(1) 電磁波の吸収係数．⇒線形吸収係数．
(2) ⇒音の吸収係数．

吸収スペクトル　absorption spectrum
連続スペクトルをもつ高温の光源からの光が物質を通過すると，そのスペクトルには暗い部分が現れる．これらは線状または帯状になることもあれば，もっと連続的な変化を示すこともある．一般に物質は充分高温のときに放射するのと同じ波長のところで光を吸収する．固体や液体の場合には，吸収スペクトルは幅が広くまたは連続的であるが，気体の場合には不連続的な線または帯状のスペクトルを示す．⇒スペクトル．

吸収線量　absorbed dose
⇒線量．

吸収帯（および吸収線）　absorption band (and line)
光源との間に介在する物質による吸収のため，スペクトルの中に現れる暗帯および暗線．⇒吸収スペクトル．

吸収端（吸収の不連続性，吸収限界）　absorption edge (discontinuity or limit)
それぞれの物質について，X線の線形吸収係数と波長の関係を示すグラフが突然不連続的に変化するところ（図参照）．波長のある臨界値に対して吸収が急激に減少する．これはX線量子のエネルギーが，原子のある量子準位から電子を放出させるのに必要な仕事関数より小さくなるところで起こる．すなわち，X線は，この状態の原子には吸収されないことになる．K吸収端より長い波長のX線は，吸収物質のK状態からの電子を放出させることはできない．

吸収能　absorptance
吸収因子（absorption factor）ともいう．記号：α．物体または物質が放射（光・電磁波など）を吸収する能力を示す量で，入射する放射束または光束に対して，吸収される放射束または光束の比で表される．真空中で物体の吸収能は，放射を受けているその物体の熱力学的温度と波長との関数である．放射の周波数を固定して考えたときの吸収能をスペクトル吸収能（spectral absorptance）という．⇒内部吸収率．

吸収率　absorptivity
(1) 物質が放射を吸収する能力をはかるものさし．放射が物質の中を単位長さ進んだとき，内部吸収率により減衰する量で表される．したがって，この量は物質の境界には影響されない．
(2) 吸収能（absorptance）の古い名称．

吸蔵　occlusion
固体による気体の吸収．

吸着　adsorption
浸透性のない物質表面で，他の物質の層が形成される現象．⇒吸収．

吸熱核反応過程　endoergic process
⇒吸熱過程．

吸熱過程　endothermic process, endoergic process
系が外部から熱を吸収するような過程．核反応過程がエネルギーの吸収を伴う場合（endoergic process）も含まれる．

球面-円柱面レンズ　spherocylindrical lens
⇒円柱面レンズ．

球面計　spherometer
レンズや鏡の表面の曲率を測定する装置．

球面収差　spherical aberration
大口径の面（通常，球面）における反射または屈折後の光線を追跡すると，焦点に正確に集まらない（図a, b）．外側域が近軸光線の焦点内に集まるとき，球面収差は正であるという（⇒火線）．点の像は円板状になる．球面にもっとも近いおよびもっとも遠い2つの焦点の間で，円板状の像がもっとも小さくなる．この点を最小錯乱円（circle of least confusion）とよぶ．縦球面収差（longitudinal spherical aberration）とは，レンズの特定の領域を通過した光線と中心部を通過した光線がつくる像の光軸上の位置のずれをいう．

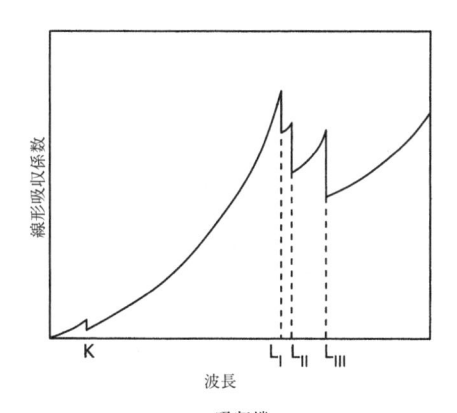

吸収端

球面収差の一次理論は，正弦展開の最初の2つの項に基づいている（⇒ザイデル収差）．実際上，球面収差を除去するには，天体のように遠方の物体を見る用途に対しては鏡面を放物面に，また有限の距離にある物体を見る用途に対しては，鏡面を楕円面に磨けばよい．球面収差を除去する別の方法としては，シュミット望遠鏡のようにシュミット補正板を使う方法もある．レンズにおいては，一般にレンズ面に対して光線の入射角が小さいほど，球面収差は小さくなる．そのためには，レンズの両面において光線の傾き（偏角）が同じになるようにすることである．たとえば，遠方の物体を見るための望遠鏡では，対物レンズを平凸レンズとし，物体に凸面を向かい合わせる．顕微鏡の対物レンズは多くのレンズからできているが，すべての屈折面で，光線の傾きが同じになるように設計されている．

球面収差という用語は，面の真球度に起因するすべての収差，すなわち，球面収差，コマ，光軸外非点収差，像面湾曲，歪曲（ザイデル収差）を包める意味で使われることもある．

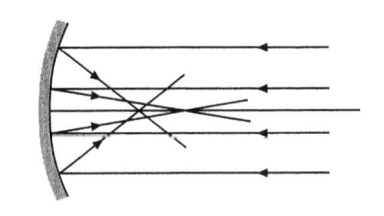

(a) 球面収差（鏡）

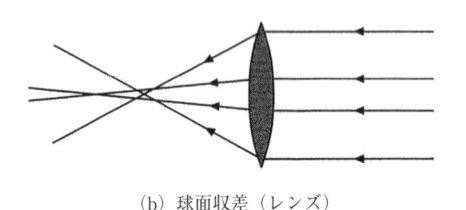

(b) 球面収差（レンズ）

球面調和振動 spherical harmonics

弾性体の球の表面に立つ定在波．球面調和振動は球状の物体の振動についてその基準モードを表すのに用いられる．個々の球面調和振動は他の球面定在波と区別できるように2つの指標をもっている．振動する球面には，節円（nordal circle）が現れ，そこでは面が静止している．この節円の数が調和振動の次数 n であり，基準モードを区別する指標の1つである．振動する球面の極を通る節円の数 m がもう1つの指標である．球面調和振動の一般的な特徴は，もしある節円が球の極を通らなければ，その節円は球の赤道に平行な面内にあるということである．したがって，すべての節円は球の緯線か経線になる．

球面調和振動は物理の多くの領域で重要な役を果たしている．量子力学では，球面調和振動は球対称な水素原子に束縛された電子の定在波を表す．これらの電子の定在波は原子軌道法や分子軌道法（⇒原子軌道）の基礎をなす．球面調和振動はまた，太陽表面や原子核のように広範な分野の系を解析するのに非常に重要である．（⇒液滴モデル）

球面レンズ spherical lens

片面あるいは両面が球面の一部であるレンズ．球面鏡（spherical mirror）の面が球面の一部であるのと同じである．このような面は楕円面や放物面などのような面に比べると機械的な製造が容易であり，非球面や変形した球面もしだいに使われるようになってきてはいるが，球面がもっとも普通に用いられている．レンズ設計上の問題のほとんどは，生じる収差をいかに修正するかということである．

QFD

quantum flavordynamics（量子香り力学）の略記．→電弱理論．

QCD

quantum chromodynamics（量子色力学）の略記．

キュー磁力計 Kew magnetometer

地球の磁場や磁気偏角を正確に測定するための磁力計の一種．鉄の管でできた磁針の一端には目盛がうってある物差しが，他端にはレンズが取り付けてある．同軸望遠鏡を用いて，その正確な位置を読み取ることができる．

Q値 Q-value

原子核のエネルギー変化，核反応熱，原子核反応で生成されるエネルギーの量．メガ電子ボルト（MeV）で表すことが多い．⇒核反応．

Q値（Q因子） Q-factor, quality factor

記号：Q．共振系（とくに共振回路）の動作特性を表す因子．共振周波数においてどの程度大きな出力が得られるかを示す．

抵抗 R，容量 C，インダクタンス L からなる共振回路では，
$$Q = 1/R\sqrt{L/C}$$
である．単純な直列共振回路の場合，ω_0 を共振

周波数の 2π 倍とすると，$\omega_0 L = 1/\omega_0 C$ である．したがって，

$$Q = \omega_0 L/R \text{ または } Q = 1/\omega_0 CR$$

である．Q は，実質的には，共振時における誘導的あるいは容量的な全リアクタンスの，全直列抵抗値に対する比である．単純な並列共振回路では，

$$\omega_0 = \sqrt{1/LC}\sqrt{1 - 1/Q^2}$$

である．Q が大きければ，これは直列共振回路のときと同じ値へ近づく．

共振回路の選択性は，$1/Q$ で与えられる．

単一の受動素子でも共振を起こすことがある（すなわち，コイルの自己インダクタンスやコンデンサーの自己容量が十分大きい場合）．このとき，Q はリアクタンスと実効的な直列抵抗の比であり，インダクタンスでは Q は $\omega_0 L/R$ に等しく，コンデンサーでは $1/\omega_0 CR$ である．

より一般的には，Q因子は，振動系の振幅の，時間の経過による減衰によって定義することができる．また，振動系を駆動している周波数に対する応答によって定義することもできる．減衰による定義では，Q因子は時定数 τ の間にある周期 T の数の π 倍となる．すなわち，

$$Q = \pi\tau/T$$

である．一方，駆動に対する応答による定義では，Q は最大の応答時における振幅 $X_{\max}$ と，低周波で駆動したときの振幅（周波数 0 の極限で駆動したときの応答）X_0 に関係している．または，最大応答の幅 Δf と最大応答の周波数 f_0 に関係している．すなわち，

$$Q = X_{\max}/X_0 = f_0/\Delta f$$

である．Q因子は重要な量で，多くの振動系の応答を記述するのに使用される．たとえば，上記の定義により，高いQ因子をもつ系は共振周波数では非常に大きな応答を示すが，共振の幅が比較的狭いため，共振周波数以外ではほとんど応答しないことがわかる．また，そのような系は1周期あたりのエネルギー損失が小さいため，何周期にもわたって減衰しないこともわかる．このような系の良い例が，音叉（おんさ）である．

キュリー curie

記号：Ci．放射性核種の放射能を表すのに用いられていた単位で，1秒あたり 3.7×10^{10} の崩壊に対応する．これはおよそ1gのラジウムの放射能に等しい．現在ではベクレルを用い，1 Ci $= 3.7 \times 10^{10}$ Bq である．

キュリー温度 Curie temperature

キュリー点（Curie point）ともいう．記号：θ_C または T_C．⇨キュリー-ワイスの法則．

キュリー定数 Curie constant

単位質量あたりの磁化率（⇨感受率）と熱力学的温度の積．多くの常磁性体についてほぼ一定の値をとる．⇨キュリーの法則．

キュリー点 Curie point

⇨キュリー温度．

キュリーの法則 Curie's law

常磁性体の透磁率（χ）は熱力学的温度（T）に反比例する．つまり $\chi = C/T$．定数 C はキュリー定数とよばれ，物質によって決まる．この法則は，個々の分子が独立の磁気双極子モーメントをもち，印加磁場はこれらの分子を整列させ，温度によるランダムな動きと拮抗すると仮定することによって説明された．

キュリー-ワイスの法則 Curie-Weiss law

キュリーの法則を修正したもので，多くの常磁性物質（⇨常磁性）が従う．

$$\chi = C/(T - \theta)$$

の形をしている．つまり，透磁率が，温度がある決まった温度 θ よりどれだけ高いかに反比例する．θ はワイス定数（Weiss constant）で，物質を特徴づける温度である．

強磁性固体（⇨強磁性）はある温度以上で常磁性に変化する．常磁性の領域ではキュリー-ワイスの法則に従う．境界の温度をキュリー温度（Curie temperature）という．この温度以下ではキュリー-ワイスの法則には従わない．ガドリニウムのようなある種の常磁性体では温度 θ_C より高い温度ではキュリー-ワイスの法則に従い，θ_C より低い温度では従わないが，強磁性体にもならない．キュリー-ワイスの法則の θ は磁気双極子間の相互作用を考慮することでキュリーの法則を修正したものと考えられる．反強磁性体では θ はネール温度（Néel temperature）に対応している．

鏡映核種 mirror nuclide

同じ数の核子をもつ2つの原子核で，一方の陽子数（中性子数）が他方の中性子数（陽子数）に等しいもの．そのような核種は一般に $^{m}_{n}X$ と $^{m}_{m-n}Y$ となり，電子捕獲か β 崩壊の起源核種と生成核種となる．とくに $^{2n+1}_{n}X$ と $^{2n+1}_{n+1}Y$ の組は，ウィグナー核種（Wigner nuclide）として知られる．

境界層 boundary layer

粘性が低い流体（空気，水など）が固体の境

界面に対して相対運動をするとき，境界に近い領域では摩擦力が大きく作用するのに対して，境界から遠い領域では慣性項に対して摩擦力が無視できる．

流体は2つの部分に分けられる．1つは固体の境界面に近い薄い層で，流体の粘性がもっとも重要である．この層は境界層とよばれる．もう1つは境界層の外側にある部分で，そこでは流体が不粘性と考えてかまわない．境界層の厚さは動粘性率をνとして$\sqrt{\nu}$に比例すること，固体境界上の圧力が境界層の存在によって変化しないことが示される．

凝固点 freezing point, melting point
一定の圧力（通常101 325 Pa）のもと，ある物質の固体と液体の相が平衡に共存する温度．

共軸光学系 centered optical system
共通の光軸上に中心をもついくつかの屈折または反射球面により構成される光学系．マクスウェルは，物体とその像の構成点，線，面間に完全な対応が存在する理想的な光学系を想定した．これは実際には，像を結ぶ光線が中心軸の近くを通るときにのみ実現される．

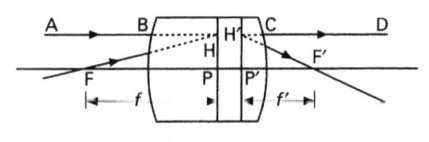

(a) 共軸光学系

図aのような（結像）系に軸に平行に入射する光線ABは，一般に光学系を通過後F′点で軸に交わる．この点を第二焦点（second focal point）とよぶ．また，F点で軸に交わった後光学系に入射し，通過後にABと同じ高さで軸に平行に進む光線をCDとする．このときF点を第一焦点（first focal point）とよぶ．これら2つの光線が交わる点として，物点Hとその像点H′が図に示すように決められる．軸に垂直な平面HPを第一主面（first principal plane），同じく軸に垂直な平面H′P′を第二主面（second principal plane）という．また，P，P′点をそれぞれ第一主点（first principal point），第二主点（second principal point）という．主面は互いに共役（conjugate）な関係（物体平面と像平面の関係）にあり，この場合HP＝H′P′とわかるように倍率は1である．

第一焦点距離（first focal length）fは，第一主点と第一焦点間の距離で定義される．同様に，第二主点と第二焦点間の距離f'を第二焦点距離（second focal length）という．物空間（光学系の左側））の媒質の屈折率をn，像空間（光学系の右側）の媒質の屈折率をn'とすると，$n/f = n'/f'$の関係が成立する．すなわち両側の媒質が同じ場合は，2つの焦点距離は等しくなる．

共軸光学系では，物体と第一主面の距離と像と第二主面からの距離の関係は，薄いレンズの公式を満たす．ここで，薄いレンズとは，2つの主面がレンズの面に一致するとみなせるものをいう．

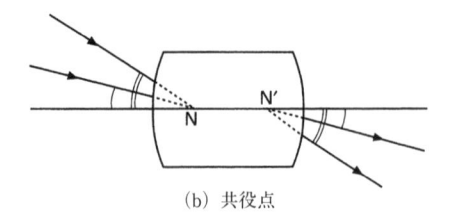

(b) 共役点

図bでは，軸上の点Nに向けて進む光線群は，光学系を通過後あたかも軸上の点N′からやってきたかのように進む．このとき，入射前と出射後で進行方向が変化していない．このような特性を満たす点N，N′をそれぞれ第一，第二節点（nodal point）という．これらは，角倍率1の共役点である．

第一焦点と第一節点間の距離は第二焦点距離に等しい．また，第二焦点と第二節点間の距離は第一焦点距離に等しくなる．物空間と像空間の媒質の屈折率が等しいとき，2つの焦点距離は等しくなる．したがって，このとき主点と節点は一致する．

これら3組の点，焦点，主点，節点は，光学系の主要点（cardinal point）とよばれており，これらの位置がわかりさえすれば，どんな物体の像であってもその位置，形，大きさを計算することができる．

強磁性 ferromagnetism
大きな正の磁化率（⇨感受率）をもつ，ある種の固体物質の性質．弱い磁場で磁化する．おもな強磁性元素は，鉄，コバルト，ニッケルであり，これらの金属による合金もある．

強磁性物質は磁気ヒステリシスをもつ．その**透磁率**は1に比べ非常に大きく，非常に小さな外部磁場で最大磁化に達する（磁化飽和）．キュリー温度で，強磁性から**常磁性**に変化する．そ

して磁化率はキュリー-ワイスの法則に従って変化する.

磁場が取り去られても，強磁性はある大きさの磁化を維持することができる．磁化の大部分を維持する物質を"ハード"，磁化を失う物質を"ソフト"と称する．ハードな強磁性体の代表例はコバルト鉄，およびニッケル，アルミニウム，コバルトの各種の合金である．ソフト磁性物質の例はシリコン鉄と軟鉄である．(→保磁力)

強磁性の特徴的様相は分域 (domain) の存在により説明できる．強磁性磁区は，10^{-12}から10^{-8} m^3の体積を占める結晶物質の領域であり，原子の磁気モーメントはすべて同一方向に配列している．磁区は磁気的に飽和しており，その方向の磁気軸とある大きさの磁気モーメントをもつ磁石として振る舞う．強磁性原子の磁気モーメントは，原子の内核の満たされていない電子のもつスピンを起源とする．磁区の形成は，強磁性原子を含む結晶格子内で有効な強力な原子間力 (交換力 exchange force) に依存している．

物体の磁化していない場所では，合成の結果として磁気モーメントが生じないのであり，磁区の磁気方向はあらゆる方向に乱雑に向いている．弱い磁場があると，磁区の方向は，近接部を犠牲にして，磁場と同一方向に向く．この過程で，近接する磁区の原子は，磁場方向に配向しようとするが，成長しつつある磁区の強い影響により，その軸は磁気軸に平行に向く．これらの磁区の成長により磁気モーメントが生じ，磁場方向に磁化を生じる．磁場強度が大きくなると，磁区の成長も続き，物体は磁気軸がほぼ磁場方向と一致する1つの磁区になって物体は強い磁区をもつようになる．さらに磁場が強くなると，最終的に磁場方向にすべて配向し，飽和する．この説明により，与える磁場強度に対する磁化の特性変化を説明できる．

強磁性物質の磁区の存在は，ビッター模様を用いたり，バルクハウゼン効果により示すことができる．

凝集 cohesion
各部分に分かれるように働く力に対抗して，全体を集めるような物質の性質，全体の各部分がその相対的な位置を変えないような傾向．→付着．

凝縮 condensation
蒸気あるいは気体が液体に変換される過程．潜熱の解放を伴う．

凝縮器（熱） condenser
連続的に熱を移動させる装置で，蒸留などで見られるように，冷たい水の流れが蒸気が液体になるときに放出する潜熱を受け取るような装置である．熱機関においては，これは作業物質貯熱タンクなどのシステムである．

凝縮ポンプ condensation pump
→真空ポンプ．

共晶 eutectic
2種類の物質の混合物で，冷却されたときに組成が変化せずに全体として固化する．共晶混合物が固化する温度を共晶点 (eutectic point) という．

共心 homocentric
1つの点へ集束する，もしくはそこから発散すること．

共振回路 resonant circuit
インダクタンスとコンデンサーを含む，共鳴を起こすことができるように素子を組んだ回路．共鳴が起こる周波数（共鳴周波数）(resonant frequency) は，各回路素子の特性値や回路の組み方による．

直列共振回路 (series resonant circuit) はインダクタンスとコンデンサーを直列につないだもの．共振は回路のインピーダンスが最小になったところで起こり，共振周波数では非常に大きな電流が流れる．その回路はその周波数を受理したという．個々の素子には高い電圧がかかるが，位相がそろっていないため，回路全体での電圧はそれよりも低い．

並列共振回路 (parallel resonant circuit) はインダクタンスとコンデンサーを並列につないだもの．共振は回路のインピーダンスが最大になる場合かその近傍で起こる．並列になっている各素子には非常に大きな電流が流れるが，位相が逆になっている．その結果，全体としては電流は最小になり，電圧は最大になる．このときその回路はその周波数を排除するという．したがって，並列共振回路は，反共鳴回路 (anti-resonant circuit) ともよばれる．→同調回路．

共心レンズ concentric lens
表面が同じ曲率中心をもつ凸凹レンズ．中心厚さは曲率半径の差に等しい．

強制振動 forced oscillation, forced vibration
振動可能なシステムが，外部駆動を受けて起こす運動．その結果生じる振動には2つの成分がある．1つは過渡的に存在する成分で，その

周波数は回路の固有周波数である．この成分は速く減衰する．もう1つは定常的な成分で，周波数は外部駆動力の周波数に等しい．

減衰の効果を考えないと，定常振動の振幅は駆動力の周波数が固有周波数と一致したときに最大となる．これが共鳴（resonance）条件であり，このとき「系は駆動力と共鳴している」という．共鳴において，強制振動は駆動力から90°位相が遅れる．→共鳴．

強制対流　forced convection
強い風による換気冷却．この方法による冷却には，ニュートンの冷却法則が成り立つ．

鏡像対称，左右対称　enantiomorphy
左手と右手の間に成り立つ対称性．より一般には，1つの平面に関する対象操作によってのみ重ね合わせられる2つの物体間に成り立つ関係．

鏡像ポテンシャル　image potential
電荷をもった粒子（電子またはイオン）が金属面からrの距離にあると，粒子は静電気力を受ける．その場合の相互作用は，粒子と，面の下rの距離の位置にできる粒子の鏡像との間の相互作用と等価である．粒子のポテンシャルエネルギーは，eを電荷，ε_0を自由空間の誘電率として$e^2/16\pi\varepsilon_0 r^2$である．

共通インピーダンス結合　common-impedance coupling
→結合．

協定世界時　universal coordinated time, Universal Time Coordinated（UTC）
→時間．

強度　intensity
通常一定の面積または体積あたりの，ある要素（たとえば音や光）の集中の度合い．（→音の強さ，光度，放射強度）用語の illuminance（照度）が intensity of illumination に代わりつつあり，magnetic intensity, electric intensity についても 磁場の強さ（magnetic field strength），電場の強さ（electric field strength）に代わった．

共鳴　resonance
(1) 振動する系が，系を揺さぶる駆動力に応答する際，系の振幅が最大になる状態．駆動力の振動数と，もとの系の非減衰時の固有振動数とが一致するときに，共鳴は実現される．（→強制振動）

(2) 発振する電気回路が，外部から入力される角振動数 ω の信号に応答する際，電気回路の発振の振幅が最大になる状態．インダクタンス L と，容量 C のコンデンサーを直列につないだ交流回路のインピーダンスは
$$Z = \sqrt{R^2 + [(\omega L) - (1/\omega C)]^2}$$
で与えられる．$\omega L = 1/\omega C$ の条件が成り立つ場合，インピーダンスは抵抗 R だけによって決まり，たとえ L や C の値が大きくても，抵抗 R が小さい場合には，交流回路には大きな電流が流れる．これが，共鳴の条件である．同じような共鳴は，コンデンサーとインダクタンスが並列のときにも得られる．（→共振回路，同調回路）

(2) →共鳴状態．

共鳴散乱　resonance scattering
→散乱．

共鳴周波数　resonant frequency
→共振回路，強制振動．

共鳴状態　resonance
強い相互作用によって 10^{-24} 秒程度で崩壊する非常に寿命の短い素粒子．したがってハドロンである．共鳴状態はより安定な素粒子の励起状態とみなすこともできる．2つの粒子を衝突させる際，それら粒子のエネルギーを徐々に増加させた場合，共鳴エネルギーに到達すると衝突に伴う粒子生成に急激な増加が観測されてピークとなり，粒子のエネルギーをさらに増加させると粒子生成は急激に減少する．このことは，生成する粒子の有効質量は，互いに衝突する2つの粒子の相対論的な質量の和に等しいということを示唆する．共鳴状態は直接観測することはできず，より安定なハドロンの質量の広がりとして現れる．100以上のバリオンや中間子に関して，共鳴状態が知られている．バリオンの共鳴状態は通常，より質量の小さい類似のバリオンを表す記号の後に，MeV を単位として用いて近似的に得られた共鳴質量を括弧で囲んで表記する．以下のような例がある．

N (1450), N (1520), N (1535),
Λ (1405), Σ (1385), Ξ (1530).

N は核子を表す記号である．中間子の共鳴状態はそれぞれ固有の記号で表されることが多いが，次の例ではやはり，質量が括弧の中に表記される．

ρ (775), ω (784), K (892),
η' (958), φ (1019), f (1260).

η' はスピン0のみである．f 中間子はスピンが1である．

共鳴断面積　resonance cross section
⇒断面積.

共役　conjugate
(1)（一般的に）互換的な関係があり，それぞれの物理量に関して交換可能な2つの点，線，量，物質.

(2)（光）共役焦点，共役面，共役点. 対象物とその像の交換的な関係. たとえば I が O の像であるとするとき，I を対象物に置き換えると O がその像となる. 光学系の2つの主点，2つの節点，2つの対称点はそれぞれ互いに共役であり，基本焦点は無限遠と共役である. 対象物とその像の点が一致するとき，その点（ミラーの曲率中心，ミラーや薄いレンズの中心）を自己共役（self-conjugate）という. ⇒ニュートンの結像公式.

共役インピーダンス　conjugate impedance
同じ抵抗成分と，同じ大きさで符号の異なるリアクタンス成分をもつインピーダンス. たとえば2つのインピーダンス
$$Z_1 = R + iX, Z_2 = R - iX$$
は共役インピーダンスである.

共役粒子　conjugate particle
⇒反粒子.

強誘電物質　ferroelectric material
一般にチタン酸バリウムなどのセラミックの誘導物質. ある温度範囲において，特定方向の交流電場において非常に大きな誘導率を有する. 誘導率には履歴現象があり，多くの場合はピエゾ電気効果を伴う. これらの特性は多くの点で強磁性に類似する.

行列　matrix
行列式に似ているが，ふつうの意味での数値をもっていない数学的な概念. これは掛け算，加算などと同じ規則に従う. m 行 n 列からなる mn 個の数の列を $m \times n$ 次の行列という. 行列の個々の数は要素とよばれる. このような行列は，一組のものとして扱われ，行列代数の規則に従って操作されることによって，連立方程式が現れるさまざまな場面で有用となる（たとえばあるデカルト座標系からこれに対して傾いた他の座標系への変換，量子力学，電子回路網など）. 行列は，量子力学を数学的に表現するのにもっとも重要な役割を果たしている.

行列力学　matrix mechanics
ボルン（Born）およびハイゼンベルグ（Heisenberg）によって発展させられた量子力学の数学的な形式の1つで，波動力学と同時に，しかし独立につくられた. これは波動力学と等価であるが，波動力学における波動関数は適当な空間（ヒルベルト空間）のベクトルに置き換えられ，物理的な観測可能な物理量，たとえばエネルギー，運動量，座標などは行列に置き換えられる.

この理論はある系の観測を行うと，その系そのものをある程度かき乱すという考え方を内包している. 大きな系においてはこのことはあまり重要ではなく，系は古典力学の法則に従う. しかし，原子のスケールにおいては，観測を行う順番にある程度に依存して観測結果が変わる. このため，もし p が運動量の観測を表し，q が座標のそれを表すとすると，$pq \neq qp$ となる. ここで p と q は物理量ではなく演算子である. 行列力学においては，これらは行列であり，次の関係式
$$pq - qp = ih/2\pi$$
に従う. ここで，h はプランク定数，$i = \sqrt{-1}$ である. これから系の量子化条件が導かれる. 行列要素は系の各状態間の遷移確率と関係づけられる. ⇒不確定性原理.

極　pole
(1) 電気機器や回路の極. 回路中の主要な電圧が加わっている個々の端子や導線. ⇒極数，四端子.

(2) 磁束が集束，あるいは発散する場所. 通常，磁気の不連続面の近くの，高い透磁率をもつ材質中に存在する. 磁石の N 極は，地球の北極（北磁極）の方向へ力を受ける.

(3) 凸面鏡や凹面鏡の中心点. 曲率中心と極を結ぶ点は鏡の主軸（principal axis）である.

極限強度　ultimate strength
物質が完全に破壊（すなわち，破砕もしくは粉砕）される限界の応力. もとの断面の単位面積あたりの力で表す.

極限摩擦力　limiting friction
⇒摩擦.

極座標　polar coordinates
⇒座標.

極数　number of pole
スイッチ，ブレーカーや同様の器具に関する語. その素子が同時に開いたり閉じたりする電気が伝わる経路の数. その素子が 1 極，2 極，3 極で電気回路を接続したり遮断したりすれば，それぞれシングルポール，ダブルポール，トリプルポールとよばれる. 2 極以上の場合をマルチポールという.

極性 polarity
(1)（一般）異なる点で反対の物理的特性をもつ，物体や系の条件．
(2)（磁気）北と南を指す磁石の極の区別．
(3)（電気）電気回路や素子の，正と負の変数（たとえば電圧，電荷，電流，キャリヤーの型など）の区別．

極性軸 polar axis
結晶の回転軸のうち，鏡映面に対して垂直でなく，対称中心を含まない軸．結晶のある特性は，この軸の両端で異なる特性になる．

曲線座標 curvilinear coordinates
⇒座標．

極線図 polar diagram
物理量を極座標で表した図表．物理量としては，たとえば送信アンテナによって平面内のあらゆる方向へ放射される電場の相対強度などである．極線図は，通常地表に対して水平方向と垂直方向の平面について描かれる．⇒ローブ．

極板 plate
コンデンサーや蓄電池の電極．

局部発振器 local oscillator
⇒スーパーヘテロダイン受信機．

曲率 curvature
球面レンズや球面鏡や波面など球面上に乗っているものがあるとき，その球の半径 r を曲率半径（radius of curvature）という．また，球面の中心を曲率中心（center of curvature）とよぶ．そして，曲率半径の逆数を曲率 R とよぶ．r をメートル単位で測るとき，R の単位はジオプトとなる．レンズや鏡に入射する平面波（曲率 0）は曲率が $1/f$ だけ大きくなる．ここで，f はレンズや鏡の焦点距離である．曲率はレンズや鏡の能力を表す．

曲率中心 center of curvature
⇒曲率．

曲率半径 radius of curvature
⇒曲率．

巨視的状態 macroscopic state
その構成成分の統計的な性質によって特徴づけられる物質の状態．分子運動論は巨視的な状態を解析する学問の1つである．⇒微視的状態．

巨星 giant star
太陽などの平均的な星に比べて大きさも明るさも大きな星．一般的な巨星の径は太陽の径の10倍程度であるが，超巨星となると500倍のものもある．巨星は高い密度のコア（芯）と希薄な大気をもつ．巨星は星の進化の後段にあたり，ヘルツシュプルング-ラッセルの図では主系列の上方に位置している．⇒赤色巨星．

虚像 virtual image
⇒像．

許容帯 allowed band
⇒エネルギーバンド．

距離 interval
四次元連続体における2つの事象の距離．

霧電離箱 cloud-ion chamber
電離箱（自由電子の収集を利用した）とウィルソン霧箱の機能を組み合わせた装置．

霧箱 cloud chamber
ウィルソン霧箱（Wilson cloud chamber）という．荷電粒子の軌跡を可視化する装置．箱を飽和蒸気で満たし，断熱膨張を利用して突然の冷却により過飽和状態をつくり出す．過飽和蒸気はイオンの通り道に沿って凝結し，粒子の跡を残し，写真撮影が可能となる．⇒拡散霧箱．

ギルバート gilbert
記号：Gb．起磁力または磁気ポテンシャルのCGS単位系の単位．磁気ポテンシャルが1Gbの点に1単位の正の磁極を運ぶ仕事は1エルグになる．1巻きの線輪に1Aの電流が流れているときにつくられる起磁力は $4\pi/10$ ギルバートである．

キルヒホッフの公式 Kirchhoff formula
蒸気圧の温度変化に対する公式は
$$\log p = A - B/T - C \log T$$
である．ここで，A, B, C は定数．この公式は，限られた温度範囲でのみ成立する．

キルヒホッフの放射法則 Kirchhoff's law (for radiation)
与えられた温度での与えられた方向における熱放射体表面の1点におけるスペクトル放射率は，その方向から入射する放射のスペクトル吸収能に等しいという法則．熱放射体（thermal radiator）とは，原子や分子の熱的な振動の結果として電磁波を放射する物体を意味する．上記の語の前についているスペクトル（spectral）という形容詞は，放射率や吸収能が単色の放射に対するものを想定していることを表す．

キルヒホッフの法則 Kirchhoff's law (for electric circuit)
(1) 回路網の1点に流れ込む電流の総和は，どの点においても0である．
(2) すべての閉回路において，回路網のそれぞれの部分における抵抗と電流の積の総和は，回路における起電力の和に等しい．

ギレミン効果　Guillemin effect
磁気ひずみの一種で曲がった強磁性体の棒が長さ方向にかけられた磁場によって真直ぐに伸びようとする効果.

ギレミンライン　Guillemin line
鋭い立ち上がりと立ち下がり時間をもったパルス，すなわちほぼ矩形波をつくる電子回路．

キロ-　kilo-
記号：k.
(1) 10^3，つまり1000を意味する接頭語．たとえば，1 km = 1000 m に等しい．
(2) 十進法よりもむしろ二進法が使われるコンピューターによる計算では 2^{10}，すなわち1024のことを意味する．たとえば，1 キロバイトは1024バイトに等しい．Kという記号は推奨されない．

記録温度計　thermograph
記録用温度計ともいう．→ブルドン管．

記録気圧計　barograph
記録を残す気圧計．ふつうの形は，ゆっくり動く円筒管の上に配置されたグラフ用紙に線を記録するペンをもったアネロイド気圧計からできている．

記録密度　packing density
(1) コンピューターの記録媒体のある大きさあたりに蓄えられる情報量．たとえば磁気テープの1インチあたりのビット数．
(2) 集積回路の単位面積あたりの素子または論理ゲート数．

キログラム　kilogram
記号：kg. 質量のSI単位で，フランスの国際度量衡局にある国際キログラム原器によって定義されている．原器は，直径と同じ高さの円柱状で，90％の白金と10％のイリジウムの合金でできている．
キログラムの10倍や1/10倍などはグラムにSI接頭語を付加することによって表現される．たとえば，マイクロキログラムよりはむしろミリグラム（mg）を用いる．1キログラムは2.204 62ポンドに等しい．

キロワット時　kilowatt-hour
記号：kW h．エネルギーの単位で，1時間の間1 kW（キロワット）の仕事率でなされた仕事と等価なエネルギー，1000 W h（ワット時）に等しい．電気的な仕事に対して使用される．

均一放射　homogeneous radiation
波長，あるいは量子エネルギーが特定の1つの値だけをもつ放射．

銀河　galaxy
星，ガス，塵が一緒に集まった大きな集合体で，それぞれの要素は重力相互作用で大きな組織になっている．宇宙の観測可能な物質の大部分が銀河中に存在している（→暗黒物質）．単独で存在している銀河は非常に少ない．ほとんどは銀河団として知られる集合体として存在し，なかには数千の銀河で団をつくっている場合もある．

銀河は楕円型，らせん型，不規則型の3つの種類に分けることができる．楕円型銀河（elliptical galaxy）は高密度で回転楕円体構造をしており，とくに内部構造はない．星は冷たくて古いものがほとんどで，星間ガスや塵はほとんどない．らせん型銀河（spiral galaxy）は，中心の高密度の核から吹き出すはっきり見える腕をもち，円盤状の構造をもつが，棒状になっていることもある．腕の中にはおもに明るく若い星や星間ガス塵などが存在し，中心核には古い星が存在する．不規則型銀河（irregular galaxy）は，識別できる形や構造をもたない大量のガスと塵を含む小さな組織である．大量の輻射の放出が観測されるなど激しい活性を示している場合が多い．

銀河（the Galaxy）という用語は，われわれの太陽が含まれるらせん型銀河を示すのに使われる．太陽は，ひとつのらせんの先端付近，銀河中心から10キロパーセクほど離れた場所にある．

銀河の形成の時期はビッグバンの数十万年後であり，原子ガスのわずかな密度ゆらぎによってできたと考えられている．銀河の形成，その後の発展について詳しいことはわかっていない．

近距離力　short-range force
→力．

近視　myopia（short sight）
→屈折．

近軸光線　paraxial ray
光学系の光軸の近くを通る光線．

均時差　equation of time
→時間．

均質固体　homogeneous solid
あらゆる場所で物理的化学的性質が同じ固体．アモルファスの場合も晶質の場合もある．

近日点　perihelion
太陽を回る軌道上で，もっとも太陽に近づく点．軌道を回る天体は，惑星，彗星，人工衛星などである．地球は1月3日に近日点にある．

太陽を回る軌道で太陽からもっとも遠い点は，遠日点（aphelion）とよばれる．地球は7月4日に遠日点にある．

均質炉 homogeneous reactor
燃料と減速材が中性子にとって均一な媒質をなす原子炉の一種．たとえば燃料がウラン塩のかたちで減速材に溶かして使われる．

禁制遷移 forbidden transition
ある選択則を破る2準位間の遷移．そのような遷移は必ずしも不可能なわけではないが，同じエネルギーの許容遷移に比べて起きる確率はずっと小さい．

禁制帯 forbidden band
⇒エネルギーバンド．

近赤外，近紫外 near infrared, near ultraviolet
電磁放射スペクトルの赤外あるいは紫外領域のうち可視領域に近い領域．可視領域から離れたX線やマイクロ波に近い領域はそれぞれ遠紫外（far ultraviolet）と遠赤外（far infrared）とよばれる．

これらの用語はむしろ漠然と使われ，波長の明瞭な範囲を与えることはできない．赤外領域の場合，近赤外は通常分子が放射を吸収して振動エネルギー準位間の遷移を起こす領域である．遠赤外は吸収が回転エネルギーの変化を起こす領域である．

近接効果 proximity effect
交流電流が流れている導線が互いに近くにあるときに生じる効果．ある導線の断面を横切って流れる電流の分布は，他の導線によってつくられる磁場の影響を受ける．電流分布の変化は，導線の実効抵抗を変化させる．この効果は，コイルを高い周波数（たとえばラジオ周波数）で使用する場合に，とくに重要である．

金属化 metallizing
絶縁体に金属や他の材料の薄い膜で覆って電気伝導を与えること．この技術は，固体エレクトロニクスにおいて広く用いられている．導電フィルムはエッチングされ，集積回路内部の配線パターンを形成する．また集積回路や個別電子部品のボンディングパッドの形成にも用いられる．

金属結晶 metallic crystal
正の金属イオンの規則的な配列が，自由電子の雲の雰囲気の中で保たれている結晶．

近地点 perigee
月や地球を回る人工衛星の軌道上で，地球にもっとも近づく点．地球を回る軌道上で地球にもっとも遠い点は遠地点（apogee）とよばれる．

近点 near point
眼を，もっとも強く調節したときに明瞭に見えるもっとも近い点．近点は年齢とともに後退する．近点は伝統的な明視の距離（25 cm）と混同してはならない．

金点 gold point
純粋な金の融点で，国際実用温度目盛の温度定点（1 064.18℃）として採用されている．［現在は1990年の国際温度目盛（ITS-90）による．］

ク

クインケ管 Quincke tube
⇒ハーシェル-クインケ管.

空間群 space group
空間点の周期的な配列に対して行われる操作（軸の周りの回転，平面についての鏡映，並進，またはこれらの組合せ）の集まりで，操作の結果，もとの配列と一致する.

空間格子 space lattice
⇒ブラベ格子.

空間周期 spatial period
規則的なパターンがくり返す距離．その逆数が，空間周波数（spatial frequency）である．このパターンは，たとえば，回折格子のような幅と間隔が等しい線の集まりであったり，あるいは，回折パターンであったりする.

空間周波数 spatial frequency
⇒空間周期.

空間電荷領域 space-charge region
ある装置で，正味の電荷密度が0から大きく離れた領域．たとえば，半導体または熱電子管においてバイアスが印加されないとき，平衡状態において空間電荷領域が存在し，ポテンシャル障壁が形成される．印加バイアスがこれらの障壁をこえると，電流が流れる.

空間反転対称性 space-reflection symmetry
⇒パリティ.

空間フィルタリング spatial filtering
光学的な像から特定の空間周波数をフィルターで除くことによって，像を改善する技術（⇒空間周期），たとえば，顕微鏡写真や惑星空間探査機から伝送された写真などが対象となる．像を修正して，関心のある情報を得やすいようにする．像の回折パターンから不要な成分を除くために，マスクが用いられる．一例として，（高域通過フィルターを用いて）空間周波数が低い成分を除くと，強度変化が急激な部分がより鮮明になる．ただし，強度が一様な領域やゆっくりしか変化しない領域は犠牲となる．別種のフィルターにより，コントラストを高めたり，合成画像から余分な線を消したり，また，網版からドットのパターンをなくしたりできる.

空間量子化 space quantization
⇒スピン.

空気 air
乾燥した空気の体積組成および定数は次の通りである.

窒素　78.08%
酸素　20.94%
アルゴン　0.9325%
二酸化炭素　0.03%
ネオン　0.0018%
ヘリウム　0.0005%
クリプトン　0.0001%
キセノン　0.000 009%
ラドン　6×10^{-18}%

定積比熱　718 J kg^{-1} K^{-1}
定圧比熱　1006 J kg^{-1} K^{-1}
比熱比　1.403
1気圧における沸点　$-193 \sim -185$℃

液体空気は高圧のもとで冷却してつくり（⇒気体の液化），うすい青色を呈する．これは液体酸素の色である.

偶奇核 even-odd nucleus
偶数の陽子と奇数の中性子からなる原子核．安定核の約5分の1は偶奇核である.

空気シャワー extensive air shower
オージェシャワー（Auger shower）ともいう．⇒宇宙線.

空気柱 column of air
空気柱の振動は，オルガンを含む一般の管楽器の楽音の元になっている.

空気を振動させるもっとも簡単な方法は，開いたあるいは閉じた端をもつ中空円筒管を用いたものである．理論を単純化するには，次のような仮定が必要である．(1) 管の運動が均一的であり，つまり媒質の粘性が無視できて，平面波だけを考えればよいこと．この条件を満たすには管の直径が十分に大きく，しかし管の長さおよび音の波長よりは小さくなければならない．管の壁は堅いと仮定される．(2) 渦あるいは回転運動が管の中で起きていない．(3) 振動が十分に速く，生じた変化は断熱過程と考えられる.

このような条件のもとで，何らかの方法で円筒空気柱を共振状態に導いたとき，進行波および後進波により定在波が立つ．開管（両端が開いた場合，図a）の場合は，それぞれの端に腹Aが現れる．振動の基本モードでは，管の中央で節Nが現れる．基本周波数は$c/2l$となる.

ここで c は管中の媒質中の音速，l は管の長さである．次に可能なモードでは，管中に2つの節が現れ，中央に腹が現れる．違うモードの周波数は $1:2:3:\cdots$ の比をとり，波長は完全な調和列をなす．

閉管の場合（一端が閉じてもう一端が開いた場合，図b），閉じた端に節ができ，開いた端に腹ができる．振動の基本モードでは，周波数が $c/4l$ である．次の振動モードでは，周波数が $3c/4l$ で，以下同様である．一般的に，周波数が $1:3:5:\cdots$ の比をとり，波長は奇数調和系をなす．⇒開口端補正．

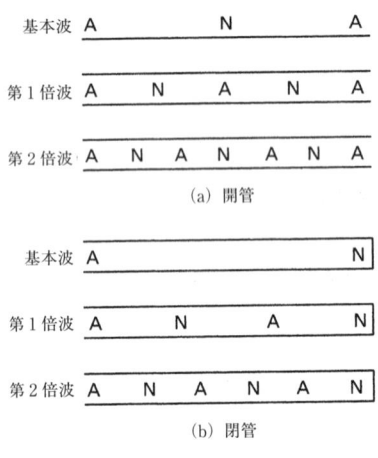

基本波	A			N			A
第1倍波	A	N	A	N	A		
第2倍波	A	N	A	N	A	N	A

(a) 開管

基本波	A						N
第1倍波	A	N	A				N
第2倍波	A	N	A	N	A		N

(b) 閉管

振動する空気柱

空気ポンプ air pump
閉じた容器から，空気または他の気体を抜き取るために使う排気ポンプ．その多くのものは，ピストンの原理を使っている．その他のもの，たとえばフィルターポンプは水銀や水のジェット流が空気などをとらえて排気するものである．ゲーデの分子ポンプ（Gaede molecular air pump）では溝をもった円筒が外壁とほとんど接している．固定されたくしの歯の構造が，この溝の中につき出している．くしの一端が気体の入り口で，他端が出口になる．円筒が高速で回転すると，固体表面に衝突した気体分子はこれに引きずられて出口に向かう．円筒の毎分の速さが毎分 8 000 回から 12 000 回程度で，0.001 mmHg 程度の真空を得ることができる．⇒真空ポンプ．

空気力学 aerodynamics
気体（主として空気）の運動や空気中での物体の運動・制御を研究する学問．

偶偶核 even-even nucleus
偶数の陽子と偶数の中性子からなる原子核．安定核種の半数以上は偶偶核である．

空格子点 vacancy
結晶格子の中で原子（イオン）に占有されていない点．正孔と混同しないこと．⇒欠陥．

空中電気 atmospheric electricity
通常の状態下および電気放電時（すなわち雷放電）での大気の一般的な電気特性．次のデータは海面またはその直ぐ上での大気の特性で，これらは平均的な快晴時の値である．

 電場の方向   下向き
 ポテンシャル勾配 130 V m^{-1}
 全導電率 3×10^{-4} S m^{-1}
 小イオン移動度 1.4×10^{-4} (m s^{-1})/(V m^{-1})
 電流密度 2×10^{-14} A m^{-2}

平均的な雷放電電圧は 4×10^9 V である．15 クーロンの電荷を供給し，エネルギーは 2×10^{10} J である．平均の上向き配流は 1 A 以下であるが，瞬間的には数十 kA にもなる．

空電 atmospherics
たとえば雷のような自然現象により起こる電磁放射．この語はまた，そのような放射がラジオ受信機に与える障害を表すのにも用いられる．

空洞吸収 cavity absorbent
音が通る細い管，空洞，または音の場に置かれた空洞共振器の形をした装置．共鳴共振器の場合には大きな振動は自然周波数で起こり，音のエネルギーは共振器の周囲の場より吸収される．ほとんどの吸収媒質は多孔質であり，そのために事実上多くの小さな空洞があることになる．

空洞共振器 cavity resonator, resonant cavity
外部から適当な励起があったとき，導体表面で囲まれた閉じた，または実質的に閉じた空間では振動電磁場が保持される．完全な装置，つまり空洞共振器では鋭い電気的共鳴効果が生じる．いくつかの共鳴周波数は空洞の大きさによって決まる．高周波回路においては，共振回路として空洞共振器が用いられる．

偶のパリティ even parity
⇒波動関数．

空乏層 depletion layer
半導体における空間電荷領域．荷電キャリヤ

ーが移動して不足となっているために，正味の電荷が生じる．たとえば，電場を印加していないp型と，n型の半導体の接合面に形成される．金属と半導体の接触面にも形成される．

偶力 couple

大きさが等しく平行で反対向きの2つの力，あるいはそれに等価な力．そのモーメントは力の大きさと力どうしの距離の積で，2つの力がなす平面に垂直な任意の軸の周りで一定である．これは軸性ベクトルである．

クェーサー quasar

準星（quasi-stellar object：QSO）ともいう．天体の一種で，われわれの銀河の外にあって，空間的に狭い領域から莫大な量のエネルギーを放出する．1963年に強力な電波源と対になった強い光の放出源として最初に発見された．しかし，実際には，たかだか1％程度のクェーサーのみが電波源であるにすぎない．放出されるエネルギーのかなりの部分はスペクトルの赤外部分にある．クェーサーはまた，強いX線源でもある．

クェーサーは，みな，大きな赤方偏移を示す．最初に求められた値は$z=0.158$であったが，近年，$z>4$といった異常に大きな赤方偏移を示すものも，いくつか見出されている．クェーサーの赤方偏移は，現在，宇宙の膨張から生じるドップラー効果に起因するものと，一般に解釈されている．こう考えると，クェーサーはきわめて遠方に位置することになる．もっとも大きな赤方偏移を示すものが，もっとも遠くの天体となり，したがって，宇宙において観測されるもっとも古い天体となる．われわれの銀河の近くには，ほとんどクェーサーはないが，その理由はわかっていない．

クェーサーのスペクトルでは，連続スペクトルに重なった明るい輝線スペクトルが際立っている．クェーサーの赤方偏移は，この輝線スペクトルから求められる．多くのクェーサーのスペクトルにはまた，吸収線も存在するが，これらは様々な大きさの赤方偏移を呈し，その最大値が輝線スペクトルのものと一致する．輝線スペクトルの赤方偏移に近いものは，おそらく，クェーサーに近い物質から生じていると思われる．

そのような遠方にあって，なおかつ見ることが可能であるためには，クェーサーは並はずれて明るくなければならない．多くは絶対等級にして−27という明るさである．それにもかかわらず，光を発生している領域はきわめて小さい．ある場合には1光日以下である．クェーサーは，現在，銀河の中心のエネルギーの高い部分であると考えられている．クェーサーの放出するエネルギーは，効率のきわめて高い過程でなければ発生しえない．現在，考えられるエネルギー源は，クェーサーの中心にある巨大な質量のブラックホールである．これに向かって物質が吸い込まれ，エネルギーの放出が起こる．

クエンチ quench

コンデンサー，抵抗，あるいはそれらを組み合わせたもの．誘導的な回路につながる接点に取り付けられ，電流を切るときのスパーク（火花）の発生を防ぐ．誘導コイルのスイッチによく用いられる．スパークキラーともいわれる．

クォーク quark

ハドロン，すなわち強い相互作用をする粒子の基本的な構成要素．クォークは自由粒子として観測されることはないが（⇒クォークの閉じ込め），その存在は高エネルギーの散乱実験や，観測されたハドロンのもつ対称性から実証されている．クォークは，基本的なフェルミオンとみなされ，スピンは1/2，バリオン数は1/3，ストレンジネスは0または−1，チャームは0または+1である．6つの香り（flavor）に分類される．これらは，電荷が陽子の2/3のアップ（u），チャーム（c），トップ（t），および−1/3のダウン（d），ストレンジ（s），ボトム（b）の6種である．各クォークともに，電荷，バリオン数，ストレンジネス，チャームの符号が反対の反クォークがある．1994年，アメリカのフェルミ研究所の陽子-反陽子衝突装置で，トップクォークの存在を示すと考えられる実験結果が得られた．それによると，質量は約174 GeV/c^2となっており，これは金の原子核にも匹敵する重さである．

クォークのもつ分数電荷は，ハドロンでは決して観測されない．これは，クォークが電荷の和が0または整数であるような組合せをつくっているためである．ハドロンにはバリオン（重粒子）と中間子とがある．本来，バリオンは3つのクォークからできており，一方，中間子はクォークと反クォークのペアからなっている．これら構成粒子は，ハドロンの中でグルーオン（gluon）とよばれる粒子の交換によって結びつけられている．グルーオンは中性で，質量のないゲージボソンである．⇒量子色力学．

チャームとストレンジネスがともに0である

クォークと反クォークはu, d, $\bar{u}$, $\bar{d}$, の4つである．これらの組合せは次のようになる．
陽子（uud），反陽子（$\overline{uud}$）
中性子（udd），反中性子（$\overline{udd}$）
π中間子：π^+($u\bar{d}$), π^-($\bar{u}d$), π^0($d\bar{d}$, $u\bar{u}$)
これらの電荷とスピンは，構成要素のクォークと反クォークの電荷，スピンの和となる．
ストレンジネスをもつバリオン（たとえばΛやΣ粒子）では，1つ以上のクォークがsクォークである．同じく，中間子（たとえばK中間子）ではクォークまたは反クォークがストレンジネスをもつ．同様に，1つ以上のcクォークがあるとチャームをもつバリオンとなり，1個のcまたは$\bar{c}$によりチャームをもつ中間子ができる．

クォークをさらに細かく分けて，それぞれの香りが3つの色（赤，緑，青）からなるとすると都合がよい．ここで，色は単に便宜的なラベルであって，普通の意味の色とは無関係である．1個のバリオンは赤，緑，青のクォーク各1個ずつからできており，1個の中間子は赤と反赤，緑と反緑，青と反青のいずれかのクォークと反クォークからできている．光の三原色の組合せの類推で，ハドロンには正味の色はなく，「無色」または「白色」である．色のないものだけが自由粒子として存在できる．6つのクォークの香りの特徴が表にまとめてある．

クォークの閉じ込め quark confinement
クォークは，自由な状態では存在しえないという理論で，孤立したクォークが発見されることはないという実験的裏付けがある．この現象について，ゲージ理論の一種であって，クォークを記述する量子色力学で与えられる説明は，クォーク間の相互作用は距離が近づくほど弱くなり，距離0では0になる．というものである．逆にいうと，クォーク間の引力は距離が離れるほど強くなる．この過程には限界はないため，2つのクォークは互いから離れることはない．

ある理論では，初期の宇宙のように非常に高温になると，2つのクォークは離れうる．これが起こる温度を解放温度（deconfinement temperature）という．

クォーコニウム quarkonium
クォークと反クォークからなる香りのない中間子．

クォーツ時計 quartz-crystal clock
⇒時計．

矩形波 square wave
時分割比が1であるような方形波パルス列．

くさび wedge
写真板やゼラチンのような細長い材料帯で，長手方向に透過率が徐々に変化する．透過率の変化は連続的または段階的で，色は中間色または単色である．

屈折 refraction
(1) 光の屈折．光線が別の透明媒質の中に入っていくときに，その方向が変わる現象．屈折の法則（law of refraction）は次のようなものである．
①入射光線，境界面の法線，屈折光線はいずれも同じ面内にある．
②スネルの法則
$$\sin i/\sin i' = n$$
が成り立つ．n は屈折率．
波動の理論によれば，波面の方向が変わるの

クォークの6つの香りの特徴

香り	質量 (GeV/c^2)	電荷 Q	アイソスピン I_3	ストレンジネス S	チャーム C	ボトムネス B	トップネス T
d	≈0.3	$-\frac{1}{3}$	$-\frac{1}{2}$	0	0	0	0
u	≈0.3	$+\frac{2}{3}$	$+\frac{1}{2}$	0	0	0	0
s	≈0.5	$-\frac{1}{3}$	0	-1	0	0	0
c	≈1.5	$+\frac{2}{3}$	0	0	$+1$	0	0
b	≈5.0	$-\frac{1}{3}$	0	0	0	-1	0
t	>90	$+\frac{2}{3}$	0	0	0	0	$+1$

は，波の速度が変化するためである．プリズムやレンズの働きは，屈折の法則を繰り返し適用して説明される．→分散．

目の屈折の欠陥のうち，近視（myopia）では，光は網膜の前で焦点を結び，遠視（hypermetropia）では光は網膜の後方で焦点を結ぶ．近視は適切な凹面レンズで，遠視は凸レンズを使って矯正される．

（2）〔音波の屈折〕速度が変化する境界，あるいは，点に達したときに起こる音波の向きの変化．

2つの異なる媒質における音速を c_1, c_2 とし，平面波の入射角，屈折角をそれぞれ θ_1, θ_2 とする．各媒質での音速が波面の方向によらないことから，屈折の幾何学則が直ちに導かれる．したがって，

$$c_1/c_2 = \sin\theta_1/\sin\theta_2$$

となる．すなわち，波面が1つの媒質から他へ進むとき，第1の媒質での音速が第2のものと比べて速いか，遅いかによって，境界面の法線に近づくか，または遠ざかるように向きを変える．$\theta_2 = 90°$ となる臨界角は，

$$\sin\theta_1 = c_1/c_2$$

で与えられる．音速が遅い媒質から速い媒質へ音が向かうとき，全反射が起こる可能性がある．

音波の屈折が起こるには，媒質は必ずしも完全に違ったものでなくともよく，同じ媒質の性質が（たとえば風や温度勾配で）徐々に変化してもよい．大気中でのこうした風ないし温度による屈折は，光学の場合における蜃気楼と類似しており，大気中で音波が伝わる範囲について大きな影響を与える．

（3）電気力線の屈折．電気力線は，1つの誘電体媒質から他へある角度をなして通過するときに屈折する．入射角，屈折角の正接は，相対誘電率の比に等しい．

屈折角 refracting angle
プリズムの2枚の屈折面が主断面においてなす角．この断面は，屈折稜（refracting edge），すなわち2枚の屈折面の交線としてのエッジに垂直である．この〔角を含む〕領域は，プリズムの頂角（apex）とよばれる．

屈折計 refractometer
屈折率を直接間接に測る装置．

屈折光学系 dioptric system
おもな光学構成部品がレンズのような屈折性のものであるような光学系．→反射光学系．

屈折望遠鏡 refracting telescope, refractor
基本的には，2枚のレンズ系からなる光学望遠鏡である．**対物レンズ**は，長い焦点距離 f_1 をもった凸レンズ，接眼レンズは，短い焦点距離 f_2 のレンズである．

ケプラー型望遠鏡（Kepler telescope）では，図 a のように接眼レンズは凸で，普通の調整時には2枚のレンズは焦点距離の和に相当する距離だけ離れており，無限大の位置に倒立の実像をつくる．望遠鏡は天文学的用途や物理的測定をするために適している．像の倍率は2枚のレンズの焦点距離の比（f_1/f_2）で与えられる．これは，図の角度の比 ω/ω_0 に等しい．

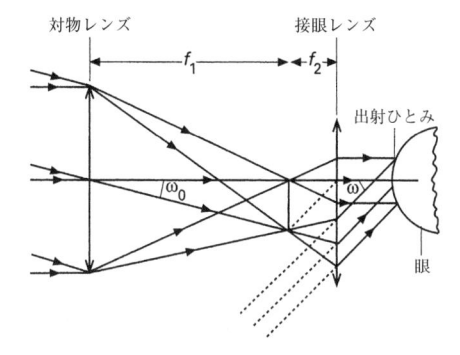

(a) ケプラー型望遠鏡

通常，ホイヘンス，ラムスデン，ケルナーの**接眼レンズ**が使われる．フラウンホーファー接眼レンズ内の付加的なレンズを用いた正立系は地上で使う目的に適している．

ガリレイ型望遠鏡（Galilean telescope，図 b）は焦点距離の差（$f_1 - f_2$）だけ離して置いた対物凸レンズと接眼凹レンズとからできている．しかし，出射孔は虚であり，望遠鏡の内部にある．眼をこの場所にもっていくことができないので，最良の場所は接眼レンズにできるだけ近い所となり，視野が制限される．瞳孔が出射ひとみとして働く．視野が暗いときには瞳孔が開き，したがって出射ひとみが大きくなるので，夜間にはこの望遠鏡はケプラー望遠鏡よりも効率がよい．倍率は焦点距離の比（f_1/f_2）で，ふつう6をこえることはない．

像の明るさは，対物レンズによってどの程度の光が集められるか，すなわちその大きさがどのくらいによって決まる．暗い物体の観測は，直径の大きな対物レンズを用い，実像を写真乾

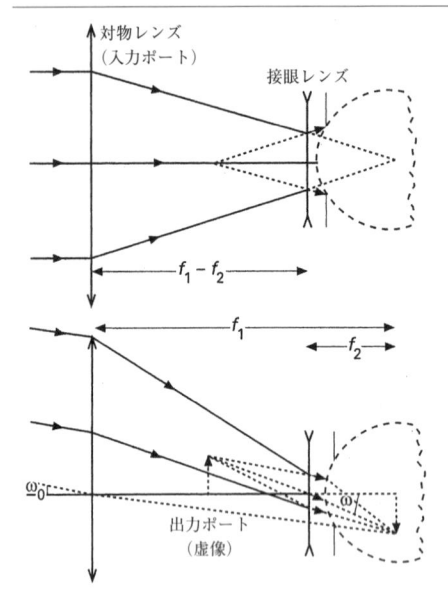

(b) ガリレイ型望遠鏡

板の上につくって長時間露光することで，大幅に改善される．大きな径の対物レンズは研磨，装着ともに難しい．さらに，色収差，球面収差，コマ収差などを最小限に抑えねばならない．これらの問題のほとんどは，**反射望遠鏡**を用いることで解決される．⇒望遠鏡．

屈折率 refractive index, index of refraction
記号：n．入射角の正弦の，屈折角の正弦に対する比．もし第一の媒質が真空であれば，これを絶対屈折率（absolute refractive index）という．したがって，絶対屈折率は真空中での光速の，媒質中の光の位相速度に対する比 $n=c_0/c$ である．2つの媒質に対する比の値を，相対屈折率（relative refractive index）という．媒質1の2に対する相対屈折率を n_{12}，2の3に対する相対屈折率を n_{23}，などとすれば，
$$n_{12}n_{21}=1 \text{ すなわち } n_{21}=1/n_{12}$$
$$n_{12}n_{23}n_{31}=1 \text{ すなわち } n_{23}=n_{13}/n_{12}$$
である．一般に，
$$n_{12}n_{23}n_{34}\cdots n_{k1}=1$$
となる．

相対屈折率は，2つの媒質中の位相速度の比である．つまり，c を位相速度として $n_{12}=c_1/c_2$．ふつう屈折率というときは，ナトリウムの橙色の光（$\lambda=589.3$ nm）での空気に対する値をいう．この波長での空気の絶対屈折率は1.00029である．光の分散は，色によって，すなわち波長によって屈折率が異なることにより生じる．

屈折率はプリズムの形をした固体の最小偏角を見つけることで測定できる．（中空のガラスプリズムは液体に使うことができる．）あるいは，2つの媒質間の境界面で**臨界角**を見つけることもできる．

干渉法も使うことができる．真空中での波長が λ_0 である光が，屈折率 n の物質中に入ると，波長は $\lambda=\lambda_0/n$ となる．この媒質の長さ l の部分をとると，その中にある波の数は $l/\lambda=ln/\lambda_0$ となる．与えられた光源からの光を，長さの等しい2つの光路に分け，一方を真空中に，他方を与えられた媒質中に通す．実効的な光路差は $(n-1)l/\lambda_0$ となり，2本の光線をふたたび重ね合わせると干渉が起こる．ジャマン屈折計（Jamin refractometer）では，厚板ガラスの斜めのブロックの表裏の面からの反射を用いて光を分け，2本の管の中に通す．1本を真空として，もう1本をゆっくりと気体で満たしていき，接眼レンズを通りすぎていく干渉縞を数える．

レイリー屈折計（Rayleigh refractometer）は，コリメーターレンズの面に2本の平行スリットを置き，気体の容器中を通る2本の光線をつくる．生じる干渉縞を，固定した干渉縞と比較する．その際，傾けたガラスの補償素子で実効的光路差を補償して，2つの無色の干渉縞の組が一致するようにする．

屈折量 refractivity
光学で用いられる量で，$n-1$（n は屈折率）のこと．

屈折稜 refracting edge
⇒屈折角．

屈折力 power
レンズあるいはミラーの屈折力は，メートルを単位として表された焦点距離の逆数で与えられる．一般に，集束するならば正の値をもつ．レンズに対しては，ディオプトリー（dioptric power）とほとんど共通に用いられる．ミラーに対しては，反射光学力（catoptric power）という語が使われることがある．⇒拡大能，分散．

クッタ－ジョコースキの定理 Kutta-Joukowski theorem
翼が速度 v（m/s 単位），流体密度 ρ（kg/m^3 単位），循環 Γ（m^2/s 単位）の条件で流体中を動くときに得る翼の単位長さあたりの揚力 L

(N/m 単位) に関する空気力学の基本定理で $L=\rho v \Gamma$ で表される（Γ は翼を囲む経路に沿った，流体の速度の循環積分である）．

グッデン-ポール効果 Gudden-Pohl effect
紫外線を照射されて準安定状態に励起された燐から放射されるエレクトロルミネッセンスの一形態．

クーデ式 coudé system
⇒望遠鏡．

グーテンベルグの裂け目 Gutenberg discontinuity
地球のマントルとその外側の密度の高いコアとの裂け目で，地下 2900 km の付近に存在する．この存在は地質学者ベノ・グーテンベルグ（Beno Gutenberg）が 1913 年に示唆したもので，後年になって地下核爆発の実験で確認された．

駆動点インピーダンス driving point impedance
電気回路網の 2 端子に印加される正弦波電圧の実効値（rms）の，その電圧によって端子間に流れる電流の実効値に対する比．

クヌーセンゲージ Knudsen gauge
非常に低い圧力の絶対測定を行うための装置で，このとき気体の平均自由行程は装置の大きさに比べて非常に大きいという条件が必要である．2 枚の板，B_1，B_2 が真空の容器中で温度 T_2 に保たれ，垂直な石英の吊り具の周りを自由に回転できる．固定された板，A_1，A_2 は電気的に温度 T_1 まで加熱されている．A の側から B に衝突する気体分子は，B のもう一方の面に衝突する分子よりも大きな運動量をもっている．その結果，羽根板 B_1，B_2 は図に示された方向に単位面積当たり F の力を受ける．F は糸のねじれ係数や吊り下げられた系の振れから計算することができる．ねじれの力やの圧力は以下の式で関係づけられる．

$$F = p\sqrt{(T_1/T_2) - 1}.$$

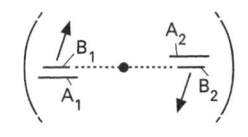

クヌーセンゲージ

クヌーセン流 Knudsen flow
⇒分子流．

グノモン投影 gnomonic projection
結晶投影法の 1 つ．結晶中の 1 点（投影中心）から結晶面（あるいは結晶の面集合）に対して法線を引く．この線群と任意の面との交点の群はその面上に特有のパターンをつくる．これを結晶のその平面へのグノモン投影という．

クーパー対 Cooper pair
⇒超伝導．

クライオスタット（低温槽） cryostat
一定の低温を保持するための容器．低温用の恒温槽．

クライオトロン cryotron
極低温で動作する一種のスイッチで，**超伝導**を利用している．一例として，液体ヘリウム中で導線の周囲にコイルを巻いたものを考える．導線とコイルはともに超伝導状態にあって，わずかな電圧により導線に電流が流れる．コイルに電流を流すと周りに生じる磁場が導線の超伝導の性質を変え，電流を切るスイッチとなる．つまり導線を電流が流れるかどうかは，コイルの電流の有無によって決まる．クライオトロンは小型で，わずかな電流で動作する．

クライストロン klystron
電子ビームを速度変調した電子管で，通常マイクロ波の発生や増幅に使用される．基本的な型のクライストロンをもとに数種類の変形がある．

単純な二空洞クライストロンでは（図参照），電子銃からの高エネルギーの電子ビームが高周波で励起された空洞共振器を通過する．高周波と電子ビームの相互作用により，ビームが速度変調される．空洞を通り抜けたのち，ビーム中の電子密度に粗密が形成され，ビームの電流密度が励起した高周波とまったく同じ周波数で変化する．

その後，変調されたビームは 2 番目の空洞共振器を通過し，そこでは，電流密度の変化が電位の波を作り出す．この波の周波数は，励起し

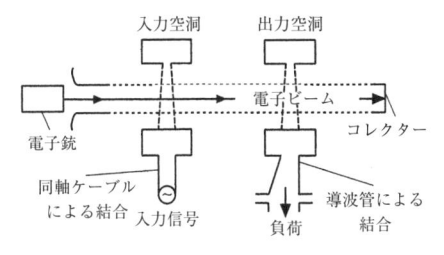

二空洞クライストロン

た高周波の周波数とちょうど同じか，その高調波の周波数と同じである．出力空洞のところで，もともとのビームのエネルギーが高周波エネルギーに変換されることにより，電圧増幅が行われる．その際，電力はビームから供給される．
もし，正のフィードバックが入力空洞に行われれば，この装置は発振する．反射型クライストロン (reflex klystron) は，空洞を1つだけ利用する．電子ビームは，速度変調が行われたのち反射される．反射型クライストロンは，低パワーの発振器としてもっとも広く用いられている．多空洞クライストロン (multicavity klystron) は1つのビームに対し2個以上の空洞を用い，より大きな利得が得られる．これらは，非常に高出力のパルスや適当な強度の連続波が必要な場合に使用される．

クライン-ゴルドン方程式　　Klein-Gordon equation
パイオン (⇒中間子) のようなスピンが0のボソンに適用可能な，波動力学の相対論的方程式．⇒ラグランジュ関数．

クラウジウス-クラペイロンの式　Clausius-Clapeyron equation
圧力をp，温度をTとすると，方程式は
$$\frac{dp}{dT}=\frac{L}{T(v_2-v_1)}$$
である．ここで，v_1とv_2は2つの違う物理状態における物質の体積，Lは相変化の際の潜熱である．この式は，沸点と凝固点の圧力に対する変化を与えている．⇒三重点．

クラウジウスの式　Clausius's equation
方程式は
$$c_2-c_1=T\frac{d}{dT}\left(\frac{L}{T}\right)$$
である．ここで，c_1とc_2はそれぞれ液体と蒸気の比熱で，Lは温度Tにおける気化の際の潜熱である．比熱は2つの相が平衡状態にある条件で定義され，液体の値は定圧で測定されたものとほぼ同じであるが，蒸気を含む気体の方は大きくはずれ，物質によってはマイナスの値になることもある．

クラウジウスのビリアル法則　Clausius's virial law
⇒ビリアル定理．

クラーク電池　Clark cell
電圧の標準として以前に採用されていたボルタ電池．ゼリー状の硫酸水銀で囲まれた水銀電極と硫酸亜鉛の飽和溶液中にある純亜鉛の負の棒状電極で構成される．その電圧は15℃において1.4345Vとして定義されていた．後にクラーク電池はウェストン標準電池によって置き換えられた．〔訳注：現在では，ジョセフソン効果を用いて標準電圧を与えている．〕

クラジウスの塔　Clusius column
熱拡散を利用して2つの同位体を分離する装置．長い垂直の柱で，軸に沿ったワイヤーが電気的に熱せられ，動径方向に温度勾配がつくられる．軽い同位体はワイヤーの周りに集中しやすく，重い同位体は柱の冷たい壁に集まりやすい．対流により軽い同位体が管の上部に運ばれる．

グラショー-ワインバーグ-サラム理論　Glashow-Weinberg-Salam theory
⇒電弱理論．

グラスホフ数　Grashof number
記号：Gr．流体中に置かれた高温の物体の周囲にできる対流を次元解析する際に現れる無次元のパラメーターで
$$l^3g\gamma\rho^2\theta/\eta^2$$
で表される．ここで，lは物体の大きさ，gは重力加速度，γは流体の体膨張率，ρは流体の密度，ηは流体の粘性率，θは物体と流体の温度差である．⇒対流 (熱の)．

グラソット磁束計　Grassot fluxmeter
⇒磁束計．

クラッディング　cladding
(1) 金属の腐食を防ぐために行う，ある金属に別の金属を接合する工程．これは原子炉において，冷却材による核燃料要素の腐食および核分裂生成物の漏れを防ぐために使われている．
(2) ⇒光ファイバーシステム．

グラッドストン-デールの法則　Gladstone-Dale law
圧縮や温度上昇で物質の密度ρが変化するとき，それに応じた屈折率nの変化は，kを定数として$(n-1)/\rho=k$で与えられる．

グラティキュール　graticule
顕微鏡や望遠鏡の接眼レンズの焦点，したがって見ている物体の結像点に置かれた網目状の細線．像視野での位置の枠組みをつくり，さまざまな測定に用いられる．グラティキュールは細いワイヤーでつくられたグリッドや図形，レチクル (reticle) とよばれる糸，あるいは透明なガラス板に刻まれた線などからできている．

クラドニの板　Chladni plate
固体中の振動を調べるために用いられる平板．

1点(節)で留められた板を，他の1点で曲げることで，振動させる．この板の上に細かい砂を撒くと節線に沿って砂が集まる．さまざまな点で曲げたり留めたりして非常に多くのパターン(クラドニの図 Chladni figure)が得られる．

グラビティ gravity
(1) 重力(gravitation)と同義．
(2) 惑星の表面またはその近辺で物体に働く重力に起因する見かけ上の力．この力と惑星の回転による遠心力とを合成すれば真の重力が得られる．⇒自由落下，重さ．

グラフィックイコライザー graphic equalizer
ラジオやテープレコーダーの中で使われる電子素子で，音質すなわち可聴周波数増幅器の相対的な周波数感度を調整する．増幅器の周波数帯域をいくつかのバンドに分ける．それぞれのバンドの信号出力をスライド接点により調節する．したがって接点の位置がそのバンドの周波数応答を指示する．

グラフィックス graphics, computer graphics
コンピューター処理あるいはコンピューター出力の1つの形態で，出力の大部分は図形的に表示される．すなわち情報は，グラフ，図面，建築図面，地図，模型図などで示される．1色または多色で，また図中にラベル付けもできる．出力は通常ディスプレイ装置(VDU)のスクリーン上に表示されるが，プロッターを使ってプリントすることもできる．情報はライトペンやマウスを使ってコンピューターに取り込まれ，コンピューターはたとえば適当に線を伸ばすとか，特定の領域を移動させたり，取り除いたり，拡張したり，縮小したりなど演算操作を行う．3次元に見える映像，しかもいろいろな角度からみた映像もつくることができる．

グラム gram
質量の単位でキログラムの1000分の1．

グラム原子または分子 gram-atom or molecule
モルの古い名称．

グラム巻き Gramme winding
⇒環状巻線．

クランピングダイオード clamping diode
⇒キャッチングダイオード．

グラン-フーコー偏光子 Glan-Foucault polarizer
⇒ニコルプリズム．

グリーススポット光度計 grease-spot photometer
光度計の頭部の1つのデザインで，白い不透明な紙とその中央部の半透明なスポットでできている(⇒測光)．光はこの頭部の両面を照らす．照度は光源からの距離の2乗に反比例する．光学ベンチ上で頭部をはさんで一方の側に適当な補助光源を固定する．比較する2つの光源の光度を C_1，C_2 とする．ベンチ上，補助光源の反対側でそれぞれの光源を順番に動かして，スポットの消える位置をそれぞれ d_1，d_2 とすると
$$C_1/C_2 = (d_1/d_2)^2$$
の関係がある．別法：2つの光源 C_1，C_2 を光度計頭部の反対側に置く．頭部の一方の面でスポットが消えるときの両光源の位置を d_1，d_2，反対の面でスポットが消えるときの両光源の位置を d'_1，d'_2 とすると
$$C_1/C_2 = d_1 d'_1 / d_2 d'_2$$
の関係がある．

クリスタル crystal
⇒結晶．

クリスタルマイクロフォン crystal microphone
圧電マイクロフォンともいう．音圧によって生じた機械的ひずみを圧電効果により電気信号に変換する装置．圧電結晶は圧力が加わったとき表面に電荷が現れるようにカットされる．こうして結晶表面の音波による圧力変化が結晶の起電力に変換される．

クーリッジ管 Coolidge tube
初期のころの X 線管の一種．

グリッド grid
(1) ⇒熱電子管．
(2) 多くの大規模発電所を結ぶ高圧の送電線．通常は 275 kV，ときには 400 kV の電圧が使われるが，国によっては 735 kV を使っている．

グリッドバイアス grid bias
熱電子管の特性曲線の都合のよい動作点を選んだり，カットオフの位置を変えたりするために，陰極と制御グリッドのあいだに加える電圧．

グリニッジ標準時 Greenwich mean time (GMT)
⇒時間．

クリノメーター inclinometer
磁場の伏角を測る計器．⇒伏角円盤．

クリープ creep
結晶または他の試料が持続的な圧力を受けてゆっくり起こす永久的変形．

グリューナイゼンの法則　Grüneizen's law
固体の状態方程式から導かれる法則で，金属の線膨張係数と比熱の比が，測定する温度に無関係に一定になる．

グリーンの定理　Green's theorem
ベクトルの形で書かれたガウスの定理．

グリンレンズ　GRIN lens
⇨分布屈折率レンズ．

グルーオン　gluon
記号：g．クォーク（および反クォーク）間の強い相互作用を媒介する素粒子．したがってこれはゲージボソンである．⇨量子色力学．

クルックス暗部　Crookes dark space
⇨気体放電管．

クルックス放射計　Crookes radiometer
熱放射を検知する装置．片面を黒く塗ってある4枚の羽根が鉛直軸周りを自由に回転し，それが排気されたガラス容器に入っている．放射が羽根の黒い面に当たると温度が上昇し，黒い面の周りの気体分子は羽根の反対側の面より平均すると大きな運動量を奪っていく．このため，黒い面は放射源から遠ざかる方向に回転する．しかし，気体の圧力を十分下げないと，気体分子どうしの衝突で速度が平均化され羽根は回転しなくなる．

グレアムの拡散則　Graham's law of diffusion（1846）
小孔からの気体の流出速度は等温・等圧の条件下で気体密度の平方根に反比例する（1846）．クヌーセン（Knudsen）は気体の平均自由行程が小孔の径の少なくとも10倍ほど大きくないとこの法則は成立しないことを示した．⇨噴散．

グレイ　gray
記号：Gy．電離放射線の吸収線量，あるいは比分配エネルギーを表すSI組み立て単位．照射されている物質1 kgあたり1 Jが吸収または供給されたことに等しい．単位radに代わって使われる．1 gray = 100 rad.

グレゴリオ暦　Gregorian calendar
⇨時間．

グレーツ数　Graetz number
記号：Gz．流体力学で重要な無次元の係数で，
$$Gz = q_m c_p / \lambda l$$
と表される．ここで，q_mは質量流の速さ，c_pは定圧比熱，λは熱伝導率，lは特性長である．

グレーティング　grating
⇨回折格子．

クレローの式　Clairaut's formula
地球楕円体の扁平率をもつ回転する地球の表面の極点と赤道上の重力の差を与える式（⇨重力）．地球表面のある点における重力の方向は，その点を含む等重力ポテンシャル面に垂直である．しかし，地球は完全な楕円体ではないため，赤道と極を除いて，地理緯度と地心緯度（それぞれをλとλ'とする）は一致しない．国際的に認められた準拠楕円体（reference ellipoid）が，地球の形の基準として用いられる．楕円体に垂直な表面重力の大きさは，次の式で与えられる．
$$g_n = g_e(1 + \beta_1 \sin^2\lambda + \beta_2 \sin^2 2\lambda),$$
ここで，g_e，β_1，β_2は，無次元パラメーターfとmの1次と2次の項からなる定数である．
極の扁平率は，次の式で与えられる．
$$f = (a - c)/a$$
ここで，aは赤道半径，cは極半径である．
赤道上の遠心力と重力の比は，次の式で与えられる．
$$m = \omega^2 a / g_e;$$
$$g_e = \frac{GM}{a^2}(1 + f - 3m/2 + f^2 - 27fm/14)$$
$$= 9.780\ 318\ \text{m s}^{-2}$$
$$\beta_1 = 5m/2 - f + 15m^2/4 - 17fm/14$$
$$= 5.302\ 4 \times 10^{-3}$$
$$\beta_2 = f^2/8 - 5fm/8 = -5.87 \times 10^{-6}$$
ここで，Gは万有引力定数，Mは地球の質量である．
クレローの式は，2次の項を無視したg_nの近似式で，次の式で与えられる．
$$(g_p - g_e)/g_e = 5m/2 - f$$
ここで，g_pは極点での標準重力（2次の項を無視し，g_n内で$\lambda = 90°$とした）で，次の式で与えられる．
$$g_p = g_e(1 + \beta_1)$$

グレンツ線　grenz ray
25 kV程度までに加速された電子が出す波長の長いX線．電子ビームを用いる多くの電子装置から放出されるが，透過能は高くない．

クロスオーバー回路網　crossover network
フィルター回路の一種で，ある周波数より高い周波数の信号を1つの線路に，低い周波数の信号を他の線路に伝えるよう設計されている．この境目となる周波数を交差周波数（crossover frequency）という．交差周波数では2つの出力が等しくなるように設計されている．このような回路は，スピーカーの高音，低音を分けるのに広く用いられている．

クロック周波数　clock frequency, clock rate

コンピューターにおいて操作を同期させるために，クロック（clock）という電子装置によって分配されるマスター周波数．安定な発振器であるクロックは，一定の幅をもちきわめて規則的なパルス系列—クロックパルス（clock pulses）をつくり出す．パルスの繰り返し周期の逆数はクロック周波数であり，通常メガヘルツで与えられる．クロック信号は一定の周期をもち，コンピューター装置および関連部品の動作の同期に使われる．その結果，各動作が連続的に決まった時刻に実行される．たとえばクロック信号は，論理回路内の動作の初期化およびいくつかの回路間の動作の同期に使われている．

クロックパルス　clock pulse
⇒クロック周波数．

クロード過程　Claude process

気体が断熱膨張をし，外部に対して仕事をするときに生じる冷却効果を利用する過程．空気の液化に用いる．圧力で気体がA点（図参照）で2つの部分に分かれる．一部の気体は，膨張チャンバーCに入り，外部に対して仕事（コンプレッサーとして使われる）をし，断熱膨張で冷却される．この冷却された気体は熱交換器においてAからきたもう一方のガスを冷却する．このAからきた気体には圧力がかかっているため最終的には液化する．このような低い温度で各部品を動かすには潤滑が問題となるが，液体空気自身を潤滑剤として使い克服している．

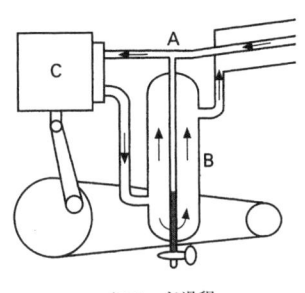

クロード過程

クロノスコープ　chronoscope

きわめて短い時間間隔を測定するために用いる電子装置．

クロノメーター　chronometer

正確な計時器の一種．たとえば，船上で経度を決めるために使われる．その動きの速さははずみ車とヒゲゼンマイによって制御されるが，クロノメーターと時計の間にいくつかの技術上の違いがあり，クロノメーターの方がより正確である．⇒時計．

クロノン　chronon

仮想的な時間の量子．光子が電子の直径を横切るために要する時間で定義され，約 10^{-24} 秒に等しい．

グローブ電池　Grove cell

2液の一次電池．希硫酸に浸された亜鉛ロッドからなる負極側と，発煙硝酸に浸された白金板の正極側が，多孔性の仕切りでしきられている．起電力は 1.93 V である．

グローブボックス　glove box

箱の壁の穴に手袋がとりつけられていて，作業者とはまったく異なる環境下で内部のものを操作できる装置．α 粒子や β 粒子の線源を扱う仕事や調整された湿度，無菌状態，無反応状態など特別な環境下での作業に使われる．通常は内部の圧力を大気圧よりやや高めに設定し，外部からの汚染を防ぐ．

グロー放電　glow discharge

発光を伴う比較的低圧気体中の放電（⇒気体放電管）．グローランプ glow lamp（グロー管 glow tube）は管全体にわたりグロー放電が起こっている気体放電管である．封入気体により発光の色が異なる．ネオン管の場合には赤色である．グロー管は電圧調整器に使われることがある．

クーロン　coulomb

記号：C．電荷のSI単位で1秒間に1Aの電流で運ばれる電荷で定義される．

クーロン散乱　Coulomb scattering

α 粒子のような荷電粒子の原子核による散乱．散乱は互いに静電気力を及ぼしあう結果起きる．入射ビームが単位面積あたり1つの α 粒子を含むとき，角 φ 曲がる単位立体角あたりの散乱粒子の数 W は

$$W(\varphi) = \left(\frac{Z_1 Z_2 e^2 m}{4\pi\varepsilon_0 p^2}\right)^2 \frac{1}{\sin^4(\varphi/2)}$$

となる．ここで，$Z_1 e$, $Z_2 e$ は散乱粒子と標的粒子の電荷，m と p は散乱粒子の質量と運動量を表す．

クーロン電場　Coulomb field

点電荷の周りの電場．

クーロンの原理　Coulomb's theorem

表面の電荷面密度 σ に近い場所での電場の強さ

E は
$$E = \sigma/\varepsilon$$
で与えられる．ここで ε は媒質の誘電率を表す．

クーロンの法則 Coulomb's law
1つの静止点電荷 Q_1 がもう1つの点電荷 Q_2 に及ぼす力 F はそれぞれの電荷の積を電荷の距離 d の2乗で割ったものに比例する．
$$F = Q_1 Q_2 / 4\pi \varepsilon d^2.$$
である．ここで，ε は周りの媒質の誘電率を表す．

クーロンメーター coulombmeter
電流の電解作用を利用して，回路を流れる電気量を測定する装置．

クーロン力 Coulomb force
2つの荷電粒子が，周りにできる電場の相互作用によって生じる引力または斥力．力の大きさは粒子どうしの距離の2乗に反比例する．

群（数学の） group（mathematics）
元または演算子 $a, b, c, \cdots$ の集合で，次の"結合則"が成立するもの．任意の2元の結合が定義され，積 ab に対して次の条件が成立するとき，この集合を群という．

(1) a および b が集合に属しているならば，ab も同じ集合に属す．

(2) 結合には連結則が成立する．すなわち $a(bc) = (ab)c$

(3) 集合は単位元（identity）とよばれる元 e をもつ．a をこの集合の任意の元としたとき $ae = ea = a$．

(4) 集合に属すすべての元 a に対して，$ab = ba = e$ となるような元 b が存在する．このbを a^{-1} と書く．これは逆数であるとは限らない．これが何であるかは次に述べるように結合の定義による．

結合は通常の掛け算である必要はない．たとえば整数の集合
$$\cdots, -2, -1, 0, 1, 2, \cdots$$
は加算を結合則として群をつくる．$a = 2, b = 3$ を2元としたとき，ab は $2 + 3 = 5$ を意味し，結合の結果はやはり整数である．n を任意の元として，$0 + n = n$ であるから単位元は0である．$aa^{-1} = 2 + (-2)$ であるから逆元は -2 である．

もっとも重要な群の例は行列（matrix）を元とするものである．行列式（determinant）がゼロでない n 行 n 列の行列の集合は行列の掛け算を結合則とした $GL(n)$ とよばれる群をつくる．

群の2元 a, b は
$$ab = ba$$
であるならば可換であるという．群に属するすべての元について可換であるならば可換群またはアーベル群（Abelian group）という．非可換な群は非アーベル群（non-Abelian group）という．→**群論**．

群速度 group speed, group velocity
ある種の波動では位相速度（振動の位相が伝わる速さ）は波長に依存する．その結果，正弦波でない波は位相速度とは明らかに異なる速さで伝播するように見える．

この現象は水面にできる波にはっきり見られる．水面に石を落としたときにできる波のグループを見ると，グループの内部の波はグループ自体より早く進んでいる．グループの後方で新しい波が現れ，グループの先端に存在していた波は消えていく．グループの進む速さは群速度とよばれ，グループの内部の波の速さは位相速度である．波の速さはその行路の各点に到達した波による擾乱で測定されるから，それは群速度であって，位相速度ではない．

群速度の数学的表現は，わずかに波長の異なる2つの正弦波の伝播を考えることから得られる．波長を λ, $\lambda - \delta\lambda$, 対応する速さを c, $c - \delta c$ としよう．この波が重なり合うと，ビート（→うなり）ができる．ビートの進む速さ U は
$$U = (c\delta t - \lambda)/\delta t = c - \lambda(\delta c/\delta \lambda)$$
で与えられる．$\delta \lambda = 0$ の極限では，この式は
$$U = c - \lambda dc/d\lambda$$
となる．あるいは v を周波数，$v' = 1/\lambda$ を波数（波長の逆数）とすれば $U = dv/dv'$ ともかける．

位相速度が波長に依存するときには群速度と位相速度は等しくなる．真空中を伝播する光には位相速度の分散（波長依存性）がない．これに対して分散性の物質中を伝播する光の速さの直接的な測定は群速度を測ることになる．光のエネルギーの流れの速さは群速度である．

クント管 Kundt's tube
温度，密度，湿度がいろいろな条件のもとで音速を測定する装置（図）．管 D の気柱は，反射ピストン R によって一端を閉じられ，他端には音源が取り付けてある．その間には共鳴を検

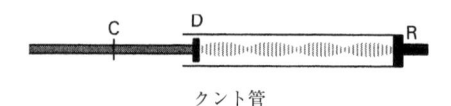

クント管

出するために乾いた粉末を置いてある．もしピストンが調整されて気柱の長さが定常波のできる条件になっていれば，粉末は腹のところで激しくかき乱されて一連の縞模様が形成される．管の中の循環は壁の近傍では腹から節へ，中心付近では節から腹へと起こる．

気体中での音速は $c=f\lambda$ の関係から絶対的に決めることができる．ここで c は音速，f は周波数，そして λ は $2d$ に等しい波長である（d は管の中の2つの節または腹の間の距離である）．

気体，とくに希ガスのような少量含まれる気体の比熱比 γ は，$c=\sqrt{\gamma p/\rho}$ から決めることができる．ここで p, ρ は，それぞれ気体の圧力と密度である．

クント則　Kundt's rule
吸収帯の領域では，媒質の屈折率が波長に対して連続的に変化しないという法則．→異常分散．

群論　group theory
物理学的な系がもつ対称性に関する学問．現象を対称性を使って解析すると非常に複雑な様相でも実際上明確にすることができる．たとえば，ケプラーが惑星の楕円軌道を発見（1609）する前には，惑星は円軌道を描くものと考えられていた．なぜなら，そのような軌道は完全な対称性をもつと考えられていたからである．しかしニュートンは自然界の基本的な対称性は，個々の軌道にある必要は必ずしもなく，可能な軌道群の全体，すなわち運動方程式自体にあるのだという認識をもった．恒星-惑星系に系を不変に保ついろいろな概念的な対称操作を加えることができる．これらの操作により，運動方程式の解を知らないでも，系の多くの性質を導き出せる．たとえばニュートンの重力の一般法則は球対称である．惑星に働く引力は恒星からの距離が等しいすべての点で等しい．それにもかかわらず惑星の軌道は恒星を1つの焦点とする非対称な楕円軌道もとりうる．この軌道上の惑星は近日点に近づくと加速され，遠日点に近づくと減速される．このことは球対称な力の法則と整合しているのである．この惑星の運動はケプラーの法則の1つとして最初に定式化されたが，これはまた角運動量の保存の法則の1つの帰結である．非対称な楕円軌道は惑星の運動方程式の一般解なのである．系の対称性が角運動量の保存として間接的に姿を現したわけである．このような対称性と保存則のあいだの関係はネーザー（A. E. Noether）によって1918年に最初に指摘されたので，ネーザーの定理（Noether's theorem）とよばれる．

任意の物理学的系にほどこされる対称操作は，数学的な群の性質をもっていなければならない．群には要素の数が有限（finite）なもの（たとえば正三角形の回転がつくる群）と無限（infinite）なもの（たとえば要素を加法によって結合するすべての整数の集合）とがある．群はまた連続（continue）なものと不連続（discrete）なものとに分類される．連続群の例は球面上の点のすべての連続的な移動がつくる群である．恒星-惑星系のもつ対称性はすべてこの球群の要素である．不連続群の要素は整数値だけをとる指標によってラベル付けできる．すべての有限群と，上述した整数の群のような無限群の一部は不連続群である．

回転を要素とする群には有限なものと無限なものとがあるが，原子や分子の対称性を論じる際に重要である．それは角運動量の量子力学に基礎をおいている．原子系や分子系の量子力学の固有値問題は，原子の中の電子，または分子の中の原子の基準振動の定常状態を解くことに対応している．角運動量量子数は，これらの基準振動を分類するためのラベル付けに対応している．基準振動状態のあいだの遷移を解析することで，原子や分子のスペクトルを説明できる（→分光学）．

さらに抽象的かつ一般的になるが，群論はゲージ理論による基本的な相互作用の解析に使われる．ゲージ理論によれば，基本的な相互作用は量子場のラグランジュ関数に与える変化と考えられる．ここでいうラグランジュ関数は古典力学で使われるものと似ているが，粒子の座標と運動量の代わりに，量子力学的な場とその微分の関数になっている．

ゲージ変換が量子場を不変に保つということは，対応するラグランジュ関数が変換によって不変であるということである．大域的ゲージ変換（global gauge transformation）は実効的には量子場に一定の位相項を乗じるのと同等である．これは相当するラグランジュ関数を変化させない．量子場の関数にその複素共役の関数を乗じることになるからである．しかし，局所的ゲージ変換（local gauge transformation）の場合は事情が違ってくる．時空の関数である位相項を量子場に乗じることになるからである．ラグランジュ関数は量子場の微分をつねに含んで

いるので，微分の際に関数を複雑にする．ラグランジュ関数は不変であるべきだと主張するなら，局所的ゲージ変換の際に現れる項を相殺する項をあらかじめ加えておかなければならない．基本的相互作用を記述する項はこの付加項なのである．

フェルミオンのディラック場のラグランジュ関数は，現代のゲージ理論の発展の基盤となっている．ディラックのラグランジアンはさまざまな局所的ゲージ変換に対して不変でなければならないという主張から，標準モデルにおける相互作用，あるいは GWS 理論（→電弱理論）が導かれる．表1にいろいろなゲージ対称性から導かれる相互作用を示す．

ネーザーの定理によれば，これらの系が上述したようなゲージ変換で不変になるということから，保存則が導かれる．表2にこれらの保存則を示す．

表1

ディラックのラグランジアンを不変に保つ，ディラック場 ψ に対するゲージ変換	変換の作る群の数学的分類	ラグランジアンを不変にする付加項として書かれる相互作用
$\psi \to e^{i\theta(x)}\psi$ ここで $\theta(x)$ は時空点の関数．	$U(1)$	電磁相互作用 これは量子電磁力学（QED）
$\psi \to e^{i\theta(x)}e^{i\tau.a(x)}\psi$ $\tau.a(x)$ は 2×2 のエルミート行列で時空点の関数．この場合 ψ はカイラル状態を表す．（→カイラリティ）	$SU(2)_L \otimes U(1)$	電弱相互作用 これは GWS 理論（→電弱理論）
$\psi \to e^{i\lambda.a(x)}\psi$ $\lambda.a(x)$ は 3×3 のエルミート行列で時空点の関数．	$SU(3)$	強い相互作用 これは量子色力学（QCD）

表2

ゲージ群	その対称性から帰結される保存則
$U(1)$	電荷の保存．これは荷電カレント（電流）とその相互作用を仲介するボソンすなわち光子を導入することから導かれる．
$SU(2)_L \otimes U(1)$	超電荷（ハイパーチャージ）とアイソスピンの保存．これは電流と中性カレントおよびそれらを仲介するボソンすなわち W 粒子を導入することから導かれる．
$SU(3)$	強電荷（カラー）の保存．これはカラーカレントおよびそれらを仲介するボソンすなわちグルーオンの導入より導かれる．

ケ

経緯儀　theodolite
高度と方位を測定するために用いる器械. アルコール水準器と角度目盛を備えた望遠鏡で, 測量などに用いられる.

経緯台　altazimuth mounting
⇒望遠鏡.

計器用変圧器　potential transformer
⇒電圧変換機.

蛍光　fluorescence
ルミネッセンスの一種で, 励起が終わるとすぐに電磁放射の放出が止まる (⇒りん光). 放出される放射は通常光であるがそうでない場合もある. 励起は, 一般に電離放射線, または放射光とは異なる波長の電磁放射による. 普通, 放出される放射は入力の電磁放射よりも長波長であるが (ストークスの法則), 媒質の初期状態が基底状態でない場合は短波長になる場合もある.

蛍光スクリーン　fluorescent screen
電子, X線などによって励起されたときに蛍光を出す発光物質が表面に塗られているスクリーンで, 視覚的情報を与える.

蛍光体（りん光体）　phosphor
ルミネッセンスを生じる物質. すなわち, 白熱放射が起こるよりも低い温度で発光する物質. 陰極線管のスクリーンや蛍光灯に使われる蛍光物質など.

蛍光灯　fluorescent lamp
蛍光によって光を発するランプ. 一般的な蛍光灯の形は, 水銀蒸気のようなガスが低圧で入った気体放電管からなる. 内側の表面には蛍光体が塗ってある. 電流が蒸気の中を流れると紫外線が発生し, それが蛍光体に当たって可視光の発光が起きる. 使用される蛍光体は, ガスから発する色と蛍光体から発する色が混ざって, 白色光になるようなものが選ばれている. この型のランプは, 赤外線の放射が少ないために, フィラメントランプに比べて可視光発光の効率が高い.
ナトリウム蒸気, 水銀蒸気を用いた街灯はいずれも蛍光体が用いられていない. その場合, 放電電子によって励起された蒸気の原子が発光している.

傾斜型インデックス素子　graded-index device
⇒光ファイバーシステム.

傾斜型ベーストランジスター　graded-base transistor
⇒ドリフト型トランジスター.

傾斜非点収差　radial astigmatism, oblique astigmatism
レンズ系へ斜めに入射することによる非点収差.

計数管　counter
1つ1つの粒子や光子を検出し個数を数える装置. 検出器または装置全体を指す. ほとんどの検出器は, 単一の粒子や光子から発生するイオンや電子を増倍して動作する. それぞれのイオン化現象が電流あるいは電圧のパルスを発生し, それを電気的に数える (⇒ガイガー計数管, 結晶カウンター, 比例範囲, 半導体計数器, シンチレーションカウンター).

計数器　counter
電流あるいは電圧パルスの数を数え記録する電気回路. ⇒計数器式周波数計.

計数器式周波数計　counter/frequency meter
ある一定時間内に起きる事象やサイクルの回数を数えることでカウンターや周波数計として使える. 周波数標準を内蔵した装置. 周波数標準として, 圧電発振器がよく使われる. 繰り返される事象やサイクルの間の周波数標準のパルスを数えることで, その周期を測るためにも用いられる.

系統誤差　systematic error
⇒測定誤差.

ゲイ-リュサックの法則　Gay-Lussac's law
(1) 体積の法則. 複数の気体が化学的に結合する場合, それらの体積は簡単な比になる. また生成物も気体ならその体積も簡単な比になる. ただし体積は同じ圧力, 温度で計測しなければならない. ⇒理想気体.
(2) ⇒シャルルの法則.

計量学　metrology
⇒測定学.

計量テンソル　metric tensor
一般化された幾何学においてピタゴラス (Pythagoras) の定理を表現するときに使われる数学的な技巧. 初等的なユークリッド (Euclid) 幾何学を平面に適用すると, 2点 A, B間の距離 δs は, これらの点の (x,y) 座標の

差を使って,
$$(\delta s)^2 = (\delta x)^2 + (\delta y)^2$$
となる. 3次元空間の半径ρの球においては, その曲がった表面 (curved surface) 上の2点についての類似した式は
$$\rho^2 = x^2 + y^2 + z^2$$
という制約を満たさねばならない.

空間の8つの象限のどれにおいても, 球面上の点の位置はx, y座標の値によってただ1通りに決定され, その点のz座標の値はρ, x, y, zの間のピタゴラスの関係から求まる. 距離についてのピタゴラスの関係は, 球が存在している3次元ユークリッド空間にも適用され,
$$(\delta s)^2 = (\delta x)^2 + (\delta y)^2 + (\delta z)^2$$
である. ところが, 球面上の点の (x,y) 座標を使うと δz は ρ, x, y, δx, δy の関数として表せ, 結局, 距離 δs は球面上に定義された (x,y) 座標を使って,
$$(\delta s)^2 = (\delta x)^2 + (\delta y)^2 + (x\delta x + y\delta y)^2 / (\rho^2 - x^2 - y^2)$$
と書ける. これは, 球面の非ユークリッド幾何学に適用可能なピタゴラスの定理の形であり,
$$(\delta s)^2 = g_{xx}(x,y)(\delta x)^2 + g_{yy}(x,y)(\delta y)^2 \\ + g_{xy}(x,y)\delta x\delta y + g_{yx}(x,y)\delta y\delta x$$
と書き換えられる. ここで,
$$g_{xx}(x,y) = 1 + x^2/(\rho^2 - x^2 - y^2),$$
$$g_{yy}(x,y) = 1 + y^2/(\rho^2 - x^2 - y^2),$$
$$g_{xy}(x,y) = g_{yx}(x,y) = xy/(\rho^2 - x^2 - y^2)$$
であり, これら3つの関数は計量テンソルの成分 (component) とよばれ, 球の曲率を完全に決定する. このようにして, いかなる次元Nの空間の曲率も, 一般化されたピタゴラスの定理
$$(\delta s)^2 = \sum_{ij} g_{ij}(x)\delta x^i \delta x^j$$
に完全に反映されている. ここで, xは, x^1, x^2, $\cdots$, x^N座標を表し, 関数$g_{ij}(x) = g_{ji}(x)$は, これらすべての座標の関数である. このような空間は, リーマン空間 (Riemannian) とよばれる.

この種の一般化された微分幾何学は, アインシュタイン (Einstein) の**一般相対性理論**において重要な役割を演じる. 外力がない場合の物体の軌跡は直線である. アインシュタインの一般相対性理論では重力場が存在する場合でさえ, 曲がった空間内においてではあるが, 粒子の軌跡は'直線'であることを前提とする. すなわち, 軌跡は曲がった空間の測地線 (geodesic) である. 物質の存在は時空の曲率を生み出す. この曲がった時空においては, 物体はその測地線に沿って運動する. 時空が曲がっている度合いは, 場のアインシュタイン方程式 (Einstein's field equation) によって与えられる. この方程式は, 局所的な物質とエネルギー分布を, 結果として生じる時空の曲率に関係づけている. このような場の方程式の解は, 時空の幾何学を記述する計量テンソルの10個の独立な成分を与える.

経歴総和法　sum over histories approach
⇒経路積分法.

経路積分　path integral
⇒経路積分法.

経路積分法　path integral approach
経歴総和法 (sum over histories approach) ともいわれる数学的手法. ホイヘンスの原理を波動光学や量子力学における粒子の運動の問題に応用して得られる結果に基づいている. 可能なあらゆる経路を進むすべての二次波を足し合わせる, すなわち経路積分 (path integral) すると, 光子の場合は所要時間が最短の経路が, 粒子の場合は作用が最小になる経路が, 強め合いの干渉によって波の重ね合わせに最大の寄与をする. **量子電気力学**では, 粒子 (光子や電子) はすべての経路を伝搬すると解釈し, 観測点に至るすべての経路の寄与を重ね合わせたものが (**重ね合わせの原理**), 正しい確率振幅, すなわちその粒子を検出する確率を与える. ⇒コペンハーゲン解釈, 多世界解釈.

撃力　impulsive force
⇒力積.

ゲージ場　gauge field
ゲージ理論においてそれぞれのゲージボソンに対応する量子場.

ゲージボソン　gauge boson
ゲージ理論において粒子間相互作用を仲立ちする素粒子. 光子, $W^{\pm}$およびZ^0ボソン (⇒W粒子), グルーオンはそれぞれ**電磁相互作用**, **弱い相互作用**, **強い相互作用**のゲージ理論においてゲージボソンの役割を演じる.

ゲージ理論　gauge theory
すべての観測可能な量が, ゲージ変換 (gauge transformation) に対して不変に保たれるようにつくられた場の量子論 (⇒群論). ゲージ変換は一定の位相を単に乗じるという形に書くことができる. このような変換は大域的ゲージ変換 (global gauge transformation) とよばれる. 局所的ゲージ変換 (local gauge transformation) では$\theta(x)$を空間および時間の関数としたとき場の位相が

と変化することである．

ゲージ理論は，素粒子の相互作用を記述するもっとも基本的な理論であると現在は考えられている．電磁相互作用は量子電気力学で記述されるがこれはアーベリアン（Abelian）ゲージ理論とよばれている．アーベリアンゲージ理論では，2つの連続するゲージ変換は可換である．すなわち

$$\psi \to e^{i\theta(x)}e^{i\varphi(x)}\psi = e^{i\varphi(x)}e^{i\theta(x)}\psi$$

が成立する．ここで，$\varphi(x)$ はやはり空間・時間の関数である．量子色力学（強い相互作用の理論），電弱相互作用の理論，そして大統一理論はすべて非アーベリアン（non-Abelian）ゲージ理論である．これらの理論では場の連続するゲージ変換は可換ではない．非アーベリアンゲージ理論は1954年にヤン（Yang）とミルズ（Mills）が提案した理論を基礎としている（→ヤン-ミルズの理論）．アインシュタインの一般相対性理論は局所ゲージ理論として定式化できる（→量子重力）．

K中間子 kaon, K-meson
⇒中間子．

欠陥 defect

すべての結晶性固体は，原子や分子が周期的に並んでできている．規則性が破れている部分を欠陥とよび，2通りに分類される．

(1) 点欠陥（point defect）．フレンケル欠陥（Frenkel defect）は格子点の1つが空で格子間原子が存在する—つまり原子が本来の場所にいない．このような原子を格子間原子（interstitials）といい，空の格子位置を空格子点（vacancy）という（図a）．フレンケル欠陥には，空格子点と格子間原子が伴い，1つの原子が正常な格子点から動くことにより発生する．ショットキー欠陥（Schottky defect）は単なる空の格子点である．このような点欠陥を作るには，原子をもとの位置より動かすためのエネルギーがいるが，欠陥に伴って乱雑さが増すので，その分エントロピーが増大する．その結果，絶対零度より高い温度では点欠陥が発生する．平衡状態でのショットキー欠陥の数は

$$n = Ne^{-E/kT}$$

となる．ここで，N は格子点の数，E は欠陥をつくるために必要なエネルギーである．フレンケル欠陥の数は

$$n = \sqrt{NN'}e^{-E/2kT}$$

で，N' は格子間原子の数である．平衡状態での点欠陥数は温度とともに指数関数的に増大する．典型的には700℃の金属で 10^5 格子点に1つは空きがある．点欠陥は固体中の拡散の原因になる．点欠陥を増やすには，固体を高温に熱してから冷やしたり，ひずみを与えたり，電離放射線で処理をする．

(2) 線欠陥（line defect）は結晶の広い範囲での規則性の破れで，転位（dislocation）ともよばれる．これらには2種類の基本形があり，刃状転位（edge dislocation）とらせん転位（screw dislocation）とよばれる．刃状転位を図bに示す．これは結晶のある部分に余分な原子面を導入したことに相当する．転位線は点Pを通って紙面に垂直な方向に伸びている．これに比べらせん転位は図示するのが難しい．円柱を図cのようにABCD面で切れ目を入れ，右図のようにずらすとらせん転位になる．原子は円柱の軸の周りにらせん状に配位していて，この軸が転位線（dislocation line）となる．結晶の

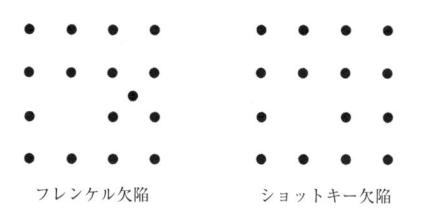

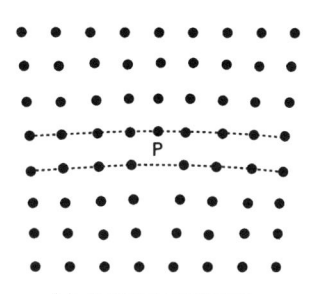

(a) 点欠陥

(b) 結晶格子の刃状転位

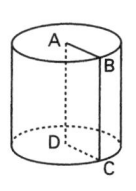

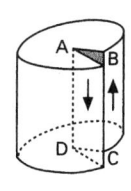

(c) らせん転位

転位線の多くは，刃状転位とらせん転位の両方の性質を持っている．固体における転位は弾性限界を超えた塑性変形の原因となる．転位はまた，変形によっても生じる．

欠陥伝導 defect conduction
半導体において価電子帯に正孔が存在することによる伝導（→エネルギーバンド）．正孔は結晶格子の点欠陥のため存在する．

結合 coupling
(1) 2つの交流回路の結合．1つの回路から別の回路へエネルギーが移動するように相互作用させる方法．図 a では左右それぞれのコイルの間の相互インダクタンスによって回路が結合している．これを相互インダクタンス結合 (mutual-inductance coupling) という．結合には，2つの回路に共通なインピーダンスによるものがある．例を図 b，c に示す．これを共通インピーダンス結合 (common-impedance coupling) という．結合係数 (coupling coefficient) K は

$$K = X_m / \sqrt{X_1 X_2}$$

で定義される．ここで X_m は両方の回路に共通なリアクタンス，X_1，X_2 はそれぞれの回路の X_m と同じ種類のリアクタンスの合計である．
したがって，図 a では

$$K = \omega M / \sqrt{\omega L_1 \times \omega L_2} = M / \sqrt{L_1 L_2}$$

図 b では

$$K = \omega L_m / \sqrt{\omega (L_1 + L_m) \times \omega (L_2 + L_m)}$$
$$= L_m / \sqrt{(L_1 + L_m)(L_2 + L_m)}$$

図 c では

$$K = \sqrt{C_1 C_2 / (C_1 + C_m)(C_2 + C_m)}$$

となる．結合はしばしば混合され，たとえば図 a と図 c がともに結合として寄与することもある．

(2) 1つの系の中の異なる変数間あるいは2つ以上の系の変数どうしの相互作用．原子や原子核の結合に典型的な2つの種類がある．
ラッセル-ソンダース結合 (Russell-Saunders coupling)．では相互作用しているすべての粒子の軌道角運動量（→原子軌道）の合成角運動量 L と，すべての粒子のスピン角運動量 S が結合する（L-S 結合 L-S coupling）．j-j 結合 (j-j coupling) では粒子それぞれの全角運動量（軌道角運動量＋スピン）が互いに相互作用する．

結合エネルギー（Ⅰ） binding energy
(1) 記号：E_B．原子核の質量はその成分である陽子，中性子の質量の和より少しだけ少ない．アインシュタインの質量とエネルギーの保存の

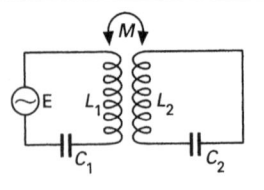

(a) 相互インダクタンス結合

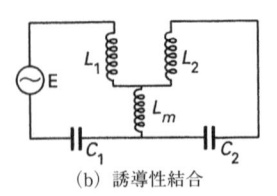

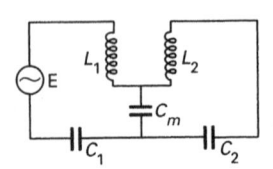

(b) 誘導性結合

(c) 容量性結合

法則 ($E = mc^2$) により，この質量の差は核子が結合するときに放出されるエネルギーに等しい．このエネルギーは結合エネルギーとよばれる．核子あたりの結合エネルギー E_B/A の，質量数 A に対するグラフは，質量数 50〜60（鉄，ニッケルなど）までは A が増加すると急速に E_B/A は増加し，その後ゆっくりと減少する．核子からエネルギーを開放するには，したがって2つの方法があり，どちらも，E_B/A が低い核子から高い核子へと変換することを伴う．核分裂はウランなどの重い原子を，軽い原子へと分裂させ，莫大なエネルギーを開放する．重水素，トリチウムなどの軽い核子の核融合ではさらに大きな量のエネルギーが開放される．

(2) ある構造から1つの粒子を取り出すためにしなければならない仕事量．→イオン化ポテンシャル．

結合エネルギー（Ⅱ） bond energy
1つの分子中の2つの原子の間の化学結合を切るために必要なエネルギー．結合エネルギーは原子の種類，分子の性質による．

結合音 combination tone
合成音 (resultant tone) ともいう．もし周波数 f_1 と f_2 の2つの純音を同時に大きく鳴らす

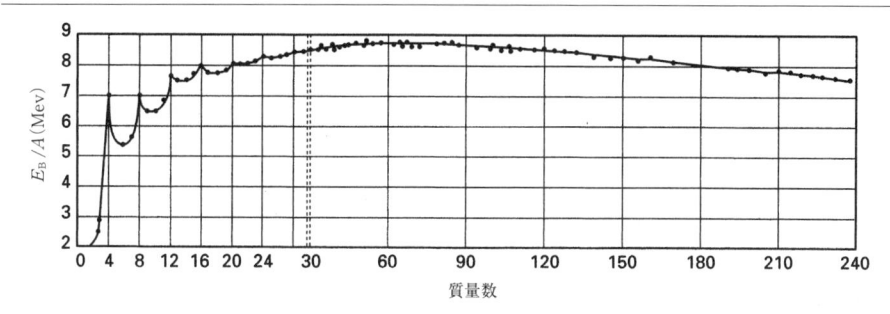

質量数 A に対する核子あたりの結合エネルギー

と，少なくとも他に周波数が (f_1+f_2) と $|f_1-f_2|$（絶対値）となる弱い音も聞こえる可能性がある．前者は和音（summation tone）の例で，後者は差音（difference tone）の例で，これらは合わせて結合音とよばれている．以下の周波数の結合音も聞こえる可能性がある：$2f_1$, $3f_1$, $2f_2$, $3f_2$, $|f_1-2f_2|$, $|f_2-2f_1|$. ⇒うなり．

結合軌道 bonding orbital
⇒分子軌道．

結合系 coupled system
2つ，あるいはそれ以上の振動する力学的系がつながり，相互作用しているもの．このような系では，系の間でエネルギーのやりとりがあり，それぞれの共鳴周波数が変化することもある．とくに共鳴しているとき，系の間のエネルギーの流れが大きく，振動が系の最大振幅を超えることがある．
ほとんどの楽器は，一部の要素がよく調律されていて，一部が非常に広い共鳴曲線を示す結合系と考えられる．たとえばピアノの弦はよく調律されていて，響板が広く共鳴する部分である．

結合係数 coupling coefficient
（1）⇒結合．
（2）2つの機械的振動系や2つの電気回路の間の結合の程度を0と1の間の数値で評価したもの．最大の結合時には1，結合がないとき0になる．

結合係数 coefficient of coupling
⇒結合．

結晶（クリスタル） crystal
（1）固体原子が3次元空間中に周期的に並んだもの．部分的な結晶化として，1次元や2次元の周期性もありうる．⇒結晶構造，結晶系，結晶組織．
（2）電子工学では，水晶やチタン酸バリウムなどの圧電結晶を特定の方位でカットしたものをいう．

結晶解析 crystal analysis
⇒X線結晶学．

結晶回折 crystal diffraction
結晶における電子，原子核，力の場など周期的構造によって散乱された波の相加的あるいは相殺的干渉．その結果離散的なスペクトルのパターンが得られる．

結晶回折格子 crystal grating
結晶中の原子の対称的な配置が一連の平面の上にあることから，結晶はX線に対する3次元回折格子として作用する．これがX線結晶学の手法の基礎である．

結晶カウンター crystal counter
素粒子を検出，計数する装置．素粒子が結晶の電気伝導性を上昇させることを利用する．結晶の両端に電位差を与え，粒子や光子を照射すると衝突によって電子・イオン対が生じ伝導性が増す．衝突によって起こる電流パルスを電子的に計数する．結晶カウンターの動作はガイガー計数管の場合と類似していて，ガイガー計数管では放射線が気体の電気伝導性を上げる．

結晶学 crystallography
結晶，固体の形，性質，構造に関する学問．物理的な性質は方位に関して規則的になり，方向が平行であるときには性質は変わらない．⇒X線結晶学．

結晶基底 crystal base
原子の対称的な配列または電子密度の対称的な分布について，単位格子に含まれる中身をいう．

結晶系 crystal systems
単位格子に基づく結晶の分類．14種のブラベ

格子と32個の点群とが，3軸をもつ次の7つの結晶系に属する．(1) 三斜晶系（triclinic）：軸の長さは等しくなく，軸は互いに直交しない．(2) 単斜晶系（monoclinic）：軸の長さは等しくないが，1本の軸は他の2本に垂直である．(3) 斜方晶系（orthorhombic）：軸の長さは等しくないが，互いに垂直である．(4) 正方晶系（tetragonal）：2本の軸の長さが等しく，3本の軸は互いに直交．(5) 菱面体晶系（rhombohedral）：軸の長さは等しく，どの2軸の間も120°より小さい角度である．(6) 六方晶系（hexagonal）：2本の軸の長さが等しく角度は120°をなし，第3の軸はこれら2本と垂直．(7) 立方晶系（cubic）：軸は3本とも長さが等しく，互いに垂直である．菱面体晶系は六方晶系の軸でも記述できるので，(5) と (6) は一緒にされることがある．

結晶構造 crystal structure
結晶がもつ幾何学的構造（⇒単位格子，空間群）や，原子分布，電子密度分布の幾何学的構造．

結晶族 crystal class
ある点群の操作により自分自身に重なり合う結晶の集まり．

結晶組織 crystal texture
結晶は理論上，全体にわたり原子が周期的に配置しているが，実際にはそのような完全な結晶は存在しない．見かけ上は単結晶であっても，小さな微結晶が平行に（ただし境界面では不連続）あるいはわずかに傾いて集まった凝集体またはモザイクである．大きな結晶試料は大小さまざまな粒径の微結晶が，1軸，2軸または3軸全部の方向について，部分的にまたは完全に方位がずれて構成されている．このような，結晶の完全性，微結晶の大きさ，方位の様子はすべて結晶組織という言葉で表現され，結晶の多様な性質に大きく影響する．

結晶動力学 crystal dynamics
結晶における原子の運動や電子密度の変化の研究．

結晶の切断（カット） crystal cut
結晶片（通常，薄板または棒状）は，特定の結晶学的方位にカットされて，たとえば圧電振動子として用いられる．こうした方位をカット（cut）とよび，Xカット，ATカットのように表示される．

結晶フィルター crystal filter
1個または複数個の圧電結晶を用いて共振・反共振回路を構成したフィルター．

ゲッター getter
ほかの物質に対して化学的親和力が強い物質．与えられた環境から不要の原子や分子を取り除くことに使われる．たとえばバリウムは真空系の中の残留ガスを取り除く．またシリコンの酸化膜層に入れられたリンはナトリウムなど移動度の高い不純物を取り除く．

ゲーデの分子ポンプ Gaede molecular air pump
⇒空気ポンプ．

ゲート gate
(1) いろいろなデバイスのなかの1つまたは複数の電極．電界効果トランジスターでは，バイアス電圧を加えることで，特定のチャネルの導通を変調する目的をもった電極．
(2) ディジタルゲート．1つまたは2つ以上の入力端子と1つの出力端子をもったディジタル電子回路．論理回路によく使われる．出力電圧は，入力電圧に応じて，2つ以上の不連続な値の間で変化する．
(3) アナログゲート．線形回路またはデバイスで，レーダーや電子制御システムでよく使われる．入力信号の決められた部分量だけが通過する．回路がオンの間，出力は入力信号の連続関数になっている．

ゲートアレイ gate array
ディジタル論理ゲートを2次元に配列した集積論理回路．製造の過程で内部の結線は自由に変えることができる．この結線によって何に応用できるかチップの性能が決まる．したがってプログラム可能なデバイスである．

ケネリー-ヘビサイド層 Kennelly-Heaviside layer
⇒電離層．

ケプラー式望遠鏡 Kepler telescope
天体望遠鏡（astronomical telescope）ともいう．⇒屈折望遠鏡．

ケプラーの法則 Kepler's law
天体の運動の3つの基本的な法則
(1) すべての惑星は楕円軌道を運行しており，太陽は，楕円のひとつの焦点にある．
(2) 太陽から惑星に向けて描かれた動径ベクトルは，同一の時間に同一の面積を描く（すなわち面積速度が一定である）．
(3) 惑星が軌道を1周するために要する時間の2乗は，その軌道の長半軸の3乗に比例する．
最初の2つの法則は1609年に，3番目の法則

は 1619 年に出版された.

のちにこれらの法則は太陽の周りを回る彗星,そして惑星の周りを回る衛星や人工衛星の軌道にも適用されることが示された.同様の法則が二重星(double star)の軌道にも適用される.これらの法則は非常に正確に守られるが,小さなずれが存在するときは,場合に応じて摂動論や,中心の物体の対称性が不完全なこと,相対性理論によって説明される. →重力,軌道.

ケーブル cable
⇒同軸ケーブル,対ケーブル.

K 捕獲 K-capture
⇒捕獲.

ケルナーの接眼レンズ Kellner eyepiece
もともとの光学設計では避けられない色収差とひずみを補正する色消し接眼レンズをもったもので,ラムスデン(Ramsden)の接眼レンズの一種.通常プリズム双眼鏡の接眼レンズとして使用される.

ケルビン kelvin
記号:K.熱力学的温度の SI 単位で,水の三重点の熱力学的温度の 1/273.16 として定義される.また,熱力学的温度目盛やセルシウス温度目盛における温度差の単位としても用いられる.この場合には,1 K = 1℃である. →セ氏温度.

ケルビン効果 Kelvin effect
⇒熱電効果.

ケルビンコンタクト Kelvin contact
電気回路や素子に関する試験や測定を行うための手段.試験をするおのおのの点で,2 組のリード線が使用される.1 組には試験信号を送り,もう一方の組は,測定装置につなぐ.このようにするとリード線の抵抗の影響を取り除くことができる.

ケルビンダブルブリッジ Kelvin double bridge
直流ホイートストンブリッジを低抵抗値の測定を正確に行うためにとくに発展させたもの(図参照).A は測定される低抵抗値をもつ抵抗で,スイッチ K を開いたとき,閉じたときの両方で R_1 や r_1 を変えながら正確にブリッジのバランスをとる.そのとき
$$A/B = R_1/R_2 = r_1/r_2$$
となることが示される.この方法で接触抵抗やリード線の抵抗によって起こる誤差を取り除くことができる.A,B は通常四端子抵抗である.

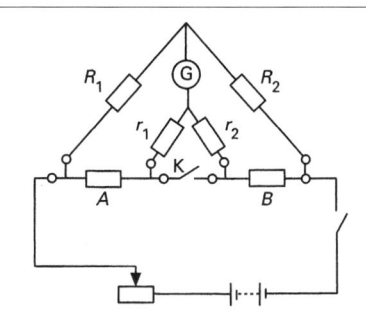

ケルビンダブルブリッジ

ケルビン秤 Kelvin balance
6 個のコイルからなる電流天秤装置の一種.6 個のコイルのうち 4 個は固定されている.残りの 2 個は天秤棒に取り付けられ,固定されたコイルの間を動く.天秤を吊っている機構は,2 本の柔らかい銅の帯からなり,図に示したようにコイルに電流を流す.電流が流れたとき,固定されたおのおののコイルは天秤棒を同じ方向に移動させようとする.馬乗り分銅は,電流が次第に変化するにつれて棒に沿って移動し,コイルの系をふたたびつり合わせる.おもりの変化は電流の 2 乗に比例するので,目盛は等間隔ではない.もしこの装置が反対向きにつながれると,すべてのコイルで電流の向きが逆になり,棒の振れはまったく同じになる.したがって,この装置は交流電流を測定するのに適しており,ワット数を測定するためにも用いられる.

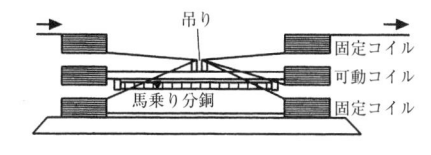

ケルビン秤

限界周波数 threshold frequency
光導電性や光電効果といった特殊な現象を引き起こすのに必要な最小の周波数.

限界電圧 threshold voltage
電子素子において,ある種の特性が初めて現れる電圧.

限界電流 limiting current
拡散電流(diffusion current)ともいう.電気分解において,電極へ向かうイオンの拡散速度が,電極における析出量に追随できないこと

がある。このため，イオン濃度や電解液の性質によって決まる電流の限界値が存在する．

減結合（デカップリング） decoupling
回路または回路の一部から不必要な交流成分を除くこと．こうした雑音成分は，回路間の結合，とりわけ電源が共通であることから生じることが多い．交差結合（cross coupling）を行うには，通例，直列にインダクタンスを挿入したり，分路コンデンサーを入れたりする．

弦検流計 string galvanometer
⇒アイントホーフェン検流計．

検光子 analyser
結晶やニコルプリズムなどによって光線の偏光方向（電場のベクトルの方向）を検出する装置．ふつう光は検光子に至る前に，偏光子を通過する．

原子 atom
古代ギリシャ人により，（非常に小さい分割できない物質の要素として）初めて導入された概念．ダルトンは，（化学反応にあずかる元素のもっとも小さい部分として）この概念を発展させた．19世紀後半から20世紀前半には理論と実験により，きわめて精密な概念となった．

電子の発見（1897）により，原子は構造をもつことがわかった．なぜなら電子は負の電荷をもつので，中性の原子には正の電荷をもつ成分もなければならない．ガイガー（Geiger）とマースデン（Marsden）によるα粒子の薄い金属膜による散乱実験により，ラザフォード（Rutherford）は，原子のほとんどすべての質量が正に帯電した中心部，半径およそ10^{-15} mの原子核に集中しているというモデル（1912）を提唱した．電子は半径10^{-11}～10^{-10} mの周囲の空間を埋めている．ラザフォードはまた原子核はZeの電荷をもち，Z個（Zは原子番号）の電子に囲まれていると提案した．古典物理によれば，そのような系は連続的に電磁波を放出し，したがって，安定で定常な原子は不可能になる．この問題は，量子論の発展により解決された．

ボーア（Bohr）の原子理論（1913）は，原子の中の電子はふつうはもっともエネルギーの低い状態（基底状態 ground state）にあり，状態を乱さないかぎりそこに留まるという概念を導入した．電磁波の吸収または他の粒子との衝突により，原子は励起される，すなわちエネルギーのより高い状態へ遷移する．そのような励起状態はふつう短い寿命（典型的な値ナノ秒）をもち，一般には1つまたは多数の電磁波の量子を放出して電子は基底状態にもどる．最初の理論は電子状態のエネルギー，その他の性質について部分的にしか正しく予言できなかった．楕円軌道（ゾンマーフェルト（Sommerfeld），1915），そして電子のスピン（パウリ（Pauli），1925）を仮定してこの理論の改良が試みられたが，満足な理論は1925年以降，波動力学（wave mechanics）の発展により可能となった．

現代の理論によれば，電子はボーアが予想したような確定した軌道を回るのではなく，波動方程式の解で記述される状態にいることになる．これは，与えられた体積要素に電子が存在する確率を決定する．どの状態も4つの量子数の組で特徴づけられ，そしてパウリの排他律により，ある1つの状態には1つの電子しか許されない．
⇒原子軌道．

量子状態のエネルギーまたは他の性質を正確に計算することは，もっとも簡単な原子についてのみ可能だが，有益な結果を与えるいろいろな近似方法がある（⇒摂動論）．複雑な原子のもっとも内側の電子状態の性質は，X線スペクトルの研究により実験的に発見される．外側の電子は赤外，可視そして紫外のスペクトルを使い研究される．いくつかの細かい性質はマイクロ波により研究されてきた（⇒ラムシフト）．他の性質は，磁性，化学的性質，出現電圧または光電子分光から得られる．

原子価 valency
結合または置換しうる水素または同等の原子の個数．

原子核 nucleus
原子でもっとも重い部分．Zeで与えられる正の電荷をもつ．ここで，Zはその元素の原子番号，eは電子1個がもつ電荷である．原子核の半径は原子の質量数Aと式：$r = c \cdot A^{1/3}$で関係づけられることが示されている．ただし，cは定数で1.2×10^{-15} mである．

原子核は核子と総称される陽子と中性子からなる．同じ元素の原子核内にある陽子の数は，その元素の原子番号Zに等しい．Z個の陽子があるときの中性子の数Nは，ある範囲内で変わり，中性子の数が異なることによってその元素にいくつかの同位体が存在する．ある同位体の原子核内の核子の総数は質量数Aとよばれる．

原子核はその原子番号Zと質量数Aで完全に定められるので，以下のような名前の略記が可

能になる．ある原子核を表すのに，その元素の化学記号に Z と A をそれぞれ下つき，上つきの添え字で記入する．たとえば，よく知られたウランの同位体は $^{235}_{92}U$ と $^{238}_{92}U$ である．

核子は，原子核内で働く力によって，およそ球形の体積内に保たれている（⇒強い相互作用，弱い相互作用）．この引力性の結合力は核子のペアの間に働き，原子核の半径以下の近距離で作用する．原子核の構造を説明するために，液滴モデルや殻モデルなどさまざまな理論が唱えられている．さらに，陽子間に働くクーロンの反発力があるために，ある一定の数の陽子と結合して安定な原子核を構成できる中性子の数には制限がある（⇒魔法数）．

原子核の質量は，つねにそれを構成している核子の静止質量の和よりも小さい．これは，原子核を生成するときに，エネルギーが放出されるためである．失われた質量（質量欠損）に相当するエネルギーは，核子の凝集力の度合いを表すもので，原子核の結合エネルギーとして知られている．

天然に存在する原子のほとんどは安定な原子核をもっている．天然に存在する放射性の原子の原子核は不安定で，核の変質が起こり，原子番号が変化して化学的に異なる原子が生成される．人工的な原子核は，安定な原子核に陽子や重陽子などの高エネルギーの荷電粒子や中性子を衝突させてつくられる．この衝突過程は核反応とよばれる．⇒放射能，素粒子，素粒子物理学．

原子核工学　nucleonics

原子核科学の実践的応用とそれら応用に関する諸技術．

原子核の反跳　nuclear recoil

放射性の崩壊，あるいは他の崩壊で残留核が受ける力学的反跳．異常な高揮発性といった物理的効果や，重合や分子の分解を引き起こすなどの化学的効果をもたらすことがある．⇒メスバウアー効果．

原子間力顕微鏡　atomic force microscope

顕微鏡の一種で，動作は走査型トンネル電子顕微鏡と似ているが，電気的効果ではなく機械的な力を利用する．原子間力顕微鏡では探針はばねじかけのてこに支えられたごく小さなダイヤモンドの小片である．探針は試料表面と接触しており，ゆっくり動かされ，その小片と試料との間に働く力は，てこの振れから測定される．この探針は力が一定になるように上げ下げされ，表面の輪郭がつくられる．ラスター走査によりコンピューター作成の表面の輪郭図が得られる．原子間力顕微鏡は走査型トンネル顕微鏡と違い生物的試料のような非導電性の材料の像も撮ることができる．しかし，試料はかなりの硬度をもつ必要がある．

原子軌道　atomic orbital

シュレーディンガーの波動方程式の解として得られる原子中の電子の許された波動関数．たとえば水素原子では，電子は核の静電場中を動き，そのポテンシャルエネルギーは $-e^2/4\pi\varepsilon_0 r$ である．ここで，e は電子の電荷，r は核からの距離．正確な軌道は，ボーア（Bohr）の原子理論のようには考えることはできず，電子の振舞いは，電子の核からの距離の数学的関数，つまり波動関数 Ψ で記述される．波動関数の重要な点は，$|\Psi|^2 d\tau$ が体積要素 $d\tau$ に存在する電子の確率を表していることである．

水素原子に対するシュレーディンガー方程式の解をみると，電子はある許された波動関数（固有関数）しかもてないことがわかる．それぞれの波動関数は，位置の関数として $|\Psi|^2$ が空間的な確率分布となるようになっている．またそれぞれは対応するエネルギー E をもっている．これらの許容される波動関数，または，原子軌道は，次の3つの量子数で特徴づけられる．この事情は原子についての初期の量子論で許容される軌道を特徴づける量子数があるのと似ている．

n：主量子数（principal quantum number）は 1, 2, 3, … の値をとりうる．$n=1$ の軌道はもっとも低いエネルギーをもつ．$n=1, 2, 3,$ … の電子状態は，K, L, M, …殻（shells）と呼ばれる．

l：方位量子数（azimuthal quantum number）は，ある与えられた n に対して 0, 1, 2, … $(n-1)$ の値がとれる．$n=1$ では，l は値 0 しかとれない．$n=2$ に対応する原子の L 殻の電子では，$l=0$ と $l=1$ の 2 つの副殻（subshells）を占めることができる．同様に，M 殻（$n=3$）は $l=0, 1, 2$ の 3 つの副殻をもつ．$l=0, 1, 2, 3$ の軌道は，それぞれ，s, p, d, f 軌道とよばれる．l 量子数の重要なことは，それが電子の角運動量を与えるということである．電子の軌道角運動量の大きさは，

$$\sqrt{l(l+1)} \cdot h/2\pi$$

で与えられる．

m：磁気量子数（magnetic quantum number）

で，ある与えられた l に対して，$-l$, $-(l-1)$, $\cdots$, 0, $\cdots$, $(l-1)$, l の値をとる．$l=1$ の p 軌道に対しては，3 つの異なった軌道 $m=-1$, 0, 1 がある．これらの軌道は，同じ n, l の値，異なる m の値をもち，同じエネルギーをもつ．この量子数の重要なことは，もし原子が磁場中におかれたとき異なった状態の数を示すことである．

波動理論によると電子は核からいかなる距離のところにも存在しうるが，実際には有意な確率の大きさは，核から 5×10^{-11} m の範囲に限られる．最大の確率は $r=a_0$（a_0 は第 1 ボーア軌道の半径）のところで現れる．任意に決められた確率，(たとえば，95%) で電子が発見されるような領域を囲む表面により，ふつうひとつの軌道を表す．いくつかの簡単な軌道について，図に示す．s 軌道（$l=0$）は球面であるが，$l>0$ の軌道では，角度依存性があることに注意せよ．

最後に原子の中の電子は，そのスピンの方向を特徴づける 4 番目の量子数，M_s をもつ．これは，$+1/2$ または $-1/2$ の値をとり，パウリの排他律により，それぞれの軌道はたった 2 つの電子しか入れることができない．以上 4 つの量子数は元素の周期律表の説明を可能にする．

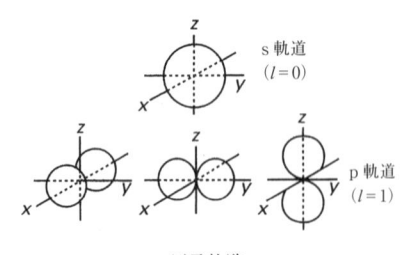

原子軌道

原子質量単位 atomic mass unit (unified)
ダルトン (dalton) ともいう．省略形 a.m.u.. 記号：u. 質量の単位の 1 つで，炭素 12 原子の質量の 1/12 に等しい．1.6605×10^{-27} kg または，近似的に 931 MeV/c^2 に等しい．

原子質量定数 atomic mass constant
記号：m_u. 1 統一原子質量単位に等しい．

原子泉 atomic fountain
原子の超微細構造の分光学的研究のための手法の 1 つ．レーザー光を使い原子を上方へ打ち上げ，重力によってふたたび落ちてくるように

する．この経路の最高点付近では原子はゆっくり動くので，エネルギー準位の精密測定が可能となる．

原子阻止能 atomic stopping power
⇒阻止能．

原子体積，原子容 atomic volume
固体元素 1 モルの体積．したがって，原子体積＝相対原子質量÷固体の密度．

検湿器 hygroscope
大気の湿度のおおまかな目安を与える装置．たいへん簡単な物としては，湿気の量があるレベルを超えると色の変わる化学物質，たとえば塩化コバルト（青から赤へ変わる）などをしみ込ませたカードがある．

原子時計 atomic clock
⇒時計．

原子熱 atomic heat
元素のモル熱容量の以前の呼び名．⇒デュロン－プティの法則．

原子爆弾 atomic bomb
⇒核兵器．

原子番号 atomic number
陽子数ともいう．記号：Z. 1 つの原子の核子中の陽子，または核子の周りを回る電子の数．原子番号は元素の化学的性質を決定し，元素の周期表での位置を決める．すべての元素の同位体は同じ原子番号をもち，異なる同位体では質量数が異なる．

検出器 detector
(1) 復調器（demodulator）ともいう．通信において，変調された搬送波からもとの情報を分離する回路あるいは装置．
(2) 物理的な量の検出や位置決めをするために用いられる装置．放射線検出器や粒子検出器など．

原色（三原色） primary color (colour)
同じ比率で混合すると，白色光（黒色）になる 3 色の光（色素）の組．組み合わせとして，赤，緑，青の組があり，また別の組としてシアン（緑青），マゼンタ（赤みを帯びた青），黄色がある．赤とシアン，緑とマゼンタ，青と黄色が補色の対になっている．加法混色によって，三原色の光を適当な比率で混ぜ合わせると，黒以外のすべての色をつくることができる．減法混色によって，三原色の 3 つの色素，絵の具などを混ぜ合わせると，白を除くすべての色をつくることができる．

原子量 atomic weight
⇨相対原子質量.

原子力発電所（Ⅰ） thermal power station
熱中性子炉で電力を発生させる原子力発電所（⇨原子炉）.

原子力発電所（Ⅱ） nuclear power station
原子炉をエネルギー源とする発電所.

原子炉 nuclear reactor, reactor

(1) 核分裂のエネルギー（energy from nuclear fission）： 概して，中程度の大きさの原子の原子核は大きな原子の原子核よりも強く結合しているので，重い原子の原子核を中程度の質量の2つの原子核に分けることができれば，大きなエネルギーが放出される（⇨結合エネルギー）．ウランの同位体 ^{235}U は容易に中性子を吸収するが，生成した ^{236}U は非常に不安定で，そのうちの 1/7 の原子核は γ 線放出で安定になり，6/7 の原子核は2つに分裂する（⇨核分裂）．放出されるエネルギー（約 170 MeV）の大部分は，分裂片の運動エネルギーとなる．加えて，平均エネルギー 2 MeV の中性子が平均して 2.5 個と，γ 線が放出される．また分裂片がもつ放射能によって，さらなるエネルギーが遅れて放出される．放出される全エネルギーは，分裂する原子1個あたり約 3×10^{-11} J，すなわち保存した質量 1 kg あたり 6.5×10^{13} J である．

核分裂可能な原子核から制御性よくエネルギーを取り出すためには，核分裂で放出される中性子が十分な量に達し，次の核分裂を引き起こして連続的な反応過程（⇨連鎖反応）となるようにしなければならない．現在のところ，放出されたエネルギーは熱として輸送され，蒸気を発生させるなど通常の燃料による方法と同じように使用されている．

(2) 原子炉の型（type of reactor）： 燃料中の ^{235}U やプルトニウム ^{239}Pu の濃度が高い原子炉では，核分裂によって発生する高速中性子をそのまま利用する．このような原子炉は高速炉（fast reactor）とよばれる．天然のウランには 0.7％ の ^{235}U が含まれている．もし放出された中性子を，燃料のほとんどを占める ^{238}U に衝突する前に減速できれば，^{238}U が中性子を吸収する可能性は低くなる．多くの中性子がそのまま飛行してやがて ^{235}U に衝突し，次の核分裂を起こす．中性子を減速するためには減速材（moderator）を用いる．減速材には軽い原子が含まれており，中性子はこれに衝突して運動エネルギーを与える．最終的に中性子は，減速材の温度における気体分子のエネルギーと同等のエネルギーをもつので，熱中性子とよばれる．またこれを用いた原子炉が熱中性子炉（thermal reactor）である．

(3) 熱中性子炉（thermal reactor）： 典型的な熱中性子炉では，燃料要素は棒状で，規則正しく並べて減速材の中に埋め込まれている．核分裂過程でできる中性子は，比較的細い燃料棒を抜けて減速材の中の原子核と多数回衝突したのち，再び燃料要素に入る確率が高い．減速材に適しているのは，純粋な黒鉛，重水（D_2O），通常の水（H_2O）である．他の原子核があると中性子を容易に捕獲してしまうので，減速材には高い純度が求められる．炉心は，なるべく中性子が抜け出さないように，適した材料の反射体（reflector）で囲まれている．いずれの核燃料要素も，放射性のある核分裂生成物が漏れるのを防ぐために，容器（たとえばマグネシウム合金やステンレススチール製のもの）に入れられている．冷却材は気体か液体で，容器に入った燃料要素のまわりを経路に沿って流れる．核分裂過程には γ 線の放射がつきものであり，また反応生成物の多くは非常に高い放射性をもつ．作業員の安全のため，装置はコンクリート製の大きな生体遮蔽で囲まれている．この内部にはさらに鉄の熱シールド（thermal shield）があり，放射の吸収によってコンクリートが高温になるのを防いでいる．

出力を一定に保つためには，制御棒を原子炉内に出し入れする．制御棒は中性子を吸収しやすい物質（たとえばカドミウムやホウ素）を含んでいる．適当な位置に置いた電離箱の電流値をたよりに自動的に棒の位置を調節し，原子炉の出力を一定に保つ．制御機構が働かなくなった緊急時には，より吸収性の高い停止棒を炉心に挿入して反応を停止させる．高い熱力学的効率を達成してなるべく多くの放出エネルギーを有効に利用するには，炉心からの熱を高温で取り出さなければならない（⇨気体冷却原子炉，沸騰水型原子炉，加圧水型原子炉，重水炉）．

(4) 高速炉（fast reactor）： 高速炉では減速材は用いられず，天然のウラン燃料に ^{239}Pu を添加したり高速中性子によって分裂した ^{235}U が加わったことにより，中性子と核分裂可能な原子との衝突頻度が増している．高速中性子はこのようにして自己持続性の連鎖反応を起こす．通常，高速炉の炉心は天然ウランのブランケットで囲まれており，一部の中性子がその中に入

射する．適当な条件のもとでは，入射した中性子が ^{238}U 原子に捕獲され ^{239}U 原子をつくり，^{239}U はさらに ^{239}Pu に変わる．炉心の燃料に添加するのに必要とした量よりも多くのプルトニウムを生成することができるので，これらは高速増殖炉とよばれる．

減衰（Ⅰ） attenuation
放射が物質を通過する際の，放射強度，粒子束密度，エネルギー束密度の減少．吸収や散乱などの物質との相互作用の結果生じる．電気回路では，エネルギーの流れに沿った経路での電流，電圧，電力などの減少．→線形減衰係数，減衰定数．

減衰（Ⅱ） decay
(1) 励起蛍光体の明るさのゆるやかな減少．
(2) →減衰する．

減衰器 attenuator
ひずみなく波を減衰させるように特別に設計された電気回路網またはトランスデューサー．減衰量は固定の場合と可変の場合がある．固定減衰器はパッド（pad）とよばれる．減衰器は通常デシベル単位で表される．

減衰計 decrement gauge
→分子式真空計．

減衰係数（Ⅰ） attenuation coefficient
→線形減衰係数．

減衰係数（Ⅱ） damping factor, decrement
(1) 減衰振動において，ある周期での振幅と次の周期の振幅の比．
(2) →減衰振動．

減衰振動 damped vibration
時間とともに振幅が減少する振動．振幅の減少は媒質の抵抗による．振幅の小さな振動では抵抗力は速度にほぼ比例する．減衰単振動の運動方程式は
$$m\ddot{x} = -kx - \mu\dot{x}$$
となる．ここで，x は変位，m, k, μ を含む項は慣性，弾性，抵抗を表す項である．解は
$$x = ae^{-\alpha t}\sin(\omega t - \delta)$$
となる．ただし，減衰定数（decay or damping factor）$\alpha = \mu/2m$,
$$\omega = \sqrt{\frac{k}{m} - \frac{\mu^2}{4m^2}}$$
で，周波数 n は $\omega/2\pi$ となる．

減衰する damped
自由な振動についていう．摩擦，粘性などによりエネルギーが消費され振動が小さくなって

いく．減衰（damping）という言葉はエネルギー損失の原因，あるいは振幅が次第に減少することの双方に用いられる．減衰の大きさが，ちょうど振動が起きなくなる大きさのとき，臨界減衰（critically damped）であるといい，減衰がこれより大きい場合，小さい場合をそれぞれ過減衰（overdamped），過小減衰（underdamped）であるという．電気計器においては次の3つの減衰機構が広く用いられている．①空気摩擦，②液体（油）の摩擦，③渦電流．これらの場合，減衰は臨界減衰よりもわずかに小さく設定するのが普通である．①と②は粘性力によっている．3つの方式はいずれにしても抵抗力は運動の速度にほぼ比例している．→ダンパー．

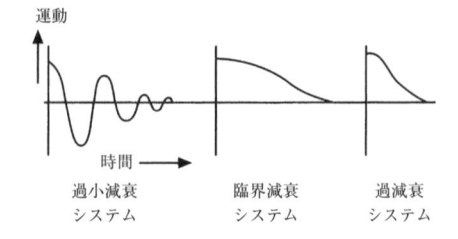

運動

時間

過小減衰システム　　臨界減衰システム　　過減衰システム

減衰定数 attenuation constant
記号：α. ある周波数の平面進行波に対しては，減衰定数は波の進行方向での電圧，電流，または，場の成分の大きさの指数関数的減少の割合を表す．たとえば，
$$I_2 = I_1 e^{-\alpha d}$$
ここで，I_1, I_2 は2カ所での電流（I_1 が波動源に近い），d がその距離．α はふつうネーパーまたはデシベルで表される．→伝搬係数．

減衰等価器 attenuation equalizer
ある特定の周波数領域で減衰ひずみを補正するために設計された電子回路ネットワーク．

減衰バンド attenuation band
→フィルター．

減衰ひずみ attenuation distortion
→ひずみ．

減衰率 modulus of decay
$a = a_0 e^{-\alpha t}$ の形の減衰振動（ここで，a_0 は初期振幅で，a は時刻 t での値）を示す系において，減衰率は振幅が初期値の $1/e$ になる時刻 t_1 に等しい．減衰率は，減衰因子 α の逆数である．

減速材 moderator
原子炉内の核分裂でつくられた速い中性子を捕獲せずに散乱して炉に適した低速に減速する

物質.

減速密度 slow-down density

記号：q．原子炉において，中性子が衝突によってエネルギーを失う速度を表す．単位時間に，あるエネルギー以下に落ちる単位体積あたりの中性子数によって表現される．→フェルミの年齢理論．

検電器 electroscope

電位差を検出する静電測定器．密閉された容器内で，絶縁された金属電極から2枚の金箔を向かい合うように吊るす．電極に電荷を与えると，金属箔は斥力を及ぼし合って互いから離れる．金属箔の片方を垂直の金属板に変えることも可能である．電位差を正確に定量できる測定器は，一般に電位計とよばれる．

検糖計 saccharimeter

光学活性溶液，とくに砂糖の偏光面の回転を計る器具．

顕微鏡 microscope

(1) 小さな物体の拡大像をつくるための光学装置．単式顕微鏡 (simple microscope) (あるいは拡大鏡 (magnifying glass)) は，**色収差と球面収差を補正した1つの強い集束レンズ系**からなり，高倍率が必要でないときに使われる．物体は通常レンズ系の焦点に置かれ，像を無限遠につくる．正常な裸眼は，近点 (25 cm) でもっとも明瞭に像を見る．このため，拡大率は $25/f$ (f は cm 単位の焦点距離) である．

複合顕微鏡 (compound microscope) (図 a) は本質的に2つのレンズ系からなり，約1500倍までの大きな拡大率が得られる．焦点距離の非常に短い**対物レンズ**が拡大した物体の実像をつくり，さらに，単式顕微鏡として働く**接眼レンズ**により拡大される．全拡大率は対物レンズと接眼レンズの拡大率の積になる．複合顕微鏡では，普通，低，中，高倍率を与える対物レンズを選べる．さらに大きな拡大率は油浸により得られる (→**分解能**)．**ホイヘンス接眼レンズ，ラムスデン接眼レンズ**（測微顕微鏡で使われる），補償接眼レンズ（色消し対物レンズを使う場合）などの接眼レンズがよく使われる．光学顕微鏡の分解能の上限は 200 nm と 300 nm の間にある．双眼顕微鏡 (binocular microscope) は，2つの接眼レンズをもつ．物体からの光はプリズムにより2つの光線に分けられる．双眼顕微鏡は，奥行き知覚にすぐれ，目にとってははるかに快適である．カメラを付けるために第3の接眼レンズを備えていることもある．実体顕微鏡 (stereoscopic microscope) は，2つの接眼レンズと2つの対物レンズをもち，物体を透過光ではなく反射光で観測する．拡大率は普通 100 倍オーダーである．

O＝物体
I_F＝最終像（虚像）
I＝物体の像

(a) 複合顕微鏡

透明な物体を低拡大率で観測する場合，照明は物体の下方にあって，光源からの光を鏡で物体上に反射する．拡大率を大きくするためには，アッベコンデンサーレンズや変形アッベコンデンサーレンズ（可変焦点）のようなサブステージコンデンサーレンズが必要である．これは，反射鏡と物体の間に置かれ，鏡を使うより大きな頂角をもつ光円錐内の光を集めることができる．不透明な物体の観察には，上方からの照明が必要になり，対物レンズが実際上コンデンサーレンズとなる．光学顕微鏡は，1つの平面だけを鮮鋭にフォーカスすることができるので2次元の像が得られる．もし，物体がかなり透明なら，異なる深度に焦点を合わせることができるが，焦点面の上下の物質が光と相互作用するので，像はぼやける．そのため，顕微鏡は，透過光で薄い試料を見るときや，反射光で平らな試料を見るときにもっとも性能がよくなる．約200倍程度の低拡大率でのみ物体の形を得ることができる．

物体の詳細は，濃度領域を変えることによって観察できる．強く光る背景があると，小さな透明物体は，非常に観察しにくい．暗視野照明 (dark-field illumination) は，小さな物体を観察しやすくする．コンデンサーレンズの中心上に不透明な円盤を置き周辺光が対物レンズには入らないようにすると，物体の周辺が周辺光により照明される．光の一部は試料で屈折され対物レンズに入る．こうして明るい像が暗い背景の中に得られる．しかし，細部はほとんど見えない（直接光が対物レンズに入らないように物体を斜めから照明すれば同様の効果が得られ

る).

 透明な標本でも屈折率は場所ごとにわずかに異なる.この不均一のため対物レンズの焦点面に回折パターン(→光の回折)が現れる.物体を通過した回折光は通過しなかった非回折光と1/4波長だけ位相が異なる.位相差顕微法(phase-contrast microscopy)(図 b)では,透明な位相板(phase plate)を使って非回折光の位相を1/4波長シフトさせる.位相板の表面は,中心の周りに浅い円形の窪みをもつか,中心でわずかに高くなった円盤をもつように成型され,位相シフトを起こす.サブステージのリングスリットは対物レンズの焦点面上にその像を結び,位相板もその対物レンズの焦点面に置かれる.最終的な像は,回折光と非回折光との干渉のため,高いコントラストをもつ.
 干渉顕微法(interference microscopy)では,2つの薄く銀蒸着された表面の間に透明な物体を置く.物体を通過した光は通過しなかった光と干渉し,干渉パターンが観測される.同様な方法で不透明な物体を見ることも可能である.

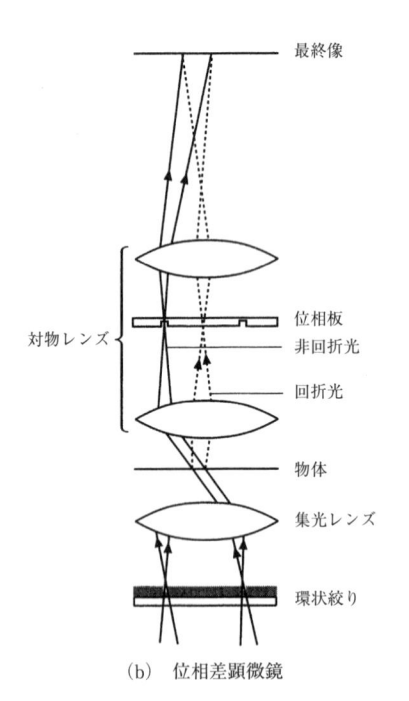

(b) 位相差顕微鏡

 反射顕微鏡(reflecting microscope)は,通常のレンズ系の代わりに反射対物鏡を使い,赤外線から紫外線の範囲の波長を同じ点にフォーカスすることができる.紫外線顕微法(ultraviolet microscopy)(→分解能)では,紫外線の波長が短いため顕微鏡の分解能は100 nmまで上がる.像は紫外線を記録するための写真乾板を使って可視化される.X線顕微法(X-ray microscopy)(あるいは微細X線写真(microradiography))では,さらに分解能が上がり,その像はフィルムか蛍光スクリーンに記録される.
 (2) →電子顕微鏡.
顕微鏡写真術 photomicrography
 顕微鏡の像を写真媒体へ記録する方法.記録された像は顕微鏡写真(photomicrograph)とよばれる.
顕微濃度計 microdensitometer
 写真乾板のような,試料の透過密度をわずかな変化まで自動的に測定,記録する装置.
減法混色 subtractive process
 3色の異なる色素や顔料など減色基材(subtractive primaries)とよばれる吸収媒質(あるいはフィルター)を混ぜることで,色をつくったり複製したりする方法.この混合物で反射(あるいは透過)した光の色は,それぞれの媒質で決まっている色の吸収すなわち削除により決まる.3色の色素あるいは顔料としては,一般に黄色,マゼンタ,シアン(緑色かかった青)が用いられ,それらをほぼ等分量で混ぜると黒になる.→加法混色.
原理 principle
 多数の場合で実証された,非常に一般的で包括的な法則.例:パウリの排他律,ハイゼンベルクの不確定性原理,フェルマーの定理,等価原理(→相対性理論).
検流計 galvanometer
 微小な電流を測定する装置で,通常は電流がつくる磁場と磁石がつくる磁場とのあいだの機械的な相互作用を利用する.もっとも一般に使われるのは,可動コイル検流計(moving-coil galvanometer)で馬蹄型永久磁石のつくる磁場中に小さなコイルをつるしたものである(→電流計).高周波の電流の検出のためには熱電流計(thermogalvanometer)が使用される.これは電流による抵抗体の熱上昇を熱電対で測るものである(→無定位系,衝撃検流計,アイントホーヘン検流計).

弦理論　string theory

素粒子に関する理論で，実在の基本的な形は点状の粒子ではなく，有限の長さの線（弦（string），あるいは弦でできた閉じた輪であるという考え方に基づく．素粒子は弦の上にできる定在波であるという考えがもとになり発展した．

数多くの理論的な努力が弦理論の発展に貢献した．なかでも，弦の考え方と**超対称性**の考えを結びつけ，超弦（superstring）理論が導びかれた．この理論は，基本的な相互作用を記述する統一理論を導くのに，**場の量子論**よりも有用であると思われている．なぜなら，場の理論に重力相互作用を組み込むときに起こる発散の問題を，おそらく避けることができるからである．超弦理論では必然的にスピンが2の粒子を必要とし，それは**重力子**であると思われている．弦理論は，弱い相互作用においてパリティの保存が破られることも示している．

超弦理論は高次元空間を考えに入れる．すなわちフェルミオンに関しては10次元，ボソンに関しては26次元である．余分な次元は強く「巻きとられている」ので，現在の時空は4次元であると提唱されている．

超弦の存在を直接示した実験的証拠はない．それは長さ約 10^{-35} m，エネルギー 10^{19} GeV と考えられており，存在する加速器のエネルギーよりはるかに高い．この理論の拡張に，実在の基本形は単純な1次元の弦でなく2次元的なもの，すなわち超膜（**supermembrane**），であるという理論もある．

コ

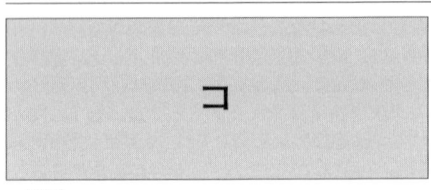

コア core
(1)(コア) 電磁装置の磁気回路の強磁性体部分．簡単なフェライト磁心 (ferrite core) は，円環，円筒などの形をした強磁性体の固形物．成層鉄心 (laminated core) は強磁性体のラミネーションで構成される．巻鉄心 (wound core) は何層もらせん状に巻く強磁性体のストライプで構成される．
(2) ⇒炉心．
(3)(核) 鉄を多く含んだ地球の中心部分で，半径は約 3500 km である．温度と圧力は非常に高く，それぞれ 5000 K と 400 GPa に達する．内核は固体で外核は液体である．地球磁場は外核中の複合ダイナモの作用である．
(4)(磁気コア) 小さなフェライトリングで，以前は1ビットの情報を記憶するのに使われていた．磁化の方向が0か1を決めるのに使われていた．

コア型変圧器 core-type transformer
層状のコアの大部分を巻線が取り囲む型の**変圧器**．ヨーク (yoke) の周りに巻線を巻き，ヨークは層を積み重ねてつくる (図参照)．別の層リム (limb) で巻線を囲み，コアが完成する．⇒外鉄型変圧器．

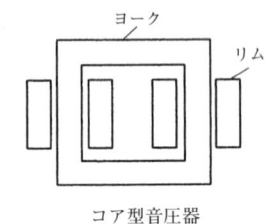

コア型変圧器

コイル coil
導線をらせん状に巻いたもの．インダクターとして使われ，変圧器，モーターおよび**発電機**の巻線にも使われる．

鋼 steel
⇒合金．

合 conjunction
⇒衝．

高圧 high tension (H.T.)
高電圧．とくに熱電子管の陽極にかかる電圧について，通常 60〜250 V の範囲にあるもの．

高域フィルター high-pass filter
⇒フィルター．

高音拡声器 tweeter
hi-fi システムで比較的周波数の高い音を再生するために設計された小型のスピーカー．⇒ウーファー．

高温気体冷却原子炉 high-temperature gas-cooled reactor (HTR)
⇒気体冷却原子炉．

高温計 pyrometer
高温を測定する機器．いくつかのタイプがある．
(1) 光高温計．プランクの公式 (⇒**放射公式**) に基づく．このタイプの高温計は国際実用温度目盛で高温の測定に使われる．
(2) 全放射高温計 (total radiation pyrometer) は，シュテファン-ボルツマンの法則 $E = \sigma T^4$ に基づく．もっとも便利なものはフェリー (Féry) の**全放射高温計**である．

高温超伝導 high-temperature superconductivity
⇒超伝導．

光学 optics
光とその発生，伝搬，測定や性質に関する物理学の一分野．第1近似では光は直線上を進むので，光を光線として扱う光学は幾何光学とよばれる．これは実際に観測される光の諸現象を説明する物理光学 (physical optics) とは区別される．光学への興味は，照明工学，光工学，光加工，気象学，天文学など広範囲に及ぶ．⇒非線形光学，光エレクトロニクス．

光学回転 optical rotation
⇒光学活性．

光学活性 optical activity
溶液や結晶において，平面偏光の偏光面を回転させる能力．回転の量は，光が通過した物質の長さに，また溶液の場合には濃度にも比例する．偏光面の回転する角度は光学回転角 (angle of optical rotation) とよばれ，記号 α で表す．単位はラジアンである．こちらに向かってくる光を見たときに，偏光面が時計回りに回転したのであれば，光学活性は右旋性 (dextrorotatory) とよばれ，反時計回りに回転したのであれば左旋性 (laevorotatory) とよばれる．

光学ガラス optical glass
機械的・光学的な欠陥（密度，ひずみ，素材の不均一性，色，屈折率など）が生じないように，製造時に特別な注意が払われたガラス．レンズの設計者は，色収差や球面収差をさまざまな精度で補正するために，高い精度で測定された規定の屈折率と分散をもつ選り抜きのガラスを必要とする．そこでガラスメーカーは，硬質クラウン，重バリウムクラウン，軽バリウムフリント，軽フリントなどいろいろな種類のガラスのカタログを提供している．これらのカタログには，黄色のD線に対する屈折率（n_D），平均の分散（$n_F - n_C$），アッベ数などが掲載されている．

光学距離 optical distance
⇒光路．

光学系の開口と絞り aperture and stop in optical system
光学系を通過する光線は，それを構成するレンズ群やまたその他の光学素子の開口により制限を受ける．光学素子を支持する構造物も絞りの働きをするものと考える．これに加えて，不必要な光線をカットするように設計された絞りも組み込まれる．

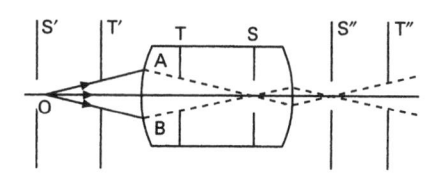

(a) 光学系における絞り

図aに示すような2つの絞り（またはレンズの開口）S, Tをもつ光学系を考えよう．S'とT'をこれらの絞りの物空間（光線が右から左に進む）における像としよう．光がTの開口を通過できるためには，光は光学系に入る前にT'を通過していなくてはならないはずである．したがって，光軸上の点Oを出る光が，光学系を通過できるためには，その光がOABの円錐の中に入っていなければならないことになる．その後，この光が進む道筋は点線で示してある．
Oを出て光学系を通過できる光量は絞りTで制限されている．Tはこの系の開口絞り（aperture stop）である．物空間でのTの像T'は入射ひとみ（entrance pupil）とよばれる．開口絞りの像空間（光線は左から右へ進む）で

の像T″は射出ひとみ（exit pupil）とよばれる．

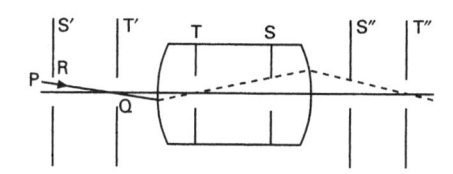

(b) 光学系における絞り

図bに示すように光軸外の点Pから出る光を考えよう．入射ひとみの中心を通る光線PQは，主光線（principal ray）とよばれる．S'面上の視野は開口S'の径により制限される．光軸からみてRより遠い所から出る光は，光学系を通過できない．実在の絞りSはこのようにして視野を制限するので，視野絞り（field stop）とよばれる．その物空間における像S'は入射窓（entrance window または entrance port）とよばれる．像空間における像は射出窓（exit window または exit port）とよばれる．視野の大きさ（field of view）は，入射窓が入射ひとみの中心で張る角によって表される．

光学軸 optic axis
複屈折結晶内のある特定の方向（単一の直線ではない）．その方向に進む常光線と異常光線の速度が等しく，複屈折していないように見える．すなわち，結晶中で光線のどの偏光成分も単一の速度で伝搬する方向．

光学台 optical bench
木の角材や桁状の鋼などでできた堅いテーブルで，レンズ，鏡，光度計のセンサーなどの支持台を直線に沿って容易にスライドできるようにしてある．また，付属の目盛によってこれら光学素子の位置や移動距離を正確に決めることもできる．目的と必要な精度によって設計は異なる．焦点距離の決定，収差の検査，光度計の移動，干渉・回折実験などに用いられる．

光学的距離 reduced distance
⇒換算距離．

光学的に正の結晶 optically positive crystal
⇒光学的に負の結晶．

光学的に負の結晶 optically negative crystal
複屈折が起こり，常光線の屈折率（ω）が異常光線の屈折率（ε）よりも大きい結晶．光学的に正の結晶（optically positive crystal）では，

$\varepsilon > \omega$ である．以上は**一軸性結晶**の場合の定義である．二軸性結晶の場合には以下のように定義される．α, β, γ を主屈折率とし，この順に大きくなっているとする（$\alpha < \beta < \gamma$）．β が α よりも γ に近いとき光学的に負であるといい，β が γ よりも α に近いとき光学的に正であるという．

光学密度　optical density
→透過密度．

広角レンズ　wide-angle lens
カメラのレンズで標準レンズよりも比較的に焦点距離が短いもので大きな視野（スチルカメラで 80〜100°程度）をもっている．

交換関係　exchange relation
行列力学では，p と q が運動量と位置座標を表す行列であるとき，関係式 $pq - qp = h/(2\pi i)$ を交換関係という．これは，それ以前のウィルソン-ゾンマーフェルトによる量子条件に代わるものである．→量子論，量子力学．

交換子　commutator
電気機器において，電機子巻線の各部分が順番に外部の電気回路と接続する装置．これは，簡単な電流逆転器として使えるし，交流を直流に変換する（あるいはその逆）ためにも使える．直流機器では，カーボンブラシによって外部回路と接続する．カーボンブラシは交換子の表面とつねに接触する．

交換力　exchange force
2つの粒子間で，共有する粒子を交換することによって生じる力．量子力学では，2つの相互作用する粒子（たとえば2つの陽子）が1つの粒子（軌道電子）を共有することによって水素分子イオン（H_2^+）の共有結合が生じる．この場合，2つの陽子間で1つの電子をつねに交換しているとみなすこともできる．素粒子物理では，ゲージボソンとよばれる粒子の交換により，4つの基本的な相互作用，すなわち強い相互作用，電磁相互作用，弱い相互作用，重力相互作用が生じると考えられている．→強磁性．

合金　alloy
単一元素ではないが，金属的性質を示す物質．少なくともその主要成分の1つは金属である．金属元素と非金属元素との化合物は，それが多少金属的性質を示したとしても合金とはいわない．工業的には，大部分の合金は，成分の混合物を溶かし，これを固めることによりつくられる．しかしまた合金は次のようにしてもできる．すなわち金属粉を固める，混合物の同時電着（電気分解による析出），固体中への成分元素の

拡散，混合気体の蒸着などである．
鋼（steel）は鉄と非金属元素の炭素との合金であるが，これに用途に応じてしばしば他の元素も添加する．たとえば，さびないクロム鋼や高透磁率のシリコン鋼などがある．
真鍮（brass）は銅と亜鉛を主成分とする．ほとんどの等級の真鍮は鉄よりも密度が約 5% 高く強度や融点は低い傾向にある．
青銅（bronze）は銅とスズを主成分とする．
アマルガム（amalgam）は水銀を含んだ合金である．

口径食　vignetting
光線が光学系を通るとき，そのゆがみ（obliquity）が増加するような場合，光線の断面積が徐々に減少することをいう．このゆがみは光学系の開口やレンズマウントなどによって光線が遮られることによる．

口径比　relative aperture
→f ナンバー．

光行差　aberration（of light）
見掛け上の星の位置がわずかにずれること．光の速さが有限で，地球が太陽の周りを公転しているなど，観測者が移動しているために起こる．

交互勾配集束　alternating-gradient focusing
→集束，焦点合わせ．

交差円筒レンズ　crossed cylinder
円筒面をもった薄いレンズで，2つの軸が斜交あるいは直交しているもの．とくに，軸が直交する同じ円筒の凸面と凹面と同じ効果の薄いレンズを指すことが多い．

交差結合　cross coupling
→減結合．

交差偏光子　crossed polarizer
→マリュスの法則．

交差レンズ　crossed lens
平行光線に対して球面収差が最小になるように設計された球面レンズ．たとえば，屈折率が 1.5 のガラスを用いた場合には，両凸レンズとし，一面の曲率半径を他の面の 6 倍になるようにすればよい．

光子　photon
電磁放射の量子．$h\nu$ のエネルギーをもつ．ここで，h はプランク定数，ν は放射の周波数である．光子は，光速 c で伝搬し，$h\nu/c$ すなわち h/λ（λ は波長）の運動量をもつ素粒子とみなせる．光子によって，原子や分子を励起すること

ができ，さらに高いエネルギーの光子によって電離させることができる（⇒光電離）．⇒コンプトン効果，光核反応．

格子 lattice
（1）結晶において原子，分子，イオンの位置を特定する規則的に繰り返される3次元の点の配列．⇒ブラベ格子，結晶系．
（2）原子炉の炉心の内部構造で，分裂性の物質と非分裂性の物質，とくに減速材が規則的に配列されたもので構成されている．

格子間原子構造 interstitial structure
小さな原子が，大きな原子の隙間に入り込んでできる結晶構造での配置で，大きな原子自体は正規の結晶構造で並んでいる．これは半導体と同様，鋼やその他の合金の構造に関連してたいへん重要である．⇒欠陥．

光軸 optical axis
光学系の入射ひとみと出射ひとみの中心を通る光線の経路（⇒光学系の開口と絞り）．主要点はこの線上にある．

格子定数 lattice constant
結晶の単位格子の稜の長さや軸のなす角．通常，立方体単位胞の稜の長さを指す．

高周波 radio frequency（r. f.）
3 kHz～300 GHzの周波数の電磁放射，あるいは，同じ周波数帯の交流電流．

高周波加熱 radio-frequency heating
交流電磁場の周波数がおよそ25 kHz以上であるときに起こる誘電加熱または誘導加熱を指す．

格子力学 lattice dynamics
結晶格子の励起が固体の熱的，光学的，電気的性質に与える影響について研究する学問．

光心（光学中心） optical center
レンズの表面と光軸が交わる点．厚いレンズの場合は，レンズにより向きが変わらない（つまり，横方向の変位の有無によらず入射光と出射光が平行である）すべての光線群が通過する光軸上の点として定義される．光心の位置は，レンズの厚さと表面の曲率半径にのみ依存し，波長によらない．

硬真空管 hard-vacuum tube
高真空管（high-vacuum tube）ともいう．残留気体の電離が電気特性に影響を及ぼさない程度に真空度が高い．

後進波発振器 backward-wave oscillator
⇒進行波管．

向心力 centripetal force
⇒力．

恒星 star
自分自身で光る天体．中心で起こっている核融合のエネルギーが表面に移動し，空間に放射する．重力による内側に向かう力と，ガスや放射の圧力による外側に向かう力とがつり合い，流体静力学的な平衡状態にある．年を経るとともに，恒星の内部構造や化学組成が変化する．⇒等級，星のエネルギー，星のスペクトル，ヘルツシュプルング-ラッセルの図，白色わい星，中性子星，ブラックホール，天球．

校正 calibration
測定器の任意の目盛の絶対値の決定．

合成音 resultant tone
⇒結合音．

恒星時 sidereal time
⇒時間．

恒星進化 steller evolution
⇒ヘルツシュプルング-ラッセル図．

恒星年 sidereal year
⇒時間．

恒星日 sidereal day
⇒時間．

剛性率 rigidity modulus
⇒弾性率．

鉱石検波器 crystal detector
半導体結晶の整流作用を利用した検出器．異なる結晶を接合する場合や結晶を金属と接合する場合がある．ラジオの検波器の最初期によく利用され，最近ではマイクロ波の検出器や混合器として用いられている．

光線 ray
光の直線的伝播に1次近似の表現を与える数学的概念であり，幾何光学理論の基礎をなす考え方．等方的媒質では，光線は波面に対して垂直である．複屈折では，常光線は波面に垂直であるが，異常光線が波面に垂直なのは特別な場合に限られる．一般に，光線は波面間の最短の光学的経路である．⇒光束．

高層（自記）気象計 meteorograph
温度，相対湿度，圧力，風速のうちいくつか，あるいはすべてを記録するための装置．通常，気球か凧により上空に運ばれる．

光束（Ｉ） luminous flux
記号：ϕ_v，ϕ．視覚によって評価した光の放射エネルギーの流量．光束は光源からの放射束を観測者の特性，すなわち受光体のスペクトル

感度に応じて校正したものである．たとえば波長 λ で放射束 Φ_e の単色光源を考えると，光束は $\Phi_e V(\lambda)$ に比例する．ここで，$V(\lambda)$ はスペクトル視感度関数である．この係数は標準的な観測者の波長 λ の光に対する明所視力の視感度に応じて放射束に重みをつけるものである．具体的には光束は以下の式

$$\Phi_v = K_m \Phi_e V(\lambda)$$

で与えられる．K_m は光束と放射束との間の単位を関係づける定数である．多色光に対しては放射束は一般に波長によって異なり，光束は

$$\Phi_v = K_m \int (d\Phi_e / d\lambda) V(\lambda) d\lambda$$

と定義される．ここで，$(d\Phi_e / d\lambda)$ は波長 λ から $\lambda + d\lambda$ の範囲の放射束である．

定数 K_m は（明所視力に対して）$680\ \mathrm{lm\ W^{-1}}$ である．これはスペクトル視感度効率の最大値である．光束の単位は lm である．

光束（Ⅱ） pencil (of rays)

光学系を通過する細い円錐状または円筒状の光線の束．光束は開口絞りにより制限される範囲にある（→光学系の開口と絞り）．光束の中心の光線が主光線（chief ray）である．

高速核分裂 fast fission

高速中性子により起こる核分裂．

高速増殖炉 fast breeder reactor (F.B.R.)

消費するより多くの核分裂物質を作り出す高速原子炉（→増殖炉）．これらの原子炉は熱中性子炉よりも燃料消費の観点から経済的である．熱中性子炉では地球で採掘されるウラン鉱石の1％しか使用できないのに対して，75％を用いることができる．高速増殖炉の最初の燃料注入後（1000 MW の電力生産には 3000 kg のプルトニウムを必要とする），正味必要とする天然ウランの量は非常に少なくなる．

燃料は小さな炉心にする必要があるため，小さな表面を通して大きな熱流が生じる．そのため冷却材として液体金属（通常はナトリウム金属）を用いる．最初の回路では，ナトリウムは燃料素子の周りの細管群を通るため，放射性を帯びる．この放射性ナトリウムから2番目のナトリウム回路に熱を移送するため熱交換器が用いられる．そして2番目の回路からは次の熱交換器で熱を取り出し，蒸気を作り出す．熱中性子炉と比べ，最初の高速増殖炉は極端に複雑であり，21世紀初頭までは，経済的であるとはいいがたい．

高速中性子 fast neutron

ある値以上，一般には 0.1 MeV（1.6×10^{-14} J）以上の運動エネルギーをもつ中性子．しかし，^{238}U の核分裂の臨界エネルギーすなわち 1.5 MeV 以上の場合にも使われる．このエネルギーの中性子により高速核分裂を開始することが可能になる．

光束発散度 luminous exitance

記号：M_v，M．表面上の点から単位面積あたり発する光束．単位：$\mathrm{lm\ m^{-2}}$．以前は luminous emittance といわれた．→放射発散度．

高速炉 fast reactor

→原子炉，高速増殖炉．

剛体 rigid body

物体にどんな力がかかっても，物体内の任意の2点間の距離が変化しない場合，その物体は剛体とよばれる．抽象的ではあるが，力学では有用な概念である．

光弾性 photoelasticity

応力複屈折（mechanical birefringence, stress birefringence）ともいう．ふだんは透明で等方的な物質が，応力を受けたときに光学的異方性をもち，複屈折を起こす効果．偏光を用いるとその効果が顕著に現れる．工学では，この現象を利用して，透明なプラスチック製の模型を使って構造物の中の応力を調べる．

高弾性 high elasticity

通常よりかなり大きな応力に対してもフックの法則がよく成り立つ物質（たとえばセルロース水和物，その他の生体高分子など）が示す性質．

降着 accretion

ばらばらの物質が引力の中心に向かって重力崩壊することで物質が蓄積する過程．蓄積される物質は通常，主系列から外れ進化の過程で赤色巨星のフェーズに入った星の大気外側からおもに生じるほこり粒からなる．→ヘルツシュプリング-ラッセル図，新星，星間物質．

降着円盤 accretion disk (disc)

星または質量の大きな天体の周りを回る円盤状の宇宙塵粒子の蓄積のこと．他のダスト雲や近くの星の爆発による衝撃波（→新星）による擾乱は，気体やダストでできた大量の雲をばらばらにし，小さく密度の高い雲にする．これら物質や星雲（→星雲）が高密度に集まっている領域は自身の重力によりわれわれの太陽系程度の大きさまで崩壊する．この密度の高い星雲の

中心で，十分な物質が降着（→降着）すれば星が形成される．この星雲は結果として角運動量を持ち，崩壊で雲の自転が増加し円盤の形をとるようになる．円盤の中で局在化した密度ゆらぎは，より大きな断片へ局所的な降着をもたらし最終的に惑星となる．

高調波 harmonic
→倍音．

高調波発生器 harmonic generator
入力信号の基本周波数の奇数倍または偶数倍の多くの倍音を生成する信号発生器．

高調波ひずみ harmonic distortion
→ひずみ．

抗張力 tensile strength
張力下で測定された物質の極限強度．

公転 revolution
(1) 軸のまわりの，ないしは，物体の外部にある点のまわりの，物体の運動．天文学ではこの語は天体の質量中心のまわりの軌道運動という意味で用いられ，自転という用語は軸のまわりの運動を表すのに使われる．
(2) 上のような運動の1周期．

高電圧 high voltage
650 V をこえる送配電用の電圧．

光電陰極 photocathode
光電効果によって電子が発生する陰極．

光電効果 photoelectric effect
ある周波数をもつ電磁放射によって物質から電子が放出される現象．固体では，電磁波の波長がある特定の値（光電限界 photoelectric threshold）よりも短いときにだけ，電子が放出される．ほとんどの固体ではこの値は真空紫外のスペクトル領域にあるが，いくつかの金属（Na, K, Cs, Rb など）や半導体は，可視光や近紫外線によって電子を放出する．

1902年にレーナルト（Lenard）は，放出電子の最大速度は光の強度によらず，光の周波数に対して線形に増加することを明らかにした．また，それぞれの周波数において，放出される電子の数は光の強度に比例した．アインシュタイン（Einstein）はこの振舞いを，入射光のエネルギーが $h\nu$ の大きさの単位からなる離散的な量（光子）に変換されていると仮定することにより説明した．ここで h はプランク定数，ν は光の周波数である．光子のエネルギー（$h\nu$）が仕事関数とよばれる一定の値 ϕ を超えると，吸収された1個の光子が1個の電子を放出させる．電子の運動エネルギーの最大値 E は，$E = h\nu - \phi$ で与えられる．これはアインシュタインの光電方程式（Einstein photoelectric equation）として知られている．この最大運動エネルギーをもつ電子は，固体中でもっとも弱く束縛されていた電子である．より強く束縛された電子も，E より小さいエネルギーをもって放出される．

光電効果は固体だけで起こるものではなく，液体や気体も光の影響で電子を放出することがある．気体では，おのおのの電子は1個の原子や分子からはぎとられる．この場合，アインシュタイン方程式の仕事関数は，イオン化ポテンシャルで置き換えられる（→光電離）．

非常に短い波長の電磁波（X線や γ 線）を用いれば，あらゆる物質で光電効果が起こる．この場合，アインシュタイン方程式で ϕ を内殻電子（→原子軌道）の束縛エネルギーに置き換えればよい．

光電子増倍管 photomultiplier
光電効果によって生じた一次電子がカスケードを引き起こす電子増倍管．このような管の陰極は，光が照射される光電陰極である．

光電子分光 photoelectron spectroscopy
電子分光法の1つ．試料に単色の紫外線を照射することで，原子や分子のイオン化ポテンシャルを測定することができる．また単色のX線を用いると，原子や分子の内殻に強く束縛された電子のエネルギーを決定することができる．特定の元素の内殻電子の束縛エネルギーは，その元素のつくる化合物に依存する．したがって，この分光法は定量・定性分析に用いられる．

光電子放出 photoemission
光電離や光電効果でみられるような，光子との衝突による電子の放出．

光電池（I） photocell, photoelectric cell
光–電気変換器．もともとは，光が光電陰極にあたると光電陰極と陽極の間に電流が流れる二極管からなる光電池のこと．いまでは，両端にオーム接触を施した板状の半導体でできた光伝導セル（photoconductive cell）のことをさすようになった．光や適当な波長の放射に照らされると，電荷キャリヤーの発生によって伝導率が大きく増加する（→光導電性）．それにより外部の回路に光電流が流れる．

フォトダイオードや光起電力型の光電池（photovoltaic cell）をさすこともある．

光電池（II） photovoltaic cell
光起電力効果によって起電力を作り出す電子部品．例としては，バイアスがかかっていない

p-n接合でできている**太陽電池**がある．金属 - 半導体接合を使用したものもある．これらの動作は，バイアスのかかっていない接合間のポテンシャル障壁の形に依存する（⇒ショットキー効果）．これらは整流光電池（rectifier photocell）あるいは障壁層光電池（barrier-layer photocell）ともよばれる．典型的な構造を図に示す．n型半導体と外部端子の接触部分は，入射光の反射を最小限にするためにメッシュになっている．

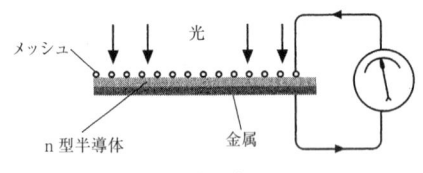

光電定数 photoelectric constant
プランク定数の素電荷に対する比．

光度（Ⅰ） luminosity
（1）視感度に依存した光源の輝度．光度は光源のパワー，すなわち放射束に依存する．また人間の目の感度が波長に対して異なることにも依存する．放射の大きさはエネルギーの測定量に基づく純粋な物理量である．一方，光度の大きさは観測者の輝度に対する評価に依存する量で，観測者の目のスペクトル感度に依存する．
（2）記号：L．星または天体の固有なまたは絶対的な明るさのことをいい，物体から単位時間あたり放出される全エネルギーに等しい．これは物体の表面積と実効温度（effective temperature）T_e に依存する（すなわち表面温度．これは物体と同じ半径でまた単位面積および単位時間あたりに放射する全エネルギーが同じ黒体の温度として表される）．これはステファン-ボルツマンの法則によって以下の式
$$L = 4\pi R^2 \sigma T_e^4$$
で表される．ここで，σ はステファン-ボルツマン定数，R は物体の半径である．したがって，同じような温度 T_e の星でも光度が大きく異なる星はその大きさが異なるはずで，このような星は異なる光度の星に分類（luminosity class）される．光度は天体の絶対等級にも関連する．

光度（Ⅱ） luminous intensity
記号：I_v, I．点光源からある方向に単位立体角あたりに放射される光束の大きさ．単位はcd．光源からの放射は方向によって異なり，またその方向も特定の方向である．光度をすべての方向に対して平均をとったものは方向平均強度（mean spherical intensity）とよばれる．大きさをもった光源に対しては単位面積あたりの光度，すなわち**輝度**が用いられる．⇒放射強度．

高度 altitude
（1）海面からの垂直距離．
（2）星の位置を支持するために，方位角と組にして使われる座標の1つ．⇒天球．

黄道 ecliptic
⇒天球．

高度計 altimeter
アネロイド気圧計で，地上から高度とともに気圧が減少することを利用して，高度を直接指示するように工夫された機器．

光度計（測光器） photometer
⇒測光．

光年 light-year（l.y.）
天文学で一般に使用される距離の単位．真空中を光が1年かけて進む距離（$9.460\,528 \times 10^{15}$ m，$0.306\,594\,9$ パーセク）に等しい．

勾配 gradient
（1）グラフの任意の点における勾配：その点におけるグラフの接線の傾きで縦軸の増分を横軸の増分で除した値．
（2）スカラー場 $f(x, y, z)$ の任意の点の勾配．距離変化に対しスカラー値が最大変化をする方向に向いたベクトル，すなわちその点の $f = $ 一定の面に垂直な方向のベクトルである．このベクトルの各座標軸方向の成分は，その軸方向の変数で偏微分した値，f_x, f_y, f_z で，
$$\mathrm{grad}\,f = \nabla f = \boldsymbol{i}f_x + \boldsymbol{j}f_y + \boldsymbol{k}f_z$$
と書ける．ここで，∇ は微分記号 del または nabla，$\boldsymbol{i}$, $\boldsymbol{j}$, $\boldsymbol{k}$ はそれぞれ x, y, z 方向の単位ベクトルである．電場は電気ポテンシャルの勾配にマイナス記号をつけたものである．⇒電位の傾き．

降伏応力 yield stress
クリープを起こす最低の応力．この大きさ以下では外力による変形は完全に弾性的である．

降伏値 yield value
材料が流動しはじめるのに最低必要な応力の大きさ．

降伏点 yield point
材料にかかる応力とひずみの関係を表すグラフにおいてひずみが時間に依存するようになり，材料が流動しはじめる点．

後方散乱 back scatter
放射が物体に入射した面と同じ面から放射が現れる散乱過程. この語はまた, そのような過程を経た放射にも使われる.

硬放射線 hard radiation
高い透過度をもつ電離放射線で, とくに波長の短いX線をさす. ⇒軟放射線.

後方焦点距離 back focal length
⇒バックフォーカス長.

公理 axiom
証明を必要としない自明の命題.

効率 efficiency
(1) 機械では, 効率 η とは, 機械がした仕事を, その機械がされた仕事で割ったものをいう. 定常動作時には, これは, 出力パワーを入力パワーで割ったものに等しい. 通常, 百分率で表す.
(2) 熱機関では, 効率とは, 熱機関がした仕事量を熱入力量で割ったものをさす. 理想的な可逆機関では, すべての熱入力は温度 T_1 で起こり, すべての余分な熱量はそれより低い温度 T_2 で放出されるが, このときの効率は, $(T_1-T_2)/T_1$ である. ただし, 温度は熱力学的温度とする. ⇒カルノーサイクル, カルノーの定理.

交流 alternating current (a.c.)
電気回路において, その回路の定数とは独立な周波数 f で周期的に流れの方向を変える電流. いちばん簡単な場合, 電流の瞬時値 I は時間とともに
$$I = I_0 \sin(2\pi ft)$$
のように変化する. ここで, I_0 は電流のピーク値である.

交流発電機 alternator
交流電圧・電流を発生する発電機. 誘導発電機や同期交流発電機などがその例である.

交流モーター alternating-current motor
交流で動作するモーター.

光量 quantity of light
記号: Q. 光束の時間積分. すなわち, $\int \Phi dt$ のこと.

合力 resultant
ベクトルの多角形にしたがって求めた多数のベクトルの和. 力や速度などのベクトルに対して, このような和が求められる. 物体にかかっている複数の力の合力とは, 単一の力であって, その物体の並進運動にその複数の力と同じ効果

を与えるものである.

光路 optical path
光路長 (optical pathlength), 光学距離 (optical distance) ともいう. 光が進んだ距離にその媒質の屈折率を乗じたもの (nd). 光が複数の異なる媒質を通るとき全光路長は
$$n_1 d_1 + n_2 d_2 + \cdots = \sum nd$$
となる. これは, 媒質中の実際の経路にあるのと同じ数の波が真空中にあるときの距離である. したがって2つの波面の間の光路長は媒質によらずすべて等しい.

氷 ice
水の固体. 標準大気圧での転移点が0℃の定義 (⇒氷点). 融解の潜熱は 0.3337 MJ kg^{-1}. 0℃での密度は 916.0 kg m^{-3} で, 水の0℃での密度は 999.8 kg m^{-3} である. 氷には数種類の同素体があるが, ほとんどは高圧のもとでのみ安定である.

氷熱量計 ice calorimeter
⇒ブンゼン氷熱量計.

五音音階 pentatonic scale
⇒音階.

固化曲線 solidification curve
⇒氷線.

五極管 pentode
5つの電極がある熱電子管. 四極管の遮蔽格子と陽極の間に1つ電極が加わったものと等価である. この電極は覆いのない網構造で, 陽極に対しても遮蔽格子に対しても負の電位になっており, 速度の小さい二次電子が陽極から遮蔽格子に戻るのを防いでいる.

国際アンペア international ampere
⇒アンペア.

国際オーム international ohm
⇒オーム.

国際原子時 International Atomic Time (IAT, フランスでは TAI)
現在もっとも正確に定められた時間目盛. パリの Bureau Internationale de l'Heure で始められ, 1972年に採用された. 原子時は原子時計を使って測られ, 基本単位はSI秒である. 常用計時は IAT を基準にしている.

国際実用温度目盛 International Practical Temperature Scale (IPTS)
実用的測定のために導入された (1927年) 容易で正確に再現できる温度目盛. 熱力学的温度に基づき, 実験的に決められる特定の温度の値 (主定点 primary fixed point) として知られて

いる）とこれらの定点間および外挿点での温度を測定する特定の実験方法を用いて決めている．1968年版IPTS-68では，熱力学的温度と摂氏温度の双方を用いており，次の11の定点が定義された（温度は℃で示す）．

平衡水素の三重点	−259.34
平衡水素の沸点(25/76気圧)	−256.108
平衡水素の沸点	−252.87
ネオンの沸点	−246.048
酸素の三重点	−218.789
酸素の沸点	−182.962
水の三重点	0.01
水の沸点	100.0
亜鉛の凝固点	419.58
銀の凝固点	961.93
金の凝固点	1064.43

（平衡水素とは，平衡状態にあるオルソ水素とパラ水素の混合物である．）

630℃より低い温度は，白金抵抗温度計で測定し，630℃と1064℃の間では，白金-白金ロジウム合金の熱電対が用いられる．1064℃より高い温度では，プランクの放射の法則に基づいて放射高温計が用いられる．

この目盛の上限・下限は，1990年に広げられた．暫定温度目盛EPT-76では，下限は−272.68℃まで延びている．

国際蒸気表カロリー international table calorie (IT calorie)
標準化された熱の単位だが，いまはジュール (joule) に代わった．1 cal$_{IT}$ = 4.1868 J である．⇒カロリー．

国際燭 international candle
光度の標準単位だが，カンデラに代わった (1948年)．

国際標準単位系 Systeme International d'Unites
⇒ SI単位系．

黒色わい星 black dwarf
白色わい星が冷えて到達する仮説的な限界（⇒ヘルツシュプルング-ラッセルの図）．現在の理論が予測する白色わい星がこの限界まで到達する時間は，現在予測されている宇宙の年齢よりも長い．そのため，黒色わい星はまだ存在していないと考えられている．もっとも冷えている白色わい星の温度は，宇宙年齢の下限を見積もるのに有用である．

黒体 black body
全放射体 (full radiator) ともいう．入射した放射のすべてを吸収するような，すなわち吸収係数，放射率が1である，反射されるパワーがまったくないような物体または容器．熱せされた黒体からの放射を黒体放射とよぶ．星の放射は，星を黒体と考えて記述できる．黒体は，理論的に理想化されたものだが，実際には，一様温度空洞の壁にある小さなスリットや穴を使うことでかなりよい近似で実現できる．

黒体温度 black-body temperature
与えられた物体の放射と同じ放射を放出するような黒体の温度．（放射）温度計で測定される物体の温度．ふつう，本当の物体の温度よりかなり低い値になる．全放射温度計で測定された温度をT_0とすると，熱力学的温度Tは$T_0^4 = \varepsilon T^4$で与えられる．ここで，εは光源の放射率．

黒体放射 black-body radiation
与えられた温度での黒体からの熱放射で，図で示されているエネルギーの分布スペクトルをもつ．この分布曲線の組のもっとも注目される特徴は，それぞれ明らかな最大値をもち，温度が上がるにしたがって，これが短波長側に動くことである．どの波長の強度も温度が上がるにしたがい一様に増加する．．

この黒体スペクトルを表す一般的な式を見つけるために多くの理論的，経験的な試みが行われた．熱力学的な理由づけは完全な解答を与えなかったが，この放射について以下の2点の特

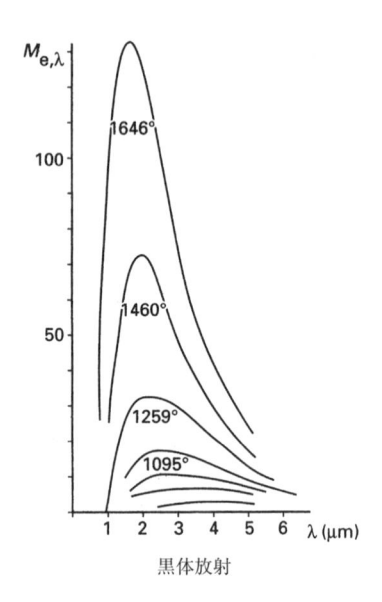

黒体放射

徴を予測した．1つは，それぞれ異なる温度の曲線において$\lambda_{max}T$は一定である．これは，ウィーンの変位則（Wien displacement law）として知られている．熱力学から導かれる2番目の推論は対応する縦軸の高さはT^5に比例するというものである．これらの2つの法則により，いったんある温度での曲線が正確にわかれば，どんな温度についても完全な曲線を構成することができる．しかし，これ以上のことは，純粋に熱力学的基礎とは独立な仮定を行わないと推測できない．ウィーンは

$$M_{e,\lambda} = c_1\lambda^{-5}\exp(-c_2/\lambda T)$$

と推測した．ここで，$M_{e,\lambda}$は波長λでの単位波長領域の放射のエネルギー密度，c_1, c_2は定数．これはウィーンの放射法則（Wien radiation law）として知られている．短い波長領域でうまく合ったが，長い波長では低すぎる値を与える．

レイリー（Rayleigh）とジーンズ（Jeans）はエネルギーの等分配則を異なった周波数の電磁気振動の系に適応して次の式

$$E_\lambda = CT\lambda^{-4}$$

を得た．これは波長の長いところでの実験とのみ，よく合った（レイリー-ジーンズの公式 Rayleigh-Jeans formula）．プランク（Plank）は量子論の出発点となる推論からの次の式

$$M_{e,\lambda} = C\lambda^{-5}/[\exp(hc/\lambda kT)-1]$$

を与えた．ここで，kとhはそれぞれボルツマン定数とプランク定数，cは光の速さ，Cは$2\pi hc^2$に等しい．この公式（プランクの公式 Planck's formula）は，すべての波長での実験結果と一致した．

黒体から放射される全波長域の総エネルギー量はシュテファン-ボルツマンの法則，すなわち，$Me = \sigma T^4$で表される．ここで，σはシュテファン-ボルツマン定数．

極超音速 hypersonic speed
同じ高度同じ物理条件の媒質中の音速より5倍以上大きい速度．すなわちマッハ5以上の速度．⇒マッハ数．

誤差方程式 error equation
⇒度数（頻度）分布．

コーシーの分散式 Cauchy's dispersion formula
光の分散に関して次の式

$$n = A + (B/\lambda^2) + (C/\lambda^4)$$

が与えられる．ここで，nは屈折率，λは波長，A, B, Cは定数である．この式はスペクトルの限られた領域で多くの物質について実験結果と一致する．最初の2つの項のみが必要な場合もある．

鼓状巻 drum winding
電気機械中で用いられる巻線の型の1つ．通常巻枠に巻かれたコイルからなり，コイルは円筒形の心材の外周あるいは円筒形の穴をもつ心材の内周上にある溝に設置されている．現在の機械は通常この型の巻線を用いている．

個人誤差 personal equation
経験を積んだ観測者による測定の系統的誤差．測定者が疲れてきたり，不慣れであったりすると，修正可能な個人誤差がなくなり偶然誤差が増える．

固体記憶装置 solid-state memory
⇒半導体メモリー．

固体素子 solid-state device
おもに半導体材料または半導体部品からなる電子素子．

固体物理学 solid-state physics
固体の構造や性質，および固体に関連した現象に関する物理学の分野．代表的な現象として，半導体，超伝導，光導電性，光電効果，および電界放出などにおける電気伝導がある．固体の性質やそれに関連する現象は，固体の構造によって決まることが多い．

固体リレー solid-state relay
⇒リレー．

古地磁気学 palaeomagnetism
岩石ができた時代の地球磁場の偏極方向を決定することを目的とした岩石の残留磁化の研究．岩石の年齢は放射性元素による年代測定で知ることができる．偏極の時間変化を表すグラフから，地球の磁場は歴史上何回も反転しており（つまり北極と南極が入れ替わっており），反転の間の時間，すなわち磁場間隔（magnetic interval）も一定ではないことがわかる．

コッククロフト-ウォルトン加速器 Cockcroft-Walton generator or accelerator
とくに陽子の加速に用いられる高電圧直流加速器．直流電圧は一連の整流回路と低い交流電圧が印加されたコンデンサーから発生させる．

コットン-ムートン効果 Cotton-Mouton effect
等方的で透明な一部の物質では強い磁場中に置いたとき，光に対して少し複屈折性を示すことがある．⇒カー効果．

固定子 stator
回転しない磁石とそれに付随する巻線を含む電気機械の一部．ふつうは交流機械に関連して用いられる用語である．→回転子．

コーティングレンズ coated lens
→レンズのブルーミング．

コディントンレンズ Coddington lens
強力な拡大鏡．実際には，中心絞りをもつ完全な球形レンズである．

古典物理 classical physics
相対論と量子論を除く古典的な物理学．

ゴニオメーター測角法 goniometry
角度測定法．結晶学においては，異なる成長過程でできた結晶を比較するために界面角を測定する．

小林−益川行列 Kobayashi-Maskawa matrix
全3世代のクォーク状態の混ざり合わせを含むためにカビボ案（→カビボ角）を拡張したもの．すべての相互作用（→大統一理論）に関するより基本的な理論がまだ期待されないので行列要素は現在のところ実験によってのみ入手可能である．行列要素の現在受け入れられている値は，実験精度で決定される範囲内のものである．

下添え字は弱い相互作用のチャネルを示す．たとえば，アップクォーク，u は弱い相互作用によってダウン d，ストレンジ s，ボトム b に崩壊することが可能であるが，それは u から d, s, b が混ざり合った d' 状態への崩壊と考えることもできる．その混ざり合いの割合は（V_{ud}, V_{us}, V_{ub}）で表される．他のパラメーターはチャーム c やトップクォーク t に同じような役割を果たす．

コヒーレンス coherence
電磁放射または他の振動する量が，時間的にも，空間的にも，ほぼ一定の位相関係を保っている度合い．位相関係がほぼ一定に保たれている時間をコヒーレンス時間（coherence time）という．コヒーレンス時間は，おおよそ $1/\Delta \nu$ に等しい．ここで，$\Delta \nu$ は振動源のバンド幅である．コヒーレンス時間内では，振動の間には，相関もしくは時間的なコヒーレンス（correlation or temporal coherence）があるといわれる．コヒーレンス時間に対応する経路長をコヒーレンス長（coherence length）とよぶ．空間的なコヒーレンス（spatial coherence）は，振動源の空間的な広がり，すなわち，振動源から放射されるビームが作る角度に関係している．レーザー発振では，時間的と空間的なコヒーレンスが非常に高い放射をつくり出すことができる．

コヒーレンス時間 coherence time
→コヒーレンス．

コヒーレンス長 coherence length
→コヒーレンス．

コヒーレント光 coherent radiation
レーザー光のようなコヒーレンス性の高い光．

コヒーレント単位系 coherent units
SI単位系のような，任意の2つの単位の商あるいは積が合成物理量を与える単位系．たとえばSI単位系では，長さの単位が m，時間の単位が s で，したがって速度のコヒーレント単位が m s^{-1} である．コヒーレント単位系の基本単位（basic unit）（たとえば，SI単位系における m と s）が任意に定義された1セットの物理量である．他のすべての単位は誘導単位（derived unit）とよばれ，関係式を定義することにより導き出される．

コペンハーゲン解釈 Copenhagen interpretation
ニールス・ボーアコペンハーゲン研究所で20世紀の初頭発展した量子力学の解釈の1つで，量子力学の解釈としては一番受け入れられているものである．この解釈では物理を記述する上で抽象的なだけの隠れたパラメーターは存在しない．ボーア（Neils Bohr）は，自然はどのよ

$$\begin{pmatrix} d' \\ s' \\ b' \end{pmatrix} = \begin{pmatrix} V_{ud} & V_{us} & V_{ub} \\ V_{cd} & V_{cs} & V_{cb} \\ V_{td} & V_{ts} & V_{tb} \end{pmatrix} \begin{pmatrix} d \\ s \\ b \end{pmatrix}$$

ここで

$$\begin{pmatrix} V_{ud} & V_{us} & V_{ub} \\ V_{cd} & V_{cs} & V_{cb} \\ V_{td} & V_{ts} & V_{tb} \end{pmatrix} = \begin{pmatrix} 0.9742-0.9757 & 0.219-0.226 & (2-5)\times 10^{-3} \\ 0.219-0.225 & 0.9734-0.9749 & (3.7-4.3)\times 10^{-2} \\ (0.4-1.4)\times 10^{-2} & (3.5-4.3)\times 10^{-2} & 0.9990-0.9993 \end{pmatrix}$$

小林−益川行列

うになっているかを検証するのは物理学の仕事ではない，物理学者の関心は自然について何まで確かかである，とまで述べている．これはしばしば，物理学者の考え方が存在論（対象とその性質に関心をもつ）から認識論（情報とその情報から何がわかるかに関心をもつ）への移行と考えられている．量子力学では系は波動関数で記述され，波動関数は観測者が系の情報をどのように尋問するか（測定を行うか）によって解釈が決まる．運動量やエネルギーなど力学変数の状態はノーマルモードで記述される．測定，たとえば運動量の測定を行うときには，波動関数を運動量のノーマルモードに分解し，そのモードの振幅が測定の時点で現れる運動量の値またはモードの確率を示す．これらノーマルモードの振幅は実は一般的に複素数であり，振幅の絶対値の2乗が確率を与える．コペンハーゲン解釈では波動関数の状態が実在する何かにはならないようになっており，波動関数は抽象的なものであって実験の結果の確率を計算するための数学的な道具にすぎない．その結果，観測されたものは確かに存在する一方，観測されていないものは矛盾を引き起こさないかぎり自由な仮定をしてよいという原理にたどりつく．しかしこれは，測定値がどのようにしてその値に決まるのかという理解につながるものではない．解説者の多くはこの問題を波動関数の収縮（wave function collapse）と，観測者が見る立場でよぶし，観測は観測されているモードの1つだけへの系の遷移を引き起こす．→多世界解釈．

コマ収差 coma
　軸から外れた点の像がすい星のような形となる，ミラーあるいはレンズの収差である．中心部 Z_A（図参照）からの光線がAに焦点を結ぶ一方，Z_B と Z_M の部分は環状リングあるいはコマ収差円（comatic circles）BとMを形成する．ここで，BとMの直径および中心位置が漸進的に変化する．これらの円の重ね合わせによってコマパッチAMがつくられ，接線コマ（tangential coma）とよばれている．コマ収差円Mの半径がサジタルコマ（sagittal coma）とよばれ，サジタルコマは接線コマの1/3である．コマ収差を除くためには，すべての部分の横倍率が一定であることが必要で，これは正弦条件が満たされることが要求される．単一レンズの場合は，最小球面収差のレンズは最小のコマ収差を有する．

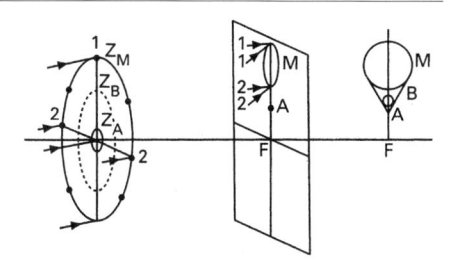

コマ収差

固有圧力 intrinsic pressure
　液体の状態方程式中で分子間力に起因する項．ファンデルワールスの状態方程式では a/V^2 の形をしている．

固有関数 eigenfunction
→波動関数，特性関数．

固有値（Ⅰ） eigenvalue
→波動関数．

固有値（Ⅱ） characteristic value
→特性関数．

固有値問題 eigenvalue problem
　物理学における問題の型式の1つで，次の式で表記されるもの．

$$\Omega\Psi = \lambda\Psi$$

ここで，Ω は関数 Ψ に対する数学的演算子（乗算，微分など）である．Ψ は固有関数（eigenfunction）とよばれる．λ は固有値（eigenvalue）とよばれ，物理的な系を観測可能な物理量として表す値である．（→波動関数）

　固有値問題は古典物理学の随所に現れるもので，物理的な系が結合微分方程式に従う場合の数学的表記で必ず登場する．たとえば，相互作用する多数の振動子の集団運動は結合微分方程式で記述することができる．各々の微分方程式は，1つの振動子の運動を，他のすべての振動子の位置の関数として記述する．各々の変位は単振動であると仮定して，調和振動子の解を求めることができる．こうして微分方程式は $3N$ 個の未知数をもつ $3N$ 個の線形方程式に帰着する．ここで，N は振動子の数で，1つ1つの振動子は3つの自由度をもつ．すると，問題は次の形の行列方程式に簡単に書き直すことができる．

$$M\ddot{x} = \omega^2 x$$

ここで，M は $N \times N$ の行列で，動的マトリックス（dynamical matrix）とよばれる．x は $N \times 1$ 列の行列，ω^2 は調和振動子の解の角振動数で

ある．こうして問題は，系のノーマルモードである固有関数 x，固有値 ω^2 をもつ固有値問題に帰着される．x は列ベクトルとして表すことができるので，N 次元ベクトル空間におけるベクトルの1つととらえることができる．このため，x はしばしば固有ベクトル（eigenvector）とよばれる．

振動子の集団が複雑な3次元の分子である場合，問題をノーマルモードに書き直すことは，系の取り扱いを簡略化するのに有効である．つまり群論の対称原理を用いて，ノーマルモードを固有値（周波数）ω の値で分類することができる．このような解析ができるためには，分子の対称性が必要である．分子の形を変えない一連の演算子（回転，反転など）は点群（point group）を構成する．同じ固有値 ω をもつノーマルモードは分子の点群の既約表現（irreducible representation）に対応するといわれる．赤外吸収スペクトル（→分光学）に現れる分子振動のノーマルモードもこの既約表現の1つである．

固有値問題は量子力学においてとくに重要な役割を担う．量子力学では，物理的観測量（位置，運動量，エネルギーなど）は，波動関数に作用する演算子（変数の微分や変数の乗算）で表される．古典的な波動との違いは，波動関数がエネルギーをもたないことである．古典的波動では，振幅の2乗からエネルギーが求められる．波動関数の場合は，（位置 x における）振幅の2乗はエネルギーではなく確率である．この確率は，その場所に検出器を置いた場合に粒子―エネルギーの局在―が観測される確率のことである．したがって波動関数は，粒子の存在しうる位置の分布であり，たくさんの場所で検出される事象が起こる場合にのみ認識可能なものである．量子力学的粒子の位置の観測は，象徴的には

$$X\Psi(x) = x\Psi(x)$$

と書くことができる．ここで，$\Psi(x)$ は位置演算子の固有ベクトルであり，x は位置を表す固有値である．各々の $\Psi(x)$ は位置 x での振幅を表し，$|\Psi(x)|^2$ は粒子がその位置における無限小の領域に存在する確率である．粒子の存在しうるすべての場所の分布を表す波動関数は，$0 \leq x \leq \infty$ におけるすべての $\Psi(x)$ の線形重ね合わせである（→重ね合わせの原理）．したがって，量子力学における固有値問題は，観測という行為を伴う．観測量の固有ベクトルは量子力学的

な系でとりうる状態（x の場合は位置）を表す．固有値はこれらの量子状態の中で観測量がとりうる値である．

古典力学では，量子力学の固有値問題は微分もしくは行列の形式で表される．両者は等価であることが示されている．量子力学の微分形式は**波動力学**（シュレーディンガー）とよばれるもので，演算子は微分演算子か変数の乗算である．波動力学の固有関数は，境界条件を満足する定常波状態にあたる．量子力学の行列形式はしばしば**行列力学**（ハイゼンベルク）とよばれる．固有ベクトルに作用する行列が演算子を表す．

行列力学と波動力学の関係は，古典力学における固有値問題の微分形式と行列形式の関係によく似ている．定常状態を表す波動関数は実際，量子力学的波動のノーマルモードである．これらのノーマルモードはベクトル空間にまたがるベクトルであると考えることができ，行列で表すことができる．

固溶体 solid solution

2つの固体の均一な混合物．組成は，ある範囲内で変化しうる．固溶体は特定の合金にみられる．1成分（溶質）の原子やイオンが他成分（溶媒）の結晶格子の中の原子と置換されて吸収される．その配置は規則的な場合とランダムな場合とがある．特定の組成では，それぞれの成分が個々に規則的な格子をつくることがあり，超格子（superlattice）として知られる．

弧絡 arcover

→閃絡．

コリオリの定理 Coriolis theorem

ニュートン座標系（→ニュートン系）N に対する粒子の加速度は次の (a)，(b)，(c) のベクトルの和である．(a) N に対して運動している他の座標系 S に対する粒子の加速度．(b) N の S に対する加速度．(c) N に対する S の角速度と S に対する粒子の速度のベクトル積の2倍であるコリオリ加速度（Coriolis acceleration）．

（質量×コリオリ加速度）は力の次元をもち，これと同じ大きさでコリオリ加速度と逆向きの量をコリオリ力（Coriolis force）という．これは慣性力である．簡単な例は力の項参照．

コリオリ力 Coriolis force

→力，コリオリの定理．

コリメーター collimator

(1) 平行光ビームをつくるための光学系．スペクトロメーター，望遠鏡などに使われる．

(2) ファインダー (finder) ともいう．大望遠鏡の視線を決めるために取り付けられた小さな望遠鏡．
(3) 荷電粒子あるいはX線やγ線のビームサイズを必要な大きさに制限するために使われ，通常は重金属の円筒管でつくられた装置である．

コールドトラップ cold trap
アセトン中のドライアイス（凍った二酸化炭素）あるいは液体空気で冷やされた管で，そこを蒸気が通ると凝縮される．

ゴールドリーフ検電器 gold-leaf electroscope
⇒検電器．

コルビーノ効果 Corbino effect
金属円盤に中心から外周方向へ電流を流し，その金属円盤が磁場に直交しているとき，円盤の外周に電流が誘起される．

コレクター collector
バイポーラートランジスターにおいて，ベースからキャリヤーが流れ込む領域．この領域につながれた電極はコレクター電極（collector electrode）とよばれている．

コレクター接地接続（共通コレクター接続） common-collector connection
トランジスターのコレクターを入出力回路の共通端子にし（通常は接地される），ベースとエミッターをそれぞれ入力と出力端子にするような接続方法．⇒エミッターフォロワ．

コレクター電流増倍係数 collector-current multiplication factor
接合型トランジスターでは，ベース領域からコレクターに入った少量のキャリヤーは，コレクターで電子・正孔対をつくるのに十分なエネルギーをもっている．その結果，コレクターでの少量キャリヤーによる電流増加が引き起こされる．コレクター電流増倍係数は，ベースからコレクターへと流れた少量キャリヤーの流れによって引き起こされたコレクター電流増大と，コレクター電圧での少量キャリヤーによってつくられる電流との間の比である．通常の動作条件では，この係数は1であるが，高電界条件では，電子なだれ降伏電圧に到達するので，係数が急速に無限大までに増加する．

コレクターリング collector ring
⇒スリップリング．

ゴレーセル Golay cell
気体を内蔵した小さな透明の容器で赤外線の検出に用いる．容器内の薄膜が赤外線を吸収し，一定体積の気体温度を上昇させ圧力を上昇させる．気体圧力を記録することで入射した赤外線量を測定する．

コロイド colloid
超微粒子（大きさは1〜100 nm）を含んだ物質で，真の溶液と懸濁液の中間に位置する．コロイドは，ブラウン運動を示し，またその電荷のため**電気泳動**する．大多数の物質が適当な方法でコロイド状態になるため，この言葉はよく使われるが厳密なものではない．

転がり摩擦 rolling friction
⇒摩擦．

コロナ corona
(1) 導体表面で起きる放電で，導体表面の電位勾配が臨界値を超えたときに発生する．その結果，周囲の気体の一部で絶縁破壊が発生する．
(2) 太陽の大気の最外領域．日食のときに淡い光輪として見える．温度は約100万度である．

混合比 mixing ratio
⇒湿度．

混合物法 method of mixture
熱量測定の方法で，物質を異なる温度の熱量計に入れ，混合物をかき混ぜると中間の温度で平衡状態になる．未知の熱容量は，周囲との熱交換を無視すれば，エネルギーの保存則から，系の一方が失った熱量を系の残りの部分が得た熱量と等しいとおいて計算できる．

混合放射 heterogeneous radiation
X線やγ線のような放射で，さまざまな波長すなわち量子エネルギーをもつもの．

混色 color mixture
⇒加法混色，減法混色．

コンスタンタン constantan
銅50％と，比較的抵抗率が大きく抵抗温度係数が小さいニッケル50％の合金．巻き線電気抵抗によく使われるほか，銅，鉄，銀などと組み合わせて起電力の大きな熱電対として用いられる．

コンダクタンス conductance
記号：G．直流の抵抗の逆数あるいは交流のアドミッタンスYの実部．$Y = G - iB$で，Bはサセプタンスである．コンダクタンスの単位はジーメンスである．

コンデンサー capacitor
condenserは旧語．**電気容量**をもつ電子部品．1組あるいはそれ以上の導体か，導体と半導体の組でできていて，**誘電体**（絶縁体）で隔てら

れている．通常の型のコンデンサーでは，電気容量は，部品の幾何学的形状，および，固体や液体や気体の誘電体のもつ電気特性に依存する．電気容量には，固定のものと可変のものがある．

コンデンサーマイクロフォン capacitor microphone

固定板と，狭い空気の間隔で隔てられた金属振動板からなるコンデンサーで構成されたマイクロフォン．音圧の変化で振動板が動き，コンデンサーの電気容量が変化する．電気容量の変化は，コンデンサーにかかる電位差の変化を引き起こす．

コントラスト contrast

(1) 対象となるものの明るい部分と暗い部分の強度の比．

(2) 写真で露光で時間的に変化していくフィルムの割合．フィルムの特性曲線 γ の傾きからも求まる．急速に変化するフィルムをコントラストの高いフィルムという．

コンパクトディスク compact disk（CD）

片面にディジタル情報が記録された 120 mm の金属ディスク．記録面は透明なプラスチックで保護されている．音の高品質録音および再生にもっとも広く応用されている．録音される音声情報は，アナログ-ディジタル変換器でディジタル情報に暗号化される．この情報は，ディスクの中心から周辺へらせんを描くトラックに配列されている微小な凹凸の系列に刻まれる．小型の低出力レーザーによって情報は読み出される．凹凸から反射される光と他の表面からの反射光が干渉を引き起こし，結果として反射光の減衰が起きることがある．実際には，変調された反射光がフォトトランジスターによって観測され，その電気信号が再び音声信号に変換されている．

レーザービームを集光させ，そしてトラックに命中させるために，またディスクを正しい速度で回転させるために，精巧な誤差制御系が使われている．ディスクの回転速度は一定ではなく，トラック半径に依存して変化する．

コンパクトディスクは，CD-ROM（⇒ ROM）の形でコンピューターおよび大容量記憶装置にも使われている．

コンパス compass

地球磁場の磁力線に沿うように，自由に水平回転して自分自身の向きを変える磁石．通常は，角度を表す目盛をもち，基本方位には印がつけられている．⇒ジャイロコンパス．

コンパレーター comparator

2つの線基準間の長さの違いを測定する装置，または標準との比較により水平距離を測る装置．

コンパンダー compandor
⇒音量圧縮（拡大）機．

コンピューター computer

入力されたデータを操作し，問題の解をつくり出す装置．通常これは，ディジタルコンピューター（digital computer）をさす．もう1つの基本形であるアナログコンピューターの用途はかなり狭い．

ディジタルコンピューターは，離散的なデータ，つまり記号の組み合わせでデータを受け入れ，それを操作する．コンピューターに入力される前の記号は，文字，数字および句読点で構成される．いったんコンピューターに入ると，記号はビットの組み合わせで表されるようになる．命令に従って，これらのビットのグループに対して，計算と理論の操作が行われる．命令は，データと一緒にコンピューターメモリーに保存されているプログラムから出される．プログラム命令は，1つあるいはそれ以上のプロセッサーによって実行および中断される．データとプログラムは一般的にキーボードによってコンピューターに入力される．情報は通常視覚表示装置（VDU），プリンターあるいはプロッターへ出力される．⇒マイクロコンピューター，メインフレーム．

コンピューターグラフィックス computer graphics
⇒グラフィックス．

コンピューター断層撮影法 computerized tomography
⇒CT スキャン．

コンプトン効果 Compton effect

コンプトン散乱（Compton scattering）ともいう．電磁放射の光子と自由電子（または他の荷電粒子）の間の相互作用．光子のエネルギーの一部が荷電粒子に移る．結果として，光の波長が伸びる．波長の変化量 $\Delta\lambda$ は次の式

$$\Delta\lambda = (2h/m_0 c)\sin^2(1/2)\varphi$$

で与えられる．この式をコンプトン方程式（Compton equation）とよぶ．ここで，h はプランク定数，m_0 は荷電粒子の静止質量，c は光速度，φ は光の入射方向と散乱方向の成す角度である．$h/m_0 c$ はコンプトン波長（Compton wave-length）で，記号は λ_c．電子の場合 0.002 43 nm である．

軟X線以外のすべてのX線およびγ線の量子エネルギーと比べると，すべての元素の外殻電子と原子番号の小さい元素の内殻電子のもつ結合エネルギーは無視できる．したがって，物質中のほとんどの電子が実効的に自由で，しかも静止しており，このためコンプトン散乱を起こすことができる．量子エネルギーが 10^5 から 10^7 eV の範囲において，一般的にコンプトン効果は放射の減衰過程でもっとも重要なものである．大きな運動エネルギーをもった原子から散乱電子が放射され，それが引き起こすイオン化過程は放射検出器において重要な役割を果たしている．

逆コンプトン効果（inverse Compton effect）では，高エネルギーの自由電子と衝突した結果，低エネルギーの光子がエネルギーを得る．結果として，電子はエネルギーを失う．

コンプトン散乱 Compton scattering
⇨コンプトン効果．

コンプトン波長 Compton wavelength
⇨コンプトン効果．

コンプトン方程式 Compton equation
⇨コンプトン効果．

コンベクトロン convectron
鉛直方向からのずれを電気的に示す装置．まっすぐで細い導線の冷却対流では，鉛直な線より水平な線の方がずっと大きな対流が生じることによる．

サ

サイクル cycle
(1) 規則的に繰り返される一連の変化.
(2) 周期関数の値における変化の完全な組. 1つの振動など.

サイクロトロン cyclotron
加速器の一種. 荷電粒子が一定磁場に垂直な何重もの渦を描き, 2つの導体 A, B (図を参照) のすき間を通るたびに交流電場によって加速される. サイクロトロンは, 質量 m, 電荷 e の粒子が磁束密度 B に垂直に半回転する時間 t が $\pi m/Be$ となり, 速度によらないことに基づいている. 荷電粒子の描く半円の半径 r は速度 v とともに増加して $v = Ber/m$ となる. したがって, 大きな磁極と非常に強い磁場が必要になる. ビームが電極のふちに近づいたときに, 補助的な電場をかけて粒子を細い窓から取り出す. この装置で得られるエネルギーは, 相対論的効果で質量が増えるところで限界を迎え, 最大で約 25 MeV である.

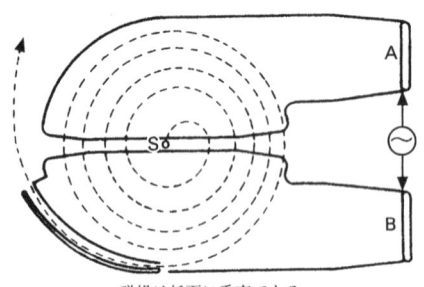

磁場は紙面に垂直である
サイクロトロン

サイクロン cyclon
大規模な大気の擾乱. 内部では低気圧の周りに空気がらせん運動をしている. 北半球では回転は反時計回りである. →反サイクロン.

再結合速度 recombination rate
半導体において, 電子と正孔が再結合し, 系が熱平衡にもどっていく速度. 伝導帯にある電子は価電子帯にある正孔と再結合できる. また, この代わりに, 半導体中の不純物のアクセプターまたはドナーのうち適当なものによる電子または正孔の捕獲も起こりうる.

[一般に, 安定な粒子の解離により生じる1対の粒子が再び結合することを, 再結合という. 上記の半導体における再結合のほか, イオンなど化学反応に伴う再結合がある.]

最高最低温度計 maximum and minimum thermometer
アルコール温度計の一種で, 温度計をセットしてからの最高温度および最低温度を記録するもの. ガラス球 A の中のアルコールの膨張, 収縮により U 字管 (図中の B と C の間) 中の水銀が動き, これが小さな鉄製の指標 I を管に沿って押し動かす. これらの表示器は, 水銀の面が後退しても, 小さなばねによって管壁に固定されてその場所にとどまる. このため各指標の下端がそれぞれ最高および最低温度を示すことになる. 外部から磁石を用いて指標を動かして水銀に接触させることによって温度計をリセットすることができる.

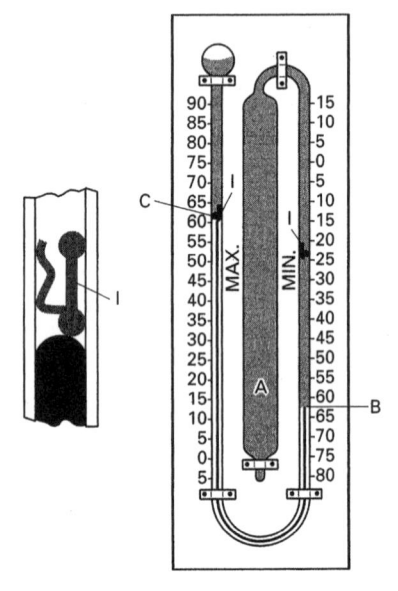

最高最低温度計

歳差運動 precession
物体が, 対称軸 OC (ただし, O は固定点) の周りに回転していて, さらに C が物体の外部に固定されている軸 OZ の周りを回っているとき, この物体は OZ の周りを歳差運動している

という．OZ は歳差運動の軸である．ジャイロスコープは，加えられたトルク（歳差トルク（precessional torque）とよばれる）によって歳差運動する．物体の OC についての慣性モーメントを I，その角速度を ω とすると，回転軸に垂直な軸をもつトルク K は，ω の軸とトルクの軸に両方に垂直な軸の周りに歳差運動の角速度 Ω を生じさせる．このとき，$\Omega = K/I\omega$ である．⇒オイラー角

最小エネルギーの原理 least energy principle
力学系において，その系全体のポテンシャルエネルギーが最小であれば系は安定な平衡状態にある．⇒ルシャトリエの法則．

最小可聴値 threshold hearing
人に聞こえる音圧の最小値．ラウドネス約4ホン（1 kHz で 4 dB）．

最小錯乱円 circle of least confusion
⇒球面収差．

最小作用の原理 least-action principle
力学的な保存系で，一定の全エネルギーをもっている場合に，2点間を結ぶさまざまな経路のうちで，実際に実現される経路に対して作用が停留値をとるというものである．⇒ハミルトンの原理．

最小時間の定理 least-time principle
⇒フェルマーの定理．

最小二乗法 least square, method of
実験結果に対して最良のフィットを与える式を見出す技術のこと．簡単な例は，x を独立変数とするとき，従属変数 y に関する1組の測定値を，直線 $y=ax$ でフィットする場合である．a の値が1つ選ばれると，実験値の偏差が求められる．最良のフィットは，この偏差の2乗の和が最小になる a の値で実現されると考えられる．

最小認識信号 minimum discernible signal (m.d.s.)
電気回路，装置の出力に，区別できる変化を起こす入力信号の最小値．

最小偏角 minimum deviation
⇒偏角．

再生可能エネルギー資源 renewable energy source
地球の限りある鉱物資源を消耗しないエネルギー資源．したがって，すべての化石燃料や核分裂燃料は含まれない．化石燃料を燃焼させると大気中の二酸化炭素を増加させ，温室効果を増大させる．核分裂は危険，高価で，**放射性廃棄物の処理問題を引き起こすと考える意見もある．それらと比較した場合，再生可能エネルギー資源は環境には望ましいものと考えられている．現在研究開発中の再生可能なエネルギーには，太陽，風力，潮汐力，波，地熱，バイオマスなどがある．水力エネルギーはすでに広く開発されていて，さらに発展する可能性は限られている．核融合エネルギーは実質的に再生可能なエネルギーであり，核融合炉がつくられるようになれば，莫大なエネルギーが確保できる．

太陽エネルギー（solar energy）はすでに，とくに暑い国々で利用されている．太陽から地球に降りそそぐ毎秒 10^{17} ジュールのエネルギーは，まだまだ利用の余地が残っている．太陽エネルギーの利用には2つの方法が使われている．一般的なものは，建物の屋根にパネルを設置し，そこに水を流して温める方法である．もう1つは太陽電池ないしは太陽熱発電装置を使用するものである．今後，これらが広く使われるようになるには，かなりコストが下がる必要がある．

風力エネルギー（wind energy）は公害を出さず，低価格のエネルギー源である．しかし，広大な土地を必要とし，風がないときにも使いたいのであれば，電力を蓄える方法が必要である．イギリスでは多数の風力タービンがすでに送電網に電力を供給している．もしイギリス全土で利用可能な場所を風力発電に用いたとしたら，国内で必要なエネルギーの約20%がまかなえる．

潮汐力エネルギー（tidal energy）は，潮の満干を利用して水を堰にため，それを流して発電機のタービンを回す．潮汐発電所はロシアやフランス（ランス川岸）で稼働している．セバーン川河口で潮汐発電所が計画されており，8.8 m の満干の差を利用してイギリスの電力の7%をつくり出せる．マージー堰でもそれが可能である．

波のエネルギー（wave energy）は，浮き（ソルターダック（Salter duck）とよばれる）に付けたひもを上下に運動させて，発電機を回転させることにより，取り出す．もし技術的な問題が解決すれば，イギリスの沖で100 GW の電力をつくり出すことができる．

地熱エネルギー（geosynchronous energy）は間欠泉や温泉を利用して開発されている．アイスランド，イタリア，ニュージーランド，アメリカが地熱のエネルギーを利用している．し

かし，イギリスでは利用可能な熱源にたどりつくのに非常に深い穴を掘らなければならず，技術的に問題がある．
　バイオマスエネルギー（biomass energy）は下水や，農場，工場，家庭から出る有機物のゴミから作り出される．メタンなどのバイオ燃料を燃やして得られるものである．バイオ燃料には，そのエネルギーを利用するために特別に育てられる農作物（砂糖きびなど）も含まれる．
　2025年までにイギリスのエネルギーの約20％が再生可能エネルギーでまかなわれるようになると見積もられている．

再生式冷却法　regenerative cooling
　空気を液化するためのリンデの方法などで用いられる過程で，圧縮された気体はノズルから噴き出して膨張することで冷却されるが，その膨張して冷えた気体を使って，冷却される前の圧縮気体を熱交換機内で冷却するという過程．

最大許容線量　maximum permissible dose
⇒線量．

ザイデル収差　Seidel aberration
　表面が球面であるために発生する，球面収差，コマ収差，非点収差，像面彎曲，歪曲収差，の5つの収差をいう．幾何光学の単純な近軸理論において使われた，$\sin\theta \approx \theta$ という近似は，光軸から離れた光線に対しては不十分となる．sineの展開の最初の2項までを使用することにより，すなわち，$\sin\theta \approx \theta - \theta^3/3!$ という展開を使用することにより，サイデルは近軸理論に対する補正項を導き出した．ザイデル収差においては，こうした補正項を考慮に入れられている．

彩度（Ⅰ）　saturation
　（光）⇒色．

彩度（Ⅱ）　chroma
　白や灰色の量に関係なく純粋な色を判定できる視覚的特性．

サイバネティクス　cybernetics
　制御システムの理論で，コンピューター，自動生産設備，生物（人間など）の神経系など，いろいろな閉じていない系に共通な特性を扱う．生体系や工学システムの制御，情報伝達，情報のフィードバックなどの比較を可能にする．サイバネティクスは広く自動制御機構の設計に用いられている．

サイフォン　siphon
　逆さにされたU字管で，一方の枝が他方より長いもの（図参照）．短い方の枝を液体中に浸し，サイフォンを完全に液体で満たすと，低い方の端から液体が出る．これは，他の方法では容易に空にできない容器から水をくみ出す便利な方法である．その作用原理を簡単にいうと，PとQの圧力が等しいので，液柱QRによる余分な圧力が液体の流れを生じる．液体は距離PSを上昇せねばならず，これは液体の1気圧に相当する高さ（barometric height）より短くなければならない．ある種の液体では，液体に溶解している気体がなければ，真空中でも動作しうる．このことから，分子間の凝集力もまた，その作用に寄与していると考えられる．

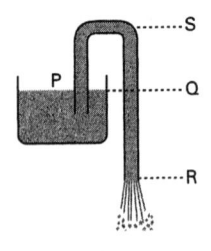

サイフォン

サイボタキシス　cybotaxis
　液晶における分子の特別な並び方．〔液体の構造モデルの1つで，隣接分子がまとまって集団をつくるとするもの．〕

最密構造　close-packed structure
　球形だと想定した同類の原子が空間的にできるだけ小さな体積に並べられた結晶配列．面心立方構造および六方最密構造（⇒結晶系）は2つのよく知られている例で，またこれらの組合せもありうる．大事な条件は，それぞれの原子が系統的に他の12個の原子に囲まれていることである．

サイラトロン　thyratron
　ガス入りリレー（gas-filled relay）ともいう．グリッド電極の電圧により電子管内の放電の開始を制御する3電極の電子管．封入気体のイオン化ポテンシャルよりも高い正の電位をアノードに印加し，グリッドに負の電位を印加する．この負電位が十分に大きければ，カソードにおいては，アノード電位の影響が打ち消されるので，カソードには電流が流れ込まない．グリッドの負電位が十分でなければ，カソードの負の電位は放電が始まるまで上昇することになる．これが電子管の点弧（striking）とよばれるもので，いったん，放電が始まってしまうと，

グリッド電位を負の大きな値にしても，アノード電流には影響がない．点弧の起こる瞬間アノード電位はほぼ気体のイオン化ポテンシャルまで下がる．放電を止めるにはアノード電位をこれ以下に下げるしかない．

サイラトロンは以前はリレーや放射性粒子の計測に用いられていた．現在ではそのほとんどが，固体で同様の機能をもつシリコン制御整流器に置き換えられている．

サイリスター　thyristor
⇒シリコン制御整流器．

サウンディングバルーン　sounding balloon, baloon sonde
地球の大気中に観測記録装置を運ぶために用いられる小気球．

サウンドトラック　soundtrack
ビデオテープまたは映画フィルムの端のトラック（帯）で，画像と同時に音声を記録し，再生を行う．映画フィルムのサウンドトラックには，銀による像の幅または密度の変化があり，これは，理想的にはもとの音の周波数と振幅に比例している．再生時には，サウンドトラックを通して投影された光線が像の変化によって振幅変調され，さらに，光電池によってオーディオ周波数に変換される．信号は増幅され，スピーカーを動作させる．実際には，記録される信号の音量の範囲は，とくに小さな音のレベルをシステム固有の雑音レベル以上に上げるために，約 40〜50 dB の領域に圧縮される．通常，記録される周波数領域は 50〜12 000 Hz である．

差音　difference tone
⇒結合音．

鎖交磁束　linkage
磁束線の数と電気回路に関する尺度．

さざ波　ripple
流体の表面の振幅の小さい波で，波長が短く，流体の表面張力の効果を強く受ける．密度 ρ，表面張力 σ の流体上の波長 λ のさざ波の速度は
$$\sqrt{\lambda g/2\pi + 2\pi\sigma/\lambda\rho}$$
で与えられる．ここで，g は自由落下の加速度である．

サザーランドの式　Sutherland's formula
熱力学的温度 T と気体の粘性係数 η との関係を表す式のうちの1つで
$$\eta = \eta_0 \left(\frac{T}{273}\right)^{3/2}\left(\frac{273+k}{T+k}\right)$$
で与えられる．ここで，k は気体に依存する定数，η_0 は 0℃のときの粘性係数である．

サージ　surge
導体中の異常で過渡的な電気的な乱れ．たとえば，雷，電気機械や電源線の突然の異常，スイッチング動作などの結果として生じる．

サジタルコマ　sagittal coma
⇒コマ収差．

サジタル面　sagittal plane
光学系の中で定義される．主光線と光軸とを含む面が子午面であるが，主光線を含み子午面に垂直な面がサジタル面である．系の中の光学素子によって主光線がそれると，一般にサジタル面の傾斜は変化する．そのため，系内のいろいろな部位のサジタル面はいくつもある．サジタル面内にあって，光学系の対象となる物体の点から斜めに進む光線は，サジタル光線（sagittal ray）という．

サセプタンス　susceptance
記号：B．アドミッタンス Y の虚数部分．すなわち
$$Y = G + iB$$
であり，ここで，G はコンダクタンスである．サセプタンスはリアクタンスの逆数であり，ジーメンスの単位で測定される．

左旋性　laevorotatory, laevorotary
光の進行方向から見た場合に，偏光した光の偏光面を反時計方向に回転させる能力をもつこと．⇒光学活性．

サーチコイル　search coil
⇒探査コイル．

雑音（ノイズ）　noise
（1）騒音：一般的には望まないのに耳に入る音で，上空を飛ぶ航空機や圧縮空気を使ったドリルによって発生するような耳障りな音であるのが普通である．騒音の大きさは，デシベルやホンで表され，騒音計（オーディオメーター）かノイズレベルメーターで測定する．

（2）電気通信工学での雑音．電子回路網や通信網において，必要でないエネルギー（あるいはそれに対応した電圧）．干渉はしばしば雑音を生ずるが，必ずというわけではない（⇒漏話，ハム）．おもに2つのタイプの雑音がある．白色雑音（white noise）とインパルス雑音（impulse noise）である．白色雑音は幅広い周波数スペクトルをもつ．さまざまな雑音源によって生ずるが，もっとも一般的なものは，熱雑音（thermal noise）とランダム雑音（random noise）である．熱雑音は，物質内や物質とその周囲との間で起こる熱力学的なエネルギーのや

りとりによるものである．ランダム雑音は，何かランダムで過渡的に系を乱すものによって生ずる．通信網における白色雑音は，スピーカーのシューッという音や，テレビの画面のちらつきの原因となる．インパルス雑音は，単発で瞬間的に系を乱すもの，あるいは数多くても，1つ1つが時間的に離れて系を乱すものによって起こる．可聴周波数の増幅器では，このタイプの雑音はスピーカーのカチッという音の原因となる．⇒雑音指数，ジャンスキー雑音，ショットキー雑音，信号対雑音比．

雑音指数 noise factor
回路や装置の中に入った雑音の尺度．信号源でのパワーのSN比の出力でのSN比に対する割合として定義される．すなわち出力に現れる雑音と，そのうち信号源だけに起因するものとの比．

撮像管（I） camera tube
テレビカメラの中の変換器装置で被写体の画像を電気的ビデオ信号に変換する．ほとんどの撮像管は電子管である．2つの基本的な型としてイメージオルシコン（image orthicon）とビジコン（vidicon）があり，それをもとに他の多くの型が開発された．固体素子の撮像管もあり，その場合変換器はCCDの列であり，電子管をもつ装置よりも小型で軽量である．

イメージオルシコン（図a）では被写体からの光はガラスの薄膜の上の光感度媒質からなる光電陰極上で焦点を結ぶ．光電陰極から出る電子の量は光の強さに比例し，ターゲット上に焦点を結ぶ．ターゲットの光電陰極側には細かい網目をもつ薄いガラススクリーンが付いている．光電陰極からの電子の衝突は，2次的な電子の放出を引き起こす．その量は光電陰極からの電子の量よりも大きくなっており，また一次電子の量に比例している．二次電子は網目状のスクリーンに集められ，電源に流される．ターゲットにはもとの光画像に対応する形で正の電荷が残される．円盤の反対側を，低速電子ビームで掃引する．電子はターゲットガラスで反射され増倍管にもどされる．ターゲット上で正に帯電している部分はビームからの電子で中性になり，その結果増倍管にもどる電子密度が板の上の電荷に比例して変化する．すなわち，もどされる電子ビームは画像情報によって変調を受ける．

ビジコン型のカメラ管（図b）は閉回路テレビで広く用いられ，また外部放送用カメラとしてもイメージオルシコン型よりも小型，単純，安価であるためによく用いられる．ビジコンの光反応ターゲット帯は，薄いガラス板の内部表面上の透明な伝導性フィルムからなり，薄い光電導膜がフィルムの上に形成されている．光電導膜は光依存抵抗にコンデンサーが並列につながった不連続素子の列と考えることができる（図b）．正電圧を光伝導膜に印加し，これがコンデンサー素子を帯電させる効果を与える．それぞれの素子での電荷量は並列の抵抗に依存し，抵抗が大きくなるほどより多くの電荷が蓄えられる．ターゲット上を低速電子ビームで掃引するとコンデンサーは放電し，電流が電導膜を流れる（図c）．誘起される電流の量はターゲット上の電荷，つまりは光学レンズからの画像の関数になる．

ビジコン管の新しい形であるプランビコン（plumbicon）では光伝導素子が半導体素子の列に置き換えられている．操作の方式はビジコンと共通であるが，ターゲット素子は光エネルギーで制御される半導体電流と考えられる．このような撮像管は，暗電流が小さい，感度が高い，および軽くて運搬が便利であるなどの特徴をも

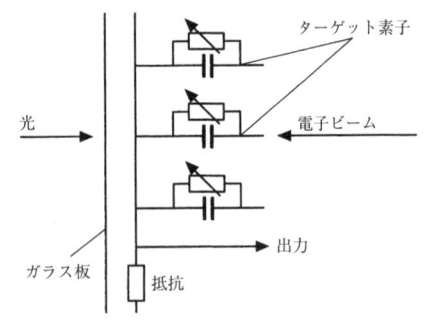

(a) イメージオルシコン管

(b) ビジコンの光反応ターゲット帯

(c) ビジコン管

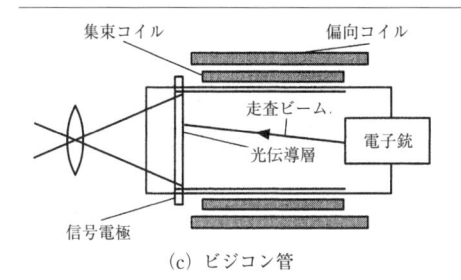

っている．
　カメラの管の性能は，掃引システムに非常に大きく依存する．電子ビームの最適化は，小さなコイルを用いて電子銃からの電子ビームが中心を通るように調整すれば達成できる．ビームの偏向は偏向コイルを用いて水平，垂直方向に調整する．偏向コイルは，のこぎり波の電圧をかけることによって線形に掃引したあとすぐに開始点にもどるようになっている．電子ビームがターゲットに到達したときの断面積を小さくするために，集束コイルが備え付けられている．
⇨カラーテレビ．

撮像管（Ⅱ） image tube
イメージインテンシファイアまたは像変換管（イメージコンバーター）のこと．

差動空気温度計 differential air thermometer
放射熱を検出する単純な装置．一方は透明で，他方は黒く塗られた2つの等しい閉じたガラス球AとBがあり，これらの内部に大気圧の気体が入っている．装置に照射される放射は黒く塗られたガラス球の方でより多く吸収されるため，B内の圧力が高まり，右側の接続管よりも左側の接続管で液面が高い位置となる．

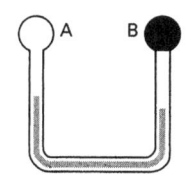

差動空気温度計

差動増幅器 Differential amplifier
入力が2つある増幅器の一種で，2つの入力の差の関数が出力されるもの．

差動抵抗 differential resistance
抵抗に流れる電流がわずかに変化したときに生じる電圧降下の変化の，電流変化に対する比．装置あるいはその構成部分について小信号条件下で測定された抵抗である．

差動複巻 differentially compound-wound
⇨複巻電気機械．

サハの式 Saha equation
定圧下で気体が熱イオン化している程度を与える式．このイオン化反応の平衡定数は，熱力学的温度と，イオン化される分子種のイオン化ポテンシャルの，両方に比例する．

サービット CerVit
ガラスセラミックス材料の特許品．通常の温度領域では熱変形の程度がきわめて小さく，望遠鏡の光学系によく用いられる．

座標 coordinate
(1) 基準座標系に対して点の位置を決めるための量の組．3つの主要な座標系がある．
①デカルト座標（Cartesian coordinates）．原点Oを通り，互いに直交する3つの直線OX，OY，OZを引く（図a）．3つの直線と原点（origin）Oは参照系に対して固定している．またこれら3つの直線と原点が参照系となるかもしれない．この座標軸に対する点Pの位置は座標面ZOY，XOZ，YOXと点Pの距離x，y，zで与えられる．このx，y，zを点Pの座標という．座標軸には右手系と左手系があるが，OXをOYに重なるように回転させるとき（角度の小さい方を通って回転させる）右ねじの進む向きが，z軸のプラス方向かマイナス方向かで右手系，左手系とよぶ．ほとんどの場合に右手系が用いられる

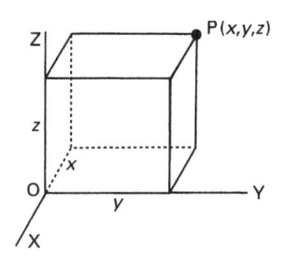

(a) デカルト座標

②円筒座標（cylindrical polar coordinates）．点Pの位置を半径距離r，方位角θ，軸距離zで指定する（図b）．デカルト座標との関係は
$$x = r\cos\theta,\ y = r\sin\theta,\ z = z$$
である．この座標系は，系が極軸（polar axis）

OZに対して対称性をもつとき有用である.

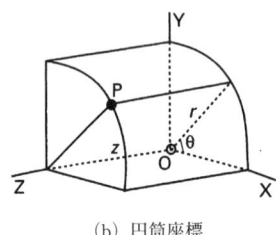

(b) 円筒座標

③極座標 (spherical polar coordinates). 点Pを半径 r, 余緯度(または方位角)θ, 経度 φ で表す(図c). これらとデカルト座標の関係は $x = r\sin\theta\cos\varphi$, $y = r\sin\theta\sin\varphi$, $z = r\cos\theta$ である. この座標系は, 系が原点 O に対して対称性をもつとき有用である.

2次元の問題では位置を指定するのに2つの座標だけが必要である. デカルト座標では (x, y), 平面極座標では (r, θ) となる. 極座標, 平面極座標の r は動径ベクトル(radius vector)または動径(radius)とよばれる.

曲線座標 (curvilinear coordinates) は曲線や曲面の交点として点Pの位置を決めるパラメーターの組である. ②や③はこの一例である. 緯度と経度は地球上の位置を決める曲線座標である.

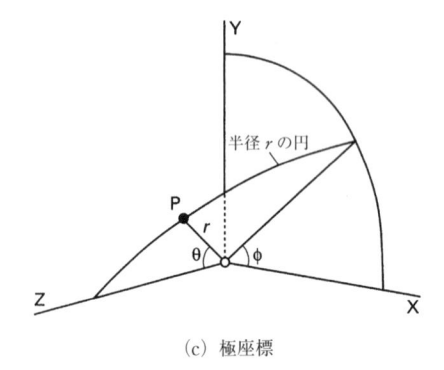

(c) 極座標

(2) 一般化座標. →自由度.

座標格子 coordination lattice
結晶のイオンすべてが近くのイオンとすべての向きで同じ関係にあるような結晶格子. その結果, 分子1つ1つの区別が曖昧になる.

サブシェル subshell
→原子軌道, 電子殻.

サブミリ波 submillimetre wave
波長範囲1～0.1 mm 程度, すなわち振動数 300～3000 GHz のラジオ波. この波長領域には多数の分子の吸収線があるので, 電波天文学上の興味がもたれている.

サーボ機構 servomechanism
一般に, 自動的で, パワーの増幅を伴う閉シーケンス制御系. たとえば, 電動の車におけるサーボ援助ブレーキでは, ブレーキペダルを軽く踏むことによりサーボ機構が作動し, これがブレーキシューまたはブレーキパッドに大きな圧力を加える.

サーミスター thermistor
抵抗の温度係数が大きな負の値をもつ半導体素子. 温度測定や電子回路素子の制御, 温度変化による素子の動作補正に用いられる.

サーム therm
ガス産業で用いられる熱量の単位. 100 000 英国式熱単位に等しい.

サーモスタット thermostat
温度の変化に応じてバルブや電気スイッチなどを自動的に動作させる素子. 温度の変化によって金属棒の膨張, ばねの形状, 気体の圧力(および/あるいは体積)が変化することを利用したものが一般的である. 温度を高い精度で一定に保つ必要のある装置にはサーモスタットが取り付けられている.

サーモフォン thermophone
2つのブロックの間に置かれた薄い白金または金の短冊でできた音源. この短冊に交流電流を流すと, 温度が周期的に変化し, まわりの空気の膨張収縮が起こり, 圧力が変化するので, 音波が発生する. この金属短冊は熱容量が非常に小さく, 温度が速い電流変化に正確に追随できることが必要である. サーモフォンの音の出力は小さいが, 共振器で増幅することができる.

作用 action
(1) 運動量の成分 p_i とそれに対応する座標 q_i の変化分の積. 正確には積分 $\int p_i \, dq_i$ で表される(作用積分). →ハミルトン関数, 量子論.
(2) 運動エネルギーの2倍を時間の原点を適当にとり積分した量. →最小作用の原理.

作用量子 quantum of action
→量子論.

皿型アンテナ dish
アンテナの1つの型で, 電波天文学や衛星通信などで用いられ, 球面形あるいは放物面形の

板あるいは編み目状の反射鏡からできている．反射したラジオ波やマイクロ波は皿の上側の焦点で，フィードとよばれる第二アンテナに集められる．

散逸割合　emanating power
放射性不活性ガス原子（ラドン，トロン thoron）が固体物質から放出される割合で，固体内での［ウラン系列の崩壊によるラドン（^{222}Rn）の］生成速度に対する割合で表される．［トロンはトリウムの崩壊によって生じるラドンの放射性同位体（^{220}Rn）．］

三角結線　delta connection
三相交流回路中で用いられる環状結線の特殊な例で，3個の導体，巻線，あるいは位相端が直列に閉じた回路をなすように接続されている．三角形（△）で表され，回路のおもな端子は3個の別々の回路間の接続点である．⇒星形結線．

残響　reverberation
音源を切ったのち，音が聞こえたままで持続すること．直接音とその反響音とを聞く時間差が1/15秒以下ならば本当の残響が起こり，反響音が次々とつながってだんだん弱くなっていく音として聞こえる．大きなホールの音響学にとって残響時間（reverberation time）は非常に重要である．残響時間は，音のエネルギー密度が可聴しきい値の10^6倍から出発して，しきい値よりも小さくなって聞こえなくなるまでの時間，すなわち，60デシベル下がるまでの時間で定義する．人が音を聞く際の，残響時間の最適値は1秒から2.5秒の間である．講演や軽音楽の場合には短い残響時間，オーケストラ音楽に対しては長い残響時間が最適とされる．一般に，最適時間は部屋の大きさ（長さ寸法）に比例する．

残響時間　reverberation time
⇒残響．

残響室　reverberation chamber
エコーチェンバー（echo chamber）ともいう．非常に残響時間が長く，音のエネルギー分布が一様になるようにつくられた部屋．部屋の残響時間が長くなるためには，その壁がほとんど音を吸収しないことが必要である．このため，壁や天井は漆喰で塗り，その上に塗装して部屋中の表面が一様になるようにしている．しかし，壁の反射率を高くすると定在波が発生しやすくなり，エネルギー密度の測定が乱される．定在波が発生しないようにするため，部屋の中でどの2つの壁も平行に向き合わないようにしたり，

または中で大きな鋼鉄製の反射板を，音が出ないようにしながら回転させたりする．また，震音を発する音源を回転させながら用い，部屋のいろいろな場所で測定することも多い．外からの音は遮断しなければならないので，精巧な防音が必要である．

三極管　triode
3つの電極をもつ電子素子のこと．通常は三極熱電子管のことをいう．

残差　residual
⇒偏差．

三刺激値　tristimulus value
⇒色度．

残磁性　retentivity
⇒残留磁気．

三斜晶系　triclinic system
⇒結晶系．

三重点　triple point
圧力-温度の状態図上で，固体，液体，気相が同時に存在し，互いに平衡になる条件を表す点（図参照）．水の相図は固体と液体の平衡状態を表す線の傾きが負であるという点で普通の場合と異なる．これは水が融解すると体積が縮まるという稀な性質をもっているためである．すなわち，クラウジウス-クラペイロンの式で $(v_2 - v_1)$ が負である．過冷却した水に比べて白

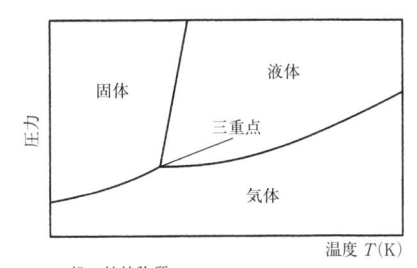

一般の純粋物質

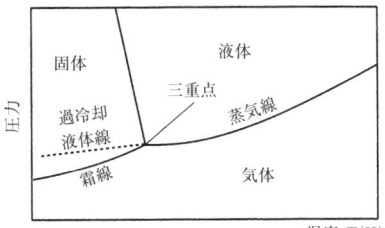

水

三重点

霜［hoar frost，昇華による氷の結晶］の平衡での圧力が低いために，雪が形成される．

純水の三重点温度は 273.16 K と定義される．これは熱力学的温度目盛の固定点であり，水，水素，酸素の三重点が国際実用温度目盛の固定点である．

二酸化炭素などのように物質によっては，三重点の圧力が通常の大気圧より高い．これらの物質では高圧の閉容器中でしか液相にならない．

三重陽子 triton
三重水素原子の原子核．陽子1つと中性子2つで構成される．

三色カラー写真法 three-colour process
⇒加法混色，減法混色．

三色色覚理論 trichromatic theory of vision
⇒色覚．

三相 three-phase
電気系統や電気器具の三相．3つの交流電圧は等価で，互いに位相差120°をもつ．⇒多相系．

残像 persistence
アフターグロー（afterglow）ともいう．
（1）励起の後で陰極線管のスクリーンからある時間にわたって光が出ること．
（2）ある種の気体で観測される弱い発光．放電が通じてからかなりの時間続く．

酸素点 oxygen point
1気圧のもとで液体酸素と気体の酸素が平衡状態にあるときの温度．90.188 K の温度定点として国際実用温度目盛に採用されている．

三体問題 three-body problem
n 体問題のもっとも重要な例．相互に重力場が働く中での3つの物体の位置と運動量を決定する問題．解析的に解くことはできない（特別な場合，たとえば3つの物体が正三角形の頂点をそれぞれ占める場合を除く）が，前の位置から次の位置を決定することはできる．

サンプリング sampling
信号の一部分だけを測定し，その結果得られた離散的な値の集合で全体を表す方法．周期的な信号の場合には，信号の本来の情報が，サンプル出力内においてあまり失われないようにするためには，少なくとも信号の周波数の2倍の周波数でサンプリングを行わなければならない．

散乱 scattering
（1）固体，液体，または気体の微小粒子によって，光がその方向を変えられること．粒子が比較的大きいときには，回折だけではなく反射や屈折も関与している．粒子が小さいとき（波長より小さいとき，あるいは分子程度の大きさのとき）には回折作用が利く．レイリー散乱では，小さい粒子による散乱の強度は $1/\lambda^4$ に比例するので，白い光は散乱されて青みを帯びる（チンダル効果 Tyndall effect）．チョークの粉の粒子は白く見えるが，これは，散乱体としては大きいため反射がより顕著になっているので白く見えるのである．空の青さは空気の分子による散乱のために生じている．赤い太陽は散乱によって青の光が直射光から取り除かれているために赤く見える．

（2）寸法が音波の波長よりも大きい反射体の表面によって，音波がその方向を変えられること．したがって，音波の波長が小さくなると，寸法が小さい反射体の反射効率は向上する．レイリー（Rayleigh）が示したところによれば，光に関しての場合と同様に，散乱された波の強度は $(1/\lambda^4)$ に比例して，波長が長くなると減少する．ただし，ここで λ は入射する音の波長である．入射する音のさまざまな倍音や高調波が散乱される場合，波長が短いものほど反射する割合が大きくなる．すなわち，ある音よりも1オクターブ高い音が，小さい物体によって反射される場合には，その反射音の大きさは，もとの入射音に対する反射音の大きさよりも16倍大きい．

（3）物質中の原子核や電子と，または他の放射場の光子と相互作用することによって，これを透過する輻射の方向がずれること．非弾性散乱（inelastic scattering）は非弾性衝突の結果起きる．このとき，衝突の前後で系の内部エネルギーが全体として変化し，その結果運動エネルギーの総和も変化する．弾性散乱（elastic scattering）は弾性衝突の結果起きるが，弾性散乱ではそのようなエネルギーの変化は起こらない．

トムソン散乱（Thomson scattering）は，電磁波が自由電子（あるいは緩く束縛された電子）によって散乱されるもので，電磁波を吸収する原子内の電子の強制振動を，古典論または非相対論的量子論で扱うことによって説明できる．振動している電荷は，入射波より低エネルギーの電磁波の源となり，すべての方向に電磁波を放出する．I_0 を入射電磁場の単位面積あたりの強度とすると，散乱された電磁波の全強度 I は
$$I = (8\pi/3)(e^2/mc^2)^2 I_0$$
で与えられる．ここで，e と m は電子の電荷と

質量，c は光速である．(I/I_0) は面積の次元をもっていて，電子の散乱断面積とよばれる．

電子による光子の弾性散乱（コンプトン効果とよばれている）では，光子のエネルギーは減少する．ラマン効果は，分子による光子の散乱である．また，原子核のクーロン場によって，静電斥力による粒子のクーロン散乱が起きる（高エネルギー粒子の散乱については，散乱振幅，強い相互作用をみよ）．

共鳴散乱（resonance scattering）は，高エネルギーの入射波が原子核の内部まで入り，これと相互作用するようなときに起こる．入射波が原子核表面で反射されるときには，ポテンシャル散乱（potential scattering）が起こる．また，入射波と散乱波が干渉して影散乱（shadow scattering）が起こる．

散乱振幅 scattering amplitude

数学的関数で，衝突で散乱される素粒子の波動関数を表すもの．高速粒子線を他の粒子に衝突させる方法は，粒子間の相互作用を実験的に調べる上で重要な方法の1つである．衝突の結果，入射粒子の一部はもとの方向からずれ，始状態と違った量子数をもつ場合もある（→強い相互作用）．散乱されて出てくる粒子の角度分布などの散乱の詳細は，衝突の際に働く力の性質に依存する．散乱振幅はこのような散乱の過程を理論的に記述する．散乱振幅がわかれば，散乱されて出てくる粒子の角度分布も計算できる．散乱振幅はふつう，相対論的に不変な物理量を用いて書かれる．

散乱断面積 scattering cross section

記号：σ_s．ある粒子が，特定の原子核や他のものによって，ある角度 θ かそれ以上の角度で散乱される確率を表す量（→断面積，散乱）．微分散乱断面積（differential scattering cross section）は，θ と $\theta+d\theta$ の間の角度で散乱される確率を表している．

残留磁気 remanence

残磁性（retentivity）ともいう．磁場の強さを0にもどしたときに，物質内に残る磁束密度．次の図に示したヒステリシス曲線ではOA，OBで表される．→ヒステリシス．

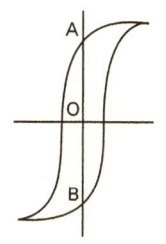

ヒステリシス曲線

シ

ジアテルミー diathermy

超音波セラピー (ultrasonic therapy) ともいう．超音波を用いて組織を局所的に熱することにより，関節炎患者の痛みを和らげる．代表的な治療法では，週に数回，数分間にわたって数 $W cm^{-2}$ の超音波を当てる．$1000 W cm^{-2}$ を超える超音波を当てると組織の破壊が起こる可能性がある．超音波は癌細胞を破壊することがわかっている一方，場合によっては腫瘍の肥大化を引き起こすという研究結果もある．

CRT

cathode-ray tube（陰極線管）の略記．

磁位差 magnetic potential difference

記号：U_m または U．

磁場中の2点間の磁場の状態の差．これは2点間の磁場の線積分に等しい．一般的に電流が存在するとその線積分は多値となり，磁場ポテンシャルの概念は有効でない．しかし，境界をもつ領域に対しては適用可能である．これは境界によってどんな閉回路に対しても電流が結びつくことが不可能になるためである．

g 因子 g-factor

⇒ランデ因子．

JET

Joint European Torus の略記．⇒核融合炉．

ジェット音 jet tone

空気の流れが管の口から静かな空気の中に放出されたときに生じる，かなり不安定な音色．運動している流体は外側へ向かって曲がりながら停留している流体に入っていき，渦がジェットの両側に交互に形成されやすい．しかし，ジェットにおける不安定さは非常に高い．流出速度と流体が適当に選ばれて，渦が毎秒あたり十分に発生して耳に聞こえてくるような条件のもとでは，生じる音色は弱く，不確かで揺らいでいる．一般に高い周波数の音はより適切には可変ヒスとして表せる．

ジェット推進 jet propulsion

後方に向けられたノズルから，高温気体の1つまたは複数のジェットを高速で噴出することにより得られる航空機その他の乗り物の推進力．ジェットエンジンには往復運動する部分がない．空気は吸気口から圧縮機に取り入れられ，燃焼室を通過するときに石油燃料と混合される．燃焼生成物はジェット中に拡散し，途中にある圧縮機をタービンによって駆動する．⇒ラムジェット．

J/ψ 粒子 J/psi particle

質量の大きな（3097 MeV）不安定な素粒子で，より正確には中間子共鳴である（⇒共鳴）．1974年に，アメリカの2つのグループで独立に発見された（そのため，二重の名前をもつ）．共鳴中心の幅は，10^{-12} 秒の寿命を意味することが明らかにされている．これは共鳴の崩壊に特徴的な 10^{-23} 秒に比べ相当長く，チャームという概念をもたらした．つまり J/ψ 粒子はチャームクォークと反チャームクォークからなり ($c\bar{c}$)，それ自身はチャームが0である．チャームをもったハドロンの静止質量は非常に大きく，この粒子を含む終状態への崩壊は運動学的に禁止されるため，崩壊は起こらない．

シェンストーン効果 Shenstone effect

電流を流すことによって，ビスマスなどのある種の金属の光電子放出が増大する効果．

ジオクロノロジィー geochronology

⇒地質年代学．

磁化 magnetization

記号：M．磁束密度 B と磁気定数 μ_0 の比と，磁場の強さ H との差

$$M = B/\mu_0 - H$$

を表す．単位：$A m^{-1}$．

紫外顕微鏡 ultraviolet microscopy

⇒紫外線，分解能．

紫外線 ultraviolet radiation

可視光の紫外線側の終端から長波長X線までにわたる波長領域（約380〜13 nm）の，太陽光などさまざまな光源で発生する電磁放射．紫外線は波長により，たとえば，近紫外 (near ultraviolet)（約380〜300 nm），極端紫外 (extreme ultraviolet)（約120〜13 nm），真空紫外 (vacuum ultraviolet)（<200 nm）などに分類される．

可視光に対して透明な物質は波長が紫外域で短くなるにつれて吸収が強くなる．たとえば，300 nm でのクラウンガラス，252 nm でのバイタグラス，180 nm での石英，120 nm でのホタル石などである．極端紫外域ではほとんどの物質は不透明または特有の吸収を示す．低圧の空気や気体中のほんのわずかの光路でも大きな吸収になる．成層圏のオゾンによる大気の吸収の

ため，約 300 nm より短い太陽紫外光は地球に層かない．白熱体は高温でも，全放射のうちわずかしか紫外光を発しない．おもな紫外光源はアーク放電，スパーク放電，透明な材質（石英）の容器でできている真空管の放電である．

紫外放射を検出し研究するには，写真フィルムや写真板への結像作用，光電効果，蛍光が有用である．**紫外分光学**（ultraviolet spectroscopy）では，研究する波長領域に応じて，石英かホタル石のレンズやプリズムを用いた分光写真器，真空に封じられた反射型回折格子，プラスチック窓，特殊な写真板が用いられる．自然界に多量に存在する化学元素のうちのほとんどが，紫外領域に（原子の基底状態から，または基底状態への遷移の結果）共鳴吸収線，発光線をもつ．**紫外顕微鏡**（ultraviolet microscopy）では特殊な石英レンズが使われており，普通は単色光源（波長 275 nm）で用いられる．可視光を使った観測より高い分解能と倍率（3600 倍）が得られる．**紫外天文学**（ultraviolet astronomy）は地球大気の強い吸収のため，衛星，気球，ロケットを使ってしか行うことはできない．天体の光源には高温の星，低温の星の外大気，星間気体が含まれる．

紫外天文学 ultraviolet astronomy
⇒紫外線．

紫外破局 ultraviolet catastrophe
⇒量子論．

紫外分光学 ultraviolet spectroscopy
⇒紫外線．

磁化曲線 magnetization curve
強磁性体の磁性は通常，磁場の強さおよび変化に対する材料の磁化の大きさの関係を表す曲線によって調べられる．⇒強磁性，ヒステリシス．

視角 visual angle
眼のレンズの節点に対して物体がなす角度．

時角 hour-angle
⇒天球．

磁化の強度 intensity of magnetization
一様に磁化した物体について，単位体積中の磁気双極子モーメント（⇒磁気モーメント）．

時間 time
記号：t．周期や時間間隔，または正確な瞬間を表すための基本的物理量．SI 単位系では時間の単位は秒であるが，分，時間，日，年を使ってもよい．1 日は 24 時間，86 400 秒と定義される．年の長さは測り方による．以前は，実際の時間の測定法は，天体に対する地球の回転の周期に基づいていた．現在ではさらに精度のよい測定手段として，原子時計などが用いられている．

視太陽時（apparent solar time）は太陽が子午線を横切る時間の間隔から測定され，日時計で示される．**平均太陽時**（mean solar time）はこの間隔を 1 年にわたり平均したもので，平均太陽（mean sun）の動きに基づいて定義される．平均太陽とは，天体赤道（⇒天球）の上を一様な運動をする点のことで，その運動の総時間は，実際の太陽が黄道の上を見かけ上運動する（一様ではない）時間と同じである．視太陽時と平均太陽時との差は 1 日あたり最大 16 分で，これを**均時差**（equation of time）という．平均太陽時を使って一様な時間スケールを定めることは，地球の自転速度が一定であるという仮定に基づいている．現在では，この自転速度は非常にわずかではあるが，不規則に変化することが知られている．

恒星時（sidereal time）は天文学で使われ，**恒星日**（sidereal day）が基本になっている．恒星時は，春分点が，ある子午線を横切ってから次に横切るまでの時間間隔である．したがって，これも地球の自転速度による．恒星日は 24 時間より約 3 分 56 秒短い．ある星が観測所の子午線上にあるとき，現地恒星時はその星の赤経（⇒天球）に等しくなる．

グリニッジ標準時（Greenwich mean time：GMT）は，特定の星がグリニッジの本初子午線（経度 0）を横切ることにより求められる．星の座標が知られているので，恒星時に補正を加えることができ，これより GMT が得られる．

協定世界時（universal coordinated time）は，世界中にある原子時計の平均である．したがって，同時に進行する基準時間を与える．地球の不規則な自転があるために，必要なときに（通常 12 月の最後に），うるう秒（leap second）を挿入または削除することにより，GMT との差を 1 秒以内に保っている．

年（year）は，地球が太陽のまわりの軌道を完全に 1 周する時間であって，ある定点に対して決められる．**恒星年**（sidereal year）は固定位置にあるとみなされる特定の星に対して決められ，約 365.256 36 日である．**太陽年**（tropical year）は太陽が春分点を横切ってから次に通過するまでの時間間隔で，約 365.242 19 日である．春分点は固定点ではないので，太陽

年と恒星年は一致しない.
　暦年（calendar year または civil year）は，平均の長さが太陽年に非常に近くなるように調整されている．実用上，暦年は1年のすべての日にちを含まなければならない．ほとんど全世界で使われるグレゴリオ暦（Gregorian calendar）は365日で，うるう年には1日が加えられる．ただし，世紀の変わる年は，年の数が400で割り切れるとき以外はうるう年とならない．平均をとれば暦年は365.2425日である．
⇒時間の矢，時間反転．

時間的コヒーレンス temporal coherence
⇒コヒーレンス．

視感度関数 luminous efficiency
記号：V．K/K_m で定義される無次元の量．ここで，K は発光効率，K_m は最大スペクトル発光効率を表す．単色光の場合，これはスペクトル視感度関数（spectral luminous efficiency）とよばれ，記号 $V(\lambda)$ で表される．これは $K(\lambda)/K_m$ で与えられ，K_m はスペクトル視感度効率である．
　この用語は，以前には，現在の視感度効率に対して用いられていた．

視感度効率 luminous efficacy
（1）記号：K．光束 Φ_v とその放射束 Φ_e との比．単色光の場合，これはスペクトル発光効率（spectral luminous efficacy）とよばれ，記号は $K(\lambda)$ と表され，これは比率 $\Phi_{v,\lambda}/\Phi_{e,\lambda}$ で与えられる．
（2）記号：η_v，η．点光源から放出される光束と，その光源が消費する電力の比（⇒放射効率）．視感度効率の単位は lm W^{-1} である．

視感度の luminous
観測者によって光のエネルギーが評価される測光において用いられる物理量を表す形容詞（⇒光度）．これらは対応する放射の量とは添字記号にv（visual）を加えることによって区別する．

時間の遅れ time dilation
⇒相対性理論．

時間の矢 arrow of time
一般の物理法則からは時間の進む前後の向きを区別することはできないが，その方向を決める何らかの効果をいう．心理学的な時間の矢の向きは，時間の経過に対する何らかの印象とか，過去の記憶はあるが未来の記憶はないなどという事実から与えられる．熱力学的な時間の矢の向きは，熱力学の第二法則すなわち，閉じた系ではそのエントロピーが増加する方向で与えられる．宇宙論的な時間の向きは，宇宙が膨張していく方向で与えられる．物理学者の中には，これら3つの一見独立な時間の向きは，実は同じ現象の異なる表現であろうと考えている人がいる．

時間反転 time reversal
記号：T．時刻 t の替わりに $-t$ を代入すること．この時間反転に対する対称性はT不変性として知られる．K中間子崩壊などの弱い相互作用では，CP対称性（⇒CP不変性）が破られると，T対称性の破れが起こる．⇒CPT定理．

磁気（磁性） magnetism
すべての物質がもっている電子の運動によって生じる物質の特性．反磁性はすべての物質が共通にもっているもので電子の軌道運動の結果生じる弱い効果である．ある種の物質においてはこの効果は電子スピンのより強力な効果である常磁性の性質に打ち消される．ある常磁性体，たとえば鉄はまた強磁性の性質を示す（⇒強磁性，反強磁性）．
　磁場は電流（⇒電磁石）または永久磁石によって作られる．地球もまた磁場をもっている（⇒地磁気）．

磁気嵐 magnetic storm
⇒地磁気．

しきい値エネルギー threshold energy
原子核や素粒子物理学における特定の反応過程を起こすのに必要なエネルギーの最小値．実験室系での必要なエネルギー値と重心系での必要なエネルギー値との区別をしなければならない．

磁気井戸 magnetic well
核融合実験においてプラズマを装置内に閉じ込めるのに用いる磁場配位．⇒核融合炉．

磁気回転効果 gyromagnetic effect
磁化された物体の回転運動に関する関係式．
⇒バーネット効果，アインシュタイン-ドハース効果．

磁気回転比 gyromagnetic ratio
記号：γ．系の磁気モーメントと角運動量の比．軌道電子ではこの値は $e/2m$ となる．ここで e は電子の電荷，m はその質量である．電子スピンによる磁気回転比はこの値の2倍になる．

磁気回路 magnetic circuit
磁束線が完全に閉じた経路．

色覚 color vision
人間の眼の網膜は2種類の感光細胞—棒状体

(rods) と錐状体 (cones) を含んでいる. 棒状体は敏感ではあるが, 色を区別しない. したがって, 非常に薄暗い物体は白, 黒および灰色だけに見える. 錐状体は強度の低い光には反応しないが, 十分に明るければ物体の詳細まで区別し, 色も認識する. 色覚は三色理論 (trichromatic theory) によって解釈することができる. この理論は, それぞれ赤, 緑あるいは青の光に反応する3種類の錐状体が存在すると仮定している. 入射光はその色に応じて1種類あるいは何種類かの錐状体を刺激する. 赤い光は赤の錐状体を刺激し, 黄色い光は赤と緑の錐状体を刺激する. 錐状体は視神経とつながっており, 刺激で生じた電気インパルスは脳まで送られる.

色覚欠陥は遺伝的なものである. なお, よく使われる色盲 (colour blindness) という言葉には語弊がある. 錐状体の数がきわめて少ない (場合によってはない) ことで色覚欠陥は起こる.

磁気感受率 magnetic susceptibility
⇒感受率.

磁気記録 magnetic recording
磁気音声記録では, 連続的に動く酸化鉄がコートされたプラスチックテープが縦方向に磁化される. その磁化の変化の大きさが音声周波数の電流変化となる. テープが電磁石の近くを通ると, 先にテープを磁化したときの電流に対応する誘導電流が電磁石のコイルに生じる. 実際には, マイクロフォンからの電流は電気的に増幅され, 磁極の周りのコイルに流される. この磁極には非常に小さい隙間があり, このそばの記憶媒体とともに磁気回路を形成している. 記録媒体は一定の速度で記録ヘッドのそばを通り過ぎる. 記録ヘッドと似た形の再生ヘッドは, 磁束の変化を小さな電流変化に変換し, この電流は増幅されてスピーカーに送られる. 記録は半永久的なものであるが, テープを電磁石の近くを通すことによって, データを簡単に消去することができる. これは大電流を流した電磁石がテープの材料を均一に磁化するためである.

情報の磁気記録はコンピューター技術に幅広く用いられている. データは磁気テープまたはディスクを用いて書き込みおよび読み出しができる.

磁気クラックの検出 magnetic crack detection
強磁性体に磁場を加えると, 表面もしくはその近傍の不連続点において磁力線の漏洩や磁化の不均一性がしばしば起こる. このような磁場の不連続性は, 油に鉄や磁性酸化鉄の微粒子を混ぜた磁性流体を表面に塗布することで明らかになる. 粒子は不連続点の部分に集まる.

磁気圏 magnetosphere
地球や他の多くの惑星の周りにおいて惑星の磁場によって荷電粒子がコントロールされている領域. これは磁気圏境界 (magnetopause) で囲まれており, またこれには地球のヴァンアレン帯のような, あらゆる放射線帯を含んでいる. 地球の磁気圏は, 太陽の方向に6万km程度上空にまで広がっている. 一方, 太陽と反対の方向には太陽風によってその何倍もの距離まで延びている.

磁気圏境界 magnetopause
⇒磁気圏.

磁気光学的効果 magneto-optical effect
磁場の存在によって生じる光学現象. これにはゼーマン効果, カー効果, フォークト効果, およびコットン-ムートン効果が含まれる.

磁気子午線 magnetic meridian
地磁気の水平成分の方向に地表に沿って引いた仮想的な線. これは地球の磁極に収束する.
⇒地磁気.

色質 color quality
⇒色度.

磁気遮蔽 magnetic screening
高い透磁率をもつ材料で囲ってある領域の磁場の効果を遮蔽すること.

磁気制動 magnetodamping
金属, たとえばニッケルなどの金属に強磁場を加えると金属内部の音響振動の内部減衰が増加する効果.

磁気制動放射 magnetobremsstrahlung
⇒シンクロトロン放射.

色相 hue
⇒色.

磁気双極子モーメント magnetic dipole moment
⇒磁気モーメント.

磁気増幅器 (I) magnetic amplifier
トランスダクターを用いて入力信号の電力を増幅するもの.

磁気増幅器 (II) transductor
可飽和リアクトル (saturable reactor) ともいう. 制御回路で使われる素子で, 磁気鉄心のまわりに多数の巻線を巻いたもの. 通常, ある1つの巻線に定常電流を流して鉄心を磁化し,

他の巻線の1つ（信号巻線）の小さい電流変化が，接続されている回路の大きな電力を制御できるようにしておく．信号巻線に電流を流す制御回路の時間的変動は，供給電流の周波数に比べて緩やかである必要があるが，周波数を2000 Hz まで上げて信号制御をそれより低い音響周波数領域で行うことも可能である．

磁気単極子　magnetic monopole
電子や陽子のような電荷をもつ粒子との類推より理論的に考えられたNまたはSの磁荷をもつ磁性粒子．これは保存則および対称性の原理に基づくものである．電荷をもつ粒子が電場を発生し，これが運動すると磁場を発生する．一方，磁荷をもつ粒子は磁場を発生し，これが運動すると電場を発生する．磁気単極子は電子と同様に電磁波を放出および吸収する．また，高エネルギーの光子から単極子の対を生成することが可能となる（→対生成）．量子論または古典電磁気学のどちらも磁気単極子の存在を否定していない．もしこのような粒子が存在すればマクスウェル方程式は完全に対称となる．この粒子は核子よりはるかに質量が大きいと考えられている．この粒子は非常に高いエネルギーをもつ粒子が相互作用することによって生成することが可能となる．とくにある種のゲージ理論においてはこの粒子がヒッグスボソンとともに存在することを予想している（→電弱理論）．ある種の大統一理論においても 10^{16} GeV の質量をもつ単極子の存在が予想されている．この粒子の存在を示すこれらの理由や，またこの粒子を見つける精力的な努力にもかかわらず，いまだに磁気単極子は検出されていない．

磁気抵抗　reluctance
記号：R．磁気回路または磁気的素子にかかる起磁力 F_m と，その回路に生じる磁束 ϕ との比，すなわち，F_m/ϕ．単位は H^{-1}．逆数をとったものがパーミアンスである．

磁気抵抗効果　magnetoresistance
強磁性体が磁化されるときの電気抵抗の変化．これには材料の弾性限界以下の範囲で生じる張力による弾性の変化（エラスト抵抗）と密接に関係する．また磁気ひずみとも関係する．負の磁気ひずみをもつ材料においては張力と縦方向の磁場はその向きが反対となり，磁場を加えると弾性が増加する．

磁気抵抗率　reluctivity
透磁率の逆数．

磁気定数　magnetic constant
記号：μ_0．真空中の透磁率．正式な定義値は
$$\mu_0 = 4\pi \cdot 10^{-7}\,\mathrm{H\,m^{-1}}$$
$$= 1.256\,637\,0614 \times 10^{-6}\,\mathrm{H\,m^{-1}}$$
である．→電磁気量の有理化．

磁気ディスク　magnetic disk
→ディスク．

磁気的ヒステリシス　magnetic hysteresis
→ヒステリシス．

磁気テープ　magnetic tape
プラスチックのテープの片面に酸化鉄をコートしたもので，音の磁気記録やコンピューターの情報の記録媒体として用いる．前者の録音の場合には，テープの幅は1/4インチ（6.35 mm）で1本，2本，または4本の記録トラックをもつものが用いられる．

コンピューターに用いられるテープは基本的にはオーディオやビデオカセットに用いられるものと同じである．二進数の（ディジタル）情報は通常7または9個の磁化された点の列の形で記録され，これが1インチあたり数万個の列としてテープに沿って並ぶ．テープはプラスチックまたは金属のリールに巻かれ，その長さは通常2400フィート（約730 m）である．データは磁気テープユニット（magnetic tape unit）とよばれる装置の中の読み出しおよび書き込みヘッドによって磁気テープへ書き込みまたは読み出しが行われ，このヘッドはコンピューターによって制御されている．

色度　chromaticity
色光線，色つき面といった視覚的刺激における色質（color quality）を光度（→カラーシステム）によらずに客観的に表現する方法．色度と光度で色の刺激は完全に特徴づけられる．色質は色度座標で定義される．3つの座標軸 x, y, z は光の刺激量の全体の刺激量の和に対する比率に等しい．3つの刺激量 X, Y, Z は参照光またはある三原色系の光に相当する刺激の量である．

$$x = X/(X+Y+Z) \quad 赤$$
$$y = Y/(X+Y+Z) \quad 緑$$
$$z = Z/(X+Y+Z) \quad 青$$

このようにして，すべての色は共通の関数で表され，$x+y+z=1$ が成り立つ．x, y, z がすべて近似的に1/3であるときには，その色はほとんど白である．

色度図（chromaticity diagram）は x を y に対してプロットして得られ，馬蹄形のグラフと

単色の軌跡からなる（図参照）．端点を結ぶ直線は単色の赤と青の結合である純粋な紫の軌跡である．すべての色が軌跡の内側に位置する．白は座標 $x=y=1/3$ をもつ点C（白点）に位置する．どんな色も（馬蹄上の）分光色とC点を結ぶ線上に位置する．分光色の波長は考えている色の主波長（dominant wavelength）である．線上の色の位置は，その色を得るのに必要な分光色と白の比率に依存する．色の刺激純度（excitation purity）はその色と分光色の距離と，白と分光色の距離の比率によって決まる．主波長は色相（hue）と，また刺激純度は彩度（saturation）とほぼ等価である．

1つまたはそれ以上の色三角形（color triangle）を色度図上に描くことができる．それはシアン（青緑），マゼンタ（赤青），黄の3つの原色の色素の減法混色による結合から得られる色度の全体の範囲を示す．三角形（a）は上に示す色素の結合から得られる色を表し，三角形（b）は3つの色素と白の色素を混ぜて得られる．

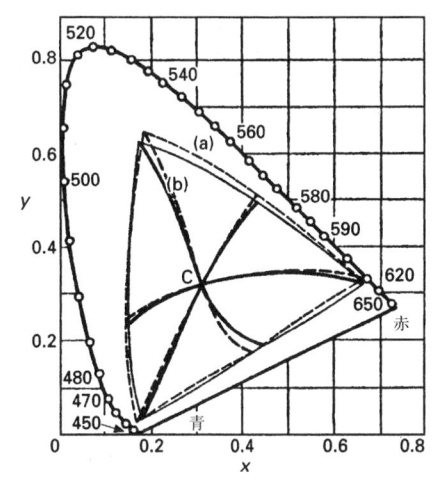

色度図と2つの色三角形

色度図 chromaticity diagram
⇒色度．

磁気熱量効果 magnetocaloric effect
熱流磁気効果（thermomagnetic effect）ともいう．常磁性体が断熱消磁するときに起こる温度の低下．初期温度が低いほどこの効果が大きいので，絶対零度に近い温度をつくりだすのに用いられる．極低温では，常磁性体は反強磁性体になり，さらなる温度低下は制限される．

磁気粘性 magnetic viscosity
ほとんどの強磁性体においては加えられた磁場とそれに対して発生する磁化の間に時間の遅れがある．この磁化は物質内に誘導される渦電流によるものである．ある物質においてはこのような理由では説明できないほどに磁化が長く持続したり，また非常に大きく変化することがある．このような現象は磁気粘性とよばれる．

磁気ひずみ magnetostriction
磁場中で物体にはたらく圧縮または引っ張りの応力．強磁性体では，これは非常に大きく，機械的な変形を引き起こす．逆に，このような強磁性体に機械的な応力を加えると，その透磁率が変化する．強磁性体の棒にその軸方向に磁場を加えるときにその長さが増大するのは正の（またはジュールの）磁気ひずみ（positive or Joule magnetostriction）とよばれる．一方，負の磁気ひずみ（negative magnetostriction）は，磁場を増大するとその長さが減少する物質で起こる（⇒ギレミン効果，ウィーデマン効果）．

交流を重畳した直流電流をコイルに流してニッケルや鉄の棒を帯磁すると，この磁気ひずみが顕著に現れる．もし交流周波数が棒の固有振動数と一致すると，棒の機械的な振動振幅が最大に大きくなる．これは可聴周波数から超音波の範囲の音波の発生に用いられる．周波数は棒の大きさおよび振動モードに依存する．このように発生される音波，とくに超音波には多くの応用がある．たとえば，ある種の化学反応を促進するのに用いられたり，また，はんだ付けや表面清浄の目的でアルミの表面の酸化膜を除去するのに用いられる．

磁気ひずみ発振器（磁歪振動子）（magnetostriction oscillator）は，この原理（棒と交流コイル）を用いて 25 kHz 以下の周波数範囲の周波数制御可能な振動を得るものである．同調回路が組み込まれていると，その周波数が強磁性体の棒の固有振動数に一致するようにして発振が維持される．磁気ひずみを起こす棒は（水晶制御圧電発振器と同様の方法で）発振器の周波数を制御するのにも用いられる．発振器の周波数は棒の固有振動数の近くに調整されており，これに棒に振動を与えることによって発振周波数は棒の固有振動数に引き込まれ，その周波数をおおよそ一定の値に維持すること

ができる.

この磁気ひずみに基づいて動作する装置は他にも多くあり，これには磁気ひずみ変換器 (magnetostriction transducer)，ラウドスピーカー (loudspeaker)，マイクロフォン (microphone)，フィルター (filter) などがある.

磁気ひずみ発振器（磁歪振動子）
magnetostriction oscillator
⇨磁気ひずみ.

磁気瓶　magnetic bottle
プラズマ閉じ込めに用いる磁場配置で，とくに直線的で両端が磁場ミラーによって塞がれているもの．⇨核融合炉.

磁気浮上　magnetic levitation
⇨浮揚.

磁気分路子　magnetic shunt
電気測定機器において用いられるもので，磁石のそばに磁性材料を置き，その位置を調整することによって磁束を調整するもの.

磁気ベクトルポテンシャル　magnetic vector potential
ベクトルポテンシャル．記号：A．Bを磁束密度としたとき，curl $A = B$として定義される量.

磁気偏角　magnetic declination
⇨偏角.

磁気飽和　magnetic saturation
⇨飽和.

色盲　color blindness
⇨色覚.

磁気モーメント　magnetic moment
(1) 記号：m．永久磁石や電磁石がもつ特性で，磁気の強さを表すのに用いられる．磁石またはコイルは，その軸と平行に単位強度の磁場を加えると，トルクを受ける．このトルクは磁気モーメントと磁場とのベクトル積 $m \times H$ で表される．m は磁気双極子能率（モーメント）(magnetic dipole moment) ともよばれる．単位は Wb m．トルクはまたベクトル積 $m \times B$ と表すこともできる．ここで，B は磁束密度である．このとき，m は電磁モーメント (electromagnetic moment) とよばれる．単位は A m^{-2}.

(2) 粒子に関する用語．記号：μ．粒子のスピンに由来する粒子の性質．単位は A m^2 または J T^{-1}．電子の磁気モーメントμ_eの大きさはボーア磁子 μ_B に大きさに非常に近い．ボーア磁

子の値は
$$9.284\,770 \times 10^{-24} \text{ J T}^{-1}$$
である．原子などの多粒子系においては系内の軌道運動による磁気モーメントをもつ．電子の軌道運動による磁気モーメントは $l\mu_B$ に等しく，l は軌道量子数を表す.

C級増幅器　class C amplifier
入力サイクルの半分以下の時間幅で出力電流が得られる増幅器．出力の波形は入力波形のすべてを再現していないので，C級増幅器は非線形である．C級増幅器は他のタイプに比べて効率はよいが，ひずみは大きい.

磁気誘導　magnetic induction
⇨磁束密度.

磁極の強さ　magnetic pole strength
磁石の強さを表す量で，いまでは一般的には使われていない．もともとは磁石の磁極間の力がその磁極の間の距離の逆2乗に比例するという法則によって説明されていた．これは磁気双極子モーメントと磁極間の長さの比と考えると理解しやすい（⇨磁気モーメント）．単位：Wb．現在ではこれに代わって磁気モーメントのほうが好んで用いられる．これは磁極（磁気が集中した場所）の位置を正確には決めることができないため，正確な磁極間の長さが決まらないためである.

磁極片　pole piece
電磁石の端につけられた強磁性体の一片，または永久磁石の一片で，さまざまな電気部品に対して適切な磁束分布が得られるよう特別に成形されているもの.

磁極面　pole face
利用する磁束が通過する磁石のコアの端面．とくに電動機では，界磁石のコアや磁極片の表面のうち，電機子に直接面している面を磁極面という.

磁気流体力学　magnetohydrodynamics (MHD)
磁束が存在する中での導電性の流体（たとえばイオン化気体，プラズマ，または荷電粒子の集合）の性質を調べる研究．このような流体の動きは誘導電場を発生し，これは加えられた磁場と相互作用して流体の動きそのものを変化させる.

磁気流体発電機 (magnetohydrodynamic generator: MHD) は，磁石の磁極の間に高速の炎やプラズマを流すことによって発電するものである．プラズマ中の自由電子は磁場の影響

によって電流となり，電極間を流れる電流となる．プラズマ中の自由電子の密度を高くするため，低いイオン化ポテンシャルの物質，たとえばナトリウムやカリウムを加える．

磁気量子数 magnetic quantum number
⇒原子軌道，スピン．

磁気レンズ magnetic lens
⇒電子レンズ．

軸受け摩擦 journal friction
⇒摩擦．

時空連続体 space-time continuum
⇒四次元連続体．

軸性ベクトル axial vector
⇒擬ベクトル．

軸弾性率 axial modulus
⇒弾性率．

シグマパイル sigma pile
中性子源と減速材を合わせたものであるが，核分裂材は含まない．減速材の性質を調べるために使われる．

Σ粒子 sigma particle
記号：Σ．正負の電荷をもつか，または中性の素粒子で，ハイペロンに分類される．

軸率 axial ratio
結晶における単位格子の3つの辺の相対的長さ．b 軸の長さを1とする．

刺激純度 excitation purity
⇒色度．

次元解析 dimensional analysis
おもに次のような用途に用いられる技法：(a) いくつかの物理量の間の方程式が正しいかどうかを調べる，(b) 物理量の単位を変更するにあたって誤りを生じないようにする，(c) 重要な公式を要約することを助ける，(d) 通常の方法では直接的には解が得られない物理的な問題を部分的に解く，(e) モデルの振舞いから実物大の系の振舞いを予測する，(f) 基本的な定数間の関係を予測する．

次元解析の基本は，もしも方程式がつじつまのあった単位系で正しいのなら，物理的方程式の中のさまざまな項が等しい次元式をもたなければならないということである．たとえば，よく知られた方程式 $s = ut + at^2/2$（直線上での等加速度運動にあてはまる）では，すべての項は長さの次元をもつ．次元解析法では数値を調べることはできない（たとえば，最後の項の1/2）．

力学的な物理量は3つの独立な次元の基本的物理量，すなわち質量 M，長さ L，時間 T で表される．たとえば，面積 $= L^2$，速度 $= LT^{-1}$，力 $= MLT^{-2}$，エネルギー $= ML^2T^{-2}$ である．電磁気的な物理量を表すには，さらに独立な次元，すなわち電流 I または電荷 Q が必要になる．電力は電流と電圧の積なので，電圧の次元は，$ML^2T^{-3}I^{-1}$ または $ML^2T^{-2}Q^{-1}$ で表される．⇒バッキンガムの π 定理，力学的相似．

始源物質 ylem
ジョージガモフ（George Gamow）が仮定した宇宙の始源物質．原子よりも下位に位置する複数の粒子や要素のことで，われわれが現在わかっているような物質になったとされる．始源物質は光とともにビッグバンから生まれたとされるが，現在この光については宇宙背景放射であると解釈されている．始源物質という考え方は廃れるに至ったが，それは真空をどのように捉えるかについて量子力学的な再解釈がなされたからである．量子力学では真空のエネルギーが古典的な「0値」とは異なると予想している．その結果，「0値」エネルギーについては量子力学的な訂正がなされ，零点エネルギー（zero-point energy）であると再解釈された．そして，これが本質的に短い時間の仮想粒子のエネルギーとして説明され，真空ゆらぎ（vacuum fluctuation）の原因であるとされた．真空ゆらぎの存在を示すものとしてはカシミール効果とラムシフトがある．

自己インダクタンス self-inductance
⇒電磁誘導．

指向性アンテナ directive aerial, active aerial
ラジオ波の発振源，受信器として機能する際に，ある特定の方向の感度が他の方向に比べて高くなっているアンテナ．受動的（passive）（寄生的）なアンテナを能動的（active）アンテナと接合することにより指向性を得ていることが多い．後者は，発振器や受信器に直接接続されているアンテナを意味する．受動的アンテナは，指向性を左右するもので，送信の場合には近くにある能動的アンテナによって誘起される起電力によって働く．また，受信の場合には能動的アンテナと相互インピーダンスによって作用し合う．受動的アンテナは，能動的アンテナの後ろと前のどちらに設置されているかによって，それぞれ反射器（refrector），導波器（director）とよばれる．

子午環 transit circle, meridian circle
⇒天体望遠鏡．

自己共役粒子 self-conjugate particle
⇨反粒子.

子午線 meridian
(1) 地球（または天球）などの天体の表面を通る大円で，北極と南極を通り，赤道と直角に交わるもの．
(2) ⇨磁気子午線．

仕事 work
記号：W，単位：ジュール．
(1) 物体のある点に一定の力 F が加えられ，変位 D を引き起こしたとすると，力が物体に及ぼした仕事は内積 $W = \boldsymbol{F} \cdot \boldsymbol{D}$，または $W = FD\cos\theta$ となる．ここで，θ は F と D の間の角度．これは力 F と変位の力方向成分 $D\cos\theta$ の積，または，変位 D と力の変位方向成分 $F\cos\theta$ の積と表現することができる．
(2) 一定のトルク（力のモーメント）（ベクトル）G が物体に作用し，角度（ベクトル）Θ の回転［反時計周りの回転方向がベクトル Θ の方向］を与えたとき，なされる仕事は内積 $\boldsymbol{G} \cdot \boldsymbol{\Theta}$（$\Theta$ の単位はラジアン）で与えられる．もしトルクと角度変位が同方向であれば $G = |\boldsymbol{G}|$，$\Theta = |\boldsymbol{\Theta}|$ として単純に積 $G\Theta$ となる．トルクの軸と回転軸が直交する場合（歳差運動を生じる），なされる仕事はゼロに等しい．
(3) 圧力 p が作用することで表面が変位し，体積 ΔV が増加するとき，なされる仕事は $p\Delta V$ に等しい．
(4) 電荷 Q が電位差 U の2点間を動いたとき電気的になされる仕事は QU である．ここで，電位差の単位はボルト，電荷の単位はクーロン，仕事の単位はジュールである．
(5) 物体の磁化や帯電においても仕事がなされる．たとえば，磁化した常磁性材料は外部磁場を取り除くと，自分自身の磁化をなくすことにより内部エネルギーを失って仕事を行う（⇨断熱過程）．
⇨エネルギー，機械，仕事率，仮想仕事の原理．

仕事関数 work function
記号：Φ．固体のフェルミ準位（⇨エネルギーバンド）と固体の外側の自由空間のエネルギー（真空準位）との間のエネルギー差．絶対零度における仕事関数は固体から電子をはぎとるのに必要な最低エネルギーである．金属において仕事関数はイメージポテンシャル（鏡像ポテンシャル）による影響があり，これは電子が金属の外側に存在することからくる．半導体においては（図参照）電子親和力（electron affinity）（記号：χ）は真空準位と伝導帯の最低エネルギー準位の差で与えられる．
仕事関数と電子親和力はふつうエネルギーとして定義され，電子ボルト（eV）の単位で表されるが，ボルトが用いられることもある．

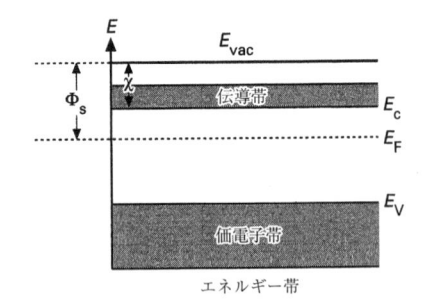

エネルギー帯

半導体の仕事関数と電子親和力

仕事率（パワー，電力） power
記号：P．エネルギーが消費される，あるいは仕事がなされる率．単位はワット．
直流回路において得られる仕事率 P は，式 $P = IV$ で与えられる．ここで，V はボルトで表された電位差で，I はアンペアで表された電流である．交流回路では，有効電力（active power）P は $VI\cos\varphi$ で与えられる．ここで，V と I は，電圧と電流の2乗平均の平方根，φ は電流-電圧間の位相角である．積 IV は皮相電力（apparent power）とよばれ，単位はボルト・アンペアである．$\cos\varphi$ は力率とよばれる．$VI\sin\varphi$ は無効電力（reactive power）とよばれ，単位はバール（var）である．

子午面 meridian plane
接平面．光学系において，光学軸と主光線（または開口の中心を通る光線）の両方を含む平面．これはサジタル面と直交する．たとえば，非点収差をもつ場合，子午面内の光線は子午像点に収束する．この点での焦点線は子午面に垂直で，子午面焦点線（meridian focal line），または接線焦点線（tangential focal line）とよばれる．対応する焦点面は接線面である．

自己容量 self-capacitance
誘導コイルまたは抵抗において，各巻線の間に存在する固有の容量．第1近似では，自己容量はコイルまたは抵抗に並列に接続した単一の容量で表される．

視差　parallax
(1) ある基線の両端にある点から遠くにある物体を見たときに，物体からそれぞれの端に引いた直線がなす角が視差である．天文学では，遠方の天体の視差をさまざまな基線に対して測定する．たとえば，恒星の年周視差（annual parallax）は，太陽を回る地球の軌道の平均半径がその恒星に張る最大角度である．ただし地球-太陽-恒星の角度は90°である．

(2) 異なる地点から2つの物体を見たときの，それらの見かけ上の距離の変化．目と2つの物体が1直線上に並んでいるとする．目が右に動くと，遠くの物体が近くの物体の右に移動したように見える．より遠くの物体は見かけ上，目と同じような移動をしたように見える．

磁子　magneton
基本定数の1つで電子の固有の**磁気モーメン**トである．軌道上を角運動量 p で運動する電子がつくる円電流は磁気モーメント $\mu = ep/2m$ をつくる．ここで，e および m はそれぞれ電子の電荷および質量である．これを量子化された関係式 $p = jh/2\pi$（h はプランク定数，j は磁気量子数）で置き換えると，$\mu = jeh/4\pi m$ となる．j が1のとき物理量 $eh/4\pi m$ はボーア磁子（Bohr magneton）とよばれる．記号：μ_B．その値は
$$9.274\,0780 \times 10^{-24}\ \mathrm{A\ m^2}$$
である．ディラックの波動力学によると，電子のスピンに由来する磁気モーメントはちょうど1ボーア磁子となる．しかし，**量子電気力学**においてはこれから小さな差異が期待される．

核磁子（nuclear magneton）μ_N は $(m_e/m_p)\,\mu_B$ に等しい．ここで，m_p は陽子の質量である．μ_N の大きさは
$$5.050\,8240 \times 10^{-27}\ \mathrm{A\ m^2}$$
である．陽子の磁気モーメントは実際には2.792 85核磁子である．

CGS 単位系　CGS system of units
長さ，質量，時間の基本単位をそれぞれセンチメートル（cm），グラム（g），秒（s）とし，それらに基づいて諸量を構成していく単位系．厳密には力学的な計測にしか適用できないが，カロリーを定義することによって，熱的な計測においても利用されてきた．さらにこれを電気的な計測に適用するには，新たな基本量を定義する必要があり，以下の2通りの方法が提案された．

(a) CGS 電磁単位系：真空の**透磁率**を基本量とし，その大きさを1とする．

(b) CGS 静電単位系：真空の**誘電率**を基本量とし，その大きさを1とする．

マクスウェルが示したように，真空の透磁率と誘電率の積は c^{-2} となる（c は光速度）．したがって，(a) と (b) の単位は両立しない．

ガウス（または対称）単位系（Gaussian system of units）では，磁気的な量の計測には電磁単位系を，電気的な量の計測には静電単位系を使う．その結果として，いくつかの電磁気の方程式が c を陽に含むことになる．現在は，通常の科学分野においては，いずれの CGS 単位も SI 単位にとって換わられているが，素粒子物理学や相対論ではガウス単位がいまなお利用されている．⇒ ヘビサイド-ローレンツ単位系，転換率．付録の表1参照．

指示管　indicator tube
スクリーンの直径が mm 単位で測られるような小さな**陰極線管**．スクリーン上の像の形や大きさは入力電圧 V によって変化し，V を測ることもできる．さらに，変化する信号の大きさも示すことができる．

指示誤差　index error
ゼロ誤差（zero error）ともいう．計器の目盛りの誤差．たとえば，0を指すべきなのに x という値を示す，など．他に誤差がなければ，すべての読みに $-x$ の補正を加える必要がある．

CCD
charge-coupled device（電荷結合素子）の略記．電荷の塊の移動を調整できる半導体素子．本質的にはアナログのシフトレジスターである．CCD は多様な機能を担う．あらかじめ決めた時間差を正確にアナログ信号に与えることができるので，CCD は信号処理に使える．たとえば，CCD マルチプレクサー（CCD multiplexers）は時間分割多重送信に用いられるし，CCD フィルター（CCD filters）は単純なあるいは複雑なフィルター機能をもつ．CCD から作られるシフトレジスターは，ディジタル情報の保存に用いられる．この CCD メモリー（CCD memory）は，順次アクセスメモリーの一種である．配列させた CCD は，固体テレビカメラの光を検知する部分となる．CCD カメラ（CCD camera）として知られている．現在では，宇宙からの可視や紫外光を検出する望遠鏡における高感度の電子機器としても，CCD の配列体は用いられている．

視射角　glancing angle
入射角 i の補角，すなわち角 $(90° - i)$．

磁石 magnet
磁気をもつ物体。一時的に磁気をもつものと永久的に磁気をもつものがある。→電磁石，永久磁石。

事象 event
四次元連続体における点で，3つの空間座標と1つの時間に比例する座標とで定義される。

事象の地平線 event horizon
→シュワルツシルト半径。

地震 earthquake
→地震学。

地震学 seismology
地震（earthquake），爆発などによって発生した波（地震波）により地球の構造を調べる。地表の多くの地点に地震計を設け，地球の中や地表を伝わる異なった種類の波の到着を記録する（→P波，S波）。地震の源は，その震源（focus）とよばれ，地表で震源に最も近い点を震央（epicentre）という。地震は震源の深さに応じて分類される。震源の深さが 70 km よりも浅い地震は浅発地震，70～300 km の地震は中間深度地震，300～720 km の地震は深発地震とよばれる。720 km よりも深い地震が起きた記録はない。地球の地殻（crust）は，岩石圏のプレートによって構成されているが，断層線は2つの岩石圏プレートの間のふちに沿って存在する（→プレートテクトニクス）。微震は地球のいたるところで起きうるが，激震のほとんどは普通この断層線に沿って起きる。地震の強さを表す指標としては，リヒタースケールが用いられる。

地震計 seismograph
遠い地震，地下核爆発などによる地面の動きを記録するのに用いる装置。原理的には，質量の大きな振り子であって，その振動は，吊り下げる点に力がはたらくことによって起こる。

地震波 seismic wave
震源から起きる地面の一時的な揺れ。たとえば，地震（→地震学）。地震波は，表面波（surface wave）であったり，実体波（body wave）であったりする。

表面地震波は，地面に対して垂直で，伝わる方向に垂直な，せん断モードの振動として地表を伝わる場合もあるし（ラブ波 Love wave），地面に対して垂直な楕円を描くような一群の振動として地表を伝わる場合もある（レイリー波 Rayleigh wave）。レイリー波における質点の運動は，必ず逆行運動を含んでいる。すなわち，楕円を描くような運動の頂上においては質点の運動の方向は，地震波が伝わる方向に逆方向である。このため，レイリー波はグラウンドロール（ground roll）とよばれることもある。レイリー波はラブせん断波よりも，進行速度がわずかに遅い。実体波は地面の内部を伝わり，S波ないしはP波に分類される。実体波の2つのモードに対してはさらに，波が伝わっていくときの経路別に地震波の動きをタイプ分けするのに用いる記号が付け加えられる。たとえば，PcPとは，地殻から反射されたP波のことである（表参照）。

実体波のモードの表

記号	実体波の種類	特性
P	P波	地殻を貫いては伝わることのないP波。
K, I	P波	地殻（K），内殻（I）を貫いては伝わるP波。
S	S波	地殻を貫いては伝わることのないS波。
J	S/P波	内殻と外殻の間の境界に入射したP波が変換されて生じたS波。Jモードは固体の内殻以内のみに存在する。内殻の境界においてJモードはふたたびP波に変換される。
PP, SS, c	S/P波	記号の反復（PP，SSなど）は，地表での反射を意味する。記号cは地殻での反射を意味する。

次数 degree
（数学）方程式や数式の階数で未知数や変数の最高次の項によって定義される。曲線や曲面の次数とは，それを表す方程式の次数のことである。

指数関数 exponential function
一般に $y = Ae^{ax}$ の形の式を指数関数というが，とくに e^x を指すこともある。
ここで，$e = 2.7182818\cdots$ であり，これは無限級数 $1 + 1/1! + 1/2! + 1/3! + \cdots + 1/n! \cdots$ である。
負の指数関数（negative exponential function）は e^{-x} である。指数関数は，印刷の都合から $\exp(ax)$ とも書かれる。とくに指数（この関数の名前の起源）が複雑な場合などである。これらの関数は微分方程式 $dy/dx = ay$（a は定数）の解である。

指数関数的減衰 exponential decay
多くの物理量の減衰は，時間についての負の指数関数 $y = y_0 e^{-at}$ で記述される。異なる多くの物理分野で，その例がみられる。すなわち減衰調和振動子の振幅の減少の仕方，電荷を蓄えた

コンデンサーが比較的大きな抵抗を介して放電する際の電圧降下，放射性物質が崩壊して非放射性の物質に変わる場合などである．

システムソフトウェア system software
⇒ソフトウェア．

磁性 magnetism
⇒磁気．

自然周波数 natural frequency
⇒自由振動．

自然対流 natural convection
⇒対流（熱の）．

自然単位系 natural units
ガウス単位系（⇒CGS単位系）あるいはヘビサイド-ローレンツ単位系に基づいた単位系で，電磁気の諸量に対して使用される．一般に広く使われているSI単位系の代わりに素粒子物理学ではこれらの単位系がしばしば使われる．自然単位系では，長さ，質量，時間の次元をもつ量は，仕事率あるいはエネルギー（通常eV単位で表現される）で与えられ，有理化されたプランク定数と光速は1となる．

磁束 magnetic flux
記号：Φ．特定の面積と，その領域面に垂直な磁束密度の平均の積．面積要素 dA と磁束dΦに対してはスカラー積 B・dA となる．単位はWb（ウェーバー）．

磁束屈折 flux refraction
磁場中に球を考えると，磁場が均一でなくても，球の表面を通る磁束は（球の中に磁場を発生する要素が何もないという条件のもとで）球の正確な中心点での磁場に比例する．磁束球は巻数密度が一定で，さまざまな長さの同軸円柱型巻線を球形に組み合わせ，固定することによってつくられる試験用コイルである．これを用いて中心の磁束密度が正確に測定できる．

磁束計 fluxmeter
磁束の変化を記録する装置．グラソット磁束計（Grassot fluxmeter）は，可動コイルの復元偶力が無視できる程度に小さく，電磁的減衰が大きい可動コイル型検流器であり，コイル面積がわかっている探索コイルと組みにして用いる．探索コイルを貫く磁束の変化によって可動コイルに電流が流れ，可動コイルはこの磁束変化に比例した角度だけ瞬間的に向きを変える．この装置は，磁束標準を用いて経験的に校正が行われる．

磁束密度 magnetic flux density
磁気誘導（magnetic induction）における用語．記号：B．磁力線の方向の磁場の単位面積を貫く磁束の量．これはベクトル量で，その大きさはその点における磁場強度に比例し，その方向は磁場の方向を示す．これは磁場の強度を示し，しばしば磁場の効果を表す．たとえば，磁束密度と電流の外積はコイルの単位長さあたりの力を与える（⇒ローレンツ力）．磁束密度の単位はT（テスラ）．

下側波帯 lower sideband
⇒側波帯．

GWS理論 GWS theory
⇒電弱理論．

四端子 quadripole
4つの端子のみをもつ電気的なネットワーク．4つの端子は，1組の入力と，1組の出力である．その特性は，通常，特定の周波数における端子間のインピーダンスで記述される．とくに，フィルターや減衰器によく用いられる構成は，いくつかのインピーダンスを直列または並列に，はしご型のネットワークとして組み合わせたものである．この構成は，同じ特性インピーダンスをもつようなT型やπ型の要素に分割して解析することができる．

七極管（ヘプトード） heptode
陰極と陽極の間に5つのグリッドをもつ熱電子管（したがって合計7つの電極をもつ）．

実効温度 effective temperature
⇒光度．

実効値 effective value
⇒二乗平均値．

実効抵抗 effective resistance
導体や他の電気回路素子で交流が使われたときの電気抵抗．単位はオームで，〔W〕で測った消費電力を〔A〕で測った電流値の2乗で割ったものをさす．導体内の渦電流や表皮効果のために，直流で測られる通常の電気抵抗とは違う可能性もある．

湿式光電池 electrolytic photocell
光電セルの一種．金属セレンでおおわれた金属電極と，白金電極（または，同じくセレンコートされた金属電極）を二酸化セレンの水溶液に浸した構成で，外部から小さな直流電圧をかけると，光に対して感度をもつようになる．感度はおよそ1 mA lm^{-1} である．

実像 real image
⇒像．

ジッター jitter
信号，とくに陰極線管に現れる信号の振幅，

位相における短期不安定性．スクリーン上の像に瞬間的なずれを起こす．

実体顕微鏡 stereoscopic microscope
⇒顕微鏡．

湿度 humidity
大気の湿り気の程度を表す量．絶対湿度（absolute humidity）は単位体積の空気中の水蒸気の質量で，kg m^{-3} の単位で測られる．気象の測定では，しばしば蒸気濃度（vapor concentration）とよばれる．

ある体積の空気について絶対湿度は温度に強く依存する．より便利な量として相対湿度（relative humidity）（記号：U）がある．これは，実際の蒸気圧と，等温度の水面上の飽和蒸気圧との比 e/e' で定義され，百分率で表される．この量が通常，単に"湿度"といわれるものである．空気の温度が下がるにつれ水蒸気の濃度は増加し続け，露点（θ_d）として知られる特定の温度において空気は水蒸気で飽和する．このとき温度のみを変えたので，温度 θ での蒸気圧は露点の蒸気圧と等しくなければならない．ゆえに

$$U = 100 \, e'(\theta_d)/e'(\theta)$$

が成り立つ．水蒸気の e' の値はよくわかっているので，上式によって相対湿度はきわめて簡単に求められる．混合比（mixing ratio）（記号：r）は水蒸気の質量と，水蒸気を除いた空気の質量との比で定義される．もし p が大気の全圧（Pa の単位で）なら

$$r = 0.622 \, e/(p-e)$$

となる．相対湿度も絶対湿度も湿度計で測ることができる．湿度のおよその値は検温器で知ることができる．

湿度計 hygrometer
空気の湿度を測る計器．おもな形式としては，以下のものがある．(1) 化学湿度計：その場に実際にある水蒸気の質量を測って，同じ体積・同じ温度の空気を飽和する水蒸気の質量と比べる．(2) ルニョー湿度計のような露点計器：露点を測り，露点およびその場の空気の温度での飽和水蒸気圧の比から相対湿度を出す．(3) 乾湿球湿度計．(4) 相対湿度を直接指し示す記録計：計器はあらかじめ校正してある．

質量 mass
ニュートン（Newton）は質量を，物の量を表す物理量として，その物体の体積と密度の積と定義した（1687 年）．たとえば，毛糸の玉は，これをきつく巻いて体積を小さくしても，また緩く巻いて体積を大きくしても，物の量としては同じと仮定される．ニュートンの運動の法則では，このように定義された質量は物体の慣性力（inertia），すなわち加速に対する抵抗力を表すものとされる．2つの物体の質量を比べるには，原理的にはそれらの慣性力を比較すればよい．2つの物体に等しい大きさの力を与えたとき，それらの加速度の比の逆数が質量の比になる．ニュートンの重力の法則では，重力場中で自由落下する物体はすべて同じ加速度をもつと仮定している．このため，**重力質量**（gravitational mass）と慣性質量は等価であると考えることができる．この重力質量と慣性質量を等価なものとする考えは，一般相対性理論においても仮定されている．

実際に質量を比べるには，国際キログラム原器を用いて（秤や，慣性測定より）行う．

アインシュタイン（Einstein）は相対性理論の中で，観測者が物体に対して速度 c で運動しているとき，その物体の質量 m は以下の式で与えられることを示した（1905 年）．

$$m = m_0 / \sqrt{1 - v^2/c^2}$$

ここで，m_0 は物体に対して静止している観測者から見たときの質量，また c は光速を表す．これより彼は，すべての過程でエネルギー保存が厳密に成り立つものとすると，エネルギー E の移動は必然的に $E = mc^2$ に対応する質量 m の移動を伴うことを示した．これによって質量もまたすべての過程で保存されることになる．

質量は**物質量**とは区別する必要がある．物質量は，物体を構成している粒子の個数として定義される量である．異なる速度で運動する観測者によって，ある物体の質量が異なる大きさとして観測されることがあっても，この物体の物質量を測定すると，これは原理的には単純に物体中の粒子数を数えることにすぎないので，速度によらず同じ値になる．

質量吸収係数 mass absorption coefficient
⇒線形吸収係数．

質量欠損 mass defect
原子核を構成する核子の静止質量の和と，その原子核自体の質量の差．この差は，複数の核子からこの原子核が作られるときに放出されるエネルギーに相当するものである．したがって，原子核をそれぞれの核子に分解するには外からエネルギーを加える必要がある．この質量欠損に相当するエネルギーは，原子核の結合エネルギーである．

質量光度の法則　mass-luminosity law
　星の質量 m と，その星が放射する光の全量である光度 L との間の関係を表す理論式．これはおおよそ
$$\log L = 3.3 \log m$$
で与えられる．ここで，m と L は太陽単位系で表す．

質量作用の法則　mass action, law of
　化学反応の速度が，反応を起こす物質の濃度の積に比例するという法則．もし反応が可逆であれば，すべての物質の濃度が時間的に一定となるような平衡状態に達する．たとえば，以下の反応
$$a\mathrm{A} + b\mathrm{B} \rightarrow c\mathrm{C} + d\mathrm{D}$$
に対しては，平衡状態における濃度，[A]，[B]，[C]，[D] の間には式
$$\frac{[\mathrm{C}]^c [\mathrm{D}]^d}{[\mathrm{A}]^a [\mathrm{B}]^b} = K$$
という関係がある．ここで，K はある温度におけるこの反応の平衡定数（equilibrium constant）を表す．

質量数　mass number, nucleon number
　記号：A．ある原子の原子核に含まれる核子の数．これはその核種の原子質量 m_a を原子質量単位 m_u で割った数値にもっとも近い整数である．差 $m_\mathrm{a} - Am_\mathrm{u}$ は質量超過（mass excess）という．

質量スペクトル　mass spectrum
　気体状のイオンビームを，そのイオンの質量 m と電荷 q の比 m/q の大きさで分離すること．多くの場合，1 価の正に帯電したイオンを用いて行われるため，スペクトルは単に質量によって分類されたものになる．
　質量スペクトルを測定する装置は，イオン源以外は通常高真空に保たれている．イオンは，電場および磁場をさまざまに組み合わせて用いて分離され，検出器上に集められる．どの装置にも共通なのは，静止していたイオンを電圧 V で加速して，
$$(1/2) mv^2 = eV$$
の運動エネルギーをイオンに与えることである．この後，イオンビームは，磁石の両極の間を通り抜け，半径 R の円弧上に偏向される．R は
$$R = mv/Be$$
で与えられ，B は磁束密度である．したがって，m/e が異なるイオンは，これに比例して軌道がずれることになる．
　イオンビームを写真乾板で検出する装置は質量分析器（mass spectrograph）とよばれる．これは，イオンの相対質量を正確に測定するのに適していて，とくに同位体元素の質量の決定に用いられる．
　イオンビームを電位計で検出する装置は質量分析計（mass spectrometer）とよばれる．これは，イオンの相対的な存在比を正確に測定するのに適している．このため，化学分析，出現電位測定において，元素の同位体比を求めるのに用いられる．
　交流電場を用いると，イオンの飛行時間の違いによって異なる質量のイオンを選別することができるため，重い磁石を用いる必要がなくなり，小型で持ち運び可能な装置が利用できるようになった．

質量阻止能　mass stopping power
　⇒阻止能．

質量中心　center of mass
　セントロイド（centroid），慣性中心（center of inertia）ともいう．その点を含む任意の平面を仮定したとき，物体を構成するすべての質点に関して質量モーメント（mass moment）（質量と平面からの距離の積．この場合，距離は平面の一方にあるときと他方にあるときで符号が異なるものとする）を足し合わせた和が 0 になるような点を，物体の質量中心という．重心が存在するならば，それは質量中心に一致するので，両者は通常同義語として用いられる．

質量超過　mass excess
　⇒質量数．

質量抵抗率　mass resistivity
　導体の質量と電気抵抗の積を，その長さの 2 乗で割ったもの．単位は kg Ω m^{-2}．

質量とエネルギーの関係式　mass-energy equation
　アインシュタイン（Einstein）の関係式，$E = mc^2$ のこと．⇒質量，相対性理論．

質量とエネルギーの保存則　conservation of mass and energy
　エネルギー保存則（principle of conservation of energy）はすべての系で全エネルギーが一定であることを述べたものであり，質量保存則（principle of conservation of mass）はすべての系で全質量が一定であることを述べている．古典物理ではこの 2 つの法則は互いに独立である．質量保存則は多くの検証研究がなされていたが証拠は少なかった一方，エネルギー保存則はそれを仮定する理論が成功を収めることによ

って高精度で確認されていた．アインシュタインは彼の相対論でエネルギー保存則を公理であると仮定した．その結果，エネルギーの変化 E は必ず質量の変化 $m=E/c^2$ を引き起こすこととなり，エネルギー保存則が質量保存則を保証するようになった．

アインシュタインの理論では慣性質量と重力質量は同一のものとされ，エネルギーとは系の全エネルギーのことである．しかし，質量やエネルギーという用語の意味は，用語の使い方が分野で違いときどき混乱を起こしている．たとえば，素粒子物理では"質量"を粒子の静止エネルギーの意味で用い，"エネルギー"を静止エネルギー以外のエネルギーの意味で用いることがある．このような理由で，この法則は違った表現をされることがあるが，用語の用い方が統一されていないためである．→アインシュタインの法則．

質量分析器 mass spectrograph
→質量スペクトル．

質量分析計 mass spectrometer
→質量スペクトル．

質量モーメント mass moment
→質量中心．

質量リアクタンス mass reactance
→リアクタンス（2）．

CD
compact disk（コンパクトディスク）の略記．

時定数 time constant
電圧，電流，温度などの物理量は，時間とともに減衰することがある．この減衰の仕方は，任意の時点における物理量の時間変化が，以下の式で表されるというものである．

$$-\frac{dv}{dt} = \frac{v}{T} \qquad (\text{i})$$

ここで，v はその時点の物理量の値，T は時定数である．また，時定数は物理量が初期値の $1/e$（約 0.368）に減衰するまでの時間である．一方，物理量が増加する場合もある．この増加の仕方は，任意の時点において物理量の時間変化が，以下の式で表されるというものである．

$$\frac{dv}{dt} = \frac{V-v}{T} \qquad (\text{ii})$$

ここで，V はその物理量の極限値（定数），T は時定数である．この場合の時定数は，物理量が0から極限値の $1-1/e$（約 0.632）に増加するまでの時間である（注：$e=2.718\cdots$，自然対数の底）．

時定数はとくに電気回路では重要である．たとえば，(a) 抵抗とコンデンサーが直列，あるいは，(b) 抵抗とインダクタンスが直列に入っている回路に，ある瞬間から一定の直流電圧を加えると，電圧，電流，電荷は (i) または (ii) に従って変化する．回路の時定数は秒を単位として，回路 (a) では，抵抗×コンデンサー容量，回路 (b) では，インダクタンス÷抵抗，により計算される．

CTスキャン CT（computerized tomography）scanning
X線を用いて人体の断面を映像化する医療技術．コンピューターが一連の少しずつ隣り合った断面映像（tomograph）を蓄え，現代では体内の器官の高画質3次元映像を描くことも可能である．従来の放射線写真は3次元空間内に複雑に重なり合った映像であった．手術前のように，位置や方向の正確な情報が必要なときにはCTスキャンが用いられる．

CTスキャン装置の共通な仕様は以下のようである．X線源と検出器が円の直径の反対どうしに置かれる．これが患者の軸の周りを周期1秒から15秒で回転する．回転しているあいだ，X線源は連続したパルスを発する．検出器はそれぞれの点で患者を通過してきたX線強度を測り，コンピューターのメモリーに蓄える．コンピューターは 10^6 個程度の強度の記録から像を再構成する．そうするとX線源と検出器は患者の軸に沿ってゆっくり移動し，隣の面の映像を撮り始める．

検出器の強度の読みはX線ビームが通過した組織の線形減衰係数の和である．これから映像を作り出すのは背景映写（back projection）として知られているので，コンピューターはX線強度のデータから断面図に戻すことができ，X線が通ってきた構造の断面図が得られる．

この技術では何回もX線パルスを浴びるので，CTスキャンで受ける放射線量は放射線写真に比べてはるかに高い．

磁鉄鉱（マグネタイト） magnetite
磁鉄鉱．自然に形成された酸化第一鉄および第二鉄の混合体（FeO, Fe_2O_3）で，強い磁性を示す．

至点 solstice
(1) 黄道が天の赤道のもっとも遠い北または南にある2点のいずれか．→天球．
(2) 1年のうち，太陽がこれらの点にある2

日（およそ6月21日と12月22日）の内の1日．昼の長さが最長または最短の日である．→春（秋）分点．

自動周波数制御　automatic frequency control (a.f.c.)
交流電圧電源の周波数をある範囲で自動的に一定にする装置．

自動電離　autoionization
2段階のイオン化の形態．第1段階で，原子（または分子）はイオン化ポテンシャルよりも高いエネルギー状態へ励起され，第2段階で，この励起状態から脱励起が起こってより低いエネルギー状態の正イオンと放出電子を生じる．この過程はオージェ効果と似ているが，自動電離では最初の電子殻の空孔が，ひとつの軌道から他の空いた軌道への電子の移動で起こる．これに対し，オージェ効果では空孔は電子の完全な除去により形成され，イオンが生じる．自動電離では，1価の正のイオンができる．
$$A \rightarrow A^* \rightarrow A^+ + e$$
ここで，A^*は励起原子．放出された電子は，励起状態の原子とイオンのエネルギー差に等しい特徴的なエネルギーをもつ．

自動利得制御　automatic gain control (a.g.c.), automatic volume control
入力信号の変動にかかわらず，自動的にラジオ受信機の出力音量を一定に保つ方法．

磁場　magnetic field
磁極やコイルを流れる電流の周りの力の場で，この場の中には磁束がある．

自発核分裂　spontaneous fission (S. F.)
中性子，高いエネルギーの粒子，光子などとの衝突というような，外部の状況とは関係なく起こる核分裂．放射性物質の放出を伴い，指数関数的な崩壊則に従う．大きな質量をもつ原子核で起こる．

磁場天秤　magnetic balance
(1)　磁極の間の引力または斥力を直接測る道具．1本の磁石がナイフエッジによって支えられ，水平を保っている．磁石の一方の端に磁極を近づけて力を加えたとき，重しを増やすか，または重しの位置を動かして磁石が水平に戻るようにする．磁石はもう1つの磁極との間の相互作用の影響を避けるようにその長さを十分長くする必要がある．
(2)　磁束計の一種．磁場中の電流を流したコイルの動きを止めるのに必要な力の大きさを測ることによって磁束を測る．

磁場の強さ　magnetic field strength
記号：H．ベクトル量で比B/μで与えられる．Bは磁束密度でμは媒質の透磁率である．この大きさはその点における磁力線の方向の磁場の強さを与える．磁場強度を閉曲線に沿って積分したものは起磁力に等しい．磁場強度の単位は$A\,m^{-1}$である．

磁場ミラー　magnetic mirror
磁場が強い領域を設けてプラズマからのイオンを磁気瓶に反射して戻すもの．→核融合炉．

Cパリティ　C-parity
→荷電共役パリティ．

Gパリティ　G-parity
バリオン数，ストレンジネスともにゼロの素粒子がもつ量子数．強い相互作用においてのみ保存される．

磁場漏洩　magnetic leakage
トランスやコイルのコアからの磁場の漏れはその効率を落とす．漏れは全磁束のうち，トランスなどの本来の機能に有効でない部分に使われる磁束の割合をさす．
磁場漏れ係数（magnetic-leakage coefficient），記号：σは，全磁束と有効な磁束の比である．これより（$\sigma-1$）は漏れ磁束と有用な磁束の比となる．

CPT定理　CPT theorem
荷電共役パリティ（C），パリティ（P），時間反転（T）を同時に作用させたときの対称性は，相対論的場の量子論の基本的対称性であるとする定理．C, P, Tの対称性は単独で，あるいは2つの組で破れていても相対論的場の量子論の枠組みは影響を受けない．一方，CPTの対称性（CPT invariance）が破れると相対論的場の量子論は根本的改変を受けるが，そのような実験的証拠はない．

CP不変性　CP invariance
荷電共役パリティ（C）とパリティ（P）の対称操作をともに作用させたときの対称性．CP不変性の破れ（CP violation）は弱い相互作用によるK粒子崩壊の際，約1000分の1の確率で起きる．→CPT定理．

CPU　central processing unit, central processor（中央演算処理装置）
コンピューターの機能の中核をなす部分で，そこでプログラムが解釈，実行される．大型で複雑なコンピューターでは決まった処理作業や機能は多くの処理ユニットに分配されており，それぞれが独立に仕事をするようになっている．

これらは単にプロセッサー（processor）とよばれる．

シフトレジスター shift register
ディジタル回路のレジスターの一種で，ディジタル方式で蓄えられたデータを，右または左に位置をずらす．データが2進の数値を表すビットパターンである場合には，左へのシフトは2を掛けることに相当し，右へのシフトは2で割ることに相当する．シフトレジスターは，コンピューターにおいて広く活用されている．

時分割多重送信 time-division multiplexing
多数のチャネルの入力信号の取り込みと，それに引き続く送信を行うための多重送信の方法．各信号に特定の時間間隔を割り当てて，送信チャネルを共有する．1つのチャネルから次のチャネルに切り替えられるまでの時間は，各チャネルの信号が多数回取り込まれるのに十分な時間でなくてはならない．時分割多重送信では，パルス変調が頻繁に用いられる．

磁壁エネルギー wall energy
強磁性材料中の磁区の境界の単位面積あたりのエネルギー．→強磁性．

シーベルト sievert
記号：Sv．線量当量のSI単位．電離放射線からの防護の目的に用いられる．以前は，レム（rem）が用いられた．1Sv = 100 rem．他のSI単位で表すと，$1\,\mathrm{Sv} = 1\,\mathrm{J\,kg^{-1}}$である．

絞り（Ⅰ） stop
光の通り道の幅を制限（開口絞り aperture stop）したり視野を制限（視野絞り field stop）するための穴を開けたスクリーンや薄い膜．絞りは球面収差によるぼけを減らすために用いられるほか，像の明るさを減らすとき，不明瞭な視野を切りとるとき，写真機の中での反射を防ぐときなどにも用いられる．→光学系の開口と絞り．

絞り（Ⅱ） diaphragm
光学系の軸に中心が一致する円形の穴をもち，軸に垂直に置かれた不透明な仕切り．通過する光の量を調節する．

絞り数 stop number
→fナンバー．

シミュレーター simulator
模擬実験（simulation）を行う装置で，とくにコンピューターで制御されることが多い．実際のシステムの動作を模倣するが，実際のものより簡易，安価で，製作に便利な部品でつくられる．シミュレーターは，天気予報のような複雑な問題を解く目的に，また設計支援や訓練の器材としてよく用いられる．アナログコンピューター（analog computer）のおもな用途となっている．

ジーメンス siemens
記号：S．電気伝導度のSI単位．1オームの抵抗をもつ素子の伝導度として定義される．以前は，この単位はモー（mho，℧）またはオームの逆数であった．

ジーメンス式電流力計 Siemens's electrodynamometer
電流力計型計器の一種．電磁力によるトルクが，らせん状ばねのトルクとつり合う．後者は，ばねに取り付けられたねじれヘッドを調整することによって校正される．電流計，電圧計，電力計のいずれとしても使え，また直流でも交流でもよい．

霜 hoar frost
空気中の水蒸気が氷点下に冷えた表面に触れて氷結（厳密には昇華）し，氷の層をつくること．

CMOS
→相補型トランジスター．

視野 field of view, field
光学機器を通して見ることができる物体空間の角度広がり．
→光学系の開口と絞り．

ジャイレーター gyrator
ある方向に進む信号の位相を反転させるが，逆方向に進む信号の位相は変えないという素子で，通常はマイクロ波周波数で用いられる．ジャイレーターは本来受動的な素子であるが，能動的な素子を含んだものもある．

ジャイロコンパス gyrocompass
磁気を使わず，懸垂された錘またはそれに相当するもので構成され，重力による歳差運動をする回転儀（→ジャイロスコープ）．ジャイロの減衰運動の結果は正しいN-S方向（地軸の方向）を向く．

ジャイロスコープ gyroscope
適宜に装着されたはずみ車または回転子が高速で自転している装置．通常ジンバルタイプの支持枠では，回転軸は空間の任意の方向に向くことができる．
ジャイロスコープの支持枠に偶力が加わると歳差運動が起こり，ジャイロは偶力の軸に向くようになる．この移動あるいは歳差運動の速さは，偶力のモーメントに比例し，ジャイロの角

運動量に反比例する.
　偶力が加わらなければ, 空間における自転軸の方向は一定に保たれる. したがって, ジャイロスコープ装置は方向転換する航空機の方向指示や自動航行装置に使われる. また, 大きなジャイロスコープは船舶の横揺れを防ぐために使われる. ⇒ジャイロスタット, ジャイロコンパス.

ジャイロスタット　gyrostat
　ジャイロスコープの一種. ことに高速回転するジャイロスコープの回転軸の方向を指示したり, また, その方向が変わらないことを利用する装置.

ジャイロ力学　gyrodynamics
　回転体, とくに歳差運動をしている物体の力学.

射影光度計　shadow photometer
　スクリーンの前に棒を立てる方式の簡易光度計. 比較する2つの光源を調整して, 棒の2つの影を隣接させ, 暗さを一致させる. そのときの光源の光度の比は, それぞれによる棒の影から光源までの距離の2乗の比によって与えられる.

視野絞り　field stop
　⇒光学系の開口と絞り.

射出ひとみ　exit port, exit pupil
　⇒光学系の開口と絞り.

写真　photography
　感光乳剤を用いた永久的な像の作製. 写真感光乳剤上に光を照射すると, 一連の光電作用が起こり, 乳剤中の銀塩を構成していた銀イオンが中性の銀原子に変化する. この潜像 (latent image) の現像処理では, 化学還元剤によってもとの銀原子の周りに銀原子がさらに析出し, 金属特有の銀の暗い斑点が現れる. その後に行う定着 (たとえばハイポ (チオ硫酸ナトリウム) を用いる) では, 影響を受けていない銀塩を取り除くので, 写真は, もとの像でもっとも明るいところがもっとも暗くなるネガ (negative) となる. ポジ (positive) は, たとえば乳剤をコーティングした紙をネガの後ろに置いて露光し, 化学処理を施すことによりつくられる.
　カラー写真は減法混色に基づいている. フィルムは, 赤, 緑, 青の三原色のそれぞれに感光する3つの乳剤の層からなる. 露光が終わると, 被写体の青の成分は青に感度をもつ乳剤の潜像として記録される. 赤, 緑の成分についても同様である. さらに, 赤・緑・青の補色であるシアン, マゼンタ, イエローの色素を適切な比率で重ね, 印画やスライドの像ができあがる. ⇒相反則, 露出, カメラ.

遮断周波数　cut-off frequency
　非散逸系としての受動的な電子的または音響ネットワークについていう. これらの系の特徴は, 内部にエネルギー源がないことである. 印加電圧や外力の周波数を変化させるとき, 減衰が小さな値からずっと大きな値に速やかに変わる周波数を遮断周波数という. たとえば, 遮断周波数が 6000 Hz のスピーカーでは, これより高い周波数では用いることができない.
　散逸系としての能動的な電子的または音響ネットワークは, 等しいインダクタンス (または慣性) 成分と等しい容量 (または弾性) をもつ受動ネットワークと同じ遮断周波数をもつ.
　この用語は音響または電子的フィルターの限界周波数にも用いられる. ⇒フィルター.

シャドーマスク　shadow mask
　せん孔した金属板で, カラーテレビの電子銃と受像管のスクリーンとの間に置かれ, スクリーン上に色が正しく再現されるようにする.

遮蔽 (Ⅰ)　shield
　原子炉の炉心などの放射線源を取り囲み, 中性子などの危険な放射線を吸収する. コンクリートなどの物質の壁. 実験を行う研究者や原子力プラントの運転員を守るため, とくに生体遮蔽 (biological shield) が行われる.

遮蔽 (Ⅱ)　shielding, screening
　外的なエネルギーの場の影響をなくすこと. ある領域を適当な物質からなる遮蔽材 (shield, screen) で取り囲む. 電場の場合は, 接地した金属壁を用いる. 漏洩磁場は, 高い透磁率の遮蔽板で除くことができる.

遮蔽グリッド　screen grid
　⇒熱電子管.

遮蔽定数　screening constant
　原子番号 Z から引いたときに有効原子番号を与えるような数. 内殻電子が原子核の電荷 Ze を遮蔽する効果を表している.

遮蔽用コンクリート　loaded concrete
　原子炉の放射線に対する遮蔽の効率を上げるため, 重元素や捕獲断面積が大きな材料, たとえばバリウム, 鉄, 鉛などを含むコンクリートが用いられる.

斜方晶系　orthorhombic (rhombic) system
　⇒結晶系.

ジャマン屈折計 Jamin refractometer
ジャマン干渉計ともいう．⇒屈折率．

ジャミング jamming
通信やレーダーで起こる故意の干渉で，希望しない信号が非常に強く，希望の信号が理解できなくなること．

斜面 inclined plane
水平面からある角度で傾けたかたい平面で，重いものを楽に持ち上げるときに使われる．持ち上げる力は，面に沿う場合も面と角度をなす場合もある．

シャルルの法則 Charles's law
（ゲイリュサックの法則（Gay-Lussac's law）としても知られる．）定圧下では，すべての気体と不飽和蒸気は，0℃から100℃にわたって同一の平均熱膨張係数をもつ．実際にこの法則は，大まかには，より幅広い温度範囲にあてはまるが，厳密には，極低圧以外では正確でない．
この法則は，しばしば誤って，体積と温度間の比例関係と表現されたり，体積と熱力学的温度間での比例関係にまで拡張されることもある．これらの表現は，適用する温度範囲を指定しないこと，また，実在気体と理想気体との区別をしない，などのために混乱を招く．

視野レンズ field lens
2枚のレンズでできている接眼レンズの前のレンズで，主光線を接眼レンズの光学的中心に曲げる役割をする．

ジャンスキー jansky
記号：Jy．天文学で用いられる放射束密度の単位．全波長領域で用いられるが，とくに電波，赤外領域の測定で用いられる．単位周波数当りに関して使用され，1 Jy は 10^{-29} W m^{-2} Hz^{-1} に相当する．

ジャンスキー雑音 jansky noise
宇宙起源の短波の電波障害．

シャント shunt
⇒磁気分路子．

自由エネルギー free energy
熱力学的関数で，システムがある変化をしたとき仕事に変えることができるエネルギー量を与える．⇒ギブス関数，ヘルムホルツ関数．

周期 period, periodic time
記号：T．ある振動で1回の前後運動が完了するのにかかる時間．周期は，振動数 ν，角振動数 ω と次の関係がある．
$$T = 1/\nu = 2\pi/\omega$$

周期表 periodic table
原子番号の順に表の形に整理された化学元素の分類．元素の性質には周期性があり，化学的に似た元素が決まった順番で繰り返し現れる．元素の並びは，横の周期（periods）と縦の族（groups）により分類され，それぞれの族の元素は，原子価や化学的性質など化学的に非常に近い類似性を示す．付録の表8に周期表を掲載した．

自由空間 free space
どんな粒子（気体分子のような）も力の場もない空間．それは形式的に，粒子はないが場は存在する真空（vacuum）状態と区別されているが，目的によっては2つの用語は同じに扱われる場合も多くある．自由空間がもつすべての値は，次に示すいずれかの値になる．
(a) 0（例：温度）
(b) 1（例：屈折率）
(c) 可能な最高値（例：光速度）
(d) 特別に定義された値（例：透磁率，誘電率）

自由空間の誘電率 electric constant
記号：ε_0．自由空間の誘電率は，次のように定義されている：
$$\varepsilon_0 = 10^7/4\pi c^2 = 8.854\,187\,817 \times 10^{-12}\ \mathrm{F\,m^{-1}}$$
ただし，c は真空中の光速度である．

集光器（光） condenser
光学機器（プロジェクター，複合顕微鏡など）における，光源から出た光のビームをある大きさに集光し，対象物（不透明な物質あるいは透明なスライドなど）に光を集束させるために使われるミラーあるいはレンズの組み合わせ．通常，これは平面側を外に向けた平凹レンズあるいは1組の平凹レンズである．用途によっては設計が大きく異なる．プロジェクターではフレネルレンズが集光器としてよく使われている．顕微集光器（microscope condenser）は，複雑なレンズあるいはミラーの組合せである．ここでは光線を，収差なしに集束させ，そして均一に対物レンズの開口を満たすようにするために，高出力対物レンズが使われている．その開口数は対物レンズのそれより大きくしなければいけない．さらにこの用語は，顕微鏡の使用における暗背景照明と簡単な集光レンズ装置などの特殊な設計に対しても用いられている．⇒アッベの集光器．

収差 aberration
(1) レンズや曲率のある反射鏡を含む光学系

において像がぼやけたりひずんだり場合によっては色がずれたりすること．4つの主な収差は，球面収差，コマ収差，非点収差（これらは主に表面の曲率により生じる），それと色収差（これはレンズを用いるとき分散によって生じる）である．像面湾曲とひずみは別の収差である．

収差は，光線が光学系の光軸のそばを通らず，大きな角度をなす場合（すなわち，その角度のsin関数を角度自身（弧度）で置き換えられない場合）に生じる．6つの収差のうち，球面収差と色収差だけが光軸上の像に現れる．他の4つの収差は光軸外の点で現れる．⇒ザイデル収差．

(2) 電子レンズ系で生じる像の欠陥．

重心　center of gravity

(1) 一様な重力場にある物体の場合（たとえば，地球の重力場においてその大きさが地球に比べて非常に小さい物体），物体に働く重力（重さ）は，物体の構成要素にそれぞれ働く重力を合成したものである．これら個々の重力は互いに同じ向きなので，それらの効果は1つの単純力に置き換えることができ，物体が重力に対してどの向きにあろうと，物体に対してある決まった位置にある点（物体内とは限らない）に作用する．この点が重心であり，この場合，質量中心と一致する．

(2) 非一様な重力場にある物体の場合．物体の各構成要素に働く重力（もはや互いに平行ではない）の効果は，一般に1つの単純力と1組の偶力で置き換えられる．単純力は一般には，物体が重力場中で向きを変えた場合に，つねに物体に固定したある1点を通るということはない．すなわち重心は存在しない．ただし，もし物体の質量分布が球対称ならば，偶力は0になり，単純力はつねに質量中心に作用する．このような物体のみが，非一様重力中でも重心をもち，セントロバリック（centrobaric）またはバリセントリック（barycentric）であるという．

自由振動　free vibration (or oscillation)

安定の位置から変位した物体が安定点の周りを系の固有な周波数，つまり自然周波数（natural frequency）で振動する振動系．振幅は運動に対する媒質の抵抗および系の慣性に依存して，初期のエネルギーが媒質中に散逸するまでゆっくりと減衰する．このような振動を自由振動とよぶ．

非減衰自由振動では変位 x の表記は
$$x = a \sin(\kappa/m)^{1/2} t$$
のようになる．ここで，a は振幅，κ, m はそれぞれ弾性定数（ばね定数），慣性定数であり，t は時間である．

減衰がある場合の自由振動では上の式は
$$x = a e^{-\alpha t} \sin(\omega t - \delta)$$
となる．ここで，減衰定数 α は $\mu/2m$（μ は抵抗定数）に等しくなり，角周波数 ω は $\sqrt{\kappa/m - \alpha^2}$ で与えられる．δ は $t=0$ での角度のずれで，初期位相とよばれる．

自由振動は機械的な系のみで起こるわけではない．コンデンサーの放電が抵抗やインダクタンスを通って起こる場合のように，電気回路でも生じうる．振動は回路のパラメーターに依存して徐々に減衰する．⇒強制振動．

重水炉　heavy water reactor (HWR)

熱中性子炉の一種で，重水（酸化デューテリウム）が減速材として使われる．これは中性子捕獲の断面積が水に比べてはるかに小さいからである．重水はまた冷却材として使われることもある．

集積回路　integrated circuit (IC)

特定の働きをする電子回路の全体を単一のパッケージ内につくりつけたもの．ディジタル回路と線形回路のどちらもつくられている．ふつう，すべての回路構成部品（トランジスターなど）は半導体（通常はシリコン）の単一のチップの中か上につくられている．回路の各部品間の結線は IC の表面に描かれた導電性材料のパターンによりなされる．個々の部品を回路から取り外すことはできない．この型の回路はしばしばモノリシック集積回路（monolithic integrated circuit）とよばれる．

これと対比して，ハイブリッド集積回路（hybrid integrated circuit）では，各回路構成部品は絶縁性の基板につけられ，基板の上にのせた導体の路でつながれる．回路の素子は封入されておらず，たとえば，ダイオード，トランジスター，モノリシック集積回路，厚膜抵抗器・コンデンサーなどである．全体の回路はたいへん小さい．

MOS 集積回路（MOS integrated circuit）では，能動素子は低電流・高周波数で動作する MOS 型電界効果トランジスターである．実装密度が高く消費電力はたいへん少ない．MOS 技術の進歩により極端に複雑な MOS IC が製造できるようになった．バイポーラー集積回路（bipolar integrated circuit）では，回路素子はバイポーラトランジスターや他の半導体の

p-n接合特性を使う素子である．これらはMOS回路より高速で動作するが，消費電力が大きく，実装密度が低く，製造するのも簡単ではない．MOS型，バイポーラー型ともに集積回路はモノリシックである．

単一のチップの上につくられるディジタル回路の複雑度は，通常含まれるトランジスターの数または論理ゲートの数で表される．これによると複雑度の順に次のように分類される．

   SSI：小規模集積
   MSI：中規模集積
   LSI：大規模集積
   VLSI：超大規模集積

LSIとVLSI技術では，単一チップ上にそれぞれ少なくとも10 000，100 000個のトランジスターがつくられる．

集束（焦点合わせ） focusing

(1) 加速器中の荷電粒子の集束．加速器では粒子線を集束させるのに磁石を用いる．周回型の加速器では狭いリング型の磁石が使われる．この磁石には通常2つの役目がある．磁石の間にある電場により加速された粒子を，磁場により進行方向を変えて円軌道にすること，粒子線を軌道中央部の狭い領域に閉じ込めることである．強集束（strong focusing）や交替勾配（AG）集束（alternating gradient focusing）は磁石を何組か組み合わせることで実現できる．ある磁石対は1つの面内で粒子線を集束させるが，それと直交する方向には広げてしまう．別の磁石対は前の磁石が広げてしまった方向には集束させ，集束させた方向は広げる．これらを全体で見ると強く集束させることができる．線型，リング型いずれの加速器にも使われる，粒子を加速するラジオ周波数（rf）帯の電場は，rf電場のある位相に粒子を同期するので，粒子はバンチ（集群）する．

(2) たとえば陰極線管の電子線の集束．おもな方法は

 (i) 静電的集束（electrostatic focusing）．2つまたはそれ以上のさまざまな電位の電極間の静電場で，電子線は1点に集まるようにつくられている．電極は電子間と同軸の円筒状で，全体の組合わせで1つの静電的な電子レンズを形づくっている．焦点合わせは，通常1つの電極（集束電極とよばれる）の電位を変えて制御される．

 (ii) 電磁的集束（electromagnetic focusing）．直流電流により集束コイル中に発生する磁場によって，電子線は1点に集められる．集束コイルは通常，電子管の外側に同軸に設置され，軸方向の長さは短い．

集束性 constringence
→アッベ数．

集束レンズ converging lens
平行光線を通すと1点に集束するレンズ．→発散レンズ．

自由対流 free convection, natural convection
外乱がなく，流体が自由に循環するときに起きる鉛直方向の熱の損失．この条件下での冷却率には5/4乗則が成り立つが，対流する流体とその周囲の温度差が小さい場合にはニュートンの冷却法則も使える．→対流（熱の）．

終端 termination
伝送線の終端のこと．伝送線の末端でインピーダンス整合をとり，余分な反射を抑えるのに必要な負荷インピーダンス．

終端速度 terminal velocity
物体にかかる合力が0となる場合の，流体に対する物体の相対速度．ストークスの法則によれば，球体が重力下で液体中を落下するときの終端速度は

$$2(\sigma-\rho)r^2 g/9\eta$$

となる．ここで，σは物体の密度，ρは流体密度，rは球体半径，ηは粘性係数である．→レイノルズ数．

集団励起 collective excitation
多体系において，系全体が協同運動を起こしたときに現れる量子化モード．このような励起は粒子間の相互作用の結果として現れる．固体中のプラズモンとフォノンが集団励起の例である．集団励起はボース-アインシュタイン統計（→量子統計）に従う．

重中性子 dineutron
2つの中性子からなる不安定な系．ある種の核反応において過渡的に存在すると考えられている．

集中定数 lumped parameter
電子回路の解析においてコイル，コンデンサー，抵抗などの回路のパラメーターを考える周波数領域において単一の局所的なパラメーターに置き換えることをいう．

自由電子 free electron
特定の原子分子の近傍に永久的にとどまることなく，付加された電場の影響で自由に動く電子．→エネルギーバンド，半導体．

自由電子常磁性　free-electron paramagnetism
→常磁性.

自由度　degree of freedom
(1) 力学的な系の自由度の数はその配置を表現するのに必要な独立な変数の数に等しい．たとえば，硬い棒で結びつけられた2個の粒子からなる系は，5個の座標（どちらかの粒子あるいは2個の粒子の重心を表す3個と角度を表す2個）が状態を指定するのに必要であるから，5個の自由度をもっている．系の状態を特定するのに必要な最小数の座標は一般化座標（generalized coordinates）とよばれており，これらは全系の状態を指定するので，系内のすべての粒子の状態をも指定している．例にも取り上げているように，一般化座標の選び方は複数ある．自由度の数は系の各部分の運動の可能性にのみ依存しており，実際の運動に依存してはいない．単原子気体では自由度は3である．2原子分子気体を剛体として扱う場合には，空間を運動する重心の自由度が3，2原子を結ぶ直線がその方向を変える自由度が2，この軸回りの回転の自由度が1の合計6である．エネルギー等分配の原理を適用すると，自由度の数は系のエネルギーを表す表式の中の独立な2次の項の項数となる．

(2)（状態）変数の数（degree of variance）ともいう．相律において，熱平衡にある系の状態を定義するために必要な温度，圧力，濃度といった可変な変数．

周波数　frequency
(1) 記号：ν または f．振動系が単位時間内に振動，循環を繰り返す回数．ヘルツ（Hz）の単位で測定される．周波数 ν は**角周波数** ω と $\omega = 2\pi\nu$ の関係で表される．

交流電流の場合，周波数は単位時間内に電流値が同じ方向（正から負，負から正のどちらか一方の変化）で0を通る回数である．波の周波数とは，理想的には，媒質を伝わる振動の単位時間内の振動回数である．周波数 ν は，波長 λ，位相速度 v と $v = \nu\lambda$ の関係がある．実際に ν と λ を決定するには，無限に長い時間が必要になる．

(2) 振動系が単位時間内に振動，循環をくり返す回数．→度数分布.

周波数帯　waveband
電磁波のスペクトル中の波長範囲．その波長範囲にある電磁波の性質にしたがって定義されたり，電磁波を検出，伝達する系の機能的側面や要求にしたがって定義されたりする．

周波数帯域　frequency band
より大きな周波数領域の一部となるある周波数領域．国際的に認められている周波数帯を表に示す．

周波数帯域

波長	帯域	周波数
1 mm~1 cm	extremely high frequency; EHF	300~30 GHz
1 cm~10 cm	super-high frequency; SHF	30~3 GHz
10 cm~1 m	ultra-high frequency; UHF	3~0.3 GHz
1 m~10 m	very high frequency; VHF	300~30 MHz
10 m~100 m	high frequency; HF	30~3 MHz
100 m~1 000 m	medium frequency; MF	3~0.3 MHz
1 km~10 km	low frequency; LF	300~30 kHz
10 km~100 km	very low frequency; VLF	30~3 kHz

周波数ダブラー　frequency doubler
周波数逓倍器の一種で出力周波数は入力周波数の2倍になる．

周波数逓降器　frequency divider
入力周波数を整数で割った周波数を出力する電気デバイス．

周波数逓倍器　frequency multiplier
入力周波数の整数倍の周波数を出力する電気デバイス．出力の高周波成分を大きくするために非線形増幅器（通常B級またはC級）が用いられる．フィルターを用いて任意の次数の高長波を取り出すことができる．また，入力信号によって入力信号の整数倍の周波数での振動を起動するマルチバイブレーターもある．

周波数引き込み　pulling
電子的な発振器が，発振する別の回路と結合したときに起こる効果．発振器の発振周波数は，別の回路の発振周波数に近づくように変化する傾向がある．2つの発振周波数の差が小さいときに，この傾向はとくに強く現れる．ときには完全に同期することもある．水晶振動子で行われているように，周波数引き込みは発振器の周波数を制御するのに用いられる．

周波数ひずみ　frequency distortion
→ひずみ.

周波数分割多重方式 frequency-division multiplexing
　数多くの入力信号を，それぞれ異なる周波数帯で入れることにより，**多重操作**をもたせる方法．得られる信号は，さまざまな周波数の搬送波の集まりであり，それぞれが入力信号により変調を受ける．

周波数変換器 frequency changer
　(1) 一般的に交流電流をある周波数から別の周波数へ変換する電気機械，回路．
　(2) ⇒ミクサー．

周波数変調 frequency modulation (FM, f.m.)
　変調の一種で，搬送波の周波数を基本周波数を中心に上下に変化させる．その振り幅は変調信号に比例し，搬送波の振幅は一定である（図参照）．変調信号が正弦波の場合，周波数変調を受けた波の瞬間的変位 e は次のように表される．
$$e = E_m \sin(2\pi Ft + (\Delta F/f)\sin 2\pi ft)$$
ここで，E_m は搬送波の振幅，F は変調を受けない搬送波の周波数，ΔF は搬送波の周波数の F からの周波数変位の最大値，f は変調信号の周波数である．
　振幅変調に比べて周波数変調はいくつかの利点がある．その中で一番大切な点は SN 比が上げられることである．
　⇒位相変調．

入力音響信号

変調前の搬送波

変調後の搬送波

周波数変調

周波数弁別装置 frequency discriminator
　一定の振幅の入力信号を選別し，ある決まった周波数と入力周波数との差に比例する出力電圧をつくる装置．一般に自動周波数制御装置や周波数変調装置（周波数変調信号は振幅変調信号に変換される）で用いられる．もっともよく用いられる方はフォスター-セーレイ弁別装置（Foster-Seeley discriminator）である．

自由ピストンゲージ free-piston gauge
　流体の圧力の絶対値を測定する装置．シリンダーの中の小さなピストンの片側に圧力をかけ，ピストンの位置を一定に保つのに必要な力により圧力を求める．

自由表面エネルギー free surface energy
　⇒表面張力．

重フェルミ粒子物質 heavy-fermion substance
　この物質の中では電子は正常な電子質量の数百倍の実効質量をもつ．アクチニウム系あるいは希土類の原子の中で多体効果に伴う非常に狭いエネルギーバンドに閉じ込められた f-電子の実効質量は大きくなる．たとえば，$CeCuSi_2$ はこのような現象が起こる物質である．これらの物質では磁気的性質，熱力学的性質，超伝導の性質に異常が起こるが，その理由はまだよく理解されていない．クーパー対は大きな実効質量をもつ電子でつくられるので，超伝導性はBCS理論によく従わない．ある物質では非常に高い温度で超伝導性が現れる．⇒高温超伝導．

周辺装置（周辺機器） peripheral device, peripheral
　コンピューターに接続し，その制御を受ける装置．コンピューターの中央処理装置の外にあるものをさす．キーボードのような入力装置やプリンターなどの出力装置，ディスクや磁気テープのユニットのような補助記憶装置などがある．

重陽子 deuteron
　重水素（deuterium）原子の原子核．1価の正の電荷をもっている．

自由落下 free fall
　重力場のみが働いて，空気の抵抗，浮力が働かないときの物体の加速．地球の表面近傍での自由落下の加速度（acceleration of free fall）g は地表面近傍の点に関して測定される．地球の自転のため参照となる点は同緯度円の中心に向かう加速度を受ける．そのため g は，地球の中心へ向かう加速度を示す**重力**の理論から得られるものとは大きさも方向も完全には一致しない．低い緯度になるにつれて，求心加速度が大きくなること，中心からの距離が違うこと，局所的な密度が違うことにより g の値も表面上の位置によってわずかなずれがある（表参照）．

場所	北緯	標高/m	$g/\mathrm{m\,s^{-2}}$
カナルゾーン	9°	0	9.782 43
ジャマイカ	18°	0	9.785 91
バーミューダ	32°	0	9.798 06
デンバー	40°	1638	9.796 09
ケンブリッジ	42°	0	9.803 98
ピッツバーグ	40.5°	235	9.801 18
グリーンランド	70°	0	9.825 34

ある緯度 φ における g の値は，1967年以来国際的に認められた次の数式を使って見積もることができる．

$$g(\varphi) = g_0[1 + \alpha \sin^2(\varphi) + \beta \sin^2(2\varphi)]$$

ここで，g_0 は赤道上での自由落下加速度（9.780 318 m s^{-2}），α，β は無次元の定数で，それぞれ，0.005 302 4，−0.000 005 9 である．$g(\varphi)$ の表式は地球の偏球モデルにより得られたものであり，実際，無限級数の最初の3項である．また，密度の局所的な揺らぎや標高の違いにより，g にはわずかな補正が必要になる．

1967年版の $g(\varphi)$ の表式にとってかわるより正確な表式は，無限級数を最初の第3項までで近似してしまったことによる誤差を最小化するように係数を最適化したものであり，次のように表される．

$$g(\varphi) = 9.780\ 318\ 5[1 + 0.005\ 278\ 895\ \sin^2(\varphi) + 0.000\ 023\ 462\ \sin^2(2\varphi)]$$

しかし，もし測定結果が1967年版重力公式とは矛盾しないように調整された1967年以前のデータを含む場合は，この表式は適切ではない．$g(\varphi)$ の計算値は，地球上のあらゆる場所の海水面における重力加速度の予測値を与える．また，緯度による違いを補正するためには，実測値からこの計算値を差し引くことになる．

g の値はレーザー光線で位置を決めた2点を真空（in vacuo）状態で落下する時間を電気的に測定することで得られる．以前は絶対値をもっとも精度を高く測定する方法は振り子を用いる方法であった．g の変化は重力計（gravity meter, gravimeter）で測定する．局所的な異常さによる変化の適当な精度での測定は重力秤（gravity balance）で行われる．これらは一定の質量の物体の重さの変化が測定できる高感度なばね秤である．

自由落下の状態にある物体は，無重力状態（weightless）であるといわれる．すべての生物は通常全体に重力を受け，その一方で，地表からそれを支える力を受けているため，圧力を受ける．人間の場合には，通常狭い領域で支持力を受けているため，受ける圧力は大きい．自由落下しているスペースシャトルの中の宇宙飛行士は支持されておらず，そのため圧力を受けない（それでも重力は存在するのだが）．骨の弱体化など，医学的な変化が生じる．

自由落下の加速度 acceleration of free fall
→ 自由落下．

重力 gravitation
電磁相互作用，弱い相互作用，強い相互作用とは別に，すべての物体は互いに引き合う．この引力をいう．ガリレオ（16世紀末）は物体の落下を調べ，加速度の概念を導いた．彼によれば，真空中ではすべての物体は等しい加速度をもつ．これを自由落下という．1687年にニュートンは普遍的に成立する重力の法則（law of universal gravitation）を示した．すべての粒子は

$$F = Gm_1m_2/x^2$$

で表される力 F によって互いに引き合う．ここで，m_1，m_2 は距離 x だけ離れた2つの質点の質量である．G は重力定数（gravitational constant）とよばれ，最近の測定では

$$6.672\ 59 \times 10^{-11}\ \mathrm{m^3\ kg^{-1}\ s^{-2}}$$

の値をもつ．［科学技術データ委員会 CODATA の2006年の推奨値は $6.674\ 28(67) \times 10^{-11}$ m^3 kg^{-1} s^{-2} である．括弧内の数値は最後2桁の不確かさを示す．］

大きさをもつ物体に対しては力は積分によって計算する．ニュートンは，球対称性をもつ物体の外部の重力は，すべての質量が球の中心に集まったときの重力に等しくなることを示した．天体はだいたい球対称なので，よい近似で質点として扱える．この近似にあたってニュートンは彼の法則がケプラーの法則と矛盾しないことを示した．最近まですべての実験は，逆二乗法則と力が物質の種類によらないことを高い精度で確かめてきた．ところがここ数年の間に，この2つの法則に反するような現象が発見されている．

重力場（gravitational field）の強さは，単位の質量がある点で，それに働く力の大きさで与えられる．すなわち質量 m から x だけ離れた点の場の強さは Gm/x^2 で方向は m に向かう．単位は N kg^{-1} で計られる．重力ポテンシャル（gravitational potential）は，単位の質量を無限の遠方から，重力にさからって，その点までもってくるときの仕事である．質量を質点と考

えれば
$$V = Gm\int_\infty^x dx/x^2 = -Gm/x$$
で表される.ここで V は J kg^{-1} の単位で計られるスカラー量である.以下にいくつかの重要な例を示す.(a) 全質量が m で,中空で一様な球殻を考える.球の外部で,中心から x の距離にある点のポテンシャルは
$$V = -Gm/x$$
で,全質量が球の中心に集まった場合に等しい.(b) 球殻の内部では,ポテンシャルはいたるところで等しく
$$V = -Gm/r$$
となる.ここで,r は球殻の半径である.したがって,球殻の内部では重力は働かない.いかなる2点間にもポテンシャルの差がないからである).(c) 均一な質量分布をもつ球を考える.球の外部の点では,ポテンシャルは
$$V = -Gm/x$$
となり,球殻の場合と同じ形である.ただし,ここでは m は球の全質量である.(d) 球の内部で中心から x の点のポテンシャルは
$$V = -Gm(3r^2 - x^2)/2r^3$$
となる.

地球の重力場の本質的な性質は,自由落下の加速度 (g) によって運動の変化を引き起こすことである.一般相対性理論に従えば,重力場は時空の幾何学的構造を歪める.これが物質の存在によりつくられる時空の曲率で,物体の運動を制御する.この意味で一般相対性理論も重力場の理論の1つと考えられるが,これとニュートンの重力場との違いは,重力が非常に強いブラックホールや中性子星の場合,あるいは非常に精度の高い測定を行った場合にのみ現れる.
➡軌道.

重力異常 gravitational anomaly
地球上で,重力加速度(➡**自由落下**)の計算値に加えられる小さな補正.モデルによっては,補正を加えた後でも,まだ異常が残ることもある.
(1) ブーゲー異常(Bouguer anomaly):理論モデルにおいてブーゲー補正をしたうえでまだ残る異常をいう.ブーゲー補正は基準点(海面)と観測点の間に存在する岩石からくる余分な重力に対する補正である.[地形の影響を取り除いても残るもので,地下構造の不均一性によるものと考えられる.]
(2) フリーエアー異常(free air anomaly):理論モデルにフリーエアー補正をした後に残る異常.フリーエアー補正は海面からの高さで自由落下の加速度が異なることの補正.海面と観測点のあいだには空気しか存在していないことを仮定している.
(3) アイソスタティック異常(isostatic anomaly):氷河や最近の地殻変動などの結果,地殻が不均一な凹凸をもつために引き起こされる大きなスケールの重力の異常.これは計算も可能で,ローカルな変化であるブーゲー異常からは引き去ることが多い.

重力計 gravimeter, gravity meter
➡**自由落下**.

重力子 graviton
重力作用に関連づけられる仮説的な素粒子.これは**重力場の量子**,したがってゲージボソンである.それ自身が**反粒子**であり,電荷 0,静止質量 0,スピン 2 と考えられている.理論的には確実に予測されているが,その直接的な観測は現在のところ見込みがない.

重力質量 gravitational mass
➡**質量**.

重力単位 gravitational unit
自由落下の加速度 g を含む,力,圧力,仕事,パワーの単位.

重力定数 gravitational constant
➡**重力**.

重力電池 gravity cell
2種類の電解液が密度の差により分離していることでできる一次電池.

重力による赤方偏移 gravitational redshift
➡**アインシュタインシフト**.

重力波 gravitational wave
重力放射(gravitational radiation)と同義.質量が加速度を受けたときに重力場が作り出され,それが波として光速で伝播する.重力波は一般相対性理論で予言されているが,その存在の直接的な証拠はまだ発見されていない.地上に設置された超高感度のアンテナを使って重力波を検出しようという試みがいくつか行われてきた.この種の実験における雑音は量子効果に起因する雑音のレベルまで低く抑えられている.**量子非破壊特性**(quantum non-demolition attributes➡**スクイーズド状態**)が重力波に共鳴するアンテナを検知すべく使われている.超新星爆発や連星パルサーの軌道運動の天文学的観測から重力波の間接的な証拠が得られるのではないかと考えられている.重力の量子力学

(⇒**量子重力**) によれば，重力場は量子場（量子場理論）で記述され，その励起状態は理論的に予言される重力子によるものである．重力子は重力ゲージ場の基準振動とみなされる．それは加速されている質量の流れで励起される．

重力波（液体表面の）（水面波） gravity wave

液体の表面の層に，表面張力には関係なく，重力の影響のみで起こる波（深水波）．たとえば液体の深さが波長 λ に比べて大きいとき，波の速さは $v = \sqrt{g\lambda/2\pi}$ となる．ここで g は自由落下の加速度である．波をつくる液体粒子の円運動の振幅は深さに対して指数関数的に減少し，$\lambda/2\pi$ 深くなると $1/e (e = 2.718)$ になる．

重力場 gravitational field
質量をもった物体の周囲の空間．そこに他の物体がくると引力を受ける．⇒**重力**.

重力秤 gravity balance
⇒**自由落下**.

重力崩壊 gravitational collapse
天体の構成成分が重力で互いに引き合う結果，収縮を起こすこと．この言葉は通常，核分裂などでつくられるエネルギーがなくなり，星の芯が急激に崩壊する場合に使われる．中心に向かう重力に抗する外向きの気体圧力や放射圧がなくなり，流体力学的平衡が崩れるためである．このような最終段階の 3 つのよく知られた例は，質量の順に，**白色わい星**，**中性子星**，**ブラックホール**である．先の 2 例では崩壊は量子力学的効果で停止する．それは縮退圧（degeneracy pressure）とよばれる効果で，白色わい星の場合は原子から引き離された電子が強く縮重することにより，また中性子星の場合は強く縮重した中性子によって引き起こされるものである．

重力ポテンシャル gravitational potential
⇒**重力**，**ポテンシャル**.

重力レンズ gravitational lens
天体（主として銀河または銀河集団）の重力場によって，より遠くの光源（通常クエーサー）からの光線を曲げ，その結果，光源の像がいくつかに分かれる．この効果はレンジング（lensing）とよばれ 1979 年にはじめて観測された．一般相対性理論によって説明できる．

主記憶装置 main store
⇒**メモリー**.

縮退 degeneracy
(1) 原子や分子の系が 2 つ，あるいはそれ以上の同じエネルギーの量子状態がある状況．

(2) 非常に高密度で，すべての電子が原子から引きはがされた物質の状態．物質は小さな体積に押し込められた高密度の原子核と電子になる．⇒**縮退気体**.

縮退気体 degenerate gas
マックスウェル-ボルツマン分布（⇒**速度分布**）が成り立たないほど粒子密度が高くなっている気体．気体の振る舞いは量子統計に従う．

フェルミ粒子の縮退気体の圧力は縮退圧（degeneracy pressure）とよばれる．この圧力は熱的な圧力をはるかにしのいでいる．というのは，パウリの排他律によって互いに近接している粒子は異なる運動量をもたねばならず，また不確定性原理により運動量の差は粒子間の距離に反比例するからである．こうして，高密度気体では粒子の相対的な運動量は大きく，熱的な場合と異なり絶対零度に近づいても圧力は 0 にはならない．白色わい星や中性子星ではそれぞれ電子，中性子の縮退圧が重力崩壊を支えていると考えられている．

縮退している degenerate
⇒**特性関数**，**統計学的重率**.

縮退準位 degenerate level
複数の量子状態に対応する量子力学的なエネルギー準位．

縮退半導体 degenerate semiconductor
フェルミレベルが価電子帯か伝導帯（⇒**エネルギーバンド**）にある半導体．広い温度領域にわたって基本的には金属的な振舞いをする．

縮脈 vena contracta
貯蔵タンクの出口（オリフィス）から噴流が流れ出るとき流線の方向変化が出口のところで完全に行われないまま通りすぎ，その結果噴流の断面積がその後，出口部分よりも小さくなってしまう．噴流の収縮が完全に終わる場所は縮脈とよばれ，この点では流線がすべて平行になり流体の圧力は周りの媒体の圧力とほぼ同じである．

縮脈係数 coefficient of contraction, contraction coefficient
流体ジェットの縮脈の面積と流体の流出口面積との比．値は 0.5 と 1 の間にある．

主系統 main
（電気）．電力を送ったり分配したりするのに用いる電線または電線の束．イギリス全土にわたって電力を分配している国内の電力の源は主系統（mains）とよばれ，その周波数は 50 Hz である．⇒**環状幹線**.

主系列星 main-sequence star
⇒ヘルツシュプルング-ラッセルの図.

主光線（Ⅰ） principal ray
⇒光学系の開口と絞り.

主光線（Ⅱ） chief-ray
軸上，または，はずれたところにある物点から入射ひとみの中心に向かう光束の中心光線.

主軸 principal axis
⇒極.

主焦点 principal focus
⇒焦点.

受信器（受信機） receiver
通信装置の一部で，送信された波を，知覚しうる信号に変換する. ⇒スーパーヘテロダイン受信器，テレビ，ラジオ受信器.

シュタルク-アインシュタイン方程式
Stark-Einstein equation
光化学反応で吸収される1モルあたりのエネルギー E の計算式. f を吸収される光の周波数とすると，$E=hLf$ となる. ここで，h はプランク定数，L はアボガドロ定数である.

シュタルク効果 Stark effect
原子から放出される光の波長が，強い電場を加えることにより変化する現象. スペクトル線はこれにより何本かの線に分裂する. この変移は，もとの線を中心に対称的に起こり，100 000 V cm^{-1} 程度までは電場強度に比例する.

出現電圧 appearance potential
(1) 親原子または分子からある決まったイオンをつくり出すため静止した電子を必要な速度にまで加速するのに要する電位差.
(2) この電位差に電子の電荷を乗じると，そのイオンをつくり出すのに必要な最小エネルギーとなる. 単純なイオン化過程から，その物質のイオン化ポテンシャルが求められる. たとえば，
$$Ar+e \rightarrow Ar^+ +2e$$
多価イオンに対する高次の出現ポテンシャルは
$$Ar+e \rightarrow Ar^{++} +3e$$
から求められる.

出力 output
(1) 回路，装置，機械などが出す電力，電圧，または電流.
(2) 信号が出てくる端子など.

出力インピーダンス output impedance
回路や素子がその負荷に対して示すインピーダンス.

出力トランス output transformer
（通常は増幅器の）出力回路を負荷に結合させるために用いる変圧器.

GUT
ground unified theory（大統一理論）の略記.

シュテファン定数 Stefan's constant
シュテファン-ボルツマン定数の以前の名称.

シュテファンの法則 Stefan's law
シュテファン-ボルツマンの法則の以前の名称.

シュテファン-ボルツマン定数 Stefan-Boltzmann constant
シュテファン定数ともよばれていた. ⇒シュテファン-ボルツマンの法則.

シュテファン-ボルツマンの法則 Stefan-Boltzmann law
黒体から放射される単位面積あたりの放射流量と，黒体の温度とを関係づける法則. $M_e = \sigma T^4$ の形をしている. ここで，M_e は放射流量，σ はシュテファン-ボルツマン定数（Stefan-Boltzmann constant）:
$$\sigma = 2\pi^5 k^4/15 h^3 c^2$$
であり，k はボルツマン定数，c は真空中の光速，h はプランク定数である. σ の値は
$$5.670\,51 \times 10^{-8} \text{ W m}^{-2}\text{K}^{-4}$$
である.

この法則はデュロン（Dulong）とプティ（Petit）の実験をもとに，最初シュテファンにより推論された. のちにボルツマンが熱力学に基づき証明した.

シュテルン-ゲルラッハの実験 Stern-Gerlach experiment
とくにスピンに起因する電子の磁気モーメントの存在を示すために，シュテルンとゲルラッハにより行われた実験（1921）. よく揃った原子線を不均一磁場中に入射させると，原子の磁気的性質によりその原子線はいくつかの別々の原子線要素に分離する. 原子は磁場に対してそれぞれある定まった方向を向き（配向），磁場の不均一性の結果として，原子線が異なる角度だけ偏向される. この実験はある特別な配向方向だけが許されることを証明した. なぜならば，もし原子が磁場に対して勝手に配向するならば，原子線は分離せずにただ大きく広がるだけだからである. さらに，この実験は電子の角運動量も量子化されていることを明らかにした. ⇒スピン.

受動回路　passive circuit
受動部品のみを含む回路や回路網．そのような回路は減衰機能のみをもち，しばしば受動フィルターとしての用途で設計される．

受動部品（受動素子）　passive component
増幅や制御機能を持たない電子部品．抵抗，コンデンサー，インダクターなど．

主波長　dominant wavelength
⇒色度．

主発振器　master oscillator
発振器の周波数は，発振器の負荷にある程度依存する．高い周波数安定度が要求されるような場合には，周波数安定度が高い発振器の出力を増幅器で増幅し，この増幅器が負荷に電力を供給する方法がよく用いられる．このような形で用いられる発振器を主発振器という．電力増幅器を多段で用いる場合，主発振器の後の増幅器は通常バッファーとして働くように設計する．

ジュバンの法則　Juvin's rule
内径 r の毛細管を密度 ρ，表面張力 γ の液体に垂直に立てると
$$h = (2\gamma/rg\rho)\cos\alpha$$
で与えられる高さ h のところまで液体は管の中を上昇する．ここで，α は液体と管の壁の接触角，g は重力加速度である．ガラスを濡らさない液体に対しては α は $90°$ をこえ，h は負になる．つまり液体は穴をあけたように水面下に押し下げられる．

主平面（主面，主点）　principal plane (and point)
⇒共軸光学系．

主方向　principal direction
屈折率，熱膨張係数，磁気感受率，熱伝導率などの結晶の特性がもっている対称性の方向．

シュミット回路　Schmitt trigger
双安定回路の一種で，入力信号が，設定した電圧を超えたときには一定の高い電圧を，それ以下のときには一定の低い電圧を出力する．入力波形が正弦波やのこぎり波などであっても，出力値はその波形に影響されない．回路のトリガーや，二進論理回路で，論理値 1 と，論理値 0 とを維持するのによく用いられる．

シュミット数　Schmidt number
記号：S_c．動粘性率を ν，拡散計数を D としたとき，比 ν/D で表される無次元のパラメーター．

シュミット望遠鏡（カメラ）　Schmidt telescope (or camera)
広視野の天体望遠鏡．焦点距離の短い球面主鏡の曲率中心に，薄型の透明の板（シュミット補正板 Schmidt corrector）を置いて，球面収差を取り除く．コマ収差，傾斜非点収差なども無視できる程度である．補正板の形状は，中心部では凸レンズ状であり，周辺部では凹レンズ状である．広い視野が曲面上にシャープに焦点を結ぶので，そこに写真乾板をばねで取り付けることもできる．

寿命　life time
半導体において，電荷のキャリヤーの生成から再結合までの平均時間．⇒平均寿命．

主要点　cardinal points
⇒共軸光学系．

ジュラルミン　duralumin
銅 4%，マンガン 5%，マグネシウム 5% を含む軽くて丈夫なアルミニウム合金．

主量子数　principal quantum number
⇒原子軌道．

シュリーレン法　schlieren method
透明な媒質の不均一性（たとえばガラスのきず，対流，衝撃波，音のパルスなど）を表示する方法．特殊な照明の仕方を用いて，媒質の密度が変化するときの屈折率の変化を，目に見えるようにする．

ジュール　joule
記号：J．あらゆる形態の（力学的，熱的，電気的）エネルギーの SI 表示で，1 N の力を加えられた質点が力の方向に 1 m 移動するときになされた仕事に等しいエネルギーとして定義される．電気理論では，$1\,\mathrm{J} = 1\,\mathrm{W\,s}$（watt second）の関係がもっとも有用である．1948 年以来，熱量の単位としてカロリーの代わりにジュールを用いるようになった．変数係数として正式に定義された値は，$1\,\mathrm{cal} = 4.1868\,\mathrm{J}$ である．

ジュール-ケルビン効果　Joule-Kelvin effect
ジュール-トムソン効果（Joule-Thomson effect）ともいう．多孔性の栓や非常に小さな穴（スロットル (throttle)）を通過して，連続的に気体が排気され，気体が非可逆的断熱膨張を行うとき観測される温度変化．流れている気体の運動エネルギー変化が小さければ，その過程ではエンタルピーが不変である．気体の一部分が系を出るときにその直前にある気体になす仕事は，状態方程式に従って，ポンプによって

その気体になされる仕事より大きいか小さいかいずれかである．そのため，外部からなされた正味の仕事は+，−のどちらの符号の場合もある．一般に，それぞれの気体には，逆転温度 (inversion temperature)（圧力に依存している）が存在することが知られている．その温度よりも高温では，膨張のときに温度上昇が起こり，それよりも低温では，温度低下が起こる．

等エンタルピー H のもとでの圧力変化に関する温度変化率はジュール-トムソン（ジュール-ケルビン）係数とよばれる．記号は μ で，

$$\mu = \left(\frac{\partial T}{\partial P}\right)_H = \frac{T\left(\frac{\partial v}{\partial T}\right)_p - v}{c_p}$$

で与えられる．ここで，v は比体積，p は圧力，T は熱力学的温度，c_p は一定圧力における比熱である．

ジュール-ケルビン効果は，冷凍機や気体の液化に利用されている．水素やヘリウムなどの場合には，逆転温度が室温よりもずっと低いので，この効果によって冷却を行う前に，まず逆転温度以下にこれらの気体を冷却しなければならない．

ジュール効果 Joule effect

電気伝導体を電流が流れるとき，その抵抗のために熱が生じること．⇨電流の熱効果．

ジュール磁歪効果 Joule magnetostriction

⇨磁気ひずみ．

ジュール-トムソン効果 Joule-Thomson effect

⇨ジュール-ケルビン効果．

ジュールの当量 Joule's equivalent

⇨熱の仕事当量．

ジュールの法則 Joule's law

(1) 一定時間 t に抵抗 R を通って電流 I が流れるときに生じる熱は，電流の2乗，抵抗，時間の積，すなわち $q = I^2 Rt$，によって与えられるという法則．電流がアンペア，抵抗がオーム，時間が秒で与えられるならば生じる熱はジュール単位で与えられる．

(2) 気体の内部エネルギーは，体積に無関係であるという法則．分子間相互作用のない理想気体にのみ適用される．

シュレーディンガーの波動方程式
Schrödinger wave equation (1926)

力の場の中にある粒子の振舞いを記述する非相対論的波動力学の基本方程式．進行波を記述する，時間に依存する方程式（自由粒子の運動などに適用できる）は

$$\nabla^2 \psi - (4\pi m/ih)(\partial \psi/\partial t) - (8\pi^2 mU/h^2)\psi = 0$$

となる．ただし，∇^2 はラプラス演算子，m は粒子の質量，U はポテンシャルエネルギー［ふつう，自由粒子に対しては $U=0$］，h はプランク定数を表し，$i=\sqrt{-1}$ である．波動関数 ψ は，座標と時間の関数である．系に束縛された粒子，たとえば原子中の電子などを解析するには，定在波を記述する，時間に依存しない方程式

$$\nabla^2 \psi + (8\pi^2 m/h^2)(E - U)\psi = 0$$

を用いる．このとき，ψ は座標のみの関数となる．ψ は通常複素関数である．ψ の，一般にもっとも受け入れられている意味合いは，"ある点における $|\psi|^2 dV$ の値は，この点における体積素片 dV の中に粒子を見つけ出す確率を表す"である．いくつかの簡単な系で，シュレーディンガーの時間に依存しない方程式は，解析的に解くことができるが，一般の問題に対しては，摂動論やその他の近似的な方法を用いなければならない．時間に依存する方程式は，時間に関しては1階，座標に関しては2階の方程式であるので，相対論とは相入れない．束縛系に対する解は，3つの量子数を与えるが，これは3つの座標に対応している．また，4つ目のスピン量子数を導入することで，相対論的補正を近似的に行うことができる．

シュワルツシルト半径 Schwarzschild radius

空間内の物体が圧縮されていくとき，ブラックホールになる臨界半径．M を質量，G を重力定数，c を光速としたとき，$2GM/c^2$ で与えられる．これは，回転していないブラックホールについてあてはまる．シュワルツシルト半径の球面は，ブラックホールの事象の地平線 (event horizon) であり，その内側からは物質も放射も出てくることができないという境界になる．ブラックホールに入った物質は中心に引き込まれ，［時空の］曲率が無限大になる時空の特異点 (singularity) 近くで，非常に強い潮汐力のために破壊される．そこでは通常の物理法則も成り立たなくなる．

準安定状態 metastable state

(1) 過飽和蒸気や過冷却液体（⇨過冷却）のように，もっとも安定な状態よりエネルギーが高いが，不安定ではない擬平衡状態．非常にゆっくりその状態に達すれば実現できる．わずかな擾乱でも安定相がつくられる．水も非常にゆ

っくり冷やせば，0℃以下の温度になるが，氷をひとかけら加えると水は急速に凍る．
(2) 記号：m．γ線を放出してより安定なエネルギーの低い状態に崩壊する放射性原子核種の比較的安定な励起状態．テクネチウム99mの原子核は，6時間の半減期でテクネチウム99に崩壊する．よりエネルギーの低い状態への遷移がすべて選択則により禁制遷移となる励起状態であることが多い．
(3) 原子や分子の比較的安定な電子励起状態．

潤滑 lubrication
2つの固体表面の間の摩擦を減らして互いに滑りやすくすること．これは液体の膜または摩擦係数が非常に小さな固体を2つの固体表面の間に入れることによって行われる．

瞬間軸線 instantaneous axis
任意の瞬間に剛体がその周りを回っていると考えられる直線．もし剛体が固定点Oの周りに回るよう束縛されると（⇒ポアンソー運動），瞬間軸線は剛体中でいろいろな場所を通るがつねにOを通る．

順次 serial, sequential
(1) 全体の内から個々の部分を順次に転送または処理すること．たとえば，直列伝送（serial transmission）では，1単位のデータを構成する個々のビットは，同一の経路で順々に伝送される．
(2) 複数回の演算操作などがあって，次の操作の開始前に，前の操作を終了しなければならないこと．たとえば，順次アクセス（serial（またはsequential）access）では，目的の項目や記録場所が見つかるまでデータは記録媒体（通常は磁気テープなど）から記録されている順に読み込まれていく．

瞬時周波数 instantaneous frequency
電気振動の位相変化率をラジアン毎秒で表し2πで割ったもの．とくに周波数変調や位相変調に関係して使われる．

瞬時値 instantaneous value
変化する量のある特定の瞬間における値，もっと正確には，無限小の時間における値の平均値．瞬時値を表す記号は，通常その量を表す大文字に対応する小文字を使う．たとえば，p, i, v（またはu）は，それぞれパワー，電流，電位差の瞬時値を表す記号である．

順バイアス forward bias, forward voltage
より大きな電流（順電流 forward current として知られる）を流す方向に印加する電圧．回路やデバイスに印加される電圧で，その言葉は半導体デバイスにも共通に使われる．

春（秋）分点 equinox
(1) 黄道が天の赤道と交わる2つの点．⇒天球．
(2) 1年のうち，太陽がこれらの点に来る日で，昼と夜の長さが等しくなる．3月21日頃と，9月23日頃に当たる．

準惑星 dwarf planet
⇒惑星．

衝 opposition
2つの天体が第3の天体（たとえば地球）を挟んでちょうど反対側にあるとき，両者は第3の天体に関して衝であるという（図参照）．太陽と月は，満月のときに地球について衝の位置にある．2つの天体を結ぶ直線の延長上に第3の参照体があるとき，2つの天体は合（conjunction）である．太陽と月は，新月のときに合である．

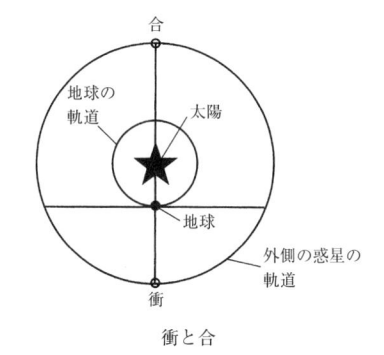

衝と合

上音 overtone
楽音の成分で，基音すなわち最低周波数音以外のもの．最初の上音は第2倍音である．上音と上部分音は同義語である．

常温核融合 cold fusion
核子間の静電斥力を克服するために必要とされている高温においてではなく，常温において発生する核融合．低い温度での核融合を実現するにはおもに2つのアプローチがある．1つは電解法である．一定の条件のもとで，パラジウムの陰電極を使って酸化重水素を電解することにより，常温核融合が実現できると提案されていた．陰極で遊離された重水素イオンは電極の結晶格子に吸収され，静電斥力を克服する．しかし，この方法で高いエネルギーが取り出され

たという追試実験はまだ報告されていない．また，真の核融合であると証明するために必要な中性子の出力もまだ確認されていない．

常温核融合のもう1つのアプローチは，負のミューオンを結合させることで1つの重水素原子をシールドする方法である．この方法では，ミューオンが重水素の電子と置き換わる．ミューオンが電子より207倍重いため，でき上がった重水素のミューオン原子は通常の重水素原子より小さくなる．その結果，他の重水素原子により接近できるようになり，核融合もしやすくなる．核融合が起きたとき，ミューオンが解放され，他のミューオン原子をつくるのに用いられる．これが繰り返され，ミューオンは核融合反応の触媒として働く．このアプローチの1つの問題点は，ミューオンの寿命が短く，触媒作用のできる核融合反応の数が制限されていることである．

昇華 sublimation
固相から気相へ，またはその逆の液相を経由しない直接の変化．

小角度散乱 low-angle scattering
入射ビームの周りに直後に散乱する環状の光のことをいい，散乱粒子の形と大きさにのみ依存し，その内部の性質には依存しない．

昇華の比潜熱 specific latent heat of sublimation, enthalpy of sublimation
記号：l_s，またはΔH_s^g．単位質量の物質を一定温度のもとで固体から気体に変化させるために必要な熱量．

蒸気 vapour
臨界温度以下の気相にある物質のことをさし，低温に冷却することなく圧力によってのみ液化することができる．

蒸気圧 vapour pressure
蒸気による圧力．液体と平衡状態にある蒸気に対しては，蒸気圧は液体表面の温度にのみ依存し，この温度での飽和蒸気圧（SVP）として知られる．狭い温度範囲での蒸気圧変化はキルヒホッフの公式で与えられる．

蒸気圧温度計 vapour-pressure thermometer
温度計の1つで，液体の（飽和）蒸気圧が温度だけの関数であることを用いている．この種の温度計はヘリウムの沸点（-268℃）以下の温度測定に対してもっとも信頼できるものである．このような温度測定では，He，NH_3，SO_2，CO_2，CH_4，C_2H_4，O_2，H_2が，この温度計の動作液体として用いられる．ただし，非常に高圧，または低圧下では測定が容易にできないため，温度範囲が非常に限られている．

蒸気圧縮サイクル vapour-compression cycle
⇨冷凍機．

蒸気機関 steam engine
蒸気ボイラーから熱エネルギーを取り込み，外部へ仕事をし，凝縮器に残りの熱を捨てる機械．⇨ランキンのサイクル．

蒸気吸収サイクル vapour-absorption cycle
⇨冷凍機．

蒸気タービン steam turbine
⇨タービン．

蒸気熱量計 steam calorimeter
被測定物質に凝縮した蒸気の質量により供給された熱量を測定する熱量計．

蒸気濃度 vapour concentration
⇨湿度．

蒸気密度 vapour density
ある特定の温度と圧力の条件下での単位体積あたりの蒸気の質量．

上空波 sky wave
⇨電離層．

衝撃 ballistic
装置の形容詞．衝撃または電荷の短い時間の流れを測定するために設計されたもの．⇨振り子，衝撃検流計．

衝撃音（Ⅰ） sonic boom
音速（マッハ1）より速く飛ぶ航空機が後方に出す衝撃波による騒音．静止している音源からは，同心の波面が次々に出ており，その半径は時間とともに増加する．運動している音源の場合，波面は運動方向に集まり，ついには，マッハ1で，運動方向に垂直な線に接するようになる（図参照）．それ以上の速度では，波面に接する円錐は，気圧の不連続を伴った衝翠波を描く．水平飛行では，衝撃波円錐が地面と交差する線は双曲線となり，その上のすべての点で衝撃音が同時に聞こえる．航空機の先端と尾部の両方が音の障壁を通過するため，二重の爆音が聞かれる．

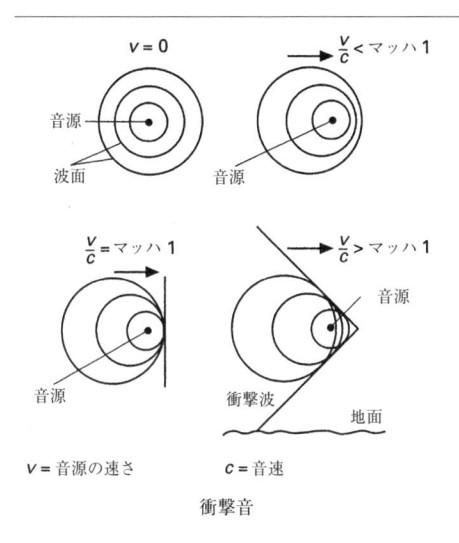

(0.5 V) のところまで降りる時間（T_2）（通常 μs 単位で測る）．

$T_1 = 1\,\mu$s，$T_2 = 50\,\mu$s の衝撃電圧（1/50 マイクロセコンド波と記される）は，雷が原因で伝送線の中を進行波として伝わるサージによってできる衝撃電圧の代表的なものである．

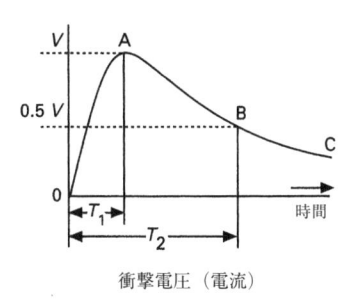

衝撃音

衝撃音（Ⅱ） impulsive sound
短い時間の間に終わる鋭い音で，スペクトルは可聴音全体にわたる．

衝撃検流計 ballistic galvanometer
瞬間的な電流の通過で装置に流れる電荷 Q を測定するために使われる検流計で，$Q = \int_0^\infty I dt$．検流計の可動部分の周期は電流の継続時間より長くなければいけない．瞬間的な通過に伴う電磁気的な衝撃は，検流系の"振れ"θ から導ける．つるし磁石型の検流計では，$Q \propto \sin(\theta/2)$，可動コイル装置では $Q \propto \theta$ となる．

衝撃電圧（電流） impulse voltage (or current)
一方向性の電圧（または電流）で，とくにその上に振動が乗るようなことなくすばやく立ち上がって最大値をとり，その後同様に速く 0 に落ちるもの．図は T_1/T_2 波とよばれる典型的な波形を示している．
関係のある用語に以下のものがある．ピーク値（peak value）：最大値，V．波頭（wavefront）：立ち上がりの部分，OA．波尾（wavetail）：減衰部分，ABC など．波頭の持続時間（duration of the wavefront）：電圧（または電流）が 0 からピーク値まで上がるのにかかる時間（T_1）（通常 μs 単位で測る）．波尾の半値までの時間（time to half value of the wavetail）：電圧（または電流）が 0 から立ち上がってピーク値（V）を通り波尾の途中でピーク値の半分

衝撃電圧（電流）

衝撃波 shock wave
圧縮性流体の高速の流れの中に物体があるとき，その尖った点の近傍や滑らかでない面によって発生する疎密波．局所的な疎密は直ちに消失せず，音波となって流体中を伝搬していく．障害物の付近から運動量が遠方に伝わり，また，運動エネルギーが内部エネルギーに転換される．
⇒衝撃音．

象限電位計 quadrant electrometer
電位計の一種．金属箔で覆った軽い翼が石英の細線で支えられ，円筒型の金属の中空容器を 4 分割したものの中を動く（図参照）．4 個の電極のうち，向かい合った電極どうしが結線され，装置のケースとは絶縁されている．翼には鏡が付いていて，光を反射して翼の回転角を計測できるようになっている．翼と 2 組の電極の電位を 0 としたときに，翼が電極間で対称な位置にあったとすれば，［電極に電圧を印加したときの］翼の振れ角 θ は，
$$\theta = k_1(V_A - V_B)$$
となる．ここで，V_A と V_B は 2 組の電極の電位である．もし一方の電極の組が接地されていたら，
$$\theta = k_2 V_A$$
となる．k_1 や k_2 は，装置による定数である．翼の電圧は V_A と V_B に比べて大きいと仮定した．［このようにして，振れ角から電位を知ることができる．］

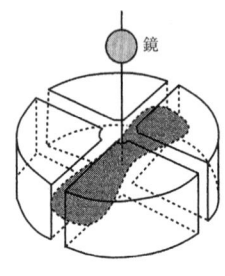

象限電位計

常光線 ordinary ray
→複屈折.

消磁（デガウス） degaussing
(1) 船の磁化を取り除くこと．大きさが正確に同じで逆方向の磁場を発生する電流を流す電線で船を囲うことによってなされる．[磁気機雷を避けるために施される．]
(2) カラーテレビで，像に色のにじみが出るのを防ぐため，地磁気を打ち消すためのコイル系を用いること．

常磁性 paramagnetism
正の磁気感受率をもつ物質の特性．電子のスピンによって起こる．常磁性体は不対電子をもつ原子や分子を含んでおり，これが磁気モーメントを生じている．電子の軌道運動からも磁気的な性質への寄与がある．常磁性体の比透磁率は真空の比透磁率 1 よりわずかに大きい．
　常磁性体はランダムな方向を向いた磁気双極子の集まりとみなすことができる．外部磁場があるときの磁化は，磁気双極子をそろえようとする外場の効果とランダムな熱運動との競合で決まる．外部磁場が弱く温度が高いときは，生成する磁化の大きさは場の強さに比例する（温度が低いとき，もしくは外場が強いときには，磁化は飽和状態に近づく）．温度が上がるにつれて，磁化率はキュリーの法則，あるいはキュリー–ワイスの法則に従って低下する．
　固体，液体，気体のいずれも常磁性を示すことがある．常磁性体には，キュリー温度より低温で強磁性になるものがある．→強磁性，反磁性，反強磁性，フェリ磁性．
　ナトリウムやカリウムのようなある種の金属も，伝導帯の自由電子，あるいはほとんど自由な電子の磁気モーメントによりある種の常磁性を示す．その特徴は，非常に小さな正の磁気感受率をもつことと温度依存性がほとんどないこ

とである．自由電子常磁性（free-electron paramagnetism），あるいはパウリのスピン常磁性（Pauli paramagnetism）として知られている．

消磁場 demagnetizing field
強磁性体に磁場を加える際に，磁性体内部の磁気双極子によって生じる磁場．両磁間に生じる消磁場（図参照）は，印加される磁場 H とは反対向きとなり，そのため磁場の実効強度は磁化の強度に比例して減少する．

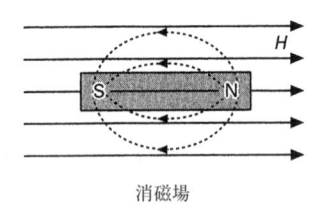

消磁場

照射 irradiation
物体，あるいは物質表面を電磁放射（X 線，γ 線）や微粒子（α 粒子，電子）などの電磁放射線にさらすこと．

小信号パラメーター small-signal parameter
電子素子の特性を，四端子回路網の端子の電流と電圧の瞬時値で表すとき，小信号パラメーターは，小さな入力信号に対するこの特性を表す方程式の係数となる．→トランジスターパラメーター．

消衰係数 extinction coefficient
→線形減衰係数．

少数キャリヤー minority carrier
半導体中で全電荷キャリヤー濃度の半分以下を占めるキャリヤー．

上層大気 upper atmosphere
地上からおおよそ 30 km にある大気の外側の層．成層圏の一部を含む．→大気層．

状態図（相図） phase diagram
物質の 2 つの条件パラメーター（温度，圧力，エントロピー，体積など）を軸としたグラフで，その物質の 2 つの相の境界を表す特定の曲線が描かれたもの．たとえば，体積に対する圧力のグラフでは，臨界温度の等温線が気相と蒸気相または液相を分けている．温度に対する圧力のグラフでは，三重点が固体／液体，液体／気体，固体／気体の境界を分ける 3 つの曲線の交差点を表している．

状態方程式 equation of state

特性方程式 (characteristic equation) ともいう. 物質の圧力 p, 体積 V, 熱力学的温度 T の間の関係を示す方程式.

(1) 均一な流体に対してもっともよく知られている方程式は

$$pV = nRT$$

である. ここで, n は物質の量 [モル数], R は1モルの気体定数である. この式がよく成立するのは理想気体, すなわち大きさがゼロとみなすことができ, 相互に力を及ぼさない質点の集まりに限られる. その理由は, この式がすべての圧力範囲について成り立つとすると, 圧力が高い極限では体積がゼロとなるからである. 粒子の体積がゼロでないことを考慮するには, 次の状態方程式

$$p(V-b) = nRT$$

を考えればよい. ここで, b は圧力が高くなった極限で粒子が占める体積を表す. さらに, 粒子間に引力が働くとすると容器の壁に働く圧力は減少するので, 状態方程式は

$$(p+k)(V-b) = nRT$$

となる. これまでに, さまざまな状態方程式が提案されている. ファンデルワールス状態方程式では $k = a/V^2$ とするので,

$$(p + a/V^2)(V-b) = nRT$$

となる. また, ディーテリチ方程式 (Dieterici equation) は

$$p(V-b) = nRT \exp(-a/RTV)$$

で与えられ, 1次近似ではこれはファンデルワールスの式に一致する. これらの式の妥当性は, 次のようにして検証できる. たとえば, 臨界比体積 v_c は, 流体の比体積 (単位質量あたりの体積) のおよそ4倍である. 定数 b は流体の比体積に近似的に等しいので, $v_c = 4b$ となる. さらに, 量 $RT_c/(p_c v_c)$ は非混合流体にたいしてほぼ一定であり, 15/4 に等しい. したがって, 対象としている流体の臨界定数値が知られていれば, これらは $v_c = 4b$ および $RT_c/(p_c v_c) = 15/4$ を満たさねばならない. ファンデルワールスの式の場合には, これらの条件式は $v_c = 3b$ および $RT_c/(p_c v_c) = 8/3$ となる. ⇒換算状態方程式.

(2) 固体に対しては, クラウジウスのビリアル定理を用いると状態方程式は

$$pV + G(U) = -E[d(\log \nu)/d(\log V)]$$

と表せる. ここで, $G(U) = V(d/dV)W(U)$ であり, $W(U)$ は結晶中の原子がその平均位置で静止しているときの1モルあたりのポテンシャル, ν は原子の平均位置での振動数である. E は振動の全エネルギーで,

$$E = \int_0^T C_m dt$$

で与えられる. C_m は1モルの定積熱容量である. デバイは, 熱力学, 統計力学, および量子論を考慮して固体の状態方程式を導いた. この式は, 本質的にはクラウジウスの式と同一である.

冗長度 redundancy

(1) 情報伝送系において, 送られるべき本質的な情報に対して必要とされる以上の情報が存在すること. 伝送系での損失を許容するため, しばしば意図的に冗長度が導入される.

(2) 電気回路において, 余分な素子または回路を挿入し, 系の信頼性を高める. 誤動作が起こったとき, その部分の回路の機能が冗長回路または素子に引き継がれる.

焦点 focal point, focus

レンズや曲面ミラーに入射した平行な光線が1点に集まる点. 焦点を通って光軸に垂直な平面を焦点面 (focal plane) という. 主焦点 (principal focal point) は光学系の主軸に平行な光線の焦点である (⇒共軸光学系).

焦点 (および焦点距離) の概念は, 電子レンジ, 音響レンズ, 赤外光や紫外光, ラジオ波用に設計されたレンズやミラーにも拡大される. そのため, 焦点は入射する放射の平行ビームが系の軸上で集束する点であるといえる. ⇒円錐曲線, 地震学.

焦点距離 focal length

曲面ミラーの極, 薄いレンズの中心, またはシステムの主点から主焦点までの距離. 一般的に焦点距離は2つある. 物空間焦点距離, または第1焦点距離とよばれるもの (f) と, 像空間焦点距離, または第2焦点距離とよばれるもの (f') である. その2つの焦点距離は n, n' をそれぞれレンズの前方, 後方の物質の屈折率として $n/f = -n'/f'$ の関係にある. 焦点距離がレンズの頂点から測定された場合には後方焦点距離とよばれる. ⇒共軸光学系.

焦点深度 depth of focus

レンズの軸上で像が焦点を結ぶ距離の許容範囲. 深度は, レンズのfナンバー, レンズと物体までの距離に比例し, レンズの焦点距離に反比例する. ⇒物体深度.

照度 illuminance, illumination, intensity of illumination

(1) 記号：E_v, E. 与えられた面の単位面積あたりに入射する光束 Φ_v. 面積 dS の面上の点で照度は

$$\Phi_v = \int E_v dS$$

で与えられる．ルクス（lx）の単位で測られる．
→放射照度．

(2) 面が光で照らされる程度，または可視光で面を照らすこと．対象物の明るさは照度と反射率に依存する．

章動 nutation
→オイラー角．

衝突 collision

分子運動論における，分子および原子が互いにぶつかるときの相互作用．

(1) 弾性衝突（elastic collision）．衝突後全運動エネルギーが変わらない．つまり他のエネルギー形式に変換されないような衝突．原子核物理における弾性衝突は，入射粒子が衝突される原子核を励起あるいは破壊せずに反射されることをいう．

(2) 非弾性衝突（inelastic collision）（あるいは第一種非弾性衝突（inelastic collision of the first kind））．衝突によって全運動エネルギーが減り，他の形式のエネルギーが増えるような衝突．たとえば，中性子が原子核と衝突し，γ線を出して減衰するような励起状態へ原子核を励起する．非弾性衝突のもっとも極端なケースは，衝突した粒子が分かれないような場合である．（とくにエンジニアの場合）この特殊な場合を"非弾性"という．

(3) 超弾性衝突（super elastic collision）（あるいは第二種非弾性衝突（inelastic collision of the second kind））．全運動エネルギーが増え，他の形式のエネルギーが減るような衝突．たとえば，高温で気体分子が固体と衝突する場合，固体分子の振動エネルギーを犠牲に気体分子の反跳運動の平均エネルギーが高くなる．

あらゆる種類の衝突において，全エネルギー，質量，運動量および角運動量が保存する．

衝突密度 collision density

単位体積，単位時間あたりに指定された型の衝突が起きる回数．

蒸発（気化） evaporation

(1) 沸点以下の温度における液体から気体への変化．この過程では液体の冷却が起こるが，それは液相では分子間相互作用による負のポテンシャルエネルギーが存在するためである．

(2) 高温下で物質，とくに金属が気体になること．固体の金属状態からの蒸発は，液体状態を経て，あるいは昇華の過程によって起こる．この過程によって生成される金属薄膜は，トランジスターの製造や表面状態の研究に使用される．

蒸発計 atmometer

大気への水の蒸発の速度を測定する機器．

蒸発点 steam point

標準気圧のもとで水の気相と液相とが平衡に達する温度．以前は，摂氏温度目盛の上の基準点として重要だった．現在の熱力学的温度目盛は水の三重点を基にしており，三重点の温度の値（273.16 K）は，蒸発点が実験誤差の範囲内で 100℃ になるように定められた．
→氷点．

晶癖 habit

結晶に自然に現れる面の集合．

情報処理技術 information technology（IT）

情報を扱い伝達する人々によって使われる，おもに電子機器や電子技術に関する技術形態．コンピューター，電話，テレビ，その他遠距離通信の技術などが含まれる．

情報理論 information theory

通信や制御の特定の問題を解決するのに必要な情報量の最適値（一般的には必要最小限の量）を決定するための解析的な技術．

消滅 annihilation

粒子と反粒子とが相互作用し，両者が消滅し，光子や他の素粒子・反粒子が創生される過程．この過程でエネルギーと質量は保存される．

低エネルギーの電子と陽電子とが消滅すると電磁波が放出される．ふつう粒子の実験室系からみた運動エネルギーあるいは運動量はごく小さいので，放射の全エネルギーは $2m_0c^2$ に近い値となる．ここで，m_0 は電子の静止質量である．多くの場合，0.511 MeV のエネルギーをもった光子が2つ，反対方向に放出される．これは運動量が保存されるためである．ごくまれに，同一面内に3個の光子が放出されることがある．高エネルギーの電子-陽電子消滅も，加速器を使って詳しく調べられている．この場合は一般に，クォークと反クォークが放出されるか（たとえば，$e^+e^- \to u\bar{u}$）または電荷をもったレプトンと反レプトンが放出される（$e^+e^- \to \mu^+\mu^-$）．クォークも反クォークも決して自由粒子としては

現れないから，これらはいくつかのハドロンに変化し，これらが実験的に検出される．電子-陽子相互作用において，エネルギーが大きくなるにしたがって，より大きな静止質量をもつクォークやレプトンが生成されるようになる．これに加えて，特定のエネルギーのところで対消滅の確率が急に大きくなる顕著な共鳴が観測される．J/ψ 粒子の共鳴や，チャームクォークと反チャーム反クォークの生成を伴う同じような共鳴がたとえば約 3 GeV のところに存在し，数多くのチャームハドロンがつくり出される．ボトムクォーク（b）の生成は 10 GeV 以上のエネルギーで起こる．弱い相互作用によりゲージボソン Z^0 がつくられる約 90 GeV の共鳴は，現在 LEP と SLC の e^+e^- 衝突型の加速器（→加速器）を使って精力的に調べられている．〔訳注：Z^0 は 1983 年，トップクォーク（t）は 1995 年に実験により発見された．〕

低エネルギー領域での核子-反核子消滅からは約半ダースの中性または電荷をもった π 粒子（→中間子）が生じる．（もちろん電荷保存則が成り立つように正負同数の π 粒子が生じる）→対生成．

焦面　focal plane
→焦点．

常用年　civil year
→時間．

擾乱効果　discomposition effect
→ウィグナー効果．

食　eclipse
天体の配列に伴う天体現象．惑星，恒星ないし衛星が，月や惑星のうしろ側を通ることがあり，そのために地球から見えなくなる．これを掩蔽（えんぺい occultation）という．金星や水星が不規則な間隔で太陽面を横切ったり，衛星の影が惑星面を横切ったりする現象は，通過（transit）とよばれている．

太陽は，新月がちょうど地球と太陽の間を通るときに，食となる．満月は，地球が，ちょうど月と太陽の間を通るときに食となる．月の軌道は，黄道面（→天球）と 5°の角度をなす面内にあるので，通常，地球，月，太陽は，満月や新月のとき同じ線上には並ばない．しかし，ときおり，月が食を起こすような位置で黄道面を通過するのである．

日食は，月の影が地表面を通過するときに起こる．地表上の狭い帯状の領域は，本影内に入るため，このとき皆既日食（total eclipse）が起こる．さらに広い領域にわたって，半影に入り，部分食（partial）が起こる．地球から見た月と太陽の見かけの大きさはほとんど等しいが，時として月は太陽面を完全には覆うことができず，金環食（annular eclipse）が起こる．

月食は，月が地球の影を通り過ぎるときに起こる．

皆既日食は，天文学者たちが，太陽の外側の領域，つまり彩層やコロナについての貴重な観測を行うことを可能にしてきた．

燭　candle power
光度をさす古い用語．

蝕像　etched figure
結晶を化学薬品で溶解処理などしたときに生じる微小な窪み．結晶面に沿って現れるため，結晶の対称性を決めるのに非常に有用である．

処女中性子　virgin neutron
発生源から出てまだ一度も衝突していない中性子．

ジョセフソン効果　Josephson effect
2 つの超伝導物質の間にある薄い絶縁層を通して電流が流れるときに十分低温で起こる現象（→超伝導）．超伝導体の間の狭い絶縁ギャップはジョセフソン接合（Josephson junction）として知られており，一般には非常に薄い膜を形成している．電流を担っている電子はトンネル効果の結果として接合を横切って通り抜けることができる．電圧が印加されなくても接合を横切って電流が流れる．これは直流ジョセフソン効果（d.c. Josephson effect）である．ある種のジョセフソン接合の回路構成では，超伝導電流は磁場に非常に敏感である．これは，パワー損失が非常に少ない超高速の電気的スイッチとして利用される（→スクイッド）．

ジョセフソン接合に電圧が印加されると，接合を通して交流電流が流れる．これが交流ジョセフソン効果（a.c. Josephson effect）である．電流は，電圧 V と
$$v = (2e/h)V$$
の関係にあるマイクロ波周波数 v で変化する．ここで，h はプランク定数，e は電気素量，$(2e/h)$ はジョセフソン定数（Josephson constant）とよばれる．また逆に，マイクロ波（周波数 10～100 GHz）がジョセフソン接合に印加される場合には，超伝導電流が流れるとき接合に生じる電圧の増加は，マイクロ波の周波数と関係づけられる．電圧の増加は非常に正確で，$h/2e$ にマイクロ波の周波数をかけたものに等しい．今

日では，非常に多くのジョセフソン接合を1列につなげ，測定可能な電圧を得ることができる．これらの電圧は，たとえば，実験室の電圧標準との比較に用いられたり，10^{-8}の精度をもつ電圧標準として利用される．

ジョセフソン接合 Josephson junction
⇒ジョセフソン効果．

ジョセフソン定数 Josephson constant
⇒ジョセフソン効果．

ショットキー欠陥 Schottky defect
⇒欠陥．

ショットキー効果 Schottky effect
固体に外から電場を加えると，**仕事関数が減少**し，その結果，**熱電子放出**が増加する．電子を加速する場が存在すると，固体の外でのポテンシャルエネルギーが下がり，ポテンシャル障壁が変形されて，その結果仕事関数が小さくなる．金属の場合には，鏡像ポテンシャルの寄与もある．仕事関数が小さくなると，熱電子放出による電子電流が増加する．ショットキー効果では，固体から出ていく電子は，ポテンシャル障壁の中を抜けていくというより上を越えていく（⇒トンネル効果，電界放出）．真空を半導体に置き換えた金属半導体接合をショットキーバリア（Schottky barrier）という．一般に仕事関数の減少は小さいが，同じような効果がみられる．

ショットキー雑音 Schottky noise
ショット雑音（shot noise）ともいう．電子素子における出力電流の変動で，電子や正孔が，**トランジスター**のコレクターや，FETのソースなどの電極からランダムに出ていくことによって起こる．

ショットキーダイオード Schottky diode
金属-半導体接合（ショットキーバリアSchottky barrier）からなるダイオード．金属-半導体接合は，p-n接合と同じような整流作用をもつ．順バイアスがかかったときには，十分なエネルギーをもった多数キャリヤーがバリアを超えることができ，熱電子放出過程で電流が流れる（ショットキー効果）．ショットキーダイオードがp-n接合ダイオードと異なるのは，ダイオード順電圧がよく使われている物質の場合より低くなることや，順方向にバイアスされているときに電荷がたまらない点である．そのため，蓄積時間を無視できるので，逆バイアスをかけることにより高速に遮断することが可能である．

ショットキーバリア Schottky barrier
⇒ショットキー効果，ショットキーダイオード．

ショット雑音 shot noise
⇒ショットキー雑音．

処理装置（プロセッサー） processor
⇒CPU，マイクロコンピューター．

ジョルジ単位系 Giorgi units
力学の基本単位メートル，キログラム，秒に実用的な大きさをもつ1つの電気単位を付け加えた単位系．第4の単位として最初（1900）オームが選ばれたが，1950年にアンペアに置き換えられた．1954年にジョルジ単位系はSI単位系に移行した．ジョルジは力学，熱，電気の諸単位を統一しただけでなく，単位系の有理化についても認識し，それを推奨した．

ジョンソン雑音 Johnson noise
⇒熱雑音．

ジョンソン-ラーク-ホロウィッツ効果 Johnson-Lark-Harowitz effect
不純物原子によるキャリヤーの散乱に起因する，金属または縮退半導体の低効率の変化．

ジョンソン-ラーベック効果 Johnson-Rahbeck effect
粘板岩やめのうなどの半電気伝導体の板を金属板の上に置き，約200Vの電圧を印加すると，印加している間，それらは非常に強く接着する．この原理は以下のように説明される．金属板と半電気伝導体は実際にはほんの数点でのみ接しており，そこを通して大きな電位差間にわずかな電流が流れる．この電位差は非常に小さな間隔を隔てて印加されていることになり，それに対応して静電引力が非常に大きくなる．

シリコン制御スイッチ silicon controlled switch（SCS）
シリコンチップでつくられたスイッチ．シリコン制御整流器（SCR）と同様に，pnpnデバイスであるが，4層の半導体のすべてに結線されている．順バイアスの条件下では，制御ゲート電極（内側のp型層に接続される．SCRの図a参照）への電圧パルスによってオンにすることができ，内側のn型層に接続された第2のゲート電極への電圧パルスによってオフにできる．

シリコン制御整流器 silicon controlled rectifier（SCR）
半導体整流器で，陽極-陰極間の順方向電流が，第3の電極，ゲート（gate）への信号によって制御される．この素子は，半導体材料が4

層を構成するチップで，p-n 接合が3カ所あり，[4層のうち] 3層にオーム接触による電極がある（図 a）．

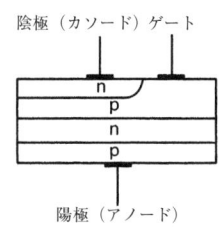

(a) シリコン制御整流器

この素子の陽極と陰極の間に電圧をかける．逆バイアス（陰極に正の電圧をかける場合）では素子は実効的に"オフ（遮断状態）"である．順バイアスでは（陽極電圧は十分高いとして）ゲートに信号が加わるまで電流は流れない．素子に電流が流れるとゲートへの信号が止まっても電流は流れ続ける．電流を止めるには，陽極の電圧を 0 近くまで落とすか，素子を流れる電流を小さい値に抑えるしかない．伝導を続けるための最小の電流を，保持電流（holding current）という．SCR はサイラトロン管に相当する固体素子で，従来はサイリスター（thyristor）とよばれていた．その電流-電圧特性（図 b）は，サイラトロンの特性と似ている．

SCR の応用でもっとも重要なのは，交流制御システムと半導体リレーである．交流信号が陽極に印加されたとき，トリガーパルスか，またはゲート領域の照射により，正の半サイクルの任意の部分でオンにできる．半周期の終わりで陽極電圧がターンオフレベル以下に下がると，素子は自動的にオフになる．ゲートのターンオン電流の正の半周期の初めに印加すると，単一の SCR が半波整流器として動作する．全波整流器をつくるには，2台の SCR を並列接続で用いる．交流を開閉する SCR の一種として，トライアック（triac）がある．これは，2台の SCR を逆向きに並列につないで単一チップ化したものと考えてよいが，ゲートは1つのみで動作する．

視力 visual acuity
視覚の鋭さ．眼によって，2点が離れていることを見分けられる最小の視角を測定する．

磁力 magnetic intensity
磁束密度に対するかつての用語．

磁力計 magnetometer
異なる位置における**磁場**の大きさ（H）の比を求めたり，また磁場の絶対値を求める（絶対磁力計 absolute magnetometer）ための各種の装置．初期の形式のものは，（これは今でも使われているが，）短い磁石が方位磁針のように支点によって自由に回れるように吊るされている．磁石には長い指示棒が取り付けられ，目盛の上を動くようになっている．この装置の傍に置いた磁石によって中心の針はその N-S 極方向から振れる．この振れ角は磁場強度の関数となる．現在ではより精密な装置が実現されている．

印 signature
記号の集合で，識別の目的，または特別な意味を付与するために用いられる．一例は，放射スペクトルにおけるスペクトル線の集まりで，ある原子や分子，および（場合により）そのイオンや同位体種を識別する手段となる．

自励の self-excited
（1）電気機械（発電機）の用語．その**界磁石**の磁界のほとんどまたはすべてが，その機械内部で発生した磁化電流によって引き起こされる．
（2）発振器の用語．回路にスイッチを入れると，出力に必要な周波数を別に入力しなくとも，発振が定常出力値にまで立ち上がること．

震央 epicentre
⇒地震学．

震音 warble tone
周波数が上限と下限の間で周期的に変動する場合の音程をさす．周波数変動は通常，実際の音の周波数よりも小さく，震音は1秒間に数回の割合で変動する．震音は同調回路の小さな可

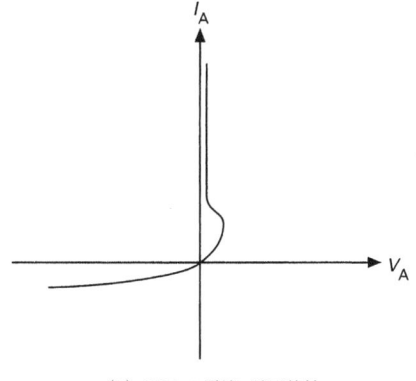

(b) SCR の電流-電圧特性

変コンデンサーによって発振器から発生させることができる．

真空 vacuum
(1) 厳密には完全に粒子-物質または光子がない物理状態（→自由空間）．このような状態は実際には存在しない．
(2) 真空工学における標準大気圧よりも低い圧力の場所．到達した真空の程度または質を表すものとして残留ガスの全圧力によって，低，中，高，超高，極高（真空）と表される．地球上で達成されているもっとも高い真空度は 10^{-8} N m^{-2} である．
(3) 場の量子論では，"何もない"空間のそれぞれの点に調和振動子が存在し，量子化されている．したがって，理論家らは，それぞれの点に調和振動子があると考える．これらの振動子の励起が基本粒子に対応する．場の量子論のすべての解釈は，この真空のモデルと関係して構築されなくてはならない．このモデルは，真空が潜在的に，基本粒子がもちうるスピン，エネルギーなどの性質をすべてもっていることを示唆している．原理的に，これらすべての性質は打ち消し合い，ならされて"空の"真空を形成するはずであるが，この法則の例外として，エネルギーの真空期待値（vacuum expectration value）が存在する．この値は，量子振動子がとりうる最低エネルギーであり，重要なことに，0 ではない．その起源は，わずかに存在して真空ゆらぎ（vacuum fluctuation）の原因となる仮想粒子のエネルギーである．空間にあるすべての点に存在しうる振動子すべてを足し合わせると，無限大になる．この無限大になることを避けるために，理論家らは，エネルギー差のみが物理的に観測にかかるものと論じている．これは，無限大を取り扱うために作られた数学的手法である正則化（regularization）およびくり込み（renormalization）に基づいて議論されている．実際の計算では，無限大はつねにこの方法で取り扱われている．

真空管 vacuum tube
十分低い圧力まで真空にひいた電子管で，電気的な性質が残留ガスによらない．→ガス入り電子管．

真空ゲージ vacuum gauge
→圧力計．

真空紫外 vacuum ultraviolet
スペクトルの紫外領域の一部で，この領域では空気によって光が吸収されてしまうため，実験は真空中で行う必要がある．波長約 200 nm 以下の紫外域の一部で高い（量子）エネルギーをもっている．

真空蒸着 vacuum evaporation
ある固体に別の物質をコーティングするのに使われる技術で，ふつう金属または半導体のコーティングに用いられる．真空中で高温の固体または液体から蒸発が起こる．高温表面から離れた原子は低温では他のガスとの衝突が少なく，原子は直接近くの冷えた表面に付いて凝縮し，薄い膜を形成する．

真空中の光速 speed of light in vacuum
記号：c．（真空中の）電磁波の速さ（speed of electromagnetic radiation）と同じこと．（速さ（speed）の代わりに速度（velocity）という語を使うのは適切でない．）現在（正確に）
$$2.997\,924\,58 \times 10^8 \text{ m s}^{-1}$$
と定義された基本定数である．1975 年以来，世界中でこの値を使うよう勧告されている．光のみならず，すべての電磁波は，この速さで真空中を伝わる．物質中での光の速さはこれより小さい．

有限な光速の値を計測することは天文学的な方法で始められ（Römer, 1676），今日までより高い確度と精度による地上でのさまざまな方法の測定が行われてきた．無線およびレーダー法による結果は，より最近の光学的な測定結果と一致している．
→相対性理論（特殊相対性理論），メートル．

真空瓶 vacuum flask
→デュワー瓶．

真空ポンプ vacuum pump
現在の機械的な真空系では，通常ポンプを直列に 2 台つないで使用される．補助ポンプまたは前段ポンプは，直接大気圧に使用でき，各種ある油回転ポンプの型のうちの 1 つである．前段ポンプでは，使用するポンプの種類によって圧力を 100 Pa から 0.1 Pa まで引くことができる．2 つ目のポンプは通常拡散ポンプ（diffusion pump）（凝縮ポンプ condensation pump）であり，この原理はフィルターポンプに類似しているが，水の代わりに油蒸気の噴射を使用したものである．縦方向に並んだ数ヶ所の噴射口から油蒸気が噴出される．

分子ポンプ（molecular pump）は，高速で運動している表面にぶつかった気体分子が，排気口の方向に速い速度をもつという原理で動作

する．このポンプには補助ポンプが必要である．
➡空気ポンプ，イオンポンプ，ソープションポンプ．

シンクロサイクロトロン synchrocyclotron
周波数変調サイクロトロン（frequency-modulated cyclotron）と同義．磁場を一定にしたまま加速電場の周波数を次第に下げていくという変更を加えたサイクロトロン．速度が相対論的になると，質量の増大が起こり，その結果として粒子は正負の入れ替わる加速電場と位相がそろわなくなる．これを打ち消すために，シンクロサイクロトロンの交流電場周波数は，粒子が加速されても電場と位相がそろうように，ゆっくりと減少する．陽子については 700 MeV 程度のエネルギーまで得られている．➡シンクロトロン．

シンクロトロン synchrotron
電子シンクロトロン（electron synchrotron）と同義．循環型の加速器で，ベータトロンをもとにしているが，変化する磁場に加えて一定周波数の電場を用いている．ベータトロンでは，増加していく磁束密度 B が高速での相対論的な質量の増加を妨げていた．高周波発振器からの高い周波数の電場が円形真空槽の金属共振器内のすきまに加えられる（図をみよ）．周波数は電子の一定な角周波数と同期しており，電子は共振器内で加速される．ふつう，粒子線を曲げたり集束させたりするための磁石の間に，いくつかの高周波共振器が点在している．

電子のエネルギーが数 MeV まで加速される

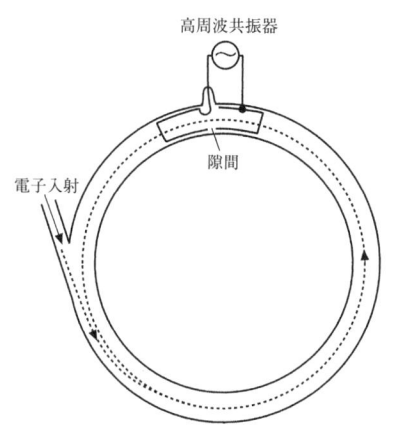

シンクロトロンの真空管

間は，この装置はベータトロンとして働く．磁場の強さが増大するとともに，高い周波数の電場が加えられる．必要なエネルギーのところで，安定な軌道をつくるための磁束条件を壊し，電子を軌道から引き出す．GeV 程度の非常に高いエネルギーまで得られている．➡陽子シンクロトロン．

シンクロトロン放射 synchrotron radiation
磁気制動放射（magnetobremsstrahlung）ともいう．強い磁場中を相対論的な速度で運動する高エネルギーの粒子から放射される電磁波．場の中を円軌道を描いて運動するときに放出される．たとえば，シンクロトロンなどで発生する．波長分布は連続的であり，マイクロ波から硬 X 線まで発生できる．スペクトルの厳密な形は粒子軌道の半径と粒子エネルギーに依存する．熱放射とは異なり，強く偏光している．

荷電粒子のエネルギー損失という点ではシンクロトロン放射は大きな問題である．しかし，この放射は道具として使うことができる．強力な，とくに X 線や紫外線の放射を発生させるためにシンクロトロンがつくられている．

宇宙には非常に強い磁場があるところがたくさんあるので，これらの領域を通り抜ける電子が放出する電磁波もシンクロトロン放射とよばれる．これは，銀河系外にある電波源からの電磁放射や超新星残骸からの放射を説明するのに，もっとも適切な機構と考えられている．

信号 signal
電流または電圧のような変化しうるパラメーター．電子回路またはシステムでは，これによって情報が伝送される．

信号対雑音比 signal-to-noise ratio
S/N 比ともいう．必要とされる信号のパラメーター［電圧など］の，雑音の同一パラメーターに対する比．電子回路，装置，または伝送システム中の任意の点における値で，デシベルで測られることが多い．

進行波（Ⅰ） progressive wave
無限に広がっている均一な媒質を通って伝搬する波．あらゆる形の波動について，平面進行波は次の波動方程式によって表すことができる．
$$\partial^2\xi/\partial t^2 = c^2(\partial^2\xi/\partial x^2)$$
ここで，ξ は伝搬方向に沿った定点からの距離 x での粒子の変位で，c は波の速度，t は定時刻から測られた時刻である．

この方程式の，平面進行調和波の解は
$$\xi = a\sin(2\pi/\lambda)(ct-x)$$

である.ここで,a は粒子の最大変位,すなわち振幅で,λ は波長である.与えられた値 x を固定した場合,$(2\pi/\lambda)(ct-x)$ が 2π ラジアンだけ変化したとき,変位 ξ は 1 周期分変化する.これに対応する t の変化分が周期 T である.$(2\pi/\lambda)cT=2\pi$, $T=\lambda/c$.周波数 f は T の逆数である.したがって,$1/f=\lambda/c$ または $c=f\lambda$ が成り立つ.

波動の強度 I,すなわち伝搬方向に対して垂直な単位断面積を,単位時間に横切るエネルギーは,a^2f^2 に比例する.

進行波 (II)　travelling wave

損失のない一様な無限に長い伝送線を,比誘電率 ε_r,比透磁率 μ_r の媒質中に置いたと仮想的に考える.伝送端でこの線を正弦波交流電源に接続すると,電力は電線に沿って伝わり,電線上の各点での瞬間的な電流電圧値は空間的に分布する正弦波になる.時間とともに,正弦波の空間分布は伝送端から受信端へと速度 $c/\sqrt{\varepsilon_r\mu_r}$ で伝播していく.ここで,c は光速度である.このおのおのの電流または電圧の正弦波は,進行波とみなすことができる.より一般的にいえば,伝送線に沿って伝搬する,あるいは伝送線を導波路とする電磁波である.ただし,正弦波であるという条件は絶対のものではない(たとえば,導線や伝送線を伝わるサージ電流や電圧も進行波である).電線中に損失があると上述の速度の低下,および減衰が起こる.有限の長さの電線であっても,受信端で特性インピーダンス(→伝送線)に等しいインピーダンスで終端されていれば,上述の式を適用できる.もし,線のある点でインピーダンスの不連続が起こると(すなわち,特性インピーダンスの急激な変化が起こると),その点で反射が起こり,最初の進行波(入射波)は受信端方向への伝搬波と,その点から送信端へもどる反射波とに分かれる.

進行波管　travelling-wave tube

速度変調された電子ビームと RF(ラジオ周波数)電磁場との相互作用を起こさせてマイクロ波を増幅する電子管.多重空洞クライストロン管を変形したものもこの形態の電子管である.複数の共振器を,伝送線に結合された電子管に沿って並べておく(図参照).電子ビームが,最初の共振器の RF 入力信号で速度変調を受けると,次に続く各共振器で RF 電圧が誘起される.共振器の間隔が正しく調整されていれば,各共振器で変調電子ビームにより誘起された電圧の位相は揃っており,加算的効果となって,伝送線上を出力側へと伝搬する.したがって,出力は入力より格段に大きくなる.伝送線上を逆の方向に伝搬する波(後進波)もあるが,これらの波の寄与は互いに位相不整合で打ち消し合うように設計されている.伝送線の結合の効果により,クライストロンに比べてバンド幅の広い増幅器になる.

後進波発振器(backward-wave oscillator)では,後進波の位相が互いに揃っており,入力共振器に正のフィードバックがかかり,電子管が発振する.

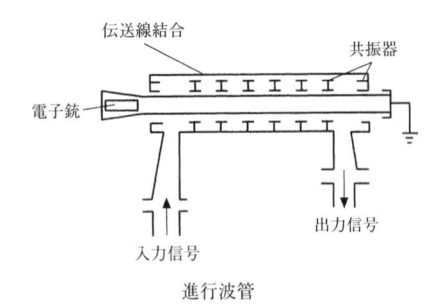

進行波管

信号発生器　signal generator

調整および制御が可能な電気的パラメーターを生成する回路または装置.もっとも一般には,振幅,周波数,および波形が変えられるような電圧を出力する.この用語はふつう,連続的な波,とりわけ正弦波の発振器に対して用いられる.⇒パルス発生器

人工放射性同位元素　artificial radioisotope
⇒放射能.

信号レベル　signal level

伝送システム中の任意の点における信号の大きさ.ふつう,ある任意の選ばれた値を基準とする.

新星　nova

大きな爆発の間に光度が 10 万倍にも増える弱い変光星.数時間から数日で光度は最大値に達したのち,何か月,何年にもわたってゆっくりと減少し,やがてはじめの光度になる.

新星は,2 つの星が非常に近い連星系で現れる.1 つの星は白色わい星である.もう 1 つの星は広がっていて,質量(水素)が白色わい星の方へ失われていき,白色わい星のまわりにはガスの円盤ができる.ガスは白色わい星の表面に渦を巻いて下降し,約 1 万~10 万年たって十分蓄積すると熱核反応による爆発を起こす.

新星爆発である．しかし，爆発によって連星系が壊されることはなく，一方の星からのガスの流れは続く．⇒超新星．

真性移動度 intrinsic mobility
真性半導体中のキャリヤーの移動度．電子は正孔の約3倍動きやすい．

真性伝導率 intrinsic conductivity
半導体の伝導率で，不純物の寄与ではなく半導体それ自身による伝導率．任意の温度で，同数の電荷キャリヤー（電子と正孔）が熱的に生成されるが，これが真性伝導率のもとになる．

真性半導体 intrinsic semiconductor
i型半導体（i-type semiconductor）ともいう．熱平衡の状態で電子と正孔の密度が等しい純粋な半導体．実際には完全に純粋なことはないので，純粋に近い物質についていう．

真鍮 brass
⇒合金．

シンチレーション scintillation
(1) ある種の物質（シンチレーター(scintillator)）に放射線が当たって，可視，近紫外，または近赤外の弱い閃光を出すこと．粒子が1個入射するごとに，ないしは，量子1つが相互作用するごとに，閃光が1回発せられる．
(2) 光または他の電磁波が不均質な媒質を通って，その強度がすばやく不規則に変化すること．星の光は地球の大気が動いて屈折率がゆらぐため少し曲げられる．その結果，星はその平均位置の周りを急速に動き回るように見える．このため夜空の星はまたたいて（twinkle）見える．

シンチレーションカウンター scintillation counter
シンチレーションを利用した電離放射線の検出器．シンチレーターとして用いられる物質は，無機物の結晶（通常ヨウ化ナトリウムで少量のヨウ化タリウムを含む），有機物，プラスチック，液体などである．イオン化を引き起こす粒子が通った場合や，高エネルギーの光子と相互作用を起こした場合には，シンチレーションが起こり，それを1つまたは複数の光電子増倍管で検出する．観測したパルスの大きさはその粒子や量子からシンチレーターが受け取ったエネルギーに比例するので，マルチチャネル分析器を使って放射線のスペクトルを調べることもできる．また，弱いイオン化は記録しないように計数回路を設計すれば，単にイオン化能力の高いα粒子などの計数器として使うこともできる．

心電計 electrocardiograph（ECG）
心臓の拍動に伴う電流電圧の波形を記録する高感度の装置．得られる波形を心電図という．

振動 vibration, oscillation
(1) 振動（vibration）．
弾性体（たとえば音叉）の速い前後運動の性質，またはこのような弾性体によって生じた流体の速い前後運動の性質のことをいう．それぞれ前後運動に要する時間は一定で，これは周期とよばれる．周波数は単位時間あたりの振動数で，周期の逆数である．
(2) 電流や電圧などの電気的な量の周期的な変化．⇒発振（oscillation）．
⇒自由振動，強制振動，寄生発振．

浸透圧 osmotic pressure
⇒浸透性．

振動回転スペクトル vibration-rotation spectrum
⇒スペクトル．

振動検流計 vibration galvanometer
可動コイル型ガルバノメーターはコイルが単一の撚り線で吊り下げられている．撚り線の張力を変えることで，40～1000 Hzの間の周波数に対して同調可能である．交流小電流であっても共振周波数状態にあるときは大きな周波数応答が得られるため，このガルバノメーターは交流ブリッジなどにおいて電流検出器として使うことができる．

振動子 vibrator
直流電源からの電流を周期的に妨げたり逆転させたりして交流電流を発生させる装置．これは電磁気的に操作され，単一の振動電機子（armature）が一対またはそれ以上の接触子に交互に接触，切断をくり返す．これは電池のような低電圧直流電源から高電圧直流電源をつくる必要がある場合にもっとも広く使われる．振動子は低電圧の交流電源をつくり，電源トランスによって高電圧交流電源に変換されるが，これはさらに整流されて高電圧直流電源を得る．

浸透性 osmosis
液体中のある種の分子が，半透膜を選択的に透過する過程．溶媒は膜を通して，より濃度の高い溶液へ拡散する．たとえば，羊皮紙は水分子は通すが，溶液中の砂糖分子は通さない．正味の効果として，羊皮紙を通って砂糖溶液中に入り込む水分子が砂糖溶液から出ていく水分子よりも多くなるため，静水圧が高まり，砂糖溶液から外への水の拡散を促す．最終的に系は力

学的な平衡状態に達する．このとき浸透性と釣り合っている静水圧のことを浸透圧（osmotic pressure）という．記号：Π.

非常に希釈した溶液でかつ溶質分子が解離しない場合は，その溶液の浸透圧は，溶質分子が同じ体積を占める気体であるときに示す圧力に等しいことを，ファントホッフ（van't Hoff）が理論的に明らかにした．したがって，溶液の浸透圧は $\Pi V = RT$ で与えられる．ただし，V は単位量の溶質を含む溶液の体積である．

電解質は上の式で与えられるよりも大きな浸透圧をもつ．これは電解質が溶液中でイオンに解離し，溶液中の粒子数が増えるからである．電解質の場合は，浸透圧の式は $\Pi V = iRT$ となる．i はファントホッフの係数（van't Hoff factor）として知られており，実際に溶液中に存在する溶質粒子数の，解離が起こらないと仮定したときの粒子数に対する比である．

振動電流（または電圧） oscillating current (or voltage)
電流（または電圧）の波形において，その変位がある数学的な関数に従って，時間とともに周期的に増減するもの．振動波形は正弦波，鋸波，矩形波などがある．

振動量子数 vibrational quantum number
→エネルギー準位．

振幅 amplitude
交流的に変化する量の正負両方向のピーク値をいう．とくに正弦波的変化に対して用いられる用語．

振幅ひずみ amplitude distortion
→ひずみ．

振幅変調 amplitude modulation（a.m.）
変調法の一種．信号波の振幅に比例して，信号波の周波数で，搬送波の振幅が大きくなったり小さくなったりする方式（図参照）．信号波が正弦波である場合，振幅変調を受けた波は
$$e = (A + B \sin pt) \sin \omega t$$
と書ける．ここで，A は変調を受ける前の搬送波の振幅，B は合成波の振幅変化のピーク値，$\omega/2\pi$ は搬送波，$p/2\pi$ は信号波の周波数である．

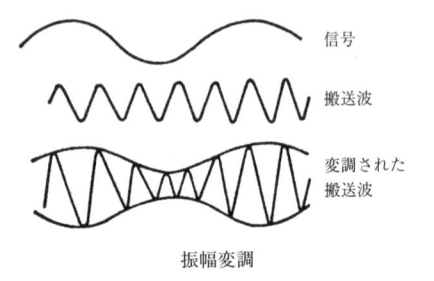

信号
搬送波
変調された搬送波

振幅変調

ス

水圧器 hydraulic press

大きな力を生ずるための装置．基本的には2つのシリンダーからなり，一方が他方よりずっと大きく，それぞれにはピストンAとBがはめられている．シリンダー間は管Cでつながり全体に水が満たしてある．Aに下方の力fが加えられるとAの断面積をAとして圧力f/Aが生じる．この圧力は流体全体に伝わって（→パスカルの原理）Bに加わる．Bに働く上向きの力は圧力とBの面積の積fB/Aに等しい．よってBがAよりずっと大きければBにはずっと大きな力が生ずる．一方，もしAが下へ動けばBは上へずっと小さい距離だけ動き，Bになされる仕事はAになされた仕事を決してこえることはない．

水銀気圧計 mercury barometer
→気圧計．

水銀スイッチ mercury switch

2つの水銀表面の間の接触を用いたスイッチで，水銀は通常ガラス管に封入されている．アーク放電を抑えるため，しばしば管には不活性ガスが封入されている．熱によるショックで壊れることを防ぐため，接触点に磁器製の管が溶着されているものもあり，これには多くの種類がある．通常傾けた状態で水銀が側管のくびれた部分に流し込まれた状態で用いられ，スイッチの開閉時に遅延をもたせることができる．また水銀を一連の接触溜めに順番に流して順番にスイッチの開閉を行うこともできる．

水銀整流器 mercury-vapour rectifier

真空管の一種で，イオン化した水銀蒸気雰囲気中を加熱した電線の陰極から陽極に向けて一方向にのみ放電が行われることを利用している．最初のイオン化が起きたあとは，管の電極間の電圧降下はわずか10～15Vで，これは電流にはほとんど依存しない．水銀溜を陰極に用いたものは電圧降下が20～25Vとなる．

水銀柱 mmHg

millimeters of mercuryの略記．133.32 Paに等しい圧力の以前の単位．標準大気は760 mmHg.

水銀灯 mercury-vapour lamp

真空管中の水銀電極間で起こる水銀蒸気の白熱アーク．光は紫外線を多く含み，蛍光灯ではこの紫外線の一部が管の内面に塗布した蛍光体粉末によって可視光の波長に変換される．

水銀封入ガラス温度計 mercury-in-glass thermometer

温度計の一種で，目盛りの付いた細管につながれたガラス球内に温度測定用の液体として水銀を入れたもの．製作の工程で細管内は真空に引かれ，細管の上端には小さな球がついていて最大温度以上に温度が上昇した場合でも温度計が壊れないように保護の役割を果たしている．温度計は，まず融けた氷の中に浸し，次に，液高計の水蒸気中に入れ，それぞれ水銀の液面の凸部の位置に印をつけて校正を行う．摂氏温度計においては，この2つの印の間を100等分すると，1目盛がほぼ1℃にあたる．華氏温度計も同様につくられる．

この温度計は温度を容易に直読できるという利点がある一方，正確な温度測定には多くの補正が必要となり，この種の温度計は白金抵抗温度計に置き換えられつつある．水銀の熱膨張率が温度に依存すること，またガラスの膨張も無視できないことから，気体温度計と直接比較することによってこの温度計の読みを補正する．補正が必要な誤差のおもなものとしては，細管内径の不均一性，氷点と沸点の印づけの誤差，ガラス球にかかる大気圧の影響，露出部分の補正がある．→国際実用温度目盛．

水晶 quartz

石英ともいう．もっともありふれた鉱物，二酸化ケイ素（シリカ，SiO_2）の結晶で，多様な物理的特性と応用を有する．圧電結晶であって，圧電振動子として多用される．石英はまた，複屈折を示す光学的に正の結晶である（→光学的に負の結晶）．偏光面を，右水晶か左水晶かに応じて右または左に回転し，その度合は色（波長）によって異なる．さらに，180 nm（UV領域）から4000 nm（IR領域）の間の波長の光を通す．さまざまな石英のプリズム，レンズ，その他の光学素子が，以上のような性質を活用してつくられる．非常に細い石英線である石英ファイバーは，ねじれ線として敏感な装置に利用されている（→分子式真空計）．

石英ファイバーは，光ファイバーとして光通信に欠かせない素材となっている．→光ファイバーシステム．

水晶制御発振子　crystal-controlled oscillator

圧電振動子の一種で，すぐれた周波数安定性をもつ．⇒時計．

錐状体　cone
⇒色覚．

水晶時計　crystal clock
⇒時計．

水晶発振器　quartz-crystal oscillator
⇒圧電振動子．

水晶発振子　crystal oscillator
⇒圧電振動子．

彗星　comet

岩，氷，凍った気体からなる小さな天体．太陽のまわりの離心率の大きな軌道上を公転する．公転周期の短い（150年以下）彗星（short-period comet）はカイパーベルトから来たと考えられている．それよりも長い（10万年を越えるものもある）公転周期の彗星（longer period comet）はオールトの雲からきたと考えられている．典型的な彗星は核をもち，コマとよばれる，塵と気体でできた不透明な雲で覆われている．彗星が太陽に十分に近づいた場合，放射圧や太陽風によって，彗星の尾（comet tail）がつくられる．

水素電極　hydrogen electrode

水素が水素イオンの溶液と接触している電極．白金の箔を薄い酸につけた半電池でできている．水素の吸収を増やすために通常，白金黒（微粉化した白金）をつけた箔を使い，箔の上に水素ガスが泡となって出る．水素電極は標準となる電極電位を測るための電池に用いられる．

水素のスペクトル　hydrogen spectrum

水素を入れた気体放電管の発光スペクトルは，イオンと電子の再結合によるぼんやりとした連続スペクトル，水素分子（H_2）や分子イオン（H_2^+）のバンドスペクトル，分離した水素原子による可視，紫外，赤外域の線スペクトルを含んでいる．星のスペクトルでは，水素原子の発光線スペクトル，吸収線スペクトルがともに観測される．

水素原子のスペクトルの研究は，スペクトル，原子構造，量子論の理解の上できわめて重要であった．バルマー（Balmer）は，水素の可視域の線の波長λが経験的な式

$$1/\lambda = R(1/4 - 1/n^2)$$

によって正確に表されることを示した（1885）．ここで，Rはリュードベリ定数，nは3以上の整数である．バルマー系列（Balmer series）のはじめの線は以下のとおりである（括弧内は波長）．Hα(656.3 nm), Hβ(486.1 nm), Hγ(434.0 nm)．$n = \infty$に対応する系列の極限は，$\lambda = 364.6$ nmで，近紫外にある．

のちにほかの系列が見つかり，次の一般的な式に従うことがわかった．

$$1/\lambda = R(1/n_1^2 - 1/n_2^2)$$

ここで，n_1, n_2は整数である．$n_1 = 1$は真空紫外のライマン系列（Lyman series）を，$n_1 = 3$はパッシェン系列（Paschen series）を，$n_1 = 4$はブラケット系列（Brackett series）を，$n_1 = 5$はプント系列（Pfund series）を与える．$n_1 = 3 \sim 5$はすべて赤外にある．

バルマー系列がどのようにして成立するのかは，ボーア（Bohr）によって原子に関する彼の理論の中で議論がなされた（1913）．彼は，水素原子の量子状態のエネルギーE_nを表す式

$$E_n = -me^2/8h^2\varepsilon_0^2n^2$$

を得た．ここで，mは電荷eの電子の換算質量，hはプランク定数，ε_0は誘電率，nは正の整数である．原子が低いエネルギーの状態へ移ると，エネルギー$h\nu$の量子（光子）として電磁波が放出される．νは電磁波の周波数である．シュレーディンガーの波動方程式の解は同じ式を与えた．

水素爆弾　hydrogen bomb
⇒核兵器．

垂直偏光　vertical polarization
⇒水平偏光．

スイッチ　switch

回路を開け閉めする，あるいは特定のものの間で動作条件を切り替える素子．2つ以上の部品，回路などの中から，ある特殊な動作状態に必要とされるものを選ぶことにも使われる．回路のブレーカーのように機械的なものから，トランジスター，ショットキーダイオード，電界効果トランジスターなどの半導体素子を使うものまで，スイッチの種類はたくさんある．

水平偏光　horizontal polarization

(1) 電場ベクトルが水平で磁場ベクトルが鉛直である電磁波の偏光．

(2) 電場ベクトルが水平であるラジオ波の伝搬．ダイポールアンテナを水平に配置して，水平に偏光した信号を送受信する．

どちらの場合も電場ベクトルが鉛直の場合，垂直偏光（vertical polarization）となる．

水面波 water wave
液体の自由表面または2種類の液体の境界面において，風が海面や湖上を吹くときと同様に表面が乱されることによって生じる波．復元力は重力である．
深い水の中で形成される表面波のもっとも単純な形は，表面の個々の流体粒子が周波数 f で円を描くものである．波の速度 c で一緒に動いている観測者から見ると流れは定常的であるため，ベルヌーイの原理が適用できる．したがって
$$c = g/2\pi f = \sqrt{g\lambda/2\pi}$$
であることが示される．g は重力加速度，λ は波長 $(=c/f)$ である．この扱いでは表面張力を無視している．しかし，短波長では表面張力は無視できなくなり，速度に対しては修正が加わる．(⇒さざ波)
深さ x での水面波の振幅 A_x は
$$A_x = A_0 \exp(-2\pi x/\lambda)$$
で与えられ，A_0 は水面での振幅である．波長に比べてあまり深くない程度の液体では水面波の速度は深さの影響を受ける．深さ h の非常に浅い液体では速度は
$$c = \sqrt{hg}$$
で与えられる．
海底地震はしばしば超長波長の大きな波をつくり出すことができる．これが浅い海に到達すると速度は減少し同時に振幅が増大する．この波は時として非常に破壊的であり，日本語の津波 (tsunami) として知られている．

水力発電所 hydroelectric power station
重力で落ちる水をタービンに通して発電する発電所．通常，川にダムを建設して大きな貯水池をつくり乾期でもかわらず運転できるようになっている．

水和電子 hydrated electron, aqueous electron
水溶液を電離放射線で照らすと水分子がイオン化し二次電子が放出される．そのような電子は近くの水分子をイオン化，励起し，すぐにエネルギーを失う．約 10^{-11} 秒後には水分子は電子を逃すことなくその周りに集まり，電子を中心にして放射状に偏極した領域ができる．(水分子は，水素原子が酸素原子よりわずかに正になるように分極している．) これを水和電子とよび，電子は井戸型ポテンシャルの中にある．きわめて反応性が高い．

数密度 number density
記号：n．単位体積当たりの粒子，原子，分子などの数．

スカイアトロン skiatron
陰極線管（ブラウン管）の一種で，通常の蛍光物質のコーティングの代わりにアルカリ金属ハロゲン化物結晶のスクリーンが用いられている．このスクリーンは電子衝撃によって黒くなるので，消去するまでは軌跡がスクリーン上に残る．

スカラー scalar
大きさだけで定義される量（これに対してベクトルは大きさと方向をもっており，したがって，ベクトルの定義に際しては3つの数値が必要である）．たとえば，質量，時間，波長などはスカラーである．

図記号 graphical symbol
電子工学 (electronics)，電気工学 (electrical engineering)，通信 (telecommunication)，そのほかこれに関連する分野で使われる各種の部品や素子を表す図式的な記号．(英国標準協会が推奨する) 広く使われている記号を付録の表10に示す．

スクイーズド状態 squeezed state
量子非破壊 (quantum non-demolition, QND) 性の属性の定常状態．位置と運動量のような量子系の属性は，ハイゼンベルクの不確定性原理によって関係づけられていて，それによれば，運動量の1つの成分 (p_x) の測定値の不確定さと，それに対応する位置の座標 (x) の不確定さとの積は，プランク定数と同じオーダーの大きさである．このような関係をもった属性は共役 (conjugate) な属性とよばれる．このため，位置の測定を正確にすることができても，不確定性原理によって運動量に大きな広がりが生じてしまう．また，位置の測定をくり返しても位置の測定自体に広がりが出るので，位置を連続的にモニターすることは不可能である．
量子破壊測定 (quantum demolition measurement) とは，ハイゼンベルクの不確定性のために，共役な属性の一方についての測定が他方の属性の正確な測定に影響を及ぼすような測定のことである．系の位置と運動量の測定は量子破壊測定の一例である．このような測定においては，観測している系の量子性から，位置と運動量の測定精度に限界が設けられる．ある種の重力波検出器の設計においては量子破壊測定を考慮する必要がある．これらの検出器は，

真空容器中にワイヤでつるして絶対零度近くまで冷やしたアンテナと重力波との共鳴を拠り所としている．測定感度がアンテナの量子性だけに制限されるような限界まで雑音を減らすことができるといわれている．しかし，アンテナの位置の連続的な測定は，量子破壊の原則に従う．

この問題に対する解法は量子論自体の奇妙な性質から導かれる．位置と運動量という属性から量子非破壊な属性およびその共役量をつくることができる．これらの量子非破壊な属性を X_1, X_2 と記すことにするが，これらはアンテナの位置と運動量をある位相関係で重ね合わせたものになっている．すべての共役な量の組と同様，X_1 と X_2 の確率の広がりは一緒に不確定性原理で制約を受ける．ところが，位置と運動量の場合とは異なり，X_1 の確率の広がりは X_1 を制約するだけで X_2 には反映しない．属性 X_2 のハイゼンベルクの不確定性がその共役な属性に影響しないので，アンテナの量子性は X_1 の繰り返し測定に何の限界も与えない．精度は実験そのものの精度だけによって制限される．量子非破壊属性の定常状態は，その状態の確率の広がりを実験誤差が許す限界まで狭く絞り込んで維持できるので，スクイーズド状態とよばれる．

スクイッド squid
超伝導量子干渉素子（*superconducting quantum interference device*; squid）．非常に小さい磁場，電圧，電流が測定可能な超伝導デバイスの総称．その動作原理は，ジョセフソン接合（⇒ジョセフソン効果）を流れる直流ジョセフソン電流に基づいている．このような素子を流れる電流は外部磁場に非常に敏感である．

スクウェジング発振器 squegging oscillator
発振の振幅がいったん大きくなり，その後0まで小さくなる発振器．⇒ブロッキング発振器．

スクリーン screen
(1) テレビ，端末表示部（VDU）などの陰極線管の前面．コーティングされており，図形，文字が目に見えるように表示される．
(2) ⇒遮蔽．

スケーラー scaler
決められた数のパルスを受信したときに，パルスを1つ出力する装置．計数のため，とくにガイガー計数管やシンチレーションカウンターと組み合わせて使われることが多い．

スコトファー scotophor
塩化カリウムなど，電子衝撃で黒くなり，加熱するともとにもどる物質．陰極線管のスクリーンで長く消えない像が必要なときにふつうの蛍光体のかわりに使われる．

スコープ scope
オシロスコープ（oscilloscope）の短縮形．

図式位置指示器（平面位置表示器） plan position indicator（PPI）
⇒レーダー．

進み lead
周期的に変化する量に関することで，ある波において他の波における同様の位相に対して位相が進んでいるとき，その進みの時間の間隔あるいは電気角のこと．⇒遅れ電流．

進み電流 leading current
起電力によって生じた交流電流が，その起電力に対して進みをもっている場合に，その電流を指す．⇒遅れ電流．

進み負荷 leading load
容量性負荷ともいう．進み電流が流れる無効負荷．⇒遅れ負荷．

スタット stat-
実際の電気の単位につける接頭辞で，CGS静電単位系の対応する単位を表す．この静電単位系はいまでは使われない．

スタティック static
パチパチ（crackling），ジージー（hissing）というラジオやテレビのスピーカーから出る雑音．稲妻のような，大気の状態により発生する静電誘導により生じる．

スタントン数 Stanton number
記号：St．次の式により定義される無次元の変数．
$$St = h/\rho c_p v$$
式中で h は熱移動係数，ρ は液体の密度，c_p は定圧比熱，v は流速である．⇒対流（熱の）．

スタンホープレンズ Stanhope lens
厚い両凸レンズ拡大器．前面は厚さの2/3の曲率半径をもち，中心を一致させて，裏面は厚さの1/3の曲率半径をもつ（ガラスの場合）．被測定物を前面にくっつけて用いる．

スティフネス stiffness
振動系において，単位変位あたりに蓄えられる力．角振動数と力学的（あるいは音響的）スティフネスリアクタンスとの積で与えられる．

スティルブ stilb
記号：sb．輝度の単位で1平方センチあたり1カンデラの明るさ．

ステップアップ変圧器 step-up transformer
⇒変圧器．

ステップインデックスデバイス　stepped-index device
⇒光ファイバーシステム.

ステップウェッジ　step wedge
ある放射に対して，その光を決められた間隔で段階的に通さなくするように，層を積み重ねたブロックあるいはシート．測光や X 線の研究などに用いられている．

ステップダウン変圧器　step-down transformer
⇒変圧器.

STEM
scanning-transmission electron microscope（走査透過型電子顕微鏡）の略記．⇒電子顕微鏡.

ステラジアン　steradian
記号：sr. 立体角の単位．1 ステラジアンは，半径 r の球上の r^2 の表面積が，球の中心に対して見込む立体角．すなわち全立体角は 4π ステラジアンである．ステラジアンは SI 単位系の無次元量である．

ステレオ再生　stereophonic reproduction
もとあった場所や方向から聞こえてくるように音を再生すること．1 チャネルの（モノラル）再生装置ではこの効果は現れない．すべての音は 1 つの音源，すなわちスピーカーからやってくるように聞こえる．この場合でも，いくつかのスピーカーを用いたり，穴を開けた反響板で音を拡散する方法により多少改善される．2 つ以上のチャネルを用いて再生することが，立体的な音の広がりを出すのに本質的である．

ステレオ投影　stereographic projection
点 C を中心とする球面上に描かれた任意の点や図を，球面上の極 P から，中心 C を通り PC に垂直な平面に，投影すること．

ストークス　stokes
記号：St. 動粘性率の CGS 単位．$1 \text{St} = 10^{-4}$ m^2/s.

ストークスの法則（蛍光）　Stokes's law (of fluorescent light)
蛍光などの発光波長は，吸収波長よりも長いという法則（⇒蛍光）．アインシュタインが，電磁波は量子として物質と相互作用するという論理を展開する最初の例としてストークスの法則を取り上げた．

ストークスの法則（流体の抵抗）　Stokes's law (of fluid resistance)
無限に広がった流体中を速度 V で動く半径 r の球が受ける抗力 D は，$D = 6\pi\eta rV$ である．ここで，η は粘性率である．この法則はある限られた条件のもとでしか成立しない．

ストリッピング反応　stripping
衝突してくる原子核の核子が，叩かれた原子核に核融合することなく捕えられ，複合原子核を形成する核反応．オッペンハイマー-フィリップス過程（Oppenheimer-Phillips (O-P) process）は，低エネルギーの重陽子がその中性子を融合することなく原子核に与える反応である．

ストレンジネス　strangeness
記号：S. 素粒子（とくにハドロン）に付随する量子数の1つで，強い相互作用と電磁相互作用で保存し，弱い相互作用では保存しない．弱い相互作用では S は ± 1 だけ変化する．（いままで知られているどんな保存則をも破らないで），強い相互作用で非常に速く崩壊するはずの（K 中間子，Σ，Λ などの）素粒子が，予想されているよりも非常に長い寿命をもつことを説明するために，ストレンジネスの存在が仮定された．ストレンジネスは，粒子中のストレンジクォークに付随する量子数である．ストレンジクォーク (s) のストレンジネスは -1 であり，反クォーク $\bar{s}$ では $+1$ である．他のすべてのクォークのストレンジネスは 0 である．粒子のストレンジネスは，粒子中の $\bar{s}$ クォークの数から s クォークの数を差し引いたものである．

ストレンジ物質　strange matter
アップ，ダウン，ストレンジクォークから構成される物質（陽子はアップ，ダウンクォークから構成される）．天然に存在する安定なストレンジ物質は，ビッグバンのような極限的条件のもとでつくられるだろうと予言されている．また，天体物理学者は超新星爆発でもつくられると提案している．さらに，標的に粒子加速器からの重い原子核を衝突させることでも，S ドロップ (S-drop) として知られているストレンジ物質の小さな固まりを生成することが可能である．いままでのところその存在を証明する事実は発見されていない．

ストロボスコープ　stroboscope
運動している物体の回転や振動，あるいはその一部の運動，あるいはその他の周期的な運動の，振動数の整数倍に同期させて強いフラッシュ光を放射する装置で，その運動が止まっているように見せる．運動の研究や，回転や振動の速度を測定するために用いられる．

スネルの法則 Snell's law
屈折の法則で
$$\sin i/\sin i' = C$$
と表される．ここで，i は入射角，i' は屈折角である．定数 C は，最初の媒質と屈折後の媒質の屈折率の比 n/n' であることが後に明らかとなった．

スパイク spike
電流や電圧の非常に短い時間内の過渡現象．

スパーク spark
→火花．

スパークギャップ spark gap
→火花間隙．

スパーク火花連絡 sparkover
→閃絡．

スパッタリング sputtering
気体放電管の放電中にカソードから粒子がたたき出される現象．正イオンの衝突により起こる．カソード付近に置いた非伝導体に，薄い金属膜を付着させるのに用いられる．ガス圧は 150〜1.5 Pa，カソード-アノード間の電圧は 1〜20 kV 程度がよく使われる．

スーパーヘテロダイン受信器 super-heterodyne receiver
ラジオ受信器にもっとも広く用いられている方法．入力信号は混合器に導かれ，局所発振器（local oscillator）からの信号と混合される．出力信号は，局所発生信号と入力信号の差の周波数に等しい搬送波周波数の信号からなり，もともと含まれている変調はそのまま残される．この（中間周波数 intermediate frequency : i.f.）信号は中間周波増幅器中で増幅，検出され，オーディオ周波数増幅器へ送られる．スーパーヘテロダイン受信器に高い増幅率と選局性があるのは，中間周波数を利用しているからである．

スピーカー speaker
loudspeaker の短縮形．

スピン spin
素粒子やその集合体にもともとそなわっている角運動量．原子に関するボーアの理論によるとアルカリ金属の線スペクトルは 1 本でなければならないが，実際には接近した 2 本（→二重項）になっている．これを説明するためにパウリ（Pauli）が 1925 年に同じ電子軌道の中で電子は 2 つの状態をとることができると提唱した．ウーレンベック（Uhlenbeck）とハウトスミット（Goudsmit）はこの状態を電子のスピン状態に対応するものと考えた．彼らは，電子は，その軌道角運動量に加えて，電子そのものに備わった角運動量をもつと仮定した．この角運動量のことをスピンとよぶ．スピンを量子化すると，
$$\sqrt{s(s+1)}h/2\pi$$
と書ける．ここで，s はスピン量子数（spin quantum number），h はプランク定数である．電子については，ある方向に対するスピンの成分は，$+1/2$ か $-1/2$ なので，これが 2 つの状態に対応する．スピンをもった電子は磁気モーメント（→磁子）をもった小さな磁石として振る舞う．異なるエネルギーをもつ 2 つの状態は，電子のスピンによる磁場と軌道運動の相互作用により生じる．したがって，このスピン状態の違いによるエネルギーのわずかに異なる 2 つの状態が，2 本のスペクトル線の原因である．

外部磁場がある場合，その磁場の周りを電子スピンは歳差運動する．そしてスピンの向きは，ある決まった方向しか許されなくなる．すなわち，この方向の角運動量成分は量子化され，$h/2\pi$ のある決まった倍数 $m_s(h/2\pi)$ しか許されない．この m_s を磁気（スピン）量子数（magnetic spin quantum number）とよぶ．s の値が与えられたとき，m_s は s，$(s-1)$，…，$-s$ の値をとることができる．たとえば，$s=1$ のとき，m_s は 1，0，-1 であり，電子のスピンは $s=1/2$ であるから，m_s は $1/2$ または $-1/2$ である．したがって，電子スピンの外場方向の成分は $\pm 1/2(h/2\pi)$ である．このことを空間量子化（space quantization）とよぶ．

粒子がいくつかあるときの全スピンは，それぞれの粒子のスピンをベクトル的に足し合わせたものであり，S という記号で表される．たとえば，原子中の 2 つの電子のスピンは，$S=1/2+1/2=1$ または $S=1/2-1/2=0$ である．

また，スピンを表す別の記号として，素粒子には J，原子核には I などが用いられる．大部分の素粒子は 0 ではないスピンをもち，それらは整数か半奇数である（→ボソン，フェルミオン）．原子核のスピンはそれを構成する核子のスピンに起因する．

スピングラス spin glass
0.1〜10% 程度の鉄やマグネシウムなどの磁性金属と，金や銅などの非磁性金属からなる合金の一種．合金中では磁性金属はランダムに分布する．AuFe，CuMn などがある．これらの金属は，磁性金属がランダムに分布しているという点で "グラス" であり，"スピン" は原子の磁性を表すものとして使われている．スピング

ラスは非常に複雑な磁性をもち，ランダムな磁性原子の分布は格子に秩序がないということを意味するので，通常の理論では取り扱いが難しい．

スピン対電子 spin-paired electron
同じ原子軌道にある逆向きのスピンをもつ2つの電子．⇒パウリの排他律．

スピン統計理論 spin-statistics theorem
半奇数のスピン系はフェルミ-ディラック統計に従うならば矛盾なく量子化でき，一方，整数スピン系はボース-アインシュタイン統計に従うなら同様に量子化できるという，相対論的場の**量子論**(⇒**量子統計**)．この理論はいろいろな方法で完璧に確かめられており，**パウリの排他律**のもととなっている．

スピン量子数 spin quantum number
記号：s, m_s, J, I. ⇒スピン．

スペキュラム合金 speculum
金属鏡や反射型回折格子に用いられる，銅とスズの合金（Cu 67%，Sn 33%）．十分な研磨を要するが，容易には曇らない．

SPECT
単一光子放射断層撮影（single photon emission computed tomography）の短縮語．器官や組織を検査するために患者の体に入れられた**放射性核種**の分布を画像化する医学技術．α線やβ線は周りの組織に吸収されやすいので，γ線を出す無害な放射性核種が用いられる．

ヨウ化ナトリウムの大きな（直径40～50 cm，厚さ1 cm）結晶で放射性核種から出るγ線の光子が検出される．この結晶を，たくさんの**光電子増倍管**で観測する．増倍管は1つの管を中心にしてその周りに6角のリング状に何周も配置されている（図参照）．視野は35 000個もの穴を開けた鉛のコリメーターで制限される．コリメーターにより，結晶に垂直に飛来する光子だけが結晶を通り抜けられるようになっている．この装置全体はγカメラ（gamma camera）とよばれ，核医学の診断において主要な撮像装置となった．

γカメラに到達するγ線の光子はヨウ化ナトリウムの結晶と相互作用して閃光を発する．この閃光はどれか1本の光電子増倍管の中の光電陰極から1つの電子を放出させる．これにより引き起こされる電子のカスケードで検出がなされるが，個々の増倍管はそれぞれ異なった場所の検出を受け持っているので，場所の特定ができる．増倍管に届く光の強さは結晶との相互作用の場所からの距離の逆2乗に比例する．信号の強弱をすべての増倍管にわたって解析することによって，光パルスの出た場所を計算で出すことができる．すべての増倍管の出力を足し合わせると，検出されたγ線の光子のエネルギーに関係した信号になる．

事象の位置座標はディジタル画像の一部として蓄積され処理される．患者の周りでγカメラを回して，たくさんの角度から画像をとることにより，放射性核種の分布の断面画像を得ることができる．こうして得られる画像は放射性核種の分布に関する「薄切り」あるいは断層写真（tomograph）である．断層写真を何枚も撮って合わせることにより，放射性核種の分布の三次元画像をつくることができる．

スペクトル spectrum
(1) 特定の分布の仕方をした**電磁波**をさし，たとえば，プリズムや**回折格子**によって白色光が分散されて生成される色（紫，青，緑，黄，橙，・赤）はその一例である．スペクトルという語は，波長，周波数，または量子エネルギーに対して電磁波の強度をプロットしたものをいい，また，電磁波の分散の様子を写真や電子的手段で記録したものをさすこともある．

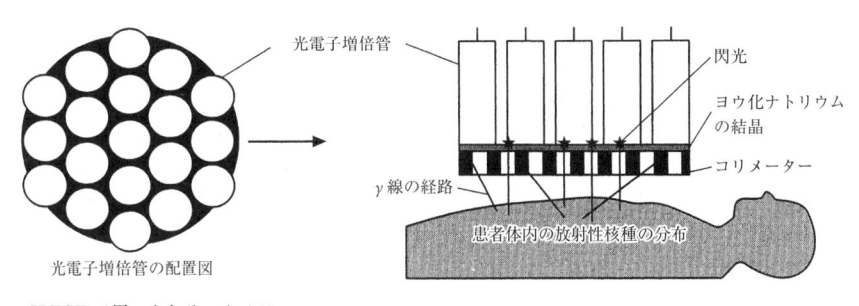

光電子増倍管の配置図

SPECTで用いられるγカメラ

スペクトルはスペクトロメーター（分光器）を用いて得られる．スペクトルには電磁波の波長と強度が示され，したがって電磁波そのものの特徴を表しているといえる．スペクトルはまた，電磁波を吸収，放出する物質の特性も示している（→発光スペクトル，吸収スペクトル）．吸収スペクトルは放出スペクトルと比較すると単純であることが多い．

放出・吸収された放射に連続領域が存在するとき，これを連続スペクトル（continuous spectrum）という．一例は，黒体が放出する可視および赤外放射スペクトルである［温度によっては，その外側の波長領域の分布も無視できない］．気体原子のスペクトルには，電磁波の放出に伴う多数の細い線や，連続的な放射の吸収による（放射を背景とした）多数の暗線が存在することが多い．このようなスペクトルは線スペクトル（line spectra）とよばれ，原子が決まったエネルギー状態間を遷移するために生じる．バンド（帯）スペクトル（band spectra）では，並んだバンド（帯，band），すなわち，非常に接近した規則的な間隔の線が集まっており，これらは，光を分散させる装置［分光器］によっては分解できない．分子による放出，吸収はこのような特徴を示す．［ただし，固体や液体のスペクトル，気体原子のイオン化などによるスペクトルは，本質的に連続であり，線の集まりではない．］

スペクトルの分類はまた，電磁波が X 線，紫外，可視，赤外，マイクロ波のいずれの領域にあるか，あるいは，電磁波を放出，吸収する過程が電子状態，振動状態，回転状態のどの変化を伴うか，という基準により行ってもよい．たとえば，可視領域や紫外領域では電子状態間の遷移が起こるので，電子スペクトル（electronic spectrum）が得られる．これは，原子の場合は線スペクトル，分子の場合はバンドスペクトルである．バンドが形成される理由は，分子がある電子状態から他の電子状態に遷移するとき，終状態として可能な振動状態が数多くあり，各状態でエネルギーが異なることによる．近赤外領域では，ある振動状態における回転状態から他の振動状態における回転状態への変化によって［バンド］スペクトルが生じる．このスペクトルは，振動回転スペクトル（vibration-rotation spectrum）とよばれる．同一振動状態における回転状態間の遷移によって，回転スペクトル（rotation spectrum）が生じ，遠赤外およびマイクロ波領域の電磁波が吸収または放出される．その他，短波長側では，紫外スペクトルはイオンの電子スペクトルがある．X 線スペクトルは，原子核に強く束縛された内殻電子の電子状態の変化に基づく．

(2) **質量スペクトルまたは電子スペクトル**のように，粒子系におけるエネルギー，運動量，速度などの分布．→電子分光．

スペクトル型 spectral class, spectral type
→星のスペクトル．

スペクトル視感度 spectral luminous efficacy
→視感度関数．

スペクトル線 spectral line
→スペクトル線の超微細構造．

スペクトル線の形 line profile
スペクトル線を，横軸に波長，または周波数，縦軸に強度としてプロットしたもので，線の微細な構造まで表す．スペクトル線の自然幅は量子力学の不確定性原理によって定められる．しかし，ほかの効果も線幅の広がり（line broadening）に寄与する．これらの効果としては，ドップラー効果，ゼーマン効果，光を放出・吸収する物質の高密度，したがって高圧力（圧力広がり（pressure broadening））などによるものがある．スペクトル線の形を解析すると，物質の物理的状態の情報が得られる．

スペクトル線の超微細構造 hyperfine structure of spectral line

（通常の分解能では一見したところ単一の線に見える）スペクトル線の中には，1000 分の 1 nm のオーダーの波長の差をもつ多重線からなるものがある．これは，高分解能（10^6）の回折格子などを用いなければ分解できない．たとえばファブリ‐ペロー干渉計やルンマー‐ゲールケ板などである．この構造は電子の磁気モーメントと原子核のきわめて小さい磁気モーメントとの相互作用によって生ずる．

スペクトルの spectral
(1) スペクトルの，またはスペクトルに関連する．
(2) 特定の周波数または波長に関連する．

スペクトル分析器 spectrum analyzer
任意の波形に対して，そのエネルギー分布を周波数の関数として測定する装置．任意の伝送システムに対し，入力と出力の波形を比較することによって，その周波数応答やひずみを測定することができる．スペクトル分析器としては，

マルチチャネル分析器がよく用いられる.
スペクトロスコープ spectroscope
⇒スペクトロメーター.
スペクトロメーター spectrometer
(1) スペクトルを作り出し，調べ，記録する装置．放射スペクトルを調べるには，光源からの光をコリメーターに通し，平行な光のビームをつくる．この光を，プリズムや回折格子により偏向または分散させる．偏向角が波長によりどのように変化するかを調べる目的で，屈折光，回折光を観測，記録する．

簡単な分光器（図 a）では，光源 S からの光は C によってコリメート（平行に）され，プリズムによって分散される．台の周りに回転する望遠鏡 T でこの光を観測し，偏向角を測定する．適当な校正により，波長が測定できる．また，プリズムの角度と屈折率も測定できる．

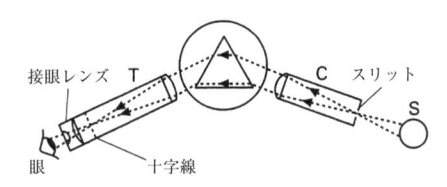

(a) 簡単なスペクトロメーター

現在，使用されている分光器の多くは回折格子を用いている．図 b では，光はスリット S_1 に入り，凹面回折格子 G によって反射され，S_2 を通って（光電子増倍管などのような）検出器 D 上に達する．この装置では，両方のスリットを固定し，格子をある角度範囲だけ回転させる．格子が凹面鏡に刻まれており，光を集光するので，この装置ではコリメーターはなくてもよい．格子の特定の角度に対し，特定の波長の光が出射スリットに集光される．格子の角度を横軸にとり，光電子増倍管の応答をグラフにすると，適当な校正により，放射強度の波長依存性の曲線が得られる．

吸収スペクトルを調べるには，連続スペクトルを放出する光源を用いるのが普通である．光を試料に通し，ついで分光器に導いて，その強度分布を波長の関数として測る．別の方式として，光を分光器に通して，ある特定の波長を選択し，試料を通してから検出器に達するようにしてもよい．波長は，回折格子またはプリズムの位置によって変えることができる．この場合，分光器はある波長の光を取り出すために用いら

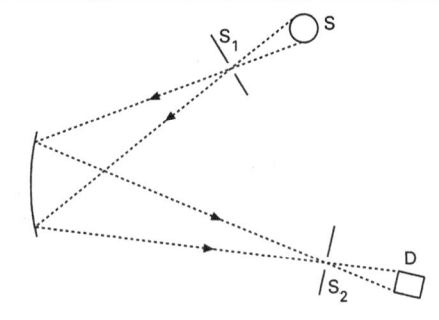

(b) 凹面回折格子を用いたスペクトロメーター

れるので，モノクロメーター（monochromator）ともよばれる．

スペクトルを記録する分光計は，スペクトログラフ（分光写真器，spectrograph）とよばれ，記録はスペクトログラム（spectrogram）とよばれる．分光計は，目的とする応用と光の波長に応じて設計される．可視領域では，ガラス製プリズムや透過型の回折格子が使用可能である．その他の波長域では，通常，回折格子を利用する．

光の検出装置としては，調べたい波長に感度のある電子的な撮像装置や写真乾板が使われる．CCD 検出器のような高感度の電子装置は，可視光や紫外光を検出でき，場合によっては X 線も検出可能である．得られた情報はコンピューターで解析される．他の電子的検出器としては，ボロメーターや，**光導電性**および**光起電力効果**に基づく装置がある．

分光器はスペクトロスコープ（spectroscope）とよばれることもある．分光光度計（spectrophotometer）は，スペクトル中の各波長の強度を測定するための装置で，この語はしばしば分光計と同じ意味で使われる．⇒分光学．

(2) 電子（⇒**電子分光**）やイオン（⇒**質量スペクトル**）などの粒子ビームのエネルギー分布を測るための類似の装置．

すべり slip
誘導モーターの用語．モーターの**同期速度**と実際の速度の差の，同期速度に対する比で，百分率で表されることが多い．

すべり glide
結晶中で 1 つの原子面が他の原子面の上を移動すること．これは固体が塑性変形を起こす過程である．

すべり面　glide plane
　金属物理学において，適当なずれ応力がかかるとすべりを起こす面をいう．特定の方向（すべり方向）にすべることが多い．

スマート液体　smart fluid
⇒電気粘性液体．

ズームレンズ　zoom lens
　集束および発散レンズからなるレンズ光学系．焦点距離がレンズ間の距離に依存するためこれを連続的に調整できるように１つまたはそれ以上のレンズが同時に動かせるようになっている．２つ以上のレンズを連結し，それらのレンズ間の距離を一定に保ったまま一緒に動かすことで像の鮮明度を維持しながら焦点距離を変えることができる．焦点距離を変えてもｆナンバーを再設定する必要がないことが望ましい．これを避けるため，レンズ系は通常２つの部分，ｆナンバーを一定に保つ基本結像系および可変焦点部分に分かれている．

スリップリング　slip ring
　コレクターリング（collector ring）ともいう．通常は銅でつくられており，（ある種の電気機械の場合のように）巻線に接続され，これとともに回転するリング．リングの面上に固定した１個または複数個のブラシによって，巻線を外部回路に接続することができる．

スリップリング回転子　slip-ring rotor
⇒誘導モーター．

ずれ　shear
⇒応力，ひずみ．

セ

静圧管 static tube
静的あるいは擾乱されていない流れの圧力を測定する装置．⇒ピトー管．

星雲 nebula
星間ガスや星間塵の雲で，明るい斑点—散光星雲（bright nebula）—あるいは明るい背景に対する暗い領域—暗黒星雲（dark nebula）—として観測される．

星雲が見えるのはさまざまな過程が原因である．近くの光源，通常高温の若い星からの紫外線が星間ガス原子をイオン化し，そのイオンが星雲内の自由電子と相互作用して光（および他の放射）を放出する．これは発光星雲（emission nebula）とよばれ，放射スペクトルをもつ．反射星雲（reflection nebula）は近くの星や星のグループからの光が塵の塊により散乱されたものであり，照らしている星と同じスペクトルをもつ．これに対し暗黒星雲は星雲を照らす星が近くにない．

星間物質 interstellar matter, interstellar medium（ISM）
われわれの銀河の星の間の領域にある物質（気体も塵も）で，渦巻腕に集中する傾向がある．気体はおもに水素で，大きな雲のように集まっている．ほとんどイオン化した水素（HII領域 HII region）のおおむね球の形をした雲が，200パーセク以内のところにあることが知られている．また，もっと小さくぼんやりしていて，比較的冷たい（70 K）雲があり，中性のおもに原子の水素でできている（HI領域 HI region）．HI領域の間には温度が数千 K のもっと希薄な中性の水素ガスがある．さらに，非常に冷たく（10～20 K）また非常に濃い分子雲（molecular cloud）があり，おもに分子水素からなっているが他のさまざまな分子も含んでいる．星の生まれるおもな場所は，これらの雲である．これらのさまざまな領域は，それらの出す電波，X 線，紫外線，赤外線の放射によって検出され調べられてきた．

星間塵は星間空間のいたるところで見つかっている．塵は星の光を吸収や散乱によって弱めたり赤くしたりする．銀河中心方向の観察においては，塵の量・密度が最大となるため，この効果は最大になる．塵はまた星の光を部分的に偏光させる．塵は大きさ約 $0.01～0.1\ \mu m$ の固体の粒，主として炭素からなる．

正規化 normalization
方程式 $y=f(x)$（$x \to \pm\infty$ のとき $y \to 0$ となる）のグラフ（もし有限であれば）の下の面積が 1 に等しくなるように，この方程式に数因子を導入する過程．この過程は，（a）量子力学（ここでは拡張した定義が適用できる）および，（b）統計において重要であり，統計では誤差方程式のグラフの下の全面積は，x の値が $+\infty \sim -\infty$ の間にある確率を表しており，それが 1 でなければならない．（⇒度数分布．この項では $h\pi^{-1/2}$ が正規化因子（normalizing factor）になっている．）

正帰還 positive feedback
⇒帰還．

正規分布 normal distribution
ガウス分布（Gaussian distribution）ともいう．⇒度数分布．

制御電極 control electrode
入力信号電圧が加わる電極で，他の1つあるいはいくつかの電極を流れる電流を変化させる．エミッター接地接続のトランジスターではベース電極が，電界効果トランジスターではゲート電極が，陰極線管では変調電極が，熱電子管では制御グリッドが制御電極にあたる．

制御棒 control rod
原子炉の炉心に入って連鎖反応の速さを制御する棒．多数の棒が軸方向に上下して反応の速さを調整する．制御棒は通常，カドミウムやホウ素などの中性子吸収体を含んでいる．

正グロー positive glow
陽光柱（positive column）ともいう．⇒気体放電管．

制限器 limiter
一般に，電気電子機器において，出力に限界値が設定されているもの．とくに，ある特定の値以下の入力に対しては出力が入力に比例し，それ以上の入力に対しては一定の最大出力を示す装置を指す．ベース制限器（base limiter）では入力信号のうち，特定の値をこえた部分が出力となる．

正弦検流計 sine galvanometer
正接検流計と類似の計器．ただし，電流が流れている間，針が 0 にもどるよう，コイルと目盛が一緒に回転する点が異なる．電流は回転角

の正弦に比例する.

正弦条件 sine condition
ある面の手前と向こう側の媒質の屈折率をそれぞれ n と n', 物体と像の大きさを y と y' とする. 2本の共役光線 (conjugate ray) が, 物体と像の足を通る軸となす角をそれぞれ α と α' とすれば, 正弦条件は
$$ny \sin \alpha = n'y' \sin \alpha'$$
となる (図参照). 近軸光線 (α と α' はともに小さく α_p, α_p' に等しい) では正弦条件は
$$ny\alpha_p = n'y'\alpha_p'$$
となる. コマ収差のない光学系では
$$\sin \alpha / \sin \alpha' = \alpha_p/\alpha_p' = \text{定数}$$
であることが必要である. これもしばしば正弦条件とよばれる. 球面収差がない場合, 上の条件を満たすことはコマ収差がないための必要十分条件である.

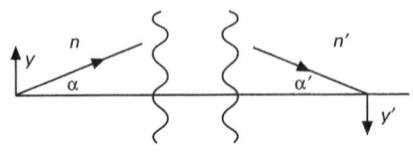

正弦条件

正弦二乗の法則 sine-squared law
自由な空気の流れに対して角度 α で傾けた平面について, その垂直方向に働く空気力学的な力 R を表すためにニュートンによって初めて提唱された法則.
$$R = \rho v^2 A \sin^2 \alpha$$
で表され, ρ は空気の密度, v は面に対する空気の速さ, A は平面の面積である. 実用的な翼面積と抗力を少なくできる小さな α に対して R はとても小さいので, この法則は空気より重いものの飛行の発展を妨げる要因になった. ニュートンは, 空気が直線運動をする粒子の流れで, 面に当たると面に沿って進むと仮定した. この仮定は遷音速あるいは超音速の飛行 (subsonic and supersonic flight) に対してはあまりにも簡単化しすぎた仮定である. しかし, 極超音速飛行 (hypersonic flight) (マッハ数5を超える速さ) が実現してからは, この法則は再評価された. 極超音速飛行では先端衝撃波 (→衝撃波, 衝撃音) が飛行体表面のごく近くにでき, ニュートンの粒子の流れとよく似た状況になる.

正弦波 sine wave
⇒正弦波的, 等価正弦波.

正弦波的 sinusoidal
周期的な量についての用語. 正弦波と同様な波形をもつこと. グラフの形状のみが重要で, たとえば,
$$e_1 = E_2 \sin \omega t, \quad e_2 = E_2 \cos \omega t$$
で表される2つの起電力は, どちらも正弦波起電力であるといい, ともに正弦波 (sine wave) に分類される.

正孔 hole
固体中で価電子帯 (→エネルギーバンド) の上部にできる, 電子の抜けた状態. 電子は近傍の占有状態からこのような空乏状態へ移動することができ, 電気の伝導が可能になる (正孔伝導 hole conduction). 実効的に, 正孔は物質中を移動して, (ホール効果で示されるように) 正の電荷のように振る舞い, 電子と同程度の正の質量をもつが, まったく同じではない (→有効質量). 一般的には正孔の移動度は伝導体中の電子のものより小さい.

正孔 (価電子体中の空乏状態) は価電子帯から伝導帯へ電子が熱的に励起されて生ずることがあり, この場合は電子-正孔対 (electron-hole pair) ができる. またアクセプターとなる不純物にトラップされて生ずることもある (→半導体). 真性半導体では正孔と自由電子の数は等しい. この濃度を n_i と書く不純物半導体では正孔の濃度 n_+ と電子の濃度 n_- は $n_+ \times n_- = n_i^2$ で与えられる. p型半導体は n_+ が n_- より十分大きい半導体で, 電気伝導はほとんど多数キャリヤーである正孔によりもたらされる.

整合終端 matched termination
ネットワークや伝送線で用いられる用語で, 無反射で終端を行うこと. 伝送線から入力される電力をすべて吸収して, 整合終端を行う負荷を整合負荷 (matched load) とよぶ. ⇒インピーダンス整合.

正孔伝導 hole conduction
⇒正孔.

整合負荷 matched load
⇒整合終端.

静止エネルギー rest energy
物体や粒子の静止質量と等価なエネルギー. 通常, 単位としてはエレクトロンボルトが用いられる.

静止軌道 geostationary orbit, stationary orbit
赤道面内にあり地球の自転周期（約24時間）に等しい周期で地球を周回する円形軌道．軌道の高さは約35 780 km である．静止軌道上にある衛星は，地上からはほとんど止まって見える．同じ周期をもつが赤道面に対して傾いている軌道は同期軌道（geosynchronous orbit）とよばれる．

静止質量 rest mass
物体に対して静止している観測者から見たその物体の質量．⇒相対論的粒子，相対論（相対性理論）．

静止電流 quiescent current
ある回路において，加わる信号が0となるような条件のもとで流れている電流．

正準 canonical
一般法則，一般形式を備えるもの，あるいはそれに従うもの．

正準分布 canonical distribution
統計力学で使われる用語で，以下のように表される．
$$f = A \exp(-\text{energy}/\Theta) dp_1 \cdots dp_n dq_1 \cdots dq_n$$
ここで，f は集合体（たとえば，気体分子）中で，$p_1 \cdots p_n$ と $p_1 + dp_1 + \cdots p_n + dp_n$ の間の運動量，および，$q_1 \cdots q_n$ と $q_1 + dq_1 + \cdots q_n + dq_n$ の間の座標をもつ系の部分を意味する．A は定数で，Θ は kT，すなわち，ボルツマン定数と熱力学的温度の積である．気体分子における速度分布を表すマクスウェルの法則は，正準分布の特別な場合である．

正準方程式 canonical equation
ハミルトン方程式の形で表される古典力学の方程式．すなわち，
$$dp_i/dt = -\partial H/\partial q_i,$$
$$dq_i/dt = \partial H/\partial p_i$$
である．ここで，p_i, q_i は，それぞれ，運動量と座標であり，H は p_i, q_i および時間 t の関数で表された系のエネルギーである．

正接検流計 tangent galvanometer
磁力計のそれと同じような短い磁化した針が，針の長さに比べて大きな半径の円形のコイルの中心に吊り下げられている検流計．支配的な地磁気に打ち勝って，コイルを流れる電流が針の向きを変化させることができるように，コイルの面は地球の磁気的子午線に沿って置かれる．ここでも磁力計の正接則が適用できる．すなわちコイルを流れる電流は $\tan\theta$ に比例する．ここで，θ は針の傾度である．この検流計は，電流どうしを比較する，あるいは電流値がわかっている場合に，地磁気の大きさを決定するのに用いられる．

正接則 tangent law
物体空間の屈折率 n，物体の大きさ y，物体の軸上の点から見た近軸光線の傾き角 α とし，像側では記号にダッシュを付けるとして，
$$ny \tan \alpha = n'y' \tan \alpha'$$
が成り立つという法則．

成層圏 stratosphere
⇒大気層．

生体遮蔽 biological shield
原子炉の炉心の周りを囲み，作業している人員に影響がないように中性子，γ 線のほとんどを吸収する重量構造．ふつう，コンクリートや鉄でできている．

成長接合 grown junction
単結晶半導体の中に作り込まれた p-n 接合．溶融状態から結晶を成長させる際に，不純物の種類と量を正確に変えてつくる．

静的 static
ある一定の時間中，変化しない，あるいは変化できないこと．何の妨害を受けていないか，結果として妨害や動きを感じていないこと．

静電気 static
摩擦で発生するパチパチ音をたてる放電．

静電気学 electrostatics
静止した電荷に起因する現象の研究．

静電結合 capacitive coupling
⇒結合．

静電集束 electrostatic focusing
⇒集束．

静電単位 electrostatic unit
⇒CGS単位系．

静電発電機 electrostatic generator
摩擦や，より一般的には静電誘導などの静電的方法で電荷を作り出す装置．⇒ウィムズハースト発電機，ヴァンデグラーフ高電圧発生器．

静電偏向 electrostatic deflection
2枚の電極間に静電場をつくり，電子ビームを偏向させる方法．陰極線管（オシロスコープ）内での電子ビームの偏向では，2対の偏向板が用いられる．

静電誘導 electrostatic induction
電場により，導体上に電荷が誘起される現象．正に帯電した物体の近くに電荷をもたない導体を近づけると，導体のうち物体にもっとも近い

部分は負に帯電し，遠い部分は正に帯電する．導体が絶縁されている場合，正負の電荷量は等しい．また，導体が帯電した物体を完全に覆う状態であれば，誘起された各電荷の大きさは物体側の電荷の大きさと等しくなる．誘電体に電場を印加したときの電荷の分離［⇒誘電分極］も，静電誘導に類似した現象である．

静電レンズ　electrostatic lens
⇒電子レンズ．

青銅　bronze
⇒合金．

制動放射　bremsstrahlung
電子が原子核に近づいて急激に加速されたときに出る電磁放射．"制動効果"による放射損失は電子エネルギーが大きくなるにつれて急激に増加し，150 MeV以上のエネルギーになると，電子エネルギーの大半が制動放射によって失われる．それぞれの衝突で失われるエネルギーは，単一光子として放出される．制動放射は宇宙線の構成に重要であり，電子衝突によるX線の生成を起こす連続的な放射である．⇒シンクロトロン放射．

正の結晶　positive crystal
⇒光学的に負の結晶．

正の磁気ひずみ　positive magnetostriction
⇒磁気ひずみ．

セイファート銀河　Seyfert galaxy
中心部がきわめて明るい銀河で，この特徴を除けば大部分は通常のらせん状銀河である．中心領域が光源となっているが，放射は赤外域が中心で，強力な紫外およびX線放射を伴う．この放射は，熱放射から著しくはずれている．セイファート銀河の中心の活動はブラックホールによってエネルギーを供給されていると考えられ，あまり激しくないクェーサー現象の例とされている．

生物学的半減期　biological half-life
体内から，または体の特定な場所から，生物学的手法により，ある特定物質が取り除かれ，その様子が近似的に指数関数になるとき，その濃度が半分になるのに要する時間．

生物物理学　biophysics
生物学に応用される物理学．生物物理は，生体系の物理，生物学的問題の研究のための物理学の手法の使用，物理学的作用因による生物学的効果を研究する．

生物模倣技術　biomimetics
生物構造およびシステムのシステム工学や現代科学技術への応用．現代の分析手法を用いて，生体物質の内在する微視的構造を解明し，その巨視的性質を洞察する．

正方晶系　tetragonal system
⇒結晶系．

青方偏移　blueshift
天体のスペクトル線が地球上のスペクトル線と比べて短波長へシフトする現象．光のスペクトルは青い方へシフトする．青方偏移は，信号源が観測者に対して近づく相対運動によって生じる相対論的ドップラー効果から発生すると解釈される．われわれの銀河団において向かってくるアンドロメダ銀河からのスペクトルは，青方偏移の例である．

静摩擦力　static friction
⇒摩擦．

静力学　statics
ある与えられた座標系の中で静止している物体，それらの間に働く力，平衡状態にある系などを扱う力学の一分野．流体静力学（hydrostatics）は，流体の平衡状態や流体と固体との静的な相互作用（たとえば圧力，浮体）を扱う，静力学の一分野．

正立システム　erecting system
エレクター（erector）ともいう．一組のレンズやプリズムなどからなる光学システムで，望遠鏡，双眼鏡，潜望鏡などの観測機器で正立像を得るために使われる（倒立像を正立像に変換する）．

整流型計器　rectifier instrument
整流器を用いて交流を直流に変換し，交流の測定ができるようにした直流計器．普通の仕組みとしては，4個のダイオードと可動コイル測定器（⇒電流計）を，ブリッジ型に組み合わせる（図参照）．このタイプの計器は，正弦波の交流について二乗平均量（電圧，電流）を読み取れるように校正される．

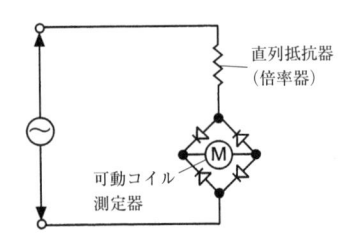

交流電圧計に用いる整流型計器の回路

整流器 rectifier
電流が一方向のみに流れるようにする電気的素子.これにより,交流が直流に変換される.電流波形の半周期分をなくす(または弱める)か,あるいはこれを反転させることによって動作する.通常の整流器は,半導体ダイオードによって構成される.

整流光電池 rectifier photocell
⇒光電池.

整流子 commutator
電気回路あるいはその一部において電流の向きを変える装置.

正論理 positive logic
⇒論理回路.

石英ヨウ素灯 quartz-iodine lamp
石英ハロゲンランプ(quartz-halogen lamp)ともいう.ヨウ素蒸気を含む希ガスと通常のランプより高温で動作するタングステンフィラメントが封入された溶融石英管で構成された高強度電球.石英は管の高温に耐えるため使われる.

赤外線 infrared radiation (IR)
高温物体から出る長波長の放射で,波長は可視スペクトルの赤い方の端の極限(約 730 nm)から約 1 mm までである.最も長い波長のものは,電子的に放射を発生できるマイクロ波やラジオ波の領域に達している.波長の短いほうの近赤外(加熱効果があることにより 1800 年に初めてハーシェル(Herschel)らによって検出された)は,ガラスの代わりに蛍石やその他の物質のプリズムを使い,またレンズの代わりに凹面鏡を使って分光学的に調べられる.これは,ほとんどのガラスが波長 2 μm に吸収をもつためである.石英の限界は 4 μm,蛍石は 10 μm,岩塩は 15 μm,カリ岩塩は 23 μm である.近赤外(場合によってはもう少し長波長の領域)で動作する検出器としては,ボロメーター,熱電対列,さらに光電池などの半導体素子がある.写真による方法は約 1 μm までが限界である.(約 75 μm までの)遠赤外を調べるには,残留線を使った選択反射の方法が用いられる.

赤外線天文学 infrared astronomy
赤外線を出している天体の研究.これには,多くの星,新しくできつつある星の周りの塵雲や,クェーサー,セイファート銀河のような銀河系外のものも含まれる.観測は,地上からいくつかの大気の窓を通して,波長約 20 μm まで行える.もっと長い波長の研究には衛星,ロケット,気球が必要になる.使われる装置には,光を集めるための反射望遠鏡,光電池,ボロメーターなどの検出器が含まれる.熱放射を最小に抑えてノイズを減らすために,検出器やしばしば望遠鏡の光学部品も非常に低い温度に冷却しなければならない.地上設備の望遠鏡を高地へ設置すると,赤外線の大気による(おもに水蒸気と二酸化炭素による)吸収を少なくすることができる.

赤外の窓 infrared window
⇒大気の窓.

赤外分光法 infrared spectroscopy
⇒分光学.

赤経 right ascension
⇒天球.

赤色巨星 red giant
低温の巨星で,スペクトルのうち赤い領域の光を出すもの.ふつうの星がその核燃料を使い果たすと,膨張して赤色巨星となる.⇒ヘルツシュプルング-ラッセルの図,星のスペクトル.

赤道儀 equatorial mounting
⇒望遠鏡.

積分器 integrator
数学的な積分の演算を行うための機械的または電気的な装置.たとえば,容量積分器(capacitance integrator)は,コンデンサーを用いて,通常抵抗と直列に接続し積分を行う.容量 C のコンデンサーに流れ込む直流電流 i はコンデンサーの電圧を $(1/C)\int i dt$ にしたがってしだいに上昇させる.すなわち,時間に関する i の積分がなされる.

積分計器 integrating meter
測定された量を時間に関して積分する計測器.

積分時間 integration time
電子回路で,雑音の多い信号の信号対雑音比を改善するために,信号を積算する時間.

赤方偏移 redshift
天体のスペクトル線の波長が,地球上でのスペクトル線と比べて長波長側にずれること.可視域の線は,スペクトル領域の赤の方へシフトする.赤方偏移パラメーター(redshift parameter) z は,比 $(\lambda'-\lambda)/\lambda$ によって与えられる.λ と λ' は,それぞれ,地球上および天体の光源からの波長である.

われわれの銀河中にある天体の赤方偏移は,ドップラー効果,すなわち観測者に対して星または他の光源が動くことによっている.この場合,z の値は v/c となる.ここで,v は後退速

度(遠ざかる速度),cは光速である.われわれの銀河の外にある天体(たとえば他の銀河やクェーサー)の赤方偏移もまた,ドップラー効果で解釈される.これらについてのドップラー効果は,宇宙の膨張に起因している.これらの天体の後退速度は非常に大きいので,赤方偏移には相対論的な式

$$z = \left(\frac{c+v}{c-v}\right)^{1/2} - 1$$

を用いなければならない. ⇒ハッブル定数.

積率 moment
⇒モーメント.

セグレチャート Segrè chart
核種チャート(chart of nuclide)ともいう.核種の陽子数を中性子数に対して描いたグラフ.安定核は傾き1の線上かその近くに存在する.原子番号が大きくなるにつれ,安定核を表す線の傾きは緩やかになっていく.

セシウム時計 caesium clock
⇒時計.

セ氏温度 degree Celsius
記号:℃.セルシウスの目盛で温度を表現する場合に使われる単位.SI単位の1つであり,熱力学的な温度によって定義され,1セ氏温度は1ケルビンに等しい(⇒度).以前にはセンチグレード(degree centigrade)とよばれていた.

ζピンチ zeta pinch
⇒核融合炉.

絶縁 isolating
回路や装置の一部を電源から切り離すこと.通常,回路を開にして電流を流さないようにすることを意味する.

絶縁ゲート型電界効果トランジスター
insulated-gate field-effect transistor (IGFET)
⇒電界効果トランジスター.

絶縁する insulate
電気(または熱)の導体を絶縁物で囲んだり支えたりして,電気(または熱)が所定の経路に限定されて通るようにすること.

絶縁体 insulator
電流の通過に対して非常に高い抵抗を示す物質.絶縁材料でつくられた器具は電荷や電流が導体から逃げるのを防ぐ. ⇒エネルギーバンド,誘電体.

絶縁耐力 dielectric strength, disruptive strength
一定の条件下で,絶縁体が放電せずに耐えられる最大の電場.通常 V mm^{-1} 単位で測定される.

絶縁抵抗 insulating resistance
通常は絶縁物質で分けられた2つの電気伝導体または導体系間の抵抗.通常,MΩの単位,また電線の場合にはMΩ km^{-1} (またはMΩ mile^{-1})の単位で表される.

絶縁物 insulation
(1) 電気の導体を絶縁する材料.
(2) 物体または領域から伝わる熱,音などを減少させる材料.

絶縁変圧器 isolating transformer
回路または装置を電源から絶縁するために使用される変圧器.

接眼レンズ eyepiece, ocular
対物レンズのつくる像を拡大するための,単,複または複合レンズ.(⇒ラムスデンの接眼レンズ,ホイヘンスの接眼レンズ,ケルナーの接眼レンズ,フラウンホーファーの接眼レンズ).一般には,対物レンズの像が接眼レンズの焦点面にできるように調整する.無限遠点の場合,装置からは平行光線が出射する. ⇒顕微鏡,屈折望遠鏡,反射望遠鏡.

接合 junction
(1) 2つの異なる伝導物質,たとえば,2種類の金属などの間の接触,整流器や熱電対で見られる.
(2) 半導体に関するもので,異なる電気的性質をもつ半伝導性領域間の境界領域⇒ p-n接合.
(3) 2つまたはそれ以上の導体または伝送線の断面の接続部.
(4) ⇒ジョセフソン効果.

接合型電界効果トランジスター junction field-effect transistor
⇒電界効果トランジスター.

接合型トランジスター junction transistor
⇒トランジスター.

摂氏単位 centigrade scale
⇒セルシウス目盛.

接触器 contactor
電気回路をオンオフするスイッチの一種.頻繁な使用に向くよう設計されている.

接触抵抗 contact resistance
2つの導体の接触面の抵抗.

接触電位差 contact potential
2種類の異なる導体が接触したときに生じる電位差.同様に,導電性の液体に浸された金属は液体と異なる電位をもち,電気的に接続さ

れた異なる金属板の間に電場が存在する．接触電位差はふつう数十分の1ボルト程度であるが，これは2つの金属の仕事関数の差で決まる．

節線 nodal line
⇒オイラー角．

接線コマ tangential coma
⇒コマ収差．

絶対温度 absolute temperature
熱力学的温度の古い名称．

絶対湿度 absolute humidity
⇒湿度．

絶対単位 absolute unit
量 y が量 $x_1, x_2, \cdots$ の関数
$$y = f(x_1, x_2, \cdots)$$
によって一義的に定義されるなら，y の単位 U_y は $x_1, x_2, \cdots$ の単位 $U_{x_1}, U_{x_2}, \cdots$ によって
$$U_y \propto f(U_{x_1}, U_{x_2}, \cdots)$$
から求めることができる．与えられた系に対して，絶対単位とは，比例係数が1となることである．SI単位系のすべての単位は互いに絶対単位となっている．

絶対等級 absolute magnitude
⇒等級．

絶対膨張係数 absolute expansion
⇒膨張率．

絶対零度 absolute zero
温度の最低極限．熱力学的温度の零点．
0 K = -273.15 ℃ = -459.67 °F
熱力学によれば，理想的な熱機関のカルノーサイクルにおいて，低温側での等温過程が絶対零度で働くと，熱放散がなくなり熱効率は1となる．
理想気体を用いてつくる温度スケールは熱力学的温度スケールと等価であることを示すことができる．このスケールでの温度は圧力を0に，体積を無限大にする極限での積（圧力×体積）に比例する．絶対零度は，この積が0になった極限である．
量子力学では，絶対零度とはすべての粒子が，その最低エネルギー状態になっている状態である．一般に分子の最低エネルギー状態は，エネルギーが0の状態ではなく，零点エネルギー（zero-point energy）をもっている．理想気体の分子の運動エネルギーは0Kで0になるが，実在の気体では0にならない．

接地 ground
⇒アース．

接地板 earth plane, ground plane
導体でできている薄板で，電気回路に近接して置かれ，接地されているもの．回路中どのような点においても低インピーダンスで接地することができる．たとえば，両面プリント基板上の回路中の任意の点で基板に穴を開け接続させることにより，基板の一面がもう一方の面の回路の接地板として用いられることがある．

節点 nodal point
⇒共軸光学系．

摂動論 perturbation theory
解くべき方程式が，すでに解けている問題の方程式と少ししか違わない場合に，難解な問題を近似的に解く方法．たとえば，太陽の周りの単独の惑星の軌道は楕円であるが，他の惑星があると，その摂動により軌道がわずかにずれる．摂動論を用いてその効果を計算することができる．摂動論は波動力学や量子電気力学で広く使われている．摂動論で解くことができない現象は非摂動論的（non perturbative）であるといわれる．

z 変調 z-modulation
⇒輝度変調．

Z 粒子 Z-particle
Zボソンともいう．⇒W粒子．

ゼーベック効果 Seebeck effect
⇒熱電効果．

ゼーマン効果 Zeeman effect
適当な強さの磁場中において原子が光を放出，吸収するときに起きる効果．それぞれのスペクトル線が短い間隔の分極成分に分裂する．磁場に対して直角の方向からスペクトル線を観測すると3つの成分に分裂しており，真ん中の成分は分裂前と同スペクトルである．磁場に対して平行な方向から観測すると，2つの成分に分裂しており，分裂前のスペクトルは観測されない．これは正常ゼーマン効果である．しかし，ほとんどのスペクトル線では異常ゼーマン効果（anomalous Zeeman effect）が生起し，非常に多数の，対称に配置された分極成分が観測される．いずれの効果も分極成分の間隔は磁場強度を単位とするものになる［磁場強度に比例する］．分極が不明瞭のためスペクトル線が広がって見える場合がある．

ゼーマン効果は各電子状態が磁場方向との角度によって相互作用のエネルギーが異なることによるもので，したがって，電子軌道面が磁場に対してある決まった角度しかとれないという

量子エネルギー条件が課されているからである．軌道面の角度は電子の全角運動量の磁場方向への射影が $h/2\pi$（h はプランク定数）の整数倍となるように定まっている．ゼーマン効果は電子の軌道角運動量とスピン角運動量（→スピン）のそれぞれの歳差運動が磁場方向の周りの全角運動量よりも十分速いときに観測される．より強い磁場においてはパッシェン-バック効果が優勢になる．正常ゼーマン効果はランデ因子が1という条件が満たされるときに観測され，それ以外の場合には異常ゼーマン効果が見られる．この異常ゼーマン効果が電子のスピンを発見する要因の1つとなった．

SEM　scanning electron microscope（走査型電子顕微鏡）の略記．→電子顕微鏡．

セルシウス目盛　Celsius scale
摂氏温度目盛の公式な名前で，氷点を0℃，沸点を100℃［訳注：1990年の国際温度目盛では標準気圧下で99.974℃］としている．セルシウス度（記号：℃）はケルビン（Kelvin）と同じ大きさである．℃で表されるセルシウス温度は次の関係式でケルビンで表される熱力学的温度 T に変換することができる．
$$t = T - T_0 = T - 273.15$$
ここで，T_0 は水の三重点（273.16 K）よりも 0.01 K 低い熱力学温度である．国際実用温度目盛（1968）では，温度はケルビンとセルシウス度の両方で表される．

セルマイヤーの式　Sellmeier equation
吸収帯（波長 λ_0）の付近における，屈折率 n の波長 λ による変化を与える数学的に導かれた表式．すなわち
$$n^2 = 1 + A_0 \lambda^2 (\lambda^2 - \lambda_0^2)$$
ただし，A_0 は，与えられた物質による定数である．この式は吸収帯内では成立しないが，物質が透明な波長領域ではよく成り立つ．

セルラー電話　cellular telephone
移動電話加入者のための無線電話ネットワーク．このネットワークでは，国がいくつかの隣接し合った区域に分けられ，それぞれに受信／伝達局がある．使用者がある区域から他の区域に移れば信号は自動的にその区域へ切り替えられる．

CERN　CERN
ヨーロッパ連合素粒子物理学研究所．以前のヨーロッパ連合原子核研究機関．スイスのジュネーブにある高エネルギー物理学の研究機関である．1990年現在，イギリスを含む14カ国が加盟している．→加速器．

セレン光電池　selenium cell
光電池の一種．光に敏感なグレーのセレンの薄膜を，金属円盤上にコートし，その上から薄い金またはプラチナの膜で覆う．金またはプラチナの膜は十分に薄いため，光が透過する．セレン光電池は露出計中に用いられ，カメラに組み込まれる．

ゼログラフィー　xerography
写真の工程の1つ．像を化学反応ではなく電気的な効果を用いてつくる．たとえば複写したい文面に紫外光を透過させ，帯電板（ふつうセレニウムが塗布されている）に当てる．すると帯電板は入射紫外光の程度に応じて放電する．その後反対の電荷に帯電した微粉末をこの帯電板に吹き付けると紫外光で放電していない「暗い」部分（文字部分）に粉が付着する．微粉末はグラファイトと加熱可塑性樹脂との混合物で，この板から帯電紙に転移され過熱処理によって固定される．

ゼロ点誤差　zero error
→指示誤差．

全アンテナ　omni-aerial
全方向アンテナ（omnidirectional aerial）ともいう．本質的に方向性をもたない，つまり同じ仰角のどの方向に対しても同じ効率で電磁波を放射（あるいは受信）する任意の型のアンテナ．→指向性アンテナ．

遷移（転移）　transition
(1) 物理的性質の明確な変化に伴う変化．とくに相の変化のこと（→転移温度）．
(2) 原子や原子核の2つのエネルギー準位間のエネルギー状態が突然飛び移ること．α 粒子または β 粒子を発生する原子核の変化は転換（transformation）とよばれる．→選択則．

全音音階　wholetone scale
→音階．

全音階（Ⅰ）　diatonic scale
→音階．

全音階（Ⅱ）　just intonation
→音律．

全角運動量量子数　total angular momentum quantum number
原子，原子核，素粒子などの全角運動量（軌道角運動量＋スピン）を表す数で，整数または半奇数．記号 j は1つの場合に，記号 J または j_i は全体の系に使われる．

線間電圧 voltage between lines, line voltage
各位相間の電圧．電力系に関する用語．単相系の2つの線間または対称三相系（⇒三相）の任意の2つの線間の電圧．

漸近的自由性 asymptotic freedom
強い相互作用の性質の1つ．粒子エネルギーが高い（すなわち極近接距離）状態では強い相互作用は弱められ，クォークやグルーオンがほとんど自由粒子のように振る舞うというもの．素粒子間の距離が0になるに従いこの力は消えてしまう．漸近自由は，対称性を破らないある種のゲージ理論（すなわち非可換ゲージ場，⇒群）のひとつの帰結である．

前駆放電 leader stroke
稲妻の通り道をつくる初期の放電．雲から地上に向かうか地上から雲に向かうかに応じて，それぞれ下方，上方と記述される．前駆放電が連続的に発達する場合も，比較的長さの短い一連の有限なステップで発達する場合もある．下方前駆放電（downward leader stroke）が地上に接した直後に，稲妻の通った道を上方に流れる大電流の放電を復帰放電（return stroke）とよぶ．

線形 linear
(1) 構造物が直線状に配置されていること．たとえば線形加速器など．
(2) 1個の次元しかないこと．
(3) 入力に比例する出力をもつこと．たとえば，線形増幅器のような素子，回路や装置などについていわれる．

線形運動量 linear momentum
⇒運動量．

線形エネルギー変換 linear energy transfer (LET)
特定のエネルギーの荷電粒子が短距離を横切るときに媒体に局所的に与えられるエネルギーの平均．

線形回路 linear circuit
アナログ回路（analog circuit）ともいう．電子回路の一種で，出力が連続的に変化できて，与えられた入力に対するある関数を出力するようになっているもの．
⇒ディジタル回路．

線形回路網 linear network
⇒ネットワーク．

線形加速器（ライナック） linear accelerator (linac)
粒子加速器の一種で，クライストロンまたはマグネトロンによってつくられるラジオ周波数（RF）の電場を用いて，直線状の真空容器中で電子や陽子を加速する装置．古い型の低エネルギー装置の場合，RF電場をつくり出す多数の円筒状電極（drift tube）が，真空容器の中で一直線上に並んでいる．荷電粒子はRF電場との位相関係を保ちながら電極間で加速される．近代的な高エネルギー線形加速器は，たいてい進行波加速器である．これは，導波管の中につくられた進行波の電場成分で粒子を加速するものである．RF電場はクライストロンを用いて，真空容器の長さ方向に一定の間隔で増幅される．粒子の方向を直線状にそろえるため，磁気レンズによってつくられた弱い磁場がRF電場の共振器の間に存在する．線形加速器の典型的なエネルギー増幅度は電子で7 MeV m^{-1}，陽子で1.5 MeV m^{-1}である．

線形吸光係数 linear extinction coefficient
⇒線形減衰係数．

線形吸収係数 linear absorption coefficient
吸収係数（absorption coefficient）ともいう．記号：a，単位：m^{-1}．電磁波が媒質を通過するとき，媒質による吸収は，電磁波の波長，媒質の厚さ，媒質の性質によって決まる．平行で単色の電磁波が，媒質の厚さdlを通過するときの，放射束または光束の変化を$d\Phi$とすると，線形吸収係数は次の式で定義される．
$$a = \Phi^{-1}(d\Phi/dl)$$
この式を積分すると
$$\Phi_x/\Phi_0 = \exp(-ax)$$
である．Φ_0は初期の光束で，Φ_xは距離xだけ進んだところの光束である．
この式はブーゲーの吸収の法則（Bouguer's law of absorption），またはランベルトの吸収の法則（Lambert's law of absorption）として知られており，実際には反射や散乱が無視できるか補正できる場合にのみ適用される（⇒線形減衰係数，内部吸収）．
X線の吸収では，吸収する厚さではなく，単位面積当たりの質量を用いたほうがより便利なことが多い．この場合の係数は質量吸収係数（mass absorption coefficient）とよばれており，ρを密度としてa/ρに等しい．

線形減衰係数 linear attenuation coefficient
消衰係数（extinction coefficient）．線形吸光

係数（linear extinction coefficient）ともいう．記号：μ，単位：m^{-1}．媒質が放射を散乱または吸収する度合．コリメートされた放射が媒質の中を進むとき，吸収と散乱によって強度が低下する．線形減衰係数は次の式

$$\mu = -\Phi^{-1}(d\Phi/dl)$$

で与えられる．$d\Phi$ は，光束または放射束が，媒質中を dl だけ進むときの減少である．線形減衰係数は吸収媒質にのみ適用される線形吸収係数よりも一般的である．

線形阻止能 linear stopping power
→阻止能．

線形-対数受信器 lin-log receiver
ラジオの受信器で，小入力信号に対しては信号に比例した応答をし，大入力信号に対しては対数的な応答をするもの．

線形ひずみ linear strain
→ひずみ．

線欠陥 line defect
→欠陥．

旋光分散 rotatory dispersion
異なる波長に対して，偏光面がどれだけ回転するかが異なる，という状況で起きる分散の一形態．→光学活性．

センサー sensor
→変換器．

潜在磁化 latent magnetization
マンガンやクロムのような物質がもつ性質で，それ自身が弱い磁気を帯びており，強力な磁力をもつ合金や化合物を構成する．

線条消失高温計 disappearing filament pyrometer
光学高温計で，高温源からの像が望遠鏡の対物レンズで電気ランプのフィラメント上に焦点を結んでおり，その像を赤いフィルターを通して接眼レンズから見るもの．観測者は，高温源の像によるバックグラウンドに対してフィラメントが区別できなくなるまで，可変抵抗器を用いてランプフィラメント中を流れる電流を変える．赤いフィルターによって狭い波長域での調節ができる．

線スペクトル line spectrum
→スペクトル．

全整色フィルム panchromatic film
可視スペクトルすべての色に感度のある写真フィルム．

前線 front
→気団．

潜像 latent image
→写真．

選択吸収 selective absorption
ある波長における放射の吸収が，他の波長に比べてとくに起こりやすいこと．色ガラス，顔料などは，選択吸収を示す．ガラスやフィルターなどの色は，吸収されないで透過した光によって決まり，顔料の色は吸収後に反射された光によって決まる．どの物質も，電磁波のスペクトルのいずれかの領域で強い吸収を示す．多くの無色透明な光学用いられる媒質の場合，選択吸収は，赤外および紫外領域で起こる．

選択性 selectivity
無線受信機が同調すべき搬送周波数とは異なる周波数の信号を弁別する能力．

選択則 selection rule
量子力学によって導かれる規則で，ある1つの系について，互いに異なる2つの量子状態（→定常状態）間に遷移が起こりうるか否かを特定する．たとえば，1個の分子の2つの振動の量子状態の間の，状態遷移においては，振動量子数は1単位だけしか変化できない．すなわち，この場合の選択則は [v を振動量子数として] ($\Delta v = \pm 1$) である．選択則に従う遷移を許容遷移（allowed transition）という．禁制遷移（forbidden transition）とは，選択則に従わない遷移であって，起こる可能性は非常に低いが皆無ではない．

選択反射 selective reflection
他の波長に比べ，ある波長で強く反射されること．選択反射はすべての物質で起こるが，これが生じる波長は可視スペクトルの外にあることもある．反射を受ける波長は，吸収帯の波長に対応している．反射率の大きな金属の反射は，表面の色の原因となる．一方，色素や普通の物体の場合の色は，光が反射される前に，いったん物質中に入って吸収されることにより生じる．

選択フェーディング selective fading
→フェーディング．

選択放射 selective radiation
ある物体からの放射であって，そのエネルギースペクトル分布の形状が，黒体や灰色体のエネルギースペクトル分布の形状と異なるもの．ただし，灰色体とは，それからの放射が，すべての波長において黒体からの放射よりも一定割合だけ少ない物体のことである．すべての物質は，可視スペクトルにおいて選択的な熱放射を示すが，多くの物質については，近似的には灰

色体放射を示す．このことから，選択放射体とほぼ同様なエネルギースペクトル分布を与える黒体の温度を求めることができる（⇒色温度）．白熱した気体は，程度の差はあるが選択性の大きな放射を行う．

せん断弾性係数 shear modulus
⇒弾性率．

せん断波 shear wave
媒質の圧縮なしに伝わる横波．地震において地殻中を伝播するS波はその一例である．
⇒地震学．

センチ- centi-
記号：c，10^{-2}を示す．$1 \text{ cm} = 10^{-2}$ m．

前置増幅器（プリアンプ） preamplifier
主増幅器の前段階で用いられる増幅器．信号源（アンテナ，ピックアップなど）のそばに置かれ，主増幅器にケーブルでつながれることが多い．主増幅器へ信号が送られる前に初期の信号を増幅するため，SN比が改善される．

全天日射計 solarimeter, pyranometer
水平面上で受ける全太陽放射（太陽および天空）を測定する装置．モル-ゴルツィンスキーの全天日射計（Moll-Gorczynski solarimeter）では，熱電対により強度を測る．入射する放射により薄い一組の接合の温度が周囲温度より高くなるが，もう一組の接合の温度は一定に保たれる．この温度差の結果，起電力が生じ，これによって放射強度を求めることができる．起電力の大きさは，周囲温度や風速などによらない．エプレーの全天日射計（Eppley pyranometer）では，中心の白い円盤が同心の黒色円環によって囲まれている．太陽放射が当たると，後者に温度上昇を生じ，黒色面と白色面の間の温度差を熱電対によって測る．こうして得られる信号は，放射強度に比例している．⇒有効放射計．

セントエルモの火 St. Elmo's fire
強い大気電場中にいるときに，船や飛行機の尖った部分が放電でぼんやりと光る現象．

セントロイド centroid
⇒質量中心．

セントロバリック centrobaric
⇒重心．

潜熱 latent heat
記号：L．物質が一定の温度で相変化する際に，放出，吸収する熱量．単位質量あたりに放出，吸収される熱量を比潜熱という（⇒気化の比潜熱，昇華の比潜熱，融解の比潜熱）．物質1 molあたりに放出，吸収される熱量は，モル潜熱（molar latent heat）とよばれる．

全熱量 total heat
エンタルピーの古い名称．

全波整流器 full-wave rectifier circuit
正負いずれの位相の交流半波も一方向の電流を流すのに有効な成分となる整流回路（図参照）．⇒半波整流回路．

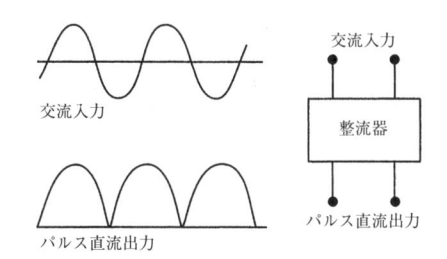

全波整流回路

線幅の広がり line broadening
⇒スペクトル線の形．

全反射 total internal reflection, total reflection
光が光学密度の低い媒質に，臨界角より大きい角度で入射するときに，光学密度の低い媒質には入っていかずに光学密度の高い（すなわち，入射側の）媒質に反射されてもどる現象．全反射プリズムは，光線の方向を変える，横方向反転をつくる，像を完全に反転させる，などの幅広い応用がある．全反射であっても実際には光は低密度媒質にわずかの距離だけしみ出す．

全反射は光以外の波動でも起こる．たとえば，音波が空気から水へ適当な斜めの角度で入射する場合，X線が空気から固体または液体へ，ほとんどかすめるような角度で入射する場合などがある．

全負荷 full load
ある条件（たとえば温度上昇時）における電気機械，または変圧器の最大出力．

潜望鏡 periscope
障害物の上や横をまわりこんで対象を見るための光学機器．潜水艦でも使われる．もっとも簡単なものは，視線方向に対して45°傾いた2つの平行な鏡から構成される．上の鏡が物体からの光を受け，観測者の目の近くにある下の鏡に向けて反射する．

全放射高温計 total radiation pyrometer
⇒高温計．

全放射体　full radiator
⇨黒体.
線膨張係数　linear expansion coefficient
⇨膨張率.
ゼンマイ秤　spring balance
らせん状のばねの伸びを測ることで，力の大きさを測定する道具．重さを測る道具として用いられる．ばねの伸びは力（重さ）の大きさに比例する．
閃絡　flashover
導体間，または導体とアースの間でアーク，スパークが異常に発生すること（それぞれ弧絡（arcover），スパーク火花連絡（sparkover）とよばれる）．
閃絡電圧　flashover voltage
乾閃絡電圧（dry flashover voltage）は，空気中の清浄な乾燥した絶縁物（とくに電線を支えている物）が完全に絶縁破壊されて導体間で閃絡が起きる電圧．
湿閃絡電圧（wet flashover voltage）は清浄な絶縁物がぬれているとき（雨のときを想定）に閃絡が起きる電圧．
線量　dose
放射線あるいは吸収されたエネルギーの量．
（1）吸収線量（absorbed dose）（記号：D）は放射を受けている媒質中の単位質量あたりのエネルギーの吸収量．SI単位はグレイである．
（2）被曝線量（exposure dose）（記号：X）は人体が曝されていたX線あるいはγ線を測定する基準である．光子が入射することで発生した二次電子がすべて停止するまでに生成したイオンの片方の電荷のものを集めた場合の，乾燥空気単位質量中の全電気量に等しい．単位は，$C\ kg^{-1}$であり，レントゲン単位にとって代わって用いられている．
（3）線量当量（dose equivalent）（記号：H）は放射線防護の目的で用いられる．単位はシーベルトである．これは，
$$1 シーベルト = 1 グレイ \times QF$$
で定義される．ここで，QFはそれぞれの放射線に対する線質係数（quality factor）であり，生物学的な効果が等しくなるようにさまざまな放射線の吸収線量を関連づける手段となっている．

たとえば，中性子の1グレイはγ線の1グレイよりもずっと大きな生物学的な効果をもっている．典型的な線質係数は，X線，γ線，高エネルギーβ線に対してQF=1，低エネルギーβ線に対してQF〜1.8，中性子に対してQF=10である．
（4）最大許容線量（maximum permissible dose）は，電離放射線に曝されている人間が特定期間中に被曝する最大の線量として勧告されているものである．⇨線量測定，線量計．
線量計　dosemeter, dosimeter
放射線の線量を測定するのに用いられる装置，道具．⇨線量測定．
線量測定　dosimetry, perspex dosimetry
放射線の線量を測定すること．放射線の量や質，線量率（dose rate），便利さによって，測定方法が選択される．もっとも広く用いられているのは，電離箱のように，放射線によるイオン化を測定する方法である．
フィルム線量測定（film dosimetry）は写真のフィルムを用いて測定する方法である．放射線に曝されたのち制御された条件下で現像し，フィルムの黒化の程度から受けた線量の測定ができる．放射線に曝された人が被曝した線量を測定するためにフィルムの小片をフィルムバッジ（film badge）の中に入れて用いる．
高エネルギー放射線は，パースペックスやPVCのような高分子の機械的，電気的，光学的性質に変化を起こさせる．パースペックス線量測定（perspex dosimetry）ではパースペックスの小片が放射線に照射されると光学濃度が増加する．その増加は，通常の線量範囲では線量に比例する．
フッ化リチウム線量測定（lithium fluoride dosimetry）は，放射線を照射されたりん光体，フッ化リチウムからの熱ルミネッセンス（⇨ルミネッセンス）の測定を用いる．放射線に照射されるとフッ化リチウムは熱せられ，熱ルミネッセンス光が光電子増倍管で測定される．この出力は積分された線量に比例する．
線量当量　dose equivalent
⇨線量．

ソ

疎 rarefaction
[圧縮波に関して] 密の逆.

相 phase
(1) 位相.周期的に変化する量や過程の進行段階.ある基準点から測って経過した分の1周期分に対する割合.正弦波的に変化する量は,回転するベクトル OB で表すことができる.ただし,OB の長さはその量のピーク値に比例させる.OB は,振動の1周期 T の間に O 点の周りに $360°$ 回転する.OB の角速度 ω は振動の周波数 ν と
$$\nu = 1/T = \omega/2\pi$$
の関係がある.同様に変化するもう1つの量 OA に対するこの量の位相は,OB と OA の間の角度 α で与えられる.2つの量が同じ周波数をもつとき,この角度は**位相角**とよばれる(⇒位相差).

波が通過することにより周期的に運動する粒子が,互いに同じ相対変位で同じ方向に動いていれば,振動の位相が同じであるという.波面上にある粒子はどれも振動の位相が同じであり,位相が同じ2つの波面の間の距離が波長である.単振動の波
$$y = a \sin 2\pi(t/T - x/\lambda)$$
では,x_1 と x_2 にある2つの粒子の位相差は $2\pi(x_2-x_1)\lambda$ である.光が光学的に密な媒質の表面で反射されるとき,位相は π だけ変化する.

同じ周波数と波形で周期的に変化する量は,同時に対応する値に達するとき,同相 (in phase) であるという.そうでなければ位相外れ (out of phase) であるという.波形が異なる場合は,これらの語は,その波形の基本成分に対して使われる.

(2) 多相系.機械や装置における独立した1つの回路や配線.
(3) ⇒相律.

像 image
幾何光学の観点からいうと,像点は,反射や屈折の後そこへ光線が集束する(実像 real image)点またはそこから発散するようにみえる(虚像 virtual image)点である.光が出ている物体上の点と対応する像点は共役であるという.もし光線束が像の上で同じ焦点を結ばないときは,像に収差の問題が生じ像はぼやける.このときは光線の交点の密度が最大の部分を幾何学的像 (geometric image) とする.ぼやけた錯乱円が十分小さい(たとえば 25 cm の位置でみて 0.1 mm)なら,結像ははっきりしているとみなして実際上差し支えない.つまり像には許容できる焦点深度があることを意味する.

物理光学の観点では,像における光の分布は位相差と光路差をもとに求められ,そこから像の質の劣化が少ない領域として焦点深度が決まる.像空間 (image space) はどこに像ができるかを表す際に便利な数学的な概念である.像は実像であるか虚像であるか,すなわち,第2の主点の前であるか後であるかがわかる.像側の量を表す便法としてダッシュをつけた記号を用い,像の距離 l',像の大きさ y' などとする.像の横倍率は物体の大きさを y として y/y' である.

双安定 bistable
双安定マルチバイブレーター (bistable multivibrator) ともいう.2つの安定状態をもつ回路の一種.⇒フリップフロップ.

掃引 sweep
⇒タイムベース.

騒音 noise
⇒雑音.

騒音のレベル noise level
騒音の大きさの尺度.これを表す単位は,強度を示すデシベルか,等価な音の大きさを示すホンのいずれかである.この2つの単位は,可聴領域の広い範囲でほぼ等しい.

相関 correlation
(1) 2つの変数 x と y の相互関係.x と y の関係が測定であいまいにしか得られないとき,統計的手法でみかけの関連が意味をもつかどうかを判断する.相関係数 (correlation coefficient) r で評価され,$r=0$ のとき x と y は無関係であり,$r=1$ のとき完全に相関している.
(2) ⇒コヒーレンス.

双眼鏡 binocular
⇒プリズム双眼鏡.

増感板 intensifying screen
たとえば,タングステン酸カルシウムの結晶などのような,X 線の作用によって光を出す蛍光物質で覆った板.1つの X 線の光子が数百の可視域の光子をつくる.このようなスクリーンは医療の X 線診断で使われ,放出される光は増

感板のそばにある写真フィルムに記録される．増感板を使うとX線撮影に必要な被曝を約60分の1に減らせる．しかし，増感板そのものの粒がフィルムに写るので，鮮明度は落ちる．

双極極板 bipolar electrode
電池に入れられた金属板で，そこを電流またはその一部が流れる．しかし，電池の陽極にも陰極にもつながれない．電流がその板を流れるので一方の面は補助的な陰極として，他方は陽極として働く．

双極子（ダイポール） dipole
量が等しく正負が逆の2つの電荷が非常に短い距離だけ離されている系．電荷とそれらの間隔の積が電気双極子モーメント（electric dipole moment）（記号：p）である．電流Iのつくる小さな環は磁気双極子となる．この磁気双極子モーメント（magnetic dipole moment）（記号：pまたはμ）の大きさは，環の面積をAとするとIAである．

双極子モーメント dipole moment
⇨双極子．

双曲面鏡 hyperboloid mirror
⇨鏡．

像空間 image space
⇨像．

相互インダクタンス mutual inductance
⇨電磁誘導．

走行時間 transit time
電子素子で，ある動作条件のもと，電荷キャリヤーが特定の位置から別の位置に飛んでいくのにかかる時間．

相互キャパシタンス mutual capacitance
2つのコンデンサーが相互に影響しあう程度の尺度．一方に移った電荷量を他方の対応する電位差に対する比として表す．

相互コンダクタンス mutual conductance, transconductance
記号：g_m．出力電圧一定下で，増幅器や増幅回路の入力電圧V_{in}の増分に対する出力電流I_{out}の増分の比．
$$g_m = \partial I_{out} / \partial V_{in} \quad (V_{out} \text{一定})$$

相互作用 interaction
物体間で互いに力を及ぼし合う過程，または電磁放射と粒子が互いに力を及ぼし合う過程．1つ以上の物体の構造に何らかの変化が生ずる過程には，通常相互作用が関係している．
宇宙にある物体のすべての粒子は，質量の存在に起因する重力の影響を受ける．電磁相互作用は，原子や分子をつなぎとめるなど，より小さいスケールの世界で物を結びつける．核物理学では，強い相互作用がクォーク間あるいはハドロンやハドロンの系（核）の間で起こる．このような相互作用は仮想的なボソンの関わる交換力に帰せられる．この力は短距離で作用し（⇨力），10^{-15} mよりずっと遠い距離ではほとんど働かず，典型的には10^{-23} s以内の時間に起こる．もっと深いレベルでは，強い相互作用はクォークやアンチクォーク間の仮想的なグルーオンの交換として説明できる（⇨量子色力学，電弱理論，ゲージ理論）．弱い相互作用は強い相互作用に比べて典型的には10^{-12}倍の強さである．弱い相互作用が見られるのは，強い相互作用や電磁相互作用が何かの原理（保存則など）で禁止される崩壊過程（β崩壊など）がほとんどである．

相互変調 intermodulation
混成波をなすサイン波成分間で互いに起こす変調．生じた波には，もとの混成波のあらゆる成分について，任意の2つの周波数の和周波数，差周波数の対が生ずる．⇨ひずみ．

走査 scanning
ある2次元ないし3次元領域を系統的に探査していき，各瞬間に調べている小領域中に含まれる情報に応じて，電気的な出力を変化させていくプロセス．この情報は，適当な受像機で再生することができる．この技術はテレビ，ファクシミリ通信，レーダーなどで活用されることが多い．

走査型電子顕微鏡 scanning electron microscope（SEM）
⇨電子顕微鏡．

走査型トンネル電子顕微鏡 scanning tunneling microscope（STM）
トンネル効果を利用した電子顕微鏡の一種で，おもに表面の研究に用いられる．いま，2つの導電体が非常に接近しているとすると，電子はこの間をトンネル効果で通ることができる．調べようとしている試料を導体の片方とし，非常に細い金属の針をもう一方とする．試料が導体ではない場合は導電性のある薄膜でコーティングする．導体間に電圧を加えると，電子のトンネル効果で小さい電流が流れる．針を試料の表面上で走査し，そのときの電流が一定になるように針を上下させると，針は試料表面から一定距離を保つことになり，上下の動きをコンピューターで処理することによって，表面の地形図

を描くことができる．表面に沿った方向と垂直な方向の分解能は，それぞれ約 0.2 nm と 0.01 nm である．

走査式顕微鏡 flying-spot microscope
顕微鏡の1つで，レンズシステムが光の微小なスポットをつくるのに用いられ，その光は物体を通ったのち，光電管に当たってその後増幅，表示される．スポットは物体を走査するようになっており，同期して走査される陰極線管で画像がつくられる．コントラストはアンプの利得によっても決められるため可変である．さらに，写真板よりも光電管の方が量子効率が高いこと，分解能が高いことが長所としてあげられる．

走査周波数 line frequency
⇒テレビ．

走査透過型電子顕微鏡 scanning-transmission electron microscope (STEM)
⇒電子顕微鏡．

相似性の原理 similarity principle
⇒力学的相似．

送受切換器 duplexer
レーダーで通常用いられている2チャネルマルチプレクサーで，パルスを送信し帰ってくるエコーを受信する間の有限の時間で送受信切り替えスイッチが機能する．そのため送信器と受信機が交互に同一のアンテナシステムに接続されている．

増殖炉 breeder reactor
核分裂性の物質が消費されるよりも多く生産される仕組みになっている原子炉．この言葉の厳密な用法では生産される核種と消費される核種とが同じ原子炉に限られる．それが異なる場合には転換炉とよばれる．⇒高速増殖炉．

送信器（送信機） transmitter
送信システムにおいて，受信側に向かって信号を送り出す装置，器具，回路のこと．⇒アンテナ．

相対圧力係数 relative pressure coefficient
⇒圧力係数．

相対原子質量 relative atomic mass
記号：A_r．ある元素からなる試料の原子1個あたりの平均質量を統一原子質量単位で表したもの．その値は試料中に含まれる同位体の割合に依存するが，とくに触れられていないかぎり，天然同位体比を仮定する．以前は原子量 (atomic weight) とよばれていた．

相対湿度 relative humidity
⇒湿度．

相対速度 relative velocity
B に対する A の相対速度とは，B が静止している基準であるとして決めた A の速度である．A と B が同じ方向に運動していれば B に対する A の相対速度は $v_A - v_B$ になり，逆向きに運動していれば $v_A + v_B$ になる．ただし，これは v_A, v_B が光速に比べて十分小さいときのみ有効である．⇒相対性理論．

相対分子質量 relative molecular mass
記号：M_r．分子やその他の分子種1つの平均質量を統一原子質量単位で表したもの．構成している各原子の相対原子質量の和に等しい．以前は分子量 (molecular weight) とよばれていた．

相対密度瓶 relative-density bottle
小型のフラスコで，いっぱいまで液体を満たせるように穴の開いたガラス栓がついている．液体の相対密度を求めるには，瓶の質量を空の状態で計り (m_1)，次に液体を満たして計り (m_2)，最後に水を満たして計る (m_3)．このとき，その液体の相対密度は
$$(m_2 - m_1)/(m_3 - m_1)$$
となる．使い方を工夫すれば，粉末の密度や瓶を満たすには足らない量の液体の密度も計ることができる．
⇒比重瓶．

相対論（相対性理論） relativity
アインシュタイン (Einstein) が考え出した2つの理論．すなわち，特殊相対性理論 (special theory of relativity, 1905) と一般相対性理論 (general theory of relativity, 1915) である．

特殊相対論は，力学と電磁気学（光学を含む）の法則に統一的な説明を与えた．ニュートン (Newton) は絶対的な時間を考え空間も絶対的であると仮定していたが，1905年以前でも，力学においては，等速運動が部分的には相対的な性質をもつという認識はあった．電磁気学ではエーテルが物体の運動を決める絶対的基準を提供していると考えられていた（⇒ガリレイ変換式，マイケルソン-モーリーの実験，ニュートンの運動の法則）．アインシュタインは絶対空間，絶対時間の概念を退け，2つの原理を打ち立てた．①自然法則は，互いに等速運動をしている観測者から見ると同じである．②光速は，互いに一様な運動をしているすべての観測者から見て，光源と検出器の相対運動によらず一定である．彼はこの2つの原理と，別々の観測者の使う時間と空間の座標が互いにローレ

ンツ変換の公式で関係づけられているという要請とが等価であることを示した．この理論からいくつかの重要な帰結が導き出される．

時間の変換式から，ある観測者にとって同時である2つの事象が，他の等速の相対運動をしている観測者にとっては必ずしも同時ではないことがわかる．しかし，互いに関連のある事象間の順序にはまったく影響を与えず，したがって，因果律の概念を崩すものではない．また，互いに等速に運動している2人の観測者には相手の時計が遅く進むように見える．これを時間の遅れ（time dilation）という．たとえば，ある放射線源の崩壊時間は，線源に対して静止している観測者が見るよりも，動いている観測者が見る方が長く見え，

$$T_v = T_0/(1-v^2/c^2)^{1/2},$$

となる．ここで，T_v は相対速度 v の観測者が測った平均寿命，T_0 は止まっている観測者が測った平均寿命，c は光速を表す．

相対論的光学によってドップラー効果（⇒赤方偏移）の厳密な表式が導かれる．

相対論的力学でも，質量，運動量，エネルギーはすべて保存する．ある粒子に対して速さ v で動いている観測者にとっては粒子の質量は m であるが，粒子に対して静止している観測者にとっては静止質量（rest mass）m_0 であり，その間には

$$m = m_0/(1-v^2/c^2)^{1/2},$$

の関係がある．この式は多くの実験で確かめられている．この法則の1つの帰結として，どんな物体であっても c 以下の速度のものは，いくら加速されても，またいかなる観測者から見ても c をこえることはできない．これは，物体を c 以上に加速するためには，無限大のエネルギーを要することになるからである．アインシュタインはエネルギー δE の移動を伴う過程は必ず質量 $\delta m (\delta E = \delta mc^2)$ の移動を伴うことを導いた．そして，質量 m の系は

$$E = mc^2$$

で与えられる全エネルギー E をもつと結論した（⇒質量とエネルギーの保存則）．相対速度 v の観測者から見た粒子の運動エネルギーは $(m-m_0)c^2$ となり，$v \ll c$ の場合には古典論での値 $(1/2)mv^2$ になる．

相対性理論の要請と矛盾しない形で量子論を表そうとする試みはゾンマーフェルト（Sommerfeld）によって始められた（1915）．ディラック（Dirac）は数保存する粒子（フェルミオン）の波動力学の相対論的表式を与えた（1928）．これによって，原子スペクトルの細部を説明するために仮定されていたスピンと，それに伴う磁気モーメントの概念の説明が与えられた．この理論は素粒子論（⇒消滅，反粒子，対生成），β崩壊の理論，量子統計などに非常に重要な結論を導き出した．クライン-ゴルドン方程式は，ボソンに対する相対論的波動方程式である．

特殊相対性理論の数学的定式化はミンコフスキー（Minkowski）により与えられた．事象は4つの座標（3つの空間座標と1つの時間座標）で指定できるという考えに基づいている．これらの座標によって4次元空間が定義でき，粒子の運動はこの空間（ミンコフスキー時空（Minkowski space-time）とよばれる）内の曲線で表される．⇒四次元連続体．

特殊相対性理論は，互いに加速度運動していない座標系間の相対運動を扱うものである．一般相対性理論では，互いに加速度をもっている座標系間の相対運動全般を取り扱う．加速度系では見かけの力（回転座標系での遠心力やコリオリの力など）が観測される．これらの力は観測者が加速されていない系に移ると消えてしまうので，見かけの力という．たとえば，一定速度で角を曲がっている車に乗った観測者にとって，車の中の物体は外向きに働く力を受けているように見える．車の外の観測者にとっては，これはただ物体がまっすぐ進み続けようとしているだけである．物体の慣性がこの見かけの力をつくり出しているように見ることができ，観測者が非慣性系（加速度系）と慣性系（非加速度系）とを区別することができる．

さらに，加速中の車の中の観測者から見ると，物体は質量に関係なくすべて同じ加速度をもつ．このことは，加速度系で起きる見かけの力と，やはり質量によらない加速度を生み出す重力の間の関係を示唆している（⇒自由落下）．たとえば，外が見えない箱の中の人は，自分が重力で床の方向に引力を受けているのか，宇宙空間でロケットによって上方向に加速されているのか簡単に決められない．時間的，空間的に少し離れたところで観測をすればこの2つは区別できるが，一点で観測するかぎり両者は区別できない．このことから，慣性質量と重力質量は等しいという等価原理（principle of equivalence）にたどりつく．

一般相対論で用いられているもう1つの原理

は，力学法則は慣性系でも非慣性系でも同じであるというものである．

重力場と非慣性系の見かけの力の等価性を表すためにリーマン時空（Riemannian space-time）が用いられるが，これは特殊相対論で用いられるミンコフスキー時空とは違うものである．特殊相対論では力を受けていない粒子の運動はミンコフスキー時空内での直線で表される．一般相対論ではリーマン時空を使っているので，同様の運動は（ユークリッド的な意味での）直線ではなく，最短距離を与える曲線で表される．このような，リーマン時空での最短距離［一般には極小または極大値］を与える曲線を測地線（geodesic）とよぶ．またこのため，時空は曲がっているといわれる．この曲率の大きさは，アインシュタインの場の方程式（field equation）の解を成分とする，時空の計量テンソルによって与えられる．物質が存在すると時空の曲率が生じるという仮定をおくことにより，質量のまわりで重力の効果が生じる事実が説明された．その曲率が外力を受けない物体の運動を支配する．

一般相対論と予想する結果はニュートンの理論で得られる結果とあまり差がでないので，一般相対論のテストはほとんど天文観測によって行われてきた．水星の近日点の移動，大質量のまわりでの光や他の電磁波の湾曲，アインシュタインシフト［重力による赤方遷移］などが一般相対論で説明された．一般相対論の予想値と精度のよい測定値とはよく一致している．→重力波．

相対論的場の量子論 relativistic quantum field theory
→場の量子論．

相対論的粒子 relativistic particle
観測者に対して，光速に比べて小さくない速度をもつ粒子．観測者は古典物理学ではなく相対性理論をその粒子に対して適用しなければならない．たとえば，ある粒子に対して，静止している観測者が質量を測ると m_0 であっても，相対速度 v の観測者にとっては質量 m が
$$m = m_0(1-v^2/c^2)^{-1/2}$$
となる．ここで，c は光速である．粒子自体が変わってしまうのではない．粒子と観測者の相対速度が大きい場合には，より厳密な理論である相対性理論の適用が必要になるのである．

送電線 transmission line
→伝送線．

像伝送係数 image-transfer coefficient
四端子で
$$\theta = (1/2)\log_e[(E_1I_1)/(E_2I_2)]$$
をいう．ここで，E_1, I_1 は入力端子での電圧，電流，E_2, I_2 は出力端子での電圧，電流で，回路は影像インピーダンスで終端されて定常状態にあるとする．電圧と電流はベクトル形式（すなわち複素数）で表され，θ も一般的には複素数である．

挿入損失（または利得） insertion loss (or gain)
負荷とそれに電力を供給している発電機の間に，ある回路を挟んだときの，負荷における電力の減少（または増加）．通常ネーパーまたはデシベルの単位で表され，一般的には，回路のパラメーターの関数であるばかりでなく負荷と発電機のインピーダンスの関数でもある．

増倍定数 multiplication constant or factor
記号：k_{eff}．原子炉中である世代に開放された中性子数の直前の世代で開放された数に対する比．

相反関係 reciprocity relation
（オンサガー Onsager）2つの流れ（熱流，電流，物質の流れなど）J_1, J_2 が力あるいは勾配 X_1, X_2 によって生じ，相互作用して
$$J_1 = L_{11}X_1 + L_{12}X_2$$
$$J_2 = L_{21}X_1 + L_{22}X_2$$
であったとすれば，大きさを決める条件から $L_{12} = L_{21}$ となる．流れの数が増えたときも同様である．

これらの関係式は，たとえば熱電変換係数の間の関係を求めるのに利用できる．2つの回路の間の相互インダクタンスとして，1つの共通の値を用いてよいことが導かれる．

相反則 reciprocity law
写真感光材を標準的に現像処理したときの濃度は，露光量（照度と時間の積）のみの関数であることを指す．照度と時間のどちらかが，乳剤の感度がもっとも高い範囲から大きく外れると，相反則は成り立たない．これを，相反則不軌（reciprocity failure）とよび，像濃度は予想より小さくなる．

相反則不軌 reciprocity failure
→相反則．

相反定理 reciprocal theorem
（マクスウェル）ある力 F が弾性系の1点に加えられ，他の1点に変位 d を引き起こしたとする．このとき，第2の点に，もとの変位と同

じ方向に力 F を加えれば，最初の点において，最初の力と同じ方向の変位 d が生じる．

〔通常，相反定理というときは，この例にとどまらず，広く物理系全般に成り立つ定理を指す．→相反関係．〕

増幅器　amplifier

電気的入力を，その強度を強めて再現させる装置．もし強められた電圧が高インピーダンスでつくり出されるならば，この装置を電圧増幅器（voltage amplifier）という．また，もし出力が，低インピーダンスにある程度電流を流して作り出されるば，この装置を電力増幅器（power amplifier）という．もっとも一般的に使われる増幅器はトランジスターでつくられる．もっとも実用的な増幅器は交流増幅器で全体で十分な利得を得るように組み合わされたいくつかの小利得の増幅段（amplifier stage）で構成される．負帰還は，増幅器が発信しないように，安定性を得るために使われる．通常増幅される周波数帯で区別される．広帯域か狭帯域か，オーディオ周波数か RF 周波数か，など．→ A 級増幅器，B 級増幅器，C 級増幅器，D 級増幅器．

像変換管（イメージコンバーター）　image converter

イメージインテンシファイアと同様の真空の電子管であるが，赤外，紫外，X 線，または弱い光ではなく電子の像を扱う．そのような像は，たとえば天文学，顕微鏡検査，医療診断などにおいてみられる．適当な面の上に像の焦点を合わせ，面からはたとえば光電効果，光起電力効果などにより電子が放出される．電子は加速されて，正に帯電した蛍光スクリーンのような検出器や記録計の上に集束され，目に見える像がつくられる．

相補型トランジスター　complementary transistor

n-p-n と p-n-p というタイプの異なるバイポーラートランジスターを組み合わせたトランジスター．B 級のプッシュプル増幅器に，相補型バイポーラートランジスターがよく使われている．

相補型 MOS 電界効果トランジスター（略：CMOS）は，低い熱放散と電力消費量をもち，論理回路によく使われている．基本的なインバーターの回路が図に示されている．入力が低いときは，p チャネルが接続され，高い出力が出る．逆に入力が高ければ，n チャネルが接続さ

れ，出力が低く出る．

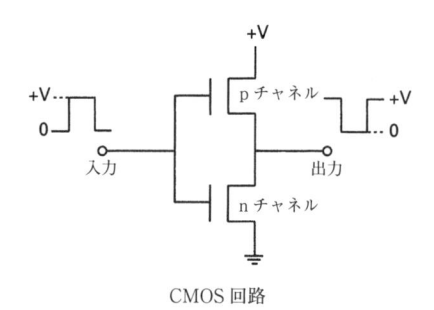

CMOS 回路

相補性　complementarity

電子などのシステムが，粒子性あるいは波動性のどちらを用いても説明できるという原理（→ドブロイの式）．ボーア（Bohr）によれば，これらの見方が相補的である．電子の粒子性を示す実験は，その波動性を同時に示せない．また，逆も同様である．

像面湾曲　curvature of field, curvature of image, field curvature

一般に，光学系の軸に垂直な平面物の像は平面であるとは限らない．そのかわり，非点収差を取り除いたとき像はペッツバル面（Petzval surface）という放物面上に生じる．この収差を像面湾曲という．

非点収差の効果は，接焦点面 T と正中焦点面 S がペッツバル面からずれている像面湾曲の重ね合わせで考えられる．考えられる 2 つの場合を図に示す．

図 b の場合，非点収差はペッツバル面との曲率の差で，ピントを合わせた平面スクリーンは図の破線の位置にくる．このような修正は実際の複レンズの系でいろいろなレンズの成分やレンズの間隔などで，適当な位置で光を止めて行う．

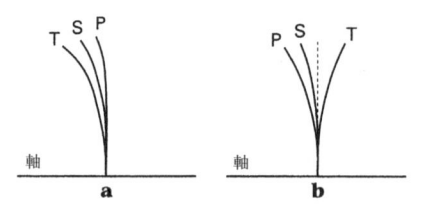

像面湾曲

相律 phase rule
物質は集合体としてさまざまな状態をとることができる．これらの状態を相とよぶ．それぞれの相は系の一部を構成しており，均一で，物理的な性質が他と異なっている．常温常圧の水は，固相，液相，気相に存在できる．成分（component）という語は，存在する相を完全に指定するのに最低限必要な，化学的に同定できる物質の数に対して使われる．たとえば，上記の3つの相では，水が唯一の成分である．相律は次の式

$$F = C - P + 2$$

で定義される．ここで，C は系の成分の数，P は存在する相の数，F は系の自由度（degree of freedom）の数（系の状態を決めるのに最低限必要な独立変数の数）である．したがって，相が1つ，成分が1つ，たとえば水だけでしかないならば，自由度の数は2である．つまり，圧力と温度を定めるまで，系は完全には指定されない．もし2つの相があるならば自由度の数は1である．すなわち，それぞれの圧力に決まった温度が対応し，圧力と温度の相図（⇨状態図）には液相と気相を分ける明確な線がある．同様に固相と液相，固相と気相を分ける線も存在する．これら3つの曲線は三重点で出会う．三重点は3つの相が平衡して存在する唯一の圧力と温度を表す．

層流 laminar flow
流体が平行な層あるいは薄層をなして運動している定常的な流れ．各層に含まれる流体を構成する粒子の速度は必ずしも同じである必要はない．水平に置かれた直線状の管を通過する流体の運動においては，層流が臨界速度に達して層流から乱流に変化するまで，各層内の速度は同じである．流れに速度ポテンシャルが存在する場合にはポテンシャル流（potential flow）とよばれ，層は必ずしも平面的である必要はないが，本質的には層流である．

束一性 colligative property
分子の性質ではなく，分子の数あるいはその濃度に依存するような系の性質．溶媒の浸透圧（⇨浸透性）および低圧での気体圧力などが束一性である．

測角光度計 goniophotometer
⇨測光．

速示の deadbeat
可動部分の振動が速く減衰する制御装置．

測色法 colorimetry
測定の結果をもって色を評価あるいは再現する科学．3種類の測色計がある．(a) 比較のためのカラーアルバムあるいはフィルターサンプル（基本的には経験的な方法である）．(b) 単色と白色の混合体に調和するような単色比色計．(c) 3種類の色の混合体に調和する三色比色計．

側帯波周波数 side frequency
変調の結果として生じる周波数．たとえば，振幅変調では，周波数 f_c の搬送波が周波数 f_s（$f_s \ll f_c$）の正弦信号で変調されるとき，波は3つの成分をもつことになり，その周波数は f_c，$f_c + f_s$（上側帯波周波数），および $f_c - f_s$（下側帯波周波数）で与えられる．

測地線 geodesic
(1) 数学的に定義された空間において，2点を結ぶ最短（または最長）の経路．3次元空間では直線，球表面では大円になる．
(2) 一般相対性理論（⇨相対性理論）の四次元連続体中における (1) で定義された経路．これは電磁波が伝播する経路であり，また重力のみが働いている空間で粒子が運動する経路である．

測定学（計量学，度量衡（学）） metrology
質量，長さ，時間の3つの基本量の精密測定に関する科学の一分野．しばしば拡張されて，衡量単位や度量法についての系統的な研究も意味する．

測定誤差 error of measurement
(1) 偶然誤差（accidental error）．物理測定においては，装置の不完全さや人間の判断の限界などによって小さな誤差が起こることは避けられない．実験の各段階における誤差を推定し，それをもとに最終的な結果における誤差を見積ることは可能であり，また，望ましい．計算の過程で和または差をとる場合，結果の誤差は各誤差の和となる．一方，積や商をとる場合には，百分率で表した誤差の和を結果の誤差とする．［ふつう，単なる和でなく各誤差の2乗和の平方根を用いる．］一般に1回の測定よりも複数の測定のほうがよい結果が得られるので，グラフ的あるいは数値的な方法によって同種の測定データを組み合わせて解析する（⇨確率誤差）．ハイゼンベルクの不確定性原理によれば，装置が完全であり観測者が正確であったとしても，物理測定には原理的に取り除けない最小の不確定性が存在する．

(2) 系統誤差（systematic error）．偶然誤差

と違って取り除ける誤差であり，そのためには装置や測定方法を改善する必要がある．［装置による系統誤差を取り除くために，装置の校正が行われる．］
⇒個人誤差．

速度 velocity

(1) 直線速度．記号：v．平均速度は変位をそれに要した時間で割ったもの．瞬間速度は変位の変化率である．直線速度は極性ベクトルである．瞬間速度の大きさは「速さ」で，これはスカラー量である．正確な技術用語においては速度（velocity）と速さ（speed）は明確に区別されており，前者は動く方向が規定されている場合にのみ用いられる．この違いはとくに物体が等速曲線運動している場合に著しい．この場合，方向が変わるためその大きさ（速さ）は一定であっても速度は一定ではない．このため，その物体は運動方向に対して直角に加速（acceleration）され，合力（加速度を生じた力）の影響を受ける（⇒ニュートンの運動の法則）．しかし，一般に速度という用語は速さを意味するものとしてしばしば用いられる．

(2) ⇒角速度．

速度比 velocity ratio
⇒機械．

速度分布 distribution of velocity
古典的な統計力学に基づくマクスウェルの速度分布則によれば，気体が平衡状態にあるとき，全速度が $c \to (c+dc)$ の範囲にある分子の数は，

$$dN_c = 4\pi N \left\{\frac{hm}{\pi}\right\}^{3/2} \exp(-hmc^2) c^2 dc$$

で与えられる．ここで，N は分子の総数，m は分子の質量，h は定数で $1/(2kT)$ に等しい．また，k はボルツマン定数であり，T は熱力学的温度である．これをマクスウェル分布（Maxwell distribution）または，マクスウェル-ボルツマン分布（Maxwell-Boltzmann distribution）とよぶ．

この分布は，次のような各値を与える．
$\bar{C}$，平均二乗速度の平方根 $= \sqrt{3/2mh}$
$\bar{C}$，平均速度 $= \sqrt{3/\pi mh}$
C_p，最確速度 $= \sqrt{1/mh}$

温度が高いほど分布は広がるが，いかなる温度であっても理論的にはごく少数の分子は無限大に近い速度をもつ．⇒正準分布．

速度変調 velocity modulation
電子ビームが空洞共振器のような，境界が明確に定義された空間領域を通って高周波（3 kHz〜300 GHz の周波数領域）の電磁場の影響を受けると，それぞれの電子はこの領域に入ったときの半周期の場によって減速または加速される．もし減速される場合，あとに続く電子が追いつき，またその逆も起こる．その結果，音波の疎密波と同様に電子ビームは全体として希薄，集束の一連のパルス状になる．このようなビームを速度変調（bunching）されたビームという．速度変調は各種の電子管，たとえばクライストロン，進行波管などによってマイクロ波周波数の発生や増幅のために用いられる．

速度ポテンシャル velocity potential
流体中の点 (x, y, z) での速度成分が（直交座標で）(u, v, w) で与えられるとき，以下の式を満たすスカラー関数 φ
$u = -\partial\varphi/\partial x$, $v = -\partial\varphi/\partial y$, $w = -\partial\varphi/\partial z$
が存在し，運動が渦なしの流れ（rot$(u, v, w) = 0$）であれば，φ は速度ポテンシャルとよばれる．負符号は慣習として用いられるが，省略されることもある．

束縛 constrain
運動をあらかじめ決まった位置や軌道に制限すること．ある系が摩擦でない束縛する力（束縛力 constraint，あるいは反作用）を含むなら，これらの力には大きさが同じで逆向きの力（ニュートンの運動の第三法則）の対が存在する．束縛力には以下のような例がある．(a) 固定された物体表面をなめらかに動く物体の受ける反作用．(b) なめらかに接しあっている物体間の反作用．(c) 固定された物体表面上を回転している物体の受ける反作用．(d) 互いに回りながら接触している2物体の受ける作用反作用．(e) 剛体の2粒子間の作用反作用．

束縛は系の自由度を下げる．⇒仮想仕事の原理．

側波帯 sideband
変調における用語．すべての高周波側の側帯波周波数を含む上側波帯（upper sideband）と，低周波側の下側波帯（lower sideband）とからなる周波数帯．

即発中性子 prompt neutron
核分裂生成物の崩壊によって生成される中性子ではなく，最初の核分裂によって原子炉内で発生する中性子．

測微接眼レンズ micrometer eyepiece
測微ねじにより動かすことのできる十字線を備えた接眼レンズで一般にはラムスデンの接眼レンズ．これは，小さな物体や，物体や線の小

測微ねじ（微動ねじ） micrometer screw
　小さな距離を精密に測定するために使う装置．たとえば，マイクロメーターキャリパーや深さマイクロメーター．このような道具は円筒形の胴体にはめ込まれ，胴体を回転させるとピッチのわかったねじが進む．胴体には1回転の端数まで目盛が付けられ，これをねじの進んだ距離と解釈することができる．

束密度 flux density
　(1) ⇒磁束密度．
　(2) ⇒電気変位．

阻止コンデンサー blocking capacitor
　直流，または周波数の低い交流を阻止し，高周波数の交流を通す目的で電子回路に含まれるコンデンサー．その電気容量はふつう，その回路で使われる最低の周波数において，リアクタンスが比較的に小さくなるように選ばれる．

阻止能 stopping power
　運動エネルギー E をもった荷電粒子が物質を透過するとき，物質の効果を測る尺度．
　(1) 線形阻止能（linear stopping power）S_l は，単位長さあたりのエネルギー損失：$S_l = -dE/dx$ を MeV cm^{-1} あるいは keV m^{-1} の単位で表したもの．
　(2) 密度 ρ の物質の質量阻止能（mass stopping power）S_m は，単位表面密度あたりのエネルギー損失
$$S_m = S_l/\rho = S_l L/nA$$
である．ここで，L はアボガドロ数，A は（相対）原子質量（原子量），n は単位体積あたりの原子の数である．
　(3) 原子阻止能（atomic stopping power）S_a は，荷電粒子の進行方向に垂直な物質の単位表面積，単位原子あたりのエネルギー損失
$$S_a = S_l/n = S_m A/L$$
である．阻止能はしばしば空気やアルミニウムなどの標準物質に対する相対的な値として表現される．

ソース source
　(1) ベクトル場中で束線（力線）（line of flux）が発生する点．たとえば，静電場中で，正電荷が存在する点．吸い込み（sink）は，線束が終端する点である．
　(2) 古典流体力学では，流体が連続的に放出され，流れが放射状で等方的となる点．負のソースは吸い込み（sink）とよばれる．単位時間に放出される流量を，涌き出しの強さ m という．放出量を $4\pi m'$ と表現することもあり，このとき m' が強さを表す．
　(3) 電界効果トランジスターで，キャリヤー（電子またはホール）を素子の外部に供給する電極をソースという．
　(4) エネルギーを生成する装置．たとえば，電流源，電圧源．
　(5) 太陽，電灯，気体放電管，アーク，スパークのような，光を放出するもの（光源）．

塑性変形 plastic deformation
　固体に応力をかけたときに起こる恒久的な変形．金属の単結晶の中には，非常に小さな応力によって塑性変形するものがある．

測光 photometry
　測光とは，光強度や照明量の測定に関するものである．測定には2種類の方法がある．1つの方法は，視覚，すなわち観測者の判定に基づいて，放射を評価するものである（⇒光度，視感度）．このように測定された物理量は測光量といわれる．これに対してエネルギーの単位に基づいて測定された物理量は放射量といわれ，測光量とは区別される．視感測光（visual photometry）は，比較を行うのに肉眼を使う測光法の1つである．物理測光（physical photometry）においては，光電池，熱電対列，ボロメーターなどの物理的な感受器を用いて測定する．
　測定の対象となる物理量には，光度，光束，照度，輝度がある．実際の光度の測定は，測定したいランプの強度と標準ランプの強度を比較することによって行われる．光度計（photometer）とよばれる装置が使用される．一般的な方法では，2つのランプに照らされたスクリーンの照度が等しくなるよう，おのおののランプに対するスクリーンの位置を調整する．2つの光源の光度は，スクリーンからそれぞれの光源までの距離の2乗に比例する．
　ルンマー－ブロードゥン光度計（Lummer-Brodhun photometer）の簡略化した装置図（図を参照）では，スクリーンCの左側からくる光線束は中心の部分が，Cの右側からくる光線束は外側の部分がそれぞれ接眼レンズに到達する．スクリーンの両側の照度が等しいとき，接眼レンズを通して見える部分は均等に照らされる．実際には，Pのプリズムはより複雑なものであり，2つの対比領域が均等になるような位置を探す．2つの領域を比較する光度計には，他にグリーススポット光度計と射影光度計があ

る.

光源の色が異なる場合には，フリッカー測光器が使われる．光源の方向特性を測定するための光度計は測角光度計（goniophotometer）とよばれる．

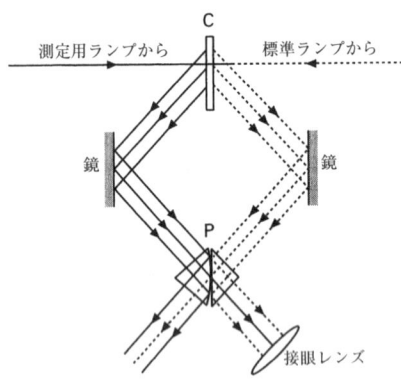

ルンマー-ブロードゥン光度計

ソディーとファジャンの法則　Soddy and Fajans' rule

変位規則（displacement rule）ともいう．放射性核種からα粒子が放出されると原子番号が2だけ減少し，β粒子が放出されると1だけ増加する．周期表において，それに応じて物質の位置が変わる．

外に対する仕事　external work

物質が外部抵抗に逆らって膨張することによる仕事．可逆膨張でなされる仕事は，
$$\int_{v_1}^{v_2} p dv$$
である．v_1とv_2は初期と終状態での体積，pは圧力（図参照）である．可逆閉過程（→サイクル）では，1サイクルあたりの外部仕事は，図中の閉曲線のつくる面積で与えられる．

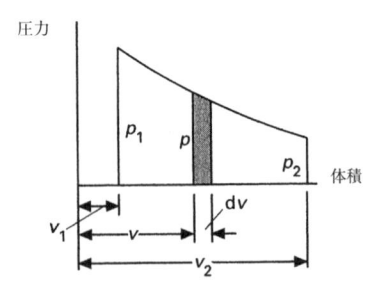

実際の過程では系は平衡から外れ，物質内やすぐ近傍でも，圧力はもはや一様ではない．そしていつでも式から仕事が正確に計算できるわけではない．

ソナー　sonar

*so*und *na*vigation *r*anging（水中音波探知機）の縮約語．超音波パルスを出し，その反射パルスを検出することによって，水面下の物体の位置を決定する．パルスが物体まで伝わり，もどるまでの時間から，物体の深さがわかる．

ソノメーター　sonometer
→一弦器．

ソープションポンプ　sorption pump

真空ポンプの一種で，木炭やモレキュラーシーブ（molecular sieve）などの物質による気体の吸着を利用して排気する．吸着剤を真空系に接続した容器中に入れ，液体空気で冷やす．この種のポンプは，回転ポンプの代わりとして，かなり高い圧力で用いられる．また，少量の気体を排気する目的で低い圧力（$<10^{-6}$ Pa）でも利用される．

ソフトウェア　software

コンピューターシステムに関するプログラム．2つの基本的な形態がある．システムソフトウェア（system software）はコンピューターシステムのハードウェアを動かす上に欠かせないもので，システムに必須の（オペレーティングシステム（operating system）のような）プログラムがこれに属する．アプリケーションソフトウェア（application software）は，コンピューターシステムがその設置場所で果たすべき役割に結び付いている．

ソリトン　soliton

安定した粒子状のような特性をもつ孤立波の状態で，流体力学，光学，固体素子，素粒子物理学など古典物理と量子物理のどちらの領域でもみられる．素粒子物理学では磁気単極子はソリトンと解釈されている．

素粒子　elementary particle, fundamental particle

より基本的な粒子から構成されていないと考えられる粒子．素粒子は，物質のもっとも基本的な構成要素であり，また粒子の間で電磁気力，弱い力，強い力そして重力という基本的な力を伝達する．現在知られている素粒子は，レプトン，クォーク，ゲージボソンの3つのグループ

に分けられる．陽子や中性子などに代表される強い相互作用をする粒子ハドロンは，クォークや反クォークの結合状態であるが，しばしば素粒子とよばれている．レプトンは電磁相互作用および弱い相互作用を受けるが，強い相互作用は受けない．負電荷をもつ電子，μ粒子，τ粒子，そして3つの付随するニュートリノν_e，ν_μ，ν_τの6つのレプトンが知られている．電子は安定粒子であるが，μ粒子とτ粒子は弱い相互作用により10^{-6}秒から10^{-13}秒の寿命で崩壊する．ニュートリノは安定な中性レプトンであり，弱い相互作用のみに関わる．

レプトンに対応するのが6つのクォーク，すなわち$+2/3$の電荷をもつアップ（u），チャーム（c），トップ（t）クォークと電荷$-1/3$のダウン（d），ストレンジ（s），ボトム（b）クォークである．クォークは実験的には自由粒子としては観測されないが，高エネルギー散乱実験と観測されるハドロンの性質から間接的にその存在が証明されている．クォークは，ハドロン内部に閉じ込められた形でのみ存在すると考えられる．半整数スピンをもつハドロンであるバリオンは3つのクォークから，整数スピンのハドロンの中間子（メソン）はクォークと反クォークからなる．たとえば，陽子は2つのuクォークと1つのdクォークからなるバリオンであり，π^+はuクォークと反ダウンクォーク（$\bar{\mathrm{d}}$）からなる正電荷をもつ中間子である．自由粒子の状態で安定なハドロンは陽子だけであり，中性子は自由粒子の場合は安定ではない．原子核内では陽子と中性子は一般に双方とも安定であるが，どちらの粒子もβ崩壊や捕獲により互いに移り変わる．

クォークとレプトンの間の相互作用は，ゲージボソンとよばれる粒子の交換により行われる．電磁相互作用を媒介する粒子は光子であり，弱い相互作用では$W^\pm$とZ^0，強い相互作用では8つの質量のないグルーオンである．付録の表7に長寿命の素粒子をまとめた．

素粒子物理学 particle physics
素粒子とその共鳴状態の構造や性質，その相互作用（⇒電磁相互作用，強い相互作用，弱い相互作用，量子色力学，量子電気力学）についての研究分野．素粒子の相互作用がその散乱や変化（崩壊や反応）の原因である．20世紀の初めの40年間は，陽子と中性子（核子），電子と陽電子しか検出されていなかった．しかし現在，素粒子といえる粒子の数は150に近い（共鳴状態は除く）．これらの素粒子の特性にみられる関連性を系統的に明らかにすることが，素粒子物理学の課題である．⇒ゲージ理論，大統一理論．

ソレノイド solenoid
直径と比較して，長さの長いコイル．ソレノイド内の軸上の1点では，磁束密度Bは
$$B = \frac{1}{2}\mu_0 nI(\cos\theta_1 + \cos\theta_2)$$
で与えられる．ただし，θ_1，θ_2は両端の張る半角である．nは単位長さあたりの巻数，Iは電流，μ_0は磁気定数である（この公式は端の効果を無視している）．

ソーン sone
［感覚上の］音の大きさ（ラウドネス）の単位．ソーンによるラウドネスLは公式
$$10\log_{10}L = (P-40)\log_{10}2$$
で定義される．ここで，Pはホンで測定された等価ラウドネスである．この尺度は，聞く人にとってxソーンの音がx/kソーンの音のk倍程度に大きいと感じられるように決められた．実験から，1/4～250ソーンの間のラウドネスに対してこれが成り立つことがわかっている．

存在度 abundance
記号：C．ある元素の同位体の混合物の中で，特定の同位体原子の数．通常はパーセントで表示される．

損失 loss
⇒銅損，鉄損，誘電損失，渦電流損失．

損失が多い lossy
（1）通常の材料よりも大きな損失がある絶縁体を指す．
（2）高い減衰率を示す伝送線を指す．

損失角 loss angle
コンデンサーや誘電体に正弦波の交流電圧を加えた場合，電流の位相が電圧に対して先に進む角度は90°以下になる．これはおもに誘電ヒステリシス損失によるものである．

ゾンデ sonde
気球，ロケット，人工衛星用の小型の遠隔測定装置．気象学や天文学などで用いられる遠隔測定装置．⇒ラジオゾンデ装置，テレメトリー．

損率 loss factor
（1）伝送線や回路，素子において，平均消費電力と最大負荷時における消費電力との比．
（2）誘電体の力率と比誘電率の積．これは交流電場を材料に加えたときに発生する熱量に比例する．

タ

帯（域），バンド band
(1) 通信である決まった目的のために区切られた周波数の範囲．
(2) 原子の非常に接近したエネルギー準位の組．⇒エネルギーバンド．
(3) ⇒スペクトル．

帯域圧力水準 band pressure level
音のある決まった周波数バンドの中に入る音圧レベル．

帯域消去フィルター band-stop filter
⇒フィルター．

帯域幅 bandwidth
(1) 帯域の上限と下限の周波数の差．通常はHzで表される．
(2) 電子回路またはシステムの特性が限られるような周波数範囲．

帯域フィルター band-pass filter
⇒フィルター．

大円 great circle
球の中心を通る平面が球と交わるとき，その表面にできる円．表面上の2点を結ぶ大円は2点間の最短距離である．

対応原理 correspondence principle
ボーアが提案したもので，古典物理の法則が巨視的な系について記述できるのだから，微視的な系を記述する量子力学の原理も巨視的な系に応用したときに，古典物理の法則と同じ結果を与えなければならないという原理．たとえば，ボーアの理論による原子では電子がある決まった軌道しかとることができないが，大きな軌道ほど原子の振る舞いは古典力学での振る舞いに似てくる．

ダイオード diode
2つの電極をもつ電子部品の総称．いくつかの異なる型のダイオードがあり，電圧特性により用途が異なる．ダイオードは通常整流器として用いられる．もとは熱電子管が用いられていたが，いまではダイオードは半導体デバイスである．半導体ダイオードには p-n 接合が1つある．ダイオードに順電圧が印加されている場合には電流が流れ（⇒ダイオード順電圧），電流は電圧に対して指数関数的に増加し，数百ミリボルトで実質的に一定値になる（図参照）．電圧が逆方向に印加された場合には，降伏電圧となるまでごくわずかな漏れ電流が流れるだけである．⇒ガンダイオード，インパットダイオード，発光ダイオード，フォトダイオード，トンネルダイオード，バラクター，ツェナーダイオード．

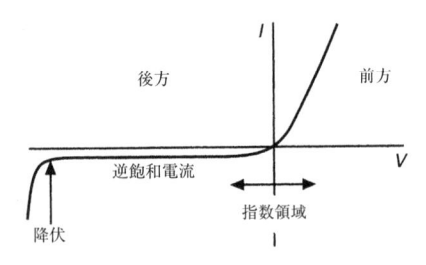

半導体ダイオードの V-I 曲線

ダイオード順電圧 diode forward voltage
ダイオードドロップ（diode drop）ともいう．電流が順方向に流れる場合に半導体ダイオードの電極間に印加される電圧．半導体ダイオード電流が指数関数的な特性をもっているため，実際の回路で通常用いられる電流の範囲では，ダイオード順電圧は近似的に一定となる．典型的な値は 10 mA で約 0.7 V である．

ダイオード電圧 diode voltage
⇒ダイオード順電圧．

ダイオード－トランジスター論理回路 diode transistor logic（DTL）
集積論理回路の初期に現れた一群で，入力はダイオードを通して行い，出力は反転トランジスターのコレクターから取り出す．基本的な回路は NAND ゲートである．出力トランジスターは飽和状態で働くように設計されており，遅延時間が長いため DTL 回路の速度はエミッター結合論理回路よりも遅い．DTL 回路はトランジスター－トランジスター論理回路（TTL）にほとんどとって代わられつつある．

ダイオードレーザー diode laser
⇒半導体レーザー．

体温計 clinical thermometer
人間の体温を正確に測るために，35～46℃（95～115°F）の間に目盛を付けられた水銀封入ガラス温度計．薄い壁をもつガラスの球に入った水銀が狭窄部を通って毛細管に入る．温度計を患者から離したとき，狭窄部の存在で狭窄部を越えた水銀は球にもどることはできない．温

度計を振ってリセットする.

大気 atmosphere
(1) 空気. ⇒大気層.
(2) 気体媒質一般.
(3) ⇒標準大気圧.

大気圧 atmospheric pressure
空気の重さにより大気が地表にかける圧力. 平均海面での標準値は 1013.25 ミリバール，または，$101\,325\ \text{N m}^{-2}$ (Pa) である.

大気層 atmospheric layer
地球の大気が物理的性質，とくに温度により分けられる気体層. 図に示す高度図は概略であり，地上の表面ごとに変化するだけでなく季節的，または日ごとに変化する. 大きく分けて5つの層がある. 対流圏，成層圏，中間圏，熱圏，外気圏.
　対流圏は，大気全体のほぼ 75% の質量を含む. 雲の層であり，気象現象の場であり，もっとも擾乱の多い層である. 赤外放射と伝導により地面から暖められる. 温度は高度上昇とともに下がり，圏界面とよばれる上部の境界で最小に達する.
　成層圏での温度変化は安定になっていく. オゾン分子による太陽からの紫外光の吸収で暖められている. オゾン分子自身も紫外光により大気中の酸素原子からつくられる. オゾン層 (ozone layer) の最上部でオゾンの濃度は最大になる. 電離層は成層圏から外気圏へ達する.
　外気圏では，大気中の成分は，非常に低い密度のために衝突がほとんどなくなる. ヴァンアレン帯を含み磁気圏境界 (magnetopause) に達する. ⇒磁気圏.

大気の窓 atmospheric window
大気吸収の間隙. ある波長の電磁波は宇宙から地球の大気を通して地上に届く.
(1) 光の窓 (optical window)：すべての可視スペクトル (およそ 760〜400 nm) と波長 320 nm までの極紫外光を通す. 波長 320 nm 以下の放射は大気中の原子や分子により吸収される.
(2) 赤外の窓 (infrared window)：大気中の水による赤外線の吸収がない領域に対応していて波長 8〜11 μm を通す. 他にもマイクロメートルの波長 (1.25, 1.6, 2.2, 3.6, 5.0, 21 μm) で狭いバンドがある. ⇒赤外線天文学.
(3) 電波の窓 (radio window)：波長およそ 1 mm から 30 m の電波の短波を通す. ⇒電波天文学.

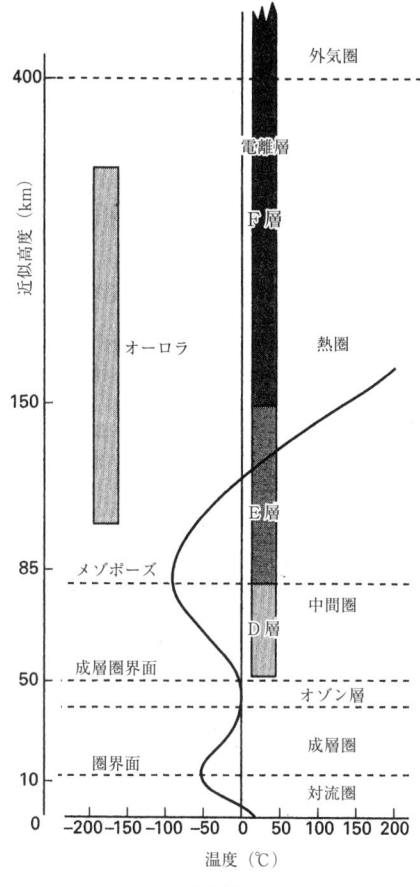

大気層

大規模集積 large-scale integration (LSI)
⇒集積回路.

大規模集積回路（VLSI）
⇒集積回路.

対称性 symmetry
系の不変量の組. 系の対称操作とは系を変えないような操作である. 数学的には群論を用いて研究されている. たとえば，分子の鏡像や回転，結晶格子の平行移動などの，いくつかの対称性は物理的である. もっと観念的な対称性は，CPT 定理や，ゲージ理論に伴う対称性でみられるような性質変化を含む.

対称面 plane of symmetry
格子など点からなる系において，その面につ

いて折り返したらそれぞれの点が元の系自身に一致するような平面．

体心 body-centered
結晶構造の形で，格子の中心にも各頂点と同じように原子が占める．
⇒面心の．

対数的可変抵抗器 logarithmic resistor
接点の動きに比例または反比例して抵抗の比が変化する（対数的に変化する）ようにつくられた可変抵抗．

体積 volume
記号：V．物体によって占有される空間の大きさ．単位は立方メートルまたはリットルである．

体積弾性率 bulk modulus, volume elasticity
⇒弾性率．

体積ひずみ bulk strain, volume strain
⇒ひずみ．

大統一理論 grand unified theory (GUT)
電磁相互作用，弱い相互作用，強い相互作用の3つを統一した場の量子論．大部分のモデルでは，これまでに知られた相互作用は，1つの統一された相互作用の低エネルギー域でのそれぞれ1つの表現であるととらえる．そしてこれらが統一されるエネルギーは，現在，粒子加速器が到達できるエネルギーよりはるかに高い領域（典型的には 10^{15} GeV）であると考える．GUTの1つの特徴はバリオン数もレプトン数も絶対に保存される量子数ではないことである．その結果，たとえば陽子崩壊（proton decay，陽子が陽電子と π^0 に崩壊する．すなわち p → $e^+\pi^0$）のような過程が観測されることが期待される．陽子崩壊の寿命は非常に長く，計算によれば，10^{35} 年になる．陽子崩壊の検出については，いくつかのグループが，地下に据えた巨大な検出器を使って観測を行っているが，現在のところまだ成功していない．

ダイナミックレンジ dynamic range
装置から有用な出力が得られる範囲．電子機器では，システムの雑音レベルと過負荷のレベルの比をデシベルで示したものとして表される．

ダイナモ dynamo
モーターのような機械的な手段によって駆動されて，電流を供給し続ける機械．⇒発電機．

ダイノード dynode
電子管中の電極の1つで，その第一の機能は電子の二次放出を起こし電子を供給することで

ある．⇒光電子増倍管．

帯板 zone plate
⇒光の回折．

対物レンズ objective
光学機器に使われるレンズ（ふつうは組み合わせレンズ）で，見ている物体のもっとも近くにあるもの．この語はときどき，同じ目的で用いられる鏡にも使われる．

体膨張率 cubic expansion coefficient
⇒膨張率．

ダイポールアンテナ dipole aerial
30 MHz 以下の周波数でとても広く用いられるアンテナ．送受信する電波の波長の半分の長さ（半波長双極子 half-wave dipole）の中央給電で水平に置かれた伝導体からなる．アンテナの端の部分は折り曲げられ，中心で互いに接合されているものもある（折り返しダイポール folded dipole）．

タイムシェアリング time sharing
コンピューターの計算時間を，高速切り替えにより，複数のジョブの間で分割共有する技術．たとえば，共同利用システム（multi-access system）では，多数のコンピューター利用者が同時におのおのの端末機を通して機械と通信している．利用者は一見この速度で機械を独占して使っているかの印象を受ける．⇒対話式の．

タイムスイッチ time switch
予定された時刻に電気回路を入／切にするスイッチ．

タイムベース time base
陰極線管の電子線の偏向を操作して，スクリーン上で輝点に画像を描かせるために加える電圧のことで，時間の関数として変化する．スクリーンを1回完全に横切ることを掃引（sweep）（あるいはタイムベース）とよぶ．一般的に，タイムベースには，時間に比例する掃引が用いられる．普通はのこぎり波が使われるので，毎回掃引の終わりには輝点が素早く出発点にもどる．これをフライバック（flyback）という．

太陽エネルギー solar energy
⇒再生可能エネルギー資源，太陽電池．

太陽黒点 sunspot
目に見える太陽の表面（光球）の中に見える暗い点で，よく群を形成し，寿命は数週間である．小さいもの以外は，内部の暗黒部分（umbra）と，周りのそれほど暗くない部分（penumbra）がある．太陽黒点は，ガスの温度が周りより比較的低い部分であり，その存在は

太陽磁場の局所的な変動と結びつけられる．太陽黒点の数は約11年周期で変動する．

太陽時 solar time
⇒時間．

太陽質量 solar mass
⇒太陽単位系．

太陽単位系 solar units

太陽についての諸量，たとえば質量，半径，光度などを1とした単位系．太陽質量 (solar mass, 記号 $M_\odot$)，太陽半径 (solar radius, $R_\odot$)，および太陽光度 (solar luminosity, $L_\odot$) を含む．このようにすると，他の星の同じ量が，太陽の量と比較できる．

太陽定数 solar constant

太陽から特定の距離において，単位面積，単位時間あたりに受ける太陽エネルギー．放射は面に垂直に当たるものとする．地表での，太陽と地球の平均距離における太陽定数の最近の測定値は

$$1.353(\pm 1.5\%) \text{kW m}^{-2}$$

となっている．地上での測定値（太陽熱量計を用いる）は大気吸収の補正を行う必要があり，理想的には，測定は人工衛星で行うのがよい．

太陽電池 solar cell

電流を得るために太陽の放射を用いる装置．宇宙船や人工衛星の電源装置に用いられるものは，基本的には半導体である．この場合，太陽からの光子が太陽電池面に降り注ぐと，p-n 接合の両側に電圧が生じる (⇒光電池)．もう1つの型の，砂漠地域や水加熱システムなどで用いられる太陽電池は，複合熱電対列からなっており，接合の集まりに太陽放射が当たる．太陽電池 (solar battery) はいくつかの太陽電池素子からなる．太陽電池パネル (solar panel) は，宇宙船や人工衛星の外側に付けられた太陽電池素子の平らで大きな配列で，太陽の放射が最大となる方向に向けられる．

太陽電池パネル solar panel
⇒太陽電池．

太陽年 tropical year
⇒時間．

太陽風 solar wind

太陽から全方向に流れる荷電粒子の流れ．おもに陽子と電子からなる．平均粒子エネルギーは，宇宙線のエネルギーよりはるかに低く，地球軌道の位置における速度は $250 \sim 900 \text{ km s}^{-1}$ の間にある．粒子数や粒子速度は，太陽黒点 (sunspot) や太陽フレアのような太陽活動が活発になると増加する．太陽風により地球磁場の形状は非対称となる (⇒磁気圏)．太陽風の強度変化は，磁場のゆらぎをもたらし，磁気嵐を生じ，無線通信に影響を与える．⇒オーロラ，ヴァンアレン帯．

第四次元 fourth dimension
⇒四次元連続体．

対流 (熱の) convection (current)

周りの流体より高温または低温である流体の流れで，密度の違いが浮力となるために生じる．また，流体自身の動きで熱を伝える過程．対流は2種類に分けられる．

(1) 自然対流 (natural convection)，または自由対流 (convection)．中に高温の物体が存在することで温度の勾配，そして密度の勾配ができ，重力の影響で流体が運動するもの．

(2) 強制対流 (forced convection)．高温の物体に対する流体の運動が外部の装置（たとえばドラフト）によって維持されるもの．運動の速度が速く，重力の影響は無視できる．

対流の理論的な取り扱いは，質量，長さ，時間，温度を基本的な次元とした次元解析によりかなり完成している．

自然対流の場合には，動力学的に同等な各部分に対しては

$$\left(\frac{hl}{\lambda\theta}\right) = f_1\left(\frac{l^3 g a \rho^2 \theta}{\eta^2}\right) f_2\left(\frac{C\eta}{\lambda\rho}\right)$$

が成り立つ．この式は3つの無次元量：ヌッセルト数 ($hl/\lambda\theta$)，グラスホフ数 ($l^3 g a \rho^2 \theta/\eta^2$)，プラントル数 ($C\eta/\lambda\rho$) を含む．関数 f_1, f_2 の形は流体の対象部分の形によると仮定する．

強制対流の場合には

$$\left(\frac{hl}{\lambda\theta}\right) = F_1\left(\frac{l v \rho}{\eta}\right) F_2\left(\frac{C\eta}{\lambda\rho}\right)$$

の形をとり，ヌッセルト数，プラントル数のほかにレイノルズ数 ($lv\rho/\eta$) が導入される．

流体中の固体表面が自然対流によって熱を失う場合，固体に対してつねに静止している流体の層が存在する．熱は伝導によってこの層を通り流体中に伝わる．自由対流では，この層は定常的だが，強制対流では連続的にはがれ，再生し続ける．

対流圏 troposphere
⇒大気層．

対流電流 convection current

帯電した物体が運動すると対流電流が生じる．この種の電流は電位差やエネルギーの変化がなくても起こりうる．磁場を生じる場合もある．

対話式の interactive
ユーザーとコンピューターの間でつねに双方向の情報伝達が可能であること.

ダイン dyne
記号:dyn. CGS単位系における力の単位.
$1\,\mathrm{dyn} = 10^{-5}\,\mathrm{N}$.

タウ粒子 (τ粒子) tauon, tau particle
記号:τ. 負に帯電した素粒子. 大きな質量(1784 MeV, 電子の3560倍の質量)をもつレプトン. 平均寿命は3×10^{-13}秒で, 3種類の崩壊経路がある. 反粒子は正電荷をもつ反τ粒子(positive tauon)である. τ粒子は対応するニュートリノ, ν_τをもつとされている.

楕円鏡 ellipsoid mirror
→鏡.

楕円偏光 elliptically polarized radiation
→偏光.

タキオン tachyon
電磁波の速度よりも速く移動すると考えられている粒子. 静止質量とエネルギーの性質としては, 片方は実数でもう一方は虚数でなければならない. もし実在するとすれば, チェレンコフ放射を通じて検出されるだろう.

多極発電機 heteropolar generator
可動な複数の導体が, くり返し向きの変わる磁場中を通過する構造の発電機. 現在製造されているのはすべてこのタイプである. 各導体に交流起電力が誘起されるので, 直流発電機にするためには整流器の作用が必要である.

タコメーター tachometer
角速度を測定する装置. さまざまな種類のものがある.

多重極管 multielectrode valve
1つの真空管容器内に2組以上の電極をもち, それぞれが独立に電子流をもつ真空管. 電極の組は共通の電極をもつこともある(たとえば共通のカソード). 典型的な例は, 2つの二極管と1つの三極管をもつ双二極三極管である.

多重線(多重度) multiplet
(1) 量子数L(個々の電子の軌道角運動量のベクトル和)とS(個々の電子のスピン角運動量のベクトル和)で特定される一群のスペクトル状態で, 一群のスペクトル線を生じる.
(2) ある量子数が共通の値をもつ素粒子の量子状態の組み. その組の個々の成分は他の量子数が異なった値をとり区別される. 群の要素を構成する操作で互いに移り合う状態の組に関して多重度ということばはもっともよく使われる.
→アイソスピン, ユニタリー対称性.

多重操作 multiplex operation
個々の信号の個別性を損なうことなくいくつかの信号を同時に伝送する単一経路の使い方. さまざまな信号が多重チャネルマルチプレクサー(multiplexer)に送られ, それはあるパラメーター(たとえば, 周波数分割多重方式や時間分割多重送信)に応じて入力に伝送経路を割り当てる. 受信端ではデマルチプレクサー(demultiplexer)がマルチプレクサーに呼応してもとの信号を再現し出力する. 伝送経路はあらゆる使用可能な媒体たとえば, 電線, 導波管, 電波である.

多重度 multiplet
→多重線.

多色放射 polychromatic radiation
複数の波長をもつ電磁放射.

多数キャリヤー majority carrier
半導体における用語. すべてのキャリヤーの半分以上の割合を占めるキャリヤー.

ダストコア(圧粉磁心) dust core
フェライトのような粉末化した磁性材料を, 焼結あるいは接着して小さな塊にしたものからなる, 磁気装置のための磁心. 高周波装置における渦電流損失を最小限にするために用いられる.

多世界解釈 many world interpretation
1957年にプリンストン大のヒュー・エベレット(Hugh Everette)によって提唱された量子力学の解釈の1つ. 量子力学においては, 物理系は波動関数によって記述されるが, この波動関数の解釈の仕方はいろいろあり, これは観測者が系の情報を調べる(観測する)やり方に依存している. これは, 運動量やエネルギーといった時間的に変化する物理量は, 自然の状態では, 固有モードによって表されることがわかっている. たとえば, 系の運動量を観測しようとすると, 波動関数はいくつかの運動量の固有モードに分ける必要がある. この観測において現れるモードの振幅は, 測定の結果としてそのモード, または運動量の値が現れる確率を表している. 実際には, これらの固有モードの振幅は, 一般に複素数で表され, この2乗が実際に観測される確率を与える. 多世界解釈は, すべての出力結果が実際に起こるとするものである. このすべての出力結果の間の矛盾を避けるため, 多世界解釈では, すべての新しい宇宙が同じように発生するが, 例外として1つの出力結果だ

けが実際に存在すると考える．これらの並行宇宙（parallel universe）はどんどん増えて発散し，互いに連絡し合うことはない．すなわち，これらの並行宇宙の1つのその後の時間発展は，他の世界の時間発展とは独立に進む．このような多世界解釈が生まれる背景には，標準的なコペンハーゲン解釈およびこれに関連する非決定論的な波動関数の崩壊（wave function collapse）を基本的に避けたいという動機がある．多世界解釈は，最近のデコヒーレンスの解釈（decoherence interpretation）の名目のもとで理論家の間において徐々に受け入れられている．

多相系（多相システム） polyphase system
互いにずれた位相関係をもつ2つ以上の交流電源電圧を有する電気系統や装置．対称的な多相（n 相）系は，互いに位相が $2\pi/n$ ラジアン（$360/n°$）だけ異なっている n 個の正弦波からなる．この例外は，2つの電圧が $90°$ の位相差をもつ二相系（1/4相）である．$n>2$ の系では，最低 n 本の導線が必要である．

立ち上がり時間（Ⅰ） rise time
⇒パルス．

立ち上がり時間（Ⅱ） build-up time
電子回路あるいはデバイスにおいて，電流が最大値まで立ち上がるのに要する時間．

立ち下がり時間 fall time
周期的に変化する量について減少時の減少速度を表す尺度．値が最高値の 0.9〜0.1 まで変化するのに要する時間で表す．

脱出速度 escape speed
ロケットや小型探査機が惑星や衛星の引力から離れるために必要な速さ．惑星や衛星の質量と直径の大きさによって決まる．地球の脱出速度はおよそ 11 200 m s^{-1} であり，月の引力を振り切るには 2730 m s^{-1} の速さが必要である．
　脱出速度は，宇宙から惑星に物体（隕石や帰還用宇宙船）が近づくために必要な最小の速さに等しい．

ダッシュポット dash-pot
機械装置の可動部の突然の動きや振動を妨げる仕組み．空気または（油などの）液体の粘性抵抗を利用したもので，簡単には，油を満たした筒にゆるくはまったピストンを用いる．

ダッシュマンの方程式 Dushman's equation
⇒リチャードソン-ダッシュマンの式．

タップ tapping
トランス（変圧器）中に用いられているように，巻線やコイルの終端と電気的に接続をする伝導体，普通は導線．

脱離 desorption
固体表面から吸着したガスを取り除くこと．その際，表面から熱が奪われる．この方法はヘリウムの液化に利用される．

縦型アンテナ列 endfire array
⇒アンテナ列．

縦質量 longitudinal mass
特殊相対論における用語．粒子に加えた力とこれによって生じる粒子の運動している方向の加速度の比．これは
$$m_1 = m_0/\sqrt{(1-\beta^2)^3}$$
と与えられ，m_0 は粒子の静止質量を表し，$\beta = v/c$，すなわち速度の光速に対する比である．⇒**横質量**．

縦収差 longitudinal aberration
収差を主軸に沿って測った距離で表したもの．色収差においては2つの標準色に対する焦点間の距離である．球面収差においては近軸焦点と光軸から離れた周囲の光線が光軸と交わる点との間の距離を表す．

縦振動 longitudinal vibration
物体および系の主軸の方向または振動方向に沿って変位する振動．

縦波 longitudinal wave
伝搬媒質の粒子が伝搬方向に変位する波．棒の縦波の速度 c は $c=\sqrt{E/\rho}$ で与えられる．ここで，E はヤング率で ρ は密度を表す．液体中の縦波に対応する式は $c=\sqrt{k/\rho}$ で，k は体積弾性係数を表す．縦波のおもな例に気体中の音波がある．⇒音速．

縦ひずみ longitudinal strain
⇒ひずみ．

ダニエル電池 Daniell cell
一次電池の一種で，いまでは演示の目的にのみ用いられる．陽極は硫酸銅の飽和溶液に銅を浸し，陰極は希硫酸に亜鉛アマルガムを浸す．2つの溶液は多孔質の隔壁で区切る．この電池の起電力は安定していて約 1.08 V，内部抵抗は数 Ω である．この種の電池は，使わないときには分解しておかなければならない．

種結晶 seed crystal
過飽和溶液や過冷却液体中などの中に置かれる小さな結晶で，その表面上で結晶生成が開始する．

タービン turbine
液体がブレード（羽根）やバケットに衝突し

てシャフトを回転させるエンジン．水タービン (water turbine) は水力発電所で使われており，蒸気タービン (steam turbine) は船の推進力や，石炭，石油，原子力などの燃料を用いる発電所で使われている．ガスタービン (gas turbine) はとくに飛行機の推進力に使われているが，ほかの応用もある．枠に固定されたノズルやブレードを用いた蒸気タービンは便宜上，衝動タービン (impulse turbine), 反動タービン (reaction turbine or impulse-reaction turbine) に分類される．

タービン発電機　turbo-alternator
蒸気タービンで駆動される同期発電機（同期交流発電機など）．タービン発電機は火力発電所で使われており，交流電流を発生させる．

W粒子　W-particle
Wボソン (W-boson) ともいう．非常に重い荷電粒子で，(記号：W^+ または W^-（反粒子）)，ある種の弱い相互作用を媒介する．中性のZ粒子（Zボソン，記号：Z^0）は別の種類の弱い相互作用を媒介する．両方ともゲージボソンである．CERN (1983) において，W粒子とZ粒子が重心座標系での全エネルギーが540 GeV に達する陽子・反陽子衝突を行って最初に検出された．静止質量はW粒子とZ粒子に対し，おのおの約 $80\,\mathrm{GeV}/c^2$ および $91\,\mathrm{GeV}/c^2$ と決められたが，これらは電弱相互作用理論からあらかじめ予想されていたとおりであった．

ダブルブリッジ　double bridge
⇒ケルビンダブルブリッジ．

ダブルベースダイオード　double-base diode
⇒単接合トランジスター．

ターボーの法則　Talbot's law
10 Hzよりも高い周波数で点滅している光源の見かけ上の強度は，
$$I = I_0(t/t_0)$$
で与えられる．ここで，I_0 は実際の強度，t は点灯時間，t_0 は全時間（点滅時間）である．残像のため光は定常的に見える．

玉虫色　iridescence
表面の色の表現の1つで，その色は通常表面におけるいろいろな層から反射されるさまざまな波長の光の干渉の結果生じる．

ターミナル　terminal
(1) コンピューターに接続し，入出力操作を行うリモート装置．もっとも一般的なターミナルの構成はディスプレイとキーボードの組み合わせである．これにデータの記憶および処理を行う能力を組み込んだものもあり，インテリジェントターミナル (intelligent terminal) とよばれる．⇒タイムシェアリング．
(2) 電気回路や装置で，導線を接続し信号を入出力することのできる箇所．

ダランベールの原理　d'Alembert's principle
⇒力．

ダランベールのパラドックス　d'Alembert's paradox
流体力学で極限をとるときに起きるパラドックス (limit paradox)．ダランベール (1717-83) は非粘性流体 (inviscid flow)（粘性のない流体）の方程式を解析していて，驚くべき結論に達した．非粘性流の中ではどんな形の物体でも抗力（⇒ドラッグ係数）が0であることを彼は示した．これは，低い粘性の中の現実の物体が数多くの実験で示す抗力と反するのでパラドックスとよばれた．このパラドックスは，どんなに小さい粘性であっても，それが0でないかぎり境界層を生じて，物体面と接する方向の流れを消してしまうということで解決された．粘性が小さくなると境界層は薄くなるが，境界層の向こうの物体に付着している流体の速度は0のままである．境界層の考えを渦，混合，分離などの過程と組み合わせると，流体の運動量の減衰や物体からの運動量の転移などで，つり合わない力や抗力が説明できる．

たる型ひずみ　barrel distortion
⇒ひずみ．

ダルソンバール検流計　d'Arsonval galvanometer
測ろうとする電流を長方形の細いコイルに流す．コイルはU字形の永久磁石の間にあり，鉛直線周りに自由に回れるようつり下げられている．ふつう，コイルの内側には軟鉄製の円筒がついている．この検流計は感度が非常に高く (nA の電流も検知できる), 同時に内部抵抗が小さく，減衰も大きい．ダルソンバール検流計という名称は，可動コイル型検流計一般をさすのにも用いられる．

他励の　separately excited
発電機の用語．界磁石の励磁の全部または大半が，外部の電源からの電流によって行われること．励磁電流が発電機の供給する負荷電流とは完全に独立で，したがって，発電機の出力電圧が0からその最大値まで変化しても，満足すべき動作が得られる．

単安定 monostable
ただ1つの安定状態をもつ回路だが，トリガーパルスをかけると第2の準安定状態へ移ることができる．あるものは，RC結合をもつマルチバイブレーターを構成する．単安定回路は一定の長さのパルスを発生し，パルスを伸ばしたり縮めたり，あるいは遅延素子として利用される．

単位 unit
物理学はこれが始まって以来，物理量の大きさを表す単位が多種多様であることによって不必要な煩雑さに絶えず悩まされてきた．この煩雑さは最終的にはSI単位系として知られている国際的に取り決められた単位系を採用することによって解決された．この単位系は，MKS電磁単位系を基本にしており，CGS単位系やフィート・ポンド・秒単位法は置き換わった．SI単位系は物理量（たとえば長さl）と表される単位との関係が非常に明解である．すなわち

$$物理量 = 数値 \times 単位$$

または，長さの場合，$l=n$(m)となり，nは数値で，mは長さのSI単位において認められている記号であるメートルである．この式は代数的に扱わなければならず，たとえばグラフの軸や表の行にメートル単位で数値を与える場合には$l/$mまたはl(m)と記さなくてはならない．→電磁気量の有理化．

単位格子 unit cell
結晶のすべての周期的構造の対称性をすべてもつもっとも小さな結晶構造の単位．6個の要素またはパラメーターによって定義される．それらは結晶の辺（結晶軸をとる）の長さa，b，c，および結晶軸間のなす角度α，β，γで表現される．

単位磁極 unit pole
これと等しい磁極を真空中に1cm離して置いた場合に1dyneの力を受けて反発するとき，これを単位磁極という．このCGS単位は現在では使われていない．→磁気単極子．

単一光子放射断層撮影 single photon emission computed tomography
→SPECT．

単位ベクトル unit vector
通常，i，j，kで表されるx，y，z軸方向の単位長さベクトル（vector）．ベクトル関数Fはこれによって，

$$F = xi + yj + zk$$

と書き表すことができる．これらのベクトル間の角度は90°なので，これらのベクトルの内積および外積（→ベクトル）は0か1になる．

段間結合 interstage coupling
いくつかの増幅段をカスケードに接続した多段増幅器において，1つの段の出力から次の段の入力への伝達を行う部分．よくみられる結合の型は，直接結合，抵抗性結合，容量性結合などの各方式である．

単結晶 single crystal
結晶の中で，同種原子の面が十分平行になっていて，入射放射線（X線）を協同的に回折し，回折パターンに明瞭なスポットを与えるようなものをいう．

淡彩 tint
→色．

探査コイル exploring coil
サーチコイル（search coil）ともいう．磁束を測るためのコイル．一般に衝撃検流計や磁束計に関連して用いられる．

端子 port
電子回路，部品，ネットワークなどにおいて，信号を与えたり，取り出したり，あるいは系の変数を観測，測定することができる接点．

単斜晶系 monoclinic system
→結晶系．

単純調和振動（単振動） simple harmonic motion (SHM)
物体に働く復元力が，運動方向の直線上にあり，その大きさが固定点からの変位に比例するときの物体の運動．力の方程式［運動方程式］は

$$m\frac{d^2x}{dt^2} = -kx$$

となる．ここで，mは物体の慣性質量，kは単位変位あたりの復元力である．$k/m = \omega^2$とおくと，この方程式の解は次のように書くことができ

$$x = A\cos(\omega t + \alpha)$$

ここで，Aは最大変位，ωは角周波数（$\omega = 2\pi f$）で，αは$t=0$における変位を決定する角度であり，初期位相（epoch）とよばれる．周期Tは$T = 2\pi/\omega$で与えられる．

単振動は，一様な角速度で円周上を回転している粒子の運動の，一直線上への投影として図示できる（図参照）．振幅Aは円の半径で，角度αは$t=0$における固定線OXからの変位角である．時刻tにおいて，変位xは

$$x = A\cos(\omega t + \alpha)$$

で与えられる.

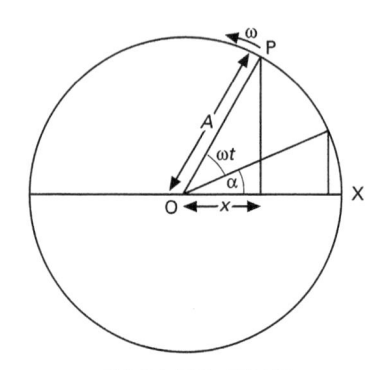

単純調和振動（単振動）

単色放射　monochromatic radiation
非常に狭い波長幅，理想的には1つの波長に制限された放射．さまざまな純度の単色光を切り出すために，干渉フィルターを使ったり，スリットでスペクトルの一部を切り出したり，レーザーを使うことができる．

単信　simplex operation
信号またはデータが一方向のみに伝送できる，2点間の通信路の動作．

探針（プローブ）　probe
(1) 測定回路やモニター回路を含む，あるいはつながれている導線．検査に使用される．この回路は能動素子あるいは受動素子からつくられている．
(2) エネルギーを注入する，あるいは取り出す目的で，導波路や空洞共振器の中に挿入する共振導体．

弾性　elasticity
物質・物体に，変形の応力が加えられたのちにもとの形や大きさを回復しようとする性質．

弾性エネルギー　resilience
弾性体に弾性ひずみとして蓄えられるポテンシャルエネルギーの量．普通は弾性限界まで弾性体をゆがませるのに要する仕事を弾性体の体積で割ったもので定義される．

弾性限界　elastic limit
応力を取り除いたあとに，何らかの永久変形が残るような最小の応力（必然的に曖昧な用語である）．⇒フックの法則，降伏点．

弾性散乱　elastic scattering
⇒散乱．

弾性衝突　elastic collision
⇒衝突．

弾性定数　elastic constant
ヤング率 E やポアソン比 μ など，均一な媒質中での応力とひずみを関係づける定数（⇒弾性率）．等方的な材質の振舞いを特定するには2つの定数が必要であり，これらは線形な関係式で関係づけられる．ひずみ e の x 方向の成分と垂直応力 σ の成分との間には
$$e_x = (1/E)[\sigma_x - \mu(\sigma_y + \sigma_z)]$$
の関係が成り立つ．ここで σ_y, σ_z は，応力の y, z 方向の成分である．同様の関係式が，ひずみの y, z 成分についても成り立つ．一般的に，非等方的な固体の場合は，21個の弾性定数で記述される．

弾性ヒステリシス　elastic hysteresis
弾性体に加える応力を段階的に増加させ，ついで同じく減少させていくときに起こる現象．減少時の方が，増加時よりも同じ応力に対するひずみが大きくなる．このヒステリシスは，鋼鉄のような材質では小さいが，ゴムのような不完全な弾性体の場合には非常に大きくなる．応力とひずみの関係を表すグラフ上でヒステリシスループ（hysteresis loop）が囲む面積は，応力をかけて取り除く1周の過程で，単位体積あたり失われるエネルギーを表している．
弾性ヒステリシスは，振動の減衰や動物の動きなどの説明でも重要である．

弾性変形　elastic deformation
固体を変形させようとする応力が働いている間だけ生じる，固体内の各点の相対位置の変化．

弾性率　elastic modulus, modulus of elasticity
弾性体の弾性率．比例限界の範囲内での，ひずみと応力の比．いくつかの弾性率があるが，すべてが独立というわけではない．⇒弾性定数．
フックの法則に従う物体において応力の変形に対する比．さまざまな変形に対しいくつかの率がある．

(1) ヤング率（Young modulus）
$$E = \frac{\text{断面の単位面積あたりの負荷}}{\text{単位長さあたりの長さの増加}}$$
着目している棒の側面が束縛されていない場合の引っ張り応力に当てはまる．⇒ポアソン比．
軸弾性率（axial modulus）は，横方向の変形がないときのヤング率の特別な場合である．

(2) 体積弾性率（bulk modulus (or volume elasticity)）

$$K = -\frac{単位面積あたりの力}{単位体積あたりの体積の変化}$$

これは圧縮あるいは膨張に適用される．たとえば，物体が静水圧下で変形する場合．固体同様流体も体積弾性率をもつ．

(3) せん断弾性（剛性）率（shear (or rigidity) modulus）

$$G = \frac{単位面積あたりの接線方向の力}{角度変形}$$

変形が次元をもたないため，弾性率は応力の次元，つまり，力/面積をもつ．等方的な固体のさまざまな弾性率とポアソン比は相互に関係がある．物理の数表に与えられよく使われる弾性率は等温条件下で測定され，断熱的な値はそれよりつねに大きい．

もし応力が変形に比例しない場合（鋳物金属，大理石，コンクリート，木など），弾性率は，ある特定な応力の値ごとに，応力の微小変化と変形の微小変化との比として定義されなければならない．

単接合トランジスター　unijunction transistor, double-base diode

薄くドープされた（すなわち，高抵抗の）棒状のn型半導体の，中央付近に逆の極性に濃くドープされた半導体部分を接合したトランジスター（図a）．棒の両端（ベース1とベース2）と中央の領域（エミッター）で金属をオーム性接触させる．

棒状部分に電圧 V_b を印加すると棒の部分で電圧降下が起こる．点Aにおける接合の正電位の低い側の電位を V_1 としよう．電圧 V_e がエミッターに印加されると，$V_e < V_1$ であるから接合部は逆バイアス状態（⇒逆方向）になり電流はほとんど流れない．V_e が V_1 まで上昇すると，接合部は点Aで順バイアスになる．空孔（正孔）が棒の部分に流入し，正電位の低い側（ベース1）に引き寄せられ，Aとベース1間の抵抗が減少する．点Aの正電位は下がり，接合部のほとんどが順バイアス状態になる．このためエミッター電流 I_e が急激に上昇する．I_e が増加すると降下した抵抗が V_e を引き下げ，素子は負性抵抗を示すようになる．典型的な特性を図bに示す．エミッター電圧 V_2 になるまで素子は負性抵抗を示す．V_1（素子が伝導性になる電圧）と V_2 の間の切り替え時間は，素子の幾何学的配置とバイアス電圧 V_b により決まる．V_b が増加すると，V_1 が増加し，V_2 でのエミッター電流も増加する．

単接合トランジスターは，緩和発振回路でもっともよく使われる．

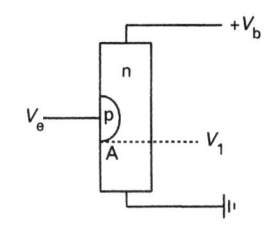

(a) 単接合トランジスター

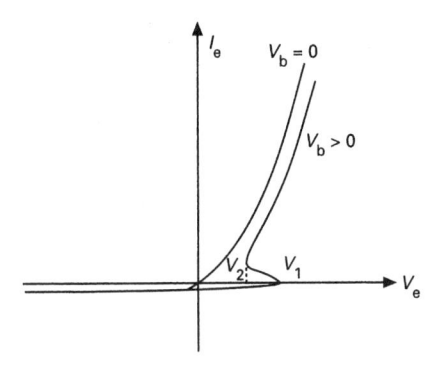

(b) 単接合トランジスターの特性

単相　single-phase

電気システムまたは装置の用語．単一の交流電圧のみが存在する．⇒多相系．

単側帯波伝送　single-sideband transmission (SST)

搬送波の振幅変調によって生成された2つの側帯波の一方のみの伝送．搬送波およびもう一方の側帯波は，ふつう送信側で除かれる．受信機側で，局部発振波と側帯波を合成することによって人工的に搬送波を再生することが必要である．局部発振の周波数は，もとの搬送波の周波数にできるだけ近くすべきであるが，この要求は両側帯波伝送（double sideband transmission）の場合のように厳しくはない．SSTを，搬送波と2つの側帯波が伝送される方式と比較したときの主要な利点は，伝送されるパワーを削減できること（なぜなら，搬送波と一方の側帯波が伝送されない），および特定の周波数帯内において信号の伝送に必要な帯域幅を狭くできることである．

炭素サイクル　carbon cycle
4つの水素の原子核から，γ線（γ），ポジトロン（$\bar{e}$），およびニュートリノ（ν）の放出を伴いながら1つのヘリウム核ができる，核反応のサイクル．すなわち，

$$^{12}C + {}^1H \rightarrow {}^{13}N + \gamma$$
$$^{13}N \rightarrow {}^{13}C + \bar{e} + \nu$$
$$^1H + {}^{13}C \rightarrow {}^{14}N + \gamma$$
$$^1H + {}^{14}N \rightarrow {}^{15}O + \gamma$$
$$^{15}O \rightarrow {}^{15}N + \bar{e} + \nu$$
$$^1H + {}^{15}N \rightarrow {}^{12}C + {}^4He$$

このサイクルの最終過程で，ふたたび炭素12が生成される．したがって，炭素12は，触媒の役目を果している．このサイクルは，高温の重い星における主なエネルギー源と考えられている．→陽子-陽子連鎖，核融合炉．

炭素抵抗器　carbon resistor
→抵抗器．

炭素年代測定　carbon-14 dating
→年代測定．

炭素マイクロフォン　carbon microphone
圧力が増えると炭素粒の接触抵抗が減るのを利用するマイクロフォン．音波による振動が振動板によって炭素粒子に伝えられ，その結果，生じた抵抗の変化は炭素粒に流れる電流の変動として検出される．

タンデム高電圧発生器　tandem generator
ヴァンデグラーフ高電圧発生器の変形で，同じ加速電位で粒子のエネルギーを2倍にする．負のイオンは地電位から加速され，電子がはぎとられ，正のイオンとなり，今度は地電位へと加速される．これは2つの発電機を直列につなげることによって得られる．

断熱過程　adiabatic process
ある過程において，系より熱が出入りしない場合をいう．たとえば，シリンダーの中の気体をピストンで圧縮したり，膨張させたりする場合，気体と容器の間で熱の交換が起こらないような場合である．断熱膨張では気体の温度は下がり，断熱圧縮では温度は上がる．理想気体の場合の体積 V の変化は可逆的で，圧力 p との間に $pV^\gamma = K$ の関係がある．ここで K は定数，$\gamma = C_p/C_V$ は気体の定圧・定積比熱の比である．可逆的断熱過程（→可逆変化）はすべて等エントロピーすなわち過程を通じてエントロピーが変化しない過程である．→等温過程．

断熱消磁　adiabatic demagnetization
絶対零度に近い温度を作り出す過程．常磁性塩を電磁石の電極間に置き，磁場を印加する．発生する熱を液体ヘリウムの冷媒で取り去る．次に熱的に遮断した上で磁場を切る．これで物体は断熱的に消磁され冷却される．

短波　short-wave
波長が10〜100 m の間（高周波帯）にある電波の名称．

ダンパー　damper
電気的計器または多種の計器に用いられる，必要な量の減衰を与える装置．→減衰する．

単発マルチバイブレーター　single-shot multivibrator
→単安定．

単巻変圧器　autotransformer
2つまたはそれ以上の独立に巻いたコイルではなく，1つのコイルで中間にいくつかのタップのある変圧器．それぞれのタップの間の電圧と全体にかけられている電圧の比は，それぞれの部分の巻数と全体の巻数の比に等しい．

断面積　cross section
記号：σ．ある衝突過程の確率を表すものさし．入射粒子に対して標的の実効的な面積で表現する．たとえば中性子のビームが物質を通過するとすると，中性子が衝突で取り込まれてしまう中性子捕獲という反応が考えられる．中性子が捕獲される原子核から最小距離 d で捕獲が起きるとすると，核が中性子を捕獲する実効断面積（捕獲断面積 capture cross section とよぶ）は入射中性子に対して $\sigma = d^2$ となる．σ は核の実際の断面積ではなくて，中性子捕獲の実効断面積である．これはまた，活性化断面積（activation cross section）ともよばれる．断面積の値は核によっても変わるが，入射中性子のエネルギーによっても変化する．とくに，重心系でみた運動エネルギーが原子核の基底状態とある励起状態の差に等しいとき，断面積は大きくなる．これを共鳴断面積（resonance cross section）とよぶ．

断面積は原子，電子，イオンなどの反応だけでなく，種類の違う原子核どうしの核反応のときにも用いられる．断面積の単位は m^2 で，バーンが用いられることもある．

短絡　short circuit
回路の2点間において，故意または他の原因により，抵抗の著しく小さな電気的接触を生じること．

チ

チェレンコフ検出器 Cerenkov detector
高速荷電粒子（通常は水中を運動する）が発生するチェレンコフ放射を1つまたは複数の光電子増倍管で高感度に検出する装置．粒子の速度情報を得ることができる．

チェレンコフ放射 Cerenkov radiation
透明な媒質中をその媒質中での光の速度 c' よりも速い速度 v で運動する高速荷電粒子線により放射される青味を帯びた光．光は粒子の進行方向に対して θ の角度に放出され，円錐状の波面を形成する．ここで，$\cos\theta = c'/v$，$c' = c/n$．n は媒質の屈折率，c は真空中の光速度である．θ を測定することにより，粒子の速度，さらに粒子が何かわかっている場合は，その運動エネルギーが求められる．チェレンコフ放射は，衝撃音によって生じる衝撃波に似ている．

遅延 time delay, time lag
主回路で電流が応答してから，ブレーカー，リレーなどの装置により回路が閉じられるまでの時間の遅れ．

遅延線 delay line
送信線その他の装置で，信号の送信の際に一定の時間の遅延を挿入するためのもの．音響遅延線（acoustic delay line）は，通常，圧電効果を用いて信号を音響波に変換し，この波が液体や固体中を通ることで遅らせ，電気信号に再変換する装置である．電気的なアナログ遅延線（analogue delay line）は CCD を用いており，ディジタル遅延線（digital delay line）は CCD とシフトレジスターを用いている．

地殻均衡説 isostasy
地球の地殻に働く鉛直方向の力が不変であるときに達成される平衡状態．その理論は最初にクラレンス・ダットン（Clarence Dutton）によって，もし地球が均質な材質で構成されていたら表面は平坦になっていくであろうという考えのもとで提唱された．地球表面が凹凸を示していることからダットンは地殻が大きなスケールで密度変化をもっているはずであると結論づけた．密度が低い領域—山や高原—では表面は膨らみ，密度が高い領域では表面は深みに押し付けられて沈殿物で満たされる．低密度の地殻はマントル（mantle）（**地球参照**）とよばれる層の上に浮かんでいると信じられている．マントルの材質は固体であるけれども大陸の重みによる圧力が非常に大きいためにマントルは粘性流体としてふるまうと考えられている．地殻均衡説の前提の証拠は地球表面の重力異常で示されている．

力 force
記号：F．単位：ニュートン［N］
古典物理学での力は慣性座標系に関するニュートンの運動の法則によって定義されている．ニュートンの第二法則では一定の質量 m をもつ物体に働く力は，$F = ma$ の大きさをもつ．ここで，a は加速度である．力は a と等しい方向をもつベクトルである．

力には遠距離（long range）で働くものと近距離（short range）で働くものがある．遠距離力は距離の逆二乗則に従う**重力**や**クーロン力**であり，距離の逆4乗よりも緩やかに減衰する．原子核内の力（⇒**強い相互作用**，**弱い相互作用**）や分子間力のような近距離力は距離の逆4乗より速く減衰する．近距離力は凝縮した物体で隣接した物体間距離程度で，すでに小さいことが示されている．

解析には見かけの力を導入すると便利であることがある．それには2種類あって，慣性系力（inertia force）と慣性力（inertial force）である．

慣性系力は実際の力の合力と同じ大きさで逆方向に働く見かけ上の力である．慣性系力はいかなる実際の相互作用も表さないので，ニュートンの第三法則に従わない．ダランベールの原理（principle of d'Alembert）（1742）によるとすべての加速されている物体は実際の力と見かけ上の力がつり合っているように振舞う（$F - ma = 0$）．

観測者が慣性系に対して加速している場合には，ニュートンの法則は実際の相互作用には適用できなくなる．そのような場合，慣性力という見かけの力を導入すればニュートンの法則は適用できるようになる．とくに観測者が回転している場合には，コリオリ力（Coriolis force）とよばれる，見かけ上の力が適用できる（⇒**コリオリの定理**）．これは物体の運動方向とは垂直方向に物体の軌道を曲げる方向に働く見かけの力である．発射された物体（ロケットなど）の問題や大気，海洋の働きはこの方法で扱われることが多い．

質量 m の粒子が半径 r の円弧上を，一定の角

速度 ω で動いているとき中心に向かって $r\omega^2$ の加速度があり，ニュートンの第二法則によれば粒子に働く力は中心方向の求心力（centrical force）$mr\omega^2$ となる．ダランベールの系では同じ大きさで半径方向外側に働く見かけの慣性力が存在する．また観測者が粒子と同じ軌道にいる場合，求心力と同じ大きさで逆方向の慣性力を感じる．これらの慣性力は中心から離れる方向に働くため，遠心力（centrifugal force）とよばれる．ニュートンの第三法則によれば，求心力は実際の力であるため，同じ大きさで逆向きの実際の力が回転する物体を支えているもう一方の物体に働かなければならず，これもしばしば遠心力とよばれる．

力の比 force ratio, mechanical part
→機械．

地球 earth（planet）
太陽から数えて，3番目の惑星．地球は極方向に扁平な回転楕円体で，太陽の周りを平均距離1天文単位（1 AU）で周回する．質量は 5.976×10^{24} kg，平均半径は 6370 km である．地球の内部は非等方的，不均一であり，密度の深度プロファイル（density-depth profile）は自明ではない．このプロファイルは，地震後に起こる地震波，地表重力場，地球の自由振動を解析する技術を組み合わせて決定される．

地球の海洋地殻の厚さは 5～7 km で，大陸地殻の厚さは約 40 km である．地殻とケイ酸塩岩のマントルを隔てるのがモホロビチッチ不連続面である．上部マントルは複雑な構造をもっているが，これはケイ酸塩の結晶中で起こる組成変動もしくは相転移（→相律）のためであると考えられている．下部マントルの密度は，地核直上のグーテンベルグ不連続面とよばれる領域以外，深さとともに徐々に増加する（平均 5000 kg m^{-3}）．マントルの厚さは合計約 2900 km である．

ニッケルと鉄からなる地核は，体積的には6番目であるが，質量は地球の約 1/3 である．この外核は密度約 10 000 kg m^{-3} の液体である．核の密度は深さとともに増加し，最大となる内部の固体部分では約 13 000 kg m^{-3} に達する．この内核の平均半径は約 1220 km である．→プレートテクトニクス

地球温度勾配 geothermal gradient
地表から深くなるにつれ地球の温度が上昇すること．地表付近ではこの勾配はかなり急で，24°C km^{-1} である．しかし広範囲にわたって融けたマントルが存在しないところをみると，温度勾配の大きさは，深くなるに従い減少していくものと考えられる．その結果，上部マントルの温度は 1200°C と推定される．マントル自身のなかの温度勾配は小さく 0.33°C km^{-1} と考えられている．

地球温度勾配によって，地球の内層からの熱流束（heat flux）がわかる．熱流束の大きさは，表面岩石の熱伝導率と温度勾配から計算できるはずである．岩石の熱伝導率の大きさは岩石の年齢によって大きく変わる．たとえば海底の地殻の年齢を t とすると，熱流束は $\sqrt{t}$ の関数で減少することが知られている．海底の地殻での熱流束の平均値は 100 mW m^{-2} であるが，10^8 年古い地殻では 50 mW m^{-2} と小さくなる．大陸では古い岩石の熱流束の平均値は 38 mW m^{-2}

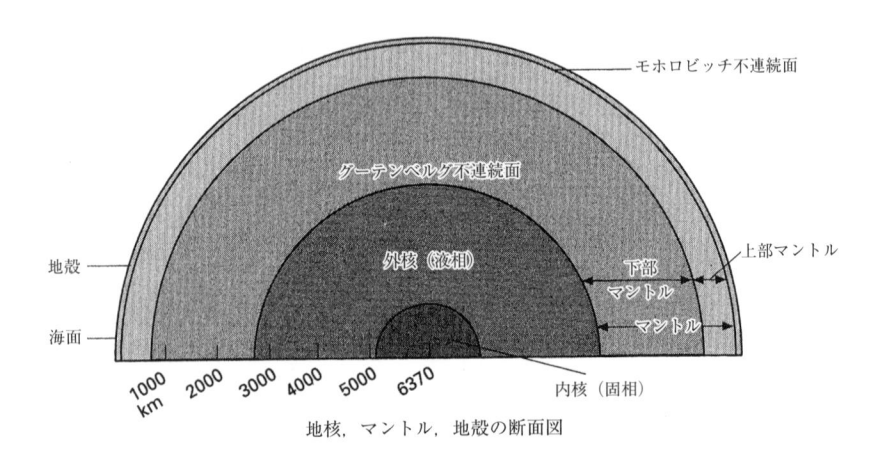

地核，マントル，地殻の断面図

であるが，若い岩石では $60～70\,\mathrm{mW\,m^{-2}}$ と大きくなる．

地表の岩石の内部に起こる放射能によって生じる発熱も熱流にかなり効いてくる．地殻および上部マントルの中で放射性元素が崩壊すると熱流をつくる．そのほかの熱源として考えられるものは地球生成の際に残された重力エネルギーが転化したものや発熱化学反応である．

地球磁場 earth's magnetic field
⇒地磁気．

地球（電）磁気学 geomagnetism
地球磁場とその変動を研究する学問．地球表面上の任意の点で，つぎの地磁気3要素が定義される．
B_0 はその地点での磁束密度の水平成分 δ は伏角（dip または inclination）で，その地点での合成全磁場と B_0 のなす角 α は偏角（declination または variation）で，B_0 と地理学的な北とのなす角．地球の磁束密度の垂直成分 B_v は
$$B_v = B_0 \tan \delta$$
で与えられる．この3要素には2種類の変動が観測されている．ゆっくりとした永年変化は周期的なあるいは準周期的な地球-太陽現象に関連付けられる．磁気嵐（magnetic storm）とよばれる急激な変動は，たとえばフレアとよばれる太陽現象の結果起こる．

地磁気3要素の英国における値は
$$B_0 = 1.88 \times 10^{-5}\,\mathrm{T}$$
$$\alpha = 9.8°\,\mathrm{W}$$
$$\delta = 66.7°\,\mathrm{N}$$
$$B_v = 4.35 \times 10^{-5}\,\mathrm{T}$$
である．

偏角の緩やかな時間変動のため，磁極の位置も時間的に変動する．大きな磁気擾乱（多くの場合太陽活動の活性化と関係している）があるときは，両極は短期間に150kmも移動することがある．20万年から30万年ごとに磁気極はN極がS極に，S極がN極なるというように反転することが知られている．

地球磁場は棒磁石の磁場に似た形をしている．しかし地磁気は地球内層で物質が流れるために維持されているダイナモ（発電）の存在によるものと考えられている．

地球の年齢 age of the earth
⇒地質年代学．

地球の平均密度 earth's mean density
ニュートンの万有引力の法則から，平均密度 ρ は
$$g = 4\pi G\rho R/3$$
から求められる．ここで，g は自由落下の加速度，G はニュートンの重力定数，R は地球の半径である．これらの測定値を用いて密度を計算すると，
$$\rho = 5.515 \times 10^3\,\mathrm{kg\,m^{-3}}$$
となる．地表面の固体の密度は平均すると水の密度の2.7倍となっているため，地核の比密度は5.5をこえていなければならない．それは10～12の間，すなわち大きな圧力下にある鉄-ニッケルの比密度にほぼ近いと計算されている．

地球物理学 geophysics
地球を研究する物理学．地球自身の構造と進化，地球大気，海洋，大陸移動など地球内の運動，山の生成，地震（⇒プレートテクトニクス，地震学）などを論じる．また地磁気，鉱物資源の地球物理学的探査，大気圏および海洋における循環なども対象である．

蓄積型オシロスコープ storage oscilloscope
とくに単一現象の速い信号を捕らえ，それをリセットするまで表示し続ける機能をもつオシロスコープ．ディジタル蓄積型オシロスコープは入力信号を取り込み，蓄積し，表示する．他の方式の蓄積型オシロスコープとしては，スクリーンの背後にある標的電極に電荷模様として像を保持できる特殊な陰極線管を用いているものもある．この模様に電子線を当てることで蓄積されている信号を見ることができる．

蓄積時間 storage time
(1) 一般に，情報の有為な損失なく情報を保存できる最大の時間．
(2) p-n接合の．逆バイアス（⇒逆方向）をかけてから逆電流サージ（過渡電流）が治まるまでの時間間隔である．逆電流はキャリヤー蓄積（carrier storage）により生じる．すなわち，順バイアスの場合には，注入された余分な少数キャリヤーが接合部に蓄積される．逆電流サージは，再結合あるいは接合部の再横断によりこの余分な電荷がなくなるまで流れ続ける．

蓄電池 accumulator
再充電できる電池．畜電器．もっとも一般的な鉛蓄電池は表面に硫酸鉛をめっきした2枚の電極を硫酸の中に浸してつくる．直流電源につなぐと電流が流れ，陽極は酸化鉛（過酸化鉛）になり，陰極は金属鉛になる．こうしておいて，今度は電極を外部回路につなぐと，化学反応は逆行して，茶色の過酸化物の電極から灰色の金属鉛の電極の方へ外部回路を通して電流が流れ

る．化学反応は次式のように書ける．
$$PbO_2 + Pb + 2H_2SO_4 \Leftrightarrow 2PbSO_4 + 2H_2O$$
右から左への反応が放電，左から右への反応が充電時に起こる．

ニッケルと鉄（またはカドミウム）の電極を20％の水酸化ナトリウム溶液に浸した蓄電池も利用されている（⇒エジソン蓄電池）．

地磁気　geomagnetism, terrestrial magnetism
⇒地球（電）磁気学．

地質年代学（ジオクロノロジー） geochronology

相対的あるいは絶対的な方法を使って，地質学的な時間間隔を推定する．相対的方法では，化石または沈着物を比較するが，この場合は試料の相対的な年代のみがわかる．絶対的な方法では，試料の中に存在する放射性物質の崩壊の速さから，地質学的年代を評価する．1950年代にパターソン（Patterson）とホーターマン（Houterman）は地球の年齢（age of the earth）は45億年であると評価した．彼らの方法は石と鉄の隕石の中の鉛の同位体の量を比較することである．鉄の隕石の鉛同位体の含有量は地球がつくられた時点での原始の組成を表している．鉄の隕石と同時につくられた石の隕石も同じ原始組成をもっていたものであるが，石の場合には生成時に多くのウランを中に取り込んだ．ウランは放射崩壊して ^{206}Pb と ^{207}Pb をつくるので，鉛の同位体組成は時間とともに変化する．したがって，鉄の隕石の鉛の同位体組成を基準にした，石の隕石の鉛の組成の比から生成から経過した時間を計算することができ，これが45億年であるとしたものである．

地上波　ground wave
地上にあるアンテナから放射され，地表に沿って伝播する電磁波（ラジオ波）．電離層波（ionospheric wave）と対比される．⇒電離層．

チップ　chip
単一の電気素子，または組み合わさった回路素子を含んだ半導体素子の単結晶の小片．チップは通常大きな単一結晶，または積算回路などの組立に用いられる半導体ウエハ（wafer）から切り取られる．チップはその後さまざまな形で，たとえば二重パッケージ（DIP）にまとめられる．

地電流　earth current
(1) アースへと流れる電流，とくに系の故障の結果起こる．

(2) 地球内を流れる電流で，電離層の撹乱と関連があるもの．

地熱エネルギー　geothermal energy
⇒再生可能エネルギー資源．

遅発中性子　delayed neutron
核分裂に伴って放出される中性子のうちで，核分裂の過程中に直接放出されるものではなく，核分裂で生成され，β 崩壊してもまだ励起状態に残っている原子核から放出されるもの．

チャネル　channel
(1) コンピューターや通信システムにおいて，情報が伝わるルートのことをいう．たとえば，2台のコンピューター間を結ぶ電話回線や，ラジオやテレビ放送の送受信に割り当てられた電波の周波数帯域などである．

(2) 電界効果トランジスターで，その電気伝導率がゲートへの入力電圧で変調されるソースとドレイン間の領域．

チャーム　charm
クォークとハドロンの理論で用いられる量子数．チャームクォーク (c) はチャーム $+1$ をもち，その反クォーク $\bar{c}$ はチャーム -1 をもつ．それ以外のすべてのクォークのフレーバー（香りの自由度）はチャーム 0 をもつ．粒子のチャームはチャームクォークの数から反チャームクォークの数を引いたものの総和である．

チャンドラセカール限界　Chandrasekhar limit
電子縮退圧によってのみ保持される回転していない星の理論的な質量限界（⇒縮退，縮退気体）．白色わい星は電子縮退圧によって保持され，これが白色わい星の質量の上限を決める（太陽質量の約1.4倍）．より重い星は白色わい星になれず，崩壊し，超新星とよばれる，より破滅的な終末を迎える．

中間圏　mesosphere
⇒大気層．

中間子（メソン）　meson
強い相互作用に関与するゼロまたは整数のスピンをもつ素粒子の総称．定義より，中間子はハドロンでかつボソンである．π 中間子（パイオン）(pion, pi-meson) と K 中間子（ケイオン）(kaon) は中間子である．中間子はクォークと反クォークからなる複合粒子で，これらはグルーオンとして知られる粒子を交換しながら互いに束縛されている．⇒付録，表7．

中間周波数（I）　intermediate frequency
⇒スーパーヘテロダイン受信器．

中間周波数（Ⅱ） medium frequency
⇒周波数帯域．

中間致死量 median lethal dose（MLD）
ある生物種においてある一定期間中にその個体数の半分が死ぬような放射線量．

中間ベクトルボソン intermediate vector boson
弱い相互作用を媒介するボソンの2形態．W粒子とZ粒子．

中継器 repeater
1つの回路中の信号を受け，他の1つかそれ以上の回路へその信号を送る装置で，とくに電信電話網で用いられている．中継器はふつう，信号を増幅したり，伝送されてきたパルスを再生したりする．

中心対称 centrosymmetry
点対称のこと．中心対称性をもつ結晶では，その結晶面は，表面特性において互いに等しいか，または左右対称の関係（左手と右手の関係）でかつ平行ないくつかのペアによって構成される．中心対称操作は，軸の周りに180度回転させ，軸に直角な面に対して鏡像変換することと同等である．

中心力 central force
動いている物体にかかる力で，つねにある定点か，ある法則に従って動く点に向かっている．

中性 neutral
(1) 正の電荷も負の電荷もない．
(2) アース電位．
(3) 色がない．黒，白，灰色．

中性子 neutron
電荷0で，静止質量が $1.674\ 927\ 351(74) \times 10^{-27}$ kg つまり $939.565\ 379(21)$ MeV/c^2 の素粒子．普通の水素以外のすべての原子核に含まれている．束縛されていない中性子は平均寿命914 s で β 崩壊する．中性子は，スピン1/2，アイソスピン1/2，と正のパリティをもつ．フェルミオンであり，強い相互作用をするためハドロンに分類される．
中性子は高エネルギー粒子か光子により原子核からはじき出される．必要なエネルギーは通常約8 MeVであるが，それより少ないこともある．核分裂はもっとも多くの中性子を取り出せる．中性子の検出は，中性子が起こす核反応で生成した二次粒子を普通の電離放射線検出器で検出して行う．チャドウイック（Chadwick）による中性子の発見（1932年）では，水素を含む物質中で中性子が陽子を弾性衝突ではじき出し，その陽子の軌跡を検出した．
他の核粒子と違って，中性子は核の電荷により反発されず，非常に効果的に核反応を起こす．しきい値エネルギーがない場合，相互作用断面積は低エネルギー中性子で非常に大きくなり，原子炉で大量につくられる熱中性子は大規模な核反応を起こす．(n, γ) 過程による中性子の捕獲は大量の放射性物質をつくり，癌治療に役立つ ^{60}Co のような核と望ましくない副産物の両方をつくる．

中性子回折 neutron diffraction
中性子ビームの回折によって固体の結晶構造を決定する技術．原理的に電子回折と似ており，X線結晶学の代わりに使える．中性の波長はドブロイの式よりその速度と関係があり，速度が約 4×10^3 m s^{-1} の中性子は約 10^{-10} m の波長をもつ．

中性子過剰数 isotopic number, neutron excess
核種における中性子数と陽子数の差．

中性子数 neutron number
記号：N．原子核中の中性子の数．中性子数は質量数から原子番号を引けば得られる．

中性子星 neutron star
核反応のエネルギー源を使いつくし，重力崩壊を経た星．星は電子縮退の状態に達しているが，十分な質量（太陽の質量の1.4倍以上）をもっているためにさらに収縮が起こる．密度が 10^7 kg m^{-3} をこえると，陽子，電子と中性子の間の平衡は中性子が増える方向に移り，密度 5×10^{10} kg m^{-3} で陽子と電子の90%が相互作用して中性子をつくる．もし星の質量が太陽質量の2.0倍以下ならば，中性子間の強い反発力が急速な圧力上昇を招く．収縮は止まり，安定な中性子星ができる．半径は20～30 kmしかない．ほぼ確実にパルサーは回転する中性子星である．

中性子束 neutron flux, neutron flux density
単位体積中の自由中性子の数とその平均速度の積．動力用原子炉の中性子束は 10^{16}～10^{18} m^{-2}s^{-1} の範囲にある．

中性子年齢 neutron age
無限に大きな均一媒質内で，中性子がある特定のエネルギー範囲を減速するとき進む距離の2乗平均の1/6．⇒フェルミの年齢理論．

中性子放射化分析　　neutron activation analysis (NAA)
→放射化分析.

注入　injection
(1) 一般に，信号を電子回路または素子に入力すること.
(2) 半導体で，キャリヤー（電子や正孔）の全数が熱平衡時の数をこえるようにキャリヤーを半導体へ導入する過程.キャリヤーを導入するにはいろいろな方法がある.たとえば接合へ順方向バイアスをかけることや，光の照射など.過剰キャリヤーの数が熱平衡の数と同程度なら，高レベルの注入（high-level injection）という.

注入型レーザー　injection laser
→半導体レーザー.

注入効率　injection efficiency
順方向バイアスをかけたときのp-n接合の効率.注入された少数キャリヤーの電流と接合を通る全電流との比で定義される.

中波　medium-wave
電波で，その波長が0.1〜1 km，周波数が3〜0.3 MHzの範囲にあるもの.

中立温度　neutral temperature
1つの接点を0℃に保った熱電対で，高温の接点が温度θのとき，公式
$$E = \alpha\theta^2 + \beta\theta$$
により起電力Eは変化する.ここで，α, βは定数である.$\theta = -\beta/2\alpha$のときEは最大値をとる.これが中立温度とよばれる.熱電対の使える領域はふつう0℃と中立温度の間に限られる.

中立平衡　neutral equilibrium, indifferent equilibrium
→平衡，つり合い.

中和　neutralization
増幅器固有のあらゆる正のフィードバックを打ち消すために負のフィードバックの用意をすること.増幅器内の正のフィードバックは発振を引き起こし通常望ましくない.中和は，高周波増幅器でミラー効果を抑えたり，プッシュプル動作で寄生発振を避けるために普通用いられる.

超ウラン元素　transuranic element
→放射能.

超遠心機　ultracentrifuge
非常に速い角速度で運転される遠心分離機.コロイド溶液に適している.コロイド粒子を分離したり，その大きさや分子量をタンパク質などの巨大分子に対する相対的分子量として測定することができる.定量分析器では透明容器を用い，沈殿物の生成を写真記録する.→沈降.

超音速流　supersonic flow
流体中での音速をこえる速度で運動している流体.このような場合，流れ中の密度変化はもはや無視できない.流体中を進む物体の速度が増加し，音速をこえるとき，衝撃波を形成するために抵抗（抗力）は増大する.→衝撃音.

超音波　ultrasound
超音波周波数の音響波.→超音波学.

超音波学　ultrasonics
人間の可聴範囲より高い周波数，すなわち約20 kHz以上の周波数の機械的振動の研究と応用のこと.理論的には超音波周波数の上限はないが，実用上は通常20 MHz程度までである.超音波は基本的に音波と同じ性質をもっており，両者とも音響波の例である.

超音波は，圧電発振器や磁気ひずみ発振器で発生させる.いずれも高周波電気振動発生を強い機械振動に変換する.また，ガルトンの笛やハルトマン超音波発生器により機械的に発生することもできる.圧電発振器は超音波を検出し，その波の振幅および周波数を測定するのにも使われる.

別の検出法として，超音波が横切った液体中で起こる光の回折を利用したものがある.超音波のつくる粗と密のくり返しは，液体中で光の回折格子の働きをし，光学的回折が起こる.波長λのレーザー光の細い平行光線は，スリットから入射し，液体の槽を超音波に対してある角度で通り抜けていく.レーザー光に沿って見るとスリットの中心と回折像が見える.λ_sを液体中での音波の波長とし，α_kをk次の回折角とすると，
$$\sin \alpha_k = k\lambda/\lambda_s$$
これは音波の波長，すなわち超音波周波数領域の液体中での音の速度を測定するための非常に正確な方法である.

超音波の応用は科学，応用科学の多くの分野で数え切れないほどある.ソナー，**超音波撮像**，割れ目の検知，超音波振動による溶液中の小さい物体の洗浄，異なる材料の溶接，アルミニウムのはんだづけ，などである.

超音波検査　ultrasonography
→超音波撮像.

超音波撮像　ultrasonic imaging
超音波検査（ultrasonography）ともいう.超音波（→超音波学）で体の柔らかい組織の像

患者の脳の表面でエコーが発生する

プローブ

3 2 1

1 2 3

A 走査時のオシロスコープの信号

(a) A 走査

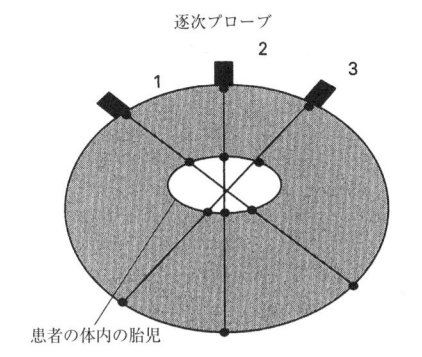

逐次プローブ
1 2 3

患者の体内の胎児

複合二次元走査

胎児の像

(b) B 走査

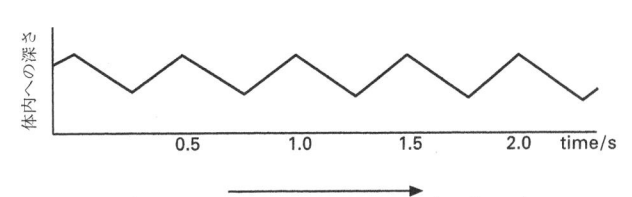

体内への深さ

0.5　1.0　1.5　2.0　time/s

時間 0.75 s, 1.00 s, 1.25 s, 1.50 s におけるプローブ

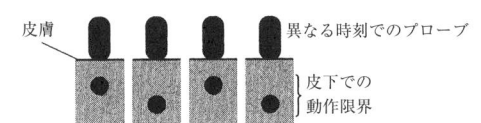

皮膚　　　　　異なる時刻でのプローブ

皮下での
動作限界

時間 0.75 s, 1.00 s, 1.25 s, 1.50 s での動く構造体

(c) M 走査

超音波撮像

を写す方法で，医療分野で用いられる（このような組織をX線で写すことはできない）．おのおのの細胞組織界面で，入射超音波は反射され，検出器で像を結ぶ．多くの場合，音波源と検出器には同じ圧電結晶が用いられ，周波数は1〜15 MHzの範囲にある．現代医療では，おもに3つのタイプの超音波走査が用いられている．これらの走査は，基本的に以下に示す3種類の超音波反射ビームからのデータ取得法に対応する．

(1) A走査（A-scan）すなわち振幅走査（amplitude scan）．基本的に距離を調べる走査である．図aに入射超音波の体内の面3か所（1，2および3）でのエコー（スパイク）を示す．面の存在する深さは，陰極線オシロスコープ（CRO）のスクリーン上に遅延時間として写し出される．おのおののスパイクの高さは，反射信号の振幅に相当する（そのため振幅走査とよばれる）．A走査は，たとえば，超音波脳検査時に脳の正中線を決めるときなど，精密な深さ測定が必要なときに使われる．

(2) B走査（B-scan）すなわち輝度走査（brightness scan）．この走査では，プローブをゆっくりと患者の体の周りで動かす．CROは，距離検知のための走査を（1，2および3の位置で）行ったときのエコーを順次取り込み，それらを輝点としてディスプレイ上に写し出す（そのため輝度走査とよばれる）．もう一度，反射波の到達時間から内面の深さが計算され，輝点の明るさでその反射信号強度がわかる（図b参照）．B走査によって得られる2次元の像は，子宮内の胎児の成長，あるいは肝臓，腎臓，卵巣などにできた異常組織の診断に適している．また，B走査は，動脈瘤（動脈の肥大部位）の検査にも威力を発揮する．

(3) M走査（M-scan）．反射信号の遅延時間はCROのX面を横切る位置の差に変換される．オシロスコープのタイムベースがM走査での時間軸になる．皮膚の内部での規則的な振動構造によって，波打つ信号波形が現れる．図cは，0.5秒周期で振動している様子で，0.75〜1.5秒の時間幅で動作したときのスナップショットを表す．M走査技術は，心臓弁の動きのモニターによく使われる（超音波心拍動記録法 ultrasound cardiography）．

超音波は臓器や血流の機能モニターにも利用される．この応用は，分離型の超音波送信器，受信器をもつ超音波プローブで観測できるドップラー効果に基づいている．イメージング用の超音波エネルギーがパルス列ではなく連続ビームで照射される．送信信号と受信信号が電気的に混ざっており，その出力をフィルタリングして，ドップラーシフトの周波数のみを増幅する．ドップラーシフトの周波数は，人間の心拍周波数の領域にあることが多く，ドップラーモニター装置を操作する技師は，動いている組織（胎児の脈拍など）を"聞く"ためのイヤホンを装着する．

血流モニターに使用する場合，ドップラープローブを，血管に近い皮膚上に，水平面に対してθの角度で置く．皮膚に平行方向に流れる血は，送信波に影響を与え，ドップラーシフトを引き起こす．そのシフト量Δfは

$$\Delta f = (2fv/c)\cos\theta$$

で与えられる．ここで，fは超音波送信波の周波数，vは血流の速さ，cは血中の音速である．血餅による閉塞（血栓症）や血管壁上に形成された斑による収縮（粥腫）は，ドップラーシフト周波数の変化で瞬時にはっきりと認識できる．

超音波心拍動記録法 ultrasound cardiography
⇒超音波撮像．

超音波セラピー ultrasonic therapy
⇒ジアテルミー．

超巨星 supergiant
⇒ヘルツシュプルング-ラッセルの図．

超弦 superstring
⇒弦理論．

超格子 superlattice
(1) ⇒固溶体．
(2) 異なる電気的性質をもつ2種類の半導体が，きわめて薄い層で積み重なっている半導体結晶．このような結晶は，2つの物質を代わる代わる積み重ねたり，1つの半導体に不純物を層状に混ぜたりすることでつくられる．実用的な素子は最近製作が可能となった．2つの半導体は，荷電子帯と伝導帯のエネルギー差（バンドギャップ）が異なるように選ぶ（⇒エネルギーバンド）．例として，ガリウムヒ素とガリウムアルミヒ素の超格子がある．後者のバンドギャップの方が大きい．この超格子素子の特筆すべき利点は，その電気的，光学的性質を，用いる半導体の選択，層の厚さや数の設計などにより，ある特殊な用途に適合させることができる点である．

超高周波 superhigh frequency (SHF)
⇒周波数帯域.

超小型電子技術 microelectronics
⇒マイクロエレクトロニクス.

超再生受信 super-regenerative reception
発振している検出器を用いたラジオ受信器による超高周波を受信する方法. その発振は入力信号に依存する周波数で周期的に止まったり（消されたり）する. この受信方法の特徴は, 大きな増幅率が得られる点だが, 選局性はスーパーヘテロダイン法より多少劣る.

超重力 supergravity
すべての4種の基本相互作用を網羅する超対称性を含む, まだ実証されていない統一場理論. 超対称性を導入することにより, 重力相互作用を含む量子論をもとにした他の理論よりは計算中に起こる発散の問題は少ないが, まだ避けることのできない発散の問題を内包している. 一部の理論家は, 統一理論に重力相互作用を含ませることは場の量子論として適切でないと信じており, その代わりに超弦に基づく理論を探求している. ⇒弦理論.

超新星 supernova
核燃料の枯渇に伴う不安定性の結果として爆発する恒星. この爆発で膨大な量のエネルギーが放出される. 超新星は太陽より 10^9 倍も明るくなりうる（絶対等級で -17 にも達する）. ほとんどすべての恒星の物質は相対論的な速度で放出され, 超新星残骸（supernova remnant）とよばれる広がっていく破片の環をつくる. パルサーが超新星の芯の部分にできることもある.

基本的には超新星はI型とII型の2種類に分けられる. これらは, I型ではスペクトル線によって, またII型では光度曲線の形によって, さらに再分類される.

Ia型の超新星は二重星系の最終段階であると考えられている. 連星の一方の恒星が, 主系列（⇒ヘルツシュプルング-ラッセルの図）から離れて進化し, 赤色巨星になる. 赤色巨星はその外部の層を吹き飛ばし白色わい星相に入っていく. その間に, 連星の残りの恒星が赤色巨星相に入り, その外層が白色わい星に降着（⇒降着）しはじめ, 白色わい星は直ぐにチャンドラセカール限界をこえて超新星爆発が起こる.

Ib, Ic, IIP, IIL型の超新星は重い恒星であると考えられる. この恒星では, その核燃料を中心部で使い果たし, 核融合反応によるエネルギーの放出が利用できなくなり, 重力崩壊が急速に加速しチャンドラセカール限界をこえてしまう. そして, 恒星の中心核は中性子星か, あるいは, もっと重い恒星では, ブラックホールとなる. 恒星の外層部は中心核での圧縮により跳ね返り, 巨大な爆発となって吹き飛ばされる.

潮汐力 tidal force
⇒ロシュ限界.

潮汐力エネルギー tidal energy
⇒再生可能エネルギー資源.

調節作用（眼の） accommodation
距離が変わった場合, 眼がその焦点距離を変えて再び鮮明な像を得る能力をいう. ⇒近点.

超対称性 supersymmetry
ボソンとフェルミオンの両方を含む対称性. もっとも超対称性理論では, すべてのボソンはそれに対応するフェルミオンをもち, すべてのフェルミオンはそれに対応するボソンをもつ. 存在しているフェルミオンに対応するボソンは, フェルミオンの名前の前に "s" を付け加えた名前をもつ（たとえば, selectron, squark, slepton などである）. 存在しているボソンに対応するフェルミオンは, ボソンの名前の最後の "on" を "ino" に置き換えた名前をもつ（たとえば, gluino, photino, wino, zino などである）.

超対称性に関する実験的証明はまだないが, 基本相互作用の統一理論を模索するうえで重要である. ⇒超重力, 弦理論.

超低周波音 infrasound
約16Hzから下の周波数の空気の振動で, 耳には音というよりも別々のパルスとして認識される. 超低周波音は発砲時の銃口で生じる. また, 多くの工場騒音にも含まれる.

超電荷 hypercharge
記号：Y. 素粒子に関係した量子数の1つ. バリオン数とストレンジネスの和で強い相互作用や電磁相互作用で保存される.

頂点焦点距離 vertex focal length
厚いレンズや複合レンズの最後の表面から測った主焦点の距離. 頂点焦点距離の逆数は頂点倍率（vertex power）である.

超伝導 superconductivity
スズ, アルミニウム, 亜鉛, 水銀, カドミウムなどの金属や, 合金, 金属化合物などに現れる現象. これらの物質が転移温度（transition temperature）T_c 以下にまで冷却されると, 電気抵抗が0になる.（T_c 以下の温度では比熱容

量の温度変化に顕著な違いが現れる).純粋な金属の場合,転移温度は数Kであるが,ある種の化合物ではそれよりもはるかに高い.最近の研究目的は,転移温度が常温あるいはそれ以上の超伝導体を開発することである.

2つの超伝導を示さない金属の混合物が超伝導を示すこともあるので,超伝導は原子の性質ではなく金属中の自由電子の性質である.超伝導状態では電子は独立には動けない.波数 σ,スピン 1/2 の量子状態が電子に占められているとき,波数 $-\sigma$,スピン $-1/2$ の量子状態も電子に占有されているというような,動的な電子の対(クーパー対 Cooper pair)ができている.これらの対は位相が重ね合わせられている.2つの電子は格子振動を介在して相互作用し,これらの対の生成は他の電子により邪魔されることはない.クーパー対は BCS 理論(BCS theory)(1957, バーデーン(Bardeen),クーパー(Cooper),シュリーファー(Schrieffer)の頭文字)の基本である.この理論は通常の超伝導体の性質をうまく記述できたが,最近発見された転移温度が 100 K 以上となる重いフェルミオン物質に依存している高温超伝導体(high-temperature superconductor)にはうまく適用できない.高温超伝導体の実用的利点は,BCS 超伝導体がヘリウム温度を必要としたのに対して,液体窒素温度で動作できる点である.この超伝導体の例として,$YBa_2Cu_3O_{1-7}$ がある.これらの超伝導体の理論はまだ確立されていないが,さまざまなモデルが提案され試されている.

超伝導体の磁気的性質はきわめて複雑である.弱い磁場中で超伝導体がその転移温度以下に冷却されたとき,磁束は表面の薄い層を除いて内部から追い出される.これがマイスナー効果(Meissner effect)である.超伝導体の上に落とされた棒磁石は反発され,空中に停止,浮揚(levitation)する.マイスナー効果は超伝導体が完全**反磁性**の性質をもつことを示す.これは,基底状態と最初の励起状態の間に大きなエネルギーギャップがあり,超伝導電子はすべて特定の基底状態となることを示している.このような特定の状態はクーパー対となることで可能となる.超伝導状態は,磁場—外部磁場,金属中を流れる電流により発生する磁場のどちらでも—により破壊される.これはクライストロンに用いられている.磁場により超伝導金属の環に誘起された電流は,磁場を切った後でも,温度が転移温度以下に保たれていれば,かなりの時間の間,減衰することなく流れ続ける.この効果は,大きな電力を浪費することなく,また大きな熱を発生することなく,非常に強い磁場を発生できる超伝導磁石(superconducting magnet)に利用されている.超伝導電子は通常の伝導体よりも低いところにエネルギーバンドをつくり,熱伝導には寄与しない.したがって,金属の熱伝導率は超伝導状態のとき,小さくなる.しかし,さらに温度が低くなるとフォノン伝導が増加するので熱伝導率は増加することもある.⇒ジョセフソン効果.

長波 long-wave
波長が 100 m 以上,または周波数が 300 kHz 以下のラジオ波.

調波分析器 harmonic analyser
特定の関数のフーリエ級数の係数を求める装置.⇒フーリエ解析.

超微量天秤 ultramicrobalance
10^{-8} g の精度で計量できる超高感度天秤.

超膜 supermembrane
⇒弦理論.

超流体 superfluid
なんの抵抗もなく流れる液体.超伝導電子は超流体である.もう1つの例は,圧力に依存する転移温度以下の液体ヘリウム4である.気相と液相が平衡となる蒸気圧において,転移温度は最大値 2.186 K となり,比熱の温度依存性のグラフに現れるピークの形から,この温度は λ 点(lambda point)とよばれる.超流動現象は,熱伝導率の非常な増大を伴い,その値は λ 点よりも上での値の 10^6 倍にも達する.

多数の(ボソンである)ヘリウム原子が最低エネルギーの並進運動状態となるとき,ボース-アインシュタイン凝縮(Bose-Einstein condensation)により超流動が起こる.これらの原子が超流体を形成するが,超流体はより高い運動エネルギー状態の原子からなる常流体と均一に混ざり合っている.

聴力 auditory acuity, audibility
耳による音の検出のしやすさ.音に対する耳の感度は,音の強さと周波数による.純粋な音でちょうど聞こえるだけの強さは,最小可聴値(threshold of audibility)として知られる.これより強い音を耳は知覚するが,感覚の限度があり,これを越えると,感覚は聞こえるというより,痛みになる.これらのしきい値は,周波数による.1000 Hz の周波数では,耳が検出で

きる音の最大の強度は，最小値の 10^{14} 倍である．耳が検出できる音の平均の周波数の範囲は，1 Pa の rms 音圧で，20～20 000 Hz である．この周波数領域は，これより小さいかまたは大きい音の強度では小さくなる．

チョーク choke
(1) 交流に比較的大きな抵抗を与えるインダクター．可聴周波数やラジオ周波数回路で可聴周波数の信号を抑えたり整流回路の出力を平滑化するのによく用いられる．
(2) マイクロ波エネルギーが逃げるのを防ぐために導波管の表面に入れられる溝で，深さは波長の 1/4 程度である．

直視プリズム direct-vision prism
アミチプリズム（Amici prism），ルーフ（屋根型）プリズム（roof prism）ともいう．スペクトルの中心部分（黄色の D 線）の変位なしに分散をつくり出すプリズムの組合せ．直視分光器（direct-vision spectroscope）をつくるのに用いられる．

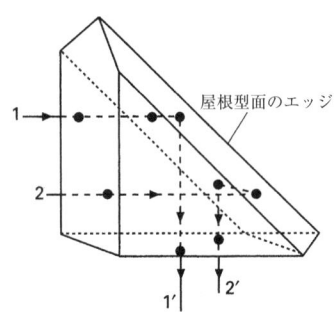

直視分光器

直接ギャップ半導体 direct-gap semi-conductor
GaAs では，エネルギー E_g をもつ電子が禁止帯をこえて，エネルギー間隔が E_g である価電子帯と伝導帯（⇒エネルギーバンド）間を直接遷移を起こすことができるような半導体．これはエネルギーが E_g である光子を吸収あるいは放出することにより起こる．シリコンのような非直接ギャップ半導体（indirect-gap semiconductor）では，エネルギー E_g をもつ電子は禁止帯をこえて直接には励起できず，運動量の変化を伴うことが必要となる．

直接結合増幅器 direct-coupled amplifier, d.c. amplifier
1 つのステージの出力が直接にあるいは一連の抵抗を介して次のステージの入力につながっている**増幅器**．直流電流を増幅することができる．

直並列接続 series-parallel connection
(1) 電気機械，電子装置，回路などが直列または並列のいずれかに接続される配置．
(2) 電気機械，電子装置，回路などが，一部は直列に，他の部分は並列に，接続されるような配置．

直巻電気機械 series-wound machine
界磁石の励磁のすべてまたは大部分が，電機子巻線と直列に接続された巻線によって行われるもの．あるいは，電機子巻線の電流に比例するような巻線電流が流れるように接続してもよい．⇒複巻電気機械，分巻電気機械．

直流 direct current（d.c.）
1 つの方向だけに流れ，実質的にその量が一定である電流．

直流分再生回路 direct-current restorer, d.c. restorer
回路を通り抜けた後の信号に，ある大きさの直流あるいは低周波数成分をもとにもどすあるいは付加するための装置．この回路は，周波数が高い交流には低いインピーダンスをもっているが，直流あるいは低周波数の電流に対しては高いインピーダンスをもっている．

直列 series
電気装置の部品が，そのそれぞれを通って同じ電流が順に流れるように接続されているとき，それらは直列（in series）であるという．抵抗 $r_1, \cdots, r_n$ の導体を直列にした場合，全抵抗 R は
$$R = r_1 + r_2 + r_3 + \cdots + r_n$$
で与えられる．容量 $C_1, \cdots, C_n$ を直列にした場合，全体の容量 C は
$$1/C = 1/C_1 + 1/C_2 + 1/C_3 + \cdots + 1/C_n$$
によって与えられる（図 a, b）．直列の電池の起電力は，各起電力を加えたものになる．⇒並

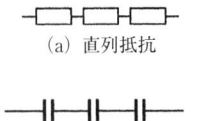

(a) 直列抵抗

(b) 直列容量

列.
直列共振回路 series resonant circuit
⇨共振回路.
直角位相 quarter-phase
⇨二相, 多相系.
直交 orthogonal
(1) 互いに垂直であるということ. たとえば直交軸.
(2) 互いに垂直な軸をもつ, あるいは含むということ. たとえば直交結晶.
直交位相 quadrature
同一の周波数, 同一の波形をもつ2つの周期的な量は, それらの間の位相が90°異なるときに直交位相であるという. すなわち, [正弦波では] 一方が最大値に達するとき, 他方はゼロ点を通過する.
直交位相成分 quadrature component
⇨無効電流, 無効電圧.
沈降 sedimentation
溶液中で浮遊状態にある粒子の自由落下. 粒子が球であれば, 粒子と液体の相対的な密度, 液体の粘性, 粒子の大きさに依存した終端速度に達する (⇨ストークスの法則). 沈降は, 異なる大きさの粉末の選別に使われる. (⇨**遠心分離機**, 超遠心機).
チンダル効果 Tyndall effect
⇨レイリー散乱.

ツ

対ケーブル paired cable, twin cable
撚り線対を束ねたケーブル．保護のために外側を被覆してある．大きなケーブルになると中に何千本もの撚り線対が入っていることがある．

対生成 pair production
1つの光子から同時に陽電子と電子が1つずつ生成されること．1.02 MeV を超えるエネルギーのγ線の光子が原子核の近くを通過するときに起きる．⇒消滅．

通過帯域 passband
⇒フィルター．

通常電流 convention current
正から負に向けて，つまり正の方向に流れるという電流の概念．この概念は，電流における電子の役割が理解される前からあるものである．

通信衛星 communication satellite
⇒衛星．

通信システム communication system
情報が発信源から送信先へと効率的かつ正確に伝達されるようなシステム．1つ以上の発信源あるいは送信先をもつようなシステムは通信ネットワーク（communication network）とよばれる．通信チャネルによって情報が通信システムの中で送られる．情報は通常転送する前にディジタルの形に暗号化され，送信先で解読される．この手順は，通信チャネルの中で雑音となるようなエラーの発生率を最小限に抑える．

通信線路 communication line（or link）
違う場所に情報を運ぶ電話線，ケーブル，無線電波，あるいは光ファイバーなどの物理的なメディア．

通信チャネル communication channel
データの転送用に使われるチャネル．⇒通信システム．

通信ネットワーク communication network
⇒通信システム．

ツェナー降伏 Zener breakdown
高レベルにドーピングされ，逆バイアスのかかった p-n 接合に観測されるある種の降伏現象．このため接合間の固有の電位差は高く空乏層は狭い．低い逆バイアス電圧をかけることで容易に電子は価電子帯から伝導帯へ跳び移る（トンネルする）（⇒エネルギーバンド，トンネル効果）．荷電キャリヤーの増倍は起こらず（⇒電子なだれ降伏），この降伏は可逆である．降伏電圧において逆方向電流の非常に急激な上昇がみられる．（⇒ツェナーダイオード）

ツェナーダイオード zener diode
p-n 接合ダイオードで，接合の両側にツェナー降伏を起こすのに十分高いレベルのドーピングを施されている．したがってダイオードは明確な逆降伏電圧（数ボルト程度）をもつため，電圧安定器として用いられる．このダイオードは順方向に対してはふつうのダイオードと同じ動作をする．

ツェナーダイオードという用語はドーピングレベルがあまり高くないダイオードに対しても用いられるが，これはより高い降伏電圧（200 V まで）をもっており，この性質はアバランシェ降伏（⇒電子なだれ降伏）による．

津波 tsunami
⇒水面波．

強い相互作用 strong interaction
強い相互作用力による素粒子間の相互作用．この力は，電荷をもった粒子間に働く電磁気力より100倍以上強い．けれどもこの力は短距離力である．すなわち，10^{-15} m 以下の距離にある物体間において初めて重要になる．また，原子核中で陽子と中性子を結びつける力である．運動量の受け渡しが比較的小さい，ハドロン間での「ソフト」な相互作用においては，電荷をもった粒子間に働く電磁気力が仮想光子を交換することにより生じる力と記述されるのとまったく同じように（⇒仮想粒子），ハドロン間に働く強い相互作用は，仮想ハドロンを交換することにより生じる力と記述することができる．もっと基本的なレベルでの理解では，強い相互作用はクォーク・反クォークの間でグルーオンを交換することにより生じることが，量子色力学（QCD）により記述される．

ハドロン交換描像においては，ある種の量子数が保存されるならば，どんなハドロンも仮想交換粒子として振舞うことができる．これらの量子数は，全角運動量，電荷，バリオン数，アイソスピン（I と I_3），ストレンジネス，パリティ，荷電共役パリティ，Gパリティである．強い相互作用は実験的には，高エネルギーのハドロンが他のハドロンに衝突するときに，どのように散乱されるかを観測することで研究されている．2つのハドロンが高いエネルギーをもっ

て衝突するとき，互いに接近できるのは非常に短い時間である．けれども衝突の間は，仮想粒子を交換することで強い相互作用を起こす程度まで，十分接近することもある．この相互作用の結果として，2つの衝突する粒子はもともとの道筋から偏向（散乱）される．もし相互作用の間に交換される仮想ハドロンが量子数を片方の粒子からもう片方へと運ぶならば，衝突後の粒子は衝突前の粒子とは異なる．粒子の数はしばしば衝突により増加する．強い相互作用による反応には，たとえば $\pi^- p \to \rho^0 n$ がある．ここでは，π^- と陽子が衝突により ρ^0 と中性子になっている．この過程は，図aに示すように，陽子が仮想 π^+ を放出し，それが π^- と結合して ρ^0 になると考えられる．このダイアグラムはしばしば省略されて図bのように描かれる．すべての必要な量子数が保存される条件のもとで，素粒子は強い相互作用で崩壊する．このよい例は ρ 中間子が2つの π 中間子に崩壊することである．ρ 中間子は，強い相互作用力により束縛された2つの仮想 π 中間子に分解されると考えられている．しかし，この過程は質量やエネルギーの保存則を破ることなく起こるので（π 中間子2つの質量は ρ 中間子の質量よりも小さい），これらの π 中間子は物理的な実在となり互いに分離するのである．

高エネルギーでのハドロンどうしの相互作用では，生成されるハドロンの数はほぼ重心系での全エネルギーの対数で増加し，たとえば 900 GeV での陽子・反陽子衝突では 50 粒子にも達する．このような衝突ではときどき，2つの正反する方向に集中したハドロンのジェット (jets) が生成される．これは，たとえば陽子のクォークと反陽子の反クォークとの間で高いエ

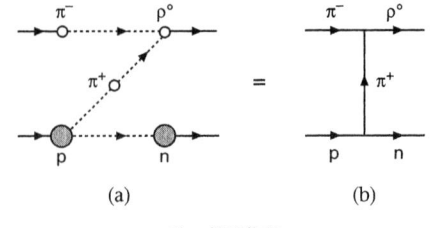

強い相互作用

ネルギーのグルーオンを交換するという，さらに下層での相互作用のためであると解釈されている．散乱されたクォークと反クォークは自由粒子としては存在できないが，おもに π 中間子や K 中間子などの数多くのハドロンが，最初のクォークと反クォークの方向にほぼ沿って進む残存物（fragment）が生じる．この結果として，方向のそろったハドロンジェットが実験で観測される．この現象や他の似たような現象は，QCD の予想とよく一致する．⇒ブートストラップ理論，交換力，レッジェ極モデル，共鳴状態．

強め合いの干渉 constructive interference
⇒干渉．

つり合い equilibrium
複数の力が物体に同一平面内で作用しており，どの方向に分解した成分の和も0で，平面内のどの点の周りの力のモーメントも0であるような状態．力が同一平面内にない場合には，同じ条件が3つの異なる平面に対して成り立つ必要がある．複数の力の効果を合成すると，単一の力と単一の偶力となるので，力のつり合いの条件は，これらがともに0になることと等価である．⇒平衡．

テ

定圧気体温度計　constant pressure gas thermometer

一定量の気体のある圧力下での体積から温度を求める温度計で，気体の入った球体を浸け，そこの温度を測る．このとき温度 t_p は

$$t_p = \frac{V_t - V_0}{V_{100} - V_0} \times 100℃$$

で定義される．ここで，V_t，V_{100}，V_0 はそれぞれ温度 t_p，沸点，氷点での気体の体積である．

実際の気体を使ったこの温度計では，理想気体を用いた場合と違う温度を示す．それは実際の気体が非常に低圧な場合を除いてボイルの法則を正確に満たさないからである．したがってその分を補正する必要がある．

TE モード　TE mode
⇒導波管．

DALR
dry adiabatic lapse rate（乾燥断熱減率）の略記．

TFT
thin-film transistor（薄膜トランジスター）の略記．

TM モード　TM mode
⇒導波路．

ディオプトリー　dioptre
眼鏡レンズの倍率を表すのに用いられる単位で，メートル単位での焦点距離の逆数に等しい．この単位はバージェンスや曲率を表すときにも，収束する場合に正の値をとるとして，用いることができる．

低温学　cryogenics
極低温の生成ならびにその応用の研究．極低温を得るための冷却剤を寒剤（cryogen）という．

低温槽　cryostat
⇒クライオスタット．

低温用温度計　cryometer
極低温を測るように設計された温度計．

D 級増幅器　class D amplifier
パルス幅の変調により動作する増幅器（⇒パルス変調）．入力信号は，矩形波の信号-間隔比を変化させるのに使われる．変調された矩形波はプッシュプル動作スイッチとして働き，入力が高いときは一方のスイッチが動作し，低いときはもう一方のスイッチが動作する．結果として，出力負荷で生じる電流は信号-間隔比，したがって入力信号に比例する．D 級増幅器は理論的には高い効率が得られるが，ひずみを避けるにはスイッチの動作が実際のものより早くなければならない．

抵抗　resistance
（1）（電気的抵抗）記号：R．導電体の両端の電位差の，これに流れる電流に対する比の値（⇒オームの法則）．電流が交流のときには，抵抗はインピーダンス Z

$$Z = R + iX$$

の実部である．ここで，X はリアクタンスを表す．抵抗は，蓄えられるエネルギーに対比される量であって，エネルギーの散逸を特徴づけるもので，単位は Ω である．⇒抵抗器，抵抗の温度係数．

（2）（音響的抵抗）記号：R_a．音響インピーダンス Z_a の実部．

（3）（力学的抵抗）記号：R_m．力学的インピーダンス Z_m の実部．

（4）（熱的抵抗）記号：R．①熱伝達率の逆数（⇒熱伝達係数）．単位は $m^2 K W^{-1}$．②2点間の温度差の，その間の平均のエントロピーの流れに対する比の値．単位は $K^2 W^{-1}$．

抵抗温度計　resistance thermometer
金属線の電気抵抗の変化を用いた温度計．通常は白金，低温用には他の金属か炭素のコイルを雲母の型に巻き付けシリカか磁器で覆ったもの．抵抗の変化はホイートストンブリッジの1カ所にこのコイルを入れて測る．測定器の検流計が遠くにある場合も多く，導線の温度変化を補償するため，一対の導線をブリッジのもう一方につけ加える．白金を使ったものが広い温度範囲（-200～1200℃）で利用できる．

抵抗器　resistor
電気抵抗をもち，その抵抗を利用するために選ばれた電子素子．電子回路では炭素抵抗器（carbon resistor）が広く使われている．炭素抵抗器はセラミックスを混ぜた細かい炭素粉末でできていて，絶縁体の管状の容器に入っている．外被には抵抗値を示すためにいくつかの色の帯が並べられて描かれている．より正確な抵抗値を得るためには，巻線抵抗器（wire-wound resistor）や被膜抵抗器（film resistor）が用いられる．前者は，断面積が一定のコンスタンタ

ンやマンガニンの線を適当な形に巻いたものであり，後者は絶縁体の芯に抵抗物質の連続した薄い一様な層をつくったものである．

抵抗器-トランジスター論理回路 resistor transistor logic

集積化された論理回路の一種で，入力を，抵抗を通して反転用のトランジスターのベースに導くもの．抵抗器-トランジスター論理回路は遅く，雑音の影響を受けやすい傾向があり，現在ではほとんど用いられていない．

抵抗性電圧降下 resistance drop
→電圧降下．

抵抗制動 rheostat braking
→電気ブレーキ．

抵抗損 ohmic loss
磁気ヒステリシスのような原因ではなく，抵抗によって生じる電気回路における電力の散逸．

抵抗の温度係数 temperature coefficient of resistance

物質の熱力学的温度をわずかに変化させたときの，抵抗の微少変化．

あるセルシウス温度 t における物質の抵抗率は t のべき展開で表すことができ，通常の温度領域では，
$$R_t = R_0 (1 + \alpha t + \beta t^2)$$
である．ここで，R_0 は 0℃における抵抗，α および β はその物質に固有の定数である．t の範囲が広くない場合，あるいは高い精度を必要としない場合には β は無視することができ，α を抵抗の温度係数とよぶ．温度の逆数の単位で測定される．

一般に，伝導体の抵抗係数は正，半導体と絶縁体は負である．このことは物質中の電子のエネルギー分布（→エネルギーバンド）を考えれば容易に説明できる．伝導体には常に，電気伝導を担う量子状態が存在している．絶対零度より高い温度ではイオンが格子点の付近で不均一な振動をしているので，伝導電子が物質中を移動しようとすると散乱される．このため，抵抗が増大するのである．

半導体および絶縁体では，価電子帯と伝導帯の間に禁止帯がある．温度が上昇すると禁止帯を飛び越えることのできる電子の数が増加するので抵抗は減少する．イオンによる散乱の効果は大きくない．

抵抗ひずみ計 resistance strain gauge
金属線や網状の金属線を構造物に取り付け，その電気抵抗の増加によって構造のひずみを測る計器．

抵抗率 resistivity

(1) 記号：ρ．式 $\rho = RA/l$ で定義される電気量．ここで，R は，長さ l, 断面積 A の導線の抵抗とする．単位は Ω m となる．抵抗率の逆数は伝導率という．また，抵抗率と密度の積を質量抵抗率 (mass resistivity) とよぶことがある．

(2) 熱抵抗率．記号：φ．熱伝導率の逆数．単位は m K W^{-1}．→熱伝導率．

抵抗流体圧計 resistance gauge

マンガニンや水銀の電気抵抗の圧力による変化を用いて，流体の高い圧力を測定するもの．自由ピストンゲージで校正する．

定在波 standing wave

定常波 (stationary wave) ともいう．透過媒質の境界に垂直に入射した波が，その境界条件により，全部あるいは一部が反射され，その反射波は入射波と重ね合わさり，節や腹などの干渉模様を作り出す．入射波が
$$\xi = a \sin(2\pi/\lambda)(ct - x),$$
と表されるとき，固定端で完全に反射された波は
$$\zeta = -a \sin(2\pi/\lambda)(ct + x)$$
と書ける．したがって，重ね合わされた波は
$$\xi = a \sin(2\pi/\lambda)(ct-x) - a \sin(2\pi/\lambda)(ct+x)$$
すなわち，
$$\xi = -2a \sin\{(2\pi/\lambda)x\} \cos\{(2\pi/\lambda)ct\}$$
となる．これが定在波である．すなわち，波は定常的で，$x = 0$, $\lambda/2$, λ, $3\lambda/2$ などの位置では変位は 0 であり（節），$x = 0$, $\lambda/4$, $3\lambda/4$, $5\lambda/4$ などの位置では振幅 $2a$ で振動する（腹）．

上の例に対して，自由端で完全に反射された波の位相は入射した波と同じである．したがって，境界が定在波の腹になる．しかし，定在波の形，すなわち節と腹の間隔は，前と同じである．

実際には完全反射はありえないので，節で振幅が完全に 0 になることはなく，そこで振幅は最小値となる．

どんな種類の波も 2 種類のゆれをもつ．電磁波には電場と磁場，音波は圧力の振動と粒子の変位，液体の表面波は進行方向の変位と横方向の変位，ぴんと張った糸は粒子の変位と張力の振動，などである．一般的には片方のゆれの節は他方の腹に対応し，周期で平均したエネルギー密度は定在波の中では一様である．エネルギーは 1 周期の間に 2 種類の腹の間で交換される．

d.c.
direct current（直流）の略記．

ディジタルインバーター digital inverter
⇒インバーター．

ディジタルオーディオテープ digital audio tape（DAT）
音をディジタル録音するため，あるいはコンピューターの情報を記録するために用いられる磁気テープ．ディジタル録音の場合，オーディオ信号は48 000 Hzでサンプリングされ，16ビットに変換される（コンパクトディスクと同じである）．DATの録音方法はビデオ録画方法に由来しており，回転ドラムの周りにテープがまきつけられる．この方法により，ドラム上の1個あるいは数個のテープヘッドを用い，ゆっくり動いているテープの傾斜したトラック上に非常に高密度でディジタル信号を記録できる．DATで再生された音は非常に高品質である．

ディジタル回路 digital circuit
入力電圧の離散的な値に応答し，離散的な出力電圧レベルをつくるように設計された回路．バイナリー論理回路のように，通常2つの電圧値のみが認識される．⇒線形回路．

ディジタル記録 digital recording
録音方法の1つで，オーディオ周波数の信号をディジタル型（一連の離散数）に変換し，コンパクトディスクやディジタルオーディオテープのような媒体に記録する．

ディジタルコンピューター digital computer
⇒コンピューター．

ディジタル電圧計 digital voltmeter（DVM）
測定値をディジタルで表示する電圧計．測定する電圧はアナログ信号であり，電圧計は信号のサンプリングをくり返し，得られた電圧を表示する．

定常時間の原理 stationary-time principle
⇒フェルマーの定理．

定常状態 stationary state, steady state
（1）量子論，量子力学における定常状態とは，量子数の組み合わせで記述される原子系あるいは類似の系のこと．原子の量子状態の1つ．
（2）一定の条件のもとで達成される系の安定な状態．いくつかの条件が変化したことによる過渡現象が治まったのちに定常状態は実現する．

定常波 stationary wave
⇒定在波．

定常流熱量計 continuous flow calorimeter
熱量計の一種で，一定の速度の流体に一定の割合で熱を供給するもの．定常状態は結局すべての点での温度が時間的に変わらなくなった状態なので，温度計の時間遅れの誤差はなく小さな温度差も正確に決定できる．熱量計の熱容量は熱方程式に入らない．温度がすべての位置で定常的なため，放射や他の方法による熱の外部への拡散もより規則にそった確定的なものになる．

ディスク disk
磁気ディスク（magnetic disk）ともいう．コンピューターで用いられる記憶装置で，1面あるいはむしろ通常は両面が磁気フィルムによって覆われている円形の板からできている．データはフィルム内の同心円状に並んだ一連のトラックに記録される．数千本のトラックがある．ディスクの本体は，固定されている場合もあるし（ハードディスク hard disk），取り外し自在な場合もある（フロッピーディスク floppy disk）．ディスク上に記憶できるデータの量は，おもに型と大きさ，ディスク1枚あたりのトラック数，トラックへの記録密度によって決まる．
データはディスクドライブ（disk drive）とよばれる装置によってディスクに記録されたり，読み取られたりする．1枚のディスクあるいは多数のディスクを共通の回転軸に固定したものが用いられる．ディスクあるいは1組のディスクはディスクドライブ中で一定の高速度で回転している．特定のトラックを選択するために，読取り書込みヘッド（read-write head）がおのおのの被覆面上を径方向に動くように制御されている．ディスクの回転によって，読取り書込みヘッドをディスク上の特定の位置にもってくることができる．こうして通常数十ミリ秒程度の非常に短い時間で，直接的にデータを捜すことができる．

ディスク型巻線 disc winding
トランスで用いられる巻き方の1つ．おのおのが円盤状に巻かれたたくさんの平坦なコイルからできている．通常，パワートランスの高電圧巻線に用いられる．⇒円筒巻．

ティスランの判定条件 Tisserand's criterion
天体学者が，以前に観測された周回軌道物体か否かを判定できる，不変性をもつ関係式（ティスランの判定式 Tisserand's relation）．軌道にある物体の軌道パラメーターは，別の大きな質量をもつ物体に接近した場合，急激に変化す

る．しかし，軌道パラメーターの関数であるティスランの関係式は，近似的に保存されていて，接近後の軌道を知ることができる．

定積気体温度計　constant volume gas thermometer

気体を一定の体積にするため外から加える圧力から温度を求める温度計．気体を詰めた球体のあるところの温度を測定する．温度 t は

$$t = \frac{p_t - p_0}{p_{100} - p_0} \times 100°C$$

で定義される．ここで，p_0, p_{100}, p_t はそれぞれ氷点，沸点，温度 t での圧力である．気体に水素または窒素を用い，球体に白金イリジウムまたは白金ロジウムを使った場合の $-260°C$ から $1600°C$ までの温度は標準化されている．

熱力学的温度との誤差の要因はおもに次の2つがあげられる．(1) 実際の気体は理想気体ではないため，pV は $A+Bp$ と等しく，圧力によらないのは非常に低圧の場合のみである．(2) 気体の体積は定数ではなく，またすべての部分で同じ温度であるとは限らない．

ディーゼルサイクル　diesel cycle

熱機関のサイクルの1つで，仕事をする物質が空気であり，燃料は重油（あるいは軽油）である．AからBで，空気が高温になるまで断熱的に圧縮される．BからCで，燃料が燃えることにより一定の圧力で膨張が起こる．CDは仕事の終わりの行程で，断熱膨張をする部分である．Dで弁が開き，圧力は外界の圧力となる．AEとEAは，排気と吸気行程である．シリンダー内に高圧で燃料を噴出するための別の燃料ポンプを必要とする．

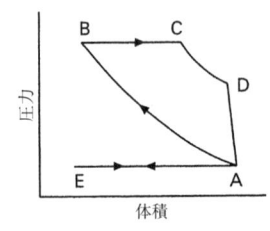

ディーゼルサイクル

D層（D領域）　D-layer or region
→電離層．

低速中性子　slow neutron
運動エネルギーが数eVを超えない中性子．厳密ではないが，熱中性子をこうよぶこともある．

低速度撮影　time-lapse photography
花の開花など，ゆっくりしたプロセスの高速度映像をつくる方法の1つ．カメラを動かさずに，映像用フィルム上に一定の時間間隔で露光を行い，フィルムを通常の速度で映写する．

TTL　transistor-transistor logic
集積回路型の高速論理回路の仲間で，その主要なスイッチング素子はバイポーラートランジスターでできている．TTLは高速用途に広く使われており，その性質としてあげられるのは，適度な電力の放散，ファンアウト，およびノイズに対する耐性の良さである．低電力でより高速のタイプ（ショットキーTTL）もある．

低電圧　low voltage
電力伝送線における用語．250V以下の電圧．

ディートリヒの状態方程式　Dieterici eqution of state
→状態方程式．

Tナンバー　T-number
変形されたfナンバー．実際のレンズを，計算上のfナンバーに相当する光の量が透過するために必要な値．Tナンバーには現実のレンズで起こる反射や吸収損失が計算に入っている．

DVM
digital voltmeter（ディジタル電圧計）の略記．

ディラック関数　Dirac function
デルタ関数（δ-function）ともいう．$[\delta(x-x_0)]$ は，xの関数で，$x=x_0$ 以外の x ではつねに0となり，$x=-\infty$ から $+\infty$ まで積分されると1になる．量子力学で頻繁に用いられ，またたとえば力学で衝撃を表すのに用いることができる．関数のグラフは，$x=x_0$ で無限大に高く無限小に幅の狭い1つのピークをもち，面積が1となるものである．

ディラック定数　Dirac constant
換算プランク定数．記号：$\hbar$（h-bar または crossed-h と読む）．プランク定数を 2π で割ったもの，$1.054\,571\,726 \times 10^{-34}$ J s.

ディラック方程式　Dirac equation
相対論的な量子力学において用いられる，フェルミオンの波動関数が従う方程式．相対論を考慮に入れたシュレーディンガーの波動関数であるとみなせる．方程式を表すにはたくさんの方法があるが，1つの型は

$$i\alpha.\nabla\Psi + (mc/\hbar)\beta\Psi = (i/c)\partial\psi/\partial t$$

である．ここで，m は自由粒子の質量，c は光

速，t は時間，h は換算プランク定数である．波動関数は Ψ，i は $\sqrt{-1}$，α と β はある種の対称性の規則を満たす正方行列である．ディラック方程式はフェルミオンがスピン 1/2 をもつことを示し，さらに反粒子の存在を予言している．

定理 theorem
(1) 普遍的あるいは一般的な命題．自明ではないが（⇒公理），証明される．
(2) 解くべき問題ではなく，証明すべき命題のこと．

デヴィッソン-ガーマーの実験
Davisson-Germer experiment（1927）
電子の回折つまり粒子の波動性を実証した最初の実験．熱フィラメント陰極からの細い電子ビームを真空中でニッケルの結晶に当てた．この実験から，特定の角度に散乱されるビームの存在が明らかになり，その角度は電子の速度によることがわかった．これがブラッグ角（⇒ブラッグの法則）であると仮定し，その波長を計算するとドブロイの式と一致したのである．

デエンファシス de-emphasis
⇒プリエンファシス．

デカ- deca-
記号：da．10倍を意味する接頭辞．たとえば，1 デカメートル（dam）= 10 m である．

デガウス degaussing
⇒消磁．

デカトロン dekatron
スケーラーの型の1つ．通常，順番に機能する10組の電極がある．1つの電極がインパルスを受けると，グロー放電が順番に次の電極に伝えられる．この真空管はスイッチングや計数を十進法で表示するのに用いられる．

デカルト座標 Cartesian coordinates
⇒座標．

てこ lever
支点の周りに回転が可能で，剛体の棒とみなすことのできる簡単な機械．負荷，作用力，支点の相対的な関係によりてこの型が分類される．

デシ- deci-
記号：d．0.1倍を表す接頭辞．たとえば1 デシメートル（dm）= 0.1 m．

デジトロン digitron
ニキシー管（Nixie tube）ともいう．冷陰極計数管の一種で，陰極が通常 0 から 9 のアラビア数字の形につくられている．電力供給の片方のスイッチを切り替えることで，必要な陰極を選択する．計数管やコンピューターの表示に用いられる．

デシベル decibel
記号：dB．とくに通信系や音響系で，2つの仕事率や2つの音圧を比較するのに用いる単位．単位ベル（bel）（記号：B）よりも実用的な単位で，1 B = 10 dB である．
2つの仕事率が P_1，P_2 であったとき，仕事率の違い n dB は
$$10 \log_{10}(P_2/P_1) = n$$
である．1 dB は P_2 が P_1 より 26% 大きいことを表しており，10 dB なら 10 倍，50 dB なら 10^5 倍となる．音の強さの場合には P_1 は参照音圧の強さということになる．1 dB は耳が区別できる最小の変化に相当する．デシベルは音の大きさの単位ではない．電子回路では P_1 は入力信号の仕事率，P_2 は出力の仕事率である．n が正，つまり $P_2 > P_1$ なら利得があり，n が負，つまり $P_2 < P_1$ なら損失がある．
音圧の差が n dB ということは，2つの音圧 p，p_0（参照音圧）の関係が
$$20 \log_{10}(p/p_0) = n$$
であるということである．
デシベルはネーパー（記号：Np）と次の関係式にある：
$$1 \text{ dB} = (\log_e 10)/20 \text{ Np} = 0.1151 \text{ Np}$$

デシマルバランス decimal balance
⇒天秤．

テスラ tesla
記号：T．磁束密度の SI 単位．1 Wb m^{-2} で定義される．

テスラコイル Tesla coil
高電圧の高周波電流を発生させる装置．誘導コイルで，スパークギャップで放電させ，2つの大容量コンデンサーを通してトランスの1次側に供給される．トランスは大きな中空フレームに巻かれており，1次側はほんの数巻きである．

θ ピンチ theta pinch
⇒核融合炉．

鉄損 core loss, iron loss
磁場が周期的に変化する磁気回路の鉄心で生じる電力損失で，たとえば変成器のコアで起きる．この損失は磁気ヒステリシスと渦電流によって生じる．通常，ある周波数で磁束密度が最大のときの値をワット単位でいう．

デトリオ効果 Destriau effect
⇒エレクトロルミネッセンス．

デバイ　debye
電気双極子モーメントの以前の単位で，3.33564×10^{-30} C m．

デバイ-ウォーラー因子　Debye-Waller factor
原子の熱的な変位を説明するため，完全な格子に入射した放射が回折される強度に掛ける係数．回折光の強度はブラッグ構造（Bragg construction）（→ブラッグの法則）を使って解析し，通常結晶格子の原子は格子の位置にいるものとする．格子の熱振動の効果で回折強度は弱まる．これは高温では原子が格子の平衡位置にはいなくなるからである．このために回折光強度は弱まる．回折強度の温度依存性がデバイ-ウォーラー因子で与えられる．ブラッグの法則から計算した回折強度を I_0 とすると，原子の平均二乗変位が $\langle u^2 \rangle$ のときの回折強度は

$$I = I_0 \exp\left\{-\left(\frac{1}{3}\right)\langle u^2 \rangle (k_0 - k)^2\right\}$$

となる．k と k_0 は，それぞれ回折光，入射光の角波数である．物質が冷えてきても原子は完全には静止しない．量子力学が要求する零点振動（→零点エネルギー）も常に残る．このように，回折強度は低温でも完全格子の強度に到達しない．実際，低温において古典熱力学で求めた $\langle u^2 \rangle$ を使ったデバイ-ウォーラー因子と実験はぴったりとは一致しない．これは，量子力学の零点振動の存在を示す，もっとも直接的な方法である．

デバイ-シアス効果　Debye-Sears effect
透明な液体中の音速を調べるのに利用される効果．液体に圧電結晶を入れて一定の周波数で振動させると，音波の半波長ごとに波の節の粗密が入れ替わるようになる．液体を2枚の平行なガラス板の間に入れ，波長のわかった光線を当てると，節の粗密の部分が回折格子として作用する．格子定数は音波の波長に等しく，回折光の位置から測定でき，音速は格子定数と音波の周波数の積として求まる．

デバイ-シェラー環　Debye-Scherrer ring
単色X線ビームが粉末結晶を通るときに見られる，非回折X線を中心とした回折円．粉末の結晶方位は完全にランダムなので，入射X線はある結晶面に対してブラッグ角（→ブラッグの法則）となり，回折ビームが発生する．入射ビームに対してすべてが対称なため，回折X線は円錐面上に乗る．ブラッグ角ごとに回折ビームは円錐状になり，それを写真乾板で遮るとネガフィルム上には非回折X線の点を中心に一連の黒い輪が現れる．円錐面の全頂角は，その波長のX線に対するブラッグ角を θ としたとき 4θ となる．この回折線パターンはデバイ-シェラー法（Debye-Scherrer method）のもとであり，X線結晶学に広く用いられている．

デバイ長　Debye length
プラズマ中で荷電粒子のクーロン場が相互作用できる最長距離．

デバイの T^3 法則　Debye T^3 law
低温では比熱は温度の3乗に比例する．デバイ関数が

$$C_v = (12/5)\pi^4 R T^3 / \Theta_D^3$$

となり，R と Θ_D は物質による定数なので，$C_v \propto T^3$ となる．→デバイの比熱の理論．

デバイの比熱の理論　Debye theory of specific heat capacity (1912)
デバイは，連続な弾性体として考えた固体モデルの独立な振動に量子論を適用した．その際，固体の原子構造によって振動数は最大値 ν_m で打ち切られるとした．定積モル比熱は次のデバイ関数（Debye function）

$$C_v = 9R\left(\frac{4}{x^3}\int_0^x \frac{\xi^3}{e^\xi - 1}d\xi - \frac{x}{e^x - 1}\right)$$

で与えられる．ここで，$x = h\nu_m/kT$，$\zeta = h\nu/kT$ で k はボルツマン定数，h はプランク定数である．デバイ特性温度（Debye characteristic temperature）Θ_D は $h\nu_m/k$ で定義され，C_v は Θ_D/T の関数となり，実験とよく一致した．

テープ　tape
→磁気テープ

デプレッションモード　depletion mode
→電界効果トランジスター．

デマルチプレクサー　demultiplexer
→多重操作．

デュアルインラインパッケージ　dual in-line package（DIP）
集積回路のパッケージの標準形で，回路は四角のプラスチックあるいはセラミックパッケージに包まれ，長辺の両側に金属の足の列があるもの．これらの足は電極のピンである．これらの足は，プリント基盤に開けられた穴にはんだづけしたり，ソケットの中に入れることができる．

デュエヌ-ハントの関係　Duane-Hunt relation
X線管中で生成される最短波長（λ_{min}）は，

管に印加されている電位差（V）に反比例する．e, h, c をそれぞれ電子の電荷，プランク定数，光速とすると，

$$Ve = hc/\lambda_{\min}$$

となる．

デュロン-プティの法則 Dulong and Petit's law

固体のモルあたりの質量とその比熱の積が一定となるという法則．この積はいまではモル比熱として知られている．デュロン-プティの法則によると，モル比熱はおよそ $25\,\mathrm{J\,K^{-1}\,mol^{-1}}$ である．この値はエネルギー等分配の原理から導かれる．すなわち，格子単位の運動には，運動エネルギーとポテンシャルエネルギー両方を含めて，1自由度，モルあたり RT のエネルギーが分配される（ここでRは気体定数，T は熱力学的な温度である）．したがって，3自由度のモル比熱は $3R(25\,\mathrm{J\,K^{-1}\,mol^{-1}})$ となる．

この値は，等軸あるいはその他の簡単な系に結晶化する物質で，しかも高温領域にしかあてはまらない．低温では，この値は $3R$ よりも小さくなり，T が0に近づくにしたがって0に近づく．

デュワー瓶 Dewar vessel

真空瓶（vacuum flask）ともいう．イギリスの登録商標（UK tradename）．魔法瓶．ガラス容器で，壁が二重構造となっており，気体による熱伝導や対流による熱の出入りを防ぐために壁の間は完全に真空引きされているもの．放射による熱の伝導は内壁を銀めっきすることにより減らされ，デュワー瓶の内部に置かれた物体は外部から熱的に隔離され，その温度は長い時間にわたって変化しない．

テラ tera-

記号：T．10^{12} を表す接頭語．たとえば，1テラメートル（1 Tm）は 10^{12} メートルに等しい．

デルタ関数 delta function（δ-function）
⇒ディラック関数．

デルタ放射 delta radiation（δ-radiation）

電離放射線が物質に入射することによる二次電子放出．エネルギーはわずか 10^3 eV の程度である．さらにイオン化を進める原因となる．

テレビ television

受信器で再生するために視聴覚情報が伝送される電気通信システム．システムの基本的な構成要素は次のものである．情報を電気信号，すなわち画像・音声情報（video and audio signal）に変えるめのテレビカメラおよびマイク，情報を伝送するための増幅・制御・伝達回路，ラジオ波領域の変調された搬送波を用いた放送情報，この信号を受信し，特別に設計された陰極線管の画面に画像をつくり出すテレビ受像器（television receiver），などである．

テレビカメラ撮像管に写った情報は，掃引（走査）により取り出され，受信器の画面上の点が最終的な画像をつくるために同期して掃引される．電子線が目的の領域内を水平方向，垂直方向に横切るような，直線的な掃引方法が使われている．これはラスター掃引（raster scanning）として知られている．のこぎり波が電子線を偏向させるのに使われる．受信器の目的領域の可能な限り広い部分を使えるように，垂直掃引の数よりも水平掃引の数を多くする．それぞれの水平掃引は走査線（line）であり，そのくり返し頻度は走査周波数（line frequency）とよばれる．

垂直方向は映像面（field）であり，1秒あたりの垂直方向の掃引回数は，映像周波数（field frequency）とよぶ．個々の垂直方向の掃引がラスター raster である．もし全体の画像が1回のラスターで完成するならば，この掃引方法は連続掃引（sequential scanning）とよばれる．大部分のテレビ放送システムは飛び越し掃引（interlaced scanning）を用いている．このシステムでは，連続するラスターの走査線は互いに重なり合わさらず，互い違いに織り交ざり合い，2つのラスターが1つの完全な画像またはフレーム（frame）をつくる．

基本的なテレビシステムは黒と白で画像を伝送する（白黒テレビ）．カラーテレビは現在広く用いられており，放送信号は特別なカラー受像器で受け取られる．白黒受像器は，放送されるカラー信号を受け取るが，画像は白黒で表示する．

テレビカメラ television camera

テレビを構成するシステムのうち，レンズでとらえられた光学的な像を電気的なビデオ信号（video signal）に変換する装置．カメラのレンズでつくられた光学的な像は撮像管に入り感光物質に投影され，通常，低速電子線で走査される．その出力は画像情報による変調を受けている．出力は増幅され，放送ネットワークで送られる．

カラーテレビでは，3つの撮像管が使われており，それぞれの撮像管に別々の波長の光を通

すフィルターを通過した情報のみを受像する．光学的レンズ系を通った光はさらに，複数のダイクロイックミラーへ向かう．ここでは，ある特定の波長の光のみが反射され，他の波長の光は通過していく．もともとの多色の信号は，赤，緑，青の成分に分けられ，3つの撮像管のビデオ出力は，像の赤，緑，青成分を表す（図参照）．3つの撮像管の走査系は主発振器により同時に作動する．これは各撮像管の出力が同じ位置に像を結ぶようにするためである．

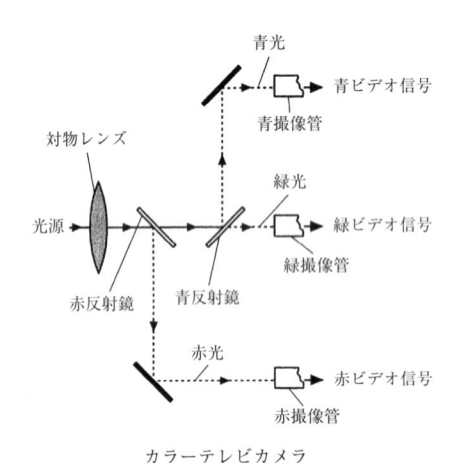

カラーテレビカメラ

テレビ受像器　television receiver
⇒テレビ．

テレフォニー　telephony
ファクスや電子メールのような，言葉や他の情報を伝えるために設計された伝達システム．電気回路，交換機，2人の使用者の間に通話回路（通信チャネル）を開くために必要なそのほかの装置，で構成される．適当な電線や光ファイバーにより伝達され，無線（携帯電話のような）や衛星を使うこともある．

情報を伝えるのにアナログ回路や信号を使うよりもむしろディジタル回路と信号を使うほうが，より速く正確に電話回線をつなぐことができる．ここではアナログ-ディジタル変換器（A-D コンバーター）が音声をディジタル信号に変えるのに使われる．ディジタルシステムへの切り替えは，世界中で行われている．アナログシステムでは，（たとえばコンピューターからの）ディジタル入出力はモデムを使うことで達成される．

テレメトリー　telemetry
測定対象が記録装置と離れていて，測定データが電気通信システムにより測定地から記録地へ送られる測定手段のこと．テレメトリーの例には，宇宙探査や病院での生理学モニターなどがある．

電圧　voltage
記号：V．回路またはデバイスの特定の2点間の電位差または起電力として広義に用いられる用語．単位はボルトで表される．

電圧安定器　voltage stabilizer
出力端子での電圧を十分一定にし，入力電圧や負荷電流の変動に対して影響を受けないよう維持するための装置または回路．典型的な回路では電圧調節のためツェナーダイオードが出力負荷に並列に接続されている．

電圧計　voltmeter
電位差を測定する装置．よく用いられる電圧計としてはディジタル電圧計，オシロスコープおよび永久磁石と可動コイルからなる直流電圧計がある．電圧計は測定回路に与える影響を極力抑える必要がある．したがって測定回路から流入する電流を十分小さくするため電圧計の入力インピーダンスを非常に高くする必要がある．ディジタル電圧計とオシロスコープはこの条件を満足するが，可動コイル型計器では入力インピーダンスを大きくするため直列の高インピーダンスが用いられる．

電圧降下　voltage drop
導体（回路素子や回路部品）の端子間など特定の2点間に電流が流れることによって生じる電位差．電圧降下は（直流に対しては）電流と2点間の抵抗との積に等しく，（交流に対しては）電流と2点間のインピーダンスの積に等しい．交流の場合，電流と抵抗との積は抵抗性電圧降下（resistance drop）とよばれ，電圧と電流は同位相である．一方，電流とリアクタンスの積はリアクタンス性電圧降下（reactance drop）を与え，電圧と電流は位相が直交している（直角位相）．

電圧制限器　voltage limiter
⇒バリスター．

電圧増幅器　voltage amplifier
⇒増幅器．

電圧比　voltage ratio
⇒変圧比．

電圧分割器　voltage divider
⇒分圧器．

電圧変換器　voltage transformer
計器用変圧器（potential transformer）ともいう．トランスの電圧変換特性を用いた**変換器**．一次巻線は主回路につながれ，二次巻線は測定装置（電圧計など）につながれる．電圧変換器はまた交流機器の電圧範囲を拡大したり，高電圧から装置を分離するためにも広く用いられる．

転位　dislocation
⇒欠陥．

電位　electric potential
記号：V．電場内のある点の電位とは，単位の正電荷を無限遠からその点まで運ぶのに要する仕事である．単位はV（ボルト）．1Cの電荷をその点まで運ぶのに1Jの仕事を要するとき，その点の電位は1Vになる．⇒ポテンシャル．

転移温度　transition temperature
凝固点，沸点，昇華点など，相の変化が起こる温度．物質が超伝導になる温度にもこの用語が使われる．

電位計　electrometer
電位差を測定する装置．現在用いられている装置は，電位計増幅器とよばれている．非常に高インピーダンスの増幅器で，流れ込む電流はほとんど無視できる．

電位差　potential difference
記号：V，U．2点間の電場の線積分．この2点間を一方からもう一方に電荷が移動するときになされる仕事は，（移動の経路にかかわらず）電位差と電荷の積に等しい．⇒起電力．

電位差計（ポテンショメーター）
potentiometer
抵抗として均一な導線を用いた**分圧器**．移動するスライド式の接点が導線に接触しており，抵抗線の両端に加わっている電圧より小さい電位差を取り出すことができる．典型的な使用例は，たとえば電池C（図参照）のような未知の起電力を測定する場合である．電池Bが一定の電流を抵抗線XYに供給する．検流計Gの目盛りが振れないようにスライダーSの位置を調整する．距離$XS=l_1$を記録しておき，次に電池Cを標準電池に置き換え，新しいつり合いの点l_2を見つける．すると，$E_1/E_2=l_1/l_2$となる．ここで，E_1とE_2はそれぞれ電池Cと標準電池の起電力である．電池に電流が流れないとき，真の起電力が得られることがわかる．精密測定の場合には，より精巧な電位差計が用いられる．

電位の傾き　potential gradient
ある点において，距離xを変化させたときの電気ポテンシャルVの変化率．変化率が最大になる方向で測定する．単位は$V\ m^{-1}$である．電場の大きさEは電位の傾きの逆符号になる．すなわち，

$$E=-\frac{dV}{dx}$$

である．

電荷　charge, electric charge
記号：Q．ある種の素粒子がもつ特性で，互いに力を及ぼし合うもとになる．負の電荷の単位は電子のもつ電荷であり，陽子は同量の正の電荷をもつ．負と正という言葉は，荷電粒子に及ぼされる力の符号を区別するために慣習的に使われている．同種の電荷は反発し合い，異種の電荷は引き合う．物体あるいはある領域の電荷は，すべての陽子がもつ電荷に対してすべての電子のもつ電荷が過剰か足りないかで決まる．電荷は電流を時間で積分したもので，単位はクーロン（C）である．電子は$1.602\,176\,565\times10^{-19}$Cの電荷をもつ．⇒電磁相互作用．

電界イオン化　field ionization
固体表面での高電場による気体原子分子のイオン化．電子は通常原子がイオン化ポテンシャルに相当するエネルギーを得た場合のみ原子から飛び出す．もし原子が金属の近傍に位置し，表面近くに高い電場が存在すれば，電子は原子からポテンシャル障壁を通り抜けて（⇒トンネル効果）金属内へ取り込まれていくことが可能である．その過程はほぼ電界放出と同じであり，違いは電子が金属から飛び出すのではなくて原子分子からトンネル効果により金属内に取り込まれることである．必要な電場は$10^7\ V\ m^{-1}$のオーダーであり，非常に鋭い針状電極に非常に高い正の電圧（10～20kV程度）をかけて得られる．金属表面近くでつくられたイオンは，電場によって弾き飛ばされる．

電界強度　electric intensity
⇒電場強度．

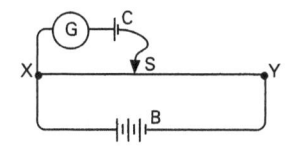

ポテンシオメーター

電界効果トランジスター field-effect transistor（FET）

半導体デバイスの一種で、電流が多数キャリヤーの移動のみに依存するトランジスターである。そのためバイポーラーというよりもむしろユニポーラーデバイスである。電流は電極に接続された2つの領域、ソース（source）とドレイン（drain）の間の狭い導通チャネル（channel）を通って流れる。このトランジスターに適当なバイアスをかけることによりキャリヤーはソースからドレインへ流れる。電流はゲート（gate）領域に接続した第3の電極にかけられた電界によって変調される。n型のソースとドレイン、したがってn型のチャネルをもつものをnチャネルデバイス（n-channel device n型デバイス）とよび、p型のチャネルをもつものをpチャネルデバイス（p-channel device p型デバイス）とよぶ。→ n型伝導性、p型伝導性.

FETには主として2種類ある。接合型（junction）FET（JFET）（図a）では、伝導チャネルはデバイスの構造の一部としてつくられている。絶縁ゲート型（insulated-gate）FET（IGFET）（図b）では、チャネルはゲート電圧の作用によってつくられる。

JFETの場合、n型デバイスのドレインに正電圧を加えると、ソースの伝導電子がドレインに引き込まれチャネルを流れる。ドレイン電圧 V_D を上げると、チャネル断面積が減少する。これは V_D を上げることで p^+-n 接合部（p^+ は高濃度ドープ領域を示す）の空乏層が広がるからである。したがってデバイスの抵抗が増加する。ピンチオフ電圧（pinch-off voltage）V_P とは、両側の空乏層が初めて接するときのドレイン電圧である。V_P よりドレイン電圧が高いところでは、放電が起こらないかぎりドレイン電流はほぼ一定となる。ゲートに負電圧を加えても空乏層は大きくなり、より低いドレイン電圧でピンチオフの条件に達する。したがって、電流電圧特性はゲートバイアスによって決まり（図c）、ゲート電圧によりチャネルの伝導度を変化させることができる。

IGFETは、高濃度ドープされているソース領域とドレイン領域の間の表面に絶縁層をもつ構造をしている（図b）。絶縁層の上面に付けた導体層がゲート電極となる。もっとも広く用いられている絶縁ゲートFETはMOSFET（金属酸化膜半導体FET）であり、二酸化シリコンが絶縁層を形成する。

nチャネルIGFETの場合、ゲート電極にある程度の大きさの正電圧を加えなければ導通チャネルはできない。しきい値電圧（threshold voltage）V_T とよばれるこの電圧において、絶縁層の真下の半導体が逆転、すなわち反対の伝導性をもつp型半導体となる。逆転層はソースとドレインをつなぐ狭い導通チャネルとなる。

小さな正電圧をドレインに加えればソースの伝導電子が引きつけられ、チャネルを電流が流れる。JFETと同様に、空乏層がチャネルの大きさや形を決める。チャネルは抵抗器と同じ働きをし、ドレイン電流 I_D はドレイン電圧 V_D に対して直線的に増加する。V_D が増加するにつれ、ドレイン付近のチャネルの厚さはゼロにまで減少する。したがって、これ以上 V_D を増大させても電流値はほとんど変化しない。ここでもJFETと同じように、ゲート電圧でチャネルの伝導度を変化させることができ、I_D 特性は

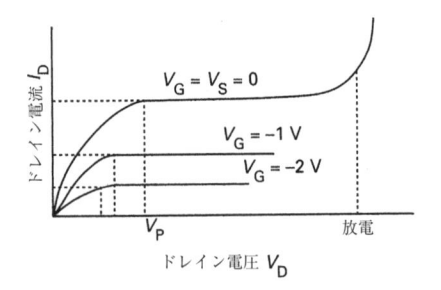

(a) JFET

(b) IGFET

(c) JFETの特性曲線

(d) IGFET 伝達特性

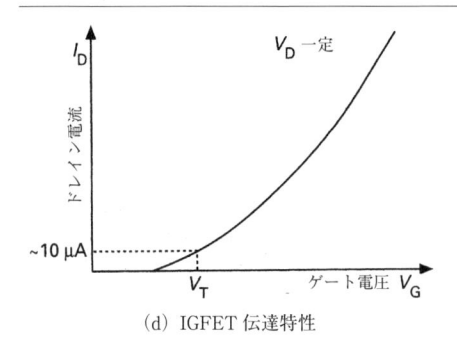

JFETのときと似た形になる（図c）.
　pチャネル素子も，負電圧をゲートやドレインに加えることで，nチャネル素子と同様の働きをする.
　デプレッションモード素子（depletion-mode device）とは，ゲートバイアスがゼロのときでも導通があるものを指し，エンハンスモード素子（enhancement-mode device）は導通させるためにはゲートに電圧を加えなければならないものである. すべての接合型FETはデプレッションモード素子であり，上で取り上げた絶縁ゲートFETは，理想的にはすべてエンハンスモード素子である. しかし，nチャネル素子の場合，自発的な逆転層が生ずることがあり，これによりゲートバイアスがゼロでもデプレッションモード素子になるものがある. エンハンスモード素子はゲートバイアスがゼロだと，"オフ"の状態なので，スイッチとしては使いやすい. 一方，nチャネル素子は正孔に比べて電子の易動度が高く，増幅度を大きくとることが可能なため，pチャネル素子よりも幅広く利用されている.
　FETは二乗則素子として広く知られている. それは，出力電流 I_{DS} が入力電圧 V_{GS} の2乗で決まるためだ.（バイポーラー型の接合型トランジスターでは指数関数的な特性となる）FETの入力インピーダンスはつねに非常に高い. 接合型素子の場合，入力は逆バイアスのかかったダイオードを介した形となり，絶縁ゲート型素子の場合，入力インピーダンスは純容量性となる（ゲートとチャネルは絶縁膜により隔離されている）.
　接合型FETは，その二乗則素子としての性能や高い入力インピーダンスが必要とされる用途に必ず使われる. 高入力インピーダンス増幅器，二乗（周波数）混合器，双方向スイッチなどである. 絶縁ゲート型FETも同様な用途でも利用されているが，最大の用途はMOS集積回路である.

電解コンデンサー　electrolytic capacitor
　電解的な方法によって誘電体層を形成するようなコンデンサー. ただし，必ずしも電解質を含むとは限らない. アルミニウムやタンタルのような金属電極が電解槽の中で陽極として働く場合，非常に薄い金属酸化物の皮膜が形成される. コンデンサーの陰極としては，電解質あるいは二酸化マンガンのような半導体が用いられる. 電解質は液体状か糊状で，紙やガーゼにしみ込ませて使われる. 電解コンデンサーは，単位体積あたりの電気容量が大きいが，漏れ電流が大きいのが欠点である.

電解質　electrolyte
　溶液や融解状態で，イオンが存在するために導電性を示す物質. ⇨電離.

電解質伝導率　electrolytic conductivity
　記号：κ. ⇨伝導率.

電解整流器　electrolytic rectifier
　電解質中に異種の金属でできた2つの電極を浸した整流器. 金属と電解質をうまく組み合わせると，電流がある方向には非常によく流れ，逆には流れにくいようにすることができる.

電荷移動素子　charge-transfer device
　電荷のかたまりがある場所から隣へ移動する半導体素子. このような素子は，短い時間のあいだ電荷をある場所へ蓄えておく用途に用いられる. 電荷移動素子にはいくつかの異なったタイプのものがあり，おもなものとしてCCD（電荷結合素子）がある.

電解分極　electrolytic polarization
　電気分解した生成物が再結合しようとする傾向をいう. 分極の大きさは，電解質中に電流が流れ続けるために必要な最小の電圧によって測られる. 一次電池では電解分極は実効的な起電力の低下を招くので，さまざまな復極剤によって防がれている. ⇨復極剤.

電界放出　field emission
　高い電場中にある固体からの電子の放出. 金属内では外殻電子は電子ガスのように働き，エネルギーは許容バンド内である. 図に理想化された金属について，そのようなバンドを示す. 金属の内側，外側での電子エネルギーを表面からの距離の関数として示す.
　もし金属が周囲と等ポテンシャルならば，電

場は存在せず，電子のポテンシャルエネルギーは AC 線で示すように距離によって変化しない．しかし，金属が外部電極に対して負のポテンシャルをもつと，表面では高い電場をもち，ポテンシャルは AD 線で示すように距離とともに下がっていく．もし電場が大きければ電子を固体内に留めるだけの障壁（BAX の領域で示される）があっても，電子はエネルギー的に障壁を乗り越える必要もなく，トンネル効果で逃げ出して外側にある X に現れることが可能である．この現象が電界放出であり，この過程が起きる確率は，障壁の幅 BX が小さくなるにつれて大きくなる．その結果，電界放出電子流は，電場が大きくなるにつれて増大し，また仕事関数が小さい固体になるほど顕著になる．この効果を観測するには，10^{10} V m^{-1} のオーダーという高い電場が必要であり，通常非常に鋭い点を高いポテンシャルに置くことで実現させている．

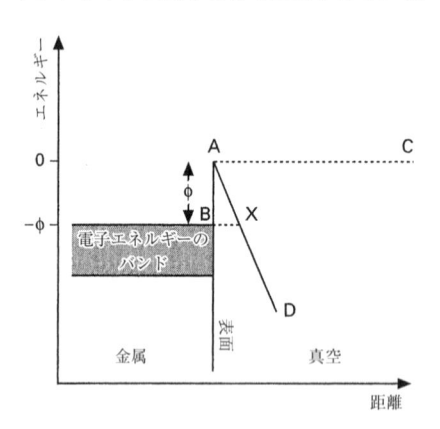

金属表面のエネルギーバンド

電界放出顕微鏡 field-emission microscope
電界放出を起こさせることにより表面構造を観測する装置．図に示す簡単な装置では，鋭い金属試料に，導電性の蛍光スクリーンより大きな負の電位を与えている．内部はガス放電を防ぐために真空ポンプによって低い圧力に保たれている．試料片は決まった形で，試料の単一結晶からできているのが理想的である．電界放出は局所的な電場の影響で起こり，放出された電子は加速されながらスクリーンまで到達し蛍光を発する．電界放出された電子は表面に垂直に飛び出す．試料片の半径を r_t，スクリーンからの距離を r_s とすると試料片の表面の画像は $r_\mathrm{s}/r_\mathrm{t}$ 倍に拡大されてスクリーンに映し出される．分解能は金属原子の振動で決まるため，試料片は通常液体ヘリウム，または水素温度に冷却される．個々の原子までは解像できないが（→放射型イオン顕微鏡），試料片の場所ごとの仕事関数に対応した規則的な明暗パターンが観測される．これらは金属表面上の個々の結晶表面と解釈される．

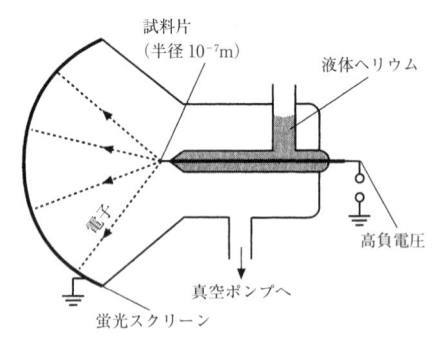

電界放出顕微鏡

電解マイグレーション electrolytic migration
⇒界面動電現象．

電荷結合素子 charge-coupled device
⇒CCD．

電荷保存則 conservation of charge
任意の系の全電荷が一定であるという法則．

電荷密度 charge density
（1）電荷の体積密度（volume charge density）．記号：ρ．媒質あるいは物体の単位体積あたりの電荷．単位は C cm^{-3}．
（2）電荷の面密度（surface charge density）．記号：σ．面の単位面積あたりの電荷．単位は C cm^{-2}．

転換（Ⅰ） conversion
⇒転換炉．

転換（Ⅱ） transformation
⇒遷移．

点関数 point function
磁場，温度，密度のように，その値が空間における点の位置に依存する量．

転換電子 conversion electron
⇒内部転換．

転換率 conversion factor
原子核物理の分野で，転換炉の中で生み出さ

れた核分裂性の原子数の，燃料に含まれていた核分裂性の原子数に対する比率．

転換炉 converter reactor
核反応によって核燃料材料の物質が核分裂性の物質に変換される原子炉．この過程を転換 (conversion) という．転換炉は電力生産用にも用いることができる．⇒転換率，高速増殖炉．

電気泳動 electrophoresis
懸濁液に電場をかけたとき，液体中の微小固体粒子が陽極（アナフォルシス anaphoresis, 陽極移動）や陰極（カタフォルシス cataphoresis, 陰極移動）に移動する現象．

電気エネルギー electric energy
(1) 電場中で電荷のもつ位置エネルギー．電荷 Q の粒子が電位 V の場所に存在するとき，電気的な位置エネルギーは QV で与えられる．
(2) 内部の電荷分布に基づいて物体がもつ位置エネルギー．コンデンサーの極板間の電位差が V であれば，正負の電極はそれぞれ $+Q$，$-Q$ の電荷をもち，$Q=CV$ である．このとき，コンデンサーがもつ電気的位置エネルギーは，$(1/2)QV=(1/2)CV^2=(1/2)Q^2/C$ となる．コンデンサーが放電すると，これだけの仕事が回路に対してなされることになる．
(3) 単位体積あたりの電場のエネルギーは $(1/2)\varepsilon E^2$ である．ここで ε は誘電率，E は電場強度である．
(4) 磁場中に蓄えられた電流のエネルギー．自己インダクタンス L を電流 I が流れているとき，このエネルギーは $(1/2)LI^2$ となる．（⇒電磁誘導）電流を遮断すると，火花が生じてこのエネルギーが散逸される．
(5) 単位体積あたりの磁場のエネルギーは $(1/2)\mu H^2$ である．ここで μ は透磁率，H は磁場強度である

電気化学 electrochemistry
電流を流すことによって生じる化学反応（⇒電気分解），および電池による電流の発生とそれに関連する現象の研究．

電気化学当量 electrochemical equivalent
1 A の電流を 1 秒間流したときに，溶液から析出するイオンの質量．

電気角 electric degree
交流の 1 サイクルを 360° としたときの角度．回路の異なる部分での電流や電圧をベクトルで表したとき，その間の位相差，すなわちベクトル間の角度をいう．

電気感受率 electric susceptibility
⇒感受率．

電気鏡像 electric image
導体表面付近に点電荷が存在する場合に，静電気学の問題を解くための方法の 1 つ．表面上に誘起される電荷による静電気的な効果は，ある条件下では表面に対して特定の場所に置かれた点電荷による効果と同じであることが示される．この仮想的な点電荷を，もとの電荷の電気鏡像という．無限に広い導体表面の場合には，電気鏡像はもとの電荷と同じ大きさで逆符号をもち，その位置は表面に対して面対称の位置に生じる．

電気光学 electro-optics
電場を印加することによって生じる誘電体の光学的特性変化の研究．⇒カー効果．

電機子 armature
(1) 同義語：ローター（rotor）．回転子またはアーマチュアともいう．電動機または発電機の回転する部分．
(2) どんな電気的装置の場合でも，その可動部分をいう．磁場によって電圧が誘起されるか，または電磁リレーのように磁気回路が閉じるように動いて接触する部分．
(3) ⇒保磁子．

電気軸 electric axis
結晶において，電気伝導率が最大になる方向．圧電結晶の X 軸である．

電機子リレー armature relay
⇒リレー．

電気浸透 electrosmosis, electroendosmosis
電場を印加すると，膜や多孔質のしきり板を通して電解質が移動する現象．

天気図 synoptic chart
ある時刻での風，気圧などを示す地図．天気予報に用いられる．

電気双極子 electric dipole
⇒双極子（ダイポール）．

電気双極子モーメント electric dipole moment
⇒双極子（ダイポール）．

電気通信 telecommunication
有線，無線などの，電磁システムを用いた情報伝送の研究と運用．電話，テレビ，ラジオ，通信衛星など，いろいろな種類の電気通信システムがある．

電気二重層 electric double layer
⇒ヘルムホルツ電気二重層．

電気粘性液体 electrorheological fluid
スマート液体（smart fluid）［ER 液体］ともいう．高電圧（約 $3 \mathrm{MV} \mathrm{m}^{-1}$）を印加するとゼリー状の固体になる液体．硬度変化は電場強度に比例し，可逆である．非導電性液体に粒子を懸濁させてつくられる．

電気ヒステリシス electric hysteresis
→誘電ヒステリシス．

電気ひずみ electrostriction
誘電率の違う物質中にある物体が，電場中で受ける伸縮の応力．電場が一様でない場合，周辺物質より誘電率が高い物体には，電場のより強い方向に向かう力が働く．逆もまた同様である．

電気ブレーキ electric braking
電気モーターを発電機として作用させることによってブレーキをかける方法．発電機としての出力は，レオスタットで失われるか（抵抗制動 rheostatic braking），電源系へもどされる（回生制動 regenerative braking）．とくに電気的駆動に応用される．

電気分解 electrolysis
化合物や溶液中に電位差を与え，正負に帯電した成分物質やイオンを，それぞれ反対方向に移動させることによって化学変化を起こすこと．
→ファラデーの電気分解の法則．

電気分極 electric polarization
誘電分極（dielectric polarization）ともいう．記号：P．電気変位 D から，電場強度 E と自由空間の誘電率 ε_0 の積を引いたもの．つまり，$P = D - \varepsilon_0 E$ である．単位は $\mathrm{C m}^{-2}$．

電気変位 electric displacement
記号：D．自由空間中に強さ E の電場があって，その中に誘電体が挿入されたとき，誘電体内での単位面積を通る電束（電束密度 electric flux density）は D であり，これを電気変位という．誘電体の誘電率 ε は D/E で与えられる．電気変位の発散（divergence）は，表面の電荷密度に等しい．電気変位の単位は $\mathrm{C m}^{-2}$ である．

電気崩壊 electrodisintegration
原子核の崩壊のうち，電子（β 線）が衝突することによって起こるもの．→破砕，光核反応．

電気めっき electroplating
電気分解の実用的な応用．ある金属の表面を別の金属で覆うものであり，保護や装飾あるいはその両方の目的で行われる．

天球 celestial sphere
中心に地球 E を置いた半径無限大の想像上の球で，恒星時間の 24 時間で 1 回転する．位置天文学で用いられる（図参照）．
ほとんどの天文観測には赤経や偏差座標が用いられる．

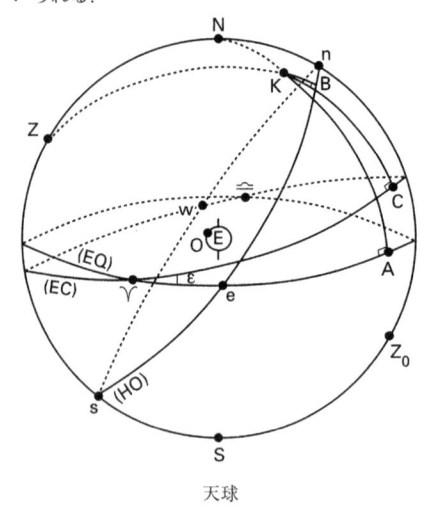

天球

N	天球の北極：地球の北極の方向
S	天球の南極
EQ	天球の赤道：地球の赤道の投影となる円
EC	黄道：地上から見た太陽の軌道の投影となる円．太陽は N から見て反時計回りに動く．
♈	春分点：赤道と黄道が交差する点で，太陽が赤道の南から北へ移る．
♎	秋分点：赤道と黄道が交差する点で，太陽が赤道の北から南へ移る．
ε	黄道の傾斜度：$23.4°$
O	地上の観測者
Z	天頂：O の方向
Z_0	天底
HO	水平線：Z, Z_0 を極にもつ大円
n	北点（水平線の）：ZN の延長と水平線が交差する点
s	南点
e	東点
w	西点
K	天体にある物体
BK	K の高さ（a）
ZK	K の天頂角（$z = 90° - a$）
nB	K の方位角（k）：北点から東へ向かう角度で測定する

AK	Kの偏差(δ)：赤道よりも北ならば正とする
ϒA	Kの赤径(α)：時間，分(24時間=360°)でOから反時計回りに測定される．
ZNn	Oにいる観測者にとっての子午線：Kが子午線にいるとき，子午線通過といい，時間角 H が0である．H は子午線通過後増加し恒星時と物体の赤径の差に等しい．
CK	Kの天球緯度(β)：黄道よりも北にある場合を正と考える．
ϒC	Kの天球経度(λ)：ϒから反時計方向の角度で測定する．
nN	天球の北極の高さで観測者の地上の緯度に等しい．

電気容量（容量） capacitance
記号：C．電荷を蓄えるためにつくられた，間隔をあけて置かれた導体，あるいは，導体と絶縁体を組み合わせたものがもつ特性．電荷 Q が孤立した導体に帯電して，電圧が V だけ増大した場合，この導体の電気容量は，Q/V と定義される．これはその導体のもつ定数で，その導体の大きさや形に依存する．2つの導体，あるいは，導体と半導体は，コンデンサーを形成し，その電気容量 C は，一方の導体上の電荷の，電位差に対する比として定義される．電気容量の単位は，F（ファラッド）である．⇒相互キャパシタンス．

電極 electrode
一般に，電荷担体（電子や正孔）を放出したり，集めたり，偏向させたりするための回路部品．固体平板，網，線などが電極として使われ，電解質溶液，気体，真空，誘電体，半導体などに電流を流入または流出させる機能を担う．ある種の電池では水銀電極が使われている．⇒ポテンシャル．

電極間容量 interelectrode capacitance
電子装置・素子の特定の電極間でつくられる小さな容量．たとえば，トランジスターのエミッターとベースの間など．この容量は素子の動作に重大な影響を与えることがある．

電極効率 electrode efficiency
電解槽内で，実際に電極で析出した金属の量の，理論値に対する割合．

電極電位 electrode potential
電極と，それに接する電解質との間の電位差．

電気力学 electrodynamics
(1) いくつかの隣接する回路に電流が流れているとき，これらの回路間に働く力について研究する分野．［(2) 荷電粒子の運動や電磁波の放射など，時間的に変化する電磁場を扱う電磁気学の分野．］

電気量 quantity of electricity
記号：Q．電流の時間積分．すなわち，$\int I dt$ のこと．電荷と同じ．

点群 point group
対称操作（ある軸周りの回転，ある面に対する鏡映，またはそれらの組み合わせ）の集合で，並進操作を含まないもの．空間中の規則的な配列をした点の集まりにこの操作が行われたとき，これらの点はもとの点に一致する．⇒結晶系．

点欠陥 point defect
⇒欠陥．

電源 power supply
電気，電子機器の動作に適した形で電力を供給する源．交流電力は，主系統から直接，あるいは適切な変圧器を用いて供給される．直流電力は，電池，あるいは適切な整流器/フィルター回路から供給される．バスは，数個の回路や，1つの回路中の複数の点に電力を供給するのによく用いられる．共通の電源から，何らかの方法の結合によって，適切な大きさの電圧が供給される．

電源インピーダンス source impedance
任意のエネルギー源のインピーダンスで，［外部の］ある回路または装置の入力端子に対して与えられる．理想的な電圧源は電源インピーダンスが0であり，理想的な電流源は電源インピーダンスが無限大である．

電源箱（パワーパック） power pack
交流，あるいは直流の電源（通常は主系統）から，電子機器を動作させるのに適した形に電力を変換する装置．

電子 electron
負の電荷
$$-e = -1.602\,176\,565 \times 10^{-19}\,\mathrm{C}$$
と，静止質量
$$m_0 = 9.109\,382\,91 \times 10^{-31}\,\mathrm{kg}$$
（これは $0.510\,998\,93\,\mathrm{MeV}/c^2$ に等しい）をもつ，安定な素粒子．スピンは1/2であり，フェルミ−ディラック統計に従う．強い相互作用をしないので，レプトンに分類される．

電子の発見は，気体放電管の冷陰極から放出される陰極線に関する研究に基づいてトムソン（Thomson）卿により1897年に報告された．この発見後間もなく，同じ電荷と質量をもった粒子が，光電効果，熱電子放出，β崩壊などの過程により，さまざまな物質から得られることが確かめられた．このようにして，電子はすべての原子・分子・結晶の構成要素であることが知られるようになった．

自由電子の性質は，真空中や低圧の気体中で調べることができる．電子線は，熱したフィラメントや冷陰極から放出され，電場や磁場によって集束を行うことができる．強さEの電場中で電子に働く力F_Eは$F_E = eE$で与えられ，その方向は電場の方向［(向きは電場ベクトルと逆向き)］である．電位差Vのある2点間を動くと，電子は運動エネルギーeVを得る．したがって，運動エネルギーが正確にわかった電子線を得ることができる．磁束密度Bの磁場中において速度vで動く電子には，力$F_B = Bev\sin\theta$が働く．ここで，θはBとvのなす角である．この力はBとvで張られる平面に垂直に働く．

粒子の質量は，その種類によらず速さが速くなると相対性理論にしたがって質量が増加する．電子が5 kVの電位差で加速された場合，静止状態に比べて質量が1%大きくなる．このように，通常の加速であっても，電子については相対論の効果を考慮しなくてはならない．

波動力学によると，運動量mvをもつ粒子は，波長$\lambda = h/mv$の波と同等の回折・干渉現象を示す．ここで，hはプランク定数である．このことから，数百Vの電位差で加速された電子は，結晶中の典型的な原子間隔と比較して短い波長をもつことになる．したがって，結晶は電子線に対して回折格子として働く（⇒デヴィッソン-ガーマーの実験，ドブロイ波，電子回折）．

数電子ボルト以下の運動エネルギーでは，電子は原子や分子と弾性衝突を起こす．質量比が大きいことと，運動量保存則のため，電子から原子へはきわめて小さな運動エネルギーしか移行しない．この場合，電子は方向は変わるが，速度はそれほど遅くならない．もう少し高いエネルギーでは，衝突は非弾性的になって，分子の解離や，原子・分子の励起，イオン化が生じる（⇒イオン化ポテンシャル）．励起された原子や再結合するイオンは，ふつう可視か紫外の電磁放射を放出する．電子のエネルギーが数keV以上になると，X線が発生する．高エネルギーの電子は，物質中でかなりの距離を進み，その飛跡に正イオンと自由電子を残す．そのエネルギーは少しずつ（約30 eV）失われていくが，これは主としてX線発生を引き起こす反応による．電子のエネルギーが高くなると，その飛跡は長くなる．⇒陽電子，原子．

電子温度 electron temperature

放電管プラズマ中での電子の速度分布は，マクスウェル分布で近似できる．プラズマ中の電子温度は，電子の平均運動エネルギーと気体分子の平均運動エネルギーとが同じになるようなマクスウェル分布での温度として定義される．

電子回折 electron diffraction

電子は，プランク定数をh，電子の運動量をmvとすると，波長が$\lambda = h/mv$の波に相当する．このことから，電子線は結晶性の物質中を通ると，X線と同様に回折する．回折パターンは結晶面の間隔に依存しており，この現象は表面や薄膜の構造を調べるために用いられている．⇒ドブロイ波，電子．

電子殻 electron shell

全量子数nで特定される原子内の電子のグループ．$n = 1$をもつ最内殻（K殻）には，2つまでの電子が入りうる．その外側の殻は，順にL（$n = 2$），M(3)，N(4)，…とよばれる．K殻，L殻，…のそれぞれの殻は，さらにs，p，d，f，g，h，…の部分殻（subshell）に分けられる．[K殻には2つのs電子が入り，] L殻にはs電子2つとp電子6個の計8電子が入ると満杯（閉殻）となる．M殻では合計18電子（2つのs，6つのp，そして10のd電子）が入りうる．閉殻と部分殻の安定性が，周期表の解釈のカギとなる．

現代的な考え方によれば，殻は電子の精密な空間的位置を示しているものではない．1つの殻に属する電子が別の殻に属する電子軌道に入り込むことも起こる．これら軌道は（電子が通る）ある決まった経路であるという描像は，もはや正確なものではない．⇒原子軌道．

電子ガス electron gas

固体中や液体中での自由電子を気体として考え，その状態を，固体や液体にとけ込んだ実際の気体の状態と対応づける考え方．このモデルは，電気伝導や熱伝導，熱電子放出などの理論に応用されてきた．フェルミ-ディラック統計（⇒量子統計）を電子ガスに適用すると，普通の温度では完全に縮退が起こっており，したがっ

て電子ガスは理想気体の分布とはまったく異なる分布にしたがっていることがわかる.

電子画像カメラ electronographic camera
⇒イメージインテンシファイア.

電子管 electron tube
電子の運動を利用した電子デバイス．電子は，封じ切りまたは連続的に排気された容器内の真空中または気体中で複数の電極間を移動する．例として，**陰極線管**，**気体放電管**，(いまはあまり使われなくなったが) **熱電子管**がある．

電磁気量の有理化 rationalization of electric and magnetic quantity
電磁気の方程式に修正を加え，より合理的な"常識的"アプローチを行うのに用いられてきた方法．次の3つの例で，もっともよく説明することができる．真空中で，無限に長い直線状導線に電流 I が流れている．この電流から距離 r にある点における磁束密度 B は，アンペールの定理から

$$B = 2\mu_0 I/r$$

で与えられる．ここで，μ_0 は真空の透磁率である．CGS 単位系では，この定数は定義によって1となる．SI 単位系では，μ_0 は 10^{-7} SI 単位に等しいことが示される．実際的には [K をある定数として] $\mu_0 = 10^{-7} K$ と書かれ，したがって

$$B = 2\mu_0 I/Kr \qquad (1)$$

である．同様な議論により，半径 r，N 巻の平面状円形コイルの中心における磁束密度は

$$B = 2\pi\mu_0 NI/Kr \qquad (2)$$

となる．一方，まったく別の議論から，半径 r の孤立球の容量 C として

$$C = K\varepsilon_0 r \qquad (3)$$

が得られる．ここで，ε_0 は真空の誘電率である．
ここでよく考えてみると，これら3つの式が合理的でない様相を示している．直線上の一点のまわりの磁場が同心円を描くことはよく知られているのに，これを特徴付ける量 2π は式 (1) に現れていない．円形コイルの中心における磁場は，よく揃って，大きさも一様であるが，式 (2) は因子 2π を含んでいる．これは，むしろ式 (1) に期待されるものである．球から生じる電場は，もちろん3次元の [球] 対称性をもつが，式 (3) に因子 4π は現れていない．
これらの式は，$K = 4\pi$ とおくことで合理的な形となる．したがって，

直線電流について　　$B = \mu_0 I/2\pi r$　(1)′
円形コイルについて　　$B = \mu_0 NI/2r$　(2)′
球状コンデンサーについて　$C = 4\pi\varepsilon_0 r$　(3)′

となる．0π は直線性を，2π は円形対称性を，4π は球対称性を意味する．真空の透磁率と誘電率は大きさが因子 4π だけ変わり，**磁気定数および電気定数** (自由空間の誘電率) とよばれる.
[SI 単位系では m, kg, s とならんで A = C s^{-1} が基本単位とされており，電気量の単位はクーロン (C) である．したがって，たとえばクーロンの法則は

$$F = \frac{1}{4\pi\varepsilon_0} \frac{qq'}{r^2}$$

の形に書き，有理化に伴う因子 4π はここで導入される．この式に現れる ε_0 を電気定数とよぶ．このとき，金属球の電気容量は式 (3)′ で与えられる．同様に，$\mu_0 = 4\pi \times 10^{-7}$ H m^{-1} を磁気定数とよぶ．式 (1)′, (2)′ は，この μ_0 に対して正しい．]
多くの公式，とくにオームの法則のように電流のみに関するものは，有理化の手続で影響されない．⇒ヘビサイド-ローレンツ単位系.

電子顕微鏡 electron microscope
(1) 透過型電子顕微鏡 (transmission electron microscope：TEM)．光学顕微鏡に類似した装置で，光のかわりに高いエネルギーの電子ビームを用いる．光学顕微鏡の約1000倍の分解能と倍率が得られる．ふつう，電子ビームは磁気レンズで集束され，そのエネルギーは 50～100 keV である．測定対象の試料の全面を照射し，試料を透過した電子を2番目の磁気レンズで蛍光板上に集束して画像を生成する．エネルギーがよくそろった電子を用いることによって鮮明な画像が得られる．入射電子のエネルギー損失を避けるには，結像する散乱電子のエネルギーが変わらないよう，きわめて薄い試料を用いる必要がある (一般には 50 nm 以下)．このため，被写界深度が強く制限されて，像は2次元となる．100 keV のエネルギーに加速したとき，電子の波長は約 0.04 nm (⇒ドブロイの式) となるので，0.2～0.5 nm くらいの分解能が達成できる．最大倍率はおおよそ10万倍であり，それ以上ではほけが生じる．

(2) 走査型電子顕微鏡 (scanning electron microscope：SEM) 分解能と倍率は劣るが，適当な大きさや厚さをもった試料の3次元像を得ることができる．電子ビームは，まず直径 20～50 μm のタングステン熱陰極によりつくられる (図 a)．電場と磁場により加速，集束されたビームは，導電性の試料の表面に約 10 nm 径のビームのスポットをつくる (試料が非導電性のと

きは，厚さ 5～50 nm の金属膜を試料表面に蒸着する）．電子ビームを走査コイルを用いて偏向させることにより，試料上を順次ラスター走査する．電子が試料に当たると二次電子を発生し，その数は構造など試料の性質によって決まる．

二次電子は，正に帯電した電子検出器に集められ，その中で約 10 keV に加速された後にシンチレーターに入射する．ここで発生する相当数の光子は，光電子増倍管により大きな電気信号に変換される．次に，この電気信号が［オシロスコープの］陰極線管中の電子ビームの強度を変調する．試料を走査する電子ビームに同期し，陰極線管の画面も走査される．試料により後方散乱された電子や試料から放出される光子もまた，像を得るのに利用できる．試料を透過した電子や試料中に発生する誘導電流によっても，別の種類の像が得られる．

顕微鏡の倍率は，走査コイルの可変電流 I_s と陰極線管の偏向コイル電流 I_c の比で決まり，15倍から10万倍まで連続的に変えられる．分解能は 10～20 nm である．

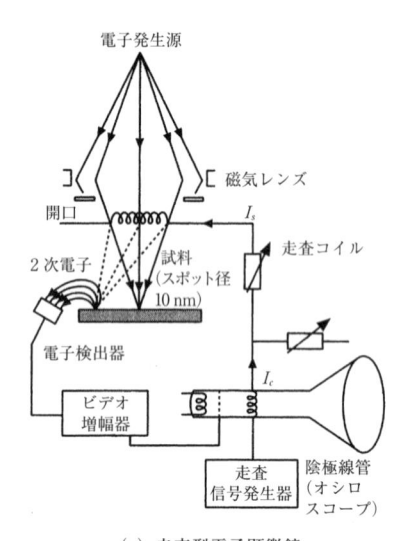

(a) 走査型電子顕微鏡

(3) 走査型透過電子顕微鏡（scanning-transmission electron microscope：STEM）走査型透過電子顕微鏡は，透過型の高分解能と走査型の3次元像の特徴を合わせもつ．電子ビームは微細（約 10 nm）な電極から電界放出によって発生させ，電場で加速させ，磁場で収束させ

る．スポットの直径は 0.3～0.5 nm で，これを試料上で走査する（図 b）．すると，弾性的および非弾性的に散乱した電子が試料を透過するので，これに対応した2種類の信号が得られる．弾性散乱信号を非弾性信号で割ると原子番号に比例した出力信号が得られる．出力をオシロスコープに入力し，その電子ビーム走査を顕微鏡の入射電子ビームに同期させる．画像の輝度は出力信号の大きさを反映するが，これは試料の厚さではなく，原子番号の違いを表している．コントラストは電気的に調整することができる．分解能は装置によって異なるが，最高で 0.3 nm に達する．→陽子顕微鏡，走査型トンネル電子顕微鏡．

(b) 走査型透過電子顕微鏡

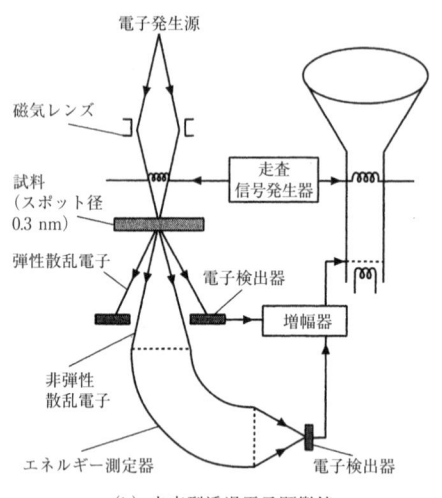

電子研磨 electropolishing
粗い金属面から陽極エッチングによって鏡面をつくる方法．

電子光学 electron optics
磁場，静電場中での電子ビームの挙動や制御の研究．屈折媒質中での光線の経路に類似している．磁場や電場の一部は，電子ビームの集束，発散に用いる電子レンズを形成するものとみなしうる．

電子工学 electronics
→エレクトロニクス．

電磁質量 electromagnetic mass
荷電粒子の全質量のうち，電荷によって生じている質量．粒子の速度が光速度に比べて遅い

場合，半径 a の球によって担われた電荷 e の電磁質量は $(2/3)\mu(e^2/a)$ で与えられる．ここで，μ は媒質の透磁率である．この効果の由来は，電荷の運動によって磁場が生じ，そのエネルギーは電荷の速度の2乗に比例することによる．速度が光速度に近づくと，質量は

$$m = m_0(1-\beta^2)^{-1/2}$$

にしたがって増大する．ここで，m_0 は静止質量，β は粒子の速度と光速度の比を表す．

電磁石 electromagnet
らせん状またはソレノイド状に巻かれた電気回路で，電流を流すと磁場を生じる．電流の磁気効果を高めるため，通常，巻き線の内部の空間に強磁性体のコアを挿入する．電磁石の強さは，このコアの形と構造に大きく依存する．

電子銃 electron gun
電子線をつくり出す装置．電子銃は複数の電極から構成され，ふつう，幅の狭い，高速度の電子線を生成する．電子線の強度は，銃の中の電極で制御される．

電子は，間接的に加熱された陰極（図参照）から発射される．制御格子（グリッド）は陰極を取り囲む円筒状の格子で，前面に穴があって，電子線が通過できるようになっている．この格子電極にかける負の電位を変えることにより，電子線を制御できる．電子線は，正に帯電した加速陽極で加速され，集束電極を通り抜けて，その後，2段目の陽極でさらに加速される．

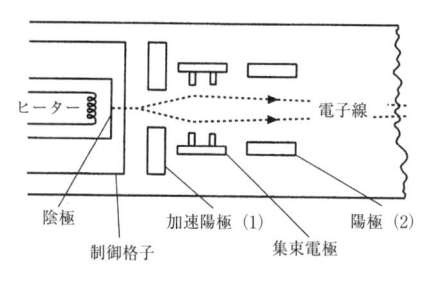

電子銃

電子常磁性共鳴 electron paramagnetic resonance
⇒電子スピン共鳴．

電子シンクロトロン electron synchrotron
⇒シンクロトロン．

電子親和力 electron affinity
多くの原子，分子，ラジカルは，電子を捕獲して安定な陰イオンをつくる（⇒電子付着）．電子親和力とは，イオンから電子を引き離すのに必要な仕事の最小値をいう．通常，電子ボルト（eV）単位で表される．

電子スピン共鳴 electron-spin resonance (ESR)
電子常磁性共鳴（electron paramagnetic resonance）ともいう．不対電子を含む常磁性物質が強い磁場とマイクロ波照射を受けたときに観測される現象．電子はスピンと，それに伴う磁気モーメントをもっている．電子の空間的情報を記述する量子数の組のそれぞれには2つの状態があり，これは2つの可能なスピン方向に対応している．磁場がない場合には，これらの2つの状態のエネルギーは等しいが，磁場を印加するとエネルギーに違いが生じる．エネルギー差は $gm_B B$ となる．ここで，g は電子のランデ因子，m_B はボーア磁子，B は磁束密度である．

不対電子をもつ原子について考える．原子の数が十分に多ければ，常温での原子の統計的な存在確率は，低いエネルギー状態の方が高い状態より少し大きい．ここに電磁波が照射されると，原子は，$h\nu = gm_B B$ を満たす周波数 ν の光子を吸収して高いエネルギー状態に移ることが可能となる．一般に，この周波数はマイクロ波領域にある．電子スピン共鳴では，照射マイクロ波の周波数を掃引する．周波数が ν と一致したときに共鳴が起こり，電磁波が吸収される．

自由電子のランデ因子は2に近い値であるが，多くの物質の場合，軌道磁気モーメントと核磁気モーメントの影響によってランデ因子の大きさが変わる．その結果，共鳴周波数にずれが生じ，また超微細構造が観測される．その様子から，分子における化学結合についての情報を得ることができる．⇒核磁気共鳴．

電子スペクトル electronic spectrum
⇒スペクトル．

電磁スペクトル electromagnetic spectrum
⇒電磁放射．

電子-正孔対 electron-hole pair
⇒正孔．

電磁相互作用 electromagnetic interaction
素粒子どうしが，電磁場を介して行う相互作用．荷電粒子間に働く静電気力はその一例である．この力は，仮想光子（⇒仮想粒子）の交換という形で記述される．電磁相互作用の強さは，強い相互作用と弱い相互作用の中間に位置し，それゆえ，電磁相互作用で崩壊する粒子の寿命

は,弱い相互作用で崩壊する粒子に比べて短いが,強い相互作用で崩壊する粒子よりは長い.電磁相互作用による崩壊としては,たとえば,
$$\pi^0 \rightarrow \gamma + \gamma$$
があげられる.この崩壊過程(平均寿命 8.4×10^{-17} 秒)は π^0 を構成しているクォークと反クォークが消滅し,一対の光子になるものとして理解される.

次の量子数は,電磁相互作用では保存される.角運動量,電荷,バリオン数,アイソスピン I_3,ストレンジネス,チャーム,パリティ,荷電共役パリティ.→電弱理論,量子電気力学.

電子増倍管 electron multiplier

電流増幅を行う電子管で,電子の二次放出に基づいて動作する.一次電子(光電効果などで発生した電子)は高い印加電圧により加速され,二次電子発生電極(dynode)に衝突し,高効率で非常に多くの電子を発生する(図参照).二次電子はさらに加速され,後方にある二次電極にぶつかる.同じ電子管内で,この過程が数度くり返される.それぞれの陽極の電位は,その前の陽極に対して順次高くなり,最終電極では1000 V 程度の高電圧となる.[ふつうは陰極に負の高電圧を印加して使用する.]→光電子増倍管.

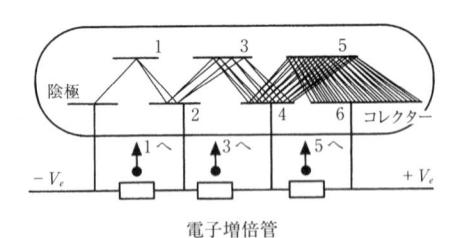

電子増倍管

電磁単位系 electromagnetic units (e.m.u.)
→CGS 単位系.

電子着色 electron stain

リンタングステン酸,オスミウム酸,ケイ素タングステン酸,リンモリブデン酸などの物質は電子を散乱する能力が高く,電子顕微鏡で用いると光学顕微鏡の染色剤のように働く.

電磁的集束 electromagnetic focusing
→集束.

電磁的制動 electromagnetic damping
→渦電流.

電子デバイス electronic device

電気伝導が,真空,気体,半導体における電子の運動によって起こる回路素子.

電子なだれ avalanche

タウンゼントなだれ(Townsend avalanche)ともいう.装置の中で1つの粒子または光子がいくつかの気体分子をイオン化するとき起こるような,なだれ状のイオン化過程.自由になった電子が陽極へ向かって加速され,他の分子をイオン化するに十分なエネルギーをもつとさらに多くの自由電子とイオンを生じる.このようにして,最初の1つの事象から大量の荷電粒子が発生する.この現象は,たとえば,ガイガー計数管やインパットダイオードに利用されている.

電子なだれ降伏 avalanche breakdown

半導体ダイオードの中において,強い電場のもとで自由な荷電粒子が累積的に倍増されるために起こる一種の放電.いくつかの自由なキャリヤーが十分なエネルギーをもち,衝突により新たな自由な電子・正孔対をつくる,すなわち電子なだれが起きる.これは逆バイアスされたp-n接合で起こる放電である.

電子付着 electron attachment

自由電子が原子や分子に付着して,陰イオンをつくること.電子捕獲(electron capture)とよばれることもあるが,この用語は,通常,核反応過程に使われる.→電子親和力.

電子フラッシュ electronic flash

キセノンやネオンなどの気体の入った気体放電管内で,高電圧放電を起こして,短時間だが非常に明るい光を出す光源.写真撮影やストロボ撮影などに用いられる.写真では,カメラの上に取り付けられ,電池で作動するフラッシュガン(flashgun)や,主電源から電流を供給するスタジオフラッシュ(studio flash)の形のものが使われる.

電子プローブ微量分析 electron-probe microanalysis

固体の微量分析法の1つ.固体試料に鋭い電子ビームを当てたときに放射されるX線スペクトルを解析する.元素の種類は特性X線により判別でき,X線の強さは存在量に依存する.電子ビームは 10^{-6} m のスポット径に集束され,10^{-16} kg といった微量の検出も可能である.この方法は,とくに固体表面での成分組成の情報を決定するのに有効である.

電子分光 electron spectroscopy

電子の運動エネルギー分布を測定する方法の総称.電子の発生源としては β 崩壊,固体や気

体による電子線の非弾性散乱のほか，(光子，イオン，準安定状態にある原子，他の電子などの衝突による) 分子のイオン化などの過程がある．電子分光の情報を用いて，原子・分子，固体，原子核などのエネルギー準位を決定することができる．そのためには，電子分光器 (electron spectrometer) を用いて電子エネルギーを精密に測定する必要がある．

電磁偏向 electromagnetic deflection

電子線を電磁石を使って曲げる方法．もっともよく使われているのは陰極線管の中の電子線で，2対の偏向コイルが用いられる．

電磁放射 electromagnetic radiation

電場と磁場の波が互いに誘起し合いながら真空中を伝わるような放射．電場と磁場は直交しており，また，これらの方向は放射の進行方向とも直交している．真空中での伝搬は波動理論で完全に記述できるが，物質との相互作用の記述には量子論が必要となる．

自由空間での波の位相速度は周波数によらず，またどの観測者に対しても同じ値である ($c = 2.997\,924\,58$ m s^{-1}) (⇒相対論)．自由空間では分散は存在せず，したがって群速度は位相速度に等しい．媒質中では，波の位相速度は $v = c/n$ で与えられる．ここで，n は考えている周波数での媒質の屈折率である．ふつう，n の値は1よりも大きい．ただし，X線やγ線の領域では1よりもわずかに小さくなるので，位相速度は真空中の値よりも速くなる．電磁放射の粒子としての性質，すなわち，エネルギー，質量，運動量，角運動量は群速度で伝わるので，c を超えることはない．一方，波としての位相速度 v，周波数 f，波長 λ は関係式 $v = f\lambda$ を満たす．周波数 f は波が伝わる媒質が変わっても変化しないが，波長 λ は屈折率 n に反比例して変化する．

電磁放射が研究されてきた周波数領域を，電磁スペクトル (electromagnetic spectrum) という．(付録の表6も参照．) 放射を発生させる方法や放射の相互作用は，周波数によって大きく変わる．電荷の加速によって生じる放射の強度は，電荷の加速度の2乗に比例することが示される．多くの場合，電磁放射は，このメカニズムで発生させられるが，ある種の素粒子 (たとえば中性パイ中間子) の崩壊においては，(仮想的な粒子の振動を含むような) 系の中間状態が仮定されなくてはならない．物質との相互作用は，通常，放射の電場成分によって引き起こされる．放射のエネルギーの半分は磁場成分によるものであるが，磁場によって相互作用が生じることは稀である．

もっとも低い周波数 (⇒電波) は，回路内での電気的な発振から人工的に発生される．天体の中には，この種の放射を放出しているものもある (⇒電波天文学)．電波の検出にはアンテナが使われ，入射した放射がアンテナ内に電気的な振動を引き起こす．温度の高い物体，放電，蛍光物質からは，それぞれ，赤外線，可視光線，紫外線が発生している．これらの放射は，(とくに長波長の赤外線の場合には) 分子の振動や分子の回転によって発生したり影響を受けたりするが，より一般的には，原子・分子・イオンの外殻中で，異なったエネルギー準位間を電子が移動 (遷移) することによって放射の放出や吸収が起こる．特性X線は，高エネルギーの電子などの照射で，原子の内殻の電子がはじき飛ばされて生じた空のエネルギー準位に，外側の電子が落ち込んでいくときに発生する．制動放射は，高エネルギーの電子が原子と衝突するときの加速度によって生じる．γ線は原子核から放出される．⇒消滅．

電磁放射は，量子として物質と相互作用する．周波数 ν の放射の量子は，エネルギー $h\nu$，質量 $h\nu/c^2$，運動量 $h\nu/c$ をもっている．ここで，h はプランク定数である．運動量を運んでいることから放射圧が生じる．角運動量の変化は複雑な規則に従うが，もっとも単純な場合には，放出・吸収によって，角運動量の1つの成分が $h/2\pi$ だけ変化する．

電磁波が吸収されるとき，そのメカニズムによらず，エネルギーの質は低下するのが普通である．すなわち，この過程で最終的には内部エネルギーが増加し，温度が上昇する．そのような作用をもつ放射の強度の絶対値を測定するのに，熱電対列のような適正に校正された装置がよく用いられる．

電子放出 emission

固体や液体表面からの電子の放出．次のような異なる過程がある．①熱電子放出：物質の温度に起因する電子放出，②光電子放出：物質への光照射による電子放出 (⇒光電効果)，③二次放出：電子衝撃やイオン衝撃による電子放出，④電界放出：強電場による物質表面からの電子放出，⑤放射性物質の崩壊による電子放出．

電子捕獲 electron capture

(1) ⇒捕獲．

(2) ⇒電子付着.
電子ボルト electronvolt
記号：eV　原子物理，原子核物理，素粒子物理でよく用いられるエネルギーの単位．1つの電子を1Vの電位差間で動かすときの仕事の大きさを1eVといい，これは
$$1.602\,176\,565 \times 10^{-19}\,\text{J}$$
に等しい．

電磁ポンプ electromagnetic pump
可動部分をもたないポンプで，液体金属のような導電性液体に対して用いられる．電磁石の両極間に扁平な管を置いて液体を入れ，管を横切るように強い磁場を印加する．この状態で液体に電流を流すと，液体には管の軸に沿った力が働く．

電子密度 electron density
(1) 与えられた物質の単位質量あたりの電子数．水素を除く軽い元素の電子密度は，ふつう1kgあたり約 3×10^{26} 個である．
(2) 単位体積あたりの電子数．

電磁モーメント electromagnetic moment
⇒磁気モーメント．

電弱理論 electroweak theory
電磁相互作用と弱い相互作用の両方を統一するゲージ理論．(量子香り力学 (quantum flavor-dynamics) ともいう．) 標準モデル (standard model) ともよばれるグラショー-ワインバーグ-サラム (Glashow-Weinberg-Salam, GWS) 理論では，弱電相互作用が生じるのは，光子およびスピン1で重い荷電粒子 ($W^{\pm}$) 粒子と中性 (Z^0) 粒子がクォークとレプトンとの間で交換されるためである (⇒W粒子)．クォークとレプトンに対するゲージボソンの相互作用力の大きさ，およびWとZボソンの質量は，ワインバーグ角 θ_W という新しいパラメーターを用いて理論的に予測でき，θ_W の値は実験から決定できる．GWS理論は，これまでに得られた電弱反応のデータをすべてよく説明しており，その範囲はニュートリノ-核子，ニュートリノ-電子，電子-核子散乱など幅広い．モデルの大きな成果の1つは，1983～84年，高エネルギー陽子-反陽子相互作用において $W^{\pm}$ と Z^0 ボソンが直接発見されたことである．その質量は予言どおりそれぞれ80と91 GeV/c^2 であった．$W^{\pm}$ とZボソンの崩壊過程は非常に高いエネルギーでの pp^- や e^+e^- 相互作用により調べられ，標準モデルとのよい一致がみられた．

クォークの6つのタイプ (香り flavor) と6つのレプトンは，次のように3つの別々の素粒子の世代 (generation) にグループ分けされる．

第一世代：e^-　ν_e　u　d
第二世代：μ^-　ν_μ　c　s
第三世代：τ^-　ν_τ　t　b

第一世代には陽子や中性子を形づくるアップ/ダウンクォークと電子が含まれている．第二世代と第三世代は本質的には第一世代のコピーであるが，より大きな質量の素粒子を含む．異なる世代間の変化はクォークを介してのみ起こり，$W^{\pm}$ ボソンを含んだ相互作用に限られる．標準モデルでは，原理的には世代の数に制限はない．しかし，超高エネルギーの電子-陽子衝突による Z^0 ボソン生成の研究から，ニュートリノの質量がほぼ0であるという条件下では，自然界においてクォークとレプトンにはこれ以上の世代はないことが証明されている．

GWSモデルはまた，ヒグスボソン (Higgs boson) とよばれるスピン0の重い素粒子の存在を予言する (⇒ヒグス機構)．この粒子は，$W^{\pm}$ および Z^0 ボソンの0でない質量を生み出すメカニズムである，いわゆる自発的対称性の破れ (spontaneous symmetry breaking) によって生じる．しかし，ヒグスボソンは非常に重いと予想され，これまでの加速器では生成は不可能であった．

電磁誘導 electromagnetic induction
今日電磁誘導として知られる現象について，ファラデー (Faraday) は一連の実験を行って次の3つの結論に到達した．
(1) 導体が磁場の中で磁束を横切るように動くと，導体の内部に起電力が誘導される．最初の実験は永久磁石による磁場中で行われたが，のちに電流を流したソレノイド中でも同様の効果が認められた．
(2) 誘導起電力 (induced e.m.f.) の大きさは相対運動の速さに依存し，運動が終わると起電力も0になる．
(3) 誘導起電力の向きは磁場の向きに依存する．

引き続く実験により，変化する磁場中に置かれた導体内にも起電力が生じること，また，電流による磁束中では，とくに電流をオンオフする瞬間の起電力が著しいことが示された．

結論(2)は，ノイマン (Neumann) によって定量的な形に書き換えられ，ファラデー-ノイマンの法則 (Faraday-Neumann law) とよばれている．導体が磁束 Φ を切るとき，誘導起電

力 E は磁束が変化する速さに比例する．また，結論（3）は，レンツの法則（Lenz's law）として一般的に表現されている．すなわち，誘導起電力は，それを引き起こしたもとになる変化を打ち消すような向きに生じる．

これら2つの法則は，1つの式
$$E = -d\Phi/dt$$
にまとめられる．マイナスの符号は，レンツの法則の趣旨を示している．導体が回路の一部である場合，オームの法則を適用すると，磁束が $\Delta\Phi$ だけ変化するとき，流れた電荷量 Q は
$$Q = \Delta\Phi/R$$
で与えられる．ここで，R は回路の全抵抗である．

回路を流れる電流 I が変化すると，磁束もこれに比例して変化する．
$$\Phi = LI$$
したがって，ファラデー–ノイマンの法則から
$$E = -LdI/dt$$
となる．回路に流れる電流が変化するとき，その回路自体に誘導される逆起電力は，自己インダクタンス（self-inductance）を用いて記述される．係数 L は自己インダクタンスを表しており，電流の変化率が $1\,\mathrm{A\,s^{-1}}$ のときの誘導起電力の大きさとして定義される．L の単位は H（ヘンリー）である．1つの回路での電流の変化が，磁束の結合を通して，隣接する回路に起電力を誘導することもある．関係式は同様に，
$$\Phi_1 = MI_2$$
$$E_1 = -MdI_2/dt$$
となる．ここで，係数 M は相互インダクタンス（mutual inductance）とよばれ，単位はやはり H である．理想的な相互インダクタンスでは
$$M^2 = L_1 L_2$$
が成り立つ．ここで，L_1, L_2 はそれぞれの自己インダクタンスである．相互インダクタンスの概念は，変圧器の基礎をなしている．同調回路では，自己インダクタンスを適切な値に調節して同調を行っている．

自己インダクタンス L の回路に電流 I を流し込むには，仕事が必要である．仕事率は EI なので，全仕事量は
$$W = \int EI dt = (1/2)LI^2$$
となる．このエネルギーは回路の周りの磁場に蓄えられており，スイッチを切ってこのエネルギーが失われるとき，よく火花が発生する．

電子レンズ electron lens
磁場（磁気レンズ magnetic lens）または静電場（静電レンズ electrostatic lens）を用いて電子ビームを集束する装置．光学レンズで光を集光する場合と同様の働きをする．

電磁レンズ electromagnetic lens
⇒電子レンズ．

点接触トランジスター point-contact transistor
⇒トランジスター．

伝送線（送電線） transmission line
(1) 電力線（power line）ともいう．発電所，発電分所から他の発電所，発電分所へ電力を輸送する電線．絶縁体で被覆されていない高架電線が用いられることが多い．
(2) 電気信号を通信システムの1点から他の点へ送り，それらの点の間に連続的な経路を形成する電気ケーブルまたは導波管．
(3) フィーダー（feeder）ともいう．アンテナと送信器または受信器を接続する電線，導波管などの1本もしくは複数本の導体．伝達する信号を外部に放出しないものでなくてはならない．

上述の伝送線は均一（uniform）で，抵抗などの電気的パラメーターが，線に沿って均一に分布しているものとする．平衡線路（balanced line）は2本の同等の導体でできており，単位長さあたりの抵抗が等しく，おのおのの導体からアースまでや他の電気回路までのインピーダンスが等しいものである．平衡線路の例としては高架電線がある．同軸ケーブルは非平衡線路（unbalanced line）の例である．⇒バーン．

電力信号を伝送線から負荷にもっとも効率よく転送できるのは，線を伝送線の特性インピーダンス Z_0 に等しい負荷インピーダンスで終端したときである．線を伝わるすべての電力は負荷で吸収され，反射は起こらない．このとき線はマッチングされた（matched）という．均一な線を高周波（たとえばラジオ波）が通る場合は，Z_0 は $\sqrt{L/C}$，すなわち，純抵抗に近くなる傾向にある．ここで L と C は線の単位長さあたりのインダクタンスとコンデンサー容量である．

伝送損 transmission loss
いかなる通信，音響システムにおいても，音源から離れた点でのパワーは，音源に近い点でのパワーとは異なる．2つのパワーの比は dB（デシベル）で表され，2点の間の伝達損失である．

電束 electric flux

記号：Ψ．誘電体内の与えられた面積を通って変位した電気量．電気変位と面積のスカラー積で定義される．単位はC（クーロン）である．各点の電束の方向をつないで描いた線を電束線（line of flux）という．電束線で囲まれた空間は，電束管を形成する．どの断面を通る電束も1Cになるように電束管を描くとき，これを単位電束管，または，ファラデー管（Faraday tube）という．誘電体内の各点の電束密度は，その点の電束の方向に垂直な単位面積を通る単位電束管の本数に等しい．→電気変位．

電束管 tube of flux

力線管（tube of force），フィールド管（field tube）ともいう．電場のベクトル場を，電束の管に分けて考えることができる．管の側面は電気力線でできており（図参照），側面上の任意の点で電場は力線の接線方向で，どの断面をとっても電束は等しい．電場の強さは力線に垂直な断面の面積に反比例し，電場が強いと管は狭くなる．単位電束が流れる管が単位管である．同様の概念は電束密度にも適用される．

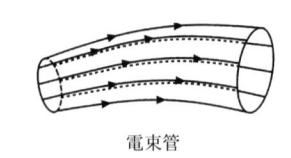

電束管

電束密度 electric flux density
→電気変位．

テンソル tensor

1つのベクトルが線形な変更により他のベクトルへと変換される演算子．テンソル解析は，ベクトル解析の一般化である．電気，磁気，弾性，熱における非等方性のあらゆる問題において，単純なテンソルが重要な位置を占める．たとえば，等方媒質中においては変位ベクトルDと電場ベクトルEは等しい方向をもち，スカラー量である誘電率により関係づけられる．非等方媒質中では，これらのベクトルは等しい方向とはならず，方向と大きさの違いをもたらすテンソルにより互いに関連づけられる．もっと複雑なテンソルは，たとえば，相対性理論における，空間，時間座標の変換で見られる．

テンソルは，1つの座標系から他の座標系への変換に関係がある．n次元空間の点はn個の座標$x_1, x_2, \cdots, x_n$を用いて表すことができる．この組は，x_i，ただし$i=1, 2, \cdots, n$と書くことができる．ここで座標変換するとき，x_iが新しい座標系ではx_i'になるとする．n次元の量は次のように表される．

$$A_1, A_2, \cdots, A_n$$

それぞれが，もとの座標x_iの関数である．この組はA_iと表される．変換された後，これらはA_i'となる．このような組はある変換則が満たされればテンソルである．r階のテンソルはn^r個の成分をもつ．0階のテンソルはスカラーで，1階のテンソルはベクトルである．

天体望遠鏡 astronomical telescope

天文学で使うように設計された望遠鏡．天体が発生する光，電波，赤外光，他の放射を，集光し，検出し，記録できる装置．いくつかの方法（→望遠鏡）で据えられている．→反射望遠鏡，屈折望遠鏡，電波望遠鏡．

天体力学 celestial mechanics
→天文学．

伝達特性 transfer characteristic

増幅器，変換器，その他の電子機器または回路網における，ある1つの電極に加えた電流（あるいは電圧）と，他の電極に生じる電圧（または電流）との関係をグラフにしたもの．伝達特性曲線上の任意の点における接線がその点での伝達パラメーター（transfer parameter）である．出力電流と入力電圧の特性曲線から求められる相互コンダクタンスが，もっともよく使われる伝達パラメーターである．

電池 cell, battery

（1）電解質に浸された一対の電極板で，そこからは化学反応により電気的作用が起こる．バッテリーの1単位．一次電池（primary cell）（またはボルタ電池 voltaic cell）は1枚の電極板の溶液での化学反応によって直接電流が生じる．一次電池からは，電流はつくられてすぐに取り出すことができる．二次電池（secondary cell）は放電のときとは逆方向に電流を流して"充電"しなければならない．化学作用は可逆である（→蓄電池）．閉回路における極の間の電位差は内部抵抗，および電流が流れ続ける外部抵抗に依存する．電池の極間電位差（U）は

$$U = ER/(\gamma + R)$$

で与えられる．ここで，Eは開回路上の起電力，γは内部抵抗，Rは外部抵抗である．→分極．

（2）battery

2つまたはそれ以上の二次電池，一次電池，または蓄電池のことで，電気的につながれ1つの単位として使われる．
天頂 zenith
地表の観測者に働く重力の方向を真上に伸ばした無限遠の点．⇒天球．
天底 nadir
⇒天球．
伝導 conduction
媒体内での，熱，電気，音のエネルギーの伝達．物質の移動は伴わない．たとえば媒体内の電荷に電界を加えると電気伝導が起こる．⇒エネルギーバンド，気体中の伝導，熱の伝導．
電動アクチュエーター mechanical actuator, electromechanical actuator
電気信号を機械的な変位（運動）に変換する素子．これには電気信号を直接変位に変換したり，または信号や変位およびその両方を増幅する場合もある．⇒アクティブ光学．
電動機（モーター） electromotor, motor
電流で駆動されるとき仕事をする機械．⇒同期モーター，同期誘導モーター，誘導モーター，ユニバーサルモーター．
伝導帯 conduction band
⇒エネルギーバンド．
伝導電子 conduction electron
⇒エネルギーバンド．
伝導電流 conduction current
⇒電流．
伝導モード transmission mode
⇒モード．
伝導率 conductivity
(1) 記号：γ あるいは σ．抵抗率の逆数．または電流密度を電場の強さで割ることによっても定義できる．こちらの定義の方が水溶液について考えるとき役立つ．電解質伝導率 (electrolytic conductivity) としても知られている（記号：κ）．単位は $S m^{-1}$．
(2) ⇒熱伝導率．
天然同位体存在比 natural abundance
⇒存在度．
電波（ラジオ波） radio wave
高周波領域の電磁波で，ラジオ放送，テレビ放送をはじめとする通信に用いられる．⇒アンテナ，電波天文学，電離層，変調．
電場 electric field
電荷の作り出す場．その空間内にある他の電荷に対して，力を及ぼすことができる．

電波干渉計 radio interferometer
⇒電波望遠鏡．
電場強度 electric field strength
記号：E．ある点の電場強度は，その点に単位の電荷があるとき，それに働く力で与えられる．単位は $N C^{-1} = V m^{-1}$ である．
電波源 radio source
電波望遠鏡で観測される地球圏外の電波源を指す．広がった領域をもつものが多い．⇒電波天文学．
電波天文学 radio astronomy
天体から放射される電波信号を通じて，天体を研究する分野．これらの信号は非熱的放射源から発せられるもので，われわれの銀河，または，それ以外の銀河の天体からくる．観測には電波望遠鏡が用いられる．われわれの銀河内の電波源には，パルサー，超新星の残骸，そして，星間空間のHⅠ，HⅡ領域（前者は，おもに原子状の水素，後者はおもにイオン化した水素からなる）がある．外の銀河からの電波源としては，クェーサーおよび非常に活発な電波銀河がある．
電波の窓 radio window
⇒大気の窓．
電波望遠鏡 radio telescope
望遠鏡の一種で，電波天文学において天体の電波源からの電波を記録，測定するのに用いられる．電波望遠鏡は，1つまたは複数個のアンテナを備えており，フィーダー線で1つまたはいくつかの受信器に接続されている．直線アンテナの形状は，金属製の皿型または単純なダイポール型である．受信器の出力は直接表示され，また，コンピューター解析のため記録される．
皿型アンテナは，空のどの方向に向いているときも著しいひずみが生じないよう，形と取り付けを工夫した網型構造でできている．電波ビーム束が，狭くはあるが厳密には限定されない空の一角から入射してくる．よく知られた例はマンチェスター（Manchester）の付近にあるジョドレル・バンク（Jodrell Bank）の望遠鏡である．直径76mで，経緯儀型（altazimuth）となっており（⇒望遠鏡），0.1m以上の波長に対して感度をもつ．
電波干渉計（radio interferometer）は，電波望遠鏡の一形式で，2台あるいはそれ以上の固定式または可動式のアンテナが既知の距離を隔てて並べられ，同一の電波受信器に接続されている．複数のアンテナで受けた，1つの電波

源からの波の間に干渉が起こる．このようにして，電波源の位置が決定される．多数のアンテナを用いるときには，一般に，一列に配置するか，または直角に交わる2辺上に配置する．これに代わって，開口の合成の方法が用いられることもある．小さな角直径の波源からの電波を検出できるので，単一の皿型アンテナよりも感度が高くなる．分解能が上がるため，逆に大局的な構造は見えなくなる．

伝搬係数 propagation coefficient
伝搬定数（propagation constant）ともいう．記号：P または γ．伝送線に沿って進む波動の，減衰と位相変化の尺度．
　一端から，特定の周波数をもつ正弦波の電流を供給した，無限に長い一様な伝送線に対して定義される．定常状態下で，伝送線に沿って単位距離だけ離れた2点での電流を I_1 と I_2 とし，I_1 を電流供給源に近い側の電流とする．すると，特定の周波数に対し，
$$P = \log_e(I_1/I_2)$$
となる．ここで，電流のベクトル比が使われていることに注意する．P は複素数で，
$$P = \alpha + i\beta$$
と表すことができる．ここで，$i = \sqrt{-1}$ である．実数部 α は**減衰定数**で，伝送線の単位長さあたりのネーパーの単位で測定される．これは，伝送線の伝搬損失を表す．虚数部 β は，位相変化係数（phase-change coefficient）または位相定数（phase constant）で，伝送線の単位長さ当たりのラジアンの単位で測定される．これは，伝送線によって生じる，I_1 と I_2 の間の位相差である．
　ある時刻，ある点での変位が最大であって，その変位が p_1 で与えられるとき，同時刻で距離 x だけ伝搬方向に離れた点での変位 p_2 は，次の式
$$p_2 = p_1 e^{-Px} = p_1 e^{-(\alpha + i\beta)x}$$
で与えられる．無限に長い伝送線は物理的に実現できないが，伝送線の特性インピーダンス（→伝送線）と同じインピーダンスで終端された，有限の長さの伝送線は，無限に長い伝送線と同じ条件になる．

伝搬損失 propagation loss
電磁放射ビームのエネルギー損失で，吸収，散乱，ビームの広がりによって生じる．

伝搬定数 propagation constant
→伝搬係数．

伝搬ベクトル（波数ベクトル） propagation vector
→波数．

天秤, 秤（はかり） balance
2つの質量を比較することを本来の機能とする装置．もっとも広く用いられているのは，腕の長さが等しい天秤ばかりである．P, Q を2つの少しだけ異なる質量とし，長さ a の腕の天秤の皿に置かれ，水平に対して小さな角度 θ のだけ腕が傾いて天秤が静止したとすると，
$$\tan\theta = \frac{(P-Q)a}{(P+Q+2w)h + Wk}$$
が成り立つ．ここで，w は測定皿の質量，W は天秤のさおの質量，h は外側のナイフエッジを結ぶ線からの中央ナイフエッジの高さ，k はさおの重心と中央ナイフエッジの距離．
　天秤の他の形のものは，(1) デシマルバランス（decimal balance）は 10:1 の腕の長さをもち，重いおもりを使う必要がないようにしている．(2) ばね秤（spring balance）は軸を垂直にしたらせん状のスプリングからなる．家庭用秤でよく見られるように，スプリングの伸び縮みが使われる．(3) ねじれ秤（torsion balance）は垂直なねじれワイヤーからできており，上方側が固定されており，下側に水平にさおが吊されている．(4) 現代秤（modern balance）は支持機構の変形がひずみ計により測定される．→微量天秤．

天文学 astronomy
宇宙とそれに含まれるものの研究．この学問のおもな項目は，
(1) 天文測定学（astrometry）．星および惑星の天球上での位置測定．
(2) 天体力学（celestial mechanics）．重力によって引き起こされる天体の系どうしの相対的な運動．
(3) 宇宙物理学（astrophysics）．天体の内部構造，性質，進化，およびそのような系や宇宙全体におけるエネルギーの生成と消費．宇宙論，電波天文学，X線天文学，赤外線天文学，極端紫外と γ 線天文学は通常，宇宙物理の中の項目と考えられている．

天文測定学 astrometry
→天文学．

天文単位（AU） astronomical unit（AU）
天文学で使われる長さの単位である．無限小の質量をもつ質点が太陽を中心として1日に平均 0.017 202 098 95 rad 進むニュートン円形軌

道を画くときの半径に等しい．2009年の天文定数では149 597 870 700(3) m．この距離はもともとのこの用語の定義であった，地球の中心と太陽の中心との平均距離にきわめて近い．

電離（Ⅰ） electrolytic dissociation
溶液中に溶かしたとき，物質が正負のイオンに可逆的に分解すること．たとえば，硫酸（H_2SO_4）は水中で分解し，水素イオンと硫酸イオンになる．
$$H_2SO_4 \rightarrow 2H^+ + SO_4^{2-}$$
この場合，硫酸は完全に電離する．酢酸のような化合物は，水中では部分的に電離する．

電離（Ⅱ）（イオン化） ionization
イオンを形成する過程．電解質が適当な溶媒で溶解するときには，電離は自発的に起こる．気体の電離には，X線，α線，β線，γ線など，何らかの電離放射線の作用が必要である．⇒気体の伝導．

電離真空計 ionization gauge
基本的には三極熱陰極管からなる真空計でμPa程度の低い圧力を測定するために使用される．熱陰極管は測定される気体の系に連結され，図のように配線される．電子はカソードとグリッドの間で加速されるが，負の電圧をかけられたプレートには到達できない．しかし，電子の中には，グリッドを通過し，気体分子と衝突するものがある．そのため気体はイオン化され正に帯電する．正に帯電した気体分子はプレートに到達し，生じたプレート電流から存在する分子数を知ることができる．

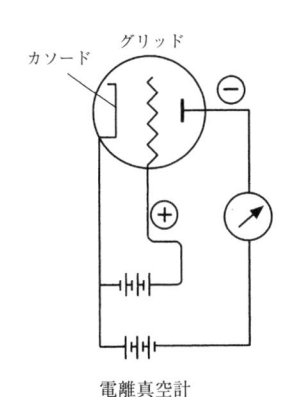

電離真空計

電離層 ionosphere
地表から50 km（成層圏の上部）のところから1000 km上空にわたって広がっている．電離された空気からなる地球をとりまく球形の殻．宇宙からの**電離放射線**，とくに太陽からの紫外線，X線によって，窒素分子と酸素分子は原子，そしてさらに，イオン，自由電子に分解されている．

最初に無線通信が行われると1902年にヘビサイド（Heaviside）とケネリー（Kennelly）は，通信が大気中の荷電粒子層による電波の反射によって達成されたという仮説を立てた．1924年にはアップルトン（Appleton）によってその粒子が検出された．地表の任意の2点間の遠距離無線通信は，今日でもなお電離層での連続的な反射によって行われることがある．

1日の中の時刻，季節，緯度，そして，太陽活動の状態に応じて電離の度合いは変化し，それによって電離層はいくつかの明瞭な層，または領域に分割される．

D層はもっとも低い所にある電離層で，地上から60～90 kmのところにある．そこには比較的低濃度の自由電子が存在し，長波を反射する．

E層（ケネリー-ヘビサイド層ともいう）は地上から約90～150 kmのところにあり，D層よりも高い電子密度をもち，中波の電波を反射する．

F層（アップルトン層ともいう）は，もっとも高いところにある層で地上から150～1000 kmのところにある．日変化を伴いF_1層（低い方の層）とF_2層（高い方の層）に分裂する．もっとも高い自由電子密度をもち，30 MHzまでの周波数を用いる長距離無線通信にとってもっとも有用な領域である．

夜間は太陽がないために電子とイオンの再結合が起こり，D層，E層の電子密度は低下する．より上空にあるF層は密度が低く，電子とイオンの衝突が少ない．そのため，F層は終日無線通信のために使用できる．

電気的に伝導性のある電離層に回折された電波は，電離層波（ionospheric wave，上空波 sky wave）とよばれる．波長が約1 mmから30 mの間にある**電波の窓**に位置する電波の中には，電離層で反射されずに透過するものがある．そのため，短波での遠距離テレビ放送は，通常地球の静止軌道にある人工衛星によって電波を反射しなければならない．また，**電波天文学**ではこのような透過する周波数しか利用できない．

電離層波 ionospheric wave
⇒電離層．

電離箱　ionization chamber
2つの正負に帯電した電極が配置されたチェンバーで，チェンバー内の気体がX線などによって電離されたとき，形成されたイオンが電極に引き寄せられイオン化電流が生じる．電離箱は**電離放射線**の強度測定に使用される．電離箱の感度は，感応容器に封入された気体の質量に依存している．巨大な電離箱が背景放射の強度測定に開発されている．また一方で，非常に小さい電離箱はX線や電子の高出力ビームの校正に使用されている．

電離放射線　ionizing radiation
媒質を通過したときに，**電離**や**励起**を起こす放射線の総称．電子，陽子，α粒子などの高エネルギーの荷電粒子の流れや高エネルギーの紫外線，X線，γ線からなる．粒子によって媒質中に多数のイオン，二次電子，励起分子が生成される．**光電効果**，**コンプトン効果**，**対生成**などの過程を通じて，電磁放射によってもそれらは生成されるが，その数は粒子によって生成される数よりも少ない．

電磁放射線は宇宙線や太陽風として自然に生じ，また放射性核種によって放射される．人為的には，X線装置や粒子加速器によって生成される．その効果は**泡箱**，**放電箱**などの装置を用いたり，写真乾板にできた軌跡を調べることにより視覚的にも観測することができる．より定量的な測定は**計数管**を用いることによって行われる．

電離放射線は組織内の水分子の電離効果によって高反応性の過渡的物質が生成されることによる生体組織の損傷を起こしうる．しかし制御された状態ならば，たとえば医学的診断や治療，腐敗しやすい食品の消毒などに用いることができる．⇒線量測定．

電流　current, electric current
記号 I．物質（固体，液体，または気体）中の電荷の流れ．電荷の運び手は電子や正孔やイオンである．電流の大きさは単位時間中に流れる電荷の量で，アンペアという単位で測る．向きは高い電位から低い電位に流れるようにとるのが習慣である．

伝導電流（conduction current）は導体を流れる電流で，電荷は電子やイオンの運動によって運搬される．1アンペアの電流は1秒間に約10^{19}個の電子が流れるのに相当する．**変位電流**は電束密度の変化によっている．たとえば直列につないだコンデンサーに交流電流を流す場合などにみられる．回路のつねに決まった向きに電流が流れるとき，単向電流（unidirectional current）という．パルス電流であってもなくてもよい．直流（direct current）はつねに同じ向きに流れ，変動成分のあまりない場合をいう．⇒交流．

電流計　ammeter
電流をはかる装置．(a) 可動コイル型（moving coil），(b) 可動鉄片型（moving iron），(c) 熱電電流計（thermoammeter）などがある．(a)の場合には，馬蹄形円形磁石がつくる磁力線に平行な面内で回転するように支えられたコイルに電流を流す．回転は細いスプリングにより制御されていて，回転角が電流の大きさに比例するようにつくられている．もっとも精度の高い電流計であるが，直流しか測ることができない．回路の中に整流器を挿入することによって，交流も測れるようにできる．(b)の場合には，固定されたコイルの中を流れる電流が，特別な形につくられた2枚の鉄片を磁化する．この鉄片の間の反発力が，目盛上の針を回転させる．この効果の大きさは，電流の2乗に比例するので，この計器は，交流にも直流にも使える．(a)より精度が悪く，また指示目盛も均一ではない．指示針の制御には，重力またはスプリングの力が使われる．(c)の場合には，多くの場合真空の中に置かれた細い抵抗線に電流を流す．感度の高い可動コイル装置に接続された熱電対を，この抵抗線にはんだ付けして，温度上昇を読みとる．これは高周波電流を測るのに適している．

最近では指示針のかわりに電子装置を使って，測定値をディジタルに表示する機器に置き換わりつつある．

電流磁気効果　galvanomagnetic effect
磁場の下で導体や半導体を流れる電流が引き起こすさまざまな現象の総称．ホール効果，磁気抵抗，ネルンスト効果などがある．

電流天秤　current balance
電流の大きさや，もっと基本的には1Aの大きさを，電流が流れている導体間の力を測って決める装置．

電流の熱効果　heating effect of a current
ジュール効果と同義．電位差Vによって抵抗Rの抵抗体に，時間tの間，持続的に電流Iが流れると，電気的にされた仕事は
$$W = IVt = I^2Rt = V^2t/R$$
である．熱力学の第一法則によれば，抵抗体の

内部エネルギーの増加を δU，周囲に出ていく熱を Q とすると，$W=Q+\delta U$ となる．定常状態では δU はゼロであるので，$Q=W$ すなわち抵抗体は上記の式の割合で熱を供給する．

1840年ジュールは実験に基づいて，$Q=I^2Rt$ の形の法則を最初に導いた．その頃はまだ電磁気学の諸量も明確に定義されていなかったし，エネルギーの概念さえはっきりと定式化されていなかった．

電流密度 current density

記号：j または J．電流と，電流を流している媒体の断面積の比．媒質は，導体であることもあれば，荷電粒子のビームであることもある．比は，平均電流密度（mean current density）の意味か，ある点での密度の意味かである．

電流力計 electrodynamometer

1つまたは複数の固定コイルと可動コイルに電流を流し，それらの間に働く偶力によって動作する計測装置．可動コイルは，1本または2本の細線で吊られており，電流が流れない状態では可動コイルと固定コイルの面は垂直になっている．コイルが直列で，両コイルに同じ電流が流れるときは，偶力は電流の2乗に比例する．そのため，この装置は直流でも交流でも測定できる．直列に大きな抵抗を入れると，交流電圧計になる．

電流力計型計器 electrodynamic instrument

可動コイルと固定コイルからなり，電流がくる磁場間の相互作用によってトルクを生じさせる装置．可動部分は1つないし複数のコイルからなり，固定コイルの磁場中で回転できるようになっている．磁場はコイルによってのみ生じ，永久磁石は使用されない．すべてのコイルの電流は，同じ電源から供給される．この装置は，直流でも交流でも動作する．⇒電流力計．

電力計 wattmeter

電力（有効電力）を測定するのに用いられる機器でワットの目盛が入っている．電力計には通常電流力計が接続されており，この一組で主交流回路や主直流回路の有効電力に比例した指示値が得られるようになっている．象限電位計は電力を直接測定できるようになっている．

電力成分 power component

有効電流，有効電圧，あるいは有効電力．

電力線 power line

⇒伝送線．

電力増幅（パワー増幅） power amplification

(1) 増幅器における，出力端子での電力レベルの，入力端子での電力レベルに対する比．

(2) 磁気増幅器において，特定の制御回路で用いられる，電圧増幅と電流増幅の積．

(3) 変換器において，特定の動作条件下で，負荷に運ばれる電力の，入力回路によって吸収される電力に対する比．

電力増幅器（パワー増幅器） power amplifier

比較的低いインピーダンスにかなり大きな電流を流したり，出力電力を大きく増大させたりする増幅器．通常，電力増幅器の出力は更なる増幅器の入力になることはなく，アンテナや拡声器のような変換器につながれる．

電力用トランジスター（パワートランジスター） power transistor

比較的高い電力で動作する，あるいは比較的高い電力利得を生じるよう設計されたトランジスター．電力用トランジスターはスイッチングや増幅に使われる．1ワットから100ワットの範囲の比較的高い電力損失があるため，電力用トランジスターは通常何らかの温度制御の機構を必要とする．

電力レベル差 power-level difference

記号：L_p．P_1 と P_2 を2つの電力としたとき，
$$\frac{1}{2}\log_e(P_1/P_2)$$
で表される量．P_1 と P_2 が音響パワーで，P_2 が参照用の基準のパワーであるときには，音響パワーレベル（sound power level）という語が使われる（⇒音響エネルギー束）．L_p は通常ネーパーやデシベルの単位で表される．

ト

度 degree
温度差を表す単位. セ氏温度 (Celsius), カ氏温度 (Fahrenheit) は水の氷点と沸点の差のおのおの 1/100, 1/180 と定義されている. すなわち, 1℃ = 9/5°F. 熱力学的温度の単位はケルビンである. この場合, 度とはよばない.

等圧線 isobar
天気図上で同じ気圧の地点を結んだ線.

等圧の isobaric
圧力の変化を伴わずに起こること.

動安定 dynamic stability
(浮いている物体について). 平衡の位置から与えられた角度だけ物体を傾けるのに施される仕事の量.

同位体 isotope
電荷は同じ (つまり原子番号は同じ) であるが質量の異なる 2 つ, またはそれ以上の核種は同位体といわれる. そのような物質は通常同一の化学的性質をもつが異なる物理的性質をもち, 互いに与えられた原子番号をもつ元素の同位体であるといわれる. 質量の違いは, 原子核における中性子数の違いによって説明される. 大部分の元素に対し, いくつかの天然の同位体が発見されている. また, 通常人工的な放射性同位体も適当な物質を高速粒子または低速の中性子と衝突させることによって得ることができる. 水素の場合には 3 つの同位体が知られている. 中性子がない普通の水素 (^{1}H) が全体の 99.985 %で, 中性子を 1 つもった重水素 (^{2}H) が残りの 0.015% である. 2 つの中性子をもつ人工同位体であるトリチウム (^{3}H) は, 半減期 12.26 年をもち, β 崩壊をする.
同位体を分離する方法は物理的, または化学的過程が用いられるが, そのレートは原子, 分子の質量に依存する.

統一原子質量単位 unified atomic mass unit
→原子質量単位.

統一場理論 unified field theory
重力, 電磁力, 弱い相互作用, 強い相互作用を統一的にたった 1 組の方程式で説明することを目標とする理論. 現在までのところ, このような理論が作り上げられるのか, 物理的宇宙が現在の物理学の概念による単一の見方に従うのかどうかはわかっていない. 相対論的場の量子論の枠組みに 4 つの基本的な相互作用と基本粒子を取り込もうとする試みは成功していない. 拡張された理論 (→弦理論, 超対称性) を使うことでこの統合が達成される可能性がある. →大統一理論.

等エンタルピー過程 isenthalpic process
エンタルピーの変化を伴わずに起こる過程. このとき, 全熱エネルギー (内部および外部熱エネルギーの和) は一定に保たれる.

等エントロピー過程 isentropic process
エントロピーの変化を伴わずに起こる過程. →断熱過程.

等温過程 isothermal process
一定の温度で起こる過程. たとえば気体をピストンでシリンダー内で膨張させる場合, その間, 自動的に温度制御された熱源から熱を供給することによって, 温度を一定に保つことができる. そのような過程においては, 気体を熱源から分離している壁は, それらを互いに熱平衡に保ち続ける. そのため, 透熱性 (diathermic) 壁とよばれる. →断熱過程.

等温の isothermal
(1) 一定の温度で起こること.
(2) 一定の温度に対応するグラフ上の点からなる線.

等価回路 equivalent circuit
単純な回路素子を組み合わせて, 与えられた条件下で, より複雑な回路ないしデバイスと同じ電気的特性をもたせた回路.

等価空気量 air equivalent
放射線の吸収量の指標で, 同じだけの量の吸収またはエネルギーの損失が得られる標準状態の空気の厚さによって表現する.

透過係数 transmission coefficient
(1) 記号: τ. P_{tr}/P_0 の比. ここで P_0 と P_{tr} は物体に入射および物体を通過した音響エネルギー束 (あるいはもっと一般的には音響出力). α_a を音の吸収係数としたとき, 散逸率 (dissipation factor) は $(\alpha_a - \tau)$ である.
(2) 透過率の古い呼び名.

等価焦点距離 equivalent focal length
主点から対応する主焦点までの距離 (→共軸光学系). ズームレンズや可変焦点レンズでは, 等価焦点距離は変化する. 近距離で光軸に近い物体の像の大きさと, その物体までのラジアンで表した角距離との比に等しい.

等価正弦波 equivalent sine wave
与えられた波と同じ二乗平均値，同じ基本周波数をもつ正弦波．

等価抵抗 equivalent resistance
回路の各部分にある複数の小抵抗を1つの抵抗に置き換え，小抵抗が消費する電力の合計と等しい電力を消費するとき，これを等価抵抗という．

等価ネットワーク equivalent network
回路中の別のネットワークと置き換えたとき，回路の他の部分での条件が実質的に変化しないようなネットワーク．ただし，これが成立するのはふつう特定の周波数に限られる．

透過密度 transmission density
光学密度（optical density）ともいう．記号：D．透過率の逆数の10を底とする対数．すなわち $D = \log_{10} 1/\tau$.

透過率（I） transmissivity
材質が電磁波をどれだけ透過させるかを表す度合．境界面が影響を与えないような単位長さの物質を用いて，その内部透過率を測定することにより求める．

透過率（II） transmittance
記号：τ．電磁波が物体をどれだけ透過するかを表す度合．透過放射束，光束など入射束に対する比 Φ_{tr}/Φ_0 で表される．
半透明の物体を光が透過するのは拡散透過になるので，光路は巨視的には屈折の法則に従わない．逆に，透明な物質は通常の透過が起きるので，光の拡散はない．一般の物体は混合透過であり，全透過率は通常の透過率（τ_r）と拡散透過率（τ_d）の和 $\tau = \tau_r + \tau_d$ で表される．→透過密度，内部透過率．

同期軌道 geosynchronous orbit
→静止軌道．

同期交流発電機 synchronous alternating-current generator
交流発電機（alternator），同期発電機（synchronous generator）と同義．交流電流を発生させる装置．多数の界磁石があり，それらは通常界磁コイルに独立な電源からの直流電流を流して励起される．発生する起電力の周波数と電流は，機械の中にある磁極の数とそれを駆動する速さで決まる（→同期速度）．この種の発電機は，他の交流電源とは関係なく動作でき，その出力を得ることができる（→誘導モーター）．発電所ではふつうこの種の発電機を用いている．

同期速度 synchronous speed
交流機械中の磁束の回転する速度．比 f/p（r.p.s.）で与えられる．ここで，f は交流電源の周波数（Hz），p は交流巻線が設計された磁極対の数である．

同期時計 synchronous clock
針を進める機構に同期モーターが使われている時計．時刻の正確さは，モーターが接続されている交流電源の周波数により定まる．

同期モーター synchronous motor
交流電気モーターで，平均の動作速度は負荷に無関係であり，その速度はモーターの磁極の数と電源の周波数で決まる（→同期速度）．この種の典型的な工業モーターは，交流電源に接続されたとき回転磁場を発生する巻線を取り付けた固定子と，直流電流で励起されるローターとから構成される．基本的には，ローターは電磁石であり，固定子のつくる磁場に固定され，磁場と同じ速度で回転する．ローターを過剰に励起すると，モーターは優れた力率で動作できる．普通の同期モーターは自分自身だけでは始動できない．

等級 magnitude
天体の輝度を表すもので物体が明るいほどその等級は低くなる（負の値もとりえる）．これは対数で表したものである．
視等級（apparent magnitude），記号：m，は観測される等級を大気の吸収に対して補正したものである．この値は天体の光度，距離，および星間物質による光の吸収に依存する．光度 I_1, I_2 の2つの物体の等級 m_1, m_2 の間には
$$m_1 - m_2 = 2.5 \log_{10}(I_2/I_1)$$
という関係がある．このため5等級の違いは光度の100倍の違いになる．等級の基準点は $m = 0$（可視光の領域において）で，これは $I = 2.65 \times 10^{-6}$ lux のときである．
絶対等級（absolute magnitude）M は観測者から10パーセク離れたところでの視等級である．これは
$$M = (m - 5) + 5 \log_{10} x$$
と表され，x は天体の距離をパーセクで表したものである．この絶対等級と視等級の間の関係はポグソンの法則（Pogson's law）とよばれる．

同期誘導モーター synchronous induction motor, autosynchronous motor
基本的には，スリップリングローターと直結直流エキサイターをもつ誘導モーター．普通の誘導モーターとして起動し，その結果，大きな

起動トルクを発生する．モーターが小さいスリップで動作しているとき，エクサイターからの直流電流がローター回路に注入される．次に，同期モーターとして同期速度で回転する，その結果，定速と高く優れた力率が得られる．

同形 isomorphism
化学的に関係のある物質で，結晶の形や構造が類似している物質．

統計学的重率 statistical weight
縮退（degeneracy）ともいう．記号：g．系がいくつかの量子状態をもち，その中で2つ以上の準位が同じエネルギー固有値をもつとき，このエネルギー準位は縮退している（degenerate）といい，その統計学的重率はそのエネルギー固有値をもつ準位の個数となる．
→統計力学．

統計誤差 statistical error
平均値からのずれ（ゆらぎ）のことで，いろいろな乱雑さにより生じる．たとえば放射性崩壊，電子放射などがある．このとき平均値をnとすると，統計誤差はほぼ$\sqrt{n}$の大きさになる．

動径ベクトル radius vector
曲線上の点を，基準となる点（たとえば座標の原点）に結ぶ線分．［ベクトルの始点は原点にとる．］→座標．

統計力学 statistical mechanics
マクロ系の性質をそれを構成する粒子の統計的な振舞いにより記述する理論．たとえば，分子の大きな集団を考えるとき，全エネルギーはそれぞれの分子のエネルギーの総和である．これは振動，回転，並進，電子エネルギーなどである．量子論によると分子はある許されたエネルギーしかもつことができない．すなわち，分子はある特定エネルギー準位を占有していると考える．結果として，系は全体として実現可能なエネルギー準位E_1, E_2, E_3, …が存在する．もしも同じ量の物質を含んだ非常に多くの系を考えるならば，エネルギー準位に関するある分布が得られる．たとえば，N_1個の系がE_1のエネルギーをもち，N_2個の系がE_2のエネルギーをもち，などである．このとき，マクスウェル-ボルツマン分布則によると，

$$\frac{N_i}{N} = \frac{g_i e^{-E_i/kT}}{\sum_i g_i e^{-E_i/kT}}$$

となり，ここで，N_i個の系がE_iのエネルギーをもっており，Nは系の総数，g_iはエネルギー準位の統計学的重率である．この表現

$$\sum_i g_i e^{-E_i/kT}$$

は分配関数（partition function）とよばれ，Zで表す．この種の系の集合は，カノニカル集団（アンサンブル）（canonical assembly あるいは ensemble）とよばれる．系の平均エネルギーはE, $\sum N_i E_i / \sum N_i$と書け，結果として
$$E = kT^2(\partial \log_e Z / \partial T)$$
となる．

統計力学では，この多くの系で平均したある量の瞬間的な平均値は，1つの系のその量を長時間にわたって時間平均したものと同じであると仮定する．したがって，この表式は系の内部エネルギーを与える．カノニカル集団の分配関数は，個別の分子のエネルギー準位と関係し，式は，

$$Z = z^L, \quad z = \sum_j g_j \exp(-\varepsilon_j/kT)$$

となる．ここで，zはエネルギーε_1, ε_2, ε_3, …をもつ分子集団の分配関数である．ふつうは1モルの分配関数を考えるので，Lはアボガドロ定数である．原理的には，系の構成要素のエネルギー準位を知ることができれば，系の動熱学的な性質を統計力学により求めることができる．けれども，ほとんどの場合，集団の粒子間に働く相互作用のために，系の分配関数を求めることは大変難しい．→量子統計．

等光度線 isophote
光の照度あるいは強度が同じ点をつないだ図表上の線．

動作点 operating point
トランジスターのような能動的な電子素子の特性曲線群上の点．考慮している特定の動作条件での電圧や電流の大きさを示す．

同軸ケーブル coaxial cable, coax
互いに絶縁された2つ以上の円筒型導体を含むケーブル．一番外側の導体はいつも接地されている．同軸ケーブルは外場をつくり出さないし，外場からの影響も受けない．たとえばテレビやラジオに使われているように，同軸ケーブルはよく高周波の伝搬に使われる．

同時計数回路 coincidence circuit
2つの入力端子に，指定された時間間隔内にパルスを受信した場合のみ，出力パルスをつくるように設計された回路．

同時性 simultaneity
古典物理学では，一様な相対運動［2つの系の相対速度が一定］を行っている異なった観測

者は，同一の時間目盛を用いると仮定される（⇒ガリレイ変換式）．それゆえ，一方の観測者にとって同時である2つの事象は，一様に相対運動している他のどんな観測者にとっても同時である．相対性理論によると，これは一般には正しくない．異なった場所で起こる2つの事象は，一方の観測者にとっては同時であっても，この観測者に対して動いている観測者にとっては同時にはならない．このことは，関連事象の時系列での順序に影響することはなく，また決定性の喪失を意味するものでもない．

同質二形 dimorphism
物質が2通りの結晶構造をもちうること．たとえば，炭素の結晶にはグラファイトあるいはダイヤモンドがある．⇒同素．

同重体 isobar
同じ質量数をもっているが原子番号の異なる核種のこと．同重体は異なる元素であり，異なる性質をもっている．

等重力線 isogam
重力加速度が同一の点を結んだ地図上の線で，地球物理学的踏査で使用される．

透磁率 permeability
記号：μ．物体や媒質中における磁束密度の，その原因となった外部磁場の強さに対する比，すなわち $\mu = B/H$．単位は Hm^{-1}．真空の透磁率（permeability of free space）μ_0 はしばしば磁気定数と呼ばれ，SI単位系では $4\pi \times 10^{-7}$ Hm^{-1} である．比透磁率（relative permeability）μ_r は μ の μ_0 に対する比 μ/μ_0 である．ほとんどの物質で μ_r は一定の値をもつ．これが1より小さければ，その物質は反磁性である（⇒反磁性）．μ_r が1をこえていれば常磁性である（⇒常磁性）．強磁性体は高い透磁率をもち，それが一定ではなく磁場の強さによって変化する（⇒強磁性）．⇒誘電率．

等積線 isochore
定積（体積一定）のもとで起こる熱力学的変化において，2つの定数，たとえば，圧力と温度，温度とエントロピーなどの関係を表す曲線．

等積変化 isometric change
体積一定のもとで起こる気体の変化．

同素 allotropy
化学的性質よりも，むしろ物理的性質が異なった同じ組成の物質（同素体（allotropes））が存在すること．固体，液体，気体の場合がある．

同相 in phase
⇒相．

同相成分 in-phase component
⇒有効電圧，有効電流，有効電力．

銅損 copper loss
I^2R 損失ともいう．電気機器や変成器の巻線に電流が流れることによって起きるワット単位の電力損失．電流の2乗と巻き線の抵抗の積に等しい．

導体 conductor
電流を流すときに相対的に小さい抵抗を有する物質あるいは物体．⇒エネルギーバンド．

同調回路 tuned circuit
共振周波数を変えることのできる共振回路．共鳴条件になるよう回路を調整することを同調（tuning）という．同調するには，回路のコンデンサー容量を調節（容量性同調），またはインダクタンスを調節（誘導性同調 inductive tuning）する．

同調コンデンサー capacitive tuning
⇒同調回路．

動的 dynamic
ある時間の間に動作中の装置あるいはシステム（電気，電子あるいは計算の）が変化すること，変えられうること，あるいは起こりうること．

動的粘性率 dynamic viscosity
⇒動粘性率，粘性．

動的平衡 dynamic equilibrium
(1) ⇒力．
(2) 変化が一定で釣り合っている状態．たとえば，真空引きされた容器中に水を入れ，封じて一定温度で保つ場合，分子は氷，水，水蒸気相の間をつねに入れ替わり変化しているが，圧力と各相の体積に関する限り，この系は平衡状態にある．

導電率 specific conductance
conductivity（電気）に対して用いられた，以前の名称．

透熱性 diathermic, diathermanous
熱に対して透明であること．

動粘性率 kinematic viscosity (coefficient of)
記号：ν．粘性率 η と液体の密度 ρ の比．完全流体の運動方程式に，実在の流体による項を付け加えて修正するために用いられる．動粘性率の単位は，$m^2 s^{-1}$ である．室温では，水の動粘性率は，$10^{-6} m^2 s^{-1}$ である．通常の粘性率

は，混同を避けるためしばしば動的粘性率（dynamic viscosity）とよばれる．

導波路 waveguide
空洞の金属導体で内部は誘電体（ふつう空気）である．この中を進行波が伝播するので導波路は伝送線として，とくに UHF 電波に対して用いられる．このような高周波数に対しては同軸ケーブルよりも小さな減衰率を示し，またより高いパワーを伝送する能力があり，またより単純な構造をもっている．通常この金属導体は長方形か円形の断面をもっているが，特殊な用途には不規則な形も用いられる．
　導波路内の電磁波は他の装置，たとえば空洞共振器やマイクロ波管からの電磁波によって励起することが可能である．電磁波源と導波路は最適なエネルギー伝送が行われるように結合されている．エネルギーは同様の方法で取り出される．エネルギーは電圧をかけたプローブや電流を流したコイルによって移送することができ，再び同様にしてエネルギーを取り出すことができる．
　導波路内の電磁波には無数の伝送モードが存在し，それぞれの電磁場のパターンで特徴づけられている．一般にこれらのモードには2つの種類がある．TE モード（transverse electric mode）において電場ベクトルはつねに伝播方向に対して垂直である．TM モード（transverse magnetic mode）において磁場ベクトルが伝播方向に対して垂直である．物理的な制約や電磁波の周波数によってふつうモードの数が制限される．それぞれのモードに対してカットオフ周波数（遮断周波数ともいう）があり導波路の大きさと形によって決まる．この周波数以下の波はこのモードでは伝播できない．どの伝送周波数においても唯一のモードのみカットオフ周波数以上で，他のモードはすべて急速に減衰するように導波路の大きさを選ぶことが可能である．方形の導波路ではこの主モード（dominant mode）が1つの TE モードで，カットオフ波長のモードでは導波路の長さが2倍になる．
　導波路は完全に遮蔽された伝送線で，断面が同じ形を保っていれば損失なく曲げたりねじったりすることができる．断面の大きさの変化は特性インピーダンスの変化をもたらす．

等伏角線 isoclinal
地磁気の伏角が同一の点を結んだ線．

等分平均律 equal temperament
→音律．

透壁分気法 atmolysis
極性物質での拡散速度の違いを利用して，混合ガスの成分を分離する方法．

等偏角線 isogonal
地磁気の偏角（磁針の傾き）が同一の地点を結んだ曲線．

等方性の isotropic
誘電率，感受率，弾性定数などの性質が方向によらないこと．

等ポテンシャル equipotential
同じ静電ポテンシャルまたは重力ポテンシャルをもつこと．等ポテンシャル面においては，面上の点はすべて同じポテンシャルをもち，したがって電荷あるいは質点をこの面上で動かすのに仕事は必要とされない．

動摩擦 dynamic friction
→摩擦．

同余体 isodiapheres
中性子と陽子の数の差が同一である2つまたはそれ以上の核種．たとえば α 崩壊の前後の核種は同余体である．

動力学 dynamics, kinetics
力学のうち，物体の運動を変える力に関する分野．静力学は動力学から分かれた一分野であるとしばしば考えられる．

動力計 dynamometer
(1) →トルク計．
(2) →電流力計．

トカマク tokamak
核融合炉にプラズマを閉じ込める装置．核融合のエネルギー放出制御を実現するのに有望であると考えられる．1960年代にソ連で考案された．プラズマが逃げ出さないよう両端をつなぎ合わせたトーラスと，トロイド状になったプラズマにらせん状に巻きつく磁場の，2つの基本部からなる（図参照）．らせん状の磁場を実現するには，トロイダルコイルのつくる磁場（プラズマと同じ方向）とトランスの鉄芯を回る強いプラズマ電流がつくる磁場（プラズマのまわりの方向）とを足し合わせる．
　電力を生成することのできるトカマクを実現できるかどうかは，イギリス，アメリカ，日本，ロシアで行われている主要な実験の成果にかかっている．

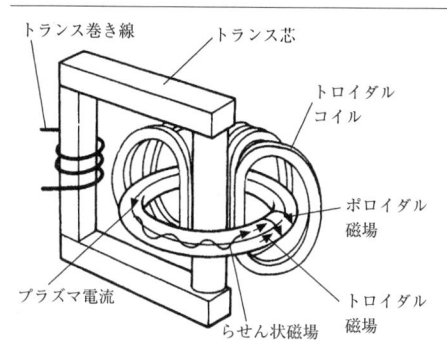

トランス巻き線　トランス芯　トロイダルコイル　ポロイダル磁場　プラズマ電流　らせん状磁場　トロイダル磁場

トカマクの主磁場

特異点　singularity
⇨シュワルツシルト半径．

特殊相対論　special relativity
⇨相対論．

特性　characteristic
ある装置や機器の振舞いを表す，2つの物理量の間の関係．トランジスターの特性が身近な例で，一般には，特性曲線（characteristic curve）とよばれる一連のグラフの形に表される．印加電圧に対する出力電流の関係を与える．

特性インピーダンス　characteristic impedance
⇨伝送線．

特性X線　characteristic X-ray
⇨X線，X線スペクトル．

特性温度　characteristic temperature
⇨デバイの比熱の理論．

特性関数　characteristic function
固有関数（eigenfunction）ともいう．特定の境界条件のもとである方程式を満足する関数の集合．たとえば関数 $A_n \sin n\pi x/l$（n は任意の整数）は，両端を固定した長さ l の一様でしなやかな糸を伝わる横波の運動を表す方程式を満たす．

波動力学では固有関数は，原子を記述するシュレーディンガーの波動方程式の性質の良い（すなわち物理的に可能な）解であり，対応する粒子のエネルギーは固有値（characteristic value）とよばれる．もし微分方程式の特定の1つの固有値について複数の解がある場合は，その系は縮退している（degenerate）といわれる．

固有関数，固有値は行列力学でも現れる．量子力学ではとくに（ドイツ語からとって）eigenvalue, eigenfunction とよばれる．⇨固有値問題．

特性曲線　characteristic curve
(1) ⇨特性．
(2) 内部透過密度（光学密度）と写真フイルムの露光量の対数との関係を表すグラフ．

特性方程式　characteristic equation
⇨状態方程式．

時計　clock
初期の時計はある一定の速度で起きる過程に基づいていた．たとえば，太陽の視運動，ろうそくが燃える速さ，あるいは砂時計における砂の落下などがそれである．より発展した装置は一定の周波数をもつ周期過程を利用する．

(1) 振り子時計（pendulum clock）．振り子時計は，振り子の周期はその長さだけに依存し，その質量と初期位置には依存しないというガリレオ（Galileo）の発見を利用している．振り子の毎回の振りはその前の振りと同じ条件で行われるべきである．良い時計は補償振り子をもち，一定の温度が保たれている気密箱に置かれている．最高精度の振り子時計は1日に約 0.01 秒の正確さをもつ．

(2) 水晶時計（crystal clock）．水晶時計が精密な科学測定のために開発された．それは，電気ひずみにより約 100 000 Hz で振動する水晶を取り入れたことにより，1日あたり約 0.001 秒の高い確度をもつ時計である．

(3) 原子時計（atomic clock）．さらに良い精度をもつ時計は原子時計である．原子時計においては，特定なスペクトル線に関連する分子あるいは原子の事象が周期過程となる．たとえば，アンモニア分子にエネルギーが供給されると，窒素原子が3つの水素が作る平面を横切って，反対側の平衡点に達するような振動励起状態が起こる．この振動の周波数が 23 870 MHz であるため，アンモニアはマイクロ波領域にあるこの周波数をもつ電磁波を強く吸収する．これがアンモニア時計（ammonia clock）の基本となる．水晶発振器がこの周波数のエネルギーをアンモニアに供給する．供給されたエネルギーがこの値からずれた場合，吸収が起きなくなる．これが水晶発振器を校正するための帰還回路に使われた．アンモニアメーザーも周波数標準として用いられた．

(4) セシウム時計（caesium clock）．セシウム時計では，セシウム原子核の2つの状態間のエネルギー差を利用する（⇨核磁気共鳴）．セシ

ウム原子ビームは不均一磁場によって状態ごとに空間的に分離される．低いエネルギー状態の原子は空洞に導かれ，2つの状態間のエネルギー差に対応する周波数 9 192 631 770 Hz の高周波放射にさらされる．一部のセシウム原子はこの放射を吸収することで高いエネルギー状態へ励起され，混合している2つの状態のセシウム原子がさらに磁場によって分離される．原子検出器から得た信号は，共鳴周波数からのずれを防ぐために高周波発振器にフィードバックされる．このようにして，発振器はスペクトル線の周波数にロックされ，その確度は 10^{13} 分の1を上回る．このセシウム時計は，秒の国際定義 (SI 単位) に使われている．→同期時計，クロック周波数．

閉じ込め containment, confinement
(1) 制御された熱核反応において，プラズマと反応容器の壁が接触するのを防ぐ方法である．イオンがプラズマ中につかまっている時間を閉じ込め時間 (containment time) という
(2) 原子炉からの基準を超えた放射性物質の漏れに対する防御．
(3) 原子炉の閉じ込めシステム．
(4) →クォークの閉じ込め．

度数関数 frequency function
→確率．

度数分布 frequency distribution
ある特定のものが集団の中でどのように分配されているか，たとえば測定値が平均値の周囲にどのように分布するかを示す表，グラフ，式．
真値からの偏差が，多くの独立な小さなずれの和になるときの度数分布を正規分布 (normal distribution) またはガウス分布 (Gaussian distribution) という．規格化されたガウス分布は次の式 (ときには誤差方程式 (error equation) とよばれる) で表される．

$$y = h\pi^{-1}\exp[-h^2(x-a)^2]$$

ここで，ydx は x が x と $x+dx$ の間をとる確率であり，a はすべての x の平均，h は分布の広がりを決定する定数である．$s=(h\sqrt{2})^{-1/2}$ は分布の標準偏差 (→偏差) で，狭い分布曲線では小さくなる．→ポアソン分布．

ドーズの規則 Dawes rule
→分解能．

突沸 bumping
核となるものがない場合に，液体の温度が沸点を超えるまでは泡が形成されない．そのため，液体が沸騰する場合には，泡の内部の気圧が外圧を大きく上回る．その結果，泡は急激に膨張し，容器の内部で液体・泡が激しい動きをすること．液体の内部に多孔質の素焼きの小片を入れ，核を形成させることにより，突沸を防ぐことができる．

ドップラー効果 Doppler effect
発信源と観測者との相対運動による (光，音，その他の波動の) 発信源の周波数の見かけの変化．
音源と観測者を結ぶ線の方向に速度があると仮定して簡略化した図を示す．C を音速，u_s を音源の速度，u_0 を観測者の速度，n を音源の真の周波数，W を媒質の速度とする．Sが音源の初期位置，S′が1秒後の位置であるとすると，1秒間に音源から発せられる波は $S'A = C+W-u_s$ を占め，その範囲に n 個の波がある．同様にOを観測者の位置とすると，1秒間に受信された波は距離 $O'B = C+W-u_0$ を占めており，その範囲に n 個の波がある．すると，見かけの周波数は

$$n' = n \times \frac{C+W-u_0}{C+W-u_s}$$

となる．媒質が静止している場合には，

$$n' = n \times \frac{C-u_0}{C-u_s}$$

となる．
この原理はあらゆる型の波の運動に応用できる．音波の場合には，駅のプラットホームに立っている観測者の横を機関車が通過すると突然汽笛の音程が落ちることに気がつく．電磁波の場合には，相対論により方程式は，

$$\lambda = \lambda_0(1+V_r/c)(1-V^2/c^2)^{-1/2}$$

となる．ここで，λ_0 は音源に対して止まっている観測者によって測定された波長，λ は相対速度 V の観測者によって測定された波長である．V_r は観測を行う線内で音源が観測者から遠のく速度成分であり，c は光速である．

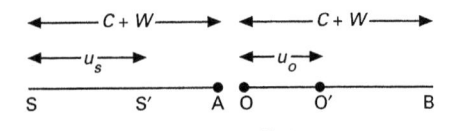

```
←——C+W——→        ←——C+W——→
    ←—u_s—            ←—u_o—
S         S'    A     O      O'       B
```

ドップラー効果

ドップラーシフト Doppler shift
ドップラー効果の結果起こる波の周波数あるいは波長の変化の大きさ．→赤方偏移．

ドップラー広がり Doppler broadening
分子,原子,原子核の線スペクトルにおいて観測される効果.これらの熱運動に起因するドップラー効果によってスペクトル線が周波数の広がりをもつ.1個の気体分子から放射される光の見かけの周波数は,観測方向への分子の速度成分によって変化する.分子はマクスウェル型の速度分布をもつので,周波数の広がりも同様の分布になる.これがスペクトル線のドップラー幅（Doppler width）となる.
ドップラー広がりの原因となる原子などの運動は,乱流や物質の高速回転,膨張によっても引き起こされる.

ドップラーレーダー Doppler radar
⇒レーダー.

凸面 convex
外向きに曲がった曲面.凸面鏡（convex mirror）は発散の働きをする.凸レンズ（convex lens）は中心部がより厚い.
また,薄いレンズは両凸（biconvex）,平凸（planoconvex）,凸メニスカス（convex meniscus）に分類される（⇒レンズの項の図）.薄い凸レンズは集光の働きをし,厚いレンズはその厚さによって望遠,発散,集光の働きをする.

ドナー donor
⇒半導体.

ドーピング doping
必要なn導電型あるいはp導電型を得るために半導体に不純物（ドーパントdopant）を加えること.

ドーピングレベル doping level
半導体で必要な極性と抵抗を得るために加えられる不純物原子の数.低いドーピングレベルでは高抵抗の材料ができ,高いドーピングレベルでは低抵抗の材料ができる.⇒半導体.

ドブロイの式 de Broglie equation
適当な実験の条件下にある質量 m,速度 v の粒子は波長 $\lambda = h/mv$ の波の性質をもつ.この式は波動力学に基づいている.⇒ドブロイ波.

ドブロイ波 de Broglie wave
物質波（matter wave）,位相波（phase wave）ともいう.ある適当な条件下（たとえば,結晶格子での粒子の回折など）で粒子の振る舞いを記述する波.波長はドブロイの式で与えられる.確率の波とみなされることも多いが,ある位置での値の2乗がその点付近の単位体積中に粒子がいる確率を与えるからである.これらの式は1924年にドブロイによって予想され,1927年,デヴィッソン-ガーマーの実験で観測された.

トポロジー topology
幾何学の分野で,幾何学的図形の連続性に関する性質を扱うもの.すなわち,図形が曲げられたり,拡大,縮小されても,変わらずに残っている図形の性質のこと（位相同型 topologically equivalent）.ただし,図形がねじられたり,図形上に点を付け加える変形の場合を除く）.たとえば,トーラス（ドーナツ）とカップとは,カップの取っ手とトーラスはどちらも穴が1つあるので,トポロジカルに等価であるが,トーラスと球面はトポロジカルに等価でない.トポロジーの応用は多く,液晶の理論やゲージ理論における磁気単極子が説明される.

トムソン効果,トムソン係数 Thomson effect, Thomson coefficient
⇒熱電効果.

トムソン散乱 Thomson scattering
⇒散乱.

ドライアイス dry ice
二酸化炭素の固体で,冷媒として用いる.

トライアック triac
⇒シリコン制御整流器.

ドライバー driver
他の回路に入力を供給するあるいは他の回路を制御するための回路.

トラッキング tracking
(1) 複数の電子機器や回路のトラッキングのこと.2つの機器または回路が共通の刺激を受けたときに,片方の電気的パラメーターがもう一方のパラメーターに同期して変化するように設定すること.とくに,2つの同調回路の共鳴周波数の差を一定にして,追従する状態を保つこと.
(2) 固体誘電体や絶縁体を強い電場中に置いたとき,その表面に望ましくない電気的伝導の経路がつくられる（多くは炭化による）こと.

ドラッグ係数 drag coefficient
物体と流体が相対的な運動をしているとき,物体には相対運動の方向と平行で逆の方向にドラッグ力（drag force）D が働く.このドラッグ力の大きさは,流体の密度 ρ,相対速度 V,物体の特性長さ l を用いて
$$D = k_0 \rho l^2 V^2$$
で与えられる.ここで,ドラッグ係数 k_0 は,力学的粘性係数を ν としたときのレイノルズ数,

IV/v の関数で表される無次元定数である．これは唯一の定義ではなく，ρV^2 の代わりに $(1/2)\rho V^2$ が用いられることがある．

トランジスター　transistor

多電極半導体デバイスで，2つの電極間に流れる電流が，さらに別の1つ以上の電極に印加された電圧あるいは電流の変調を受けているもの．半導体物質は多くの場合シリコンが用いられている．トランジスターは小さく，頑丈で，安価な素子であり，必要な電源電圧が低い．特殊な用途を例外とすれば，電子回路における一般的用途の能動素子は，トランジスターが**熱電子管**にとって変わった．

最初のトランジスターは 1948 年に発明された．点接触トランジスター (point-contact transistors) とよばれるもので，現在では時代遅れになっている．接合型トランジスター (junction transistor) は 1949 年に開発され，1950 年にショットキー (Shockley) によりその動作が完全に解明された．**電界効果トランジスター**は，さらに近年になって開発されたもので，動作原理が異なる．

最近のトランジスターはおもに2種類に分類される．バイポーラー素子は，素子中を流れる**少数キャリヤー**と多数キャリヤーの両方が動作に寄与するが，ユニポーラー素子 (→**電界効果トランジスター**) では，多数キャリヤーのみが電流に寄与する．

バイポーラー接合型トランジスター (bipolar junction transistor) (通常単にトランジスターとよばれる)．基本的な素子では，2つの p-n 接合がごく接近して隣り合っており，接合の両側に n または p 領域があり (図 a および b)，それぞれ p-n-p または n-p-n トランジスターを形成している．n-p-n トランジスターがもっとも一般に使われているものである．真中の領域がベース (base) とよばれ，これに接続した電極がベース電極 (base electrode) である．

n-p-n トランジスターを考える．トランジスターに電圧を印加すると，片方の接合は順バイアス，もう一方の接合は逆バイアス (→**逆方向**) になる．電流は順バイアスの接合を流れる．電子 (多数キャリヤー) は n 型の領域からベースに流れ込み，正孔 (少数キャリヤー) はベースから n 領域に流れ込む．この接合はエミッター – ベース接合とよばれ，n 領域がエミッター (emitter) である．ベースに入る電子は逆バイアス接合方向に拡散される．この接合の空乏層

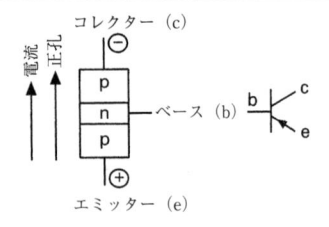

(a) p-n-p 型バイポーラー接合型トランジスター

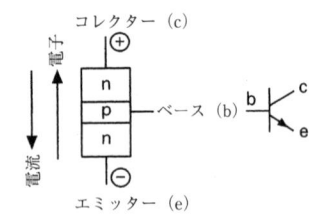

(b) n-p-n 型バイポーラー接合型トランジスター

にひとたび電子が入ると，もう一方のコレクター (collector) とよばれる n 領域に掃き出される．

正孔が順バイアス接合を通ってエミッターに入ることと，エミッターから入ってきた電子と正孔が再結合することにより，ベースの正孔濃度は低下する．このため，順方向の電圧は，電流が止まるまで低下する．もし，ベース領域が回路の適当な点に接続されていて，エミッター – ベース接合が順バイアスに保たれていると，電子が正孔濃度を保つためにベース領域から流れ出し，電流はコレクターからエミッターに向かって (すなわち，電子の流れの反対方向に) 素子の中に流れ続ける．全電流の関係式は

$$I_e = I_b + I_c$$

である．ここで，I_e はエミッター電流，I_b はベース電流，I_c はコレクター電流である．

エミッターを入力端子にして電圧増幅を行うことができる．これをベース接地接続という．図 c にその特性を示す．効率的な増幅を行うには，コレクター電流がエミッター電流にできるかぎり等しくなければならない．これは，たとえば，エミッターのドーピングレベル (doping level) を高くしたり，狭いベース領域を利用するなどして，ベース電流をできるかぎり低い値まで下げることにより，実現可能である．ベース接地電流利得 (共通ベース電流利得 common-base current gain) またはコレクタ

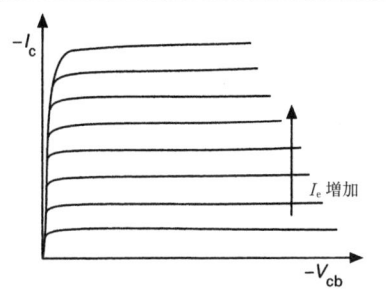

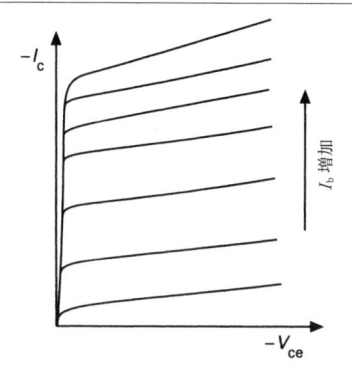

(c) 接合型トランジスターのベース特性

一効率（collector efficiency）α は I_c/I_e で与えられ，素子に特有な関数である．ベース電流 I_b は $(1-\alpha)I_e$ に等しい．すべてのトランジスターについて，比
$$I_e : I_b : I_c = 1 : (1-\alpha) : \alpha$$
は一定である．

入力電流をエミッターではなく，ベースに印加することにより，電流増幅を行うことができる．エミッター接地接合に常に順バイアスがかかっているとすると，キャリヤーは上記と同様に素子中を移動するが，比 $\alpha : (1-\alpha)$ は一定でなくてはならないから，ベース電流が変化するとコレクター電流が変化する．これはエミッター接地接続として知られ，素子の動作でもっともよく使われる方法である．その特性を図dに示す．β 電流利得因子は次のように
$$\beta = \frac{I_c}{I_b} = \frac{\alpha}{1-\alpha}$$
と定義される．α は1に近くなるので，β は非常に大きな値をとることができる．したがって小さいベース電流から大きいコレクター電流が生じる．コレクターから流れ出す電流は，まわりの回路素子により制限されているため，トランジスターは飽和状態になる．コレクター電流が飽和すると，コレクター–エミッター電圧は降下して小さい値になる．これが素子の**飽和電圧**である．飽和電圧はベースの電流値とまわりの回路素子により決まる．ベース電流を駆動電流としてトランジスターを飽和状態にもっていくことにより，スイッチとして用いることができる．ディジタル回路では，これを応用した多くのスイッチがある．

正孔と電子の違いでもっとも重要なものの1つは，移動度の違いである．電子の移動度は正孔より3倍大きい．このため，電子の流れにより動作する素子は正孔により動作する素子よりずっと速いので，より高い周波数で使うことができる．これが n-p-n トランジスターと p-n-p トランジスターのわずかな違いの原因になる．しかしながら，原理は同じであり，ただ上記で電子を正孔に置き換えればよい．

トランジスターパラメーター　transistor parameter

トランジスターは非線形素子であり，その振舞いを1組の数学的方程式で正確に表すことは困難である．トランジスター回路を設計するときは，トランジスターの振舞いを，素子のモデルとなる**等価回路**でほぼ表すことができる．用いられる等価回路は，設計する回路の型にもっとも適したものとする（すなわち，大信号，小信号，スイッチなどの用途による）．

行列パラメーター（matrix parameter）．トランジスターは2つの入力端子と2つの出力端子をもつ等価回路で表される．これは四端子回路網である．動作特性曲線上の狭い範囲では，素子は線形な振舞いをするものと仮定する．これは小信号動作のときには正しいが，大信号動作になると近似にすぎない．入出力電圧電流の関係は，2つの連立方程式による一般行列の形
$$[A] = [p][B]$$
になる．ここで，A と B は電流または電圧を表し，p は特定のトランジスターパラメーターである．

他の等価回路は素子の実用上の物理的な性質を表す成分でできているもので，行列パラメーターで扱うような抽象的な線形回路網ではない．

トランスポンダー　transponder

決められたトリガーを受信すると自動的に信

トリウム系列　thorium series
⇒放射性系列.

トリウム-鉛年代測定　thorium-lead dating
⇒年代測定.

トリガー　trigger
電子回路や機器の動作を起動させる刺激.

トリチェリの真空　Torricellian vacuum
⇒気圧計.

トリチェリの法則　Torricelli's law
容器に開けた穴から流れ出す流体，もっと厳密にいえば縮脈の速度は $\sqrt{2gH}$ である．H は液面からみた穴の深さである.

トリニトロン　Trinitron
⇒カラー受像管.

ドリフト移動度　drift mobility
記号：μ．半導体で単位電場あたりの余剰少数キャリヤーの平均速度．一般的には，正孔と電子の移動度は異なる.

ドリフト型トランジスター　drift transistor
傾斜型ベーストランジスター（graded-base transistor）ともいう．ベース中の不純物濃度がベース領域の中で変化しているトランジスター．エミッター - ベース接合では高いドーピングレベルであるが，ベースの中でだんだん減少して，コレクター-ベース接合では低いドーピング度となる．ドリフト型トランジスターは高周波数に対してよい応答をする.

トリマー　trimmer, trimming capacitor
固定容量のコンデンサーに並列に入れて，全体の容量を微調整するための比較的容量の小さい可変コンデンサー.

度量衡（学）　metrology
⇒測定学.

トル　torr
真空技術で以前に用いられていた圧力の単位．133.322 Pa に等しい.

トルク　torque
回転軸のまわりの力のモーメント，または偶力のモーメントともいう．⇒モーメント.

トルク計　torquemeter
動力計（dynamometer）ともいう．原動機（たとえばガソリンエンジン），電機モーターなどの回転部品を働かせて，動作下でトルクを測定する機械.

ドルトン　dalton
⇒原子質量単位.

ドルトンの分圧の法則　Dalton's law of partial pressure
混合気体の圧力は分圧の和に等しいこと．分圧とは，容器中にその気体のみが存在するとしたときの圧力である．⇒理想気体.

ドルビー　Dolby
磁気，光学的な方法による音の記録や再生の際に雑音を減らすための方式.

トルマリン　tourmaline
二色性をもつ鉱物結晶.

ドレイン　drain
電界効果トランジスターの電極で，この電極を通ってキャリヤーが電極間領域へと流れていく.

トレーサー　tracer
⇒放射性トレーサー.

トレース　trace
陰極線管のスクリーン上を動く輝点が描く図形.

トロイド巻　toroidal winding
⇒環状巻線.

トン　tonne
メートルトン（metric ton）ともいう．記号：t．質量のメートル単位．1 t = 1000 kg．インペリアルトン（10^{16} kg）とは約 1.5% 異なる.

トンネル効果　tunnel effect
粒子が障壁を通り抜けて運動すること．古典論では壁を乗り越えるのに無限大のエネルギーを必要とする．古典的には，粒子が一方向に運動エネルギー E をもって動き，高さ U のポテンシャルエネルギー障壁に接近した場合，粒子はその運動エネルギーの一部をポテンシャルエネルギーに変換することによって壁を乗り越える．もし $E < U$ であれば，X 地点（図参照）でこの粒子を発見する確率は 0 である．しかし，$E < U$ であっても粒子は障壁を通り抜けることができる．これは波動力学で説明される．粒子の波動関数 φ を障壁の領域内で考えた場合，A 地点を $x = 0$ とすれば，シュレーディンガーの波動方程式は

$$\frac{d^2\varphi}{dx^2} + \frac{8\pi^2 m}{h^2}(E-U)\varphi = 0$$

となる．一般解は

$$\varphi = A\exp[(2\pi ix/h)\sqrt{2m(E-U)}]$$

である．ここで，A は定数，m は粒子の質量，h はプランク定数，x は障壁方向の距離，

$i=\sqrt{-1}$ である．$E<U$ のときの解は
$$\varphi = A\exp[-(2\pi x/h)\sqrt{2m(U-E)}]$$
である．障壁が無限に厚くも広くもないと仮定すれば，粒子が障壁の領域をこえて X に到達する確率が存在する．この効果は巨視的な系では起こりそうもないが，a 崩壊や電界放出の原因になっている．

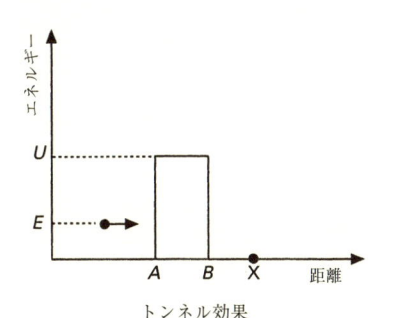

トンネル効果
ポテンシャルエネルギー障壁に接近した粒子

トンネルダイオード tunnel diode
エサキダイオード (Esaki diode) ともいう．

接合の両側にきわめて高いドーピングレベルをもつ p-n 接合型ダイオード．その結果，電子は接合をトンネル効果で通り抜け (⇒トンネル効果)，p 領域で正電圧印加に対して順方向に進む．接合の順バイアスを増加するとトンネル効果の寄与はだんだん小さくなり，負性抵抗のダイオード特性を示す．最後に順電圧特性は通常の p-n 接合によく似た特性になる（図参照）．トンネル効果は逆方向にも起こり，大きな逆電流を発生する．これはツェナーダイオードで起こる現象に似ているが，実効的なツェナー降伏電圧が正電圧の小さい領域で起こる．

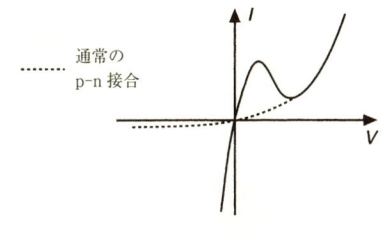

トンネルダイオードの特性

ナ

ナイキストの雑音定理 Nyquist noise theorem

抵抗の熱雑音のパワー P と信号の周波数 f を関係づける法則. 常温 T では

$$dP = kTdf$$

となる. ただし, k はボルツマン定数である.

内浸透 endosmosis
→電気浸透.

内積 scalar product
→ベクトル.

内挿 interpolation

ある関数 $f(x)$ について, 関数の値がわかっている領域の間にある点 x での関数の値を見積もること. 既知の値を使って x ついての $f(x)$ のグラフを書き, 求める x での $f(x)$ の値を読むのも1つの方法である. あるいは(ニュートンやベッセルなどによる)さまざまな内挿式を用いることもできる. →外挿.

内部エネルギー internal energy
→エネルギー.

内部吸収率 internal absorptance

記号: α_i. 物質が放射を吸収する能力の度合い. 物質の入射面と出射面との間で吸収される放射束と入射面での放射束の比で表される. この量は物質の表面で起こる放射の散乱や反射による損失は勘定に入れない(→吸収率). 内部透過率 (τ_i) とは

$$\alpha_i + \tau_i = 1$$

の関係がある.

内部仕事 internal work

系の分子を引力に抗して引き離すのに要する仕事. 理想気体ではこの値は0である.

内部寿命 bulk lifetime

半導体の基板材質中での少数キャリヤーの生成・再結合の平均時間間隔.

ナイフスイッチ knife switch

可動部が電流を流す1つまたはそれ以上の刃からなるスイッチ. その刃は蝶番で取り付けられており, 刃のある面内を動いて固定された接点に接触する.

内部抵抗 internal resistance

電池, 蓄電池, 発電機で, 起電力から端子間電圧を引いたものを電流で割って得られる抵抗.

内部転換 internal conversion

励起状態にある原子核が低い状態へ崩壊してエネルギーを軌道電子の1つ(通常はK軌道の電子)に与える過程. このエネルギーが電子の結合エネルギーよりも大きいと電子は原子から転換電子(conversion electron)として放出される. この過程は γ 線放射とは別のもので, γ 線が出てその光電効果で電子を放出しているのではない. 通常, 原子核の励起状態はたいへん短い寿命をもっていてピコ秒以内に γ 線を出して崩壊するので, 内部転換は観測されない. しかし, しばしば選択則によって γ 線による速い崩壊が禁止されて, 励起状態が比較的長い寿命をもつことがある. このようなときには内部転換が重要になり崩壊のおもな過程となる. 転換電子は線スペクトルを示すので β 線から容易に区別できる. 転換によって生じた空の状態には, 外側の殻から電子が落ちるので, 物質はその特性X線を出す.

内部透過密度 internal transmission density

吸光度(absorbance)と同義. 記号: D_i. 物体が放射を吸収する能力の度合い. 内部透過率の逆数の10を底とした対数

$$D_i = \log_{10}(1/\tau_i)$$

で表される.

内部透過率 internal transmittance

記号: τ_i. 物質が放射を透過する能力の度合い. 物体の出射面に到達した放射束の量と入射面での量の比で表される. この量は正規の透過に対してのみ適用され, 光を散乱する物質や物体面における反射には適用しない. (→透過率)
内部吸収率 (α_i) とは

$$\tau_i + \alpha_i = 1$$

の関係がある.

内部摩擦 internal friction

固体中の弾性振動を減衰させる原因となる効果. 液体中の粘性と類似しており, 物質の擬弾性によって生じる.

ナイル nile

原子炉の臨界条件からのずれを測るのに用いる単位. 1ナイルは 0.01 の反応度に対応する.

流れの関数 stream function, current-function

記号: ψ. 流体の二次元運動において, ある点Pにおける流れの関数は, 曲線APを横切る流れとして定義される. このとき, Aは二次元平面上の固定点である. この平面を直行座標平

面 xy とすると，任意の点 (x, y) での速度成分は
$$V_x = -\partial\psi/\partial y, \quad V_y = \partial\psi/\partial x$$
となる．流体の軸対称な三次元運動（ある対称軸を通るすべての平面内で同じ運動）の場合，似たような関数 (ψ) が存在し，点 P でのその値は曲線 AP を対称軸の周りに回転させてできる回転体の表面を通る流れの $1/2\pi$ として定義される．このとき，A は P と対称軸でつくられる平面内の任意の固定点である．この関数はストークスの流れの関数 (Stokes's stream function) とよばれる．どちらの場合も，ψ = 一定の曲線は，流体運動の流線を与える．

流れのポテンシャル streaming potential
素焼きのような多孔質の物質に水を強制的に通すとき必要な，出入両面でのポテンシャルの違い．また，毛細管中に電解液を強制的に通すとき必要な，両面でのポテンシャルの違い．電気浸透の逆の現象と考えることができる．

ナトリウム D 線 D-line of sodium
ナトリウムの発光スペクトル中で互いに接近した 2 本の黄色の線．D_1 は波長 589.6 nm であり，D_2 は 589.0 nm である．これらの線は明るくまたつくり出すのが容易であるため，ナトリウム光は分光における基準線として用いられる．

ナノ- nano-
記号：n. 10^{-9} を意味する接頭辞．たとえば，1 nm は 10^{-9} m.

ナブラ nabla
→微分作用素．

生 live
(1)（活性状態）通常またはそれ以上の時間で残響している状態．
(2)（生）録画や録音を用いないでテレビやラジオ信号を直接送信すること．

鉛蓄電池 lead accumulator
→蓄電池．

鉛当量 lead equivalent
放射線の遮壁の吸収能力を表す量で，与えられた物質の保護能力を，同じ条件のもとでそれと同じ能力を有する金属鉛の厚さ（通常 mm 単位）で表したもの．

軟真空管 soft-vacuum tube
真空度が低く，残留気体の電離が真空管の電気的特性に影響するような真空管．→硬真空管，ガス入り電子管．

NAND ゲート NAND gate
→論理回路．

軟放射線 soft radiation
透過力が小さい電離放射線．とくに波長が比較的長い X 線のことをさす．→硬放射線．

二

ニクロム nichrome
耐熱性のある合金．抵抗が大きいので電気的加熱を行う素子や抵抗に用いられる．成分はさまざまであるが，およそ Ni が 62％，Cr が 15％，Fe が 23％である．

二項展開 binomial expression
もし，$|x|<1$ なら，表現 $(1+x)^n$（ここで n は必ずしも整数でない正でも負でもよい数）は次と等しい．

$$1+nx+\frac{n(n-1)x^2}{2}+\frac{n(n-1)(n-2)x^3}{3\cdot 2}+\frac{n(n-1)(n-2)(n-3)x^4}{4\cdot 3\cdot 2}+\cdots$$

二項分布 binomial distribution
2 つの結果（成功，失敗としよう）のうちのどちらかになる試行で，n 回の独立な試行で r 回の成功をする確率 P は，二項分布確率で次のようになる．

$$P_r=\frac{n!}{r!(n-r)!}p^r q^{n-r}$$

ここで，p は各試行での成功の確率，q は失敗の確率 $(q=1-q)$．

もし c 枚のコインが 1 回の試行で投げられるとき，特定の成功（表のみとしよう）が得られる確率は $(x+y)^c$ の二項展開から得られる．ここで，x は表だけ，y は裏だけを表す．3 枚のコインが投げられるとき（$c=3$）1 枚が表，2 枚が裏の確率 p は xy^2 の係数をすべての係数の和で割った商に等しい．よって $p=3/8$, $q=5/8$.

ニコルプリズム Nicol prism
方解石でできたプリズム．光を偏光させ，平面偏光の光を調べるために一時は広く使われた．結晶をある特定の方向に切断し，薄く切ってカナダバルサムで再び接合する．1 つの面から入射した光は複屈折する．異常光線はバルサムをまっすぐ通過するが，常光線は反射されて下の面に当たり，黒いコーティングで吸収される（図参照）．射出した異常光線は平面偏光しており，その振動面は，射出面からみて菱形の断面の短い対角線と平行である．

ニコルプリズムはほとんど，より性能の高い偏光子に取って代わられた．1 つの例がウォラストンプリズムである．ほかにはグラン-フーコープリズム（Glan-Foucalut prism）（すなわちグラン-エアプリズム（Glan-air prism））とグラン-トムソンプリズム（Glan-Thompson prism）の 2 つがある．どちらも方解石でできており半分に分かれているが，前者は 2 つの部分が薄い空気の層をはさんでいるのに対し，後者は貼り合わされている．光線は面に垂直に当たり，はじめの半分の中をまっすぐに進み，接合部で分かれる．2 つのうちでグラン-トムソンの方が視野は広いが，グラン-エアは貼り合わされていないので，高出力のレーザー光を扱うことができ，方解石のもつ広いスペクトル幅にわたって光を透過する（約 5000 ～ 230 nm）．

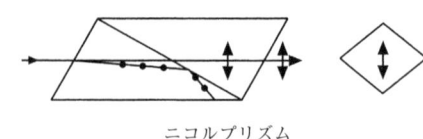

ニコルプリズム

虹 rainbow
空に 1 つまたは複数の円弧となって見える太陽光の連続スペクトル．光が雨滴にあたって生じる．観測者は太陽を背にしていることが必要である．ふつう見られるのは一次の虹（primary bow）で，太陽と観測者を結んで延長した線と平均で 41°をなす位置にできる．もし，背景が非常に暗ければ，この線との角度が 52°の位置に二次の虹（secondary bow）ができる．

一次の虹は，およそ 2°の幅があって，外側が赤である．一次の虹は光線の最小の偏位で生じる．すなわち，光が水滴中で 1 回だけ反射し，出入射の際に屈折，分散が起こってできる．二次の虹光は 3°以上にわたって広がり，紫が外側にある．光線は水滴で 2 回反射するため，一次の虹に比べはるかに強度が小さい．

二次宇宙線 secondary cosmic rays
⇒宇宙線．

二軸性結晶（双軸結晶） biaxial crystal
光線の偏光成分が同じ速度で伝搬する方向が 2 つある結晶．そのような結晶は，斜方晶系，単斜晶系，三斜晶系に属する．

二次スペクトル secondary spectrum
⇒色消しレンズ．

二次電子 secondary electron
二次放出で物質から飛び出す電子．

二次電池　secondary cell
⇒電池.
二次波　secondary wave
⇒ホイヘンスの原理.
二次標準　secondary standard
(1) 一次標準（primary standard）のコピーで，一次標準との差がわかっているもの.
(2) 一次標準によって値が正確にわかっているもので，基準として使われるもの.
二次放出　secondary emission
十分に大きい速度で運動している電子が金属表面に当たって，衝突の結果，金属表面から別の電子が飛び出してくる現象．入射してくる1個の電子の全エネルギーが十分大きい場合には，数個の二次電子がはじき出される．この原理は電子増倍管や蓄積管で利用されている．また，陽イオンが表面に衝突したときにも二次放出が起きる.
二次巻線　secondary winding
変圧器の負荷側（出力側）の巻線．昇圧変圧器にも，降圧変圧器にもこの表現をする.
二重項　doublet
スペクトル中で互いに接近した2本の線の組.
⇒スピン.
二重星　binary star
⇒連星.
二乗平均速度　root-mean-square (rms) velocity
平均二乗速度の平方根.
二乗平均値　root-mean-square (rms) value
実効値（effective value），仮想値（virtual value）ともいう.
電流，電圧またはその他の周期的に変化する量の瞬時値を1周期にわたって，2乗して平均したものの平方根．交流回路で抵抗が一定なら，電流や電圧の二乗平均は実効値と一致する．正弦波の二乗平均値は，ピーク値を$\sqrt{2}$で割ったものと等しい.
二色性　dichroism
ある種の結晶がもっている性質で，電気石，人工偏向板などでみられる．ある1つの平面内の振動電場をもつ光は選択的に吸収するが，それに垂直方向の振動電場をもつ光は透過するもの.
二進法　binary notation
数を，十進法のように10の数字で表す代わりに，2つの数字0と1で表す表示法．十進法のいくつかの数が二進法でどうなるか表に示す.

十進	二進
0	0
1	1
2	10
3	11
4	100
5	101
6	110
7	111
8	1000
9	1001
10	1010
16	10000
32	100000
64	1000000
100	1100100

⇒ビット.
（にせの）応答　spurious response
入力信号がないときや，不必要な入力信号の結果として生じる，電気回路，電子素子，変換器などの望ましくない応答.
二相　two-phase
直角位相（quarter-phase）ともいう．電気系や装置の二相交流のこと．同じ大きさで，互いに90°の位相差をもつ電気方式．⇒多相系.
日　day
時間の単位で，24時間，86 400秒に等しい.
⇒時間.
ニッケル鉄蓄電池　nickel-iron accumulator, NiFe accumulator
⇒エジソン蓄電池.
日射計　pyrheliometer
太陽光を直接，垂直に入射させ，その強度を測定する器具．散乱光は含めない．空の一部分からの放射を測定することもできる.
　オングストローム日射計（Ångstrom pyrheliometer）では，白金製の同じ大きさの黒色小片を2枚用意し，1枚に垂直に入射する光を当て，もう1枚を覆っておく．2片の温度差を熱電対を利用して測定する．熱電対は，検流計に直列につなぐ．覆った方の小片に電流を流し，検流計の指針が振れないようにする．このとき，2片は同じ温度であり，一方に吸収される太陽放射エネルギーは，もう一方に電気的になされる仕事量と等しい．電流が太陽放射の強度の指標となる．太陽光を当てる小片を入れ替えて測定を行い，つり合いに必要な電流の平

均値を求める．これは他の校正手段を必要としない標準的な測定方法である．
　リンケ - フェスナー光量計（Linke-Fuessner actinometer）では，太陽光のごく一部にさらされる黒色の表面と，ある基準点との間の温度差を測定する．測定面は全天日射計（solarimeter）に使用されているのと同じ形式の熱電対列からなっている．さまざまな原因による熱の損失が，放射による熱の流入に等しくなるまで，表面の温度は上昇する．この温度上昇は放射の強度にのみ依存するようにしなくてはならず，外部気温，風速などの外部要因によらないようにしなくてはならない．

日周運動　diurnal motion
　天体が空を横切りながら東から西へ動く，見かけの運動．地球の自転が原因となっている．

二本吊り　bifilar suspension
　電子装置の中で，可動部を平行な2本の糸，ワイヤー，細片で吊す方法．

二本巻き　bifilar winding
　インダクタンスを無視できるような抵抗，コイルをつくるワイヤーの巻き方．ワイヤーを二重にし，輪になった終端から二重に巻く（図参照）．

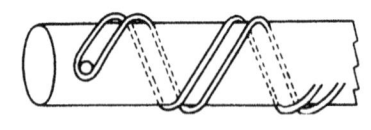

二本巻き

入射角　angle of incidence, incident angle
　反射面または屈折面に入る光（すなわち入射光）と入射点での面の法線とのなす角．

入射ひとみ　entrance port, entrance pupil
→光学系の開口と絞り．

入力　input
　回路，装置，機械，その他設備などに加えられる信号または駆動力．また，これらが加えられる端子のこと．

入力インピーダンス　input impedance
　回路または装置の入力端子でのインピーダンス．

ニュートラルフィルター　neutral filter
　すべての波長を等しく吸収する光のフィルター．相対的スペクトル分布を変えずに光強度を減らす．

ニュートリノ　neutrino
　スピン1/2で弱い相互作用にだけ関わる中性の素粒子（→フェルミオン）．ニュートリノはレプトンであり，3種類の荷電レプトンに対応して，電子ニュートリノ（ν_e），μニュートリノ（ν_μ），τニュートリノ（ν_τ）の3種類が存在する．ニュートリノの反粒子は反ニュートリノ（antineutrino）である．
　もともとは，ニュートリノの静止質量は0であると考えられていたが，最近では，間接的にではあるが，いくつかの実験的反証が見つかっている．1985年にはソビエトのチームが，初めて0ではないニュートリノの質量を報告した．測定された質量は非常に小さく，電子の質量よりも数万倍小さかった．しかし，ソビエトの測定を再現する試みは失敗した．その後（1998-99），日本のスーパーカミオカンデ（Super-Kamiokande）の実験が，ニュートリノに質量があることの間接的な証拠を提示した．新しい証拠は，高エネルギーの宇宙線が地球の上層大気と衝突した際に生成するニュートリノの研究に基づいている．これらのニュートリノの相互作用を，含まれるニュートリノの種類（電子ニュートリノあるいはμニュートリノ）に従って分類し，それらの相対的な数を生成した場所からの距離の関数として計測することによって，振動的な振舞いが示される可能性がある．ここでいう振動とは，空間や物質中を進むにつれて，ニュートリノの種類が他の種類に変化してはまたもとの種類にもどるという変化のことである．これは，ニュートリノが質量をもっている場合にだけ起こる．スーパーカミオカンデの結果は，μニュートリノが，スーパーカミオカンデでは観測されないτニュートリノか，あるいは，おそらく他の種類のニュートリノ（たとえば，ステライルニュートリノ）に変化することを示している．この振動は，互いに振動しているニュートリノの質量差が非常に小さいことを示唆しているが，この実験では直接的にそれらの質量を決定できない．
　ニュートリノは最初β崩壊の連続スペクトルを説明するために仮定された（パウリ（Pauli），1930年）．特定の核種がβ崩壊する際，つねに一定の余剰エネルギーがあり，このエネルギーが電子と中性粒子（現在は反ニュートリノ$\bar{\nu}_e$とされる）との間で分けられると考えられた．後に，この仮定された中性粒子はβ崩壊の角運動量と運動量を保存することも示された．

β崩壊のほかにも，電子ニュートリノはたとえば，陽電子崩壊や電子捕獲とも結びついている．
$$^{22}\text{Na} \rightarrow {}^{22}\text{Ne} + e^+ + \nu_e$$
$$^{55}\text{Fe} + e^- \rightarrow {}^{55}\text{Mn} + \nu_e$$
レイネス（Reines）とカウワン（Cowan）によりはじめて
$$^1\text{H} + \bar{\nu}_e \rightarrow n + e^+$$
の過程で反ニュートリノが物質中で吸収されることが示された．μニュートリノは次のような過程でつくられる．
$$\pi^+ \rightarrow \mu^+ + \nu_\mu$$
$$\mu^- \rightarrow e^- + \nu_\mu + \bar{\nu}_e$$
ニュートリノの相互作用は非常に小さいが，断面積がエネルギーとともに大きくなるために現代の加速器の巨大なエネルギーを使えば反応を研究できる．大統一理論のあるものは，ニュートリノは0でない質量をもつと予測しているが，この予測を支持する直接的な証拠は見つかっていない．

ニュートン newton
記号：N．力のSI単位．1 kgの質量のものに $1\,\text{m s}^{-2}$ の加速度を与える力として定義される．

ニュートン型望遠鏡 Newtonian telescope
⇒反射望遠鏡．

ニュートン基準系 Newtonian frame of reference
⇒ニュートン系．

ニュートン系 Newtonian system
ニュートン基準系（Newtonian frame of reference）ともいう．任意の基準系で，それに対して質量 m の粒子が力 F を受け，方程式 $F=kma$ に従う運動をするもの．ただし，a は粒子の加速度，k は正の普遍定数でSI単位系では1になる．
そのような基準系の1つは，太陽系の質量中心が固定されていて恒星に対して回転しないものである．この基準系に対して等速度で動く他の基準系もすべてニュートン系である．これは古典的な相対性原理である．非ニュートン系，たとえば地球表面に固定した基準系では，仮想の慣性力を F に付け加えればニュートンの方程式 $F=kma$ が成り立つようにすることができる．

ニュートンの運動の法則 Newton's laws of motion
ニュートンは彼の著書「プリンキピア」（Principia）の中で3つの基本的な運動の法則を述べている（1687年）．それらはニュートン力学（Newtonian mechanics）の基礎である．
第一法則：すべての物体は，状態を変えようとする力が働かないかぎり，静止状態であり続けるか，または等速直線運動をし続ける．これは力の定義であるとみなすことができる．
第二法則：（線形）運動量の変化率は加えられた力に比例し，変化は力が作用している直線上で起こる．この定義は力を測定するのに適した方法を公式化したものとみなすことができる．つまり力が引き起こす加速度から
$$F = d(mv)/dt \text{ すなわち } F = ma + v(dm/dt),$$
ただし，F は力，m は質量，v は速度，t は時間，a は加速度である．非相対論的な多くの場合 $dm/dt = 0$（つまり質量は一定に保たれている）で，
$$F = ma$$
となる．
第三法則：力は2つの物体の相互作用によって起こる．AがBに加えた力とBがAに加えた力は，同時で，大きさが等しく，向きが逆で，同一直線上にあり，同じ機構によって生じている．
注意：この法則は「作用と反作用」としてなじみ深いが，この用語は誤解を招きやすい．とくに，同じ物体に作用しているたまたま大きさが等しく逆向きの2つの力はこの法則で関係づけられ，勝手に「反作用」と名づけられた力はもう1つの力の結果であり，それに引き続いて生じると思われてしまいがちである．また2つの力は互いに対抗し平衡を生じていると思われやすい．支持力や推進力などは伝統的に「反作用」とよばれており，かなり混乱を招く．
第三法則は次の例で説明できる．物体が地球に及ぼす重力は，地球が物体に及ぼす重力と大きさが等しく，逆向きである．地面の上の，あるいは地面にぶつかる物体が，地面に及ぼす分子間の反発力は，地面が物体に及ぼす分子間の反発力と大きさが等しく逆向きである．
力学のより一般的な形は，アインシュタイン（Einstein）によって彼の相対性理論の中で与えられた．この理論は，観測者に対する相対的な速度がすべて光の速度に比べて小さいときには，ニュートン力学に帰着する．⇒量子論

ニュートンの結像公式 Newton's formula (for a lens)
2つの共役点とそれぞれの焦点との間の距離

p と q は $pq=f^2$ と関係づけられる（符号は慣例により適当なものをとることにする）．f はレンズの焦点距離である．鏡については2つの焦点が一致するが，この関係は変わらない（とり方によっては符号が変わる）．

ニュートンの重力の法則 Newton's law of gravitation
⇒重力．

ニュートンの流体摩擦の法則 Newton's laws of fluid friction

(1) 物体と流体の相対運動を妨げる抵抗力 D は $k_0 A V^2 \rho$ で与えられる．ここで，V は相対速度，ρ は流体の密度，A は物体を射影した面積，k_0 は比例定数（⇒ドラッグ係数）．この法則は，相対運動の方向での運動量の変化を考慮して導かれた．

(2) 粘性流体の2つの無限小の層の間に働くずり応力は，層の運動の方向に垂直な方向のずれの速さに比例する．この力は $F=\eta \partial u/\partial y$ と表される．ここで，u は運動方向の速度，y は u の方向に垂直な座標である．η は**粘性率**とよばれ，古典的な流体力学では流体の分子的性質だけに固有の因子である．

ニュートンが研究したような限られた条件の範囲では，(1)の法則は空気や水のような粘性の小さい流体媒質中での運動に適用でき，(2)の法則はかなり粘性の高い液体に適用できることがわかった．その後の研究で，レイノルズ数が小さいものには(1)の法則がすべての流体にあてはまり，大きいものには(2)の法則があてはまることが示された．

ニュートンの冷却法則 Newton's law of cooling

物体から熱が失われる速さは，周囲の温度に対する物体の温度の高さに比例する．厳密には，この法則は強制対流がある場合にのみ適用できるが，周囲に対する物体の温度差が小さいならば，対流がないときや自然対流のときにもかなりよく成り立つ．

ニュートン力学 Newtonian mechanics
⇒ニュートンの運動の法則．

ニュートン流体 Newtonian fluid
ひずみの大きさが応力と時間の積に比例する流体．その比例定数は粘性率として知られる．
⇒異常粘性，粘性．

ニュートン力 Newtonian force
クーロン力（Coulomb force）ともいう．2点間に働く力で，その大きさが2点間の距離の逆2乗に従って小さくなるもの．

ニュートンリング Newton's ring
レンズとガラス板が接しているときに，それらの間で形成される環状の干渉パターン．中心に黒い部分があり，その周りに同心円状に暗線が現れる．n 番目のリングの半径は，$\sqrt{nR\lambda}$ で与えられる．ここで，R はレンズの曲率半径，λ は波長である．

二陽子系 diproton
2つの陽子からなる不安定な系．ある種の核反応中に過渡的に存在すると考えられている．

ヌッセルト数　Nusselt number
記号：Nu. 無次元の量 $(hl/k\theta)$. ここで，h は流体に浸っている高温物体の単位面積から単位時間当たりに失われる熱量，l は物体の典型的な大きさ，θ は物体と流体の温度差，K は流体の熱伝導率である． ⇒対流（熱の）．

ネ

音色 timbre
音程や音圧とは別種の基準で，楽器の発する音や音声などの質の区別．この音質を決めるものは，相対的強度，部分音の数であり，その部分音の重ね合わせで構成される波形であるといわれている．

ネオン管 neon tube
低圧のネオン入りの気体放電管で，グロー放電の色は赤い．放電電圧は138～170Vで，小さな電流（100mAまで）では放電管にかかる電圧が一定で電圧安定器として使える．電極のないネオン管は高電圧の高周波電流により容易にグロー放電する．

ネガ negative
写真でつくられた像で，物体の暗い部分と明るい部分がそれぞれ明るい部分と暗い部分として見える（→写真）．カラーのネガでは物体の色の補色として見え，カラープリントの過程でもとの色に移される．→カラー写真．

ねじれ wrench
力の作用する方向を軸とするような偶力を伴う力．偶力を力で割ったものはねじれのピッチで，長さの次元をもつ．力の大きさはねじれの強度，力の作用線はねじれの軸である．一般にどんな力もねじれに帰着することができる．

ねじれ振動 torsional vibration
円筒形の棒や管などの振動．片方の端を止めて，もう一方の端に交流トルクをかけた場合のねじれの変位で表す．

ねじれ波 torsional wave
円筒形の棒や管などの1カ所または複数の箇所にねじれ振動が起こった結果，その物質に発生する波．ねじれ波の速度 c は，$c=\sqrt{G/\rho}$ で与えられ，G は弾性率，ρ は密度である．

ねじれ秤 torsion balance
細い糸で吊り下げられた棒を用いた高感度の天秤．棒の腕に力が加わると棒のトルクが細糸のトルクとつり合うまで，糸がねじれる．糸のトルクはねじれ角に比例するので測定することができる．ねじれ秤は，表面張力や静電気などの小さい力の測定にも用いられる．

熱 heat
記号：Q．熱量と同義．高温の物体から低温の物体へ，温度差があるだけでエネルギーが移動する．熱力学の原理が確立する前までは，熱という語は温度とか内部エネルギーとかいろいろな意味で使われてきた．しかし，これらの量ははっきり区別することが必要であり，熱が物体の性質や状態に関わる量であるというような説明は避けるべきである．熱は移動の1つの過程である．"熱エネルギー"というようなあいまいな語も避けるべきである．移動の形態には熱伝導，対流，電磁波の放射がある．

放射（輻射）は高温の物体から自発的に放出されて低温の物体に吸収される場合には熱であると考えられる．放出されたすべての波長（紫外，可視，赤外）のものが熱である．放射はまた仕事をすることでエネルギーを移動させる．たとえば，送信器はラジオ受信器に対して仕事をしている．この場合，温度は重要ではない．

単位はジュール（J）である．昔使われた単位の中にはカロリーがある．

熱陰極 hot cathode
たとえば電子銃で使われる陰極のように，熱電子放出の効果によって電子を出すように高温にして使われる陰極．

熱運動 thermal agitation
物質の分子の不規則運動．その全エネルギー（運動およびポテンシャルエネルギーの和）が内部エネルギーである．

熱影像 thermal imaging
物体からの赤外放射を利用して像を製作すること．放射を二次元アレイの赤外検出器で検出し，その電気的信号を走査法により取り出し，視覚的なイメージに変換する．

熱外中性子 epithermal neutron
10^{-2} eV から 10^2 eV（1.6×10^{-21} から 1.6×10^{-17} J）程度の，熱エネルギーよりも少し大きなエネルギーをもつ中性子．このエネルギー領域（対数での範囲）の中ほどのエネルギーは，化学結合のエネルギーの大きさに相当する．

熱拡散率 thermal diffusivity
記号：a．$\lambda/\rho C_p$ で定義される量．ここで，λ は熱伝導率，ρ は密度，C_p は定圧比熱である．単位は $m^2 s^{-1}$．

熱核反応 thermonuclear reaction
核融合などの反応過程を起こし，それを維持できる運動エネルギーをもつ原子核・粒子の反応．この反応では，熱核エネルギー

(thermonuclear energy) が放出される．必要な温度は100万度オーダーであり，温度とともに，反応速度は急上昇する．星のもつエネルギーは，このような過程で作り出されている．⇒核融合炉．

熱機関 heat engine
高温の熱源から熱を受け取り，仕事をし，低温物体（通常は大気中）に廃熱を捨てる装置．多くの場合，する仕事は機械的なものであるが，たとえば熱電対は電気的な仕事をする熱機関である．
理想的には熱機関は繰り返し動作し，その作業物質（working substance）は一連の作業で初期状態に戻るものであるが，実際には各サイクルごとに新しい作業物質を取り入れる．熱機関を逆に働かせると，冷凍機やヒートポンプになる．⇒カルノーサイクル，ディーゼルサイクル，オットーサイクル，ランキンサイクル，効率．

熱圏 thermosphere
⇒大気層．

熱交換器 heat exchanger
直接には接触していない2種類の液体の間で一方から他方へ熱を移動させる装置．なんらかの過程において，効率が最適になるように液体の温度を調節したり，捨てられてしまう熱をさらに利用することを目的として使われる．もっとも簡単な構造は，接触面が最大になるように同軸に設置された2本のパイプの中を2種類の液体が逆方向に流れるようにしたものである．

熱雑音 thermal noise
⇒雑音．

熱蒸散 thermal effusion
⇒熱遷移．

熱線圧力計 hot-wire gauge
熱いフィラメントが気体によって冷やされることを利用した圧力計．⇒ピラニ真空計．

熱遷移 thermal transpiration
熱蒸散（thermal effusion）ともいう．管状の容器中の気体分子の平均自由行程が長くて，管の直径に比べて無視できなくなる圧力の範囲で温度勾配があるときに起きる現象．圧力が一様にならず，高温側でもっとも高くなる．同様の現象は，温度の異なる2種類の気体の入った容器が多孔質の媒質でつながっており，その媒質の穴が分子の平均自由行程よりも小さい場合にも起こる．定常状態での2容器の圧力比は，容器それぞれの熱力学的温度の平方根の比に等

しくなる．

熱線電流計 hot-wire ammeter
細い線に電流を流すと，線の温度が上昇し熱膨張することを利用して電流を測る装置．線の実際の伸びを拡大し円形の目盛上を指針が回るように，機械的な装置をつけ加える．目盛は等間隔ではなく，実測で校正しなければならない．しかし，加熱の効果は電流の2乗で変わるので，この電流計は直流にも交流にも使える．適当な抵抗を直列につなぐと電圧計としても使える．

熱線風速計 hot-wire anemometer
動いている流体の速度を測る装置で，流体中においた素子の熱伝導による温度低下を利用する．他の風速計に比べて，たいへん小さくできるところに利点がある．非常に細いニッケルの線を数 cm の長さで支柱に張って，周囲（静かな空気や水）より50℃温めて使うような例があげられる．流れにさらしたときの線の温度変化は，線の電気抵抗の変化として測られる．

熱線マイクロフォン hot-wire microphone
たとえば，建物の中で，音の強度や分布を相対的に（ときには絶対的に）測定するために用いられる装置．電気的に温められた細い線の抵抗が，音波を受けると変わることに基づいている．抵抗の変化は，粒子が単振動（SHM）するときの最大速度と同じ速さの定常的な風によって生じる変化に等しい．

熱中性子 thermal neutron
媒質中を拡散し，その媒質とほぼ熱平衡状態になった中性子のこと．これらの中性子の速度分布は概略ではマクスウェル分布で，平均運動エネルギー $(3/2)kT$，運動エネルギーの最確値 $(1/2)kT$，速度の最確値 $v=\sqrt{kT/m}$ である．ここで，T は媒質の熱力学的温度，k はボルツマン定数，m は中性子の質量である．20℃では，v は $2200 \mathrm{~m~s^{-1}}$，kT の値は 4.05×10^{-21} J (0.0253 eV) になる．核反応の断面積の値は，この標準速度 $2200 \mathrm{~m~s^{-1}}$ に対して表される．

熱中性子化 thermalize
中性子を減速して媒質中の原子や分子と熱平衡状態にすること．高速中性子が減速材を通過することにより熱中性子が生成される．

熱中性子炉 thermal reactor
⇒リアクトル．

熱抵抗 thermal resistance
⇒抵抗．

熱的死 heat death
エントロピーが最大になった孤立系の状態．

このとき物は完全に無秩序であり，温度は一様であり，したがって，仕事ができる内部エネルギーは存在しない．もし宇宙が閉じた系であるなら，やがてこの状態に到達するに違いない．これを宇宙の熱的死（heat death of the universe）という．

熱電効果 thermoelectric effect

電気回路中に温度差があるときに起こる一連の現象．

(1) ゼーベック効果（Seebeck effect）：温度の異なる2種の異なる金属（あるいは金属と半導体）が接合され，2つの接合部の温度が異なると回路中に起電力が生じ，回路は熱電対を形成することになる．さらに他に接合部が回路中にあっても，その接合部がすべて等しい温度に保たれていれば，上記の起電力に影響はない．起電力は次式

$$E = \alpha + \beta\theta + \gamma\theta^2$$

で与えられる．ここで，θ は高温と低温の接合の温度差，α, β, γ は回路を構成する物質によって決まる定数である．γ は通常きわめて小さいので，温度差が小さい場合には起電力は温度差に比例することになる．

(2) ペルティエ効果（Peltier effect）：ゼーベック効果の逆の効果．電流が金属どうしの接合あるいは金属-半導体接合部に流れると，電流の方向により接合部は温められたり，冷やされたりする．この効果は逆転可能で，すなわち，電流を逆にすると冷えた接合部を熱くし，あるいは，熱い接合部を冷やす．金属-金属接合よりも金属-半導体接合の場合には，より大きな温度差を作り出せる．n型半導体とp型半導体とではそれぞれ反対符号の温度差をつくる．ペルティエ素子（Peltier element）は，n型，p型半導体を順々に入れ替えながらこのような接合を直列にたくさん並べたものでできている（図参照）．

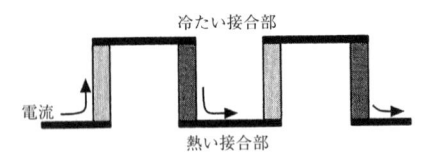

熱電効果（ペルティエ素子）

(3) ケルビン（またはトムソン）効果（Kelvin or Thomson effect）：ある1つの伝導体中でも，温度の異なる部分があれば，その間に電位差が生じる．2点間の温度差がdTの場合に，この素子の起電力はμdTである，ここで μ はトムソン係数（Thomson coefficient，この係数は低い温度の点から高い温度の点へ向いたときに正にとる）である．また，温度勾配のある導線中を電流が流れると，一方から他方への熱流が生じる．このときの熱流の方向は物質によって決まっている．

熱電子 thermion
⇒熱電子放出．

熱電子カソード thermionic cathode
熱電子放出をするカソード．⇒光電陰極．

熱電子管 thermionic valve

電子機器の一群で以前には広範に多くの用途で用いられていた．複数の電極と電子の発生源として**熱電子カソード**をもつ，真空引きされた電子管．3個以上の電極があれば電圧を増幅でき，また，（通常，アノードとカソードの）2つの電極間を流れる電流はその他の電極にかけた電圧により変調できる．アノードに正の電圧をかけると，電流は1方向（順方向）にしか流れないので，熱電子管には整流作用がある．

ダイオード（二極管）（diode）が熱電子管の一番単純な形態であり，回路の整流によく使われる．加熱されたカソードからの**熱電子放出**により電子が放出される．電位をかけなければ，カソードから発生した電子はカソードのまわりに空間電荷領域を形成し，この空間電荷は放出される電子と動的平衡状態になる．アノードに正の電位をかけると電子は熱電子管中を引き寄せられアノードに到達し，電流が流れる．最大電流（飽和電流）は，カソードの温度の関数となる．アノード電圧が増加しても，電流が急激に飽和値まで上昇するということはない．しかし，電流の上限は電極間の電子どうしの斥力により決まる．これは空間電荷限界（space-charge limited）による特性であり，電流はほぼ $V_A^{3/2}$ に比例する．ここで，V_A はアノード電圧である．逆バイアスの条件下では素子の放電が起こり，アノードからの**電界放出**するのに十分な電界が熱電子管中に生じるまで電流は流れない．もしくは，機器が放電するときにはアーク生成が起こる．二極管の簡単な特性を（図a）に示す．

二極管の特性は，アノードとカソードの間に

さらに電極をさしはさむことにより変化させることができる．これはグリッド（grid）とよばれ，通常メッシュでできている．このうちもっとも単純なものは1枚だけ制御グリッド（control grid）とよばれる電極をはさむもので，三極管（triode）という．グリッドに電圧をかけると，カソードの電界に影響し，このため，熱電子管中を電流が流れる．グリッド電圧を変化させたときの熱電子管の特性曲線は二極管の特性曲線に似ている．アノード電圧を一定にしたとき，アノード電流はグリッド電圧の関数である．したがって，グリッド電圧を変化させることにより，増幅を行うことができる．グリッド電圧をわずかに変化させるとアノード電流が大きく変化する（図 b, c）．通常の動作ではグリッドは負電位に保たれており，グリッドに電子が集まることはないのでグリッドに電流は流れない．三極管は増幅回路や発振器回路に広く用いられている．

三極管の欠点はグリッド-アノード間の容量が大きいため，交流成分が重畳しやすいことである．この影響を抑えるためにさらに電極をさしはさむ．四極管（tetrode）は遮蔽グリッド（screen grid）とよばれるもう1種類のグリッドを1枚だけ増やしたもので，これは制御グリッドとアノードの間にあり，一定の正電位に保たれている．遮蔽グリッドに集まってくる電子もあり，その数はアノード電圧の関数である．アノード電圧が高い場合は，ほとんどの電子が遮蔽グリッドを通り抜けてアノードに到達する．四極管では，アノードからの電子の二次放出のために特性曲線に余分なピークが生じる．これらの二次電子は遮蔽グリッドで集められる．五極管（pentode）では，遮蔽グリッドとアノードの間にもう1枚グリッド（抑制グリッド suppressor grid）を置いて二次電子が遮蔽グリッドに届かないようにしている．抑制グリッドの電位は固定で負である（通常はカソードと等電位）．五極管の特性曲線（図 d）は，ソリッドステートの類似品である電界効果トランジスターに似ている．さらに多くの電極を用いた熱電子管も考案されており，特殊な特性曲線を実現している．

現在では熱電子管はソリッドステートで同等の働きをするものにほとんど完全にとって替わられてしまっている．高電圧と大電流を必要とする用途にはまだ熱電子管が用いられているが，

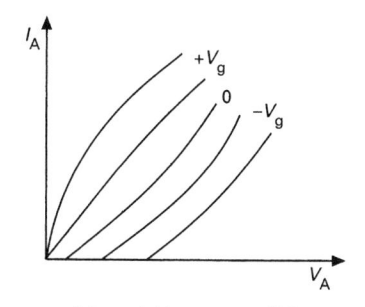

(b) 三極管のアノード特性

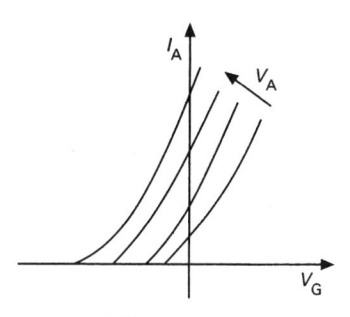

(c) 三極管のトランジスター特性

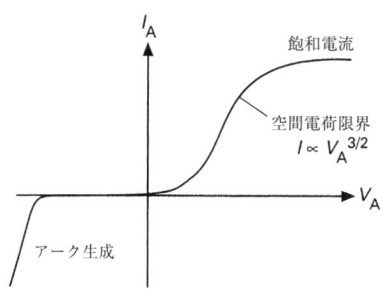

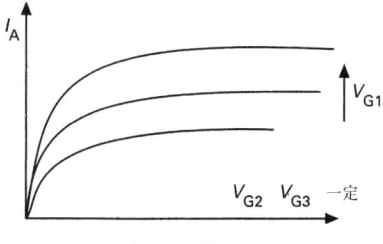

(a) 真空ダイオードの特性

(d) 五極管の特性

陰極線管，マグネトロン，クライストロンといった特殊な用途に限られている．ほとんどの用途において，p-n 接合ダイオード，二極接合トランジスター，電界効果トランジスター（集積回路の形で頻繁に使われている）などのソリッドステート素子が，小型，安価，丈夫，安全といった利点をもっており，使用電力も熱電子管に比べてはるかに少ない．

熱電子放出　thermionic emission
固体および液体を高温に熱したときに観測される電子の自然放出．フェルミ-ディラックの分布関数では，少数個の価電子は，物質による束縛エネルギーよりも大きな運動エネルギーをもつので，全エネルギーは正になる．このような高いエネルギーをもつ電子は表面から離れていくことができる．放出される電子による電流は，温度とともに急激に上昇する（→リチャードソン-ダッシュマンの式）．
物質中あるいは物質表面に不純物があると，電子だけでなく，正負の原子分子イオンも放出される．これらの粒子や電子を総称して熱電子（熱イオン thermion）とよぶ．→ショットキー効果．

熱伝達係数　heat-transfer coefficient
単位時間に単位面積を通って流れる熱を温度差で除したもの．物体の中を伝導していく場合には熱伝達率（thermal conductance）とよび記号 K を使う．表面からの熱放出の場合には記号 E または α を使う．単位は $W\,m^{-2}\,K^{-1}$ である．

熱伝達率　thermal conductance
→熱伝達係数．

熱電対　thermocouple
2種類の異なる金属（あるいは金属と半導体）をそれぞれの端で接続し，2カ所の接合部の温度が異なるときに起電力を生じる電気回路．接続した金属の温度が異なれば，ゼーベック効果（→熱電効果）により起電力を生じる．熱電対は広い温度範囲で使用可能であり，小さい測定点での温度を簡便に測ることができ，また必要とあればかなり離れた場所で温度を表示させることができるので，温度測定素子として広く用いられる．500°C までの温度の測定には，銅/コンスタンタンもしくは鉄/コンスタンタン熱電対，1000°C まではクロム/アルメルあるいは白金/白金ロジウム 10% 合金，それより高温ではイリジウム/イリジウム-ロジウム合金が用いられる．
熱電対の感度を上げるには，接合を何段にも重ねて熱電対列をつくる．

熱電対列　thermopile
多数の熱電対を直列につないだもので，熱放射による起電力を測定するのに用いられる．接合部は 1 カ所だけが熱放射を受けるようにし，他の接合部は覆っておく．この器具で発生する電流は容易に検出できる大きさをもつ．

熱電電流計　thermoammeter
電流の熱効果により電流（交流または直流）を測定する電流計．たとえば，熱効果は，感度の高い検流計に接続された熱電対の温度を上昇させるのに用いることができる．

熱伝導　conduction of heat
放射や物質の流れ以外による熱の移動．気体での熱伝導は，高温領域の高エネルギー分子と隣接した低温領域の低エネルギー分子との衝突によって起きる．固体の誘電体では，分子の振動が粒子間の弾性結合を通じて波として伝わる．この波は音波と同じ性質をもつが周波数が非常に高い（10^{12} Hz 程度）．この波のエネルギーを量子化したものがフォノンである．熱い部分から冷たい部分へフォノンによって運ばれるエネルギーは，逆方向に運ばれるエネルギーに比べて多い．熱伝導の理論では，フォノンを固体が占めている空間を動きまわり，物質の不規則性で散乱する気体分子のように扱う．金属以外の液体中の熱伝導は固体の場合と気体の場合の中間的なものである．
固体および液体の金属では，通常ほとんどの熱は自由電子によって伝導する．この自由電子も理論的には気体分子として扱われる．→ウィーデマン-フランツ-ローレンツの法則，熱伝導率．

熱伝導率　thermal conductivity
記号：λ, K または k. 物体中の小領域 A を熱が通過する割合は次のように
$$dQ/dT = -\lambda A dT/dx$$
と表される．ここで，dT/dx は領域 A に垂直な方向での熱流の温度勾配，λ は物体の温度 T における熱伝導率である．単位は $J\,s^{-1}\,m^{-1}\,K^{-1}$．
分子運動論では熱伝導率は圧力に依存しない．通常の圧力範囲では熱伝導率は圧力に依存しないのであるが，しかし，圧力が非常に低くなると熱伝導率は圧力に比例する．固体金属の熱伝導率はウィーデマン-フランツ-ローレンツの法則により，電気伝導率と関係づけられる．

熱電発電機　thermoelectric generator
熱電効果を利用して熱を直接電気エネルギー

に変換する装置．熱電対の接合部や，金属の2カ所の領域間に温度差があると起電力が生じるので，この起電力を外部回路の電力供給源として用いることができる．接合の高温側や金属の高温領域を熱するための熱源として，たとえば放射性核種の崩壊で放出されるエネルギーを利用することができる．

熱電流計 thermogalvanometer
→検流計．

熱電列 thermoelectric series
金属を熱電能の大きさの順に並べたもの．2種の金属で熱電対をつくった場合，接合部では熱電列の順番の若いほうからもう一方へと電流が流れる．

ネットワーク（回路網） network
(1) 電子工学．ある特定の機能を行うための回路の組を組み合わせてシステムをつくるためにつながれた多数の導体．これらの導体はあらゆる形の抵抗，コンデンサー，コイルであり，したがってインピーダンスをもつ．ネットワークの振舞いは，ネットワークの構成要素，抵抗やコンデンサーなどのインピーダンスの値であるネットワークパラメーター（network parameter）または，ネットワーク定数（network constant）と，要素相互のつなぎ方に依存する．

ネットワークは電圧と電流の間に線形関係があると線形（linear），ないと非線形（nonlinear）とよばれる．電流を両方向に流すか，一方向だけかで両方向性（bilateral）と単方向性（unilateral）となる．ネットワークはエネルギーの源も吸い込み（ネットワークの抵抗要素でのエネルギー損失は含まない）ももたないと受動的（passive）とよばれ，それ以外は能動的（active）とよばれる．

2つ以上の導体が出会うネットワークの点は分岐点（branch point）または節（node）（たとえば，図中の1から8の点）とよばれ，2つの分岐点間の伝導路は枝（branch）（たとえば，1から2）とよばれる．メッシュ（mesh）はネットワーク内の任意の閉じた伝導ループ（たとえば，1-3-7-5-1）を含むネットワークの一部分で，その境界はメッシュ輪郭（mesh contour）である．メッシュ電流（mesh current）はメッシュの周りを回っていると考えられる電流である（マクスウェル（Maxwell）の循環電流）．2つ以上のメッシュに共通な枝は共通枝路（common branch あるいは mutual

branch）（たとえば，5-6）である．
線形ネットワークの解析は，ネットワークを**四端子**とみなし，入力と出力での電流，電圧，インピーダンスを関係づける方程式の組を導くことで行える．ネットワークのすべてのメッシュで順番にキルヒホッフの法則を使うことも可能である．

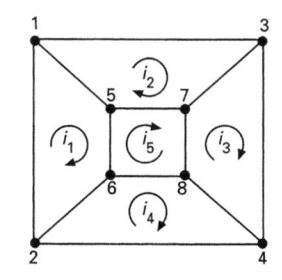

電気ネットワーク

(2) コンピューター．しばしば遠く離れた多くのコンピューターシステムが，あらかじめ定められた手順に従って情報を交換できるように相互につながれている．コンピューターシステムは直結されたシステムに情報を送り，そこから情報を受け取ることができる．情報はコード化されたディジタル信号として送られ，電話線，衛星チャネル，電気線などを使って伝送される．
すべてのコンピューターがネットワークの他のすべてのコンピューターと直接つながれているわけではない．ノード（node）とよばれるネットワークのある点だけで直接つながっている．すべて，あるいは，一部のノードは計算能力を備えている．ノードは2本以上の伝送線のつなぎ目や，伝送線の終点の場合もある．ある特定の情報は特定の目的地につながる線の組に沿って伝えられなければならず，ある線から他の線へノードで切り替え（switched）られる．

熱の仕事当量 mechanical equivalent of heat
ジュールの当量ともいう．記号：J．1948年以前は熱量，内燃機関の測定，またある場合には電気的な加熱においては単位としてカロリーが用いられていた．とくに水を14.5℃から15.5℃に上げるのに必要な熱量で定義された"15℃カロリー"が用いられていた．通常の熱量測定によって比熱や潜熱はカロリーを単位として測定することができた．しかし，このカロ

リーとエネルギーの力学的単位であるジュールやエルグとの間の関係を得るには別の実験が必要であった．熱の仕事当量はエルグ（erg）で表される仕事量と，これと等価のカロリーで表される熱量との間の比として定義された．

1948年以降，すべての種類のエネルギーを"力学的な単位"で表すことが推奨された．そして熱の仕事当量は（1℃の温度差に対して）厳密に定義された量となった．これは実験的に決定された値と非常に近いものである．15℃カロリーに対しては

$$J = 4.1855 \pm 0.0005 \text{ J cal}_{15}^{-1}$$

となる．1960年代の終わりになってようやく熱量と内部エネルギーに対する単位の推奨が行われた．これ以前は用いられるカロリーは国際蒸気表カロリー（ITカロリー）で，これは以前に採用された仕事当量

$$J = 4.1868 \text{ cal}_{IT}^{-1}$$

から定義されたものであった．

熱平衡 thermal equilibrium
各成分間の熱交換の総和が0であるような系の状態．

熱放射 thermal radiation
物体はすべての温度において熱力学的温度 T で決まるエネルギー放射を行う．物体の種類にかかわらず放射は温度のみによって決まり，これを熱放射という．これは原子・分子の熱運動により誘起されるもので，遠赤外から極端紫外までの連続スペクトルをもつ．➡黒体放射．

熱容量 heat capacity
記号：C．物体の温度を1℃上昇させるために必要な熱量．ジュール/ケルビン（J/K）の単位で計られる．以前は thermal capacity と表現された．➡比熱容量．

熱力学 thermodynamics
熱，仕事，内部エネルギーを相互に関係づける学問．物体の熱力学的状態は，ある種の熱力学的変数で定義される．たとえば，気体や固体のような一様な物体は，圧力 p，体積 V，温度 T で記述される．一般的な状態方程式が成り立っている．

熱力学は非常に多数の粒子からなる系を取り扱うのであって，個々の分子の振舞いを扱うものではない．したがって，p, V, T などは統計的な量である．熱の分子運動論は熱力学的変数と個々の分子の力学的変数を結びつけようとする試みである．熱力学ではエネルギー変化のみを扱うのであって，変化を引き起こすメカニズムを扱うのではない．したがって熱力学の方法およびその結果は非常に一般的である．熱力学は2つの基本法則，すなわち，第一法則と第二法則に基づいており，さらにネルンストの熱定理として一般に知られる第三法則が加えられることがある（➡熱力学の第0法則）．

熱力学の第一法則（1st law of thermodynamics）．熱はエネルギー伝達の過程であり，閉じた系ではあらゆる種類のエネルギーの総和は一定であるということを述べている．これはエネルギー保存の原理を熱の伝搬にも適用したものである．この法則をいいかえれば，外界からエネルギーを供給せずに作動し続ける永久機関をつくることは不可能だということである．この法則を数学的に解釈するには，内部エネルギー U を導入せねばならない．

$$\delta Q = dU + \delta W,$$

ここで，δQ は系で吸収された熱量，dU は内部エネルギーの増加，δW は系のした仕事である．

熱力学の第二法則（2nd law of thermodynamics）．これは化学的・物理的エネルギー過程がどちら向きに起こるかという問題に答えるものである．ケルビン（Kelvin）卿の言葉を借りれば，「他に何ら影響を及ぼすことなく，力学的仕事を行いかつ熱源を冷却する永久機関をつくることは不可能である．」自然界では，熱は決してそれ自身を超える温度勾配をつくらない．これは第二法則で表される一般的真理の1つの表現である．これは次のようにいい表してもよい：「外界に影響を及ぼすことなく，低温体から高温体に連続的に熱量を移動させる機関は存在しない．」

カルノーの定理は第二法則に基づいている．カルノーサイクルを考えることにより熱力学的温度の概念が導かれる．作業物質が完全カルノーサイクルを通過するとき，全エントロピーの変化は0であり，物質のエントロピー S は，圧力，体積，温度，内部エネルギーによって決まる関数である．この結果は第二法則から直接に導かれるもので，第二法則の別の表現であると考えてよい．したがって，完全可逆過程では

$$\delta Q = TdS = dU + \delta W$$

である．外界からの仕事が一定圧力 P による場合は（このような場合は多い），

$$TdS = dU + pdV$$

である．これは第一，第二法則をまとめて数学的に表現したものである．

➡エンタルピー，ギブス関数，ヘルムホルツ

関数．

熱力学的温度　thermodynamic temperature
温度の測定は，気体膨張，抵抗変化，高温体の輝度など，物質のさまざまな性質を利用してきた．作用物質の種類によらない，温度の熱力学的目盛を1848年に初めて提唱したのがケルビン（Kelvin）である．
　この目盛上では温度は次のように定義される．カルノーサイクルにおいて，可逆エンジンが温度 T_1 のとき熱量 q_1 を受け取り，温度 T_2 で熱量 q_2 を放出したとすると
$$T_1/T_2 = q_1/q_2$$
が成り立つ．ケルビンは，このように定義された目盛が理想気体に基づく温度目盛に等価であることを示した．この概念を用いれば，熱力学的温度は物理量である．単位の名称はケルビンで，水の三重点が273.16 Kと定義されている．実用上，熱力学的温度は国際実用温度目盛で測定される．

熱力学の第0法則　zeroth law of thermodynamics
熱力学の3つの基本法則の基礎となる熱力学法則（それゆえこの名がつく）．この法則は2つの物体がそれぞれ第3の物体と熱平衡状態にある場合，これら3つの物体は互いに熱平衡状態にあることを表している．

熱力学ポンシャル　thermodynamic potential
系が変化するときに受け取ることのできる仕事量を表すエネルギーの状態量．内部エネルギー（U），ヘルムホルツ関数（$U-TS$），エンタルピー（$U+pV$），ギブス関数（$U+pV-TS$）などがおもなものである．ギブス関数をしばしば熱力学ポテンシャルとよぶことがある．

熱流磁気効果　thermomagnetic effect
⇒磁気熱量効果．

熱流率　heat flow rate
記号：Φ．表面を通って流れる熱流の速さ．ワットの単位で計られる．熱流率密度（density of heatflow rate）（記号 φ または u）は単位面積あたりの熱流率である．熱伝導率は，熱流率密度を温度勾配で除したものである．

熱量（I）　quantity of heat
記号：Q．⇒熱．

熱量（II）　calorific value
単位重さの燃料が完全燃焼したときに解放される熱量．そのとき発生する水は液体状態に凝縮されると仮定される．ボンベ熱量計内で測定され，通常 $J\,kg^{-1}$ またはそれに匹敵する単位で表示される．

熱量計　calorimeter
熱量を測定するための容器，装置の総称．もっとも単純な形は混合物法に用いられるもので，水を入れた銅缶を絶縁脚に載せて，恒温層の中に置いたものである．温度がわかっているので放射補正を行うことができる．蒸発を防ぐための断熱材の蓋から攪拌器と一緒に温度計を差し込んで，銅缶の中の水温変化を測定する．

熱量測定　calorimetry
熱量の測定法で，物体の比熱および比潜熱，燃料の熱量，化合物の生成熱および溶解熱などを含む．

熱理論　caloric theory
熱の特性について1850年頃に掲げられた理論で，熱には重さがないこと，拡散性があることを言及している．ランフォード（Rumford）の実験で起きたような摩擦による無制限な熱の発生を実証することはできず，その考えはジュール（Joule）が熱がエネルギーの伝搬の1つの手段であることを示し，熱の仕事当量の値を決定したときに捨て去られた．

熱ルミネッセンス　theremoluminescence
⇒ルミネッセンス．

ネーパー　neper
記号：Np．2つの電流を比べるために使われる次元のない単位で，ほとんど電気通信工学だけで用いられる．2つの電流は通常伝送線，あるいは伝送線のネットワークに入る電流と出る電流である．2つの電流 I_1 と I_2 は
$$N = \log_e |I_1/I_2|$$
のとき，N ネーパー違うといわれる．もし入力と出力のインピーダンス Z_1 と Z_2 が等しい抵抗をもつならば，入力電力 P_1 と出力電力 P_2 は
$$n = (1/2)\log_e(P_1/P_2)$$
のとき，n ネーパー違うといわれる．1ネーパーは8.686デシベルである．

ネプツニウム系列　neptunium series
⇒放射性系列．

ネマチック構造　nematic structure
⇒液晶．

ネール温度　Neel temperature
⇒反強磁性．

ネルンスト効果　Nernst effect
熱が磁場中の金属片を通って流れるとき，流れの方向が磁力線を横切ると，流れと磁力線の両方に垂直な方向へ起電力が生じる．起電力が

つくる電流の方向は金属片を構成する金属の性質に依存する．→ルデック効果．

ネルンストの熱定理　Nernst heat theorem
熱力学の第三法則としても知られる．もし絶対零度で純粋な結晶固体どうしで化学反応が起きても，エントロピーの変化はない．つまり終状態のエントロピーは初期状態のエントロピーと等しい．プランクはこれを拡張して絶対零度ではすべての凝縮相に対するエントロピーの値は0であると述べた．

ネルンストの熱定理から次のことが導かれる．
(i) すべての凝縮相の膨張係数は絶対零度で消滅する．
(ii) 熱電気的起電力は絶対零度で消滅し，ペルティエ効果とトムソン効果は0になる．
(iii) 常磁性体結晶の磁気感受率は絶対零度で消滅する．
(iv) ヘリウムの液体と固体のエントロピーは絶対零度で同じ値をもつ．

年　year
→時間．

年周視差　annual parallax
→視差．

燃焼 (度)　burn-up
(1) 原子炉中で中性子の吸収により，1つあるいは複数の核種の量が著しく減少すること．この用語は他の燃焼物質にも用いられる．
(2) 燃料照射レベル (fuel irradiation level) ともいう．単位質量あたりの核燃料から放出される全エネルギー．

粘性　viscosity
流体の特性で，低いレイノルズ数に対しては流れに対する抵抗を与える．層流性の粘性流に関するニュートンの法則によると，乱流の場合と異なり，液体の運動は
$$F = \eta A \, dv/dx$$
で表される．F は流れに平行な2つの層間 (dx だけ離れ，相対速度が dv) の面積 A に働く接線方向の力である．η は粘性係数 (coefficient of viscosity) (または粘度 viscosity) とよばれ，$kg\,m^{-1}\,s^{-1}$ または $N\,s\,m^{-2}$ の単位をもつ．液体の粘度はふつう温度とともに減少するが，気体の場合には増加する．非常に多くの液体は，粘性が速度勾配 (dv/dx) に依存しないというニュートンの法則に従う．このような液体はニュートン流体 (Newtonian fluid) とよばれる．

気体分子運動論によると気体の粘度は式
$$\eta = \frac{1}{3}\rho \overline{C} L$$
によって与えられ，ρ は粘度，$\overline{C}$ は平均速度，L は平均自由行程である．積 ρL が圧力に依存しないため，この理論においては気体の粘度は圧力に依存しない (マクスウェルの法則)．しかし，非常に低い圧力においては，この法則は破れ，実効的な粘度は圧力に比例するようになる．→異常粘性，動粘性率．

粘性係数　coefficient of viscosity
→粘性．

粘性減衰　viscous damping
反対方向の力が速度に比例するような場合の減衰で，流体の粘性や渦電流に起因する．

粘性真空計　viscosity gauge, viscosity manometer
→分子式真空計．

粘性流　viscous flow
→ニュートンの流体摩擦の法則，粘性．

年代測定　dating
考古学的発掘物や化石や岩などから，時間とともに変化する有機物または無機物の特性を測って年代を決定する方式．この特性としては，放射性炭素やウラン系列の放射性崩壊，熱ルミネッセンス (→ルミネッセンス)，電子スピン共鳴などがある．これらは放射測定 (radiometric dating) の技術で測られる．他の方法として，たとえばアミノ酸のラセミ化など時間に依存して割合が変わるような化学反応を用いることもある．

(1) 放射性炭素年代測定 (C-14年代測定) (radiocarbon dating or carbon-14 dating)．生物，たとえば木を3万5000年前まで測定できる．大気中の炭素はおもに安定同位体の ^{12}C と一定の割合でわずかに存在する ^{14}C からなっている．^{14}C は半減期5730年の放射性核種で，宇宙線由来の中性子と窒素が衝突してつくられる．すべての生物は炭素を空中の CO_2 から吸収するが，生物が死ぬと吸収は止まり，$^{14}C/^{12}C$ の比が ^{14}C の崩壊
$$^{14}C \rightarrow {}^{14}N + e + \overline{\nu}$$
で減少する．試料の ^{14}C を濃縮し，高感度の粒子計数器で数えることによって，生体が死んでからの時間がわかる．

地質学的試料の年代は数百万年になるが，自然放射性核種 (半減期が非常に長いもの) とその娘核の割合で年代が決定できる．

(2) カリウム-アルゴン年代測定

(potassium-argon dating). カリウムは他の元素と結合して，自然界，とくに岩や土壌中に広く存在する．天然のカリウムは 0.001 18％の放射性同位元素 ^{40}K を含み，これは半減期 1.28×10^9 年で一部アルゴンの安定同位体 ^{40}Ar になる．両者の比 ^{40}K/^{40}Ar を測定することで約 10^7 年前までの年代を推定できる．

(3) ルビジウム‐ストロンチウム年代測定 (rubidium-strontium dating). 天然ルビジウムはカリウムよりはるかに存在比の小さい元素であるが，27.85％の放射性同位元素 ^{87}Rb を含んでいる．これは半減期 4.8×10^{10} 年でストロンチウムの安定同位体 ^{87}Sr に変わる．比 ^{87}Rb/^{87}Sr を測ることで約 40 億年前までの年代を推定できる．

(4) ウラン‐鉛およびトリウム‐鉛年代測定 (uranium-lead and thorium-lead dating). 放射寿命の長いトリウム 232，ウラン 238，ウラン 235 は，放射系列にしたがってそれぞれ鉛 208，鉛 206，鉛 207 となる．岩石中のウラン，トリウムと鉛の同位体組成を求めることで，4×10^9 年前までの年代測定ができる．

粘度計 viscometer

流体（液体または気体）の粘性を測る装置．おもなものとしては複数の毛細管（⇒ポアズイユの流れ）を通って流体が上昇するタイプのも の，測定したい液体を間に満たした 2 つの同軸シリンダーを回転させ続けるのに必要なトルクを測るもの，振動している物体が液体によって減衰する割合を測るものなどがある．⇒オストワルドの粘度計．

燃料電池 fuel cell

酸化還元化学反応で放出されるエネルギーを，電流を維持するために直接利用するシステム．必要な試薬は外部から連続的に電池に注入され，触媒の作用で反応する．典型的な例は，水酸化カリウムの薄い溶液中にある 2 枚の多孔質ニッケル板に，それぞれ水素と酸素を供給する燃料電池で，酸素を供給される板が陽極になる．気体からできた水は，時間とともに電極からうける電場によって濃度が上がるはずの電解物を希釈する働きがある．燃料電池は，20 A 以上の電流を流し続けることができる反面，大きさが大きくなり，効率が 60％と低い（蓄電池は 75％）．燃料電池と蓄電池の本質的な違いは，前者が化学物質の供給を必要として充電は必要ないのに対し，後者は電気的に再充電され，化学物質の供給は必要ない点である．

年齢方程式 age equation

⇒フェルミの年齢理論．

ノ

NOR ゲート　NOR gate
⇒論理回路.

ノイズ　noise
⇒雑音.

ノイマンの法則　Neumann's law
ファラデー-ノイマン則(Faraday-Neumann law)ともいう．⇒電磁誘導．

濃縮　enrich
1つの元素の同位体のうち，核分裂性の同位体の存在比を増やすこと．その元素の同位体組成において，特定の同位体種の存在比が天然の存在比よりも大きくなっているとき，その％で表した比率を濃縮度（enrichment）という．

濃淡電池　concentration cell
2つの同種金属の電極が，その金属塩化物の濃度の違う溶液に浸されている電池．溶液は多孔性の仕切りで隔離されている．金属は，薄い溶液に溶けて，濃い溶液から析出する．起電力は，物質と濃度に依存し，通常数百分の1ボルトである．

能動素子　active component
電気回路においてトランジスターなど利得を生じさせる素子．受動素子と対比される．

濃度計　densitometer
物質による光の透過や反射を測定する装置．写真乾板上の像を数量に変換する際に使われる．

脳波計　electroencephalograph（EEG）
脳の活動に伴う電圧波形を記録する高感度の装置．得られる波形を脳波という．

能率　moment
⇒モーメント．

のこぎり波　sawtooth waveform
周期的な波形で，振幅が2つの値の間をほぼ直線的に変化し，一方の向きに変化している時間がもう一方に変化している時間に比べてずっと長いものをいう（図参照）．のこぎり波は緩和発振器で作り出されることが多く，しばしばタイムベースとして用いられる．

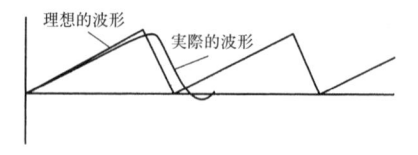

のこぎり波

NOT ゲート　NOT gate
⇒論理回路．

伸び計　extensometer
ひずみを受けた任意の長さの試料の微小変化を測る装置．

ハ

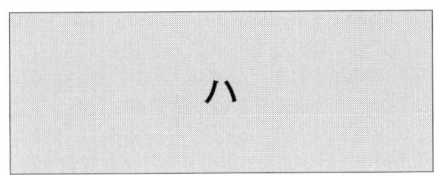

場 field
(1) ある物理作用のある影響下にある領域. 代表例は, 電場, 磁場, 重力場であり, それぞれ電荷, 磁気双極子, 質量の存在が原因となる. これらはベクトル場である. 場は, しばしば束線(または力線)について関連する曲線群を用い図で表すことができる. ある点でのこれらの線の密度はその点での場の強さを表し, その方向は, 慣例に従い作用に付随する方向を表す. そして電場では正から負, 磁場では北向きから南向き, 重力場では小から大に向く.
場または核子の存在する空間を記述するのにも用いる. そこでは, 交換力が重要となる. 加うるに, 温度分布や電位などのスカラー量に関連して用いられることもある. →場の量子論.
(2) →視野.

バイアス bias, bias voltage
どのような特性で電子デバイスを動作させるかを決定する電子デバイスへの印加電圧.

灰色体 grey body
同じ温度の黒体放射と同じ形の波長分布をもつが, それより一定の割合だけ強度の小さい放射を出す物体.

バイオマスエネルギー biomass energy
→再生可能エネルギー資源.

倍音 harmonic
(1) 基本周波数の整数倍の周波数をもつ周期振動.
(2) ある音符とその基本周波数の整数倍の周波数から構成される一連の音.

ハイグリスター hygristor
湿度で変化する電気抵抗をもった電子素子. 記録用湿度計の基本素子として使われる.

背景雑音 background noise
不規則雑音(random noise)ともいう. →雑音, 騒音, ノイズ.

ハイゼンベルクの不確定性原理 Heisenberg uncertainty principle
→不確定性原理.

排他的ORゲート exclusive OR gate
→論理回路.

排他律 exclusion principle
→パウリの排他律.

π中間子 pion, pi-meson
→中間子.

ハイディンガーの干渉縞 Haidinger fringe
比較的離れた平行な2枚の平面に光がほぼ垂直に入射したとき, 反射光に見られる干渉縞. これを観察する眼や望遠鏡は無限遠に焦点を合わせる必要がある.

倍電圧発生器 voltage doubler
出力電圧が2倍になるように2つの整流器を配置したもの. 図は典型的なダイオード整流器による回路を示す.

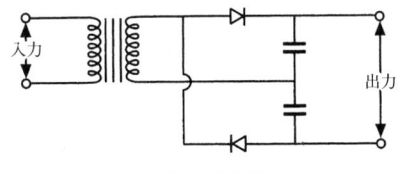

倍電圧発生器

バイト byte
ビットを一定の長さに並べた列(現在ではほぼつねに8ビット)のことで, コンピューターの内部で1単位として扱われ, 記憶される.

ハイドロフォン hydrophone
水中の音を検出する装置. 通常, 水に接した膜に炭素マイクロフォンまたは電磁的な検出器がついている.

バイパスコンデンサー bypass capacitor
分路用のコンデンサーで, 振動電流に対して比較的低いインピーダンスの通路となるように回路中に接続される. 通過する振動電流の周波数は, 電気容量に依存している. このようなコンデンサーは, 回路中のある点に振動電流信号を到達させないため, あるいは望みの振動電流成分を分離するために用いられる.

ハイブリッド集積回路 hybrid integrated circuit
→集積回路.

ハイペロン hyperon
陽子, 中性子以外の長寿命バリオンの総称. この場合の長寿命とは強い相互作用で崩壊しないという意味で, 10^{-24}秒よりずっと長い寿命をもつ粒子をいう. Λ, Σ, Ξ, Ω^-の各粒子はハイペロンである. →素粒子, ストレンジネス, チャーム.

バイポーラー集積回路　bipolar integrated circuit
⇒集積回路．

バイポーラートランジスター　bipolar transistor
電子と正孔がともに重要な働きをするトランジスター．たとえば，結合トランジスター．ふつう，バイポーラートランジスターのことを簡単にトランジスターという．⇒電界効果トランジスター．

バイメタル板　bimetallic strip
膨張係数の違う2つの金属板を張り合わせたもの．この小片の温度が上昇すると，大きい膨張係数をもった方の金属が外側になるように折れ曲がる．一方の端を堅く固定し，もう一方は，温度制御装置の電気回路を開閉するために，また，ポインター式温度計のポインターを動かすために使われる．

バイモル圧電素子　bimorph cell
圧電素子を使い，電気信号を機械的な動きに変換する装置．2つの圧電性結晶（ロシェル塩など）からなり，電圧をかけると一方は伸び，他方は縮むように切り出し，組み合わせたもの．したがって，この複合結晶は電圧をかけると曲がる．このセルを曲げると電圧が生じるという逆の効果も利用される．

倍率（光学）　magnification
記号：M．単語がとくに限定されていない場合には，これは光学機器の倍率，または像の横倍率（lateral magnification）を意味する．横倍率は比 y'/y で与えられ，y は物体の軸に垂直な方向の高さ，y' は像の高さに対応する．

パイロ電気（焦電気）　pyroelectricity
ある種の結晶において温度が変化するとき，極性軸の両端にそれぞれ正負の電荷がたまる現象．そのような結晶（たとえば電気位置，硫酸リチウム）は，対称の中心をもたない．〔自発分極をもつ結晶においては，表面の分極電荷は空気中のイオンなどにより中和されているが，温度を変えることにより分極の大きさが変化して，その変化分が焦電気として観測される．〕

パウリのスピン常磁性　Pauli paramagnetism
⇒常磁性．

パウリの排他律　Pauli exclusion principle
任意の系で2つの同等なフェルミオンは同じ量子状態にいることはできない，すなわち同じ量子数の組をもつことはできないという原理．この原理は初め，原子の中で2つより多い電子は同じ量子数の組をもつことができない，という形で提案された（1925年）．この仮定の導入により，原子構造の特徴や周期表を説明することが可能になった．原子の中の電子は，4つの量子数 n, l, m, s で表される．スピン量子数 s は $+1/2$ か $-1/2$ の値しかとらないので，n, l, m で指定される特定の原子軌道には最大で2つの電子が入ることができる．1928年にゾンマーフェルト（Sommerfeld）はこの排他律を固体中の自由電子に適用した．その後，彼の理論は後継者たちによって大きく発展した．⇒エネルギー準位．

ハウリング　howl
受信器で聞かれる高い周波数の可聴音で，音響的な帰還によって起こる．すなわち，スピーカーからの音が音響再生システムの電気回路で検出・増幅され，ある臨界のレベルを超えると発振が始まり，スピーカーからハウリング音が出る．この過程は電子回路の帰還と似ていて，回路でもハウリングが起こる．このような音を出すようにつくられた発振器は，ハウラー（howler）とよばれる．

パキメーター　pachimeter
固体のずれ弾性の限界を測定する装置．

白色光　white light
日光のような光．すべての可視スペクトルが正常な強度で含まれるため色彩は明確ではない．

白色雑音　white noise
⇒雑音．

白色わい星　white dwarf
数多く存在する非常に暗い星で，これは恒星の進化の最終段階における質量が軽い星と考えられている．質量はチャンドラセカール限界（Chandrasekhar limit，およそ1.4太陽質量）以下である．これらの星において核燃料（水素）は完全に消費し尽くされ，重力崩壊が進んでおり，小さいが非常に密度が高く，ヘリウム核と電子の縮退したガスによって構成されていると考えられている．⇒ヘルツシュプルング-ラッセルの図（H-R図）．

白熱電球　incandescent lamp
炭素，オスミウム，タンタル，（もっと一般的には）タングステンのフィラメントを加熱することにより光を出す電灯．高温（>2600℃）でのフィラメントの消耗を抑えるためにしばしば不活性ガスを入れる．また，フィラメントを密ならせん状に巻き，さらにそれをもう一重ら

せんに巻くと（コイルのコイル），気体を通して熱が逃げることが少なくなり，熱的にみて効率がよくなる．

白熱放射　incandescence
高温の物質から可視の放射が出ること．または出る放射のことも指す．→ルミネッセンス．

薄膜回路　thin-film circuit
ガラスやセラミックの基板上に真空蒸着やスパッター（スパッタリング）で素子を製作した回路．蒸着層の厚さは数ミクロンまでである．つくられる素子はほとんど受動素子であるが，TFTのような能動素子も製作されている．

薄膜トランジスター　thin-film transistor (TFT)
半導体ではなく，絶縁基板の上に薄膜回路技術（すなわち，真空蒸着やスパッター（スパッタリング））を用いてつくられた電界効果トランジスター．絶縁基板を用いているのでスイッチング速度が速い．もともとは硫化カドミウムトランジスターの製作に使われていたが，現在ではおもにシリコン-サファイアMOS回路の製作に使われている．

波形　waveform, waveshape
周期的な量についての用語．時間に対してある量の瞬間値をプロットして得られるグラフの形．通常，正弦波でない場合，波形はひずみ波として表される．音響学においては波形が音色を決める．

波形率　form factor
周期関数（たとえば交流電流など）の0からπまでの半周期に対してとられる二乗平均値と平均値の比．正弦波の場合には波形率は$\pi/2\sqrt{2}$，つまり1.111となる．

ハーゲン-ポアズイユの法則　Hagen-Poiseuille law
→ポアズイユ流．

波高率　peak factor
交流的，パルス的に変化している量のピーク値の，二乗平均値に対する比．正弦波の波高率は$\sqrt{2}$である．

破砕　spallation
高エネルギー粒子が標的に衝突して起こる核反応のうち，とくに劇的なもので，多数の核子が放出される．

ハーシェル-クインケ管　Herschel-Quinke tube
1つの管が途中で異なる長さの2つの管に分けられ，それぞれの終端が再び1つの管につなげられたもので，音の干渉を表示するための装置．1つの管の長さはトロンボーンと同じような仕組みで変えることができる．管の一端に音源を置き，異なる長さを通ってきた音を他端で合わせて聞く．パスの長さの差が音の波長の倍数ならば，2つの音は同相で耳に達し強め合う．パスの差が半波長の奇数倍だと位相が逆転しているので音は聞こえない．

バージェンス　vergence
光線の集束，発散．（焦点）距離の逆数はバージェンスを表す．換算バージェンス（reduced vergence）は光学的距離の逆数である．光線の集束発散の変化は光学素子の光集束能力に一致する．

はしご型フィルター　ladder filter
直列インピーダンスと分岐インピーダンスを連続的に接続した回路網．通常，一定の減衰と遅れを伴った伝送線である．
→フィルター．

刃状転位　edge dislocation
→欠陥．

波数　wavenumber
記号：σ．波長の逆数．すなわち単位長さあたりの波の数．m^{-1}で表される．角波数（angular wave number），記号：kは$2\pi\sigma$すなわち$2\pi/\lambda$によって与えられる．これは角波数ベクトル（angular wavevector）や伝搬ベクトル（propagation vector）（記号：$\boldsymbol{k}$）の大きさである（$k=|\boldsymbol{k}|$）．

パスカル　pascal
記号：Pa．圧力のSI単位．1Nの力が$1m^2$の面積に均一に作用しているときに生じる圧力として定義される．

パスカルの原理　Pascal's principle
静止している流体の任意の場所にかかる圧力は，流体の他のどの場所にも損失なく伝えられる．→水圧器．

バスバー　busbar
バス（bus）ともいう．一般的には，システムの中の他の接続部分に比べてインピーダンスが低い導体あるいは電流容量が高い導体でできている．たとえば接地バス（earth bus）のように，システムの中の多くの似た点を接続する．バスバーはさまざまな点に電力を供給するのにも用いられる．

バス（母線）　bus
バスバー（busbar）の略記．コンピューターのいくつかの構成部分を接続している1組の電

導線で，構成部分間で信号を互いに送受信するのに用いられる，信号の通路である．

パーセク　parsec
記号：pc．天文学での長さの単位．1天文単位の長さの基線が1秒の角度を張るような距離．1パーセクは $3.085\,677\times10^{16}$ m，およそ3.26光年である．

波束　wave packet
⇒波列．

ハーター–ドリッフィールド曲線　Hurter-Driffield curve（H-D curve）
写真材料の透過密度と露光の関係を示す特性曲線．⇒相反則．

八極管　octode
陰極と主陽極の間に5つのグリッドがあり，いちばん内側の2つのグリッドの間にもう1つ陽極がある（つまり全部で8つの電極がある）熱電子管．

波長　wavelength
記号：λ．連続的な波の同位相の波面間の最短距離．v が位相速度で，ν が周波数であれば波長 λ は $v=\nu\lambda$ で与えられる．電磁波の場合には媒質中の位相速度と波長は自由空間の値を屈折率で割った値に等しい．

光の波長は干渉計や回折格子によって絶対的に測定され，またプリズム分光計を用いて比較測定される．

波長は無限の連続波の場合のみ確定した値をもつ．もし1個の原子が時間幅 τ の量子（光子）を連続波として放出すると，波長の不確定性 $\Delta\lambda/\lambda$ はおおよそ $\lambda/2\pi c\tau$ である．ここで，c は自由空間の光速である．これは**不確定性原理**によって与えられるエネルギーの不確定性に関係する．⇒ドップラー効果，赤方偏移．

波長計　wavemeter
電波の周波数や波長を測定する装置．基本的には容量同調回路と電流検出装置からなる．可変容量は周波数や波長によって校正してある．電波の周波数が回路の共振周波数に一致するとき電流が最大になる．

発火温度　ignition temperature
（1）ある物質を空気（または特定の酸化剤）中で熱していって燃え始めるときの温度．
（2）⇒核融合炉．

バッキンガムのパイ定理　Buckingham Pi theorem
次元解析の重要な基礎．n 個の物理量の関係が l 個の無次元パラメーターの関係（パイグループ）に整理し直される．つまり，もともとの n 個の量から組み立てた積である．大文字 $\prod$（パイ）は数学で量の積を表す．たとえば，
$$a_1a_2a_3=\prod_{i=1}^{3}a_i$$
である．数字 l は次の式で与えられる．
$$l=n-m$$
ここで，m は，n 個のもともとの量の中で独立した物理量である．バッキンガムのパイグループの例はしばしば物理の問題で起きる．とくに，流体力学でのレイノルズ数，マッハ数，プラントル数，ヌッセルト数，比熱比（⇒比熱容量），グラスホフ数，圧力係数，揚力係数，ドラッグ係数などである．

白金抵抗温度計　platinum resistance thermometer
⇒抵抗温度計．

バックグランド放射線　background radiation
（1）宇宙線による地球の衝撃，および岩，土，空気，建物の材料の中などで自然に発生する放射性核種（^{40}K，^{14}C など）により生じる低強度の放射線．放射線の測定をするときは，この背景放射の補正が必要である．
（2）⇒宇宙背景放射．

バックフォーカス長（後方焦点距離）　back focal length
光学系の最後の表面から第二主焦点までの距離．

パッケージ　package
一式のコンピュータープログラムで，コンピューターグラフィックス，CAD，ワープロ，統計処理，計算，地図製作などの一般的な用途を目的としたもの．特殊な目的に合わせてつくられることもある．

発光スペクトル　emission spectrum
光源から放射された電磁波のスペクトル．連続的スペクトルをもつ光の光路中に吸収物質を置くと吸収スペクトルが得られるが，それとは区別して，光源自体のスペクトルをいう．発光スペクトルには連続スペクトル，線スペクトル，バンド（帯）スペクトルがある．

発光ダイオード　light-emitting diode（LED）
ガリウムヒ素など，特定の半導体材料でつくられた，小型で安価な p-n 接合ダイオードで，伝導帯の電子と価電子帯の正孔の過剰な対が再結合して光が発せられるもの（⇒エネルギーバンド）．p-n 接合に順方向バイアス電圧がかかっ

ている場合に発光が起こり，発光強度はバイアス電流，すなわち過剰な少数キャリヤーの数に比例する．取り出せる光の量は結晶面の光学的性質に依存し，光の色は使用する物質に依存する．発光ダイオードは小型の表示器，警告灯，ディスプレイ装置などに使用される．

発光，放射 emission
励起された原子，分子からの電磁波の放出．
⇒発光スペクトル．

発散 divergence
記号：div．ベクトル場の中の1点にある無限小の体積要素から出ている単位体積あたりのフラックス．静電場において，体積要素が電荷をもっていなければ電場の発散は0であり，したがってベクトル場は管状である．ベクトル場 F の発散はスカラー積（⇒ベクトル）$\nabla \cdot F$ であり，ここで ∇ は微分演算子（微分作用素）である．

発散度 exitance
(1) ⇒光束発散度．
(2) ⇒放射発散度．

発散レンズ diverging lens
平行光を発散させるレンズ．⇒集束レンズ．

パッシェン系列 Paschen series
⇒水素のスペクトル．

パッシェンの法則 Paschen's law
気体中に置かれた電極間の放電において，放電開始電圧は圧力と長さの積の関数になる．

パッシェン-バック効果 Paschen-Back effect
ゼーマン効果と類似の効果．ただし，磁場が非常に強く，電子の軌道角運動量とスピン角運動量によるベクトルが，それぞれ独立に場の方向に対して可能な向きをとるような場合である．スペクトル線は電子軌道の量子状態間の遷移によるものになり，磁場によるスペクトル線の分裂のパターンはゼーマン効果のものとはまったく異なる．

パッシベーション passivation
集積回路などの電子部品の表面や接合部を有害な環境から守ること．シリコンのチップでは，通常，二酸化ケイ素の保護膜を表面に形成する．

発振 oscillation
電気回路で起こる現象．回路の自己インダクタンスと電気容量の値により，電気的な平衡状態が乱れたときに振動電流が生じる現象．自発的に発振する回路は発振回路（oscillatory circuit）とよばれる．回路に直流電圧を入力すると発振が始まり，直流電圧を切るまで発振が続くとき，これを持続発振（self-sustaining oscillation）という（⇒発振器）．⇒自由振動，強制振動，寄生発振．

発振回路 oscillatory circuit
⇒発振．

発振器 oscillator
直流電力を交流電力に変換するために，特別に設計された回路．ふつう比較的高い周波数のものをいう．通常は回路に直流電圧をかけるだけで発振が始まり，直流電圧を切るまでその電気的な振動が持続する．

簡単な発振器は基本的に，共振回路のような周波数を決める素子と，共振回路に電力を供給し，かつ抵抗での損失による減衰を補う能動素子とからなる．この能動素子は，共振回路の正の抵抗を相殺するのに十分な値をもつ負の抵抗を供給しているとみなせる．一度発振が始まると，そのまま持続する．

実質的に負の抵抗は，減衰を上回る正のフィードバックをかけたり，特性曲線のある部分で負の抵抗を示す電子素子を用いたりして得られる．⇒圧電振動子，緩和発振器．

発電機 generator
力学的に駆動されることにより，電流を発生する機械．電磁発電機（ダイナモ）では，コイルが磁力線を切るように運動する．静電発電機（⇒ヴァンデグラーフ高電圧発生器，ウイムスハースト発電機）では，静電誘導または摩擦によって生じた正負等量のイオンを引き離す仕事をしている．⇒交流発電機．

発電所 power station, generating station
電力を大規模に作り出すための工場，設備，およびそれに必要な建造物をすべて含む集合体．おもな型は，火力発電所，原子力発電所，水力発電所である．

発電動機 dynamotor
単一の磁極系と1つの電機子をもつ電気機械で，電機子には2個の独立な整流子に接続された2個の独立な巻き線が取り付けられている．この機械は1個の巻線を使ってモーターのように働くと同時にもう一方の巻線が発電機として働く．電機子の2個の巻線は通常別々で，発電機側の電圧がモーター側の電圧とは異なり，発電動機は回転型変圧器として働く．

パッド pad
⇒減衰器，ボンディングパッド．

発熱反応 exothermic process, exoergic process
系から熱が発生するような反応過程．核反応の結果として発熱が生じる場合（exoergic process）も含まれる．

バッフル baffle
振動板の前面と背面からの音の間の行程差を増やすためスピーカーに使われる仕切り板．もっとも一般的にはラウンドスピーカーの周波数特性を改善するために使われる．

ハッブル定数 Hubble constant
ハッブルパラメーター（Hubble parameter）ともいう．記号：H_0．膨張宇宙の理論によれば，銀河のスペクトルにみられる赤方偏移は，遠ざかる速度を表している．ハッブル定数は遠ざかる速度と距離の比で定義され，ふつう km s^{-1} Mpc^{-1} の単位で測られる．銀河の赤方偏移すなわち後退速度は正確に測ることができる．遠方の銀河ほど距離測定の精度が落ちるので H_0 の値が不正確になる．現在の見積もりでは H_0 は約 55 もしくは 80～100 km s^{-1} Mpc^{-1} とされている．

H_0 の逆数は時間の次元をもっている．これは宇宙の年齢の目安となるが，膨張の割合がずっと一定であると仮定した場合の話である．重力は膨張の割合を減少させる働きをするので，$1/H_0$ は単に上限の値を与え，55 km s^{-1} Mpc^{-1} の値を使うと宇宙の年齢は 18×10^9 年となる．

馬蹄型磁石 horseshoe magnet
2つの極が互いに近づいた形の永久磁石または電磁石．

波動（I） wave
時間変動する量で同様に位置の関数でもある．これは連続的（たとえば正弦波的）あるいは過渡的な擾乱が媒質の弾性的かつ慣性的な要因によって，また空間の電磁気的な特性によって媒体中を伝搬するもので，この結果生じる媒体の（機械的，電気的，その他の）変位は相対的に小さく，擾乱が通り過ぎると0に戻る．それゆえ一般に波の伝達においては媒質の構成粒子が互いに相対的に振動することにより波はある速度で一体となって進行しているように見える．→進行波，定在波．

波動（II） wave motion
波の伝搬過程．波動は多くの異なった形態で現れ，主だったものとしては表面波（たとえば水面波），縦波（たとえば音波），横波（たとえば電磁波，弦の振動），ねじり波（端面のねじれ振動による棒の中の波）がある．すべての波は1つの式，波動方程式（→進行波）によって支配され，はるか遠くまでエネルギーを伝達する性質をもっている．

ハードウェア hardware
コンピューターを構成する"もの"でできている素子で，VDU（visual display unit），ディスクドライバー，プリンター，メモリーや論理回路をつくる半導体回路などをさす．→ソフトウェア．

波動エネルギー wave energy
→再生可能エネルギー資源．

波動関数 wave function
記号 Ψ．波動力学，とくにシュレーディンガーの波動方程式に現れる波動の振幅に相当する数学的な量である．もっとも一般的に受け容れられている解釈としては $|\Psi|^2 dV$ が体積 dV 内に1個の粒子が存在する確率を表すとするものである（→ドブロイ波）．Ψ はふつう複素量である．

波動の振幅と Ψ との間の類似は純粋に形式的なものである．Ψ を特定できるようなマクロな物理量は存在しない（これはたとえば電磁波の振幅とは対照的で，振幅は［測定可能な］電場と磁場の強度によって表される）．

一般に，波動方程式を満足する波動関数は無数存在するが，そのうちのいくつかが境界条件を満足する．Ψ はすべての点で有限かつ1価でなくてはならず空間微分は境界において連続でなくてはならない．個数の保存則に従う1個の粒子（→フェルミオン）については，これが必ずどこかに存在するためには，$|\Psi|^2 dV$ を全空間にわたって積分すると1に等しくなければならない．この条件を満たすためには波動方程式は $(d\Psi/dt)$ に対して1次でなくてはならない．これらの条件を適用して得られた波動関数はシュレーディンガー方程式の1組の特性関数を形成する．これらはふつう固有関数（eigenfunction）とよばれ，系に存在する一組の定まったエネルギー値（エネルギー準位）に対応し，このエネルギーは固有値（eigenvalue）とよばれる．エネルギーの固有関数は系の定常状態を表す．

系のある束縛状態については，固有関数は座標軸の反転に対して符号を変えない．このような状態は偶（even）のパリティをもつといわれる．空間反転に対して符号が変わる他の状態はパリティが奇（odd）であるという．→固有値

問題.
波動と粒子の二重性 wave-particle duality
電磁波と粒子はどちらも波動または粒子のように振る舞うが両方の性質を同時に満たすことはない. ⇒粒子説, 相補性.

波動分析器 wave analyser
与えられた波形をスペクトル分析器のように基本波と高調波成分に分解する装置. 分析はその装置の設計によって手動でまたは自動的に行われる. 分析結果は各成分の周波数と振幅によって表される.

波動方程式 wave equation
偏微分方程式
$$\frac{\partial^2 U}{\partial x^2}+\frac{\partial^2 U}{\partial y^2}+\frac{\partial^2 U}{\partial z^2}=\frac{1}{c^2}\frac{\partial^2 U}{\partial t^2}$$
(またはこの1次元, 2次元, 他の座標系による方程式)で, この解は変位 U が速度 c の波動として伝播することを表す. ⇒シュレーディンガーの波動方程式.

波動力学 wave mechanics
量子力学の一形態で, ドブロイ (de Broglie) によって提唱され, シュレーディンガー (Schrödinger), ディラック (Dirac), その他多くの人々によってその後発展することとなった. 光は波であると同時に粒子でもあるという提唱に始まり, すべての基本粒子は波に関連するという必然的な帰結をもたらした. 波動力学はシュレーディンガーの波動方程式に基づいており, この方程式は物質の波動性を表している. ここでは系のエネルギーは波動関数に関連付けられ, 一般に(原子や分子のような)系は特定の波動関数(固有関数)と特定のエネルギー(固有値)をもつことが許容される. 波動力学では量子条件は波動方程式の解としての基本的な前提条件から自然に現れる.

ハードディスク hard disk
⇒ディスク.

ハートリー hartree
⇒エネルギーの原子単位.

ハドロン hadron
強い相互作用をする素粒子でクォークまたは反クォークまたはクォークと反クォークとから構成される. ゼロまたは整数のスピンをもつハドロンは中間子とよばれ, これはクォークと反クォークの対からなる. 半整数のスピンをもつハドロンはバリオンとよばれ, 3つのクォークからなる. 巻末の表7をみよ.

パートン parton
仮想的な点状の素粒子. クォークに関連して核子の中に存在すると考えられた. 原子核に関する高エネルギー実験の結果を, 量子色力学によって説明するために導入された.

バーニアスケール vernier scale
長さや角度を測る道具の主尺上を動く副尺のこと. 主尺の目盛の最小間隔の間に測定装置(副尺)の指針(pointer, 副尺の0ポイント)が位置するとき, その間隔の割合を決めるのに用いられる. たとえば, 図において副尺のスケールの10目盛は主尺のスケールの9目盛に等しい. 副尺の0ポイント(指針)は主尺の101.4をさしている. 最小間隔の割合(ここでは0.4)は主尺副尺の目盛が一致している点から求められる.

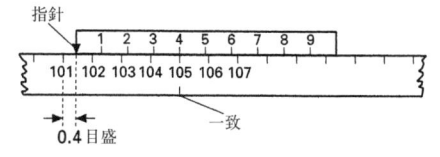

バーニアスケール

バーネット効果 Barnett effect
長い鉄の円筒を高速回転させると, 角速度に比例したわずかな磁化が生ずる. この磁化は, 鉄原子の電子軌道と, 固有のスピンを持つ電子自身に対する回転の効果に起因する.
⇒アインシュタイン-ドハース効果.

場の量子論 quantum field theory
量子力学の一理論. 基準振動モードが量子化された場によって粒子が表現される. 素粒子の相互作用は, 相対論的に不変な量子化された場の理論(すなわち相対論的場の量子論 relativistic quantum field theory)によって記述される. たとえば量子電気力学では, 荷電粒子は, 光子(電磁場の量子)を放出, 吸収することができる. 場の量子論では, 反粒子の存在が自然に予言され, 粒子と反粒子の両方を生成または消滅させることができる. たとえば, 光子は電子とその反粒子, すなわち陽電子に変換されうる. 場の量子論は, パウリの排他律の基礎であるスピンと統計の間の関係の[理論的な]裏付けを与える. ⇒電弱理論, ゲージ理論, 量子色力学.

波尾 wavetail
⇒衝撃電圧（電流）．

パービアンス perveance
空間電荷制限状態での電子管の電極間の特性．$j/V^{3/2}$ に等しい．ここで，j は電流密度，V はコレクターの電位である．

バビネの補償板 Babinet compensator
常光線，異常光線の間に可変な位相差をつけることができる光学装置（⇒複屈折）．2つの水晶のくさび型板（小さい角度をもつ）を外表面が平行になり，斜辺に対応する面が互いに接触するように組み合わせたもの．プリズムの光学軸は互いに直交し，外表面に対しては平行になるようにする．外表面のある1点を垂直下向きに通る光は上側のくさび型で距離 d_1 を，下側のくさびで d_2 を通過する．全体での相対位相差は (d_1-d_2) に比例する．この値は，一方のくさびを他方に対して平行に滑らせることにより変えることができ，したがって望みの相対位相差を得ることができる．⇒半波長板，1/4 波長板．

バーボの法則 Babo's law
不揮発性の溶液を解かした溶媒の蒸気圧の低下は，溶液の濃度に比例する．

パーマロイ permalloy
小さな磁束密度で高い透磁率をもちヒステリシス損失の小さい合金．

パーミアンス permeance
記号：Λ．磁気抵抗の逆数．ヘンリー（H）の単位で測る．

ハミルトン関数 Hamiltonian function
ハミルトニアン（Hamiltonian）と同義．記号 H．系のエネルギーを一般化運動量 p（⇒一般化座標）と一般化座標 q を使って，たとえば単振動の場合
$$(p^2/2m + \mu q^2/2)$$
の形に表したもの．ハミルトン関数は時間変数も含むことができる．波動力学で多用される．⇒ハミルトン方程式，ハミルトンの原理．

ハミルトンの原理 Hamilton's principle
ある物理系が時刻 t_0，t_1 でとるべき状態が決まっているとき，ラグランジュ関数 $L=T-V$ の時間積分を考える．積分の値は系が時刻 t_0 から t_1 の間でとる運動の経路に依存するが，両端が決まった無限に近い多くの経路のうちで，積分が停留値（最大値か最小値）をとる経路が実現する．すなわち

$$\delta \int_{t_0}^{t_1} (T-V)\,dt = 0$$

が条件である．ここで，T は全運動エネルギー，V は全ポテンシャルエネルギーである．これをあえていうと「自然は，運動している間，その平均の運動エネルギーとポテンシャルエネルギーを等しくしようという傾向がある」ということになる．この原理は n 個の粒子からなる系の $3n$ 個の運動方程式に対して重要である．この原理は保存系に対してのものであるが，さらに一般的に適用される．

ハミルトン方程式 Hamilton's equation
ラグランジュ方程式を力より運動量を強調して書き直したもの．量子力学などの上級な力学で用いられる．ハミルトン方程式の数はラグランジュ方程式の2倍になるが，後者が2次の微分方程式であるのに対して，前者は1次の微分方程式になる．この方程式の中には一般化座標 q_i および運動量 p_i で書かれた全エネルギーとしてハミルトン関数 H が現れる．すなわち
$$dq_i/dt = \partial H/\partial p_i$$
$$dp_i/dt = -(\partial H/\partial q_i)$$
である．

ハム hum
音響再生装置で，信号とは無関係に聞こえる低い周波数のぶんぶんというノイズ．音響再生装置あるいはその付近にある装置の電源回路に起因する．もっともよくあるハム音は商用電源である 50 Hz［日本での周波数は東日本では 50 Hz，西日本では 60 Hz］の交流電流によって生ずる．

波面 wavefront, wave surface
（1）振動する波の等位相である表面．均一な媒質中ではこの表面は光線（の方向）に対して垂直である．複屈折を示す媒質中では一対の波面が進行し（波面（wave surface）を形成），そのうち波面と垂直なのは常光のみである．1つの波面（wavefront）の連続する2点間の光線方向に沿った光学距離は一定である．

（2）⇒衝撃電圧（電流）．

速さ speed
（1）⇒速度．
（2）写真材料の光に対する感度を指定する値．
（3）レンズが光を透過させる能力の尺度．通常，レンズのfナンバーで示される．fナンバーが小さくなると，より速くなる．

バラクター（バラクターダイオード）　varactor

逆バイアスをかけて電圧可変コンデンサーとして働く半導体ダイオード．接合の空乏層が誘電体として働き，n および p 領域が電極板として働く．このような方法で用いられるダイオードは普通よりも大きな容量をもつように設計されている．空乏層の幅，すなわち容量は接合部に加わる電圧に依存している．もし半導体の型が n 型から p 型に急激に変移する場合には $C \propto V^{-1/2}$ となっている．

しかし，半導体の型がゆるやかに変化する場合には（直線的な勾配をもつ接合），$C \propto V^{-1/3}$ となっている．ショットキーダイオードは同様な方法でバラクターとして用いることができる．

バラクター同調　varactor tuning

受信器（テレビ受信器など）に用いられる同調手段の１つで，バラクターが可変容量素子として用いられている．

パラメーター　parameter

ある１つの場合には一定の値をとるが，場合ごとに別の値をとる量．

パラメトリック増幅器　parametric amplifier

低雑音のマイクロ波増幅器．通常バラクターに外部から電圧をかけることにより装置のリアクタンスを周期的に変え，利得を得る．このようにして外部信号からエネルギーを移すことができ，増幅が行われる．

張られた弦　stretched string

張られた弦での横振動の理論は，弦は均一で，完全に柔らかく，振動の間長さが変わらないことを仮定する．これらの条件は，しっかりと固定された２点に張られた長く細い線を考えるとき，ほぼ満たされる．張られた弦にたつ定在波は，速度 $v=\sqrt{T/m}$ で逆方向に進む２つの進行波の重ね合わせによるものと考えられる．ここで，T は張力，m は単位長さあたりの質量である．理想的な場合，振動の基本モードでは，１個の腹がちょうど弦の中心にでき，両端が節になる．この場合，波長は弦の長さ l の２倍で，基本振動数は次式

$$F = \frac{1}{2l}\sqrt{\frac{T}{m}}$$

のように与えられる．いくつかの腹をもつようないろいろな部分振動を起こすこともできる．これらの部分振動は倍音であり，その振動数は基本波振動数に弦にできる腹の数をかけたものに等しい．また，いくつかの部分振動が同時に起きることもあり，その数や振幅はどのように振動を励起するかに依存する．実際には，両端は完全な節にはならないため，楽器などの音色は微妙に影響を受ける．

横振動する弦は，音エネルギーを放射する機能を高める音響板を取り付けることで，さまざまな楽器の音源として用いられている．

バラン　balun

balanced unbalanced の省略語．アンテナのような平衡インピーダンスと同軸ケーブルのような非平衡伝送線路を結合させた電磁回路．

バランス型増幅器　balanced amplifier

プッシュプル増幅器．⇒プッシュプル動作．

バリオメーター　variometer

可変インダクターの一種．ふつう固定コイルと可動コイルが直列につながっており，可動コイルを動かす（回す）ことによって２つのコイルのカップリングを変化させ，その結果，直列コイルの自己インダクタンスを変動させる．

バリオン　baryon

半整数のスピンをもつハドロン（強い相互作用にあずかる素粒子）の総称．バリオンはしたがってフェルミオンである．すべてのバリオンは陽子の質量と比べ等しいか大きい質量をもつ．バリオン数（B）とよばれる加算的量子数があり，バリオンについては $B=+1$，反バリオンは $B=-1$，それ以外の素粒子には $B=0$ となるように定義する．バリオンの数引く反バリオンの数である全バリオン数は，すべての素粒子反応で保存される．バリオンは３つのクォークで構成され，反バリオンは３つの反クォークを含む．たとえば，陽子はアップクォーク（u）２つとダウンクォーク（d）１つで，中性子はアップクォーク１つとダウンクォーク２つを含む．付録の表 7.

馬力　horsepower（h.p.）

ヤード・ポンド法における仕事率の単位で 745.7 kW に等しい．エンジンの指示馬力（indicated h.p.）とは（エンジンの型により）蒸気，ガス，または油によりシリンダー内で出される仕事率の理論値である．実効的馬力（effective h.p.）またはブレーキ馬力（brake h.p.）はエンジンの外への仕事率で，指示馬力からエンジンそのものの内部の摩擦に対してなされる仕事率を引いたものに等しい．

バリスター　varistor

オームの法則に従わない性質をもつ抵抗．半導体ダイオードによって形成される．対称バリ

スターはダイオードを並列に,しかも互いに逆極になるよう接続したものである.そうすることによって加える電圧が逆転してもダイオードに対して順電流電圧特性が得られる.これは電圧制限器(voltage limiter)として用いられる.

バリセントリック barycentric
→重心.

パリティ parity
空間反転対称性(space-reflection symmetry)ともいう.記号：P.パリティ不変の原理は,右と左に根本的な区別はない,すなわち右手座標系でも左手座標系でも物理法則は変わらないことを示している.これは古典物理学で表される現象にはすべてあてはまる.

量子力学的な系を表す波動関数 $\Psi(x,y,z)$ が,原点に関する反転で不変であれば,すなわち $\Psi(x,y,z)=\Psi(-x,-y,-z)$ であれば,パリティ $+1$ をもつという.もし $\Psi(x,y,z)=-\Psi(-x,-y,-z)$ であれば,波動関数はパリティ -1 をもつという.$\Psi(-x,-y,-z)$ は必ずしも $\Psi(x,y,z)$ に比例しないので,一般には波動関数は確定したパリティをもたない.個々の素粒子を表す波動関数は,反転に対して決まった対称性をもつことが示される.したがって,素粒子には固有のパリティを結びつけることができる.

素粒子からなる系を表す全波動関数のパリティは,強い**相互作用**と**電磁相互作用**では保存される.しかし,**弱い相互作用**はパリティ不変性を示さず,この相互作用ではパリティは保存しない.β崩壊はパリティが保存しない過程の一例である.パリティ不変性が成り立つには,もし何らかの相互作用で左偏極した(粒子のスピンと運動の向きが逆の)粒子が生成されるならば,同じ相互作用で右偏極した粒子も生成される可能性があるはずであり,平均すると両者は同じ数だけ生じなければならない.β崩壊で観測される電子は,常に左偏極している.

バール(Ⅰ) bar
記号：bar.10^5 Pa に等しい圧力の cgs 単位.SI 単位系でも使われ,SI 接頭辞がつけられる.ミリバール(記号：mbar または mb)は気象学でふつう用いられる単位である.

バール(Ⅱ) var
ワットと同じ電力の単位だが,リアクタンスをもつ交流の電力に用いられる.無効電力の単位.1 バールは 1 ボルト×1 アンペアである.

バルクハウゼン効果 Barkhausen effect
強磁性体の磁化は磁場を一様に増加,減少させても一様に増加,減少せず,ごく小さな飛びの連続が生じる.この効果は**強磁性**の磁区理論の根拠を与える.

パルサー pulsar
天体の種類の1つで,以下のような特異な性質をもつ.(a) エネルギー放出が,非常に規則性に速い周期で変化する.(b) 小さく(20〜30 kmの径),もっとも高密度の観測できる天体.(c) 単位面積当たりのエネルギーが非常に高い.パルサーは,一般的に**中性子星**の実例と考えられている.

パルサーは,電波あるいは X 線領域のスペクトルをもつエネルギーを放出しながら,高速回転している天体である.(いくつかの電波パルサーも,光あるいは γ 線の波長で観測されている.) パルス出力の周期は,パルサーの回転速度を表す.電波パルサーの場合,(偏光した)電波は,パルサーのもつ非常に強力な磁場から生じる.パルサーが回転しているため,電波は,地球を通過する際に,パルス信号として観測される.ほとんどの電波パルサーの周期は 0.1〜4 秒の間にあり,パルサーが 1 秒あたり 10〜0.25 回転の範囲で回転していることを意味している.しかし,回転エネルギーを失うにつれ,すべてのパルサーは次第に減速していく.この減速の速さはさまざまな大きさのものがある.一部の電波パルサーはもっと速く回転する.このパルスの繰り返しは数ミリ秒であり,そのためにミリ秒パルサー(millisecond pulsar)とよばれる.

ミリ秒パルサーやその他のいくつかの電波パルサーは,他の恒星の近くの軌道上に存在する.すなわち,連星である.これに対し,すべての X 線パルサーは連星になっている.X 線は,相手方の恒星から運ばれてきた気体が,パルサー上に降下するときに発生する.気体の流れはパルサーの回転に影響を与え,結果として X 線パルサーは徐々に回転速度を上げている.いくつかの X 線パルサーの周期は数秒であるが,多くの X 線パルサーの周期は,数分に及ぶもっと長い周期をもつ.

一部のパルサーは**超新星爆発**に起源をもつと考えられている.

パルス pulse
孤立波のような単一の過渡的な変動や,規則的な時間間隔で繰り返される一連の過渡的な変動,または短い列をなす高周波の波動(これは**音響測深**やレーダーで使われる).単一パルス

は，0から最大値まで増大し，その後比較的短い時間で0に減少する電圧や電流からなる．パルスの瞬間的な値を時間の関数として表したとき，その幾何学的な形は方形，三角形などがある．

　実際には，完全な幾何学的な形が実現されることはない．現実の方形パルスを図に示す．通常，スパイクやリップルを無視すれば，パルスの大きさは一定値をとり，パルス波高 (pulse height) とよばれる．実際のパルスは有限の立ち上がり時間 (rise time) をもち，通常パルス波高の10%から90%まで変化する時間と定義される．また，同様に有限の立ち下がり時間 (decay time) をもち，パルス波高の90%から10%まで変化する時間と定義される．パルス幅 (pulse width) は立ち上がりと立ち下がりの間の時間である．実際のパルスでは，パルス波高よりも高い値まで上がり，減衰振動しながらパルス波高まで下がることが多い．この現象は，オーバーシュート (overshoot) やリンギング (ringing) とよばれる．同様の現象が，パルスがもとのレベルに減衰するときにも起こる．方形パルスにおいて，パルス波高がわずかに下がるドループ (droop) という現象が起こりうる．ドループは，誘導性結合回路ととくに関係がある (→結合)．

　同じような特徴をもつ規則的にくり返すパルスの組をパルス列 (pulse train) とよび，通常は，たとえば方形波やのこぎり波などのように，その列の中のパルス形状で区別する．1秒あたりのパルスの数をパルスくり返し周波数 (pulse-repetition frequency) またはパルスレート (pulse rate) といい，ヘルツの単位で表す．

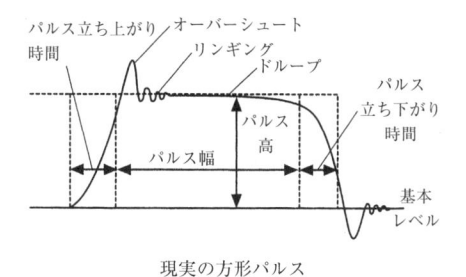

現実の方形パルス

パルスくり返し周波数　pulse-repetition frequency
　パルスレート (pulse rate) ともいう．→パルス．

パルスコード変調　pulse-code modulation (PCM)
　→パルス変調．

パルス再生　pulse regeneration
　パルス動作のほとんどの方式において，回路や回路中の素子によってパルス形状が歪められる．パルス再生は，パルスやパルス列のもとの形，タイミング，大きさを回復させる過程である．

パルス整形器　pulse shaper
　パルスの特性を変えるのに用いられる回路や装置．

パルス動作　pulse operation
　エネルギーがパルス形式で送られる電子回路や装置のあらゆる動作方式．

パルス波高　pulse height
　→パルス．

(パルス)波高分析器　pulse-height analyser
　→マルチチャネル分析器．

(パルス)波高弁別器　pulse-height discriminator
　特定の範囲内の振幅をもつパルスを選択し，透過させる電子回路．

パルス発生器　pulse generator
　必要としている波形の電流パルスまたは電圧パルスを発生させる電子回路または装置．

パルス幅　pulse width
　→パルス．

パルス変調　pulse modulation
　搬送波として（もっとも一般的には）パルス列が用いられる変調方式．情報は，パルスが持つ特定のパラメーターを，情報信号の離散的，瞬間的なサンプリングで得た一連の値で変調することによって伝達される．たとえば，パルス波高が，対応する情報信号の振幅で変調される（パルス振幅変調 (pulse-amplitude modulation)）．また，パルスの立ち上がりや立ち下がりが起きる時間を，変調されていない時点から変化させる方式もある（パルス幅変調 (pulse-width modulation)）．

　パルスコード変調（pulse-code modulation）では，（通常）情報信号の振幅はサンプリングされ，ディジタル情報に変換される．すなわち，特定の範囲内にある情報信号のサンプルの振幅が，異なる離散的な値に割り当てられ，それぞれの値がパルスの特定のパターンに対応する．

情報信号はディジタル情報として（すなわちビットの流れとして）伝送され，受信先で再びアナログ信号に変換される．

パルス列 pulse train
⇒パルス．

ハルトマン超音波発生器 Hartmann generator
ガルトンの笛の原理に基づいて，超音波エッジ音を発生する装置．ガルトンの笛との違いはより大きな吹込み速度にすることで，出力エネルギーを際立って大きくしたことである．100 000 Hzの周波数まで作り出すことができる．

ハルトマンの分散式 Hartmann formula
媒質の屈折率 n の光の波長 λ に対する変化を与える式
$$n = n_\infty + c/(\lambda + \lambda_0)^a$$
である．ここで，n_∞, λ_0, a は定数である．一般のガラスの場合，通常 $a=1$ とする．

バルブ valve
電子管ともいう．2つまたはそれ以上の電極が通常ガラスの筒の中に入った素子で，電極の1つが電子のおもな供給源となる．電子はほとんどの場合，熱電子放出によって放出される（熱電子管）．電子管は真空にひかれるか（真空管），またはガス封入がされる（ガス入り電子管）．バルブ（valve）という言葉は使われなくなり電子管（electron tube）という用語に置き換わりつつある．

バルマー系列 Balmer series
⇒水素のスペクトル．

ハレーション halation
(1) 写真感光剤の上で強い光が当たったスポットの周囲にリング状に露光した部分．プラスチックやガラスの基板の裏面に散乱光が臨界角以上で入射し，全反射されて感光剤に当たるためにできる．基盤の裏面に光を吸収する色素を含んだ屈折材料でできたハレーション防止フィルム（antihalation backing）を設けることで防ぐことができる．
(2) たとえば陰極線管の蛍光面のように，透明物質のシートの上に蛍光膜を被覆したときに起こる同様な現象．この場合，入射陰極線は完全に吸収されるが，光が全方向に放射されるため，輝点の周囲に明るいリングが生じる．

波列 wave train
一続きの波，とくに限定された時間幅の一群の波（波束（wave packet）ともいう）．

バレッター barretter
電圧を安定化するために使われる装置で，湿度とともに抵抗値が増加する感度のよい金属抵抗からなる．この抵抗は，ふつう球状のガラス管に封じ込まれる．回路と直列に使用されると電流が変化しても電圧降下が一定に保たれる．
⇒安定抵抗器．

破裂耐力 disruptive strength
⇒絶縁耐力．

破裂放電 disruptive discharge
絶縁体中を電流が流れることで，その絶縁体の絶縁耐力以上の誘電応力の影響により絶縁体が破壊される．⇒スパーク．

ハーレの液体比重計 Hare hydrometer
⇒液体比重計．

バロスタット barostat
一定圧力装置，圧力安定化装置，とくに，飛行機エンジンの燃料計測システムなどで大気の変化を補正するもの．

バーローレンズ Barlow lens
望遠鏡で対物レンズと接眼レンズの間に入れて倍率を増加させる平凸レンズ．

バーン barn
記号：b．核の**断面積**の単位．1 barn = 10^{-28} m^2．

半影 penumbra
⇒影．

半音 semitone
現在の西洋音階の隣合う音の最小ピッチ間隔．平均律の音律では，この周波数間隔〔周波数比〕は理想的には $2^{1/12}$ である．

半音階 chromatic scale
⇒音階．

反響（エコー） echo
(1) 音のパルスが広い面積をもつ面に入射するとき，音のエネルギーの一部が反射される．音の発生と反射波の到着との時間間隔がおよそ10分の1秒以上だと，反射音は，音のない"間"のあとで聞こえ，これを反響とよぶ．反響を別の音として認識するための最小の時間は，経路にすると約30 mの距離に相当する．音の波長に比べて大きな面積をもつ反射体で，もっともよい反響が起こる．したがって，通常，高いピッチの音は低い周波数の音よりもよい反響を生じる．音源から反射体までの距離は，音の発生から反響音の到達までの時間から計算できる．この原理は，船下の海底の深さを測るための，**音響測深**に，広く応用されている．反響

は，大きな建物内で起こると，それらの干渉によって元の音がはっきり聞き取れなくなってしまうので，やっかいである．これは，音波を吸収する材質を使ったり，凹面鏡となり反響音を集めてしまう曲がった壁面を使わないことなどによって避けることができる．⇒**音響学**．

(2) 通信において，十分な強度で送信機にもどり，送信波とははっきりと区別できる程度に遅れた波．

(3) レーダーで，反射して受信器にもどってくる送信波の一部．

反強磁性 antiferromagnetism

常磁性物質のように，小さな正の磁化率をもつが，その温度依存性は，**強磁性物質**と同じであるような物質の性質をいう．温度を上げるとネール温度（Neel temperature）とよばれる点までは磁化率は上昇し，その後はキュリー-ワイスの法則にしたがって減少する．つまり，この物質はネール点以上では常磁性になるということで，ちょうど強磁性体がキュリー点で常磁性になることと相似である．

反強磁性を示す物質は MnO，FeO，FeF$_2$，MnS などの無機物である．この性質は，となり合う原子の磁気双極子モーメントが反平行になるという相互作用の結果現れたものである．

反共鳴 antiresonance

振動系の慣性と弾性率の値によるが，外からの交流駆動に対して，系の応答振幅が最小になるような状態をいう．

反結合軌道 antibonding orbital

⇒**分子軌道**．

半減期 half-life

記号：$T_{1/2}$，$t_{1/2}$　放射性核物質の量が初期値の半分になるまでの時間．λを減衰定数とすると

$$T_{1/2} = (\log_e 2)/\lambda = 0.693\ 15/\lambda$$

である．また，τを平均寿命とすると

$$T_{1/2} = \tau \times 0.693\ 15$$

で与えられる．

反サイクロン anticyclone

高気圧の中心から外に向かって渦をまいて流れ出す大気の回転する擾乱で，北半球ではその回転の方向は時計回りである．⇒**サイクロン**．

反作用 reaction

⇒**ニュートンの運動の法則**．

反磁性 diamagnetism

負の磁化率をもつ物質の性質．したがって，反磁性物質の比透磁率は，真空の比透磁率よりも小さくなり0と1の間の値をとる．反磁性は原子核の周囲の電子の運動により引き起こされる．軌道電子が磁場を発生させるからで，これはコイルに電流が流れ込むのと同様である．外部磁場が印加されると，レンツの法則にしたがって印加された外部磁場の反対向きの磁場をつくるように電子軌道はひずむ．（⇒**電磁誘導**）

磁力線は物質中を通ると間隔が広がる．それと同様に，反磁性物質が不均一磁場中に置かれると，磁場の強いほうから弱い方へと力が働く．もしも反磁性物質でできた棒を均一磁場中に置くと，長軸が磁力線と垂直な方向に力が働く．

反磁性はとても弱い効果である．比透磁率は1よりごくわずか小さいだけである．すべての物質は反磁性をもっているが，いくつかの場合にはより強い**常磁性**や**強磁性**によって覆い隠される．純粋な反磁性物質の例は，銅，ビスマス，水素である．物質の反磁性は，温度に影響されない．

反射 reflection

(1) 光の反射．光が2つの異なる媒質の境界面にあたるときに起こる過程で，いくらかの光がもとの媒質のほうへもどされる．もし境界面が滑らかであれば，反射は正反射（regular reflection）であり，そうでなければ乱反射（diffuse reflection）が起きて光は散乱される．反射についての2つの法則（law of reflection），すなわち「入射光，面の法線，反射光が同一面にある」，および「入射角（角度は法線を基準とする）と反射角（angle of reflection）が等しい」という法則を使えば，像の位置と属性を決定することが可能である．これは，平面，曲面，あるいは組合せ鏡を問わずに成り立つ．全反射（内部全反射 total internal reflection）は，光が1つの媒質から光学的に疎な媒質（屈折率の小さな媒質）との境界面に向かって，臨界角よりも大きな角度で入射した場合に起こる．反射は，数学的には屈折の特別な場合と考えられる（$n' = -n$）．

垂直入射では光の反射率は$(n-1)^2/(n+1)^2$となる．ここで，nは相対屈折率である．他の入射角では反射率は偏光面に依存する．ある波長が，他に比べて強く反射されるとき，これを選択反射（selective reflection）という．光が光学的に密な媒質の面で反射されるときは，位相がπだけ変わる．光学的に疎な媒質の面のときには，この位相の変化はない．⇒**全反射**．

赤外や電波など，他の電磁波もまた，反射を

起こす．X線の場合，反射が起きるのは，すれすれ入射（grazing incidence），すなわち臨界角以下の非常に小さな視射角（glancing angle，入射角の余角）のときに限られる．

(2) 音の反射．光の場合と同様な過程で，反射の幾何学的法則は光と同じである．両者の明らかな相違は，スケールの問題だけである．音の典型的波長は光に比べ10^5倍も大きいので，乱反射もしくは散乱を起こすためには，反射面のスケールも同じだけ大きくなければならない．音波を集めるための鏡またはレンズは，光学的な部品と比較して巨大なものとなる．同じことが，音の回折（⇒音響回折格子）についてもいえる．平面波が反射されると定常波が生じうる．もし音波の波長が反射板のサイズに比べ短かければ，光の場合の幾何学的法則があてはまる．

大規模な音波の反射はこだまを起こす（⇒音響学）．音波の特性インピーダンス，あるいは抵抗が大きく異なるため，水面は空中の音波のよい反射体である．

反射屈折光学系 catadioptric system

反射素子，屈折素子の両方を用いて結像する，望遠鏡などの光学系．たとえば，シュミット望遠鏡，マクストフ望遠鏡など．

反射係数 reflection coefficient

(1) 均一な伝送線が正しく終端されている（整合している）状態とは，終端インピーダンスが伝送線の特性インピーダンス（⇒伝送線）（記号Z_0）と一致していることを指す．終端インピーダンスZ_RがZ_0と異なる場合，定常状態で終端部に流れる電流は，次の2つの電流のベクトル和となる．1つの電流は，仮にZ_RがZ_0に等しいとした場合のもので，これを入力電流または初期電流という．他方は，Z_Rで反射されたもどり電流または反射電流である．反射電流の入力電流に対するベクトル的な比を反射係数という．インピーダンスZ_0，Z_Rを用いれば，反射係数は

$$(Z_0 - Z_R)/(Z_0 + Z_R)$$

となる．

(2) ⇒音の吸収係数．

反射顕微鏡 reflecting microscope
⇒顕微鏡．

反射光学系 catoptric system

基本的光学部品が反射面になっている光学系．⇒反射屈折光学系．

反射光学力 catoptric power
⇒屈折力．

反射損失 reflection loss

通信分野．負荷が信号源とマッチングしていないときに起こるパワーの損失（デシベルで表される）．正しくマッチングしたときに得られる最大パワーを基準に測定される．

反射体（リフレクター） reflector

(1) ⇒反射望遠鏡．
(2) 原子炉の炉心を層状に包む物質で，放出される中性子を炉心へともどす働きをする．
(3) ⇒指向性アンテナ．

反射能 albedo

(1) 物体表面より拡散されて反射される光の強さの入射光の強さに対する比．たとえば積もったばかりの雪では0.8～0.9，野や木々では0.02～0.15，地球全体では0.4，月では0.073，すい星では0.07，金星では0.72，火星では0.17，木星では0.70．
(2) 原子炉などにおいて，中性子が表面を通って侵入し，ふたたびその表面を通って反射される確率．

反射濃度 reflection density

記号：D．反射率の逆数の10を底とする対数．すなわち$D = -\log_{10}\rho$．

反射望遠鏡 reflecting telescope, reflector

光学（もしくは赤外）望遠鏡で，大口径の凹面鏡（ふつうは回転放物面鏡）を有し，天体からの光を集めて焦点を結ばせる．色収差がなく，また球面収差，コマ収差もほとんどない．屈折望遠鏡では，これらの収差はいずれも避けられないものである．反射望遠鏡の凹面鏡は，裏側から支えられ，一軸が地軸に平行な赤道儀型（equatorial mounting）または一軸が地軸に直交する経緯儀型（altazimuth mounting）に設置される．⇒望遠鏡．

反射望遠鏡には，像を観測点（接眼レンズにより観測したり，写真や電気的手段で記録を行う点）に像をつくる補助的光学系によって，いくつかのタイプがある．ニュートン型望遠鏡（Newtonian telescope）は，小プリズムまたは平面鏡によって凹面鏡からの光を曲げて望遠鏡の側面に向け，そこで観測または記録する（図参照）．カセグレン型望遠鏡（Cassegrain telescope）では，小さな回転双曲面の凸面鏡の1つの焦点が，同軸の凹面鏡の焦点と一致する．他の焦点は，ちょうど凹面鏡の中心点の位置にある．この位置に孔を設けておき，通過した光を観測，記録する．どちらのタイプも視野の中心で解像度が高く，かつ安定である．

像の強度は，主として，集めた光の量（すなわち鏡の面積に）と，像を観測・記録した時間によって決まる．天文台においては，望遠鏡の構造の高い安定性と，天体の日周運動の高精度の追跡能力により，写真乳剤の長時間露光，また高感度な光電素子の利用が可能となる．その結果，現在では非常にかすかな天体も観測できる．天体スペクトルを得るには，望遠鏡に分光器を取り付けて用いればよい．⇒シュミット望遠鏡（またはカメラ），マクストフ望遠鏡．

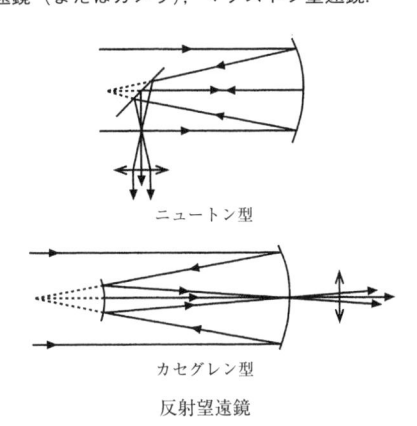

ニュートン型

カセグレン型

反射望遠鏡

反射率 reflectance
記号：ρ．物体から反射される放射束，または光束の，入射束に対する比．この語には，反射面の性質によって形容詞が付き，鏡面反射率（specular reflectance），乱反射率（diffuse reflectance），全反射率（total reflectance）などのようになる．

反節点 antinode
定在波において，その振幅（変動）が，最大値をとる点（腹）をいう．一般に物理量には，2つのタイプの波（変動）が伴うので，一方が腹になるところでは，もう1つのタイプの変動は最小値をとる．これを節という．たとえば，電磁波では，電場が反節点すなわち最大値をとるところは，磁場が最小値をとる節になる．

搬送波 carrier wave
⇒キャリヤー（3）．

半値深度 half-value thickness
物質の一様なシートを放射線が侵入する場合，その強度あるいはなにか指定された放射線の性能が半分になるまでの深さ．半値深度はしばしば放射線の質を定義する手段として使われる．

パンチスルー（突き抜け現象） punch through
バイポーラトランジスターと電界効果トランジスターの両方で起こりうる降伏の一種．バイポーラトランジスターのコレクター－ベース間電圧が増大すると，コレクター－ベース接合にある空乏層がベース領域に広がる．かなりの高電圧，すなわちパンチスルー電圧（punch-through voltage）では，空乏層はエミッター領域まで広がり，エミッターからコレクターへ直接電気伝導する道が作られる．すなわち，エミッターからのキャリヤーがコレクターへ「突き抜け」て，降伏が起こる．
電界効果トランジスターでも同様の過程が起こる．ドレイン電圧が非常に高くなったとき，ドレインに関係している空乏層が基板表面に広がり，ソースとの接合部に達する．すなわち，キャリヤーが基板を突き抜けることができる．

半値幅 half-width
スペクトル線の高さが半分になるところの幅の半分（半値半幅）．分光学の分野によっては幅の全幅を使うこともある（半値全幅）．

バンチング（集群） bunching
⇒速度変調．

ハンティング hunting
制御されている量の変動．たとえば，サーモスタットで設定した点の上下に温度がふれるのは一例．制御装置に時間遅れや調整の不具合があると，大きなハンティングが起こることがある．減衰機構を取り入れることで除去できる．

反転（I） inversion
(1) 経過や変化が通常の向きとは逆になること．たとえば，4°Cでの水の密度の変わり方や，気象において高度が上がるにつれてふつうとは逆に温度が上昇することなど．
(2) 通常は印加した電場の影響の下，半導体の表面に逆の型の層ができること．反転が起こるためには，可動性の少数キャリヤーがなければならず，そうでなければ空乏層ができる．この現象は絶縁ゲート型電界効果トランジスター中でチャネルをつくるのに利用される．外部から電場を与えなくても，p型半導体が絶縁層と接触している面にしばしば自発的な反転層が見られる．

反転（II） reversal
(1)（写真）写真の陰画を陽画に変換すること（⇒写真）．
(2)（分光）放電管や炎のスペクトルの中の

明るい発光線は反転し（reversed）うる．すなわち，強い白色光を，それら発光源に通して，分光器に入れると，発光している気体や蒸気が，その発光と同じ周波数の光を白色光の中から選択的に吸収するため，明るい発光線はそのまま暗い吸収線に変換されて見える．

半電池　half-cell

1つの電極と，それに接触した電解質からなる電解質電池．

反転分布　population inversion

⇒レーザー．

反同時計測回路　anticoincidence circuit

2入力1出力の回路で，1つの入力端子にパルスがきて，あらかじめ決められた時間内に他の入力端子にパルスがこなかったときのみ出力が出るもの．

半導体　semiconductor

抵抗率が導体と誘電体［絶縁体］の間にある物質で，ふつう，抵抗の温度係数は負である．真性半導体（intrinsic semiconductor）は完全結晶（欠陥や不純物を含まない結晶）であって，伝導帯と価電子帯との間のエネルギーギャップは数十分の1 eVから，2 eVまでである．（⇒エネルギーバンド）．ある一定の温度が与えられると，それに応じた一定数の電子は熱的に伝導帯へと励起される．このように一定数の電子が励起されると同時に，価電子帯中に同数の空孔状態が残される．電場を印加すると伝導帯と価電子帯の双方の中で，伝導が生じる．伝導電子は印加電場によって加速されて，半導体中に電荷の移動が生じさせる．価電子帯中の電子は動き，その結果，隣接した空孔に移るので，結局，空孔はあたかも正電荷であるかのように半導体中を移動する．この空孔は正孔とよばれ，正電荷のキャリヤー（担体）として扱われる．

外因性半導体（extrinsic semiconductor）においては，結晶格子中に存在する不純物が（そして欠陥が）半導体の特性を決定する．半導体中の不純物の存在は，伝導度に大きく影響する．この種の半導体の特性は，不純物の種類に依存する．

ドナー不純物（donor impurity）は，［半導体の結晶格子内において］隣接原子との化学結合を完結するのに必要な価電子の個数よりも，多い個数の価電子をもつ原子である．この種の原子が存在すると，そのすぐ近傍において，量子的エネルギー状態の分布に影響を及ぼす．そして，伝導帯に近い禁制帯中に，準位が形成される．絶対零度では，これらのドナー準位（donor state）のそれぞれすべてが電子を1個ずつ保有している．一般に，室温から数十度以内の温度では，ドナー準位の半分ほどしか，電子を保有していない．ドナー準位からの電子は価電子帯の空孔のほとんどすべてを埋め尽くして，伝導帯中の準位に入る．伝導帯中の電子数 n_e は価電子帯中の正孔の数 n_p よりも多いので，この半導体はn型半導体（n-type semiconductor）とよばれる．真性物質中の自由電子（または正孔）の数を n_i とすれば，積 $n_e n_p$ は n_i^2 に等しい．ドナー準位は空間的に局在しているので，電子が，それらの間を運動して伝導が起きる，ということはないが，伝導帯中の電子や価電子帯中の正孔は動いて移動することができる．したがって，温度が上昇するにつれて，ほとんどすべてのドナー準位が空になるまで，伝導度は増加していく．それ以上温度を上げると，こんどは電子とフォノンとの間の衝突が頻繁になるため，伝導度は低下する．温度がさらに高くなると，電子がエネルギーギャップを超えて熱的に励起されるので，伝導度はふたたび上昇する．

アクセプター不純物（acceptor impurity）は，［半導体の結晶格子内において］隣接原子との化学結合を完結するのに必要な価電子の個数よりも，少ない個数の価電子をもつ原子である．そのため，アクセプター不純物は，周りから電子が供給されれば，これを受け取って，化学結合を完結させる．この過剰の電子は，価電子とほとんど同程度にまで原子にしっかりと束縛されるので，アクセプター不純物の存在により，価電子帯のわずか上に順位を生じる．価電子帯の中の電子は，ごくわずかのエネルギーを増し加えられるだけで，アクセプター準位（acceptor state）を占有するに至ることができる．したがって，価電子帯はアクセプター原子に対する電子の供給源として働く．価電子帯の中には，動いて移動できる正孔が結果として残される．しかし，電子はアクセプター原子に束縛される．すなわち，アクセプター原子は電子を捕獲してイオン化する．このようにして，移動できる正孔が優勢になり，この半導体はp型半導体（p-type semiconductor）とよばれる．

不純物の効果により，電子が到達することが可能な準位の分布が変化するので，フェルミ準位（⇒エネルギーバンド）は，n型では伝導帯付近に，p型では価電子帯付近に移動する．不

純物半導体の伝導は，不純物のタイプと存在量によって決まるので，不純物の添加の仕方によって制御される．この処理はドーピング(doping)とよばれ，不純物の量をドーピングレベル(doping level)という．ドーピングは通常，結晶中への不純物の拡散またはイオン注入によって行われる．熱平衡条件では，半導体中で動的な平衡が成り立っている．移動できる電荷は，結晶格子を形成する原子核によって散乱されるため，結晶中をランダムに運動する．結晶は，全体として電気的な中性を保ち，電荷のキャリヤーの数は一定に保たれる．しかし，熱的に励起された電子は，価電子帯にふたたび落ちて正孔と結合するので，電子の供給と再結合の過程は絶えず起こっている．

半導体中で優勢なキャリヤーは多数キャリヤー(majority carrier)とよばれ，他方は少数キャリヤー(minority carrier)とよばれる．n型では電子が多数キャリヤーであり，ホールが少数キャリヤーである．外因性半導体においては，多数キャリヤーの数はほぼ不純物原子の数と等しい．もし，たとえば光のエネルギーなどによって半導体中に過剰なキャリヤーが発生すると，その寿命は有限となる．過剰キャリヤーの内部寿命(bulk lifetime)は，均一な半導体の固体内部中での少数キャリヤーの発生と再結合との間の平均時間となる．半導体の表面付近でも再結合が起こるが，その機構は固体内部での直接結合とは多少異なっている．

半導体に電場が印加されると，電荷のキャリヤーがその影響を受けて移動するが，散乱過程はやはり存在する．電場の結果として，キャリヤーのランダムな運動に1方向のドリフトが生じる．キャリヤーのドリフト移動度(drift mobility)とは，単位電場あたりのキャリヤーの平均のドリフト速度であり，キャリヤーがその寿命の間に移動する平均距離を拡散長(diffusion length)という．電子の移動度は正孔の移動度の約3倍であることが知られている．

異なったタイプの半導体間の接合は，現代の電子部品や回路の根幹をなしている．外部印加電場がないとき，2つの半導体を接触させると，これらの間に熱平衡が達成される．その際，正味の電流がゼロであるためには，試料全体にわたってフェルミ準位が一定であることが必要とされる．図aはp型半導体とn型半導体の試料の間で，平衡が達成される前の状態を示す．電子と正孔は接合部分を超え，それらキャリヤーの移動は，それを妨げるような2つの空間電荷領域が生じて平衡状態になるまで続く．空間電荷領域は接合部の両側の不純物イオンによるもので，接合部に電位降下が生じるが，試料は全体として電気的に中性のままである．拡散電位(diffusion potential)あるいはビルトインポテンシャル(built in potential)，V_{bi}は，

$$eV_{bi} = E_g - e(V_n + V_p) = E_{Fn} - E_{Fp}$$

によって与えられる（図aと図b）．ここで，eは電子の電荷である．

接合付近の空間電荷領域は**空乏層**を形成し，その厚さは境界面の電場および接合の両側にあるアクセプターイオンとドナーイオンの数に依存する．

接合に電圧Vが印加されると，加えられた電圧が逆バイアス（n領域に正電圧）の場合，電位は$(V_{bi} + V)$で与えられる．加えられた電圧が順バイアス（p領域に正電圧）の場合，電位は$(V_{bi} - V)$で与えられる．逆バイアスをかけていくと，p領域の正孔が負電極に引かれ，n領域ではその逆になるので，空乏層の厚さは増加し，接合部には非常にわずかな電流しか流れない．この逆バイアス電流は，接合を超えて流れる少数キャリヤー，つまりn領域の正孔とp領域の電子によるものである．順バイアスの条件下では，ビルトインポテンシャルが印加電場

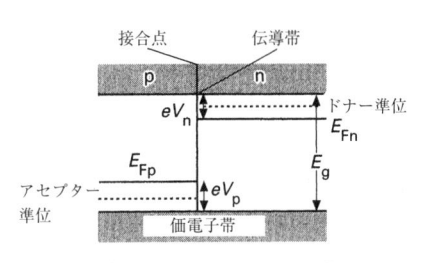

(a) 平衡以前のエネルギー帯　　　　(b) 平衡時のエネルギー帯

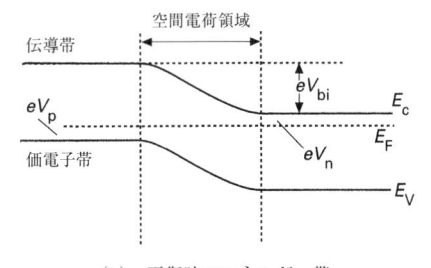

によって減少するため,空乏層の幅が減少し,数十分の1V以下の電圧に対して指数関数的に増加する(⇒ダイオード).通常用いられる半導体材料は,シリコンやゲルマニウムのように,周期表のⅣ属に入る元素である.ドナーやアクセプター不純物はⅤ属およびⅢ属の元素で,原子価が1電子分だけ異なる.全部で8個の価電子をもつガリウムヒ素のようなある種の化合物も,優れた半導体になりうる.これらの物質は,周期表中の位置により,Ⅲ-VまたはⅡ-VIのように分類される.これらについて不純物として適切なのは,前者についてはⅡ,Ⅳ,Ⅵ,後者についてはⅢ,Ⅴとなる.

半導体計数器 semiconductor counter
放射線計数器として用いられるフォトダイオード.

半導体素子 semiconductor device
電子回路または装置で,その基本的な特性が半導体内の電荷のキャリヤーの流れによるもの.

半導体ダイオード semiconductor diode
⇒ダイオード.

半導体メモリー semiconductor memory
固体記憶装置(solid-state memory)ともいう.安価でコンパクトなコンピューター用のメモリー.多様なタイプがあって,半導体材料(通常はシリコン)でつくられた,単独または複数個の集積回路からなる.集積回路は[何十億個を超えることもある]微視的な電子素子を長方形に配列したもので,各素子は1ビットのデータ(二進法の1または0)を記憶することができる.データには非常に速くアクセスできる.RAM, ROM, PROM, およびEPROMなどの種類があって,いずれもランダムアクセスが可能である.

半導体レーザー semiconductor laser
ダイオードレーザー(diode laser),注入型レーザー(injection laser)ともいう.半導体材料からつくられる,小型,堅牢,安価で,汎用性のあるレーザー.p-n接合ダイオードをその基礎としており,発光ダイオードが発展したものといえる.
シリコンではレーザー作用を起こすことは不可能に近く,ガリウムヒ素のような半導体材料を用いなければならない.順バイアスをかけると,電子がn側からp側に接合部を通って流れ,p領域で過剰少数キャリヤーとして密に存在することになる.この過程を電子注入とよぶ.これらの電子はp側で正孔と再結合でき,光子を自然放射する.光子のエネルギーは,伝導帯と価電子帯の間のエネルギーギャップ E_g にほぼ等しい.印加電圧を十分に大きくすると,多数の電子が接合部を超えるようになる.そして,電流がしきい値以上になると誘導放射が起こる(⇒レーザー).価電子帯中に励起された電子は,それより前に起きた再結合の現象のときに放出された光子に誘導されて,光子を放射する.注入電流が増加すると,この誘導放射も増加する.誘導放射によって生成される光子のエネルギーと位相は,入射する光子のエネルギーと位相と一致する.装置全体としての特性によって[発振]波長領域は狭帯域となる.

ダイオードは,通常,2枚の平坦で互いに平行な結晶端をもつように製造される.これらの結晶端の面は,平坦なp-n接合に垂直になっている.これらの端面は半透鏡として働くため,光は反射されてp-n接合領域中に戻されて,さらに増幅される.ダイオードは共振器として動作し,その中の光とその反射は位相が揃う.結晶端の鏡面からは強いレーザービームが出射する.非常に高い電流密度が必要であり,室温で作動する際に過熱が起きるのを防ぐためには,レーザービームはパルスにしなければいけない.

連続発振によるレーザービームは,使用する結晶を改変することにより達成される.純粋なGaAsの領域と,アルミニウム・ガリウム・ヒ素の領域を隣接してつくる.アルミニウム・ガリウム・ヒ素の領域では,GaAs結晶中のGa原子のうちのいくらかがAl原子に置き換えられている.似たような結晶構造をもつこれら2つの領域の間の接合(ヘテロ接合(heterojunction))を利用することによって,レーザー作用の実現に必要な電流のしきい値を減少させることができ,連続的な発振によるレーザービームが実現される.波長700~900 nmで,出力は数十 mW,効率は10%程度とかなりよい.[なお最近,青色半導体レーザー(波長400 nm付近)が実用化された.]

現在では,材料物質を変えたり基本構造を修正したりすることにより,波長の異なるレーザーの製造や,動作の最適化が行われている.半導体レーザーの応用範囲は広い.

半透膜 semipermeable membrane
透析と浸透に用いられる膜.流体中のある分子のみを透過させて,他は通さない.一般に分子が大きいほど透過を阻止されやすい.

半透明陰極 semitransparent cathode
光電陰極の一種で，光が当たる面の反対側から電子が放出される．

バンドスペクトル band spectrum
⇒スペクトル．

反応 reaction
原子または分子の間の相互作用（化学反応），あるいは原子核の間の反応（**核反応**）．

反応度 reactivity
原子炉において，反応がちょうど起こる条件，すなわち臨界（critical）条件からのずれを示す．反応度は，表式 $(1-1/k)$ によって定義される．ここで，k は1世代に生成される中性子の数と，吸収ないし喪失される中性子の数の比である．k を（有効）**増倍定数**という．$k>1$ は原子炉が超臨界状態にあることを示す．また，$k<1$ は未臨界状態を示す．

万能分流器 universal shunt
検流計用分流器．検流計の抵抗の大きさにかかわらず主回路の 1/10，1/100，1/1000，その他の割合の電流が検流計に流れるようにタップが出されている．

半波整流回路 half-wave rectifier circuit
単相交流入力の半波だけを整流し，単一方向電流を負荷に供給する回路．

半波ダイポール half-wave dipole
波長の約半分の長さをもつ真直ぐな導体でできているアンテナ．これが励起されているときは，ダイポールの中心は電圧の節，電流の腹，また両端は電圧の腹，電流の節になっている．つねにではないが，通常はダイポールの中心につくられた小さな間隙にフィーダーを接続する．
⇒ダイポールアンテナ．

半波長板 half-wave plate
薄いクォーツまたはマイカでできた複屈折光学素子で入射光の偏光を変えるために使われる．常光線と異常光線の間に半波長の光路差すなわち 180°の位相差を与える厚さになるように，光軸に平行にカットされている．平面偏光の光が板に垂直に入射すると，偏光方向と光軸のなす角の2倍だけ偏光方向が回転する．

反発 restitution
⇒反発係数．

反発係数 coefficient of restitution
2つの球体が正面衝突をしたときに，衝突後の相対速度は衝突前のそれに比例し，かつ方向が逆である．斜めに衝突した場合は，衝突瞬間の球体の中心を結んだ線に沿った速度成分に関しては同じ結論が得られる．その一定の比は反発係数とよばれ，球体の材料に依存する．完全弾性体の場合は1になり，完全非弾性体の場合は0となる．相対速度がきわめて大きいとき，反発係数は相対速度にわずかに依存する．

反復インピーダンス iterative impedance
四端子に関する用語．1対の端子から見たインピーダンスがもう1対の端子に接続するインピーダンスと同じ値になるとするときの四端子回路網のインピーダンス．一般的に四端子回路網はおのおのの1対の端子に1つずつ反復インピーダンスをもつので，2つの反復インピーダンスをもつ．しばしば，それら2つは同じ値である．その場合，共通の値は回路網の特性インピーダンス（characteristic impedance）とよばれる．⇒影像インピーダンス．

半複信 half-duplex operation
⇒複信．

反物質 antimatter
反粒子のみからなる物質．たとえば，反水素は反陽子の周りに，陽電子が回っているものである．宇宙に反物質が存在することはまだ検出されていない．

反平行 antiparallel
平行であるが方向が逆．

反粒子 antiparticle
共役粒子（conjugate particle）ともいう．
ある素粒子に対して，同じ質量とスピンをもち，電荷 (Q)，バリオン数 (B)，ストレンジネス (S)，チャーム (C)，アイソスピン量子数 (I_3) のそれぞれの大きさが等しく，符号が反対である粒子をいう．粒子–反粒子の例は，電子と陽電子，陽子と反陽子，正 π 粒子と負 π 粒子，アップクォークとアップ反クォークなどである．粒子 a の反粒子は ā と書かれる．光子や π^0 粒子のように粒子とその反粒子が同一の場合，自己共役粒子（self-conjugate particle）とよばれる．⇒消滅．

ヒ

比　specific
形容詞としての比（specific）は，広範な物理量の命名に使われるが，現在ではその使用法は，物質の比熱（比熱容量，specific heat capacity）のように，"単位質量あたり"の意味に限られている．ある物理量が大文字で示されるとき（たとえば潜熱 L），単位質量あたりの量は対応する小文字で表示される（比潜熱に対して l）．

以前は，この語は別の意味で用いられていたが，現在ではそのような用法は好ましくないとされ，多くの用語が改められた．たとえば比重の代わりに密度（相対密度），比抵抗の代わりに抵抗率という．

微圧計　micromanometer
→微差圧力計．

非安定マルチバイブレーター　astable multivibrator
→マルチバイブレーター．

B/H ループ　B/H loop
→ヒステリシスループ．

p-n 接合　p-n junction
反対の極性（p 型と n 型）をもつ 2 つの半導体が接触する領域．p-n 接合は，幾何学的配置，バイアス条件，各半導体領域のドーピングの量によってさまざまな機能をもつ．ほとんどのダイオードやトランジスターなどは 1 つかそれ以上の p-n 接合を利用している．たとえば，シリコンとゲルマニウムのように異なる材料を接合する場合，ヘテロ接合（heterojunction）とよばれる．通常は同じ材料で，2 つの異なった型をもつように不純物をドープされたものが用いられる．この場合が単純なホモ接合（homojunction）である．

逆方向バイアス（すなわち p 型半導体に負のバイアス）の場合，降伏が起こる電圧以下では非常にわずかな電流しか流れない（→半導体，ダイオード）．順方向バイアスの場合，キャリヤーは接合部をこえてもう一方の型の半導体の領域（ここではキャリヤーは少数キャリヤーとなる）へ引き寄せられ，外部回路に電流が流れる．ホモ接合での順方向電流は電圧とともに指数関数的に増加する．すなわち，

$$I = I_0(e^{eV/kT} - 1)$$

であり，I_0 は逆飽和電流，e は電子の電荷量，V は印加電圧，k はボルツマン定数，T は熱力学温度である．数百 mV 以上の電圧が印加されたときは，材料のもつ抵抗によって素子を流れる電流の上昇率が減る．

pnpn デバイス（pnpn 素子）　pnpn device
p 型と n 型の半導体（通常はシリコン）の交互の層からなる半導体素子．少なくとも 3 つの p-n 接合からなる．このような素子はパワースイッチングに使われている．例として，シリコン制御整流器やシリコン制御スイッチがある．

pnp トランジスター　p-n-p transistor
→トランジスター．

ビエの分割レンズ　Billet split lens
レンズを 2 つに分割し，2 つの半レンズの光学中心が縦方向に少しだけ離されて置かれたもの．その結果，1 つのスリットの 2 つの実像が生じ，この 2 つの（コヒーレントな）像の前の重なり合う部分に干渉が生じる．

ビオ-サヴァールの法則　Biot and Savart's law
長い直線の導体を流れる電流がつくる磁場の大きさは，電流に比例し，導体から測定点の距離に反比例する．この法則は，アンペール-ラプラスの定理からも導けるが，法則の提唱者である彼らにより実験的に得られた．

ビオの法則　Biot's law
光学的に活性な媒質中を通過する偏光した光の偏光面の回転の度合いは，波長の 2 乗に（近似的に）反比例し，光路長に比例し，もし媒質が液体の場合，その濃度に比例する．

PO 箱　post-office box
ホイートストンブリッジの一種で，箱の中に並べられた数多くの抵抗器からなり，ホイートストンブリッジの 3 つの抵抗アームを構成している．残りの 1 つの抵抗アームに測定する抵抗を置く．それぞれの抵抗器の両端は金属ブロックにつながっており，この金属ブロック間に金属プラグを挿入して抵抗を短絡できるようになっている．$0.1 \sim 10^6\,\Omega$ の抵抗値を測定できる．

ビオ-フーリエの式　Biot-Fourier equation
固体熱伝導の方程式

$$\partial T/\partial t = (\lambda/c\rho)\nabla^2 T$$

を表す．ここで，$\partial T/\partial t$ は温度変化の割合，∇^2 はラプラス演算子，λ は熱伝導率，c は比熱，ρ は密度である．1 次元の熱の流れでは $\nabla^2 T$ は $\partial^2 T/\partial x^2$ となる．

比較器(コンパレーター) comparator
差動増幅器のように,2つの信号を比較してその結果を出力する装置.

p 型伝導性 p-type conductivity
半導体において,移動できる正孔の実効的に動きによって引き起こされる伝導性.

p 型半導体 p-type semiconductor
移動できる正孔の密度が,伝導電子の密度を超えている外因性半導体.⇒半導体.

光 light
目の網膜に当たって同名の感覚を引き起こすもの.
光は電場と磁場が互いに直行する横波とする電磁放射とみなされる.それは電磁スペクトルの狭い領域を指しており,(通常の認識としては)およそ 390 nm(紫)から 740 nm(赤)の波長範囲である.量子論によれば光は光量子,または光子の集まりとして吸収される.光の周波数にプランク定数をかけるとその周波数の光子のエネルギーが計算される.
電磁波説と量子説は相補的なものとみなされている.光の伝搬の現象は光を波とみなして十分理解できるが,光の相互作用(たとえば光電効果)は量子論の考慮が必要である.
⇒色,真空中の光速.

光アイソレーター optoisolator
光エレクトロニクスの素子.これにより,2つの接続していない電子回路が,光によって信号を交換し,かつ電気的には絶縁状態を保つことができる.

光エレクトロニクス optoelectronics
光学と電子工学の技術を融合させたもので,情報の収集,処理,蓄積,表示を行う.電気的な量を表す光信号の発生,処理,検出に関する技術である.おもな応用分野は,通信とコンピューティングである.⇒光ファイバーシステム,発光ダイオード,半導体レーザー,フォトダイオード,フォトトランジスター.

光壊変 photodisintegration
⇒光核反応.

光核反応 photonuclear reaction
光壊変(photodisintegration)ともいう.γ 線や X 線のような高エネルギーの光子が原子核に衝突したときに起こる反応.この結果,原子核の崩壊が起こる.光子が中性子(光中性子 photoneutron)や陽子(光陽子 photoproton)をたたき出すように見えることがある.また,原子核が光子を吸収し,高エネルギー状態になってから崩壊することもある.このとき,ある場合には核分裂が起こる(光核分裂 photofission).

光核分裂 photofission
⇒光核反応.

光感度 photosensitivity
電磁放射(とくに光)に対して応答する特性.さまざまな応答が観測される.

光起電力効果 photovoltaic effect
異なる 2 つの材料が接合していて,一方に電磁放射が当たっているときに生じる効果.通常,この電磁放射は近紫外線から赤外線の領域にある.この 2 つの材料は,たとえば,金属と半導体(ショットキー障壁をつくる(⇒ショットキーダイオード)),p 型と n 型の半導体(p-n 接合をつくる)などである.光が照射された接合部では正電圧が現れ,電力が外部回路に供給される(⇒光電池).
価電子帯(⇒エネルギーバンド)にある電子が入射光からエネルギーを受け取り,電子-正孔対が,p-n 接合付近にある空乏層やショットキー障壁にできる.電子-正孔対が生じると,これらは(もともともつ電場のため)接合を横切り,正のバイアスを生じさせる.すなわち,n 型半導体への電子の移動によって負のバイアスが生じ,一方,p 型半導体や金属へ移動する過剰な正孔によって正のバイアスが生じる.

光検出器(光検波器) photodetector
光に反応したり,光を検出したりする電子装置.光電池,フォトダイオード,フォトトランジスターなど.

光高温計 optical pyrometer
高温の物体からの光の放射を既知の光源のものと比較する高温計.熱的に接触することなく発光源の温度を測定する機器である.

光互変性物質 photochromic substance
光があたると色が変わる物質.多くは光を消せば本来の色に戻る.光にあたることで黒くなるものが一般的である.もともと透明であれば光の透過率が変化する.

光磁性 photomagnetism
りん光を発する状態にある物質に生じる常磁性.

光スイッチ optical switch
光学的な特性(屈折率や偏光特性など)を外場やほかの影響で変えられる装置.電気,磁気や表面音波の技術が応用されている.たとえば,光(しばしばレーザー光線)を検出器からそら

など，光のスイッチングに利用される.

光脱離 photodetachment

電磁放射の光子によって負のイオンから電子がはぎとられて中性の原子や分子になる現象.この過程は中性粒子の光電離と同じであり，負のイオンのイオン化ポテンシャルはその原子もしくは分子の電子親和力に等しい.

光ディスク optical disk

軽く安価で小さいが高性能なコンピューターの記憶媒体．もっとも普及しているものはオーディオのコンパクトディスクの技術を利用しているので，コンピューターでは書き込みができない．書き込んだり消去したりできるタイプもある.

光電離 photoionization

電磁放射による原子や分子の電離．放射の光子は，そのエネルギー（$h\nu$）が原子の第1イオン化ポテンシャル I_1 よりも大きいときにのみ，電子を引きはがすことができる．余剰エネルギー（$h\nu - I_1$）は正イオンと電子に移行し，それらの運動エネルギーに分配される．イオンの質量は電子の質量に比べてはるかに大きいので，イオンが得たエネルギーは無視でき，電子の運動エネルギー $E_1 = h\nu - I_1$ となる．これは単に，1個の原子または分子にアインシュタインの光電方程式（⇒光電効果）をあてはめたことにほかならない．原子や分子を電離できる放射は，紫外のスペクトル領域にある光電限界より大きいエネルギーをもっている．光子のエネルギーが十分大きければ，中性粒子からより強く束縛された電子を引きはがすこともできる．たとえば，第2イオン化ポテンシャルを I_2 としたとき，$E_2 = h\nu - I_2$ のエネルギー（$< E_1$）をもつ電子が飛び出すことがある．このとき残された原子は電子励起状態にある.

光導電性 photoconductivity

ある種の半導体（とくに灰色セレンが顕著）において，光や電磁放射があたると導電性が増大する現象．物質が光子を吸収し，固体の価電子帯（⇒エネルギーバンド）にいる電子のエネルギーが増加する．光子のエネルギーが固体の仕事関数を超えると，電子は光電効果によって放出される．一方，光子のエネルギーが電子を放出させるには足りない場合でも，電子にエネルギーを与え伝導帯に励起することがある．これをしばしば内部光電効果（internal photoelectric effect）とよぶ．伝導帯に過剰な電子が存在することで光導電性が生じる．⇒光電池，フォトダイオード.

光導波路 light guide

光学ファイバーの略式の名称．直径の大きい（約5 mm）ファイバーは光パイプ（light pipe）とよばれる．⇒光ファイバーシステム.

光の回折 diffraction of light

小さな光源によってスクリーン上に投影された物体の影を調べてみると，影の境界がはっきりしていないことがわかる．光は厳密に直線上を進むのではなく，影の縁では物体の形や大きさに依存した特異なパターンが形成される．光が物体を通過することにより起こるこの光の乱れは，回折（diffraction）として知られており，そのパターンは回折パターン（diffraction pattern）とよばれる．この現象は光の波動性の結果として起こる．対物レンズの開口部でも同様の効果が現れる.

　回折現象は通常2つに分類される．フレネル回折は，光源，回折物，スクリーンからなる単純な配置で観測される．フラウンホーファー回折では，平行光線が回折物を通り抜けた後，その後ろに置かれたレンズの焦点面でその効果が観測される.

　(1) フレネル回折（Fresnel diffraction）．フレネル回折において観測される効果のいくつかは，障害物に当たる光の波面を多数の同心円状の帯に分けて考えることにより説明できる．スクリーン上の観測点からこの帯の周囲の距離は帯ごとに半波長ずつ増加している．この帯はフレネル帯（Fresnel zones）とよばれる．波面の個々の点は二次波（⇒ホイヘンスの原理）の波源であると考えられ，これらの二次波はそれぞれ観測点に達する光に寄与する．すべてのフレネル帯はおおよそ等しい面積をもつことから，それぞれの帯は等しい数の二次波源をもつと考えられ，このためそれぞれの帯が観測点に寄与する光の量は等しいということが示される．しかし，それぞれの帯は次の帯と半波長だけ離れているので，隣接する帯からの寄与は逆位相となる．このためすべての帯から観測点への寄与は符号が交互に正負になる一連の項の和として表される．ここで，各項はある1つのフレネル帯からの寄与を表す．外側の帯は外にいくほどより斜めの方向に向かっているので，各帯からの寄与を表す項の大きさは中心から外側にいくに従って小さくなる．いま，一連の項の和が最初の項の半分であるとすると，無限にあるすべての波面から観測点に達する光の振幅は，第1

のフレネル帯以外のすべての帯を遮ったときの振幅の半分となる．光の強度は振幅の2乗に比例することから，第1の帯だけの場合の強度の1/4になる．

もし障害物が円形開口の場合には，回折パターンの中心点に到達する光の量は開口を満たすフレネル帯の数に依存する．第1の帯以外のすべての帯がさえぎられている場合には，中心点での強度は障害物がない場合の4倍大きくなる．もしも最初の2つの帯が効果的に働いているならば，中心点での強度は大変小さくなる．というのは，2つの帯からの寄与はほぼ等しく，そして位相が反対であるからである．この場合，回折パターンは中心が暗い点となっている円環でできている．一般的に，奇数個の帯が寄与しているならばパターンの中心は明るい，反対に，偶数個ならば中心は暗くなる．一般的なパターンは同心円の明暗のリングでできている．

円形の障害物が用いられる場合には，中心のフレネル帯は遮られる．有効な帯を表す項の和はこの場合でも最初の半分になり，回折パターンの中心における光の振幅は最初の有効な帯による光の振幅の半分となる．その結果，回折パターンの中心にはいくらかの光がいつでも到達し，円形の障害物の影の中心部に周辺よりいくらか明るい点がいつでも存在することになる．

もし障害物が交互に半透明，透明の環状の帯からなる場合，すべてのフレネル帯がある特定の点において強め合うようにすることが可能である．この結果，この点では強い光の強度が得られる．これは有効な帯からの光が位相が揃ってこの点に到達するからである．このような障害物（帯板 zone plate とよばれる）は，観測点に点光源の明るい"像"を作り出し，この意味においてこれはレンズとして働くといえる．回折によって任意の小さな明るい物体の像を作ることができる．

実際にはフレネル帯の半径は大変小さい．したがって，回折効果は小さな障害物あるいは開口や，大きな障害物の影の縁の部分でしか見られない．

直線的な縁，スリット，針金などの障害物によってつくられる回折パターンを考える場合，円形の帯に分けるよりも障害物に平行な細長い帯に分けた方が都合がよい．観測点から帯の縁までの距離は，帯から帯へ半波長ずつ増えていく．障害物によってさえぎられていない半周期ごとのすべての細長い帯による観察点での全寄与を考えることによって，回折パターンを予想することができる．

障害物が直線的な縁である場合，影の幾何学的な縁では波面の半分にわたってすべての長方形の帯は障害物によってさえぎられる．影の中を抜けていくと，波面の残りの半分も次々にさえぎられて，ほとんど完全に暗くなるまで光は次第に減少していく．影の外側では，波面のさえぎられない部分による十分な効果が見られ，そのうえ，外側にいくほど波面のさえぎられる部分がなくなっていく．隣接する帯は互いに位相がずれているので，偶数個の帯がさらに露出するならば明るさは最小となり，奇数個であるならば最大となる．したがって，幾何学的な影の外側では，コントラストの減少している明暗の縞ができる．

スリットの場合には，奇数個の帯が半分さえぎられた状態のときは中心に明るい線ができ，偶数個のときには暗い線ができる．一般的に，パターンは暗い線が交わるスリットのおぼろげな陰になる．針金の場合には，円形の障害物といくぶん似ている．影の中心には比較的明るい線がいつでも現れる．

(2) フラウンホーファー回折（Fraunhofer diffraction）．この回折では平行な光線が回折障害物上に注がれ，その効果はレンズの後方に置かれた焦点面で観測される．図において，ABは長辺が紙面に垂直なスリットを表し，平行光線をそのスリット上に注ぐ．ホイヘンス（Huygens）の原理により，スリット内の各点はあらゆる方向に広がる二次波の源であると考えなければならない．いま，AC, BD などにそって直線的に伝搬する波片は同位相でレンズに到達し，O に強い照度を作り出す．一方，AE, BF などの方向に広がる波片は連続する波片間での位相差をもってレンズに到達し，P における照度はこの位相差が打ち消し合いの干渉であるかそうでないかに依存している．

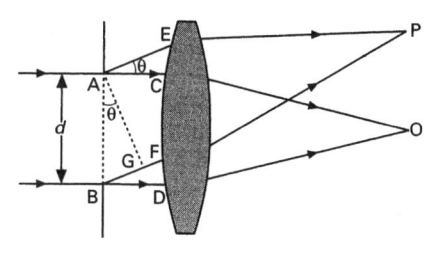

フラウンホーファ回折

たとえば，図中の距離 BG が光の 1 波長に等しいならば，スリットの両縁からレンズに到達する光の間にちょうど 1 波長の光路差がある．したがって，上半分のすべての点からくる光と，下半分の対応する点からくる光との間には半波長の光路差があり，これら 2 つの点からの光は打ち消し合いの干渉をする．その結果，全上半分からくる光と全下半分からくる光は打ち消し合いの干渉をし，P には光が到達しない．たとえ BG が 2 波長，3 波長などであっても同じような効果が起こる．照度が 0 となるこれらの位置の間に明るい領域があり，OP 面上に見られる合成のパターンは，スリットの長辺に平行（すなわち紙面に垂直）で交互に暗い帯と明るい帯が並んだものとなる．（フレネル回折の対応している場合とは違って）回折パターンの中心にいつでも明るい線があるということがわかる．スリットの幅が狭まると回折帯の間隔は大きくなる．幅の広いスリットを用いると，帯は互いに間隔が狭すぎてうまく識別できない．間隔は光の波長にも依存しており，長い波長に対しては，間隔はより大きくなる．白色光が用いられる場合には，いくつかの色のついた帯がつくり出される．

円形開口の場合には，回折パターンは交互に明暗のある円形の帯で囲まれた中心の明るい小部分（エアリー円盤（Airy disc）とよばれる）でできている．大きな開口が用いられるなら再び帯は互いに近接し，開口の半径が減少するその間隔は増加する．

図に示されたスリットの場合には，P における最初の暗い線は BG が 1 波長 λ となるような方向 θ にある．d がスリット幅ならば，$\theta = \lambda/d$（θ は小さいから）．円状開口の場合には，最初の暗い円の方向は，同様の表現，$\theta = 1.22\lambda/d$ によって与えられる．

光の仕事当量　mechanical equivalent of light

放射束を力学的単位で表したもので，視感度が最大の波長での光束の単位と等価である．555 nm では 0.001 5 W lm^{-1} である（lm：ルーメン）．その逆数もまた同じ呼び名で用いられている（660 lm W^{-1}）．

光の直進　rectilinear propagation

等方性媒質内では，光は直線的に進む．光線は，その幾何学的な表し方である．光の波動的性質によって，直進性は近似的にのみ正しい（→光の回折）．

[これとは別の観点で，天体のスケールにおいて] 一般相対論では，質量の大きな物体のそばを通過するとき，光は物体のほうへ曲げられる．

光の波動理論　wave theory of light
→粒子説．

光の窓（可視光の窓）　optical window
→大気の窓．

光パイプ　light pipe
→光導波路．

光ファイバー　optical fiber
→光ファイバーシステム．

光ファイバーシステム　fiber-optics system

単一のガラスやプラスチックファイバーまたはファイバー束を用いて，2 点間で光を伝送する光学システム．このようなシステムは，像や彩色の直接伝送そして中距離通信など多くの用途がある．光ファイバー（optical fiber）は，1 本の柔軟性のある高屈折率の直径 1 mm 以下のロッドからなっており，その研磨された表面は屈折率の低い透明物質で被覆されている．この被覆はクラッディング（cladding）とよばれ，ファイバーがきわめて隣接したときの，ファイバー間の光漏洩を防止する．屈折率ステップ型ファイバー（stepped-index-fiber）では，クラッドとコアの屈折率はそれぞれの中では一定である．ある立体角で一方から入射した光線は，ガラスコアの円筒表面で内部全反射をくり返す．光はコア内に閉じ込められ，ジグザグ経路をほとんど無損失で伝搬する．かなり湾曲した場合でも，反射角がある臨界角を超さないかぎり，光は反射を続けていく．

屈折率傾斜型ファイバー（graded-index fiber）では，コアの屈折率は外側に向かって急速に減少する．そして光線は，ジグザグではなく中心軸に沿い滑らかにらせんを描きつつ進む．伝送される光線の時間遅延はこれにより減少する．エネルギーがコアを伝搬する光路すなわちモードは複数ありうる．単一モードファイバー（single-mode fiber）では，クラッドに比べコアは非常に狭く，光線は中心軸に平行にのみ進む．それには屈折率ステップ型，傾斜型があり，通信ではもっとも効率のよいファイバーである．光源はレーザーを用い，光を変調することにより情報を伝える．一般に光ファイバーでは，いずれも伝送信号の周波数が非常に高いので，電話システムや電気ケーブルと比べ，ずっと多くのデータ処理能力をもつ．

像は，直径 0.01～0.05 mm の光ファイバー

をアレー状に束ね固定したものにより送りうる．1つのパターンをファイバーの一端に投影すると，パターンの小部分からの光がそれぞれのファイバーで伝送され，片端の表面に像を再生する．像を見るために対物レンズを片端に，接眼レンズを別の端に付けたファイバー束は，工業や医学で手の届かないところを見たり，光を導入したりする用途に使われる．

陰極線管のスクリーン，イメージインテンシファイアなどは，溶融した平行なガラスファイバー束からつくることができる．原理的には損失はないが，一般に内部蛍光層からの光がガラス壁を通過するとき損失が起こる．

光分解 photolysis
可視光や電磁波を吸収した結果起こる分子の解離や化学分解．

光メーザー optical maser
レーザーの以前の名称．

光リソグラフィー（フォトリソグラフィー） photolithography
集積回路，半導体部品，薄膜回路，プリント配線回路の製造工程で用いられる技術．この技術では，所望のパターンをフォトマスクから基板材料に転写し，段階的に処理を施していく．清浄な基板はまずフォトレジストの溶液に浸され，乾燥したのちにマスクを通して可視光や紫外光にさらされる．フォトレジストの解重合した部分は適当な溶剤で洗い流される．重合した部分はそのまま残り，エッチング剤に対する障壁として，あるいは成膜過程でのマスクとして働く．処理工程が終了すると，残ったフォトレジストは適当な溶剤を使ってはがされる．

B級増幅器 class B amplifier
半波整流された出力，すなわち入力信号が0で遮断された出力電流を出す線形増幅器．入力波形を忠実に再現させるためには，2つのトランジスターが必要で，それぞれが入力サイクルの半分を出力する．B級増幅器は，効率は高いが，交差ひずみには注意を払う必要がある．

非球面レンズ，非球面鏡 aspherical lens, asperical mirror
放物面，楕円，双曲面などの一部を用いたレンズまたは鏡．球面でないことから光学収差，特に球面収差を最小限にしている．非球面を使うことにより必要な光学素子の数が減らせるので，光学系をより簡単にすることができる．

ピーク逆電圧 peak inverse voltage
ある素子に逆向き，つまり素子の抵抗が最大になる向きにかけられる最大瞬時電圧．半導体のなだれ降伏や真空管でのアークの形成を防ぐために，整流素子にかかるピーク逆電圧はその素子の降伏電圧よりも小さくなければならない．素子が耐えられる最大電圧を明示するために定格値がしばしば用いられる．

ピーク順電圧 peak forward voltage
ある素子に順方向，つまり素子の抵抗が最小になる向きにかけられる最大瞬時電圧．

ヒグス機構 Higgs mechanism
電弱理論において，$W^\pm$ボソンやZボソンに質量を生み出すために用いられる自発的対称性の破れ（spontaneous symmetry-breaking）の機構．2つの複素場$\varphi(x^u) = \varphi_1 + i\varphi_2$, $\psi(x^u) = \psi_1 + i\psi_2$を新しく仮定する．$\varphi(x^u)$, $\psi(x^u)$は$x^u = x, y, z, t$の関数で二重項をなす．この二重項は，電弱ゲージ変換（gauge transformations）でレプトンやクォークと同様の変換をする（→群論）．そのような変換で，φ_1, φ_2, ψ_1, ψ_2は回転して相互に入れ換わるが，物理学の本質は変わらない．

真空状態は場（φ, ψ）の対称性を保たず，ヒグス機構によって真空の自発的対称性の破れが起こる．その結果，（φ, ψ）の場は真空中で質量をもつ．φの実部（φ_1）以外のすべての成分をゼロにする特定の方向を選ぶこともある．φ_1は電弱場に対して，電磁場に対するプラズマの応答と同様の応答をする．プラズマは電磁場の中で振動する（→プラズマ振動）．しかし，電磁波は式

$$\omega_p = ne^2/m\varepsilon$$

で与えられるプラズマ振動数ω_p以上の振動数でなければ伝搬しない．ここで，nは電荷の数密度，eは電子の電荷，mは電子の質量，εはプラズマの誘電率である．場の量子論では，この電磁場の最小振動数は，プラズマ内に存在できる電磁場の量子（光子）の最小エネルギーと考えることもできる．この最小エネルギーは，光子のゼロでない静止エネルギーすなわち質量と関連し，有限の範囲に力が働く場の量子となる．このように，プラズマ中では，光子は質量を得て電磁相互作用が働くのは有限の範囲となる．

真空場φ_1は弱い場に応答して，$W^\pm$ボソンとZボソンに質量を与え，その範囲を有限にする．しかし，電磁場はφ_1に影響されないので光子は質量がないままである．弱い相互作用のボソンが得る質量は，φ_1の真空の値と弱い相互作用の強さに比例する．場φ_1の量子は，電気的に中性

な粒子でヒグスボソン（Higgs boson）とよばれる．ヒグスボソンは，質量をもつすべての粒子とその質量に比例する強さで相互作用する．標準理論はヒグスボソンの質量を予言していないが，あまり重くない（陽子の質量の1000倍を大きくこえることはない）ことが知られている．というのは，あまり質量が大きいと複雑な自己相互作用の問題につながるからである．自己相互作用の存在が信じられていないのは，標準理論がそのような自己相互作用を説明していないためであるが，それでも，$W^{\pm}$ボソンとZボソンの質量を予言することには成功している．

ヒグスボソン Higgs boson
⇒電弱理論．

ピーク値 peak value
振幅（amplitude）ともいう．
(1) 交流的に変化する量のピーク値．正または負で絶対値が最大になる値．正の値と負の値は，必ずしも大きさが等しくなくてもよい．
(2) インパルス電圧（または電流）のピーク値．その電圧（または電流）の最大値．

ピコ‐ pico‐
記号：p．10^{-12}を意味する接頭語．たとえば，1 ピコファラッド（1 pF）＝10^{-12} ファラッドである．

微差圧力計（微圧計） micromanometer
非常に小さな圧力差を測る装置．Uの片方の腕がほぼ水平なU字管圧力計においては，垂直高さではごくわずかな差しか起こさない圧力変化でも，この腕の中の液体は容易にわかる動きをする．ダイアフラムゲージにおいては，2つの圧力が隔膜の両側に加えられ，そのわずかな変位を測るために光学的方法が使われる．

微細構造定数 fine-structure constant
記号：α．単位電荷e，真空中での光の速度c，プランク定数h，真空中での誘電率ε_0の4つの物理基礎定数よりなる無次元量．
$$\alpha = e^2/2hc\varepsilon_0 = 7.297\,353\,1 \times 10^{-3} \approx 1/137$$
この量は電磁相互作用の強さの指標となる．強い相互作用の強さを表す基礎定数は約1である．このスケールでは弱い相互作用は10^{-13}，重力相互作用は10^{-38}である．

BCS理論 BCS theory
⇒超伝導．

比磁気抵抗 specific reluctance
磁気抵抗率に対して用いられた，以前の名称．

ビジコン vidicon
⇒撮像管．

比質量欠損 packing fraction
原子核の正確な質量Mと質量数Aの差を質量数で割ったもの．$f = (M-A)/A$．Aに対する$f \times 10^4$の曲線は，$A=50$のあたりで最小値をとり，質量数16～180の間で比質量欠損は負になる．正の比質量欠損は核が不安定な傾向をもつことを意味し，そうした質量数（$16 > A$，$A > 180$）の核種は核融合や核分裂過程に用いられる．⇒結合エネルギー．

微視的状態 microscopic state
個々の基本成分の実際の性質により特徴づけられる物質の状態．量子論は典型的に微視的状態の解析法である．⇒巨視的状態．

被写界深度 depth of field
カメラや光学装置のレンズがある特定の物体に焦点を合わせている場合，その物体の像は焦点が合っているが，その前後にある物体の像はわずかにピントがずれている．像のぼけが認識されない領域が，そのレンズの被写界深度である．これは，像の鮮明さの基準にもよるが，それだけではなく，レンズの口径，焦点距離，レンズと物体の距離などにも依存している．口径が小さい場合や，焦点距離が小さい場合には，大きな被写界深度が得られる．⇒焦点深度．

比重（Ⅰ） relative density
⇒密度．

比重（Ⅱ） specific gravity
密度に対して用いられた，以前の名称．

非周期的 aperiodic
(1) 非周期性（→周期）．たとえば電気回路や機器の場合，その振動が，かなり強く減衰する場合である．
(2) 周波数の弁別ができない．たとえば電気回路を，その固有周波数または共鳴周波数のいずれからも十分に遠い周波数（あるいは周波数範囲）で使用した場合に，その特性が周波数に依存しないこと．そのように設計された回路．

比重瓶（ピクノメーター） pycnometer (pyknometer)
相対密度瓶の1つの形で，2本の毛細管（T_1，T_2）がつながっている1つの球状部Bからなっている．T_2は参照用の目盛が付いている．液体が，T_1から入り，Bを満たし，T_2の目盛に達するまで入る．[この状態で質量を測定する．また，空のピクノメーター，基準となる液体を満たした状態の質量をそれぞれ測定する．] 正確に決められた体積の液体の質量を計測することによって，液体の密度を測定することができる．

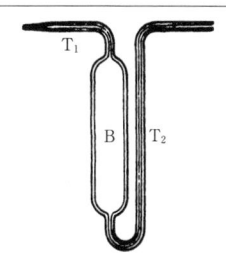

比重瓶

非縮退 nondegeneracy
物質の通常の状態．すなわち，非常な低温まで冷却されてもおらず，密度が異常に高くなるほどの過度の応力も受けていない物質．非縮退の気体は速度分布についてのマクスウェルの法則によって特徴づけられる．

非晶質（アモルファス） amorphous
原子が規則的に配列していない固体．過冷却された液体がガラスのように比晶質となるが，適当な条件のもとで徐々に結晶化していく．金属のような多結晶（polycrystalline）と非晶質とは区別されるべきものである．

微少重力 microgravity
自由落下あるいは，惰力宇宙飛行によりつくられる，ほぼ無重力の状態．

ヒステリシス hysteresis
観測される効果が，それを生ずる機構の変化に遅れて変化すること．
(1) (磁気的) 強磁性物質によって示される現象．物質を通る磁束は，その場所にある磁場に依存するほかに，物質がそれまで経た状態にも依存している．永久磁石の存在はヒステリシスによるものである．この現象があると，物質が周期的な磁気の変化にさらされるとき，必然的にエネルギーの散逸が起こる．これは磁気的ヒステリシス損失として知られる．→ヒステリシスループ．
(2) (誘電体の) →誘電ヒステリシス（履歴現象）．
(3) (弾性の) →弾性ヒステリシス．

ヒステリシス損失 hysteresis loss
(1) (磁気の) 磁気物質が磁化の変化（とくに周期的な変化）にさらされるとき，磁気的ヒステリシスによって起こるエネルギーの散逸．
→ヒステリシスループ．
(2) (誘電体の) 誘電体が電場の変化（とくに交流的な変化）にさらされるとき，誘電ヒステ

リシスによって起こるエネルギーの散逸．
(3) (弾性の) 弾性ヒステリシスによって起こるエネルギーの散逸．

ヒステリシスのない anhysteretic
一定の磁場 H より大きな値から漸次 0 に減少するような交流磁場にさらされた試料がもつ磁気的状態．

ヒステリシスループ hysteresis loop
(磁気の) 強磁性物質について，磁束密度 B を対応する磁場 H に対してプロットすると得られる閉曲線．ループで囲まれた面積は，物質をこのサイクルで磁化しながら一周したときの単位体積当たりのヒステリシス損失に等しい．H と $-H$ の間の対称なサイクルの場合のヒステリシスループの一般形が図には示してある．しかし，たとえば $H+h$ と $H-h$ の間のループのように，任意の閉じた磁化サイクルでヒステリシスループは生じる．OC は保磁力，OR は残留磁気である．ループによって囲まれる面積は，物質の性質や熱処理によって変わり，電解鉄では最小，タングステン鋼では 20 倍ほどにもなる．
→強磁性．

ヒステリシスループ

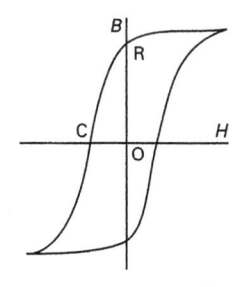

ヒストグラム histogram
頻度分布をグラフ表示にしたもので，観測量を一定区間ごとに分け，各区間に書いた長方形の面積で，そこで観測された頻度を表す．

ピストンゲージ piston gauge
→自由ピストンゲージ．

ひずみ（I） distortion
ある系またはその系の一部分において入力の性質を出力に正確に再現できていない場合の，その度合いを表す．
(1) 電気：伝送系あるいはネットワークにおける，電圧，電流などの波形の変形．これには，もとの波形には現れていない性質が生じた

り，もとの波形に現れている性質が抑制されたり変形されたりすることが含まれている．減衰ひずみ（attenuation distortion）（あるいは周波数ひずみ frequency distortion）は，伝送系のゲインやロスが周波数とともに変化することによって起こるひずみである．位相ひずみ（phase distortion）は，伝送系によって生じた位相変化が周波数の線形関数になっていないことによって起こるひずみである．高調波ひずみ（harmonic distortion）は，もとの波形には含まれていない高調波が発生することによるひずみである．振幅ひずみ（amplitude distortion）は，入力と出力がともに正弦波である場合において，入力の振幅が変化したときに生じるひずみで，出力の実効値の入力の実効値に対する比に現れる．非線形ひずみ（nonlinear distortion）は，伝送の特性が入力の瞬間に入力そのものによって変化するような系でつくり出されるひずみで，高調波ひずみと振幅ひずみを引き起こす．

(2) 音：音波の伝搬や再生などにおいては，1つの正弦波入力に対して，第1，第2，第3，さらに高次の高調波がしばしば出力の中に現れる．おもなひずみの型は，①一定の振幅の入力に対して，異なる周波数では振幅の伝搬が不均一となっている（周波数ひずみ）．②ある決まった周波数でさまざまな振幅の入力と出力間での非線形な関係（振幅ひずみ）．③伝搬の際の異なる成分間の位相シフト．過渡的な信号では重要である．④過渡的なひずみ（transient distortion）．入力の継続時間をこえても，いくつかの音の成分は残る．

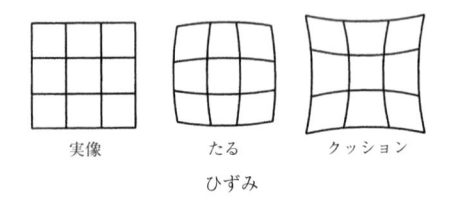

(3) 光：像がその実物と幾何学的に類似でないときの，像の収差のこと．横倍率 (y'/y) は一定ではなく，実像の大きさ (y) によって変化する．実像の大きさとともに倍率が小さくなる場合，四角の実像はたる形ひずみ（barrel-shaped distortion）を受けて結像される．その逆の場合はクッション形ひずみ（cushon-shaped distortion）である．一般的に，前に絞りを入れるとたる形となり，後ろに絞りを入れるとクッション形となる．レンズの球収差が修正されるような位置にある，中心対称的に置いた2枚の絞りではひずみが取り除かれる．

ひずみ（Ⅱ） strain
応力を与えることで物体や物体の一部の体積や形が変化すること．3つのもっとも簡単なひずみは次のとおりである．(1) 線ひずみ（縦ひずみ）（linear（longitudinal）strain）：単位長さあたりの長さの変化．例：針金を引っ張るときに生じる．(2) 体積ひずみ（volume（bulk）strain）：単位体積あたりの体積の変化．例：物体に流体静力学的な圧力がかかるときに生じる．(3) せん断ひずみ（shear strain）：体積は変化せずに角度だけが変化する．例：直方体の物体が，向かい合う2つの面に逆向きに力を受け，他の部分は変化せずに平行六面体になること（図参照）．1つの角の角度の変化をラジアンで計ったもの（θ）がひずみの目安になる．実際には θ は小さいので，単位長さだけ離れた2つの面の横方向のずれと θ は等しい．⇒一様ひずみ，応力．

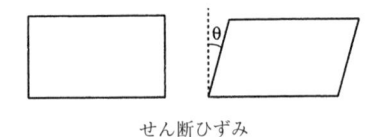

せん断ひずみ

ひずみ計 strain gauge
固体物質の表面のひずみを測定する装置．ひずみによる，電気抵抗，静電容量，インダクタンスの変化，あるいは，圧電効果，磁気ひずみ効果などを用いたものがある．

非線形光学 nonlinear optics
集光したレーザー光のように非常に強い光線の電磁場で生じる効果の研究．反射，屈折，重ね合わせなど光の伝搬においては，通常古典的な取扱いでは，光の電磁場と媒質を構成する原子系の応答との間に線形な関係を仮定している．高出力レーザーを集光してできる電場は 10^8 V m^{-1} 以上にもなり，これは観測可能な非線形光学効果を発生するのに十分である．

1つの効果は，レーザー光の自己集束（self-focusing）である．ガラスの中を強いレーザー光が通ると，ガラスの屈折率に局所的な変

化が起こり，集光レンズのような働きをする．したがってビームは細くなり，強度が増加し，集光の過程が続く．ビームの径が約 5 μm になるまでこの効果は持続し，ついに全部が内部で反射されるようになる．

他の効果には，周波数混合（frequency mixing）がある．周波数の異なる強度の高い 2 つのレーザー光が適当な誘電体結晶に入射すると，非線形効果によってもとの周波数の和や差に等しい周波数の放射が発生する．

非線形ネットワーク nonlinear network
⇒ネットワーク．

非線形ひずみ nonlinear distortion
⇒ひずみ．

比旋光性 specific optical rotary power
記号：$α_D$．溶液中の物質の光学活性（旋光性）の尺度．式

$$α_D = αV/ml$$

で与えられる．ここで $α$ は偏光面の回転角で，体積 V 中に質量 m だけの物質を含んでいる溶液の光路長 l を光が通過するものとする．単位は $m^2 kg^{-1}$ である．

ヒーター heater
通常，電流が流れると熱源になるようなすべての抵抗をいう．ヒーターは電熱素子（heating element）として多くの応用があり，傍熱陰極はそのよい例である．この用語は独立した電熱装置（たとえば対流ヒーター）にも用いられる．

比体積 specific volume
記号：v．ある物質の単位質量の体積．密度の逆数．

BWR
boiling-water reactor（沸騰水型原子炉）の略記．

PWR
pressurized-water reactor（加圧水型原子炉）の略記．

左手の法則 left-hand rule
モーターに関する法則．⇒フレミングの法則．

非弾性散乱 inelastic scattering
⇒散乱．

非弾性衝突 inelastic collision
⇒衝突．

p チャネル型素子 p-channel device
⇒電界効果トランジスター．

非調和運動 anharmonic motion
運動線上にある固定点からの変位の量に比例しない復元力のもとで起こる運動．⇒単純調和振動．

ピックアップ pick-up
情報を電気信号へ変換する変換器（通常この情報は記録されている）．この用語はとくに，レコード（蓄音機）の溝に記録された信号を再生する電気機械素子に対して使用される．いくつかの種類のピックアップがよく使用される．

クリスタルピックアップ（crystal pick-up）は圧電結晶からできており，圧電結晶は回転するレコードの溝で生じる機械的振動によって応力を受け，対応する起電力を発生させる．

セラミックピックアップ（ceramic pick-up）はクリスタルピックアップと同様に圧電効果によって出力を得る．チタン酸バリウムのようなセラミック材料は高い信頼性や安定性がある．

電磁型ピックアップ（magnetic pick-up）は磁場中の小さなコイルをもつ．レコードの溝による機械振動がコイルを動かし，その結果，コイルを貫く磁束が変化する．コイル中の誘導電流は振動の大きさに依存し，オーディオシステムに信号を与える．

ビッグバン理論 big-bang theory
宇宙のすべての物質と放射は 100〜200 億年前に起こった激しい爆発でつくり出されたという宇宙論の理論．ビッグバン理論は，宇宙の始まりはきわめて小さく，そして熱く，膨張するにつれその温度が下がることを提唱している．実験的に検証できる結果も理論から得られている．距離による銀河の数の変化およびそれらの赤方偏移の観測値が理論モデルと一致した．また 1945 年に，ガモフ（Gamov）が絶対零度より数度上の黒体放射に相当する宇宙背景放射が存在することを予言した．1965 年に，ペンジアス（Penzias）とウィルソン（Wilson）がこのマイクロ波背景放射を発見した．

ビッグバン理論は，宇宙における水素とヘリウムの存在比に対して説明を与えることができる．ビッグバン理論以前では，宇宙論学者は初期の星における水素の核融合で形成されるヘリウムという議論から，2〜3% のヘリウムしか説明できなかった．一方，ビッグバン理論は，ヘリウムが現在のレベル（約 70% の水素と 27% のヘリウム）まで形成される宇宙発展の期間を必要とする．

1992 年，COBE（cosmic background explorer）衛星がマイクロ波背景放射に非常に小さい変動が存在することを発見した．この変動は，$3 × 10^{-5}$ K の温度変動に相当する．この小

ビッグバンからの時間 (秒/年)	温度（ケルビン）	宇宙の状態および基本的な力
0	無限大	宇宙は限りなく小さく，またその密度も無限に高い．数学の特異点である．初期では，すべての力が統一されていた．重力が最初に分離し，それに続いて強い力も分離した．
10^{-12}	10^{15}	弱い力と電磁気力が分離．
10^{-6}	10^{14}	クォークとレプトンが形成．
10^{-3}	10^{12}	クォークがハドロンを形成．クォークが閉じ込められる．
10^{2}	10^{7}	核融合によりヘリウムの原子核が形成され，現在観測されるヘリウムの多くを生成する．
10^{5} 年	10^{4}	原子の時代．水素原子核（陽子）と電子が結合して原子を形成．これより以前は，電子による光子の散乱が物質と放射を結合させ，同じ温度を共有させていた．
10^{6} 年	10^{3}	自由電子と陽子が結合した後，放射は3000 Kから3 K，つまり観測されたマイクロ波背景の温度に冷却．物質は，重力が密度の不安定を増幅させる効果として，重力崩壊を経験する．
$1.5-1.8\times10^{10}$ 年	2.7	現代．宇宙背景放射が2.7 Kの温度に相当．

さな変動が，どうして宇宙が銀河や星になっていくかを説明する上で役に立った．もし宇宙がすべての方向において均一であれば，どこかで重力崩壊が起きる理由はなくなる．いまでは，マイクロ波背景放射に小さい変動があることが原因で，早期宇宙におけるわずかな不均一性が銀河物質を凝集させることになったと信じられている．

素粒子物理（→素粒子）と宇宙物理は統一場理論の研究で結びつけられてきた．宇宙で知られている4つ相互作用がすべて同じ力の現れであると物理学者は信じている．宇宙における温度が 10^{15} K のビッグバン初期ではこの力は統一されていた．宇宙が冷却し，もともとあった対称性が破れて，力が分離された．表は，ビッグバン理論の現在の理解を要約している．

宇宙の将来に関する研究は基本的には推論にすぎない．宇宙が引き続き膨張するかどうかはその平均密度にある程度依存する．もし宇宙の平均密度がある臨界レベル（臨界密度）より小さければ，宇宙における物質の相互重力は膨張を停止させるレベルには満たさない．しかし，もし宇宙の平均密度が臨界密度よりも大きければ，宇宙は最大の大きさに達し，やがて収縮が始まり，その後ビッグクランチ（big crunch）となる．一部の物理学者は，ビッグクランチの後ふたたびビックバンが始まり，またすべてのサイクル繰り返すと推測している．

ビッター模様 Bitter pattern
強磁性結晶の磁区の存在を示す模様（→強磁性）．材料の研磨された表面に強磁性粒子のコロイド状態濁液を塗ることにより観察される．粒子は磁場の強い磁区の境界線に集まろうとする．この技法は強磁性材料のクラックや欠陥を検出するのにも使われる．

ピッチ（音高） pitch
(1) 音階における位置（高さ）を決める主観的な（知覚される）音の高さ．音の周波数を測定するには，平均的な人の耳によって同じ高さであると知覚された，特定の強度の純粋な音を用いる．ピッチは周波数で表されるが，音量や音質にも依存する．音量が大きくなると，低周波の音のピッチは低くなり，高周波の音のピッチは高くなる．
(2) ねじ山のピッチなど．隣り合うねじ山（あるいは歯車の歯）の間隔．

ビット bit
2進数字（binary digit）の短縮型．コンピューター内で計算を行うとき，数字（→二進法），文字，句読点，他の（バイナリ形式でコード化された）記号，機械への命令を表すために使われる0か1の数字．ビットはしたがってコンピューター内の最小の情報単位である．2つの状態をもつ物理的系で表せるので，最小の記憶蓄

積の単位でもある．磁気ディスク，テープのある領域の2つの可能な磁化の方向，および論理回路または記憶回路に供給される電圧の高低などがその例となる．

p.d. p.d.
potential difference（電位差）の略記．

比抵抗 specific resistance
抵抗率に対して用いられた，以前の名称．

ビデオカセット（レコーダー）
videocassette, videocassette recorder
⇒ビデオテープ．

ビデオ周波数 video frequency
テレビカメラによって出力されるいろいろな信号成分の周波数．ビデオ周波数は10 Hz～2 MHzの間である．ビデオ周波数の信号を増幅するために設計された増幅器はビデオ増幅器（video amplifier）とよばれる．

ビデオ信号 video signal
⇒テレビカメラ．

ビデオテープ videotape
テレビカメラに使われる磁気テープの形式．TVカメラからのビデオ信号とマイクロホンからの音声信号を同時にビデオテープの別々のトラック上に記録される．多くのテレビ放送番組は放送される前にビデオテープに録画される．

ビデオテープレコーダーは国内のテレビ受像機に使えるようになっている．テープはその保護と操作の容易さから箱に入れられている．この箱はビデオカセット（videocassette）とよばれる．ビデオカセットレコーダー（videocassette recorder：VCR）はテレビ番組をテープに録画し，あとで直接テレビ受像機から再生したり，またすでに録画してあるビデオカセットを再生することができる．しかし，現在はハードディスクレコーダーやDVDなどに取って代わられている．

比電荷 specific charge
ある素粒子の，電荷と質量の比，すなわち，単位質量あたりの電荷．⇒イーエム比（e/m）．

非点収差 astigmatism
光学収差の1つ．光線が1つの焦点に集束せず，ある距離だけ隔たったS'とT'において，直角に交わる2つの線に集束すること（図参照）．目の乱視の場合，角膜の曲線の変化またはまれに水晶体のレンズがいくらか傾いていることにより起こる．この収差を補正するには，平面シリンドリカル（planocylindrical）レンズ，球面-円柱面（spherocylindrical）レンズ，球面円環体（spherotoric）レンズを使用する（⇒円環体レンズ）．傾斜非点収差（radial astigmatism）はレンズ系へ斜めに入射することによって生じる．

非同期モーター asynchronous motor
交流モーターで実際の回転数が電源の周波数によらず負荷によって変化するもの．誘導モーターは典型的な例．

比透磁率 relative permeability
⇒透磁率．

微動ねじ micrometer screw
⇒測微ねじ．

非等方的な anisotropic
等方的でないこと．性質が方向によって異なること．

ピトー管 Pitot tube
流体の流れの全（静的，動的）圧力の測定に用いられる器具．ピトー管は，一端がマノメーターにつながれていて，もう一端は開いたままで流れの上流に向いている，小さな口径の管で

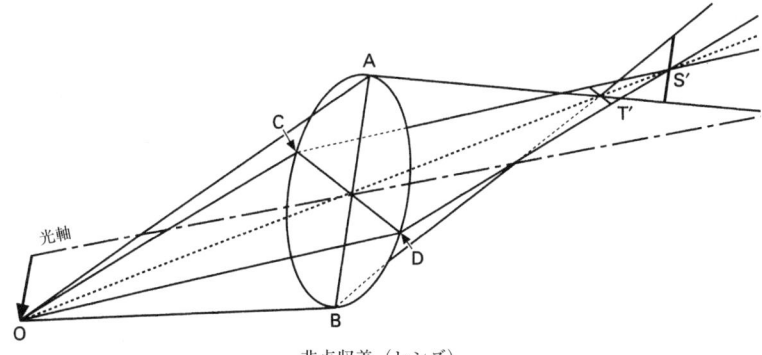

非点収差（レンズ）

できている．流体は管の中を流れないので，マノメーターが示す圧力は，管の先端でのよどみの圧力である．この圧力は，ベルヌーイの原理により $p_0 + (1/2)\rho V^2$ となる．ここで，p_0 は静的な圧力，ρ は流体密度，V は乱されていない流体の速さを表す．

ピトー管という語は，通常ピトー静圧管 (Pitot-static tube) に対して使われる（図参照）．管 A はマノメーター M_1（これは全圧を測定する）につながっているピトー管である．点 X はよどみ点である．管 B はマノメーター M_2 につながっており，静的な圧力を記録する．管 A と B の圧力差は $(1/2)\rho V^2$ である．ピトー静圧管は，流れの速度や，飛行機での相対的な風速の測定に使われる．

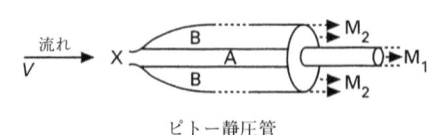

ピトー静圧管

ヒートシンク heat sink
(1) トランジスターやそのほかの電気部品において，不必要な熱を捨て，温度上昇で素子が破壊されることを防ぐために使われる装置．通常は金属板をひれ状に並べ，そこから熱伝導または熱放射で熱を逃がす．

(2) 温度を一定に保つように熱を吸収すると考えられる系．熱力学において熱機関の動作を考える際に必要な概念である．

ヒートポンプ heat pump
熱機関を逆に働かせて，建物を暖房する装置．環境の一部（大気，土壌，川など）がもつ内部エネルギーをエネルギー源として，熱 Q_1 を作業物質に与える．電気モーターが仕事 W をして作業物質をサイクルに乗せ，建物の温度をわずかに上げる．このとき与えられる熱 Q_0 は $Q_1 + W$ に等しい．このようにして低温の物体の内部エネルギーが減り，高温の物体の内部エネルギーが増える．この過程は熱力学の法則に矛盾しない．なぜなら，この過程では系に対して仕事がされていて，全体としては，単なる熱の移動ではないからである．

非ニュートン流体 non-Newtonian fluid
⇒異常粘性．

非熱的放射 nonthermal radiation
シンクロトロン放射のように，電子や他の粒子の加速によって得られ，放射源が熱的でない電磁放射．すなわち，**黒体放射ではない**放射．

比熱（容量）specific heat（capacity）
記号：c．単位質量あたりの熱容量．ある物質 1 kg の温度を 1 K だけ上げるために必要な熱量．単位は J kg^{-1} K^{-1} である．固体の比熱の温度変化の理論は，デバイによって量子論に基づいて導かれた（⇒デュロン-プティの法則）．固体や液体の比熱は，定圧の条件で決定される．気体の場合，温度を上げる条件に伴い，主要な比熱が 2 種類存在する．圧力を一定に保つと定圧比熱 c_p が得られ，体積を一定に保つと定積比熱 c_V が得られる．定圧比熱は，膨張に伴う仕事のため，定積比熱よりもつねに大きい．固体の場合

$$c_p - c_V = A c_p^2 T$$

となる．ここで，A は定数である．理想気体では，内部エネルギーは体積に依存しないので

$$c_p - c_V = nR$$

となる．ここで，n は kg あたりのモル数，R はモルあたりの**気体定数**である．これらの方程式は，一般的な熱力学方程式から導かれる．すなわち，v を比体積として，

$$c_p - c_V = T \left(\frac{\partial p}{\partial T}\right)_V \left(\frac{\partial v}{\partial T}\right)_p$$

と

$$\left(\frac{\partial c_V}{\partial v}\right)_T = T \left(\frac{\partial^2 p}{\partial T^2}\right)_V$$

から体積と圧力による比熱の変化

$$\left(\frac{\partial c_p}{\partial p}\right)_T = -T \left(\frac{\partial^2 v}{\partial T^2}\right)_p$$

が得られる．[気体分子] 運動論によると，エネルギー等配分のもとで一定体積の気体のモル熱容量は，$FR/2$ で与えられる．ここで，F は自由度である．これは実在気体にそのままあてはまるわけではないが，比熱は分子の原子数とともに大きく増加する．気体の場合，比 c_p/c_V はつねに 1 をこえ，記号 γ によって示される定数である．⇒負の比熱．

P 波（地震）P-wave
地球の内部を伝搬する圧力波（⇒地震波）．媒質の振動は，ある固定点の周りで，波の伝搬方向に平行な方向へ振動する（⇒縦波）．P 波は流体中を $v_p = \sqrt{B/\rho}$ の速さで伝搬する．ここで，B は流体の体積弾性率，ρ は流体の密度である．等方的で均一な固体では，縦弾性係数 φ と密度 ρ により，P 波の伝搬速度は $v_s = \sqrt{\varphi/\rho}$ と表される．P 波は，S 波の約 2 倍の速さで固体中を伝搬する．P 波は，S 波が 2 つの媒質の間の境界

面に入射すると発生することがある．同様に，P波が垂直でない向きに境界面に入射すると，S波に変換されることがある．P波は地震波の中では最速である．

火花（スパーク） spark
大きな電位差のある2点間に生じる，目に見える破裂的な放電．これに先立って経路中の電離が起こる．スパークが通過する部分の空気は急速に加熱されるので，鋭く破裂的な雑音が出る．スパークが飛ぶ距離は，電極の形と電極間の電位差によって決まる．

火花間隙（スパークギャップ） spark gap
特別に設計された電極の配置で，印加電圧があらかじめ決められた値をこえるとき，電極間に破裂的な放電が起こる．

火花瞬間写真 spark photography
火花によって照明される方式の写真法．カメラのレンズは開放し，火花の継続時間を制御して，正しい露光が得られるようにする．

火花放電 spark discharge
⇒気体の伝導．

PPI
plan position indicator（図式位置指示器または平面位置表示器）の略．⇒レーダー．

微分器 differentiator
回路の1つで，入力の時間微分が出力となるように設計されているもの．

微分作用素 del
ナブラ（nabla）ともいう．記号 ∇．微分作用素は
$$i(\partial/\partial x)+j(\partial/\partial y)+k(\partial/\partial z)$$
となる．ただし，i, j, k はおのおの x, y, z 軸方向の単位ベクトル．ラプラス演算子は ∇^2 である．

微分抵抗 slope resistance, electrode a.c. resistance, electrode differential resistance
電子素子における特定の電極についていう．電極に印加された電圧の微小変化の，対応する電流の[微小]変化に対する比．他のすべての電極の電圧は，既知の一定値に保たれる．たとえば，コレクターの微分抵抗は
$$R_c = \partial V_c / \partial I_c$$
で与えられる．ここで，V_c はコレクター電圧，I_c はコレクター電流で，ベース電圧とエミッター電圧は一定に保たれる．

比放射能 specific activity
記号：a. 放射性核種の単位質量あたりの放射能．

非飽和蒸気 unsaturated vapour
ある温度における気相の平衡状態の量以下の物質を含む蒸気．このような蒸気は凝固することなく，わずかに等温圧縮が進み，近似的に理想気体の方程式に従う．

ビームアンテナ beam aerial
⇒アンテナ列．

ビーム結合 beam coupling
［加速器で］強度変調された電子ビームが通過すると，2つの電極間を流れる交流電流が回路に生じること．

ビーム電流 beam current
陰極線管のスクリーンに到達する電子ビームによる電流．

比誘電率 relative permittivity
⇒誘電率．

比誘導容量 specific inductive capacity
比誘電率に対して用いられた，以前の名称．

ヒューズ fuse
(1) 融解すること，または鋳造すること．
(2) ヒューズ：電気回路を保護するために付けられた，簡単に融解する短い線．一定以上の電流が流れたときに融ける（"blow"）ようになっている．これにより装置全体の部品が保護される．

ビューフォート風力階級 Beaufort scale
気象学で風力を数値的に表すスケールで，風速に応じて，0（おだやか）から12（ハリケーン）までの数値を割り当てる．特別なハリケーンの速度を表すために，数値13から17がしばしば加えられる．

秒 second
(1) 記号：s. SI単位系での時間の単位で，セシウム133原子の基底状態2つの超微細準位間の遷移に対応する電磁波の9 192 631 770周期に相当する時間が1秒と定義されている．
(2) 秒角（アークセカンド arc second, second of arc）ともいう．記号：″．角度の単位で 1/3600 度．

ひょう（雹） hail
激しく乱れた雲の中でつくられる数ミリ径のほぼ球形をした氷の粒子群．ひょうの粒子は渦によりくり返し上空に吹き上げられ，0℃以下の雲の中を落下するごとに，過冷却の水滴と衝突して成長していく．ひょうの粒子に衝突すると水滴はその表面に凍りつくと同時に小さな氷の破片を放り出す．一説によるとこれらの破片はひょうの粒子とは逆の電荷をもつ．これが雷雲

の帯電を引き起こす. →雪.

標識されている labeled
→放射性トレーサー.

標準音 reference tone
強度と振動数が知られた標準として認められた純音. 音の強さ（ラウドネス）の目盛づけのために, 標準音がいくつか必要になる.

標準温度と標準気圧 standard temperature and pressure（STPまたはs. t. p.）
気体の温度や圧力を換算する標準状態. 標準温度として, 以前は273.15 Kが使われていたが, 現在では298.15 Kが使われている. 気体の標準気圧は, 以前は101 325 Paであったが, 現在では熱力学的データを報告する際に10^5 Pa（1 bar）を使うよう推奨されている. しかし, 沸点は現在でもまだ101 325 Paの気圧のもとでの沸点が報告されることがある.

標準化 standardization
（1）物理的な量の大きさ（たとえば重さ）や計量器の表示（たとえば電流計の読み）をその量を表す標準単位と結び付けること.
（2）電子部品, 電気機器, 機械部品, あるいは装置などの仕様や生産の, 国際的, 国内的, 産業的な統一を図ること. 標準化によりいろいろなメリットがあり, とくに部品や装置の互換性を大幅に高めることができる.

標準光源 standard candle
光度のわかっている星. 標準光源には以下のものがある.
ケフェウス型の変光星は変動の周期と光度のあいだに非常によい相関がある. この相関のため, ケフェウス型変光星は銀河系外の天文学で好んで標準光源に選ばれる. 実際, 20世紀のはじめに, われわれの銀河系内のいくつかのケフェウス型変光星までの距離が統計視差法で測られ, それにより光度が較正され絶対値が決定された. ほかの銀河のケフェウス型変光星の見かけの光度は銀河系外の距離の決定に使われる.
食連星（→二重星）には, 基本的なパラメーターで記述される正確な理論モデルがあり, 最近の望遠鏡技術の進歩は個々の系でこれらのパラメーターを測ることを可能にした. これにより, 食連星は標準光源の候補となり距離の指標となりえる.
こと座RR型変光星は赤色巨星で, われわれの銀河内や近くの球状星団内の天体の距離を測るのに利用される.
Ia型超新星（→超新星）は, （まだ議論はあるが）みな同じ最大絶対光度をもつと思われ, 銀河系外の距離測定に役に立つ. Ia型超新星のもとはチャンドラセカール限界をこえた白色わい星であり, 物理学者はある程度の確かさをもって超新星爆発に関与する重力ポテンシャルエネルギーの種類を予言することができる. しかしながら, 遠方の星は遠い過去の星であり, もっと新しくできた星とは異なった物理に従っているはずである. Ia型超新星が標準光源であるという推測を検証するため, 初期の星の理論モデルの研究が数多く行われている.

標準照度 standard illuminant
標準色度測定（自分では発光しない試料の色の決定）のための照明光源. 試料に45°の角度で照明を当て, 垂直方向で色を測定する. 2848 K, 4800 K, 6600 Kの色温度をもつ3種類の標準光源が規定されている.

標準大気圧 standard atmosphere
国際的によく用いられる圧力の目安で, SI単位系では101 325パスカル（Pa）と定義される. 以前は圧力の単位として, この標準大気圧［(atmosphere) 記号はatm］を用いていたが, 現在では正式な圧力の単位ではない（SI単位ではない）. 実際の大気圧はこの標準値の付近で変動する.

標準電池 standard cell
電圧の標準として用いられる電池. →クラーク電池, ウェストン標準電池.

標準偏差 standard deviation
→偏差.

標準モデル standard model
→電弱理論.

氷線 ice line
凝固曲線（solidification curve）ともいう. 氷の融点と圧力との関係を表す曲線. クラウジウス-クラペイロンの式を使って計算できる.

氷点 ice point
空気が飽和状態で溶け込んでいる水について, 標準気圧のもとで氷と水が平衡になる温度. もともとの重要性は摂氏温度の低温側の定点としてであった. しかし, いまでは熱力学的温度とケルビン目盛は水の三重点を基準にしていて, その値（273.15 K）は実験的な測定の範囲内で氷点が0℃に等しくなるよう選ばれた. →蒸発点.

表皮効果 skin effect
導体に交流電流が流れる際の, 導体断面上での電流の不均一な分布. 電流密度は, 導体の中

心より導体表面の方が大きい．これは，電磁（誘導）効果に起因し，電流の周波数が増加すると顕著になる．表皮効果により，導体断面に電流が一様に分布している場合よりも大きなI^2R損失が生じる．すなわち，交流電流が流れると，導体の実効抵抗は本来の抵抗より大きくなり，また，高周波抵抗は直流抵抗または低周波抵抗より大きくなる．周波数が非常に高い場合には，中空の導体や，多数の（絶縁された）細い素線からなる撚り線（リッツ線 litzendraht wire）を用いればよい．

表面エネルギー surface energy
露出した表面の単位面積あたりのエネルギー．（全）表面エネルギーは，一般に，**表面張力**すなわち等温変化に関する自由（free）表面エネルギーよりも大きい．

表面音響素子 surface acoustic wave device (SAW device)
ディジタル情報にも使われるが，アナログの信号処理によく用いられる小型素子．この素子では，**超音波が固体の表面に沿って進む**．数MHz～数GHzまでの周波数帯をもつので，高い伝送率が可能である．電気信号は圧電効果に基づくトランスデューサーにより表面音波に変換され，また音波も電気信号に変換される．圧電結晶は波の進行方向に沿った基板として用いられる．SAW素子はいろいろな機能を果たすものが作成されている．フィルターとしても非常に重要である（SAWフィルター SAW filter）．

表面障壁型トランジスター surface-barrier transistor
トランジスターにおいてよく用いられているp-n接合が，ショットキーバリアー（→ショットキーダイオード）とよばれる金属半導体接触に置き換えられたトランジスターのこと．ショットキーバリアーでは飽和条件下でキャリヤーの蓄積がゼロなので（→蓄積時間），高周波数のスイッチングの用途に用いられる．

表面色 surface colour
表面により反射された色のついた光．光が媒質に少し入ってから反射されることによる，ふつうの物体の色とは別物である．表面色を示す物質を透過した光は，反射された色の補色である．

表面張力 surface tension
記号：γ．分子間力は短い距離では斥力であり，10^{-10} m程度のところでゼロとなる．それよりもわずかに遠いところでは引力となり，最大値に達した後すぐゼロに落ちる．液体は通常圧力がかかっており，その内部の分子は，平均としてそばの分子と反発し合っていなければならない．したがって，近接する分子間の距離は反発領域にある．しかし，表面付近のところでは近接分子間距離は大きく，距離とともに引力が大きくなる領域にある．その結果として，液体の表面はつねに引っ張られた状態にあり，可能なかぎり縮まろうとする．したがって，小さな自由な液滴の形は球である．表面での分子間距離が増大すると，表面付近の分子はそれに近接する分子の数が少なくなり，マイナスのポテンシャルエネルギーも内部の分子より小さくなる．この張力に逆らって，一定の温度のもとで表面に単位面積をつくるための仕事は，自由表面エネルギー（free surface energy）とよばれる．もし液体表面があらゆる方向に引かれているとすれば，平面の液面のまっすぐな辺を維持するのに必要な力は，表面張力γ（ニュートン/メートルでしばしば表現される）である．もし，この表面の1つの辺が単位長さを動き，等温的に表面が引き延ばされ単位面積の新しい面をつくるならば，そこでなされた仕事はγ（ジュール）である．したがって，N m^{-1}で表現される表面張力は数値的に，そして次元でも自由表面エネルギー J m^{-2}と同じであり，全表面エネルギーとは同じでない．異なる物質がわずかに追加されることで表面張力は大きく影響を受ける．

表面張力により，液体表面の両側では圧力差があり，それは$\gamma(1/R_1+1/R_2)$に等しい．ここでR_1, R_2は2つの直交する断面での曲率半径である．したがって，半径Rのシャボン玉（半径ほぼRの2面をもつ）の圧力は$4\gamma/R$である．

表面抵抗 surface resistivity
物質表面の単位正方形の相対する辺の間の抵抗．この逆数は表面伝導率（surface conductivity）である．

表面波 surface wave
(1) →リップル，水面波．
(2) →地上波．

表面摩擦 skin friction
流体に対して運動している物体に作用する抵抗力または抗力．流体の層流運動と，物体の境界付近での流体の大きなずれ応力による．

避雷針　lightning conductor
建物を落雷の被害から守るための装置．建物の下端で接地された金属片と，上端に取り付けられた電極からなる．それは雷撃が通過する経路を提供している．

平凸（ひらとつ，へいとつ）　planoconvex
⇨凸面．

ピラニ真空計　Pirani gauge
低圧力用の圧力計（真空計）．電流によって熱せられた電線が，気体への熱伝導により熱を失うことを利用している．電線の両端での電位差を一定にし，圧力変化に伴う電線の電気抵抗変化を測る方法と，抵抗値が一定に保たれるように電位差を変えて，その電位差を測る方法がある．

ビリアル　virial
(x, y, z) の座標をもつ原子にその座標軸に平行な X, Y, Z の成分をもつ力が働くような系において，ビリアルは量
$$-(1/2)(xX + yY + zZ)$$
をすべての原子について加えた和の時間平均として定義される．

ビリアル定理（クラウジウスの）　virial law
系の平均運動エネルギーはその系のビリアルと等しく，これは各原子に働く力にのみ依存し，各原子の運動には依存しない．

ビリアル展開　virial expansion
実在気体の状態方程式は
$$pV = RT + Bp + Cp^2 + Dp^3 + \cdots$$
で表される．実験的な定数 $B, C, D, \cdots$ は第2次，3次，4次，$\cdots$ のビリアル係数（virial coefficient）として知られる．

ビリオン　billion
10億 (10^9)．アメリカ，フランスの用法では，この語はいつも10億を表すために使われてきた．イギリスでは，以前は1兆を表した．1960年代，イギリス大蔵省が経済統計にアメリカ流（10億）で使いはじめ，いまでは広くこの用法がもとの意味に置き換わっている．

微量天秤　microbalance
非常に小さい質量（たとえば，10^{-5} mg 程度まで）を測るための天秤．このような天秤で標準分銅を使うのは実際的ではない．その代わり，天秤の棹の一端に球を付け，天秤容器内の空気の圧力を変化させ，この球に加わる上向きの浮力を変えて，天秤をつり合わせる．棹がつり合ったときの圧力を測るために，圧力計が付けられている．もし，温度が一定なら，ガスの密度は（そして上向きの浮力は）圧力に比例する．微量天秤は，気体の相対密度を測るために使われてきた．まず，未知の気体で棹をつり合わせるために必要な圧力を測り，次に酸素で測る．密度の比は，温度が両方の測定のあいだ同じならば，これらの圧力の比に反比例する．

微量熱量計　microcalorimeter
少量の放射性物質から発生するような，非常に小さい熱量の測定に使われる差分熱量計．

ヒルベルト空間　Hilbert space
波動力学の固有関数が直交する単位ベクトルとして表されるような多次元空間．

比例計数管　proportional counter
⇨比例範囲．

非励振アンテナ　passive aerial
⇨指向性アンテナ．

比例範囲　proportional region
放射線計数管で，その気体増倍率が1を超え，その値が一次電離量に依存しない動作電圧範囲．この範囲で動作する計数管を比例計数管（proportional counter）という．計数管におけるパルスの大きさは，最初の電離で生じたイオン数に比例している．⇨ガイガー計数管，電離箱．

疲労　fatigue
くり返し応力を加えることで特性が漸次低下していくこと．連続的な振動による金属の弾性劣化などがこれにあたる．

広がり係数　spreading coefficient
互いに混ざり合わない液体AとBがあり，液体Bの表面に液体Aが浮かんでいる場合を考える．単位長さあたりの3つの力の大きさは，液体の表面張力 T_A, T_B, および2つの液体の界面での表面張力 T_{AB} に等しい．平衡のための条件は，これらの3つの力がつり合うことである．もしも液体Aが広がらないならば，$T_B < T_A + T_{AB}$ である．$T_B - T_A - T_{AB}$ という量は広がり係数とよばれ，もしも正ならば液体Aは広がる．

広がり抵抗　spreading resistance
半導体素子に関する用語．接合部や電極部から離れたところにある，半導体のバルク物質による抵抗成分．

PROM
programmable read-only memory．すなわち programmable ROM（プログラム可能ROM）の略記．ROMと同様の方法で製造される半導体メモリーの一種．しかし，製造中では

なく，製造後に必要な内容を書き込むもので，一度書き込んだ内容を変更できない．メモリーの内容は，PROMライター（PROM programmer）とよばれる装置で電子的に書き込まれる．⇒EPROM．

ピングリッドアレイ pin grid array（PGA）
複雑な集積回路に使われるパッケージの形式の1つ．1つのチップに数百の接続部があるものもある．接続部は，パッケージの両端か四辺に，出力端子のアレイ（端子の列がいくつか平行に並んだもの）でつくられている．これらの端子は，ケースを通ってチップの接続部へつながっている．

pinダイオード p-i-n diode
p型とn型領域の間に真性半導体の領域をもつ半導体ダイオード．⇒インパットダイオード，フォトダイオード．

ピンチオフ pinch-off
⇒電界効果トランジスター．

ピンチ効果 pinch effect
液体や気体状の導体中を流れる電流が，電磁力のためにその断面積を小さくする傾向をもたらす効果．⇒核融合炉．

フ

負（負の） negative
(1) 電気的な電荷が負であること．電子の電荷と同じ極性をもつ．
(2) 物体あるいは系で負の電荷をもつもの．過剰な電子をもつもの．

ファインダー finder
⇒コリメーター．

ファインマンダイアグラムとプロパゲーター Feynman diagram and propagator
⇒量子電気力学．

ファクシミリ通信 facsimile transmission
絵を含む書類の電子配送システム．配送元では，もとの書類が走査され，解析されて電子的な信号（アナログまたはディジタル）に変換される．これらの電気信号は宛先まで通信チャネルを介して送られ，用紙上に複製がつくられる．この像をファクシミリ（facsimile）という．商業的にファクス（fax）として知られるシステムは電話回線を情報伝達に利用し，ファクス機（fax machine）により送受信される．

ファクス fax
⇒ファクシミリ通信．

ファブリ-ペロー干渉計 Fabry-Perot interferometer
非常に高分解能な分光計であり，またレーザー共振器としても用いられる干渉計．もっとも簡単なものでは，2枚の銀またはアルミ蒸着した平行平面ガラスの鏡からなる．共振器としての鏡は，数 mm から数 cm，さらにはもっとずっと大きな間隔をもつ．間隔が可変のとき，この装置は干渉計とよばれ，間隔が固定で，平行度だけが調整可能のとき，エタロン（etalon）とよばれる．

光源のある点からの光線は，1番目の部分反射鏡に入射し，鏡間で多重反射をくり返す．そして光線は，2番目の鏡を通過し，スクリーン上に収束する．そこで光線は干渉し，明または暗のスポットをつくる．ある角度で傾いて入射した光線は，単一円の干渉縞をつくる．拡散した光では，干渉パターンは狭い幅の同心円の輪群となる．

そのシャープな干渉縞と高い分解能により，この装置は，波長の正確な比較およびスペクトル線の超微細構造の研究に用いられる．

ファラッド farad
記号：F．電気容量の SI 単位であり，電極両端に 1 V の電位差を与えたとき，1 C の電荷を蓄えるコンデンサーの電気容量で定義される．

ファラデー暗部 Faraday dark space
⇒気体放電管（図）．

ファラデー円筒 Faraday cylinder
(1) 閉じているかまたはほとんど閉じている筒型の導電体であり，電気機器を外部電場から遮蔽するために用いられる．一般には接地し，電気機器の周りを覆う．
(2) 荷電粒子（電子や気体イオン）を集めるための同様な装置．一般に接地した円筒でシールドされる．内側の導体は絶縁され，検出装置につながっている．

ファラデー円板 Faraday's disc
直流発電機の初期のモデル．馬蹄形の永久磁石の両極間で銅円板を水平軸まわりに（普通は手動で）回転させる．このとき，軸と円周の間に起電力が生じ，滑り接点やブラシを用いて取り出すことができる．

ファラデー回転 Faraday rotation
⇒ファラデー効果．

ファラデー管 Faraday tube
⇒電束．

ファラデーケージ Faraday cage
電子機器を取り囲む導電体，あるいは導電シートやメッシュの組み合わせで，外部からくる電気的な雑音から電子機器を遮蔽する．導体に囲まれた領域には，外部電荷による電場は発生しないということを利用している（ファラデー，1836）．

ファラデー効果 Faraday effect
ファラデー回転（Faraday rotation）ともいう．直線偏光の光が強磁場下のある媒質中を通過するときに偏光面が回転する現象．（光の進行方向に磁場成分がないと起こらない．）たとえば（ファラデーが発見した）重鉛ガラス，水晶，水などで起こる．また，磁場の存在するプラズマ中を通過する電波のように，偏波した平面電磁波においてもファラデー回転は観測される．回転角は磁場の強さと通過する媒質の長さに比例する．⇒カー効果．

ファラデー定数 Faraday constant
記号：F．電子 1 mol に相当する電荷量．すなわちアボガドロ定数とクーロン単位で表した

1電子の電荷との積である．1価のイオン1 mol を遊離または析出させるのに必要な電荷量であり，その大きさは

$$9.648\,453\,1\times10^4\,\text{C mol}^{-1}$$

となる．

ファラデー–ノイマンの法則　Faraday-Neumann law
⇒電磁誘導．

ファラデーの電気分解の法則　Faraday's law of electrolysis
電流を流すことにより電解液から遊離する物質の質量は，電流とそれを流す時間の積に比例する．直列につないだ異なる電解質に同じ電流を同じ時間通電したとき，それぞれ遊離する物質の質量は，電流を担うイオンの電荷で原子質量を割った量に比例する．

ファラデーの電磁誘導の法則　Faraday's law of induction
(1) 閉回路を貫く磁束数が変化するときはいつでも，誘導電流が回路を流れ，変化が続く限り電流は流れ続ける．
(2) 回路中の誘導電流は回路を貫く磁束数を保存させる方向に流れる．
(3) 回路を流れる電流は，磁束数の変化の大きさを回路抵抗で割った量に比例する．
⇒電磁誘導．

ファリシ平衡　Falici balance
交流電流ブリッジを用いることにより，インダクター（コイル）の巻き線間の相互インダクタンスを決定する方法．

ファーレンハイト目盛　Fahrenheit scale
氷点を32°Fとし，沸点を212°Fとした温度スケール．科学の分野では今日では使用していない．

ファンアウト　fan-out
ある論理回路の出力段でドライブすることのできる他の回路の最大入力数．

ファンイン　fan-in
論理回路で可能な最大入力数．

ファンクションジェネレーター（関数信号発生器）　function generator
ある特定の波形をつくる信号発生器で，広い周波数範囲にわたって回路を試験する目的で用いられる．

不安定な発振　unstable oscillation
時間とともに強度が変化するような，機械的，電気的，その他の振動．

不安定な平衡　unstable equilibrium
⇒平衡．

ファンデルワールス状態方程式　van der Waals equation of state
物質の気体および液体の両方を記述する状態方程式．流体の性質の近似的な解析に広く使われている．1 molの流体に対する式は

$$(p+a/V^2)(V-b)=RT$$

と表される．p は圧力，V は体積，T は熱力学的温度，R はモル気体定数，a および b は与えられた物質を特徴づける定数である．b は極短距離の反発力によって分子が実効的に占める体積を表し，a/V^2 は近距離の引力を表す．この方程式は理想気体の方程式よりも正確に気体の性質を説明することができる．液体に対してはそれほど正確ではない．

ファンデルワールス力　van der Waals force
静電気力による分子間および原子間力．2つの同種の分子が永久双極子モーメントをもちランダムに熱運動をしているとすると，互いの配向によって反発したりまた引き合う．平均するとこれは全体的に引力になる．永久双極子モーメントをもつ分子は近くの同様の分子にも双極子を誘起し，相互の引力を生じさせる．これらの双極子–双極子および双極子–誘起双極子の2種類の相互作用は原子間においては生じない．

原子間のファンデルワールス力は，原子の瞬間的な小さな双極子によって生じるものである．たとえば，陽子と電子が1個ずつ含まれる水素原子では，原子核の周りに対称的な電子雲がある．しかし，どの瞬間においても電子の位置によって電荷の分布に非対称性があり，したがって原子はゆらぎながら回転している双極子をもっていると考えることができる．近くの原子間には双極子どうしの正味の引力はない．それは双極子が一定方向に向くのに十分な時間がないからである．しかし，1つの原子の瞬間的な双極子は近くの同様の原子を分極することができ，その結果，引力が生じる．

以上の3種類の相互作用はすべて，$E_P=-A/r^6$ という式で表される．E_P は2個の分子あるいは原子のポテンシャルエネルギー，r は分子間または原子間の距離，A は原子および分子に固有の定数である．完全なポテンシャルエネルギーの表式は，原子間の反発力を表す項を含む．その E_P はレナード–ジョーンズポテンシャル（Lennard-Jones potential）とよばれる．ファンデルワールス力は実際の気体の理想気体から

のずれに寄与する．また，この力は液体および非イオン固体中の分子または原子間の力でもある．

ファントホッフの係数　van't Hoff factor
⇨浸透性．

V 数　V-number
⇨アッベ数．

フィーダー　feeder
(1) 空中と伝送線または受信器の間において，電波出力を最小損失で受け渡すための電線または導波管のシステム．
(2) 発電所から配電網の各所に電力を送る電力線．分岐する中間点はない．⇨伝送線．

フィックの法則　Fick's law
液体や固体の拡散過程を数学的に表現した法則．一様濃度の平面の単位面積を単位時間あたりに横切る溶質の質量は，濃度勾配に比例する．その比例定数を拡散係数（coefficient of diffusion）D とよぶ．

フィッツジェラルド-ローレンツ収縮
FitzGerald-Lorentz contraction
⇨ローレンツ-フィッツジェラルド収縮，相対（性理）論．

VDU
visual-display unit（映像ディスプレイ装置）の略記．
コンピューターの出力をスクリーン（液晶やプラズマ，有機 EL，陰極線管ディスプレイなど）に表示する装置．表示情報としてはアルファベット文字，数字，および他の種類の文字，また図やグラフ，写真，イラスト，動画，アニメーションなどのグラフィック形式がある．VDU はふつうキーボードと一緒に用いられ，これによって情報がコンピューターに入力される．入力装置としては他にマウスやライトペンのようなものもある．

フィードスルー　feedthrough
プリント配線回路基板の回路パターンの複数層間を，絶縁層を通して結線すること．プリント回路基板としては，両面基板が一般的であるが，12層の片面基板もある．多重結線の集積回路でも同様に，結線層と次の層の間をフィードスルーで結線する．

フィート・ポンド・秒単位系　foot-pound-second system of units（f.p.s. system）
英語圏で昔用いられていたフィート，ポンド，秒を基本にした単位系である．今は科学技術では SI 単位系に代わられている．

付録の表1に SI，CGS，f.p.s. 単位系の間の換算を示す．

V ビームレーダー　V-beam radar
⇨レーダー．

フィラメント　filament
糸状のもの，とくに白熱電球の中にある金属または炭素といった導体．

フィルター　filter
(1) 固体を通さずに液体のみを通す材料（砂，フィルター紙など）に懸濁液を透過させることによって，液体に混じっている固体を取り除く装置．
(2) 指定した1つまたはそれ以上の周波数帯（パスバンド pass band）を通し，他の周波数帯の信号（1つまたはそれ以上の減衰バンド attenuation band）を抑えるようにつくられた電気回路．遮断周波数はパスバンドと減衰バンドの区切りとなる周波数である（記号に f_1，f_2 などが用いられ，1つの場合には f_c も使われる）．

フィルターのおもな形態は，ローパス（low-pass，低域），ハイパス（high-pass，高域），バンドパス（band-pass，帯域），バンドストップ（band-stop，帯域消去）の4種類である．表にそれぞれの場合の周波数範囲を示す．

型	パスバンド	減衰バンド
1. ローパス	$0\sim f_c$	$f_c\sim\infty$
2. ハイパス	$f_c\sim\infty$	$0\sim f_c$
3. バンドパス	$f_1\sim f_2$	$0\sim f_1$, $f_2\sim\infty$
4. バンドストップ	$0\sim f_1$, $f_2\sim\infty$	$f_1\sim f_2$

(3) 特定の波長領域の光（赤外，紫外を含む）を通す装置．一般に特定の波長を選択的に吸収するような透過性物質（⇨ポラロイド）が使われる．干渉フィルター（interference filter）は異なる原理を用いており，透過幅として 1～10 nm 程度の狭い周波数帯域を得ることができる．

フィルターポンプ　filter pump
水力吸引ポンプ（water aspirator）ともいう．水流を空気の取り込み，除去に用いる高速排気真空ポンプ（図参照）．到達可能な真空度は室温での水の蒸気圧でほぼ決まる．

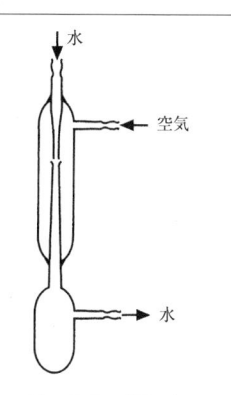

フィルターポンプ

フィルム線量測定　film dosimetry
⇒線量測定.

風速計　anemometer
流体の速度，ことに空気の速度を測定する装置．速度計には3つの型がある．①流れの中の2点間の圧力差を測るもの．ベンチュリー管やピトー管など．②流れにさらされた電熱線の冷却を測るもの．(⇒熱線風速計) ③流体の運動量を利用するもの．流れに向かってカップやスクリューでつくった風車を置く．
ベーン（翼板）風速計は，なかでも気体の流れを記録するためにもっともよく使用される．翼板の回転軸が流れに沿った方向に向くように，そのひれの部分が回転軸上にさしこまれている．こうして流体の力によって装置はいつも上流に向くようになっている．翼板は軸に対して45度傾いている．カップ風速計は3個か4個のカップの形をした物体が径方向の支持棒で回転軸に取り付けられる．軸は風速に応じた速さで回転する．

風損　windage loss
電気機器において可動部品の運動が周りの気体や蒸気（ふつう空気）に一部伝わることによって生じる電力損失．ふつうワットで表される．この損失はすべての電気機器において避けられないものである．その理由は冷却のために換気が必要だからである．

風洞　wind tunnel
基本的には中空の管のことで，この中に一様の空気を流す．航空機のような物体の部分または全体の縮小模型をこの中に設置し，実機の空気力学的な振舞いを評価する．

風力エネルギー　wind energy
⇒再生可能エネルギー資源.

フェイズドアレイレーダー　phased-array radar
⇒レーダー.

フェセンデン発振器　Fessenden oscillator
電磁気的，電気力学的な水中音響発生器・受信機の効率のよい形式．一般に大きな広がりを必要とする海での信号伝達に利用される．

フェーディング　fading
通信において，伝送線路での変動に起因する，受信器での信号強度の変化．一般には2つの異なる線路を通り，受信器に到達する2つの波の間の相殺的な干渉が原因となる．伝送信号が全帯域で一様に減衰するとき，そのフェーディングを振幅フェーディング（amplitude fading）とよび，受信信号強度の低下を引き起こす．異なる周波数で減衰が一様ではないとき，選択性フェーディング（selective fading）といい，受信信号はひずむ．

フェムト-　femto-
記号 f. 10^{-15} を表す接頭辞．たとえば1フェムトメートルは 10^{-15} m に等しい．

フェライト　ferrite
他の酸化物を添加した低密度の鉄の磁性酸化物．代表的なフェライトは $Fe_2O_3 \cdot XO$ であり，X はコバルト，ニッケル，亜鉛，マンガンなどの2価の金属である．フェライトは絶縁体の性質をもち，X の性質によりフェリ磁性か強磁性となる．

フェランチ効果　Ferranti effect
負荷が急に減少するとき，伝送線に起こる効果．伝送線のインダクタンスを介して流れる充電電流が，伝送線の端で鋭い電圧の立ち上がりを生じる．

フェリ磁性　ferrimagnetism
フェライトのような固体物質の性質であり，強磁性と反磁性の両方を示す（⇒強磁性，反強磁性）．温度とともに増大する小さな正の磁化率で特徴づけられる．結晶中に電子スピンの異なる2種のイオンが近接して存在し，これらの磁気モーメントが互いに反平行となることが原因となる．磁気モーメントが同じではないことを別にすれば，反強磁性物質の場合に類似する．

フェリーの全放射高温計　Féry total radiation pyrometer
1400℃までの温度を直接測定するための高温計であり，全波長での放射電磁波エネルギーの

総量を測定する.

フェールセーフ機器(事故防御対応機器) fail-safe device
供給・制御電源に問題が生じたり,システムのどこかに欠陥が発見されたとき,システムの動作を中止させる自動機器.

フェルマーの定理 Fermat's principle
反射や屈折により2点間を通過する光線の光路は,最小時間の道筋となる(最小時間の定理 principle of least time).現在は,さらに一般化され,停留時間の定理(principle of stationary time)(すなわち光線の道筋は最小または最大時間をとる)として表現される.反射・屈折面が入射点に接する無収差面よりも小さな曲率のとき道筋は最小,大きな曲率では最大となる.

フェルミ fermi
核物理でしばしば用いられる長さの単位であり,10^{-15} m の大きさである.

フェルミオン(フェルミ粒子) fermion
半整数スピンをもつ素粒子.フェルミオンはフェルミ-ディラック統計(→量子統計)に従う.全素粒子はフェルミオンかボソンである.レプトン,クォーク,バリオンはフェルミオンである.

フェルミ気体モデル Fermi gas model
中性子と陽子は,原子核と同じ体積の立方体に閉じ込められた,フェルミ-ディラック統計(→量子統計)に従う独立した粒子であるとする原子核モデル.固体中の電子の理論と似ている.高エネルギー原子核過程での衝突を記述するのに有用である.

フェルミ-ディラック統計 Fermi-Dirac statistics
フェルミ統計(Fermi statistics)ともいう.
→量子統計.

フェルミ-ディラックの分布関数 Fermi-Dirac distribution function
記号:f_E.平衡状態にある理想的なフェルミオン系で,エネルギー E の量子状態が占有される確率を表し,
$$f_E = 1/[\exp(\alpha + E/kT) + 1]$$
で与えられる.ここで,k はボルツマン定数,T は熱力学的温度.そして α は粒子の温度と濃度に依存する量である.指数関数は0以下にならないので,f_E は1以上にはならない.これはパウリの排他律を満足する.
→量子統計.

フェルミの年齢理論 Fermi age theory
原子炉内での中性子の減速密度を計算する近似法.中性子は,一度にある量のエネルギーを失うのではなく,継続的にエネルギーを失い続けるという仮定に基づく.年齢方程式(age equation)は
$$\nabla^2 q - dq/d\tau = 0$$
であり,減速密度 q と中性子年齢(neutron age) τ を関係づける.設定した仮定から,軽い元素を含む物質への適用は難しい.

フェルミレベル Fermi level
→エネルギーバンド.

フォークト効果 Voigt effect
気体(vapour)中において,光の伝播方向と垂直な方向に磁場をかけたときに生じる複屈折のこと.このとき気体は結晶軸方向に磁場を加えられた一軸性結晶と同様の働きを示す.

フォスター-シーレイ弁別装置 Foster-Seeley discriminator
→周波数弁別装置.

フォーティンの気圧計 Fortin's barometer
→気圧計.

フォトダイオード photodiode
光が照射されたとき十分な光電流を発生する半導体ダイオード.さまざまな型がある.その1つとして,降伏電圧以下の逆バイアスをかけた p-n 接合を利用したものがある.適当な周波数の電磁波が入射すると,光導電性により電荷キャリヤー(電子-正孔対)が発生する.このキャリヤーは通常すぐに再結合するが,接合部に存在する空乏層やその近辺でつくられたキャリヤーは,接合部を横切り,光電流を発生する.この電流は,通常は非常に微弱な逆飽和電流と重なり流れる.このタイプの素子としてよく知られているのは,pin フォトダイオード(p-i-n photodiode)である.これは p 型と n 型領域の間に全体が空乏層となる真性半導体の層をもつもので,空乏幅を調節することにより素子の感度を大きくしたり周波数応答をよくしたりすることができる.

フォトトランジスター phototransistor
可視光や紫外線で活性化される二極接合のトランジスター.ベース電極は浮遊しており,ベース信号はベース電極が受けた光により発生した過剰のキャリヤーによって供給される.いったん平衡状態に達すれば,フォトトランジスターは,ベース信号が光の強さの関数となっている通常のトランジスターと同様に動作する.

フォトリソグラフィー photolithography
⇒光リソグラフィー.

フォトレジスト photoresist
写真製版術（光リソグラフィー）で使用される有機の感光材料．ネガのフォトレジストは光の作用により重合する材料であり，ポジのフォトレジストは光の作用により重合が分解するポリマー材料である．重合した材料はエッチングなどの工程で障壁として働く．

フォノン phonon
固体中では，原子は独立に振動するのではなく，原子の振動は非常に高い周波数 f（典型的には 10^{12} Hz 程度）をもつ音波として物質中を伝搬する．この波により運ばれるエネルギーは量子化される．この量子はフォノンとよばれ，hf の大きさをもつ．ここで，h はプランク定数である．

多くの場合，フォノンは固体によって占められた空間の中で動く気体分子のように取り扱うことができる．その平均自由行程は種々の散乱過程により決まっている．一般に，固体の欠陥と境界では散乱が起きる．振幅が大きいとき，振動は非調和的になるので，フォノンは自由電子や他のフォノンにより散乱される．これらの効果は，とくに高温において，熱伝導率を抑え抵抗率を増大させるのに重要な役割を果たしている．⇒集団励起．

負荷 load
(1) 電気信号を受信したり，その電力を消費する素子または材料．または信号源からの電力を吸収する素子．これには，スピーカー，テレビ，ラジオ，論理回路，または誘電損失や誘導電流によって加熱される材料などがある．
(2) モーター，発電機，変圧器，または電気回路や電子デバイスなどによる電気的負荷［電力消費］．
(3) 物体に加えられる力．
(4) 構造物によって支えられる重さ．

負荷インピーダンス load impedance
負荷に電力を供給する駆動回路に対して負荷が示すインピーダンス．

不可逆変化 irreversible change
⇒可逆変化．

不確定性原理 uncertainty principle, principle of indeterminacy, indeterminacy principle
ハイゼンベルク（Heisenberg）の不確定性原理（indeterminacy principle）ともいう．ハイゼンベルクにより発表された原理で，運動量成分（p_x）の測定値の不確定さと，その成分の位置座標（x）の不確定さの積はプランク定数と同程度の大きさである，というもの．もっとも正確に書き表すと，

$$\Delta p_x \times \Delta x \geq h/4\pi$$

となる．ここで，Δx は不確定性の二乗平均値である．ほとんどの場合，次のように仮定してよい．

$$\Delta p_x \times \Delta x \sim h/2\pi$$

この原理は量子力学から厳密に導くことができる．しかし，より直感的には，系の観測を行うということは観測される系を乱すことで，そのために測定の精度が失われることの帰結がこの原理である，と考えればよい．たとえば，電子を観測しその位置を測定できると仮定するならば，電子は光子を反射しなくてはならない．もしも1個の光子を用いて顕微鏡で検出することができるとするならば，電子と光子の衝突により，電子の運動量は変化するはずである（⇒コンプトン効果）．類似の関係はエネルギーと時間の決定にも適用される．すなわち

$$\Delta E \times \Delta t \geq h/4\pi$$

となる．h の大きさが小さいため，不確定性原理の効果は大きな系では現れない．しかし，原子程度の大きさの系の振舞いにおいてはこの原理は第一義的に重要である．たとえば，スペクトル線の固有の幅はこの原理により説明される．すなわち，励起状態にある原子の寿命が非常に短かければ，エネルギーの不確定性が大きく，遷移の線幅が広がる．

不確定性原理の1つの帰結は，系の振舞いを完全に予測することは不可能であり，マクロな系での因果律を原子のレベルに適用することはできないということである．量子力学は物理系の振舞いの確率を記述するのである．

フガシティ（逃散能） fugacity
記号：f．実在気体を熱力学的方程式で扱う際に，理想気体と同じ方程式の形で扱えるようにするために修正された圧力．

負荷直線 load line
電子デバイスの一連の特性を表すグラフにおいて，回路の特定の負荷に対する電圧と電流の間の関係を視覚的に表す線．

不活性電池 inert cell
水を加えて電解液をつくるまで不活性な一次電池．化学物質とその他必要な成分を固形にしたものが入っている．

不感時間 dead time
電子計測器において，直前の刺激に引き続き，別の刺激がきても反応できない時間.

負帰還（負のフィードバック） negative feedback
⇒帰還（フィードバック）.

不均一反応炉 heterogeneous reactor
原子炉の1タイプ．燃料と減速材が分離されている.

不均一ひずみ heterogeneous strain
⇒一様ひずみ.

復極剤 depolarizer, depolarizing agent
一次電池の分極を取り除くために用いられる物質で，陽極で遊離された水素と化学的あるいは電気分解による反応を起こさせることにより復極させる.

複屈折 birefringence, double refraction
ある種の結晶（方解石や石英）を通して近くにある物体を見ると，二重に見える．光は2つに分かれる．すなわち通常の屈折の法則にしたがう常光線（ordinary ray, o-ray）と，それと異なる法則に従う異常光線（extraordinary ray, e-ray）である．常光線中の光は異常光線中の光に対して垂直に偏光している．媒質の結晶の性質のために，2群に分かれたホイヘンスの波束（⇒ホイヘンスの原理）が伝搬する．常光線の波面は球面波束で発展し，異常光線の波面は回転楕円体波束で発展する．光学軸方向には，これらは等しい速度で伝搬する．結晶の複屈折の大きさは，その最大と最小の屈折率の差によって決まる．いくつかの結晶は一軸性結晶（方解石，水晶，氷，電気石）であり，他は二軸性結晶（マイカ，セレナイト，あられ石）である.

複合核 compound nucleus
核衝突の直後に生まれる短寿命の高励起核.

複合顕微鏡 compound microscope
⇒顕微鏡.

複合振り子 compound pendulum
⇒振り子.

輻射 radiation
⇒放射.

複信 duplex operation
2点間の通信チャネルを同時に双方向に操作すること．操作が同時に両方向ではなく，どちらか一方向に限られている場合，半複信（half-duplex operation）とよばれる.

復調 demodulation
変調の逆．キャリヤー（搬送）波から変調している信号を取り出すあるいは分離すること．この目的で用いられる回路や装置は復調器または検出器とよばれる.

復調器 demodulator
⇒検出器.

副搬送波 subcarrier
他の搬送波を変調するために用いられる搬送波.

復氷 regelation
融けかかっている2つの氷を互いに押しつけ，その間の圧力を上げていくと，融点が低下し接触面の氷は融ける．そのときにまわりから潜熱を奪うため，まわりの温度は0℃より下がる．その後，加えている圧力を取り除くと，いったん融けた膜状の水が潜熱を放出して凍り，2つの氷は1つのかたまりになる．この過程を復氷という.

副標準 substandard
第1標準ほどは正確ではない標準測定装置．計量，検査される装置を第1標準と結びつける中間装置として用いられる.

複プリズム biprism
180度より若干小さい頂点角をもったプリズムで，仮想的に底面を合わせた2つの狭い角度のプリズムとして働く．そのため光線を小さい角度をなす2つの部分に分離する．単一の物体の（わずかに離れた）二重像をつくることができる．干渉を生じさせるために使われる.

複巻電動機 compound-wound machine
界磁石が直列と分巻の両方の巻線で与えられている直流電動機．直列巻線は機械の負荷電流を伝達し，直列磁界を発生する．直列界磁が分巻界磁を助長すれば，これは和動複巻（cumulatively compound-wound）と称され，逆に，直列界磁が分巻磁界に対抗すれば，差動複巻（differentially compound-wound）と称される.

負グロー negative glow
⇒グロー放電.

ブーゲーの吸収の法則 Bouguer's law of absorption
⇒線形吸収係数.

フーコーの振り子 Foucault pendulum
地球の自転を説明する簡単な振り子．フーコーによってつくられた（1851年）．原型は約28 kgの重りが67 mの細い鉄線でつるされてい

る．振り子の振動面は不変であるが，地球が自転しているために T 時間で $360°$ の回転をしているように見える．ここで，T は $24/\sin\lambda$ である（λ は緯度）．

Ψ/J 粒子　psi/J particle
⇒J/Ψ粒子．

節　node
(1) 定在波において，粒子の変位，粒子の速度や圧力の大きさのように波の運動を表す量が最小値（すなわち 0）をとる点あるいは領域．気柱の中の定在波では，変位の節は圧力の腹で，圧力の節は変位の腹になっている．一般にどんな波でも変動するものが 2 種類あって，一方の節は他方の腹になっている．
(2) 電気やエレクトロニクスでの節．電流や電圧が最小値をとる点．
(3) ⇒ネットワーク（定義 (1)，(2)）．

不純物　impurity
半導体中で，自然に存在するかまたは意図的に入れた，他と性質を異にする原子．これらは電気伝導度の大きさや型を基本的に左右する．
⇒半導体．

浮心　centre of buoyancy
⇒浮力．

ブースター　booster
(1) 電子回路中で，回路の電圧を増加させたり，減少させたり，電圧の位相を変えたりする発振器，変換器．
(2) 放送で，主放送局から送られてくる信号を増幅し，ときには周波数を変えてふたたび送信する中継局．

不整合　mismatch
⇒ミスマッチ．

負性抵抗　negative resistance
ある電子デバイスで電圧電流特性が負の勾配をもつ，つまり，印加電圧を増やすと電流が減る性質．このようなデバイスにはサイリスター（⇒シリコン制御整流器），マグネトロン，トンネルダイオードなどがある．

不足電流（電圧）開放　undercurrent (or undervoltage) release
電流（または電圧）が既定値以下になると作動するスイッチ，遮断器，またはその他の引き外し装置．

双子のパラドクス　twin paradox
特殊相対論および一般相対論の両方で論じられてきた概念．まったく同等の初期条件で双子がともに慣性座標系にいると仮定する．その後，片方が加速度を受けて高速度で長い宇宙への旅に立ち，最後にもう一方の側にもどってくる．双子のうち家に残っていたほうが，旅をしたほうよりも年をとっているはずであると考えられる．

付着　adhesion
接している 2 つの物体の表面の間の相互作用．これにより両者は密着する．⇒凝集．

伏角　dip, inclination
水平面と局地的な地球磁場の方向とのなす角．磁気的赤道での 0 度から磁軸極での 90 度までの値をとる．磁針がその重心で自由に吊るされ，磁軸が地磁気の子午線方向となっているとき，その磁針が水平面となす角が伏角である．

伏角円盤　dip circle
伏角を測定するための装置．基本的な構成は，重心を貫いている水平軸およびその周りに自由に回転するように支えられている薄い磁石である．これが水平面から傾く角度を，角度目盛のついた垂直な円盤上で読み取る．正確さを期すために，数多くの調整が必要である．これには，軸受けの針の方向を逆にするとか，磁場の方向を逆にするといったことがある．

フッ化リチウム線量測定　lithium fluoride dosimetry
⇒線量測定．

フックアップ　hook-up
電気電子回路を一時的に接続すること．一時的な通信回路．

フックの法則　Hooke's law (1676)
弾性理論の基礎をなす法則．もっとも一般的に表すと，ある応力の範囲では，生じるひずみは加えた応力に比例し，時間には依存せず，応力がなくなれば完全にもとにもどるということ（⇒ひずみ，応力）．実際の物質では，応力対ひずみのグラフに線形でなくなる点があり，比例限界（limit of proportionality）とよばれる．
⇒降伏点，弾性限界．

物質の平均密度　mean density of matter
宇宙において，そのダイナミクスを決定する量．すなわち，宇宙がいつまでも膨張し続ける開いた系なのか，またはいずれ膨張が止まってまた収縮する閉じた系なのかを決定する．これはハッブル定数と重力定数の関数である．その値を超えると膨張がいつかは止まるような臨界密度は約 5×10^{-27} $kg\,m^{-3}$ である（ハッブル定数を $55\,km\,s^{-1}\,Mp\,c^{-1}$ とした）．

物質波 matter wave
⇒ドブロイ波.

物質保存則 conservation of matter
質量保存則と同義.物質は増えたり減ったりするものではないという法則.19世紀化学の基本原理の1つ.⇒質量とエネルギーの保存則.

物質量 amount of substance
記号:n.国際単位系(SI)の中の7つの基本単位の1つ.質量とは異なる.特定の粒子の数に比例する量であるが,その特定の粒子とは,原子,分子,イオン,ラジカル,電子,光子,あるいはこれら粒子の特定の集団であってもよい.この比例係数は,すべての物質について共通でアボガドロ定数と呼ばれる.物質量はモルという単位で数えられる.

プッシュプル動作 push-pull operation
2つの整合がとれた素子を,互いに180°の位相差で動作させるように回路で使用する方法.出力回路では,この2つの素子の出力を位相を合わせて重ね合わせる.入力で必要な位相差を得る1つの方法は,トランス結合の入力回路である.2つの素子の出力を,トランス結合によって重ね合わせて,交流の出力を同位相で得る.相補型トランジスターを使用することもできる(図参照).このときは入力側に位相シフトは必要ない.
プッシュプル回路はA級増幅器やB級増幅器でよく使用される.この場合,プッシュプル増幅器(push-pull amplifier)やバランス型増幅器(balanced amplifier)とよばれる.

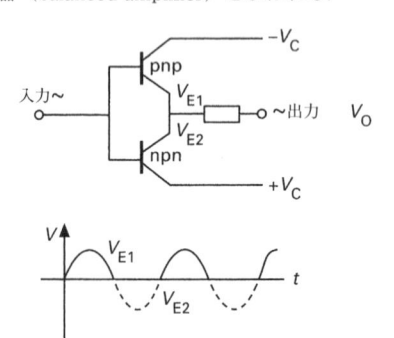

相補型トランジスターによるプッシュプル動作

物体 object
[光学における物点の集まり.]広義の物体は,自ら発光するか他の理由により,発散する光線束をだしている点(物点)の集まりからなる.物体から何らかの光学系に光線群が入射するとき,その物体は実物体(real object)であると分類される.連続する2つの光学系において,第1の光学系が実または虚の像を第2の光学系の前に結ぶことがある.この像は第2の光学系にとって実物体となる.光線が1点に集束する前に,第2の光学系がそれを遮る位置にあれば,第1の光学系からの実像は第2の光学系にとって虚物体(virtual object)となる.虚物体を考えるとき,光学系に入射する光線群は集束性である.
物空間(object space)は数学的な概念で,実物体や虚物体が位置する光学系の前の領域(実)と後ろの領域(虚)を含む.また,いたるところで同じ屈折率をもち,その値はすぐ前の領域と同じである.物空間と同時に,同様に考えられる像空間が存在する.

沸点 boiling point
液体内部からの蒸発が観測される温度.このとき液体の蒸気圧は外界の圧力と等しくなっている.ある与えられた圧力のもとで液体と蒸気が平衡状態を保ち共存できる温度である.圧力による沸点の変化はクラウジウス-クラペイロンの式により与えられる.沸点という用語はふつう,標準大気圧(1.01325×10^5 Pa)において,液体と蒸気の平衡する温度に対して使われる.

沸騰状態 ebullition
沸騰している状態.

沸騰水型原子炉 boiling-water reactor (BWR)
水が冷却剤および減速剤として使われる原子炉の一種.燃料材料との直接接触で水が沸騰する.⇒(PWR)(加圧水型原子炉).

物理光学 physical optics
⇒光学.

不透熱な adiathermic
熱を通さないこと.

不透明度(乳白度) opacity
物体(たとえば,露光後に現像処理した写真乾板)に入射した放射束の,透過した放射束に対する比.透過率の逆数.固体,液体,気体が放射を吸収する能力の尺度である.

ブートストラップ bootstrap
(「pulling oneself up by the bootstraps, 編

み上げ靴のひもを締め上げていく，自力で進む」という言い回しから．）系をある望ましい状態にするための方法，技術．たとえば，出力の正帰還が入力回路の条件を制御するために使われている電子回路など．

ブートストラップ理論 bootstrap theory
自己無撞着的に求める素粒子における理論の1つ．

負の結晶 negative crystal
⇒光学的に負の結晶．

負の磁気ひずみ negative magnetostriction
⇒磁気ひずみ．

負の比熱 negative specific heat capacity
温度を上げるためには熱を取り去ることが必要な，ある物質のある条件下の性質．もっとも身近な例は飽和蒸気の比熱で
$$c = (c_p)_1 + dL/dT - L/T$$
と書ける．ここで，$(c_p)_1$ は平衡温度 T での液体の比熱，L は蒸発の潜熱である．飽和蒸気の密度は温度とともに上がるため，蒸気の温度が上がると飽和を保つためには同時に圧縮しなければならない．水蒸気では圧縮熱が非常に大きいので，蒸気は過熱状態となり，熱を取り去るためにより多くの水が蒸発する．その蒸発のための潜熱は，飽和水蒸気からくる．圧縮熱が小さい場合は蒸気は過熱状態になり，液体の凝縮は飽和蒸気に熱を与えながら起こり，比熱容量は正になる．もし圧縮熱が，ちょうど蒸気を飽和させ続けるために十分なら比熱容量は 0 で飽和蒸気圧曲線は断熱圧縮曲線と一致する．

負バイアス negative bias
電子装置の電極にかけられるアースの電位（あるいは，他の固定された基準電位）に対し負の電位．

部分音 partial
楽音は一般に，同時に鳴っている音の一群からなっていて，それぞれの音の周波数は，通常もととなる音（すなわち基音）の周波数と式 $A = nF$ で関係づけられる．ただし，n は整数，A と F はそれぞれ，その系列の周波数，基音の周波数である．基音より高い音は上音あるいは上部分音として知られ，この2つの語は同義語である．倍音は部分音であるが，部分音は非調和なこともあるので，逆は真とは限らない．基音は第1倍音あるいは第1部分音ともよばれ，1オクターブ上の調和系列の2番目の音は，第2倍音，第2部分音，あるいは第1上音とよばれる．音質は，基音に対する上部分音の数とその強度に依存している．

普遍気体定数 universal gas constant
モル気体定数に対する古い呼び方．

浮遊 floating
回路やデバイスが電源とつながっていないこと．

浮遊容量 stray capacitance
意図した容量に加えて，接続部，電極，回路の近接した素子などにより，回路中に生じるすべての容量．

浮揚 levitation
放射や場の力によって，真空中や気体中に物体を保持する過程．
レーザーレビテーション（laser levitation）は，レンズで集光したレーザービームを下方から物体に当てることにより，真空中で形成される．約 1 W のパワーのレーザービームを用いて，$10^{-6} \sim 10^{-4}$ m 程度の半径の球が焦点の上に保持される．支える力は上方にいくほど弱くなるので，保持されている物体は垂直方向には安定である．水平方向の安定性を得るためには，ビームの強度が断面の動径方向に関して変化しなくてはならない．支持力は，放射の運動量によって生じる．それはエネルギー移行を光速で割ったものである．
音響レビテーション（acoustic levitation）も上に述べたのと同様で，超音波ビームを集束させることにより気体中に形成される．磁気浮上（magnetic levitation）は，帯磁した物体が適度に帯磁した表面で反発されることである．マイスナー効果（⇒超伝導）を利用することにより，小さな磁石を円盤状の超伝導体上の空間に浮揚させる形態がある．

付与エネルギー energy imparted
記号 ε．荷電粒子または中性粒子の照射によって，直接または間接のイオン化を通じて物体の被照射部に与えられるエネルギー．そのエネルギーを被照射部の質量で割った値を比付与エネルギー（specific imparted energy）という．吸収された線量をグレイ単位で表したものを被照射部の質量で割った値を平均付与エネルギー（mean energy imparted）という．

ブライト-ウィグナーの式 Breit-Wigner formula
中間状態に励起された原子核がさまざまな過程で崩壊するとき，ある原子核反応の吸収断面積 σ を与える式．断面積は衝突粒子のエネルギー E が結合原子核のエネルギー E_c に近いとき

$$\sigma = \frac{\sigma_0 \Gamma^2 (E_c/E)^{1/2}}{\Gamma^2 + 4(E-E_c)^2}$$

となる．ここで，σ_0 は共鳴**断面積**，Γ はエネルギー準位の幅である．

フライバック　flyback
⇒タイムベース．

ブラウン運動　Brownian movement or motion

直径 1 μm 程度の小さい粒子が液体中にあるとき，絶え間なく現れる全方向に不規則な運動．これは液体分子による分子衝突を目に見える形で示す現象である（⇒分子運動論）．粒子が小さくなるほど，分子の両側で同時に衝突することは起こりにくくなり，動きが顕著になる．煙の粒子でも観測される．

ブラウン運動には化学天秤の感度により 10^{-9} g の理論的限界があり，同じように電流計による測定にも 10^{-11} A の限界がある．

フラウンホーファー回折　Fraunhofer diffraction
⇒光の回折．

フラウンホーファー接眼レンズ　Fraunhofer eyepiece

望遠鏡用接眼レンズで，ホイヘンスの接眼レンズまたはラムスデンの接眼レンズに像を正立させるレンズシステムをもつ．

フラウンホーファー線　Fraunhofer lines

太陽の光球（可視層）のスペクトルでみられる吸収線で，おもに光球の高層の吸収で生じる．数本は地球の大気での吸収による．

最初，フラウンホーファーにより研究され（1814），現在では 25 000 本以上の吸収線が同定されている．可視域でもっとも強い吸収線は，カルシウムの1価イオン，中性の水素，ナトリウム，マグネシウム原子によるものである．その他の吸収線は鉄によるものである．

ブラケット系列　Brackett series
⇒水素のスペクトル．

ブラシ　brush

ブラシに相対運動をしている導体表面に電気的に接触する導体で，通常，電動機の固定部分と回転部分の間で用いられる．ブラシは特別に処理された炭素でつくられる．

ブラシ放電　brush discharge

電場がある最低値を超えるが本当の火花放電を起こすほどではないときに，導体から起きる発光性の放電．断続的に分岐した糸状の放電であり，導体を囲む気体の中にある距離だけ入り込んでいく．その距離は陽極の場合の方が陰極の場合よりも大きい．不均一な場がこの効果に本質的な役割を果たす．

プラスチック　plastics

通常の温度で使用するときには硬いが，その製造工程では軟らかく，熱や圧力を加えることによって成形できる材料．プラスチックには大きく分けて2つのタイプがある．すなわち，熱可塑性（thermoplastic）と熱硬化性（thermosetting）の化合物である．前者は，熱を加えることで軟らかくなり，鋳型の中で冷却することで造られた形を保つことができる．後者は，まず熱を加えて軟らかくし，その後鋳型の中でさらに高い熱を加えて硬くする．ほとんどのプラスチックは高重合体，すなわち大きな分子でできている物質である．

プラズマ　plasma

(1) 気体放電管中の電離気体の領域．ほぼ同数の電子と正イオンが存在する．

(2) （恒星のように）非常に高温で，あるいは（星間ガスのように）光電離によって生成される高くイオン化された物質．原子はほぼ完全に電離した状態で，自由に動く電子と原子核からなる．⇒核融合炉．

プラズマ振動　plasma oscillation

気体放電管中のプラズマで，ある条件下でイオンと電子の（外部回路と無関係な）振動が起こる．この振動によって，電子の流れの散乱が，通常の気体衝突の理論で説明できる散乱より多くなる．

プラズモン　plasmon

金属中における自由電子をプラズマとして扱った場合の，量子化されたプラズマ振動の集団励起．

ブラッグ曲線　Bragg curve

空気中で α 粒子によって起こされるある種のイオン化の効率を粒子源からの距離に対して（横軸として）プロットしたグラフ．イオン化効率は距離が大きくなる（エネルギーが小さくなる）につれて増大する．しかし，ある点を超えて，α 粒子が電子を捕えてヘリウム原子になるほどにエネルギーが小さくなると，効率は急激に減少する．

フラックス　flux

(1) （力束）：特定の領域を貫く場の強度を示す（⇒電束，磁束）．

(2) （流量）：スカラー量の流れの速度を示す（⇒光束，音響エネルギー束）．

(3)（粒子束密度）：⇒中性子束.

ブラッグの法則　Bragg's law
波長λの平行なX線が結晶平面に当たると，さまざまな層の平面から反射が起き，隣接した平面から反射したX線の間で干渉が起きる．ブラッグの法則は，図の行程差BACが波長の整数倍であるときに明るくなるというものである．式で表すとnを整数，dを平面間距離，θを入射X線と平面の間の角度として
$$2d\sin\theta = n\lambda$$
となる．この条件を満たす角度はブラッグ角（Bragg angle）とよばれ，この角度で干渉縞の明るい点ができる．暗い点は
$$2d\sin\theta = m\lambda$$
の場合に得られる．ここで，mは半整数である．結晶構造は，いろいろな結晶面からさまざまな角度で見られる干渉パターンによって確定できる．

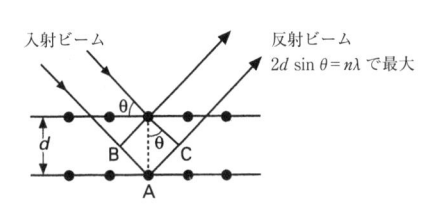

入射ビーム　　　　反射ビーム
　　　　　　　　　$2d\sin\theta = n\lambda$で最大

ブラッグの法則

ブラックホール　black hole
重力が強く，そのまわりの相対論的空間の曲がりが重力的な閉鎖領域をつくっている天体．粒子や光子はその外側から領域内へ捕獲されるが，どんな粒子または光子もそこから脱出することはできない．
　もっとも有力なブラックホールの候補は，超新星として爆発し，太陽の質量の3倍以上の核を残した重い星である．このような質量の核は，白色わい星，中性子星になるための安定限界を超えているため，完全に重力崩壊を起こさなければならない（⇒シュワルツシルト半径）．連星系における重力場の様子から，その一方の星がブラックホールである可能性も示唆されている．
　太陽の10^6〜10^9倍の質量をもつ超重量ブラックホールがどこかの銀河の中心に存在する可能性がある．それらはクエーサー現象などの非常に活動的な銀河の現象を引き起こす．
⇒ホーキング放射．

フラッシュバリア　flash barrier
導体間の電気アークの発生や，アークによる電気機器の損傷を最小限に抑えるために不燃性の材料で設計された構造．

フラッター　flutter
ハイファイ録音の再生の際に聞こえる，不必要，耳障りな周波数変調音で，約10Hz以上の周波数変化があるのが特徴である．⇒ワウ．

ブラベ格子　Bravais lattice
空間格子（space lattice）ともいう．空間的に無限に続く周期的な点の並びで，それぞれの点の状態が他の点でも同じになる．そのような形は14種類ある．⇒結晶系．

プランク（単位）　planck
作用の単位．1ジュール秒［J s］と等しい．

プランク関数　Planck function
記号：Y．ギブス関数を熱力学的温度で割り，負の符号をつけたもの．

プランク時間　Planck time
$(Gh/2\pi c^5)^{1/2}$の時間．光子が光速でプランク長に等しい距離を伝搬するのに要する時間．1.70863×10^{-43} sである．

プランク質量　Planck mass
$(hc/2\pi G)^{1/2}$の質量．ここで，hはプランク定数，cは光速，Gは万有引力定数（⇒重力）である．プランク質量は2.17684×10^{-8} kgである．⇒プランク長．

プランク単位系　Planck units
プランク長，プランク質量，プランク時間を使った単位系．重力の量子論で使用される．重力定数（⇒重力），光速，有理化されたプランク定数（プランク定数を2πで割ったもの）を1と定めている．したがって，質量，長さ，時間を含む次元の物理量は，この系ではすべて無次元量となる．

プランク長　Planck length
$(Gh/2\pi c^3)^{1/2}$の長さ．ここで，Gは万有引力定数（⇒重力），hはプランク定数，cは光速である．プランク長は1.61599×10^{-35} mである．量子論を重力作用に結び付ける理論で使われる．⇒プランク質量．

プランク定数　Planck constant
記号：h．6.626076×10^{-34} J sの値をもつ普遍定数．⇒プランクの法則．

プランクの公式　Planck's formula
⇒黒体放射，放射公式．

プランクの法則　Planck's law
量子論の基礎をなす法則．電磁放射エネルギ

ーは，それ以上分割できない小さなかたまり，すなわち光子から構成されている．1つの光子のエネルギーはhfである．ここで，fは放射の周波数，hはプランク定数である．

ブランケット blanket

新しい燃料を増殖させるため，また中性子をいくらかを炉心へもどすために，原子炉の炉心の周囲に置く（ウラン238，トリウム232に富む）核燃料材料の層．

プランテ電池 Planté cell

世界初の蓄電池で，希硫酸に浸されたロール状の鉛のシート（プランテ板 Planté plate）でできている．

プラントル数 Prandtl number

流体中に高温の物体が存在することによって起こる対流の次元解析の際に現れる無次元量（$C\eta/K\rho$）．ここで，Cは流体の単位体積当たりの熱容量，ηは流体の粘性度，Kは流体の熱伝導度，ρは流体の密度である．

プランビコン plumbicon

⇨撮像管．

フーリエ解析 Fourier analysis

すべての1価周期関数は，その周波数の整数倍の周波数をもつ正弦関数の和で表すことができる．そのような和をフーリエ級数（Fourier series）とよび，周期関数の個々の周波数成分を得る解析的手法がフーリエ解析である．

時間の関数，$x=f(t)$は次のように表される．
$$x = a_0 + a_1 \cos \omega t + a_2 \cos 2\omega t + a_3 \cos 3\omega t + \cdots$$
$$+ b_1 \sin \omega t + b_2 \sin 2\omega t + b_3 \sin 3\omega t + \cdots$$

係数の値a_0, a_1, a_2, a_3, $\cdots$, b_1, b_2, b_3, $\cdots$は次のようになる．

$$a_0 = (\omega/2\pi) \int_0^{2\pi/\omega} x \, dt$$
$$a_n = (\omega/\pi) \int_0^{2\pi/\omega} x \cos n\omega t \, dt$$
$$b_n = (\omega/\pi) \int_0^{2\pi/\omega} x \sin n\omega t \, dt$$

フーリエ級数 Fourier series

⇨フーリエ解析．

フーリエ数 Fourier number

記号：F_0 熱伝導の研究に用いられる無次元量．関数$\lambda t/c_p \rho l^2$で定義される．ここで，λは熱伝導率，tは時間，c_pは定圧比熱，ρは密度，lは固定長である．

フーリエ積分 Fourier integral

周期が無限に長い場合のフーリエ級数の極限の形である（⇨フーリエ解析）．この表現は，有限なパルスや波の有限の列を扱うのに有用である．

フーリエ対 Fourier pair

⇨フーリエ変換．

フーリエ変換 Fourier transform

1つの変数xで表される関数を別の変数sの関数に置き換える数学的手法で，物理学において幅広い応用がある．関数$f(x)$のフーリエ変換$F(s)$は

$$F(s) = \int_{-\infty}^{\infty} f(x) \exp(-2\pi i x s) \, dx$$

と表される．類似の式で$F(s)$より$f(x)$が求められる．変数xとsはフーリエ対（Fourier pair）とよばれる．時間と周波数のように，フーリエ対は有用なものが多い．

プリエンファシス（デエンファシス） pre-emphasis (de-emphasis)

周波数変調を用いた無線通信システムにおいて，SN比を改善するために使用される技術．無線通信網の送信器において，プリエンファシスでは，信号の高周波成分の変調を低周波成分の変調より深くする．受信器側では，逆のプロセスであるデエンファシスによってもとの信号を得る．この技術はテープ録音や，以前の蓄音機でも使用された．

振り子 pendulum

固定点から吊るされた質量からなり，一定の周期Tで振動する器具．以下のようにさまざまな型がある．

（1）単振子（simple pendulum）．ある点から軽い糸で吊るされた小さなおもり．振れの振幅が小さいときの振動の周期は式

$$T = 2\pi \sqrt{\frac{l}{g}}$$

で決まる．ここで，lは糸の長さ，gは自由落下の加速度である．

（2）複振り子（compound pendulum）．棒などの適当な形の剛体で，重心以外の点を通る軸（通常はナイフエッジ）の周りに振れるもの．振れの振幅が小さいときの振動の周期は，単振子の式でlを

$$\frac{k^2 + h^2}{h}$$

で置き換えて得られる．ここで，kは重心を通り振動の軸に平行な軸の周りの回転半径，hは重心から振動の軸までの距離である．

（3）水平振り子（horizontal pendulum）．回転軸がほとんど鉛直である複振り子．重力の方

向が時間とともに変化することを発見するのに使われた．重い水平振り子が地震計の基礎となっており，ガリッチン振り子（Galitzin pendulum）として知られている．

(4) 円錐振り子（conical pendulum）．おもりが水平な円を描くように振動する単振り子．周期は，振れの半径が非常に小さいときに限り，単振り子の周期と同じになる．
⇒補償振り子．

プリズム　prism

平面で囲まれた屈折媒質で，光路を変えたり，光が持っている色ごとに光路を分けたりする（⇒分散）．プリズムの組み合わせで分散なしに光路を変えることができる（⇒色消しプリズム）．また，平均的には光路を変えることなく，色ごとに光路を分けることもできる（⇒直視プリズム）．プリズムのおもな用途として，(a) 偏向，すなわち狭角（narrow-angle）屈折プリズムで，光路の角度を少しだけ変える．(b) 分光器や屈折計で，大きな偏角や分散をもたせる．(c) 全反射（反射させるために銀めっきされることもある）によって，光線の方向を変えたり，像を反転させたり正立させたりする．

狭角プリズムの効果は，$P=(n-1)A$ で与えられる．ここで，n はプリズムの屈折率，A はプリズム角，すなわち屈折する面に対して垂直な主断面内における，2つの屈折面間の角度である［A をプリズムの頂角ともいう］．P は偏角（通常は度で表される），あるいはプリズムの屈折力（プリズムディオプトリーで表される）である．プリズムを通して見た物体は，一見頂上の方へ移動したように見えるが，実際は光線は底面の方へ向きを変えている．1つのプリズムの色収差 C は ωP である．ここで，ω は分散能である．2つのプリズムに対して，色収差 C は $(\omega_1 P_1+\omega_2 P_2)$ であり，合計のプリズムの屈折力は $P=P_1+P_2$ となる．

大きな偏角や分散を起こさせるためには，プリズム角 A を大きくしなければならない．このようなプリズムは偏角が最小になる条件がある（⇒偏角）．この性質は屈折率の決定や，分光器を使った分散の測定に使用される．

プリズム双眼鏡　prismatic binoculars

ケプラー式望遠鏡でできている双眼鏡．プリズムは，双眼鏡（binoculars）の長さを短くするためと，像を正立させるための2つの目的で使用されている．2つのポロプリズムが使われている．2つのプリズムの屋根上の背が互いに垂直になるよう設置してあり，1つ目のプリズムは1方向にのみ像を反転させ，2つ目のプリズムは完全に反転させる．

プリズムディオプトリー　prism dioptre

プリズムの屈折力の単位．1メートル離れた位置に置かれた物差し上で，正接をセンチメートル単位で測定した値．θ がプリズムの偏角ならば，屈折力 P は，プリズムディオプトリーの単位では $100\tan\theta$ に等しい．この単位はおもに狭角プリズムに対して使用される．

フリッカー測光器　flicker photometer

比較する別々の光源で照らされた2枚の表面が交互に目に現れる仕組みになっている測光器．入れ替わりの周波数が，それほど高くない場合，2つの白色光光源の明るさが等しいことを確認するには，入れ替わりによる光の点滅が認識できなければよい．フリッカー測光器は，色によるゆらぎがなく明るさのゆらぎのみが存在するような点滅の速さを選ぶことができるため，比較する2つの光に色の違いがあるときに有用である．

ブリッジ　bridge

電気的要素（抵抗器，インダクター，コンデンサー，整流器など）を四辺形の形に，またはそれと電気的に同じ形に組み合わせた回路．四辺形の向かい合う2つの角が回路の入力，もう1つの対が出力になる（⇒ブリッジ整流器）．ブリッジは装置の特性を測定するのによく用いられる．出力が電流計につながっており，回路はブリッジがつり合って電流が流れなくなるように調整される．このようにして未知の抵抗，容量，インダクタンスが既知の標準と比較される．

ブリッジ整流器　bridge rectifier

図に示すように，それぞれの腕に整流器をつけたブリッジからなる全波整流器．

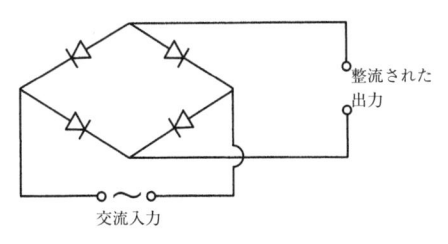

ブリッジ整流器

ブリッジマン効果　Bridgman effect

電流が非等方的な結晶の中を流れるときに不

均一な電流分布による熱の吸収，または放出が起こる効果．

フリップフロップ flip-flop, bistable
2つの安定な状態のいずれかを示し，再現性のある方式でその状態のスイッチングができる電気回路素子．フリップフロップはコンピューター，とくに論理回路で広く用いられる．2状態は論理1と論理0に対応するためフリップフロップは1ビット記憶要素である．多くの種類のフリップフロップが開発されてきており，もっとも単純なものがR-Sフリップフロップであり，もっとも使いやすいものがJ-KおよびDフリップフロップである．クロックフリップフロップ（clocked flip-flop）ではクロックパルスによるトリガーがかかるまで状態は変化しない．

ブリネル硬度 Brinell hardness
⇒硬さ．

ブリュアン帯域 Brillouin zone
固体中の電子エネルギーについてシュレーディンガーの波動方程式を解くと，許容バンド内のエネルギーに対応する周期関数 $u(k)$ [k は整数] が得られる（⇒エネルギーバンド）．その解を結晶の逆格子内でプロットするとき，$k=1, 2, ...$，に対する解を第1，第2，... ブリュアン帯域とよぶ．

浮力 buoyancy
流体中に一部あるいは全体が浸されている物体に持ち上げる方向の力を働かせる，流体の性質．アルキメデスの原理によると，その物体の浸されている部分が占めている空間（V）を満たす流体の重さに等しい上向きの力（流体の密度をρ，重力加速度 g とすると，$\rho V g$）がそのような物体に働く．この力は，物体の浸されている部分を流体で置き換えた場合の流体の重心を通して働く．この点が物体の浮心（center of buoyancy）である．流体の表面が定常的に浮いている物体を横切る面は浮遊平面（plane of flotation）である．物体が平衡となるためには，(a) 上向きの力が物体の重さと等しいこと，(b) 物体の重心と浮力の中心が同一の鉛直線中にあること，が必要である．

ブリンク顕微鏡またはコンパレーター blink microscope or comparator
天空の同じ場所を撮った2枚の写真の間の星の光度，位置の小さな差を検出するのに用いる装置．機械的な装置により2枚の写真を短時間に切り換えて交互に見せる．

フリンジ fringes
光の干渉や回折によりつくられる，帯，環など，色の明暗が交互に現れる形．

プリンター printer
コンピューターを使用する際に，コンピューターからの文字コードなどの2進情報を紙上に印刷して読める形にする変換装置．印字方法，速度，印字の質において異なる，多くの型がある．一度に1文字ずつ印字するプリンターもあるし，ラインプリンターのように一度に1行の文字を印字するものもある．レーザープリンターのようなページプリンターでは，1ページごとに印字する．印刷された文字は，空白のない密な形でできたものや，近接した点（ドット）のパターンで構成されているものがある．

プリント配線回路（プリント基板） printed circuit
薄くて堅い絶縁シート（通常はガラス繊維）上につくられた，導電性の結線のある電子回路．この絶縁シートと回路とを合わせてプリント配線回路基板（printed-circuit board：PCB）とよぶ．結線は，まず銅などの導電性薄膜をシートに付け，写真平板術を使ってフィルムの一部分を保護材料でコーティングし，それからエッチングによって保護されていない金属を取り除く．このようにして，回路設計どおりの結線パターンが残る．集積回路などの回路部品が最後に導電部分間にはんだ付けされ，回路が完成する．

両面のPCBは，基板の両面上に回路が配線されており，必要に応じてフィードスルーで両面を結線する．1つの基板に金属フィルムと薄い絶縁フィルムを交互に数層付けてつくられたプリント配線回路もある．⇒エッジコネクター．

ブルースター角 Brewster angle
⇒偏光角．

ブルースターの法則 Brewster's law
⇒平面偏光，偏光角．

ブルースター窓 Brewster window
気体レーザーで外部ミラーの使用による気体封入管端面での反射ロスを少なくするために用いられる光を通す窓．表面は入射光に対してブルースター角を成す．⇒偏光角．

ブルドン管（およびゲージ） Bourdon tube (and gauge)
楕円形の断面をもつ曲線の管で，長径方向が管が曲がっている平面に垂直になる．管の体積を増加させると（たとえば内側の圧力によって）

楕円形の断面は円に近くなり，管はまっすぐになる．
　ブルドン管は温度を記録するのに用いることができる．管は両端を閉じられ，液体で完全に満たされている．液体は温度が上がるにつれて膨張し，そのために管がまっすぐになる．一端を固定するとトレース点に接続したもう片方の端が，温度が時間とともに変化する様子を自動的に送られる表面の上のグラフにして記録する．ブルドン管は圧力ゲージとしても用いられる．一端を閉じ，もう一端に圧力をかける．管の一端を固定し，もう一端が換算された目盛の上で，圧力を示す．このブルドンゲージの類は真空から数十 MPa の圧力まで用いられる．

プレヴォの交換理論　Prévost's theory of exchange (1791)
　物体は，周囲の環境と熱平衡にあるとき（対流と伝導がなくなる），吸収した放射エネルギーとまったく同じ量のエネルギーを放出する．

プレオン　preon
　レプトンとクォークを形成する粒子として考案された仮想的な粒子．この存在を示す実験的な証拠は得られていない．また，現在の加速器のエネルギーでは存在を実証できそうにない．しかしながら，理論的にはかなり興味がもたれている．

ブレーカー　circuit-breaker
　正常あるいは異常な状態で電気回路を入れるあるいは遮断する装置．→スイッチ，接触器．

ブレーズド回折格子　blazed grating
　反射光がスペクトルのいくつかの次数，または単一の次数に集中するようにした反射回折格子．明るくする回折次数の方向に光線が反射されるように，回折格子表面からある角度（ブレーズ角 blaze angle）傾けて溝を切っている．

プレートテクトニクス　plate tectonics
　数多くの互いに相対的に動く，巨大ではあるが比較的薄い平板状の硬い物質から地表が構成されている，とする理論．これらのプレート (plate) は地殻から上部のマントルにまで広がっており，岩流圏 (asthenosphere) として知られている粘性の高い層の上に支えられている．海溝，海嶺，おもな断層，地震帯，火山帯，造山作用，大陸移動など，地球の構造と過程の多くはプレートの移動とそれに伴う衝突によって説明できる．

プレーナ工程（平坦面プロセス）　planar process
　半導体素子の製造でもっともよく用いられる接合部をつくる方法．二酸化ケイ素の層を，必要とする伝導型のシリコン基板上に熱的に成長させる．光リソグラフィーによって酸化層に穴をエッチングし，適切な不純物をこの穴から基盤内に拡散させ，基盤とは逆の極性をもった領域をつくる．酸化物は，穴を通るもの以外が拡散しないよう，その障壁として働く．不純物は，表面と垂直の方向と平行の方向へ，基板中を拡散するため，接合部は酸化物の下の基板面につくられる（図 a）．数回の拡散を次々に行うことも可能である．通常最後の酸化物の層は，端子部分を除いて完全にシリコン表面を覆う．こうすることによって，シリコン表面を安定にするとともに，表面漏れ電流を最小に抑えることができる．プレーナトランジスターを図 b に示す．

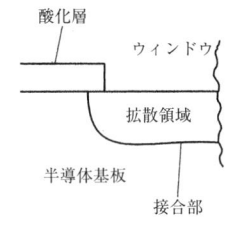

(a) プレーナ工程

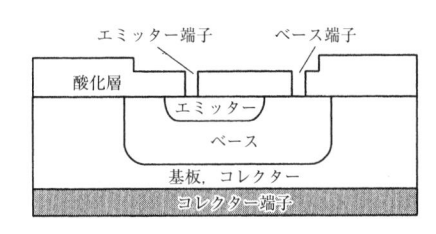

(b) プレーナトランジスター

フレネル　fresnel
　周波数の単位で 10^{12} Hz (1 THz) に相当する．

フレネル回折　Fresnel diffraction
　⇒光の回折．

フレネル帯　Fresnel zone
　⇒光の回折．

フレネル菱面体　Fresnel rhomb
　ガラスの菱面体で，2 回の全反射により直線

偏光の光を円偏光の光に変える.

フレネルレンズ Fresnel lens

多くの段からなるレンズで，それぞれの段は通常の凸レンズの断面と同じ曲率の凸表面になっている（図参照）．もともと灯台で用いられるために設計されたもので，大きなレンズの厚さや重量を小さくすることが要求された．いまではスポットライトの視野レンズやカメラのファインダーなどで像の明るさを増すためにも用いられている．

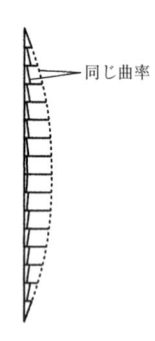

（図：フレネルレンズ，同じ曲率）

フレネルレンズ

フレーバー（香り） flavor (flavour)
⇒クォーク．

フレミングの法則 Flemming's rule

発電機やモーターなどで，電流，運動，磁場の関係を表す法則．右手の法則（right-hand rule）（発電機の原理）は右手の親指，人差し指，中指を互いに垂直に立てる．親指を運動の方向に向け，人差し指を磁場の方向に向けると中指が誘導電流の方向をさす．左手の法則（left-hand rule）（モーターの原理）は左手の親指，人差し指，中指を互いに垂直に立てる．人差し指を磁場の方向，中指を電流の方向に向けると親指は導体が受ける力の方向をさす．

フレンケル欠陥 Frenkel defect
⇒欠陥．

フロギストン説 phlogiston theory

18世紀にラボアジェ（Lavoisier）により誤りであることが証明された燃焼の理論．すべての可燃物には，フロギストンとよばれる，燃焼中に放出して灰を残す物質が含まれていると考えられていた．

プログラム program

コンピューターシステムに入力できる一連の記述で，システムが振る舞う道筋を指示するのに用いられる．プログラムは正確に，曖昧なところがなく表現されなくてはならない．したがって，数多くある人工プログラミング言語（programming language）の任意の1つによって書かれなくてはならない．プログラムがコンピューターによって実行される前に，そのコンピューターに適した特別なマシン語（machine code）で表現された，一連の機械命令（machine instructions）に（自動的に）翻訳される．

プログラム可能 ROM programmable ROM
⇒ PROM．

ブロッキング発振器 blocking oscillator

発振器の一種．（通常の）発振の1サイクルが終わったあと，あらかじめ定められた時間間隔の間，ブロッキング（すなわち発振の停止）が起こる．この全過程がくり返される．パルス発生器または時間基準発生器への応用があり，基本的にはスクウェジング発振器の特別な種類である．

ブロッホ関数 Bloch functions

空間的に周期的なポテンシャル中を動く電子のシュレーディンガーの波動方程式の解．次の形をもつ．

$$\Psi = u_k(r)\exp(ik \cdot r)$$

ここで，u は波数ベクトル k に依存する関数，Ψ は距離 r に対して周期的に変化する．Ψ はポテンシャル，格子と同じ周期をもつ．ブロッホ関数は，固体のバンド理論の数学的定式化に使われる．⇒エネルギーバンド．

ブロッホ壁 Bloch wall

異なる方向に磁化された隣接した強磁性体の磁区の間の遷移層（⇒強磁性）．スピンの方向は突然変わるのではなく，1つの方向から他の方向へゆっくり変化する．

プロファイル（パルス，スペクトルなどの形状） profile

波，パルス，スペクトル線などの形状．振幅や強度を縦軸，時間，距離，周波数やその他の時間，空間の関数を横軸として描くことによって得られる．

負論理 negative logic
⇒論理回路．

分 minute

(1) 記号 min. 60 秒と等しい時間の単位．SI 単位ではないが，分は実用上重要で，SI 単位とともに使われることがある．

(2) minute of arc, arc minute. 記号：′．

60分の1度に等しい角度の単位.つまり0.291ミリラジアン.

分圧 partial pressure
混合気体がある体積を占めているとき,そのうちの1つの気体の分圧は,その気体がそれだけでその全体積を占めたときに示す圧力である.
⇒ドルトンの分圧の法則.

分圧器 potential divider
直列につながれた抵抗やインダクタンスコイルやコンデンサーの鎖.鎖全体にわたって加えられた電圧を,一定の割合で分割して取り出すことができるように,1つまたはそれ以上の素子にわたって取り出し用の端子をつけたもの.
⇒ポテンシオメーター.

分域 domain
⇒強磁性.

分解 resolution
(1) ベクトルを各成分に分けること.
(2) 望遠鏡,顕微鏡,コンピューターなどで得られる像の中に現れている情報量や細かさの程度を表す量で,数値的に表現可能である.⇒分解能.

分解電圧 decomposition voltage
電解質電池の電極に印加したとき,定常的な電流が生じないような最大の電圧.

分解能 resolving power
望遠鏡や顕微鏡で,接近した2つの対象物が離れて見えるような像をつくり出す能力の指標.あるいは,分光装置で,非常に接近した2つの波長を区別する能力の指標.
光学望遠鏡の分解能は,その装置でぎりぎり離れて見える2つの点光源の角度差として測定される.この角度が小さくなるほど分解能は大きい.対物レンズや主鏡によってできた点光源の像では回折像が見られる.この回折像はまん中の明るい点と,そのまわりの明暗の縞でできている(エアリーリング).非常に近い2つの点光源の場合には,2つの重なった回折像ができる.そのような回折像の,断面での光強度の変化を図aに,重なりの度合いを変えた結果を図bと図cに示す.
レイリー(Rayleigh)は,"2つの点光源が分離して観測された"と判断するための判別条件としては,"1つの回折像のいちばん内側の暗い輪が,もう1つの回折像の中心と一致する"という条件を採用するのが合理的であるという提案を行った.これはレイリーの基準(Rayleigh criterion)として知られている.この基準に従

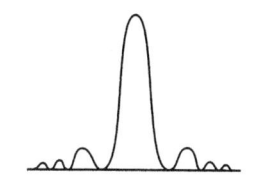

(a) 2つの光源が完全に重なっている場合

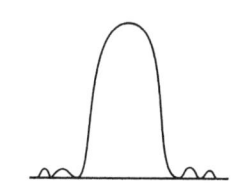

(b) 2つの光源が非常に近い場合

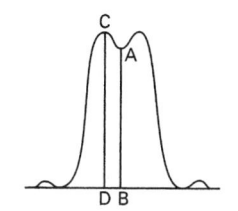

(c) 2つの光源が離れていて区別できる場合

えば,望遠鏡の鏡ないしはレンズの開口がDである場合には,2つの点光源の角度差が,$1.22\lambda/D$ラジアン以上であれば,"それら2つの点光源は分解して観測された"と判定されることとなる.レイリーの基準はもちろん絶対的なものではないが,明るさの等しい2つの光源による重なった回折像の場合には,レイリーの基準は,中心付近での,くぼんだ部分の強度とピークの部分の強度の比(AB/CD)が0.81倍になっていることに対応する.
一方,アッベの基準(Abbe criterion)は,"像が分解するためには,角度差がλ/Dより小さくてはならない"とする.実験的な見地から導かれたドーズの規則(Dawes rule)は,分解して観測されるためには,2つの点光源が少なくとも1100/D秒角離れていなければならないとした.これら2つの判定基準は,レイリーの基準ほどには厳格ではない.
レイリーの基準は光学顕微鏡だけではなく赤外や電波望遠鏡にも適用でき,必要な分解能を得るためには大きな開口が必要であることがわかる.しかし,対象を分解するには画像上で分

解して見えるだけの倍率が必要とされる.
　顕微鏡の分解能は，離れて観測しうる2つの対象点間の実際の距離で表される．分解能が高くなるほど，この距離は短くなる．レイリーの基準を適用すると，分解できる最小の距離は

$$0.61\lambda/(n \sin i)$$

となる．ここで，λ は使われている光の波長，n は対象物と対物レンズとの間を満たしているものの屈折率，i は対象物から見た対物レンズの端から端までの角の半分を表す．$(n \sin i)$ で表される量は対物レンズの開口数である．アッベは，$0.5\lambda/(n \sin i)$ が，より実際的な指標であると結論づけた．
　この表式によれば，良い分解能を得るためには大きな開口数と短い波長が必要であることがわかる．開口数を大きくするためには，対象物と対物レンズの間を，空気よりも屈折率の高い媒質で満たせばよい．これを油浸（oil-immersion）といい，普通はシーダー材の油が用いられる．像に収差（aberrations）が生じない範囲内であれば，広角レンズも活用しうる．顕微鏡用の良質で強力な対物レンズは開口数が 1.6 ほどもあり，分解できる最小距離にして約 200 nm である．
　分解能を上げるもう1つの方法は，使用する電磁波の波長を短くすることであり，この方法は紫外顕微鏡（ultraviolet microscopy）で利用されている．電子顕微鏡は，速度の速い電子の波長が，光の波長よりもはるかに短くなるという事実を利用している．うまく焦点を絞った電子のビームを用いると，画像を写真撮影する場合，分解能の限界は，0.2 nm という小さな物体を分解できるまでに至る．
　分光機器では，非常にわずかな波長の違いを検出することができる分解能が要求される．そのような場合，色解像力（chromatic resolving power）を測定するためには，分光で調べられている光の波長と，ぎりぎりで分離できうる波長差との比を求める．
　分光機器として，プリズムスペクトロメーターを使用する場合，レイリーの基準を仮定すれば，分解能は，式，$(t\, dn/d\lambda)$ によって与えられる．ここで t は光のビームが通るプリズムの最大厚さを表す．また，$(dn/d\lambda)$ は，光の波長が変化した場合の，プリズムを構成している物質中での屈折率の変化の割合を表す．研究室用の簡単なプリズムスペクトロメーターでは，約 10^3 の分解能が可能である．

回折格子を使用する場合，分解能は，光を当てている範囲内にある溝の本数と，使っているスペクトルの回折次数の積になる．7.6 cm の凹面回折格子で，2次の回折光を用いた場合，理論的には約 10^5 の分解能を得ることが可能である．

分岐　branching
　放射性原子核の分解における競合的な崩壊過程．分岐分数（branching fraction）は，放射性原子核の総数のうち，ある特定の崩壊過程に従う原子核の数が占める割合．通常，% で示される．分岐比（branching ratio）は，2つの分岐分数の比．

分極（成極）　polarization
　薄い H_2SO_4 水溶液に Zn と Cu の電極を入れるなど，電解液の中に2つの異なる電極を入れたものからなる簡単な電池においては，得られる電流はすぐに低下する．これは銅板上に集まった水素の泡の層が原因である．この泡は，電極を部分的に覆ってしまい電池の内部抵抗を増大させるだけでなく，電池の起電力に対して逆方向の起電力を生じさせる．この現象を分極（または成極）という．長時間有効な電池をつくるためには，気体の付着を防ぐのに何らかの方法が講じられなければならない．ルクランシェ電池では，発生した水素と反応する化学復極剤が使われている．⇒誘電分極，分子分極．

分光学　spectroscopy
　スペクトルを得て，それに対応する波長を決め，化学分析，エネルギー準位や分子構造の決定などを行う研究手段．スペクトルは電磁波の放出または吸収により生じ，原子や分子の量子状態間の遷移を伴う．電磁波の周波数は量子状態の種類によって決まる．分光学的方法は非常に広い周波数範囲において用いられ，多様な情報をもたらす．
　γ 線分光法（gamma-ray spectroscopy）では，原子核から放出される γ 線のエネルギー分布を測定する．核のエネルギー準位は，メスバウアー効果で吸収される γ 線のスペクトルによっても調べることができる．X 線放射は，軌道電子が外側の軌道から内側の空いた軌道に遷移するときに生じる．X 線放射は原子や分子の電子状態に関する情報を与え，固体のエネルギーバンドの研究にも用いられる．電子状態の研究には，紫外線の吸収と放出も用いられる．イオンの電子遷移は遠紫外領域にあり，紫外分光法（ultraviolet spectroscopy）は放電の研究に利

用される（→気体放電管）．紫外および可視の電磁波もまた，原子分子の電子状態の変化によって放出，吸収される．この領域の分光学は，価電子のエネルギーの決定に用いられる．分子のスペクトルは，［電子遷移と］関連した振動・回転状態によるバンド構造を示し，イオン化ポテンシャルを求めることもできる（→リュードベリスペクトル）．可視および紫外分光法は，分析の手段として広く用いられている．試料中に存在する元素や化合物は，その放出または吸収スペクトルにおける特性線の存在によって検出できる．ある場合には，スペクトル線の強度から定量的な測定を行うことも可能である．

波長がより長い近赤外領域では，光子のエネルギーは分子の振動状態間の遷移に対応する．赤外分光法（infrared spectroscopy）により，化学結合の振動周波数と力の定数，および分子のポテンシャルエネルギー曲線に関する情報が得られる（→モースの式）．

一般に，分子中の特定の原子団は，特有の周波数の吸収を示すことが多く，化学研究において赤外分光法は化合物の同定に広く用いられている．遠赤外線およびマイクロ波は，分子の回転状態の変化に伴って吸収される．この領域における分光法により，分子の慣性モーメントや結合の長さ，形を知ることができる．マイクロ波分光法（microwave spectroscopy）は分子の研究にとくに有用である．

さらに周波数が低く，したがって光子のエネルギーが小さい領域では，磁場を印加して電子および核のスピンによるエネルギー状態を調べることができる．電子スピン共鳴分光法により常磁性物質が研究でき，核磁気共鳴分光法により核磁気モーメントを知ることができる．→スペクトロメーター，ラマン効果，電子分光，水素のスペクトル．

分光光度計 spectrophotometer
⇒スペクトロメーター．

分光写真器 spectrograph
⇒スペクトロメーター．

噴散 effusion
微小な管口からの気体の漏れ．通常の圧力で管口の大きさに比べて平均自由行程が小さいときには，グラハムの法則が適用され，気体の流れは，流体力学の法則に従って，圧力をかけて押し出した流体ジェット流と類似になる．低い圧力で，管口の大きさに比べて平均自由行程が大きい場合にも，1秒あたりに逃散する気体の体積は密度の平方根に反比例するが，そのメカニズムはまったく違う．分子運動論によると，1秒あたり真空中へ拡散していく体積は，$s\sqrt{kT/2\pi m}$ で与えられる．ここで，s は管口の面積，m は分子の質量，k はボルツマン定数である．この現象は，高真空技術（→分子流）で重要な役割を果たし，同位体分離や蒸気圧測定で使われる．

分散（I） dispersion
白色光ビームを色のついたビームへ分解すること．その結果スペクトルあるいは色収差が得られる．これは正確にいうと，比屈折率（n）が波長（λ）の関数となっているためである．n が λ の関数として書かれるとき，分散式（dispersion equation）がつくられる（→セルマイヤーの式，コーシーの分散式）．微係数（$dn/d\lambda$）は特別な色の領域での分散を記述している．もっと一般的に用いられるのは，平均分散（mean dispersion）であり，これはたとえば水素のF線とC線の場合，屈折率の差（$n_F - n_C$）である．分散能（dispersive power）（ω）は比 $(n_F - n_C)/(n_D - 1)$ である．中間領域における差を扱う場合には，部分分散が引用される．狭角プリズムの分散は，色収差（ωP）に関連する．ここで，P は偏角能である．

たいていの透明な物質は波長が減少するにしたがって屈折率が増加し，短波長になるほどその変化が急激なものになる．この型の変化は正常分散（normal dispersion）とよばれる．実際には異常分散はきわめて一般的なものであるが，吸収帯の近くではこの正常性が明らかに消える（→異常分散）．

屈折あるいは回折の角度が波長とともに変わる変化率（$d\theta/d\lambda$）も分散能（dispersion power）あるいは角分散（angular dispersion）といわれる．単位波長差あたりのスペクトル中の2線間の距離（$dl/d\lambda$）は線形分散（linear dispersion）である．

一般的には，分散は波の速さが波の運動の周波数に依存していることの現れであり，波が伝わっている媒質の性質を表している．分散を示すのは光だけではなく，たとえば，ラジオ波はイオン化した媒質中を伝搬するとき遅れていき，周波数が低いほど遅延が大きくなる．→音波の分散．

分散（II） variance
標準偏差の平方．

分散能 dispersive power
→分散.

分子雲 molecular cloud
→星間物質.

分子運動論 kinetic theory
ラムフォード (Rumford), ジュール (Joule) らの業績により, エネルギー移行 (energy transfer) の過程としての熱の概念が確立された. 分子運動論は, この結論を化学の分子理論と結び付け, 物体の内部エネルギーをそれを構成している分子の運動エネルギーや位置エネルギーとして解釈する. 実際, この理論の基本的な部分は, 物質内部の分子の運動理論である. すなわち, あらゆる集合状態にある物質の構成粒子は, 激しく運動している状態にあるということを基礎にしている.

気体では, 分子は高速であらゆる方向に運動している. 分子は非常に小さく, ほとんどすべての分子が互いに分子自身の大きさに比べて大きな距離だけ離れており, 他の分子の影響を受けないと仮定できる. 一方, 液体では, 分子は互いに非常に接近しており, 分子相互の影響が重要である. 分子は連続的な運動を行うが, 気体では現れなかったパターン化された構造の様相を呈しているように見える. 固体では, 物質は結晶となり, 非常に明確なパターン化された構造を示す. また, ある場合にはそのようなパターンをもたないアモルファスとなることもある. 構造の基本構成単位は, それぞれ平均的な位置を中心として振動し, これらの振動運動が熱運動となり, 温度の上昇とともにより大きなエネルギーをもつようになる. これらの運動のエネルギーが固体の熱容量の大部分の原因となっている. 分子運動の証拠は拡散のような現象によって与えられる. また一方で, ブラウン運動は, 気体の状態にある物質の大まかな様子, すなわち, 分子はしばしば互いに衝突し, 絶え間ない不規則な運動状態にあるということを明らかにする.

気体分子は, 運動しているときに, 気体が封入されている容器の壁と衝突する. その結果, 壁に運動量を与え, 圧力を生じる. 運動学的解釈では, 理想気体は気体の全体積に比べて十分無視できる空間を占め, 実際に衝突するとき以外は互いに影響を及ぼさない. そして, 衝突は平衡状態では平均すると完全に弾性的である. 理想気体によって生じる圧力は, 次の式
$$p = (1/3) m v c^2$$
で与えられることが示される. ここで, m は気体分子の質量, v は $1 \mathrm{m}^3$ に含まれる分子数, c は分子の二乗平均速度である.

マクスウェルの速度分布の法則は, 平衡状態にある分子の実際の速度分布を与える. この法則は, 古典統計学の主要な概念に基づいている. これらの概念はまた, エネルギー等分配則を導く. すなわち, 系のエネルギーは異なる自由度に等しく分配され, おのおのの自由度は, 平均エネルギー $(1/2)kT$ をもつ. ここで, k はボルツマン定数, T は熱力学温度である.

気体に分子運動論を適用すると,
$$\gamma = 1 + 1/n$$
という関係が導かれる. ここで, γ は比熱比, n は個々の分子に対する自由度の数である. 固体の場合には, 固体のモル比熱は定数で $3R$ に等しいというデュロン-プティの法則を導く. 単純な分子運動論では, 固体でも気体の場合でも, 比熱の温度変化を説明をすることがまったくできない. 古典的な等分配の概念は, 量子論におけるものに置き換えられなければならない.

分子軌道 molecular orbital
原子の中で, 電子は原子核のまわりを運動し, 電子が発見される確率が高い領域で表現される原子軌道をもつ. 分子がつくられるとき, 価電子は 2 つ以上の原子核から影響を受けながら運動し, その波動関数は分子軌道として知られる. これらも空間の領域で表現される. 普通, 原子軌道の組み合わせから分子軌道がつくられると考える. 2 つの原子軌道を組み合わせると, エネルギーと形が異なった 2 つの分子軌道が得られる. 低エネルギーの分子軌道では原子核の間に電荷が集中し, これが原子核を結びつけるように働いて化学結合をつくる. これは結合軌道 (bonding orbital) とよばれる. 高エネルギーの分子軌道は電荷の核間集中はなく, 原子核は互いに反発しようとする. これは反結合軌道 (antibonding orbital) とよばれる. どの分子軌道もパウリの排他律により逆向きスピンをもつ 2 つの電子が入りうる.

たとえば水素では, それぞれの水素原子は 1 つの電子をもつ. 分子ができるとき, 電子の対は安定分子をつくる低エネルギーの結合軌道を占める. 高エネルギーの反結合軌道は空である.

分子式真空計 molecular gauge
粘性真空計 (viscosity gauge or manometer) ともいう. 気体の低い圧力を測るための装置で, その動作は, 低圧での気体の粘性が

圧力に依存することに基づく．あるゲージでは，第1の円盤が一定の高速度で回転し，その傍に第2の円盤が平行に置かれ，空気の粘性に引きずられて回転しようとする．第2の円盤との結合が圧力の尺度となる．この装置は約 $10^{-1} \sim 10^{-5}$ Pa で働き，通常マクラウド真空計で校正される．

他の方式は，一端を固定した均一な石英ファイバーを気体中で振動させると減衰が観測され，これが粘性に依存する．この装置は，減衰計（decrement gauge）あるいは石英ファイバー圧力計（quartz-fibre manometer）とよばれ，1〜0.01 Pa で役立つ．

分子線 molecular beam
低圧での原子や分子の平行ビームで，すべての粒子は同じ方向に走り，粒子間で衝突がほとんど起きない．

このようなビームをつくる装置はいくつかの高速真空ポンプにつながれている．金属原子のビームはオーブン中で金属を熱し，その蒸気を小さな穴から逃がしてつくられる．気体の場合には，非加熱の容器が使用される．真空系は通常いくつかの部分に分かれ，それぞれポンプにつながれ，向きを揃えるための穴を備えた仕切で隔てられている．どの部分もそれより上流の部分より低圧である．穴を通過しなかった分子は排気される．

分子分極 molecular polarization
分子が電場中に置かれると，電荷の中心がわずかに変位し，分子に双極子が生じる．$m = \alpha E$ で，m が場の強度 E により誘起された電気双極子モーメントとすると，定数 α は分子の分極率（polarizability）とよばれる．

分子ポンプ molecular pump
⇒真空ポンプ．

分周振動 subharmonic vibration
基本周波数の整数分の1の周波数をもつ振動．

分子流 molecular flow
クヌーセン流（Knudsen flow）ともいう．気体の流れの型で，気体が流れている管のサイズより気体分子の平均自由行程の方が大きい低圧で起きる．気体の流量は，分子どうしの衝突ではなく，分子と管壁との衝突で決まる．つまり，流れは気体の粘性に依存しない．

気体が流れる装置の特徴的大きさと気体の平均自由行程との比はクヌーセン数（Kundsen number）として知られる．

分子量 molecular weight
相対（的）分子質量の以前の呼び方．

ブンゼン電池 Bunsen cell
一次電池で，蓄電池が発明される以前はよく用いられていた．

ブンゼンバーナー Bunsen burner
ガスバーナーの1つで，バーナーの管の根本でガス流に空気の量を調節して混合し，管の上部に炎ができる．ベルヌーイ理論の結論として，希薄なガスジェットの吸引効果によって空気が引き込まれる．

ブンゼン氷熱量計 Bunsen ice calorimeter
少量の液体もしくは固体の比熱容量を測る熱量計．

分相器 phase splitter
1つの入力信号から，指定した位相差をもつ2つの別々の出力信号を発生させる回路．プッシュプル増幅器のドライバーなど．

プント系列 Pfund series
⇒水素のスペクトル．

分配関数 partition function
⇒統計力学．

分布関数 distribution function
度数分布の数学的な表現．

分布屈折率レンズ gradient-index lens (GRIN lens)
屈折率が設計にしたがって変化している不均一な物質でつくられたレンズ．通常屈折率は軸を中心として動径方向に2次関数的に減少する．GRIN レンズは両端面が平行な細い棒状につくられ，何本かのものをアレイ状に束ねて使われる．

分巻電気機械 shunt-wound machine
界磁石の励磁のすべてまたは大部分が，電機子巻線に分路で接続された巻線による直流機［発電機，電動機］．⇒直巻電気機械，複巻電気機械．

粉末（結晶）写真法 powder photography
単色のX線（または電子線，中性子線など）の平行ビーム中に，ランダムに配向した結晶の粉末の標本を置いて（通常は回転させて）行う結晶回折法．⇒X線解析．

分離エネルギー separation energy
特定の核種の核から，1個の陽子または中性子を取り去るために必要なエネルギー．

分流器 shunt, instrument shunt
測定器の分流器．電流計のような測定器に並列に接続される．抵抗値の小さな四端子抵抗器．

回路を流れる電流の一部のみが測定器に流れるようにすることで，測定範囲が拡大される．

分路 shunt
（一般的な意味）2つの電気装置または回路が並列に接続されるとき，一方は他方に関して分路とよばれる．

ヘ

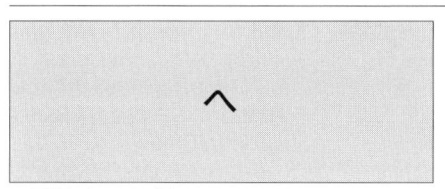

平凹（へいおう） planoconcave
⇒凹面.

平滑回路 smoothing circuit
⇒リップル.

平均 mean, average
n 個の数 $a_1, a_2, a_3, \cdots, a_n$ に対して
(1) 算術平均 $= (a_1 + a_2 + a_3 + \cdots + a_n)/n$.
(2) 幾何平均 $= (a_1 a_2 a_3 \cdots a_n)^{1/n}$.
(3) 平均二乗の平方根（平均二乗偏差）$= \sqrt{(a_1^2 + a_2^2 + \cdots + a_n^2)/n}$.
(4) ⇒加重平均.
(5) 観測値の場合，その合計をその数で割ったもの.
(6) 連続関数 $f(x)$ の場合，領域 x_1 から x_2 の平均は
$$\frac{\int_{x_1}^{x_2} f(x)\,dx}{x_2 - x_1}$$
となる．これは空間 $x_1 \sim x_2$ での $f(x)$ の縦軸上の平均の位置に対応する．多変数の関数についても同様の定義が存在する.

平均自由行程 mean free path
記号：λ.
(1) **分子運動論**において，分子が他の分子と衝突した後，次に他の分子と衝突するまでに進む距離の平均値．これは，断面積 $\pi\sigma^2$ との間に $\lambda = 1/\sqrt{2\pi n \rho^2}$ という関係がある．ここで，n は単位体積あたりの分子数である．λ を決めるもっとも重要な方法は，その粘性 η との関係を用いるものである．分子運動論では，$\lambda = k\eta/\rho u$ という関係が成り立つ．ここで，ρ は密度，u は分子の平均速度である．k の値は，理論の近似の度合いに依存して $1/3 \sim 1/2$ の間をとる.
(2) 原子，原子核および素粒子物理学において，粒子がある特定の相互作用を起こすまでに粒子が媒質中を進む距離を表す．たとえば，さまざまな粒子および媒質に対して，吸収，弾性散乱，非弾性散乱，核分裂などの平均自由行程がある．対象とする粒子の単位体積あたりの数が N で，ある特定の過程の**断面積**が σ であるとすると，$\lambda = 1/N\sigma$ である.

平均寿命 mean life, average life, life time
記号：τ.
(1) 放射性核種の不安定な原子核が崩壊するまでの平均存在時間．崩壊定数の逆数で，T を半減期として $T^{1/2}/0.69315$ に等しい.
(2) 媒質中の素粒子やイオン，または半導体内の伝導キャリヤーの平均生き残り時間.

平均速度 mean velocity
粒子系の粒子の速度の平均値で，以下の関係式で与えられる.
$$\overline{C} = (n_1 c_1 + n_2 c_2 + \cdots + n_r c_r)/n$$
ここで，n_1 個の粒子が速度 c_1 を，n_2 個の粒子が速度 c_2 を，というようにもつものとし，
$$n = \sum_r n_r$$
は分子（粒子）の総数を表す.
定常状態の気体分子に対するマクスウェルの速度分布より，これは
$$C = 2/\sqrt{\pi h m}$$
となり，ここで，$h = 1/(2kT)$ である.

平均太陽 mean sun
⇒時間.

平均太陽時 mean solar time
⇒時間.

平均致死量 mean lethal dose
⇒中間致死量.

平均電流密度 mean current density
⇒電流密度.

平均二乗速度 mean square velocity
粒子系のすべての粒子の速度の2乗の平均値で，以下の式で与えられる.
$$C^2 = (n_1 c_1^2 + n_2 c_2^2 + n_3 c_3^2 + \cdots + n_r c_r^2)/n$$
ここで，n_1 個の粒子が速度 c_1 を，n_2 個の粒子が速度 c_2 を，というようにもつものとし，
$$n = \sum_r n_r$$
は分子（粒子）の総数を表す.
気体の場合，この値は分子運動論を基づいて式 $p = (1/3)\rho C^2$ から計算することができる．ここで，p, ρ はそれぞれ気体の圧力および密度を表す．理想気体に対しては，r を気体の単位質量に対する気体定数とすると，$C^2 = 3rT$ となる．この式より平均速度は気体の温度にのみ依存することがわかる.
マクスウェル（Maxwell）の**速度分布**によれば，定常状態の気体分子に対する平均二乗速度は $C^2 = 3kT/m$ となる．⇒平均速度.

平均偏差 mean deviation
⇒偏差.

平均律音階 equitempered scale
⇒音律.

平衡 equilibrium
物体に力が働いて平衡（つり合い）の状態にあるとき，その状態からのわずかのずれが，力によって減る場合を安定な平衡（stable equilibrium），増える場合を不安定な平衡（unstable equilibrium）といい，影響を受けない場合を中立（neutral equilibrium）という．この安定性の議論は，たとえば，ポテンシャル（電位）中の複数の電荷システム，空気溜めにつながった管の端に形成されたシャボン玉など，より一般的な系に適用することが可能である．
　一般に，ある系のポテンシャルエネルギーは，その系の平衡が安定であれば極小，不安定であれば極大となる．中立の平衡状態は，ずれの量を大きくしていくと，安定または不安定のいずれであるかが判別できる．⇒つり合い，最小作用の原理．

平行軸の定理 theorem of parallel axes
質量 M の物体の重心を通る軸の周りの慣性モーメントが I であるとき，その軸から距離 h 離れた平行軸の周りの慣性モーメントは $I+Mh^2$ である．最初の軸の周りの回転半径が k であれば，第2の軸の周りの回転半径は $\sqrt{k^2+h^2}$ である．

平衡定数 equilibrium constant
記号 K．⇒質量作用の法則．

平衡力 equilibrant
与えられた力の系をつり合わせるような単一の力．つねに存在するとは限らない．

並進 translation
物体や系のすべての点が，平行に同じ距離だけ移動する運動のこと．

ベイトマンの方程式 Bateman equation
放射性核崩壊の連鎖を記述する1組の方程式．もし，はじめに親の核種のみ存在しているとして，その数を N_1^0 とすると，時間 t が経過したあとの n 番目の核種の原子の個数 (N_n) は，
$$N_n(t) = \sum_1^n \frac{\lambda_1 \lambda_2 \cdots \lambda_{n-1} N_1^0 \mathrm{e}^{-\lambda nt}}{(\lambda_1-\lambda_n)(\lambda_2-\lambda_n)\cdots(\lambda_{n-1}-\lambda_n)}$$
で与えられる．ここで，λ_n は減衰定数である．

平面波 plane wave
波面が，伝搬方向に対して垂直な平面を形作っている波．3次元の波動のもっとも単純な例である．⇒進行波．

平面偏光（直線偏光） plane-polarized light, linearly polarized light
電場の振動方向が直線的，かつある面に対して平行で，伝搬方向に対して垂直である光（実際，すべての電磁放射は直線偏光になりうる）．屈折率 n のガラス面に入射角 $\tan^{-1} n$ で入射した光の反射光は，ガラス面に平行な方向で振動している直線偏光である（ブルースターの法則（Brewster's law））．この偏光面に対して，振動（電場ベクトル）面が垂直なものを，入射面内に偏光しているという．直線偏光は，反射や，多数の板の透過によって得られる．また，電気石，ポラロイドのような偏光二色性物質の複屈折や，ニコルプリズムなどでも得られる．光学活性物質は，偏光面を回転させる．⇒光学活性，偏光．

ベイルビー層 Beilby layer
表面を研磨すると生じる厚さ約 5 nm の非晶質の層で，通常の結晶性の物質はこの層の下に存在する．摩擦で散逸されるエネルギーが表面を溶かすため，この層が生じることがわかった．このように，物質はそれより高い融点をもつ物質で研磨することができる．機械部品のならし運転は深いベイルビー層をつくる．

並列 parallel
全体を構成する個々の部分を同時に運ぶ（コンピューターの場合は同時に処理する）過程を含むこと．複数の回路素子が，電流がそれぞれに分流し，のちに合流するように接続されているとき，それらは並列である（in parallel）という．抵抗値 r_1, r_2, r_3, …の抵抗が並列に接続されているとき（図a），全体の抵抗値 R は
$$1/R = 1/r_1 + 1/r_2 + 1/r_3 + \cdots + 1/r_n$$
で与えられる．各分岐路の電流は $i_n = i(R/r_n)$ である．ただし，i は全電流である．電気容量 c_1, c_2, c_3, …のコンデンサーが並列に接続されているとき（図b），全体の電気容量 C は
$$C = c_1 + c_2 + c_3 + \cdots + c_n$$
で与えられる．これらのコンデンサーは，極板間隔や，内部の誘電体の誘電率が同じであれば，それぞれの極板面積を合わせた1つの大きなコンデンサーのように振る舞う．
　電池が出せる最大電流（すなわち外部抵抗が0のときの電流）は，その内部抵抗で決まっている．したがって，いくつかの電池を並列に接続して，電池の回路の全内部抵抗を減少させると，大きな電流を取り出すことができる．⇒直列，分流器．

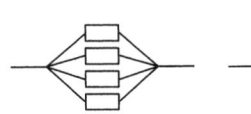

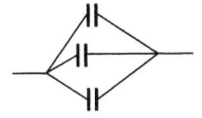

(a) 抵抗の並列接続　　(b) コンデンサーの並列接続

へき開　cleavage
結晶のある特別な方向の結合が比較的弱いせいで，そこで結晶が容易に2つに割れる．割れた結晶はきれいで良質な表面をもつ．この表面はへき開面 (cleavage plane) に平行である．

ヘクト-　hecto-
記号：h．100を表す接頭語．たとえば1ヘクトメートル (1 hm) は100メートル (100 m) である．

ベクトル　vector
大きさと方向をもつ量で，大きさに比例した長さと方向をもつ直線で表される．これは直交座標系の3つの成分によって表される．(⇒単位ベクトル)．

真ベクトル，すなわち極性ベクトル (polar vector) としては変位ベクトルまたは仮想的な変位ベクトルなどがある．速度，加速度，力，電場および磁場の強さも極性ベクトルである．座標軸の反転に対して成分の符号が変わる．これらの次元は長さの奇数次のべきをもつ．

擬ベクトル (pseudovector)，すなわち軸性ベクトル (axial vector) は空間において軸方向をもっている．その方向は通常右手系において軸に沿ってみた場合に回転が時計回りになる方向にとる．擬ベクトルとしては角速度ベクトル，面積ベクトル，磁束密度ベクトルなどがある．これらは座標軸の反転に対して成分の符号は変わらない．これらの次元は長さの偶数次のべきをもつ．極性ベクトル，軸性ベクトルはともに同じベクトル解析の法則に従う．

(a) ベクトルの加法 (vector addition)．2つのベクトル A と B をその大きさと方向を平行四辺形の隣り合う2辺で表すとすると，対角線はベクトル和 $(A+B)$ の大きさと方向を表す．複数の力や速度などはこのやり方で結合される．

(b) ベクトルの乗法 (vector multiplication)．ベクトルの乗法には2つの種類がある．

① ベクトルの内積 (scalar product) は2つのベクトルの大きさの積と2つのベクトルの余弦（コサイン）の積 $(A \cdot B = AB\cos\theta)$ に等しく，スカラー量である．内積は通常以下のように表記される．
$A \cdot B$ (「A ドット B」と読む)

② 2つのベクトル A と B の外積 (vector product) は大きさ $|A \times B| = AB\sin\theta$ の擬ベクトルとして定義され，外積によって得られるベクトル方向は A, B のベクトルを含む面に対して垂直である．この垂直方向に沿って外積のベクトルの向きは次のように定義される．外積の方向に沿って見た場合，ベクトル A と B の始点を1点に合わせ，その点を中心として（右ねじを）A から B の方向に時計回りに（π よりも）小さい角度 θ 回転させたとき，その右ねじの頭の進む方向が外積の方向になる．外積は通常以下のように表記される．
$A \times B$ (「A クロス B」と読む)

ベクトルはスカラーと区別するため，記号はボールドイタリック体の活字で表される．

ベクトル場　vector field
重力場や磁場のように大きさと方向が位置に対して一意に決まる関数であるような場．これらは次のような曲線によってその図を描くことができる．任意の点における曲線の接線方向はその点におけるベクトルの方向と同じで，曲線の密度（たとえば線に垂直な無限小の面積を通る単位面積あたりの本数）はその点でのベクトルの大きさに比例している．これらの線は束線（力線）とよばれる．

ベクレル　becquerel
記号：Bq．毎秒1崩壊に等しい**放射能**のSI組立単位．

ベクレル効果　Becquerel effect
電解槽の一方の電極の表面に光を照射すると起電力が生じる．

ベース　base
バイポーラートランジスターにおいてエミッターとコレクターを分け，ベース電極 (base electrode) をくっつける領域．

ベース接地接続（共通ベース接続）　common-base connection
トランジスターのベースを入出力回路の共通端子にし（通常接地される），エミッターとコレクターをそれぞれ入力と出力端子にするような接続方法．この接続法は電圧増幅器によく使われる．

ペタ-　peta-
記号：P．10^{15} を示す接頭語．たとえば，1 PJ

$= 10^{15}$ J.

β線　beta ray
β粒子の流れからなる一種のイオン化放射で，線源の特性で決まる最大値まで連続的に分布した運動エネルギーをもつ（→β崩壊）．物質におけるβ線の吸収は，おもに吸収体の質量対面積比に依存し，物質の特性にはそれほど依存しない．もっともエネルギーの高い線源から放出される粒子線は最大数 MeV のエネルギーをもち，数十 kg m^{-2} までの物質を通過することができる．放射性核種によっては，最大数十 keV の粒子線しか放出されず，10^{-2} kg m^{-2} 程度の物質（数センチメートルの空気に相当）で吸収される．

β線のスペクトルは，内部転換によって発生する電子の線スペクトルを伴うときがある．

β電流利得因子　beta current gain factor
記号：β．バイポーラートランジスターのエミッター接地回路で測られる，短絡電流増幅因子．次のように表される．

$$\beta = (\partial I_C / \partial I_B)$$

コレクター電圧 V_{CE} は一定，I_C はコレクター電流，I_B はベース電流．β はつねに 1 より大きく，実際 500 までの値をとる．

ベータトロン　betatron
磁気誘導により高エネルギーの電子を発生させる円形加速器．もし電子が電磁石の極の間の磁場中を半径 r の円軌道を描くとすると，軌道に沿っての磁束密度の増加は電子を加速する．もし軌道の周上の磁場が，その軌道の内側の磁場の平均値の半分に等しければ，半径 r は変わらない．すなわち，粒子は同じ経路にとどまることが示される．極の形を工夫してこのようにすることができる．

ベータトロンでは磁場は交流電流で励起され，電子は電流が 0 から立ち上がったところで磁場中に入射される．数十万回まわったのち電流が最大値に達する直前に入射電子は磁場の外へ曲げられる．磁束密度 B の中を固定した軌道を動く粒子の角速度 ω は，m を質量としては $\omega = eB/m$ で与えられる．角速度と軌道を一定に保つために（相対論的な速度をもつ粒子の）質量の増加に合わせて B は増加させられる．したがって，この装置の機能は相対論的な質量の増加に影響されない．300 MeV までのエネルギーがつくられる．この電子ビームは，高量子エネルギー X 線発生に，また素粒子研究に用いられる．→シンクロトロン．

β崩壊　beta decay
電子，陽電子の放出を伴う，隣り合う同重体 (isobar) への核の自発的な変換．発生する核の質量数はつねに同じ，原子番号が1つだけ違う．もし電子が放出されると原子核の陽子は1つ増え，陽電子なら1つ減る．β崩壊の2つの例は，

$$^{14}_{6}C \rightarrow {}^{14}_{7}N + e^- + \bar{\nu}$$
$$^{11}_{6}C \rightarrow {}^{11}_{5}B + e^+ + \nu$$

である．β崩壊で放出される電子，陽電子は，解放されるエネルギーに等しい単一のエネルギーをもつのではなく，連続的に分布したエネルギーをもつ．この"失われたエネルギー"はニュートリノ ν，反ニュートリノ $\bar{\nu}$ により運び去られる．ある特定の崩壊で，電子と反ニュートリノ，陽子とニュートリノにより運ばれるエネルギーの和は一定で，ニュートリノのおかげでエネルギーが保存される．ニュートリノにより角運動量，運動量も保存される．β崩壊は現在弱い相互作用として知られ，ゆえにパリティは保存されない．→放射能．

β粒子　beta particle
放射性核種の核からβ崩壊の際，放出される電子，陽電子．

ベックマン温度計　Beckmann thermometer
小さな温度変化を正確に決定できる水銀封入ガラス温度計．下部の球状部が通常の温度計よりも大きく，毛細管のうしろにある目盛は約 30 cm の長さで，1度が 100 等分されており，全部で 5～6℃の範囲が測定できる．測定される温度範囲の中心温度は，下部の球状部へ入れる水銀の量を変化させることで，たとえば 0～100℃の範囲で設定できる．これは，最上部の小さな水銀だめの球状部から水銀を足し入れることにより，また逆に，下部の球形部から，水銀をその水銀だめへもどし，温度の読みを与える部分から切り離すことにより行うことができる．球状部に存在する水銀の量が変化するので，目盛の読みは，その目盛が校正された点でのみ，正しい摂氏 (Celsius) 温度を与える．

ベッセル関数　Bessel function
次の線形微分方程式の解である x の多項式

$$x^2 \frac{d^2y}{dx^2} + \frac{dy}{dx} + x^2 a^2 y = 0$$

である．たとえば，熱伝導の問題など，物理学において多くの応用がある．いろいろな種類があるが，もっとも重要なものは $J_n(x)$ で表される n 次のベッセル関数である．ベッセル関数は，軸対称を含む問題にしばしば使われるので

円筒関数とよばれることもある.

ペッツバル面　Petzval surface
⇒像面湾曲.

ヘッド　head
(1) 磁気テープやディスクなど媒体上で，信号やデータを記録したり，読み出したり，消去したりする装置.
(2) ⇒圧力水頭

ヘテロ構造　heterostructure
2種類の薄い半導体層を交互に成長させたもの．半導体としては，価電子帯，伝導帯（⇒エネルギーバンド）間のエネルギーギャップが異なるものを用いる．ヘテロ構造半導体は複数のきわめて薄い層（超薄膜多層構造）からなっており，先端的な結晶成長技術によって製造されている．半導体材料の選択，膜厚，層の数はものにより異なり，これらの電子的性能は用途に合わせて設計される.

ヘテロ接合　heterojunction
価電子帯，伝導帯（⇒エネルギーバンド）間のエネルギーギャップが異なり，極性が反対の2つの半導体（p型半導体，n型半導体）どうしを接合すること．この接合は通常のホモ接合と比べていくつかの利点がある．ヘテロ接合は半導体レーザーやLED，ヘテロ接合バイポーラートランジスター（hetero junction bipolar transistor：HJBT）などに使われる．⇒ヘテロ構造.

ヘテロダイン受信　heterodyne reception
⇒うなり受信.

ペニング電離　Penning ionization
準安定状態の原子との衝突による気体の原子・分子の電離．原子や分子のイオン化ポテンシャルが，準安定状態の原子が基底状態にもどるときに放出するエネルギーよりも小さければ，この過程が起こる．余剰エネルギーは電子の運動エネルギーとして持ち去られる．十分なエネルギーがあれば，励起状態のイオンをつくることもできる.

ペーハー　pH
溶液の水素イオン（あるいはヒドロキソニウムイオン H_3O^+）の濃度を対数で測ったもの．$mol\ l^{-1}$ で測った水素（あるいはヒドロキソニウム）イオン濃度の逆数を，底10の対数にしたものに等しい．もし $10^{-8}\ mol\ l^{-1}$ の水素イオンが存在していれば，その溶液は8 pHである．pHが7より大きければその溶液はアルカリ性であり，7より小さければ酸性である.

ヘビサイド層　Heaviside layer
⇒電離層.

ヘビサイド‐ローレンツ単位系　Heaviside-Lorentz units
CGS単位系（静電単位系および電磁単位系）．ガウス単位系を有理化した系で，磁気定数は 4π，電気定数は $1/4\pi$ の値をもつ．素粒子論や相対論ではガウス系とともにまだ使われている.

ヘプトード　heptode
⇒七極管.

ベル　bel
⇒デシベル.

ヘルツ　hertz
記号：Hz．周波数のSI単位．1秒の周期をもつ周期運動の周波数として定義される.

ヘルツシュプルング‐ラッセルの図（H-R図）　Hertzsprung-Russell diagram（H-R diagram）
星の絶対等級（星自身の本来の明るさ）とスペクトルタイプしたがって温度（⇒星のスペクトル）との関係を示す図．この図の上で星は一様に分布するのではなく，それぞれ定義された領域にかたまって存在する（図をみよ）．しかし，約90％の星は主系列（main sequence）とよばれる対角線の帯の中に分布する．比較的明るい巨星は別のグループをつくるが，もっとも明るい超巨星は相対的に数が少ない．そのほか，

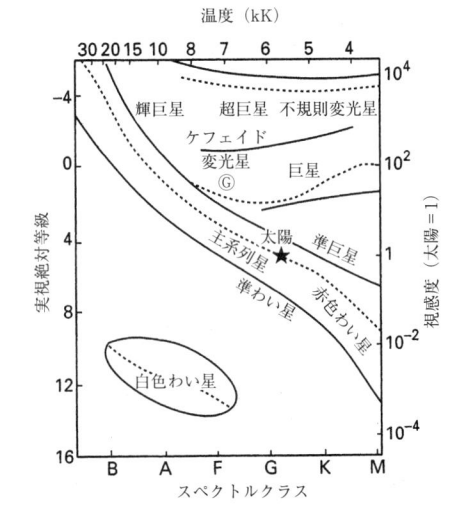

Ⓖ＝ヘルツシュプルングギャップ

ヘルツシュプルング‐ラッセルの図

いくつかのグループが区別できる.

H-R図は星の進化（stellar evolution）を研究するうえで大切である．理論的に導かれる図は，天文観測によって検証される．たとえば，もっとも明るい星々，特定の領域（たとえば太陽の近辺）にある星々，パルス的変光星，球形星団（われわれの銀河にあるもっとも古い星々もこれに含まれる）などのそれぞれに対して図を描くことができる．これらの図上で星は異なる分布を示す．たとえば，球形星団は主としてH-R図の巨星の領域に現れる．

星はその芯で核融合反応が始まり，主系列上に現れてからの一生の大部分を主系列の上で過ごす．主系列上の星はそのエネルギーを，水素がヘリウムに転換する反応（⇒星のエネルギー）から獲得する．その水素が燃え尽きると星の径は増大し，主系列の境界をこえて，巨星の領域に移動する．この移動は短い時間のうちで起こるので，2つの領域の間に何もない領域（ヘルツシュプルングギャップ Hertzsprung gap）がみられる．星はついには赤色巨星となり，さらに大きさが変化して，巨星領域の左下の領域を占めるようになる．まだ完全には理解されていない事象を順を追ってたどった結果，星は最終的な質量に依存して，**白色わい星**，**中性子星**，そして多分ブラックホールのいずれかになる．
⇒重力崩壊．

ヘルツ発振器　Hertzian oscillator
ラジオ周波数（1～1000 MHz 程度）の電磁波を発生させる電気系．ハインリッヒ・ヘルツ（Heinrich Hertz）が電磁波（その当時はヘルツ波（Heltzian wave）とよばれていた）の存在と性質を示すために最初に使用した．2つのキャパシターから構成される．すなわち，2つの板または球が導線によってつながれていて，導線の中途には狭いスパークギャップがある．発振器の両半分が十分に高い電位差をもつとギャップにスパークが走り，その部分が一時的に導体となり，振動する放電が起こる．振動の周期は $2\pi\sqrt{LC}$ に等しくなる．ここで，L はこの系の自己インダクタンス，C はキャパシタンスである．この振動と同じ周波数の電磁波が，放電が続く間放出される．振動は通常小さな誘導コイルを使って励起され，放電ごとに一連の電磁波が放出される．スパークギャップの抵抗が大きいので，波は急激に減衰する．波の波長は数メートルの程度である．

ペルティエ効果　Peltier effect
⇒熱電効果．

ペルティエ素子　Peltier element
⇒熱電効果．

ベルトハイム効果　Wertheim effect
⇒ウィーデマン効果．

ベルトロの状態方程式　Berthelot's equation of state
方程式
$$(p + a/TV^2)(V - b) = RT$$
は，ふつうの圧力領域では，ファンデルワールス状態方程式より実験によく合うが，臨界点で合わなくなる．⇒状態方程式．

ベルヌーイの原理　Bernouilli's theorem
重力ポテンシャル（V）をもつ力が働いている．摩擦なしの流体の定常状態では，
$$\int \frac{dp}{\rho} + \frac{1}{2}v^2 + V = C$$
が成り立つ．ここで，p と ρ とは流体の圧力と密度，v は流線に沿った流体の速度である．C は定数で，どの流線を選ぶかで決まり，ベルヌーイの定数（Bernouilli's constant）とよばれる．この式は，エネルギーの保存則と同じであることが示され，さらに一般的に，
$$\int \frac{dp}{\rho} - \frac{\partial \phi}{\partial t} \pm \frac{1}{2}v^2 + V = A$$
と書ける．ここで，ϕ とは速度ポテンシャル，A は時間（t）の関数．定常状態に対してはもとの式にもどる．

ヘルムホルツ関数　Helmholtz function
ヘルムホルツの自由エネルギーと同義．記号：A, F. 系の熱力学的関数で，内部エネルギー（U）からエントロピー（S）と熱力学温度（T）の積を引いたもの，すなわち
$$A = U - TS$$
である．もし系が温度一定のもとで可逆変化をすると，ヘルムホルツ関数はその間になされた仕事だけ増加する．系の任意の2状態の間の A の差（ΔA）は，2状態間のいろいろな経路でなされる仕事のうちの最大値を与える．この差が負であると系から仕事を取り出せる．⇒ギブス関数．

ヘルムホルツ共鳴器　Helmholtz resonator
空気を満たした円筒形または球形の音響共鳴器で，空洞の体積より小さい容積のネックを通して大気とつながっている．一般にこの種の共鳴器の共振はパイプの中の気柱などより，かなりよい選択性をもっている．それは大気中に放

散されるエネルギーがわずかなので，減衰が非常に小さいからである．
　ネックの周囲の空気はピストンの役割をして，空洞内の空気を圧縮したり，希薄にしたりすると考えられている．自由空間での音の波長は空洞の大きさに比べて大きい．この系のもっとも単純なモデルは，ばねにつるされた質量で，ネックの空気のピストンは質量，空洞内の空気がばねに対応する．音響学用語ではネックはイナータンス（inertance），空洞はキャパシタンス（capacitance）と考えられる（→インピーダンス）．損失はおもに放出されるエネルギーによるもので，これは音響抵抗（acoustic resistance）に相当する．
　共鳴周波数 ν はリアクタンスの項が消えるところでの角周波数
$$2\pi\nu = c\sqrt{S/lV}$$
から求められる．ここで，c は音速，l はネックの長さ，S はその断面積，V は空洞の体積である．円筒型のヘルムホルツ共鳴器では面をスライドさせて空洞の体積を変え，したがって，共鳴周波数を変えることができる．
　ヘルムホルツ共鳴器は特定の周波数の音の超高感度の検出器として用いられる．連結された2つの共鳴器（二重共鳴器 double resonator）はさらに高い感度をもつ．

ヘルムホルツコイル　Helmholtz coil
　2つの同等な円筒状のコイルを円の半径の距離だけ離して同軸上に置いたもの．両者を直列につなぎ同じ向きに電流を流すと，2つのコイルの中間点の付近のかなり大きな体積に一様な磁場がつくられる．

ヘルムホルツ電気二重層　Helmholtz electric double layer
　ある物体を異種の物体に接触させると，2つの物体は正負に帯電する．誘電率 ε_r が相対的に大きな物質が正になる．ヘルムホルツはこれを正負の電荷をもった1分子の厚さの膜ができて，これが物質内部の電場で維持されるためであろうと説明した．レナード（Lenerd）はこの理論をさらに発展させて，固体や液体の表面では，分子はその電気双極子の負の電荷が外向きになるように回転して電気二重層を形成しているとした．誘電率 ε_r が大きい物質では電荷間の引力が弱いから，誘電率 ε_r が小さい物質は相手から自由電子を奪い取ることができる．これが起こるためには接触は密であることが必要である（→摩擦電気）．はじめは分子の直径の程度離れ

ていた正負の電荷が引き離されるので，電気力線は引き伸ばされ，したがって，非常に大きな電位差が生じる．

変圧器　transformer
　変成器，トランスともいう．交流電圧を同一の周波数の異なる値の交流電圧に変換する機器．その動作原理は相互誘導（→電磁誘導）に基づいている．基本的な設計は磁気的に連結された2つの電気回路からできており，通常，積層鉄芯のまわりに2つのコイルが巻いてある．この回路の一方は一次側（primary）とよばれ，ある電圧の電力を交流電源から受け取り，もう一方の二次側（secondary）とよばれる回路が（普通は）異なる電圧で負荷に電力を供給する．鉄芯の損失を無視すれば，一次側電圧の二次側電圧に対する比は，一次側の巻数対二次側の巻数の比 n に等しい．二次側の電圧が一次側より高いか低いかにより，ステップアップ（step-up）または，ステップダウン（step-down）変圧器とよばれる．電圧が変換されるだけでなく，電流も変換される．鉄芯の損失を無視できる場合には，一次側対二次側の電流比は $1/n$ である．→単巻変圧器，電圧変換器，変流器．

変圧比　ratio
　変圧器の巻数比．単相の電力用変圧器に対しては，変圧比または巻数比は，一次巻線と二次巻線に生じる誘導起電力の比である．次のようないくつかの定義が実際に用いられ，巻線の特別な接続方式（→多相系）や，特別な用途にも対応できる．
　(1) 電力用変圧器の電圧比（voltage ratio of a power transformer）．無負荷時における高圧側端子間と低圧側端子間の電圧比．
　(2) 変圧器の巻数比（turn ratio of a transformer）．一般的定義．高電圧側に対応する相巻線（phase winding）の巻数と，低電圧側のそれの比．単相変圧器では電圧比は実質的に巻数比に等しいが，多相変圧器では，これは必ずしも成り立たない．後者については，巻数比が1より小さく，電圧比が1より大きいこともある．
　(3) 計器用変成器の巻数比（ratio of an instrument transformer）．与えられた負荷条件での一次端子電圧（一次電流）と二次端子電圧（二次電流）の比．

変位　displacement
　(1) 量と方向によって2つの点の位置の差を表すベクトル．物理において用いられる基本的

なベクトル．速度は変位の変化率として，また加速度は速度の変化率として定義される．したがって，**運動量や力などの力学量**や，**電場のような電気的な量**は，変位の概念をもとにしている．

(2) 物体を液体中に沈める，あるいは部分的に沈めることによって起こる液面の変化量．

(3) ⇒電気変位．

変位電流 displacement current

印加している電場が変化したときの，誘電体を貫く電束の変化の割合．コンデンサーが充電されるとき，コンデンサーに流れ込む伝導電流によって，変位電流が誘電体中を流れ，閉じた回路を流れる電流と同じような効果がある．変位電流は（伝導体中のような）電流担体の運動を伴わないが，電気双極子（**誘電分極**として知られている）を形成し電気的応力が生じている．普通の伝導電流と同じく，誘電体中の変位電流が磁気的効果を引き起こすというマクスウェルによる認識が，彼の光の電磁理論の基礎となった．

偏角（Ⅰ） declination

(1) 磁気偏角．ある地点における磁比（磁石の指す向き）と真北（地軸の向き）のなす角度．偏角の値はその地点が地球のどこにあるかで変わり，また，同じ地点でも時間とともにゆっくり変化する．

(2) 天文学の．⇒天球．

偏角（Ⅱ） deviation (angle of)

入射光線方向と反射，屈折，あるいは透過光線方向との間の角度．1回の反射後の光線は $(\pi-2i)$ だけ偏角している．ここで，i は入射角である．2枚の平面鏡で連続して反射した場合の偏角は，$(2\pi-2A)$ である．ここで，A は鏡のなす角である．プリズムによる偏角は入射角とプリズムの角度に依存している．プリズムによる最小偏角 (minimum deviation) は，屈折が対称的であるときに起こる．最小偏角 D は方程式

$$n = \sin[(A+D)/2]/\sin(A/2)$$

で表される．ここで，A はプリズムの頂角であり，n は屈折率である．頂角の小さいプリズムでは近似的に

$$D = (n-1)A$$

であり，通常の入射角範囲では近似的に偏角は一定となる．

変換 transmutation

ある元素から別の元素が生成されること．一般に，放射性元素の自然崩壊，人工的な粒子衝突による放射性崩壊，電磁波放出により起こる．

変換器 transducer

センサー（sensor）ともいう．非電気的信号を電気的信号に（あるいはその逆に）変換する素子．すなわち，入力信号の関数を電気信号の変動に変換する．変換器は測定器として利用され，電気音響分野では蓄音器のピックアップ，マイクロフォン，ラウドスピーカーに使われている．

変換器で測定される物理量を測定量 (measurand) という．変換器の出力を発生する部分が変換素子 (transduction element) である．測定量に直接応答する素子が検出部 (sensing element) であり，変換器が意味のある出力を出せる測定量の値の上限と下限の間がダイナミックレンジ (dynamic range) である．

変換器には，コンデンサー，電磁的素子，コイル，光伝導，光起電力，圧電素子などいくつかの基本的変換素子を用いる．変換器を作動させるにはほとんどの場合，外部から電力を供給しなくてはならない．例外は圧電性結晶，光起電力，電磁型の自励変換器である．

ほとんどの変換器はアナログの線形出力を行う．すなわち，出力は測定量の連続関数である．離散的な値のディジタル出力を行う変換器もある．ほとんどの変換器は測定量の線形関数で出力するように設計されている．このほうがデータの取り扱いが容易だからである．もし測定量が既定の周波数領域の範囲で変動すれば，変換器の出力も周波数とともに変動する．

変形ポテンシャル deformation potential

半導体や導体の結晶格子の力学的ひずみが原因となり生じる静電ポテンシャル．⇒圧電効果．

偏光（偏波） polarization

偏光していない（自然の，あるいは通常の）電磁放射は，特定の振動方向をもたずに横振動している波動で構成されている．さまざまな状況下では，振動の方向や特性がより制限される．平面偏光では，電場は，振動面 (plane of vibration) とよばれる特定の平面内にある．また別の状況では，電場の方向は1つの平面に制限されてはいないが，（進行方向から見て）一定の角周波数で回転し，大きさは変化しない，という状況にある．これは円偏光 (circularly polarized radiation) とよばれる．もし電場ベクトルが回転するだけでなく，その大きさも変える場合，楕円偏光 (elliptically polarized) であるという．⇒1/4波長板．

偏光解析装置 ellipsometer
固体表面の薄膜を調べる装置．平面偏光の光が固体表面に入射するとき，反射光が楕円偏光となる原理に基づいている．反射光の楕円率は薄膜の厚さに依存する．→偏光．

偏光角 polarizing angle
ブルースター角（Brewster angle）ともいう．光が，$\tan^{-1}n$（nは屈折率）の入射角でガラス板に入射するとき，反射光は平面偏光になる．［この角度を偏光角という．］この入射角のとき，屈折光は反射光に対して 90°の角度をなしている（ブルースターの法則 Brewster's law）．

偏光器 polariscope
偏光を調べる装置．偏光器は偏光子をもち，この偏光子によって得られた偏光した光は研究対象の透明な物質を通り，回転させることのできる検光子を通る．簡単な（ビオ（Biot））偏光器は反射の偏光依存性を利用しており，2つの傾いたガラス板からできている．1つのガラス板は光を偏光させるために，もう1つ（回転可能）は検光のためである．検光子がニコルプリズムやポラロイドのものや，検光子と偏光子の両方がニコルプリズムのものもある．

偏光計 polarimeter
液体や固体の光学活性物質で起こる偏光面（→平面偏光）の回転を正確に測定する装置．→検糖計．

偏向コイル，偏向板 deflector coil, plate
→陰極線管．

偏光子 polarizer
平面偏光をつくるために使用される結晶，または結晶の集合体（ガラス板を重ね合わせたもの，ポラロイド，ニコルプリズムなど）．

変光星 variable star
星の物理的な性質，中でももっとも顕著な特徴として，その光度が時間に対し規則的または不規則に変動する星のこと．変光星にはその星内部の状態変化によって変光する星（真変光星，intrinsic variable）がある．脈動変光星（pulsating star）はこの種の星の1つで，星の表面層の膨張または収縮によって光が変化する．変化はまた外的な要因によっても起こりうる．2つの星がそれぞれ重心の周りを回転している場合（連星）において，もし回転の軌道面が見る方向と一致していると，食が起こりうる．これは食連星（eclipsing binary）として知られる．新星は劇変変光星（catacysmic variable）の一例で，光度が短時間に急激に増大する．

偏光面の回転 rotation of plane of polarization
→光学活性．

偏差 deviation, variation
(1) 観測値と真の値との差．後者は，すべての観測値の平均値などの，真の値にもっとも近いと考えられる代表値で置き換えられる．平均値を用いる場合には，差は残差（residual）とよばれる．平均偏差（mean deviation）は，偏差の絶対値の平均値である．標準偏差（standard deviation）は，すべての観測値の偏差の2乗の平均値の平方根である（→度数分布）．
(2) 周波数変調においての，キャリヤー周波数が変調を受けて変化している量．

変数の数 degree of variance
→自由度．

変性剤 denaturant
核兵器への利用ができなくするために核分裂性物質に加えられる同位体元素．

ベンチュリー管 venture tube
管を通る液体の流量を測定する装置．主要な部分は，口が狭くなっている入り口部分 XY（図参照），短いまっすぐなパイプからなる喉 YZ からなる．ZO において狭い喉口からパイプは再び広がり通常もとと同じ大きさにもどる．パイプを通る1秒あたりの液体の流量は

$$Q = \frac{A_1 A_2}{\sqrt{A_1^2 - A_2^2}} \sqrt{\frac{2(p_1 - p_2)}{\rho}}$$

で与えられ，A は断面積，p は液体の圧力（静圧），ρ は液体の密度を表し，添え字の1と2は入り口，狭い喉口部分をそれぞれさす．

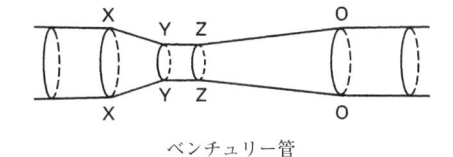

ベンチュリー管

変調 modulation
一般に，電気的あるいは音響的なパラメーターをその他のパラメーターにより変更，変形すること．とくに，搬送波とよばれる電気信号を他の信号で与えられた様式に従って変化させる過程．たとえば，ラジオ送信で音声周波数信号がより高い周波数の搬送波に伝えられる過程．→

位相変調，周波数変調，振幅変調，パルス変調，速度変調．

変調器 modulator
(1) 変調過程を加えるあらゆる装置．
(2) レーダーで用いられる装置で，連続した短パルスを発生して，発振器のトリガーとして使われる．

変調電極 modulator electrode
ある装置内の電流の流れを変調するための電極．陰極線管では電子ビームの強度を制御する電極である．電界効果トランジスターではゲート電極であり，チャネルの伝導率を制御する．

変調度 modulation factor
→周波数変調，振幅変調．

変電所 substation
(たとえば交流電流を直流電流にする)変換や，トランスによる電圧の昇降などの制御のために用いられる(1つないしそれ以上の発電所から)電力を受け取る施設，設備，建物の集合体．

変動率 regulation
発電機，変圧器，送電線に関する用語で，ある特定の条件に従って負荷が変わったときに，内部抵抗(直流の場合)や内部インピーダンス(交流の場合)のために起こる外部から利用できる電圧の変化．

変分法 calculus of variation
物理的問題が定積分の形で表されて，その値が積分内の関数や積分の極限の微小な変化があっても一定の値をもつ場合に，それを解くための数学的手法の1つ．

弁別器 discriminator
(1) 周波数変調あるいは位相変調された信号を振幅変調された信号に変換する電気回路．
(2) 入力パルスがある決められた値よりも大きい場合にのみ出力のパルスを出す回路．

ヘンリー henry
記号：H．自己および相互インダクタンスのSI単位．閉じたループを流れる電流1Aあたり1Wbの磁束を作り出すインダクタンスで定義される．→電磁誘導．

変流器 current transformer
直列変圧器ともいう．1次巻き線は主回路で直列につながれ，2次巻き線は測定装置(たとえば電流計)やその他の装置を通って閉じているような装置．1次電流と2次電流の比は，ほぼ1次と2次の巻き数比の逆数である．変流器は，交流計測器の測定範囲の拡大，高圧回路からの断線，交流電源の保護リレー回路などに広く利用されている．

ホ

ボーア磁子 Bohr magneton
⇒磁子.

ポアズ poise
記号：P. **動粘性率**のCGS単位. 1ポアズは 0.1パスカル秒である.

ポアズイユ poiseuille
記号：Pl. **動粘性率**の単位. 1m離れた2つの平面の間を流速1 m s^{-1}のとき液体が流れるとき，この平面に1 N m^{-2}の接線応力を与える液体の粘性率として定義される．この単位はSI単位系の動粘性率の単位（パスカル秒）と一致するが，この名は国際的には承認されていない．

ポアズイユの流れ Poiseuille flow
円形の断面積をもつ管を通る粘性流体の定常的な層流．この型の流体の流れは回転放物面の形の速度分布をもち，円筒の中心で最速，円筒の壁の部分で速度が0になる．ニュートンの流体摩擦の法則が成り立つとすれば，1秒あたりに流れる流体の量は
$$Q = \pi(p_1 - p_2)r^4/8\eta l$$
である．ここで，p_1, p_2は長さlの管の入口と出口の流体の圧力，ηは粘性係数，rは管の半径である．これはポアズイユの式（Poiseuille equation）またはハーゲン-ポアズイユの法則（Hagen-Poiseuille law）とよばれる．

ポアソン比 Poisson ratio
記号μまたはνで表す．棒がその両端にかけられた力によって引き伸ばされ，側面に何も接触していない状態で，縦方向の伸長変形量に対する横方向の収縮変形量の比．引き伸ばしても体積が変わらないならば，この比は0.5になるが，実際はそれよりも小さくなることが多い．

ポアソン分布 Poisson distribution
不連続な変数に当てはまる**度数分布**．放射性物質の崩壊過程で，与えられた時間内に特定の崩壊を起こす確率を予想するのに応用される．ポアソン分布は二項分布の極限である．試行数nが増えるに従って確率pが減り，$np = m$が成り立つ．ここで，mはn回試行のうちである事象の起こる回数の平均である．したがって，n回の試行でr回成功する確率は$m^r e^{-m}/r!$となる．

ポアソン方程式 Poisson equation
SI単位系において，
$$\frac{\partial^2 V}{\partial x^2} + \frac{\partial^2 V}{\partial y^2} + \frac{\partial^2 V}{\partial z^2} = -\frac{\rho}{\varepsilon}$$
すなわち，$\nabla^2 V = -\rho/\varepsilon$で与えられる方程式．ここで，$V$は任意の点での静電ポテンシャル，$\rho$は電荷密度，$\varepsilon$は誘電率である．

ボーアの原子理論（1913） Bohr theory of the atom
原子構造に対して，はじめてなされた量子論の重要な適用．この理論は後に置き換わるが（⇒**量子力学**），のちの理論にも本質的な性質となって残るいくつかの概念を導入した．

この理論はとくにもっとも簡単な原子，1つの核と1つの電子からなる水素原子に適用された．孤立した原子が安定に存在する基底状態（ground state）と，衝突または放射の吸収により原子が励起される，より高いエネルギーをもった短寿命の状態の存在を仮定した．また，放射は$h\nu$の整数倍のエネルギーの量子として放出・吸収されることが仮定された．ここで，hはプランク定数，νは電磁波の周波数（のちに，1つの量子はただ1つの値$h\nu$をもつことがわかった）．自由電子がn番目（$n = 1$は基底状態）の状態へ捕獲されたときに放出される放射の周波数は，円軌道上の電子の回転周波数の$nh/2$倍と仮定する．この考え方は，軌道の角運動量が$h/2\pi$を単位として量子化されるという概念を導き，それに置き換わる．n番目の状態のエネルギーは次のように与えられることがわかった．
$$E_n = -me^4/8h^2\varepsilon_0^2 n^2$$
ここで，mは電子の**換算質量**．この公式は，当時知られていた水素原子の可視・赤外の輝線の系列と非常によく一致した．また，この公式が紫外領域に予言した系列もすぐライマン（Lyman）により発見された．⇒**水素のスペクトル**.

理論のさらに複雑な原子への拡張はある程度は成功したが，多くの困難が生じた．これらは波動力学の発展によりはじめて解決された．
⇒**原子，原子軌道**.

ポアンソー運動 Poinsot motion
(1) 1つの固定点Oをもち，外力を伴わない剛体の運動．
(2) 剛体に作用しているすべての力が質量中心Oを通る1つの力と等価なときの，Oに対する剛体の相対運動．このような運動では，Oを

通る角運動量ベクトルの方向と大きさは，時間によらず一定となる．

ホイートストンブリッジ　Wheatstone bridge

抵抗を測定するブリッジの1つ．抵抗回路を図のように配置する．R_1 と R_2 はそれぞれ被測定抵抗と基準抵抗である．検流計が振れなければ4つの抵抗の電流はバランスがとれ，
$$R_1/R_2 = R_3/R_4$$
となっている．2つの抵抗 R_3 と R_4 は一様な抵抗線の摺動接触によって l_1 と l_2 に分けられる．したがって，
$$R_1/R_2 = l_1/l_2$$
となる．ホイートストンブリッジにはいくつかの型がある．

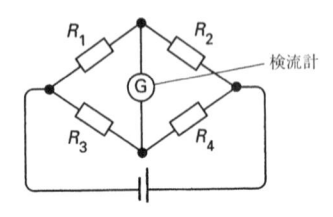

ホイートストンブリッジ回路

ホイヘンスの原理　Huygens's principle
(1690)

一次の波面上の各点が小さな波（wavelet）すなわち二次波（secondary wave）の源となって，この小さな波の包絡面が後の時刻の一次波面をなす．小さな波は，各点で一次波と同じ速さと周波数で進む．実際は後ろ向きの波は存在せず，このことは，より確かな数学的基礎を原理に加えた後の修正（フレネル，キルヒホッフ）によって説明された．媒質が均質であれば，小さな波は有限の半径でできる．小さな波の振幅は $(1+\cos\theta)$ に比例して減衰する．ここで，θ は前方となす角である．小さな波の概念は屈折（通常のものも2次のものも）や回折を説明するのに有用である．

ホイヘンスの接眼レンズ　Huygens's eyepiece

接眼レンズの1つで，入射光の方向に凸面を向けた2つの平凸レンズからなり，大きな球面収差を減らすために間に視野絞りを入れたもの．視野レンズの焦点距離は通常アイレンズの焦点距離の2～3倍にとる．2つのレンズの間隔は，それぞれのレンズの焦点距離の和の半分にし，このとき色収差が最小になる．

対象物からの光は，接眼レンズ内部の虚焦点に集まるのでグラティキュールや十字線は使えない．アイレンズ自体は収差の補正をしないのでグラティキュールを視野絞りの位置に置くのは適当でない．このため，ホイヘンスの接眼レンズは測定用の機器には使われないが，単に観察するための機器には十分使える．

ボイル温度　Boyle temperature

1モルの実在気体の状態方程式は次の形に表される．
$$pV = RT + Bp + Cp^2 + Dp^3 + \cdots$$
ここで，RT, B, C などはビリアル係数（→ビリアル展開）である．R は気体定数，T は熱力学的温度である．すべての気体について B は低温では負，高温では正である．より高次の項は一般的にはすべて正であり，非常に高い圧力のもとでのみ重要になる．ボイル温度 T_B では B が0になり，広い圧力範囲でボイルの法則が成り立つ．

ボイルの法則　Boyle's law

ある質量の気体が一定の温度で圧縮されると圧力と体積の積は一定になる．その法則は実在気体には近似的に示されるにすぎず，非常に低い圧力でのみ正確である．ボイルの法則に従うのは理想気体である．

ポインティングの理論　Poynting's theorem

電磁放射によるエネルギーの移動の速さは，電場と磁場の強度の積に比例する，という理論．すなわち，ある面内の電場，磁場成分によりつくられるポインティングベクトルの面積積分に比例する．

ポインティングベクトル　Poynting vector

電磁場中で，単位面積を垂直に通過するエネルギー流の速度の方向と大きさを与える擬ベクトル．ポインティングベクトルは，その点での電場と磁場のベクトル積に等しい．

ポインティング-ロバートソン効果　Poynting-Robertson effect

太陽系中の宇宙塵にかかる力で，この力は宇宙塵を徐々に内側に落ち込ませる．本質的にこの力は，放射圧の，宇宙塵の運動方向成分である．この効果は，まずポインティングによってエーテルを用いた形で定式化されたが，のちにロバートソンによって一般相対論を用いた現代物理学の形に直された．力 F は，宇宙塵の大きさ（球形を仮定する）r, 太陽の質量 M_s, 太陽の光度 L_s, 宇宙塵の軌道半径 R に依存する．

すなわち，
$$F = \frac{r^2}{4c^2}\sqrt{\frac{GM_sL_s^2}{R^5}}$$
である．ここで，c は真空中の光速，G は万有引力定数である．

方位角（方位） azimuth
ある決まった点，または極からの角度で測られた位置．
⇒天球．

方位角計 declinometer
地磁気の偏角を測定する装置．基本的には磁針と天体の方向とのなす角を，水平に置いた円盤上で読み取る．おおよその値は三稜形のコンパスから得られる．精密に測るにはキュー磁力計を用いる．

方位量子数 azimuthal quantum number
⇒原子軌道．

望遠鏡 telescope
(1) 遠くの物体の像をつくるために光を集める光学装置．その集光力は，肉眼で見るよりもかすかな物体を見ることを可能にする．月のような遠くて大きい物体は拡大される（⇒拡大能）．恒星のような点光源は区別しやすくなる（⇒分解能）．反射望遠鏡では主鏡で，屈折望遠鏡では対物レンズで，また，シュミット望遠鏡あるいはマクストフ望遠鏡ではレンズと鏡の組合せで，集光され焦点を合わされる．光学望遠鏡の性能は，一般に主鏡や主レンズの口径（aperture 開口）で決まる．口径が大きくなると，集光力，分解能のどちらとも大きくなる．

望遠鏡は天文学においておもに用いられている．望遠鏡を堅牢に支えている構造体を架台（mounting）とよぶ．空のほとんどすべての方向が観測できるように，互いに直交する2つの軸周りに望遠鏡の鏡筒が回せるように架台が設計されている．赤道儀（equatorial mounting）では，1つの軸（極軸）は地軸に平行である．望遠鏡は，第2軸に必要な角度で取り付けられ，24時間で極軸周りに1回転するように，地球の自転とは逆方向に回転される．こうすると，すべての天体は視野の中で一定の位置に留まる．経緯台（altazimuth mounting）では，1つの軸が鉛直，他方の軸が水平である．物体の日々の運動を空の中で追いかけるには，望遠鏡は両方の軸周りに同時にしかも異なる速度で回転されなければならない．コンピューターによる制御が必要である．

クーデ式（coudé system）は，赤道儀がついた反射体あるいは屈折体からできている．もう一度反射されることにより，極軸上の点（クーデ焦点 coudé focus）に結像する．この点は，地球すなわち観測者に対して動かないので，光をそこに設置したスペクトルグラフにより分析できる．

子午環（meridian circle）では，子午面ないで回転できるように，望遠鏡は東西軸上に搭載されている．子午線を通過する際の恒星の高度を測定し，赤経，赤緯を決めるのに用いられる．
⇒天球

(2) ある特定のスペクトル範囲の放射を集め，それを解析するための適当な（電気式）記録装置に送る，天文学で使う装置．地上に設置された電波望遠鏡や赤外望遠鏡は電波，赤外領域の大気の窓を通過してくる電磁波を集める．衛星に搭載された装置は宇宙からの紫外光，X線，γ線を検出するのに使われる．

望遠レンズ telephoto lens
普通のカメラに接続し，遠くの物体の大きな像をつくる写真レンズ．実効的に大きな焦点距離をもち，したがって，視野角は狭く深度も小さい．ガリレイ型の望遠鏡（⇒反射望遠鏡）のように集束レンズの後方に発散レンズがあるような構造だが，実像が現れるようにその間隔が設定されている．組合せレンズの第2主平面はうしろのレンズの前方で比較的遠くにできるの

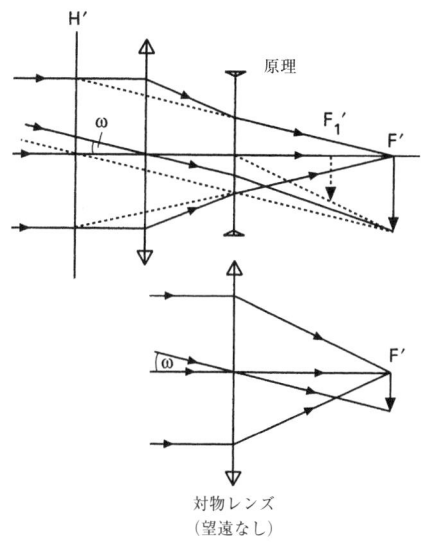

原理

対物レンズ
（望遠なし）

望遠レンズ

で，後方焦点距離を一定にしたまま，かなりの拡大率が得られる（図参照）．

崩壊　disintegration, decay

原子核が自発的にあるいは衝突に引き続いて，β粒子，α粒子，γ線などを1個あるいは複数個放出すること．
親核から娘核に崩壊し，その結果，親物質の放射能が減少していく．→α崩壊，β崩壊，放射能．

方解石　calcite

氷州石（Iceland spar）ともいう．炭化カルシウムの結晶の1つの形で，へき開面に沿って割れやすく斜方六面体になる．それぞれの面がなす角度は78°5′と101°55′である．その結晶は複屈折性をもつ．常光線，異常光線は互いに直交した偏光を示す．光学的には負の一軸性結晶と位置づけられている．

崩壊定数　decay constant, disintegration constant

記号：λ．不安定核種の単位時間あたりの放射崩壊の確率．λは次式で与えられる．
$$\lambda = -(1/N)\mathrm{d}N/\mathrm{d}t$$
ここで，$-\mathrm{d}N/\mathrm{d}t$はその核種の活動度A，Nは時刻tで未崩壊の原子核の数である．この式から，時刻$t=0$でN_0個の原子核があったとき，指数関数的に崩壊する$N=N_0\mathrm{e}^{-\lambda t}$の式を得る．原子核の数が最初の半分になる（$N=(1/2)N_0$）のに必要な時間が半減期$T_{1/2}$で，$\mathrm{T}_{1/2}=0.69315/\lambda$となる．崩壊定数の逆数が平均寿命である．

方向平均強度　mean spherical intensity
→光度．

放射（輻射）　radiation

光線，波動，粒子の流れなどとして伝わるものの総称．とくに，光と，これを含む電磁波，音波，さらに，放射性物質からの放射線をいうことが多い．

放射圧　radiation pressure

（1）電磁波のあたった表面に働く微小な圧力．エネルギーE［の光］には，運動量$p=E/c$（cは光速）が伴っている．このため，電磁波を吸収，反射，屈折，散乱する物体には必ず力が働く．強度I（単位面積あたりのパワー，単位$\mathrm{W\,m^{-2}}$）の平行光線が，これに垂直な面に完全に吸収されたとすれば，圧力はI/cとなる．光が反対方向に完全反射されたときは，圧力はこの2倍となる．均一に散乱された［ランダムな方向の］放射では，放射のエネルギー密度をρとして，圧力は$\rho/3$となる．

（2）音波により平面に及ぼされる定常的な圧力．この圧力は，**定在波の節**（node）で観測される振動的な圧力変化とは区別されるべきである．
放射圧Pは$P=L(1+\gamma)/c$のように表すことができる．ここで，Lは音の強度，cは音速，γは比熱比である．これは断熱過程が起きていると仮定している．

放射インピーダンス　radiation impedance
→放射抵抗．

放射エネルギー　radiant energy

放射の形をとったエネルギー．ある物体が放射の形で放出または吸収する全パワーを，放射エネルギー束（radiant energy flux），あるいは単に放射束という．

放射型イオン顕微鏡　field-ion microscope

電界イオン化によって金属の表面構造を観測する装置．形は電界放出顕微鏡とほぼ同じであり，違いは試料片に負の電圧でなく正の電圧をかける点，画像が金属から放出された電子でなく正イオンによってできる点である．低圧のヘリウムを顕微鏡内に入れる．試料片の表面でできたヘリウムイオンは加速しながらスクリーンに飛び，スクリーン上で蛍光を発する．電界イオン電流は電場の大きさに依存しており，表面原子の領域で原子の大きさレベルの局所的な増強が起こっている．その結果，拡大された表面の原子構造は，スクリーン上に映し出される．試料片は金属原子の振動を抑えて解像度を上げるために液体水素，またはヘリウム温度に冷やされる．実際，個々の原子を表面上に"見る"ことができる．

放射化分析　activation analysis

低速中性子線や高エネルギー粒子あるいはγ線で試料を励起し，核反応の結果，引き続いて起こる放射崩壊を調べることにより，試料の中にあった原子を感度高く同定する方法．たとえば，安定な Na は，中性子を捕獲して次の核反応を起こす．
$$^{23}\mathrm{Na}+\mathrm{n} \rightarrow {}^{24}\mathrm{Na}+\gamma$$
^{24}Na は γ 線，電子，ニュートリノを放出して崩壊する．
$$^{24}\mathrm{Na} \rightarrow {}^{24}\mathrm{Mg}+\gamma+\mathrm{e}^{-}+\bar{\nu}$$
ここで，電子はある決まったエネルギーを持っており，γ線のエネルギーは 2.75 MeV と 1.37 MeV である．したがって，放射化された試料からのγ線のスペクトル（γ線分光）を測定し

て，Naの存在を知ることができる．

ふつう放射化は，核反応炉から出てくる中性子線を用いる．この方法の感度は高く，多種類の元素の同定に用いられる．何らかの方法で標準がつくられていれば，放出されるγ線の強度から未知の元素の定量もできる．

放射輝度 radiance
記号：L_e, L.
(1) エネルギーを放射する点源があるとき，特定の方向で，放射に垂直な単位断面あたりの**放射強度**（光度）
$$L_e = dI_e/(dA\cos\theta)$$
ここで，Aは面積，θは放射の方向と面のなす角.
(2) 放射を受ける面上の1点に対しての，単位立体角（Ω）あたりの**放射照度** E_e.
$$L_e = dE_e/d\Omega$$
放射照度は，放射の方向に垂直な面積で測られる．

放射輝度の単位は，$W\,sr^{-1}\,m^{-2}$である．⇒輝度．

放射強度 radiant intensity
記号：I_e, I. 点光源から，特定の方向に向け，単位立体角Ωあたりに放出される放射束Φ_e.
$$I_e = d\Phi_e/d\Omega$$
単位はワット毎ステラジアン（$W\,sr^{-1}$）．⇒光度．

放射計 radiometer
ある物体が放射の形で出す全エネルギーまたはパワーを測る装置．物理的測光，天文学，気象学において用いられる．この用語は，とくに赤外，可視，紫外の光を検出，測定する装置に対して使われる．⇒日射計，熱電対列，ボロメーター，有効放射計．

放射高温計 radiation pyrometer
高温の物体からの熱放射を利用して，その温度を測定する高温計．熱放射を感度の高い熱電対上に集光する方式がある．熱電対の起電力は物体の温度の関数であり，電位差計を用いて測るか，検流計（またはミリボルト計）の指針で読み取ればよい．

放射公式 radiation formula
プランク（Planck）により導かれた公式で，標準スペクトル（黒体放射のスペクトル）のエネルギー分布を表す．式の形は，ふつう

$$\frac{8\pi ch}{\lambda^5}\frac{d\lambda}{\exp\left(\frac{ch}{k\lambda T}\right)-1}$$

のように書かれる．これは，波長がλと$\lambda + d\lambda$の間にある放射の，単位体積あたりのエネルギーを表す．cは真空中の光速度，hはプランク定数，kはボルツマン定数，Tは熱力学的温度．

放射効率 radiant efficiency
記号：η_e, η. 光源から放出される**放射束**の，[光源で]消費されるパワー（電力）との比．

放射照度 irradiance
記号：E_e, E. 単位面積の表面に入射される電磁放射の**放射束** Φ_e. 面積dSをもつ表面にある天における放射照度は
$$\Phi_e = \int E_e\,dS$$
で与えられる．$J\,m^{-2}$の単位で測定される．⇒照度．

放射衝突 radiative collision
2つの荷電粒子の間の衝突で，運動エネルギーの一部が変換され，電磁波が生じるもの．⇒制動放射．

放射性核種 radionuclide
放射性原子核．放射性核種は医学物理で多くの応用があり，しばしば無害の化合物の形で患者に注射される．

イメージングには通常$60\sim400\,keV$のエネルギーのγ線が使われる．α線やβ線は周囲の組織に簡単に吸収されるので適さない．その原子核は適切な半減期，典型的には数時間をもち，そのため全放射線被曝量は最小であるが，放射線量は臨床学的検査が行われる間は十分に高い．原子核と担体の液体は毒性がなく無害であることも大切である．

テクネチウム99（^{99}Tc）はイメージングに使われる放射性核種である．それは準安定状態にある．つまり，比較的長い半減期の間は励起状態にとどまる．準安定^{99}Tcはγ線を放出して基底状態に崩壊する．^{99}Tc自身はモリブデン放射性核種がβ崩壊してできる．

$$^{99}_{42}Mo \rightarrow {}^{99}_{43}Tc + {}^{0}_{-1}\beta$$
$$^{99}_{43}Tc \rightarrow {}^{99}_{43}Tc + {}^{0}_{0}\gamma$$

この核反応鎖の2番目の過程は6時間の半減期をもち，これは短時間の臨床学的研究に理想的である．γ線の放射は$160\,keV$で，γ線カメラ（⇒SPECT）で容易に検出でき，有害なβ

粒子を発生しない．^{99}Tc は血の供給の多寡にかかわらず脳や腫瘍のイメージングに多く使われている．

放射線治療に通常使われる同位体はヨウ素131（^{131}I）である．原子炉で中性子がテルリウム（$^{130}_{52}$Te）に捕獲されるとき^{131}I はつくられる．このときつくられた同位体は β 粒子を放射して^{131}I に崩壊する．その後ヨウ素は化学的にテルリウムから分離される．

$$^{130}_{52}\text{Te} + ^{1}_{0}\text{n} \rightarrow {}^{131}_{52}\text{Te} \rightarrow {}^{131}_{52}\text{I} + {}^{0}_{-1}\beta$$

^{131}I は 8 日の半減期をもち，β 放射で崩壊するため，甲状腺機能亢進症の治療に使われる．しかし，^{131}I は検出に適したエネルギー（360 keV）の γ 線も放出する．

$$^{131}_{53}\text{I} \rightarrow {}^{131}_{54}\text{Xe} + {}^{0}_{-1}\beta + {}^{0}_{0}\gamma$$

8 日の半減期は臨床学的試験目的に理想的である．甲状腺は血流からヨウ素をよく取り込むので，^{131}I は甲状腺の研究によく使われる．

放射性系列 radioactive series
自然放射性核の大部分は，原子番号 Z が $Z=81 \sim 92$ の範囲にある．これらの物質は，ウラン系列（uranium series），トリウム系列（thorium series），アクチニウム系列（actinium series）の 3 つの放射性系列にまとめられる．これら放射性核種の質量数は，$4n$（トリウム系列），$4n+2$（ウラン系列），$4n+3$（アクチニウム系列）の形になる．ここで，n は 51 〜59 の整数である．系列の最初にくる親核は，半減期が $10^9 \sim 10^{10}$ 年という長寿命である．親核はウラン 238（ウラン系列），トリウム 232（トリウム系列），およびウラン 235（アクチニウム系列）である．アクチニウム系列は，ウラン 235 とパラジウム 231 の崩壊によって生じるアクチニウム 227 を含んでいる．3 系列の他の元素は，おもに，1 つ前の核から α 崩壊または β 崩壊によってつくられる．最終の生成物はすべて，鉛の安定同位体である．

第 4 の放射性系列，ネプツニウム系列（neptunium series）（$4n+1$）においては，系列の先頭にある 3 つの核種（プルトニウム 241，アメリシウム 241，ネプツニウム 237）の半減期は，他の 3 系列の親核に比べてずっと短い．したがって，これらの放射性核種は地球上からなくなってしまったか，あるいは，あってもごくわずかである．これらは合成可能である．

放射性炭素年代測定 radiocarbon dating
⇒年代測定．

放射性同位体 radioisotope
放射性壊変（崩壊）を行う元素の同位体．

放射性トレーサー radioactive tracer
定まった量の放射性同位体を生体ないし機械的な系に導入し，ガイガー計数管，γ 線カメラ（⇒ SPECT），その他類似した装置で放射能を測ることにより系の中での経路と，特定の領域での濃度を決定する．放射性同位体を含み，トレーサーとして用いられる物質は，標識されている（labeled）とよばれる．

放射性廃棄物 radioactive waste
原子炉，ウランの処理施設，病院などから出る，固体，液体，または気体の廃棄物で，放射能をもつものをいう．あるいは放射性物質を含むものをいう．物質によっては放射性物質は数千年にわたり残存するので，処理には細心の注意を要する．高レベル廃棄物（核燃料に使われたものなど）は人工的な冷却が必要で，処理前に数十年のあいだ貯蔵される．中レベル廃棄物（炉材，フィルター，沈積物など処理場からでるもの）は，固化され，コンクリートと混ぜてドラム缶に蓄えられ，その後，コンクリート容器に入れて，（地下水の汚染を避けるため）深い廃鉱や海底に埋められる．低レベル廃棄物（微量の放射性物質で汚染された固体または液体）は，あまり問題がない．イギリスでは，1988 年以来，ドラム缶に入れ，カンブリア（Cumbria）洲ドリッグズ（Driggs）のコンクリート溝に捨てられている．この作業は，政府と原子力産業が共同で設立したナイレックス（Nirex）社によって行われている．他の国でも，同じような措置がとられている．1983 年に国際協定によって中断されるまでは，低レベルおよび中レベル廃棄物は，ドラム缶に入れ，コンクリート詰めにして大西洋の深海に捨てられていた．さらに，非常に希釈された低レベルの気体または液体廃棄物は，大気中や海水中に捨てられている．

放射性捕獲 radiative capture
⇒捕獲．

放射線学 radiology
X 線，γ 線，およびその他の透過力のある電離放射線の研究と応用を行う分野．

放射線写真 radiography
X 線あるいは放射性核種から放出した γ 線により可視光では見えない体の中の構造の陰写真（放射線写真）（⇒ SPECT）．X 線を使ってつくられた放射線写真の品質は入射 X 線ビームの減衰度による．これは調べたい構造の密度と厚み

で決まる**線形減衰係数**で特徴づけられる.

放射線写真の医学的応用では骨はもっとも大きい減衰を示す媒質で,軟組織,空気のポケットと続く.これまでの放射線写真はさまざまな軟組織(たとえば肝臓と腎臓)が同程度の減衰と密度をもつため区別するのが簡単ではない.しかし,骨はまわりの筋肉のような軟組織から容易に区別できる.よりよいコントラストが必要な場合は硫化バリウムのような造影剤が導入される.これはX線をよく吸収し,これがないと放射線を通す解剖学的な特徴を観測できるようにする.腎臓,動脈,腸の働きはこの方法で調べることができる.

X線には透過して媒質中の原子と相互作用するとき,X線のエネルギーを減衰させる多くの機構がある.X線の減衰機構はそのエネルギーに依存する.表はさまざまな減衰機構のしきい値,媒質物質の原子番号(Z)による変化,X線のエネルギーを示している.

診断用放射線写真に最適なX線エネルギーは光電効果が主要な過程となる範囲にある.約30 keVでは光電効果がX線の減衰を支配し,異なるZをもつ媒質間で高いコントラストが得られる.光電効果が支配する領域内では減衰がZ^3依存性をもつため異なるZをもつ媒質間の区別が明瞭になる.

空気はほとんど炭素($_6$C)と水素($_1$H)で構成されている軟組織より高い平均Zをもつ.しかし,空気は平均密度が低いためX線を強く減衰しない.一方,バリウムは原子番号56で,したがって強くX線を減衰するため,食物や浣腸剤中の造影剤として使われる.

医療診断は体内の高品質の画像を必要とする.つまり,少しもぼやけたところがない高いコントラストが得られなければならない.したがって,体の異なる部分から散乱されたX線がフィルム上にこないことが重要である.このために,患者とフィルムの間に格子を入れてフィルムに垂直に進むX線だけが通過できるようにする.格子全体を撮影中振動させて格子自身のはっきりしたX線の影ができないようにしている.(図参照)

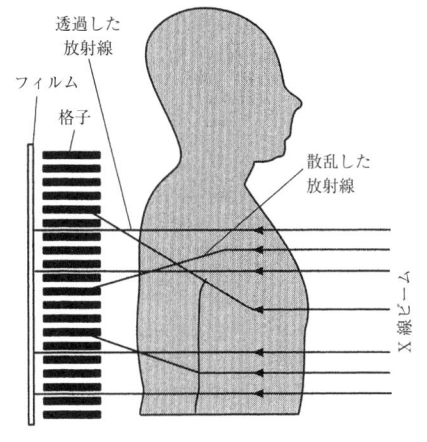

X線ビームは患者の体と相互作用する前にビームの幅を限定する隔膜で制御されている.これにより望みの領域に向かう輪郭のはっきりしたをビームが得られる.太いビームは不要な散乱と不要に高い患者の放射線被曝量をもたらすので望ましくない.低いビーム強度で長い被曝時間は原則的にはコントラス改善する.しかし,撮影の間に患者が無意識で動くことが原因でぼやけが起こりやすくなる.

X線源が点光源として働くので,X線を掃引

機構	X線のエネルギー(E)による減衰の変化	媒質の原子番号(Z)による減衰の変化	減衰のタイプが支配的なエネルギー範囲
単純な散乱[a]	$\propto 1/E$	$\propto Z^2$	1〜20 keV
光電効果[b]	$\propto 1/E^3$	$\propto Z^3$	1〜30 keV
コンプトン散乱[c]	Eに伴い徐々に減少	無関係	30 keV〜20 MeV
対生成[d]	Eに伴いゆっくり増加	$\propto Z^2$	20 MeV以上

[a] 単純な散乱はX線が原子をイオン化するにはエネルギーが不足しているときに起こる.X線はエネルギーが大きく変わることなく偏向する.
[b] 光電効果は入射X線が全エネルギーを原子中の1電子に移しイオン化するときに起こる.
[c] コンプトン散乱(⇒コンプトン効果)は高エネルギーX線が1電子と衝突してエネルギーと運動量を移すときに起こる.X線はエネルギーを失って反跳する.
[d] 対生成は非常に高いエネルギーで起こる.相互作用する原子核の場の中で,X線は自発的に陽電子と電子の対をつくる.

する間に対象の構造が自然に拡大される．X線の影は調べている構造の2次元射影より広い面積をもつ．実際にはX線源は点ではなく像は相対的にぼやけた半影で囲まれる．線源が点に近ければ像の半影は小さくなる．→CTスキャン．

放射線帯　radiation belt
惑星の磁気圏中の領域．主として電子と陽子とからなる高エネルギーの粒子が，惑星の磁場により捕捉されている．→ヴァンアレン帯．

放射線治療　radiotherapy
X線，高エネルギー電子，放射性同位体コバルト60からのガンマ線のような電離放射線ビームを使う癌治療．途中にある細胞を傷つけずに癌細胞を殺すように十分な量の放射線を与えなければならない．これには，いくつかの異なった方向から細いビームを照射して，癌が最大の照射線量を受けるようにする．

放射線透過性　radiotransparent
→放射線不透過性．

放射線半透過性　radiolucent
→放射線不透過性．

放射線物理　radiation physics
放射線，とりわけ電離放射線と，それが物質に及ぼす物理的効果を調べる分野．

放射線不透過性　radiopaque
放射線，とくにX線，γ線に対して不透明であること．骨のような不透過性の物質は，放射線写真上に目に見える形で現れる（→放射線写真）．放射線透過性（radiotransparent）は，この反対の性質で，放射線に対し透明であることをいう．皮膚のように透過性の物質は，放射線写真上では見えない．ある媒質が透明に近いときには，放射線半透過性（radiolucent）であるという．

放射線分解　radiolysis
電離放射線により物質を化学的に分解して，イオン，励起原子分子とする．

放射線ルミネッセンス　radioluminescence
放射能をもつ物質からの可視域の電磁波の放出．

放射束　radiant flux
記号：Φ_e，Φ．放射パワー（radiant power）ともいう．放射の形で物体が放出または吸収する全パワー．この言葉は，ふつう，［放射線の］粒子ではなく，電磁放射の形でのエネルギー移動を意味する．しかし，電波には用いられない．単位はワット（W）．→光束．

放射束密度　radiant flux density
記号：φ．面の放射照度または放射発散度．放射束がφであるとき，面積をSとして，
$$\Phi = \int \varphi dS$$
である．

放射ダイアグラム　radiation diagram
→アンテナ指向性図．

放射抵抗　radiation resistance
(1) 媒質中で振動する面の受ける，単位面積あたりの（音響学的または機械的）な抵抗の一部で，媒質への音のエネルギーの入射によるもの．

単位面積あたり放射される平面波の平均のパワーは
$$\frac{1}{2}\rho c \xi_{max}^2 = \frac{1}{2}\rho c f^2 a^2$$
となる．ここで，ρは媒質の密度，cは音の速度であり，ξ_{max}は群速度（particle speed）の最大値で，fを振動周波数，aを振幅とすればfaに等しい．電気的な放射抵抗もこれと似ており，この式が抵抗ρcの回路での［エネルギーの］散逸のパワーを表す．量ρcは，平面波を伝える媒質の放射抵抗，または放射インピーダンス（radiation impedance）とよばれる．

半径rの球面波の特性インピーダンスは，次のように表される．
$$Z = \rho c(X' + iY')$$
ここで
$$X' = k^2 r^2 / (k^2 r^2 + 1)$$
$$Y' = kr / (k^2 r^2 + 1)$$
$$k = 2\pi/\lambda = 2\pi f/c$$
である（λは波長）．

最初の項$\rho c X'$は抵抗成分を，また第2項はリアクタンス成分を表す．rが非常に大きい場合には，Zは平面波の場合のようにρcとなる．波長λに比べて波源に近い位置ではkrは小さく，放射インピーダンスは
$$\rho c k^2 r^2 = 4\pi^2 f^2 \rho r^2/c$$
に等しくなる．このインピーダンスは，［波が］平面波から球面波へと変化するときは，いつでも効いてくる．

(2) アンテナが放射したり集める電力がそこで散逸すると考える仮想的な抵抗．素子内のオーム損失がないとき，放射抵抗はエネルギー供給点にあるインピーダンスの抵抗部分である．

放射天秤　radiobalance
熱電対の一端で，［電磁波の］放射の吸収による温度上昇をペルティエ（Peltier）効果（→

熱電効果）による冷却で打ち消し，入射する放射量の絶対測定を行う．

放射年代 radiometric age
地質学，考古学的な試料の年代．放射年代測定により求められる．

放射の radiant
測光学において用いられる，純粋に物理的な量を表す修飾語で，電磁波をエネルギーの単位で測る放射量の記号は，対応する光学的な量（⇒視感度の）の記号に添え字 e (energy) を付けて区別する．

放射能 radioactivity
ある核種（放射性核）における自発的な壊変（disintegration）で，α 粒子または β 粒子の放出を伴う．同時に，γ 線が出てくることもある．α 崩壊，β 崩壊の過程では，原子の化学的な性質が変わる．これは，**原子番号が変わる**ためで，より安定な原子核が生じるのが普通である．壊変に際しては，原子核中で，ある決まったエネルギー変化が起こる．α，β 粒子を放出したあとの原子核のもつ余分なエネルギーは，γ 線または内部転換によって放出される．原子核から放出されうる粒子としては，これら以外に陽電子（反電子）があり，壊変の過程は β 崩壊に似ている．放射性核の準安定状態が同じ核の低いエネルギー状態に落ちるときには，γ 線だけが放出されることもある．1つの放射性核が同じ原子核の2つの異なるエネルギー状態に壊れ，1組の核異性体を生じることもある．これはウラン系列で起こる（⇒放射性系列）．電子捕獲は，もう1つの壊変過程である．

自然放射能（natural radioactivity）は，天然に存在する放射性核の壊変である．これは，1896 年にベクレル（Becquerel）によって発見された．**放射性系列**の要素以外にも，天然の元素で放射性同位体を含むものが，いくつか知られている．炭素，ルテチウム，ネオジウム，カリウム，レニウム，ルビジウム，サマリウム，スカンジウムなどである．

人工放射能（artificial radioactivity）は，1934 年にジョリオ-キュリー（Joliot-Curie）夫妻により，最初に実現された．彼らは，ホウ素とアルミニウムの原子核に α 粒子を照射することで人工放射性核（artificial radionuclide）がつくり出せることを示した．これらの物質は，天然の放射性核と同様のプロセスで崩壊する．ウラン（原子番号92）よりも大きな原子番号をもつ，多くの原子核をつくり出すことが可能となっている．これらは，超ウラン元素（transuranic element）で，重い安定核を高エネルギーの陽子，中性子，重水素，炭素原子などで照射してつくられる．超ウラン元素は，すべて放射性である．

天然，人工を問わず，放射性核の放射能は時間とともに指数関数的に減少する．ある原子核について，最初の原子数の半分が転換されるのに必要な時間を半減期という．この時間は 1.5×10^{-8} 秒～10^{17} 年まで変わりうる［もちろん1種類の元素については，半減期は一定である］．ある時間に崩壊する原子の割合は，完全に一定ではない．放射性崩壊は統計的な現象で，半減期というのは非常に多数の壊変の平均値である．与えられた試料の放射能は，特性的な放射線のイオン化の能力を決定することにより測られる．これには，多種の計数器または検出器が利用できる．

放射能によって生じる radiogenic
放射性崩壊の結果として得られることを表す形容詞．

放射発散度 radiant exitance
記号：M_e, M. 表面の単位面積から出される**放射束**. 以前は，放射率（radiant emittance）とよばれていた．単位は W m^{-2} である．⇒光束発散度．

放射パワー radiant power
⇒放射束．

放射輸送 radiative transport
惑星や星の大気中で，対流が起きる条件が満たされていない場合には星の動径の関数として熱力学的温度の微分方程式はエネルギーが放射だけで輸送されるとして得られる．放射輸送の式は星を形成する物質の不透明度 κ，物質密度 ρ，光度 L，動径位置 r，絶対温度 T で

$$\frac{dT}{dr} = -\frac{3\kappa\rho L}{16\pi a c r^2 T^4}$$

となる．c は真空中の光速，a は放射密度定数（radiation density constant）7.5646×10^{-16} kg s^{-2} m^{-1} K^{-4} でステファン-ボルツマン定数 σ と

$$a = 4\sigma/c$$

の関係がある．

放射率 emissivity
記号：ε. ある物体表面の単位面積あたりから放射される電磁波のパワーと，それと同じ温度の黒体から放射されるパワーの比．**放射発散度**の比を用いて $\varepsilon = M_e/M_e'$ と定義することもできる．ここで，M_e は物体の，M_e' は黒体の放射発

散度である．放射率は，原子，分子その他の熱運動に由来する放射について有効な概念である．

放射露光　radiant exposure
記号：H_e, H.
(1) 物体が受け取る全放射エネルギーの表面密度．
(2) 表面の単位面積あたりに入射する放射の全エネルギーを表す量．放射照度 E_e と露光時間の積，$H_e = E_e \int dt$ で表される．単位はジュール毎平方メートル（$J\,m^{-2}$）．→露光量．

法線　normal
任意の面に対するある点での法線とは，その点での接平面に垂直な直線である．

法線応力　normal stress
→応力．

法則　law
ある条件が整えば特定の現象が必ず起こるという主張によって表現される特定の事実から導かれる理論的な原理．

ホウ素計数管　boron counter
遅い中性子を検出するためにホウ素10との核反応を用いた比例計数管．

膨張　expansion
ことに体積の変化を dilation, dilatation という．
→膨張率，断熱過程，等温過程．

膨張宇宙　expanding universe
遠方の星雲からの光のスペクトル線は長波長側にシフトしており，そのシフトの大きさは，もっとも遠いと思われる星雲で，もっとも大きい．これを赤方偏移という．地球から遠ざかる視線上の速さにシフト量が依存すると考えると，すべての星雲（近傍のグループを除いて）はわれわれから遠ざかりつつある．もっとも遠いものがもっとも速く動いていることになる．このことは，星雲クラスター間の距離は，つねに増加していることを意味する．このように宇宙は膨張している．→ビッグバン理論．

膨張計　dilatometer
熱的な膨張を調べるための装置．

膨張率　coefficient of expansion
(1) 固体の場合は，膨張率は $\Delta X/X \times 1/t$ で表される．t は，X を ΔX 増加させるのに必要な温度変化である．単位は $(\mathrm{℃})^{-1}$．X が試験体の長さであれば，線膨張率（coefficient of linear expansion）（記号 α_l）が得られ，X が試験体の体積であれば，体膨張率（coefficient of cubic expansion）（記号 α_v）が得られる．一般に
$$X_t = X_0(1 + \alpha t)$$
X_0 は X の初期の大きさで，α は膨張率である．膨張率が小さいので，体膨張率は線膨張率の3倍と考えてよい．
(2) 液体の場合は，2つの体膨張率がある．見かけの膨張率（coefficient of aparemt expansion）は，容器の膨張を考慮に入れないで，$\Delta V/V \times 1/t$ で計算される．真のあるいは絶対膨張率（coefficient of real or absolute expansion）は，容器の膨張を考慮したときに得られ，その値は見かけの膨張率と容器の体膨張率との和である．
(3) 気体の場合は，膨張が大きい．定圧気体の体積増加率は，圧力一定であるという条件のもとで，ある温度での1℃あたりの体積変化と0℃のときの体積との比である．定積気体の圧力増加率は，体積が一定であるという条件のもとで，ある温度での1℃あたりの圧力変化と0℃のときの圧力との比である．理想気体においては，2つの増加率（α）がともに 0.003 660 8/℃に等しく，
$$V = V_0(1 + \alpha t)$$
を満たす．これは，温度が $-1/\alpha$ つまり $-273.15℃$ になったとき，体積 V が0になることを意味する．この温度は熱力学的温度の絶対零度である．

放電　(electric) discharge
(1) 物体から電荷を取り除くあるいは減らすこと．
(2) 気体放電管あるいは絶縁体中に電流あるいは電荷を通過させること．通常発光を伴う（→気体中の伝導）．
(3) 電池，とくに蓄電池で電流を流し続けること．電池が最後には働かなくなってしまうような化学的変化も含める．この場合，電池は放電した（discharged）といわれる．

放電管　discharge tube
→気体放電管．

放電計数管　spark counter
電離効率の大きな粒子（とくに α 粒子）の検出または測定に用いられる粒子検出器．一対の電極，すなわち，金属製の平板陰極と，その近傍に置かれた線状（または網状）の陽極とからできている．電極の間の電位差を大きくし，その値が空隙（air gap）で放電を生じる電位差よりもごくわずかだけ小さな値となるようにして

おく．荷電粒子が陽極に近づくと，電極間の電場が十分に増加し，火花放電が生じる．放電の瞬間に，陽極の電位が著しく下がる．粒子は火花が生じるときの雑音によって検出できる．粒子数を測定するには，写真を用いるか，あるいは陽極抵抗の電圧変化に応答するような計数回路を利用すればよい．

放電破壊 breakdown
(1) 絶縁物を通って，または**電子管**の間で生じる突発的で破壊的な電気放電．
(2) 半導体デバイス中の，動的な高抵抗が突然低抵抗に変化すること．
どちらの場合も放電が起きる電圧を放電破壊電圧（降伏電圧）（breakdown voltage：BDV）とよぶ．

放電破壊電圧 breakdown voltage（BDV）
⇒放電．

放電箱 spark chamber
荷電粒子の飛跡を視覚化し，粒子の空間的位置を正確に記録する装置．放電計数管をもとにして開発された．放電箱は，気体雰囲気中に薄い金属板または格子を密に積み重ねたもので，周囲に1台または数台の補助的な粒子検出器が置かれる．荷電粒子が補助検出器で検出されると，これがトリガーとなって，積み重ねた電極に高電圧パルスが急速に印加される．粒子が電極を通過すると，その経路に沿って，一連の火花放電により痕跡が生じる．この飛跡を電子的方法または写真で記録する．その後，引き続いて起こる衝突や壊変のような現象も記録できる．補助検出器を利用して，特定のエネルギーまたは特定の型の放射線に対し，放電箱を選択的にトリガーすることができる．

放物面反射鏡 parabolic reflector, paraboloid reflector
凹面の放物反射面．放物線を対称軸の周りに回転させて得られる面である．軸に平行に入射して面に当たった放射ビームは，口径がどんなに大きくても，反射して1つの点（焦点）に集まる．したがってこの反射面には球面収差がない（コマ収差はある）．このような反射面は，反射望遠鏡や，ラジオ波やマイクロ波のアンテナに用いられる．逆に，焦点にある小さな光源からの光線は平行でほとんど広がらない．これは顕微鏡の照明やサーチライトの集光器，指向性アンテナなどに用いられる．

飽和 saturation
(1)（磁気）磁性体に強い磁場をかけても，これ以上は磁化が大きくならないという磁化の値．この状態では，すべての磁区（⇒**強磁性**）の向きが，かけている磁場の力線の方向にそろっていると考えられている．
(2)（電気）電子機器の出力電流が電圧にかかわらずほぼ一定の値である状態．電界効果トランジスターの場合には，飽和は本来の機能であり，その素子特有の電流の最大値を決める．バイポーラートランジスターでは，コレクターからの出力は，外部の回路素子により，制限されているので，飽和が起きる．外部素子を変えることで，トランジスターから取り出せる飽和電流（saturation current）の大きさを変えることができる．

飽和蒸気 saturated vapor
液相または固相と，平衡状態にある蒸気．飽和蒸気の圧力は，温度（⇒**クラウジウス－クラペイロンの式，三重点**）と液体表面の曲率に依存する．平衡蒸気圧（equilibrium vapor pressure），または飽和蒸気圧（saturated or saturation vapor pressure：SVP）は，平らな液面に対して定義される値をいう．
実際の蒸気圧が平衡値より大きい場合に，その蒸気は過飽和であるという．蒸気圧が平衡値よりも小さい場合は，液体や固体は気化（昇華）する．

飽和蒸気圧 saturation（saturated）vapor pressure（SVP）
⇒飽和蒸気．

飽和蒸気圧曲線 steam line
気圧による水の沸点の変化，すなわち水の飽和蒸気圧の圧力依存性を示す曲線．

飽和電圧 saturation voltage
バイポーラートランジスターでベース電流を指定したときの，コレクターとエミッター間に残る電圧．このときのコレクター電流は，外部回路で制限されている．⇒飽和．

飽和モード saturated mode
電界効果トランジスターの動作で，特性図上，ピンチオフ電圧（V_p）以上（つまり $V_{DS} \geq V_p$）の部分（図参照）．この領域中では，ドレイン電流 I_{DS} はドレイン電圧 V_{DS} にはよらなくなる．逆に，特性図上，ピンチオフ電圧以下での動作は不飽和モード（nonsaturated mode）という．

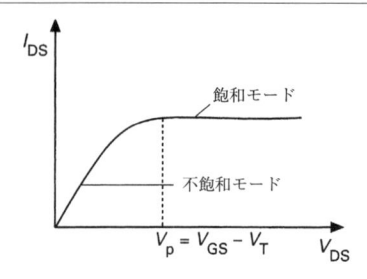

FET の飽和モードと不飽和モード

捕獲　capture
原子やイオンや分子が，外部から粒子を獲得する過程．放射性捕獲（radiative capture）では，捕獲過程直後の原子核による捕獲 γ 線（capture gamma rays）の放射が起こる．中性子の放射性捕獲は，もとの元素の質量数が1増えた（通常は放射性の）同位体をつくり出す．この過程の断面積は，核種によって非常に大きく変動する．1つの核種をきめれば，特徴的なエネルギーピークを除いて，中性子のエネルギーが増えると断面積は減る．電子捕獲（electron capture）は，核による1つの軌道電子を捕獲する過程．例として，${}^{7}_{4}$Be 核種は K 殻の電子を1つ獲得して ${}^{7}_{3}$Li 核種に変えることができる．これは，p（陽子）＋e（電子）→ n（中性子）＋ν（ニュートリノ）の過程で，ニュートリノが放射される．通常，この過程（K 捕獲 K-capture）では K 殻の電子が捕獲されるが，他の殻もときどき巻き込まれる．

原子，分子，あるいはイオンの外殻軌道への電子の捕獲は通常電子付着とよばれる．

ホーキング放射　Hawking radiation
ブラックホールからの粒子放出．ブラックホールの重力場は事象の地平（⇒シュワルツシルド半径）の付近で粒子・反粒子対をつくる．対のうち1つが負のエネルギーをもってブラックホールに落ち込み，他はそれとバランスする正のエネルギーをもって脱出する．この過程の結果，放出される粒子束はブラックホールからエネルギーしたがって質量を持ち去ることになる．この過程は太陽と同じ程度の質量（1.99×10^{30} kg）をもつブラックホールではさして問題にならない．なぜなら実効的な放射温度は質量に逆比例するからである（10^{-7} K 程度）．しかし，原始宇宙で生成したと思われる 10^{12} kg 程度の質量のブラックホールは，非常に強いホーキング放射源となるであろう（10^{11} K 程度）．

ポグソンの法則　Pogson's law
⇒等級．

保健物理学　health physics
医療，科学，産業の分野で働く人の健康と安全に関わる医療物理学の一分野．なかでも電離放射線や中性子からの防護に関わる学問．

放射線防護の問題として電離放射線の検出と定量，放射性物質で汚染された人や表面の洗浄，放射性廃棄物の投棄，研究室の設計や放射線に対する機器の遮蔽（shielding），作業中の被曝許容量の指示などがあげられる．

人や機器の遮蔽には通常コンクリート（⇒遮蔽用コンクリート）か鉛を使う．実験条件や放射線の種類（たとえば硬 X 線か軟 X 線かなど）によって遮蔽の位置や厚さが決められる．

保護環　guard ring
(1)（電気）小さな金属板の周囲を大きな金属板が円環状に取り囲んでいる．両者は同一面内にあり狭い隙間で切り離されている．この装置は標準キャパシターに使われるが，小さい金属板は無限に広がった面とみなすことができ，その電場を正確に計算できる．これは板の周辺での電場の乱れはもっぱら大きな円環に起こるからである．半導体装置や電子管でも保護環と同じ働きをする補助的電極を使うことがある．

(2)（熱）熱流の実験に使われる同様な働きをする装置．試料を取り囲み試料中と同じ温度勾配をつくるので，試料からの熱損失を防ぐことができる．

保護継電器（保護リレー）　protective relay
異常な条件（たとえば過負荷や故障）によって電気装置が損傷を受けないように保護するリレー．このような異常な状態が生じたとき，保護リレーはブレーカーを切断して，異常が起きた装置を自動的に電源やその他のつながっている機器から切り離す．

保護線　guard wire
高架線導体の下に設けられた導体で，高架線が断線したときに，それが地面に触れる前にこれに触れてアースされる．高圧線が電話線や道路と交差するところでは，保護線をネットに編んだ保護枠（cradle guard）が使われる．

保護枠　cradle guard
⇒保護線．

星形結線　star connection
多位相交流回路の結線方法の一種で，トランスや交流機器の巻線の一端を，スターポイント

(star point) とよばれる共通の端子につなげる方法. 三相交流の場合, 巻線は Y または T の記号で表現されるので, Y または T 結線としても知られている. →環状結線.

保磁子 keeper
接極子 (armature) ともいう. U字型の永久磁石や一対の棒磁石の先端に付ける鉄または鋼の板, または2つの棒磁石のそれぞれの先端を付着させる. 磁石を使用しないとき, 磁気回路を閉じさせるために用いる. 磁石の端に近い領域では, もとの磁化の流れと反対向きの磁化の流れが磁石内に誘起され, 短い磁石ほどこの効果が大きい. 保磁子の磁化は, この消磁の効果を打ち消す.

保磁度 coercivity
磁化が飽和した物質の保磁力の値.

ポジトロニウム positronium
陽電子と電子でできた, 寿命が短い結合体. 水素原子に似ている. 2つの型があり, 1つは2つの粒子のスピンが平行なオルトポジトロニウム (orthopositronium) で, もう1つは2つの粒子のスピンが反平行なパラポジトロニウム (parapositronium) である. オルトポジトロニウムは約 10^{-7} 秒の平均寿命で崩壊し, 3つの光子を放出する. パラポジトロニウムはより短い平均寿命で, 2つの光子を放出する. →消滅.

星のエネルギー stellar energy
恒星は非常に長い期間にわたり高い強度のエネルギーを放出する. たとえば, 太陽は 3.6×10^{26} W, すなわち 4×10^9 kg s^{-1} のパワーを, 少なくとも 5×10^9 年にわたり放出し続けていると考えられている. 星のエネルギーの大部分は核融合により発生しているが, 核融合を起こすために必要な高温 (10^7 K 程度) をつくり出すために, 星の進化のある段階で, 重力収縮が必要である.
太陽や太陽よりも温度の低い主系列星中で起こる熱核融合のもっとも重要な過程は, 陽子-陽子連鎖反応である. 高温の恒星では炭素サイクル (CNO サイクル) が優勢となる. どちらの過程においても, 水素がヘリウムに変換され, かなりの量のエネルギーが放出される. より高い温度では, 他の核融合反応も起こりえる. たとえば, 10^8 K ではヘリウム原子核が融合して炭素 12 の原子核ができる.
→核融合.

星のスペクトル stellar spectra
恒星は広い波長範囲にわたる電磁波を放出し, その最大エネルギーはある特定な波長域で放出される. 放出する全エネルギーがそれほど大きくない恒星 (冷たい星) の場合, その波長は可視域の赤色端付近に現れる. 大きなエネルギーを放出している星 (熱い星) は青色端の光を放出する.
恒星の温度に依存するスペクトル中には, 放出・吸収線のいろいろなグループが現れる. 恒星はしばしばそのスペクトルにより分類されスペクトル型 (spectral type) に組分けされる. 色と典型的な温度は以下のとおりである.

O　もっとも高温の青, 40 kK
B　高温の青, 20 kK
A　青, 青白, 9 kK
F　白, 7 kK
G　黄, 6 kK
K　橙〜赤, 4.5 kK
M　もっとも低温の赤, 3 kK

イオン化されたヘリウムのスペクトル線, 中性ヘリウムの線, 水素とイオン化された金属原子の線が, それぞれ, O, B, A 恒星のおもな由来となっている. F と G 恒星では, 金属原子の線が強くなる. K と M 恒星では, 金属線が強く, 分子のバンドが現れる. したがって, 星のスペクトルには温度のみでなく化学的な組成も現れている.

補償光学 adaptive optics
変形する鏡を使い天体望遠鏡の像における大気ゆらぎを補正すること. 大気のゆらぎは望遠鏡に入射する波面のひずみを生じさせるが, コンピューターが瞬時にこのひずみを測定し, 反射される波面が平面になるように鏡の表面を調節する. 補正された波面はそのあとに続く光学系に送られる. 補償光学はアクティブ光学とは違うものである. アクティブ光学と違い補償光学は入射波面の形状を制御するものであり, 変形鏡の制御は1秒以下の時間スケールで行われる.

補償振り子 compensated pendulum
支点とおもりの重心間の距離が温度に依存しない, その結果, 周期も温度に依存しないように構成された振り子.

補色 complementary colour
混ぜれば白色光をつくれるような, 2つの単一波長の光の色. カラー写真のネガは元の風景の補色でできている. 表では, いろいろな光 (顔料ではない) の補色が表されている. 緑色は補色をもたない.

補色			
色	$\lambda/10^{-9}$ m	補色	$\lambda/10^{-9}$ m
赤	656	緑青	492
オレンジ	607	青	489
ゴールデンイエロー	585	青	485
黄	567	藍(インジゴ)	464
黄緑	563	紫	433

保磁力 coercive force
物質の残留磁束密度を0にするために必要な逆磁場. ➪ヒステリシスループ, 強磁性.

ボース-アインシュタイン統計と分布則
Bose-Einstein statistics and distribution law
➪量子統計.

ボース凝縮 Bose condensation
ボース-アインシュタイン凝縮(Bose-Einstein condensation)ともいう.
　全粒子数が衝突で保存される多くのボソンからなる系について低温で起こる現象. 超流体の説明に使われる. この現象は1つの量子状態が大多数の粒子で占められることを可能にする. 2つまたはそれ以上のフェルミオンでは類似の現象は起こらない. それは, パウリの排他律により同じ量子状態を占有することが禁止されるためである.

補正板 correcting plate
球面鏡の球面収差と放物面鏡のコマ収差を補正するために用いられる薄いレンズまたはレンズ系.

ボソン(ボース粒子) boson
整数スピンをもつ粒子. ボソンはボース-アインシュタイン統計に従う(➪量子統計). 粒子はボソンかフェルミオンである. 光子, π中間子(➪中間子), K中間子はすべてボソンである.

保存場 conservative field
試験粒子をある点から別の点へ動かすのに必要な仕事が, その間の経路によらないような力の場(たとえば静電場や重力場のようなスカラーポテンシャル場).

ポッケルス効果 Pockels effect
圧電結晶で観測されるカー効果.

ホット hot
放射性が強いこと. ホットアトム(hot atom)は, 励起状態にある原子や, 周囲の熱的レベルより高い運動エネルギーをもった原子で, ふつうは核反応などの過程の結果生ずる.

ポテンシオメーター potentiometer
3つ目の可動接点をもつ可変抵抗器. この素子の構造は, 出力電圧が, 与えられた電圧に対して特定の関数(線形, 対数, 正弦, または余弦)となるようにすることができる.

ポテンシャル potential
静電場や静磁場や重力場のある点におけるポテンシャルとは, それぞれ単位正電荷, 単位正磁極, 単位質量を無限遠(すなわち場の源から無限に離れている場所)からその点まで持ってくるのに必要な仕事である. 重力ポテンシャルはつねに負であるが, 静電場と静磁場ポテンシャルは正負両方とりうる. これらの場は保存場なので, ポテンシャルはその点の位置のみの関数である. 2点間のポテンシャル差は, 単位対象物を1つの点からもう一方の点へ持っていくのに必要な仕事である. ポテンシャルはスカラー量である.

ポテンシャル関数 potential function
複素関数の理論より, 次の式が, xy平面内の流体の2次元渦なし運動を表すことが示される.
$$w = \varphi + i\psi = f(z)$$
ここで, zは複素変数$x+iy$で, φは速度ポテンシャル, ψは流れの関数, iは$\sqrt{-1}$で, $f(z)$はzの関数であることを表す. 複素関数$w=\varphi+i\psi$はポテンシャル関数とよばれる. 式$w=f(z)$の実数部と虚数部を等しいとすることにより, うずのない流体の運動の等速ポテンシャルの線と運動の流線が得られる.

ポテンシャル散乱 potential scattering
➪散乱.

ポテンシャル障壁 potential barrier
場の中の粒子の運動を妨げるようなポテンシャルをもつ, 力の場の領域.

ポテンシャル流 potential flow
➪層流.

ホフマンの電位計 Hoffmann electrometer
直流電位の測定器で, 被測定物からほとんど電流をとらない高感度の電位計である. 密閉金属箱内にある2枚の半円板の間を半分にした可動翼板が懸垂軸を中心に回転するような構造になっている(図参照). その他の点は象限電位計と同じ原理で働く. 非常に重い銅製遮蔽物を用いて熱による指針の変動を最少にしている. この装置は通常数百Pa程度に減圧して作動させる.

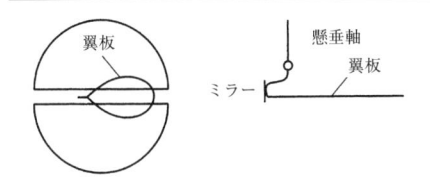

ホフマンの電位計

ホモ接合 homojunction
1つの半導体中で反対の極性(p型とn型)をもつ2つの領域の間のp-n接合.⇒ヘテロ構造.

ポラロイド Polaroid
商品名.光軸が平行に並んだ微小な偏光結晶を含んでいる薄い透明なフィルム.ある偏光成分は吸収され,もう一方の偏光成分はほとんど損失なしに透過する.いくつかの製造法がある.従来の方法は,二色性の合成結晶を使う方法である.そのほかには,ヨウ素をしみ込ませたポリビニルアルコールフィルムを引き延ばしたもの,また,フィルムに強い二色性を与えるために塩酸を用いたものがある.ポラロイドで,広い面積において偏光した光を得ることができ,たとえば自動車のヘッドライト,サンバイザー,サングラス,カメラのフィルターなどで使われる.ポラロイドの透過軸を適切な方向に設定することによって,(たとえば光の反射で生じた)まぶしい平面偏光の迷光を取り除くことができる.

ポーラロン polaron
完全なイオン結晶の伝導帯に電子が入射すると,その電子の周りの結晶格子に分極を引き起こす.[このような状況を]イオンと結合した電子[とみなすことができ,粒子に見立てたものを]ポーラロンとよぶ].

ホール移動度 Hall mobility
記号 μ_H.半導体または導体のホール係数 R_H(⇒ホール効果)と電気伝導率 κ の積.

ホール係数 Hall coefficient
⇒ホール効果.

ホール効果 Hall effect
電流が流れている導体を電流の方向に直角な磁場の中に置いたときに起きる現象で,電流,磁場の両者にともに直角な方向に電場が発生する.電場は電流密度ベクトル $\boldsymbol{j}$ と磁束密度ベクトル $\boldsymbol{B}$ のベクトル積
$$E_\mathrm{H} = -R_\mathrm{H}(\boldsymbol{j}\times\boldsymbol{B})$$
で与えられる.ここで,定数 R_H はホール係数(Hall coefficient)である.電場ができる結果,導体を横切る方向に小さな電位差すなわちホール電圧(Hall voltage) V_H が生じる.

金属や縮退半導体では,V_H は $\boldsymbol{B}$ に依存せず,$1/ne$ で与えられる.ここで,n はキャリヤー密度,e は電荷である.非縮退半導体では電流キャリヤーがエネルギー分布をもつので,いくつかの項がつけ加わる.

ホール効果は電荷を運ぶ電子に加わるローレンツ力の結果起こる.磁場の中を走る電子には横方向のドリフトが起こる.正の電荷を運ぶキャリヤー(正孔)をもつ物質では,ホール電場 E_H の方向は逆になる.

ある条件がそなわると量子ホール効果(quantum Hall effect)が観測される.そのとき電子の運動は2次元の"平らな"空間(flatland)の中に局限されなければならない.半導体の極端に薄い層の中に電子を閉じ込めればよい.さらに非常に低い温度(4.2 K 以下)と非常に強い磁束密度(10 T の程度)が必要である.半導体薄膜の法線方向に磁場をかけると,通常のホール効果と同じように横向きのホール電圧が発生する.ホール電圧の電流に対する比をホール抵抗(Hall resistance)という.磁束密度のいくつかの値で,超伝導体の場合と同じように固体の伝導率も抵抗率もともにゼロになる.磁束密度に対してホール抵抗のグラフを画くと階段状になる領域が現れるが,これは伝導率がゼロになるところに対応する.これらの点でホール抵抗が量子化されていることになるが,計算によれば
$$(V_\mathrm{H}/I)n = h/e^2$$
となる.ここで,n は整数,h はプランク定数,e は電子の電荷である.ホール抵抗は高い精度で測定でき,その値は 25.8128 kΩ である.したがって,量子ホール効果は常用の抵抗標準器を校正するために使えるし,また定数 h や e を決定することにも使える.

ボルタ電池 voltaic cell
⇒電池.

ボルタメーター voltameter
クーロンメーター(coulomb-meter)に対する古い名称.

ボルツマン定数 Boltzmann constant
記号:k.R を気体定数,N_A をアボガドロ定数とすると,R/N_A に等しい物理定数.値は,$1.380\,648\,8\times10^{-23}$ J K^{-1} である.

ボルツマンのエントロピー理論　Boltzmann entropy theory
⇒エントロピー．

ボルツマンの公式　Boltzmann's formula
熱平衡状態の粒子系において，エネルギー（E）をもつ粒子の数（n）を表す公式．次の形をもつ．
$$n = n_0 \exp(-E/kT)$$
ここで，n_0 はもっとも低いエネルギーをもつ粒子の数，k はボルツマン定数，T は熱力学温度．

粒子が原子のエネルギー準位のように，ある一定のエネルギーしかもちえない場合，この公式は，基底状態よりエネルギー E_i だけ高い状態にある粒子の数（n_i）を表す．場合によっては，いくつかの状態が同じエネルギーをもち，このとき公式は次の形をもつ．
$$n_i = g_i n_0 \exp(-E_i/kT)$$
ここで，g_i は E_i エネルギー準位の統計学的重率，すなわちエネルギー E_i をもつ準位の数である．公式で得られるエネルギーの分布はボルツマン分布（Boltzmann distribution）とよばれる．

ボルツマン分布　Boltzmann distribution
⇒ボルツマンの公式．

ボルツマン方程式　Boltzmann equation
希薄気体の状態を記述する積分微分方程式（integrodifferential equation）．ボルツマン方程式は統計力学と気体分子運動論の基礎をなすものである．適切に一般化すれば，原子炉における電子輸送，超流動におけるフォノンの輸送，そして惑星大気と恒星大気における放射輸送に応用することも可能である．

ホール抵抗　Hall resistance
⇒ホール効果．

ホール電圧　Hall voltage
⇒ホール効果．

ボルト　volt
記号：V．電位，電位差，起電力を表す SI 単位で，1 V は 2 点間に 1 A の電流が導体を通して流れた場合，1 W の電力が消費されるような 2 点間の電位差として定義される．実際には電圧は電位差計を用いてウェストン標準電池の起電力と比較することによって得られる．

ボルトアンペア　volt-ampere
記号：VA．皮相電力（apparent electric power）の単位．皮相電力は交流回路において電圧の実効値（二乗平均値）と電流の実効値の積として定義される．⇒有効電力，無効電力．

ホログラフィー　holography
カメラやレンズを使わずに立体的な像を再生する技術．レーザーから出る単色で，コヒーレント，かつよく方向のそろった光を 2 本に分け，1 本は高解像度の写真乾板に当てる．もう 1 本の光で被写体を照らし，回折した光を乾板に当てると，（通常の写真のネガのような明暗の模様とは違って）干渉パターンでできたホログラム（hologram）が形成される．もとの像を再生するには，通常同じレーザーからのコヒーレントな光線の中にホログラムを置く．ホログラムは回折格子の役割をし，生じた 2 本の回折光のうちの 1 本は写真に撮ることのできる実像をつくり，もう 1 本は立体的な虚像をつくる．

いまではフルカラーのホログラムをつくることもできる．この場合は光の三原色に対応して 3 つの波長のレーザー光を用い，ホログラムの乾板には厚い感光乳剤を用いる．また，そのようなホログラムを，普通の太陽光や白熱電灯の光（反射光）によって立体カラー像として見ることもできる．

ホログラフィー干渉法　holographic interferometry
調べたい対象物のホログラム（⇒ホログラフィー）を，同一の写真乾板に 2 つあるいはそれ以上重ね焼きすることを利用した技術．ホログラムを露光して次に露光するまでに物体が動くと，像を再生したときに像に重なって干渉縞が現れる．対象物の振動，温度変化，ひずみなどが露光間の動きの原因となる．干渉縞を解析することで対象物の特性がわかる．

ホログラム　hologram
⇒ホログラフィー．

ポロプリズム　Porro prism
プリズムを使った望遠鏡や双眼鏡をつくるときに用いられる全反射プリズム．もっとも単純な形は 45°，90° の直角三角形のプリズムであ

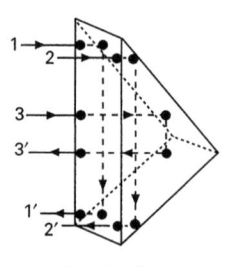

ポロプリズム

る．この三角柱プリズムの斜辺の面から光を入れると，そのほかの2つの面で2回内部反射［全反射］をしたのちに，光は入射した光と平行で反対の方向へ戻る（図参照）．このプリズムによって，像は一方向だけ反転する．双眼鏡では2つ目のプリズムを1つ目とは直角に置き，左右と上下ともに像を反転させる．

ボロメーター bolometer
電磁波，とくにマイクロ波・赤外放射の全エネルギー束を測定する装置．半導体を使用したもの，とくに冷却して使う装置など多くの種類があるが，基本的には放射を吸収できるようにした小さな抵抗素子である．吸収による温度の上昇が抵抗値を変化させ，吸収したパワーが測られる．

ホン phon
人が感じる音の聴覚的な強さを表す量の単位．特定の強度と周波数の参照音に対する相対的な強度レベルを表す単位である．現在使用されている参照音は，周波数が 1000 Hz で音圧の二乗平均値が 2×10^{-5} Pa の音である．参照音の強度は，その周波数におけるしきい値レベルである．一般の観測者が，両耳で標準となる音と測定したい音を交互に聞く．観測者が，測定音と標準音の大きさが同じであると判断するまで，標準音の強度を徐々に変えていく．標準音の大きさが，参照音より n デシベル大きければ，測定音の大きさは n ホンと定められる．強度レベルをデシベルで測るとき，ある音の強度は同じ周波数の音のしきい値強度と比較される．強度の変化に対する耳の感度は周波数によって異なるため，デシベルとホンは同じ値にならない．500〜10 000 Hz の範囲では両者はほぼ一致しているが，これより低い周波数領域では大きく異なる．

ホーン horn
断面の大きさが，小さいほうの端（のど）から大きいほうの端（くち）へ向かって連続的に変化する管．音響の伝送で，のどから振動膜のほうを見たときの音響インピーダンスとくちから外のほうを見たときの負荷とができるだけ効率よく結合するように用いられる．エクスポーネンシャルホーンは，断面積がのどからくちに向かって指数関数的に増加するもので，もっとも一般的に使われる．ホーンは音の強度を増したり指向性を高めたりすることができる．たとえば，楽器やスピーカーのシステムに用いられる．

ホーンアンテナ horn antenna
マイクロ波のアンテナで，導波路の端からしだいに広がって円形や正方形，長方形の開口をもつ金属製の装置．中心軸が直線，カーブ，折れ曲がり，二股のものなどがある．最大強度の放射は直線ホーンの中心軸に沿って得られる．

本影 umbra
⇒影．

ボンディングパッド bonding pad
通常，半導体チップの縁のまわりにつけられる金属パッド．それに結線することによりチップ上の素子，回路への電気的接続が行われる．

ボンベ熱量計 bomb calorimeter
燃料の燃焼による熱を測定する装置．

マ

マイカ mica
⇒雲母．

マイカコンデンサー mica capacitor
雲母を誘電体として使うコンデンサ．損失が少なく，広い周波数，温度範囲でほぼ一定の容量をもつ特徴がある．

マイクロ-（ミクロ-） micro-
（1）記号：μ．10^{-6} を意味する接頭辞（つまり100万分の1）．たとえば，1マイクロ秒（1 μs）は，10^{-6} 秒．
（2）非常に小さいことを意味するか，あるいは，非常に小さい量または物体に関することを意味する接頭辞．

マイクロエレクトロニクス（超小型電子技術） microelectronics
非常に小さな電子部品，回路，装置の設計，製造，応用に関するエレクトロニクスの一分野．ますます進む小型化は，大きさ，重さを減らすばかりでなく，コストも引き下げ，とくにコンピューターの分野では強く望まれていることである．マイクロエレクトロニクスでは**集積回路**が広く用いられている．

マイクロコンピューター microcomputer
小さくて機能的なコンピューターシステムで，中央処理装置が半導体の1つのチップ（あるいは，少数のチップ）に組み込まれている．この中央処理装置は，マイクロプロセッサー（microprocessor）とよばれる．さらに，マイクロコンピューターは，それと異なるチップ上，あるいは同じチップ上に，データとプログラムを保存，入出力する能力をもつ．システムの能力は，マイクロプロセッサーの特性だけでなく，備えられた記憶容量，使える周辺装置の型，システムの拡張性などにも依存する．

マイクロチップ microchip
複雑な微小回路，通常集積回路からなる半導体のチップ．

マイクロ波 microwave
波長が 1 mm 〜 0.1 m（あるいは 0.3 m），つまり，周波数が 300 GHz 〜 3 GHz（あるいは 1 GHz）の電磁波．電磁波スペクトルのマイクロ波領域は赤外線と電波領域の間にあり，電波領域とは重なっている（⇒周波数帯域）．マイクロ波はメーザー，クライストロン，マグネトロンのような装置により発生される．レーダー，高周波通信，そして調理（電子レンジ）にも使われる．

マイクロ波管 microwave tube
マイクロ波周波数での増幅器や発振器に使われる電子管．それらは普通，電子ビームの速度変調を使っている．例としてクライストロン，マグネトロン，進行波管がある．

マイクロ波背景放射 microwave background radiation
⇒宇宙背景放射．

マイクロ波分光法 microwave spectroscopy
⇒分光学．

マイクロフォン microphone
音響信号を電気信号に変換する装置．電話，放送伝達やすべての電気的音声記録の最初の要素である．もっとも一般的に使われる種類は，炭素，クリスタル，可動コイル型，コンデンサー，リボンの各マイクロフォンである．しかし，他にも特殊な目的のために多くの種類がある．たとえば，磁気ひずみ，誘導コイルやホットワイヤーのマイクロフォンである．これらの多くは，音波により振動する薄い膜を使う．この膜は機械的に装置に結合され，その装置の動きが電気回路の性質を変化させ，あるいは，起電力を導く．音によって膜に加えられる力は，普通音圧に比例するが，リボンマイクロフォンの場合は，気体粒子の速度に比例する．再現性をよくするためには，マイクロフォンの機械的部分の共鳴を避けなければならない．これには，可動部分の共振周波数を再現すべき音の周波数より非常に高くあるいは低くする．マイクロフォンの出力は普通増幅して使われるので，感度が悪いことは大きな欠点ではない．どの場合でも電池や他の電力供給が必要である．ほとんどすべてのマイクロフォンは指向性をもち，多くの場合，指向性は回折のため周波数により変化する．

マイクロプロセッサー microprocessor
⇒マイクロコンピューター．

マイクロラジオグラフ microradiography
⇒顕微鏡．

マイケルソン干渉計 Michelson interferometer
⇒マイケルソン-モーリーの実験．

マイケルソン-モーリーの実験
Michelson-Morley experiment

エーテル中を通る地球の速度を測ろうとした実験(1887年).マイケルソン干渉計 (Michelson interferometer)(図参照)を使って,マイケルソンとモーリーは,地球の回転方向の光速とそれに垂直な方向の光速とに差があることを示そうと試みた.もしこのような差があれば,干渉計で観測される干渉縞は装置全体を 90° 回すと移動する.この移動はおよそ $2dv^2/c^2$ の光路長の変化に対応し,v は地球のエーテルに対する OM_2 方向の速度である.この移動は観測されず,エーテルの流れはないことが示された.

この事実は大変重要で,エーテルの概念の崩壊の原因となった.この概念と否定的な実験結果を調和させる試みが,ローレンツ-フィッツジェラルド収縮の仮定を導いた.特殊相対性理論は,エーテルに対する絶対的な運動がありうるとするエーテルの概念を拒絶した.

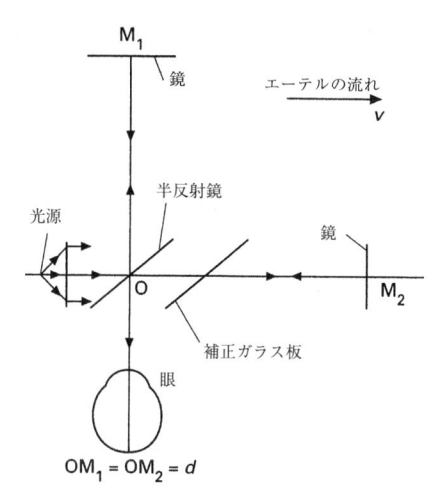

マイケルソン干渉計

マイスナー効果 Meissner effect
⇒超伝導.

マウス mouse
ポインターとして使われるコンピューターの装置.2次元の空間情報をコンピューターに伝える.手によりマウスを平面上で動かすと,この動きはコンピューターに伝えられ,表示画面上のカーソルはこれに対応した動きをする.コンピューターにカーソルが希望の位置に着いたことを伝えるために,マウスには1つ以上のボタンがある.

巻数比 turns ratio
⇒変圧比.

巻線 winding
電気機器,トランス,またはその他の関連する装置に関するもの.磁場を発生したり,磁場によって動作したりするように設計された絶縁導体の一式.巻線としては複数の分離導線をその端々で電気的に結線したものや1本の導線(ワイヤーやストリップ)を数多くのループを構成するように曲げて整形したものがある.

巻線抵抗器 wire-wound resister
⇒抵抗器.

マクスウェル maxwell
記号:Mx.CGS 単位系における磁束の単位で,現在ではこれに代わってウェーバー(Wb)が用いられる.1 Mx = 10^{-8} Wb.

マクスウェルの悪魔 Maxwell's demon
マクスウェルが提唱した想像上の生き物のことで,均一な温度の気体が満たされた容器を2つに分割する隔壁に取り付けられているドアの開閉を行う役割を担っているものとされている.速度が大きな分子がくるとこのドアは開けられ,障壁を通して一方へ(たとえば左から右に)移動する.このようにして,外部から仕事をすることなしに,右側の気体を熱くすることができ,同様に左側の気体を冷やすことが可能になる.

この概念は,どのようにしたら原理的に熱力学の第二法則を破ることが可能であるかを説明するために提案された.現代の考え方によると,分子の速度を測定するために悪魔は光(電磁波)を用いて分子と相互作用をする必要があり,これは他の物理量の変化をもたらすため,この議論は成り立たなくなるとされている.

マクスウェルの公式 Maxwell's formula
媒質の屈折率 n と比誘電率 ε_r との間の関係を表す公式.媒質が強磁性体ではなければ,これは $\varepsilon_r = n^2$ となる.

マクスウェルの熱力学関係 Maxwell's thermodynamic relation
4つの熱力学の変数 S, p, T, V の間の関係を表す方程式で,ある与えられた質量をもつ均一な系に対しては

$$\left(\frac{\partial T}{\partial V}\right)_S = -\left(\frac{\partial p}{\partial S}\right)_V, \left(\frac{\partial T}{\partial p}\right)_S = -\left(\frac{\partial V}{\partial S}\right)_p,$$

$$\left(\frac{\partial V}{\partial T}\right)_p = -\left(\frac{\partial S}{\partial p}\right)_T, \left(\frac{\partial S}{\partial V}\right)_T = -\left(\frac{\partial p}{\partial T}\right)_V$$

という関係が成り立つ.ここで,Sはエントロピー,Vは体積,pは圧力,Tは熱力学温度を表す.

マクスウェルの法則 Maxwell's rule of law
回路の可動部分の動きが制限されていなければ,回路を貫く磁束が最大になるようにつねに回路の可動部分が動く.

マクスウェル分布 Maxwell distribution
⇒速度分布.

マクスウェル方程式 Maxwell's equation
現実的なあらゆる状況下での電磁波の振舞いを記述する古典的な一連の方程式.これは時間的に変化する電磁場中の任意の点においてベクトル量の間の関係を示している.この方程式は次のように表される.

$$\mathrm{curl}\,\boldsymbol{H} = \partial \boldsymbol{D}/\partial t + \boldsymbol{j}$$
$$\mathrm{div}\,\boldsymbol{B} = 0$$
$$\mathrm{curl}\,\boldsymbol{E} = -\partial \boldsymbol{B}/\partial t$$
$$\mathrm{div}\,\boldsymbol{D} = \rho$$

Hは磁場の強さ,Dは電気変位,tは時間,jは電流密度,Bは磁束密度,Eは電場の強さ,ρは体積電荷密度を表す.

これらの方程式から,マクスウェルは電磁場のベクトルが波動方程式を満たすことを示した.彼は時間的に変化する電場が存在すると,これに垂直な方向に変化する磁場が誘起されること,またその逆も成り立つことを示した.また,この2つの式から,横波として伝搬する電磁波がつくられることを示した.彼は真空中の電磁波の伝搬速度が$1/\sqrt{\varepsilon_0 \mu_0}$で与えられることを計算で示した.ここで,$\varepsilon_0$,$\mu_0$はそれぞれ真空中の誘電率および透磁率である.計算された電磁波の伝搬速度はフィゾーの光速の測定結果と非常によく一致した.このためマクスウェルは光が電磁波として伝搬すると結論づけた.⇒電磁波,磁気単極子.

マクスウェル-ボルツマンの法則 Maxwell-Boltzmann law
⇒速度分布.

マクストフ望遠鏡 Maksutov telescope
凹面鏡からなる望遠鏡の一種で,球面収差を小さくするため凹凸のメニスカスレンズを鏡の前に用いたものである.像は凹面の感光板または望遠鏡の外に光学系を追加することにより望遠鏡の外につくられる.これはたとえばカセグレン望遠鏡に用いられている.⇒反射望遠鏡.

マグナス効果 Magnus effect
円筒または球がその軸の周りに回転し同時に液体中で運動すると円筒や球にはその運動と直交する方向に力がかかること.このため回転する砲弾やゴルフボールは進む方向からずれる.

マグネット発電機 magneto
発電機の一種で,永久磁石から磁場が供給されている.周期的な高電圧パルスを発生し,これは内燃機関(エンジン)の点火のために用いられる.

マグネトロン magnetron
高周波のマイクロ波を発生する電子管の一種.このマグネトロンの典型的な構造を図aに示す.円筒の陰極が同軸の円筒の陽極によって囲まれており,その内側には空洞共振器がある.管全体には軸方向に平行な一様な磁場がかけられている.熱陰極から放出された電子は,磁場がない場合には,陽極の電場の影響により外側に向けて陽極へ運動する.しかし,磁場が存在すると,電子はサイクロイド軌道を描くようになる(図b).電子が陽極に向けて移動する最大距離は,磁場強度によって決まる.電子がぎりぎり陽極にたどり着くときが,磁場強度の臨界値となる.十分大きな磁場強度の場合には,ほとんどの電子は陰極の方に戻ってしまい,この結果,電子は陰極の周りを回ることになる.

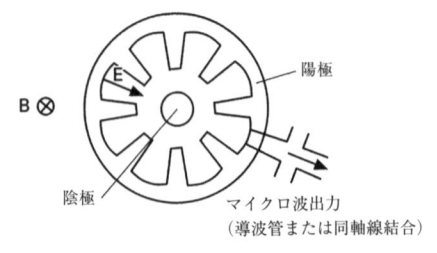

(a) マグネトロンの構造

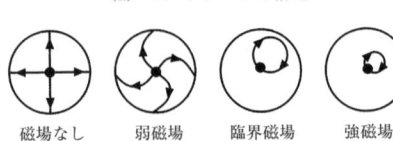

(b) マグネトロン内の電子に対する磁場の効果

陽極の構造により,この電子雲の電場は空洞共振器内に高周波の電場を発生させ,この電場

はさらにまた電子と相互作用する．電子は，高周波の電場と相互作用する位置に依存して，陽極に向かって運動し，運動エネルギーを電場に与えるか，または陰極に逆戻りする．電子が高周波の電場からもらう運動エネルギーは陰極に逆戻りするのに必要なエネルギーよりも大きいため，高周波電場は増幅される．閉回路がもつ正帰還の働きにより，発振が起こる．発振周波数は，陽極の幾何学的構造と磁場，電場の大きさに敏感に依存する．陰極に戻ってくる電子は陰極を加熱するため（逆加熱 back heating），これによって電子管の動作に必要なヒーターの電流を下げることができる．また，電子の二次放出をもたらし，これは放出される電子の大部分を占めることになる．

マグノックス Magnox
ある種の原子炉において，核燃料を包むのに用いるマグネシウム合金群（→気体冷却原子炉）．マグノックス A はマグネシウムとアルミ 0.8％，ベリリウム 0.01％を含む．

マクラウド真空計 McLeod gauge
水銀ガラス管を用いた真空計の1つで，大容積の一定量のガスを小さな容積に圧縮して圧力を上げて測定するものである．これはボイルの法則に基づいているため，液体に凝縮する気体が存在するときには使えないが，10^{-3} Pa まで測定可能な絶対真空計である．

曲げモーメント bending moment
ある断面で，一方から梁に働くすべての力による，この断面に対してのモーメントの代数和．断面のどちら側を考えるかは重要ではない．

摩擦 friction
（1）表面上を別の表面がすべるときに逆方向に働く力．2表面間に決まった力（N）が働いているときに，滑り出しは F_l 以上の力が働かなければ起こらない．ここで，F_l は滑り出しが始まる極限摩擦力（limiting friction）すなわち静摩擦力（static friction）である．どのような表面の組合せでも極限（すなわち静）摩擦係数（coefficient of limiting (of static) friction）μ_l が

$$\mu_l = F_l/N$$

で定義される．一定の速度で滑っているときには，これをさまたげる力 F_k を動摩擦力（kinetic or dynamic friction）である．動摩擦係数 μ_k が

$$\mu_k = F_k/N$$

で定義される．低速では μ_k は μ_l よりも小さく，速度に対してはほぼ一定である．しかし，高速になると著しく大きくなる場合もある．
クーロンの摩擦の法則（Coulomb's law of friction）によれば，μ_l と μ_k は一定で，F_l, F_k は N に比例する．μ_l と μ_k はある一定の N の値に対して接触面積に対して独立である．これらの法則はいつでも厳密に成り立つわけではないが，広い範囲の値についてよい近似である．
典型的な金属面どうしの接触で μ_l は 0.5～2.0 の値をもつが，非常に清浄で滑らかな面ではもっと小さな値になりうる．硬い物質どうしの摩擦は，物質表面の微細な凹凸に起因する．軟らかい物質では，弾性ヒステリシスが主因となる．滑り摩擦は潤滑剤により劇的に減少する．

（2）転がり摩擦（rolling friction）
平面上を転がる丸い物体に抵抗力としてかかる力 F_R，転がり摩擦係数（coefficient of rolling friction）μ_R は

$$\mu_R = F_R/N$$

で定義される．μ_R の値は硬い道にゴムタイヤを転がす場合に 0.1 程度，鉄のレールに鉄の車輪を転がす場合で 10^{-2} 程度である．転がり摩擦はおもに弾性ヒステリシスで生じ，潤滑油の影響を受けない．F_R, μ_R の値は負荷が大きくなると増え，半径が大きくなると減少する．

（3）軸受け摩擦（journal friction）
ベアリング中の軸の回転の摩擦．ベアリングには金属どうしの接触を避けるために潤滑油が必要である．ほとんどの目的で，剛体の転がり摩擦を小さくするためにボール，またはロール型のベアリングが使われている．

摩擦角 angle of friction
この角の正接が摩擦係数となるように定義される．摩擦係数は，平面の上に物体をおき，平面を静かに傾けていき，ちょうど物体が動き出す角度から求められる．この平面が水平面となす角が摩擦角である．

摩擦係数 coefficient of friction
→摩擦．

摩擦電気 frictional electricity, triboelectricity
エボナイトと紙，ガラスと絹というように2つの異なる材質をこすり合わせたときに発生する電荷．それぞれの材質に生じる電荷量は同じで，片方の材質には正，もう片方には負というように極性は逆である．

摩擦力の円錐 cone of friction
ある物体の表面が別の表面と接しているときに受ける力は垂直抗力と摩擦力の合力である．

この合力は必ず，中心軸が表面に直交する円錐形の中を向く．この円錐の頂角のタンジェントは静止摩擦係数である．

摩擦ルミネッセンス triboluminescence
摩擦により起こるルミネッセンス．

マシュー関数 Massieu function
記号：J. A をヘルムホルツ関数，T を熱力学温度とするとき $-A/T$ で与えられる量．

マシン語 machine code, instruction
→プログラム．

マスク mask
半導体素子や集積回路の製造において，半導体チップ表面のある選択された領域を覆うために用いられるもの．回路のレイアウトは，一組の複数のフォトマスク上に描かれている．このマスクはフォトリソグラフィーの行程において，酸化膜層の開口パターンをつくるのに使われ，この開口を通して各種材料の拡散が行われる．また金属接点をつくるための窓のパターンや，チップ内の金属の配線パターンをつくるのにも使われる．

薄膜回路の製造工程では，金属箔のマスクを用いて，薄膜の材料を真空蒸着によって基板上に堆積して薄膜パターンをつくる．

マッハ角 Mach angle
流体中を超音速 V で物体が点 X から Y まで時間 t で移動する場合を考える（図）．この物体が Y に達したとき，X で発生した球面圧力波の半径は ct になる．ここで，c は流体中の音速を表す．同様に点 X と Y の間の他の点から発生する球面圧力波はこれがすべて合わさって点 Y を頂点とする円錐系の波面を形成する．円錐の半頂角 β はマッハ角とよばれ以下の関係を満たす．

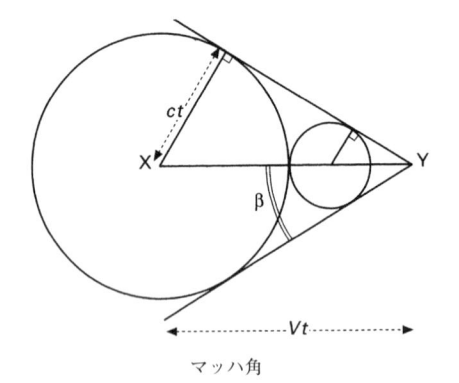

$$\beta = \sin^{-1}(ct/Vt) = \sin^{-1}(c/V) = \sin^{-1}(1/Ma)$$

ここで，Ma がマッハ数である．

マッハ数 Mach number
記号：Ma. 流体中の物体の速度とその流体中の音速の比を表す無次元量．1以上のマッハ数は超音速を意味し，5以上は極超音速とよばれる．マッハ数は圧縮性が問題となるような流体の問題に必ず現れる．粘性が小さな流体中を高速で運動する物体に働く抵抗は，一般にマッハ数とレイノルズ数の関数となる．→マッハ角．

マティーセンの規則 Matthiessen's rule
金属抵抗の電気抵抗率と温度係数の積は，金属の不純物の有無にかかわらず等しい．通常金属中の不純物や合金の元素は，金属の抵抗率を大きく上げることになるが，同時に抵抗の温度係数を下げる．この規則はあまり厳密ではないが，便利な近似である．

窓 window
（1）→大気の窓．
（2）薄いシート状の材料（しばしばマイカ）のことで，放射線検出器やカウンターの端面を被っており，これを通して放射線が検出される．

マノメーター manometer
流体の圧力または圧力差を測る装置．
→圧力計，液柱圧力計，微差圧力計．

魔法数 magic number
原子核において，その核内の陽子の数（Z）または中性子の数（N）がある値になると非常に安定になる．このような Z または N の値は 2, 8, 20, 28, 50, 82, 126 である．このため原子核は Z または N が魔法数の値になろうとする傾向がある．たとえば $Z=20$ の場合，6つの安定な核種が存在するが，与えられた Z に対する周期律表の中の安定な核種の平均の数は約2である．N または Z が魔法数の原子核から核子を取り去るのに必要なエネルギーは，その近傍の魔法数でない N または Z の原子核よりも高い．→殻模型．

マリオットの法則 Mariotte's law
フランスにおいては，ボイルの法則をこのようによぶ．

マリュスの法則 Malus's law
偏光子を透過した直線偏光の光を独立な別の偏光子に透過させると，この透過光強度は $\cos^2\theta$ で与えられる．ここで，θ は2つの偏光子の透過軸の間の角度を表す．これより，θ が 90° のときに透過はゼロとなり，このとき偏光子は直交している（crossed）という．

マッハ角

マルター効果 Malther effect
高い二次電子放出率をもつ半導体（たとえば酸化セシウム）の層が絶縁体（たとえば酸化アルミ）の薄膜で金属面から絶縁されると電子衝撃に対して非常に大きく正に帯電する．この電圧は $0.1\ \mu m$ の厚さの絶縁層に対して $100\ V$ に達する．

マルチチャネル分析器 multichannel analyser
入力波形を特定のパラメーターについて多数のチャネルに分割する試験装置．多数のパルスを振幅の範囲について分類する回路は波高分析器（pulse-height-analyser）として知られる．入力波形を周波数成分に分割する回路はスペクトル分析器として知られる．一般に，マルチチャネル分析器はこの両方の機能を行う能力がある．

マルチバイブレーター multivibrator
2つの線形インバーターでできた発振器で，一方の入力が他方の出力と結合されている．使われる結合方式によりマルチバイブレーターはさまざまな動作をする．
コンデンサー結合で2つの擬安定状態をもつ非安定マルチバイブレーター（astable multivibrator）ができる．一度発振が起こると装置は自動的に動作し続ける．つまり，トリガーなしで連続波を発生する．
コンデンサー抵抗結合で単安定マルチバイブレーターがつくられる．
抵抗結合（図参照）は2つの安定状態をもち，トリガーパルスを加えると状態が変化する双安定マルチバイブレーターをつくる．⇒フリップフロップ．

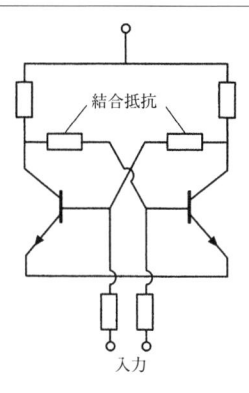

抵抗結合のマルチバイブレーター

マルチプレクサー multiplexer
⇒多重操作．

マンガニン manganin
$15\sim20\%$ の Mn，$70\sim86\%$ の Cu，そして $2\sim5\%$ の Ni を含む合金の一種．これは高い電気抵抗率（約 $38\ \Omega m$）および低い温度係数をもつ．これは電気抵抗に用いられる．Cu と接合したマンガニンは安い合金抵抗（⇒コンスタンタン）に比べて非常に小さな熱起電力をもつというメリットがある．

マンジャンミラー Mangin mirror
メニスカスレンズの凸面を鏡面にしたもので，信号灯やサーチライトと一緒に用いて平行な光線をつくるものである．屈折と反射を組み合わせて用いることにより球面収差およびコマ収差が補正される．

ミ

みかけの等級 apparent magnitude
→等級.

みかけの膨張 apparent expansion
→膨張率.

ミキサー（ミクサー） mixer
周波数変換器（frequency changer）ともいう．入力と異なる周波数の出力を得る装置で，ビート周波数発振器とともに使われる．出力振幅は入力振幅と一定の関係をもつ（通常ほぼ線形）．スーパーヘテロダイン受信器では，強度変調された搬送波をその変調特性を維持しながら周波数変換するためにこの装置を用いる．

右手の法則 right-hand rule
誘導起電力に関するもの．→フレミングの法則．

右ねじの法則 corkscrew rule
電流が流れる導線の周りにできる磁力線の方向を決める法則．ねじが電流の流れる方向に進むとすると，磁力線はねじの頭の回転と同じ向きに導線の周りにできる．

ミクロ- micro-
→マイクロ-.

ミクロン micron
記号：μ．マイクロメートルの昔の名称．10^{-6} m.

ミー散乱 Mie scattering
波長と同程度の径をもつ球形粒子による光の散乱．波長より小さな粒子に使われるレイリー散乱の延長．

水当量 water equivalent
与えられた物体の熱容量に相当する水の質量．これは数値としては物体の質量と比熱の積に等しい．

水の最大密度 maximum density of water
0℃の水を加熱すると，4℃になるまでは収縮するが，それ以後は普通どおりに膨張する（図）．水分子間の水素結合により，氷の結晶は隙間が非常に多い3次元の四面体構造をとる．氷が融けるとこの構造は崩壊し，水分子はより密度が高くなる．しかし，4℃までは分子の一部は氷の構造のまま残るため，4℃において水の密度が最大となる．

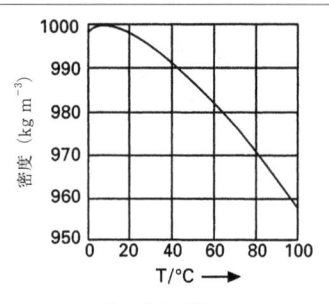

水の最大密度

ミスマッチ（不整合） mismatch
負荷のインピーダンスが信号源のインピーダンスと等しくない場合に起きる状態．

密（音の） compression
弾性媒質中で伝搬する音の縦波の中で起きる現象．通常の圧力におけるものよりも，大きな密度を与える．媒質中の粒子は波の進行方向に振動する．結果，局部密度変化が生じる．密度が最大のところを密，最小のところを疎（rarefaction）という．

ミッシングマス missing mass
宇宙に存在すると仮定されている見えない物質の質量．この仮定には多くの根拠がある．つまり，銀河面に垂直な方向への星の速度分布を説明できないこと，銀河外の領域が光ではなく質量に寄与する物質からできていること，銀河のダイナミクスの研究やいくつかの宇宙理論が，宇宙の平均密度が，見える物質の密度を上回ると示唆していることなどである．
ミッシングマス問題には多くの答えが提案されてきた．多くの惑星サイズの物体や岩石，あるいは，重いニュートリノ，アクシオンやいわゆる重い弱い相互作用粒子（weakly interacting massive particles：WIMPs）のような，さまざまな重いエキゾチック粒子である．

密度 density
（1）記号：ρ．単位体積あたりの物質の質量．SI単位系での単位は$kg\,m^{-3}$．比重（relative density, 記号：d）は，物質の密度を水の密度で割ったものである．この量は以前はspecific gravity（比重）とよばれていた．水の最大密度は，$\rho = 1000\,kg\,m^{-3}$である．したがって，すべての物質の比重は密度の1/1000である．
（2）蒸気密度．気体あるいは蒸気の密度を，水素の密度で割ったもので，密度は標準状態で測定したものを用いる．

(3) 数密度. 一般に線的, 表面的, 空間的分布において近接さを表す. たとえば, 電子密度 = 単位体積中の電子の数. →電荷密度.
(4) →反射濃度, 透過濃度.
密度の深度プロファイル density-depth profile
→地球.
ミニコンピューター minicomputer
中規模程度のコンピューターで, 通常, 能力はメインフレームコンピューターより劣る (しかし安い). いまでは, ミニコンピューターと進んだマイクロコンピューターとの間に明瞭な境界はない.
脈動電流 pulsating current
規則的な繰り返しで大きさが変化する電流. この用語は, 電流が一方向に流れている場合に使用する.
脈動変光星 pulsating star
→変光星.
μ中間子 mu meson
以前の (そして誤った) μ粒子の名前.
μ粒子 (ミューオン) muon
その質量が電子の 206.7683 倍であることを除いて, 電子とよく似た負に帯電したレプトン (lepton). 2.197 09 μs の平均寿命をもち, 電子とニュートリノと反ニュートリノに崩壊する.
$$\mu^- \to e^- + \nu_\mu + \bar{\nu}_e$$
μ粒子の反粒子である反μ粒子 (antimuon) の崩壊過程は,
$$\mu^+ \to e^+ + \bar{\nu}_\mu + \nu_e$$
である. これは最初, 中間子と考えられた. →素粒子.
ミラー効果 Miller effect
電子デバイスで, 電極間容量により回路の入出力間にフィードバックの経路ができる現象で, デバイスの入力アドミッタンスに影響を与える. この効果のために, デバイスの全動的入力容量はつねに静的電極容量の総和以上になる.
ミラー指数 Miller index
→有理切辺の法則.
ミリ- milli-
記号:m. 10^{-3} を意味する接頭辞. つまり, 1/1000. たとえば, 1 ミリメートル (1 mm) は 10^{-3} m.
ミル mil
1/1000 インチ.
ミンコフスキー時空 Minkowski space-time
→相対性理論.

ム

無響室 dead room, anechoic chamber
入射音が実質上すべて吸収されるような部屋．完全な無響室とするには，床，壁，天井をすべて建物の外から防音にし，重い防音ドアを使う．内壁も床を含め，すべて数 cm の厚さの吸音性がよいもの，たとえば鉱質綿で覆う．部屋を非対称形にしたり，適当な位置に吸音性の偏向板を置くと，室内に定常波が立ちにくくなる．最近の無響室では反射を押さえるために，吸音性のものの代わりに内側にとがった無数のピラミッド形を並べている．

無効電圧 reactive voltage
交流電圧のうち，電流と直角の位相をなす成分．［したがって，消費される電力は0である．］ここで，電圧と電流はベクトル量とみなされている．→有効電圧．

無効電流 reactive current
交流電流のうち，電圧と直角な位相をなす成分．［したがって，消費される電力は0である．］ここで，電流と電圧はベクトル量とみなされている．→有効電流．

無効電力 reactive power
→無効ボルトアンペア，有効電力．

無効負荷 reactive load
端子間の電圧と電流の位相が90°ずれている負荷．→無リアクタンス負荷．

無効ボルトアンペア reactive volt-ampere
電流と無効電圧の積，または電圧と無効電流の積．［注：無効電力 reactive power と同じ］

無収差 aplanatic
球面収差およびコマ収差がないこと．

無重力 weightlessness
物体が自由落下しているときの状態．物体に支える力が働かなければ，重さの項 (1) ④で説明されているような力の影響を受けない．無重力状態は物体が重力の影響を受けないことではなく，他の力の影響を受けていないことである．重力は物体に一様に働くので物体に応力 (stress) を生じない．支持台から物体表面に加わる力は必然的に変形を生じさせるため，地球上の生物にとっての正常状態は1つのストレス（応力の生じた状態）である．したがって，自由落下の軌道上では応力はとり除かれる．

娘核 daughter product
与えられた核種，すなわち親核（parent）から崩壊によって生じた原子核をいう．

無声放電 silent discharge
高電圧で起こり，エネルギーの散逸が比較的大きな，音を伴わない放電．とがった点をもつ導体から容易に起こる．

無線方位計 radiogoniometer
固定した（回転していない）アンテナ装置につながれ，これに入射する電波の方位を測定する装置．基本的には，互いに直交する2つの固定コイルおよびこれらの内側で回転できる第3のコイルから構成される．

無定位系 astatic system
一様磁場中に置かれたとき，指向性のある力または偶力が働かないように置かれた磁石の系（図参照）．もっとも簡単な形は同じ強さ，反対の極性で平行に置かれたひと組の磁石．電流の流れているコイルが一方の磁石に巻かれると，その磁場はおもにコイルが巻かれている磁石に影響を与える．これは，無定位検流計（astatic galvanometer）の原理である．

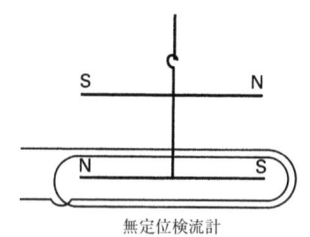

無定位検流計

無定位系

無負荷 no-load
電気電子回路，装置，器械などの動作状態で，電圧・速度などは定格動作の条件のもと，負荷がないもの．

無誘導 noninductive
電子回路や巻線で，考えやすくするためにインダクタンスの効果を無視できるようにしたもの．インダクタンスを完全になくした回路をつくるのはたいへんむずかしい．

無リアクタンス nonreactive
電子回路や巻線で，考えやすくするためにリアクタンスを無視できるようにしたもの．

無リアクタンス負荷 nonreactive load
交流電流の位相が端子間の電圧と一致する負荷．→無効負荷．

メ

鳴音 singing
通信システムにおける望ましくない自励振動．この用語はとくに，中継器が組み込まれた電話線について用いられる．

メイソンの湿度計 Mason's hygrometer
乾湿球型の湿度計の1つで，イギリスでは標準器として用いられている．これは1〜1.5 m s^{-1} の空気の流れがあるところに設置する必要がある．

メインフレーム mainframe
大型汎用コンピューターシステム．

メガ－ mega-
記号：M.
(1) 10^6（100万）を意味する接頭辞．たとえば，1メガヘルツ（1 MHz）は 10^6 Hz を表す．
(2) コンピューターのように二進数を使う場合において 2^{20} を意味する接頭辞．たとえば1メガバイトは 2^{20} (1 048 576) バイトを表す．

メガー megger
メガオーム単位で測定することができる小型絶縁テスター．

メガホン megaphone
音声を増幅してある方向に向ける装置．コーン状または長四角形の約30 cmほどの長さのホーンに小さい入力端がついたもので，この入力端に発声者の口を近づける．ホーンは適当な負荷をあたえることで音声の発生効率を上げている．コーン状のホーンの立体角がそれほど大きくない場合，ホーンの開放端から発せられる音波の波面はほとんど平面となる．しかし，実際のホーンの大きさには限界があるため，音声の低周波成分はあまり効率よく発せられず，また方向性も非常に小さい．

メーザー maser（microwave amplification by stimulated emission of radiation）
マイクロ波の増幅器および発振器で，その動作原理はレーザーと同じであるが，光ではなくマイクロ波領域の電磁波で動作するもの．世界で最初のメーザーは，レーザーが現れる数年前の1951年につくられた．メーザーは，他のマイクロ波の発振器や増幅器よりも低雑音で，また単色でビーム径が細いコヒーレントな電磁波を発生することができる．このため，非常に高いエネルギー密度が得られる．多くの種類の気体メーザーや固体メーザーが存在する．

メジアン median
多数の値をその大きさで並べたとき，その中央に位置する値．

メスバウアー効果 Mössbauer effect
ある原子核が低い量子エネルギーのγ線を放出あるいは吸収するときに見られる効果．エネルギー hv の光子は運動量 hv/c を運ぶので止まった原子核が量子を放出や吸収する際，運動量を保存するために反跳しなければならない．質量 M の自由な原子核の反跳運動エネルギーは，
$$E = (1/2M)(hv/c)^2$$
となる．もし原子核がある励起状態から基底状態に落ちてγ線を放出しても，その量子エネルギーは同じ原子核を基底状態から励起状態に上げるために十分ではない．メスバウアー（Mössbauer）は低い量子エネルギーでは結晶に束縛された原子は，放射線を放出しても吸収してもそのまま束縛され続けることを示した．この場合，放出あるいは吸収の過程の間に音波が伝わる範囲にある多数の原子の間で反跳運動量を分け合う．このため等式中の質量 M はこの多数の原子の膨大な質量で置き換えられ，その結果 E は無限小となる．このような過程は無反跳（recoilless）とよばれる．

非常に多くの実験が核種 $^{57}_{27}$Fe を使って行われた．$^{57}_{27}$Co の電子捕獲でエネルギー 14.4 keV，寿命 0.1 μs の励起状態にある $^{57}_{26}$Fe ができる．室温の鉄箔では 14.4 keV の放射線の放出と吸収の約 2/3 が無反跳である．メスバウアー分析器（Mössbauer analyser）では線源は一定の速度（10^{-5} m s^{-1} 程度）で検出器に向かってあるいは遠ざかって動かせるようにマウントされている．検出器は通常まれな同位体 ^{57}Fe を非常に増やした鉄箔で，その後ろに比例計数管あるいは同様な装置がある．線源が動くとドップラー効果により量子エネルギーが変わる．普通の光電効果による吸収に加えて，原子核の吸収により計数率が 10^{-13} 程度の線幅に対応する非常に狭い速度範囲で減少する．同様な実験が他のγ線源で行われ，そのうちのあるものは無反跳相互作用を十分多く起こすために非常に低温で行われた．

この技術は 10^{16} 分の1程度のエネルギーのわずかな変化を検出できる．それは地球の重力場中のアインシュタインシフト，原子核の量子状

態, イオン内部の磁場の研究に使われている.

メーター meter
測定装置.

メタセンター metacenter
傾いた船（または浮いている物体）の浮力の中心（浮心）B′を通る垂直線と，重心Gと直立した船の浮力の中心（浮心）Bとを通る直線が交わる点（図）．もしGがM（メタセンター）より下にくると，浮力はB′を通して上向きに働き，また同時に船の重さはGを通して下向きに働くことになり，船を正常の直立した姿勢に戻すことができる.

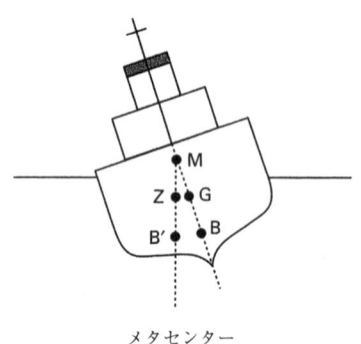

メタセンター

メッシュ mesh
→ネットワーク.

メートル meter（metre）
記号：m. 長さのSI単位で，（1983年から）光が真空中を1/299 792 458 秒で進む距離として定義される.

最初メートルは，北極からダンケルク（Dunkirk）を通り赤道まで至る四分円周の1000万分の1とされたが，測定の難しさから原器棒の長さが代わりに採用された．その後，光の波長測定の確度が進歩し，クリプトンのスペクトル線の波長による定義が採用された．原子時計の確度と信頼性が，現在の秒による定義を可能にした.

メートルブリッジ meter bridge
ホイートストンブリッジの一種. 任意の中間点に移動することが可能な中間端子を備えた1mの一様な抵抗線が，ブリッジの4つの抵抗のうち2つの抵抗として用いられる.

メニスカス meniscus
液体の柱の上表面に毛細管現象によって生じる凹面または凸面.

メニスカスレンズ meniscus lens
凸凹レンズ，または凹凸レンズ．眼鏡レンズにおけるこの種のレンズは通常，深メニスカスレンズとよばれ，一般的に解像力が高く，広い視野が得られる.

メモリー memory, store, storage
コンピューターにおいてデータおよびプログラムを保存する装置または媒体．これには保存用の外部記憶装置または主記憶装置（main store）がある（これは主記憶メモリー（main memory），または単にメモリー（memory）ともよばれる）．主記憶装置は現在では半導体メモリーが用いられる．これにはRAM（ランダムアクセスメモリー）またはROM（読み込み専用メモリー）がある．主記憶装置はコンピューターの主演算装置と密接に結びついており，プログラムのコードおよびそれに関連するデータはこの主記憶装置に一時的に保存され，主演算装置で使われるまで保持されている.

メモリーは記憶場所（storage location）に分けられ，それらはそのアドレス（address）によって一意的に識別することができる．各メモリーの場所は同じビット数で表され，通常8, 16, 32のビット数からなる（→ワード，バイト）．プロセッサーは特定の場所の情報を非常に高速に取り出すことができる.

プログラムは主記憶にあるときにのみ実行可能である．プログラムとこれに関連するデータは主記憶に永久に入っていることはなく，プロセッサーから要求があるまで大容量の補助記憶（通常は磁気ディスクやテープ）に保存される.

面角 interfacial angle
2つの結晶面の法線の間の角度.

面心の face-centered
原子が，結晶の頂点だけではなく格子の面にも位置している結晶構造のこと.

面密度 surface density
表面上に分布しているものの，単位面積あたりの量.

モ

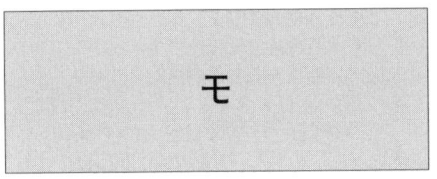

モー mho
オームの逆数で，以前はコンダクタンスの単位として使われた．この単位は，現在，ジーメンスに代わった．

モアレ模様 moiré pattern
平行な糸や線の一群が他の一群と互いにわずかに傾いて重なり合ってつくる模様．重なり部分は個々の線に対して斜めの方向に走る見かけの暗い帯をつくる．両方の線が完全に規則的ならこれらの帯はまっすぐに見えるが，どちらかの，あるいは，両方の規則性がずれていれば，絹布の波紋のような波状の線が現れる．透過型回折格子とそのレプリカは，これらを重ねて，そのときできるモアレ模様を観察して比較できる．

毛管 capillary
非常に細い，髪の毛ほどの太さの内径をもつ管．

毛管現象 capillarity
表面張力の効果を現す旧語（廃語）．この語は，表面張力の効果のもっとも顕著なもの，つまり，垂直に置かれた毛細管で，液体が上昇したり降下したりすることから，派生したものである．

毛管電位差計 capillary electrometer
一方の電極が水銀だめ A で，もう一方の電極が，毛細管 CD を上昇してきた水銀のメニスカス B である電解槽．この電極間に電圧をかけると，この電解槽を流れる電流に微小変化が起こり，メニスカス B で分極が生じる（A での分極作用は，その面積が広いので無視できる）．この分極による電場の変化のために，水銀の表面張力が変わる．この結果，メニスカスが新たな平衡点に移動する（図参照）．この装置は，高感度であるが，0.9 V 以上の電位差は測定できない．水銀の移動量は，印加電圧に正確に比例するわけではないので，この電位差計は零位法で用いられることが多い．

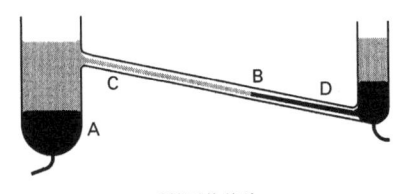

毛管電位差計

毛髪湿度計 hair hygrometer
空気中の相対湿度が上昇すると，毛髪の長さが伸びる現象を利用した湿度計．

網膜 retina
眼の内側の膜で，神経線維と末端の感光部（杆状体と錐状体）からなる．

MOS
metal oxide semiconductor（金属酸化物半導体）の略記．→電界効果トランジスター，集積回路，MOS 論理回路．

MOSFET
→電界効果トランジスター．

モース硬度計 Mohs scale
→硬さ．

MOS 集積回路 MOS integrated circuit
絶縁ゲート電界効果トランジスターで構成した集積回路．MOS 回路はいくつかの長所をもち，製造される全半導体デバイスのかなりの部分を占める．MOS トランジスターはそれ自身他から分離していて，面積を費やす絶縁拡散を行う必要がないため，バイポーラー集積回路より高い機能集積密度をもつ．MOS トランジスターは能動的負荷デバイスとして使える．バイポーラー集積回路のように抵抗をつくるためのプロセスを必要としない．負荷デバイスとして使うと熱損失は大きく減り，複雑な熱の問題は減る．ゲート電極でデバイスを励起すれば容易に回路のパルス動作を得られる．特徴として MOS トランジスターは非常に高い入力インピーダンスをもち，ゲート電極を一時的な蓄積コンデンサーとして使うこともできる（回路を比較的単純にすることができる）．これは動的動作（dynamic operation）とよばれ，普通の回路は最低特定周波数より高い周波数で動作する．
バイポーラー集積回路に比べ製造で必要なプロセスが少ないため，大きなチップをつくり機能集積度の増加とコストの削減が可能である．
MOS 回路は相互コンダクタンスがもともと低く，速度が負荷容量に強く依存するため，バイポーラー型の対応回路より動作速度が遅い．

MOST
→電界効果トランジスター．

MOS トランジスター MOS transistor
→電界効果トランジスター．

モースの式　Morse's equation

分子内の2原子間のポテンシャルエネルギーを原子間隔の関数として与える経験式．それは次のような形をもつ．

$$V = D_e \{1 - \exp[-\beta(r - r_0)]\}^2$$

ここで，V はポテンシャルエネルギー，β は定数，r は原子間距離，r_0 は原子の平衡距離つまり結合の長さである．二原子分子の典型的なポテンシャルエネルギー曲線を図に示す．

小さい距離では原子核間の反発力のためエネルギーは非常に高い．大きな距離では分子が2つの原子に解離するのでエネルギーは距離について定数となる．D_e は，極小から解離レベルまでのエネルギーである．

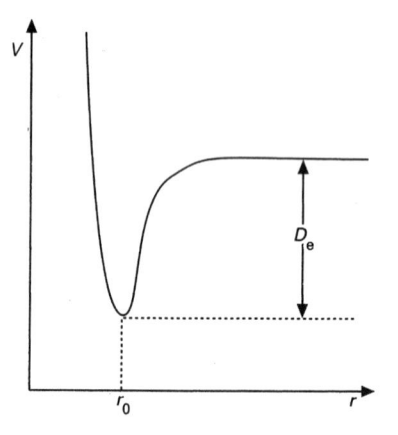

二原子分子のポテンシャルエネルギー曲線

モーズリーの法則　Moseley's law

特定の元素のX線スペクトルはK，L，M，やNなどの明瞭な線の系列に分けられる．モーズリー（Moseley）の法則によれば，ある1つの系列に属する特性X線の周波数 f の平方根は，元素の原子番号 Z に比例する．$\sqrt{f}$ に対する Z のグラフはモーズリーダイアグラム（Moseley diagram）とよばれる．

この近似的な法則は原子のさまざまな内殻電子のエネルギー項で説明できる．

MOS論理回路　MOS logic circuit

MOS集積回路でできた論理回路．これらは論理機能（たとえば，ANDゲートやORゲートとしての作用）をする直列あるいは並列のMOS電界効果トランジスターの組み合わせからできている（図参照）．これらは，回路の出力電圧を決める他のMOSトランジスターに結合している．論理機能は複数のスイッチにより実現され，必要な入力条件が満たされると，スイッチの組み合わせが'オン'となる．たとえば，図のANDゲートではAとBの両方が高論理レベルのとき高レベルの電圧が出力される．高論理レベルはしきい電圧 V_T より高く，低レベルは低く選ばれる．図では，その機能は1個のスイッチ T_s で表されている．

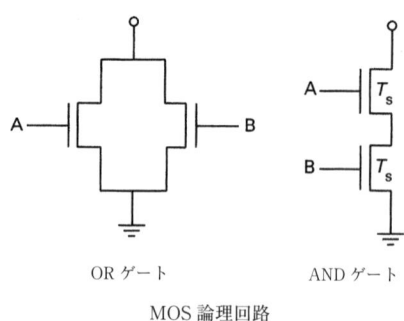

MOS論理回路

モーター　motor
⇒電動機．

モデム　modem

modulator-demodulator（変調復調器）の略記．ある特定の装置からの信号を他の装置に適した形に変換する装置．たとえば，コンピューターからのディジタル信号をアナログ形式に変換して（アナログ）電話システムで使えるようにする．

モード　mode

(1) 周波数分布（度数分布）曲線の縦軸最大値に対応する横軸の値．

(2) 伝導モード（transmission mode）ともいう．導波管，空洞共振器などの中で，ある周波数の電磁波のいくつかの異なった振動状態．
⇒導波路．

モノクロメーター　monochromator
⇒スペクトロメーター．

モノリシック集積回路　monolithic integrated circuit
⇒集積回路．

モホロビチッチ不連続面　Mohorovičić discontinuity

地球の地殻とマントル（⇒地球）の間に突如現れる境界で，地震波の伝わる速度が突然増加することにより特徴づけられる．地殻は平均で

40 km 程度の厚さ—しかし，大洋の下ではもっと薄い（場所によってはわずか 5 km の厚さしかない）—をもった薄い岩石の層である．この不連続面は，1909 年にモホロビチッチ（Andrija Mohorovičić）により発見された．1960 年代には，海底の地殻を掘ることが試みられた．しかし，モホール（Mohole）とよばれた穴をマントルまで掘る試みは，おもに経費にかける理由から断念された．

モーメント（積率，能率） moment

(1) トルク（torque）ともいう．ある軸まわりの力のモーメントは，その軸と力の作用線との距離と，その軸に垂直な面内方向の力の成分との積である．同一平面内にある複数の力が，その平面に垂直な軸のまわりに与える力のモーメントは，その軸まわりのそれぞれの力のモーメントを代数的に加えたものに等しい．（ふつう，反時計まわりのモーメントを正に，時計まわりを負にとる．）

(2) ある軸まわりの運動量のモーメント（moment of momentum）．→角運動量

(3) 一般に，ある軸まわりのベクトル量のモーメントは，(1) におけるのと同様に定義される．このように定義されたモーメントはスカラーで，正負の符号は定義 (1) のように与えられる．力と運動が同じ平面内にない系を扱う場合は，点まわりのモーメントの概念が必要となる．点 A まわりのベクトル P（たとえば，力や運動量）のモーメントは擬ベクトルで，r と P のベクトル積に等しい．ここで，r は点 A とベクトル P の作用線上にある任意の点 B とを結ぶベクトルである（ベクトル積 $M = r \times P$ は点 B の位置に依存しない）．

ある軸のまわりのスカラーモーメントと，その軸上のある点のまわりのベクトルモーメントとの間には，ベクトルモーメントのその軸方向成分がスカラーモーメントであるという関係がある．

モル mole

記号：mol．**物質量**の SI 単位で，炭素 12 の 0.012 kg 中の原子と同数の粒子からなる系の物質量と定義される．粒子が何であるかは指定しなければならない．ここでいう粒子は，原子，分子，イオン，電子，その他の粒子，また特定の粒子のグループの場合もある．

モル潜熱 molar latent heat
→潜熱．

モル体積 molar volume

1 モルの物質で占められる体積．アボガドロ仮説によれば，すべての理想気体は同じ圧力温度で同じモル体積をもつ．標準状態での値は
$$2.241\,383\,7 \times 10^{-2}\ \mathrm{m^3\,mol^{-1}}$$
である．

モル伝導率 molar conductivity

記号：j_m．電解液の伝導度を電解質の濃度で割ったもの．モルという言葉はこの場合，濃度で割ったことを意味し，物質量で割ったという意味ではない．

モルの molar

ある物理量を**物質量**で割ったことを意味する言葉．実際には，1 モルあたりを意味する．通常，対象としている量を表す記号に，m という下添え字が付加される．

モル比熱 molar heat capacity

記号：C_m．元素，化合物，材料など**物質量**を単位にした**熱容量**．モル比熱は 1 K あたり 1 モルあたりのジュール数で測られる．

漏れ leakage

(1) 不完全な絶縁のために予期せぬ経路で電流が流れること．この漏れ電流（leakage current）は回路がショートした場合に比べて小さい．

(2) →磁場漏洩．

(3) 原子炉において，ある領域からの粒子の正味の損失．もしくはある境界を横切る粒子の正味の損失のこと．

漏れ磁束 leakage flux

磁気回路をもった電気機械やトランスにおけるもので，磁束の回路の有効部分外にある磁束のこと．

漏れリアクタンス leakage reactance

漏れインダクタンスによってトランスで生じるリアクタンス．漏れインダクタンスは，一部の磁束が一方のコイルを横切るが，もう一方のコイルを横切らないために起こる損失と関連している．

もろさ brittleness

固体が硬い状態のまま 2 片に分かれる特性．破壊点は，ある種の金属のように圧力の増加のしかたに大きく左右されることもあるが，通常厳密に定義されている．一瞬の変形力によって破壊される場合でももろさが定義される物質についても，ゆっくりと応力を加えた場合で考えた方が実用的な場合もある．

ヤ

八木アンテナ Yagi-aerial

鋭い指向性をもったアンテナで，おもにテレビ電波の受信に用いられる．1，2個のダイポール（双極子）からなり，送受信回路および平行反射器，導波器に接続されている．一連の導波器は平行で波長の0.15ないし0.25倍の間隔をもっており，送信時には双極子電場からエネルギーを吸収し，前方には電波を強め合うように，逆方向には弱め合うように再放出する．受信時には信号を双極子に集中する．

焼きなまし（アニーリング） annealing

物質をまず融点以下の特定の温度まで熱し，しばらくその温度を保ち，次にゆっくり冷却する過程をいう．そうすることで，ある温度条件のもとで固体の中にゆっくりとした結晶化が起こる．焼きなましの過程は一般に金属を柔らかくし，またガラスなどでは制作時に内部にたまったひずみを解消させて，より安定な状態にする．

屋根型プリズム roof prism

アミチプリズム（Amici prism）ともいう．
⇒直視プリズム．

ヤングの縞 Young's fringe
⇒干渉．

ヤング率 Young modulus
⇒弾性率．

ヤン-ミルズの理論 Yang-Mills theory

最初の非可換ゲージ理論（⇒群論）で，フェルミオンの2つの量子場（⇒場の量子論）の間の相互作用について説明している．ヤン-ミルズの理論は量子場 Ψ_1 と Ψ_2 の間の相互作用を説明するものである．理論の主張するところによると，局所ゲージ変換

$$\begin{pmatrix}\Psi_1\\\Psi_2\end{pmatrix}\to\exp(i\tau\cdot a(x))\begin{pmatrix}\Psi_1\\\Psi_2\end{pmatrix}$$

を経た後も Ψ_1 と Ψ_2 は不変量のままである．ここで $\tau\cdot a(x)$ は 2×2 のエルミート行列であり空間と時間の関数である．数学的な用語法ではこのようなゲージ変換は $SU(2)$ 群に属するという．量子場のゲージ変換では，それに対応するラグランジェ関数がゲージ変換に対して不変であれば，それを不変量としたままである．量子場 Ψ_1 と Ψ_2 の間の相互作用はラグランジェ関数の付加項を表し，局所ゲージ変換を補っている．その結果，ラグランジェ関数は特定のゲージ変換に対して不変である．付加項を伴う完全なヤン-ミルズ-ラグランジェ関数は2つの等質量フェルミオン場が質量のないゲージ場の3成分と相互作用することをうまく説明している．局所ゲージ不変性は2つのフェルミオン場から3種のカレントをつくる．これらの3つのカレントは無質量ゲージ場の源として作用する．

ヤン-ミルズの理論は当初，核子（陽子と中性子）系をモデル化するために研究が進められたが，後に2つの等質量フェルミオン場の研究へと移っていった．陽子と中性子のわずかな質量差は電磁対称性の破れに帰せられる．しかし，すぐに明らかになったのは，陽子と中性子は基本粒子ではなくクォークの組合せ構造であることである．しかしながら，非可換ゲージ理論は強い相互作用における色対称性（color symmetry）とGWS（Glashow-Weinberg-Salam理論）電弱理論におけるアイソスピン対称性の説明に大きな成功をおさめた．

ユ

ユーイングの磁気理論　Ewing's theory of magnetism
強磁性体を構成する個々の原子や分子がそれぞれ小さな磁石として働くという理論．物質が磁化していないときには，これらの微小磁石はひとつながりとなって閉じた構造をつくり，磁極の影響は外部には現れない．磁化は微小磁石の方向が特定の向きに揃ったときに生じ，すべての微小磁石が整列すると磁化の飽和が起こる．分子のつながりを断ち切るには力が必要なので，外部から印加した磁場に完全には追随せず，したがって磁気ヒステリシスの現象が起こる．この理論は，最近の理論によって部分的には正しいことが確認されている．⇒強磁性．

融解（融合）　fusion, melting
（1）物質が固体から液体へ状態変化することで，ある圧力のもとで決まった温度（融点）になると起こる．
（2）⇒核融合．

融解の（比）潜熱　specific latent heat of fusion, enthalpy of melting
記号：l_f，または ΔH_s^l．ある物質の単位質量が融点にあるとき，その状態を固体から液体に変えるために必要な熱量．単位は $J\,kg^{-1}$．⇒クラウジウス-クラペイロンの式．

有効エネルギー　effective energy
混合放射の有効エネルギー．同じ条件のもとで与えられた混合放射と同じ程度に吸収ないし散乱される均一放射の量子エネルギーのこと．

有効質量　effective mass
固体の電気伝導の理論で，電流キャリヤーの振舞いを記述するために使われるパラメーター．導体に電位差を与えると，生じた電場で電子が加速される．電子がエネルギーバンド内で占める位置によってその移動度が決まる．このとき，電場と移動度の比を有効質量を用いて記述する．有効質量は，エネルギーの関数であり，真の質量とは異なりうる．

有効電圧　active voltage
電圧や電流をベクトル量と考えた場合，電流と同相の電圧成分．

有効電流　active current
交流回路において，電圧と同相の電流成分．電流や電圧を大きさと位相をもったベクトルと考える．

有効電力　active power
（有効ボルトアンペア　active volt-ampere）
電流と有効電圧，あるいは電圧と有効電流との積．これがワット（W）単位で表される．

有効波長　effective wavelength
混合放射の有効波長．同じ条件の下で与えられた混合放射と同じ程度に吸収される均一放射の波長のこと．

有効放射計　net radiometer
地表に入る放射と出ていく放射の強度差を測定する装置．放射は直接の，あるいは拡散や散乱された太陽の放射，また空，雲，地上からの赤外線である．全天日射計と同様な熱電対列系が使われるが，有効放射計では熱電対の両側で放射を受け，放射強度の出入りの差に比例した起電力を得る．⇒日射計．

融点　melting point
⇒凝固点．

誘電加熱　dielectric heating
高周波電場が，絶縁体（誘電体）に印加されたときに起こる発熱効果．誘電ヒステリシスの結果起こる．通常パワーは振動の形で供給される．プラスチックでできたものを予熱するために広く用いられる．

誘電損失　dielectric loss
時間的に変化している電束の中に誘電体がある場合に，誘電体中に起こるエネルギーの散逸．

誘電体　dielectric
電場を印加しても電流を流さない物質．絶縁体．

誘電定数　dielectric constant
⇒誘電率．

誘電ヒステリシス（履歴現象）　dielectric hysteresis
磁気ヒステリシスに似た現象で，誘電体中の電気変位が現在印加されている電場の強さだけでなく，以前の電気的な履歴にも依存していることに起因するもの．時間的に変化している電束の中に誘電体がある場合には，電場からのエネルギーの散逸を伴う．

誘電分極　dielectric polarization
電気分極（electric polarization）ともいう．
記号：P．電場が存在しているために誘電体中に応力が発生する結果，誘電体の個々の部分が

電気双極子として働く．電気分極の存在による誘電体中の電束の増加の尺度となる．$(D-\varepsilon_0 E)$ の関数で定義される．ここで，E は印加された電場，D は電束密度，ε_0 は真空の誘電率である．
→変位電流．

誘電率　permittivity
記号：ε．誘電体中の**電気変位**の，外部から加えた電場の強さに対する比，すなわち $\varepsilon = D/E$．その媒質がどの程度電荷の流れに抵抗できるかを示す．F m^{-1} の単位で測る．真空の誘電率 (permittivity of free space) ε_0 はしばしば電気定数とよばれる．ε_0 は $1/(c^2\mu_0)$ に等しく，$8.854\,187\,817 \times 10^{-12}$ F m^{-1} の値をもつ．ここで，c は光速，μ_0 は真空の透磁率である．

比誘電率 (relative permittivity) ε_r は，媒質の誘電率の真空の誘電率に対する比 $\varepsilon/\varepsilon_0$ である．その値は1（真空）から4000（強誘電物質）を超えるものまであるが，ふつうは10をこえることはない．ε_r は，電場の強さによらないときは誘電定数 (dielectric constant) ともよばれ，コンデンサーの誘電媒質の特性を示す．このような条件のもとでは，コンデンサーの電気容量の，その誘電体を抜いたときの電気容量に対する比として，誘電定数を定義したほうがよい．

誘導　induction
(1) →電磁誘導．
(2)（磁気の）→磁束密度．
(3) →静電誘導．

誘導型計器　induction instrument
可動導体に誘起される渦電流と交流電磁石の磁場との相互作用で生ずる曲げの力やトルクを用いる計器．

誘導加熱　induction heating (IH)
変動する磁場中の導体に誘導される渦電流による加熱効果．磁場は導体の周りのコイルに流れる交流電流によってつくられる．誘導加熱は金属を溶かすのに応用できる．利点は，熱が金属自体に発生することと，溶けた後，渦電流が金属に循環運動を起こし攪拌の効果があることである．

誘導起電力　induced e.m.f.
→電磁誘導．

誘導コイル　induction coil
電磁誘導によって高電圧でほぼ単一方向の電流のパルス列をつくる装置（図参照）．1次側の回路は鉄芯 A に2〜3回導線を巻いたものである．2次側のコイル S は1次側と絶縁を保ち，1次側のまわりに同軸上に多数回巻いてある．1次側を流れる電流は断続的に遮断される．回路が開いているとき，1次側は高抵抗になるので，1次側の時定数は回路の接続が回復したときよりたいへん小さくなる．その結果，2次側の誘導起電力は非常に高くなる．このようにコイルの効率は電流を遮断するときの鋭さによる．2次側の出力は1次側の遮断に応じて出る鋭いパルスの列であるが，1次側に電流が流れ出すときにずっと小さい逆向きのパルスも出る．

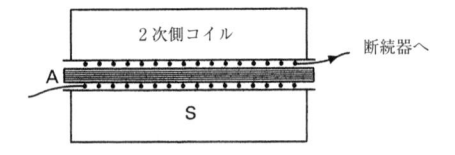

誘導コイル

誘導性結合　inductive coupling
→結合．

誘導性同調　inductive tuning
→同調回路．

誘導単位　derived unit
→ SI 単位系，コヒーレント単位系．

誘導負荷　inductive load
→遅れ負荷．

誘導放出　stimulated emission
→レーザー．

誘導モーター　induction motor
交流モーターで，固定子と回転子からなり，一方（ふつうは回転子）に流れる電流は，他方（ふつうは固定子）の巻線に供給した交流電流により**電磁誘導**で生ずる．トルクは，回転子の電流と，固定子の電流によりできた磁場との相互作用によって生ずる．工業的に用いられるモーターでは，回転子に2つのおもな型がある．

(i) かご型回転子 (cage rotor)（もとはリスかご回転子 (squirrel-cage rotor) とよばれていた）．この回転子の導体はみな回転子の両端でエンドリングによって短絡されている．

(ii) スリップリング回転子 (slip-ring rotor)（または巻線回転子 (wound rotor)）．多極の巻線がスリップリングにつながっている．スリップリングの目的は抵抗を一時的に回転子の回路へつなぎ，始動時のトルクと電流を調節することにある．スリップリングについているブラシは，モーターが正常に運転しているときには短絡されている．

誘導リアクタンス　inductive reactance
⇒リアクタンス.

誘導流量計　induction flowmeter
磁場中の管 T を流れる導電性の液体（図参照）の流速を，管の直径の間に誘導された起電力を電極 E 間で測って求める計器．関係式は $e = BLv$ で，e は起電力（単位は V），B は磁束密度（単位は T），L は管の直径（単位は m），v は速度（単位は $\mathrm{m\,s^{-1}}$）で，B, L, v は互いに直交しているとする.

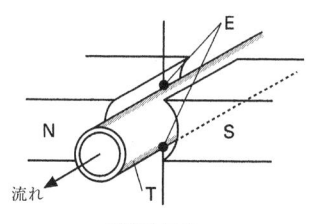

誘導流量計

有理切辺の法則　rational intercept, law of
ある結晶の3つの面が交わってできる3辺を基準軸 OX，OY，OZ として選び，4つ目の面とこれらの軸との交点を A，B，C とする．このとき，どんな結晶面を選んでも，それが3軸と交わる点を A′，B′，C′ とすれば
　　OA/OA′ = h，OB/OB′ = k，OC/OC′ = l
が成り立つ．ここで，h, k, l は整数で，ほとんどの場合6以下である．(h, k, l) を，OA，OB，OC についての，その面のミラー指数 (Miller index) とよぶ.

湯川ポテンシャル　Yukawa potential
核子間に働く力を説明するために用いられるポテンシャル．大きさが等しく符号が反対の電荷をもつ2つの粒子は電磁場によって引力が作用し，それらの相互ポテンシャルエネルギーは $-e^2/r$ で表される．ここで，e は電荷，r は互いの距離である．原子核の中では，より強い短距離の力が働く（⇒強い相互作用）が，湯川はその相互作用のポテンシャルエネルギーは $1/r$ よりむしろ μ を定数とする $e^{-\mu r}/r$ に従うような変化をすると仮定した．相互作用は核子間で交換するボソン（π中間子）の仮想的な生成によってもたらされると仮定した.

雪　snow
(1) 大気中で水蒸気が直接凝縮して固相になり，ふつう六角形をした，緩く結合した構造をとる氷の結晶．雪片は，適当な微細な核（粘土粒子など）の上に形成される．⇒ひょう．
(2) TV やレーダー画面上に現れる障害となるパターンで，雪が降る様子に似る．通常，受信信号がないかまたは弱いときに出る（カラーテレビでは，このパターンにも色がつく）．受信機での電気雑音によって生じる.

油浸（顕微鏡）　oil-immersion (microscope)
⇒分解能，液浸対物レンズ．

輸送現象　transport phenomena
質量，運動量の移動による現象．熱伝導，粘性，拡散などの分子攪拌の結果起こる.

ユニタリー対称性　unitary symmetry
アイソスピン理論の一般化．群論では，アイソスピンは SU_2 (2×2 行列の特別なユニタリー群) とよばれる群に関係する．ユニタリー対称性は SU_3 とよばれる群に関係する．これにより予言されることは，強い相互作用に関する限り，素粒子は，1, 8, 10, あるいは 27 重項に分類され，各多重項状態の粒子は，同じ粒子の別の状態にあるものとみなされる，ということである．ユニタリー対称な多重項は1つ以上のアイソスピン多重項をもつ．多重項の全粒子は同じスピン (J)，パリティ (P)，バリオン数 (B) をもつ.

多重項をもっともわかりやすく図示するには，

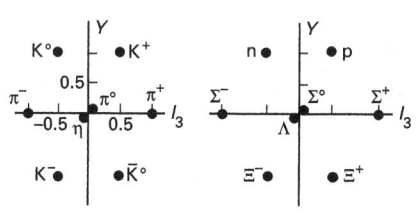

$J = 0, P = -1, B = 0$
中間子8重項

$J = 1/2, P = +1, B = 1$
バリオン8重項

(a) 中間子，バリオン8重項

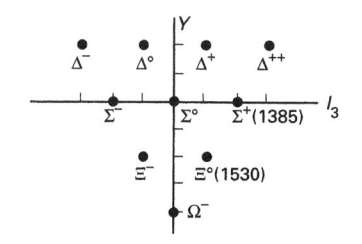

$J = 3/2, P = +1, B = 1$

(b) バリオン10重項

構成粒子をハイパーチャージ（Y）対アイソスピン量子数（I_3）のグラフ上にプロットするとよい．図a，bに中間子とバリオン8重項（8粒子多重項），バリオン10重項（10粒子多重項）の例を図示する．

SU$_3$理論の予言もアイソスピン理論も実験と一致しない．もしも素粒子に厳密な対称性があれば，多重項のすべての粒子は同じ質量をもつはずであるが，これは真実からほど遠い．これに加えて，クォークの場合には，対称性は強く破れており，ハドロンは当初仮定された3つのクォーク（u, d, s）よりもずっと重いクォークで構成されていることが発見された．u, d, sはSU$_3$群の基底多重項に対応する．1重項，8重項，10重項については，3つのクォークの多重項（バリオン多重項の場合）の組み合わせ，あるいはクォーク反クォーク多重項（中間子多重項の場合）の組み合わせでもつくることができる．しかしながら，SU$_3$理論はΩ$^-$粒子（バリオン10重項を完成するのに必要）の存在の予言など，いくつかの画期的な成功を収めている．

ユニバーサルモーター universal motor

電気モーターの1つで，直流または交流で動作する．通常，**整流子**と直列巻線からなる．このタイプの小型モーターは真空掃除機，卓上ドリル，その他に広く用いられている．

ユニポーラートランジスター unipolar transistor

多数キャリヤーの移動のみによって電流が流れるトランジスター．⇒電界効果トランジスター．

UV

ultraviolet（紫外線）の略記．

ヨ

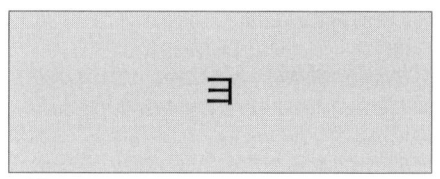

陽イオン cation
1つまたはそれ以上の電子を失ったイオンは正の電荷をもち，電界液槽中で陰極に向かって移動する．

溶液 solution
⇒溶質．

陽極（アノード） anode
電気分解，放電，熱電子管あるいは固体整流器などにおいて，正の電極をいう．電子はこの極から回路に出ていく．⇒陰極（カソード）．

陽極光 anode ray
⇒気体放電管．

陽極降下 anode drop
気体放電管において，陽極と陽極近傍の気体の間には約20V程度の電圧降下が起こる．

陽極飽和 anode saturation
真空管などにおいて，もうこれ以上電子が陽極にひきつけられなくなった状態．これは陽極付近に雲のようになった電子群が，他の電子を反発するためである．⇒空間電荷領域．

陽子 proton
水素の原子核を構成し，また，すべての原子核の構成粒子である．正に荷電した素粒子．電子の約1836倍の質量をもつ．質量938.2796 MeV/c^2（1.6726231×10^{-27} kg），電荷1をもつ安定なバリオンである．スピン$J=1/2$，アイソスピン$I=1/2$，正のパリティをもつ．また，核磁子の2.793倍の固有の磁気モーメントをもっている．陽子よりも小さい質量をもつ素粒子は数多く存在するが，これらの素粒子には崩壊しない．なぜなら，陽子はバリオン数$B=1$をもつもっとも小さな質量の粒子であるからである．バリオン数はすべての相互作用で保存する．

陽子共鳴 proton resonance
水素の原子核における核磁気共鳴．

陽子顕微鏡 proton microscope
電子顕微鏡に類似の顕微鏡で，電子を使用する代わりに陽子ビームを使用するもの．より高い分解能とコントラストが得られる．

陽子シンクロトロン proton synchrotron
陽子を非常に高いエネルギーにまで加速することができる巨大な半径をもつ円形の加速器．ロシアのSerpukhovでは70 GeV，ジュネーブのCERNでは450 GeV，アメリカ合衆国のFNALでは900 GeVが得られている．基本的には電子のシンクロトロンと似ている．シンクロトロンでは，相対論的な質量の増加に比例して磁場強度を増加させることによって，固定軌道を維持し，電子の公転の角周波数を一定している．これが可能なのは，電子が数MeVのエネルギーではほぼ光速で運動しているためである．これと同等の，一定の角周波数をもつ固定軌道を，陽子に対して達成するには，約3 GeVのエネルギーが必要となる．このエネルギーに陽子が達するまでは，固定軌道を維持するためには加速電場の周波数を変化させなくてはならない（電子シンクロトロンでは一定の周波数である）．電場の周波数と陽子の粒子線の公転周波数は同期しなければならず，また，$v=\omega r$の関係を満たさなくてはならない．ここで，vは陽子の速度，rは軌道半径，ωは陽子の公転角周波数である．このとき，$\omega=2\pi f$（fは電場の周波数）でなくてはならない．陽子は，磁石の間に加えられたラジオ周波数をもつ電場によって加速され，1秒間に数百万回の公転を行う．磁石によって，粒子線はビームを細くされ，かつ円形軌道を維持される．強い集束が使用される．

陽子数 proton number
⇒原子番号．

溶質 solute
純粋の液体中に溶解した物質で，純粋な液体を溶媒（solvent）とよび，生成されるよく混じった混合物を溶液（solution）とよぶ．

陽子-陽子連鎖 proton-proton chain
水素の原子核（陽子）が一定量のエネルギーの放出を伴ってヘリウム原子核へ変化する，熱核反応の系列．この反応が行われるためには，10^7 Kの温度が必要である．この反応はおそらく，太陽や太陽よりも小さい質量のすべての恒星のおもなエネルギー源であり，高密度の恒星の中心で起こっていると考えられている．陽子-陽子連鎖に続く核反応の系列にはさまざまなものがあるが，おもな系列は以下のとおりである．

$$^1H + ^1H \rightarrow ^2H + \nu + e^+$$
$$^2H + ^1H \rightarrow ^3He + \gamma$$
$$^3He + ^3He \rightarrow ^4He + 2^1H$$

ここで，ν，e^+，γはそれぞれニュートリノ，陽電子，γ線である．⇒炭素サイクル．

陽電子 positron, positive electron
電子の反物質．すなわち，電子と同じ質量を

もち，電子の電荷と同じ量の正電荷をもつ素粒子．ディラックの相対論的波動力学によると，空間は負のエネルギー状態にある電子の連続体からできている．これらの状態は通常は観測できないが，もし十分なエネルギーが与えられれば，電子は正のエネルギー状態に励起され，観測可能になる．負のエネルギーに空きがある状態は，正のエネルギーの正粒子として振る舞い，陽電子として観測される．→対生成，消滅

溶媒 solvent
→溶質．

容量 capacity
コンピューターの記憶装置に蓄えられる情報量．

容量性リアクタンス capacitive reactance
→リアクタンス．

揚力係数 lift coefficient
流体と物体の相対運動に関する用語．相対運動の方向に対して垂直な方向への抵抗の成分（揚力）と量 $\rho l^2 V^2$ との比率．ここで，ρ は流体の密度，V は相対速度，l は物体の特徴的な長さである．ρV^2 は $(1/2)\rho V^2$ に置き換えられることがある．この係数はレイノルズ数の関数で，物体の周りの流体の循環に依存する．

ヨーク yoke
一片の強磁性材料で，2つ以上の磁気コアを永続的に連結し，巻線で囲むことなく磁気回路を閉じるのに用いられる．

横色収差 lateral chromatic aberration
→色収差．

横質量 transverse mass
観測者から見て，粒子の運動方向に垂直な方向の相対論的質量（→相対性理論）．次のように与えられる．
$$\frac{m_0}{\sqrt{1-\beta^2}}$$
ここで，粒子の静止質量 m_0，光速度に対する相対速度 $\beta=v/c$．→縦質量．

横振動 transverse vibration
振動の変位が，振動する物体の主軸に垂直，すなわち，波の進行方向に垂直に起こる振動．張られた弦の振動，音叉の振動が典型的な例である．振動する棒は，張力ではなく曲げモーメントによる復元力をもつ．スティフネスの高い紐の横振動の理論の拡張とみなすことができる．

横波 transverse wave
伝達媒質の変位が伝搬の方向に垂直な波．電磁波や張られた弦に沿って伝わる波が横波運動の例である．液体表面を伝搬する波は横波と縦波の両方がある．

横倍率 lateral magnification
反射や回折が起こる光学系で，軸に垂直な方向の物体の大きさ（y）とその像の大きさ（y'）の逆比，すなわち $m=y'/y$．正立像か，反転像かを決定する m の符号は一般の符号の規約に従う．

四次元ベクトル four vector
→四次元連続体．

四次元連続体 four-dimensional continuum, space-time continuum
時空連続体の相対論的表現では四次元座標が用いられる．それは空間座標 x, y, z と第四次元（fourth dimension）ict からなる．ここで t は時間，c は光速度，i は $\sqrt{-1}$ である．この空間の中の点は事象とよばれる．2点の距離に相当するものが2つの事象の距離（interval, δs）であり，時空におけるピタゴラスの定理より次のように書ける．
$$(\delta s)^2 = \sum_{ij} \eta_{ij} \delta x^i \delta x^j$$
ここで，$x=x^1$, $y=x^2$, $z=x^3$, …, $t=x^4$ であり，$\eta_{11}(x)=\eta_{22}(x)=\eta_{33}(x)=1$, $\eta_{44}(x)=-1$ はミンコフスキー計量（Minkowski metric）の成分である（→計量テンソル）．ローレンツ変換の公式によれば，1人の観測者から見て同時な事象も観測者に対して等速運動をしている別の観測者から見れば同時ではないため，2点の距離は不変量でない．一方，2つの事象の間隔は不変である．

四次元空間のベクトルは3つの空間成分と1つの時間成分からなる四次元ベクトル（four vector）に相当する．たとえば，四次元運動量は，粒子エネルギーに比例する時間成分をもつ．また四次元ベクトルポテンシャルは磁気ベクトルポテンシャルの空間成分と電気ポテンシャルに相当する時間成分をもつ．

ヨッフェバー Ioffe bar
核融合の実験装置において，プラズマの安定性を増すために用いられる強い電流を流す棒．

呼び出し時間 access time
情報を蓄えている装置（記憶装置）に対して，ある情報を要求してから実際にそれが得られるまでの時間．

撚り線対 twisted pair
2本の絶縁した導線を，互いにねじり合わせて伝送線にしたもの．ねじり合わせることにより，信号の伝送率が改善される．高周波回路では同軸ケーブルの代わりに撚り線ケーブルがよ

く用いられる．⇒対ケーブル．

弱い相互作用 weak interaction
素粒子間のある種の相互作用で，強い相互作用の 10^{-12} 倍程度の強さである．素粒子が含まれる反応において強い相互作用が働いているときには弱い相互作用はふつう観測されない．しかし，しばしば強い相互作用と電磁相互作用が禁止される場合がある．これらの相互作用において保存されなくてはならないある量子数，たとえば，ストレンジネスの保存を破ることになる場合である．このような場合，弱い相互作用が起こりうる．

弱い相互作用は非常に小さい範囲内（およそ 2×10^{-19} m）で作用する．これは非常に重い粒子（ゲージボソン）の交換によって媒介する．この粒子は電荷をもった W^+ または W^- 粒子（質量約 80 GeV/c^2），または中性の Z^0 粒子（質量約 91 GeV/c^2）である．弱い相互作用を媒介するゲージボソンは電磁相互作用を媒介する光子と類似している．W 粒子によって媒介する弱い相互作用は電荷の変化を伴うため反応粒子も変化する．中性の Z^0 粒子はその性質からしてそのような電荷の変化を伴わない．両方の種類の弱い相互作用はパリティを破りうる．

超寿命の素粒子はほとんどが弱い相互作用の結果崩壊する．たとえば，ケイオン（K 中間子）の崩壊 $K^+ \to \mu^+ \nu_\mu$ は K^+ 粒子内の u クォークと $\bar{s}$ 反クォークの消滅によって仮想 W^+ ボソンが生成され，これが正ミューオン（μ^+）とニュートリノ（ν_μ）に変換されると考えられる．この崩壊はストレンジネスを保存しないため強い相互作用や電磁相互作用によっては起こりえない．β 崩壊は弱い相互作用のもっとも典型的な例である．これは非常に弱いため，弱い相互作用で崩壊する粒子は比較的ゆっくりと崩壊し，このため比較的長い寿命をもつ．他の弱い相互作用の例としては他の粒子によるニュートリノの散乱および原子内電子に働く非常に小さな効果がある．

弱い相互作用は電弱理論をもとに理解でき，この中で，これは弱い相互作用および電磁相互作用が電弱力として知られる単一の基本的な力の異なった現れ方であると提案されている．この理論によって予想されたものの多くは実験的に検証されている．

四極管 tetrode
4 個の電極からなる電子デバイスの総称．とくに，熱電子管のことをいう．

四極子（四重極子） quadrupole
電荷や磁化の分布で，2 つの等しい電気の，または磁気の双極子を，非常に近接させて逆向きに並べたもの．ポテンシャルは距離の 3 乗の逆数に比例して減少する．電荷の任意の分布に対して，距離 r におけるポテンシャル V_r は
$$V_r = \frac{e}{4\pi\varepsilon_0 r} + \frac{p}{4\pi\varepsilon_0 r^2} + \frac{q}{4\pi\varepsilon_0 r^3} + \cdots$$
と表される．e が正味の電荷として，第 1 項はクーロンポテンシャルを表す．p が正味の双極子モーメントとして，第 2 項は双極子ポテンシャルを表す．同様に，q を四重極モーメント（quadrupole moment）として，第 3 項は四重極ポテンシャルを表す．ε_0 は真空の誘電率である．

1/4 波長線 quarter-wavelength line
1 波長の 1/4 の長さをもつ伝送線で，インピーダンス整合に利用される（すなわちインピーダンス変換）．高域のラジオ周波数で動作する系で広く用いられる．

1/4 波長板 quarter-wave plate
複屈折（double refraction）を示す薄い光学素子．石英または雲母でできていることが多く，入射波の偏光を変えるのに用いる．結晶を光学軸と平行にカットし，厚さは，常光線と異常光線の間に 1/4 波長の光路差（90°の位相差）を生じるようにする．この波長板に，どちらの光軸からも 45°傾いた直線偏光が入射すると，円偏光に変わる（逆も成り立つ）．

ラ

雷撃 lightning stroke

雷放電を構成する放電．雷雲の帯電領域の放電．雷放電の極性は地面へもたらされる電荷の極性で表される．電源系や通信系への雷放電は直接電撃（direct stroke）とよばれる．電源系や通信系には実際にあたらず，電圧を誘起するだけの場合は間接電撃（indirect stroke）とよばれる．

ライダー lidar (light detection and ranging)

レーダーに似た技術で，パルスまたは連続発振のレーザービームを用いるリモートセンシング．たとえば，雲，塵粒子，汚染物質を調べるための大気の物理学で用いられる．レーザービームは調べたい標的物質によって散乱され，検出器で検出される．レーザービームの光子は標的物質と弾性または非弾性の散乱により相互作用をする．

ライデン瓶 Lyden jar

ガラス瓶の外側と内側の面に金属箔を張ったもので，歴史上有名なコンデンサーの1つである．内側の箔に接続するコネクターの先端は，通常小さな球状になっている．

ライトペン light pen

ペンに似た装置でオンライン型の表示装置（VDU）に接触させ，コンピューターに情報を入力させるもの．通常はスクリーン上の小さな部分に接触させ，表示されたリストの中からあるものを選択したり，スクリーン上に形を描くことに使われる．ライトペンはケーブルを通してコンピューターに接続されており，スクリーンからの光をライトペンの中の光検出器で検出し，位置を判別できるようになっている．

ライナック linac

→線形加速器．

ライマン系列 Lyman series

→水素のスペクトル．

ラインプリンター line printer

→プリンター．

ラウエ図形 Laue diagram

平行なX線ビームが固定された単結晶を通過するときに，写真乾板上に現れる対称な斑点模様．一般的にX線源として用いられているタングステンランプは，特性X線のK線（→X線）を放射しない程度に低い電圧で用いられており，そのX線ビームには一定範囲の波長が含まれている．電子や中性子の不均質なビームも使用される．異なる複数の原子面がビームを回折し，一連の対称に配列された斑点をつくり，ラウエ図形となる．ラウエ図形から結晶の種類を決定し，結晶構造を計算することができる．

ラウスの法則 Routh's rule

一様な剛体の対称軸のまわりの慣性モーメントは，その質量と他の対称半軸［一般には2本ある］の長さの2乗の和との積を，直方体なら3，楕円なら4，楕円体なら5で割ったもので与えられる．

円は楕円の特殊な場合と考えることができる．この法則は円柱や楕円体では中心軸だけにあてはまり，円盤や楕円盤では3つの対称軸すべてに適用できる．たとえば，半径 a，質量 M の円盤では，中心を通る軸のまわりの慣性モーメントは (a) 円盤に垂直な軸に対してと，(b) 円盤面内の軸に対して，

(a) $(1/4)M(a^2 + a^2) = (1/2)Ma^2$

(b) $(1/4)Ma^2$

となる．→リースの法則．

ラウドスピーカー loudspeaker

スピーカーと同義語．電気信号を音に変換する素子．すべてのラジオ受信機や音声再生機などにおける最終的に音声を発生する部分にあたる．ラウドスピーカーのもっともよく用いられるタイプはダイアフラムの中心に付けられた小さなコイルに電流を流し，これを磁場が強いリング状の隙間の中で動かすものである．コイルに交流を流すことによりダイアフラムに交流電流と同じ周波数の振動を引き起こして音波を発生する．高い効率を得るため，小さなダイアフラムを大きく指数関数的に広がるホーンの口に部分に付けている．ホーンはダイアフラムに適当な負荷を与えているが，その大きさを考えると多くの室内の用途においては不向きである．これに代わってスピーカーでは大きなコーン状または楕円のダイアフラムの頂点にコイルが付いたものが用いられる．コーンは堅い紙からできており，その周囲の端は金属の枠に固定されている．磁場は永久磁石または電磁石からつくられ，コイルは隙間の中央の位置にくるようにフレキシブルなマウントによって支えられている．コーンは大きなバッフル板の中に組み込ま

れており，正面から出る音が裏側に通り抜けるのを防いで低音の応答を改善している．ほとんどの商品の音声再生機は箱型のバッフルを用いている．このタイプのスピーカーは中くらいの周波数範囲において良好な応答を示すが，高音または低音において良好な音波の再生特性を得るには特殊な形状が必要である．

ラグランジュ関数 Lagrangian function
ラグランジアン，運動ポテンシャル（kinetic potential）ともいう．記号：L．
$$L = T(q_i, \dot{q}_i) - V(q_i, \dot{q}_i)$$
である．ここで，q_i は一般化座標である．⇒ラグランジュ方程式，ハミルトンの原理．

ゲージ理論は量子場のラグランジュ関数への修正として基礎的相互作用を表している．これらのラグランジュ関数は古典力学で用いられるものと同じであるが，場の変数 $\varphi_i(x^\mu)$ やその微分形
$$\partial_\mu \varphi_i(x^\mu) = \partial \varphi_i(x^\mu)/\partial x^\mu$$
の関数となる．ここで，x^μ は x, y, z, t の座標を表す．古典物理学における場の変数は部屋の中の各点の温度とか磁場の3成分といった量を表す．場の量子論では場の変数は，正規モード振動が粒子に相当する量子場を表す．ゲージ理論は相対論であり，空間と時間の座標を同じ基底で扱わねばならない．ラグランジュ方程式はそのような理論のために
$$\partial_\mu(\partial L/\partial(\partial \varphi_i)) = \partial L/\partial \varphi_i$$
と一般化される．たとえば，クライン-ゴルドンラグラジアンは単一のスピン0のスカラー場 φ を
$$L = \frac{1}{2}[\partial_t \varphi \partial_t \varphi - \partial_x \varphi \partial_x \varphi - \partial_y \varphi \partial_y \varphi - \partial_z \varphi \partial_z \varphi]$$
$$- \frac{1}{2}(2\pi mc/h)^2 \varphi^2$$
と記述する．この場合，
$$\partial L/\partial(\partial \varphi) = \partial^\mu \varphi$$
からは
$$\partial L/\partial \varphi = (2\pi mc/h)^2 \varphi^2$$
が導かれ，ラグランジュ方程式は
$$\partial_\mu \partial^\mu \varphi + (2\pi mc/h)^2 \varphi^2 = 0$$
の形になる．これは場 φ の時空での展開を示すクライン-ゴルドン方程式である．φ の正準モードの個々の励起はスピン0，質量 m の粒子を表す．

ラグランジュ点 Lagrangian point
共通の質量中心の周りを回る2体の系に関するもので，この2つの物体の質量に比べて十分質量の小さい物体があるとき，質量がずっと大きいこれら2つの物体の重力の影響があるにもかかわらず，小物体が安定な軌道を維持することが可能な点が5点存在する．その点のことをいう．太陽-木星系の重力場において（その軌道上で木星の60°前方と後方にある）2つのラグランジュ点で小惑星群が発見されている．太陽と木星のそれぞれの質量中心を結ぶ線上にある他の3点は，不安定な平衡点である．以上のことはいかなる系においても当てはまる．

ラグランジュ方程式 Lagrange's equation
一般化座標 q_i，一般化された力 Q_i，時間 t と粒子系の運動エネルギー T を関係づける1組の2階微分方程式のこと．系がもつ n 自由度のそれぞれに対し，1つの方程式
$$\frac{d}{dt}\left(\frac{\partial T}{\partial \dot{q}_i}\right) - \frac{\partial T}{\partial q_i} = Q_i$$
が存在する．ここで，$\dot{q}_i$ は dq_i/dt を表す．
ラグランジュ方程式は，すべての力学的な問題に対し統一的な取り扱い方法を与える．

ラザフォード rutherford
記号：rd．放射能の単位で，1秒間に 10^6 個の壊変を起こすのに必要な核種の量．1ラザフォード＝10^6 ベクレル．

ラジアン radian
角度のSI単位．1ラジアンは1つの円において半径と等しい長さの弧に相当する中心角．2π rad＝360°，1 rad＝57.296°．

ラジオ（波） radio
(1) 電磁波を，電気的パルスまたは信号の，無線での送受信に用いること．また，その送受信の過程．この語はふつう，無線での聴覚情報の伝達システムに限定して使われる．
(2) ラジオ受信器．
(3) 3 kHz～300 GHz までの周波数領域の電磁波を表す．⇒高周波．
(4) 放射能を表す接頭辞．

ラジオ受信器 radio receiver
ラジオ（radio），無線（wireless）ともいう．ラジオ信号を音声信号に変える装置．単純な受信器は，受信アンテナ，希望の搬送波に周波数を合わせる同調回路，前置増幅回路，検波回路，音声周波数増幅器，そしてスピーカーからなる．よく用いられる改良型には，スーパーヘテロダイン受信器がある．ラジオ受信器は周波数変調信号（frequency-modulation：FM）と振幅変調信号（amplitude-modulation：AM）とを検出できる．ハイファイ（high-fidelity）装置は，

ふつう，音声周波数増幅の部分に回路が追加され，もとの可聴信号に近づくように，低音，高音部を復元する役割を担う．

ラジオスペクトロスコープ radiospectroscope
アンテナに到達する高周波エネルギーを解析し，その結果を（ふつう，ブラウン管の上に）表示する装置．任意の瞬間において，実際に送信に使用されている波長が示され，管面の輝線の高さと幅によって電波の強さと変調の様子が表される．

ラジオゾンデ装置 radiosonde system
高層（自記）気象計と無線通信機を備えたコンパクトな装置で，気球にのせて大気中に運び上げられ，気温，圧力，湿度などのデータを送信する．

ラジオ波 radio wave
⇒電波．

ラスター走査 raster scan
画像をつくり出す方法で，1本1本の［水平方向の］線を積み重ねる．テレビや，ほとんどのコンピューターグラフィックスディスプレイは，この方式によっている．

らせん転位 screw dislocation
⇒欠陥．

落下物 fallout
(1) 死の灰：核爆弾の爆発後，地上に降ってきた放射性物質．局地的原子灰（local fallout）は爆発後の数時間，風上に観測され，爆発源から500 kmはこえない．これは大きな粒子で構成される．爆発源と同緯度線上の各所で，1カ月以上にわたり微粒子の対流圏原子灰（tropospheric fallout）が観測される．高高度まで上がった粒子は，しばしば数年を経て地球の表面に降りてくる．これを成層圏原子灰（stratospheric fallout）と称する．
(2) 地上にある発生源（すなわち火山，原子炉，車の排気ガスなど）から大気中に放出される物質であり，しばらくのち，地上の発生源の近くやその他の場所が粒子でおおわれることになる．

ラッセル-ソンダース結合 Russell-Saunders coupling
⇒結合．

ラッチ latch
1ビットのデータが，一時的に保存される電気的な装置．保存はクロック信号のもとで行われる．決められたクロック信号の変化によりラッチの内容がそのときの入力の値に固定され，次の変化が起こるまでそのまま保存される．ラッチは単純なフリップフロップが拡張されたものである．

ラド rad
放射線吸収量の単位として以前，用いられていた．物質の1 kgあたり0.01 ジュールに相当する．［SIでは］100 ラドの代わりに1 グレイ（gray，記号 Gy）を用いる．

ラプラス演算子 Laplace operator
微分演算子
$$\left(\frac{\partial^2 V}{\partial x^2}+\frac{\partial^2 V}{\partial y^2}+\frac{\partial^2 V}{\partial z^2}\right)$$
は，しばしば記号 ∇^2 によって表される．⇒微分作用素．

ラプラス方程式 Laplace equation
(1) 2階線形微分方程式
$$\frac{\partial^2 V}{\partial x^2}+\frac{\partial^2 V}{\partial y^2}+\frac{\partial^2 V}{\partial z^2}=0$$
たとえば V として，自由電荷が存在しない任意の点におけるポテンシャルなどが考えられる．
(2) 音速に対するもの．気体中での音速 c を気体の密度 ρ，圧力 p，比熱比 γ と関連づける式で，
$$c=\sqrt{\gamma p/\rho}$$
という形をもつ．⇒音波の分散．

ラマン効果 Raman effect
ラマン散乱（Raman scattering）ともいう．分子から散乱された光が入射光と波長が異なる（一般には長くなるが，短くなることもある．）散乱効果．この効果は共鳴効果ではなく蛍光とは区別される．つまり，入射光の波長は物質の吸収帯とは異なっている．さらに，散乱光は多くの蛍光よりはるかに小さな強度しかもたない．
弱い散乱光の波長変化量は散乱する物質によって決まる．その変化量は分子の回転や振動に関連した物質中の特定なエネルギー準位差に対応している．したがって，ラマン効果は強力な分析道具としてラマン分光学（Raman spectroscopy）として知られる手法で使われている．レーザー光が入射光として使われ，試料のラマンスペクトルが記録され，分析される．

ラマン散乱 Raman scattering
⇒ラマン効果．

ラマン分光 Raman spectroscopy
⇒ラマン効果．

ラミネーション lamination
薄い鋼，または鉄の板で，表面が酸化されて

いるかまたはワニスが薄く塗られている．トランス，磁気増幅器，リレー，チョーク，またはそれらに類した装置のコアを構成するために，多数のものがつくられている．層状構造は，コアに渦電流が流れるのを防止し損失を小さくする．

ラミの定理 Lamy's theorem
粒子が3つの力，P, Q, R のもとで平衡状態にあるとき，
$$\frac{P}{\sin\alpha}=\frac{Q}{\sin\beta}=\frac{R}{\sin\gamma}$$
が成立する．ここで，α は Q と R のなす角，β は R と P のなす角，γ は P と Q のなす角である．

RAM
randam access memory の略記．半導体メモリーの一種で，コンピューターにおいて，ユーザーがデータの記録と取り出し（すなわち，読み取りと書き込み）がともにできるもの（⇒ROM）．基本的な記憶要素（セル cell とよばれることが多い）は非常に小さな素子で，集積回路として製造される．1つのセルは1ビット（bit），つまり二進法の0か1を記憶できる．非常に大容量のメモリーを製造することができる．セルは長方形に配列されており，1つのセルは行と列とによってユニークに指定される．こうしてどのセルも直接に，順序を問わず，しかもきわめて高速に呼び出すことができる．これがランダムアクセスとよばれる理由である．セルの内容を保つためには，RAM の電源を切ってはならない．

　RAM 素子は，スタティック RAM（static RAM）とダイナミック RAM（dynamic RAM：DRAM）に大別される．スタティック RAM は，バイポーラーまたは MOS の回路でつくられる（⇒集積回路）．各セルは電子的ラッチ（latch）であって，次に書き込まれるまで，その内容は保持される．ダイナミック RAM は MOS 回路でつくられ，セルはコンデンサーに蓄えられた電荷を一時的記憶に使っている．もれ電流があるために，決まった時間（典型として1 ms）ごとにセルを"リフレッシュ"する必要がある．スタティック RAM と比べると，ダイナミック RAM はより密に配列できるが，アクセス時間は長い．1つの RAM チップには何千ものセルがありうる．64K の RAM チップは，全部で64キロビット（すなわち65536ビット）のデータを蓄えることができる．

ラムジェット ramjet
推進エンジンの1つで，あらかじめエンジンの前進運動によって空気を圧縮し，その中で燃料を燃やす．これに適した形状のダクトでできており，この中に向かって燃料を制御して供給する．燃焼生成物をノズル中で膨張させる．

ラムシフト Lamb shift
水素原子の $^2S_{1/2}$ と $^2P_{1/2}$ 状態のエネルギー順位間のわずかなエネルギー差のこと．これらの準位はディラック（Dirac）の波動力学ではまったく同じエネルギーをもつ．このシフトは，量子化された電磁場と物質の相互作用（⇒量子電気力学）の理論に基づくエネルギー補正によって説明される．

ラムスデンの接眼レンズ Ramsden eyepiece
接眼レンズの一種で，もっとも単純化すると，焦点距離の等しい2枚の平凸レンズからなる（図参照）．2枚のレンズは凸面が向かい合うように置かれ，その間隔は焦点距離に等しい．ただし，この間隔をレンズの焦点距離の2/3にして使うことも多い．

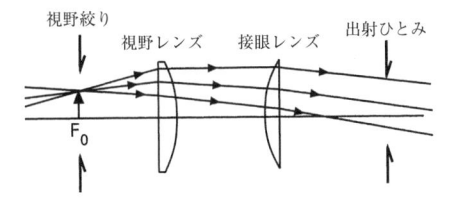

ラムスデンの接眼レンズ

ホイヘンスの接眼レンズと比べると，球面収差，像のひずみ，縦色収差の点で優れているが，横色収差は犠牲になる．ラムスデンの接眼レンズは顕微鏡，分光器などの測定器で，十字線（cross-wires，グラティキュール）を視野絞りの位置に置いて使われる．色消しをしたものをケルナーの接眼レンズという．⇒色消しレンズ．

λ点 lambda point
2つの相の液体ヘリウムが同時に存在する温度（平衡蒸気圧で2.186 K）．⇒超流体．

Λ粒子 lambda particle
記号：λ．電荷をもたない素粒子．スピン1/2，陽子の1.1倍の質量をもつハイペロン（hyperon）．Λ 粒子で核の中性子を置換すると，非常に不安定なハイパー核（hypernucleus）を形成する．

ラメラー場　lamellar field
　場に関するベクトルが，スカラーポテンシャルから（勾配をとることによって）導かれるような場．スカラーポテンシャルの場は，等ポテンシャル面（または薄層）によって図に表されるのでこの名がある．そのようなベクトル場は回転をもたない．

ラーモア歳差運動　Larmor precession
　原子の平面状の電子軌道に一様な磁場が印加された場合，その面の法線が磁場の方向に軸をもつ円錐面をなぞるように，軌道面が磁場の方向の周りを歳差運動する．歳差運動の周波数は
$$\nu = eB/4\pi m$$
で与えられる．ここで，e は電気素量，m は電子の質量，B は磁束密度である．

ラランド電池　Lalande cell
　電解液に水酸化ナトリウム，電極に亜鉛と鉄を使用し，分極防止のために酸化銅を用いた化学一次電池．

LAN
　local area network（ローカルエリアネットワーク）の略記．

ランキン温度　Rankine temperature
　記号：°R．ファーレンハイト（Fahrenheit）温度と関連した熱力学的温度目盛で，いまは使われない．絶対零度は，$-459.67°F$ で，したがって，$T(°R) = T(°F) + 459.67$ である．氷点は $491.7°R$ であるが，$492°R$ とすることが多い．$1 K = 1.8°R$ である．

ランキンのサイクル　Rankine cycle
　理想的な蒸気機関のサイクルの1つで，理論的には可逆である．カルノーサイクルとは異なり，蒸気発生機（ボイラー）の凝結器を用いる．図の点Aでは水のような作業物質がボイラー中にあり，ABは一定圧力の下で沸騰する等温膨張である．BCは断熱膨張で，シリンダーまたはタービン中で蒸気が凝結器の温度まで冷え，続くCDは一定圧力下で凝結する等温圧縮である．DAは冷えた水を蒸気発生器へと移す過程で，点Aで水はボイラーの温度まで加熱される．最初の3つの段階はカルノーサイクルの場合と同じである．[理想気体を作業物質とする通常のカルノーサイクルでは，AB，CDが等温線に沿った膨張，圧縮となる点が異なる．]
　ランキンのサイクルの進んだ形では，ボイラーからの蒸気は過熱機（superheater）に入り，そこで，圧力を一定に保って温度を上げてからタービンへ導かれる．これにより，効率が上がり，蒸気がタービン中で凝結するという有害な効果を減らすことができる．

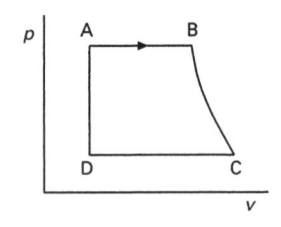

ラングミュア効果　Langmuir effect
　小さいイオン化ポテンシャルをもった原子が大きな仕事関数をもった高温の金属と接触したときに起こるイオン化のこと．アルカリ金属のような元素で強いイオンビームをつくるときに用いられる．

ラングミュア-ブロジェット膜（LB膜）
Langmuir-Blotchett film
　有機分子が規則正しく配列した層のことで，膜を形成する物質の準固体単分子層が広がった液体表面を固体表面が通過するときに固体表面に形成される．今日では完全な膜がつくられている．また，多重構造，大面積のものも製造されている．LB層は（潜在的に）多くの応用をもっている．たとえば，トランジスターにおける絶縁コーティングや絶縁層である．多層膜はさらに大きな可能性を秘めている．

ラングリー　langley
　太陽放射に対して以前に用いられていたエネルギー密度の単位．$1\,cal\,cm^{-2}$ あるいは $4.1868 \times 10^4\,J\,m^{-2}$ に等しい．

ランダウ減衰　Landau damping
　空間電荷波の位相速度よりもわずかに小さい速度で粒子の流れが運動することによって，空間電荷振動の減衰が起こること．

ランダムアクセス　random access
　[コンピューターで] データの保持と読み出しを行う方式の1つで，個々の保持位置が順不同で直接アクセス（読み書き）される．[半導体記憶装置のほか，] ディスク記録装置のランダムアクセスもある．⇒ RAM, ROM.

ランダム雑音　random noise
　⇒雑音．

ランデ因子　Landé factor
　g因子（g-facotr）ともいう．記号：g．磁場中でのエネルギー準位の変化を表現するときに

ランキンのサイクル

用いられる定数因子．原子，原子核，あるいは粒子の全磁気モーメントと角運動量の間には，単純な関係が存在しないという事実に対する一種の補正である．ランデ因子は，軌道角運動量とスピン角運動量が結合することによって起こるスペクトル線の微細構造を説明するために必要となる．また，スピンが存在するために生じる粒子の磁気モーメントにおいても使用される．たとえば，スピン量子数Iをもった原子核は
$$g\sqrt{I(I+1)}\cdot\mu_N$$
によって与えられる磁気モーメントをもつ．ここで，μ_Nは核磁子，gは原子核に固有な定数である．

ランベルト lambert
以前使用されていた輝度の単位で，拡散すると仮定された表面により$1\,\mathrm{cm}^2$あたり1ルーメンの割合で放射された光束に等しい．カンデラを使って表すと，
$$1\,\mathrm{lambert} = (1/\pi)\mathrm{cd}\,\mathrm{cm}^{-2}$$
となる．

ランベルトの法則 Lambert's law
(1) 放射の余弦則（cosine law of emission）ともいう．完全拡散する表面の微小な面要素の光度は，いかなる方向に対する光度も，その方向と微小な表面の法線のなす角の余弦に比例する．この法則は，完全拡散体を定義するために用いられる．明るさは，定められた方向に垂直な単位面積あたりの光度として定義されるため，そのような表面は，異なる方向で同じ測光輝度をもつことになる．→測光．
(2) →線形吸収係数．

乱流 turbulence
流体のあらゆる点での速度が時間とともに方向，大きさが変化する不規則運動をしている状態．乱流運動は屈曲運動ともよばれ，流体中の渦の生成と速い運動量変化を伴う．層流から乱流運動への変化が起こる限界値がレイノルズ数である．乱流に対する物体の抗力は速度の2乗に比例するが，層流に対する抵抗は速度に比例する．

リ

リアクタンス reactance
(1)(電気的リアクタンス)記号 X:1つの回路に交流起電力が加えられるとき,交流電流に対する全抵抗をインピーダンスという.インピーダンスの要素のうち,純粋な抵抗でないものをリアクタンスとよび,これは電気容量またはインダクタンスの存在に起因する.交流電圧を
$$E = E_0 \cos 2\pi ft = E_0 \cos \omega t$$
と表せば(ωは角周波数),抵抗 R とインダクタンス L が直列につながれた回路の電流のピーク値は
$$I_0 = E_0/\sqrt{R^2 + (\omega L)^2}$$
となる.$\sqrt{R^2 + (\omega L)^2}$ がインピーダンス,ωL がリアクタンスで,この場合,誘導リアクタンス(inductive reactance)となる.同様に,抵抗 R と容量 C の直列回路では
$$I_0 = E_0 / \sqrt{R^2 + \frac{1}{\omega^2 C^2}}$$
となる.ここで,$1/\omega C$ が容量リアクタンス(capacitive reactance)である.
リアクタンスは複素インピーダンス Z の虚数部分である.すなわち
$$Z = R + iX$$
となる.リアクタンスの単位はオーム(Ω)である.
(2)(音響的リアクタンス)記号 X_a:音響インピーダンス Z_a の虚数部分の大きさ.リアクタンスが純粋に慣性のみから生じているとき,これを音響質量リアクタンス(acoustic mass reactance)とよぶ.リアクタンスが[物質の]スティフネス(固さ,stiffness)によるとき,これを音響スティフネスリアクタンス(acoustic stiffness reactance)とよぶ.音響質量リアクタンスと各振動数の積を,音響質量(acoustic mass)という(記号 m_a).音響スティフネスリアクタンスと角振動数の積を音響スティフネス(acoustic stiffness)という(記号 S_a).音の波長より小さいサイズの容積 V の容器に対しては,音響スティフネスは $\rho c^2/V$ で与えられる.ここで,ρ は媒質の密度,c は媒質中の音波の速度である.

(3)(機械的リアクタンス)記号 X_m:機械的インピーダンス Z_m の虚数部分の大きさをいう.リアクタンスが慣性により生じていれば,これを機械的質量リアクタンス(mechanical mass reactance)という.スティフネスによっているときは,機械的スティフネスリアクタンス(mechanical stiffness reactance)という.

リアクタンスコイル reactance coil
⇒インダクター.

リアクタンス性電圧降下 reactance drop
⇒電圧降下.

リアクタンストランス reactance transformer
純粋なリアクタンスからなる素子を,適当な回路に組み合わせて用いる.高周波でインピーダンス整合を行うのに利用される.

リアクトル reactor
リアクタンスを有する電気的素子で,その性質を利用して用いられる.

力学 mechanics
科学の分野の1つで,動力学,静力学,そして運動学に分かれる.これはある特定の基準系における物体の運動および平衡状態を対象としている.⇒波動力学,量子力学,統計力学.

力学的インピーダンス mechanical impedance
⇒インピーダンス.

力学的相似 dynamic similarity
相似性の原理(similarity principle)ともいう.すべての力学的量(速度,加速度,力など)の次元は,基本的な次元,質量(M),長さ(L),時間(T)によってただ1通りの方法で表される.力学的な量のある種の組合せでは無次元数がつくり出されることもある.運動中の2つの系で力学量のいくつかの無次元量が等しい値をもつとき,その2つの系は力学的相似(dynamic similarity)であり,幾何学的に相似な運動経路をとる.
流体の運動では,物体の境界と対応している流れのパターンが幾何学的に一致しているとき2つの系は力学的に相似であり,無次元量による組分けはレイノルズ数,フルード数,マッハ数の1つ以上の組合せによりできる.
流体動力学や空気力学では,縮尺したモデル上で相似な流れの効果を計算する際に相似性の原理が広く用いられている.

リーギ効果 Righi effect
⇒ルデック効果.

力積 impulse
一定の力 F について，力とそれが作用する時間 t の積 Ft のこと．もし力が時間とともに変わるなら，力積は力をそれが働く間の時間について積分したもの．どちらの場合でも力積はそれによって引き起こされた運動量の変化に等しい．撃力（impulsive force）は，たいへん大きいがたいへん短い時間だけ作用する力．これはディラック関数で表される．

力線 line of force, line of flux
それに沿った方向が，その位置での電場，磁場，重力場の方向を示す，仮想的な線．→場．

力率 power factor
交流系における，実際の仕事率（電力系で測定される，単位ワット）の，皮相電力（電圧計と電流計の読みよりわかる，単位ボルト・アンペア）に対する比．電圧と電流が正弦波ならば，力率は電圧と電流の間の位相角の余弦と等しい．

リサージュ図形 Lissajous' figure
2つの振動の重ね合わせを，互いに直交する別の方向に描いた図形．この図形は，作図または機械やオシロスコープを用いて得られる．
　例としてさまざまな周波数比と位相差 $0\sim\pi$ におけるこの図形を示す（図参照）．この図形は，同じ周波数の2つの振動の間の位相関係を求める際に特に便利である．また，2つの振動が同じ周波数であることを確かめる際にも便利である．

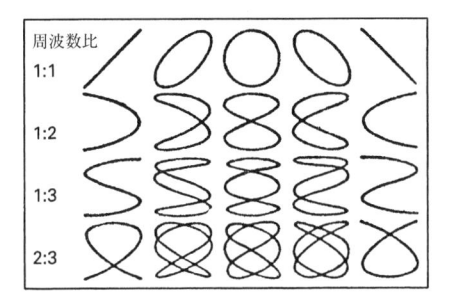

リサージュ図形

リスかご回転子 squirrel-cage rotor
→誘導モーター．

リースの法則 Lee's rule
慣性モーメント I に関する法則で，I は
$$I = \text{mass} \times \{a^2/(3+n) + b^2/(3+n')\}$$
で与えられる．ここで，n, n' は，考えている軸に垂直な他の2つの軸を横切る表面の主軸率，a, b はそのときの軸の長さである．このようにして，もし物体が平行六面体であれば，$n = n' = 0$ で
$$I = \text{mass} \times (a^2/3 + b^2/3)$$
となる．また，物体が上に述べたような円柱ならば，$n = 0$, $n' = 1$ で
$$I = \text{mass} \times (a^2/3 + b^2/4)$$
となる．さらに，円柱の軸周りの慣性モーメントが必要な場合には，$n = n' = 1$, $a = b = r$（円柱の半径）として，
$$I = \text{mass} \times (r^2/2)$$
となる．→ラウスの法則

理想気体 ideal gas
完全気体（perfect gas）ともいう．熱力学で定義された気体．ボイルの法則に従い，さらに内部エネルギーは占める体積に無関係な，つまり内部エネルギーに関するジュールの法則に従う気体として定義される．運動学の観点からすれば，これら2つの必要条件はともに，分子間の引力が無視できるというのと等価であるが，最初の必要条件はさらに分子の体積が無視できるほど小さいということも要する．理想気体は実際，ボイルの法則，内部エネルギーに関するジュールの法則，分圧に関するドルトン（Dalton）の法則，ゲイ・リュサック（Gay-Lussac）の法則，アボガドロ（Avogadro）の仮説に正確に従うが，実際の気体では圧力が0に近いときだけこれらの法則に従う．
　1モルの理想気体の状態方程式は，R をモル気体定数として
$$pV = RT$$
で与えられる．よって，理想気体の p/V 図の等温線は直角双曲線の集まりとなる．

理想結晶 ideal crystal
完全で無限と考えた，すなわち結晶組織に関するすべての問題を無視した結晶構造．

リソグラフィー lithography
フォトリソグラフィーを含む集積回路，薄膜回路，プリント配線回路などをつくるための一連の技術．フォトリソグラフィーにおいては，レジストを露光するのに用いる可視光や紫外光の代わりに，X線や高エネルギー電子，またはイオン線を用いることにより，高い解像度が得られる．

リチャードソン‐ダッシュマンの式
Richardson-Dushman equation
　リチャードソンの式（Richardson's

equation) ともいう．物体の温度と放出される電子の数の関係を与える，**熱電子放出の基本的な式**で，
$$j = AT^2 e^{-b/T}$$
で与えられる．ここで，j は放出される電流密度，A と b は定数，T は熱力学的温度である．A は金属表面の性質に依存し，φ を仕事関数，k をボルツマン定数とすると，b は φ/k で与えられる．

立体角　solid angle
記号：Ω または ω．ある面は，その面上にない 1 点に対し 3 次元的に立体角を張るという．立体角の大きさは，半径が単位長さの球上に投影した面積，または，半径 r の球上で切取られた面積 A の半径の 2 乗に対する比 (A/r^2) で与えられる．立体角の単位はステラジアンである．ある点を完全に囲む立体角は，4π ステラジアンである．微小面積 dA がある点から距離 R にあり，その法線がその点に引いた線と角度 θ をなすとき，その面積と点によってつくられる立体角は
$$(dA \cos\theta)/R^2$$
となる．

立体鏡　stereoscope
写真やその他の 2 次元像から奥行きの感覚をつくることのできる装置のこと．わずかにずれた 2 つの視点から 1 つの風景を撮影し，その 2 つの映像を 2 つの目で見ることにより，擬似的な立体視を作り出している．

リッツ線　litzendraht wire
多数の細い導線からなる多芯電線．これは高周波に対する抵抗を下げるためにフィルターやラジオ用の低損失コイルに用いられる．→**表皮効果**．

リットル　litre
記号：l または L．体積の単位．以前は，質量 1 kg の純水の標準大気圧下での最大密度においてこれが占める体積として定義された．これは $1.000028\, dm^3$ ($1\, dm = 10\, cm$) に等しい．その後，$1\, dm^3$ ($= 10^{-3}\, m^3$) を表す別名として定義された．ただし，2 通りの定義による混乱から，科学的な用途にこれを用いることは推奨されていない．一方，精度が要求されない場合には，ml は cc と同意語として用いられている．

リップル　ripple
（電気）直流成分に重なっている交流成分．一方向に流れている電流や電圧の瞬間値を変化させる．リップルという用語は，とくに整流器の出力に関して使われる．平均値（直流成分）に対する，リップルの二乗平均値（root mean square value）の比をリップル率（ripple factor）という．リップルの大きさを減らすための回路（通常，フィルターの一種）を平滑回路（smoothing circuit）という．

リップルタンク法　ripple tank
3 次元音波の平面断面と水の表面のさざ波とが類似していることを利用して，音波の運動が調べられてきた．長方形の水槽中で棒の先を少し水に浸し，さざ波を作り出す．連続音を表現するには，その棒を電気的に振動する音叉に取り付ける．波を見えるようにするために，ふつう水槽の底をガラスにして下から照らし，水槽の上の 45°の鏡で水平方向に反射してスリガラスのスクリーンに射影する．光を音叉と同じ周波数で断続すると，波は止まって見える．反射は水槽の中に適当な物体を置くと再現できる．水槽の端での反射は，端を緩やかな傾斜の浜にすることによって減衰させることができる．波は水の浅いところでゆっくり進むので，密度の高い媒質と同じ効果が得られる．水面の下に物体を置くことで屈折を起こすことができ，音響レンズの効果は水面のすぐ下に光学レンズを置くことで得られる．回折は適当な障害物と開口を使って作り出せる．波を起こす棒を 2 本使えば，重ね合わせの原理を実演することもできる．

立方晶系　cubic system
→**結晶系**．

リード（I）　lead
電気的な導体．

リード（II）　reed
金属または籐（とう）製のうすい板で，片側を支え，ふつう空気の流れを用いて横振動させる．［リードの振動する部分を舌という．］発せられる音の振動数は，リードの材質と大きさによって決まる．あるリードは空気溝の中で振動し，ある瞬間には空気の流れを完全に遮断する．その他のリードはリードの舌よりわずかに大きめの溝の中で自由に振動する．リードはいくつかの楽器の音源である．

オーケストラの金管楽器では，マウスピースにカップまたは円錐型の口があって，これが奏者の唇にぴったりと押し付けられる．唇が複リードを形作る．高い音を出すためには，奏者は唇を引き締め，息の圧力を上げなければならない．人間の喉頭にある声帯は，しばしば 1 組の自由リードと考えられ，声帯の緊張と息の圧力

で発音のピッチが変わる.しかし,可能な緊張の度合と厚さは,普通の声がカバーできる2オクターブの振動に対しては小さすぎる.声は,むしろ声帯の側壁もかかわるジェット音ではないかという意見もある.金管楽器の奏者の唇でつくり出される音もまた,この考え方で説明できる.

リードオンリーメモリー read-only memory
→ROM.

利得 gain
電気システムを利用することの有利性を示す目安となる.増幅器の場合には,出力のパワーまたは電圧振幅を入力信号のパワーまたは電圧振幅でそれぞれ割った比である.方向性があるアンテナの場合は,もっとも感度が高い方向から入った信号に体する出力電圧と,方向性をもたないアンテナの場合の同じ入力に対する出力電圧との比で表される.利得はデシベルまたはしばしばネーパーの単位で測定される.

リードリレー reed relay
→リレー.

リードレスチップキャリヤー leadless chip carrier (LCC)
集積回路に対して広く用いられるパッケージの一形態で,部品への配線がパッケージの外周に配列された小さな金属の接点によって行われる.このようなパッケージは,たとえば,プリント基板などに装着が可能である.

リニアインバーター linear inverter
→インバーター.

リニアモーター linear motor
誘導モーターの一種.通常のモーターでは,円筒形で同軸に配置されている固定子と回転子が直線状に平行に配置されている.

リヒタースケール Richter scale
地震の強度測定のための指標値(→地震学).日本ではマグニチュード(magnitude)との表記が一般的である.1935年に考案された.対数で表されるこの指標は範囲が0から10まである.地面の動きの振幅を,主波の周期で割った値の対数をとって得た値を基本にして決めるが,震域の特性や距離などを考慮に入れて一定の補正をする.リヒタースケール2は,微震を表すが,リヒタースケール7～9の場合は,都市部で建物に広範囲な被害をもたらす大地震を表す.現在までにリヒタースケール9レベルの最大級の地震がいくつか観測されている.

リヒテンベルク図 Lichtenberg figure
固体誘電体表面を,周りの空気をイオン化するほどの強い電位にしておき,細かい粉をこの表面にまき,風を送ってこの粉を吹き飛ばすと,表面にくっついた粉粒が,対称的な星型のパターンになって残る.多くの場合,これは非常に複雑なパターンである.このパターンをリヒテンベルク図とよび,強い電場中の絶縁体の特性を調べるときに用いられる.リヒテンベルク図は,写真乳剤上でも得られ,薬品による現像によってパターンが現れる.ある種の誘電体では直後に熱することによって,パターンが"現像"される.

リボンマイクロフォン ribbon microphone
導体を磁場に垂直に動かすと起電力が誘起されるという簡単な原理を利用したマイクロフォンの一種.導体としては数ミリ幅の非常に薄い帯(リボン)状のアルミ合金を用い,リボンの面が強い磁場に平行になるようにゆるくとめる.音波によってリボンが受ける力は,リボンの表と裏の圧力の差に比例する.2つの面までの音の経路長の差が,波長の1/4より十分短いときにはリボンにかかる圧力は粒子速度と周波数の積に比例する.リボンの共鳴周波数が音の周波数よりも低いときには,誘起される起電力は周波数によらない.リボンの面と同一の面内から発せられた音波は,リボンの両面で同位相になり,リボンは力を受けない.したがって,このマイクロフォンは強い指向性をもち,望ましくない雑音を拾わないようにするという目的でも用いられる.

リーマン時空 Riemannian space-time
→相対論(相対性理論).

硫化カドミウムセル cadmium sulphide cell
小型の光導通セル(→光導電性)で,硫化カドミウムの層が2枚の電極に挟まれたつくりになっている.CdSの大きい抵抗はセルに光が当たると小さくなる.セルを通る電流は入力光の量によって変化する.セルに電流を供給するために電池が必要である.露光計やカメラに用いられ,セレン光電池よりもずっと高い感度をもつ.

粒子説 corpuscular theory
光は粒子からなるという説で,何度もいろいろな形で提案されてきた.発光体は小さな弾性粒子を光速で放出すると考えられていた.光の粒子は等方的な媒質中ではまっすぐに進み,反射の場合には跳ね返され,屈折の場合には引力に

よって方向が変えられる．粒子説では光学的に密な媒質に対して速い伝搬速度を要求するので，波動説（wave theory）にとって代わられた．波動説は，干渉，回折，偏光に対して自然な解釈を与えたが，光と物質の相互作用，光の放出や吸収，光電効果，分散に関しては解釈ができなかった．これらは，エネルギーパケットを含んだ準粒子説，光の量子または光子を用いて初めて説明ができた．光の現象を説明するにはボーアの相補性原理のいうように2つのモデルが必要となる．→量子論．

粒子速度 particle velocity
記号：u．音が伝搬する媒質の速度の交流成分．つまり，媒質の全速度から音の伝搬を原因としない速度を引いたもの．この速度は時間に対して規則的に変化しており，ふつうはその二乗平均値で表す．

流星 meteor
宇宙から地球の大気に入る物質の塊で，空気粒子との摩擦による発光で光学的に検出するか，通った跡に残るイオン化したガスの尾を電波で検出する．単独の流星は，散発性（sporadic）とよばれる．よりわかりやすいのは流星雨（shower）で，1時間に5〜100個観測される．ほとんどの流星雨は破壊した彗星の破片である．地球に捕捉されたおよそ10^6 kgと推定される流星の物質はほとんど地表に達せず，わずかに一部だけが回収される．このような隕石（meteorite）の90%は石質で，それ以外は，ほとんど鉄とニッケルの合金（約6%）でできているか，あるいは，金属と無機質の混合物である．石質隕石は，いわゆる鉄隕石や石鉄隕石と比べると発見するのが難しい．大きい隕石はクレーターをつくることがある．

流星雨（シャワー） shower
高いエネルギーをもった粒子の衝突によって生じる多数の素粒子と光子．→宇宙線．

流線 streamline
ある点での接線がその点での流速方向を向くような流体中の曲線．ある瞬間の流線の集合が，流れの様子を記述する．

流束 fluence
→エネルギーフルエンス．

流体 fluid
液体と気体を合わせて称したよび名．"完全流体（perfect fluid）"は形を変えるのに抵抗がまったくない（粘性が0である）．

流体静力学 hydrostatics
→静力学．

流体静力学的方程式 hydrostatic equation
大気圧pと高度zの間の関係式
$$dp/dz = -g\rho$$
である．ここで，gは自由落下の加速度，ρは密度．通常は高度に対する圧力降下の割合は規則的で，圧力の読みから高度を知ることができる．厳密には上式は大気が鉛直方向に加速度をもたないときにのみ成り立つが，ふつう鉛直方向の加速度はgに比べて大変小さい．

流体力学 hydrodynamics
変形体を扱う科学の一分野で，流体（液体や気体）の運動を研究する．流体力学の古典論は，完全流体の数学的取扱いに関係したもの．実際の流体を扱うには，この理論は粘性の効果を取り入れるように修正しなければならない．空気力学は基本的には流体力学の特化した一分野である．

流動率 fluidity
記号：φ．粘性の逆数．

流量係数 discharge coefficient
トリチェリの法則によって与えられる速度から計算される流量に対する穴から出る流体の流出量の実測値の比．流量係数は$Q/A\sqrt{2gh}$によって与えられる．ここで，液面までの高さh，面積Aの穴を通過する実際の流量をQとする．

リュードベリ rydberg
→エネルギーの原子単位．

リュードベリエネルギー Rydberg energy
次の量
$$Rhc = me^4/8\varepsilon_0^2 h^2$$
をいう．ただし，Rはリュードベリ定数，hはプランク定数，cは光速，ε_0は真空の誘電率，mは電子の質量．多少の補正は必要であるが，これは原子核の質量を無限大としたときの基底状態の水素原子内の電子の結合エネルギーを表している．値は，13.6058 eV．

リュードベリスペクトル Rydberg spectrum
紫外線領域で見られる気体の吸収スペクトルで，イオン化ポテンシャルを決めるのに使われる．スペクトルは多数の吸収線からなり，それぞれが，通常の軌道（基底状態）から，励起状態への，電子の励起に対応している．ただし，この励起状態への励起は許容された励起であり，基底状態の場合と比べると，励起状態は原子核からの距離がより大きい．吸収線は系列をつく

っていて（⇒水素のスペクトル），エネルギーが大きくなると間隔が狭くなり，あるエネルギーを超えると連続スペクトルになる．このエネルギーは，その原子または分子をイオン化するのに必要なエネルギーである．

リュードベリ定数 Rydberg constant
記号：R．1電子のみを含む原子（水素，重水素，ヘリウムの1価イオンなど）のスペクトル線の波数 k を与える式
$$k = RZ^2(1/n^2 - 1/m^2)$$
に現れる係数．ここで，Z は原子番号，n と m は正の整数である．R には電子の**換算質量**が因子として含まれているので，R は原子の種類によってわずかに異なった値をとる．［換算質量の代わりに］電子の静止質量を用いれば（すなわち，原子核の質量を無限大とすれば）
$$R = 1.097\,373\,153\,4 \times 10^7 \, \text{m}^{-1}$$
となる．⇒水素のスペクトル，リュードベリエネルギー．

両凹レンズ biconcave lens
両側凹面のレンズ．両凸レンズ（biconvex lens）は両側凸面のレンズ．

量子 quantum
物理的な系が得るまたは失うことができる，最小のエネルギー量．量子に対応するエネルギー変化は非常に小さく，原子的なスケールでのみ問題となる．⇒量子論．

量子色力学 quantum chromodynamics (QCD)
量子場の理論の1つで，クォークと反クォークの間の，質量のないグルーオンの交換による強い相互作用のゲージ理論．量子色力学は量子電気力学（電磁相互作用の量子場の理論）と類似しているが，光子の代わりにグルーオンを，電荷の代わりに色荷（color）として知られる量子数を用いる．それぞれのクォークの型（またはフレーバー（flavor））は3つの色（たとえば赤，青，緑）をとりうる．ただし，この色は単なる便宜上のラベルであり，普通の意味の色とは無関係である．量子電気力学における光子は電気的に中性であるが，量子色力学におけるグルーオンは色荷をもっており，したがってグルーオン間で相互作用しうる．色荷をもつ粒子は自由粒子として存在できないと考えられている．クォークとグルーオンはつねにハドロン（陽子や中性子のように強い相互作用をする粒子）の中に閉じ込められている．

自己相互作用により，グルーオンは漸近的自由性（asymptotic freedom）として知られる性質をもつ．すなわち，相互作用に伴う運動量移行が増加するにつれて，強い相互作用の大きさが小さくなる．この性質により，摂動論の適用が可能になり，実験との定量的な比較ができる．この状況は量子電気力学に似ている（ただし，量子色力学の精度は低い）．量子色力学は，μ 粒子-核子の高エネルギー散乱，陽子-反陽子の高エネルギー衝突，電子-陽電子の高エネルギー衝突の実験によって検証されている．色荷の存在の強力な証拠は，$e^+e^- \to$ ハドロンと $e^+e^- \to \mu^+\mu^-$ の反応の速さの測定結果から得られる．この2つの反応の相対的な速さは，色荷がないとした場合に比べて3倍程度大きい．この3という因子は，クォークの各フレーバーに対する色荷の種類の数（すなわち3）を直接示している．非常に高いエネルギーにある粒子の衝突で生成される，高エネルギーのクォークとグルーオンは，ハドロン化（hadronization）または破砕反応（fragmentation）として知られる過程を引き起こす．これは，クォークやグルーオンが，指向性をもったハドロン（たいていは π 中間子）のジェット（このジェットは元のクォークやグルーオンの方向にそろっている）になる過程であり，この粒子ジェットが実験的に観測される．e^+e^- の衝突実験では，3つの方向にハドロンジェットが観測される．これは，その基本である過程 $e^+e^- \to q\bar{q}g$（qはクォーク，$\bar{q}$ は反クォーク，gはグルーオン）と，それに続いて起きるクォーク，反クォーク，グルーオンの破砕反応によって観測されるハドロンジェットであると解釈されている．このような反応がグルーオンの存在を示す直接の証拠となっている．

量子化（離散化，ディジタル化） quantization
電子回路や電子計算機で用いられる過程で，連続に変化する量を，離散的な値の組に置き換える操作のこと．一例として，信号が時間とともに連続的に変化するとき，とびとびの時間間隔でその大きさを測定することがあげられる．もう1つの例として，空間的に連続であると考えられる画像があるとき，これを構成する画素（ピクセル）の明るさを測定することがあげられる．［通常の意味としては，連続的な電圧の大きさを，離散的なディジタル量に置き換える操作を言うことが多い（⇒ AD コンバーター）.］

量子香り力学 quantum flavordynamics (QFD)
→電弱理論.

量子化された quantized
→量子論，量子数.

量子効率 quantum yield, quantum efficiency

量子収率ともいう．記号：η．光電効果を利用した量子型光検出器において，1個の光子がη個の電子または電子-正孔対を生じるとき，ηを量子効率という．

光やほかの電磁放射を利用する素子の効率の尺度．素子に入射する特定の周波数の光子の中で，素子に特定の反応を引き起こす光子の割合である．たとえば，光電池に光子を入射させたときの，光電池中に光電子を生成した光子数の割合や，写真を撮影するときの，画像をつくるのに寄与した光子数の割合などである．

量子重力 quantum gravity

量子力学を取り入れた重力の理論．この理論の構築はまだ初期の段階にあり，完全に満足できる理論は存在しない．いままでの量子重力理論では，重力は質量のないスピン2を持つ粒子（重力子とよばれる）によって媒介される．重力子の内部自由度より，重力子は合計10の場$h_{ij}(x)$（$h_{ij}(x) = h_{ji}(x)$で$i, j = 1, \cdots, 4$）の組による量子である．一般相対論では，時空の曲率は計量テンソル中の10の成分によって記述される．場の成分$h_{ij}(x)$は，平坦な時空での計量テンソルからの変位を表す．この定式化により，一般相対論は場の量子論へと置き換えられるが，場の量子論は観測可能な物理量を無限大に発散させてしまう残念な傾向がある．しかも，ほかの場の量子論と異なり，量子重力理論においては，くり込み（renormalization）の手法でこの無限大発散を意味あるものにできない．結合定数が距離の正のべき乗の次元をもっている理論（量子重力のような理論）では，くり込みの手法は適用できないことが証明されている．一般相対論での結合定数はプランク長 $L_\mathrm{p} = (Gh/c^3)^{1/2} \cong 10^{-35}$ m である．

このような異常な無限大発散をなくす可能性がある枠組みとして，超対称性が考えられている．この枠組みにおいて，有効な理論として超重力（supergravity）場の理論が得られると多くの理論物理学者が考えている．この理論では，アインシュタインの重力場の方程式はもはや有効ではなく，一般相対論は低いエネルギーにおける極限でのみ適用できる．この理論は，今まで考えられてきたどのような理論とも異なった構造になるであろう．超対称弦理論（または超弦理論 superstrings）は，超対称性の考えを，1次元の弦のような物体へ拡張した理論である．この弦状物体は互いに相互作用し，詳細な物理法則に従って散乱する．超弦の基準モードは"通常の"素粒子の無限の組を表し，その素粒子の質量やスピンは特別な方法で関連している．すると，重力子は弦のモードの1つにすぎないことになる．すなわち，弦によって表現される素粒子を基として弦の散乱過程を解析すると，低エネルギーの重力子の散乱は，超重力場の理論より計算されるものと一致することがわかる．重力子のモードは，弦が振動している時空間の幾何学的構造にもまだ関係しているかもしれないが，ほかの質量のある"通常の"素粒子もまた幾何学的解釈が可能かどうかはまだ知られていない．この理論の複雑さは，自己無矛盾のためには最低限10次元の時空間を必要とすることに由来する．通常の4次元に加え，そのほかの次元は小さな円環状にきつく（おそらくプランク長の大きさに）「巻き取られている」と提唱されている．

量子状態 quantum state
→定常状態．

量子数 quantum number

量子力学においては，ある物理系のもつ角運動量やエネルギーのような物理量は，ある離散的な値しかとれない．このとき，その物理量は量子化されている（quantized）といい，とりうる値は量子数とよばれる数の組で表される．たとえば，ボーア（Bohr）による原子の理論では，1つの円軌道を描く電子は，原子核から任意の距離にある軌道は占有できず，電子の角運動量（mvr）が $nh/2\pi$ となる軌道を占める．ここで，n は整数（0, 1, 2, 3, $\cdots$）である．このように，角運動量は量子化されており，そのとりうる値を示す量子数が n である．現在では，ボーアの理論は，さらに精密化された理論に代わられ，軌道の概念は電子が運動する領域という考え方に置き換えられている．この領域は量子数 n, l, m で特徴づけられる．→原子軌道．

素粒子の性質もまた，量子数で記述される．たとえば，電子はスピンとよばれる性質をもっており，［空間の］ある一定の方向に対して，スピンが平行か反平行かによって決まる，2つ

保存される量子数

量子数 相互作用	角運動量 J, J_3	電荷 Q	バリオン数 B	アイソスピン I	アイソスピン量子数 I_3	ストレンジネス S	パリティ P	Cパリティ C	Gパリティ G	レプトン数 l_e, l_μ, l_τ
強い	✓	✓	✓	✓	✓	✓	✓	✓	✓	✓
電磁	✓	✓	✓	×	✓	✓	✓	✓	×	✓
弱い	✓	✓	✓	×	×	×	×	×	×	✓

のエネルギー状態のいずれかをとることが知られている．これら2つの状態は，量子数 +1/2 と -1/2 を用いることによって，適切に記述される．同様に，電荷，アイソスピン，ストレンジネス，パリティ，超電荷，といった特性も，量子数で表すことができる．粒子間の相互作用では，特定の量子数が保存される．つまり，相互作用の前後で粒子のもつ量子数の和が一定に保たれる．どの量子数が保存されるかは，相互作用のタイプ—強い，電磁，弱い—によって決まる．表を参照．⇒エネルギー準位．

量子跳躍 quantum jump
エネルギーの放出あるいは吸収を伴う原子か分子のある定常状態から他の定常状態への変化．

量子的不連続性 quantum discontinuity
量子跳躍に伴う不連続的なエネルギーの放出または吸収．

量子電気力学 quantum electrodynamics (QED)
電磁相互作用に関する，相対論的な量子力学の理論．QEDにおける光子が媒介する電磁相互作用の記述は，長い期間にわたって検証され，非常に精度のよい予想が得られる．QEDはゲージ理論である．QEDでは，荷電粒子の運動を記述する方程式が局所的な対称操作で不変に保たれるという条件より，電磁力が導きだされる．すなわち，荷電粒子の波動関数の位相が空間の各点で独立に変化するならば，QEDでは，対称性を維持するために，電磁相互作用とそれを媒介する光子が必要となる．

ファインマンの伝播関数（Feynman propagator）の方法では，電子や光子の散乱は行列（散乱行列）で記述される．この行列は，粒子が仮想的な電子や光子（⇒仮想粒子）の交換によって相互作用する可能なすべての方法についての無限項の和をとったものである．それぞれの項は1つのダイアグラム（ファインマンダイアグラム（Feynman diagram）とよばれる）によって表される．図aに示すように，このダイアグラムは，電子による（仮想的な）光子放出を表す頂点（vertex）と，仮想的な光子または電子の交換を表す伝播関数から構成されている．図bに，電子-電子散乱における最初のいくつかのダイアグラムを示す．

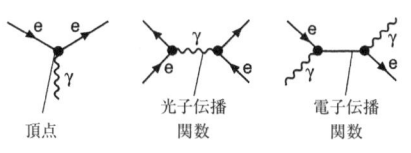

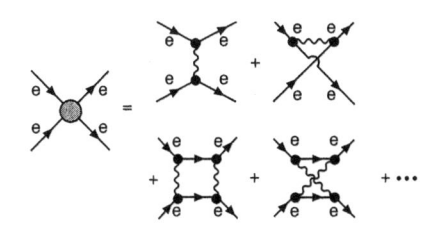

これらのダイアグラム中で，2つの頂点を結ぶ線はすべて伝播関数である．線のうち，一端のみに頂点があり，もう一方が開放されているものは，相互作用の前後での実在する粒子を表す．一連の単純な計算規則があって，これらのダイアグラムのそれぞれが散乱行列へどの程度寄与するかを計算することができる．

量子統計 quantum statistics
ある種類の素粒子が，平衡状態において，量子化されたエネルギー状態にどのように分布するかを示す統計．考える粒子は区別ができないものとする．

フェルミ-ディラック統計（Fermi-Dirac statistics）では，パウリの排他律が成り立つので，どの2つの等価なフェルミオンも同じ量子力学的状態には存在できない．2つのフェルミオン（たとえば2つの電子）を交換しても分布の確率は変化しないが，波動関数の符号は変化する．

フェルミ-ディラックの分布則（Fermi-Dirac distribution law）は，エネルギー E の状態における等価なフェルミオン数の平均値として
$$f_E = 1/[e^{\alpha + E/kT} + 1]$$
を与える．ここで，k はボルツマン定数，T は熱力学的温度，α は温度と粒子の濃度によって決まる量である．固体中の価電子では，α は $-E_1/kT$ の形をとる．ここで，E_1 はフェルミ準位である．⇒エネルギーバンド．

ボース-アインシュタイン統計（Bose-Einstein statistics）では，パウリの排他律は成立しないので，等価なボソンはいくつでも同じ状態に存在できる．同種のボソンの交換は，分布確率にも，波動関数の符号にも影響しない．

ボース-アインシュタインの分布則（Bose-Einstein distribution law）は，エネルギー E の状態における等価なボソンの平均の数 f_E として
$$f_E = 1/[e^{\alpha + E/kT} - 1]$$
を与える．この式は，粒子に準ずるものと考えられる光子にも適用できる．ただし，粒子数の保存に対応する量 α は 0 とおく．ボースは，この分布則を用いて，黒体放射のエネルギー分布に対するプランクの公式を導いた．

高温で粒子の濃度が小さい場合には，両分布則とも，古典的分布則
$$f_E = Ae^{-E/kT}$$
に近づく（⇒ボルツマンの公式）．

量子ホール効果 quantum Hall effect
⇒ホール効果．

量子力学 quantum mechanics
プランク（Planck）の量子論に端を発した数理物理的理論で，計測可能な量を用いて，原子系や関連する物理系を取り扱う．理論はいくつかの数学的形式，波動力学（シュレーディンガー）と行列力学（ボルンとハイゼンベルク），で発展したが，実は，これらはすべて等価なものである．⇒相対論．

量子論 quantum theory
ある種の物理量は離散的な値のみをとりうるという原理を含むニュートン（Newton）の古典力学からの決別．プランク（1900年）によって導入された量子論ではこれらの量にその値を制限するある条件が課せられる．このとき，これらの量は量子化された（quantized）という．

1900年まで物理学はニュートン力学に基づいていた．大きなサイズを扱う系は普通適切に記述される．しかし，いくつかの問題，とくに黒体放射の波長に対するエネルギー曲線が極大をもつこと，は解決できなかった．古典的な説明では，放射を行っている容器［空洞］中には多数の定常波が存在しており，k をボルツマン定数，T を熱力学的温度（絶対温度）として，1つの［定常波に対応する］振動子のエネルギーは kT で与えられると考える．この帰結として，エネルギーは振動子の周波数には依存しないことになる．この説明の破綻は，紫外破局（ultraviolet catastrophe）とよばれている．［波長の短さには制限がないので，スペクトルには極大は現れず，短波長側で発散を示す（⇒レイリー-ジーンズの公式）．］

プランクはこの問題を解決するために，振動子がエネルギーを連続的に得たり，失ったりするという考え方を放棄した．そのかわり，エネルギーは，ある離散的な値—彼はこれを量子（quantum）と名づけた—だけ変化できると提案したのである．このエネルギーの単位は $h\nu$ で与えられる．ν は振動数，h はプランク定数である．h は，エネルギー×時間，すなわち作用の次元をもっており，作用量子（quantum of action）とよばれた．プランクによれば，振動子は量子の整数倍，つまり $h\nu$, $2h\nu$, $3h\nu$, … のエネルギーだけを変えられる．こうして，空洞中の放射は，ある決まった離散的なエネルギー値のみをもてるようになる．振動子のエネルギーに関する統計分布を考慮することによって，プランクは彼の放射公式を導いた．

エネルギー量子という考え方は，物理学における別の問題にも適用された．1905年に，アインシュタインは，光が光子という量子として吸収されるとし，光電効果の現象を説明した．量子論のその後の進展は，ボーア（Bohr）によって1913年に，原子スペクトル（⇒原子，水素のスペクトル）の理論においてもたらされた．この理論で，原子は決まったエネルギー状態のみに存在し，状態の間の変化に伴って光が放出または吸収されると仮定した．その際，軌道電子の角運動量は単位量（$nh/2\pi$, $n = 0$, 1, 2, …）の整数倍に限られるものと考えた．ボーアの理論はゾンマーフェルト（Sommerfeld）によって改良され，スペクトルの微細構造を説明する試みに適用された．量子論の成功例としては，ほかにコンプトン効果やシュタルク効果がある．その後，量子力学とよばれる新しい力学の枠組みが定式化され，発展した．

両側帯波伝送　double-sideband transmission
⇒単側帯波伝送.

菱面体晶系　rhombohedral system
⇒結晶系.

リレー　relay
1つの電気的な事象（電流，電圧など）によって，それとは独立な電気現象のオンオフを制御する電子素子．リレーには多くの種類があるが，そのほとんどが電磁リレーかソリッドステートリレーである．

電機子リレー（armature relay）は電磁リレーの一種で，軟鉄の鉄心に巻かれたコイルが働いて，支点を中心にして回転する電気子を引き付けて電気的に接触する．ないしは，水銀式傾斜スイッチをオンにするなど，何種かのバリエーションがある．リードリレー（reed relay）も電磁リレーの一種で，接点を包むガラスの覆いにコイルが巻かれてあり，薄く平らな金属小片が，リード接点としてガラスの覆いの中心に設置されている．コイルに電流を流すとこのリードが曲がり，電気的に接触したり切断したりする．

ソリッドステートリレーでは，入力端子と出力端子の間の絶縁は，発光ダイオード（LED）と光検出器を使って実現する．スイッチは1つのシリコン制御整流器（SCR）か，より一般的には2つのSCR（トライアック）を用いて実現する．この種のリレーはディジタル回路と相性がよく，さまざまな形で使われている．絶縁は入力側にトランスを用いて電気的に結合することによっても可能である．

臨界　critical
⇒連鎖反応.

臨界圧力　critical pressure
臨界温度にある液体の飽和蒸気圧．

臨界温度　critical temperature
この温度以上では，気体はいくら圧力を上げても液化しない．⇒状態方程式.

臨界角　critical angle
光学的に密な媒質から疎な媒質に光が入射した場合，屈折角が90°になるときの入射角．それより大きい角度で入射した光は全反射する．臨界角 C は $\sin C = n'/n$ で与えられる．ここで，n，n' はそれぞれの媒質の屈折率で，$n > n'$ である．

臨界角屈折計　critical angle refractometer
屈折率を求めたい媒質と屈折率がわかっている媒質の間で臨界角（⇒**臨界角**）になるように光を入射させる屈折計．光が屈折する限界値から計算で求めるか，目盛りを読んで屈折率を決める．

臨界減衰　critical damping
⇒減衰する.

臨界質量　critical mass
核分裂が連鎖的に起きるために最低限必要な核分裂性物質の質量．⇒核兵器.

臨界状態　critical state
臨界温度，臨界圧力，臨界体積にある物質の状態．臨界状態では液体の密度とその蒸気の密度が同じになる．等温曲線上の臨界状態を表す点を臨界点（critical point）という．

臨界速度　critical velocity
流体の流れが層流から乱流に変わる速度．

臨界体積　critical volume
臨界圧力，臨界温度のとき，ある質量の物質が占める体積．

臨界超過　supercritical
⇒連鎖反応.

臨界定数　critical constant
⇒臨界圧力，臨界温度，臨界体積.

臨界点　ctitical point
⇒臨界状態.

臨界等温線　critical isothermal
臨界温度における気体の圧力と体積の関係を表す等温曲線．

臨界反応　critical reaction
⇒連鎖反応.

臨界ポテンシャル　critical potentical
⇒励起エネルギー.

臨界未満　subcritical
⇒連鎖反応.

リンギング　ringing
⇒パルス.

リンケ-フェスナー光量計　Linke-Fuessner actinometer
⇒日射計.

りん光　phosphorescence
ルミネッセンスの一種．励起が終わったあともかなりの時間にわたり発光が続く現象．

リンデの方法　Linde process
空気の液化の方法．空気はポンプAで圧縮され，Bを通り，圧縮の際生じた熱は冷却器Cで取り除かれる（図参照）．圧縮空気はDを通り，スロットルバルブEを通って膨張し，容器Fに入る．冷却された空気は熱交換器Gを通って

DE 間に入ってくる空気を冷却しながらポンプ A にもどる．最終的には液体空気が生じて F に溜まり，L から抜き取る．

輪率 transference number, transport number
⇒ イオンの泳動．

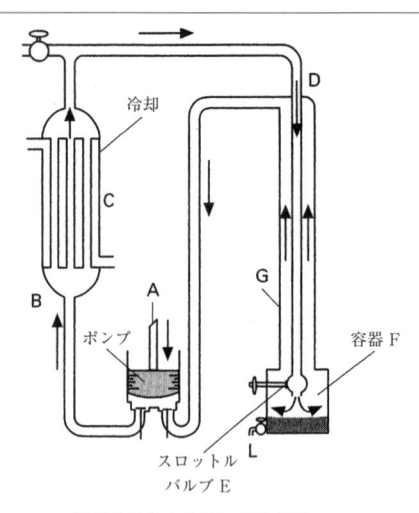

空気を液化するリンデの方法

ル

ルイス数　Lewis number
記号：Le．熱と質量双方の輸送を含む問題で用いられる無次元の数．$\lambda/\rho Dc$ で表される．ここで，λ は熱伝導率，ρ は密度，D は拡散係数，c は比熱である．

ルクス　lux
記号：lx．照度の SI 単位．1 lx の照度は 1 m^2 の面積に 1 lm の光が一様に照射されているものと定義される．

ルクランシェ電池　Leclance cell
陽極が炭素棒，陰極が亜鉛の棒（アマルガムになっている場合もある）からなる化学一次電池．電解液は，10〜20％の NH$_4$Cl 溶液である．復極剤は，グラファイトや粉末の炭素を混ぜた二酸化マンガンで，編んだ袋や多孔性のつぼに入れられている．起電力は約 1.5 V であるが，復極剤の作用が遅く，閉回路ではかなり急速に電圧が降下する．そのため，この電池は間欠放電での応用にとくに有用である．もうひとつの形態の電池として，集塊電池（agglomerate cell）がある．復極剤を固体の塊にして，それをゴムのバンドによって炭素の板に固定することにより内部抵抗が減少するようになっている．この改良により，通常陰極は大きな亜鉛缶となり，その塊を囲んでいる．→乾電池．

ルシャトリエの法則（原理）　Le Chatelier's rule（or principle）
ルシャトリエ–ブラウンの原理ともいう．平衡状態にある力学系に強制力が加えられたとき，系内では，その強制力を打ち消し，平衡を復元するような変化が起こる．

ルジャンドル方程式　Legendre equation
$$\frac{d}{dx}\left((1-x^2)\frac{dy}{dx}\right)+ay=0$$
の形の微分方程式．この方程式の解は，ルジャンドル多項式（Legendre polynomials）として知られている．

ルデック効果　Leduc effect
リギー効果（Righi effect）ともいう．熱が金属の帯を流れるとき，帯の面に垂直に磁場を印加すると，帯を横切るように温度差が表れる．温度が高い領域と低い領域の配置は，帯の金属に依存している．この効果はネルンスト効果と関係している．

ルニョー湿度計　Regnault hygrometer
露点計型の湿度計で，並んで取り付けられた 2 つの銀の容器 A と G（図参照）からなる．D からチューブ C を通して，容器 A 内のエトキシエタン（エーテル）中に空気を送る．そうするとエーテルは E から気化するため容器 A は冷える．その結果，露点に達すると，A の外側が結露し，G の表面に比べて光沢がなくなる．この温度と，空気を送るのをやめて A の表面に光沢がもどるときの温度を温度計 F で測り，その平均値を露点とする．求まった露点と室温から，空気の相対湿度が計算できる．

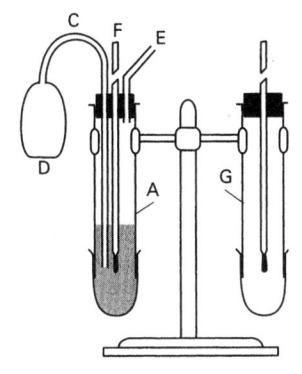

ルニョー湿度計

ルビジウム–ストロンチウム年代測定　rubidium-strontium dating
→年代測定．

ループ　loop
負帰還および制御における用語で負帰還制御ループ（feedback control loop）ともいう．多くの種類の制御系に用いられる制御手段の 1 つで，制御系の出力の一部を入力信号に負帰還して欲しい出力を得るものである．入力信号に負帰還される信号の一部を負帰還信号という．これはループに加えられる外部入力信号と混ぜ合わされループをつくる信号をつくり，出力の制御に用いられる．

ループアンテナ　loop aerial
枠型空中線アンテナ（frame aerial）ともいう．枠に 1 巻きまたはそれ以上の線を巻いたコイルを基本構成とするアンテナで，軸方向の長さが通常他の方向の大きさより小さいもの．コ

イルの面は送受信において最大感度が得られる方向である．これは電波の方向の探索や小型携帯ラジオによく用いられる．

ルミネッセンス luminescence

非熱的な過程によって物体から電磁波が放出されること．これはまた放射した電磁場そのものを意味し，通常可視光に対して用いられる．発光は原子がたとえば他の電磁波や，電子などによって励起されたときに生じ，発光後原子は基底状態に戻る．もし励起源を取り去るとすぐに発光が止まるとき，この現象は蛍光（fluorescence）とよばれる．もしこれがずっと続く場合，この現象はりん光（phosphorescence）とよばれる．より厳密には，発光が約 10^{-8} 秒以下しか続かない場合は蛍光といい，それ以上続く場合はりん光という．

ある種の固体に放射線をあてると，電子が固体中に放出され，この電子は格子欠陥に捕捉される．このような電子は固体を加熱すると放出され，放出されるエネルギーは可視光として放出される．これは熱ルミネッセンス（thermoluminescence : TL）として知られる．電子の数は入射光強度（入射光子数）に比例することから，これを用いた放射線量をモニターする熱ルミネッセンス線量計が開発され，病院や工場などで利用されている．熱ルミネッセンス（TL）法はまた考古学や地質学の年代測定にも用いられる．放射線源としてはたとえばよく使われる放射性核種である ^{40}K, ^{235}U, ^{232}Th 崩壊系列がある．

ルミネッセンスは固体の摩擦（摩擦発光，トリボルミネッセンス triboluminescence）や，また化学反応（化学発光，ケミルミネッセンス chemiluminescence）においても発生する．→白熱放射．

ルーメン lumen

記号：lm．光束を表す SI 単位．1 lm は，1 cd の等方的な点光源から立体角 1 strad 内に放射される光束で定義される．このため 1 lm＝$(1/4\pi)$cd である．

ルンマー-ゲールケ板　Lummer-Gehrcke plate

正確に平行に揃えたガラスまたは水晶板を用いた干渉計で，その板の厚さは多重反射して干渉が起こるように考慮されている．これは 10^6 台の分解能が得られる．

ルンマー-ブロードゥン光度計　Lummer-Brodhun photometer

→光度計．

レ

零位法（零点法） null method
平衡法（balance method）ともいう．被測定量を，同じ種類の別の量と釣り合わせて，測定器の読みが0になるように調整する測定法（ホイートストンブリッジのように）．

冷陰極 cold cathode
熱電子放射でなく，高い電界を加えて電子を放射する電子管の陰極．管内の残留ガスからつくられる正イオンが引き起こす二次電子放出によって陰極から電子が放射される．また，きわめて高く真空排気された場合には，冷陰極放出が起きることがある．

冷陰極放出（Ⅰ） cold emission
→電界放出．

冷陰極放出（Ⅱ） autoemission, autoelectric emission
→電界放出，冷陰極．

励起 excitation
(1) 原子，分子などに十分なエネルギーを与えて高いエネルギーをもつ状態に変えること．
→励起エネルギー．
(2) 励磁ともいう．電磁石において巻き線に電流を流して磁束を作り出すこと．この電流を励磁電流（exciting current）という．
(3) 回路を動作させる目的で，増幅器，同調回路，ピエゾ振動子（圧電素子）などに電気信号を与えること．

励起エネルギー excitation energy
臨界ポテンシャル（critical potential）ともいう．原子や分子を1つの量子状態からよりエネルギーの高い別の状態に移すのに必要なエネルギー．両エネルギー準位間のエネルギー差に等しく，多くの場合，特定の励起状態と基底状態とのエネルギー差である．

励起子 exciton
結晶中で正孔と組になって存在する電子．電子は励起状態となるのに十分なエネルギーを有しており，正の電荷をもつ正孔に静電的な引力で束縛されている．励起子は結晶中を移動でき，最終的に電子と正孔が結合して光子を発生する．

励起状態 excited state
基底状態よりも高いエネルギーをもつ原子や分子の状態．→励起エネルギー．

冷却曲線 cooling curve
時間に対する温度のグラフ上の曲線で，融点（温度が一定の部分）を決めるために，あるいは放射および冷却補正を与えるために用いられる．

冷却材 coolant
系で発生した熱を外部に運び，系の温度を下げるために使われる流体．原子炉では冷却材は炉心の熱を蒸気発生装置や中間熱交換機へ運ぶ．気体冷却原子炉では冷却材は二酸化炭素を用いることが多い．沸騰水型原子炉や加圧水型原子炉では水が冷却材と減速材の働きをする．重水炉では重水がこの2つの働きをする．高速増殖炉では大量の熱を狭い表面積から運び出すので，液体金属（たとえばナトリウム）の冷却材が必要になる．

冷却の5/4乗則 five-fourth power law
自由対流に適用できる冷却の法則．熱を失う速度は周囲の温度を上回る物体の温度差の5/4乗に比例する．それは理論的にローレンツによって導かれ，ラングミュアによって実験的に確かめられた．

冷却法 cooling method
液体の比熱を決める方法で，同じ容器にそれぞれ同じ体積のその液体と水を入れ，同じ範囲の温度差を下がるのに要した時間から求める．

零点エネルギー zero-point energy
古典力学においては絶対零度はすべての粒子は静止しており，分子の並進および回転，振動のエネルギーも0であるとされる．量子論では系が最低エネルギー状態であってもふつうエネルギーは0ではなく，したがってすべての粒子は最低エネルギー状態にあり，そのエネルギーは無視できない．
不確定性原理から粒子の位置の不確定性が無限でないかぎり粒子の運動量は0になりえない．したがって，絶対零度の分子の並進運動エネルギーは理想気体に対してのみ0となり，これは原理的には無限の体積に拡張した場合に実現される．
凝縮系においては高温時を除いて原子はそれぞれほぼ単純な3次元線形調和振動子と等価であるとみなすことができる．波動力学において単純な線形調和振動子の最低エネルギーは$(1/2)h\nu$で，hはプランク定数である．デバイの比熱の理論によって1モルの固体の振動の零点エネルギーは$9R\Theta_D/8$で，Rはモル気体定数，Θ_Dはデバイ特性温度である．

固体や液体において価電子の零点エネルギーは相対的に非常に大きい．(→エネルギーバンド)

零点エネルギーは飽和蒸気圧や蒸発，昇華の潜熱に影響を与える．

冷凍機　refrigerator

周囲よりも装置内の空間を低温に保つために使われる熱ポンプの一種．ほとんどの商用冷凍機は気化圧縮サイクル (vapour-compression cycle) か気化吸収サイクル (vapour-absorption cycle)（後者は可動部をもたない）を使っている．気化圧縮サイクル（図 a）では揮発性冷媒，たとえばアンモニア，二酸化硫黄，塩化フッ化炭素 (CFC) が気化器で気化し，冷却される空間から熱を奪う．気化器からきた気体は圧縮されてから凝縮器に入り，そこで周囲に放熱する．凝縮器からきた液体は貯蔵タンクを通りバルブを通って膨張し低圧気体になり，ふたたび気化器に入ってサイクルを繰り返す．

気化吸収サイクル（図 b）ではエネルギーは熱（電気ヒーターかガスバーナー）の形で供給される．冷媒は通常水溶液中のアンモニアで，加圧された水素の流れで気化器を通る．次に加熱された再生器を通りアンモニアと水の気体は分離器に入る．ここでアンモニア蒸気は水と分かれ，凝縮器を通り，そこで周囲に放熱して液体になる．ここで液体アンモニアは水素ガスと混合して，これがアンモニアをふたたび気化器に運ぶ．気化器と加熱再生器の間の吸収器は，分離器からきた水をアンモニア蒸気を再生器に入れる前に溶かすために使う．

レイノルズ数　Reynolds number

記号：Re．無次元の量 $\rho v l/\eta$．ここで，ρ は注目する流体の密度，η は流体の粘性率．長さ l で特徴付けられる大きさの固体に対してこの流体は速度 v で動いているものとする．決まった形状の系を流れる定常流では，レイノルズ数が同じ値だと，流線が同じ形になる．したがって，開口を通る空気の流れと，同じような開口を通る水の流れは，大きさ，流速などを，レイノルズ数が同じになるように選べば，似た形状になる．

レイノルズの法則　Reynolds' law

長さ l，半径 r の管に，液体を一定の速度 v で通し続けるために必要な圧力のヘッド［液体柱の高さ，水の場合は圧力水頭］h は

$$h = klv^p/r^q$$

で与えられる．定数 k, p, q はアンウィン係数 (Unwin coefficient) として知られている．$p \fallingdotseq 1$, $q \fallingdotseq 2$.

レイリー円板　Rayleigh disc

［音波の強度の測定器］レイリー (Lord Rayleigh) の考案になる装置で，軽い円板は空気の流れの方向に垂直になろうとする，という原理に基づいている．流れは，時間的に方向が変動しても，一定であってもよい．小さな円板をねじれ糸で吊り，円筒形の共鳴器の口に対して，（非共鳴時に）ある角度をなすようにしておく．管に共振を起こすと，円板の周囲の空気の流れが向きを変え，円板は回転する．偏位角が小さい場合には，回転は共振器中の音の強度に比例しており，したがって，自由空間での強度にも比例する．感度を上げるため，円板は二重共鳴器の接続ネックに吊られる（→ヘルムホルツ共鳴器）．レイリーの円板の直径は，入射する音の波長よりも短くなければならない．

レイリー屈折計　Rayleigh refractometer

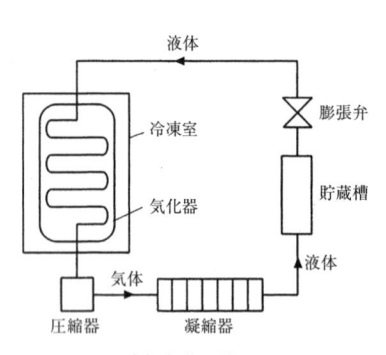

→屈折率．

(a) 気化圧縮サイクル　　　(b) 気化吸収サイクル

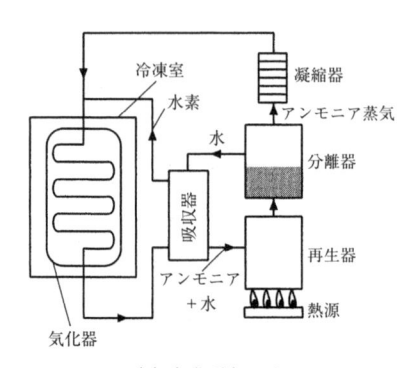

レイリー散乱 Rayleigh scattering
光の散乱のうち波長に比べて小さなサイズの粒子によるもの．波長λの直線偏光について，散乱光強度の入射強度に対する比は

$$\frac{I}{I_0} = \frac{\pi^2 \sin^2\theta}{r^2} (\varepsilon_r - 1)^2 \frac{V^2}{\lambda^4}$$

となる．ここで，θは入射光の電場ベクトルと観測方向のなす角，rは粒子から観測点までの距離，Vは粒子の体積，ε_rは粒子を構成する物質の（周囲の媒質に対する）比誘電率である．偏光していない光に対しては，上式で$\sin^2\theta$を

$$(1/2)(1+\cos^2\varphi)$$

に置き換えればよい．ここで，φは入射光の方向と観測方向のなす角である．

強度が波長の4乗に反比例することから，媒質中に非常に微細な粒子が存在する場合，青い光は赤い光よりもはるかに強く散乱される．これをチンダル効果（Tyndall effect）という．これによって，照射光と異なる方向で観測したとき，煙や晴れた空が青く見えることを説明できる．夕日は，かなり厚い大気の層を通して観測されるので，スペクトルのうち青の部分をほとんど［レイリー散乱で］失ってしまうため赤く見える．

レイリー–ジーンズの公式 Rayleigh-Jeans formula（1900年）
⇒黒体放射．

レイリーの基準 Rayleigh criterion
⇒分解能．

レイリーの法則 Rayleigh's law
最大保磁力に比べて弱い磁場が印加された磁性体では，1サイクル中でのヒステリシス損失が磁束密度の3乗に比例するという法則．バルクハウゼン効果が起こる磁場の強さでは，これは成り立たなくなる．

レイリーリミット Rayleigh limit
［光の干渉による像の鮮鋭度の低下について］像の質が知覚できるほどの低下を示さないためには，光路差が$\lambda/4$をこえてはならない．

レオメーター rheometer
固体状物質の流動的性質を応力，ひずみ，時間などの関係から調べる道具．

レオロジー rheology
物体の変形と流動を研究する学問．

暦年 calendar year
⇒時間．

レーザー laser（light amplification by stimulated emission of radiation）
可視，紫外，赤外領域におけるほとんど単色な光源（X線レーザーは目下開発中である）．レーザービームは狭く，ほとんど完全に平行に出てくる．そのため，レーザービームは非常に細く集光され，単位面積あたりの出力を非常に高いものにすることができる．レーザーの多くの用途はこの特性によるものである．

レーザー光の生成は誘導放出（stimulated emission）による．系の中の電子の励起に伴う光子の放出は通常自然放出であり，制御することはできない．誘導放出過程では，あるエネルギー$h\nu$をもって入射してくる光子（ここでhはプランク定数，νは周波数である）はエネルギーE_1をもつエネルギーの高い状態からエネルギーE_2をもつエネルギーの低い状態に遷移を誘発する．ここで，$E_1 - E_2 = h\nu$である．この過程で生じる光子は遷移を誘発した光子と同じ周波数$\nu = (E_1 - E_2)/h$をもち，同じ方向に進む．高いエネルギー準位に十分な電子が存在すれば，誘導放出を起こした光子と誘導放出によって生じた光子は，さらに誘導放出を起こし，単色光の細いビームを発生させ，その強度は指数関数的に増大する．そのレーザービームはコヒーレント（空間的，時間的に位相がそろっている）であり，非常に高いエネルギー密度をもちうる．

レーザービームは誘導放出により生じるが，ある特定のエネルギーの高い準位に多数の電子が存在する場合のみ効率よく動作する．この状態は反転分布（population inversion）とよばれ，非平衡である．この反転分布を維持するためには，系にエネルギーを供給しなければならない．

レーザー作用は，気体，固体，液体のいずれの媒質でも実現されている．ビームはパルスの場合も連続波（CW）の場合もあり，生じるパワー，効率は，広範囲にわたっている．最初のレーザーは，パルスのルビーレーザー（1958）である．出力光の波長は694.3 nmで，今日でも使用されている．ルビー結晶の中のクロムイオンが強力なフラッシュランプによって励起される．高いエネルギーの状態に励起された電子は，すぐにわずかにエネルギーが低い準安定状態に遷移し，反転分布が形成される．この準位の分布は自然放出によりゆっくりと減少するが，これが同じ周波数の誘導放出の引き金になる．

一方だけが部分的に銀メッキされた2枚の平行に置かれた外部鏡の間で，光子は柱状のルビーの結晶に沿って前後に反射される．この過程の間に，誘導放出は絶え間なく光子の数を増大させ，パワーを増加させる．一部の光子は，半分銀メッキされた方の端から飛び出し，数ミリ秒持続する強力なパルスを形成する．レーザーと鏡からなる系は，光学的な空洞共振器として動作する．

他にも多数の固体レーザーがあり，それらの出力はさまざまな波長とパワーをもっている．たとえば，イットリビウム・アルミニウム・ガーネット（YAG）やガラス（これらはいずれもネオジウムがドープされている）などのように，3価の希土類元素は，さまざまな媒質でレーザー作用を行う．半導体レーザーは小型で耐久性が高く，また，安価に製造できるためとくに重要である．

気体レーザーは，赤外から紫外までの範囲で動作し，もう1つの大きなグループをつくっている．たとえば，ヘリウム-ネオンレーザー，アルゴンレーザー，クリプトンレーザー，炭酸ガスレーザー，フッ化水素レーザーなどがある．通常ヘリウム-ネオンレーザーは，低圧のヘリウムとネオンの混合気体を封入した気体放電管からなる．連続的な電気的放電によりヘリウム原子が励起され，これがネオン原子と非弾性衝突してエネルギー移行が起こる．ヘリウム原子が基底状態に緩和するときネオン原子は励起され，ある特定の高いエネルギー準位で大きな反転分布が生じる．ひとたび誘導放出が引き起こされると，波長が $1.152\,\mu m$，$3.391\,\mu m$（いずれも赤外），$632.8\,nm$（可視）の連続的なレーザービームが得られる．連続出力は，通常数十ミリワットである．

固体レーザーの場合と同じように，空洞共振器を構成するために，2枚の反射面が気体レーザー管とともに使用される．

液体レーザーはたいていの場合液体の有機色素である．これらの色素レーザーは赤外から可視に至る周波数で発振するものがつくられている．これらのレーザーは，ある波長範囲にわたって連続的に波長を変えることができるという利点をもつ．

レーザーは厳密に単色ではなく，$10^4\,Hz$ 程度の線幅をもっている．この幅はほかの"単色的"な光源（もっともよい場合でも $10^8 \sim 10^9\,Hz$ の線幅をもつ）よりもずっと狭い．

レサジー lethargy
記号：u．中性子のエネルギー E と，ある特定の参照エネルギー E_0 の比の自然対数をとり，それにマイナスをつけたもので，
$$u = -\ln(E/E_0)$$
となる．

レジスター register
コンピューターの処理装置内でデータを保持する場所として働く半導体素子．通常，レジスターが保持するのは1ワード，ときには1バイトや1ビットで，演算が行われる前に一時的にその情報を保持する．情報の読み出しや書き込みは非常に高速であることが要求される．そのため，レジスターはそれぞれ1ビットを保持するフリップフロップ回路から構成されるのが普通である．

レーダー radar
RAdio Direction And Ranging（電波による方位と距離の測定）の略記．電波（通常はマイクロ波）の反射を使って，離れた物体の位置を決定する．現代のシステムは非常に高度化しており，静止物体，運動物体に対して精確で詳しい情報を与える．レーダーは，航空機や船舶の航行や誘導のほか，気象観測，天体観測や軍用に利用されている．

レーダー装置はマイクロ波源，細いビームの送信アンテナ，受信アンテナ，反射を検知する受信機，およびレーダー表示盤として出力を適当な形式で表示するブラウン管（陰極線管）から構成されている．

パルスレーダー（pulse radar）装置では，マイクロ波のパルスを放射し，電波が往復する時間ののちに反射パルスが受信される．ふつう，1つのアンテナを用いて送受信を行う．連続波（continuous wave：CW）装置では，［マイクロ波の］エネルギーを連続的に放射し，このうちのごくわずかの部分が目標物で反射されてもどってくる．通常のパルス装置と比べ，バンド幅が狭くてすむ．

ドップラーレーダー（Doppler radar）では，静止した標的と動く標的とを，ドップラー効果によって区別する．送信した波と受信した波の周波数のずれを測ることで，速度がわかる．Vビームレーダー（V-beam radar）では，測定物の距離，相対的方向，高度がわかる．2台の送信機を同時に用い，2本のビームを扇形に開いて連続的に回転させる．一方は上方に向け，他方は傾けて地表に向ける．

上記のどの装置においても，目標物の方向は受信アンテナの方向により，また，距離は信号の送受信の間の時間によって与えられる．ふつうの表示法では，表示盤の上で，アンテナの水平面内での回転に同期した円形スキャンを行う．標的は動径の上の輝点として示される．この方式を PPI (plan position indicator) という．

　フェイズドアレイレーダー (phased-array radar) は，高度に洗練された装置である．典型的には，同じ大きさの小さな放射板を，平面上で長方形にしきつめる．各放射板には，振幅が等しいマイクロ波の信号を与える．ただし，配列面上での信号の位相の相対値は，電気的に変えることができる．これによって，レーダービームの方向を迅速に変化させることができる．つまり，アンテナの機械的な動きではなく，波動の干渉を利用してビームの方向を操作する．放射ビームにおいて加減したのと同じ遅延信号により，エコーを構成する信号をすべて同位相にもどし，処理できるようにする．コンピューター制御によって数百の標的が同時に追跡できる．

レチクル reticle (reticule)
⇒グラティキュール．

劣化 degradation
（1）閉じた系の中でエントロピーが増加する結果，仕事をするためのエネルギーの利用度が減少すること（→熱力学）．
（2）粒子ビームや単一の粒子が物質を通過するときに，粒子と物質の相互作用の結果粒子のエネルギーが減少すること．

レッジェ極モデル Regge pole model
　高エネルギー素粒子の散乱を記述する理論的モデル．こういった過程に現れる強い相互作用は，一般には1つの素粒子の交換だけでは記述できない．散乱振幅に対して，普通は質量の小さい素粒子の交換による寄与がもっとも大きいが，より質量の大きな共鳴状態の交換による寄与も無視できない．数学的には，これらすべての種類の粒子の交換による効果を，実効質量が増すとスピンも大きくなるレッジェ極の交換でまとめて表すことができる．質量-角運動量平面上で，レッジェ極の質量を変えていったときに，そのスピンの変化を追っていく道筋をレッジェ軌跡 (Regge trajectory) とよぶ．質量の2乗に対するスピンのグラフ（図参照）では，レッジェ軌跡はほぼ直線になる．1つのレッジェ極で表される粒子はスピン以外はすべて同じ量子数をもち，スピンの違いは $\Delta J = 2n$ (n は整数) となる．

レナード-ジョーンズポテンシャル
Lennard-Jones potential
⇒ファンデルワールス力．

レプトン lepton
　素粒子の1種類で，強い相互作用に関与しない．レプトンは，クォークの下部構造をもたず，分離不可能であると考えられている．これらはすべてフェルミオンである．6種類の典型的な型があり，それらは電子，μ 粒子，τ 粒子（これらはすべて同じ電荷をもっているが，質量は異なる）と3個のニュートリノ（これらはすべて中性で，質量をもたないか，ほとんど0であると考えられている）である．これらの粒子の相互作用では，それぞれ電荷をもった1個のレプトンとそのニュートリノからなる3つの族を定義する境界があるかのごとくレプトンは現れる．

　それらの族は，数学的にはレプトン数 (lepton number) とよばれる3個の量子数 l_e, l_μ, l_τ によって区別される（表）．

　弱い相互作用では，全レプトン数 l_e^{TOT}, l_μ^{TOT}, l_τ^{TOT} （個々の粒子に対する l_e, l_μ, l_τ の値

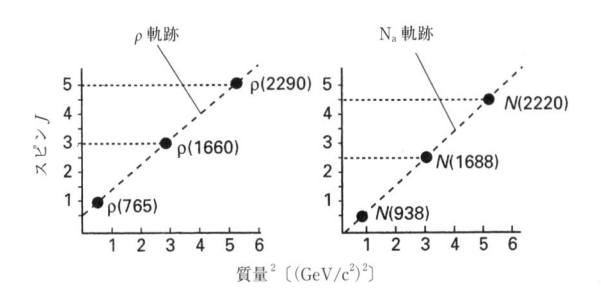

レッジェ軌跡

粒子	l_e	l_μ	l_τ
e^-, ν_e	1	0	0
$e^+, \bar{\nu}_e$	-1	0	0
μ^-, ν_μ	0	1	0
$\mu^+, \bar{\nu}_\mu$	0	-1	0
τ^-, ν_τ	0	0	1
$\tau^+, \bar{\nu}_\tau$	0	0	-1
その他	0	0	0

を足し合わせることにより得られる）が保存する．

連鎖反応 chain reaction

1つの核分裂が引き金となって次々に起こる核反応．たとえば ^{235}U の核分裂によって1つ，2つ，ないし3つの中性子が放出され，それらはさらに ^{235}U の核分裂を引き起こす．

もし，1回の核反応が平均1回のさらなる核反応を誘発するならば，その反応は臨界（critical）であるという．誘発される核反応が1回未満のときを臨界未満（subcritical），1回を越えるときを臨界超過（supercritical）という．
⇒臨界質量．

レンズ lens

(1) 2つの正規の曲率をもった面で囲まれた透明な物質（通常，ガラス，プラスチック，石英など）．もっとも一般的なものは，表面が球面の一部であるが，円柱状，放物線状，ドーナツ状，平面状の場合もある．レンズの一般的な機能は，波面の曲率を変化させ，特定の1点に光を集束させることである．レンズは集束レンズ（convergent lens）と発散レンズ（divergent lens）に分類される．大部分のレンズは，無収差（stigmatic）になるようにつくられており，点状の焦点に光線を集束する．それとは異なる集束効果をもち，1点の焦点でなく2本の線に集光するレンズもある（⇒円筒面レンズ，円環体レンズ）．そのようなレンズは，アスティグマティックレンズ（astigmatic lens）である．

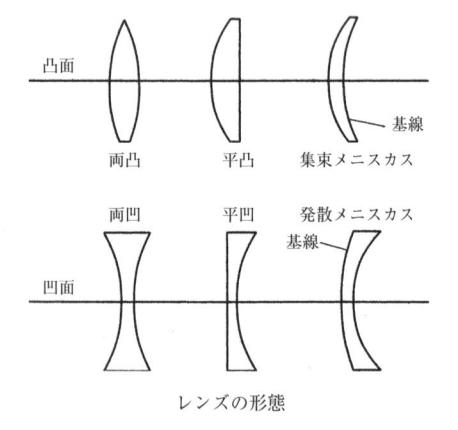

レンズの形状（lens shape）とレンズの形態（lens form）を混同してはならない．レンズの形状はレンズの外面に関することで，レンズの形態は曲面の相対的な配置に関することである（図参照）．薄肉レンズ（thin lens）は，その表面もしくはレンズの焦点距離に比べて厚みが薄いレンズである．個々の表面の屈折力が足し合わさって，レンズの屈折力となる．これは厚肉レンズについては正しくない．

⇒レンズ公式，色消しレンズ，レンズのブルーミング，凸面，凹面．

(2) ⇒電子レンズ．

レンズアンテナ lens antenna

マイクロ波用のアンテナの一種で，放射されるビームが望みの形で望みの方向に伝搬するように，放射体の前に電気的な収束が起こるように配置されたアンテナ．レンズを通過するそれぞれの経路で，特定の位相シフトが起きるようにすることで実現される．たとえば，金属の細長い薄板や先のとがった絶縁体などの系で可能である．

レンズ公式 lens formula

薄肉レンズから物体までの距離 u と像までの距離 v の間には

$$1/v + 1/u = 1/f$$

という関係がある．ここで，f は焦点距離である．実像に対しては，u, v は正，虚像に対しては u, v は負である．凸レンズに対しては f は正，凹レンズに対しては f は負である．厚肉レンズに対しては，屈折を考慮する必要がある．単一の曲面における屈折に対する関係式は

$$n_2/v + n_1/u = (n_2 - n_1)/2f$$

である．ここで，n_1, n_2 は，それぞれレンズ材料と（光学系が置かれている）媒質の屈折率である．

レンズのブルーミング blooming of lens

高屈折率のレンズの表面に低い屈折率の透明な膜（およそ1/4波長）を施す過程．それにより，弱め合うように干渉が起きて表面からの反射が取り除かれる．フッ化カルシウムまたはマグネシウムが真空中で蒸着される．蒸着された（bloomed または coated）表面は反射光を見ると暗い紫の色合いをもつ．これは干渉がスペク

凸面
両凸　平凸　集束メニスカス
基線

両凹　平凹　発散メニスカス
基線
凹面

レンズの形態

トルの中心部分のみ起こるからである.

連星（二重星） binary star
共通の重心の周りを回る2つの星の系.

連続スペクトル continuous spectrum
⇒スペクトル.

連続体 continuum
連続した部分や要素の並びで全体で参照系となる. 三次元空間と時間の次元は一緒になって四次元連続体を構成する.

連続の原理 continuity principle
連続体の運動で, 時間 δt の間の流体中にある閉局面内の流体の質量の増加は, 閉局面を通して入ってくる質量の流れと出ていく質量の流れの差に等しい. 数学的に表すと連続の式 (equation of continuity)

$$\frac{\partial \rho}{\partial t}+\frac{\partial \rho u}{\partial x}+\frac{\partial \rho v}{\partial y}+\frac{\partial \rho w}{\partial z}=0$$

となる. ただし, ρ は流体の時刻 t での密度, (u, v, w) は点 (x, y, z) での流体の速度 V のデカルト座標成分である.

レンツの法則 Lenz's law
⇒電磁誘導.

連動回路 ganged circuit
機械的に結合された可変の素子を共有する, 2つまたはそれ以上の回路で, 単一の制御によって同時に調整できる.

レントゲン roentgen（röntgen）
記号：R. X線やγ線の露光線量の単位で, 1レントゲンは空気1 kg あたり 2.58×10^{-4} C の正かまたは負のイオンを生じさせる線量. ただし, その際生じる電子は完全に止まるものとする. 1 R は 2.58×10^{-4} C kg^{-1} に等しい. SI 単位系では線量の単位は C kg^{-1} を用いるので, いまではレントゲンという単位はまれにしか使われない.

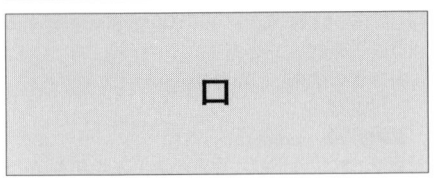

ロイドミラー Lloyd's mirror
2つの光線を重ねて干渉フリンジをつくるためのガラスまたは金属の鏡．鏡の近くの平行なスリットを通った光は浅い視射角で鏡に入射して反射され180度の位相シフトを受ける．この光線は鏡を反射せず直接くる光線と干渉してフリンジをつくる．

漏話 crosstalk
回路の一部において，隣り合う回路の信号によって，必要としない信号が混ざること．電話，ラジオをはじめとする多くのデータ通信システムで普通に見られる干渉である．

ローカルエリアネットワーク local area network (LAN)
比較的小さな，局所的に限定された領域，たとえばオフィスがある建物や工場，または大学の内部にある多くのコンピューターの間を結ぶための通信網システム．これによってコンピューター（通常マイクロコンピューター）を高価なリソース，たとえば1台のラインプリンターやハードディスクを共有して使ったり，データファイルやデータベースを共有することができる．メッセージは電子メールで送ることができる．伝送媒体は通常，電線または光ファイバーである．

六分儀 sextant
2つの物体間の120°までの角度，とくに天体と水平線の間の角度（すなわち天体の高度）を測定するための装置（図参照）．水平方向を決めるには，望遠鏡Tの接眼レンズに目をつけて，固定された水平観測ガラスHの透明な上半面を通して見る．指標ガラスIを回転し，星の像がIからHの下半分の銀めっきした面に当たり，反射されてTまで達するようにする．求めたい角度は，Iにつけられた腕の示す目盛から読み取る．

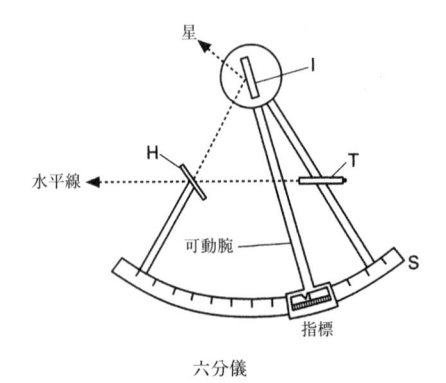

ロケット rocket
ガス噴出で推力を得るミサイルまたは宇宙船で，燃料と（必要ならば）酸化剤を積んでいる．したがって，地球の大気を必要とせず，宇宙飛行で使用される動力系である．ほとんどの場合，宇宙飛行には化学ロケットが使われる．固体または液体燃料（たとえばアルコール）が酸化剤（たとえば液体酸素）と化学反応して起きる膨張により推力を得ている．なお，ほとんどのロケットは多段式になっていて，初段（ブースター）は，大気圏上部の大気の希薄な領域で切り離される．そうすることにより，宇宙船が軽くなって脱出速度まで容易に加速できるということ，空気が非常に希薄なところで加速できるために摩擦熱を減らせるという2つの効果がある．

露光量 light exposure
記号：H_v, H．
(1) 物質が受ける光の量の面密度
(2) 表面の単位面積あたりに入射する光のエネルギーの総量の尺度で，照度と照射した時間の積で表される．照射中に光の強度が変化した場合，露光量は積分 $\int E_v dt$ で表される．ここで E_v は照度，t は時間である．単位：lux 秒．→ **放射露光**．

ロシュ限界 Roche limit
潮汐による安定の許容範囲のことで，強固には固まっていない惑星体が，天体から受ける潮汐力によって粉砕されてしまう場合の，惑星の天体からの距離である．質量 M の周りを，距離 $(d+r)$ および距離 $(d-r)$ で軌道に乗って周回する，2つの並んだ質量 m の物体の間にかかる，微分 (differential) 力，すなわち，潮汐力 (tidal force) F_d は

$$F_d = GMm/(d-r)^2 - GMm/(d+r)^2$$

で与えられる．ここで，G は普遍的な重力定数である．2つの質量 m の物体の間にかかる重力 F_g は

$$F_g = Gm^2/4r^2$$

六分儀

で与えられる．これら2つの力が等しいとし，かつ，質量 m の物体の密度と質量 M の物体の密度とが等しいと仮定することによりロシュ (Roche) は，それ以上近づくと，2つの質量 m の粒子が，団塊状に凝結しない限界の距離に対する，近似的な式を導くことに成功した．

$$Gm^2/4r^2 = GMm(4r/d_R^3)$$

と表される．ここで，

$$d_R = (16)^{1/3} R$$

であり，R は質量 M の天体の半径である．この距離よりも接近すると，物体はばらばらに散開して，輪を形成しようとするが，この距離よりも遠ざかると，物体は衛星を形成しようとする．

露出 exposure
(1) 記号：H．照度または輝度と，調べている物質が照射されている時間 Δt との積（⇒**露光量，放射露光**）である．Δt は露出時間 (exposure time) であり，露出 (exposure) と混同すべきではない．
(2) ⇒**線量**．

ロシュミット定数 Loschmidt constant
記号：n_0．1 m³ 中の理想気体の分子数を与える定数．これは
$$2.686\,763 \times 10^{25} \text{ m}^{-3}$$
に等しい．これはアボガドロ定数と理想気体の1モルの体積との比である．

ロシュローブ Roche lobe
連星系の周りの空間であって，その空間内であれば，それら2つのいずれの星の表面から噴出した物質は，星の表面に戻ってくる．ロシュローブは2つの星を囲んだ涙型をしており，2つの星の間にあるラグランジュ点で交差している．

ロションプリズム Rochon prism
像が2つできるプリズムで，2つの水晶プリズムからなる．最初に光が入るプリズムは光学軸が光に平行になるように切られていて，もう1つのプリズムは光学軸に垂直になっている．2つのプリズムで光は逆方向に曲がる．常光線は直進して色はつかないが，異常光線は曲げられる（したがって光線は2つに分かれる）．スクリーンをこのプリズムからいくらか離して置いて，異常光線を取り除けば，直線偏光を得ることができる．

炉心 core
原子炉の内部で，連鎖反応が起きる中心部分．熱中性子炉では燃料集合体（⇒**核燃料要素**）と減速材を含み，反射体は含まない．

ローソン条件 Lawson criterion
点火温度もしくはそれ以上の温度における，プラズマ中の粒子の密度（1 cm³ あたりの粒子数）と閉じ込め時間（秒単位）の積．点火温度では，解放される核融合プラズマが，プラズマを生成し，それを閉じ込めるのに要するエネルギーに等しい．重水素-三重水素反応に対するローソン条件の値は，10^{14} s cm^{-3} である．
⇒**核融合炉**．

ロータメーター rotameter
液体の流速を測る装置．透明な目盛りのついている管の中で，小さな浮きが流体の運動によって縦に動く．その浮きの高さから流体の速度がわかる．

六極管 hexode
陰極と陽極の間に4枚のグリッドをもつ**熱電子管**（合計6枚の電極をもつ）．

六方晶系 hexagonal system
⇒**結晶系**．

露点 dew point
露が表面に凝結する，もっとも高い温度．⇒**湿度**．

ローパスフィルター low-pass filter
⇒**フィルター**．

ローブ lobe
アンテナの感度が高い領域を表すアンテナ指向性図．主または主要なローブ (main or major lobe) は放射および受信感度がもっとも高い方向に対応する．それ以外のローブはサイドローブ (side lobe) とよばれ，通常は使われない．

ROM（ロム）
読出し専用メモリー（リードオンリーメモリー read-only memory）の略記．半導体メモリーの一種で，とくに計算機で，変更する必要のない情報を保持するのに用いられる．ROM は RAM と同じようにつくられ，記憶素子が長方形に並んだものであるが，素子が保持する記憶内容は製造中に書き込まれて固定され，利用者は記憶内容を読み出すことだけができる．プログラム可能な ROM も存在する（⇒ PROM, EPROM）が，コンピューター中で記憶内容を書き換えることはできない．RAM と同じように，ROM の中の各記憶要素は1つ1つ区別できて任意の順番にアクセスでき，これをランダムアクセスが可能であるという．なお，最近開発された ROM の亜種である，フラッシュメモリーはフラッシュ EEPROM ともよばれるが，

書き換え可能である．しかし，フラッシュメモリーは，ROM でも RAM でもない別のものとして分類されることもある．

ローランドマウンティング Rowland mounting

凹面回折格子用のマウンティングでプレート保持台 H と凹面回折格子 G が互いに垂直なレールの上を動き，レールの交点にスリット S を置く．O は回折格子の曲率の中心とする（図参照）．この場合，回折格子でどんな向きに回折された光も，破線で示した円（ローランド円 Rowland circle）上に焦点を結ぶことを示すことができる．この円の直径は，回折格子の曲率半径と等しい．G を S に向かって動かしていくと，より高次の回折光が次々とプレート上に焦点を結ぶようになる．プレートは H に置いただけでは一度にスペクトルの少しの部分しか記録できないため，円周に沿うように曲がっていないとならない．実際には何枚ものプレートをこの円周に沿って並べればよい．

回折格子は光を反射することによって機能するのであって，レンズを使用する必要はまったくないため，紫外線の分光に用いるのに適している．すれすれの微小角で入射させれば，回折格子は軟 X 線の分光にも使用できる．

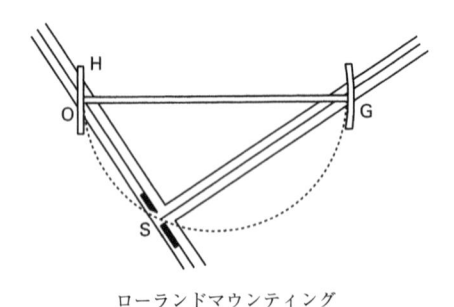

ローランドマウンティング

ローレンツ-フィッツジェラルド収縮
Lorentz-FitzGerald contraction

エーテル中を速度 v で運動する物体は $\sqrt{1-v^2/c^2}$ だけ進行方向に収縮するという理論．c は真空中の光速．マイケルソン-モーリーの実験によってエーテル中の地球の運動を検出することに失敗したことによってこの理論は進展したが，その後相対論にとって代わられた．相対論では一定の相対速度で運動する観測者から測定される物体の長さは物体と同じ速度で進む観測者から測定された長さより先に与えられた大きさだけ短くなる．これは物理的に物体の長さが変化したしたわけではなく，古い理論において仮定された長さの変化と混同してはならない．

ローレンツ変換の公式 Lorentz transformation equation

位置 $O(x, y, z)$ における観測者と，これに対して相対的に運動している位置 $O'(x', y', z')$ の観測者の間の位置と運動の変換に対する一連の方程式．この方程式は相対論的な問題において，ニュートン力学におけるガリレイ変換に置き換わる．もし x 軸を OO' を通る方向にとり，また O および O' における観測者の基準系における時間をそれぞれ t, t' とすると（それぞれの時間におけるゼロは位置 O および O' が一致する時間とする），方程式は

$$x' = \beta(x - vt)$$
$$y' = y$$
$$z' = z$$
$$t' = \beta(t - vx/c^2)$$

となる．ここで，v は O と O' の間隔の相対速度，c は光速，β は $(1 - v^2/c^2)^{-1/2}$ と与えられる．

ローレンツ力 Lorentz force

磁場および電場中の動いている電荷 q に働く力．これは

$$F = q(E + v \times B)$$

で与えられ，F は力，E は電場，$v \times B$ は粒子の速度と磁束密度のベクトル積（外積）である．

この力のうち磁場による項は，しばしばローレンツ力とよばれ，これを非ベクトル表記で表すと，

$$F = qvB \sin \theta$$

となる．ここで，θ は粒子の運動方向と磁場との間のなす角である．力は粒子の運動方向と磁場の方向の両方に垂直な方向に働く．

ロングテイルペア long-tailed pair (LTP)

2 つの揃ったバイポーラートランジスターでそれぞれのエミッターを接続し，共通のエミッターのバイアス抵抗が定電流源として働くようになっている．この名前はバイアス抵抗が尻尾 (tail) に似ていることに由来する．大きなバイアス抵抗を用いると定電流源に近づく（なぜならより大きな電圧が抵抗の両端に発生するため）．このロングテイルペアは，多くの差動増幅器の基本回路を構成する．

論理回路 logic circuit

"アンド (AND)", "オア (OR)", "ノア

(NOR)"などの論理演算を実行するように設計された回路．通常，これらの回路は2つの離散的な電圧レベル，すなわち，高（Hi）または低（Lo）の2つの論理レベルの間で動作して二進数の論理回路を表す．3つまたはそれ以上の論理レベルを用いる論理回路も実現可能であるが，ふつうは使われない．

基本論理演算を実現するのに用いる素子は論理ゲート（logic gate）とよばれる．基本ゲートとしては，

(a) AND ゲート．2つまたはそれ以上の入力と1つの出力からなる回路で，すべての入力が同時に高レベル（Hi）のときにのみ出力が高レベルになる．

(b) インバーター（NOT ゲート）．入力が1つの回路で入力が低（高）レベルのとき出力が高（低）レベルになる．

(c) NAND ゲート．2つまたはそれ以上の入力と1つの出力からなる回路で，入力のどれか1つでも低レベル（Lo）のきに出力が高レベルになり，入力がすべて高レベルのときには出力は低レベルになる．

(d) NOR ゲート．2つまたはそれ以上の入力と1つの出力からなる回路で，すべての入力が低レベル（Lo）のときにのみ出力が高レベルになる．

(e) OR ゲート．2つまたはそれ以上の入力と1つの出力からなる回路で，1つ以上の入力が高レベル（Hi）のときに出力が高レベルになる．

(f) 排他的論理和ゲート（exclusive OR gate XOR）．2つの入力と1つの出力からなる回路で，入力のどちらか一方が高レベル（high）のときにのみ出力が高レベルになる．

これらの回路は正論理（positive logic）で用いられ，高レベルが論理1を低レベルが論理0をそれぞれ表す．負論理（negative logic）は高レベルが論理0，低レベルが論理1をそれぞれ表す．同じ回路は負論理でも用いることができるが，その場合には正論理回路の相概的な回路，すなわち正論理のOR回路は負論理のAND回路となる．

どんな論理回路も適当な基本ゲートの組み合わせで実現できる．二進論理回路はコンピューターにおいて命令および計算を実行するのに広く用いられている．これらの論理回路は個別素子または通常は**集積回路**によってつくられる．バイポーラートランジスターを基にした多くの種類の集積論理回路がある（⇨ ECL，TTL）．MOS 論理回路は**電界効果トランジスター**（FET）を基にしたものである．

論理ゲート　logic gate
　⇨論理回路．

ワ

YIG
yttrium iron garnet（イットリウム・鉄・ガーネット）の略．合成フェライトで，マイクロ波機器において広く用いられている．磁気特性は微量に含まれる元素の量によって変化する．

Y結合 Y connection
⇒星形結線．

ワイス定数 Weiss constant
⇒キュリー－ワイスの法則．

ワイゼンベルグ写真 Weissenberg photography
結晶回折法の1つ．単結晶を入射単色光の方向と直交する軸の周りに回転できるようになっており，一方，円柱状の写真フィルムがこれと同期して回転軸に対して平行に前後に動き，スクリーンには唯一単層の線が一度に記録されるようになっている．これは回折スペクトルの強度を測定するのに用いられている．

ワインバーグ角 Weinberg angle
弱混合角（weak mixing angle）ともいう．記号：θ_w．電弱理論において$W^{\pm}$とZボソンの質量を予測するパラメーターである．電弱理論はクォークとレプトンの場が$SU(2)_L \otimes U(1)$に対して不変であることにより，電磁相互作用と弱い相互作用の結びつきを説明するゲージ理論である．この理論は電弱相互作用が3つのベクトル場W^1，W^2，W^3の3つ組が単一のベクトル場Bと混合して仲介されることを予測している．しかしながら，基本的な$SU(2)_L \otimes U(1)$対称性はヒグス機構を通して自然に破れ，W^3とBの2つの場は混合して質量のない線形結合，すなわち光子，さらに質量をもつ直交結合，Z^0：

$$A_\mu = B_\mu \cos \theta_w + W^3_\mu \sin \theta_w,$$
$$Z_\mu = B_\mu \sin \theta_w + W^3_\mu \cos \theta_w$$

をつくり出す．ここで，A_μは光子場を，Z_μはZ^0場を表し，θ_wはワインバーグ角（弱混合角）であり対称混合の範囲を示している．

「弱電荷（weak charge）」の強さすなわち結合定数は電磁荷（electromagnetic charge）eとワインバーグ角θ_wの項によって

$$g_w = e/\sin \theta_w, \quad g_z = e/\sin \theta_w \cos \theta_w$$

と表される．ここで，g_wは「電荷」結合定数で$W^{\pm}$場に対応し，g_zは「中性」結合定数でZ^0場に対応する．標準モデルではθ_wを導出できないことから実験的に

$$\theta_w = 28.7° \quad (\sin^2 \theta_w = 0.23)$$

の値を採用している．

ワウ wow
ハイファイ音を再生するときに聴こえる耳障りな周波数変調音で，音程が最大10 Hz程度変動する．旧式のレコードプレイヤーではターンテーブルの不均一回転がほとんどの原因である．

枠型空中線アンテナ frame aerial
⇒ループアンテナ．

惑星 planet
2006年に国際天文連合（International Astronomical Union）は，惑星を次のように定義した．「惑星は，恒星の周りを回る軌道を持ち，ほぼ球形となるのに十分な質量をもち，内核で熱核融合が起きるほど重くなく，その軌道の付近で"他の天体を一掃した"天体である．」"他の天体を一掃した"とは，惑星がその軌道帯でもっとも大きな重力をもち，自身の衛星のほかには同程度の大きさの天体がない，ということを意味している．この記述により，冥王星は惑星から除外された．冥王星は軌道帯を多くの天体（カイパーベルト（Kuiper belt）天体とよばれる）と共有している．冥王星のように"他の天体を一掃した"という条件以外を満たした天体は，準惑星（わい惑星 dwarf planet）という新しい分類に分けられている．準惑星の例は冥王星，セレス，エリスなどである．

惑星状星雲 planetary nebula
一生の終わりが近いある種の恒星の周りにある輝く気体とプラズマ．太陽質量の数倍の質量をもつ恒星は超新星爆発でその一生を終えるが，太陽のようにそれより少ない質量をもつ恒星は，惑星状星雲を周りにもつ白色わい星として徐々に一生を終える．

惑星電子 planetary electron
原子の核の周りの軌道を回る電子．

和周波音 summation tone
⇒結合音．

ワズワースプリズム Wadsworth prism
2等辺のガラスプリズムで平面鏡が基板から45°の角度をなしている．最小の偏差でプリズムを通る光線は入射光線に対して90°の角度で平面鏡によって反射される．

ワット watt
記号：W．（機械的，熱的，電気的な）仕事率のSI単位で，1秒間に1ジュールの仕事を行ったときの仕事量，または1秒間の等量の熱伝導量として定義される．直流電気回路では1W（の電力）は1Vの電圧と1Aの電流の積に等しい．交流電気回路では電圧（実効値）V，電流（実効値）I，電圧と電流の位相差 ϕ として有効電力 $P = VI\cos\phi$ の単位はWである．
［注：無効電力 $Q = VI\sin\phi$ の単位はVarで表される］．

ワット時 watt-hour
仕事量またはエネルギーの単位で，1Wの電力を1時間使用したときのエネルギー（3.6×10^3 ジュール）に等しい．

ワード word
コンピューターにおいて情報を記録するのに用いられるビット列．ワード長はコンピューターによって異なるが，通常32，64または16 bitsからなる．

和動複巻 cumulatively compound-wound
→複巻電気機械．

付　　　録

1. 換　算　表
2. SI 基本単位
3. SI 単位の接頭語
4. 特別な名称の SI 組立単位
5. 物　理　定　数
6. 電磁波のスペクトル
7. 素　粒　子
8. 元素周期表
9. 物理量を表す記号
10. エレクトロニクスで使われる記号
11. ギリシャ文字

表1 換算表
(SI，CGS および FPS 単位)

長さ	m	cm	in	ft	yd
1 メートル	1	100	39.3701	3.280 84	1.093 61
1 センチメートル	0.01	1	0.393 701	0.032 808 4	0.010 936 1
1 インチ	0.0254	2.54	1	0.083 333 3	0.027 777 8
1 フィート	0.3048	30.48	12	1	0.333 333
1 ヤード	0.9144	91.44	36	3	1

	km	mile	n. mile		
1 キロメートル	1	0.621 371	0.539 957		
1 マイル	1.609 34	1	0.868 976		
1 海里	1.852 00	1.150 78	1		

1 光年 = $9.460\,70 \times 10^{15}$ m = $5.878\,48 \times 10^{12}$ mile
1 天文単位 = 1.496×10^{11} m
1 パーセク = 3.0857×10^{16} m = 3.2616 光年

速度	m s^{-1}	km h^{-1}	mile h^{-1}	ft s^{-1}
1 メートル毎秒	1	3.6	2.236 94	3.280 84
1 キロメートル毎時	0.277 778	1	0.621 371	0.911 346
1 マイル毎時	0.447 04	1.609 344	1	1.466 67
1 フィート毎秒	0.3048	1.097 28	0.681 817	1

1 ノット = 1 n. mile h^{-1} = 0.514 444 m s^{-1}

質量	kg	g	lb	long ton
1 キログラム	1	1000	2.204 62	$9.842\,07 \times 10^{-4}$
1 グラム	10^{-3}	1	$2.204\,62 \times 10^{-3}$	$9.842\,07 \times 10^{-7}$
1 ポンド	0.453 592	453.592	1	$4.464\,29 \times 10^{-4}$
1 ロングトン	1016.047	$1.016\,047 \times 10^{6}$	2240	1

力	N	kg	dyne	poundal	lb
1 ニュートン	1	0.101 972	10^{5}	7.233 00	0.224 809
1 重量キログラム	9.806 65	1	$9.806\,65 \times 10^{5}$	70.9316	2.204 62
1 ダイン	10^{-5}	$1.019\,72 \times 10^{-6}$	1	$7.233\,00 \times 10^{-5}$	$2.248\,09 \times 10^{-6}$
1 パウンダル	0.138 255	$1.409\,81 \times 10^{-2}$	$1.382\,55 \times 10^{4}$	1	0.031 081
1 重量ポンド	4.448 22	0.453 592	$4.448\,23 \times 10^{5}$	32.174	1

圧力	Pa	kg cm^{-2}	lb in^{-2}	atm
1 パスカル	1	1.01972×10^{-5}	1.45038×10^{-4}	9.86923×10^{-6}
1 キログラム毎平方センチメートル	980.665×10^{2}	1	14.2234	0.967841
1 ポンド毎平方インチ	6.89476×10^{3}	0.0703068	1	0.068046
1 気圧	1.01325×10^{5}	1.03323	14.6959	1

1 パスカル = 10 dynes cm^{-2}
1 bar = 10^{5} パスカル = 0.986923 気圧
1 torr = 133.322 パスカル = 1/760 気圧
1 気圧 = 760 mmHg = 29.92 インチ Hg = 33.90 フィート（水柱）（すべて 0℃ のときの値）

仕事とエネルギー	J	cal$_{IT}$	kW hr	btu$_{IT}$
1 ジュール	1	0.238846	2.77778×10^{-7}	9.47813×10^{-4}
1 カロリー (IT)	4.1868	1	1.16300×10^{-6}	3.96831×10^{-3}
1 キロワット時	3.6×10^{6}	8.59845×10^{5}	1	3412.14
1 British Thermal Unit (IT)	1055.06	251.997	2.93071×10^{-4}	1

1 ジュール = 1 N m = 1 W s = 10^{7} erg = 0.737561 ft lb
1 電子ボルト = 1.60210×10^{-19} J

表2 SI 基本単位

物理量	名称	記号
長さ	メートル	m
質量	キログラム	kg
時間	秒	s
電流	アンペア	A
熱力学温度	ケルビン	K
物質量	モル	mol
光度	カンデラ	cd

表3 SI 単位の接頭語

大きさ	接頭語	記号	大きさ	接頭語	記号
10	デカ	da	10^{-1}	デシ	d
10^{2}	ヘクト	h	10^{-2}	センチ	c
10^{3}	キロ	k	10^{-3}	ミリ	m
10^{6}	メガ	M	10^{-6}	マイクロ	μ
10^{9}	デカ	G	10^{-9}	ナノ	n
10^{12}	テラ	T	10^{-12}	ピコ	p
10^{15}	ペタ	P	10^{-15}	フェムト	f
10^{18}	エクサ	E	10^{-18}	アト	a
10^{21}	ゼッタ	Z	10^{-21}	ゼプト	z
10^{24}	ヨッタ	Y	10^{-24}	ヨクト	y

表4 特別な名称のSI組立単位

物理量	名称	記号	物理量	名称	記号
周波数	ヘルツ	Hz	磁束密度,磁気誘導	テスラ	T
力	ニュートン	N	インダクタンス	ヘンリー	H
圧力,応力	パスカル	Pa	セルシウス温度	セルシウス度	℃
エネルギー,仕事,熱量	ジュール	J	光束	ルーメン	lm
仕事率	ワット	W	照度	ルクス	lx
電荷	クーロン	C	活動度,放射能	ベクレル	Bq
電位	ボルト	V	吸収線量	グレイ	Gy
静電容量	ファラッド	F	線量当量	シーベルト	Sv
電気抵抗	オーム	Ω	平面角	ラジアン	rad
コンダクタンス	シーメンス	S	立体角	ステラジアン	sr
磁束	ウェーバー	Wb			

表5 物理定数

定数	記号	値
光の速さ	c	$2.997\,924\,58 \times 10^8$ m s^{-1}
磁気定数(真空の透磁率)	μ_0	$4\pi \times 10^{-7} = 1.256\,637\,061\,44 \times 10^{-6}$ H m^{-1}
電気定数(真空の誘電率)	$\varepsilon_0 = \mu_0^{-1} c^{-2}$	$8.854\,187\,817 \times 10^{-12}$ F m^{-1}
電子の電荷	e	$\pm 1.602\,177\,33 \times 10^{-19}$ C
静止質量(電子)	m_e	$9.109\,389\,7 \times 10^{-31}$ kg
静止質量(陽子)	m_p	$1.672\,623\,1 \times 10^{-27}$ kg
静止質量(中性子)	m_n	$1.674\,929 \times 10^{-27}$ kg
電子半径	$r_e = \dfrac{e^2}{4\pi\varepsilon_0 m_e c^2}$	$2.817\,940\,92 \times 10^{-15}$ m
プランク定数	h	$6.626\,076 \times 10^{-34}$ J s
ボルツマン定数	$k = \dfrac{R}{L}$	$1.380\,658 \times 10^{-23}$ J K^{-1}
アボガドロ数	L, N_A	$6.022\,136\,7 \times 10^{23}$ mol^{-1}
ロシュミット数	N_L, n_0	$2.686\,763 \times 10^{25}$ m^{-3}
気体定数	$R = Lk$	$8.314\,510$ J K^{-1} mol^{-1}
ファラデー定数	$F = Le$	$9.648\,453\,1 \times 10^4$ C mol^{-1}
シュテファン-ボルツマン定数	$\sigma = \dfrac{2\pi^5 k^4}{15 h^3 c^2}$	$5.670\,51 \times 10^{-8}$ W m^{-2} K^{-4}
微細構造定数	$\alpha = \dfrac{e^2}{2\varepsilon_0 hc}$	$7.297\,353\,1 \times 10^{-3}$
リュードベルグ定数	$R = \dfrac{m_e e^4}{8\varepsilon_0^2 h^3 c}$	$1.097\,373\,153\,4 \times 10^7$ m^{-1}
万有引力定数	G	$6.672\,59 \times 10^{-11}$ N m^2 kg^{-2}
自由落下の加速度(標準値)	g_n	$9.806\,65$ m s^{-2}

付録 455

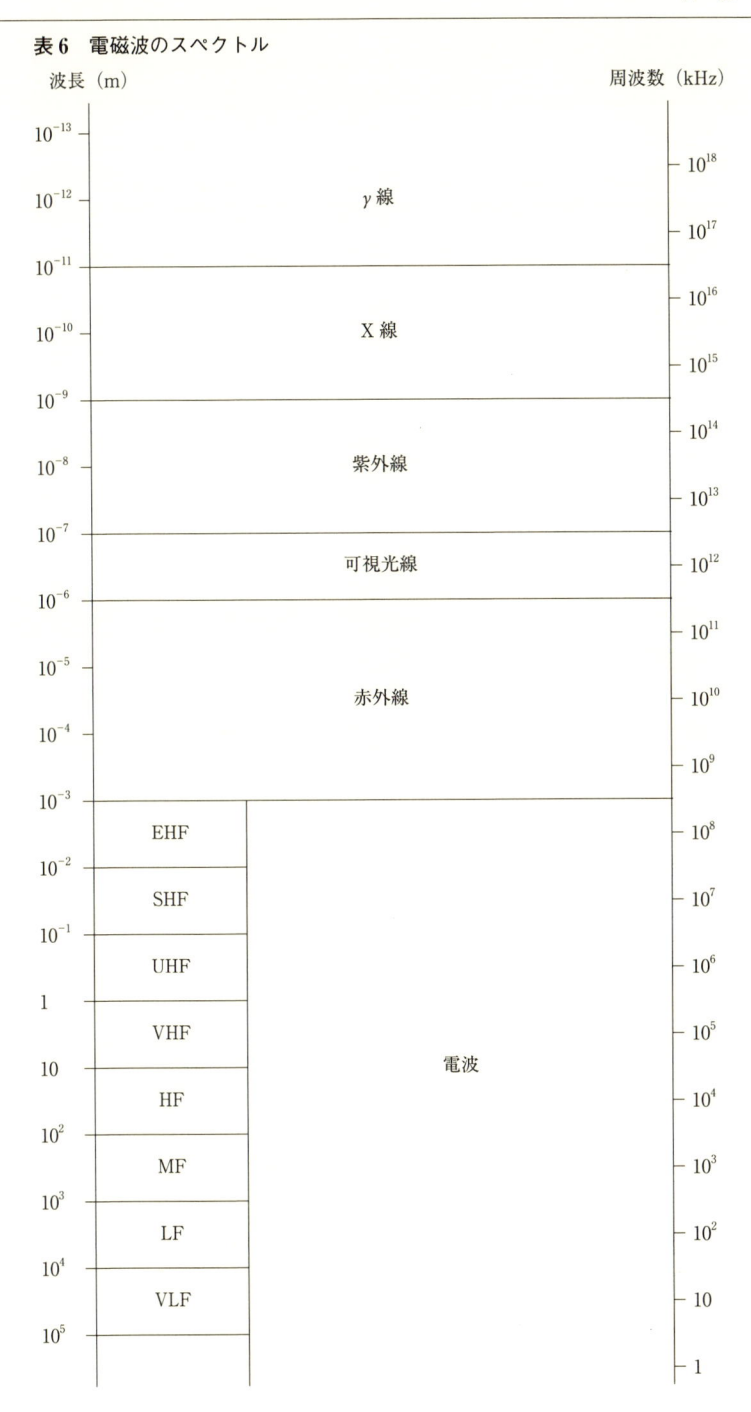

表6 電磁波のスペクトル

波長 (m)	区分	周波数 (kHz)
10^{-13}		
10^{-12}	γ線	10^{18}
10^{-11}		10^{17}
10^{-10}	X線	10^{16}
10^{-9}		10^{15}
10^{-8}	紫外線	10^{14}
10^{-7}		10^{13}
10^{-6}	可視光線	10^{12}
10^{-5}		10^{11}
10^{-4}	赤外線	10^{10}
10^{-3}		10^{9}
10^{-2}	EHF	10^{8}
10^{-1}	SHF	10^{7}
1	UHF	10^{6}
10	VHF	10^{5}
10^{2}	HF	10^{4}
10^{3}	MF	10^{3}
10^{4}	LF	10^{2}
10^{5}	VLF	10
	電波	1

表7 素粒子

	粒子	構成クォーク	質量 (MeV/c²)	アイソスピン I	J^{PC}	寿命 (s)
ゲージボソン	γ		0		1^-	安定
	$W^\pm$		80 000		1	
	Z^0		91 000		1	
レプトン	ν		0		1/2	安定
	e		0.511		1/2	安定
	μ		105.7		1/2	2.2×10^{-6}
	τ		1784.1		1/2	3.0×10^{-13}
中間子	$\pi^\pm$	$u\bar{d}, \bar{u}d$	139.6	1	0^-	2.6×10^{-8}
	π°	$u\bar{u}, d\bar{d}$	105.7	1	0^{-+}	8.4×10^{-17}
	$K^\pm$	$u\bar{s}, s\bar{u}$	493.6	1/2	0^-	1.2×10^{-8}
	K°	$d\bar{s}$	497.7	1/2	0^-	
	K°_S		497.7	1/2	0^-	8.9×10^{-11}
	K°_L		497.7	1/2	0^-	5.2×10^{-8}
	η°	$u\bar{u}, d\bar{d}, s\bar{s}$	548.8	0	0^{---}	
	$D^\pm$	$c\bar{d}, d\bar{c}$	1869	1/2	0^-	1.1×10^{-12}
	D°	$c\bar{u}$	1865	1/2	0^-	4×10^{-13}
	$D^\pm_S$	$c\bar{s}, s\bar{c}$	1969	0	0^-	4×10^{-13}
	$B^\pm$	$u\bar{b}Zb\bar{u}$	5278	1/2	0^-	1×10^{-12}
	B°	$d\bar{b}$	5279	1/2	0^-	1×10^{-12}
バリオン	p	uud	938.3	1/2	$1/2^+$	安定
	n	udd	939.6	1/2	$1/2^+$	896
	Λ°	uds	1115.6	0	$1/2^+$	2.6×10^{-10}
	Σ^+	uus	1189.4	1	$1/2^+$	8.0×10^{-10}
	Σ°	uds	1192.5	1	$1/2^+$	7.4×10^{-20}
	Σ^-	dds	1197.4	1	$1/2^+$	1.5×10^{-10}
	Ξ°	uss	1314.9	1/2	$1/2^+$	2.9×10^{-10}
	Ξ^-	dss	1321.3	1/2	$1/2^+$	1.7×10^{-10}
	Ω^-	sss	1672.5	0	$3/2^+$	1.3×10^{-10}
	Λ^+_C	udc	2285	0	$1/2^+$	2×10^{-13}

付録 457

表8 元素周期表

グループ(族)

周期	1	2	3	4	5	6	7	8	9	10	11	12	13	14	15	16	17	18
1	1 H																	2 He
2	3 Li	4 Be											5 B	6 C	7 N	8 O	9 F	10 Ne
3	11 Na	12 Mg											13 Al	14 Si	15 P	16 S	17 Cl	18 Ar
4	19 K	20 Ca	21 Sc	22 Ti	23 V	24 Cr	25 Mn	26 Fe	27 Co	28 Ni	29 Cu	30 Zn	31 Ga	32 Ge	33 As	34 Se	35 Br	36 Kr
5	37 Rb	38 Sr	39 Y	40 Zr	41 Nb	42 Mo	43 Tc	44 Ru	45 Rh	46 Pd	47 Ag	48 Cd	49 In	50 Sn	51 Sb	52 Te	53 I	54 Xe
6	55 Cs	56 Ba	57-71 La-Lu	72 Hf	73 Ta	74 W	75 Re	76 Os	77 Ir	78 Pt	79 Au	80 Hg	81 Tl	82 Pb	83 Bi	84 Po	85 At	86 Rn
7	87 Fr	88 Ra	89-103 Ac-Lr	104 Rf	105 Db	106 Sg	107 Bh	108 Hs	109 Mt	110 Ds	111 Rg	112 Uub	113 Uut	114 Uuq	115 Uup	116 Uuh		

ランタノイド	6	57 La	58 Ce	59 Pr	60 Nd	61 Pm	62 Sm	63 Eu	64 Gd	65 Tb	66 Dy	67 Ho	68 Er	69 Tm	70 Yb	71 Lu
アクチノイド	7	89 Ac	90 Th	91 Pa	92 U	93 Np	94 Pu	95 Am	96 Cm	97 Bk	98 Cf	99 Es	100 Fm	101 Md	102 No	103 Lr

慣用されている族の名称と推奨されている族の名称の対応

	1	2	3	4	5	6	7	8	9	10	11	12	13	14	15	16	17	18
IUPAC 推奨 1990	1	2	3	4	5	6	7	8	9	10	11	12	13	14	15	16	17	18
ヨーロッパで慣用	IA	IIA	IIIA	IVA	VA	VIA	VIIA	VIII (or VIIIA)			IB	IIB	IIIB	IVB	VB	VIB	VIIB	0 (or VIIIB)
米国で慣用	IA	IIA	IIIB	IVB	VB	VIB	VIIB	VIII			IB	IIB	IIIA	IVA	VA	VIA	VIIA	VIIIA (or 0)

表9　物理量を表す記号

名称	記号	名称	記号
活動度, 放射能	A	ラグランジュ関数	L
質量数, 核子数	A	自己インダクタンス	L
相対原子質量	A_r	軌道角運動量, 量子数	L, l_1
ヘルムホルツ関数	A, F	ラディアンス	L_e, L
面積	A, S	輝度	L_v, L
線形吸収係数	a	力のモーメント	M
熱拡散率	a	磁化	$\boldsymbol{M}$
加速度	$\boldsymbol{a}$	相互インダクタンス	M, L_{12}
サセプタンス	B	磁気量子数	M, m_i
磁束密度	$\boldsymbol{B}$	放射発散度	M_e, M
キャパシタンス	C	光束発散度	M_v, M
熱容量（定圧）	C_P	質量	m
熱容量（定積）	C_v	磁気モーメント	$\boldsymbol{m}$
濃度	c	モル濃度	m_A
比熱容量（定圧）	c_p	中性子質量	m_n
比熱容量（定積）	c_v	陽子質量	m_p
電気変位, 電束密度	$\boldsymbol{D}$	原子質量定数	m_u
相対密度	d	電子質量	m, m_e
起電力	E	中性子数	N
エネルギー	E	分子数	N
ヤング率（弾性率）	E	巻数	N
電場の強さ	$\boldsymbol{E}$	全角運動量の量子数	N
イラディアンス	E_e, E	物質量	n
フェルミエネルギー	E_F, ε_F	主量子数	n
ポテンシャルエネルギー	E_P, V, Φ	屈折率	n
照度	E_V, E	圧力	P, p
電気素量（素電荷）, 陽電荷	e	電気分極	$\boldsymbol{P}$
力	F	伝搬係数	P, γ
起磁力	F_m	運動量	$\boldsymbol{p}$
パッキング率	f	電気双極子モーメント	$\boldsymbol{p}$
コンダクタンス	G	分子運動量	$\boldsymbol{p}\ (p_x, p_y, p_z)$
ギブス関数	G	電荷	Q
せん断弾性係数	G	熱量	Q
重量	G, W	抵抗	R
エンタルピー	H	レイノルズ数	R_e
ハミルトン関数	H	半径	r
磁場の強さ	$\boldsymbol{H}$	位置ベクトル, 動径ベクトル	$\boldsymbol{r}$
高さ	h	分子位置	$\boldsymbol{r}\ (r_x, r_y, r_z)$
電流	I	エントロピー	S
慣性モーメント	I	電子スピンの量子数	S
原子核スピンの量子数	I	スピン量子数	S, s
放射強度	I_e, I	周期	T
光度	I_v, I	熱力学温度	T
回転量子数	J, K	トルク	$\boldsymbol{T}$
電流密度	$\boldsymbol{j}, \boldsymbol{J}$	半減期	$T_{1/2}, t_{1/2}$
体積弾性率	K	キュリー温度	T_C
平衡定数	K	ネール温度	T_N
熱拡散比	k_T	運動エネルギー	T, E_k, K
角運動量	L	温度	T, t

時間	t
内部エネルギー	U
電位差	U, V
最確値	$\hat{u}$
分子速度	$\boldsymbol{u}\ (u_x, u_y, u_z)$
速さ	u, v
電位	V
体積	V, v
振動モードの量子数	v
比体積	v
振動量子数	v
速度	$\boldsymbol{v}$
仕事	W
リアクタンス	X
アドミッタンス	Y
プランク関数	Y
原子番号,陽子数	Z
インピーダンス	Z
吸収度	α
角加速度	α
線膨張率	α
熱拡散係数	α_T
体膨張係数	α_v
平面角	$\alpha,\ \beta,\ \gamma,\ \theta,\ \varphi$
分極率	$\alpha,\ \gamma$
せん断ひずみ	γ
熱容量比 C_p/C_v	$\gamma,\ \kappa$
伝導率	$\gamma,\ \sigma$
表面張力	$\gamma,\ \sigma$
質量過剰	Δ
損失角	δ
放射率,放出率	ε
線形ひずみ	ε
誘電率	ε
比誘電率	ε_r
線形ひずみ	$\varepsilon,\ e$
効率	η
粘性	η
特性温度	Θ
熱流率	Θ
ブラッグ角	θ
体積ひずみ	θ
圧縮率	κ
崩壊定数	λ
熱伝導率	λ
波長	λ
平均自由行程	$\lambda,\ l$
摩擦係数	μ
線形減衰係数	μ
粒子の磁気モーメント	μ
透磁率	μ
換算質量	μ
核磁子	μ_N
比透磁率	μ_r
ジュール-トムソン係数	$\mu,\ \mu_{JT}$
動粘性率	ν
周波数	$\nu,\ f$
浸透圧	Π
電荷密度	ρ
密度	ρ
反射率	ρ
抵抗率	ρ
断面積	σ
表面電荷密度	σ
波数	σ
平均寿命	τ
緩和時間	τ
せん断応力	τ
透過係数	τ
仕事関数	Φ
磁束	$\Phi,\ \Theta$
放射束,放射力	$\Phi_e,\ \Phi$
光束	$\Phi_v,\ \Phi$
電気感受率	χ_e
磁化率	$\chi,\ \chi_m$
電束	Ψ
立体角	$\Omega,\ \omega$
角周波数	ω
角速度	ω

表10 エレクトロニクスで使われる記号

現象または機器	記号	現象または機器	記号
交流	∼	移動接点付抵抗	
変化		コンデンサー	
ステップ変化		インダクター，コイル，巻線	
熱効果		磁気コア付インダクター	
電磁効果		変圧器，複巻	
電磁放射，非電離放射		圧電結晶，2電極	
コヒーレント放射		半導体ダイオード	
電離放射線		発光ダイオード	
ポジティブパルス		フォトダイオード	
ネガティブパルス		pnpトランジスター	
交流パルス		npnトランジスター	
ポジティブステップ関数		JFET，n型チャネル	
ネガティブステップ関数		JFET，p型チャネル	
故障		IGFET，エンハンスメント型，単ゲート，p型チャネル(基板接続なし)	
導線の接続	●	増幅器	
接点	○	ANDゲート	&
導線の接点		ORゲート	≥1
プラグとソケット		インバーター（NOTゲート）	
アース		NANDゲート	&
一次電池，アキュムレーター		NORゲート	≥1
アキュムレーター電池，一次電池		exclusive-ORゲート	=1
スイッチ		指示計器と記録計器（アステリスクを単位記号に適宜変える）	*
抵抗			*
可変抵抗		アンテナ	Y

表11 ギリシャ文字

記号		名称	記号		名称
A	α	アルファ	N	ν	ニュー
B	β	ベータ	Ξ	ξ	グザイ
Γ	γ	ガンマ	O	o	オミクロン
Δ	δ	デルタ	Π	π	パイ
E	ε	イプシロン	P	ρ	ロー
Z	ζ	ゼータ	Σ	σ	シグマ
H	η	イータ	T	τ	タウ
Θ	θ	シータ	Υ	υ	ウプシロン
I	ι	イオタ	Φ	φ	ファイ
K	κ	カッパ	X	χ	カイ
Λ	λ	ラムダ	Ψ	ψ	プサイ
M	μ	ミュー	Ω	ω	オメガ

英和索引

A

A-bomb 原爆 59
a quarter-wavelength line 1/4 波長線 18
A-scan A 走査 242
Abbe condenser アッベの集光器 4
Abbe criterion アッベの基準 363
Abbe number アッベ数 4
Abelian group アーベル群 104
Abelian gauge theory アーベリアンゲージ理論 109
aberration 収差 166
aberration (of light) 光行差 124
ablation アブレーション（溶発） 6
absolute humidity 絶対湿度 160
absolute magnetometer 絶対磁力計 185
absolute magnitude 絶対等級 279
absolute refractive index 絶対屈折率 98
absolute temperature 絶対温度 207
absolute unit 絶対単位 207
absolute zero 絶対零度 207
absorbance 吸光度 290
absorbed dose 吸収線量 212
absorptance 吸収能 83
absorption 吸収 82
absorption band (and line) 吸収帯（および吸収線） 83
absorption coefficient 吸収係数 83, 209
absorption edge (discontinuity or limit) 吸収端（吸収の不連続性，吸収限界） 83
absorption factor 吸収因子 83
absorption spectrum 吸収スペクトル 83
absorption (of radiation) 吸収（放射の） 82
absorption (of sound) 吸収（音の） 82
absorptivity 吸収率 83
abundance 存在度 223
a.c. AC 28
a.c. Josephson effect 交流ジョセフソン効果 183
acceleration 加速度 64
acceleration of free fall 自由落下の加速度 170
accelerator 加速器 64

acceptor impurity アクセプター不純物 324
acceptor state アクセプター準位 324
access time 呼び出し時間 416
accidental error 偶然誤差 219
accommodation 調節作用（眼の） 243
accretion 降着 126
accretion disk (disc) 降着円盤 126
accumulator 蓄電池 237
achromat アクロマート 15
achromatic colour アクロマティックカラー 3
achromatic condenser 色消し集光器 14
achromatic lens 色消しレンズ 15
achromatic prism 色消しプリズム 14
achromatism 色消し 14
acoustic absorption coefficient 音の吸収係数 44
acoustic capacitance 音響キャパシタンス 46
acoustic delay line 音響遅延線 235
acoustic filter 音響フィルター 47
acoustic grating 音響回折格子 46
acoustic inertance 音響イナータンス 46
acoustic levitation 音響レビテーション 355
acoustic mass 音響質量 424
acoustic mass reactance 音響質量リアクタンス 424
acoustic power 音響パワー 46
acoustic pressure 音響圧力 45
acoustic reactance 音響リアクタンス 18
acoustic resistance 音響レジスタンス 18
acoustic stiffness 音響スティフネス 424
acoustic stiffness reactance 音響スティフネスリアクタンス 424
acoustic wave 音響波 46
acoustics 音響学 46
acoustics 音響効果 ⇨ 46 音響学
acoustoelectronics 音響エレクトロニクス 46
actinic アクティニック（化学線作用の） 3
actinium series アクチニウム系列 384
action 作用 144
activation analysis 放射化分析 382
activation cross section 活性化断面積 234
active 能動的 155, 303
active aerial 指向性アンテナ 155

active component 能動素子 308
active current 有効電流 411
active galaxy 活動銀河 65
active optics アクティブ光学 3
active power 有効電力 156, 411
active voltage 有効電圧 411
active volt-ampere 有効ボルトアンペア 411
activity 活動度 65
adaptive optics 補償光学 391
ADC 32
Adcock direction-finder アドコック方向指示器 5
additive process 加法混色 66
address アドレス 406
adhesion 付着 353
adiabatic demagnetization 断熱消磁 234
adiabatic process 断熱過程 234
adiathermic 不透熱な 354
admittance アドミッタンス 5
adsorption 吸着 83
advanced gas-cooled reactor：AGR 改良型気体冷却原子炉 79
advection 移流 14
aerial アンテナ 7
aerial array アンテナ列 7
aerial gain アンテナ利得 7
aerial resistance アンテナ抵抗 7
aerial system アンテナシステム ⇨ 7 アンテナ
aerodynamics 空気力学 94
aerofoil エーロフォイル 37
afterglow アフターグロー 146
age equation 年齢方程式 350
age of the earth 地球の年齢 238
age of the universe 宇宙の年齢 22
agglomerate cell 集塊電池 435
AGR 28
Aharanov-Bohm effect アハラノフ-ボーム効果 6
Aharanov-Casher effect アハラノフ-カッシャー効果 6
air 空気 93
air equivalent 等価空気量 278
air mass 気団 79
air pump 空気ポンプ 94
air shower 空気シャワー 22
Airy disc エアリー円盤 332
Airy ring エアリーリング 26
albedo 反射能 322
allobar アロバー 7
allochromy 異色性 11
allotropes 同素体 281

allotropy 同素 281
allowed band 許容帯 34
allowed transition 許容遷移 210
alloy 合金 124
Alnico アルニコ 6
alpha decay α 崩壊 6
alpha particle（α-particle） α 粒子 7
alpha process α 過程 56
alpha ray（α-ray） α 線 6
altazimuth mounting 経緯台 381
alternating current：a.c. 交流 129
alternating gradient focusing 交替勾配集束 168
alternating-current motor 交流モーター 129
alternator 交流発電機 129 ⇨ 279 同期交流発電機
altimeter 高度計 128
altitude 高度 128
amalgam アマルガム 124
ambient アンビエント 8
Amici prism アミチプリズム 245, 410
ammeter 電流計 276
ammonia clock アンモニア時計 283
amorphous 非晶質（アモルファス） 335
amount of substance 物質量 354
ampere アンペア 8
ampere-hour アンペア時間 8
ampere-turn アンペア回数 8
Ampère-Laplace theorem アンペール-ラプラスの定理 8
Ampère's rule アンペールの規則 8
Ampère's theorem アンペールの定理 8
amplifier 増幅器 218
amplitude 振幅 190, 334
amplitude 偏角 ⇨ 2 アーガンドダイアグラム
amplitude distortion 振幅ひずみ 336
amplitude fading 振幅フェーディング 349
amplitude modulation：a.m. 振幅変調 190
amplitude scan 振幅走査 242
a.m.u. 26
analogue computer アナログコンピューター 5
analogue delay line アナログ遅延線 235
analogue/digital converter：ADC A-D コンバーター 32
analogue signal アナログ信号 6
analyser 検光子 114
anamorphic lens アナモルフィックレンズ 5
anaphoresis アナフォルシス 261
anastigmat アナスチグマート 5
AND ゲート 447
anechoic chamber 無響室 404
anelasticity 擬弾性 79
anemograph アネモグラフ 6

anemometer 風速計 349
aneroid アネロイド 6
aneroid barometer アネロイド気圧計 75
angle of friction 摩擦角 399
angle of incidence 入射角 38, 294
angle of optical rotation 光学回転角 122
angle of reflection 反射角 321
angstrom (ångstrom) オングストローム 47
Ångstrom pyrheliometer オングストローム日射計 293
angular dispersion 角分散 365
angular displacement 角変位 59
angular frequency 角周波数 58
angular impulse 角力積 60
angular magnification 角倍率 58
angular momentum 角運動量 55
angular velocity 角速度 58
angular wave number 角波数 311
angular wavevector 角波数ベクトル 311
anharmonic motion 非調和運動 337
anhysteretic ヒステリシスのない 335
anion アニオン 6
anisotropic 非等方的な 339
annealing 焼きなまし（アニーリング） 410
annihilation 消滅 182
annual parallax 年周視差 157
annular eclipse 金環食 183
annular effect 円環効果 38
anode 陽極（アノード） 415
anode drop 陽極降下 415
anode saturation 陽極飽和 415
anomalous dispersion 異常分散 11
anomalous viscosity 異常粘性 11
anomalous Zeeman effect 異常ゼーマン効果 207
antenna アンテナ 7
antibonding orbital 反結合軌道 366
anticoincidence circuit 反同時計測回路 324
anticyclone 反サイクロン 321
antiferromagnetism 反強磁性 321
antihalation backing ハレーション防止フィルム 320
antimatter 反物質 327
antimuon 反μ粒子 403
antineutrino 反ニュートリノ 294
antinode 反節点 323
antiparallel 反平行 327
antiparticle 反粒子 327
antiresonance 反共鳴 321
antiresonant circuit 反共鳴回路 87
aperiodic 非周期的 334
aperture 開口 51

aperture and stop in optical system 光学系の開口と絞り 123
aperture ratio 開口比 51
aperture stop 開口絞り 123, 164
aperture synthesis 開口の合成 51
aphelion 遠日点 92
aplanatic 無収差の 404
apochromatic lens アポクロマートレンズ 6
apogee 遠地点 92
apostilb アポスチルブ 6
apparent magnitude 視等級 279
apparent power 皮相電力 156
apparent solar time 視太陽時 149
appearance potential 出現電圧 174
application software アプリケーションソフトウェア 222
aqueous electron 水和電子 193
arc アーク 2
arc discharge アーク放電 77
arc lamp アークランプ 3
arc second 秒角（アークセカンド） 3, 341
Archimedes' principle アルキメデスの原理 6
arcing contact アーク接点 3
arcing ring アークリング 3
arcover 弧絡 212
Argand diagram アーガンドダイアグラム 2
argument 偏角 2
armature 接極子 ⇨391 保磁子
armature 電機子 261
armature relay 電機子リレー 433
arrow of time 時間の矢 150
artificial radionuclide 人工放射性核 387
asdic 3
ASIC 29
aspect ratio アスペクト比 3
asperical mirror 非球面鏡 333
aspherical lens 非球面レンズ 333
Assmann psychrometer アスマン式乾湿計 70
astable multivibrator 非安定マルチバイブレーター 401
astatic galvanometer 無定位検流計 404
astatic system 無定位系 404
astigmatic lens アスティグマティックレンズ 442
astigmatism 非点収差 339
Aston dark space アストン暗部 78
astrometry 天文測定学 274
astronomical telescope 天体望遠鏡 112, 272
astronomical unit：AU 天文単位 274
astronomy 天文学 274
astrophysics 宇宙物理学 274
asymptotic freedom 漸近的自由性 209

asymptotic freedom　漸近的自由性　429
asynchronous motor　非同期モーター　339
atmolysis　透壁分気法　282
atmometer　蒸発計　182
atmosphere　大気　225
atmosphere　標準大気圧　342
atmospheric electricity　空中電気　94
atmospheric layer　大気層　225
atmospheric window　大気の窓　225
atmospherics　空電　94
atom　原子　114
atomic bomb　原子爆弾　59
atomic clock　原子時計　283
atomic force microscope　原子間力顕微鏡　115
atomic fountain　原子泉　116
atomic heat　原子熱　116
atomic mass constant　原子質量定数　116
atomic mass unit (unified)　原子質量単位　116
atomic number　原子番号　116
atomic orbital　原子軌道　115
atomic stopping power　原子阻止能　221
atomic unit of energy　エネルギーの原子単位　34
atomic volume　原子体積（原子容）　116
atomic weight　原子量　215
atomspheric pressure　大気圧　225
attack　アタック　38
attenuation　減衰　118
attenuation band　減衰バンド　348
attenuation constant　減衰定数　118
attenuation distortion　減衰ひずみ　336
attenuation equalizer　減衰等価器　118
attenuator　減衰器　118
atto-　アット-　4
audibility　聴力　244
audiofrequency　可聴周波　64
auditory acuity　聴力　244
Auger effect　オージェ効果　42
Auger ionization　オージェ効果　42
Auger shower　オージェシャワー　22, 42, 93
aurora　オーロラ　45
autodyne oscillator　オートダイン発振器　24
autoionization　自動電離　163
automatic frequency control : a.f.c.　自動周波数制御　163
automatic gain control : a.g.c.　自動利得制御　163
automatic volume control　自動利得制御　163
autoradiograph　オートラジオグラフ　44
autosynchronous motor　同期誘導モーター　279
autotransformer　単巻変圧器　234
avalanche　電子なだれ　268
avalanche breakdown　電子なだれ降伏　268
average　平均　369
average life　平均寿命　369
Avogadro constant　アボガドロ定数　6
Avogadro hypothesis　アボガドロ仮説　6
axial modulus　軸弾性率　232
axial ratio　軸率　155
axial vector　軸性ベクトル　80, 371
axiom　公理　129
axion　アクシオン　3
axis of stress　応力の軸　42
azimuth　方位角（方位）　381
azimuthal quantum number　方位量子数　80, 115, 381

B

B-scan　B 走査　242
Babinet compensator　バビネの補償板　316
Babo's law　バーボの法則　316
back electromotive force　逆起電力　81
back focal length　バックフォーカス長（後方焦点距離）　312
back heating　逆加熱　399
back projection　背景映写　162
back scatter　後方散乱　129
background noise　背景雑音　309
background radiation　バックグランド放射線　312
backing store　外部記憶装置　53
backward-wave oscillator　後進波発振器　188
baffle　バッフル　314
balance　天秤，秤（はかり）　274
balance method　平衡法　437
balanced amplifier　バランス型増幅器　317, 354
balanced line　平衡線路　271
ballast resistor　安定抵抗器　7
ballistic　衝撃　178
ballistic galvanometer　衝撃検流計　179
Balmer series　バルマー系列　192
baloon sonde　サウンディングバルーン　141
balun　バラン　317
band　帯（域），バンド　198, 224
band pressure level　帯域圧力水準　224
band spectra　バンド（帯）スペクトル　198
bandwidth　帯域幅　224
bar　バール　318
Barkhausen effect　バルクハウゼン効果　318
Barlow lens　バーローレンズ　320
barn　バーン　320
Barnett effect　バーネット効果　315
barograph　記録気圧計　91
barometer　気圧計　75

barostat　バロスタット　320
barrel-shaped distortion　たる形ひずみ　336
barretter　バレッター　320
barrier-layer photocell　障壁層光電池　128
barycentric　バリセントリック　167
baryon　バリオン　317
base　ベース　371　⇨286 トランジスター
base electrode　ベース電極　286
base limiter　ベース制限器　201
base unit　基本単位　29
baseline　基線　51
basic unit　基本単位　132
Bateman equation　ベイトマンの方程式　370
battery　電池　272
BCS theory　BCS 理論　244
beam aerial　ビームアンテナ　7
beam coupling　ビーム結合　341
beam current　ビーム電流　341
beat　うなり　24
beat-frequency oscillator　うなり周波数発振器　24
beat oscillator　うなり発振器　24
beat reception　うなり受信　24
Beaufort scale　ビューフォート風力階級　341
Beckmann thermometer　ベックマン温度計　372
becquerel　ベクレル　371
Becquerel effect　ベクレル効果　371
Beilby layer　ベイルビー層　370
bel　ベル　253
bending moment　曲げモーメント　399
Bernouilli's constant　ベルヌーイの定数　374
Bernouilli's theorem　ベルヌーイの原理　374
Berthelot's equation of state　ベルトロの状態方程式　374
Bessel function　ベッセル関数　372
beta current gain factor　β 電流利得因子　372
beta decay　β 崩壊　372
beta particle　β 粒子　372
beta ray　β 線　372
betatron　ベータトロン　372
bias　バイアス　309
bias voltage　バイアス　309
biaxial crystal　二軸性結晶（双軸結晶）　292
biconcave　両凹　41
biconcave lens　両凹レンズ　429
biconvex　両凸　285
bifilar suspension　二本吊り　294
bifilar winding　二本巻き　294
big-bang theory　ビッグバン理論　337
bilateral　両方向性　303
Billet split lens　ビエの分割レンズ　328

billion　ビリオン　344
bimetallic strip　バイメタル板　310
bimorph cell　バイモル圧電素子　310
binary notation　二進法　293
binary star　連星（二重星）　443
binding energy　結合エネルギー　110
binocular microscope　双眼顕微鏡　119
binoculars　双眼鏡　359
binomial distribution　二項分布　292
binomial expression　二項展開　292
biological half-life　生物学的半減期　204
biological shield　生体遮蔽　165, 203
biomass energy　バイオマスエネルギー　140
biomimetics　生物模倣技術　204
biophysics　生物物理学　204
Biot and Savart's law　ビオ-サヴァールの法則　328
Biot-Fourier equation　ビオ-フーリエの式　328
Biot's law　ビオの法則　328
bipolar electrode　双極極板　214
bipolar integrated circuit　バイポーラ集積回路　167
bipolar junction transistor　バイポーラ接合型トランジスター　286
bipolar transistor　バイポーラトランジスター　310
biprism　複プリズム　352
birefringence　複屈折　352
bistable　フリップフロップ　360
bistable　双安定　213
bistable multivibrator　双安定マルチバイブレーター　213
bit　ビット　338
Bitter pattern　ビッター模様　338
black body　黒体　130
black-body radiation　黒体放射　130
black-body temperature　黒体温度　130
black dwarf　黒色わい星　130
black hole　ブラックホール　357
blanket　ブランケット　358
blazed grating　ブレーズド回折格子　361
blink microscope or comparator　ブリンク顕微鏡（コンパレーター）　360
Bloch functions　ブロッホ関数　362
Bloch wall　ブロッホ壁　362
blocking capacitor　阻止コンデンサー　221
blocking oscillator　ブロッキング発振器　362
blooming of lens　レンズのブルーミング　442
blueshift　青方偏移　204
body-centered　体心　226
body wave　実体波　158

Bohr magneton　ボーア磁子　157
Bohr theory of the atom　ボーアの原子理論　379
boiling point　沸点　354
boiling-water reactor：BWR　沸騰水型原子炉　50, 354
bolometer　ボロメーター　395
Boltzmann constant　ボルツマン定数　393
Boltzmann distribution　ボルツマン分布　394
Boltzmann entropy theory　ボルツマンのエントロピー理論　39
Boltzmann equation　ボルツマン方程式　394
Boltzmann's formula　ボルツマンの公式　394
bomb calorimeter　ボンベ熱量計　395
bond energy　結合エネルギー　110
bonding orbital　結合軌道　366
bonding pad　ボンディングパッド　395
booster　ブースター　353
bootstrap　ブートストラップ　354
bootstrap theory　ブートストラップ理論　355
boron counter　ホウ素計数管　388
Bose condensation　ボース凝縮　392
Bose-Einstein condensation　ボース-アインシュタイン凝縮　244, 392
Bose-Einstein distribution law　ボース-アインシュタインの分布則　432
Bose-Einstein statistics　ボース-アインシュタイン統計　432
boson　ボソン（ボース粒子）　392
Bouguer anomaly　ブーゲー異常　172
Bouguer's law of absorption　ブーゲーの吸収の法則　209
boundary layer　境界層　85
Bourdon tube (and gauge)　ブルドン管（およびゲージ）　360
Boyle temperature　ボイル温度　380
Boyle's law　ボイルの法則　380
Brackett series　ブラケット系列　192
Bragg angle　ブラッグ角　357
Bragg construction　ブラッグ構造　254
Bragg curve　ブラッグ曲線　356
Bragg's law　ブラッグの法則　357
brake h.p.　ブレーキ馬力　317
branch　枝　303
branch point　分岐点　303
branching　分岐　364
branching fraction　分岐分数　364
branching ratio　分岐比　364
brass　真鍮　189　⇨124 合金
Bravais lattice　ブラベ格子　357
breakdown　放電破壊　389
breakdown voltage：BDV　放電破壊電圧（降伏電圧）　77, 389
breeder reactor　増殖炉　215
Breit-Wigner formula　ブライト-ウィグナーの式　355
bremsstrahlung　制動放射　204
Brewster angle　ブルースター角　377
Brewster window　ブルースター窓　360
Brewster's law　ブルースターの法則　370, 377
bridge　ブリッジ　359
bridge rectifier　ブリッジ整流器　359
Bridgman effect　ブリッジマン効果　359
bright nebula　散光星雲　201
brightness scan　輝度走査　242
Brillouin zone　ブリユアン帯域　360
Brinell hardness　ブリネル硬度　360
Brinell test　ブリネル試験　64
British thermal unit：Btu　イギリス式熱単位（英国式熱単位）　10
brittleness　もろさ　409
broadside array　横型アレー　8
bronze　青銅　124
brown dwarf　褐色わい星　65
Brownian movement or motion　ブラウン運動　356
brush　ブラシ　356
brush discharge　ブラシ放電　356
bubble chamber　泡箱　7
Buckingham Pi theorem　バッキンガムのパイ定理　312
buffer　緩衝器　72
build-up time　立ち上がり時間　229
built in potential　ビルトインポテンシャル　325
bulk lifetime　内部寿命　290, 325
bulk modulus (or volume elasticity)　体積弾性率　232
bumping　突沸　284
bunching　速度変調　220
Bunsen burner　ブンゼンバーナー　367
Bunsen cell　ブンゼン電池　367
Bunsen ice calorimeter　ブンゼン氷熱量計　367
buoyancy　浮力　360
burial　核燃料廃棄所　58
burn-up　燃焼（度）　306
bus　バス（母線）　311
busbar　バスバー　311
butterfly effect　バタフライ効果　54
BWR　337
bypass capacitor　バイパスコンデンサー　309
byte　バイト　309

C

Cabibbo angle　カビボ角　66
cadmium cell　カドミウム電池　20
cadmium ratio　カドミウム比　66
cadmium sulphide cell　硫化カドミウムセル　427
caesium clock　セシウム時計　283
cage rotor　かご型回転子　412
calcite　方解石　382
calculus of variation　変分法　378
calendar year　暦年　150
calibration　校正　125
calomel electrode　甘こう電極　69
caloric theory　熱理論　305
calorie　カロリー　69
calorific value　熱量　305
calorimeter　熱量計　305
calorimetry　熱量測定　305
camera　カメラ　66
camera lucida　カメラルシダ　67
camera tube　撮像管　142
Campbell's bridge　キャンベルのブリッジ　82
candela　カンデラ　73
candle power　燭　183
canonical　正準　203
canonical assembly　カノニカル集団　280
canonical distribution　正準分布　203
canonical equation　正準方程式　203
capacitance　電気容量（容量）　263
capacitance integrator　容量積分器　205
capacitive reactance　容量リアクタンス　424
capacitor　コンデンサー　135
capacitor microphone　コンデンサーマイクロフォン　136
capacity　容量　416
capillarity　毛管現象　407
capillary　毛管　407
capillary electrometer　毛管電位差計　407
capture　捕獲　390
capture cross section　捕獲断面積　234
capture gamma rays　捕獲γ線　390
Carathéodory's principle　カラテオドリの原理　68
carbon burning　炭素を燃料とした反応　56
carbon cycle　炭素サイクル　234
carbon microphone　炭素マイクロフォン　234
carbon resistor　炭素抵抗器　249
Carey-Foster bridge　カーレイ-フォスターブリッジ　69
Carnot-Clausius equation　カルノー-クラウジウスの式　69

Carnot cycle　カルノーサイクル　69
Carnot's theorem　カルノーの定理　69
carrier　キャリヤー　81
carrier concentration　キャリヤー濃度　82
carrier storage　キャリヤー蓄積　237
carrier wave　搬送波　81
Cartesian coordinates　デカルト座標　143
cascade　カスケード　22, 62
cascade liquefaction　カスケード液化法　63
cascade shower　カスケードシャワー　22
Casimir effect　カシミール効果　62
Cassegrain telescope　カセグレン（型）望遠鏡　63　⇨ 322 反射望遠鏡
catacysmic variable　劇変変光星　377
catadioptric system　反射屈折光学系　322
cataphoresis　カタフォレシス　261
catastrophe theory　カタストロフィー理論　64
catching diode　キャッチングダイオード　81
cathetometer　カセトメーター　63
cathode　陰極（カソード）　15
cathode glow　陰極グロー　78
cathode-ray oscilloscope　陰極線オシロスコープ　16
cathode-ray tube：CRT　陰極線管　16
cation　陽イオン　415
catoptric power　反射光学力　98
catoptric system　反射光学系　322
Cauchy's dispersion formula　コーシーの分散式　131
causality　因果律　15
caustic curve (and surface)　火線（および火面）　63
cavity absorbent　空洞吸収　94
cavity resonator　空洞共振器　94
CCD　157
CD　162
celestial sphere　天球　262
celestrial mechanics　天体力学　274
cell　セル　421
cell　電池　272
cellular telephone　セルラー電話　208
Celsius scale　セルシウス目盛　208
cent　セント　48
center of buoyancy　浮心　360
center of curvature　曲率中心　90
center of gravity　重心　167
center of inertia　慣性中心　161
center of mass　質量中心　161
center of pressure　圧力中心　5
centered optical system　共軸光学系　86
centi-　センチ-　211

central conics 中心円錐曲線 39
central force 中心力 239
central processing unit：CPU 中央演算処理装置 163
central processor 中央演算処理装置 163
centrical force 求心力 236
centrifugal force 遠心力 236
centrifuge 遠心分離機 38
centrobaric セントロバリック 167
centroid セントロイド 161
centrosymmetry 中心対称 239
ceramic pick-up セラミックピックアップ 337
Cerenkov detector チェレンコフ検出器 235
Cerenkov radiation チェレンコフ放射 235
CERN 208
CerVit サービット 143
CGS system of units CGS単位系 157
chain reaction 連鎖反応 442
Chandrasekhar limit チャンドラセカール限界 238, 310
channel チャネル 238, 258
chaos theory カオス理論 54
characteristic 特性 283
characteristic curve 特性曲線 283
characteristic equation 特性方程式 181
characteristic function 特性関数 283
characteristic impedance 特性インピーダンス 327
characteristic value エネルギーは固有値 283
characteristic X-ray 特性X線 30, 31
charge 電荷 257
charge conjugation parity (C-parity) 荷電共役パリティ 65
charge density 電荷密度 260
charge-transfer device 電荷移動素子 259
Charles's law シャルルの法則 166
charm チャーム 238
chart of nuclide 核種チャート 206
chemical hygrometer 化学湿度計 54
chemical shift 化学シフト 54
chemiluminescence 化学発光（ケミルミネッセンス） 436
chief ray 主光線 126, 174
chip チップ 238
chirality カイラリティ 53
Chladni figure クラドニの図 101
Chladni plate クラドニの板 100
choke チョーク 245
cholesteric コレステリック液晶 27
chroma 彩度 140
chromatic aberration 色収差 15
chromatic resolving power 色解像力 364

chromatic scale 半音階 46
chromaticity 色度 152
chromaticity diagram 色度図 152
chromatism 色収差 15
chrominance signal 色信号 68
chronometer クロノメーター 103
chronon クロノン 103
chronoscope クロノスコープ 103
circle of least confusion 最小錯乱円 83
circuit 回路 53
circuit-breaker ブレーカー 361
circuital 循環 52
circular orbit 円軌道 80
circularly polarized radiation 円偏光 376
civil year 暦年 150
cladding クラッディング 100 ⇨ 332 光ファイバー
Clairaut's formula クレローの式 102
clamping diode キャッチングダイオード 81
Clark cell クラーク電池 100
class A amplifier A級増幅器 28
class AB amplifier AB級増幅器 36
class B amplifier B級増幅器 333
class C amplifier C級増幅器 154
class D amplifier D級増幅器 249
classical physics 古典物理 132
Claude process クロード過程 103
Clausius-Clapeyron equation クラウジウス-クラペイロンの式 100
Clausius's equation クラウジウスの式 100
cleavage へき開 371
cleavage plane へき開面 371
clinical thermometer 体温計 224
clock クロック（時計） 103, 283
clock frequency クロック周波数 103
clock pulses クロックパルス 103
clock rate クロック周波数 103
clocked flip-flop クロックフリップフロップ 360
close-packed structure 最密構造 140
closed circuit 閉回路 53
cloud chamber 霧箱 90
cloud-ion chamber 霧電離箱 90
Clusius column クラジウスの塔 100
coax 同軸ケーブル 280
coaxial cable 同軸ケーブル 280
Cockcroft-Walton generator or accelerator コッククロフト-ウォルトン加速器 131
Coddington lens コディントンレンズ 132
coefficient of absorption 吸収係数 83
coefficient of aparemt expansion 見かけの膨張率 388
coefficient of contraction 縮脈係数 173

coefficient of coupling　結合係数　111
coefficient of cubic expansion　体膨張率　388
coefficient of diffusion　拡散係数　348
coefficient of expansion　膨張率　388
coefficient of limiting (of static) friction　極限すなわち静摩擦係数　399
coefficient of linear expansion　線膨張率　388
coefficient of real or absolute expansion　真のあるいは絶対膨張率　388
coefficient of restitution　反発係数　327
coefficient of rolling friction　転がり摩擦係数　399
coefficient of viscosity　粘性係数　306
coercive force　保磁力　392
coercivity　保磁度　391
coherence　コヒーレンス　132
coherence length　コヒーレンス長　132
coherence time　コヒーレンス時間　132
coherent radiation　コヒーレント光　132
coherent units　コヒーレント単位系　132
cohesion　凝集　87
coil　コイル　122
coincidence circuit　同時計数回路　280
cold cathode　冷陰極　437
cold fusion　常温核融合　177
cold trap　コールドトラップ　135
collective excitation　集団励起　168
collector　コレクター　135, 286
collector-current multiplication factor　コレクター電流増倍係数　135
collector efficiency　コレクター効率　286
collector ring　コレクターリング　200
colligative property　束一性　219
collimator　コリメーター　134
collision　衝突　182
collision density　衝突密度　182
colloid　コロイド　135
color (colour)　色（色荷）　14, 429
color equation　色方程式　15
color picture tube　カラー受像管　67
color quality　色質　152
color system　カラーシステム　67
color television　カラーテレビ　68
color temperature　色温度（非黒体の）　14
color triangle　色三角形　153
color vision　色覚　150
colorimetry　測色法　219
colortron　カラートロン　67
column of air　空気柱　93
coma　コマ収差　133
combination tone　結合音　110
comet　彗星　192

common branch　共通枝路　303
common-base connection　ベース接地接続（共通ベース接続）　371
common-base current gain　ベース接地電流利得（共通ベース電流利得）　286
common-collector connection　コレクター接地接続（共通コレクター接続）　135
common-emitter connection　エミッター接地接続（共通エミッター接続）　36
common-impedance coupling　共通インピーダンス結合　110
communication channel　通信チャネル　247
communication line (or link)　通信線路　247
communication network　通信ネットワーク　247
communication satellite　通信衛星　26
communication system　通信システム　247
commutator　交換子　124
commutator　整流子　205
compact disk：CD　コンパクトディスク　136
compandor　コンパンダー（圧縮拡大機）　49
comparator　比較器（コンパレーター）　136, 329
compass　コンパス　136
compensated pendulum　補償振り子　391
complementarity　相補性　218
complementary colour　補色　391
complementary transistor　相補型トランジスター　218
complex impedance　複素インピーダンス　17
component　成分　108, 219
compound microscope　複合顕微鏡　119
compound nucleus　複合核　352
compound pendulum　複振り子　358
compressibility　圧縮率　3
compression　密（音の）　402
Compton effect　コンプトン効果　136
Compton equation　コンプトン方程式　136
Compton scattering　コンプトン散乱　136
Compton wave-length　コンプトン波長　136
computer　コンピューター　136
computer graphics　コンピューターグラフィックス　101, 136
concave　凹面　41
concave grating　凹面回折格子　41
concave mirror　凹面鏡　41, 54
concave or diverging meniscus　発散メニスカス　41
concentration cell　濃淡電池　308
concentric lens　共心レンズ　87
condensation　凝縮（凝縮）　3, 87
condensation pump　凝縮ポンプ　186
condenser　凝縮器（熱）　87

condenser　集光器（光）　166
conditional probability　条件付き確率　61
conductance　コンダクタンス　135
conduction　伝導　273
conduction band　伝導帯　35
conduction current　伝導電流　276
conduction in gas　気体中の伝導　77
conduction of heat　熱伝導　302
conductivity　伝導率　273
conductor　導体　281
cone of friction　摩擦力の円錐　399
confinement　閉じ込め　284
conic section　円錐曲線　38 ⇨ 80 軌道
conical pendulum　円錐振り子　359
conics　円錐曲線　38
conjugate　共役　89, 193
conjugate impedance　共役インピーダンス　89
conjugate particle　共役粒子　327
conjunction　合 ⇨ 177 衝
conservation of charge　電荷保存則　260
conservation of energy　エネルギー保存則　36
conservation of mass and energy　質量とエネルギーの保存則　161
conservation of matter　物質保存則　354
conservation of momentum　運動量の保存　24
conservative field　保存場　392
constant pressure gas thermometer　定圧気体温度計　249
constant volume gas thermometer　定積気体温度計　252
constantan　コンスタンタン　135
constrain　束縛　220
constraint　束縛力　220
constructive interference　強め合いの干渉　71
contact potential　接触電位差　206
contact resistance　接触抵抗　206
contactor　接触器　206
containment　閉じ込め　284
containment time　閉じ込め時間　284
continuity principle　連続の原理　443
continuous flow calorimeter　定常流熱量計　251
continuous spectrum　連続スペクトル　198
continuous wave；CW　連続波　440
continuum　連続体　443
contraction coefficient　縮脈係数　173
contrast　コントラスト　136
control electrode　制御電極　201
control grid　制御グリッド　301
control rod　制御棒　201
convection　自由対流　227
convection current　対流電流　227

convection (current)　対流（熱の）　227
convectron　コンベクトロン　137
convention current　通常電流　247
convergent lens　集束レンズ　442
converging lens　集束レンズ　168
conversion　転換　261
conversion electron　転換電子　290
conversion factor　転換率　260
converter reactor　転換炉　261
convex　凸面　285
convex lens　凸レンズ　285
convex meniscus　凸メニスカス　285
convex mirror　凸面鏡　54, 285
coolant　冷却材　437
Coolidge tube　クーリッジ管　101
cooling curve　冷却曲線　437
cooling method　冷却法　437
Cooper pair　クーパー対　99, 244
coordinate　座標　143
coordination lattice　座標格子　144
Copenhagen interpretation　コペンハーゲン解釈　132
copper loss　銅損　1, 281
Corbino effect　コルビーノ効果　135
core　コア　122
core　炉心　445
core loss　鉄損　253
core-type transformer　コア型変圧器　122
Coriolis acceleration　コリオリ加速度　134
Coriolis force　コリオリ力　134, 235
Coriolis theorem　コリオリの定理　134
corkscrew rule　右ねじの法則　402
corona　コロナ　135
corpuscular theory　粒子説　427
correcting plate　補正板　392
correlation　相関　213
correlation coefficientr　相関係数　213
correspondence principle　対応原理　224
cosine law of emission　放射の余弦則　423
cosmic abundance　宇宙の元素比　22
cosmic background radiation　宇宙背景放射　22
cosmic jets　宇宙ジェット　21
cosmic rays　宇宙線　22
cosmic string　宇宙ひも　22
cosmological principle　宇宙原理　24
cosmology　宇宙論　22
Cotton-Mouton effect　コットン-ムートン効果　131
coudé focus　クーデ焦点　381
coudé system　クーデ式　381
coulomb　クーロン　103

Coulomb field　クーロン電場　103
Coulomb force　クーロン力　104, 296
Coulomb scattering　クーロン散乱　103
Coulomb's law　クーロンの法則　104
Coulomb's law of friction　クーロンの摩擦の法則　399
Coulomb's theorem　クーロンの原理　103
coulombmeter　クーロンメーター　104
counter　計数器　107
counter/frequency meter　計数器式周波数計　107
couple　偶力　95
coupled system　結合系　111
coupling　結合　110
coupling coefficient　結合係数　110
CP invariance　CP不変性　163
CP violation　CP不変性の破れ　163
CPT invariance　CPTの対称性　163
CPT theorem　CPT定理　163
cradle guard　保護枠　390
creep　クリープ　101
critical　臨界（臨界条件）　327, 442
critical angle　臨界角　433
critical angle refractometer　臨界角屈折計　433
critical isothermal　臨界等温線　433
critical mass　臨界質量　433
critical point　臨界点　433
critical potential　臨界ポテンシャル　437
critical pressure　臨界圧力　433
critical state　臨界状態　433
critical temperature　臨界温度　433
critical velocity　臨界速度　433
critical volume　臨界体積　433
critically damped　臨界減衰　118
Crookes dark space　クルックス暗部　78
Crookes radiometer　クルックス放射計　102
cross coupling　交差結合　114
cross section　断面積　234
crossed　直交している　400
crossed cylinder　交差円筒レンズ　124
crossed lens　交差レンズ　124
crossover frequency　交差周波数　102
crossover network　クロスオーバー回路網　102
crosstalk　漏話　444
CRT　148
cryogen　寒剤　249
cryogenics　低温学　249
cryometer　低温用温度計　249
cryostat　クライオスタット（低温槽）　99
cryotron　クライオトロン　99
crystal　結晶（クリスタル）　111
crystal base　結晶基底　111

crystal class　結晶族　112
crystal clock　水晶時計　283
crystal-controlled oscillator　水晶制御発振子　4, 192
crystal counter　結晶カウンター　111
crystal cut　結晶の切断（カット）　112
crystal detector　鉱石検波器　125
crystal diffraction　結晶回折　111
crystal dynamics　結晶動力学　112
crystal filter　結晶フィルター　112
crystal grating　結晶回折格子　111
crystal microphone　クリスタルマイクロフォン　101
crystal oscillator　水晶発振子　4
crystal pick-up　クリスタルピックアップ　337
crystal structure　結晶構造　112
crystal systems　結晶系　111
crystal texture　結晶組織　112
crystallography　結晶学　111
CT (computerized tomography) scanning　CTスキャン　162
cubic　立方晶系　112
cumulatively compound-wound　和動複巻　352
curie　キュリー　85
Curie constant　キュリー定数　85
Curie point　キュリー点　85
Curie temperature　キュリー温度　85
Curie-Weiss law　キュリー－ワイスの法則　85
Curie's law　キュリーの法則　85
curl　回転　52
current　電流　276
current balance　電流天秤　276
current density　電流密度　277
current-function　流れの関数　290
current transformer　変流器　378
curvature　曲率　90
curvature of field　像面湾曲　218
curvature of image　像面湾曲　218
curved surface　曲がった表面　108
curvilinear coordinates　曲線座標　144
cushon-shaped distortion　クッション形ひずみ　336
cut　カット　112
cut-off frequency　遮断周波数　165
cybernetics　サイバネティクス　140
cybotaxis　サイボタキシス　140
cycle　サイクル　138
cyclon　サイクロン　138
cyclotron　サイクロトロン　138
cylindrical lens　円柱面レンズ　39
cylindrical polar coordinates　円筒座標　143

cylindrical winding 円筒巻 39

D

D-line of sodium ナトリウム D 線 291
d'Alembert's paradox ダランベールのパラドックス 230
DALR 249
d'Arsonval galvanometer ダルソンバール検流計 230
dalton ダルトン 116
Dalton's law of partial pressure ドルトンの分圧の法則 288
damped 減衰する 118
damped vibration 減衰振動 118
damper ダンパー 234
damping 減衰 118
damping factor 減衰係数 118
Daniell cell ダニエル電池 229
daraf ダラフ 37
dark-field illumination 暗視野照明 119
dark matter 暗黒物質 7
dark nebula 暗黒星雲 201
dark space 暗黒部 7
dash-pot ダッシュポット 229
dating 年代測定 306
daughter product 娘核 404
Davisson-Germer experiment デヴィッソン-ガーマーの実験 253
Dawes rule ドーズの規則 363
day 日 293
d.c. 251
d.c. Josephson effect 直流ジョセフソン効果 183
de Broglie equation ドブロイの式 285
de Broglie wave ドブロイ波 285
dead room 無響室 404
dead time 不感時間 50, 352
deadbeat 速示の 219
debye デバイ 254
Debye characteristic temperature デバイ特性温度 254
Debye function デバイ関数 254
Debye length デバイ長 254
Debye-Scherrer method デバイ-シェラー法 254
Debye-Scherrer ring デバイ-シェラー環 254
Debye-Sears effect デバイ-シアス効果 254
Debye T^3 law デバイの T^3 法則 254
Debye theory of specific heat capacity デバイの比熱の理論 254
Debye-Waller factor デバイ-ウォーラー因子 254

deca- デカ- 253
decay 減衰 118
decay 崩壊 382
decay constant 崩壊定数 382
decay or damping factor 減衰定数 118
decay time 立ち下がり時間 319
deci- デシ- 253
decibel デシベル 253
decimal balance デシマルバランス 274
declination 偏角 376
declinometer 方位角計 381
decoherence interpretation デコヒーレンスの解釈 229
decomposition voltage 分解電圧 363
deconfinement temperature 解放温度 96
decoupling 減結合（デカップリング） 114
decrement 減衰係数 118
decrement gauge 減衰計 367
defect 欠陥 109
defect conduction 欠陥伝導 110
deferent 従円 23
deformation potential 変形ポテンシャル 376
degaussing 消磁（デガウス） 180
degeneracy 縮退 173, 280
degeneracy pressure 縮退圧 173
degenerate 縮退している 76, 280, 283
degenerate gas 縮退気体 173
degenerate level 縮退準位 173
degenerate semiconductor 縮退半導体 173
degradation 劣化 441
degree 次数 158
degree 度 278
degree Celsius セ氏温度 206
degree centigrade センチグレード 206
degree of freedom 自由度 169 ⇨ 219 相律
degree of variance 状態変数の数 169
dekatron デカトロン 253
del 微分作用素 341
delay line 遅延線 235
delayed neutron 遅発中性子 238
delta connection 三角結線 145
delta (δ)-function デルタ関数 252
delta radiation (δ-radiation) デルタ放射 255
demagnetizing field 消磁場 180
demodulation 復調 352
demodulator 復調器 116
demultiplexer デマルチプレクサー 228
denaturant 変性剤 377
densitometer 濃度計 308
density 密度 402
density-depth profile 密度の深度プロファイル

236
density of heatflow rate 熱流率密度 305
dependent event 従属事象 61
depletion layer 空乏層 94
depletion-mode device デプレッションモード素子 259
depolarizer 復極剤 352
depolarizing agent 復極剤 352
depth of field 被写界深度 334
depth of focus 焦点深度 181
derived unit 誘導単位 29, 132
desorption 脱離 229
Destriau effect デトリオ効果 37
destructive interference 打ち消し合いの干渉 71
detector 検出器 116
deuteron 重陽子 170
deviation 偏差 377
deviation (angle of) 偏角 376
dew point 露点 445
Dewar vessel デュワー瓶 255
dextrorotatory 右旋性 21, 122
diamagnetism 反磁性 321
diaphragm 絞り 164
diathermanous 透熱性 281
diathermic 透熱性 278, 281
diathermy ジアテルミー 148
diatonic scale 全音階 45
dichroism 二色性 293
dielectric 誘電体 411
dielectric constant 誘電定数 412
dielectric heating 誘電加熱 411
dielectric hysteresis 誘電ヒステリシス（履歴現象） 411
dielectric loss 誘電損失 411
dielectric polarization 誘電分極 262, 411
dielectric strength 絶縁耐力 206
diesel cycle ディーゼルサイクル 252
Dieterici equation ディーテリチ方程式 181
difference tone 差音 24
differential 微分 444
differential air thermometer 差動空気温度計 143
differential amplifier 差動増幅器 143
differential resistance 差動抵抗 143
differential scattering cross section 微分散乱断面積 147
differentially compound-wound 差動複巻 143, 352
differentiator 微分器 341
diffraction 回折 330
diffraction analysis 回折解析 51
diffraction grating 回折格子 51

diffraction of light 光の回折 330
diffraction of sound 音波の回折 48
diffraction pattern 回折パターン 330
diffractometer 回折計 51
diffuse reflectance 乱反射率 323
diffuse reflection 乱反射 321
diffused junction 拡散接合 56
diffusion 拡散 56
diffusion cloud chamber 拡散霧箱 56
diffusion current 拡散電流 113
diffusion length 拡散長 57 ⇨ 325 半導体
diffusion potential 拡散電位 325
diffusion pump 拡散ポンプ 186
diffusivity 拡散率 57
digital audio tape：DAT ディジタルオーディオテープ 251
digital circuit ディジタル回路 251
digital computer ディジタルコンピューター 136
digital delay line ディジタル遅延線 235
digital inverter ディジタルインバーター 17
digital recording ディジタル記録 251
digital voltmeter：DVM ディジタル電圧計 251
digitron デジトロン 253
dilatometer 膨張計 388
dimensional analysis 次元解析 155
dimorphism 同質二形 281
dineutron 重中性子 168
diode ダイオード 224, 300
diode drop ダイオードドロップ 224
diode forward voltage ダイオード順電圧 224
diode laser ダイオードレーザー 326
diode transistor logic：DTL ダイオード-トランジスター論理回路 224
dioptre ディオプトリー 249
dioptric power ディオプトリー 98
dioptric system 屈折光学系 97
dip 伏角 353
dip circle 伏角円盤 353
dipole 双極子（ダイポール） 214
dipole aerial ダイポールアンテナ 226
diproton 二陽子系 296
Dirac constant ディラック定数 252
Dirac equation ディラック方程式 252
Dirac function ディラック関数 252
direct broadcast by satellite：DBS 衛星直接放送 26
direct current：d.c. 直流 245, 276
direct-coupled amplifier (d.c. amplifier) 直接結合増幅器 245
direct-current restorer (d.c. restorer) 直流分再生回路 245

direct-gap semiconductor　直接ギャップ半導体　245　⇨ 68 ガリウムヒ素デバイス
direct stroke　直接電撃　418
direct-vision prism　直視プリズム　245
direct-vision spectroscope　直視分光器　245
directive aerial　指向性アンテナ　155
director　導波器　155
directrix　準線　38
disappearing filament pyrometer　線条消失高温計　210
disc winding　ディスク型巻線　251
discharge　放電現象　77
discharge characteristic　放電特性　77
discharge coefficient　流量係数　428
discharged　放電した　388
discomposition effect　擾乱効果　19
discriminator　弁別器　378
dish　皿型アンテナ　144
disintegration　崩壊　382
disintegration constant　崩壊定数　382
disk　ディスク　251
disk drive　ディスクドライブ　251
dislocation　転位　109
dislocation line　転位線　109
dispersion　分散　365
dispersion equation　分散式　365
dispersion of sound　音波の分散　49
dispersion power　分散能　365
displacement　変位　375
displacement current　変位電流　376
displacement rule　変位規則　222
disruptive discharge　破裂放電　320
disruptive strength　絶縁耐力　206
dissipation factor　散逸率　278
dissociation　解離　53
dissociation constant　解離定数　43
distortion　ひずみ　335
distribution function　分布関数　367
distribution of velocity　速度分布　220
diurnal motion　日周運動　294
divergence　発散　313
divergent lens　発散レンズ　⇨ 442 レンズ
diverging lens　発散レンズ　313
Dolby　ドルビー　288
domain　ドメイン（分域）　69, 87
dominant mode　主モード　282
dominant wavelength　主波長　153
donor impurity　ドナー不純物　324
donor state　ドナー準位　324
dopant　ドーパント　285
doping　ドーピング　285, 325

doping level　ドーピングレベル　285, 325
Doppler broadening　ドップラー広がり　285
Doppler effect　ドップラー効果　284
Doppler radar　ドップラーレーダー　285, 440
Doppler shift　ドップラーシフト　284
Doppler width　ドップラー幅　285
dose　線量　212
dose equivalent　線量当量　212
dose rate　線量率　212
dosemeter　線量計　212
dosimeter　線量計　212
dosimetry　線量測定　212
double-basediode　単接合トランジスター　233
double refraction　複屈折　352
double resonator　二重共鳴器　375
double sideband transmission　両側帯波伝送　233
doublet　二重項　293
downward leader stroke　下方前駆放電　209
drag coefficient　ドラッグ係数　285
drag force　ドラッグ力　285
drain　ドレイン　258, 288
drift mobility　ドリフト移動度　288, 325
drift transistor　ドリフト型トランジスター　288
drift tube　円筒状電極　209
driver　ドライバー　285
driving point impedance　駆動点インピーダンス　99
droop　ドループ　319
drum winding　鼓状巻　131
dry adiabatic lapse rate：DALR　乾燥断熱減率　78
dry cell　乾電池　73
dry flashover voltage　乾閃絡電圧　212
dry ice　ドライアイス　285
dual in-line package：DIP　デュアルインラインパッケージ　254
Duane-Hunt relation　デュエヌ-ハントの関係　254
ductility　延性　39
Dulong and Petit's law　デュロン-プティの法則　255
duplex operation　複信　352
duplexer　送受切換器　215
duralumin　ジュラルミン　175
duration of the wavefront　波頭の持続時間　179
dust core　ダストコア（圧粉磁心）　228
DVM　252
dwarf planet　準惑星（わい惑星）　53, 448
dynamic　動的　281
dynamic equilibrium　動的平衡　281
dynamic friction　動摩擦力　399

dynamic operation　動的動作　407
dynamic RAM：DRAM　ダイナミックRAM　421
dynamic range　ダイナミックレンジ　226, 376
dynamic similarity　力学的相似　424
dynamic stability　動安定　278
dynamic viscosity　動的粘性率　282
dynamical matrix　動的マトリックス　133
dynamics　動力学　282
dynamo　ダイナモ　226
dynamometer　動力計　288
dynamotor　発電動機　313
dyne　ダイン　228
dynode　ダイノード　226

E

E-layer　E層　11
E-region　E領域　11
earth　アース　3
earth（planet）　地球　236
earth bus　接地バス　311
earth current　地電流　238
earth electrode　アース電極　3
earth plane　接地板　207
earth potential　地電位　3
earth's mean density　地球の平均密度　237
earthed　アース（接地）されている　⇨ 3 アース
earthquake　地震　158
east-west effect　東西効果　22
ebullition　沸騰状態　354
eccentricity　離心率　38, 79
echelon grating　エシェロン回折格子　28
echo　反響（エコー）　320
echo chamber　エコーチェンバー　145
echo sounding　音響測深　46
ECL　10
eclipse　食　183
eclipsing binary　食連星　377
ecliptic　黄道　128
eddy current　渦電流　21
eddy current loss　渦電流損失　21
eddy viscosity　渦粘性　21
edge connector　エッジコネクター　32
edge dislocation　刃状転位　109
edge tone　エッジ音　31
Edison accumulator　エジソン蓄電池　28
Edison-Butler band　エジソン-バトラー帯　29
effective energy　有効エネルギー　411
effective h.p.　実効的馬力　317
effective mass　有効質量　411
effective resistance　実効抵抗　159

effective temperature　実効温度　128
effective value　実効値　293
effective wavelength　有効波長　411
efficiency　効率　75, 129
effort　作用　75
effusion　噴散　365
EHF　9
Ehrenfest's rule　エーレンフェストの規則　37
eigenfunction　固有関数　133, 283, 314
eigenvalue　固有値　133, 314
eigenvalue problem　固有値問題　133
eigenvector　固有ベクトル　134
Einstein and de Haas effect　アインシュタイン-ドハース効果　2
Einstein coefficient　アインシュタイン係数　1
Einstein photoelectric equation　アインシュタインの光電方程式　127
Einstein shift　アインシュタインシフト　2
Einstein's field equation　場のアインシュタイン方程式　108
Einstein's law　アインシュタインの法則　2
Einthoven galvanometer　アイントホーフェン検流計　2
elastance　エラスタンス　37
elastic collision　弾性衝突　182
elastic constant　弾性定数　232
elastic deformation　弾性変形　232
elastic hysteresis　弾性ヒステリシス　232
elastic limit　弾性限界　232
elastic modulus　弾性率　232
elastic scattering　弾性散乱　146
elasticity　弾性　232
elastoresistance　エラスト抵抗　37
electret　エレクトレット　37
electric axis　電気軸　261
electric braking　電気ブレーキ　262
electric charge　電荷　257
electric constant　自由空間の誘電率　166
electric current　電流　276
electric dipole moment　電気双極子モーメント　214
electric discharge　放電　388
electric displacement　電気変位　262
electric energy　電気エネルギー　261
electric field　電場　273
electric field strength　電場強度　273
electric flux　電束　272
electric flux density　電束密度　262
electric image　電気鏡像　261
electric polarization　電気分極　262, 411
electric potential　電位　257

electro-optical effect 電気光学的効果 61
electro-optical shutter 電気光学的シャッター 61
electro-optics 電気光学 261
electrocardiograph：ECG 心電計 189
electrochemical equivalent 電気化学当量 261
electrochemistry 電気化学 261
electrode 電極 263
electrode a.c. resistance 微分抵抗 341
electrode differential resistance 微分抵抗 341
electrode efficiency 電極効率 263
electrode potential 電極電位 263
electrodisintegration 電気崩壊 262
electrodynamic instrument 電流力計型計器 277
electrodynamics 電気力学 263
electrodynamometer 電流力計 277
electroencephalograph：EEG 脳波計 308
electroendosmosis 電気浸透 261
electrokinetic phenomena 界面動電現象 53
electroluminescence エレクトロルミネッセンス 37
electrolysis 電気分解 262
electrolyte 電解質 259
electrolytic capacitor 電解コンデンサー 259
electrolytic conductivity 電解質伝導率 259, 273
electrolytic dissociation 電離 275
electrolytic migration 電解マイグレーション 53
electrolytic photocell 湿式光電池 159
electrolytic polarization 電解分極 259
electrolytic rectifier 電解整流器 259
electromagnet 電磁石 267
electromagnetic damping 電磁的制動 21
electromagnetic deflection 電磁偏向 269
electromagnetic focusing 電磁の集束 168
electromagnetic induction 電磁誘導 270
electromagnetic interaction 電磁相互作用 267
electromagnetic mass 電磁質量 266
electromagnetic moment 電磁モーメント 154
electromagnetic pump 電磁ポンプ 270
electromagnetic radiation 電磁放射 269
electromagnetic spectrum 電磁スペクトル 269
electromechanical actuator 電動アクチュエーター 273
electrometer 電位計 257
electromotive force：e.m.f. 起電力 79
electromotor 電動機（モーター） 273
electron 電子 263
electron affinity 電子親和力 156, 267
electron attachment 電子付着 268
electron capture 電子捕獲 268
electron density 電子密度 270
electron diffraction 電子回折 264

electron gas 電子ガス 264
electron gun 電子銃 267
electron-hole pair 電子-正孔対 202
electron lens 電子レンズ 271
electron microscope 電子顕微鏡 265
electron multiplier 電子増倍管 268
electron optics 電子光学 266
electron paramagnetic resonance 電子常磁性共鳴 267
electron-probe microanalysis 電子プローブ微量分析 268
electron shell 電子殻 264
electron spectrometer 電子分光器 269
electron spectroscopy 電子分光 268
electron-spin resonance：ESR 電子スピン共鳴 267
electron stain 電子着色 268
electron synchrotron 電子シンクロトロン 187
electron temperature 電子温度 264
electron tube 電子管 265
electronic device 電子デバイス 268
electronic flash 電子フラッシュ 268
electronic spectrum 電子スペクトル 198
electronics エレクトロニクス（電子工学） 37
electronographic camera 電子画像カメラ 14
electronvolt 電子ボルト 270
electrophoresis 電気泳動 261
electroplating 電気めっき 262
electropolishing 電子研磨 266
electrorheological fluid 電気粘性液体 262
electroscope 検電器 119
electrosmosis 電気浸透 261
electrostatic deflection 静電偏向 203
electrostatic focusing 静電の集束 168
electrostatic generator 静電発電機 203
electrostatic induction 静電誘導 203
electrostatic lens 静電レンズ 271
electrostatics 静電気学 203
electrostriction 電気ひずみ 262
electroweak theory 電弱理論 270
elementary particle 素粒子 222
ellipse 楕円 38
ellipsoid mirror 楕円鏡 55
ellipsometer 偏光解析装置 377
elliptical galaxy 楕円型銀河 91
elliptical orbit 楕円軌道 80
elliptically polarized 楕円偏光 376
e/m イーエム比 9
emanating power 散逸割合 145
e.m.f. 9
emission 電子放出 269

emission nebula 発光星雲 201
emission spectrum 発光スペクトル 312
emissivity 放射率 387
emittance エミッタンス 37
emitter エミッター 36, 286
emitter-coupled logic：ECL エミッター結合論理回路 36
emitter electrode エミッター電極 36
emitter follower エミッターフォロワ 36
empirical probability 経験的確率 61
e.m.u. 9
enable イネーブル 13
enable pulse イネーブルパルス 13
enantiomorphy 鏡像対称，左右対称 88
end correction 開口端補正 51
end-fire array 縦型アレー ⇨ 8 アンテナ列
endoergic process 吸熱過程 83
endothermic process 吸熱過程 83
energy エネルギー 32
energy band エネルギーバンド 34
energy density エネルギー密度 36
energy equipartition エネルギー等分配則 34
energy fluence エネルギーフルエンス 35
energy fluence rate エネルギーフルエンス率 35
energy flux density エネルギー束密度 35
energy from nuclear fission 核分裂のエネルギー 117
energy gap エネルギーギャップ 33, 35
energy imparted 付与エネルギー 355
energy level エネルギー準位 33
enhancement mode エンハンスメントモード 40
enhancement-mode device エンハンスモード素子 259
enrich 濃縮 308
enrichment 濃縮度 308
ensemble アンサンブル 280
enthalpy エンタルピー 39
enthalpy of evaporation 気化の比潜熱 75
enthalpy of melting 融解の（比）潜熱 411
enthalpy of sublimation 昇華の比潜熱 178
entrance port 入射窓 123
entrance pupil 入射ひとみ 123
entrance window 入射窓 123
entropy エントロピー 39
epicentre 震央 158
epicycle 周転円 23
epitaxial layer エピタキシャル層 36
epitaxy エピタキシー 36
epithermal neutron 熱外中性子 298
epoch 初期位相 231
epoxy resin エポキシ樹脂 36

Eppley pyranometer エプレーの全天日射計 211
EPROM 13
equal temperament 等しい音階間隔 49
equalization イコライゼーション 10
equation of continuity 連続の式 443
equation of state 状態方程式 181
equation of time 均時差 149
equatorial mounting 赤道儀 381
equilibrant 平衡力 370
equilibrium つり合い（平衡） 248, 370
equilibrium constant 平衡定数 161, 370
equilibrium vapor pressure 平衡蒸気圧 389
equinox 春（秋）分点 177
equipartition of energy エネルギー等分配則 34
equipotential 等ポテンシャル 282
equitempered scale 平均律音階 49
equivalent circuit 等価回路 278
equivalent focal length 等価焦点距離 278
equivalent network 等価ネットワーク 279
equivalent resistance 等価抵抗 279
equivalent sine wave 等価正弦波 279
erecting system 正立システム 204
erector エレクター 204
erg エルグ 37
ergon エルゴン 37
error equation 誤差方程式 284
error of measurement 測定誤差 219
Esaki diode エサキダイオード 289
escape speed 脱出速度 229
ESR 9
esu 9
etalon エタロン 346
etched figure 蝕像 183
ether エーテル 32
Ettingshausen effect エッティングスハウゼン効果 32
Euler equations オイラー方程式 41
Eulerian angles オイラー角 41
eutectic 共晶 87
eutectic point 共晶点 87
evaporation 蒸発（気化） 75, 182
even 偶 314
even-even nucleus 偶偶核 94
even-odd nucleus 偶奇核 93
event 事象 158
event horizon 事象の地平線 176
Ewing's theory of magnetism ユーイングの磁気理論 411
excess conduction 過剰電気伝導 62
excess voltage 過電圧 65
exchange force 交換力 124 ⇨ 87 強磁性

exchange relation　交換関係　124
excitation　励起　437
excitation energy　励起エネルギー　437
excitation purity　刺激純度　153
excited state　励起状態　437
exciton　励起子　437
exclusive OR gate：XOR　排他的論理和ゲート　447
exit port　射出窓　123
exit pupil　射出ひとみ　123
exit window　射出窓　123
exoergic process　発熱反応　314
exosphere　外気圏　51
exothermic process　発熱反応　314
exotic atom　エキゾチック原子　27
expanded sweep　拡大走査　58
expanding universe　膨張宇宙　388
expansion　膨張　388
exploring coil　探査コイル　231
exponential decay　指数関数的減衰　158
exponential function　指数関数　158
exposure　露出　445
exposure dose　被曝線量　212
exposure time　露出時間　445
extensive air shower　空気シャワー　22, 42, 93
extensometer　伸び計　308
external work　外に対する仕事　222
extinction coefficient　消衰係数　209
extraordinary ray：e-ray　異常光線　352
extrapolation　外挿　52
extreme ultraviolet　極端紫外　148
extrinsic semiconductor　外因性半導体　50, 324
eye lens　アイレンズ　1
eyepiece　接眼レンズ　206

F

F-line　F線　36
f-number　fナンバー　36
Fabry-Perot interferometer　ファブリ-ペロー干渉計　346
face-centered　面心の　406
facsimile　ファクシミリ　346
facsimile transmission　ファクシミリ通信　346
fading　フェーディング　349
Fahrenheit scale　ファーレンハイト目盛　347
fail-safe device　フェールセーフ機器（事故防御対応機器）　350
Falici balance　ファリシ平衡　347
fall time　立ち下がり時間　229
fallout　落下物　420
fan-in　ファンイン　347

fan-out　ファンアウト　347
far infrared　遠赤外　92
far ultraviolet　遠紫外　92
farad　ファラッド　346
Faraday cage　ファラデーケージ　346
Faraday constant　ファラデー定数　346
Faraday cylinder　ファラデー円筒　346
Faraday dark space　ファラデー暗部　78
Faraday effect　ファラデー効果　346
Faraday-Neumann law　ファラデー-ノイマンの法則　270
Faraday rotation　ファラデー回転　346
Faraday tube　ファラデー管　272
Faraday's disc　ファラデー円板　346
Faraday's law of electrolysis　ファラデーの電気分解の法則　347
Faraday's law of induction　ファラデーの電磁誘導の法則　347
fast breeder reactor：F.B.R.　高速増殖炉　126
fast fission　高速核分裂　126
fast neutron　高速中性子　126
fast reactor　高速炉　117
fatigue　疲労　344
fax　ファクス　346
fax machine　ファクス機　346
feedback　帰還（フィードバック）　76
feedback control loop　負帰還制御ループ　435
feeder　フィーダー　271, 348
feedthrough　フィードスルー　348
femto-　フェムト-　349
Fermat's principle　フェルマーの定理　350
fermi　フェルミ　350
Fermi age theory　フェルミの年齢理論　350
Fermi-Dirac distribution function　フェルミ-ディラックの分布関数　350
Fermi-Dirac distribution law　フェルミ-ディラックの分布則　432
Fermi-Dirac statistics　フェルミ-ディラック統計　350, 431
Fermi function　フェルミ関数　34
Fermi gas model　フェルミ気体モデル　350
Fermi level　フェルミ準位　34
Fermi statistics　フェルミ統計　350
fermion　フェルミオン（フェルミ粒子）　350
Ferranti effect　フェランチ効果　349
ferrimagnetism　フェリ磁性　349
ferrite　フェライト　349
ferrite core　フェライト磁心　122
ferroelectric material　強誘電物質　89
ferromagnetism　強磁性　86
fertile　核燃料材料の　58

Féry total radiation pyrometer　フェリーの全放射高温計　349
Fessenden oscillator　フェセンデン発振器　349
FET　36
Feynman diagram　ファインマンダイアグラム　431
Feynman propagator　ファインマンの伝播関数　431
fiber-optics system　光ファイバーシステム　332
Fick's law　フィックの法則　348
field　映像面　255
field　視野　164
field　場　309
field coil　界磁コイル　51
field curvature　像面湾曲　218
field-effect transistor：FET　電界効果トランジスター　258
field emission　電界放出　259
field-emission microscope　電界放出顕微鏡　260
field equation　場の方程式　217
field frequency　映像周波数　255
field-ion microscope　放射型イオン顕微鏡　382
field ionization　電界イオン化　257
field lens　視野レンズ　166
field magnet　界磁石　51
field of view　視野　164
field of view　視野の大きさ　123
field stop　視野絞り　123, 164
field tube　フィールド管　272
filament　フィラメント　348
film badge　フィルムバッジ　212
film dosimetry　フィルム線量測定　212
film resistor　被膜抵抗器　249
filter　フィルター　154, 348
filter pump　フィルターポンプ　348
finder　ファインダー　135
fine-structure constant　微細構造定数　334
first focal length　第一焦点距離　86
first focal point　第一焦点　86
first-order theory　ガウス光学　54
first principal plane　第一主面　86
first principal point　第一主点　86
fissile　核分裂性の　59
fission　核分裂　59
fissionable　核分裂性の　59
five-fourth power law　冷却の5/4乗則　437
fixed point　温度定点　48
flash barrier　フラッシュバリア　357
flash point　引火点　15
flashgun　フラッシュガン　268
flashing point　引火点　15
flashover　閃絡　212
flashover voltage　閃絡電圧　212
flavor　香り　95, 270
Flemming's rule　フレミングの法則　362
flicker photometer　フリッカー測光器　359
flip-flop　フリップフロップ　360
floating　浮遊　355
floppy disk　フロッピーディスク　251
fluid　流体　428
fluidity　流動率　428
fluorescence　蛍光　107　⇨436 ルミネッセンス
fluorescent lamp　蛍光灯　107
fluorescent screen　蛍光スクリーン　107
flutter　フラッター　357
flux　フラックス　356
flux refraction　磁束屈折　159
fluxmeter　磁束計　159
flyback　フライバック　226
flying-spot microscope　走査式顕微鏡　215
focal length　焦点距離　181
focal plane　焦点面　181
focal point　焦点　181
focus　焦点　38, 181
focus　震源　⇨158 地震学
focusing　集束（焦点合わせ）　168
folded dipole　折り返しダイポール　226
foot-pound-second system of units　(f.p.s. system)　フィート・ポンド・秒単位系　348
forbidden band　禁止帯　34
forbidden transition　禁制遷移　92, 210
force　力　235
force ratio　力の比　75
forced convection　強制対流　88, 227
forced oscillation　強制振動　87
forced vibration　強制振動　87
form factor　波形率　311
Fortin's barometer　フォーティンの気圧計　75
forward bias　順バイアス　177
forward current　順電流　177
forward voltage　順バイアス　177
Foster-Seeley discriminator　フォスタ–セーレイ弁別装置　170
Foucault pendulum　フーコーの振り子　352
four-dimensional continuum　四次元連続体　416
four vector　四次元ベクトル　416
Fourier analysis　フーリエ解析　358
Fourier integral　フーリエ積分　358
Fourier number　フーリエ数　358
Fourier pair　フーリエ対　358
Fourier series　フーリエ級数　358
Fourier transform　フーリエ変換　358

fourth dimension　第四次元　416
fragment　残存物　248
fragmentation　破砕反応　429
frame　フレーム　255
frame aerial　枠型空中線アンテナ　435
frame of reference　基準座標系　76
Fraunhofer diffraction　フラウンホーファー回折　331
Fraunhofer eyepiece　フラウンホーファー接眼レンズ　356
Fraunhofer lines　フラウンホーファー線　356
free air anomaly　フリーエアー異常　172
free convection　自由対流　168
free electron　自由電子　35, 168
free-electron paramagnetism　自由電子常磁性　180
free energy　自由エネルギー　166
free fall　自由落下　170
free oscillation　自由振動　167
free-piston gauge　自由ピストンゲージ　170
free space　自由空間　166
free surface energy　自由表面エネルギー　343
free vibration　自由振動　167
freezing mixture　寒剤　70
freezing point　凝固点　86
Frenkel defect　フレンケル欠陥　109
frequency　周波数　169
frequency band　周波数帯域　169
frequency changer　周波数変換器　170, 402
frequency discriminator　周波数弁別装置　170
frequency distortion　周波数ひずみ　336
frequency distribution　度数分布　284
frequency divider　周波数逓降器　169
frequency-division multiplexing　周波数分割多重方式　170
frequency doubler　周波数ダブラー　169
frequency function　度数関数　61
frequency mixing　周波数混合　337
frequency-modulated cyclotron　周波数変調サイクロトロン　187
frequency modulation (FM, f.m.)　周波数変調　170
frequency multiplier　周波数逓倍器　169
fresnel　フレネル　361
Fresnel diffraction　フレネル回折　330
Fresnel lens　フレネルレンズ　362
Fresnel rhomb　フレネル菱面体　361
Fresnel zones　フレネル帯　330
friction　摩擦　399
frictional electricity　摩擦電気　399
fringes　フリンジ　360
front　前線　79
fuel assembly　燃料の集まり　58
fuel cell　燃料電池　307
fuel element　核燃料要素　58
fuel irradiation level　燃料照射レベル　306
fugacity　フガシティ（逃散能）　351
full load　全負荷　211
full radiator　全放射体　130
full-wave rectifier circuit　全波整流器　211
function generator　ファンクションジェネレーター（関数信号発生器）　347
fundamental　基本波　81
fundamental constant　基礎定数　76
fundamental particle　素粒子　222
fuse　ヒューズ　341
fusion　融解（融合）　411
fusion bomb　核融合爆弾　59
fusion reactor　核融合炉　60

G

g-facotr　g因子　422
G-parity　Gパリティ　163
Gaede molecular air pump　ゲーデの分子ポンプ　94, 112
gain　利得　427
galactic jets　銀河ジェット　21
galaxy　銀河　91
Galilean telescope　ガリレイ型望遠鏡　97
Galilean transformation equation　ガリレイ変換式　68
Galitzin pendulum　ガリッチン振り子　359
gallium arsenide (GaAs) device　ガリウムヒ素（GaAs）デバイス　68
Galton whistle　ガルトンの笛　69
galvanomagnetic effect　電流磁気効果　276
galvanometer　検流計　120
gamma　γ（ガンマ）　73
gamma camera　γカメラ　197
gamma-ray spectroscopy　γ線分光法　364
gamma-ray spectrum　γ線スペクトル　73
gamma-ray transformation　γ線崩壊　74
gamma rays (γ-rays)　γ線　73
Gamow barrier　ガモフ障壁　58
ganged circuit　連動回路　443
gas　気体　76
gas amplification　気体増幅　77
gas breakdown　気体絶縁破壊　77
gas-cooled reactor　気体冷却原子炉　79
gas-discharge tube　気体放電管　78
gas-filled relay　ガス入りリレー　140

gas-filled tube　ガス入り電子管　62
gas law　気体の法則　78
gas multiplication　気体増幅　77
gas turbine　ガスタービン　230
gaseous ion　気体イオン　77
gate　ゲート　112, 184, 258
gate array　ゲートアレイ　112
gauge boson　ゲージボソン　108
gauge field　ゲージ場　108
gauge theory　ゲージ理論　108
gauge transformation　ゲージ変換　108, 333
gauss　ガウス　53
Gauss's theorem　ガウスの定理　54
Gaussian distribution　ガウス分布　54, 201, 284
Gaussian optics　ガウス光学　54
Gaussian system of units　ガウスまたは対称単位系　157
Gay-Lussac's law　ゲイ-リュサックの法則　107
Geiger counter　ガイガー計数管　50
Geiger-Müller counter　ガイガー計数管　50
Geiger-Nuttall relation　ガイガー-ナッタル関係式　50
Geissler tube　ガイスラー管　51
general theory of relativity　一般相対性理論　215
generalized coordinates　一般化座標　13, 169
generalized force　一般化力　13
generalized momentum　一般化運動量　13
generating station　発電所　313
generation　世代　270
generator　発電機　313
geochronology　地質年代学（ジオクロノロジー）　238
geodesic　測地線　219　⇨ 108 計量テンソル, 217 相対論
geomagnetism　地球（電）磁気学　237
geometric image　幾何学的な像　213
geometric optics　幾何光学　75
geophysics　地球物理学　237
geostationary orbit　静止軌道　203
geosynchronous energy　地熱エネルギー　139
geosynchronous orbit　同期軌道　203
geothermal gradient　地球温度勾配　236
getter　ゲッター　112
giant star　巨星　90
Gibbs free energy　ギブス自由エネルギー　⇨ 80 ギブス関数
Gibbs function　ギブス関数　80
Gibbs-Helmholtz equation　ギブス-ヘルムホルツの式　80
giga-　ギガ-　75
gilbert　ギルバート　90

Giorgi units　ジョルジ単位系　184
Gladstone-Dale law　グラッドストン-デールの法則　100
Glan-air prism　グラン-エアプリズム　292
Glan-Foucalut prism　グラン-フーコープリズム　292
Glan-Thompson prism　グラン-トムソンプリズム　292
glancing angle　視射角　157, 322
Glashow-Weinberg-Salam theory（GWS theory）　グラショー-ワインバーグ-サラム理論　100, 270
glide　すべり　199
glide plane　すべり面　200
global gauge transformation　大域的ゲージ変換　105, 108
glove box　グローブボックス　103
glow discharge　グロー放電　78, 103
glow lamp　グローランプ　103
glow tube　グロー管　103
gluon　グルーオン　95, 102
gnomonic projection　グノモン投影　99
Golay cell　ゴレーセル　135
gold point　金点　92
goniometry　ゴニオメーター測角法　132
goniophotometer　測角光度計　222
graded-base transistor　傾斜型ベーストランジスター　288
graded-index fiber　傾斜型ファイバー　332
gradient　勾配　128
gradient-index lens（GRIN lens）　分布屈折率レンズ　367
Graetz number　グレーツ数　102
Graham's law of diffusion　グレアムの拡散則　102
gram　グラム　101
gram-atom or-molecule　グラム原子または分子　101
Gramme winding　グラム巻き　72
grand unified theory：GUT　大統一理論　226
graphic equalizer　グラフィックイコライザー　101
graphical symbol　図記号　193
graphics　グラフィックス　101
Grashof number　グラスホフ数　100
Grassot fluxmeter　グラソット磁束計　159
graticule　グラティキュール　100
graveyard　核燃料廃棄所　58
gravimeter　重力計　171
gravitation　重力　171
gravitational anomaly　重力異常　172
gravitational collapse　重力崩壊　173
gravitational constant　重力定数　171

gravitational field　重力場　171, 173
gravitational lens　重力レンズ　173
gravitational mass　重力質量　160
gravitational potential　重力ポテンシャル　171
gravitational radiation　重力放射　172
gravitational redshift　重力による赤方偏移　⇨ アインシュタインシフト
gravitational unit　重力単位　172
gravitational wave　重力波　172
graviton　重力子　172
gravity　グラビティ　101
gravity balance　重力秤　171
gravity cell　重力電池　172
gravity meter　重力計　171
gravity wave　重力波（液体表面の）（水面波）173
gray　グレイ　102
grazing incidence　すれすれ入射　322
grease-spot photometer　グリーススポット光度計　101
great circle　大円　224
Green's theorem　グリーンの定理　102
greenhouse effect　温室効果　47
Greenwich mean time：GMT　グリニッジ標準時　149
Gregorian calendar　グレゴリオ暦　150
grenz ray　グレンツ線　102
grey body　灰色体　309
grid　グリッド　101, 301
grid bias　グリッドバイアス　101
ground　アース　3
ground plane　接地板　207
ground roll　グラウンドロール　158
ground state　基底状態　79, 114, 379
ground wave　地上波　238
group (mathematics)　群（数学の）　104
group speed　群速度　104
group theory　群論　105
group velocity　群速度　104
groups　族　166
Grove cell　グローブ電池　103
grown junction　成長接合　203
Grüneizen's law　グリューナイゼンの法則　102
guard band　ガード帯域　66
guard ring　保護環　390
guard wire　保護線　390
Gudden-Pohl effect　グッデン-ポール効果　99
Guillemin effect　ギレミン効果　91
Guillemin line　ギレミンライン　91
Gunn diode　ガンダイオード　73
Gunn effect　ガン効果　69

GUT　174
Gutenberg discontinuity　グーテンベルグの裂け目　99
gyrator　ジャイレーター　164
gyrocompass　ジャイロコンパス　164
gyrodynamics　ジャイロ力学　165
gyromagnetic effect　磁気回転効果　150
gyromagnetic ratio　磁気回転比　150
gyroscope　ジャイロスコープ　164
gyrostat　ジャイロスタット　165

H

H-bomb　水爆　59
habit　晶癖　182
hadron　ハドロン　315
hadronization　ハドロン化　429
Hagen-Poiseuille law　ハーゲン-ポアズイユの法則　379
Haidinger fringe　ハイディンガーの干渉縞　309
hail　ひょう（雹）　341
hair hygrometer　毛髪湿度計　407
halation　ハレーション　320
half-cell　半電池　324
half-duplex operation　半複信　352
half-life　半減期　321
half-value thickness　半値深度　323
half-wave dipole　半波ダイポール（半波長双極子）226, 327
half-wave plate　半波長板　327
half-wave rectifier circuit　半波整流回路　327
half-width　半値幅　323
Hall coefficient　ホール係数　393
Hall effect　ホール効果　393
Hall mobility　ホール移動度　393
Hall resistance　ホール抵抗　393
Hall voltage　ホール電圧　393
Hamilton's equation　ハミルトン方程式　316
Hamilton's principle　ハミルトンの原理　316
Hamiltonian function　ハミルトン関数　316
hard disk　ハードディスク　251
hard radiation　硬放射線　129
hard-vacuum tube　硬真空管　125
hard X-ray　硬X線　30
hardness　硬さ（結晶）　64
hardware　ハードウェア　314
Hare hydrometer　ハーレの液体比重計　28
harmonic　倍音　309
harmonic analyser　調波分析器　244
harmonic distortion　高調波ひずみ　336
harmonic generator　高調波発生器　127

英和索引　*485*

Hartmann formula　ハルトマンの分散式　320
Hartmann generator　ハルトマン超音波発生器　320
hartree　ハートリー　34
Hawking radiation　ホーキング放射　390
head　ヘッド　373
health physics　保健物理学　390
heat　熱　298
heat capacity　熱容量　304
heat death　熱的死　299
heat death of the universe　宇宙の熱的死　300
heat engine　熱機関　299
heat exchanger　熱交換器　299
heat flow rate　熱流率　305
heat flux　熱流束　236
heat pump　ヒートポンプ　340
heat sink　ヒートシンク　340
heat-transfer coefficient　熱伝達係数　302
heater　ヒーター　337
heating effect of a current　電流の熱効果　276
Heaviside layer　ヘビサイド層　11
Heaviside-Lorentz units　ヘビサイド-ローレンツ単位系　373
heavy-fermion substance　重フェルミ粒子物質　170
heavy water reactor：HWR　重水炉　167
hecto-　ヘクト-　371
Heisenberg indeterminacy principle　ハイゼンベルクの不確定性原理　351
helium burning　ヘリウムの核融合　56
Helmholtz coil　ヘルムホルツコイル　375
Helmholtz electric double layer　ヘルムホルツ電気二重層　375
Helmholtz function　ヘルムホルツ関数　374
Helmholtz resonator　ヘルムホルツ共鳴器　374
Heltzian wave　ヘルツ波　374
henry　ヘンリー　378
heptode　七極管（ヘプトード）　159
Herschel-Quinke tube　ハーシェル-クインケ管　311
hertz　ヘルツ　373
Hertzian oscillator　ヘルツ発振器　374
Hertzsprung gap　ヘルツシュプルングギャップ　374
Hertzsprung-Russell diagram（H-R diagram）　ヘルツシュプルング-ラッセルの図（H-R図）　373
hetero junction bipolar transistor：HJBT　ヘテロ接合バイポーラートランジスター　373
heterodyne reception　ヘテロダイン受信　24
heterogeneous　不均質　12

heterogeneous radiation　混合放射　135
heterogeneous reactor　不均一反応炉　352
heterojunction　ヘテロ接合　326, 328, 373
heteropolar generator　多極発電機　228
heterostructure　ヘテロ構造　373
hexagonal　六方晶系　112
hexode　六極管　445
HF　32
HI region　HI領域　201
Higgs boson　ヒグスボソン　270, 334
Higgs mechanism　ヒグス機構　333
high elasticity　高弾性　126
high-level injection　高レベルの注入　240
high-temperature gas cooled reactor：HTR　高温気体冷却原子炉　79
high-temperature superconductivity（superconductor）　高温超伝導（体）　⇨244 超伝導
high tension：H.T.　高圧　122
high-vacuum tube　高真空管　125
high voltage　高電圧　127
HII region　HII領域　201
Hilbert space　ヒルベルト空間　344
histogram　ヒストグラム　335
hoar frost　霜　164
Hoffmann electrometer　ホフマンの電位計　392
holding current　保持電流　185
hole　正孔　202　⇨35 エネルギーバンド
hole conduction　正孔伝導　202
hologram　ホログラム　394
holographic interferometry　ホログラフィー干渉法　394
holography　ホログラフィー　394
homocentric　共心　87
homogeneous radiation　均一放射　91
homogeneous reactor　均質炉　92
homogeneous solid　均質固体　91
homogeneous strain　一様ひずみ　12
homojunction　ホモ接合　393
hook-up　フックアップ　353
Hooke's law　フックの法則　353
horizontal pendulum　水平振り子　358
horizontal polarization　水平偏光　192
horn　ホーン　395
horn antenna　ホーンアンテナ　395
horsepower：h.p.　馬力　317
horseshoe magnet　馬蹄型磁石　314
hot　ホット　392
hot atom　ホットアトム　392
hot cathode　熱陰極　298
hot-wire ammeter　熱線電流計　299
hot-wire anemometer　熱線風速計　299

hot-wire gauge 熱線圧力計 299
hot-wire microphone 熱線マイクロフォン 299
howl ハウリング 310
howler ハウラー 310
HTR 32
Hubble constant ハッブル定数 314
Hubble parameter ハッブルパラメーター 314
hue 色相 14, 153
hum ハム 316
humidity 湿度 160
hunting ハンティング 323
Hurter-Driffield curve (H-D curve) ハーター-ドリッフィールド曲線 312
Huygens's eyepiece ホイヘンスの接眼レンズ 380
Huygens's principle ホイヘンスの原理 380
hybrid integrated circuit ハイブリッド集積回路 167
hydrated electron 水和電子 193
hydraulic press 水圧器 191
hydrodynamics 流体力学 428
hydroelectric power station 水力発電所 193
hydrogen bomb 水素爆弾 59
hydrogen electrode 水素電極 192
hydrogen spectrum 水素のスペクトル 192
hydrometer 液体比重計 28
hydrophone ハイドロフォン 309
hydrostatic equation 流体静力学的方程式 428
hydrostatic pressure 静水圧 42
hydrostatics 流体静力学 204
hygristor ハイグリスター 309
hygrometer 湿度計 160
hygroscope 検湿器 116
hyperbola 双曲線 38
hyperbolic orbit 双曲線軌道 80
hyperboloid mirror 双曲面鏡 55
hypercharge 超電荷 243
hyperfine structure of spectral line スペクトル線の超微細構造 198
hypermetropia 遠視 97
hypernucleus ハイパー核 421
hyperon ハイペロン 309
hypersonic flight 極超音速飛行 202
hypersonic speed 極超音速 131
hypothesis 仮説 63
hypsometer 液高計 26
hysteresis ヒステリシス 335
hysteresis loop ヒステリシスループ 232, 335
hysteresis loss ヒステリシス損失 335

I

i-spin アイソスピン 1
i-type semiconductor i型半導体 189
IAT 1
IC 1
ice 氷 129
ice line 氷線 342
ice point 氷点 342
ideal crystal 理想結晶 425
ideal gas 理想気体 425
identity 単位元 104
ignition temperature 発火温度 60, 312
ignitor electrode 点火電極 10
ignitron イグナイトロン 10
illuminance 照度 182
illumination 照度 182
image 像 213
image converter 像変換管 (イメージコンバーター) 218
image impedances 影像インピーダンス 26
image intensifier イメージインテンシファイア 13
image orthicon イメージオルシコン 142
image potential 鏡像ポテンシャル 88
image processing 画像処理 63
image space 像空間 213
image-transfer coefficient 像伝送係数 217
image tube 撮像管 143
immersion objective 液浸対物レンズ 27
IMPATT diode インパットダイオード 17
impedance インピーダンス 17
impedance magnetometer インピーダンス磁力計 18
impedance matching インピーダンス整合 18
impulse 力積 425
impulse noise インパルス雑音 141
impulse-reaction turbine 反動タービン 230
impulse turbine 衝動タービン 230
impulse voltage (or current) 衝撃電圧(電流) 179
impulsive force 撃力 108, 425
impulsive sound 衝撃音 179
impurity 不純物 353
in phase 同相 213
in series 直列 245
in vacuo 真空 171
incandescence 白熱放射 311
incandescent lamp 白熱電球 310
incident angle 入射角 294

inclination 伏角 353
inclined plane 斜面 166
inclinometer クリノメーター 101
incoherent インコヒーレント 16
independent event 独立事象 60
indeterminacy principle 不確定性原理 351
index error 指示誤差 157
index of refraction 屈折率 98
indicated h.p. 指示馬力 317
indicator diagram インジケーターダイアグラム 16
indicator tube 指示管 157
indirect-gap semiconductor 非直接ギャップ半導体 245
indirect stroke 間接電撃 418
induced e.m.f. 誘導起電力 270
inductance インダクタンス 17
induction coil 誘導コイル 412
induction flowmeter 誘導流量計 413
induction heating：IH 誘導加熱 412
induction instrument 誘導型計器 412
induction motor 誘導モーター 412
inductive load 誘導負荷 42
inductive reactance 誘導リアクタンス 424
inductive tuning 誘導性同調 281
inductor インダクター 16
inelastic collision 非弾性衝突 ⇨ 182 衝突
inelastic collision of the first kind 第一種非弾性衝突 ⇨ 182 衝突
inelastic collision of the second kind 第二種非弾性衝突 ⇨ 182 衝突
inelastic scattering 非弾性散乱 146
inert cell 不活性電池 351
inertance 音響慣性 46
inertia 慣性（慣性力） 72, 160
inertia force 慣性系力 235
inertial coordinate system 慣性座標系 72
inertial force 慣性力 235
inertial observer 慣性系観測者 72
inertial reference frame 慣性座標系 72
inflationary universe インフレーション宇宙 18
information satellite 情報衛星 26
information technology：IT 情報処理技術 182
information theory 情報理論 182
infrared astronomy 赤外線天文学 205
infrared radiation：IR 赤外線 205
infrared spectroscopy 赤外分光法 365
infrared window 赤外の窓 225
infrasound 超低周波音 243
injection 注入 240
injection efficiency 注入効率 240

injection laser 注入型レーザー 326
input 入力 294
input impedance 入力インピーダンス 294
insertion loss (or gain) 挿入損失（または利得） 217
instantaneous axis 瞬間軸線 177
instantaneous frequency 瞬時周波数 177
instantaneous value 瞬時値 177
instrument shunt 分流器 367
insulate 絶縁する 206
insulated-gate FET 絶縁ゲート型 FET ⇨ 258 電界効果型トランジスター
insulating resistance 絶縁抵抗 206
insulation 絶縁物 206
insulator 絶縁体 206
integrated circuit：IC 集積回路 167
integrating meter 積分計器 205
integration time 積分時間 205
integrator 積分器 205
intelligent terminal インテリジェントターミナル 230
intensifying screen 増感板 213
intensity 強度 88
intensity modulation 輝度変調 80
intensity of illumination 照度 88, 182
intensity of magnetization 磁化の強度 149
interaction 相互作用 214
interactive 対話式の 228
interelectrode capacitance 電極間容量 263
interface インターフェース（界面） 17
interfacial angle 面角 406
interference 干渉 70, 71
interference filter 干渉フィルター 348
interference fringe 干渉縞 70
interference microscopy 干渉顕微法 120
interference pattern 干渉パターン 71
interferometer 干渉計 71, 72
interlaced scanning 飛び越し掃引 ⇨ 255 テレビ
intermediate frequency：i.f. 中間周波数 196
intermediate vector boson 中間ベクトルボソン 239
intermodulation 相互変調 214
internal absorptance 内部吸収率 290
internal conversion 内部転換 290
internal energy 内部エネルギー 33
internal friction 内部摩擦 290
internal photoelectric effect 内部光電効果 330
internal resistance 内部抵抗 290
internal transmission density 内部透過密度 290
internal transmittance 内部透過率 290
internal work 内部仕事 290

International Atomic Time (IAT, フランスでは TAI) 国際原子時 129
international candle 国際燭 130
international ohm (Ω_{int}) 国際オーム 44
International Practical Temperature Scale : IPTS 国際実用温度目盛 129
international table calorie (IT calorie) 国際蒸気表カロリー 130
interpolation 内挿 290
interstage coupling 段間結合 231
interstellar matter, interstellar medium : ISM 星間物質 201
interstitial structure 格子間原子構造 125
interstitials 格子間原子 109
interval 音程 48
interval 距離 90, 416
intrinsic conductivity 真性伝導率 189
intrinsic mobility 真性移動度 189
intrinsic pressure 固有圧力 133
intrinsic semiconductor 真性半導体 189, 324
intrinsic variable 変光する星(真変光星) 377
Invar インバー 17
inverse Compton effect 逆コンプトン効果 137
inverse direction 逆方向 81
inverse gain 逆方向増幅度 81
inverse-square law 逆二乗の法則 81
inversion 反転 323
inversion temperature 逆転温度 81, 176
inverter インバーター 17
inviscid flow 非粘性流体 230
Ioffe bar ヨッフェバー 416
ion イオン 9
ion-beam analysis イオンビーム分析法 10
ion exchange : IX イオン交換 9
ion implantation イオン注入 9
ion pair イオン対 9
ion pump イオンポンプ 10
ion source イオン源 9
ion trap イオントラップ 10
ionic atmosphere イオン雰囲気 10
ionic conduction イオン伝導 9
ionic crystal イオン結晶 9
ionic mobility イオン移動度 9
ionization 電離(イオン化) 275
ionization chamber 電離箱 276
ionization gauge 電離真空計 275
ionization potential イオン化ポテンシャル 9
ionizing radiation 電離放射線 276
ionosphere 電離層 275
ionospheric wave 電離層波 238, 275
IPTS 1

IR 1
IR^2 loss IR^2 損失 1
iridescence 玉虫色 230
iron loss 鉄損 253
irradiance 放射照度 383
irradiation 照射 180
irreducible representation 既約表現 134
irregular galaxy 不規則型銀河 91
irreversible change 不可逆変化 55
irrotational motion 渦なし運動 21
isenthalpic process 等エンタルピー過程 278
isentropic process 等エントロピー過程 278
isobar 等圧線 278
isobar 同重体 281
isobaric 等圧の 278
isochore 等積線 281
isochronous イソクロナスの 11
isoclinal 等伏角線 282
isodiapheres 同余体 282
isogam 等重力線 281
isogonal 等偏角線 282
isolating 絶縁 206
isolating transformer 絶縁変圧器 206
isolator アイソレーター 1
isomer 異性体 11
isometric change 等積変化 281
isomorphism 同形 280
isophote 等光度線 280
isospin アイソスピン 1
isospin quantum number アイソスピン量子数 1
isostasy 地殻均衡説 235
isostatic anomaly アイソスタティック異常 172
isothermal 等温の 278
isothermal process 等温過程 278
isotone アイソトーン 1
isotope 同位体 278
isotopic number 中性子過剰数 239
isotopic spin アイソスピン 1
isotropic 等方性の 282
iterative impedance 反復インピーダンス 327

J

J/psi particle J/ψ粒子 148
Jamin refractometer ジャマン屈折計 98, 166
jamming ジャミング 166
jansky ジャンスキー 166
jansky noise ジャンスキー雑音 166
JET 148
jet propulsion ジェット推進 148
jet tone ジェット音 148

jitter ジッター 159
j-j coupling j-j結合 110
Johnson-Lark-Harowitz effect ジョンソン-ラーク-ホロウィッツ効果 184
Johnson-Rahbeck effect ジョンソン-ラーベック効果 184
Josephson constant ジョセフソン定数 183
Josephson effect ジョセフソン効果 183
Josephson junction ジョセフソン接合 183
joule ジュール 175
Joule effect ジュール効果 176
Joule-Kelvin effect ジュール-ケルビン効果 175
Joule-Thomson effect ジュール-トムソン効果 175
Joule's law ジュールの法則 176
journal friction 軸受け摩擦 399
junction 接合 206
junction FET 接合型FET 258
junction transistor 接合型トランジスター 286
just intonation 全音階 49
Juvin's rule ジュバンの法則 175

K

K-capture K捕獲 390
Kaluza-Klein theory カルーツァ-クライン理論 68
kaon K中間子（ケイオン） 238
keeper 保磁子 391
Kellner eyepiece ケルナーの接眼レンズ 113
kelvin ケルビン 113
Kelvin balance ケルビン秤 113
Kelvin contact ケルビンコンタクト 113
Kelvin double bridge ケルビンダブルブリッジ 113
Kelvin effect ケルビン効果 113, 300
Kennelly-Heaviside layer ケネリー-ヘビサイド層 11
Kepler telescope ケプラー型望遠鏡，ケプラー式望遠鏡 97, 112
Kepler's law ケプラーの法則 112
kerma (kinetic energy released in matter) カーマ 66
Kerr cell カーセル 61
Kerr constant カー定数 61
Kerr effect カー効果 61
Kew magnetometer キュー磁力計 84
keyboard キーボード 81
kilo- キロ- 91
kilogram キログラム 91
kilowatt-hour キロワット時 91

kinematic viscosity (coefficient of) 動粘性率 281
kinematics 運動学 24
kinetic energy 運動エネルギー 32
kinetic friction 動摩擦力 399
kinetic potential 運動ポテンシャル 419
kinetic theory 分子運動論 366
kinetics 動力学 282
Kirchhoff formula キルヒホッフの公式 90
Kirchhoff's law (for electric circuit) キルヒホッフの法則 90
Kirchhoff's law (for radiation) キルヒホッフの放射法則 90
Klein-Gordon equation クライン-ゴルドン方程式 100
klystron クライストロン 99
knife switch ナイフスイッチ 290
Knudsen flow クヌーセン流 367
Knudsen gauge クヌーセンゲージ 99
Kobayashi-Maskawa matrix 小林-益川行列 132
Kuiper belt カイパー帯 53
Kuiper belt object カイパー帯物体 53
Kundsen number クヌーセン数 367
Kundt's rule クント則 105
Kundt's tube クント管 104
Kutta-Joukowski theorem クッタ-ジョコースキーの定理 98

L

labeled 標識されている 384
ladder filter はしご型フィルター 311
laevorotary 左旋性 141
laevorotatory 左旋性 122, 141
lag 遅れ 42
lagging current 遅れ電流 42
lagging load 遅れ負荷 42
Lagrange's equation ラグランジュ方程式 419
Lagrangian function ラグランジュ関数 419
Lagrangian point ラグランジュ点 419
Lalande cell ラランド電池 422
Lamb shift ラムシフト 421
lambda particle Λ粒子 421
lambda point λ点 244, 421
lambert ランベルト 423
Lambert's law ランベルトの法則 423
Lambert's law of absorption ランベルトの吸収の法則 209
lamellar field ラメラー場 422
laminar flow 層流 219
laminated core 成層鉄心 122

lamination　ラミネーション　420
Lamy's theorem　ラミの定理　421
LAN　422
Landau damping　ランダウ減衰　422
Landé factor　ランデ因子　422
langley　ラングリー　422
Langmuir effect　ラングミュア効果　422
Langmuir-Blotchett film　ラングミュア-ブロジェット膜（LB膜）　422
Laplace equation　ラプラス方程式　420
Laplace operator　ラプラス演算子　420
lapse rate　気体の減率　78
Larmor precession　ラーモア歳差運動　422
laser levitation　レーザーレビテーション　355
laser（light amplification by stimulated emission of radiation）　レーザー　439
latch　ラッチ　420
latent heat　潜熱　211
latent image　潜像　165
latent magnetization　潜在磁化　210
lateral magnification　横倍率　310, 416
lattice　格子　125
lattice constant　格子定数　125
lattice dynamics　格子力学　125
Laue diagram　ラウエ図形　418
law　法則　388
law of refraction　屈折の法則　96
law of universal gravitation　重力の法則　171
Lawson criterion　ローソン条件　445
LC　37
LCD　37
Le Chatelier's rule（or principle）　ルシャトリエの法則（原理）　435
lead　リード　426
lead　進み　194
lead equivalent　鉛当量　291
leader stroke　前駆放電　209
leading current　進み電流　194
leading load　進み負荷　194
leadless chip carrier：LCC　リードレスチップキャリヤー　427
leakage　漏れ　409
leakage current　漏れ電流　409
leakage flux　漏れ磁束　409
leakage reactance　漏れリアクタンス　409
leap second　うるう秒　149
least-action principle　最小作用の原理　139
least energy principle　最小エネルギーの原理　139
least square（method of）　最小二乗法　139
Leclance cell　ルクランシェ電池　435

LED　37
Leduc effect　ルデック効果　435
Lee's rule　リースの法則　425
left-hand rule　左手の法則　337, 362
Legendre equation　ルジャンドル方程式　435
Legendre polynomials　ルジャンドル多項式　435
Lennard-Jones potential　レナード-ジョーンズポテンシャル　347
lens　レンズ　442
lens antenna　レンズアンテナ　442
lens form　レンズの形態　442
lens formula　レンズ公式　442
lens shape　レンズの形状　442
lensing　レンジング　173
Lenz's law　レンツの法則　271
lepton　レプトン　441
lepton number　レプトン数　441
LET　37
lethargy　レサジー　440
lever　てこ　253
levitation　浮揚　244, 355
Lewis number　ルイス数　435
Lichtenberg figure　リヒテンベルク図　427
lidar（light detection and ranging）　ライダー　418
life time　寿命　175
life time　平均寿命　369
lift coefficient　揚力係数　416
light　光　329
light-emitting diode：LED　発光ダイオード　312
light exposure　露光量　444
light guide　光導波路　330
light pen　ライトペン　418
light pipe　光パイプ　330
light-year：l.y.　光年　128
lightning conductor　避雷針　344
lightning flash　雷放電　66
lightning stroke　雷撃　418
limb　リム　122
limit of proportionality　比例限界　353
limit paradox　極限のパラドックス　⇨230 ダランベールのパラドックス
limiter　制限器　201
limiting current　限界電流　113
limiting friction　極限摩擦力　399
lin-log receiver　線形-対数受信器　210
Linde process　リンデの方法　433
line　走査線　255
line broadening　線幅の広がり　198
line defect　線欠陥　109
line frequency　走査周波数　255

line of flux　電束線　272
line of flux　力線　425
line of force　力線　425
line profile　スペクトル線の形　198
line spectra　線スペクトル　198
line voltage　線間電圧　209
linear　線形　209, 303
linear absorption coefficient　線形吸収係数　209
linear accelerator (linac)　線形加速器（ライナック）　209
linear attenuation coefficient　線形減衰係数　209
linear circuit　線形回路　209
linear dispersion　線形分散　365
linear energy transfer : LET　線形エネルギー変換　209
linear extinction coefficient　線形吸光係数　209
linear inverter　リニアインバーター　17
linear momentum　線形運動量　24
linear motor　リニアモーター　427
linear stopping power　線形阻止能　221
linear strain　線ひずみ（縦ひずみ）　336
linearly polarized light　直線偏光　370
linkage　鎖交磁束　141
Linke-Fuessner actinometer　リンケ-フェスナー光量計　294
liquefaction of gas　気体の液化　78
liquid　液相　27
liquid-column manometer　液柱圧力計　28
liquid crystal　液晶　27
liquid-crystal display : LCD　液晶表示器　27
liquid-drop model　液滴モデル　28
Lissajous' figure　リサージュ図形　425
lithium fluoride dosimetry　フッ化リチウム線量測定　212
lithography　リソグラフィー　425
litre　リットル　426
litzendraht wire　リッツ線　343, 426
live　活線（活性状態）　65
live　生　291
Lloyd's mirror　ロイドミラー　444
load　負荷　75, 351
load impedance　負荷インピーダンス　351
load line　負荷直線　351
loaded concrete　遮蔽用コンクリート　165
lobe　ローブ　445
local area network : LAN　ローカルエリアネットワーク　444
local fallout　局地的原子灰　420
local gauge transformation　局所ゲージ変換　105, 108
local oscillator　局所発振器　196

logarithmic resistor　対数的可変抵抗器　226
logic circuit　論理回路　446
logic gate　論理ゲート　447
long range　遠距離　235
long-tailed pair : LTP　ロングテイルペア　446
long-wave　長波　244
longitudinal aberration　縦収差　229
longitudinal mass　縦質量　229
longitudinal spherical aberration　縦球面収差　83
longitudinal strain　線ひずみ（縦ひずみ）　336
longitudinal vibration　縦振動　229
longitudinal wave　縦波　229
loop　ループ　435
loop aerial　ループアンテナ　435
Lorentz force　ローレンツ力　446
Lorentz transformation equation　ローレンツ変換の公式　446
Lorentz-FitzGerald contraction　ローレンツ-フィッツジェラルド収縮　446
Loschmidt constant　ロシュミット定数　445
loss angle　損失角　223
loss factor　損率　223
lossy　損失が多い　223
loudness　音の大きさ　44
loudness level　音の大きさのレベル　44
loudspeaker　ラウドスピーカー　154, 418
Love wave　ラブ波　158
low-angle scattering　小角度散乱　178
low voltage　低電圧　252
lower sideband　下側波帯　220
L-S coupling　L-S 結合　110
LSI　37
lubrication　潤滑　177
lumen　ルーメン　436
luminance　輝度　79
luminance signal　輝度信号　68
luminescence　ルミネッセンス　436
luminosity　光度　128
luminosity class　光度による星の分類　⇨128 光度
luminous　視感度の　150
luminous efficacy　視感度効率　150
luminous efficiency　視感度関数　150
luminous exitance　光束発散度　126
luminous flux　光束　125
luminous intensity　光度　128
Lummer-Brodhun photometer　ルンマー-ブロードゥン光度計　221
Lummer-Gehrcke plate　ルンマー-ゲールケ板　436
lumped parameter　集中定数　168
lux　ルクス　435

Lyden jar　ライデン瓶　418
Lyman series　ライマン系列　192

M

M-scan　M走査　242
Mach angle　マッハ角　400
Mach number　マッハ数　400
machine　機械　75
machine code　マシン語　362
machine instructions　機械命令　362
macroscopic state　巨視的状態　90
magic number　魔法数　400
magnet　磁石　158
magnetic amplifier　磁気増幅器　151
magnetic balance　磁場天秤　163
magnetic bottle　磁気瓶　154
magnetic circuit　磁気回路　150
magnetic constant　磁気定数　152
magnetic crack detection　磁気クラックの検出　151
magnetic dipole moment　磁気双極子能率（磁気双極子モーメント）　154, 214
magnetic disk　磁気ディスク　251
magnetic field　磁場　163
magnetic field strength　磁場の強さ　163
magnetic flux　磁束　159
magnetic flux density　磁束密度　159
magnetic induction　磁気誘導　159
magnetic intensity　磁力　185
magnetic interval　磁場間隔　131
magnetic leakage　磁場漏洩　163
magnetic-leakage coefficient　磁場漏れ係数　163
magnetic lens　磁気レンズ　271
magnetic levitation　磁気浮上　355
magnetic meridian　磁気子午線　151
magnetic mirror　磁場ミラー　163
magnetic moment　磁気モーメント　154
magnetic monopole　磁気単極子　152
magnetic pick-up　電磁型ピックアップ　337
magnetic pole strength　磁極の強さ　154
magnetic potential difference　磁位差　148
magnetic quantum number　磁気量子数　115
magnetic recording　磁気記録　151
magnetic resonance imaging：MRI　核磁気共鳴画像法　57
magnetic screening　磁気遮蔽　151
magnetic shunt　磁気分路子　154
magnetic spin quantum number　磁気スピン量子数　196
magnetic storm　磁気嵐　237

magnetic tape　磁気テープ　152
magnetic tape unit　磁気テープユニット　152
magnetic vector potential　磁気ベクトルポテンシャル　154
magnetic viscosity　磁気粘性　153
magnetic well　磁気井戸　150
magnetism　磁気（磁性）　150
magnetite　磁鉄鉱（マグネタイト）　162
magnetization　磁化　148
magnetization curve　磁化曲線　149
magneto　マグネット発電機
magneto-optical effect　磁気光学的効果　61, 151
magnetobremsstrahlung　磁気制動放射　187
magnetocaloric effect　磁気熱量効果　153
magnetodamping　磁気制動　151
magnetohydrodynamic generator：MHD　磁気流体発電機　154
magnetohydrodynamics：MHD　磁気流体力学　154
magnetometer　磁力計　185
magnetomotive force　起磁力　76
magneton　磁子　157
magnetopause　磁気圏境界　151, 225
magnetoresistance　磁気抵抗効果　152
magnetosphere　磁気圏　151
magnetostriction　磁気ひずみ　153
magnetostriction oscillator　磁気ひずみ発振器（磁歪振動子）　153
magnetostriction transducer　磁気ひずみ変換器　154
magnetron　マグネトロン　398
magnification　倍率（光学）　310
magnifying glass　拡大鏡　119
magnifying power：MP　拡大能　58
magnitude　等級　279
Magnox　マグノックス　399
Magnus effect　マグナス効果　398
main　主系統　173
main memory　主記憶メモリー　406
main or major lobe　主または主要なローブ　445
main sequence　主系列　373
main store　主記憶装置　406
mainframe　メインフレーム　405
mains　主系統　173
maintenance potential　維持ポテンシャル　77
majority carrier　多数キャリヤー　228, 325
make-and-break　開閉（スイッチ）　53
Maksutov telescope　マクストフ望遠鏡　398
malleability　可鍛性（展性）　64
Malther effect　マルター効果　401
Malus's law　マリュスの法則　400

manganin　マンガニン　401
Mangin mirror　マンジャンミラー　401
manometer　マノメーター　400
mantle　マントル　235
many world interpretation　多世界解釈　228
Mariotte's law　マリオットの法則　400
mark-space ratio　オンオフ比　45
maser (microwave amplification by stimulated emission of radiation)　メーザー　405
mask　マスク　400
Mason's hygrometer　メイソンの湿度計　405
mass　質量　160
mass absorption coefficient　質量吸収係数　209
mass action (law of)　質量作用の法則　161
mass defect　質量欠損　160
mass-energy equation　質量とエネルギーの関係式　161
mass excess　質量超過　161
mass-luminosity law　質量光度の法則　161
mass moment　質量モーメント　161
mass number　質量数　161
mass resistivity　質量抵抗率　161, 250
mass spectrograph　質量分析器　161
mass spectrometer　質量分析計　161
mass spectrum　質量スペクトル　161
mass stopping power　質量阻止能　221
Massieu function　マシュー関数　400
master oscillator　主発振器　175
matched　マッチングされた　271
matched load　整合負荷　202
matched termination　整合終端　202
mathematical probability　数学的確率　60
matrix　行列　89
matrix mechanics　行列力学　89
matrix parameter　行列パラメーター　287
matter wave　物質波　285
Matthiessen's rule　マティーセンの規則　400
maximum and minimum thermometer　最高最低温度計　138
maximum density of water　水の最大密度　402
maximum permissible dose　最大許容線量　212
maxwell　マクスウェル　397
Maxwell-Boltzmann distribution　マクスウェル-ボルツマン分布　220
Maxwell distribution　マクスウェル分布　220
Maxwell's demon　マクスウェルの悪魔　397
Maxwell's equation　マクスウェル方程式　398
Maxwell's formula　マクスウェルの公式　397
Maxwell's rule of law　マクスウェルの法則　398
Maxwell's thermodynamic relation　マクスウェルの熱力学関係　397

McLeod gauge　マクラウド真空計　399
mean　平均　369
mean current density　平均電流密度　277
mean density of matter　物質の平均密度　353
mean deviation　平均偏差　377
mean dispersion　平均分散　365
mean energy imparted　平均付与エネルギー　355
mean free path　平均自由行程　369
mean life　平均寿命　369
mean solar time　平均太陽時　149
mean spherical intensity　方向平均強度　128
mean square velocity　平均二乗速度　369
mean sun　平均太陽　149
mean velocity　平均速度　369
measurand　測定量　376
mechanical actuator　電動アクチュエーター　273
mechanical advantage　機械の利得　75
mechanical birefringence　応力複屈折　126
mechanical equivalent of heat　熱の仕事当量　303
mechanical equivalent of light　光の仕事当量　332
mechanical mass reactance　機械的質量リアクタンス　424
mechanical reactance　力学的リアクタンス　18
mechanical resistance　力学的抵抗　18
mechanical stiffness reactance　機械的スティフネスリアクタンス　424
mechanics　力学　424
median　メジアン　405
median lethal dose；MLD　中間致死量　239
medical physics　医療物理学　14
medium-wave　中波　240
mega-　メガ-　405
megaphone　メガホン　405
megger　メガー　405
Meissner effect　マイスナー効果　244
melting　融解（融合）　411
melting point　凝固点　86
memory　メモリー　406
meniscus　メニスカス　406
meniscus lens　メニスカスレンズ　406
mercury barometer　水銀気圧計　75
mercury-in-glass thermometer　水銀封入ガラス温度計　191
mercury switch　水銀スイッチ　191
mercury-vapour lamp　水銀灯　191
mercury-vapour rectifier　水銀整流器　191
meridian　子午線　156
meridian circle　子午環　381
meridian focal line　子午面焦点線　156
meridian plane　子午面　156
mesh　メッシュ　303

mesh connection　環状結線　72
mesh contour　メッシュ輪郭　303
mesh current　メッシュ電流　303
meson　中間子（メソン）　238
metacenter　メタセンター　406
metal rectifier　乾式整流器　70
metallic crystal　金属結晶　92
metallizing　金属化　92
metastable state　準安定状態　176
meteor　流星　428
meteorite　隕石　428
meteorograph　高層（自記）気象計　125
meteorology　気象学　76
meter　メーター　406
meter（metre）　メートル　406
meter bridge　メートルブリッジ　406
meter-kilogram-second electromagnetic system of units（MKS units）　MKS電磁単位系　37
method of mixture　混合物法　135
metric tensor　計量テンソル　107
metric ton　メートルトン　288
metrology　測定学（計量学，度量衡（学））　219
MHD　37
mho　モー　407
mica　雲母（マイカ）　25
mica capacitor　マイカコンデンサー　396
Michelson interferometer　マイケルソン干渉計　397
Michelson-Morley experiment　マイケルソン-モーリーの実験　397
micro-　マイクロ-（ミクロ-）　396
microbalance　微量天秤　344
microcalorimeter　微量熱量計　344
microchip　マイクロチップ　396
microcomputer　マイクロコンピューター　396
microdensitometer　顕微濃度計　120
microelectronics　マイクロエレクトロニクス（超小型電子技術）　396
microgravity　微少重力　335
micromanometer　微差圧力計（微圧計）　334
micrometer eyepiece　測微接眼レンズ　220
micrometer screw　測微ねじ（微動ねじ）　221
micron　ミクロン　402
microphone　マイクロフォン　154, 396
microprocessor　マイクロプロセッサー　396
microradiography　微細X線写真　120
microscope　顕微鏡　119
microscope condenser　顕微集光器　166
microscopic state　微視的状態　334
microwave　マイクロ波　396
microwave background radiation　マイクロ波背景放射　22, 396
microwave spectroscopy　マイクロ波分光法　365
microwave tube　マイクロ波管　396
Mie scattering　ミー散乱　402
migration area　移動面積　13
migration length　移動距離　13
migration of ions　イオンの泳動　10
mil　ミル　403
Miller effect　ミラー効果　403
Miller index　ミラー指数　413
milli-　ミリ-　403
millioctave　ミリオクターブ　48
millisecond pulsar　ミリ秒パルサー　318
minicomputer　ミニコンピューター　403
minimum deviation　最小偏角　376
minimum discernible signal；m.d.s.　最小認識信号　139
Minkowski metric　ミンコウスキー計量　416
Minkowski space-time　ミンコフスキー時空　216
minority carrier　少数キャリヤー　180, 325
minute　分　362
mirror　鏡　54
mirror formula　鏡の公式　54
mirror nuclide　鏡映核種　85
mismatch　ミスマッチ（不整合）　402
missing mass　ミッシングマス　402
mixer　ミキサー（ミクサー）　402
mixing ratio　混合比　160
MLD　37
mmf　37
mmHg　水銀柱　191
mode　モード　408
modem　モデム　408
moderator　減速材　117, 118
modern balance　現代秤　274
modulation　変調　377
modulator　変調器　378
modulator electrode　変調電極　378
modulus　絶対値　2
modulus of decay　減衰率　118
modulus of elasticity　弾性率　232
Mohole　モホール　409
Mohorovičić discontinuity　モホロビチッチ不連続面　408
Mohs scale　モース硬度計　64
moiré pattern　モアレ模様　407
molar　モルの　409
molar conductivity　モル伝導率　409
molar gas constant　モル気体定数　⇨77 気体定数
molar heat capacity　モル比熱　409
molar latent heat　モル潜熱　211, 409

molar volume　モル体積　409
mole　モル　409
molecular beam　分子線　367
molecular cloud　分子雲　201
molecular flow　分子流　367
molecular gauge　分子式真空計　366
molecular orbital　分子軌道　366
molecular polarization　分子分極　367
molecular pump　分子ポンプ　186
molecular weight　分子量　215, 367
Moll-Gorczynski solarimeter　モル-ゴルツィンスキーの全天日射計　211
moment　モーメント（積率，能率）　409
moment of inertia　慣性モーメント　72
moment of momentum　運動量のモーメント　409
momentum　運動量　24
monochord　一弦器　12
monochromatic radiation　単色放射　232
monochromator　モノクロメーター　199
monoclinic　単斜晶系　112
monolithic integrated circuit　モノリシック集積回路　167
monostable　単安定　231
Morse's equation　モースの式　408
MOS　407
MOS integrated circuit　MOS集積回路　167, 407
MOS logic circuit　MOS論理回路　408
Moseley diagram　モーズリーダイアグラム　408
Moseley's law　モーズリーの法則　408
Mössbauer analyser　メスバウアー分析器　405
Mössbauer effect　メスバウアー効果　405
motor　電動機（モーター）　273
mounting　架台　381
mouse　マウス　397
moving coil　可動コイル型　276
moving-coil galvanometer　可動コイル検流計　120
moving-coil microphone　可動コイル型マイクロフォン　65
moving iron　可動鉄片型　276
MSI　37
mu meson　μ 中間子　403
multi-access system　共同利用システム　226
multicavity klystron　多空洞クライストロン　100
multichannel analyser　マルチチャネル分析器　401
multielectrode valve　多重極管　228
multiplet　多重項　1
multiplet　多重線（多重度）　228
multiplex operation　多重操作　228
multiplexer　マルチプレクサー　228

multiplication constant or factor　増倍定数　217
multivibrator　マルチバイブレーター　401
muon　μ 粒子（ミューオン）　403
musical scale　音階　45
mutual branch　共通枝路　303
mutual capacitance　相互キャパシタンス　214
mutual conductance　相互コンダクタンス　214
mutual inductance　相互インダクタンス　271
mutual-inductance coupling　相互インダクタンス結合　110
myopia　近視　97

N

n-channel device　nチャネルデバイス（n型デバイス）　258
n-type conductivity　n型伝導性　32
n-type semiconductor　n型半導体　32, 324
NAA　32
nabla　ナブラ　341
nadir　天底　273
NAND ゲート　447
nano-　ナノ-　291
narrow-angle　狭角　359
natural convection　自然対流　⇒ 168 自由対流, 227 対流
natural frequency　自然周波数　167
natural radioactivity　自然放射能　387
natural units　自然単位系　159
near infrared　近赤外　92
near point　近点　92
near ultraviolet　近紫外　⇒ 92 近赤外, 近紫外, 148 紫外線
nebula　星雲　201
Néel temperature　ネール温度　85, 321
negative　ネガ　298　⇒ 165 写真, 346 負（負の）
negative bias　負バイアス　355
negative exponential function　負の指数関数　158
negative feedback　負帰還　76
negative glow　負グロー　78
negative logic　負論理　447
negative magnetostriction　負の磁気ひずみ　153
negative resistance　負性抵抗　353
negative specific heat capacity　負の比熱　355
nematic　ネマチック液晶　27
neon tube　ネオン管　298
neper　ネーパー　305
neptunium series　ネプツニウム系列　384
Nernst effect　ネルンスト効果　305
Nernst heat theorem　ネルンストの熱定理　306
net radiometer　有効放射計　411

network　ネットワーク（回路網）　303
network constant　ネットワーク定数　303
network parameter　ネットワークパラメーター　303
Neumann's law　ノイマンの法則　308
neutral　中性　239
neutral equilibrium　中立　370
neutral filter　ニュートラルフィルター　294
neutral temperature　中立温度　240
neutralization　中和　240
neutrino　ニュートリノ　294
neutron　中性子　239
neutron age　中性子年齢　239, 350
neutron diffraction　中性子回折　239
neutron excess　中性子過剰数　239
neutron flux　中性子束　239
neutron flux density　中性子束　239
neutron number　中性子数　239
neutron star　中性子星　239
newton　ニュートン　295
Newton's formula (for a lens)　ニュートンの結像公式　295
Newton's law of cooling　ニュートンの冷却法則　296
Newton's laws of fluid friction　ニュートンの流体摩擦の法則　296
Newton's laws of motion　ニュートンの運動の法則　295
Newton's ring　ニュートンリング　71, 296
Newtonian fluid　ニュートン流体　296, 306
Newtonian force　ニュートン力　296
Newtonian frame of reference　ニュートン基準系　295
Newtonian mechanics　ニュートン力学　295
Newtonian system　ニュートン系　295
Newtonian telescope　ニュートン型望遠鏡　322
nichrome　ニクロム　292
Nicol prism　ニコルプリズム　292
Ni-Fe　蓄電池　28
nile　ナイル　290
Nixie tube　ニキシー管　253
NMR　32
no-load　無負荷　404
nodal line　節線　41
node　ノード　⇨303 ネットワーク, 353 節
Noether's theorem　ネーザーの定理　105
noise　雑音（ノイズ）　141
noise factor　雑音指数　142
noise level　騒音のレベル　213
non-Abelian group　非アーベル群　104
non-Abelian gauge theory　(非アーベリアンゲージ理論)　109
non perturbative　非摂動論的　207
nondegeneracy　非縮退　335
noninductive　無誘導　404
nonlinear　非線形　303
nonlinear distortion　非線形ひずみ　336, 337
nonlinear network　非線形ネットワーク　337
nonlinear optics　非線形光学　336
nonreactive　無リアクタンス　404
nonreactive load　無リアクタンス負荷　404
nonsaturated mode　不飽和モード　389
nonthermal radiation　非熱的放射　340
NOR　ゲート　447
nordal circle　節円　84
normal　法線　388
normal dispersion　正常分散　365
normal distribution　正規分布　201, 284
normal mode　基準モード　76
normal stress　垂直応力
normal stress component　垂直応力成分　42
normalization　正規化　201
normalizing factor　正規化因子　201
note　音　43
NOT　ゲート　447
nova　新星　188
NTP　32
nuclear barrier　核障壁　58
nuclear energy　核エネルギー　55
nuclear fission　核分裂　59
nuclear fusion　核融合　59
nuclear isomerism　核異性　55
nuclear magnetic resonance : NMR　核磁気共鳴　57
nuclear magneton　核磁子　157
nuclear medicine　核医学　55
nuclear power station　原子力発電所　117
nuclear reaction　核反応　58
nuclear reactions analysis : NRA　核反応分析法　10
nuclear reactor　原子炉　117
nuclear recoil　原子核の反跳　115
nuclear weapon　核兵器　59
nucleon　核子　57
nucleon number　質量数　161
nucleonics　原子核工学　115
nucleosynthesis　核合成　55
nucleus　原子核　114
nuclide　核種　58
null method　零位法（零点法）　437
number density　数密度　193
number of pole　極数　89

numerical aperture；NA　開口数　51
Nusselt number　ヌッセルト数　297
nutation　章動　41
Nyquist noise theorem　ナイキストの雑音定理　290

O

object　物体　354
object space　物空間　354
objective　対物レンズ　226
oblique astigmatism　傾斜非点収差　107
observable　観測可能（量）（オブザーバブル）　73
occlusion　吸蔵　83
occultation　掩蔽（えんぺい）　40, 183
octave　オクターブ　42
octode　八極管　312
ocular　接眼レンズ　206
odd　奇　314
odd-even nucleus　奇偶核　76
odd-odd nucleus　奇奇核　76
oersted　エルステッド　37
ohm　オーム　44
Ohm's law　オームの法則　44
ohmic contact　オーム接触　44
ohmic loss　抵抗損　250
oil-immersion　油浸　364
Olbers' paradox　オルバースのパラドックス　45
omega-minus particle　オメガマイナス粒子　44
omni-aerial　全アンテナ　208
omnidirectional aerial　全方向アンテナ　208
ondograph　オンドグラフ　48
Oort cloud　オールトの雲　45
op-amp　オペアンプ　38
opacity　不透明度（乳白度）　354
open circuit　開回路　53
operating point　動作点　280
operating system　オペレーティングシステム　222
operational amplifier　演算増幅器　38
Oppenheimer-Phillips (O-P) process　オッペンハイマー-フィリップス過程　195
opposition　逆位相　81
opposition　衝　177
optic axis　光学軸　123
optical activity　光学活性　122
optical axis　光軸　125
optical bench　光学台　123
optical center　光心（光学中心）　125
optical contact　光学接触　44
optical density　光学密度　279
optical disk　光ディスク　330

optical distance　光学距離　129
optical fiber　光ファイバー　332
optical flat　オプティカルフラット　44
optical glass　光学ガラス　123
optical maser　光メーザー　333
optical path　光路　129
optical pathlength　光路長　129
optical pyrometer　光高温計　329
optical switch　光スイッチ　329
optical window　光の窓　225
optically negative crystal　光学的に負の結晶　123
optically positive crystal　光学的に正の結晶　123
optics　光学　122
optoelectronics　光エレクトロニクス　329
optoisolator　光アイソレーター　329
OR ゲート　447
orbit　軌道　79
orbital angular-momentum quantum number　軌道角運動量量子数　80
orbital quantum number　軌道量子数　80
orbital velocity　軌道速度　80
order of interference or diffraction　干渉や回折の次数　72
order of magnitude　オーダー　43
ordinary ray；o-ray　常光線　352
origin　原点　143
orthogonal　直交　246
orthopositronium　オルトポジトロニウム　391
orthorhombic　斜方晶系　112
orthoscopic　オーソスコピック　43
oscillating current (or voltage)　振動電流（または電圧）　190
oscillation　振動　189
oscillation　発振　313
oscillator　発振器　313
oscillatory circuit　発振回路　313
oscillograph　オシログラフ　43
oscilloscope　オシロスコープ　43
osillogram　オシログラム　43
osmosis　浸透性　189
osmotic pressure　浸透圧　190
Ostwald viscometer　オストワルドの粘度計　43
Ostwald's dilution law　オストワルドの希釈律　43
Otto cycle　オットーサイクル　43
out of phase　位相外れ　213
outgassing　ガス放出　63
output　出力　174
output impedance　出力インピーダンス　174
output transformer　出力トランス　174
overcurrent　過電流　65
overcurrent release　過電流開放　65

498 英和索引

overdamped　過減衰　118
overload (electrical)　過負荷（電気の）　66
overload release　過負荷開放　65, 66
overshoot　オーバーシュート　319
overtone　上音　177
overvoltage　過電圧　65
overvoltage release　過電圧開放　65
Owen bridge　オーウェンブリッジ　41
oxygen burning　酸素の核融合　56
oxygen point　酸素点　146
ozone layer　オゾン層　225

P

p-channel device　pチャネルデバイス（p型デバイス）　258
p-type conductivity　p型伝導性　329
p-type semiconductor　p型半導体　324, 329
P-wave　P波（地震）　340
pachimeter　パキメーター　310
package　パッケージ　312
packing density　記録密度　91
packing fraction　比質量欠損　334
pad　パッド　118
pair production　対生成　247
paired cable　対ケーブル　247
palaeomagnetism　古地磁気学　131
panchromatic film　全整色フィルム　210
parabola　放物線　38
parabolic orbit　放物線軌道　80
parabolic reflector　放物面反射鏡　389
paraboloid reflector　放物面反射鏡　389
parallax　視差　157
parallel　並列　370
parallel resonant circuit　並列共振回路　87
parallel universe　並行宇宙　229
paramagnetism　常磁性　180
parameter　パラメーター　317
parametric amplifier　パラメトリック増幅器　317
parapositronium　パラポジトロニウム　391
parasitic capture　寄生の捕獲　76
parasitic oscillation　寄生発振　76
paraxial ray　近軸光線　91
paraxial theory　ガウス光学　54
parent　親核　404
parity　パリティ　318
parsec　パーセク　312
partial　部分音　355
partial　部分食　183
particle-induced X-ray emission: PIXE　粒子励起X線分析法　10

partial pressure　分圧　363
particle physics　素粒子物理学　223
particle velocity　粒子速度　428
partition function　分配関数　280
parton　パートン　315
pascal　パスカル　311
Pascal's principle　パスカルの原理　311
Paschen-Back effect　パッシェン-バック効果　313
Paschen series　パッシェン系列　192
Paschen's law　パッシェンの法則　313
pass band　パスバンド　348
passivation　パッシベーション　313
passive　受動的　155, 303
passive circuit　受動回路　175
passive component　受動部品（受動素子）　175
path integral　経路積分　108
path integral approach　経路積分法　108
Pauli exclusion principle　パウリの排他律　310
Pauli paramagnetism　パウリのスピン常磁性　180
p.d.　339
peak factor　波高率　311
peak forward voltage　ピーク順電圧　333
peak inverse voltage　ピーク逆電圧　333
peak value　ピーク値　179, 334
Peltier effect　ペルティエ効果　300
Peltier element　ペルティエ素子　300
pencil (of rays)　光束　126
pendulum　振り子　358
pendulum clock　振り子時計　283
Penning ionization　ペニング電離　373
pentatonic scale　五音音階　46
pentode　五極管　129, 301
penumbra　半影　61
perfect fluid　完全流体　428
perfect gas　完全気体　425
perigee　近地点　92
perihelion　近日点　91
period　周期　166
periodic boundary layer　周期的境界層　38
periodic table　周期表　166
periodic time　周期　166
peripheral　周辺装置（周辺機器）　170
peripheral device　周辺装置（周辺機器）　170
periscope　潜望鏡　211
permalloy　パーマロイ　316
permanent gas　永久ガス　26
permanent magnet　永久磁石　26
permanent set　永久ひずみ　26
permeability　透磁率　281
permeability of free space　真空の透磁率　281
permeance　パーミアンス　316

permittivity　誘電率　412
permittivity of free space　真空の誘電率　412
persistence　残像　146
personal equation　個人誤差　131
perspex dosimetry　パースペックス線量測定
　⇨ 212 線量測定
perturbation theory　摂動論　207
perveance　パービアンス　316
peta-　ペタ-　371
Petzval surface　ペッツバル面　218, 373
Pfund series　プント系列　192
pH　ペーハー　373
phase　相　213
phase angle　位相角　11
phase-change coefficient　位相変化係数　274
phase constant　位相定数　274
phase-contrast microscopy　位相差顕微法　120
phase delay　位相遅れ　11
phase diagram　状態図（相図）　180
phase difference　位相差　11
phase discriminator　位相弁別器　11
phase distortion　位相ひずみ　336
phase modulation　位相変調　11
phase plate　位相板　120
phase rule　相律　219
phase shift　位相のずれ　11
phase space　位相空間　11
phase speed　位相速度　11
phase splitter　分相器　367
phase wave　位相波　285
phase winding　相巻線　375
phased-array radar　フェイズドアレイレーダー　441
phlogiston theory　フロギストン説　362
phon　ホン　395
phonon　フォノン　351
phosphor　蛍光体（りん光体）　107
phosphorescence　りん光　433, 436
photocathode　光電陰極　127
photocell　光電池　127
photochromic substance　光互変性物質　329
photoconductive cell　光伝導セル　127
photoconductivity　光導電性　330
photodetachment　光脱離　330
photodetector　光検出器（光検波器）　329
photodiode　フォトダイオード　350
photodisintegration　光壊変　329
photoelasticity　光弾性　126
photoelectric cell　光電池　127
photoelectric constant　光電定数　128
photoelectric effect　光電効果　127

photoelectric threshold　光電限界　127
photoelectron spectroscopy　光電子分光　127
photoemission　光電子放出　127
photofission　光核分裂　329
photography　写真　165
photoionization　光電離　330
photolithography　光リソグラフィー（フォトリソグラフィー）　333
photolysis　光分解　333
photomagnetism　光磁性　329
photometer　光度計　221
photometry　測光　221
photomicrograph　顕微鏡写真　120
photomicrography　顕微鏡写真術　120
photomultiplier　光電子増倍管　127
photon　光子　124
photoneutron　光中性子　329
photonuclear reaction　光核反応　329
photoproton　光陽子　329
photoresist　フォトレジスト　351
photosensitivity　光感度　329
phototransistor　フォトトランジスター　350
photovoltaic cell　光電池（光起電力型の光電池）　127
photovoltaic effect　光起電力効果　329
physical optics　物理光学　122
physical photometry　物理測光　221
pi-meson　π中間子（パイオン）　238
pick-up　ピックアップ　337
pico-　ピコ-　334
piezoelectric crystal　圧電結晶　4
piezoelectric effect　圧電効果　4
piezoelectric oscillator　圧電振動子　4
p-i-n diode　pin ダイオード　345
pin grid array：PGA　ピングリッドアレイ　345
p-i-n photodiode　pin フォトダイオード　350
pinch effect　ピンチ効果　60, 345
pinch-off voltage　ピンチオフ電圧　258
pion　π中間子（パイオン）　238
Pirani gauge　ピラニ真空計　344
pitch　ピッチ（音高）　338
Pitot-static tube　ピトー静圧管　340
Pitot tube　ピトー管　339
plan position indicator　PPI　⇨ 441 レーダー
planar process　プレーナ工程（平坦面プロセス）　361
planck　プランク（単位）　357
Planck constant　プランク定数　357
Planck function　プランク関数　357
Planck length　プランク長　357
Planck mass　プランク質量　357

500　英和索引

Planck time　プランク時間　357
Planck units　プランク単位系　357
Planck's formula　プランクの公式　131
Planck's law　プランクの法則　357
plane of flotation　浮遊平面　360
plane of symmetry　対称面　225
plane of vibration　振動面　376
plane-polarized light　平面偏光　370
plane wave　平面波　370
planet　惑星　448
planetary electron　惑星電子　448
planetary nebula　惑星状星雲　448
planoconcave　平凹　41
planoconvex　平凸　285
planocylindrical lens　平面シリンドリカルレンズ
　⇨ 339 非点収差
Planté cell　プランテ電池　358
plasma　プラズマ　356
plasma oscillation　プラズマ振動　356
plasmon　プラズモン　356
plastic deformation　塑性変形　221
plastics　プラスチック　356
plate　プレート　361
plate　極板　90
plate tectonics　プレートテクトニクス　361
plumbicon　プランビコン　142
p-n junction　p-n 接合　328
pneumatics　気体力学　79
pnpn device　pnpn デバイス（pnpn 素子）　328
Pockels effect　ポッケルス効果　392
Pogson's law　ポグソンの法則　279
Poinsot motion　ポアンソー運動　379
point-contact transistor　点接触トランジスター　286
point defect　点欠陥　109
point function　点関数　260
point group　点群　134, 263
poise　ポアズ　379
poiseuille　ポアズイユ　379
Poiseuille equation　ポアズイユの式　379
Poiseuille flow　ポアズイユの流れ　379
Poisson distribution　ポアソン分布　379
Poisson equation　ポアソン方程式　379
Poisson ratio　ポアソン比　379
polar axis　極性軸（極軸）　90, 143
polar diagram　極線図　90
polar vector　極性ベクトル　371
polarimeter　偏光計　377
polariscope　偏光器　377
polarity　極性　90
polarizability　分極率　367

polarization　分極（成極）　364
polarization　偏光（偏波）　376
polarizer　偏光子　377
polarizing angle　偏光角　377
Polaroid　ポラロイド　393
polaron　ポーラロン　393
pole　極　89
pole face　磁極面　154
pole piece　磁極片　154
polychromatic radiation　多色放射　228
polycrystalline　多結晶　335
polyphase system　多相系（多相システム）　229
population inversion　反転分布　439
Porro prism　ポロプリズム　394
port　端子　231
position vector　位置ベクトル　12
positive　ポジ　165
positive column　陽光柱　78, 201
positive electron　陽電子　415
positive feedback　正帰還　76
positive glow　正グロー　201
positive logic　正論理　447
positive or Joule magnetostriction　正のまたはジュールの磁気ひずみ　153
positive tauon　反 τ 粒子　⇨ 228 タウ粒子
positron　陽電子　415
positronium　ポジトロニウム　391
post-office box　PO 箱　328
posteriori probability　経験的確率　61
potassium-argon dating　カリウム-アルゴン年代測定　306
potential　ポテンシャル　392
potential barrier　ポテンシャル障壁　392
potential difference　電位差　257
potential divider　分圧器　363
potential energy　位置エネルギー（ポテンシャルエネルギー）　12, 33
potential flow　ポテンシャル流　219
potential function　ポテンシャル関数　392
potential gradient　電位の傾き　257
potential scattering　ポテンシャル散乱　147
potential transformer　計器用変圧器　257
potential well　井戸型ポテンシャル　13
potentiometer　電位差計（ポテンシオメーター）　257, 392
powder photography　粉末（結晶）写真法　367
power　屈折力　98
power　仕事率（パワー，電力）　156
power　倍率　15
power amplification　電力増幅（パワー増幅）　277
power amplifier　電力増幅器　277　⇨ 218 増幅器

power component　電力成分　277
power factor　力率　425
power line　電力線　271
power pack　電源箱（パワーパック）　263
power station　発電所　313
power supply　電源　263
power transistor　電力用トランジスター（パワートランジスター）　277
power-level difference　電力レベル差　277
Poynting vector　ポインティングベクトル　380
Poynting-Robertson effect　ポインティング-ロバートソン効果　380
Poynting's theorem　ポインティングの理論　380
PPI　⇨ 441 レーダー
Prandtl number　プラントル数　358
pre-emphasis (de-emphasis)　プリエンファシス（デエンファシス）　358
preamplifier　前置増幅器（プリアンプ）　211
precession　歳差運動　41, 138
precession axis　歳差軸　41
precessional torque　歳差トルク　139
preon　プレオン　361
pressure　圧力　5
pressure broadening　圧力広がり　5, 198
pressure coefficient　圧力係数　5
pressure gauge　圧力計　5
pressure head　（圧力）水頭　5
pressurized-water reactor：PWR　加圧水型原子炉　50
Prévost's theory of exchange　プレヴォの交換理論　361
primary　一次側　375
primary bow　一次の虹　292
primary cell　一次電池　272
primary color (colour)　原色（三原色）　116
primary cosmic rays　一次宇宙線　22
primary electron　一次電子　12
primary fixed point　主定点　129
primary standard　一次標準（器）　12
primary winding　一次巻線　12
principal axes of strain　ひずみの主軸　⇨ 13 一様ひずみ
principal axis　主軸　89
principal direction　主方向　175
principal focal point　主焦点　181
principal quantum number　主量子数　115
principal ray　主光線　123
principal strain　主ひずみ　13
principal stress　主応力　42
Principia　「プリンキピア」　295
principle　原理　120

principle of conservation of energy　エネルギー保存の原理（エネルギー保存則）　32, 161
principle of conservation of mass　質量保存則　161
principle of d'Alembert　ダランベールの原理　235
principle of equivalence　等価原理　216
principle of indeterminacy　不確定性原理　351
principle of least time　最小時間の定理　350
principle of stationary time　停留時間の定理　350
printed circuit　プリント配線回路（プリント基板）　360
printed-circuit board：PCB　プリント配線回路基板　360
printer　プリンター　360
priori probability　数学的確率　60
prism　プリズム　359
prism dioptre　プリズムディオプトリー　359
prismatic binoculars　プリズム双眼鏡　359
probability　確率　60
probability density function　確率密度関数　61
probable error　確率誤差　61
probe　探針（プローブ）　232
processor　プロセッサー　164
product of inertia　慣性乗積　72
profile　プロファイル（パルス，スペクトルなどの形状）　362
program　プログラム　362
programming language　プログラミング言語　362
progressive wave　進行波　187
PROM　344
PROM programmer　PROMライター　345
prompt neutron　即発中性子　220
propagation coefficient　伝搬係数　274
propagation constant　伝搬定数　274
propagation loss　伝搬損失　274
propagation vector　伝搬ベクトル　311
proportional counter　比例計数管　50, 344
proportional region　比例範囲　344
protective relay　保護継電器（保護リレー）　390
proton　陽子　415
proton decay　陽子崩壊　226
proton microscope　陽子顕微鏡　415
proton-proton chain　陽子-陽子連鎖　415
proton resonance　陽子共鳴　415
proton synchrotron　陽子シンクロトロン　415
proximity effect　近接効果　92
pseudoscalar　擬スカラー　76
pseudovector　擬ベクトル　80, 371
psychrometer　乾湿計　70
pulley　滑車　65
pulling　周波数引き込み　169

pulsar　パルサー　318
pulsating current　脈動電流　403
pulsating star　脈動変光星　377
pulse　パルス　318
pulse-amplitude modulation　パルス振幅変調　319
pulse-code modulation　パルスコード変調　319
pulse generator　パルス発生器　319
pulse height　パルス波高　319
pulse-height discriminator　（パルス）波高弁別器　319
pulse-height-analyser　波高分析器　401
pulse modulation　パルス変調　319
pulse operation　パルス動作　319
pulse radar　パルスレーダー　440
pulse rate　パルスレート　319
pulse regeneration　パルス再生　319
pulse-repetition frequency　パルスくり返し周波数　319
pulse shaper　パルス整形器　319
pulse train　パルス列　319
pulse width　パルス幅　319
pulse-width modulation　パルス幅変調　319
punch through　パンチスルー（突き抜け現象）　323
punch-through voltage　パンチスルー電圧　323
push-pull amplifier　プッシュプル増幅器　354
push-pull operation　プッシュプル動作　354
PWR　337
pycnometer (pyknometer)　比重瓶（ピクノメーター）　334
pyranometer　全天日射計　211
pyrheliometer　日射計　293
pyroelectricity　パイロ電気（焦電気）　310
pyrometer　高温計　122
pyrometry　高温測定法　48

Q

Q-factor　Q値（Q因子）　84
Q-value　Q値　84
QCD　84
QED　82
QFD　84
quadrant electrometer　象限電位計　179
quadrature　直交位相　246
quadripole　四端子　159
quadrupole　四極子（四重極子）　417
quadrupole moment　四重極モーメント　417
quality factor　Q値（Q因子）　84
quality factor　線質係数　212
quality (of sound)　音質　47
quantity of electricity　電気量　263
quantity of heat　熱量　305
quantity of light　光量　129
quantization　量子化（離散化，ディジタル化）　429
quantized　量子化されている（量子化された）　430, 432
quantum　量子　429, 432
quantum chromodynamics：QCD　量子色力学　429
quantum demolition measurement　量子破壊測定　193
quantum discontinuity　量子的不連続性　431
quantum efficiency　量子効率　430
quantum electrodynamics：QED　量子電気力学　431
quantum field theory　場の量子論　315
quantum flavor-dynamics　量子香り力学　270
quantum gravity　量子重力　430
quantum Hall effect　量子ホール効果　393
quantum jump　量子跳躍　431
quantum mechanics　量子力学　432
quantum non-demolition attributes　量子非破壊特性　172
quantum number　量子数　430
quantum of action　作用量子　432
quantum statistics　量子統計　431
quantum theory　量子論　432
quantum yield　量子効率　430
quark　クォーク　95
quark confinement　クォークの閉じ込め　96
quarkonium　クォーコニウム　96
quarter-phase　直角位相　293
quarter-wave plate　1/4 波長板　417
quarter-wavelength line　1/4 波長線　417
quartz　水晶　191
quartz-crystal clock　クォーツ時計　96
quartz-fibre manometer　石英ファイバー圧力計　367
quartz-halogen lamp　石英ハロゲンランプ　205
quartz-iodine lamp　石英ヨウ素灯　205
quasar　クェーサー　95
quasi-stellar object：QSO　準星　95
quench　クエンチ　95
quenching gas　消滅ガス　50
quiescent current　静止電流　203

R

r-process　r 過程　56
rad　ラド　420

radar　レーダー　440
radial astigmatism　傾斜非点収差　107　⇨ 339 非点収差
radian　ラジアン　419
radiance　放射輝度　383
radiant　放射の　387
radiant efficiency　放射効率　383
radiant emittance　放射率　387
radiant energy　放射エネルギー　382
radiant energy flux　放射エネルギー束　382
radiant exitance　放射発散度　387
radiant exposure　放射露光　388
radiant flux　放射束　386
radiant flux density　放射束密度　386
radiant intensity　放射強度　383
radiant power　放射パワー　386
radiation　放射（輻射）　382
radiation belt　放射線帯　386　⇨ 19 ヴァンアレン帯
radiation density constant　放射密度定数　387
radiation diagram　放射ダイアグラム　7
radiation formula　放射公式　383
radiation impedance　放射インピーダンス　386
radiation pattern　アンテナ指向性図　7
radiation physics　放射線物理　386
radiation pressure　放射圧　382
radiation pyrometer　放射高温計　383
radiation resistance　放射抵抗　386
radiative collision　放射衝突　383
radiative transport　放射輸送　387
radio　ラジオ（波）　419
radio astronomy　電波天文学　273
radio frequency：r. f.　高周波　125
radio-frequency heating　高周波加熱　125
radio interferometer　電波干渉計　273
radio receiver　ラジオ受信器　419
radio source　電波源　273
radio telescope　電波望遠鏡　273
radio wave　ラジオ波（電波）　273
radio window　電波の窓　225
radioactive series　放射性系列　384
radioactive tracer　放射性トレーサー　384
radioactive waste　放射性廃棄物　384
radioactivity　放射能　387
radiobalance　放射天秤　386
radiocarbon dating or carbon − 14 dating　放射性炭素年代測定（C-14 年代測定）　306
radiogenic　放射能によって生じる　387
radiogoniometer　無線方位計　404
radiography　放射線写真　384
radioisotope　放射性同位体　384
radiology　放射線学　384

radiolucent　放射線半透過性　386
radioluminescence　放射線ルミネッセンス　386
radiolysis　放射線分解　386
radiometer　放射計　383
radiometric age　放射年代　387
radiometric dating　放射測定　306
radionuclide　放射性核種　383
radiopaque　放射線不透過性　386
radiosonde system　ラジオゾンデ装置　420
radiospectroscope　ラジオスペクトロスコープ　420
radiotherapy　放射線治療　386
radiotransparent　放射線透過性　386
radius　動径　144
radius of curvature　曲率半径　90
radius of gyration　回転半径　53
radius vector　動径ベクトル　144, 280
rainbow　虹　292
RAM　421
Raman effect　ラマン効果　420
Raman scattering　ラマン散乱　420
Raman spectroscopy　ラマン分光学　420
ramjet　ラムジェット　421
Ramsden eyepiece　ラムスデンの接眼レンズ　421
random access　ランダムアクセス　422
random noise　ランダム雑音　141
Rankine cycle　ランキンのサイクル　422
Rankine temperature　ランキン温度　422
rapid neutron capture　中性子捕獲　56
rarefaction　疎　213
raster　ラスター　255
raster scan　ラスター走査　420
raster scanning　ラスター掃引　255
ratio　変圧比　375
ratio of an instrument transformer　計器用変成器の巻数比　375
rational intercept (law of)　有理切辺の法則　413
rationalization of electric and magnetic quantity　電磁気量の有理化　265
rationalized　有理　37
ray　光線　125
Rayleigh criterion　レイリーの基準　363
Rayleigh disc　レイリー円板　438
Rayleigh-Jeans formula　レイリー−ジーンズの公式　131
Rayleigh limit　レイリーリミット　439
Rayleigh refractometer　レイリー屈折計　98
Rayleigh scattering　レイリー散乱　439
Rayleigh wave　レイリー波　158
Rayleigh's law　レイリーの法則　439
reactance　リアクタンス　424

reactance drop　リアクタンス性電圧降下　256
reactance transformer　リアクタンストランス　424
reaction　反応　327
reaction turbine　反動タービン　230
reactive current　無効電流　404
reactive load　無効負荷　404
reactive power　無効電力　156
reactive voltage　無効電圧　404
reactive volt-ampere　無効ボルトアンペア　404
reactivity　反応度　327
reactor　リアクトル　424
reactor　原子炉　117
read-only memory　リードオンリーメモリー　445
read-write head　読取り書込みヘッド　251
real image　実像　213
real object　実物体　354
Réaumur scale　R目盛　7
receiver　受信器（受信機）　174
reciprocal lattice　逆格子　81
reciprocal theorem　相反定理　217
reciprocity failure　相反則不軌　217
reciprocity law　相反則　217
reciprocity relation　相反関係　217
recoilless　無反跳　405
recombination rate　再結合速度　138
rectifier　整流器　205
rectifier instrument　整流型計器　204
rectifier photocell　整流光電池　128
rectilinear propagation　光の直進　332
red giant　赤色巨星　205
redshift　赤方偏移　205
redshift parameter　赤方偏移パラメーター　205
reduced distance　換算距離（光学的距離）　70
reduced equation of state　換算状態方程式　70
reduced mass　換算質量　70
reduced pressure　換算圧力　70
reduced temperature　換算温度　70
reduced vergence　換算バージェンス　311
reduced volume　換算体積　70
redundancy　冗長度　181
reed　リード　426
reed relay　リードリレー　433
reference tone　標準音　342
reflectance　反射率　323
reflecting microscope　反射顕微鏡　120
reflecting telescope　反射望遠鏡　322
reflection　反射　321
reflection coefficient　反射係数　322　⇨ 44 音の吸収係数
reflection density　反射濃度　322

reflection loss　反射損失　322
reflection nebula　反射星雲　201
reflector　反射体（リフレクター）　117, 322
reflector　反射望遠鏡　322
reflex klystron　反射型クライストロン　100
refracting angle　屈折角　97
refracting edge　屈折稜　97
refracting telescope　屈折望遠鏡　97
refraction　屈折　96
refractive index　屈折率　98
refractivity　屈折量　98
refractometer　屈折計　97
refractor　屈折望遠鏡　97
refrector　反射器　155
refrigerator　冷凍機　438
regelation　復氷　352
regenerative braking　回生制動　262
regenerative cooling　再生式冷却法　140
Regge pole model　レッジェ極モデル　441
Regge trajectory　レッジェ軌跡　441
register　レジスター　440
Regnault hygrometer　ルニョー湿度計　435
regular reflection　正反射　321
regularization　正則化　186
regulation　変動率　378
relative aperture　fナンバー　36
relative atomic mass　相対原子質量　215
relative density　比重　402
relative-density bottle　相対密度瓶　215
relative humidity　相対湿度　160, 215
relative molecular mass　相対分子質量　215
relative permeability　比透磁率　281
relative permittivity　比誘電率　412
relative pressure coefficient　相対圧力係数　5
relative refractive index　相対屈折率　98
relative velocity　相対速度　215
relativistic particle　相対論的粒子　217
relativistic quantum field theory　相対論的場の量子論　315
relativity　相対論（相対性理論）　215
relaxation oscillation　緩和発振　74
relaxation oscillator　緩和発振器　74
relaxation theory　緩和理論　49
relaxation time　緩和時間　57, 74
relay　リレー　433
reluctance　磁気抵抗　152
reluctivity　磁気抵抗率　152
remanence　残留磁気　147
renewable energy source　再生可能エネルギー資源　139
renormalization　くり込み　186, 430

repeater 中継器 239
residual 残差 377
resilience 弾性エネルギー 232
resistance 抵抗 249
resistance drop 抵抗性電圧降下 256
resistance gauge 抵抗流体圧計 250
resistance strain gauge 抵抗ひずみ計 250
resistance thermometer 抵抗温度計 249
resistivity 抵抗率 250
resistor 抵抗器 249
resistor-transistor logic 抵抗器-トランジスター論理回路 250
resolution 分解 363
resolving power 分解能 363
resonance 共鳴(共鳴状態) 88
resonance cross section 共鳴断面積 234
resonance scattering 共鳴散乱 147
resonant cavity 空洞共振器 94
resonant circuit 共振回路 87
resonant frequency 共鳴周波数 87
rest energy 静止エネルギー 202
rest mass 静止質量 203, 216
resultant 合力 129
resultant tone 合成音 110
retentivity 残磁性 147
reticle レチクル 100
retina 網膜 407
return stroke 復帰放電 209
reverberation 残響 145
reverberation chamber 残響室 145
reverberation time 残響時間 145
reversal 反転 323
reverse bias 逆バイアス 81
reverse current 逆電流 81
reverse direction 逆方向 81
reverse voltage 逆電圧 81
reversible change 可逆変化 55
reversible engine 可逆機関 55
revolution 公転 127
Reynolds number レイノルズ数 438
Reynolds' law レイノルズの法則 438
rheology レオロジー 439
rheometer レオメーター 439
rheostat 可変抵抗器 66
rheostatic braking 抵抗制動 262
rhombohedral 菱面体晶系 112
ribbon microphone リボンマイクロフォン 427
Richardson's equation リチャードソンの式 425
Richardson-Dushman equation リチャードソン-ダッシュマンの式 425
Richter scale リヒタースケール 427

Riemannian リーマン空間 108
Riemannian space-time リーマン時空 217
Righi effect リギー効果 435
right-hand rule 右手の法則 362, 402
rigid body 剛体 126
rigidity modulus せん断弾性剛性率 233
ring current 環電流 73
ring main 環状幹線 71
ring winding 環状巻線 72
ringing リンギング 319
ripple さざ波 141
ripple リップル 426
ripple factor リップル率 426
ripple tank リップルタンク法 426
rise time 立ち上がり時間 319
Roche limit ロシュ限界 444
Roche lobe ロシュローブ 445
Rochon prism ロションプリズム 445
rocket ロケット 444
roentgen (röntgen) レントゲン 443
rolling friction 転がり摩擦 399
ROM (ロム) 445
roof prism 屋根型プリズム(ルーフプリズム) 245, 410
root-mean-square (rms) value 二乗平均値 293
root-mean-square (rms) velocity 二乗平均速度 293
rotameter ロータメーター 445
rotating sector 回転セクター 52
rotation 回転 52
rotation photography 回転写真法 52
rotation spectrum 回転スペクトル 198
rotational 渦運動 21
rotational 回転 52
rotational quantum number 回転量子数 33
rotatory dispersion 旋光分散 210
rotor 回転子(ローター) 52, 261
Routh's rule ラウスの法則 418
Rowland circle ローランド円 446
Rowland mounting ローランドマウンティング 446
rubidium-strontium dating ルビジウム-ストロンチウム年代測定 307
Russell-Saunders coupling ラッセル-ソンダース結合 110
rutherford ラザフォード 419
Rutherford back scattering: RBS ラザフォード後方散乱法 10
rydberg リュードベリ 34
Rydberg constant リュードベリ定数 429
Rydberg energy リュードベリエネルギー 428

Rydberg spectrum　リュードベリスペクトル　428

S

S-drop　Sドロップ　195
S-wave　S波　30
saccharimeter　検糖計　119
sagittal coma　サジタルコマ　133
sagittal plane　サジタル面　141
sagittal ray　サジタル光線　141
Saha equation　サハの式　143
Salter duck　ソルターダック　139
sampling　サンプリング　146
satellite　衛星　26
saturable reactor　可飽和リアクトル　151
saturated mode　飽和モード　389
saturated or saturation vapor pressure：SVP　飽和蒸気圧　389
saturated vapor　飽和蒸気　389
saturation　彩度　14, 153
saturation　飽和　389
saturation current　飽和電流　389
saturation voltage　飽和電圧　389
SAW filter　SAWフィルター　343
sawtooth waveform　のこぎり波　308
scalar　スカラー　193
scalar product　内積　371
scaler　スケーラー　194
scanning　走査　214
scanning electron microscope：SEM　走査型電子顕微鏡　265
scanning-transmission electron microscope：STEM　走査型透過電子顕微鏡　266
scanning tunneling microscope：STM　走査型トンネル電子顕微鏡　214
scattering　散乱　146
scattering amplitude　散乱振幅　147
scattering cross section　散乱断面積　147
schlieren method　シュリーレン法　175
Schmidt corrector　シュミット補正板　175
Schmidt number　シュミット数　175
Schmidt telescope (or camera)　シュミット望遠鏡（カメラ）　175
Schmitt trigger　シュミット回路　175
Schottky barrier　ショットキーバリア　184
Schottky defect　ショットキー欠陥　109
Schottky diode　ショットキーダイオード　184
Schottky effect　ショットキー効果　184
Schottky noise　ショットキー雑音　184
Schrödinger wave equation　シュレーディンガーの波動方程式　176

Schwarzschild radius　シュワルツシルト半径　176
scintillation　シンチレーション　189
scintillation counter　シンチレーションカウンター　189
scintillator　シンチレーター　189
scope　スコープ　194
scotophor　スコトファー　194
SCR　29
screen　スクリーン　194
screen　遮蔽材　165
screen grid　遮蔽グリッド　301
screening　遮蔽　165
screening constant　遮蔽定数　165
screw dislocation　らせん転位　109
SCS　29
search coil　サーチコイル　231
second　秒　341
second focal length　第二焦点距離　86
second focal point　第二焦点　86
second ionization potential　第二イオン化ポテンシャル　9
second of arc　秒角　アークセカンド　341
second principal plane　第二主面　86
second principal point　第二主点　86
secondary　二次側　375
secondary bow　二次の虹　292
secondary cell　二次電池　272
secondary cosmic rays　二次宇宙線　22
secondary electron　二次電子　292
secondary emission　二次放出　293
secondary spectrum　二次スペクトル　15
secondary standard　二次標準　293
secondary wave　二次波　380
secondary winding　二次巻線　293
sedimentation　沈降　246
Seebeck effect　ゼーベック効果　300
seed crystal　種結晶　229
Segrè chart　セグレチャート　206
Seidel aberration　ザイデル収差　140
seismic wave　地震波　158
seismograph　地震計　158
seismology　地震学　158
selection rule　選択則　210
selective absorption　選択吸収　210
selective fading　選択性フェーディング　349
selective radiation　選択放射　210
selective reflection　選択反射　210, 321
selectivity　選択性　210
selenium cell　セレン光電池　208
self-capacitance　自己容量　156
self-conjugate　自己共役　89

self-conjugate particle	自己共役粒子 327
self-excited	自励の 185
self-focusing	自己集束 336
self-inductance	自己インダクタンス 271
self-sustaining oscillation	持続発振 313
Sellmeier equation	セルマイヤーの式 208
SEM	208
semi-latus rectum	半通径 ⇨79 軌道
semiconductor	半導体 324
semiconductor counter	半導体計数器 326
semiconductor device	半導体素子 326
semiconductor laser	半導体レーザー 326
semiconductor memory	半導体メモリー 326
semipermeable membrane	半透膜 326
semitone	半音 320
semitransparent cathode	半透明陰極 327
sensation level	感覚レベル 69
sensing element	検出部 376
sensitivity	感度 73
sensor	センサー 376
separately excited	他励の 230
separation energy	分離エネルギー 367
sequential	順次 177
sequential access	順次アクセス 177
sequential scanning	連続掃引 255
serial	順次 177
serial access	順次アクセス 177
serial transmission	直列伝送 177
series	直列 245
series-parallel connection	直並列接続 245
series resonant circuit	直列共振回路 87
series-wound machine	直巻電気機械 245
servomechanism	サーボ機構 144
sextant	六分儀 444
Seyfert galaxy	セイファート銀河 204
shade	明度 14
shadow	影 61
shadow mask	シャドーマスク 165
shadow photometer	射影光度計 165
shadow scattering	影散乱 147
shear modulus	せん断弾性剛性率 233
shear strain	せん断ひずみ 336
shear stress	せん断応力 42
shear stress component	せん断応力成分 42
shear wave	せん断波 211
shell	殻 59
shell model	殻模型 59
shell-type transformer	外鉄型変圧器 52
Shenstone effect	シェンストーン効果 148
shield	遮蔽（遮蔽材） 165
shielding	遮蔽 165
shift register	シフトレジスター 164
SHM	29
shock wave	衝撃波 179
short circuit	短絡 234
short-period	短寿命 53
short range	近距離 235
short-wave	短波 234
shot noise	ショット雑音 184
shower	流星雨（シャワー） 428
shunt	分流器 367
shunt	分路 368
shunt-wound machine	分巻電気機械 367
SI units	SI 単位系（国際単位系） 29
side frequency	側帯波周波数 219
side lobe	サイドローブ 445
sideband	側波帯 220
sidereal day	恒星日 149
sidereal time	恒星時 149
sidereal year	恒星年 149
siemens	ジーメンス 164
Siemens's electrodynamometer	ジーメンス式電流力計 164
sievert	シーベルト 164
sigma particle	Σ粒子 155
sigma pile	シグマパイル 155
signal	信号 187
signal generator	信号発生器 188
signal level	信号レベル 188
signal-to-noise ratio	信号対雑音比 187
signature	印 185
silent discharge	無声放電 404
silicon burning	シリコンの燃焼 56
silicon controlled rectifier: SCR	シリコン制御整流器 184
silicon controlled switch: SCS	シリコン制御スイッチ 184
similarity principle	相似性の原理 424
simple harmonic motion: SHM	単純調和振動（単振動） 231
simple microscope	単式顕微鏡 119
simple pendulum	単振子 358
simplex operation	単信 232
simulation	模擬実験 164
simulator	シミュレーター 164
simultaneity	同時性 280
sine condition	正弦条件 202
sine galvanometer	正弦検流計 201
sine-squared law	正弦二乗の法則 202
sine wave	正弦波 202
singing	鳴音 405
singing arc	楽音アーク 55

single crystal 単結晶 231
single-mode fiber 単一モードファイバー 332
single-phase 単相 233
single-shot multivibrator 単発マルチバイブレーター 234
single-sideband transmission：SST 単側帯波伝送 233
singularity 特異点 176
sink 吸い込み 221
sinusoidal 正弦波的 202
siphon サイフォン 140
skiatron スカイアトロン 193
skin effect 表皮効果 342
skin friction 表面摩擦 343
sky wave 上空波 275
slip すべり 199
slip ring スリップリング 200
slip-ring rotor スリップリング回転子 412
slope resistance 微分抵抗 341
slow-down density 減速密度 119
slow neutron 低速中性子 252
slow vibration direction 遅い振動方向 43
small-signal parameter 小信号パラメーター 180
smart fluid スマート液体 262
smectic スメクチック液晶 27
smoothing circuit 平滑回路 426
S/N 比 187
Snell's law スネルの法則 196
snow 雪 413
Soddy and Fajans' rule ソディーとファジャンの法則 222
soft radiation 軟放射線 291
soft-vacuum tube 軟真空管 291
soft X-ray 軟X線 30
software ソフトウェア 222
solar battery 太陽電池 227
solar cell 太陽電池 227
solar constant 太陽定数 227
solar energy 太陽エネルギー 139
solar luminosity 太陽光度 227
solar mass 太陽質量 227
solar panel 太陽電池パネル 227
solar radius 太陽半径 227
solar units 太陽単位系 227
solar wind 太陽風 227
solarimeter 全天日射計 211, 294
solenoid ソレノイド 223
solenoidal 管状 70
solid angle 立体角 426
solid solution 固溶体 134
solid-state device 固体素子 131

solid-state memory 固体記憶装置 326
solid-state physics 固体物理学 131
solidification curve 凝固曲線 342
soliton ソリトン 222
solstice 至点 162
solute 溶質 415
solution 溶液 415
solvent 溶媒 415
sonar ソナー 222
sonde ゾンデ 223
sone ソーン 223
sonic boom 衝撃音 178
sonometer ソノメーター 12
sorption pump ソープションポンプ 222
sound 音 43
sound-energy flux 音響エネルギー束 46
sound intensity 音の強さ 44
sound power 音響パワー 46
sound power level 音響パワーレベル 277
sound pressure 音圧 45
sound-pressure level 音圧レベル 45
sound wave 音波 46
sounding balloon サウンディングバルーン 141
soundtrack サウンドトラック 141
source ソース 221
source impedance 電源インピーダンス 263
space-charge limited 空間電荷限界 300
space-charge region 空間電荷領域 93
space group 空間群 93
space lattice 空間格子 357
space quantization 空間量子化 196
space-reflection symmetry 空間反転対称性 318
space-time continuum 四次元連続体 416
spallation 破砕 311
spark 火花（スパーク） 341
spark chamber 放電箱 389
spark counter 放電計数管 388
spark discharge 火花放電 77, 341
spark gap 火花間隙（スパークギャップ） 341
spark photography 火花瞬間写真 341
sparkover 火花連絡 212
spatial filtering 空間フィルタリング 93
spatial frequency 空間周波数 93
spatial period 空間周期 93
speaker スピーカー 196
special theory of relativity 特殊相対性理論 215
specific 比 328
specific activity 比放能 341
specific charge 比電荷 9, 339
specific conductance 導電率 281
specific gravity 比重 334, 402

specific heat (capacity)　比熱（容量）　340
specific imparted energy　比付与エネルギー　355
specific inductive capacity　比誘導容量　341
specific latent heat of fusion　融解の（比）潜熱　411
specific latent heat of sublimation　昇華の比潜熱　178
specific latent heat of vaporization　気化の比潜熱　75
specific optical rotary power　比旋光度　337
specific reluctance　比磁気抵抗　334
specific resistance　比抵抗　339
specific volume　比体積　337
SPECT　197
spectral　スペクトル　198
spectral absorptance　スペクトル吸収能　83
spectral luminous efficacy　スペクトル発光効率　150
spectral luminous efficiency　スペクトル視感度関数　150
spectral type　スペクトル型　391
spectrogram　スペクトログラム　199
spectrograph　スペクトログラフ（分光写真器）　199
spectrometer　スペクトロメーター　199
spectrophotometer　分光光度計　199
spectroscope　スペクトロスコープ　199
spectroscopy　分光学　364
spectrum　スペクトル　197
spectrum analyzer　スペクトル分析器　198
specular reflectance　鏡面反射率　323
speculum　スペキュラム合金　197
speed　速さ　316
speed of electromagnetic radiation　電磁波の速さ　186
speed of light in vacuum　真空中の光速　186
speed of sound　音速　47
sphere gap　球ギャップ　82
spherical aberration　球面収差　83
spherical harmonics　球面調和振動　84
spherical lens　球面レンズ　84
spherical mirror　球面鏡　84
spherical polar coordinates　極座標　144
spherocylindrical lens　球面-円柱面レンズ　⇨ 39 円柱面レンズ, 339 非点収差
spherometer　球面計　83
spherotoric lens　球面円環体レンズ　⇨ 339 非点収差
spike　スパイク　196
spin　スピン　196
spin glass　スピングラス　196

spin-paired electron　スピン対電子　197
spin quantum number　スピン量子数　196, 197
spin-statistics theorem　スピン統計理論　197
spiral galaxy　らせん型銀河　91
spontaneous fission：S. F.　自発核分裂　163
spontaneous symmetry breaking　自発的対称性の破れ　270, 333
sporadic　散発性　428
spreading coefficient　広がり係数　344
spreading resistance　広がり抵抗　344
spring balance　ゼンマイ秤（ばね秤）　212, 274
spurious response　（にせの）応答　293
sputtering　スパッタリング　196
square wave　矩形波　96
squeezed state　スクイーズド状態　193
squegging oscillator　スクウェジング発振器　194
squid　スクィッド　194
squirrel-cage rotor　リスかご回転子　412
St. Elmo's fire　セントエルモの火　211
stable circuit　安定な回路　7
stable equilibrium　安定な平衡　370
staggered array　縦型アレー　⇨ 8 アンテナ列
standard atmosphere　標準大気圧　342
standard candle　標準光源　342
standard cell　標準電池　342
standard deviation　標準偏差　377
standard illuminant　標準照度　342
standard model　標準モデル　270
standard temperature and pressure（STP または s.t.p.）　標準温度と標準気圧　342
standardization　標準化　342
standing wave　定在波　250
Stanhope lens　スタンホープレンズ　194
Stanton number　スタントン数　194
star　恒星　125
star connection　星形結線　390
star point　スターポイント　390
Stark effect　シュタルク効果　174
Stark-Einstein equation　シュタルク-アインシュタイン方程式　174
stat-　スタット　194
static　スタティック　194
static　静的　203
static　静電気　203
static friction　静摩擦力　399
static RAM　スタティック RAM　⇨ 421 RAM
static tube　静圧管　201
statics　静力学　204
stationary orbit　静止軌道　203
stationary state　定常状態　251
stationary wave　定常波　250

statistical error　統計誤差　280
statistical mechanics　統計力学　280
statistical weight　統計学的重率　280
stator　固定子　132
steady state　定常状態　251
steam calorimeter　蒸気熱量計　178
steam engine　蒸気機関　178
steam line　飽和蒸気圧曲線　389
steam point　蒸発点　182
steam turbine　蒸気タービン　230
steel　鋼　124
steerable aerial　可動アンテナ　65
Stefan-Boltzmann constant　シュテファン-ボルツマン定数　174
Stefan-Boltzmann law　シュテファン-ボルツマンの法則　174
Stefan's constant　シュテファン定数　174
Stefan's law　シュテファンの法則　174
stellar energy　星のエネルギー　391
stellar evolution　星の進化　374
stellar jets　星ジェット　21
stellar spectra　星のスペクトル　391
STEM　195
step-down　ステップダウン　375
step-up　ステップアップ　375
step wedge　ステップウェッジ　195
stepped-index device　ステップインデックスデバイス　195
stepped-index-fiber　ステップ型ファイバー　332
stepped leader stroke　階段型前駆放電　52
steradian　ステラジアン　195
stereographic projection　ステレオ投影　195
stereophonic reproduction　ステレオ再生　195
stereoscope　立体鏡　426
stereoscopic microscope　実体顕微鏡　119
Stern-Gerlach experiment　シュテルン-ゲルラッハの実験　174
stiffness　スティフネス　194
stigmatic　無収差　442
stilb　スティルブ　194
stimulated emission　誘導放出　439
STM　29
stochastic process　確率過程　61
stokes　ストークス　195
Stokes's law（of fluid resistance）　ストークスの法則（流体の抵抗）　195
Stokes's law（of fluorescent light）　ストークスの法則（蛍光）　195
Stokes's stream function　ストークスの流れの関数　291
stop　絞り　164

stop number　fナンバー　36
stopping power　阻止能　221
storage　メモリー　406
storage device　記憶装置　75
storage location　記憶場所　406
storage oscilloscope　蓄積型オシロスコープ　237
storage time　蓄積時間　237
store　メモリー　406
STP　30
strain　ひずみ　336
strain ellipsoid　ひずみ楕円体　13
strain gauge　ひずみ計　336
strange matter　ストレンジ物質　195
strangeness　ストレンジネス　195
stratospheric fallout　成層圏原子灰　420
stray capacitance　浮遊容量　355
stream function　流れの関数　290
streaming potential　流れのポテンシャル　291
streamline　流線　428
stress　応力　41
stress birefringence　応力複屈折　126
stress component　応力の成分　42
stretched string　張られた弦　317
striking　点弧　140
string　弦　121
string galvanometer　弦検流計　2
string theory　弦理論　121
stripping　ストリッピング反応　195
stroboscope　ストロボスコープ　195
strong focusing　強集束　168
strong interaction　強い相互作用　247
studio flash　スタジオフラッシュ　268
subcarrier　副搬送波　352
subcritical　臨界未満　442
subharmonic vibration　分周振動　367
sublimation　昇華　178
submillimetre wave　サブミリ波　144
subshell　部分殻　264
subsonic　音速以下　48
subsonic and supersonic flight　遷音速あるいは超音速の飛行　202
substandard　副標準　352
substation　変電所　378
substrate　基板　80
subtractive primaries　減色基材　⇨120 減法混色
subtractive process　減法混色　120
sum over histories approach　経歴総和法　108
sunspot　太陽黒点　226
super elastic collision　超弾性衝突　182
Super-Kamiokande　スーパーカミオカンデ　294
super-regenerative reception　超再生受信　243

superconducting magnet　超伝導磁石　244
superconductivity　超伝導　243
supercooling　過冷却　69
supercritical　臨界超過　442
superfluid　超流体　244
supergravity　超重力　43, 243
superheater　過熱機　422
superheating　過熱　66
superheterodyne receiver　スーパーヘテロダイン受信器　196
superlattice　超格子　242　⇨ 134 固溶体
supermembrane　超膜　121
supernova　超新星　243
supernova remnant　超新星残骸　243
superposition principle　重ね合わせの原理　62
supersaturated vapour　過飽和蒸気　66
supersonic flow　超音速流　240
superstring　超弦　121
superstrings　超弦理論　430
supersymmetry　超対称性　243
supplementary unit　補助単位　29
suppressor grid　抑制グリッド　301
surface acoustic wave device（SAW device）　表面音響素子　343
surface-barrier transistor　表面障壁型トランジスター　343
surface charge density　電荷の面密度　260
surface colour　表面色　343
surface conductivity　表面伝導率　343
surface density　面密度　406
surface energy　表面エネルギー　343
surface resistivity　表面抵抗　343
surface tension　表面張力　343
surface wave　表面波　158
surge　サージ　141
susceptance　サセプタンス　141
susceptibility　感受率　70
Sutherland's formula　サザーランドの式　141
SVP　30
sweep　掃引　226
switch　スイッチ　192
switched　切り替え　303
symmetry　対称性　225
synchrocyclotron　シンクロサイクロトロン　187
synchronous alternating-current generator　同期交流発電機　279
synchronous clock　同期時計　279
synchronous generator　同期発電機　279
synchronous induction motor　同期誘導モーター　279
synchronous motor　同期モーター　279

synchronous speed　同期速度　279
synchrotron　シンクロトロン　187
synchrotron radiation　シンクロトロン放射　187
synoptic chart　天気図　261
system software　システムソフトウェア　⇨ 222 ソフトウェア
systematic error　系統誤差　⇨ 219 測定誤差

T

T-number　T ナンバー　252
tachometer　タコメーター　228
tachyon　タキオン　228
Talbot's law　ターボーの法則　230
tandem generator　タンデム高電圧発生器　234
tangent galvanometer　正接検流計　203
tangent law　正接則　203
tangential coma　接線コマ　133
tangential focal line　接線焦点線　156
tapping　タップ　229
tau particle　タウ粒子（τ粒子）　228
tauon　タウ粒子（τ粒子）　228
telecommunication　電気通信　261
telemetry　テレメトリー　256
telephony　テレフォニー　256
telephoto lens　望遠レンズ　381
telescope　望遠鏡　381
television　テレビ　255
television camera　テレビカメラ　255
television receiver　テレビ受像器　255
temperament　音律　49
temperature　温度　48
temperature coefficient of resistance　抵抗の温度係数　250
temperature inversion　温度反転　48
tensile strength　抗張力　127
tensional compressive stress　引っ張り・圧縮応力　41
tensor　テンソル　272
tera-　テラ　255
terminal　ターミナル　230
terminal velocity　終端速度　168
termination　終端　168
tesla　テスラ　253
Tesla coil　テスラコイル　253
tetragonal　正方晶系　112
tetrode　四極管　301, 417
TFT　249
theodolite　経緯儀　107
theorem　定理　253
theorem of parallel axes　平行軸の定理　370

therm サーム 144
thermal agitation 熱運動 298
thermal conductance 熱伝達率 302
thermal conductivity 熱伝導率 302
thermal diffusivity 熱拡散率 298
thermal effusion 熱蒸散 299
thermal equilibrium 熱平衡 304
thermal imaging 熱影像 298
thermal neutron 熱中性子 299
thermal noise 熱雑音 141
thermal power station 火力発電所 68
thermal power station 原子力発電所 117
thermal radiation 熱放射 304
thermal radiator 熱放射体 90
thermal reactor 熱中性子炉 117
thermal shield 熱シールド 117
thermal transpiration 熱遷移 299
thermalize 熱中性子化 299
thermion 熱電子（熱イオン） 302
thermionic cathode 熱電子カソード 300
thermionic emission 熱電子放出 302
thermionic valve 熱電子管 300
thermistor サーミスター 144
thermoammeter 熱電電流計 276, 302
thermocouple 熱電対 302
thermodynamic potential 熱力学ポンシャル 305
thermodynamic temperature 熱力学的温度 305
thermodynamics 熱力学 304
thermodynamics (1st law of) 熱力学の第一法則 304
thermodynamics (2nd law of) 熱力学の第二法則 304
thermoelectric effect 熱電効果 300
thermoelectric generator 熱電発電機 302
thermoelectric series 熱電列 303
thermogalvanometer 熱電流計 120
thermograph 記録温度計 91
thermoluminescence：TL 熱ルミネッセンス 436
thermomagnetic effect 熱流磁気効果 153
thermometer 温度計 48
thermometry 温度測定法 48
thermonuclear energy 熱核エネルギー 298
thermonuclear reaction 熱核反応 59, 298
thermonuclear reactor 核融合炉 60
thermophone サーモフォン 144
thermopile 熱電対列 302
thermoplastic 熱可塑性 356
thermosetting 熱硬化性 356
thermostat サーモスタット 144
theta pinch θピンチ 60
thick-film circuit 厚膜回路 4

thick lens 厚いレンズ 3
thick mirror 厚い鏡 54
thin-film circuit 薄膜回路 311
thin-film transistor：TFT 薄膜トランジスター 311
thin lens 薄肉レンズ 442
Thomson coefficient トムソン係数 300
Thomson effect トムソン効果 300
Thomson scattering トムソン散乱 146
thorium series トリウム系列 384
thoron トロン 145
three-body problem 三体問題 146
three-phase 三相 146
threshold energy しきい値エネルギー 150
threshold frequency 限界周波数 113
threshold hearing 最小可聴値 139
threshold of audibility 最小可聴値 ⇨ 244 聴力
threshold voltage しきい値電圧 ⇨ 258 電界効果トランジスター
threshold voltage 限界電圧 113
throttle スロットル 175
thyratron サイラトロン 140
thyristor サイリスター 185
tidal energy 潮汐力エネルギー 139
tidal force 潮汐力 444
timbre 音色 298
time 時間 149
time base タイムベース 226
time constant 時定数 162
time delay 遅延 235
time dilation 時間の遅れ 216
time-division multiplexing 時分割多重送信 164
time lag 遅延 235
time-lapse photography 低速度撮影 252
time reversal 時間反転 150
time sharing タイムシェアリング 226
time switch タイムスイッチ 226
time to half value of the wavetail 波尾の半値までの時間 179
tint 淡彩 14
Tisserand's criterion ティスランの判定条件 251
Tisserand's relation ティスランの判定式 251
tokamak トカマク 282
tomograph 断層写真，断面映像 ⇨ 197 SPECT, 162 CT スキャン
tone 音調 48
tone control 音質調整 47
tonne トン 288
topologically equivalent 位相同型 285
topology トポロジー 285
toric lens 円環体レンズ 38

toroidal winding　トロイド巻　72
torque　トルク　288, 409
torquemeter　トルク計　288
torr　トル　288
Torricelli's law　トリチェリの法則　288
Torricellian vacuum　トリチェリの真空　75
torsion balance　ねじれ秤　298　⇨ 274 天秤
torsional vibration　ねじれ振動　298
torsional wave　ねじれ波　298
total angular momentum quantum number　全角運動量量子数　208
total eclipse　皆既日食　183
total heat　全熱量　211
total internal reflection　全反射　211
total radiation pyrometer　全放射高温計　122
total reflectance　全反射率　323
total reflection　全反射　211
tourmaline　トルマリン　288
Townsend avalanche　タウンゼントなだれ　268
trace　トレース　288
tracking　トラッキング　285
transconductance　相互コンダクタンス　214
transducer　変換器　376
transduction element　変換素子　376
transductor　磁気増幅器　151
transfer characteristic　伝達特性　272
transfer parameter　伝達パラメーター　272
transference number　輸率　10
transformation　転換　208
transformer　変圧器　375
transient distortion　過渡的なひずみ　336
transients　過渡現象　66
transistor　トランジスター　286
transistor parameter　トランジスターパラメーター　287
transistor-transistor logic　TTL　252
transit　通過　183
transit time　走行時間　214
transition　遷移（転移）　208
transition temperature　転移温度　243, 257
translation　並進　370
transmission coefficient　透過係数　278
transmission density　透過密度　279
transmission electron microscope：TEM　透過型電子顕微鏡　265
transmission line　伝送線（送電線）　271
transmission loss　伝送損　271
transmission mode　伝導モード　408
transmissivity　透過率　279
transmittance　透過率　279
transmitter　送信器（送信機）　215

transmutation　変換　376
transponder　トランスポンダー　287
transport number　輸率　10
transport phenomena　輸送現象　413
transuranic element　超ウラン元素　387
transverse electric mode　TEモード　282
transverse magnetic mode　TMモード　282
transverse mass　横質量　416
transverse vibration　横振動　416
transverse wave　横波　416
travelling microscope　移動顕微鏡　13
travelling wave　進行波　188
travelling-wave tube　進行波管　188
triac　トライアック　185
triboelectricity　摩擦電気　399
triboluminescence　摩擦ルミネッセンス，トリボルミネッセンス，摩擦発光　400　⇨ 436 ルミネッセンス
trichromatic theory　三色理論　151
triclinic　三斜晶系　112
trigger　トリガー　288
trimmer　トリマー　288
trimming capacitor　トリマー容量　⇨ 288 トリマー
trinitron　トリニトロン　67
triode　三極管　145, 301
triple point　三重点　145
triton　三重陽子　146
tropical year　太陽年　149
tropospheric fallout　対流圏原子灰　420
tsunami　津波　193
tube of flux　電束管　272
tube of force　力線管　272
tuned circuit　同調回路　281
tuning　同調　281
tuning fork　音叉　47
tunnel diode　トンネルダイオード　289
tunnel effect　トンネル効果　288
turbine　タービン　229
turbo-alternator　タービン発電機　230
turbulence　乱流　423
turn ratio of a transformer　変圧器の巻数比　375
tweeter　高音拡声器　122
twin cable　対ケーブル　247
twin paradox　双子のパラドックス　353
twinkle　またたき　189
twisted pair　撚り線対　416
two-phase　二相　293
Tyndall effect　チンダル効果　146, 439
type of reactor　原子炉の型　117

U

UK tradename　イギリスの登録商標　255
ultimate strength　極限強度　89
ultracentrifuge　超遠心機　240
ultramicrobalance　超微量天秤　244
ultrasonic imaging　超音波撮像　240
ultrasonic therapy　超音波セラピー　148
ultrasonics　超音波学　240
ultrasonography　超音波検査　240
ultrasound　超音波　240
ultrasound cardiography　超音波心拍動記録法　242
ultraviolet astronomy　紫外天文学　149
ultraviolet catastrophe　紫外破局　432
ultraviolet microscopy　紫外線顕微鏡　120　⇨ 148 紫外線, 364 分解能, 120 顕微鏡
ultraviolet radiation　紫外線　148
ultraviolet spectroscopy　紫外分光学（法）　⇨ 149 紫外線, 364 分光法
umbra　本影　61
Umklapp process　ウムクラップ過程　24
uncertainty principle　不確定性原理　351
undercurrent release　不足電流（電圧）開放　353
underdamped　過小減衰　118
undervoltage release　不足電流（電圧）開放　353
uniaxial crystal　一軸性結晶　12
unidirectional current　単向電流　276
unified field theory　統一場理論　278
unifilar suspension　一本吊り　13
uniform　均一　271
uniform temperature enclosure　一様温度空洞　12
unijunction transistor　単接合トランジスター　233
unilateral　単方向性　303
unipolar transistor　ユニポーラートランジスター　414
unit　単位　231
unit cell　単位格子　231
unit pole　単位磁極　231
unit vector　単位ベクトル　231
unitary symmetry　ユニタリー対称性　413
universal coordinated time　協定世界時　149
universal gas constant　普遍気体定数　355
universal motor　ユニバーサルモーター　414
universal shunt　万能分流器　327
unsaturated vapour　非飽和蒸気　341
unstable equilibrium　不安定な平衡　370
unstable oscillation　不安定な発振　347
Unwin coefficient　アンウィン係数　438
upper atmosphere　上層大気　180
upper sideband　上側波帯　220
uranium-lead and thorium-lead dating　ウラン-鉛およびトリウム-鉛年代測定　307
uranium series　ウラン系列　384
UV　414

V

V-beam radar　V ビームレーダー　440
vacancy　空格子点　94, 109
vacuum　真空　166, 186
vacuum evaporation　真空蒸着　186
vacuum expectration value　真空期待値　186
vacuum flask　真空瓶　255
vacuum fluctuation　真空ゆらぎ　155, 186
vacuum pump　真空ポンプ　186
vacuum tube　真空管　186
vacuum ultraviolet　真空紫外　148, 186
valence band　価電子帯　34
valence electron　価電子　65
valency　原子価　114
valve　バルブ　320
Van Allen belt　ヴァンアレン帯　19
Van de Graaff accelerator　ヴァンデグラーフ加速器　19
Van de Graaff generator　ヴァンデグラーフ高電圧発生器　19
van der Waals equation of state　ファンデルワールス状態方程式　347
van der Waals force　ファンデルワールス力　347
van't Hoff factor　ファントホッフの係数　190
vapor concentration　蒸気濃度　⇨ 160 湿度
vaporization　気化　75
vaporization coefficient　気化係数　75
vapour　蒸気　178
vapour-absorption cycle　気化吸収サイクル　438
vapour-compression cycle　気化圧縮サイクル　438
vapour density　蒸気密度　178
vapour pressure　蒸気圧　178
vapour-pressure thermometer　蒸気圧温度計　178
var　バール　318
varactor　バラクター（バラクターダイオード）　317
varactor tuning　バラクター同調　317
variable-focus condenser　焦点可変集光系　4
variable star　変光星　377
variance　分散　365
variation　偏差　377
variometer　バリオメーター　317

varistor　バリスター　317
VDU　348
vector　ベクトル　371
vector addition　ベクトルの加法　371
vector field　ベクトル場　371
vector multiplication　ベクトルの乗法　371
vector product　外積　371
velocity　速度　220
velocity modulation　速度変調　220
velocity potential　速度ポテンシャル　220
velocity ratio　速度比　75
vena contracta　縮脈　173
venture tube　ベンチュリー管　377
vergence　バージェンス　311
vernier scale　バーニアスケール　315
vertex focal length　頂点焦点距離　243
vertex power　頂点倍率　243
vertical polarization　垂直偏光　192
vibration　振動　189
vibration galvanometer　振動検流計　189
vibration-rotation spectrum　振動回転スペクトル　198
vibrational quantum number　振動量子数　33
vibrator　振動子　189
video amplifier　ビデオ増幅器　339
video and audio signal　画像・音声情報　255
video frequency　ビデオ周波数　339
video signal　ビデオ信号　255
videocassette　ビデオカセット　339
videocassette recorder：VCR　ビデオカセットレコーダー　339
videotape　ビデオテープ　339
vidicon　ビジコン　142
vignetting　口径食　124
virgin neutron　処女中性子　183
virial　ビリアル　344
virial coefficient　ビリアル係数　344
virial expansion　ビリアル展開　344
virial law　ビリアル定理（クラウジウスの）　344
virtual cathode　仮想陰極　63
virtual image　虚像　213
virtual object　虚物体　354
virtual particle　仮想粒子　63
virtual value　仮想値　⇨ 293 二乗平均値
virtual work principle　仮想仕事の原理　63
viscometer　粘度計　307
viscosity　粘性（粘度）　306
viscosity gauge or manometer　粘性真空計　366
viscous damping　粘性減衰　306
visible spectrum　可視光スペクトル　62
visual acuity　視力　185
visual angle　視角　149
visual-display unit　映像ディスプレイ装置　348
visual photometry　視感測光　221
voice frequency　音声周波数　64
Voigt effect　フォークト効果　350
volt　ボルト　394
volt-ampere　ボルトアンペア　394
voltage　電圧　256
voltage amplifier　電圧増幅器　218
voltage between lines　線間電圧　209
voltage doubler　倍電圧発生器　309
voltage drop　電圧降下　256
voltage limiter　電圧制限器　318
voltage ratio of a power transformer　電力用変圧器の電圧比　375
voltage stabilizer　電圧安定器　256
voltage transformer　電圧変換器　257
voltaic cell　ボルタ電池　272
voltameter　ボルタメーター　393
voltmeter　電圧計　256
volume　音量　49
volume　体積　226
volume charge density　電荷の体積密度　260
volume compressor (and expander)　音量圧縮（拡大）機　49
volume (bulk) strain　体積ひずみ　336
vortical　渦　52
vorticity　渦度　21

W

W-boson　W ボソン　230
W-particle　W 粒子　230
Wadsworth prism　ワズワースプリズム　448
wall effect　ウォール効果　21
wall energy　磁壁エネルギー　164
warble tone　震音　185
water aspirator　水力吸引ポンプ　348
water equivalent　水当量　402
water turbine　水タービン　230
water wave　水面波　193
watt　ワット　449
watt-hour　ワット時　449
wattmeter　電力計　277
wave　波動　314
wave analyser　波動分析器　315
wave energy　波のエネルギー　139
wave equation　波動方程式　315
wave function　波動関数　314
wave function collapse　波動関数の崩壊（収縮）　⇨ 133 コペンハーゲン解釈，229 世界解釈

wave mechanics 波動力学 315
wave motion 波動 314
wave packet 波束 312, 320
wave-particle duality 波動と粒子の二重性 315
wave surface 波面 316
wave theory 波動説 428
wave train 波列 320
wave trap ウェーブトラップ 20
waveband 周波数帯 169
waveform 波形 311
wavefront 波頭 179
wavefront 波面 316
waveguide 導波路 282
wavelength 波長 312
wavelet 小さな波 380
wavemeter 波長計 312
wavenumber 波数 311
waveshape 波形 311
wavetail 波尾 179
weak interaction 弱い相互作用 417
weak mixing angle 弱混合角 448
weber ウェーバー 20
Weber-Fechner law ウェーバー-フェヒナーの法則 20, 44
wedge くさび 96
weight 重さ(重み) 45, 62
weighted mean 加重平均 62
weightless 無重力状態 171
weightlessness 無重力 404
Weinberg angle ワインバーグ角 448
Weiss constant ワイス定数 85
Weissenberg photography ワイゼンベルグ写真 448
well counter ウェルカウンター 20
Wertheim effect ベルトハイム効果 19
Weston standard cell ウェストン標準電池 20
wet and dry bulb hygrometer 乾湿球湿度計 70
wet flashover voltage 湿閃絡電圧 212
Wheatstone bridge ホイートストンブリッジ 380
white dwarf 白色わい星 310
white light 白色光 310
white noise 白色雑音 141
wholetone scale 全音音階 46
Wick rotation ウィック回転 19
wide-angle lens 広角レンズ 124
Wiedemann effect ウィーデマン効果 19
Wiedemann-Franz-Lorenz law ウィーデマン-フランツ-ローレンツの法則 19
Wien bridge ウィーンブリッジ 20
Wien displacement law ウィーンの変位則 131
Wien effect ウィーン効果 20

Wien radiation law ウィーンの放射法則 131
Wigner effect ウィグナー効果 19
Wigner nuclide ウィグナー核種 85
Wilson cloud chamber ウィルソン霧箱 90
Wilson effect ウィルソン効果 20
Wimshurst machine ウィムズハースト発電機 20
wind energy 風力エネルギー 139
wind tunnel 風洞 349
windage loss 風損 349
winding 巻線 397
window 窓 400
wire-wound resistor 巻線抵抗器 249
wireless 無線 419
wobbulator ウォブレーター 20
Wollaston prism ウォラストンプリズム 20
Wollaston wire ウォラストン線 20
Wood's glass ウッドグラス 24
woofer ウーファー 24
word ワード 449
work 仕事 156
work function 仕事関数 156
work hardening 加工硬化 62
working substance 作業物質 299
wound core 巻鉄心 122
wound rotor 巻線回転子 412
wow ワウ 448
wrench ねじれ 298

X

X-ray X線 30
X-ray analysis X線解析 31
X-ray astronomy X線天文学 31
X-ray binary X線連星 31
X-ray crystallography X線結晶学 31
X-ray microscopy X線顕微法 120
X-ray spectrum X線スペクトル 31
X-ray tube X線管 30
xerography ゼログラフィー 208

Y

Yagi-aerial 八木アンテナ 410
Yang-Mills theory ヤン-ミルズの理論 410
year 年 149
yield point 降伏点 128
yield stress 降伏応力 128
yield value 降伏値 128
YIG 448
ylem 始源物質 155
yoke ヨーク 122, 416

Young modulus　ヤング率　232
Yukawa potential　湯川ポテンシャル　413

Z

Z-boson　Zボソン　230
Z-particle　Z粒子　207, 230
Zeeman effect　ゼーマン効果　207
Zener breakdown　ツェナー降伏　247
zener diode　ツェナーダイオード　247
zenith　天頂　273
zero error　ゼロ誤差　157
zero-point energy　零点エネルギー　155, 207, 437
zeroth law of thermodynamics　熱力学の第0法則　305
zeta-pinch　ζピンチ　60
zone plate　帯板　331
zoom lens　ズームレンズ　200

監訳者略歴

清水忠雄
東京都出身
東京大学理学部物理学科卒業(1956)
東京大学大学院数物系研究科修了(1961)
東京大学名誉教授・理学博士

清水文子
東京都出身
東京大学理学部物理学科卒業(1956)
東京大学大学院数物系研究科修了(1962)
上智大学名誉教授・理学博士

ペンギン物理学辞典

2012年6月25日 初版第1刷

定価はカバーに表示

監訳者	清 水 忠 雄
	清 水 文 子
発行者	朝 倉 邦 造
発行所	株式会社 朝倉書店

東京都新宿区新小川町 6-29
郵便番号 162-8707
電話 03(3260)0141
FAX 03(3260)0180
http://www.asakura.co.jp

〈検印省略〉

© 2012 〈無断複写・転載を禁ず〉

新日本印刷・渡辺製本

ISBN 978-4-254-13106-2 C 3542

Printed in Japan

JCOPY <(社)出版者著作権管理機構 委託出版物>

本書の無断複写は著作権法上での例外を除き禁じられています。複写される場合は、そのつど事前に、(社)出版者著作権管理機構 (電話 03-3513-6969, FAX 03-3513-6979, e-mail: info@jcopy.or.jp) の許諾を得てください。

理科大 鈴木増雄・前東大 荒船次郎・
元東大 和達三樹編

物理学大事典（普及版）

13108-6 C3542   B5判 896頁 本体32000円

物理学の基礎から最先端までを視野に，日本の関連研究者の総力をあげて1冊の本として体系的解説をなした金字塔。21世紀における現代物理学の課題と情報・エネルギーなど他領域への関連も含めて歴史的展開を追いながら明快に提起。〔内容〕力学／電磁気学／量子力学／熱・統計力学／連続体力学／相対性理論／場の理論／素粒子／原子核／原子・分子／固体／凝縮系／相転移／量子光学／高分子／流体・プラズマ／宇宙／非線形／情報と計算物理／生命／物質／エネルギーと環境

日本物理学会編

物理データ事典

13088-1 C3542   B5判 600頁 本体25000円

物理の全領域を網羅したコンパクトで使いやすいデータ集。応用も重視し実験・測定には必携の書。〔内容〕単位・定数・標準／素粒子・宇宙線・宇宙論／原子核・原子・放射線／分子／古典物性（力学量，熱物性量，電磁気・光，燃焼，水，低温の窒素・酸素，高分子，液晶）／量子物性（結晶・格子，電荷と電子，超伝導，磁性，光，ヘリウム）／生物物理／地球物理・天文・プラズマ（地球と太陽系，元素組成，恒星，銀河と銀河団，プラズマ）／デバイス・機器（加速器，測定器，実験技術，光源）他

H.J.グレイ・A.アイザックス編
前東大 清水忠雄・前上智大 清水文子監訳

ロングマン物理学辞典（原書3版）

13072-0 C3542   A5判 824頁 本体27000円

定評あるLongman社の"Dictionary of Physics"の完訳版。原著の第1版は1958年であり，版を重ね本書は第3版である。物理学の源流はイギリスにあり，その歴史を感じさせる用語・解説がベースとなり，物理工学・電子工学の領域で重要語となっている最近の用語も増補されている。解説も定義だけのものから，1ページを費やし詳述したものも含む。また人名用語も数多く含み，資料的価値も認められる。物理学だけにとどまらず工学系の研究者・技術者の座右の書として最適の辞典

C.P.プール著
理科大 鈴木増雄・理科大 鈴木 公・理科大 鈴木 彰訳

現代物理学ハンドブック

13092-8 C3042   A5判 448頁 本体14000円

必要な基本公式を簡潔に解説したJohn Wiley社の"The Physics Handbook"の邦訳。〔内容〕ラグランジアン形式およびハミルトニアン形式／中心力／剛体／振動／正準変換／非線型力学とカオス／相対性理論／熱力学／統計力学と分布関数／静電場と静磁場／多重極子／相対論的電気力学／波の伝播／光学／放射／衝突／角運動量／量子力学／シュレディンガー方程式／1次元量子系／原子／摂動論／流体と固体／固体の電気伝導／原子核／素粒子／物理数学／訳者補章：計算物理の基礎

北大 新井朝雄著

現代物理数学ハンドブック

13093-5 C3042   A5判 736頁 本体18000円

辞書的に引いて役立つだけでなく，読み通しても面白いハンドブック。全21章が有機的連関を保ち，数理物理学の具体例を豊富に取り上げたモダンな書物。〔内容〕集合と代数的構造／行列論／複素解析／ベクトル空間／テンソル代数／計量ベクトル空間／ベクトル解析／距離空間／測度と積分／群と環／ヒルベルト空間／バナッハ空間／線形作用素の理論／位相空間／多様体／群の表現／リー群とリー代数／ファイバー束／超関数／確率論と汎関数積分／物理理論の数学的枠組みと基礎原理

M. ル・ベラ他著
理科大 鈴木増雄・東海大 豊田　正・中央大 香取眞理・
理化研 飯高敏晃・東大 羽田野直道訳

統計物理学ハンドブック
―熱平衡から非平衡まで―

13098-0　C3042　　　　A 5 判　608頁　本体18000円

定評のCambridge Univ. Pressの"Equilibrium and Non-equilibrium Statistical Thermodynamics"の邦訳。統計物理学の全分野(カオス、複雑系を除く)をカバーし、数理的にわかりやすく論理的に解説。〔内容〕熱統計／統計的エントロピーとボルツマン分布／カノニカル集団とグランドカノニカル集団：応用例／臨界現象／量子統計／不可逆過程：巨視的理論／数値シミュレーション／不可逆過程：運動論／非平衡統計力学のトピックス／付録／訳者補章(相転移の統計力学と数理)

前東大 山田作衛・東北大 相原博昭・KEK 岡田安弘・
東女大 坂井典佑・KEK 西川公一郎編

素粒子物理学ハンドブック

13100-0　C3042　　　　A 5 判　688頁　本体18000円

素粒子物理学の全貌を理論、実験の両側面から解説、紹介。知りたい事項をすぐ調べられる構成で素粒子を専門としない人でも理解できるよう配慮。〔内容〕素粒子物理学の概観／素粒子理論(対称性と量子数、ゲージ理論、ニュートリノ質量、他)／素粒子の諸現象(ハドロン物理、標準模型の検証、宇宙からの素粒子、他)／粒子検出器(チェレンコフ光検出器、他)／粒子加速器(線形加速器、シンクロトロン、他)／素粒子と宇宙(ビッグバン宇宙、暗黒物質、他)／素粒子物理の周辺

前宇宙研 市川行和・前電通大 大谷俊介編

原子分子物理学ハンドブック

13105-5　C3042　　　　A 5 判　536頁　本体16000円

自然科学の中でもっとも基礎的な学問分野であるといわれる原子分子物理学は、近年急速に進歩しつつある科学や工学の基礎をなすとともに、それ自身先端科学として重要な位置を占め、他分野に多大な影響を与えている。この原子分子物理学とその関連分野の知識を整理し、基礎から先端的な研究成果までを初学者や他分野の研究者にもわかりやすく解説する。〔内容〕原子・分子・イオンの構造および基本的性質／光との相互作用／衝突過程／特異な原子分子／応用／物理定数表

前学習院大 川畑有郷・明大 鹿児島誠一・阪大 北岡良雄・
東大 上田正仁編

物性物理学ハンドブック

13103-1　C3042　　　　A 5 判　692頁　本体18000円

物質の性質を原子論的立場から解明する分野である物性物理学は、今や細分化の傾向が強くなっている。本書は大学院生を含む研究者が他分野の現状を知るための必要最小限の情報をまとめた。物質の性質を現象で分類すると同時に、代表的な物質群ごとに性質を概観する内容も含めた点も特徴である。〔内容〕磁性／超伝導・超流動／量子ホール効果／金属絶縁体転移／メゾスコピック系／光物性／低次元系の物理／ナノサイエンス／表面・界面物理学／誘電体／物質から見た物性物理

理科大 福山秀敏・青学大 秋光　純編

超伝導ハンドブック

13102-4　C3042　　　　A 5 判　328頁　本体8800円

超伝導の基礎から、超伝導物質の物性、発現機構・応用までをまとめる。高温超伝導の発見から20年。実用化を目指し、これまで発見された超伝導物質の物性を中心にまとめる。〔内容〕超伝導の基礎／物性(分子性結晶、炭素系超伝導体、ホウ素系、ドープされた半導体、イットリウム系、鉄・ニッケル、銅酸化物、コバルト酸化物、重い電子系、接合系、USO等)／発現機構(電子格子相互作用、電荷・スピン揺らぎ、銅酸化物高温超伝導物質、ボルテックスマター）／超伝導物質の応用

理科大 福山秀敏・東大 小形正男著
基礎物理学シリーズ3
物 理 数 学 Ⅰ
13703-3 C3342　　　　　A5判 192頁 本体3500円

物理学者による物理現象に則った実践的数学の解説書〔内容〕複素関数の性質／複素関数の微分と正則性／複素積分／コーシーの積分定理の応用／等角写像とその応用／ガンマ関数とベータ関数／量子力学と微分方程式／ベッセルの微分方程式／他

東北大 塚田 捷著
基礎物理学シリーズ4
物 理 数 学 Ⅱ
―対称性と振動・波動・場の記述―
13704-0 C3342　　　　　A5判 260頁 本体4300円

様々な物理数学の基本的コンセプトを，総体として相互の深い連環を重視しつつ述べることを目的〔内容〕線形写像と2次形式／群と対称操作／群の表現／回転群と角運動量／ベクトル解析／変分法／偏微分方程式／フーリエ変換／グリーン関数他

前東大 清水忠雄著
基礎物理学シリーズ9
電 磁 気 学 Ⅰ
静電学・静磁気学・電磁力学
13709-5 C3342　　　　　A5判 216頁 本体3000円

初学者向けにやさしく整理した形で明解に述べた教科書。〔内容〕時間に陽に依存しない電気現象：静電気学／時間に陽に依存しない磁気現象：静磁気学／電場と磁場が共にある場合／物質と電磁場／時間に陽に依存する電磁現象：電磁力学／他

前東大 清水忠雄著
基礎物理学シリーズ10
電 磁 気 学 Ⅱ
遅延ポテンシャル・物質との相互作用・量子光学
13710-1 C3342　　　　　A5判 176頁 本体2600円

現代物理学を意識した応用的な内容を，理解しやすい流れと構成で学べるテキスト。〔内容〕マクスウェル方程式の一般解／運動する電荷のつくる電磁場／ローレンツ変換に対して共変な電磁場方程式／電磁波と物質の相互作用／電磁場の量子力学

前東大 守谷 亨著
物理の考え方1
磁 性 物 理 学
―局在と遍歴，電子相関，スピンゆらぎと超伝導―
13741-5 C3342　　　　　A5判 164頁 本体3400円

磁性物理学の基礎的な枠組みを理解するには，電子相関を理解することが不可欠である。本書では，遍歴モデルに基づく磁性理論を中心にして，20世紀以降電子相関の問題がどのように理解されてきたかを，全9章にわたって簡潔に解説する。

東大 土井正男著
物理の考え方2
統 計 力 学
13742-2 C3342　　　　　A5判 240頁 本体3000円

古典統計に力点。〔内容〕確率の統計の考え方／孤立系における力学状態の分布／温度とエントロピー／（グランド）カノニカル分布とその応用／量子統計／フェルミ分布とボーズ-アインシュタイン分布／相互作用のある系／相転移／ゆらぎと応答

前学習院大 川畑有郷著
物理の考え方3
固 体 物 理 学
13743-9 C3342　　　　　A5判 244頁 本体3500円

過去の研究成果の独創性を実感できる教科書。〔内容〕固体の構造と電子状態／結晶の構造とエネルギー・バンド／格子振動／固体の熱的性質―比熱／電磁波と固体の相互作用／電気伝導／半導体における電気伝導／磁場中の電子の運動／超伝導

前岡山大 東辻浩夫著
物理の考え方4
プ ラ ズ マ 物 理 学
13744-6 C3342　　　　　A5判 200頁 本体3200円

基礎・原理をていねいに記述し，放電から最近の応用まで理工学全般の学生を対象とした教科書。〔内容〕物質の四態／放電とプラズマの生成／電磁界中の荷電粒子の運動／核融合／プラズマの統計力／物質中の電磁界の波動／ダストプラズマ／他

前日本工大 菅原和士著
太陽電池の基礎と応用
―主流である結晶シリコン系を題材として―
22050-6 C3054　　　　　A5判 212頁 本体3500円

現在，市場で主流の結晶シリコン系太陽電池の構造から作製法，評価までの基礎理論を学生から技術者向けに重点的に解説。〔内容〕太陽電池用半導体基礎物性／発電原理／素材の作製／基板の仕様と洗浄／反射防止膜の物性と形成法評価技術／他

東北大 八百隆文・東北大 藤井克昌・産総研 神門賢二訳
発 光 ダ イ オ ー ド
22156-5 C3055　　　　　B5判 372頁 本体6500円

豊富な図と演習により物理的・技術的側面を網羅した世界的名著の全訳版〔内容〕発光再結合／電気的特性／光学的特性／接合温度とキャリア温度／電流流れの設計／反射構造／紫外発光素子／共振導波路発光ダイオード／白色光源／光通信／他

上記価格（税別）は2012年5月現在